普通高等教育"十四五"规划教材

冶金工业出版社

材料现代测试分析方法

胡 觉　张呈旭　主编

视频扫码

北 京

冶金工业出版社

2025

前　　言

随着科学技术的快速发展，各种新材料的应用越来越广泛，如 5G 通信、新能源、生物医学等领域都离不开材料测试分析的支撑。在材料科学领域中，材料的测试分析方法扮演着至关重要的角色。对材料的成分、结构、性能等进行准确的测试和分析，可以为材料的研发、生产、应用等提供有力的支撑。

材料测试分析方法是一门实践性很强的课程，需要我们通过实验和实践来掌握各种测试技术和方法。通过学习这门课程，我们要深刻认识到材料测试在现代社会中的地位和作用。中国科学家们在材料测试分析技术的发展史上作出了卓越的贡献，他们的努力和成就是中国科技事业发展的重要支撑，在学习这门课程时，我们要勇于探索、敢于创新，不畏艰难、不怕失败，以科学精神和创新意识驱动自己的学习和实践。

本教材涵盖了常用的材料测试分析技术和方法，包括 X 射线测试分析、光谱测试分析、电子束测试分析等，同时，介绍了最新的测试分析技术和方法，如同步辐射 X 射线技术、中子衍射技术等。本教材的编写注重理论与实践相结合，突出实用性、操作性和创新性。本教材可作为大学材料科学、新能源材料与器件专业教材，能够适用于相关专业本科生和研究生专业基础课的课堂教学，旨在帮助学生掌握常用的材料测试分析技术和方法，引导相关专业本科生和研究生能深入掌握本领域的基础知识，同时还能迅速了解本领域研究前沿的发展动态和趋势。

本教材分为 8 章，第 1 章对材料现代测试技术和分析方法进行了简述；第 2 章介绍色谱和光谱测试技术及分析方法；第 3 章介绍 X 射线测试技术和分析方法；第 4 章介绍电子束测试技术和分析方法；第 5 章介绍其他表面测试技术和分析方法；第 6 章介绍热分析方法；第 7 章介绍同步辐射 X 射线测试技术和分析方法；第 8 章介绍中子衍射、表面积、粒度、穆斯堡尔谱等其他材料测试技术和分析方法。

本教材第 1、3、5、7、8 章由胡觉编写，第 2、4、6 章由张呈旭编写，全书由胡觉统稿。书稿的编写过程中，昆明理工大学冶金与能源工程学院给予了大力支持，同事吴鉴给予了诸多帮助，在此表示感谢，同时感谢所有为本教材编写和出版付出辛勤劳动的人员和支持者，他们的付出和努力使本教材能顺利出版。

近年来相关理论研究和新材料体系迅速发展，本教材编者学识所限，书中不足之处，敬请专家与读者批评指正。

编　者

2025 年 2 月于昆明

目　录

1 绪 论

人类对材料的应用可以追溯到石器时代，这个时期人们主要使用天然材料，如石头、树木、动物骨骼等。由于缺乏对自然界的认知，这个时期人们可用的材料十分有限。随着时间的推移，人们在使用材料的过程中发现热处理及添加其他物质可以显著改善材料的性能。我国早在古代就已经开始应用材料测试技术。例如，古代建筑师通过观察和实验来测试各种材料（如砖、石、木材等）的性能，以确保建筑结构的稳定性和安全性。此外，在古代的兵器制造过程中，工匠们也会进行各种材料测试，以确保兵器的质量和性能。青铜时代和铁器时代，这些金属材料的广泛使用加快了人类社会的演变过程。近代，数学、物理学、化学、冶金学等学科兴起，科学家们开始关注到材料的结构与性能之间的关联。随着人们认知的加深，材料（如常用的金属、塑料、陶瓷、玻璃、纤维等）迅速发展起来，材料学也逐渐形成一门独立的学科。

材料是人类赖以生存和发展的物质基础。20世纪70年代，人们把信息、材料和能源作为社会文明的支柱。20世纪80年代，随着高技术群的兴起，又把新材料与信息技术、生物技术并列作为新技术革命的重要标志。现代社会，材料已成为国民经济建设、国防建设和人民生活的重要组成部分。随着科技的不断发展，我国在现代材料测试技术领域取得了一系列突破。例如，我国在电子显微镜、光谱分析、热分析、X射线衍射技术等领域取得了一系列重要进展，为晶体结构和相变的研究提供了重要手段。上海同步辐射光源建设过程中，仅不到三年，就实现了电子直线加速器的电子输出，堪称同步辐射光源建设史上的最快速度，为纳米科技的发展提供了有力支持。我国还在新能源、生物医学、环保等领域建立了许多先进的材料测试平台和实验室，为相关产业的发展提供了重要支持。中国科学家们以严谨的科学态度、勇于创新的精神，为材料测试技术的发展作出了不可磨灭的贡献。他们的研究成果不仅推动了科技的进步，更在国家建设、经济发展、民生改善等方面发挥了重要作用，被世界各地的科研机构、企业广泛应用，为全人类解决了一系列科技难题。

材料科学与工程定义材料的四要素为成分与结构（composition and structure）、特性（properties）、合成与加工（synthesis and processing）、性能（performance），其构成的材料学四面体如图1-1所示。在材料学四面体中，一般材料的成分与结构、特性、合成与加工组成底层，三个因素相互影响，共同指向材料的性能，从而满足人们的需求，而需求又会反向指导三个因素的设计进程。材料的应用往往取决于材料的性能，性能的好坏又往往和材料的结构及化学组分有密切联系，材料的制备方法和条件在很大程度上影响材料的结构及化学组分，因此材料表征对四要素的沟通起着重要作用。

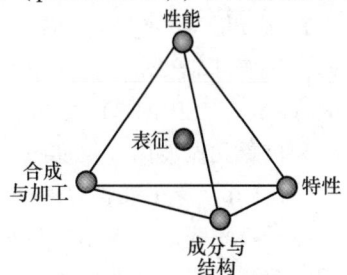

图 1-1　材料学四面体

随着材料学研究的逐渐加深，研究者们迫切需要对材料的成分、结构变化及影响其性能的因素进行更深入研究，这促进了材料表征技术的快速发展。材料分析是通过材料微观组织结构和微区成分分析，揭示材料组织结构与性能的关系，即组织是性能的内在根据，性能是组织的对外表现，确定材料加工工艺和组织结构的关系，以实现微观组织结构控制。材料结构与性能的表征包括了材料性能、微观结构和成分的测试与表征、描述或鉴定。材料的结构涉及它的化学成分，组成相的结构及其缺陷的组态，组成相的形貌、大小和分布及各组成相之间的取向关系和界面状态等。针对这些需求，现代发展了多种先进的分析技术和仪器，科研工作者对材料的特殊性能的形成原因与机理才有更细微的研究，对材料的内部反应及显微结构有更深的了解。因此，材料表征和材料科学与工程之间存在着相辅相成的关系，相互促进，协调发展。

当前材料结构与性能的表征主要依托各种先进的仪器工具进行，通过测定物质的光、电、热、磁等物理化学性质来确定其化学组成、含量和化学结构。实验室常见的四大材料测试方法有成分分析、形貌分析、物相结构分析和热分析。

1.1 成 分 分 析

按照分析对象和要求可将成分分析分为微量样品分析和痕量成分分析两种类型。按照分析的目的，又可将其分为体相元素成分分析、表面成分分析和微区成分分析等。

体相元素成分分析是指体相元素组成及其杂质成分的分析，其方法包括原子吸收、感应耦合等离子体发射光谱、质谱、X 射线荧光与 X 射线衍射（X-ray diffraction）分析。其中前三种分析方法需要对样品进行溶解后再测定，因此属于破坏性样品分析方法；而 X 射线荧光与 X 射线衍射分析方法可以直接对固体样品进行测定，因此又称为非破坏性元素分析方法。

表面成分和微区成分分析，其目的是要对固体表面和内界面或微区的化学成分进行分析，以及对晶体结构、形貌和电子态进行研究。常用表面成分和微区成分分析包括 X 射线光电子能谱、俄歇电子能谱、电子探针分析方法、X 射线能谱分析、电子能量损失谱分析等。

为达此目的，成分分析按照分析手段的不同，又可分为光谱分析、质谱分析和能谱分析。

1.1.1 光谱分析

光谱分析主要包括火焰和电热原子吸收光谱（atomic absorption spectrometry，AAS）分析，电感耦合等离子体原子发射光谱（inductively coupled plasma atomic emission spectrometry，ICP-AES）分析，X 射线荧光光谱（X-ray fluorescence spectrometry，XFS）分析和核磁共振波谱（nuclear magnetic resonance，NMR）分析。

1. 1. 1. 1 原子吸收光谱分析

原子吸收光谱（AAS）分析又称为原子吸收分光光度分析。AAS 分析是基于试样蒸气相中被测元素的基态原子对由光源发出的该原子的特征性窄频辐射产生共振吸收，其吸光度在一定范围内与蒸气相中被测元素的基态原子含量成正比，以此测定试样中该元素含量的一种仪器分析方法。

AAS分析的优点包括：（1）根据蒸气相中被测元素的基态原子对其原子共振辐射的吸收强度来测定试样中被测元素的含量；（2）适合对纳米材料中痕量金属杂质离子进行定量测定，检测限低；（3）测量准确度很高，测定中等和高含量元素的相对标准差可小于1%；（4）选择性好，不需要进行分离检测；（5）分析元素范围广，70多种。

AAS分析的缺点主要包括：（1）不能多元素同时分析，测定不同元素时必须更换光源；（2）测量难熔元素时不如等离子体发射光谱，对于共振线处于真空紫外区域的卤族元素和S、Ce等元素不能直接测定；（3）标准工作曲线的线性范围窄，测定复杂基体样品中的微量元素时易受主要成分的干扰；（4）在高背景、低含量样品的测定任务中，精密度下降等。

1.1.1.2 电感耦合等离子体原子发射光谱分析

电感耦合等离子体原子发射光谱（ICP-AES）分析是利用电感耦合等离子体作为激发源，根据处于激发态的待测元素原子回到基态时发射的特征谱线对待测元素进行分析的方法。此方法可进行多元素同时分析，适合近70种元素分析，检测限很低，可达到$10^{-5} \sim 10^{-1}$ $\mu g/cm^3$；稳定性很好，精密度很高，相对偏差在1%以内，定量分析效果好；线性范围可达4~6个数量级，但是对非金属元素的检测灵敏度低。

1.1.1.3 X射线荧光光谱分析

X射线荧光光谱（XFS）分析是一种非破坏性的分析方法，可对固体样品进行直接测定。在纳米材料成分分析中具有较大的优点，X射线荧光光谱仪有两种基本类型，即波长色散型和能量色散型，具有较好的定性分析能力，可以分析原子序数大于3的所有元素；强度低、分析灵敏度高，其检测限可达到$10^{-9} \sim 10^{-5}$ g/cm^3，可以测定几个纳米到几十微米厚度内的成分。

1.1.1.4 核磁共振波谱分析

核磁共振波谱（NMR）分析是利用原子磁性核在电磁场中的核磁共振现象，对物质分子结构、构型构象进行研究与表征的重要方法。此技术具有能够深入物质内部获得信号而不破坏样品，迅速、准确获得具有较高分辨率的信号等优点。核磁共振技术作为分析化学和生物化学技术的有力测量手段，其发展趋势与电磁技术和先进电子技术的趋势相一致，至今在化学、材料和医学领域有着十分广泛的应用。

1.1.2 质谱分析

质谱分析主要包括电感耦合等离子体质谱（inductively coupled plasma mass spectrometry，ICP-MS）分析和飞行时间二次离子质谱（time of flight secondary ion mass spectrometry，TOF-SIMS）分析。

1.1.2.1 电感耦合等离子体质谱分析

电感耦合等离子体质谱分析是利用电感耦合等离子体作为离子源的一种元素质谱分析方法。该离子源产生的样品离子经质谱的质量分析器和检测器后得到质谱。该分析具有检出限低（多数元素的检出限为$10^{-12} \sim 10^{-9}$）、线性范围宽（可达7个数量级）、分析速度快(1 min可获得70种元素的结果)、谱图干扰少（相对原子质量相差1即可以分离）、能进行同位素分析等优点。

1.1.2.2 飞行时间二次离子质谱分析

飞行时间二次离子质谱分析是通过用一次离子激发样品表面打出极其微量的二次离子，根据二次离子因不同的质量而飞行到探测器的时间不同，来测定离子质量的极高分辨率的测量技术。其工作原理为：

（1）利用聚焦的一次离子束在样品上进行稳定的轰击，一次离子可能受到样品表面的背散射（概率很小），也可能穿透固体样品表面的一些原子层深入一定深度，在穿透过程中发生一系列弹性和非弹性碰撞。一次离子将其部分能量传递给晶格原子，这些原子中有一部分向表面运动，并把能量传递给表面离子使之发射，这种过程称为粒子溅射。

在一次离子束轰击样品时，还有可能发生其他物理和化学过程，如一次离子进入晶格，引起晶格畸变，在具有吸附层覆盖的表面上引起化学反应等。溅射粒子大部分为中性原子和分子，小部分为带正、负电荷的原子、分子和分子碎片。

（2）电离的二次粒子（溅射的原子、分子和原子团等）按质荷比实现质谱分离。

（3）收集经过质谱分离的二次离子，可得知样品表面和本体的元素组成和分布。在分析过程中，质量分析器不仅可以提供对于每一时刻表面的多元素分析数据，而且可以提供表面某一元素分布的二次离子图像。

（4）飞行时间的独特之处在于其离子飞行时间只依赖于它们的质量。一次脉冲就可得到一个全谱，因此离子利用率最高，能最好地实现对样品几乎无损的静态分析，而其更重要的特点是只要降低脉冲的重复频率就可扩展质量范围，从原理上不受限制。

1.1.3 能谱分析

能谱分析主要包括 X 射线光电子能谱（X-ray photoelectron spectroscopy，XPS）分析和俄歇电子能谱（Auger electron spectroscopy，AES）分析等。

1.1.3.1 X 射线光电子能谱

X 射线光电子能谱（XPS）分析指用 X 射线照射样品表面，使其原子或分子的电子受激而发射出来，以测量这些光电子的能量分布，从而获得所需的信息。随着微电子技术的发展，XPS 也在不断完善。目前，已开发出的小面积 XPS，大大提高了其空间分辨能力。通过对样品进行全扫描，在一次测定中即可检测出全部或大部分元素。

因此，XPS 仪已发展成为具有表面元素分析、化学态和能带结构分析及微区化学态成像分析等功能强大的表面分析仪器。XPS 的理论依据就是爱因斯坦的光电效应。

XPS 分析作为研究材料表面和界面电子及原子结构的最重要手段之一，原则上可以测定元素周期表上除氢、氦外的元素。其主要功能及应用有三个方面：（1）可提供物质表面几个原子层的元素定性、定量信息和化学状态信息；（2）可对非均相覆盖层进行深度分布分析，了解元素随深度分布的情况；（3）可对元素及其化学态进行成像，给出不同化学态的不同元素在表面的分布图像等。

1.1.3.2 俄歇电子能谱分析

俄歇电子能谱（AES）分析是用具有一定能量的电子束（或 X 射线）激发样品俄歇效应，通过检测俄歇电子的能量和强度，从而获得有关材料表面化学成分和结构信息的方法。利用受激原子俄歇跃迁、退激过程发射的俄歇电子对试样微区的表面成分进行定性与定量分析。

俄歇能谱仪与低能电子衍射仪联用，可进行试样表面成分和晶体结构分析，因此被称为表面探针。

1.1.3.3 电子探针分析

电子探针是一种利用电子束作用于样品后产生的特征 X 射线进行微区成分分析的仪器，可以用来分析材料微区的化学组成。除 H、He、Li、Be 等几种较轻元素及 U 以后的元素，都可进行定性与定量分析。

1.1.3.4 电镜-能谱结合分析

电镜-能谱结合分析指利用电镜的电子束与固体微区作用产生的 X 射线进行能谱分析。与电子显微镜（SEM、TEM）结合可进行微区成分分析，还可进行定性与定量分析，常用方法有 X 射线能谱分析、电子能量损失谱分析等。

1.2 形 貌 分 析

形貌分析的主要内容是分析材料的几何形貌、薄膜厚度、材料的颗粒度及颗粒度的分布，以及形貌微区的成分和物相结构等。

1.2.1 形貌分析方法

形貌分析方法主要包括扫描电子显微镜（scanning electron microscopy，SEM）分析、透射电子显微镜（transmission electron microscopy，TEM）分析、扫描隧道显微镜（scanning tunneling microscopy，STM）分析和原子力显微镜（atomic force microscopy，AFM）分析。

1.2.1.1 扫描电子显微镜分析

扫描电子显微镜（SEM）分析可以提供从数纳米到毫米范围内的形貌像，观察视野大，其分辨率一般为 6 nm，对于场发射扫描电子显微镜，其空间分辨率可达到 0.5 nm 量级。

其提供的信息主要有材料的几何形貌、粉体的分散状态、纳米颗粒大小及分布，以及特定形貌区域的元素组成和物相结构。扫描电镜对样品的要求比较低，无论是粉体样品还是大块样品，均可以直接进行形貌观察。

1.2.1.2 透射电子显微镜分析

透射电子显微镜（TEM）具有很高的空间分辨能力，特别适合纳米粉体材料的分析。其特点是样品使用量少，不仅可以获得样品的形貌、颗粒大小和分布，还可以获得特定区域的元素组成及物相结构信息。

透射电子显微镜比较适合纳米粉体样品的形貌分析，但颗粒粒径应小于 300 nm，否则电子束不能透过。对于块体样品的分析，透射电子显微镜一般需要对样品进行减薄处理。

透射电子显微镜可用于观测微粒的尺寸、形态、粒径大小、分布状况、粒径分布范围等，并用统计平均方法来计算粒径，一般的电镜观察的是产物粒子的颗粒度而不是晶粒度。高分辨率透射电子显微镜（HRTEM）可直接观察微晶结构，尤其为界面原子结构分析提供了有效手段，它可以观察到微小颗粒的固体外观，且可以根据晶体形貌和相应的衍射花样、高分辨像研究晶体的生长方向。

1.2.1.3 扫描隧道显微镜分析

扫描隧道显微镜（STM）分析主要针对一些特殊导电固体样品的形貌分析。其可以达到原子量级的分辨率，但仅适合具有导电性的薄膜材料的形貌分析和表面原子结构分布分析，还适用于纳米粉体材料的分析。

扫描隧道显微镜有原子量级的高分辨率，其平行和垂直于表面方向的分辨率分别为 0.1 nm 和 0.01 nm，能够分辨出单个原子，因此可直接观察晶体表面的近原子像；其次是能得到表面的三维图像，可用于测量具有周期性或不具备周期性的表面结构。

通过探针可以操纵和移动单个分子或原子，按照人们的意愿排布分子和原子，以及实现对表面进行纳米尺度的微加工，同时，在测量样品表面形貌时，可以得到表面的扫描隧道谱，用以研究表面电子结构。

1.2.1.4 原子力显微镜分析

原子力显微镜（AFM）可以用于对纳米薄膜进行形貌分析，分其辨率可达到几十纳米，较 STM 差，但适合导体和非导体样品，不适合纳米粉体的形貌分析。

这四种形貌分析方法各有特点，电子显微镜分析具有更多优势，但 STM 和 AFM 具有可以气氛下进行原位形貌分析的特点。

1.2.2 粒度分析方法

一般固体材料颗粒大小可以用颗粒粒度概念来描述。但由于颗粒形状具有复杂性，一般很难直接用一个尺度来描述一个颗粒的大小，因此，在粒度大小的描述过程中广泛采用等效粒度的概念。

对于不同原理的粒度分析仪器，所依据的测量原理不同，其颗粒特性也不相同。因此只能进行等效对比，不能进行横向直接对比。粒度测试分析方法主要有显微镜（microscopy）法、沉降（sedimentation size analysis）法和光散射（light scattering）法。

1.2.2.1 显微镜法

显微镜，如 SEM、TEM，适合纳米材料的粒度大小和形貌分析，可以测量的粒度范围为 0.001~5 μm。其优点是可以提供颗粒大小、分布及形状的数据。此外，一般显微镜可得到颗粒图像的直观数据，容易理解。但其缺点是，样品制备过程会对结果产生严重影响，如样品制备的分散性，直接会影响电子显微镜的观察质量和分析结果；电子显微镜取样量少，可能不具代表性。

1.2.2.2 沉降法

沉降法的原理是基于颗粒在悬浮体系时，颗粒本身的重力（或所受离心力）、所受浮力和黏滞阻力三者平衡，并且黏滞力是服从斯托克斯定律来实施测定的，此时颗粒在悬浮体系中以恒定速度沉降，且沉降速度与粒度大小的平方成正比，可以测量的粒度范围为 0.01~20 μm。

1.2.2.3 光散射法

激光衍射式粒度仪仅对粒度在 5 μm 以上的样品分析较准确，而动态光散射粒度仪则对粒度在 5 μm 以下的纳米样品分析准确。激光光散射法可以测量范围为 0.02~3500 μm 的粒度分布，获得的是等效球体积分布，测量准确、速度快、代表性强、重复性好，适合混合物料的测量。

利用光子相干光谱（PCS）法可以测量范围为 1~3000 nm 的粒度分布，特别适合超细纳米材料的粒度分析研究。可测量体积分布，准确性高、测量速度快、动态范围宽，可以研究分散体系的稳定性。其缺点是不适用于粒度分布宽的样品测定。

光散射粒度测试方法的特点：测量范围广，现在最先进的激光光散射粒度测试仪可以测量范围为 0.001~3000 μm 的粒度分布，基本满足了超细粉体技术的要求；测定速度快、自动化程度高、操作简单，时间一般只需 1~1.5 min；测量准确、重现性好，可以获得粒度分布。

通过光子相关光谱（PCS）法，可以测量粒子的迁移速率。而液体中的纳米颗粒以布朗运动为主，其运动速度取决于粒径、温度和黏度等因素。在恒定的温度和黏度条件下，通过光子相关光谱（PCS）法测定颗粒的迁移速率就可以获得相应的颗粒粒度分布。

光子相关光谱（PCS）技术能够测量粒度为纳米量级的悬浮物粒子，在纳米材料、生物工程、药物学及微生物领域有广泛的应用前景。

1.2.3 膜厚测试方法

薄膜的特性及其应用领域通常由其厚度决定，根据其厚度不同，可分为纳米薄膜和微米薄膜。不同材料、应用领域、厚度的薄膜，有多种不同的测试方法。膜厚测试方法主要分为三类，即机械法、光学法、电学法，常用的测试方法有台阶仪法、石英晶体振荡法、椭圆偏振法。

1.3 物相结构分析

常用的物相结构分析方法有 X 射线衍射分析（XRD）、拉曼分析、傅里叶红外分析及微区电子衍射分析。

1.3.1 X 射线衍射分析

XRD 分析是基于多晶样品对 X 射线的衍射效应，对样品中各组分的存在形态进行分析。XRD 可测定结晶情况、晶相、晶体结构及成键状态等，可以确定各种晶态组分的结构和含量；灵敏度较低，一般只能测定样品中含量在 1% 以上的物相，同时，定量测定的准确度也不高，一般在 1% 量级。XRD 分析所需样品量大（0.1 g），这样才能得到比较准确的结果，不能分析非晶样品。

XRD 分析的主要用途包括 XRD 物相定性分析、物相定量分析、晶粒大小的测定、介孔结构测定（小角 X 射线衍射）、多层膜分析（小角度 XRD 方法）、物质状态鉴别（区别晶态和非晶态）。

1.3.2 拉曼分析

当一束激发光的光子与作为散射中心的分子发生相互作用时，大部分光子仅改变了方向，发生散射，而光的频率仍与激发光源一致，这种散射称为瑞利散射。

但也存在很微量的光子，它们不仅改变了光的传播方向，而且改变了光波的频率，这种散射称为拉曼散射，其散射光的强度约占总入射光强度的 $10^{-10} \sim 10^{-6}$。

拉曼散射的产生原因是光子与分子之间发生了能量交换，改变了光子的能量。在固体材料中拉曼激活的机制很多，反映的范围也很广，如分子振动、各种元激发（电子、声子、等离子体等）、杂质、缺陷等。利用拉曼光谱可以对材料进行分子结构分析、理化特性分析和定性鉴定等，可揭示材料中的空位、间隙原子、位错、晶界和相界等方面信息。

1.3.3 傅里叶红外分析

红外光谱主要用来检测有机官能团。傅里叶红外光谱仪可检验金属离子与非金属离子成键、金属离子的配位等化学环境的情况及变化。

1.3.4 微区电子衍射分析

电子衍射与 X 射线一样，也遵循布拉格方程，电子束很细，适合进行微区分析。因此，其主要用于确定物相及它们与基体的取向关系，以及材料中的结构缺陷等。

1.4 热 分 析

热分析（thermal analysis，TA）技术是通过程序控制温度变化对物质在不同温度下的物理性质（如热学、力学、声学、光学、电学、磁学等）进行测量的技术。热分析常用的方法有热重分析（thermo gravimetric analysis，TGA）、差热分析（differential thermal analysis，DTA）、示差扫描量热（differential scanning calorimetry，DSC）分析和热机械分析（thermo mechanical analysis，TMA）等。

1.4.1 热重分析

热重分析（TGA）是一种在特定温度控制程序和气氛下，测量试样质量与温度和时间之间关系的技术。通过这种方式，可以获得样品质量随温度变化的函数。热重分析在实际的材料分析中经常与其他分析方法联用，进行综合热分析，全面准确分析材料。

1.4.2 差热分析

差热分析（DTA）是在程序控制温度下，测量试样与参比物质之间的温度差 ΔT 与温度 T（或时间 t）关系的一种分析技术。此方法广泛应用于测定物质在热反应时的特征温度及吸收或放出的热量，包括物质相变、分解、化合、凝固、脱水、蒸发等物理或化学反应。

1.4.3 示差扫描量热分析

示差扫描量热（DSC）分析是一种在程序控制温度和特定气氛下，测量输送给试样和参比物的热流速率或加热功率差异与温度或时间关系的热分析技术。DSC 技术具有广泛的应用，既可作为常规的质量检测手段，也可作为研究工具。

1.4.4 热机械分析

热机械分析（TMA）是测量在设定应力或负载条件下，样品尺寸变化与温度变化之间关系的技术。在热机械分析测试中，样品受到恒定力、递增力或调制力的作用，而进行膨胀法测量尺寸变化时，使用的是能够实现的最小载荷进行测量。

1.5 其他测试分析方法

1.5.1 穆斯堡尔谱

穆斯堡尔谱（Mössbauer spectroscopy）是应用穆斯堡尔效应研究物质的微观结构的学科。穆斯堡尔效应即 γ 射线的无反冲共振吸收，这个效应首先是由德国物理学家穆斯堡尔（R. L. Mössbauer）于 1958 年首次在实验中实现的，因此称为穆斯堡尔效应。穆斯堡尔效应对环境的依赖性非常高，常利用多普勒效应对 γ 射线光子的能量进行调制，通过调整 γ 射线辐射源和吸收体之间的相对速度使其发生共振吸收。吸收率（或透射率）与相对速度之间的变化曲线称为穆斯堡尔谱。应用穆斯堡尔效应可以研究原子核与周围环境的超精细相互作用，是一种非常精确的测量手段，其能量分辨率可高达 10，并且抗干扰能力强、实验设备和技术相对简单、对样品无破坏。由于这些特点，穆斯堡尔效应一经发现，就迅速在物理学、化学、生物学、地质学、冶金学、矿物学等领域得到广泛应用。近年来穆斯堡尔效应也在一些新兴学科（如材料科学和表面科学）开拓了应用前景。

1.5.2 中子衍射技术

中子衍射技术是一种利用中子在结晶体中的散射来确定其晶体结构的技术。中子衍射技术可用于研究晶体学，用于确定某个材料的原子结构或磁性结构。它也是弹性散射的一种，离开中子的能量与入射中子相同或略低。此技术与 X 射线衍射分析的差别主要在于其放射源不同，这两种技术可以互为补充。此外，中子衍射技术还有一些独特的优势。例如，中子能区别不同的同位素，这使得中子衍射在某些方面，特别是在利用氢-氘的差别来标记、研究有机分子方面有其特殊的优越性。一般来说，中子比 X 射线具有强得多的穿透性，因而也更适用于需用厚容器的高低温、高压等条件下的结构研究。然而，中子衍射技术也有一些局限性，如需要特殊的强中子源，并且由于源强不足而常需较大的样品和较长的数据收集时间。中子衍射技术是一种重要的材料表征技术，尤其在材料科学研究和实际应用方面具有重要的作用。随着科学技术的发展，中子衍射技术的优势和应用范围将不断扩大，为科学研究和新材料的开发等带来更多新的突破和可能性。

1.5.3 同步辐射技术

同步辐射光源辐射出的光束具有极高的亮度和短脉冲宽度，可以提供极高的空间和时间分辨率，进而衍生出多种先进的测试分析技术，使得其在研究物质的微观结构和动力学过程等方面具有巨大的优势。常用的基于同步辐射光源开发的技术有同步辐射 X 射线吸收谱（精细结构分析 EXAFS 和近边衍射 XANES 等）、同步辐射 X 射线小角散射、同步辐射 X 射线光电子能谱等。这些技术可以看作常规测试方法的超级增强版，可以做到常规测试技术无法完成的超精细分析。

　　总之，基于各种物理现象，现代科学发展出了多种不同的材料测试表征方法，进而开发了多种先进的分析测试仪器，其中每种仪器又往往集成了多种测试表征功能。目前对材料进行测试表征时，对某些特定指标往往采取多种测试方法进行表征，然后用测试结果相互印证，综合推断材料的特性。

思 考 题

1-1　请阐述材料四要素之间的相互关系。

1-2　材料测试表征可以如何进行分类?

1-3　成分分析的主要测试手段有哪些?

1-4　最新的材料测试分析技术的发展有哪些?

2 色谱与光谱测试分析方法

本章主要介绍色谱与光谱测试分析方法，主要包括色谱与光谱分析的基本原理、仪器构造及使用方法、实验操作与数据处理、应用实例及优缺点等。同时，也包括各种分析方法的适用范围和限制，以及如何根据具体实验需求选择合适的分析方法。

2.1 色谱分析基础

2.1.1 色谱分析的发展

色谱（chromatography）法，又称色层法或层析法，是一种物理化学分析方法，它利用不同溶质（样品）与固定相和流动相之间的作用力（如分配、吸附、离子交换等）的差别，先将它们分离，后按一定顺序检测各组分及其含量的方法。色谱法具有分离效能好、分析速度快、检测灵敏度高、适用范围广和操作简便等特点，备受众多领域研究人员的青睐。

1906 年，俄国科学家茨维特（M. S. Tswett）在研究植物色素分离时提出了色谱法的概念，茨维特经典色谱分析实验示意图如图 2-1 所示。他在研究植物叶的色素成分时，将植物叶子的萃取物倒入填有碳酸钙的直立玻璃管内，然后加入石油醚使其自由流下，结果色素中各组分互相分离形成各种不同颜色的谱带。按光谱的命名方式，将这种方法命名为色谱法。以后此法逐渐应用于无色物质的分离，"色谱"二字虽已失去原来的含义，但仍被人们沿用至今。基于英国化学家马丁（A. J. P. Martin）和辛格（R. L. M. Synge）在 20 世纪 40 年代和 50 年代的工作，色谱分析

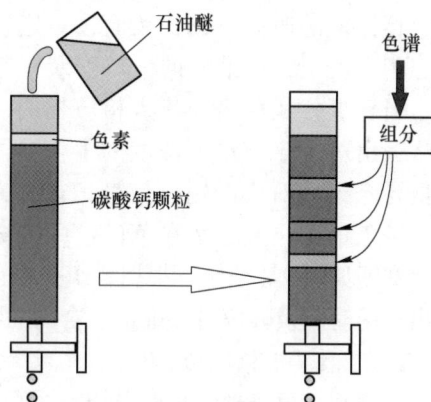

图 2-1 茨维特经典色谱分析实验示意图

技术得到了实质性发展，他们也因此获得了 1952 年诺贝尔化学奖。他们建立了分配色谱法的原理和基本技术，促进了几种色谱法的快速发展，如纸色谱法、气相色谱法及后来被称为高效液相色谱法（high performance liquid chromatography，HPLC）的色谱法。在此基础上，1956 年，美国人吉丁斯（J. C. Giddings）总结和扩展了前人的色谱理论，为色谱的发展奠定了理论基础；1957 年，美国科学家高雷（M. J. E. Golay）开创了开管柱气相色谱法，习惯上称其为毛细管柱气相色谱法。20 世纪 60 年代末期，由于气相色谱对高沸点有机物分析的局限性，为了分离蛋白质、核酸等不易气化的大分子物质，气相色谱的理论和方法被重新引入经典液相色谱。把高压泵和化学键合固定相用于液相色谱，出现了高

效液相色谱法，高效液相色谱法使用粒径更小的固定相填充色谱柱，提高了色谱柱的塔板数，以高压驱动流动相，使采用经典液相色谱需要数日乃至数月完成的分离工作得以在几个小时甚至几十分钟内完成。1971 年，美国科学家柯克兰（J. J. Kirkland）等人出版了《液相色谱的现代实践》一书，标志着高效液相色谱法的正式建立。在此后的时间里，高效液相色谱成为最常用的分离和检测手段，在有机化学、生物化学、医学、药物开发与检测、化工、食品科学、环境监测、商检和法检等方面都有广泛应用。高效液相色谱还极大地刺激了固定相材料、检测技术、数据处理技术及色谱理论的发展。

2.1.2　色谱分析的基本原理

色谱法的分离原理就是利用待分离的各种物质在两相中的分配系数、吸附能力等亲和能力的不同来进行分离的。在色谱法中存在两相，把固定不动的相称为固定相；把不断流过固定相的相称为流动相。

使用外力使含有样品的流动相（气体、液体）固定于柱中或平板上、与流动相互不相溶的固定相表面，当流动相中携带的混合物流经固定相时，混合物中的各组分会与固定相发生相互作用。

混合物中各组分在性质和结构上存在差异，且固定相之间产生的作用力的大小、强弱不同，随着流动相的移动，混合物在两相间经过反复多次的分配平衡，使得各组分在固定相保留的时间不同，从而按一定次序由固定相中流出，色谱柱的出口安装一个检测器，当有组分从色谱柱流入检测器时，检测器将输出对应于该组分浓度的电信号，记录仪把各个组分对应的输出信号记录下来，就形成了色谱图，混合物在色谱柱中的分离过程示意图如图 2-2 所示。根据各组分在色谱图

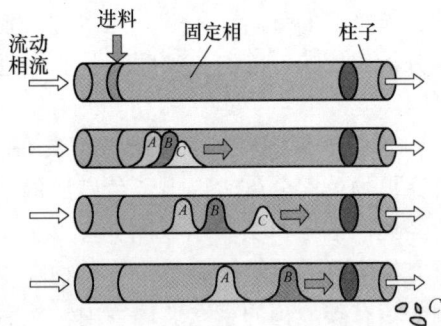

图 2-2　混合物在色谱柱中的分离过程示意图

中出现的时间及峰值可以确定混合物的组成及各组分的浓度。

2.1.2.1　塔板理论

采用平衡色谱理论只根据物料平衡原理导出组分在柱中区域移动的关系式，它假设组分在整个色谱过程中的任一瞬间都能达成分配平衡。因此，它无法说明组分纵向弥散因素对色谱峰展宽的影响和传质速率的有限性对组分传质过程的影响。这样，平衡色谱理论说明不了色谱流出曲线展宽的本质及曲线变化形状的影响因素，也说明不了各种实验操作条件变化引起色谱区域宽度变化的原因。从严格的色谱动力学观点讲，应根据色谱柱内组分移动的实际情况列出相应的偏微分方程组，然后求解这些偏微分方程组，获得描述色谱流出曲线状态的关系式。通过这种切合实际的色谱流出曲线关系式，分析影响色谱区域宽度的各种因素，从而为得到高效能色谱柱系统及高效能色谱方法提供的理论指导。然而，在色谱系统实际工作中，对色谱动力学偏微分方程组直接求解仍十分困难。因此，色谱工作者不得不采用较简便的模拟方法作为研究色谱动力学过程的手段。马丁和辛格在平衡色谱理论的基础上提出了塔板理论，即描述色谱柱中组分在两相间的分配状况及评价色谱柱的

分离效能的一种半经验式的理论，它成功解释了色谱流出曲线呈正态分布的现象。

塔板理论把色谱分离过程比作蒸馏过程，把色谱柱比作一个蒸馏塔。这样，色谱柱可由许多假想的塔板组成（即将色谱柱分成若干小单元），在每一塔板（小段）内，一部分空间被固定相占据，另一部分空间充满着流动相，载气占据的空间即塔板体积。当欲分离的组分随流动相进入色谱柱后，就在两相间进行分配，并迅速达到分配平衡，然后随着流动相按逐个塔板向前移动的方式。因被分离组分的分配系数不同，分配系数小的组分先离开蒸馏塔（色谱柱），分配系数大的组分后离开蒸馏塔（色谱柱），经过多次分配平衡后，分配系数不同的组分彼此得到分离，这就是塔板理论，H 即理论塔板高度。组分在色谱柱中的分配过程示意如图 2-3 所示。

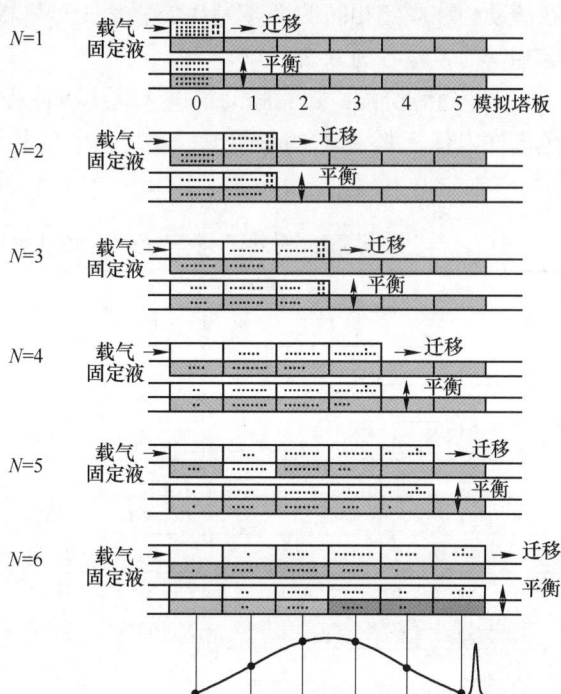

图 2-3　组分在色谱柱中的分配过程示意图

塔板理论的推导需要以下假定条件：

（1）把色谱柱分为若干小段，组分可在每一小段内瞬间建立气-液平衡。每个小段假定为一块塔板，每一小段的高度 H 称为理论塔板高度，简称板高。整个色谱柱是由按顺序排列的塔板组成的。

（2）在柱中每个理论塔板区域内，一部分空间被涂在载体上的液相占据，另一部分空间被载气占据，此空间称为板体积。假定载气进入色谱柱冲洗组分时，不是连续地充满板体积，而是在脉冲式的瞬间占领整个板体积。

（3）假定柱中所有组分分子开始时都处于第一块塔板（一般命名为 0 号塔板）上时，组分的纵向扩散可以不计。

（4）假定组分在所有的塔板上都是线性等温分配，即组分的分配系数 K 在各塔板上均为常数，且不随组分在某一塔板上的浓度变化而变化。

假定色谱柱由 5 块塔板（色谱柱的塔板数 $n = 5$）组成，并以 r 表示塔板编号，$r = 0$，1，2，$\cdots$，$n - 1$，某组分的分配比 $k = 1$，N 表示进入柱中载气的脉冲板体积数，即冲洗组分的分配次数。基于上述假定，在色谱分离过程中该组分的分布可计算如下：

开始分配时，如果将组分为质量单位（即 $m = 1$ mg 或 1 μg）的组分加入 0 号塔板，当在 0 号塔板上达到平衡后，$k = 1$，即 $p = q$（p 为组分在固定相中的份数，q 为组分在流动相中的份数），所以 $p = q = 0.5$。

当 1 个板体积的载气以脉动方式进入 1 号塔板时，就将流动相中含有 q 份数的组分带到 1 号塔板上，此时 0 号塔板固定相中 p 份数的组分及 1 号塔板上气相中 q 份数的组分将分别在 1 号塔板上的流动相和固定相之间重新分配，故 0 号塔板上的组分含量为 0.5，其中在流动相和固定相间的量各为 0.25，而 1 号塔板上的组分含量同样为 0.5，在流动相和固定相间的量也各为 0.25。

按上述过程分配，随着脉动式进入柱中板体积载气的增加，组分在 $n=5$、$k=1$、$m=1$ 的色谱柱内任一塔板上的量见表 2-1，表中塔板上的量均为在流动相和固定相中的总重量。

表 2-1　组分在 $n=5$、$k=1$、$m=1$ 的色谱柱内任一塔板上的量

载气脉冲板体积数 N	塔板编号					色谱柱出口
	0	1	2	3	4	
0	1	0	0	0	0	0
1	0.500	0.500	0	0	0	0
2	0.250	0.500	0.250	0	0	0
3	0.125	0.375	0.375	0.125	0	0
4	0.063	0.250	0.375	0.250	0.063	0
5	0.032	0.157	0.313	0.313	0.157	0.032
6	0.016	0.095	0.235	0.313	0.235	0.079
7	0.008	0.560	0.116	0.275	0.275	0.118
8	0.004	0.032	0.086	0.196	0.275	0.138
9	0.002	0.018	0.059	0.141	0.246	0.138
10	0.001	0.010	0.038	0.100	0.189	0.118
11		0.005	0.024	0.069	0.145	0.095
12		0.002	0.016	0.046	0.107	0.073
13		0.001	0.008	0.030	0.076	0.054
14			0.004	0.019	0.053	0.038
15			0.002	0.012	0.036	0.026
16			0.001	0.007	0.024	0.018

由表 2-1 可以看出，当 $N=5$ 时，即 5 个塔板体积载气进入色谱柱后，组分就会出现在色谱柱出口，随后进入检测器产生信号。

组分从具有 5 个塔板的色谱柱中洗脱出来的最大浓度出现在 8 个和 9 个塔板体积通过时，但流出曲线不对称，这是设定的色谱柱的塔板数太少的缘故。在气相色谱中，一般 n 在 $10^3 \sim 10^6$ 之间，流出曲线可近似为正态分布曲线，流出曲线上的浓度 c 与时间 t 的关系如下：

$$c = \frac{c_0 T}{\sigma \sqrt{2\pi}} \mathrm{e}^{-\frac{(t-t_R)^2}{2\sigma^2}} \tag{2-1}$$

式中，c 为时间 t 时的瞬时浓度；c_0 为被分离组分的浓度；T 为进样时间；t_R 为保留时间；σ 为标准偏差。

以上讨论了单一组分在色谱柱内的分配过程。一般色谱分离的试样多为多组分的混合物，各组分的分配系数有一定的差异，经过多次分配平衡在色谱柱出口处出现最大浓度时所有的载气板体积也将不同，因此不同组分在流动相和固定相中分配系数不同，保留时间

也不同。色谱柱的塔板数很多，因此即使分配系数有较小差异，仍可得到好的分离效果。

设色谱柱长为 L，理论塔板高度为 H，则 $n = L/H$。显然，当色谱柱长固定时，理论塔板高度越小，则理论塔板数越多，分离效果越好，柱效能就越高。

计算理论板塔数 n 的经验公式为

$$n = 5.54\left(\frac{t_R}{W_{1/2}}\right)^2 = 16\left(\frac{t_R}{W_b}\right)^2 \qquad (2-2)$$

式中，n 为理论塔板数；t_R 为某组分的保留时间；$W_{1/2}$ 为某组分以时间为单位的半峰宽；W_b 为色谱峰以时间为单位的峰底宽度。

由式（2-2）可见，色谱柱的理论塔板数与峰宽和保留时间有关。保留时间越多，峰越窄，理论塔板数就越多，柱效能也就越高。有效塔板数和有效塔板高度消除了死时间的影响，可较真实地反映色谱柱的柱效能。

塔板理论形象地描述了被分离组分在色谱柱中的分配平衡和分离过程，提出了柱效能、塔板高度的概念，可以解释影响色谱峰的保留时间和色谱峰的宽度的原因，但不能解释色谱峰展宽的原因及影响塔板高度的各种因素，也不能解释不同载气流速下测得的塔板数不同的原因。从塔板理论假设中可知，没有考虑沿柱流动方向的纵向扩散效应和两相间交换的传质阻力问题，在实际使用中存在多种不足，为此，荷兰化学家范德姆特（Van Deemter）于 1956 年提出速率理论。

2.1.2.2 速率理论

塔板理论存在缺陷，不能较全面地说明色谱流出曲线各种行为的内在原因，特别是板塔高度值受哪些因素决定的本质问题。流动相线速度或体积流速不同时为什么可以测得不同理论板数，或在流速相差较大的两区间内又能测得相近的理论板数等问题，塔板理论都不能解答。

荷兰化学家范德姆特在塔板理论的基础上，考虑沿柱流动方向的纵向扩散效应和两相间交换的传质阻力对柱效能的影响，提出了色谱分离过程中的动力学理论，即速率理论：

$$H = A + \frac{B}{u} + Cu \qquad (2-3)$$

式中，H 为理论塔板高度；A 为涡流扩散系数；B 为分子扩散系数；u 为流动相速度；C 为传质阻力系数。

式（2-3）为速率方程的简化式。影响 H 的三项因素为涡流扩散项 A、分子扩散项 B/u、传质阻力项 Cu。在流动相速度 u 一定时，只有 A、B、C 较小，H 才能较小，柱效能才能较高。

A 涡流扩散项

当流动相碰到固定相颗粒时，不断地改变载气的流动方向，使得理想地沿色谱柱中心轴向流动，使被测组分在气相中形成类似"涡流"流动，从而引起色谱峰的扩张。涡流扩散项与固定相的平均粒径 d_p 的大小和填充柱子的均匀性有关，而与载气的类型、流速和被测组分性质等无关。涡流扩散项影响因素的表达式为

$$A = 2\lambda d_p \qquad (2-4)$$

式中，λ 为填充不规则因子；d_p 为填充颗粒的平均直径。

可见，涡流扩散项的大小与固定相的平均颗粒直径和填充是否均匀有关，而与流动相

的流速无关。

对填充柱而言，使用细而填充均匀的颗粒，可降低涡流扩散项，提高填充柱的柱效能。对毛细管色谱而言，涡流扩散系数 $A = 0$。

B　分子扩散项

分子扩散项包括纵向扩散项和横向扩散项。纵向扩散项是由被测组分在色谱柱内分离过程中沿色谱柱中心轴向引起的组分浓度梯度形成的，被测组分被载气带入色谱柱后，以"塞子"的形式存在于色谱柱内很小的一段空间内，在"塞子"前、后因存在浓度差而形成浓度梯度，自发地向前、向后扩散，使被测组分产生浓度差，而造成谱带展宽。横向扩散项是指被测组分沿色谱柱截面的扩散。一般而言，分子扩散项是指纵向分子扩散项，而横向扩散项忽略不计。

分子扩散系数 $B = 2\gamma D_g$。其中，γ 为弯曲因子，是流动相因填充柱内载体而引起的气体扩散路径弯曲的因子；D_g 为气相分子的扩散系数，低密度气体（如氢气、氦气）的扩散系数大，分子扩散项对柱效能的影响较大；高密度气体（如氮气、氩气）的扩散系数小，分子扩散项对柱效能的影响较小。

另外，纵向扩散项与组分在色谱柱内的保留时间有关，保留时间越长，分子扩散项对色谱峰扩张的影响就越显著。纵向扩散项还与组分在载气流中的分子扩散系数 D_g 的大小成比例。D_g 与组分和载气的性质有关，相对分子质量大的组分，其 D_g 小，使用的载气的相对分子质量大，则 D_g 小，因此在实际应用中，使用相对分子质量大的载气即高密度载气，可降低分子扩散项。

弯曲因子 γ 与色谱柱类型等因素有关。弯曲因子的意义为：由于在色谱柱内固定相颗粒的存在，分子不能自由扩散，从而使扩散程度降低。对于毛细管柱色谱，没有固定相颗粒的阻碍，扩散程度最大，这时 $\gamma = 1$。对于填充柱色谱，由于固定相颗粒的存在，组分的扩散路径发生弯曲，扩散程度降低，$\gamma < 1$，且大多数填充柱色谱中使用的硅藻土载体，γ 在 $0.5 \sim 0.7$ 之间。因此，填充柱色谱中的纵向分子扩散项要小于毛细管柱色谱中的纵向分子扩散项。

C　传质阻力项

被测组分在两相间进行分配、离子交换、平衡时，被测组分被载气带入，从气相进入液相，并从液相返回气-液界面，这个过程不是瞬间完成的，需要一定时间。例如，被测组分从气相进入液相时，可能还没有来得及到达液相参与分配就被载气带回，或被测组分从气相进入液相，参与气-液分配后不能立即从液相中返回气相。同样，被测组分从液相被载气带进入气相并从气相返回的过程也不是瞬间完成的，这就是传质阻力项。传质阻力项包括气相传质阻力项和液相传质阻力项。对于气-液色谱，其传质阻力系数 C 包括气相传质阻力系数 C_g 和液相传质阻力系数 C_1 两部分，即 $C = C_g + C_1$。

气相传质阻力项涉及被测组分随载气带入并从气相流动相到固定相表面参与分离的过程，被测组分将在气、液两相间进行分离，即进行浓度分配。这个分配过程如果进展缓慢，表明分离过程中的气相传质阻力大，就会引起色谱峰的扩张。

对于填充柱色谱，其气相传质阻力系数 C_g 可表示为

$$C_g = \frac{0.01\, k^2}{(1 + k)^2} \times \frac{d_p^2}{D_g} \tag{2-5}$$

式中，k 为容量因子；d_p 为填充颗粒的平均粒径；D_g 为载气的纵向分子扩散系数。

从式（2-5）可知，气相传质阻力系数与填充物颗粒粒径的平方成比例。在填充柱色谱中，使用颗粒粒径小的填充物和相对分子质量小的低密度气体作为载气可使气相传质阻力系数 C_g 减小，提高柱效能；在毛细柱管色谱中，使用薄液膜厚度的毛细管柱可降低气相传质阻力项。

液相传质阻力项涉及被测组分从固定相的气-液界面移动到液相内部，并发生组分浓度交换，以达到分配平衡并又返回气-液界面的传质过程。液相传质阻力与固定相的液膜厚度、被测组分在液相中的扩散系数成比例，液相传质阻力系数 C_l 的表达公式为

$$C_l = \frac{2}{3} \times \frac{k}{(1+k)^2} \times \frac{d_f^2}{D_l} \quad (2\text{-}6)$$

式中，k 为容量因子；d_f 为毛细管柱色谱中的固定液的液膜厚度；D_l 为被测组分在液相中的扩散系数。

对于填充柱色谱，其使用固定液（或固体吸附剂）的含量较毛细管柱色谱需要的含量高得多，影响塔板高度的传质阻力项主要是液相传质阻力项，而对气相传质阻力项影响很小，可忽略不计；如果使用的是低固定液（或固体吸附剂）的色谱柱，C_g 对传质阻力的贡献可能会较大。

将各项关系式进行整理，可得气相色谱板高速率方程：

$$H = 2\lambda d_p + \frac{2\gamma D_g}{u} + \left[\frac{0.01 k^2}{(1+k)^2} \times \frac{d_p^2}{D_g} + \frac{2}{3} \times \frac{k}{(1+k)^2} \times \frac{d_f^2}{d_l} \right] \times u \quad (2\text{-}7)$$

此方程又称为范德姆特方程，H 为理论板塔高度，其简化式为 $H = A + \frac{B}{u} + C_g u + C_l u$。速率方程式对色谱条件的选择具有指导意义，速率理论解释了塔板理论不能解释的色谱峰展宽的原因及柱效能与载气流速有关的原因。它解释了色谱柱填充均匀程度、固定液（或固体吸附剂）的量、担体的粒径大小及均匀性、毛细管柱涂柱均匀性、载气流速等因素对柱效能及色谱峰展宽的影响。

2.1.2.3 分离度

分离度反映的是被测组分分离的程度。仅从柱效能或选择性不能反映组分在色谱柱中的分离情况，为此，引入分离度 R 的概念，既能反映柱效能又能反映选择性的指标。分离度为相邻两组分色谱峰保留值之差与两组分色谱峰底宽总和之半的比值，即

$$R = \frac{t_{R_2} - t_{R_1}}{\frac{1}{2}(W_{b_1} + W_{b_2})} = \frac{2(t_{R_2} - t_{R_1})}{W_{b_1} + W_{b_2}} \quad (2\text{-}8)$$

式（2-8）为分离度的定义式，主要用于对难分离物质进行分离度的计算，为优化色谱分离条件提供依据。R 达到 1.5 时，两个峰的分离程度可达到 99.7%。一般将 $R = 1.5$ 作为判断相邻两组分是否完全分离的标志。

从色谱理论上讲，分离度 R 受理论塔板数 n、选择因子 α、容量因子 k 的影响，其数学表达式为

$$R = \frac{\sqrt{n}}{4} \times \frac{\alpha - 1}{\alpha} \times \frac{k}{1+k} \quad (2\text{-}9)$$

式（2-9）为色谱分离基本方程。

2.1.3 色谱流出曲线和色谱峰

色谱分析基于色谱法原理用色谱柱先将混合物分离开来，然后再用检测器对各组分进行检测。试样中各组分经色谱柱分离后，按先后次序经过检测器时，检测器就将流动相中各组分浓度变化转变为相应的电信号，由记录仪所记录下的信号随时间变化的微分曲线，称为色谱流出曲线（色谱图），如图 2-4 所示。当某组分从色谱柱流出时，检测器对该组分的响应信号会随时间发生变化，形成的峰形曲线称为该组分的色谱峰。如果进样量很小、浓度很低，在吸附等温线或分配等温线的线性范围内，则色谱峰是对称的。常用以下概念对色谱图进行描述。

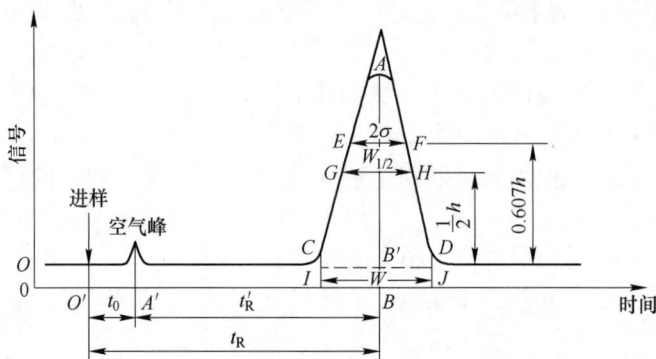

图 2-4 色谱流出曲线（色谱图）

2.1.3.1 基线

在操作条件下，没有试样进入检测器，只有纯流动相进入检测器，柱与流动相达到平衡后的流出曲线，记录仪记录的是一条直线，这条直线称为基线（base line），一般应平行于时间轴。色谱仪器运行时，检测条件的变化会引起信号线的位置上斜或下斜，称为基线漂移。主要是由操作条件（如电压、温度、流动相及流量的不稳定）引起，柱内的污染物或固定相不断被洗脱下来也会产生漂移。

2.1.3.2 色谱峰

测器对每个组分给出的信号会在记录仪上表现为一个个的峰，称为色谱峰（chromatography peak）。色谱峰上的极大值是定性分析的依据，而色谱峰包罗的面积取决于对应组分的含量，故峰面积是定量分析的依据。正常色谱峰近似于对称形正态分布曲线，在检测过程中操作不当会引起色谱仪出峰异常，出现不对称峰或是假峰现象。常用以下概念描述色谱峰：

（1）峰底（peak base）：基线上峰的起点至终点的直线。

（2）峰高（peak height）：峰的最高点至峰底的距离，一般用 h 来表示，单位为 cm。

（3）峰宽（peak width）：峰两侧拐点处所作两条切线与基线的两个交点间的距离，一般用 W_b 来表示，如图 2-4 中的 CD。

（4）峰面积（peak area）：是指每个组分的流出曲线与基线间所包围的面积，一般用 A 来表示。

（5）半高峰宽（peak width at half-height, $W_{h/2}$）：通过峰高的中点作平行于峰底的直线，此直线与峰两侧相交两点之间的距离。

（6）标准偏差（standard deviation）：正态分布曲线 $x=\pm 1$ 时（拐点）的峰宽的 $1/2$。正常峰的拐点在峰高的 0.607 倍处。标准偏差的大小说明组分在流出色谱柱过程中的分散程度。标准偏差一般用 σ 表示，σ 小，分散程度小，极点浓度高，峰形窄，柱效能高；反之，σ 大，峰形宽，柱效能低。

（7）拖尾峰（tailing peak）：指后沿较前沿平缓的不对称峰。

（8）前伸峰（leading peak）：指前沿较后沿平缓的不对称峰。

（9）假峰（ghost peak）：指并非由试样产生的峰，也称为鬼峰。

（10）拖尾因子（tailing factor）：用以衡量色谱峰的对称性，也称为对称因子或不对称因子。《中国药典》规定拖尾因子的范围应为 0.95~1.05。拖尾因子一般用 T 表示，$T<0.95$ 为前伸峰，$T>1.05$ 为拖尾峰。

此外，还有畸峰（distorted peak）、谱带扩张（band broadening）、峰容量（peak capacity）等概念也用于描述色谱峰。

2.1.3.3 保留值

保留值表示试样中各组分从进样到色谱柱后出现浓度最大值所需要的时间（或所需载气的体积）。它体现了各待测组分在色谱柱上的保留情况，在固定相中溶解性越好，或与固定相吸附性越强的组分，在柱中的保留时间就越长，或者可认为将组分带出色谱柱所需的流动相体积越大，所以保留值可以用保留时间和保留体积两套参数描述，它可反映组分与固定相之间作用力的大小，在一定的固定相和操作条件下，任何一种物质都有一个确定的保留值，所以保留值是色谱法定性的依据。

（1）死时间（dead time）：是不被固定相滞留的组分，从进样到出现峰（往往是出现的第一个峰）的最大值所需的时间。死时间与色谱柱的空隙体积成正比。死时间一般用 t_M 来表示。

（2）保留时间（retention time）：指被测组分从进样开始到柱后出现浓度最大值时所需的时间。保留时间一般用 t_R 来表示。保留时间是色谱峰位置的标志。用压力梯度校正因子修正后可以得到校正保留时间。

（3）调整保留时间（adjusted retention time）：指减去死时间的保留时间。调整保留时间一般用 t'_R 来表示，其计算公式为

$$t'_R = t_R - t_M \tag{2-10}$$

此外，用压力梯度校正因子修正后可以得到净保留时间。它表示与固定相发生作用的组分比载气在色谱柱中多滞留的时间，实际上是组分在固定相中滞留的时间。其能更准确地表达被分析组分的保留特性，是气相色谱定性分析的基本参数。

（4）死体积（dead volume）：是不被固定相滞留的组分，从进样到出现峰的最大值所需的流体相体积，也即是色谱柱在填充后管内固定相颗粒间空隙、色谱仪管路和连接头间空隙和检测器间隙的总体积。死体积 V_m 的计算公式为

$$V_m = t_M F_0 \tag{2-11}$$

式中，F_0 为操作条件下色谱柱内载气的平均流速，mL/min。

（5）保留体积（retention volume）：指从进样开始到待测物在柱后出现浓度最大值时

所通过的流动相的体积。用压力梯度校正因子修正后可以得到校正保留体积。保留体积 V_R 的计算公式为

$$V_R = t_R F_0 \tag{2-12}$$

（6）调整保留体积（adjusted retention volume）：指扣除死体积后的保留体积。用压力梯度校正因子修正后可以得到净保留体积。调整保留体积 V_R' 的计算公式为

$$V_R' = V_R - V_M \tag{2-13}$$

（7）相对保留值（relative retention value）：指在相同的操作条件下，组分与参比组分的调整保留值之比。它用以衡量这两种组分被分离的效果，是色谱选择性的量度。相对保留值 γ 的计算公式为

$$\gamma = \frac{t_{R_i}'}{t_{R_s}'} = \frac{V_{R_i}'}{V_{R_s}'} \tag{2-14}$$

γ 仅与柱温和固定相性质有关，而与载气流量及其他实验条件无关，因此是色谱定性分析的重要参数之一。在色谱定性分析中，常选用一个组分作为标准，其他组分与标准组分的相对保留值可作为色谱定性的依据。相邻且难分离的两组分的相对保留值，也可作为色谱系统分离选择性指标。

（8）选择因子（selective factor）：指相邻两组分的调整保留值之比。选择因子 α 的计算公式为

$$\alpha = \frac{t_{R_1}'}{t_{R_2}'} = \frac{V_{R_1}'}{V_{R_2}'} \tag{2-15}$$

α 表示色谱柱的选择性，即固定相（色谱柱）的选择性。α 值越大，相邻两组分的调整保留时间 t_R' 相差越大，两组分的色谱峰相距越远，分离得越好，表明色谱柱的分离选择性越高。当 $\alpha = 1$ 或接近 1 时，两组分的色谱峰重叠，表明两组分不能被分离。

2.1.3.4　色谱分配平衡

组分在固定相和流动相之间发生的吸附与解（脱）附或溶解与挥发的过程称为分配过程。在气-液色谱系统中，固定相由表面涂一层液膜的载体构成，通常称为液相；流动相是载气，也称气相。被分离的混合组分由载气携带在气、液两相间进行反复多次的分配并达到平衡。各组分的性质不同，它们在两相中的分配系数不同，因其分配系数的差别而分离。分配系数的差值越大，则混合分组越易分离。这种柱分配行为，可以模拟精馏塔的塔板理论加以说明，从而解释柱分配平衡过程。

组分分子在一定条件下在两相中的分配行为，可用分配系数 K、分配比 k、相比率 β 及分离度 R 等概念来描述。为便于讨论，假定液相的载体无吸附活性，即对组分分子不产生吸附效应，是经过化学处理的惰性载体。

A　分配系数

分配系数是指在一定温度和压力下，组分在固定相和流动相之间分配达到平衡时的浓度比，即

$$K = \frac{C_s}{C_M} \tag{2-16}$$

式中，C_s 为组分在固定相中的浓度；C_M 为组分在流动相中的浓度。

一定温度下，各物质在两相间的分配系数不同。分配系数小的组分，每次分配后在固定相中的浓度较低，先流出色谱柱。而分配系数大的组分，则每次分配后在固定相中的浓度较高，因而后流出色谱柱。当试样一定时，K 主要取决于固定相的性质。不同组分在各种固定相上的分配系数不同，因而选择合适的固定相，增加组分间的分配系数的差别，可显著改变分离效能。试样中各组分具有不同的 K 是分离的前提，当 $K = 0$ 时，组分不被固定相保留，最先流出。

B 分配比

在一定温度和压力下，组分在两相间的分配达平衡时，分配在固定相和流动相中的质量比，称为分配比。它反映了组分在柱中的迁移速率。分配比又称为容量因子。

$$k = \frac{m_s}{m_M} = \frac{C_s V_s}{C_M V_M} \tag{2-17}$$

式中，m_s 为组分在固定相中的质量；m_M 为组分在流动相中的质量；V_s 为色谱柱中固定相的体积；V_M 为色谱柱中流动相的体积。

在数值上，分配比 k 可以用调整保留时间和死时间的比值来计算。

$$k = \frac{t_R - t_M}{t_M} = \frac{t'_R}{t'_M} \tag{2-18}$$

根据式（2-18），分配比 k 可以很方便地从色谱图中得到，所以它是一个重要的色谱参数，在气相色谱法中常用分配比 k 而不用分配系数。当 $k = 0$ 时，则 $t_R = t_M$，组分无保留行为；当 $k = 1$ 时，则 $t_R = 2t_M$；$k \rightarrow \infty$ 时，则 t_R 很大，组分峰分不出来。最优的分配比在 1~5 之间，主要靠选择合适的固定液，改变流动相、改变样品本身的性质等方式达到。

C 相比率

相比率的定义为分配系数和分配比的比值。

$$\beta = \frac{K}{k} \tag{2-19}$$

相比率 β 是反映色谱柱柱型和柱结构的重要参数。例如，填充柱的 β 为 6~35，而毛细管柱的 β 为 50~1500。

D 分离度

分离度 R 是既能反映柱效能又能反映选择性的一个综合性指标，也称为总分离效能指标或分辨率。它的定义为相邻两组分色谱峰保留值之差与两组分色谱峰底宽总和的一半的比值。

$$R = \frac{2(t_{R_2} - t_{R_1})}{W_{b_1} + W_{b_2}} \tag{2-20}$$

利用此式，可直接从色谱流出曲线上求出分离度。分离度可以用来作为衡量色谱峰分离效能的指标。难分离物质对的分离度大小受色谱分离过程中两种因素综合影响：保留值之差——色谱分离过程的热力学因素；区域宽度——色谱分离过程的动力学因素。色谱柱的选择性越强，两组分的色谱峰相距越远；柱效能越高，色谱峰越窄。

如图 2-5 所示，色谱分离中一般有以下 4 种情况：

（1）柱效能较高，分配系数之差 ΔK 较大，组分完全分离（见图 2-5 (a)）；

（2）柱效能较高，ΔK 不是很大，峰较窄，组分基本完全分离（见图 2-5 (b)）；

（3）柱效能较低，ΔK 较大，组分分离得不好（见图 2-5（c））；

（4）柱效能低，ΔK 小，分离效果差（见图 2-5（d））。

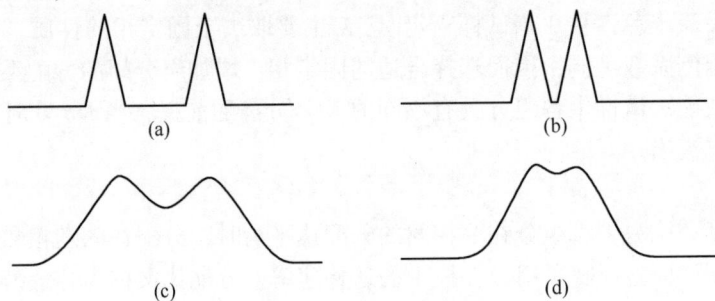

图 2-5   色谱分离中的 4 种峰分离情况

用分离度 R 来表示时，一般 $R < 1$ 时，两峰明显交叠；$R = 1$ 时，分离程度达到 98%；$R = 1.5$ 时，分离程度可达 99.7%。因此一般用 $R = 1.5$ 作为相邻两峰完全分离的标准。

与前面介绍的几种气体成分分析仪不同，色谱分析仪能对被测样品进行全面分析，既能鉴定混合物中的各种组分，还能测量各组分的含量，因此色谱分析仪在科学实验和工业生产中越来越广泛应用。

2.1.4   色谱分析法的分类

色谱分析法有很多种，从不同角度出发可以有不同的分类方法，常见从两相的状态分类。色谱法中，流动相可以是气体，也可以是液体，由此可分为气相色谱法（gas chromatography，GC）和液相色谱法（liquid chromatography，LC），工业上常用的色谱仪一般都是气相色谱仪。固定相既可以是固体，又可以是涂在固体上的液体，由此又可以将气相色谱法和液相色谱法分为气-液色谱（gas-liquid chromatography，GLC）、气-固色谱（gas-solid chromatography，GSC）、液-固色谱（liquid-solid chromatography，LSC）、液-液色谱（liquid-liquid chromatography，LLC），色谱法的分类如图 2-6 所示。

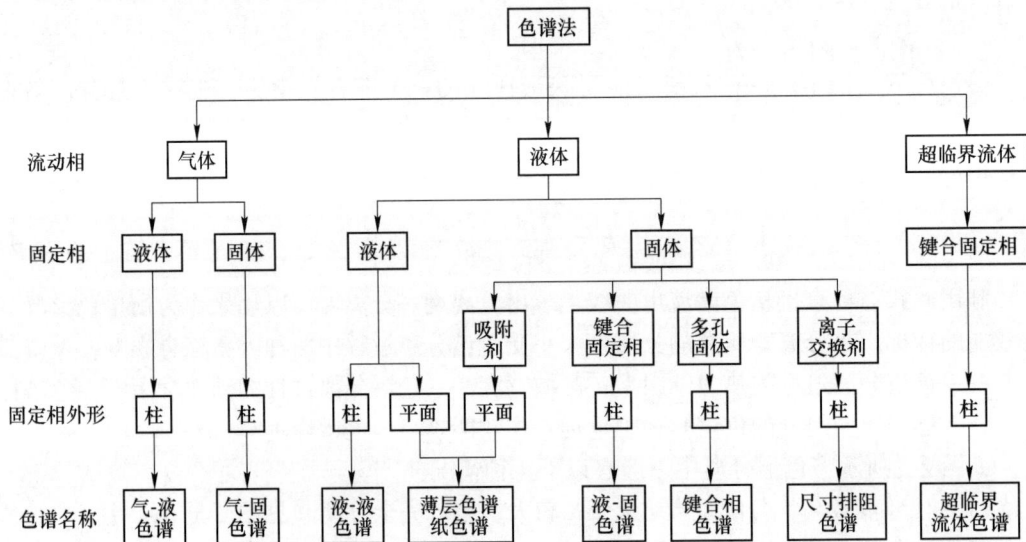

图 2-6   色谱法的分类

2.2 定性与定量分析方法

无论是气相色谱还是液相色谱，它们的定性与定量分析的原理和方法都是相同的。色谱定性分析就是确定通过色谱分离后获得一系列未知的色谱峰代表的是何种物质。色谱定量分析就是确定各组分在试样中的含量。

2.2.1 定性分析方法

色谱数据一般利用保留时间定性，这是最常用、最简单的办法。色谱是一种良好的分离方法，但是它不能直接从色谱图中给出定性结果。

理论和实验结果都表明，对于一定的色谱仪和一定的操作条件，每一种物质都有一个确定的保留时间。这样，对于某一指定的气相色谱仪，在一定的操作条件下测出各种已知物的保留时间，然后把被测时间和已知物相比较，一般情况下，保留时间相同的就是相同的组分。此外，对于一个完全未知的混合样品，单靠色谱法定型比较困难，往往需要采用多种方法综合解决，如与质谱、红外光谱仪等联用综合分析。

2.2.1.1 利用标准物质定性

在色谱定性分析中，最常用且简便可靠的方法是利用已知物定性，这个方法的依据是在一定的固定相和一定的操作条件下，任何物质都有固定的保留值。比较已知物和未知物的保留值是否相同，就可确定出某一色谱峰可能是什么物质。

A 保留时间定性

对于组分不太复杂的样品，在完全相同的色谱条件下，可选择一系列与未知成分相接近的标准物质，依次进样，当某一已知物质与未知组分色谱峰的保留时间相同时，即可初步确定此未知峰代表的组分。但此方法定性需要严格控制操作条件（如柱温、柱长、柱内径、填充量、流速等）和进样量，用保留时间定性，时间允许误差要小于2%。

B 峰高增加法定性

将已知物质加入未知样品中，如果此时待测组分峰比原来的峰高相对增加了，且半峰宽并没相应加宽，则表示该样品中含有已知物质组分。

C 双柱或多柱定性

在一根色谱柱上用保留值鉴定组分有时不一定可靠，因为不同物质有可能在同一色谱柱上具有相同的保留值，所以应采用双柱或多柱法进行定性分析。气相或液相操作中，当仪器的操作条件保持不变时，任意物质的色谱峰总是在色谱图上固定的位置出现，即有一定的保留值。不同组分有可能在同一柱上具有相同的保留值，因此未知组分和已知物的保留值一致，有时也不能完全肯定两者是同一物质。利用双柱或多柱进行保留值比较定性，使原来具有相同保留值的不同组分分开，增加了定性的可靠性。在选择不同柱子时，应使柱的极性有较大差别。

2.2.1.2 文献值定性

许多科学工作者经过多年的努力，积累了大量有机化合物在不同柱子、不同柱温下的保留数据，如相对保留值、比保留值、柯瓦（Kovat's）保留指数 I 等。进行定性时可将实验测得的保留数据与文献记载的保留数据进行对照，即可确定被测组分。在使用文献数据时，要注意实验测定时使用的固定液及柱温应和文献记载一致。

2.2.1.3　利用两谱联用定性

气相色谱的分离效率很高，但仅用色谱数据定性却很困难。而质谱法、红外光谱法、紫外光谱法和核磁共振波谱法对单一组分的有机化合物具有很强的定性能力。因此，若将色谱分析与这些仪器联用，就能发挥各方法的长处，很好地解决组成复杂的混合物的定性分析问题。

联用方法一般有两种：一种方法是将色谱分离后需要进行定性分析的某些组分分别收集起来，然后再用四种光谱方法或其他的定性分析方法进行分析，这一方法烦琐、费时且易污染样品，一般只在没有其他办法的时候才采用；另一种方法是将色谱与上述几种仪器通过适当的接口连接技术直接连接起来，将色谱分离后的每一组分通过接口直接送到上述仪器中进行定性分析。这样，色谱和所联用的仪器就成为了一个整体——联用仪，可以同时得到样品的定性与定量结果。

目前较为成熟的联用仪主要是气相色谱-质谱联用仪和气相色谱–红外光谱联用仪。

2.2.2　定量分析方法

色谱分析的重要作用之一是对样品的定量测定。其主要依据是在一定的分离和分析条件下，色谱峰的峰面积或峰高（检测器的响应值）与被测组分的质量或浓度成正比，即

$$m_i = f_i A_i \qquad (2\text{-}21)$$

式中，m_i 为被测组分量；f_i 为被测组分的定量校正因子，其数值与检测器的性质和被测组分的性质有关；A_i 为被测组分的峰面积。

因此，要想得到准确的定量分析数据，必须准确确定式（2-21）中的峰面积和定量校正因子。此外，还需要选定合适的定量测试方法。

2.2.2.1　色谱峰面积的测定

色谱图上基本的定量数据是峰面积和峰高，色谱定量分析基础是得到的峰面积（或峰高）和进样量呈函数关系，因此在定量分析时，必须得到峰面积（或峰高）的数据，其测量的准确程度将直接影响定量分析结果的准确度，面积测定要根据不同的色谱峰形采用不同的测量计算方法。

色谱分离结果对峰高和峰面积的测量有一定影响。若形成的色谱峰为对称峰，并且与相邻色谱峰达到基线分离的程度，峰高和峰面积的准确测量比较容易。若色谱分离结果不十分理想，得到的色谱峰峰形不对称，没有完全分离开及基线发生较明显的漂移时，准确地测量色谱峰的峰面积和峰高会有一定困难。此时就要根据实际情况，利用一些相应的测量及计算方法，以尽可能地减少峰面积和峰高的测量值与实际值的差别。

峰高是出峰极大极值点至峰底（或基线）的距离，峰面积是色谱峰与峰底（或基线）所围成的面积。因此要准确测定峰高和峰面积，关键在于峰底（或基线）的确定。峰底是从峰的起点与峰的终点之间的一条连接直线。一个完全分离的峰，峰底与基线应该是互相重合的。

随着电子信息科学的发展及计算机应用的普及，绝大部分色谱仪都采用计算机软件来进行数据分析，使色谱峰高和峰面积的测量变得相对简单，同时减少了峰高和峰面积的测量误差，提高了仪器的自动化程度。根据需要，人们可预先设定积分参数（如半峰宽、

峰高和最小峰面积等）和基线，仪器根据这些参数来计算每个色谱峰的峰高和峰面积，并直接给出峰高和峰面积的结果，以便于定量计算使用。但当计算机无法正确识别一个完整的色谱峰，以致计算结果出错时，也需要人为地调整色谱峰的起落点、增加或删除色谱峰，以保证结果的准确性。

对于对称的峰，其面积计算常用峰高乘以半高峰宽和三角形法两种。对于不对称峰、大峰上的小峰、基线漂移时的峰、重叠峰，均需要采取特殊的计算方法。此外，还有剪纸称重法、计算机软件计算等方法。

峰高也可作为定量指标。对于一定的样品，如果操作条件保持不变，在一定的进样量范围内，半高峰宽是不变的，峰高可直接代表组分的浓度，由峰高代替面积进行计算。该方法快速、简便，适用于固定不变的常规分析。与使用面积定量法相比，出峰早的组分，其半高峰宽很小，相对测量误差大，这时用峰高定量更准确；出峰晚、峰较宽的组分，用峰面积定量更准确。

2.2.2.2 定量校正因子

同一种物质由于其物理和化学性质的差别，在不同类型检测器上有不同的响应值，即使使用同一检测器，其产生的响应信号大小也不相同。例如，含量均为50%的两个组分，所得到的两个色谱峰峰面积并不相等；或者说两个峰面积相等的组分，其含量并不相等。为了使检测器产生的信号能真实反映物质的量，就要对峰面积进行校正，在定量分析时要引入校正因子f_i，其物理意义是单位峰面积所代表的被测组分的量。定量校正因子又可分为绝对校正因子和相对校正因子。

A 绝对校正因子

对同一个检测器，等量的不同物质，其响应值是不同的，但对同一种物质，其响应值只与该物质的量有关。根据色谱定量分析基本公式（2-21），可以计算定量校正因子：

$$f_i = m_i/A_i \tag{2-22}$$

根据式（2-22），取一定量（或一定浓度）的组分进行色谱分析，准确测量其所得色谱峰的峰面积（或峰高），即可计算绝对校正因子。

B 相对校正因子

相对校正因子f'是指某组分与标准物质的绝对校正因子之比。它的数值与所用的计量单位有关，根据被测组分计量单位的不同，校正因子可分为质量校正因子f'_m、摩尔校正因子f'_M和体积校正因子f'_V。在被测样品一定的情况下，相对校正因子只与检测器类型有关，而与色谱条件无关。以质量校正因子为例，其计算过程如下：

$$f'_m = \frac{f_{mi}}{f_{ms}} = \frac{\dfrac{m_i}{A_i}}{\dfrac{m_s}{A_s}} = \frac{m_i A_s}{m_s A_i} \tag{2-23}$$

式中，m_i、m_s分别为被测组分和标准物质的质量；A_i、A_s分别为被测组分和标准物质峰的面积。

在气相色谱中，对于热导检测器，相对校正因子f'一般以苯为标准物；对于氢火焰检测器，一般以正庚烷为标准物。相对校正因子一般被认为只与物质和标准物质及检测器有关，而与柱温流速、样品及固定液含量，甚至载气等条件无关。

2.2.2.3　常用定量分析方法

A　归一化法

归一化法是常用的一种简便、准确的定量方法，把所有出峰的组分含量之和按 100% 计的定量方法，称为归一化法。各成分校正因子一致时可用该法，该法简便、准确，特别是进样量不容易准确控制时，进样浓度及进样量的变化的影响很小。其他操作条件（如流速、柱温等）变化对定量结果的影响也很小。若以面积计算，称为面积归一化法；以峰高计算，称为峰高归一化法。以面积归一化法为例，计算公式为

$$X_i = \frac{m_i}{m} = \frac{f_i' A_i}{\sum f_i' A_i} \times 100\% \tag{2-24}$$

式中，X_i 为被测组分 i 的质量分数；m_i 为被测组分 i 的质量；m 为被测样品的质量；f_i' 为被测组分 i 的相对质量校正因子；A_i 为被测组分 i 的相对质量校正因子。

归一化法的特点如下：

（1）样品中所有组分必须都能出峰，必须知道每个组分的相对校正因子。

（2）简便准确。进样量的多少与定量结果无关，操作条件（如流速和柱温）的变化对定量结果的影响较小。

（3）对于某些不需要定量的组分，也必须知道其相对校正因子，也必须测出其峰面积。

B　外标法

外标法又称为标准曲线法，用已知纯样品配成不同浓度的标准样进行试验，测量各种浓度下对应的峰面积（或峰高），绘制响应信号–质量分数标准曲线。分析时，进入同样体积的分析样品从色谱图上测出峰面积（或峰高），从校正曲线上查出其质量分数。

首先用被测组分的标准样品绘制标准工作曲线。具体方法是：用标准样品配制成不同浓度的标准系列，在与被测组分相同的色谱条件下，等体积准确进样，测量各峰的峰面积（或峰高），用峰面积（或峰高）绘制标准工作曲线，此标准工作曲线应是通过原点的直线。若标准工作曲线不通过原点，说明测定方法存在系统误差。标准工作曲线的斜率即为绝对校正因子。

当被测组分含量变化不大，并已知这一组分的大概含量时，也可以不必绘制标准工作曲线，可以用单点校正法，即直接比较法定量。单点校正法实际上是利用原点作为标准工作曲线上的另一个点的校正法。因此，当方法存在系统误差时（即标准工作曲线不通过原点），单点校正法的误差较大。因此，规定拟合曲线方程 $y = ax + b$ 中 y 轴截距 b 的绝对值应在 100% 响应值的 2% 以内。

标准曲线法的优点主要是简单、直接，绘制好标准工作曲线后，可直接从标准工作曲线上读出含量，这对大量样品分析十分合适。特别是标准工作曲线绘制后可以使用一段时间，在此段时间内可经常用一个标准样品对标准工作曲线进行单点校正，以判断该标准工作曲线是否还可以使用。

标准曲线法的缺点是每次样品分析的色谱条件（如检测器的响应性能、柱温度、流动相流速及组成、进样量、柱效能等）很难完全相同，因此容易出现较大误差。另外，绘制标准工作曲线时，一般使用被测组分的标准样品（或已知准确含量的样品），因此对

样品前处理过程中被测组分的变化无法进行补偿。

C　内标法

当被测组分含量很小时，不能使用归一化法，或是被测样品中并非所有组分都出峰，只要目标组分出峰时就可以用内标法。加入的内标物最好是色谱纯或是已知含量的标准物，且内标物出峰最好在被测物峰的附近。将一定质量的纯物质作为内标物加入一定量的被分析样品混合物中，然后对含有内标物的样品进行色谱分析，分别测定内标物和待测组分的峰面积（或峰高）及相对校正因子，按公式即可求出被测组分在样品中的质量分数，此法称为内标法。

内标法的关键是选择合适的内标物。内标物应是原样品中不存在的纯物质，该物质的性质应尽可能与被测组分相近，且不与被测样品起化学反应，同时要能完全溶于被测样品，且为高纯度标准物质或含量已知物质。内标物的峰应尽可能接近被测组分的峰，或位于几个被测组分的峰中间，但必须与样品中的所有峰不重叠，即完全分开。

内标法的计算公式为

$$X_i = \frac{f'_{i,s} A_i m_s}{m A_s} \times 100\% \qquad (2\text{-}25)$$

式中，X_i 为被测组分 i 的质量分数；$f'_{i,s}$ 为相对校正因子；A_s 为内标物 s 的峰面积；m 为被测样品的质量；m_s 为内标物 s 的质量。

内标法的优点是定量准确，测定条件不受操作条件、进样量及不同操作者进样技术的影响。其缺点是选择合适的内标物较困难，每次需准确称量内标物和样品，增加了色谱分离的难度。

D　标准加入法

标准加入法可以看作是内标法和外标法的结合。标准加入法实质上是一种特殊的内标法，是在选择不到合适的内标物时，以被测组分的纯物质为内标物，加入待测样品，然后在相同的色谱条件下，测定加入被测组分纯物质前、后被测组分的峰高（或峰面积），从而计算被测组分在样品中的含量的方法。

标准加入法的优点有不需要另外的标准物质作内标物，只需被测组分的纯物质，进样量不必十分准确，操作简单等。若在样品的前处理之前就加入已知准确量的被测组分，则可以完全补偿被测组分在前处理过程中的损失，这是色谱分析中较常用的定量分析方法。

标准加入法的缺点是必须要求加入被测组分前、后两次色谱测定的色谱条件完全相同，以保证两次测定时的校正因子完全相同，否则将造成分析测定的误差。

2.3　气相色谱测试分析方法

气相色谱（GC）测试分析方法（以下简称气相色谱法）是一种以气体为流动相的柱色谱法、液体（高沸点的有机液体）或固体（表面具有一定活性的固体吸附剂）为固定相的色谱分析法。根据所用固定相状态的不同，可将气相色谱分为气-固色谱（GSC）和气-液色谱（GLC）。此法是由英国化学家马丁（A. J. P. Martin）等人于 1952 年在研究液-液分配色谱的基础上，创立的一种极有效的分离方法。目前由于使用了高效能的色谱柱、高灵敏度的检测器及计算机系统，气相色谱法已成为一种分析速度快、灵敏度高、应用范围广的分析方法。

气相色谱法主要用于容易气化且热稳定性好的各种有机化合物及气态样品的分析。对于高沸点化合物、难挥发化合物、热不稳定化合物、离子型化合物的分离却无能为力。气相色谱法在石油化工、生物医学、环境检测等领域中得到了广泛应用。近年来，随着气相色谱与其他仪器联用技术的快速发展，使其应用进一步扩展，如气相色谱与质谱（GC-MS）联用、气相色谱与傅里叶红外光谱（GC-FTIR）联用、气相色谱与原子发射光谱（GC-AES）联用等。

2.3.1 气相色谱测试流程

气相色谱法（GC）主要是利用物质的沸点、极性及吸附性质的差异来实现混合物的分离。气相色谱分析流程图如图 2-7 所示。

待分析样品在气化室气化后被惰性气体（即载气，也称为流动相）带入色谱柱，柱内含有液体或固体固定相，由于样品中各组分的沸点、极性或吸附性能不同，每种组分都倾向于在流动相和固定相之间形成分配或吸附平衡。但由于载气是流动的，这种平衡实际上很难建立。也正是由于载气的流动，样品组分在运动中进行反复多次的分配或吸附（解吸），结果是在载气中浓度高的组分先流出色谱柱，而在固定相中分配浓度高的组分后流出。当组分流出色谱柱后，立即进入检测器。检测器能够将样品组分转变为电信号，而电信号的大小与被测组分的量或浓度成正比。将这些信号放大并记录下来的色谱流出曲线就是气相色谱图，如图 2-8 所示。然后利用色谱图进行定性与定量分析，这即是气相色谱分析法的测试流程。

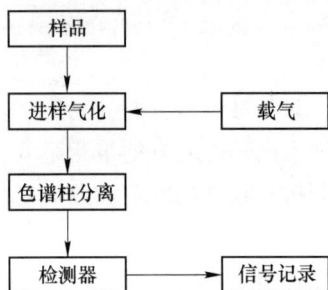

图 2-7 气相色谱分析流程图

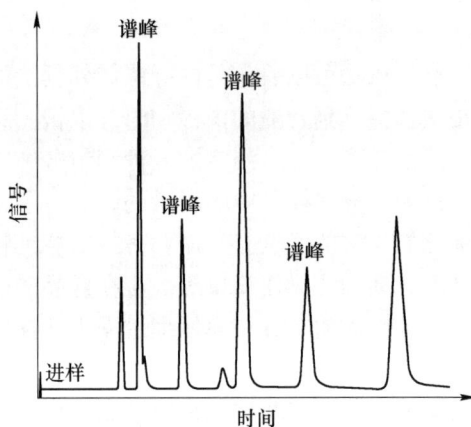

图 2-8 气相色谱图

2.3.2 气相色谱仪

气相色谱仪的种类繁多、功能各异，但其基本结构相似。气相色谱仪的结构一般由气路系统、进样系统、分离系统（色谱柱系统）、检测系统、温度控制系统、记录系统组成，如图 2-9 所示。

2.3.2.1 气路系统

气路系统包括气源、净化干燥管和载气流速控制及气体化装置，是一个载气连续运行

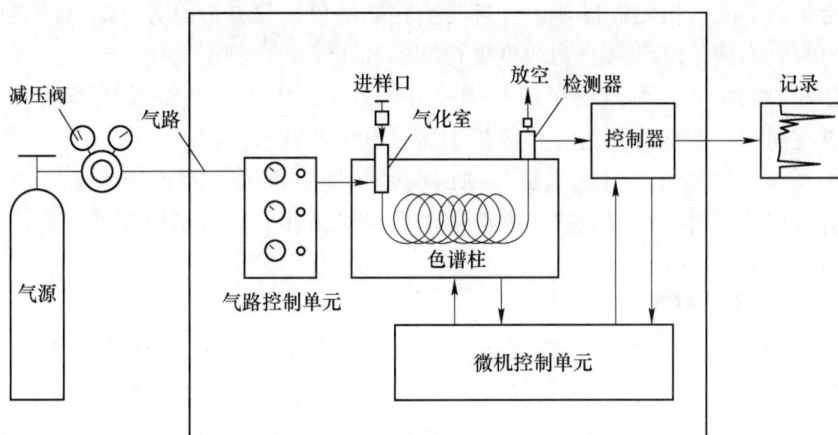

图 2-9　气相色谱仪的结构示意图

的密闭管路系统。通过该系统可以获得纯净的、流速稳定的载气。它的气密性、流量测量的准确性及载气流速的稳定性，都是影响气相色谱仪性能的重要因素。

气相色谱中常用的载气有氢气、氮气、氩气，纯度要求在99%以上，化学惰性好，不与有关物质反应。选择载气时，除了要求考虑对柱效能的影响，还要与分析对象和所用的检测器相匹配。

2.3.2.2　进样系统

进样系统由进样器、气化室和加热系统组成。

（1）进样器。试样的状态不同，采用的进样器不同。液体样品的进样一般采用微量注射器。气体样品的进样常用色谱仪本身配置的推拉式六通阀或旋转式六通阀。固体试样一般先溶解于适当试剂，然后用微量注射器进样。

（2）气化室。一般由一根不锈钢管制成，管外绕有加热丝。气化室的作用是将液体或固体试样瞬间气化为蒸气。为了让样品在气化室中瞬间气化而不分解，要求气化室热容量大，无催化效应。

（3）加热系统。用以保证试样气化。加热系统的作用是将液体或固体试样在进入色谱柱之前瞬间气化，然后快速定量地转入色谱柱。

2.3.2.3　分离系统

分离系统是色谱仪的心脏部分。其作用就是把样品中的各个组分分离开来。分离系统由柱室、色谱柱、温控部件组成。其中，色谱柱是色谱仪的核心部件。色谱柱主要有填充柱和毛细管柱（开管柱）。柱材料包括金属、玻璃、熔融石英、聚四氟等。色谱柱的分离效果除与柱长、柱径和柱形有关，还与选用的固定相和柱填料的制备技术及操作条件等许多因素有关。

2.3.2.4　检测系统

检测器是检测系统的主要构件。检测器是将经色谱柱分离出的各组分的浓度或质量（含量）转变成易被测量的电信号（如电压、电流等），并进行信号处理的一种装置，是色谱仪的"眼睛"。通常由检测元件、放大器、数模转换器三部分组成。被色谱柱分离后的组分依次进入检测器，按其浓度或质量随时间的变化转化成相应电信号，经放大后记录和显示，绘制色谱图。检测器性能的好坏将直接影响色谱仪器最终分析结果的准确性。根据检测器的响应原理，可将其分为浓度型检测器和质量型检测器。

（1）浓度型检测器。测量的是载气中组分浓度的瞬间变化，即检测器的响应值与组分的浓度成正比。浓度型检测器有热导检测器、电子捕获检测器。

（2）质量型检测器。测量的是载气中所携带的样品进入检测器的速度变化，即检测器的响应信号与单位时间内组分进入检测器的质量成正比。质量型检测器有氢焰离子化检测器和火焰光度检测器。

2.3.2.5　温度控制系统

在气相色谱测定中，温度控制是重要的指标，直接影响柱的分离效能、检测器的灵敏度和稳定性。温度控制系统主要指对气化室、色谱柱室、检测器三处的温度控制。在气化室要保证液体试样瞬间气化；在色谱柱室要准确控制分离需要的温度，当试样复杂时，分离室温度需要按一定程序控制温度变化，各组分在最佳温度下分离；在检测器要使被分离后的组分通过时不在此冷凝。控温方式分恒温和程序升温两种。

（1）恒温。对于沸程不太宽的简单样品，可采用恒温模式。一般的气体分析和简单液体样品分析都采用恒温模式。

（2）程序升温。程序升温是指在一个分析周期里色谱柱的温度随时间由低温到高温呈线性或非线性变化，使沸点不同的组分，各在其最佳柱温下流出，从而改善分离效果，缩短分析时间。对于沸程较宽的复杂样品，如果在恒温下分离很难达到好的分离效果，应使用程序升温方法。

2.3.2.6　记录系统

记录系统用于记录检测器的检测信号，进行定量数据处理。一般采用自动平衡式电子电位差计进行记录，绘制色谱图。一些色谱仪配备有积分仪，可测量色谱峰的面积，直接提供定量分析的准确数据。先进的气相色谱仪一般配有电子计算机，能自动对色谱分析数据进行处理。

2.3.3　应用实例分析

2.3.3.1　气相色谱法测定水中己内酰胺

世界卫生组织国际癌症研究机构公布的致癌物清单中包含己内酰胺的4类致癌物，因此，水质中存在己内酰胺对身体健康有较大危害。随着生活水平的日益提高，己内酰胺的污染备受关注。研究者建立了气相色谱法测定水中己内酰胺的检测方法，目标物经水浴加热、二硫化碳洗脱、氮吹浓缩，用气相色谱仪氢火焰离子化检测器（FID）检测，进样条件如下：进样口温度为280 ℃，进样方式为不分流进样，柱流量为1 mL/min。程序升温：35 ℃保持2 min，以16 ℃/min的速度升温至275 ℃。进样量为1.0 μL。检测器温度为280 ℃。气相色谱柱型号为HP-5，尺寸为30 mm×0.32 mm×0.25 μm，具有弱极性，其中5%为苯基、95%为甲基聚硅氧烷。得到的己内酰胺标准色谱图如图2-10所示。

通过外标法进行定量计算，操作简便快速、准确度好、稳定性高。实验绘制工作曲线选取的质量浓度范围为5.0~100 mg/L，相关系数大于0.999，检出限低至0.07 mg/L，样品的加标回收率在89.0%~95.2%之间，相对标准偏差在2.08%~4.06%之间，稳定性可以保持7天。由实验结果可以看出，此方法工作曲线线性较好、检出限较低、精密度和准

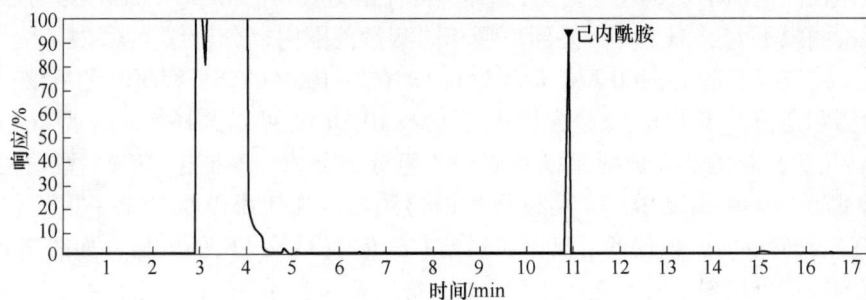

图 2-10 己内酰胺标准色谱图

确度较高、操作简单易行、稳定性好,为环境监测任务中水中己内酰胺的测定提供了方法参考,具有很好的可操作性和实用价值。

2.3.3.2 气相色谱法在气体标准物质、测量审核、检测能力验证中的应用

研究人员可根据仪器的检测范围选择合适的仪器进行检测分析,美国安捷伦 7890A 型气相色谱仪的 TCD 检测器可以完成对 H_2、He、O_2、N_2、CO、CO_2、SF_6、CF_4、CH_4 的分析,如图 2-11 所示,其检测限依据组分不同可达到 10×10^{-6}(摩尔分数,下同)。其

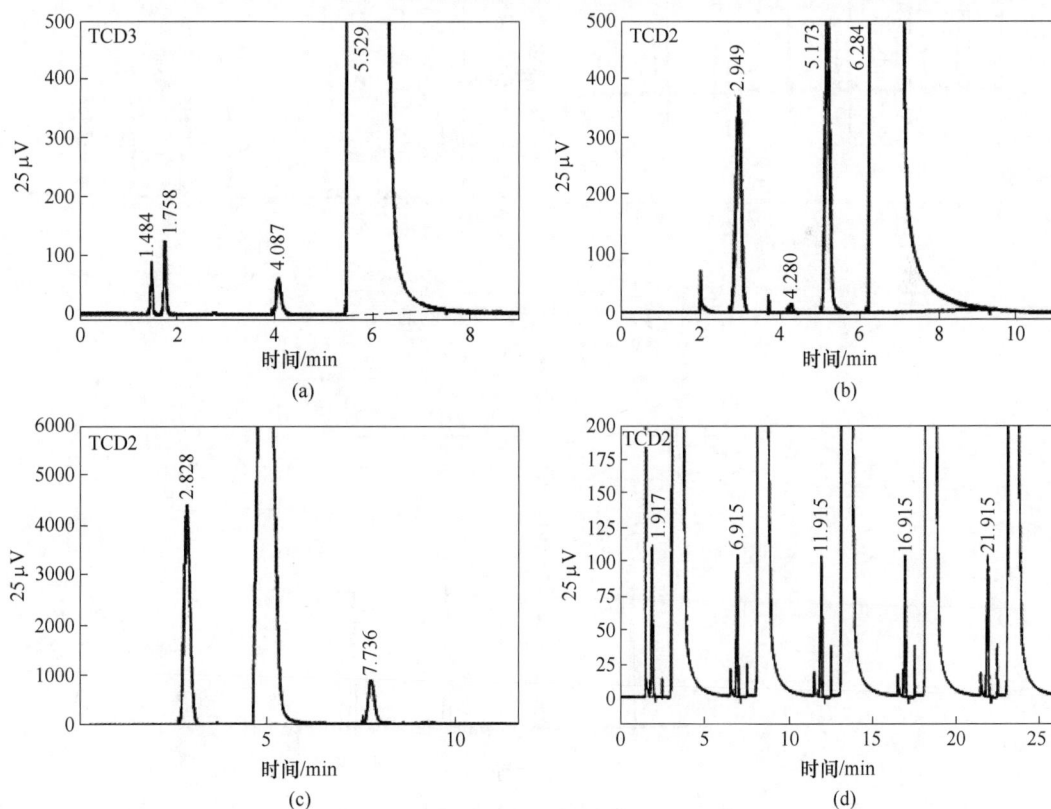

图 2-11 TCD 分析典型色谱图

(a) H_2、He、N_2、CH_4;(b) CO_2、O_2、N_2、CH_4;(c) CO_2、CO、N_2;(d) SF_6

中，当气体检测范围小于 $50×10^{-6}$，可选择英国仕富梅公司的 DELTAF 微量氧分析仪，该仪器最小检测限不大于 $3×10^{-9}$，是同类型相同测量范围内氧分析仪中灵敏度、分辨率最高的仪器，或选择安捷伦 5400 型、量程为 $0.1×10^{-6}$~100%的全量程氧气分析仪，完成氧含量的检测和定值。当 CO、CO_2 含量小于 $100×10^{-6}$ 时，可以选择 7890A 型气相色谱仪 FID（镍转化法）检测器完成对不同背底中该组分的分析。安捷伦 7890A 型气相色谱仪 μ-ECD 检测器是一种高灵敏度、高选择性的检测器。当使用 10%的氩中甲烷作载气及 Porapak Q 毛细管柱时，该仪器可以完成对温室气体 N_2O 和 SF_6 的分析，如图 2-12 所示。N_2O 的检测限可以达到 $10×10^{-9}$ 的测量能力，检测范围为 $100×10^{-9}$~$200×10^{-6}$，SF_6 的检测限可以达到 $2×10^{-12}$ 的测量能力，检测范围为 $2×10^{-12}$~$20×10^{-6}$。对该检测范围之上的组分气体可以采用安捷伦 7890A 型气相色谱仪 TCD 分析完成检测。日常气体标准物质研究中采用美国安捷伦 8890 型气相色谱仪 FPD 检测器，使用 Varian-Gaspro 毛细管柱对 H_2S、SO_2、COS 等硫化物组分进行分析，如图 2-13 所示。此方法的硫化物检测限均可达到 $10×10^{-6}$ 的测量能力，线性误差小于 $|1.0\%|$。

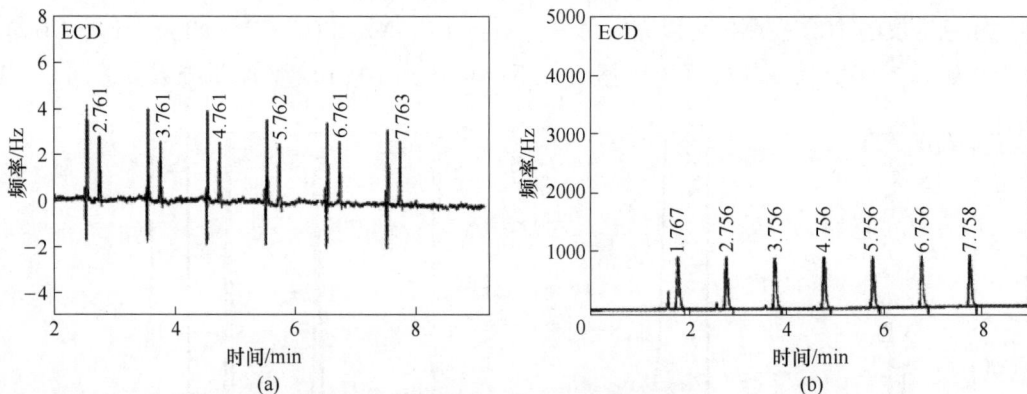

图 2-12　μ-ECD 分析典型色谱图

（a）N_2O/N_2；（b）SF_6/N_2

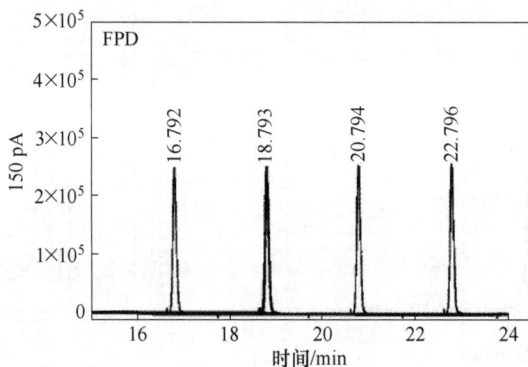

图 2-13　安捷伦 8890 型气相色谱仪 FPD 分析 H_2S/N_2 典型色谱图

2.3.3.3　气相色谱-质谱法分析蜂蜜中多种有机氯农药残留

近年来，发达国家越来越重视蜂蜜中有机氯农药残留的分析，蜂蜜作为一种天然农产品，必须不含任何有害化学物质，同时，蜂蜜中的农药残留还可以直接反映环境本底的农药污染状况。研究者建立了气相色谱-电子轰击离子化-质谱法（GC-EI-MS），采用 GC-EI-MS 的选择性离子检测（SIM）方式分析蜂蜜试样中 12 种有机氯农药残留的分析方法。以加标 12 种有机氯农药含量为 50 μg/kg 的蜂蜜试样（经测定不含分析物）进样 10 次，考察方法的精密度，不同蜂蜜试样的 GC-EI-MS SIM 色谱图如图 2-14 所示。图 2-14 中 a 曲线是加标蜂蜜试样（添加 12 种有机氯混合标准溶液，质量浓度为 50 μg/L）的 GC-EI-MS SIM 色谱图，可以看出，所有分析物和内标物都可达到色谱基线分离；图 2-14 中 b 是百花蜜试样经过提取、净化后的 GC-EI-MS SIM 色谱图，可以看出，干扰峰非常少，且其基线与标准溶液谱图的基线几乎重叠，表明采用超声波提取和层析柱净化的方法适合蜂蜜试样痕量有机氯农药残留的分析。在槐花蜜、枇杷蜜、枣花蜜和百花蜜中只分析出 p,p'-DDE、p,p'-DDD、p,p'-DDT 等有机氯农药，其浓度在 0.97~3.0 μg/kg 之间，均可满足痕量农药残留分析的要求。

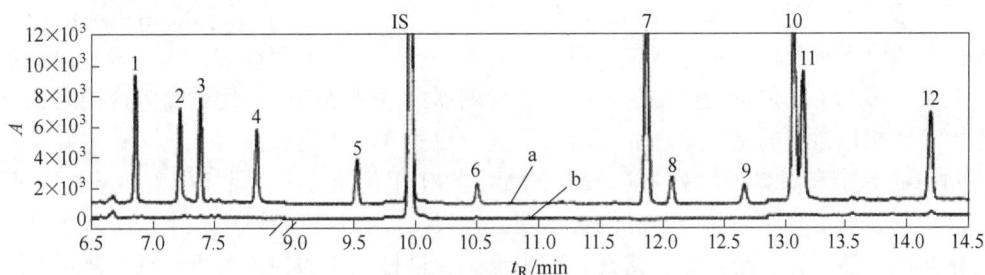

图 2-14 不同蜂蜜试样的 GC-EI-MS SIM 色谱图

更多实例扫码 1

2.4 液相色谱测试分析方法

2.4.1 概述

液相色谱测试分析方法（以下简称液相色谱法）是一种分离和分析的常用技术，具有高效、快速、高分辨率和高灵敏度等显著优点，广泛应用于化学、生物、医药、环保、食品等领域。它的运作原理为物质在固定相和流动相之间的分配平衡。液相色谱法通常采用高效液相色谱（HPLC）等技术，这些技术的流动相压力和流速较高，固定相的粒径较小，从而使得液相色谱法的分离效率更高，分析速度更快。其优点包括高分离效能、高灵敏度、高选择性等，可以用于分析各种类型的样品，包括有机化合物、无机化合物、蛋白质、多肽、核酸等。液相色谱法在药物分析、环境监测、食品检测、生物医学研究等领域被广泛应用。然而，它也存在一些缺点，如对样品的前处理要求较高，需要使用有机溶剂等。此外，液相色谱法的分析成本较高，对仪器的要求也较高。因此，在使用液相色谱时需要注意其局限性，并根据实际需求进行选择和应用。

2.4.1.1 液相色谱发展简况

液相色谱法的发展历程可以追溯到 20 世纪初俄国植物学家 M. A. J. Tsweet 发明色谱分离方法。具体来说，这个发展历程可分为以下几个阶段：

（1）起步阶段（20 世纪初期—40 年代）。在这个阶段，科学家们开始探索和研究液相色谱法的基本原理和实验技术。然而，当时的技术和设备较简陋，手动操作和肉眼观察的方法既烦琐分离效果又较差。此外，这个阶段使用的固定相是固体状态，而不是现代液相色谱法中使用的固定相。

（2）初步发展阶段（20 世纪 50—60 年代）。随着技术的进步，人们开始使用有机溶剂作为流动相，并采用柱色谱法进行分离。同时，高效液相色谱仪也开始出现，这种仪器具有更高的分离效率和更快的分析速度。这个阶段标志着液相色谱法逐渐发展成为一种有效的分离和分析方法。

（3）成熟与广泛应用阶段（20 世纪 70—80 年代）。在这个阶段，液相色谱法已成为一种成熟的分离和分析技术，被广泛应用于各个领域。高效液相色谱仪的技术也得到了进一步发展，出现了各种不同类型的色谱柱和检测器，以满足不同应用的需求。同时，人们也开始对液相色谱法的基本原理和实验技术进行更深入的研究和探讨。

（4）高分辨和高灵敏度发展阶段（20 世纪 90 年代至今），同样随着技术的不断发展，液相色谱法也开始向高分辨和高灵敏度方向发展。在这个阶段中，出现了各种新型的色谱柱和检测器，如多维液相色谱柱、纳米液相色谱柱和质谱检测器等。这些新型的色谱柱和检测器可以达到更高的分辨率和灵敏度，从而更好地满足现代分析的需求。同时，人们也开始将液相色谱法与其他技术相结合，以实现更复杂的样品分析。

2.4.1.2 液相色谱分析的基本原理

液相色谱分析的基本原理是利用物质在固定相和流动相之间的分配平衡来进行分离和分析。在液相色谱分析中，固定相是色谱柱中的填料，而流动相则是通过泵输送的液体。当样品中的组分通过色谱柱时，它们会根据各自在固定相和流动相之间的分配系数进行分离。不同组分具有不同的分配系数，它们在色谱柱中的移动速度也不同，因此可实现组分的分离。

A 分离原理

液相色谱法的分离原理可分为吸附色谱、分配色谱、离子交换色谱、排阻色谱等。经典液相色谱的分离谱式见表 2-2，其中，吸附色谱是根据物质在固定相上的吸附作用来进行分离的；分配色谱是根据物质在固定相和流动相之间的分配平衡来进行分离的；离子交换色谱是根据离子在固定相上的交换作用来进行分离的；排阻色谱则是根据物质在固定相上的分子大小来进行分离的。其中，液-固吸附色谱法是目前最常用的分离模式。

表 2-2 经典液相色谱的分离模式

固定相	流动相	模式名称
吸附剂	液体	液-固吸附色谱法
载体+固定液	液体	液-液分配色谱法
离子交换剂	缓冲溶液	离子交换色谱法
凝胶	有机相/水相	排阻色谱法

在液-固吸附色谱法中，固定相是由固相吸附剂组成的，这些吸附剂是多孔性的极性微粒物质，如氧化铝、硅胶等。这些吸附剂的表面存在着分散的吸附中心，溶质分子和流动相分子在吸附剂表面进行竞争吸附。这种竞争作用不仅存在于不同溶质分子之间，也存在于同一溶质分子中的不同官能团之间。因此，这是液-固吸附色谱法具有选择性分离能力的基础。当溶质分子在吸附剂表面被吸附时，它们会置换已吸附在吸附剂表面的流动相分子。溶质分子与极性吸附剂吸附中心的相互作用会随着溶质分子上官能团极性或官能团数目的增加而加强。这会使溶质在固定相上的保留值增大，也即是说，溶质分子在流动相与固定相之间的分配系数会变大，从而使不同溶质在色谱柱上的保留时间产生差异。这种差异使不同溶质得以分离，因此液-固色谱法可以用于混合物的分离和分析。

分配色谱法以溶质在流动相和固定相中的分配为基础。在现代液相色谱中，分配色谱法大致分为两类。一类类似于气-液色谱法，即将固定液涂布于惰性担体上，形成液-液分配色谱。然而，在液相色谱中，流动相是液体，固定液在流动相中会发生溶解，不能稳定地保持在担体上，给操作带来麻烦。另一类使用键合固定相，即通过化学反应将有机化合物的一部分键合在担体的表面上。这种键合固定相克服了固定液的流失现象，因此使用这类固定相的色谱过程也可称为键合相色谱。

分配色谱中，流动相和固定相是两种互不相溶的液体。溶质在固定相和流动相中都有溶解，并根据在两相中的溶解度不同而分布在两相中，类似于液-液萃取过程。溶质在给定体系的分配系数不同，主要原因是溶质分子与两相分子之间的作用力不同。分子之间的相互作用可概括为离子偶极、定向诱导色散、疏水氢键及电子对的给予和接受等。不同的体系表现出不同的作用力。在液相色谱中，溶质在两相中的分布可能不是由一种原因引起的。例如，除了溶质在固定相与流动相之间分配平衡外的存在于流动相中的化学平衡，称为次级或二次化学平衡。在色谱分离中，溶质在固定相与流动相之间存在的平衡是主要的平衡。在正常分配过程中，加上流动相的化学平衡，使溶质分配变成正常的物理化学平衡及化学平衡的函数。这种化学平衡有时可以被忽略，有时成为控制保留的重要因素，次级平衡含义广泛，是液相色谱中普遍存在的现象。

离子交换色谱（IEC）法是现代液相色谱法中最早得到广泛应用的方法。1958 年美国 W. H. Stein 和 Moore 研制出氨基酸分析仪，之后离子交换色谱法逐渐发展成为分离尿和血浆等含有数百种组分的体液的技术。虽然这样的分离过程往往需要长达 10~70 h，但在当时，离子交换色谱被认为是生物化学领域中分离和分析蛋白质混合物的最有效方法。此类分离方法是用低压液相色谱完成的，液相色谱以离子交换色谱的应用为标志，在 20 世纪 60 年代开始复兴。

然而，由于实际应用中出现了各种问题，离子交换色谱不如其他高效液相色谱模式应用广泛。许多应用被离子对色谱和离子色谱取代。使用离子交换色谱进行分离是通过在一定酸度下，被分离离子与固定相上的离子交换剂基团之间的相互作用。被分离离子的电荷密度和等电点 pI 值与色谱柱上的离子交换剂的离子容量大小决定保留能力的强弱。

排阻色谱法的分离过程是通过使用多孔性凝胶（软性凝胶或刚性凝胶）固定相，精确控制凝胶孔径的大小，使不同分子大小的样品中的大分子不能进入凝胶孔洞而被完全排阻，只能沿多孔凝胶离子之间的缝隙通过色谱柱，首先从柱中被流动相洗脱出来；中等分子能进入一些适当的凝胶孔洞，但不能进入更小的微孔，在柱中滞留，较慢地从柱中洗脱出来；小分子可进入的绝大部分凝胶孔洞，在柱中受到更强的滞留，会更慢地被洗脱出来，从而实现对样品中不同分子大小组分的完全分离。

在使用液相色谱法进行实验的过程中，需要选择合适的固定相和流动相，并对实验条件进行优化。例如，可以通过改变流动相的组成、浓度、pH 值等来改变分配系数，从而改变组分的分离效果。此外，可以通过选择不同类型和粒度的固定相来改变组分的分离效果。总之，液相色谱法的基本原理是利用物质在固定相和流动相之间的分配平衡来进行分离和分析，具有高效、快速、高分辨率和灵敏度高等优点，被广泛应用于化学、生物、医药、环保、食品等领域。

B　固定相的选择

固定相，也被称为柱填料，是液相色谱法中的核心组成部分。从经典的液相色谱发展到如今的高效液相色谱，柱填料的演变历程见证了科技的持续进步。色谱柱的工艺和各类仪器设备也经历了巨大的改进。就柱填料而言，早期使用经典的多孔无定型填料，到 20 世纪 60 年代中期，薄壳型填料崭露头角，1972 年以后，全（多）孔微球硅胶的发展为色谱柱的性能带来了新的飞跃，液相色谱固定相的发展进程如图 2-15 所示。

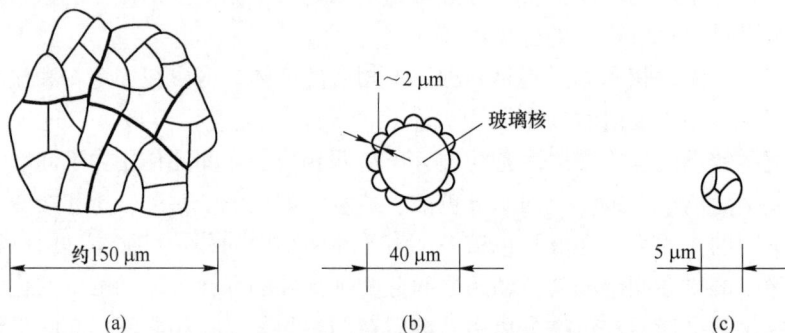

图 2-15　液相色谱固定相的发展进程
（a）经典多孔无定型硅胶；（b）薄壳型填料；（c）多孔微球硅胶

选择合适的固定相是液相色谱法成功的关键，这需要根据样品的性质和分析目标来确定。例如，对于极性化合物，可以选择硅胶或氧化铝等极性固定相；对于非极性化合物，则可以选择硅酮、聚酰亚胺等非极性固定相。同时，在选择固定相时，粒径大小也是需要考虑的重要因素。一般来说，粒径越小，分辨率越高，但分析时间可能会相应加长。

最近的统计显示，在各种分析柱液相色谱填料中，粒径为 $5 \sim 10\ \mu m$ 的填料是目前使用最广泛的高效填料。而小粒径是保证高效的关键，因为使用小粒径填料有助于减小涡流扩散效应，缩短溶质在两相间的传质扩散过程，从而提高了色谱柱的分离效率。此外，还需要考虑固定相的吸附容量和稳定性等因素。

经典液相柱色谱固定相有吸附色谱用的吸附剂、离子交换色谱用的离子交换剂、分子排阻色谱用的凝胶，以及分配色谱用的固定液等。

吸附剂主要分为无机和有机两大类。无机吸附剂包括硅胶、氧化铝、活性碳酸钙、活性氧化镁、硅藻土、沸石和分子筛等；有机吸附剂则有聚酰胺和大孔吸附树脂等。其中，硅胶、氧化铝和大孔吸附树脂最为常用。

a　硅胶

硅胶，也被称为二氧化硅微粒子的三维凝聚多孔体，其化学组成用 $SiO_2 \cdot xH_2O$ 表示。在早期，液相色谱法使用的是薄壳型硅胶微珠。多孔型硅胶出现后逐渐成为了主流。制备硅胶的典型方法是溶胶-凝胶法，通过将可溶性硅酸盐化，并在溶胶-水凝胶过程中形成水凝胶，随后经过酸洗和脱水处理，即形成干燥的硅胶。

硅胶是一种无定型且具有多孔结构的物质，外观为白色粉末，具有轻质的特点。它的外表面和孔内表面存在大量的硅羟基（Si—OH），这些硅羟基是极性基团，也是吸附活性的中心。这些吸附活性的中心可以与组分分子产生相互作用，形成吸附。而吸附活性中心在一定程度上决定了硅胶吸附能力的大小。

评价硅胶的主要指标包括平均粒径和比表面积等。当硅胶的硅基与水结合时，会失去吸附活性（失活）。然而，如果将它置于温度为 $105\sim110$ ℃的烘箱中 $0.5\sim1$ h，就可以除去吸附的水并恢复其吸附活性（再生）。吸附剂的选择需要根据具体的实验需求和目标来确定，而硅胶作为一种常用的吸附剂，具有许多优秀的性能和特点。

b 氧化铝

色谱吸附剂氧化铝是一种水合物，分子式为 $Al_2O_3 \cdot xH_2O$（$x = 0\sim3$）。通过再沉淀工艺可以制备具有不同化学组成和相组成的氧化铝。具体操作是将水合氧化铝溶解在酸中，再用碱中和，使氢氧化铝沉淀出来并与杂质部分分离。在不同温度下煅烧，可以得到具有不同含水量、不同晶相及不同孔结构的氧化铝。低温氧化铝（在 600 ℃下煅烧）包括 γ-Al_2O_3、ρ-Al_2O_3、χ-Al_2O_3，含有残余水分；高温氧化铝（在 $900\sim1000$ ℃下煅烧）包括 θ-Al_2O_3、α-Al_2O_3、δ-Al_2O_3，没有残余水分。

色谱用氧化铝主要是 γ-Al_2O_3，其表面含有铝羟基（Al—OH），它是氧化铝的吸附活性中心位点。γ-Al_2O_3 中通常因含有碱金属和碱土金属杂质而常呈碱性。将 γ-Al_2O_3 悬浮于水中，其 pH 值可达 9，因此也称为碱性氧化铝。碱性氧化铝使用适当的酸进行中和，可以获得中性氧化铝甚至酸性氧化铝。硅胶和氧化铝吸附剂的含水量与活性的关系见表 2-3。

表 2-3　硅胶和氧化铝吸附剂的含水量与活性的关系

项　目	活性级别（由高到低）				
	I 级	II 级	III 级	IV 级	V 级
硅胶含水量/%	0	5	15	25	38
氧化铝含水量/%	0	3	6	10	15

碱性氧化铝（pH 值为 $9\sim10$）适用于分离碱性和中性化合物。酸性氧化铝（pH 值为 $4\sim5$）适用于分离酸性化合物，如有机酸、酸性色素及某些氨基酸、酸性多肽及对酸稳定的中性化合物等。中性氧化铝（pH 值为 7.5）的适用范围广泛，适用于酸性、碱性氧化铝的化合物，尤其适用于分离生物碱、挥发油、萜类、甾体、蒽醌及在酸碱中不稳定的苷类和内酯等成分。

c 聚酰胺

聚酰胺是高分子合成材料纤维，又称为尼龙，由环内酰胺聚合而成。作为色谱吸附剂用的聚酰胺主要有尼龙-6,6、尼龙-6 两种。聚酰胺的分子中存在着大量酰胺基和羰基极性基团，两者都易于形成氢键，这些表面的极性基团即是其吸附活性中心位点。所以，聚酰胺对极性化合物具有较好的色谱分辨能力。聚酰胺与化合物形成的氢键形式和能力不同，吸附能力就不同，因此各类化合物可得到分离。一般来说，氨键基团较多的化合物，其吸附能力较大。例如，中药有效成分和天然产物中的酚类、黄酮、鞣质、酸类，是以其羟基与酰胺的羧基形成氢键；硝基化合物和醌类化合物是与酰胺的胺基形成氢键。这些化合物，可以利用它们形成氢键的形式和能力的差异而实现分离。

　　C　流动相的选择

　　流动相的选择是液相色谱法中的重要环节，它直接影响样品的分离效果和分析结果，如图 2-16 所示。流动相的选择应与固定相的性质相匹配，以便实现样品中各组分的有效分离。例如，如果固定相是极性的，那么选择的流动相也应是极性的，如甲醇或乙腈等；如果固定相是非极性的，那么可以选择极性较弱的流动相，如正己烷或环己烷等。此外，还需要考虑流

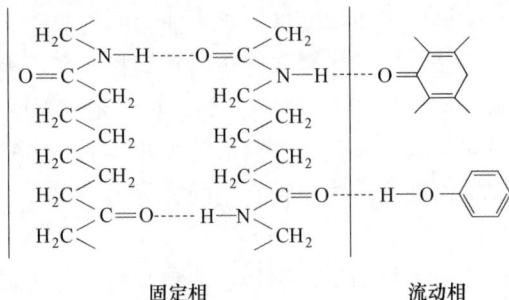

图 2-16　液相色谱法固定相和流动相

动相与样品的溶解度，以确保样品中的组分能够在流动相中稳定存在，并实现良好的分离效果。流动相的黏度会影响色谱柱的分离效果和柱效能。一般来说，低黏度的流动相可以减小样品在色谱柱中的扩散系数，提高分离效果；但过低的黏度可能会降低色谱柱的稳定性。因此，需要在保证分离效果的前提下，选择适当的黏度。同时，还需要考虑流动相的pH 值和毒性。对于生物样品或对 pH 敏感的化合物，需要选择 pH 值适宜且低毒性的流动相。对于复杂的样品体系，可以采用梯度洗脱法。这种方法是通过改变流动相的组成或强度来实现对不同组分的选择性分离。样品是多组分复杂样品，其中最大极性组分与最小极性组分之间的极性相差较大。对于这种极性范围较宽的样品，如果采用同一纯溶剂冲洗，或采用混合溶剂但溶剂配比恒定的溶剂冲洗，其分离效果通常不太理想。因此，应该将多元溶剂按一系列配比配制成洗脱剂系列，然后依次冲洗样品，以获得更好的分离效果。这种通过依次改变流动相的配比来改变流动相的极性，从而冲洗色谱柱的方法就是梯度洗脱法。梯度洗脱可以优化各组分的分配系数，提高分辨率和分离效果。在进行梯度洗脱时，需要设计合适的梯度程序，并注意梯度的平滑过渡，以避免对色谱柱造成冲击。还需要考虑流动相的纯度和稳定性。对于一些痕量分析或精密分析，则需要使用高纯度的流动相，以避免杂质干扰分析结果。此外，还需要关注流动相的稳定性（包括光照稳定性、氧化稳定性等），以确保分析过程的可靠性。不同的液相色谱应用可能需要选择特定的流动相。例如，在蛋白质分析过程中，常常选择含有缓冲液的流动相，如磷酸盐缓冲液或碳酸盐缓冲液等，以保持蛋白质的稳定性和活性。在反相色谱中，常常选择有机溶剂（如甲醇、乙腈等）作为流动相，以实现样品的充分溶解和有效分离。

2.4.2　平面液相色谱法

　　平面液相色谱法是一种早期的液相色谱形式，也称为平面色谱法。它使用平面色谱法用纸或薄层色谱法硅胶、氧化铝等作为固定相，将流动相通过加压的方式流经固定相，从而实现样品的分离和分析。平面液相色谱法的主要特点是使用平面色谱法进行分离，具有

简单、方便、成本低等优点。它可以在同一平面上同时分离多个样品，特别适合于小规模的分析和制备。但是，平面液相色谱法的分离效果不如柱液相色谱法，且其分离时间长、分辨率低。

使用平面液相色谱法时，流动相的选择也非常重要。流动相的种类不同，样品的溶解度、扩散速度等也不同，会影响分离效果。常用的流动相包括有机溶剂、混合有机溶剂、缓冲液等。固定相的选择也需要根据样品的性质和分析目标进行，常用的固定相包括硅胶、氧化铝、活性炭等。

根据不同的分离机制和固定相的性质，平面液相色谱法大致可分为以下几类。

2.4.2.1 纸色谱法

纸色谱法是一种使用滤纸作为固定相的液相色谱法。使用此方法时，滤纸被浸泡在流动相中，流动相通过加压方式流经固定相，从而实现样品的分离和分析。

纸色谱法的优点包括简单、方便、成本低等。滤纸具有吸附作用，因此此方法特别适用于分离小分子化合物，如有机酸、酚类、生物碱等。同时，纸色谱法也可用于制备分离，通过选择合适的流动相和固定相，获得纯度较高的样品。

然而，纸色谱法的缺点包括分离时间长、分辨率低等。由于滤纸的吸附作用，不同组分在固定相中的扩散系数存在差异，因此分离效果不如柱液相色谱法。此外，纸色谱法的灵敏度也较低，对于低浓度的样品可能会出现无法检测的情况。

2.4.2.2 薄层色谱法

薄层色谱法（TLC）是一种使用硅胶、氧化铝等作为固定相的液相色谱法。使用此方法时，流动相通过加压的方式流经固定相，从而实现样品的分离和分析。

薄层色谱法的优点包括快速、简便、分离效果好等。由于固定相的吸附作用，此方法可用于分离中等相对分子质量的化合物，如氨基酸、蛋白质、多肽等。同时，薄层色谱法也可用于定量分析和制备分离。

然而，薄层色谱法的缺点包括分离时间长、分辨率低等。由于固定相的吸附作用，不同组分在固定相中的扩散系数存在差异，分离效果不如柱液相色谱法。此外，薄层色谱法的灵敏度也较低，对于低浓度的样品可能会出现无法检测的情况。

2.4.2.3 薄层电泳法

薄层电泳法是在薄层色谱法的基础上，结合电泳技术的一种液相色谱法。使用该方法时，带电粒子在电场作用下在固定相中移动，从而实现样品的分离和分析。

薄层电泳法的优点包括快速、简便、分离效果好等。由于电泳技术的结合，此方法可用于分离带电粒子，如蛋白质、多肽等。同时，薄层电泳法也可用于定量分析和制备分离。

然而，薄层电泳法的缺点包括分离时间长、分辨率低等。由于电泳技术的使用，不同组分在固定相中的移动速度存在差异，分离效果不如柱液相色谱法。此外，薄层电泳法的灵敏度也较低，对于低浓度的样品可能会出现无法检测的情况。

可见，平面液相色谱法是一种早期的液相色谱形式，具有简单、方便、成本低等优点，但分离效果不如柱液相色谱法。它适用于小规模的分析和制备，但在现代分析中应用较少。然而，在某些特定领域，如生物医学研究、药物开发和食品安全等领域，平面液相色谱法仍然有广泛的实际应用。

在生物医学研究中，平面液相色谱法被用于分离和鉴定生物样品中的蛋白质、多肽、核酸等生物分子。例如，在蛋白质组学研究中，可使用平面液相色谱法对蛋白质进行分离和鉴定，从而研究蛋白质的表达和功能。在药物开发中，平面液相色谱法被用于药物的分离和纯化。例如，可使用硅胶或氧化铝等固定相，通过平面液相色谱法分离和纯化药物中的有效成分。在食品安全领域，平面液相色谱法被用于检测食品中的有害物质和添加剂。例如，可使用薄层色谱法对食品中的农药残留进行分析，或使用纸色谱法对食品中的重金属进行分析。

薄层色谱法在药用植物分析中应用广泛。中草药的有效成分本已十分复杂，而由多味中草药合成的中成药的成分则更加复杂。从中检出一种或几种微量的有效成分，其难度不容小觑。采用传统的分离检测技术和方法，只能测定其中某种特定成分，无法对所有主要成分进行整体分析，这严重制约了中药的质量控制及药理学、药效学、药剂学等现代中医的发展。因此，现代中药学亟需解决其整体特征的表达问题。

平面色谱法的独特性恰好可以解决中药发展中的此类问题。此方法能够得到图像用于表示色谱结果，如今通过视频或数码相机甚至扫描仪都能将薄层色谱图像转换为电子图像。植物药的彩色薄层色谱（TLC）法/高效薄层色谱（HPTLC）法图像能够更生动地描述药品的独特性，可参考谢培山于1993年编写的《中华人民共和国药典中药薄层色谱彩色图集》。

对于化学合成药物，因其结构已知、纯度高而通常采用经典的定量分析方法。而对于合成药物中存在结构相似的有关微量物质的分离与含量分析，常采用高效液相色谱（HPLC）法。溶剂的残留分析通常采用气相色谱（GC）法。薄层色谱法在各国药典均有收载，但仅限于合成药物的定性鉴别和纯度检查。《中国药典》（2010年版）第二部采用薄层色谱法进行鉴别和纯度检查的品种数量共435个，占收载总数的19%。

2.4.3　高效液相色谱法

高效液相色谱法是一种以液体为流动相的色谱分析方法。它通常使用高压输液系统将具有不同极性的单一溶剂或不同比例的混合溶剂、缓冲液等流动相泵入装有固定相的色谱柱。在柱内各成分被分离后，进入检测器进行检测，从而实现对试样的分析。

高效液相色谱法具有分离效能高、分析速度快、灵敏度高、样品处理简单、易于自动化等优点。它已经成为化学、医学、工业、农学、商检和法检等领域中重要的分离分析技术。

高效液相色谱法的发展历程可追溯到20世纪60年代后期，从那以后，它便广泛应用于保健食品功效成分、营养强化剂、维生素类、蛋白质的分离测定等。据统计，世界上约有80%的有机化合物可以用HPLC来分析测定。

高效液相色谱法通常使用固定相粒度小（5~10 μm）、传质快、柱效能高的色谱柱。它的流动相通常具有不同的极性，以适应不同物质的分离。高效液相色谱法可用于分析复杂的混合物，如生物样品中的蛋白质、多肽、氨基酸等。

从分离分析原理角度来看，高效液相色谱法与液相色谱法并没有本质上的差别。然而，由于HPLC采用了高压泵、高效固定相和高灵敏度在线检测器，液相色谱法得到了进一步提升和发展。

相较于经典液相柱色谱法（见表 2-4），HPLC 使用了更加精细的微颗粒固定相，这种多孔微颗粒固定相被装填在小口径、短不锈钢管内。流动相则是通过高压输液泵输入色谱柱，这使溶质在固定相中的传质和扩散速度大大加快。因此，HPLC 可在短时间内获得高柱效能和高分离能力。

表 2-4 高效液相色谱法与经典液相柱色谱法的比较

项 目	高效液相色谱法	经典液相柱色谱法
柱长×内径/cm×mm	（10~25）×（2~10）	（10~200）×（2~50）
填料粒径/μm	5~50	75~600
柱压力/MPa	2~20	小于 0.1
柱效能 N/块·m^{-1}	$2×10^3<5×10$	2~50
进样量/g	10^{-6}、10^{-1}	1~10
分析时间/h	0.05~1.0	1~10

相比之下，经典液相柱色谱法使用的是粗颗粒多孔固定相，这种固定相被装填在大口径、长玻璃管内。流动相则是通过重力作用自然流动。由于溶质在固定相中的传质和扩散速度较慢，柱口压力较低，柱效能也较低。因此，分析时间较长。

如图 2-17 所示，高效液相色谱仪主要由以下 4 个部分组成。

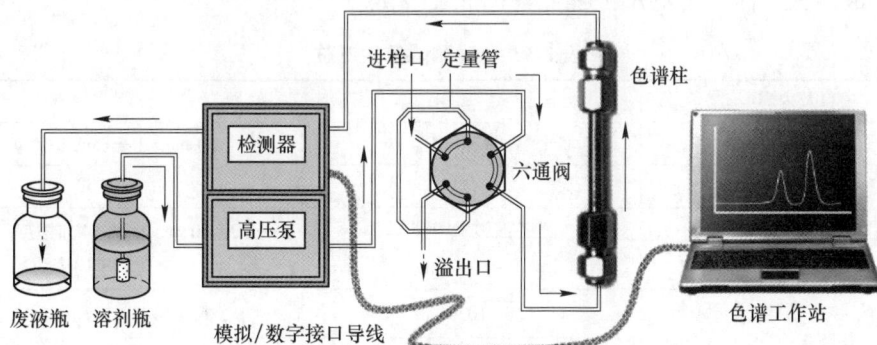

图 2-17 高效液相色谱仪组成

（1）输液系统。高效液相色谱仪的输液系统通常由储液器、泵、进样器等组成。储液器用于存储流动相，泵用于将流动相从储液器中泵出并经过进样器，进样器用于将样品注入流动相中。

（2）色谱分离系统。高效液相色谱仪的色谱分离系统通常由色谱柱和固定相组成。色谱柱是色谱分离的核心部件，其中填装了固定相，而固定相则是色谱分离的介质。流动相经过色谱柱时，样品中的各组分在固定相和流动相之间进行分配，从而实现分离。

（3）检测系统。高效液相色谱仪的检测系统通常由检测器、记录仪等组成。检测器用于检测从色谱柱流出的组分，记录仪则用于记录检测到的信号并转换为电信号输出。

（4）数据记录处理系统。高效液相色谱仪的数据记录处理系统通常由计算机和数据处理软件组成。计算机用于控制整个色谱过程并接收检测器输出的电信号，数据处理软件则用于对数据进行处理和分析，包括峰识别、定量分析等。

高效液相色谱技术在医药、石油、化工、纺织品检测和环境监测中也有着广泛的应用。在检测纺织品时，它被用于分析纺织品中的有害物质，为保障消费者安全提供了有力支持。在监测环境时，高效液相色谱技术为监测水体中的污染物提供了强有力的技术支持，为环境状况评估和制定相应的对策提供了依据。

2.4.4 应用实例分析

2.4.4.1 高效液相色谱技术在纺织品检测中的应用

研究者制备的标准溶液是在准确称量芳香胺标准品的基础上，按照 1000 mg/L 的标准制备乙腈存储液，实验使用中利用乙腈稀释到所需的质量浓度。样品前处理按照《纺织品 禁用偶氮染料的测定》（GB/T 17592—2011）规范实施，色谱测试条件汇总见表 2-5。选定色谱柱流动相，明确梯度洗脱流程，控制好流速、柱温、进样量，明确波长。在制备标准曲线时，此实验将横坐标称为 x 轴，将纵坐标称为 y 轴。其中，x 轴的形成过程为：从对照品溶液中选取 6 份样品，每份样品的选取量称为进样量，将 6 份样品用阿拉伯数字 1~6 进行编号。y 轴选取芳香胺峰面积积分值。最后绘制标准曲线（见图 2-18），对所测数据进行回归分析，得到其线性方程是 $y = 181238x + 9113$，$R^2 = 0.9996$。为了对溶液的稳定性进行考察，用两种不同的溶液分别作为对照品与供试品溶液，并在室温下避光保存，再按照之前的色谱条件，分别测定 0 h、2 h、4 h、6 h、8 h、10 h，最后测得的对照品与供试品溶液的相对标准偏差分别是 1.44% 和 1.62%。

表 2-5 色谱测试条件汇总

项目及内容	相 关 参 数	
色谱柱	AccucoreaQ	150 mm×4.6 mm, 2.6 μm
流动相 A	甲醇	
流动相 B	乙酸铵水溶液 0~3.0 min	20.00 mmol/L, pH 值为 6.9, 流动相 A（5%~18%），保持 3 min
梯度洗脱流程	6.0~10.9 min	流动相 B（18%~35%）
	10.9~22.0 min	流动相 A（42%）
	22~30 min	流动相 A（42%~95%）
	30.0~30.1 min	流动相 A（>5%），保持 3.0 min
流速	1 mL/min	
柱温	40 ℃	
进样量	2 μL	
检测器	二极管阵列检测器	检测波长分别是 240 nm、 280 nm、305 nm

2.4.4.2 联用技术应用于元素形态分析

研究者指出联用技术用于元素形态分析已经得到广泛应用（见表 2-6），但仍存在一定局限性，对固体样品需要采用提取步骤，复杂的样品前处理过程可能导致元素形态发生变化。开发简便、快速、自动化的样品前处理技术是解决这个问题的关键，如采用流动注射在线样品前处理技术、Qu EChERS 技术等。开发新颖的样品前处理材料，如功能化硅基质纳米材料、COFs（covalent organic frameworks）/MOFs（metal organic frameworks）材料、分子印迹材料等，以提高材料的选择性和吸附效率。联用技术还受接口问题影响，采用窄孔径色谱柱，并采用死体积很小的接口与之结合，有效降低了基质负荷和峰分散度，同时也能最大限度地减少样品量和溶剂消耗，提高检测分辨率和灵敏度，实现更快分离。

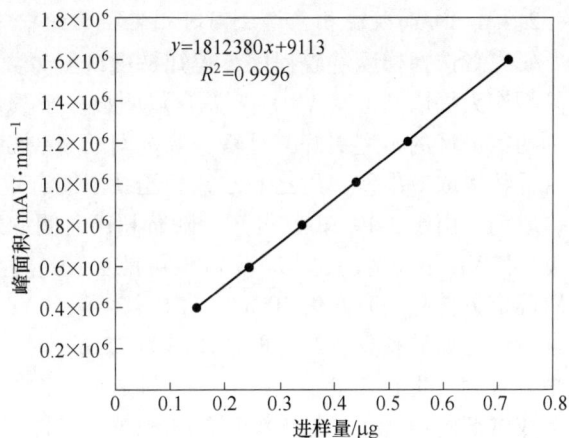

$y=1812380x+9113$
$R^2=0.9996$

图 2-18　芳香胺的标准曲线

表 2-6　联用技术应用于元素态分析

分离模式	联用技术名称	元素形态	实际样品
液相色谱	HPLC-ICP-MS	As、Hg、Se、Cr、Pb 等元素的不同形态	鱼肉、土壤、水样、尿液、血清等
	HPLC-MIP-OES	Fe(Ⅱ)、Fe(Ⅲ)、Se 的不同形态	沉积物、土壤
	HPLC-AFS	As、Se、Hg 的形态	水样、血液
	HPLC-AAS	Hg 的形态	鱼肉
	SEC-ICP-MS	Hg 键合蛋白	金枪鱼、蛙鱼
	IC-ICP-MS	As、Hg、Se、Cr、Sb 的不同形态	废水、土壤、鱼肉、尿液、血清等
	IC-ICP-OES	Se、Cr 的不同形态	沉积物、矿泉水样
	IC-AFS	As、Se 的不同形态	人体尿液、药物
气相色谱	GC-ICP-MS	Hg、As、Se、Sb、Cr、Sn 等元素的不同形态	浮游生物、水样、沉积物、土壤、废弃物、生物样品
	GC-AFS	Hg、As、Se、Sn 的不同形态	沉积物、浮游生物
	GC-ICP-OES	Sn 的形态	沉积物
毛细管电脉	CE-ICP-MS	As、Se、Cr、Hg、Pb 的不同形态	食品、藻类、鱼类、水样
	CE-AAS	Hg、Cd 的不同形态	鱼肉、生物样品
	CE-AFS	As、Se、Hg 的不同形态	水、土壤、空气、生物群、食物
	CE-ICP-OES	Ca、Mg 的不同形态	血浆
芯片电泳	Chip-AFS	As、Hg 的不同形态	生物样品、环境水样
流动注射氢化物发生电感耦合等离子体发射光谱	FI-HG-ICP-OES	Se 的形态	水果、饮料、葡萄酒、茶叶

2.4.4.3　高效液相色谱法同时测定植物油中 3 种维生素 A 和 9 种维生素 E

研究者选择梯度洗脱程序，得知梯度洗脱分离效果最佳。由图 2-19（a）可知，乙醇和丙酮作为提取剂，其 VA+VE 总含量明显多于其他提取剂。经色谱图分析，乙醇作为提取剂的色谱峰的峰型更好，且峰与峰之间的基线分离得更好；甲醇、正己烷和异丙醇比个别目标物提取效果差，而乙酸乙酯和乙腈不能有效分离目标物。因此，此方法选择乙醇作为提取剂。由图 2-19（b）可知，随着超声时间的延长，VA+VE 总含量逐渐减少。这是因为 VA 和 VE 不稳定，超声时间过长可能会使维生素的结构发生改变而造成维生素损失，所以确定最佳超声时间为 10 min。由图 2-19（c）可知，随着提取剂用量的增加，VA+VE 总含量先增加后减少，在提取剂用量为 25 mL 时，VA+VE 总含量最多。这可能是因为样品中含有的维生素含量是固定的，过量的提取剂并不能将样品中的维生素完全提取，且还会造成试剂的浪费，而加入溶剂的体积越大，稀释的倍数越大，反而使 VA+VE 总含量减少。因此，确定最佳提取剂用量为 25 mL。由图 2-19（d）可知，当 BHT 添加量为 0.01 g 时，提取出的 VA+VE 总含量最多，而继续添加 BHT，VA+VE 总含量反而减少。因此，确定最佳 BHT 添加量为 0.01 g。

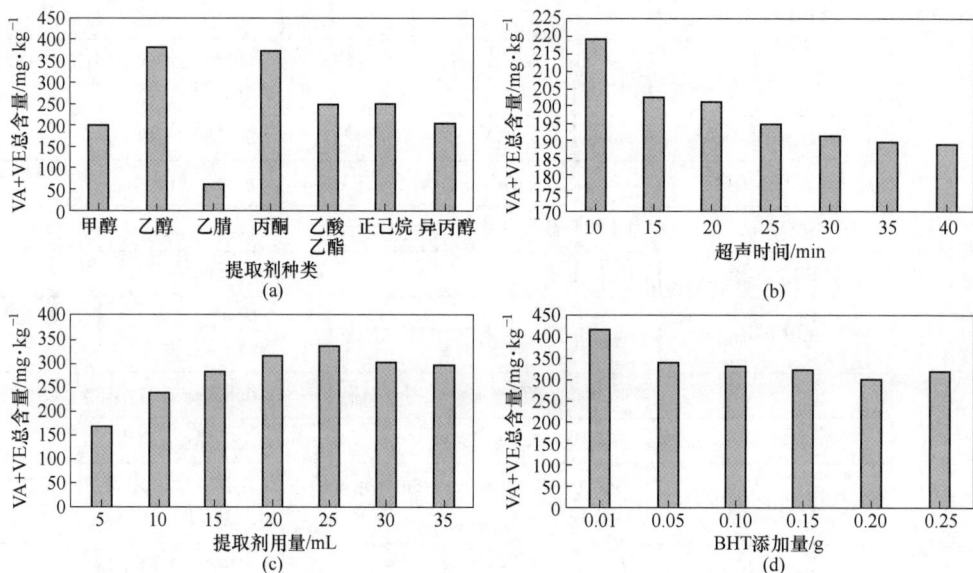

图 2-19　不同参数对 VA+VE 总含量的影响

（a）不同提取剂；（b）超声时间；（c）提取剂用量；（d）BHT 添加量

更多实例扫描 2

2.5　光谱分析基础

2.5.1　光的本质

在 18 世纪，艾萨克·牛顿（I. Newton）首次提出了关于光的粒子理论。他认为光是由无数微小的粒子组成的，这些粒子沿直线传播，当它们传播到我们的眼里时，我们就看到了光，这个理论在当时得到了广泛支持。

然而，到了19世纪初期，英国科学家托马斯·杨（T. Young）进行了一系列实验，发现光的行为更像波，而不是粒子。他通过双缝实验，观察到光在通过两个狭缝后，会形成明暗相间的干涉条纹，这是光的波动性的明显证据，从而引起人们对牛顿粒子理论的怀疑。19世纪后期，詹姆斯·克拉克·麦克斯韦（J. C. Maxwell）将电磁学的理论加以整合，提出麦克斯韦方程组。他从这个方程组推导出电磁波方程，并根据使用电磁波方程计算获得的电磁波波速等于做实验测量到的光波速度，提出光波就是电磁波的猜测。1887年，德国物理学家赫兹发现了光电效应，用实验验证了电磁波的存在。因此，光在本质上是一种电磁波，是由与传播方向垂直的电场和磁场交替转换的振动形成的。

阿尔伯特·爱因斯坦（A. Einstein）在1905年提出了一个大胆的假设，爱因斯坦认为光是由一种"光子"的粒子组成的，每个光子都携带一定的能量。当光子撞击金属表面的电子时，如果光子的能量足够大，电子就会从金属中脱离出来。这个理论成功解释了光电效应，为光的粒子性质提供了有力的证据。

20世纪20年代，科学家们发现，当我们不观察光时，光的行为与我们观察时不同。当我们不观察光时，它表现得像一个概率波；但当我们观察它时，它会立即变为一个具体的粒子。这个现象被称为波粒二象性，它是量子力学的基本原理之一。这个发现使我们对光的理解进入了一个全新的阶段。我们现在知道，光既像粒子又像波，这取决于我们如何观察它。这种奇特的现象不仅表现于光上，还表现在所有的物质粒子上，如电子、质子等都可表现出波粒二象性。这意味着，我们周围的世界，包括我们自己，都是由既像粒子又像波的微观粒子组成的。

2.5.1.1 光的粒子性

根据爱因斯坦的理论，光子具有能量，每个光子的能量为

$$E = h\nu = \frac{c}{\lambda} \tag{2-26}$$

式中，E 为光子的能量，J 或 eV，1 eV = 1.602×10^{-19} J；h 为普朗克常数，$h = 6.626 \times 10^{-34}$ J·s；c 为真空光速，$c = 3 \times 10^8$ m/s；λ 为光波波长，m。

光子的能量与光的频率或波长有关，频率 ν 越大，能量越大；波长越长，能量越小。电磁波的频率范围很广，若将各种电磁波按其频率或波长大小顺序排列成谱，则称为电磁波谱，如图2-20所示。

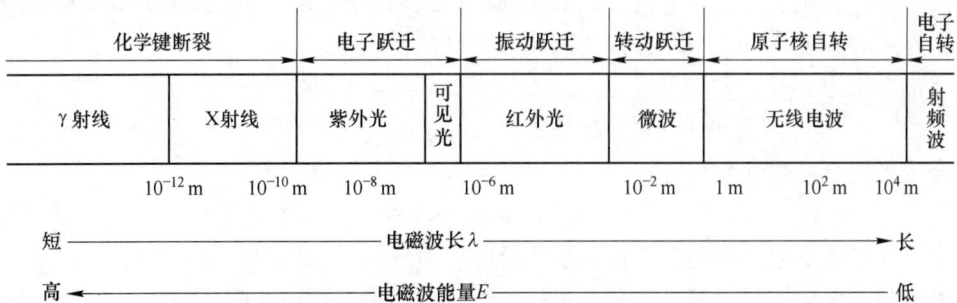

化学键断裂		电子跃迁		振动跃迁	转动跃迁	原子核自转	电子自转
γ射线	X射线	紫外光	可见光	红外光	微波	无线电波	射频波
10^{-12} m	10^{-10} m	10^{-8} m	10^{-6} m		10^{-2} m	1 m 10^2 m	10^4 m

短 ——————————— 电磁波长 λ ——————————→ 长

高 ←——————————— 电磁波能量 E ——————————— 低

图2-20 电磁波谱

光子除了具有能量外，还具有动量：

$$p = mc = \frac{E}{c} = \frac{h\nu}{c} = \frac{h}{\lambda} \tag{2-27}$$

光子是玻色子，允许多个光子处于同一状态，其自旋量子数为整数1，即 $\sigma = 1$，它在特殊方向上的投影用量子数 μ 表示，$\mu = 0, \pm 1$，它们与线偏振光、左旋和右旋偏振光对应。光子具有角动量，在光与物质相互作用时要遵守角动量守恒定律。当用偏振光与原子或分子相互作用时，要用相应的选择定则去分析。

2.5.1.2　光的波动性

光是一种电磁波，其传播过程不需要介质。在光的传播过程中，光的反射、衍射、干涉、折射、偏振、散射等现象，尤其是光的干涉和衍射，可证明光具有波动性（见图 2-21）。单色光波的波函数为

$$\boldsymbol{E} = E_0 \mathrm{e}^{-\mathrm{i}(\omega t - kz)} \tag{2-28}$$

$$\boldsymbol{B} = B_0 \mathrm{e}^{-\mathrm{i}(\omega t - kz)} \tag{2-29}$$

式中，$\boldsymbol{E}$ 为光波的电场矢量；$\boldsymbol{B}$ 为磁场矢量；E_0 为光波的电场强度振幅；B_0 为磁场强度振幅；ω 为振动角频率；t 为时间；k 为传播数，简称波数，$k = \dfrac{2\pi}{\lambda} = \dfrac{\omega}{\nu}$；$z$ 为传播矢量。

光与物质的相互作用主要是电场 $\boldsymbol{E}$ 的作用。

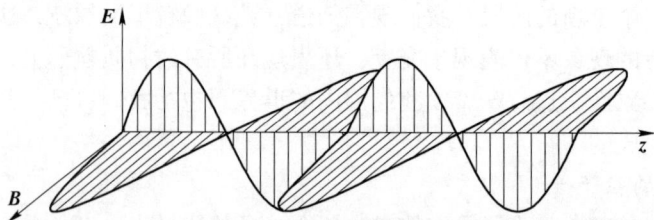

图 2-21　光的波动理论

2.5.1.3　光的相干性

光的干涉遵循独立传播定律，当多列光波在空间中相遇时，总会发生光波的叠加现象，而这种叠加现象往往会引起光场强度的重新分布。

$$E_1 = A_1 \cos(\omega t + \varphi_1) \tag{2-30}$$

$$E_2 = A_2 \cos(\omega t + \varphi_2) \tag{2-31}$$

式中，E_1、E_2 分别表示介质中任一点的两列波的振动状态；A_1、A_2 分别表示两列光波的振幅；ω 为振动角频率；φ_1、φ_2 分别为两列波振动的初相位。

叠加结果为

$$E = E_1 + E_2 = A\cos(\omega t + \varphi) \tag{2-32}$$

合成光的光场强度为

$$I = A^2 = A_1^2 + A_2^2 + 2A_1 A_2 \cos(\varphi_2 - \varphi_1) \tag{2-33}$$

光干涉需满足频率相同、存在相互平行的振动分量、相位差稳定的条件。

光的相干性包括时间相干性和空间相干性。时间相干性指在同一空间点上，两个不同时刻的光场之间的相干性。时间相干性常用相干时间 τ_0 来描述。处在相干时间间隔内的

光场是相干的。在相干时间内光波传播的距离称为相干长度，即 $c\tau_0$。空间相干性指在同一时刻，两个不同空间点上光场之间的相干性。

2.5.2 能级跃迁

2.5.2.1 原子的布居

一般来讲，布居可以理解为原子核外电子的分布排列位置。处在热平衡状态的原子体系，原子数按能级的分布服从玻耳兹曼分布：

$$N_i \propto g_i \exp\left(\frac{-E_i}{k_B T}\right) \tag{2-34}$$

高能级 m 和低能级 n 上的原子数之比为

$$\frac{N_m}{N_n} = \frac{g_m}{g_n} \exp\left(\frac{E_m - E_n}{k_B T}\right) \tag{2-35}$$

式中，N_i 为处在能级 E_i 的原子数；g_i 为能级 E_i 的简并度；k 为玻耳兹曼分布常数；T 为热平衡时的绝对温度。

一般情况下，较高能级 m 上的原子数总是小于较低能级 n 上的原子数，如果 m 和 n 的能量间隔很大，激发态 m 上的布居数可以忽略不计。

2.5.2.2 光与原子、分子作用的效应

光与物质中的原子、分子相互作用，一般产生吸收、自发辐射和受激辐射三种效应。

（1）吸收：当外界辐射场频率和相应的跃迁能间距相等时，处于低能级的原子会吸收外界辐射场的一个光子而从低能级跃迁到高能级的过程。吸收跃迁概率为

$$W_{12}(\nu) = B_{12}(\nu)\rho(\nu) \tag{2-36}$$

式中，$B_{12}(\nu)$ 为爱因斯坦吸收系数；$\rho(\nu)$ 为单位时间内在外来单色能量密度为 ρ 的光照下，E_1 能级上因受激吸收跃迁到 E_2 能级上的粒子数密度占 E_2 能级总粒子数密度的百分比。

（2）自发辐射：处于激发态的 E_2 的粒子自发向低能级 E_1 跃迁，并发射一个能量为 $h\nu = E_2 - E_1$ 的光子的过程。自发辐射只与分子、原子结构相关，与外场无关。

$$\frac{dN_2}{dt} = -A_{21}N_2 \tag{2-37}$$

式中，A_{21} 是自发辐射系数；N_2 为 dt 时间间隔内，单位体积内经自发辐射从 E_2 跃迁到 E_1 的粒子数。激发态 E_2 粒子的平均自发发射寿命 $\tau_{sp} = \frac{1}{A_{21}}$。

（3）受激辐射：粒子在外界辐射场的激发下发生的发射过程。在外场 $\rho(\nu)$ 作用下，处于激发态 E_2 的粒子辐射一个能量为 $h\nu = E_2 - E_1$ 的光子跃迁到能级 E_1 的过程。发射光与激发光具有相同的频率、相位、偏振和传播方向。受激发概率为

$$W_{21}(\nu) = B_{21}(\nu)\rho(\nu) \tag{2-38}$$

式中，$B_{21}(\nu)$ 为爱因斯坦受激发发射系数。

2.5.3 光谱的类型

光谱（spectrum），全称为光学频谱，是复色光通过色散系统（如光栅、棱镜）进行

分光后，依照光的波长（或频率）的大小顺次排列形成的图案。光谱中最常见的一部分是可见光谱，这是电磁波谱中人眼可见的一部分，在这个波长范围内的电磁辐射被称为可见光。光谱并没有包含人类大脑视觉所能区别的所有颜色，如褐色和粉红色。

复色光中有着各种波长（或频率）的光，这些光在介质中有不同的折射率。现代意义上的光谱学，显然把光谱的概念扩展了许多，指的是当物质与辐射能相互作用时，物质内部的电子、质子等粒子发生能级跃迁，记录其产生的辐射能强度随波长（或相应单位）的变化，所得图谱称为光谱（波谱）。

光谱可以按照光波的波长分为紫外-可见光谱、红外光谱等，按照谱线特征分为分立谱-线状谱（某些频率上光强极大）、连续谱等，但一般按照产生方式分为发射光谱、吸收光谱、散射光谱。

（1）发射光谱（emission spectrum）。有的物体能自行发光，由它直接产生的光形成的光谱称为发射光谱。发射光谱可分为线状光谱、带状光谱和连续光谱。常见的发射光谱测试方法有原子发射光谱分析法、原子荧光分析法、分子荧光分析法、分子磷光分析法、X 射线荧光分析法、γ 射线光谱法、化学发光分析法等。

（2）吸收光谱（absorption spectrum）。在连续光谱中某些波长的光被物质吸收后产生的光谱称为吸收光谱。常见吸收光谱有紫外-可见光谱、红外光谱和原子吸收光谱等。

（3）散射光谱（scattering spectrum）。当光照射到物质上时，会发生非弹性散射，在散射光中除有与激发光波长相同的弹性成分（瑞利散射），还有比激发光波长长的和短的成分，后一现象统称为拉曼效应。这种产生新波长的光的散射称为拉曼散射，所产生的光谱称为拉曼光谱或拉曼散射光谱。

另外，按照被测成分的形态，可分为分子光谱和原子光谱。

（1）分子光谱。其是由分子中电子能级、振动和转动能级的变化产生的。分子由原子组成，依靠原子间的相互作用力形成化学键，把原子结合在一起。分子内部存在着下列三种运动：价电子在键连着的原子间运动、各原子间的相对运动（振动）、分子作为一个整体的转动。因此分子光谱又可分为电子光谱、振动光谱和转动光谱。分子光谱表现形式为带光谱，属于这类分析方法的有紫外-可见分光光度（UV-Vis）、红外光谱（IR）、分子荧光光谱（MFS）和分子磷光光谱等。

（2）原子光谱。其是由原子外层或内层电子能级的变化产生的。它的表现形式为线光谱。属于这类分析方法的有原子发射光谱（AES）、原子吸收光谱（AAS）、原子荧光光谱（AFS）及 X 射线荧光光谱（XRF）等。

2.5.4 谱线宽度与线型

谱线是指物体发射或吸收光线时在光谱上产生的带状线条，它们在光谱中的位置和形状可以提供物体的化学成分、温度、密度等信息。然而，观察谱线时会发现它们并非像理想情况下的尖锐谱线，而是存在一定的宽度。线宽的定义是谱线强度 $g(\omega_0)$ 下降到一半时相应的两个频率之间的间隔（$\omega_2 - \omega_1$），通常称为半高全宽（full width at half maximum intensity，FWHM），用来衡量展宽程度。

2.5.4.1 自然展宽

经典理论把一个原子看作一个振荡电偶极子，电偶极子的振荡向其周围空间发射电磁场，而电磁场发射将使振子的能量耗散，于是振荡幅度逐步衰减下来，发射的电磁场强度也因此逐步减弱。

然而，从频谱的角度看来，尽管电偶极子具有固有振荡频率 ω_0，但辐射场随时间的衰减表明它不是纯的正弦振荡，而对应着一定的频带宽度，也就是说，电偶极子发射的电磁场不是单一频率的，而是以频率 ω_0 为中心有一个频率分布，这个频率分布就是自然展宽，如图 2-22 所示。自然线宽呈洛伦兹型（Lorentzian）的分布函数如下：

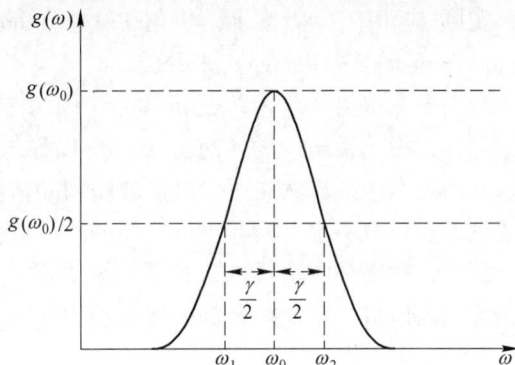

图 2-22 光谱谱线自然线宽示意图

$$g_N(\omega) = \frac{\frac{\gamma}{2\pi}}{(\omega_0 - \omega)^2 + \frac{\gamma^2}{4}} \tag{2-39}$$

式中，γ 为洛伦兹因子，又称为相对论因子。自然线宽 $\Delta\omega_N = \gamma$。

2.5.4.2 多普勒展宽

多普勒展宽为典型的非均匀展宽，其来自多普勒效应。由于光源和观察者的相对运动，观测到的光的频率会发生改变。在气相中，原子或分子向所有方向或快或慢地移动，观察者能检测到相应的多普勒位移。气体中的分子遵循由温度决定的玻耳兹曼（Boltzmann）分布，因此分子与光源（吸收谱）或检测器（发射谱）的相对速度导致了多普勒效应，从而导致谱线展宽。多普勒展宽的轮廓是高斯（Gaussian）线形，反映了平行于视线方向的速度分布。温度越高，速度分布越宽。要减少多普勒展宽，最好降低温度。高斯展宽的函数表示如下：

$$g_D(\omega) = e^{-\frac{mc^2(\omega_0-\omega)^2}{2kT_B\omega_0^2}} \tag{2-40}$$

多普勒线宽表达式如下：

$$\Delta\omega_D = 2\omega_0\sqrt{\frac{2\ln2 k_B T}{mc^2}} \tag{2-41}$$

2.5.4.3 碰撞展宽

由于原子间相互碰撞而导致谱线的变宽，称为碰撞展宽，其谱线轮廓基本呈现洛伦兹型分布，表达函数如下：

$$g_H(\omega) = \frac{\frac{1}{2}}{(\omega_0 - \omega)^2 + \left(\frac{1}{t_0}\right)^2} \tag{2-42}$$

碰撞线宽表达式为

$$\Delta\omega_H = \frac{1}{\pi t_0} = 4d^2 N_0\sqrt{\frac{k_B T}{\pi m}} \tag{2-43}$$

式中，N_0 为单位体积内的原子数。

实际应用中常按照均匀展宽（homogeneous broadening）和非均匀展宽（inhomogeneous broadening）来分类。

均匀展宽中的"均匀"是指样品中的每个分子以相同方式对线宽作贡献，因为它以类似的方式影响系统中的所有分子，所以称为均匀展宽，均匀展宽通常显示为洛伦兹线形。均匀展宽包括自然展宽、碰撞展宽和晶格振动展宽等。对于一般气体介质，均匀展宽主要由碰撞加宽决定。只有当气压极低时，自然展宽才能体现出来。非均匀展宽是由分子集合的跃迁频率分布造成的。这是一种统计学效应，因此光谱强度的分布为 Gaussian 线形。非均匀展宽主要包括多普勒展宽和固体物质中的晶格缺陷展宽。

2.6　紫外-可见吸收光谱测试分析方法

光谱分析技术是化学分析技术领域中应用最广泛的领域之一，紫外-可见吸收光谱（ultraviolet-visible absorption spectrometry，UV-Vis）法根据溶液中物质的分子或离子对紫外和可见光谱区辐射能的吸收对物质进行定性、定量和结构分析的方法，是光谱分析技术之一。紫外-可见吸收光谱法也称为紫外-可见分光光度（ultraviolet-visible spectrophotometry）法，它包括比色分析（colorimetric analysis）法和紫外-可见分光光度法。紫外-可见吸收光谱法的波长范围为 200~800 nm 的光谱区域。紫外-可见吸收光谱是由于多原子分子的外层电子或价电子的跃迁产生的。1862 年，米勒（J. M. Miller）指出紫外-可见吸收光谱和组成物质的分子结构及其基团有关，并测定了 100 多种物质的紫外吸收光谱。后来，哈托莱（Hartolay）和贝利发现在有机物中的吸收光谱结构相似，初步建立了紫外-可见吸收光谱定性分析技术的理论基础。1945 年，美国 Beckman 公司成功推出世界上第一台紫外-可见分光光度计商品仪器，之后紫外-可见分光光度计得到了快速发展。从 20 世纪 50 年代开始发展了许多新的分光光度分析方法，而随着计算机技术的发展和应用，化学计量学在光度分析的应用研究变得愈加广泛，对检测复杂体系中各组分的测定打开了新的大门。紫外-可见吸收光谱技术在现代各种仪器分析方法中依旧起到不可替代的作用。

2.6.1　紫外-可见吸收光谱的产生类型

2.6.1.1　有机物的电子吸收光谱

有机化合物电子吸收光谱产生的原因是分子吸收光能之后价电子产生跃迁而形成的。其中价电子主要包括三种类型：σ 电子，形成单键的电子；π 电子，形成双键和三键的电子；n 电子（孤对电子），没有形成化学键的电子，存在于氧、氮、硫、氯、溴、碘原子上（统称杂原子）。三种电子的能级高低次序为：$\sigma < \pi < n < \pi^* < \sigma^*$。分子中的电子一般处在能级较低的成键轨道上，当吸收一定频率的光子之后会产生跃迁，产生跃迁的类型有四种：$\sigma \rightarrow \sigma^*$、$n \rightarrow \sigma^*$、$\pi \rightarrow \pi^*$、$n \rightarrow \pi^*$。有机分子电子能级跃迁图如图 2-23 所示。

（1）$\sigma \rightarrow \sigma^*$：引起此跃迁需要 780 kJ/mol 的能量，其对应的波长在远紫外区。例如，乙烷的最大吸收波长为 135 nm。

（2）$n \rightarrow \sigma^*$：一般有机化合物中含有氧、氮、硫卤素等杂原子会产生此跃迁。其跃

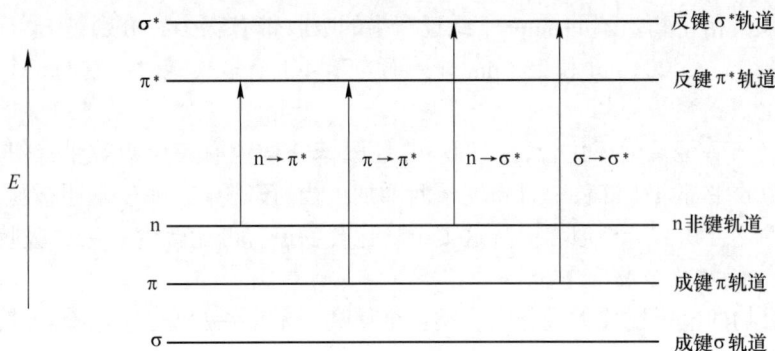

图 2-23 有机分子电子能级跃迁图

迁的能量比 σ→σ* 要低，其对应的吸收波长在 150~250 nm 之间。实现此跃迁需要的能量较高，其吸收光谱落于远紫外光区和近紫外光区。

（3）π→π*：此跃迁产生的强度是最大的，含有双键、三键和芳香烃的不饱和化合物均能产生此跃迁。其中，在非共轭体系中此跃迁的吸收波长在 165~200 nm 之间，而在非共轭体系中此跃迁的吸收范围落在近紫外光区。

（4）n→π*：此跃迁通常在非键轨道上和 π 分子轨道上同时含有电子的化合物可以产生。其吸收峰在近紫外光区。其特点是谱带的强度较弱，摩尔吸光系数小，通常小于 100，属于禁阻跃迁。

常见有机化合物的跃迁总结如下：

（1）饱和烃及其取代衍生物。饱和烃化合物只能发生 σ→σ* 跃迁，因为其中只含有 σ 键。饱和烃的取代衍生物可以产生其他键的跃迁。例如，CH_3Cl、CH_3Br 和 CH_3I 的 n→σ 跃迁分别出现在 173 nm、204 nm 和 258 nm 处。这些数据说明将氯、溴和碘原子引入甲烷后，其相应的吸收波长发生了红移，证明了助色团的助色作用。

（2）不饱和烃及共轭烯烃。在不饱和烃类分子中，含有 σ 键和 π 键，所以它们能产生 σ→σ* 和 π→π* 跃迁。但 π→π* 跃迁的能量小于 σ→σ* 跃迁。例如，在乙烯分子中，π→π* 跃迁的最大吸收波长为 180 nm。在不饱和烃类分子中，当有两个以上的双键共轭时，随着共轭系统的延长，π→π* 跃迁的吸收带将明显向长波方向移动，吸收强度也随之增强。在共轭体系中，π→π* 跃迁产生物收带又称为 K 带。

（3）羰基化合物。羰基化合物含有 C＝O 基团，主要可以产生 π→π*、n→σ*、n→π* 三个吸收带，n→π* 吸收带又称为 R 带，落于近紫外或紫外光区。醛、酮、羧酸及羧酸的衍生物，如酯、酰胺等，都含有羰基。由于醛、酮这类物质与羧酸及羧酸的衍生物在结构上存在差异，它们的 n→π* 吸收带的光区稍有不同。

羧酸及羧酸的衍生物虽然也有 n→π 吸收带，但是，羧酸及羧酸的衍生物的羰基上的碳原子直接连接含有未共用电子对的助色团，如—OH、—Cl、—OR 等，由于这些助色团上的 n 电子与羰基双键的 π 电子产生 n→π 共轭，导致 π* 轨道的能级有所提高，但这种共轭作用并不能改变 n 轨道的能级，因此实现 n→π* 跃迁所需的能量变大，使 n→π* 吸收带蓝移至 210 nm 左右。

（4）苯及其衍生物。苯的 $\pi \rightarrow \pi^*$ 跃迁产生的吸收带有三个，分别是 E_1、E_2 和 B 带，分别出现在 180 nm、204 nm 和 255 nm 处。而当苯环上有取代基时，它的三个特征谱带会发生显著变化。

（5）稠环芳香烃及杂环化合物。稠环芳烃跟苯一样也有三个吸收带，但与其不同的是，这三个吸收带都发生红移，且强度不断增加。当芳环上的—CH 基团被氮原子取代之后，其相应的化合物与苯相似，而且这类杂环化合物还有可能产生 $n \rightarrow \pi^*$ 吸收带。

2.6.1.2　无机化合物

无机化合物的电子迁移类型分为三类：金属离子的 d—d 跃迁、电荷迁移跃迁、配位体内的电子跃迁。

（1）金属离子的跃迁。元素周期表中第四周期和第五周期的过渡元素均含有 d 轨道，锕系和镧系元素均含有 f 轨道，在配位体的影响下破坏了 d 轨道或 f 轨道的简并性，分裂成两组或多组能量不等的 d 轨道或 f 轨道。当吸收紫外-可见光能后，分裂之后的 d 轨道或 f 轨道上的电子就可能发生跃迁，这种跃迁称为 d—d 电子跃迁或 f—f 电子跃迁。

（2）电荷迁移跃迁。其指用电磁辐射照射化合物的时候，电子从给予体向接受体的轨道上跃迁，实质是一个氧化还原的过程。此类跃迁是允许跃迁，根据迁移的方向可以分为三种类型：金属到配位体的电荷转移、金属到金属间的电荷转移、配位体到金属间的电荷转移。

（3）配位体内的电子跃迁。当金属离子以共价键和配位键与配位体分子形成螯合物时，配位体分子的共轭体系在螯合前、后发生显著变化，往往扩大分子中的共轭体系，从而使配位体内受激发电子的起始能量有所升高，即跃迁所需能量变小，最大吸收峰显著向长波方向移动，摩尔吸光系数也明显提高。

2.6.2　紫外-可见吸收光谱的有关定义和常用术语

2.6.2.1　助色团和发色团

助色团引入的分子会导致物质的颜色加深，所以称为助色团，但它本身并不会让物质染色。助色团本身在可见光区没有特征吸收，它只是含有未共用电子对的官能团。而发色团是指光谱区在 200~1000 nm 之内导致某分子产生特征吸收带具有不饱和键和未共用电子对的官能团。它们的作用机理是，发色团中的不饱和键与助色团上的未共用电子对相互作用进而导致发色团的吸收波长向长波方向移动并增强吸收强度。

2.6.2.2　朗伯-比尔定律

朗伯（J. H. Lambert）和比尔（A. Beer）研究得出，一束平行单色光垂直通过一厚度的均匀、非散射的稀溶液时，在入射光的波长、强度及溶液温度等保持不变时，该溶液的吸光度 A 与液层厚度 b、溶液浓度 c 的乘积成正比。它们的关系满足式（2-44）。

$$A = \varepsilon bc \qquad (2\text{-}44)$$

式中，ε 为摩尔吸光系数，L/（cm·mol）；c 为溶液中吸光物质的物质的量浓度，mol/L；b 为吸收池内溶液的光路长度（液层厚度），cm。

朗伯-比尔定律是光谱分析法（或称分光光度法）的定量依据，对紫外线、可见光、外线的吸收等光谱分析法都适用。其中，摩尔吸光系数是吸收物质的特征常数，它的值与吸光物质的种类、入射光波长、温度及溶剂有关。一般，其值越大表示吸光物质对此入射光的吸收能力越强，同时也说明其用于光谱分析测定时灵敏度越高，一般认为，$\varepsilon > 10^5$时灵敏度超高。

2.6.2.3 分子吸收光谱的产生及其类型

电子在一般情况下处于基态，若电子受外界作用在不同能级之间跃迁，则基于此变化产生了分子吸收光谱。根据分子轨道理论，分子中的电子总是处在一定能级的分子轨道中。这些电子吸收外来辐射的能量时，即从能量较低的能级跃迁至另一能量较高的能级。但是由于分子内部运动涉及的能级变化比较复杂，分子光谱也就比较复杂。分子内部除具有电子相对于原子核的运动能量 $E_{电子}$ 外，还包括分子内原子在其平衡位置附近的相对振动能量 $E_{振动}$ 及分子本身围绕重心的转动能量 $E_{转动}$。这三种运动的能量都是量子化的，并对应有一定的能级，若不考虑各运动形式之间的相互作用，可近似地认为分子的能量 $E_{分子}$ 为

$$E_{分子} = E_{电子} + E_{振动} + E_{转动} \tag{2-45}$$

当分子从低能级跃迁到高能级时就会产生能量差，若以能量与电子能级间的能量差 $\Delta E_{电子}$ 相当的紫外光或可见光（波长为 $0.06 \sim 12.5\ \mu m$，相当能量为 $1 \sim 20\ eV$）照射分子，会引起电子能级间的跃迁且有转动能级和振动能级的变化，这样产生的光谱为紫外-可见吸收光谱或电子光谱。

2.6.2.4 光谱吸收曲线

不同分子的内部结构不同，所以它们对光的吸收有选择性。现测量一定浓度的某一物质溶液对各种光的吸收程度，以波长 λ 作为横坐标，物质的吸光度为纵坐标绘图，可以得到一条曲线图，此条曲线就称为物质的吸收光谱曲线。不同浓度的抗坏血酸溶液的紫外吸收曲线如图 2-24 所示。

当溶剂的极性改变时，会引起吸收带形状的改变。比如，当溶剂的极性由非极性转变为极性时，其精细结构消失，吸收带会变得平滑。其次，改变溶剂的极性会使吸收带的最大吸收波长发生改变，所以我们在选择溶剂时应该注意以下几点：

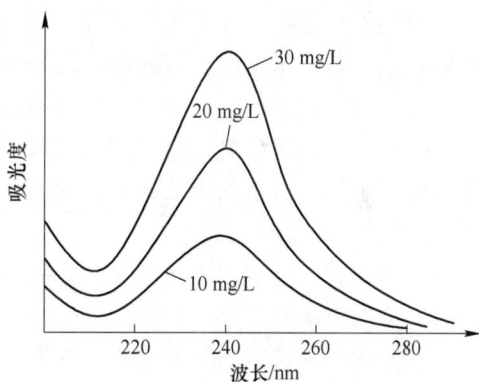

图 2-24　不同浓度的抗坏血酸
溶液的紫外吸收曲线

（1）溶剂应该能够很好地溶解待测物质，且不与待测样品发生反应。所以溶剂应该具备良好的化学和光化学稳定性。

（2）在溶解度允许范围内，应选择极性较小的溶剂。

（3）溶剂在被测样品的吸收光谱区域内应无明显吸收。

2.6.3 紫外-可见分光光度计

紫外-可见分光光度计由光源、单色器、吸收池、检测器和信号指示系统五个部分组成。它是测量溶液对不同波长单色吸收程度的仪器，其光源包括可见光和紫外线。其型号

和种类也有很多，按照光路可分为单光束分光光度计、双光束分光光度计及双波长分光光度计。图 2-25 分别为单光束和双光束分光光度计结构示意图。

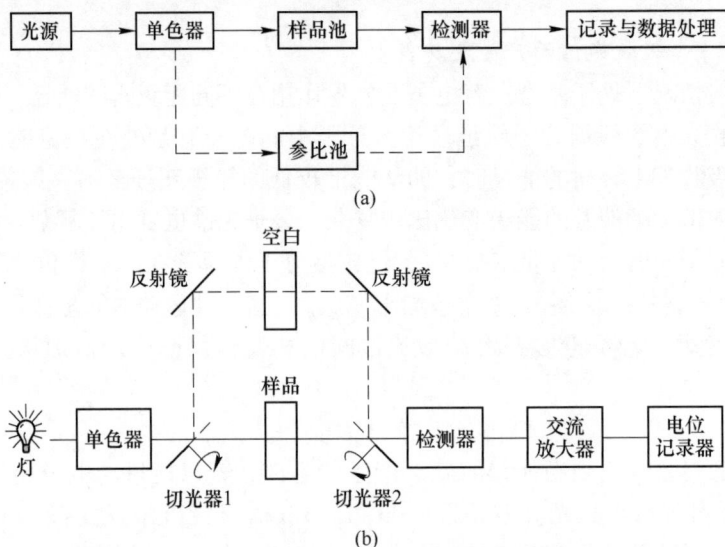

图 2-25　单光束（a）和双光束（b）分光光度计的结构示意图

2.6.3.1　光源

光源的作用是提供入射光。紫外-可见光谱要求在整个紫外区和可见光谱区可以发射连续的光谱，具有足够的辐射强度、较好的稳定性和稳定的使用寿命，且要求辐射能量随波长的变化应尽可能小。光源的常用分类有热辐射光源和气体放电光源。其中热辐射光源用于可见光区，如钨丝灯，其可使用的范围为 340~2500 nm。气体放电光源主要是氢、氘灯等气体放电灯，适宜使用波长范围为 200~375 nm 的光谱。

2.6.3.2　单色器

单色器可将光源辐射入射的复合光分解成具有一定波长的单色光，它是仪器中最重要的部分。单色器由五个部分组成，分别是入射狭缝、准光装置、色散元件、聚焦装置、出射狭缝。光源的光由入射狭缝进入。入射狭缝的作用是限制杂散光的进入。准光器的作用是用其中的透镜或凹面反射镜将入射光变成平行光束。棱镜或光栅是色散元件的主要组成部分，可将复合光分解为单色光。棱镜由玻璃和石英组成，不同波长的光穿过透镜时有不同的折射率，以此可以把光分开，这即是色散的原理。光栅是在抛光表面密刻许多条平行的痕制成，可用于紫外、可见和红外光区。其优点是色散波长范围宽、分辨能力好、成本低、便于保存和制备，缺点是各级光谱重叠会产生干扰。聚焦装置的作用是将分光得到的单色光聚焦到出射狭缝。出射狭缝的作用则是让一定波长的光射出。

2.6.3.3　吸收池

吸收池一般由石英和玻璃两种材料组成，它的作用是盛放分析样品。根据使用的波长来选择不同材料类型的吸收池。在使用样品室之前，各种因素会产生数据误差，所以要用一个对照空白溶液来减少误差。先将待测物质之外的试剂加入吸收池，放置在光路中作为参比对照。在进行实验之前，对吸收池进行检查，以消除因为吸收池的自身问题而引起的误差。在实验结束之后也要及时清洗吸收池，通常先用清水清洗，再用蒸馏水清洗。

2.6.3.4 检测器

检测器的功能是利用光电效应将透过吸收池的光信号变成可测的电信号，其电信号大小与透过光的强度成正比。光电池受光照太久易疲劳，不能连续工作 2 h 以上。常用的检测器有光电池、光电管和光电倍增管等。

2.6.3.5 信号指示系统

信号指示系统的作用是将获得的信号放大转换为吸光度、透光率等数字的形式，以便于显示。常用的信号指示装置有直流检流计、电位调节指零装置和数字显示等，通常采用计算机进行仪器自动控制和结果处理。

紫外分光光度计测试的一般流程为：（1）打开电源的开关，预热 20 min；（2）选择需要的单色光波长；（3）当挡板在光路中切断光路时，按动调零按钮使电表调至 $T=0$ 的位置；（4）将空白溶液放入光路中调"100%"按钮到 $T=100\%$ 的位置；（5）将待测溶液按顺序送入光路之后，直接读出各溶液的吸光度；（6）当测试结束之后关掉电源，取出吸收池，在暗箱中放入干燥剂并且将其盖好。

2.6.4 紫外-可见吸收光谱的分析

2.6.4.1 定性分析

紫外-可见吸收光谱分析用于有机化合物的定性鉴别，通过比较未知物与已知化合物的紫外-可见吸收光谱图信息，判断某些官能团的类型和推断骨架结构等。而对于无机元素的定性分析应用很少。一般的定性分析方法有下面几种：

（1）比较吸收光谱曲线法。在定性分析中的主要依据是最大吸收波长 λ 和对应的吸收光谱系数 ε。比较法又分为标准物质比较法和标准谱图比较法两种。为了能使分析更准确、可靠，要注意几点：尽量保持光谱的精细结构。为此，应采用与吸收物质作用力小的非极性溶剂，且采用窄的光谱通带；吸收光谱采用 $\lg A$ 对 λ 作图。这样如果未知物与标准物的浓度不同，则曲线只是沿 $\lg A$ 轴平移，而不是像 A-λ 曲线以 εb 的比例移动，更便于比较分析；往往还需要用其他方法进行证实，如红外光谱等。

（2）计算不饱和有机化合物最大吸收波长的经验规则。当采用其他的方法推测出化合物可能具有的结构之后，可以采用经验规则来计算它们的最大吸收波长，再与实际值进行比较，进一步确定物质的结构。伍德沃德规则是计算共轭二烯、多烯烃及共轭烯酮类化合物的 $p\rightarrow p^*$ 跃迁最大吸收波长的经验规则。计算时，先从未知物的母体对照表得到一个最大吸收的基数，然后对连接在母体中 p 电子体系（即共轭体系）上的各种取代基及其他结构因素按其所列的数值加以修正，得到该化合物的最大吸收波长 λ。

2.6.4.2 定量分析

定量分析一般有目视比色法和标准曲线法。

（1）目视比色法。目视比色法的原理是利用眼睛观察溶液颜色深浅来测定物质含量。当溶液中吸光物质的浓度越大，对某种色光的吸光越多，其透过的互补色光就会越突出，人们观察到的溶液颜色也就越深，即人们观察到的颜色深浅与溶液中物质的浓度有关。如果待测试溶液与标准溶液的液层厚度相等、颜色深度相同，则二者物质的浓度相同，如此定量。

（2）标准曲线法。配制一系列不同浓度的标准溶液，以不含被测组分的空白溶液作为参照样，测定标准系列溶液的吸光度，绘制吸光度-浓度曲线，也可称为校正曲线。在相同条件下测定试样溶液的吸光度，再从校正曲线上找出与之相对应的未知组分的溶液浓度。根据吸光度具有加和性的特征，在同一试样中可以进行两个及两个以上组分的定量分析。

2.6.5　应用实例分析

2.6.5.1　紫外-可见吸收光谱在苯胺衍生物原位研究中的应用

聚苯胺具有高导电性、良好的氧化还原可逆性、稳定性等特点，并在充电电池、电催化、化学生物传感和电致变色等方面有广泛的应用。但是它本身的结构和物理化学性质易受 pH 值的影响，将苯胺与其衍生物发生共聚反应可改善这一缺陷。研究共聚过程中的聚合机理及导电机制，常规的电化学方法难以准确直观地反映电极-溶液界面的性质变化，原位紫外-可见吸收光谱法可以现场检测苯胺及其衍生物自聚和共聚过程中形成的中间体。

研究者使用紫外-可见吸收光谱分别研究了邻苯二胺（OPD）、邻甲氧基苯胺（OMA）聚合及 OPD 与 OMA 共聚的聚合机理。以 OPD 分析为例，图 2-26 展示了在浓度为 1.0 mol/L的 HCl 溶液中，OPD 在电位 0.9 V 聚合时每隔 1 min 测得的紫外-可见吸收光谱图。图 2-26 出现 4 个吸收峰，分别位于 380 nm、458 nm、489 nm 和>600 nm 处。其中，位于 $\lambda = 380$ nm 的吸收峰属于单体或中性低聚物苯环的 $\pi \rightarrow \pi^*$ 电子跃迁。位于 $\lambda = 458$ nm 的吸收峰是由于吩嗪类型的二聚物或低聚物引成的，它是由于内部耦合作用形成的。$\lambda = 489$ nm 和 $\lambda > 600$ nm 的吸收峰是头碰尾耦合的苯胺的极化自由基和双极化自由基产生的。在第 6 min 扫描的紫外-可见吸收光谱图中，新的吸收峰在 421 nm 处被检测到，它归因于吩嗪类结构的二聚物或低聚物。从第 7 min 聚合反应开始，在 489 nm 处的吸收峰逐渐变得不明显。这是因为吸收峰被吩嗪类结构的中间体掩盖了。苯胺类型的中间体和吩嗪类结构的中间体产生了两种不同结构的电子跃迁方式。合理地推断 OPD 的聚合过程：电聚合 OPD 的第一阶段是氧化中性单体产生自由基离子，第二个阶段通过耦合产生不同结构的二聚物。

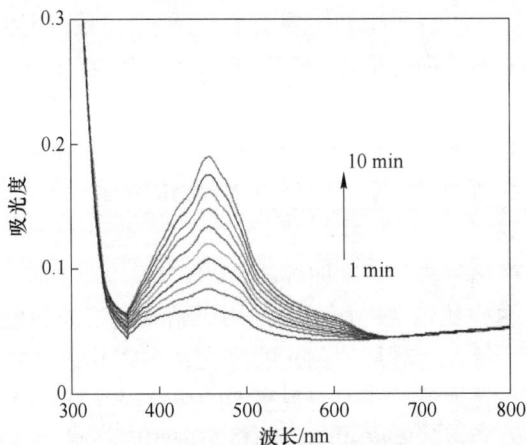

图 2-26　OPD 在电位 0.9 V 聚合时每隔 1 min 测得的紫外-可见吸收光谱图

2.6.5.2 紫外-可见吸收光谱在工业重金属检测中的应用

重金属可通过食物链在人体内富集，严重损害人体健康。紫外可见（UV-Vis）吸收光谱可靠、准确，且测定需要的时间极短，因此在水质分析与检测中广泛应用。据报道，UV-Vis 吸收光谱可以检测重金属铅、铀及贵金属配合物，被广泛应用在工业领域中重金属的定性及定量分析。利用发生在紫外区的重金属及其配位化合物有三种电子跃迁（镧系及锕系元素的 $f—f$ 电子跃迁和过渡金属离子的 $d—d$ 电子跃迁、电荷转移光谱、有机配位体内的电子跃迁）来完成重金属定性分析。重金属本身的 UV-Vis 吸收光谱的强度较弱，需要选择合适的配位体，利用电荷转移吸收光谱或有机配位体吸收光谱可以实现 UV-Vis 吸收光谱的定量分析。研究者研究了在线 UV-Vis 吸收光谱技术控制和优化工厂现场清洗过程的能力，将已用于工业的膜转移到装有在线 UV-Vis 吸收光谱技术的中试装置中检测，证明在线 UV-Vis 吸收光谱技术可以用来优化处理时间、能源和清洗过程。图 2-27 为清洁剂在水中浓度的紫外-可见吸收光谱。酸截留和渗透信号在 300 nm 处的凸块对应于清洁剂的紫外吸收峰。

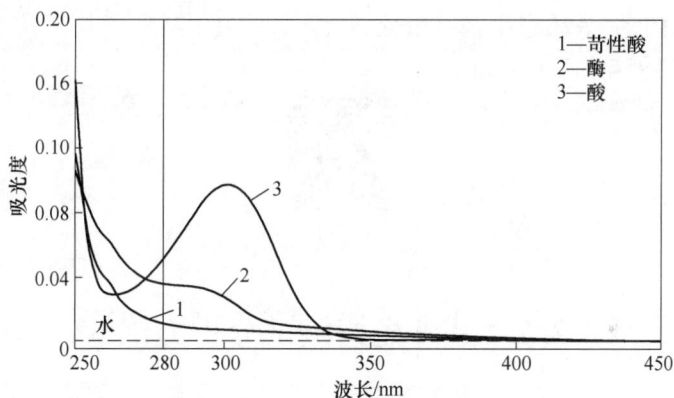

图 2-27 清洁剂在水中浓度的紫外-可见吸收光谱

2.6.5.3 紫外-可见吸收光谱在生物无机化学中的应用

生物无机化学在分子水平上研究生物金属与生物配体之间的相互作用，分析测定这些生物化合物结构和性能及它们在活体中作用。金属蛋白和金属酶中仅含少量的金属离子，但它们起至关重要的作用（即它们及其配位环境往往就是生物分子的活性中心），金属蛋白和金属酶的电子吸收光谱研究是表征金属离子所处环境的主要手段。紫外-可见吸收光谱可用于研究生物大分子的构象和构型，检测反应过程，研究反应过程、配位环境、酶活性中心，还可确定金属蛋白和金属酶中金属离子配位环境的几何构型，并能追踪金属酶的催化机理及酶活性中心的稳定性金属离子的氧化态形式。

研究者使用可见吸收光谱首次研究了铜锌超氧歧化酶（Cu_2Zn_2SOD）活性中心金属离子在一定缓冲溶液中与无机氯化钴的直接相互作用，开创了金属酶活性中心金属离子与外加无机金属化合物的直接相互作用的研究。图 2-28 为 Cu_2Zn_2SOD 与 $CoCl_2$ 相互作用时的可见吸收光谱图，操作过程为：在 pH = 5.6 的醋酸 Cu_2Zn_2SOD 缓冲溶液中直接加入不同配比的 $CoCl_2$ 溶液。由图 2-28 可以看出，Cu_2Zn_2SOD 溶液在 500~600 nm 的波长范围内没有吸收峰出现，但加入一定量的 $CoCl_2$ 后发现在 596 nm 处有一个吸收峰，而在 572 nm、560 nm 处有两个弱吸收峰出现，形成 Cu_2Zn_2SOD 的特征 $d—d$ 跃迁吸收谱带，它与文献报道的用重组法得到的 Cu_2Zn_2SOD 的可见吸收光谱谱图形状完全一致，只是峰强度相对弱些。这说明溶液中存在 Cu_2Zn_2SOD，而 Co(Ⅱ) 的唯一来源是外加的 $CoCl_2$，而且随 Co(Ⅱ) 加入量的增加，其酶溶液的可见吸收峰强度也相应增加，增加一定程度后则不再有明显的变化。这一结果证明了 Co(Ⅱ) 可以把 Cu_2Zn_2SOD 中的 Zn(Ⅱ) 诱导出来，不用重组法 Co(Ⅱ) 便可部分占据 Zn 的位置而形成部分的 Cu_2Zn_2SOD，在溶液中呈动态平衡，由此首次揭示了这类直接相互作用的存在。

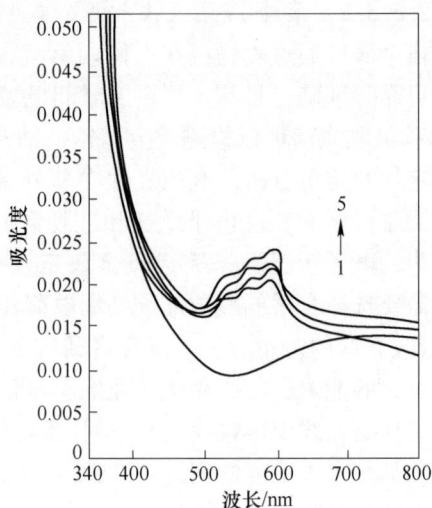

图 2-28　Cu_2Zn_2SOD 与 $CoCl_2$ 相互作用时的可见吸收光谱

更多实例扫码 3

2.7　红外光谱测试分析方法

红外光谱（infrared spectrum，IR）属于分子振动-转动光谱，又称为红外分光光度分析法，是分子吸收光谱的一种。其是根据不同物质有选择性地吸收红外光区的电磁辐射来进行结构分析，以对各种吸收红外光的化合物进行定量和定性分析的一种方法。19 世纪初期，人们通过实验证实了红外光的存在。20 世纪初期，人们进一步系统地了解了不同官能团具有不同红外吸收频率这一事实。1950 年以后，出现了自动记录式红外分光光度计。随着计算机科学的进步，1970 年以后，出现了傅里叶变换型红外光谱仪。红外光谱法不破坏样品，样品在气态、液态或固态情况下均可测定；具有很高的分辨率，且灵敏度高、能量损失小、光谱范围宽、重复性好、测量精度高、杂散光干扰小；特征性高、信息多，可以给出不同结构的化合物的特征谱图；除了样品制备耗费时间，采取傅里叶变换红外光谱仪，获取一张红外光谱只需几分钟即可完成，扫描时间短，也为基于快速分析的动力学研究提供有用的工具。

红外光谱法不能用于水溶液及含水物质的分析，同时对振动时无偶极矩变化的物质、左右旋光物质的 IR 谱相同、长链正烷烃类的 IR 谱近似等物质也不适用。复杂化合物的红外光谱极为复杂，难以进行准确的结构判断，往往需与其他方法相配合。其在化学分析领域、动力学观测方面、监测控制技术方面、环境检测领域都得到了应用。红外测定技术如全反射红外、显微红外、光声光谱及色谱 G 红外联用等也在不断发展和完善，使红外光谱法得到了更广泛的应用。

2.7.1 红外光谱分析基本原理

红外吸收光谱又称为分子振动光谱，主要是依据分子内部原子间的相对振动和分子转动等信息来确定物质分子结构和鉴别化合物。每种分子都有由其组成和结构决定的独有的红外吸收光谱，因此可以对分子进行结构分析和鉴定。

2.7.1.1 分子振动

多原子分子有伸缩振动和弯曲振动两种，而双原子分子只有伸缩振动形式。

A 伸缩振动

伸缩振动是键长沿着键轴方向发生周期性变化的振动。对于多原子分子，伸缩振动（ν）包括对称伸缩振动（ν_s）和不对称伸缩振动（ν_{as}）两种（见图 2-29）；对于双原子分子，只有对称伸缩振动一种形式。凡是含有两个或两个以上相同键的基团，都有对称和不对称两种振动形式，如 SO_2、NH_2、NO_2、CH_3 等；当化合物中含有两个相邻的官能团时，也会有对称和不对称两种伸缩振动形式，如羧酸酯有两个 C—O 键。而且，相同基团的不对称伸缩振动频率一般都大于它的对称伸缩振动频率。

(a)　　　　　　　　(b)

图 2-29　二氧化碳分子的对称伸缩振动（a）和不对称伸缩振动（b）

B 弯曲振动

弯曲振动又称为变形振动，是使键角发生周期性变化的振动。多原子分子更多的是弯曲振动形式。弯曲振动有多种形式，包括面内弯曲振动、面外弯曲振动、对称弯曲振动及不对称弯曲振动等（见图 2-30）。由几个原子构成的平面内进行的弯曲振动，称为面内弯曲振动。按振动形式，面内弯曲振动分为剪式振动（δ）和面内摇摆振动（ρ）两种。剪式振动是由于键角的变化类似于剪刀的开与闭而得名。面内摇摆振动是基团作为一个整体在平面内摇摆的振动，如 CH_2、NH_2 基团。在垂直于几个原子组成的平面外进行的弯曲振动称为面外弯曲振动，它分为面外摇摆振动（ω）和扭曲振动（τ）两种。面外摇摆振动是两个氢原子同时向平面正面方向或背面方向的振动；扭曲振动是一个氢原子向平面正面方向，另一个氢原子向平面背面方向，使两个键轴发生扭曲的振动。

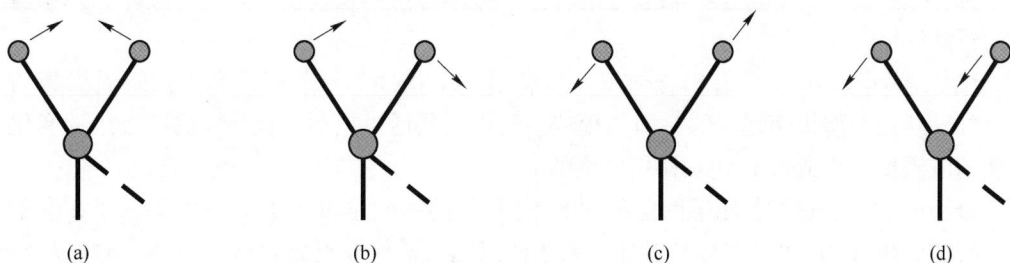

(a)　　　　　　(b)　　　　　　(c)　　　　　　(d)

图 2-30　亚甲基分子的弯曲振动

（a）剪式振动（δ）；（b）面内摇摆振动（ρ）；（c）面外摇摆振动（ω）；（d）（面风）扭曲振动（τ）

2.7.1.2 产生红外吸收的条件

产生红外吸收的条件有两个：

（1）辐射光子具有的能量与发生振动跃迁所需的跃迁能量相等。红外吸收光谱是分子的振动能级跃迁产生的。因为分子的振动能级差为 $0.05 \sim 1.0$ eV，比转动能级差（$0.0001 \sim 0.05$ eV）大，分子发生振动能级跃迁时，不可避免地伴随转动能级的跃迁，因而无法测得纯振动光谱，但为了讨论方便，以双原子分子振动光谱为例来说明红外光谱产生的条件。

若把双原子分子（A—B）的两个原子看作两个小球，把连结它们的化学键看成质量可以忽略不计的弹簧，则两个原子间的伸缩振动，可近似地看成沿键轴方向的简谐振动。由量子力学可以证明，该分子的振动总能量 E_ν 为

$$E_\nu = \left(\nu + \frac{1}{2}\right)h\omega \tag{2-46}$$

式中，ν 为振动量子数（$\nu = 0$，1，2，…）；E_ν 为与振动量子数 ν 相应的体系能量；h 为普朗克常数；ω 为分子振动的频率。

在室温时，分子处于基态（$\nu = 0$），$E_\nu = h\omega/2$，此时，伸缩振动的频率很小。当有红外辐射照射到分子时，若红外辐射的光子（ν_L）所具有的能量（E_L）恰好等于分子振动能级的能量差（$\Delta E_{振动}$），则分子将吸收红外辐射而跃迁至激发态，导致振幅增大。分子振动能级的能量差为 $\Delta E_{振动} = \Delta\nu \cdot h\omega$，又有光子能量为 $E_L = \Delta\omega_L$，于是可得产生红外吸收光谱的第一条件为：$E_L = \Delta E_{振动}$，即 $\omega_L = \Delta\nu \cdot \omega$。因此，只有当红外辐射频率等于振动量子数的差值与分子振动频率的乘积时，分子才能吸收红外辐射，产生红外吸收光谱。分子吸收红外辐射后，由基态振动能级（$\nu = 0$）跃迁至第一振动激发态（$\nu = 1$）时产生的吸收峰称为基频峰。因为 $\Delta\nu = 1$ 时，$\omega_L = \omega$，所以基频峰的位置（ω_L）等于分子的振动频率。在红外吸收光谱上除基频峰外，还有振动能级由基态（$\nu = 0$）跃迁至第二激发态（$\nu = 2$）、第三激发态（$\nu = 3$）、…所产生的吸收峰称为倍频峰。

由 $\nu = 0$ 跃迁至 $\nu = 2$ 时，$\Delta\nu = 2$，则 $\omega_L = 2\omega$，即吸收的红外线谱线（ω_L）是分子振动频率的二倍，产生的吸收峰称为二倍频峰。由 $\nu = 0$ 跃迁至 $\nu = 3$ 时，$\Delta\nu = 3$，则 $\omega_L = 3\omega$，即吸收的红外线谱线（ω_L）是分子振动频率的三倍，产生的吸收峰称为三倍频峰，以此类推。在倍频峰中，二倍频峰还比较强。三倍频峰以上的倍频峰，其跃迁概率很小，一般都很弱，常常不能测到。由于分子非谐振性质，各倍频峰并非正好是基频峰的整数倍，而是略小一些。除此之外，还有合频峰（$\omega_1 + \omega_2$，$2\omega_1 + \omega_2$，…），差频峰（$\omega_1 - \omega_2$，$2\omega_1 - \omega_2$，…）等，这些峰多数很弱，一般不容易辨认。倍频峰、合频峰和差频峰统称为泛频峰。

（2）辐射与物质之间有耦合作用。为满足这个条件，分子振动必须伴随偶极矩的变化。红外跃迁是偶极矩诱导的，即能量转移的机制是通过振动过程导致的偶极矩的变化和交变的电磁场（红外线）相互作用发生的。

分子由于构成它的各原子的电负性的不同，也显示不同的极性，称为偶极子。通常用分子的偶极矩（μ）来描述分子极性的大小。当偶极子处在电磁辐射的电场中时，此电场进行周期性反转，偶极子将经受交替的作用力而使偶极矩增加或减少。

由于偶极子具有一定的原有振动频率，显然，只有当辐射频率与偶极子频率相匹时，

分子才与辐射相互作用（振动耦合）而增加它的振动能，使振幅增大，即分子由原来的基态振动跃迁到较高振动能级。因此，并非所有的振动都会产生红外吸收，只有发生偶极矩变化（$\Delta\mu \neq 0$）的振动才能引起可观测的红外吸收光谱，此分子称之为红外活性的；$\Delta\mu = 0$ 的分子振动不能产生红外振动吸收，称为非红外活性的。

当一定频率的红外光照射分子时，如果分子中某个基团的振动频率和它一致，二者就会产生共振，此时光的能量通过分子偶极矩的变化而传递给分子，这个基团就会吸收一定频率的红外光产生振动跃迁。由于试样对不同频率的红外光吸收程度不同，如果用连续改变频率的红外光照射某试样，则通过试样后的红外光会在一些波数范围减弱，在另一些波数范围内仍然较强，可用仪器记录该试样的红外吸收光谱，进行样品的定性和定量分析。

2.7.1.3　红外光谱分析技术的分类

根据红外光波长的不同，红外光谱分析技术可以分为以下几种类型：

（1）近红外光谱技术。一种利用近红外光与样品中有机分子振动和旋转的倍频和合频吸收的特性进行物质定性和定量分析的技术。近红外光是指波长在 780~2526 nm 范围内的电磁波，习惯上又将近红外区划分为近红外短波（780~1100 nm）和长波（1100~2526 nm）两个区域。近红外光谱技术的分子中存在 4 种不同形式的能量，分别是平动能、转运能、振动能和电子能。近红外光谱分析技术的特点有：无复杂的化学前处理；分析速度快（1 min 之内）；低成本，准确可靠；非破坏性测量；化学试剂的使用减少，降低环境污染。

（2）远红外光谱技术。利用远红外光谱区进行物质定性和定量分析的技术。远红外光谱区通常是指波长范围在 25~1000 μm 的电磁波谱，该区域内的光谱主要用于研究气体分子中的纯转动跃迁、振动-转动跃迁和液体与固体中重原子的伸缩振动、某些变角振动、骨架振动，以及晶体中的晶格振动等。远红外光谱技术主要应用于气体、液体和固体的分析检测，尤其在气体分析中，远红外光谱技术具有较高的准确性和灵敏度。远红外光谱分析技术可以用于确定分子的结构和化学成分，因此对于有机物和无机物的分析都有广泛的应用。远红外光谱的能量较低，通常适用于低频骨架振动的物质，因此对于异构体的研究特别方便。对于有机金属化合物（包括络合物）、氢键、吸附现象的定量分析，远红外光谱也十分有效。

（3）傅里叶变换红外光谱技术（Fourier transform infrared spectrometer，FTIR）。是一种基于傅里叶变换技术的红外光谱仪。它的工作原理不同于传统的色散型红外光谱仪，而是利用迈克尔逊干涉仪获得入射光的干涉图，然后通过傅里叶数学变换，把时间域函数干涉图变换为频率域函数图（即普通的红外光谱图）这种技术是通过干涉型光学系统实现光谱检测的，其分辨率较高，测量精度高，能够准确地测定出样品中不同组分的分子结构和分子振动信息。傅里叶变换技术是至今为止近红外设备中最先进、最稳定的分析技术。图 2-31 为傅里叶变换红外光谱仪的工作原理示意图，傅里叶变换红外光谱仪的主要性能参数见表 2-7。

2.7.2　红外光谱仪

红外光谱仪主要有色散型红外光谱仪和傅里叶变换红外光谱仪两种。色散型红外光谱仪的组成部件与紫外-可见分光光度计相似，由光源、吸收池、单色器、检测器及记录显

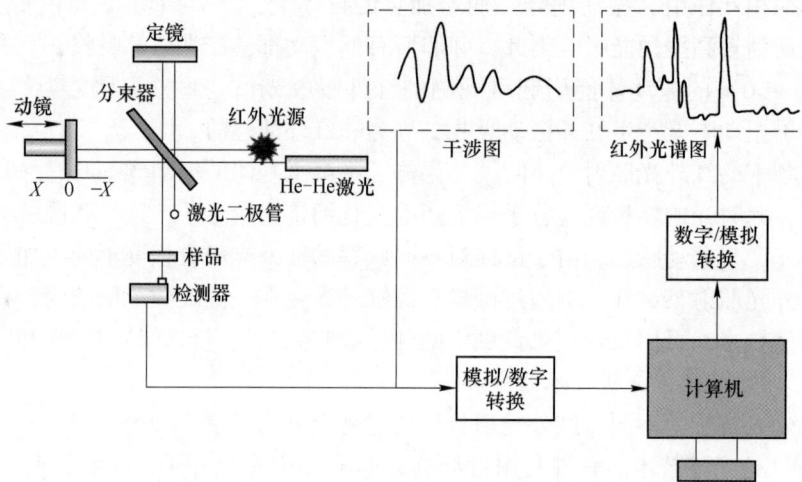

图 2-31　傅里叶变换红外光谱仪的工作原理示意图

表 2-7　傅里叶变换红外光谱仪的主要性能参数

参数类型	数　值
分析仪类型	傅里叶变换
检测器	灵敏度和稳定性很高的匹配 InGaAs 检测器
光谱范围	$400 \sim 4000$ cm^{-1}
分辨率	优于 4 cm^{-1}（1250 nm 波长下 0.6 nm）可选 2 cm^{-1}（1250 nm 波长下 0.3 nm）
波数准确度	± 0.03 cm^{-1}（1250 nm 波长下 0.005 nm）
波数重复性	单系统：10 次测量的标准偏差小于 0.006 cm^{-1}
波数重现性	系统间：优于 0.05 cm^{-1}（1250 nm 波长下 0.008 nm）
光度线性度	斜率为 1.0 ± 0.05，截距为 0 ± 0.05
扫描次数	5 次/s

示装置五部分组成，如图 2-32 所示。傅里叶变换红外光谱仪则由光源、迈克尔逊干涉仪、样品池、检测器、计算机组成，如图 2-33 所示。

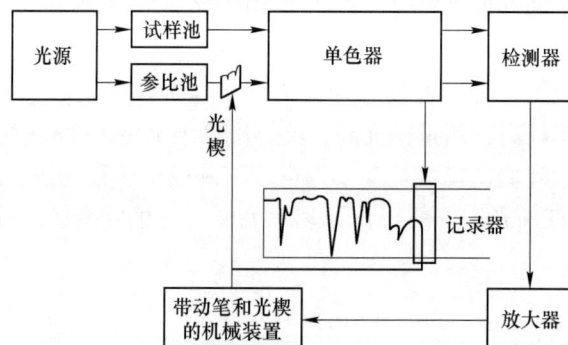

图 2-32　色散型红外光谱仪的结构图

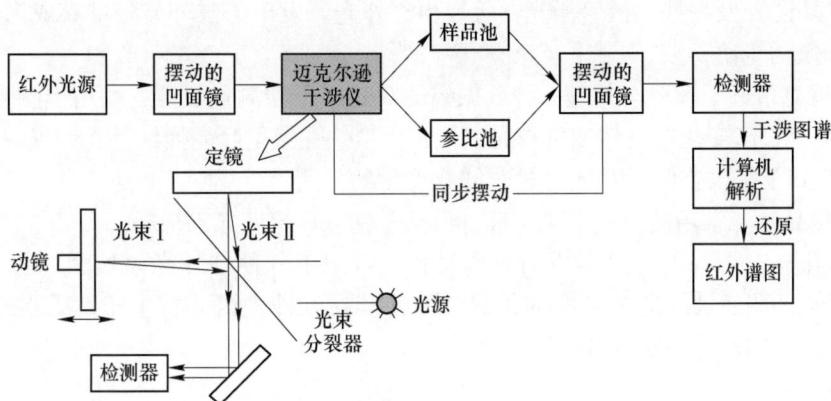

图 2-33 傅里叶变换红外光谱仪结构图

2.7.2.1 色散型红外光谱仪

色散型红外光谱仪各部件的组成及种类如下：

（1）光源。当前中红外光区最常用的红外光源是硅碳棒和能斯特灯。硅碳棒是由 SiC 加压在 2000 ℃烧结而成的；能斯特灯是由稀土金属氧化物烧结的空心棒或实心棒。

（2）吸收池。样品池可分为固定池、可拆池、可变厚度池、微量池和气体池；近红外光谱区的透光材料为石英、玻璃，中红外光谱区透光材料的透光范围在 $2.5 \sim 25~\mu m$、$4000 \sim 400~cm^{-1}$，远红外光谱区的透光材料为 KRS-5、聚乙烯膜或颗粒。

（3）单色器。由狭缝、准直镜、色散元件（光栅或棱镜）组成。

（4）检测器。分为高真空热电偶、测热辐射计、热释电检测器、光导电检测器等。

1）高真空热电偶。利用两种不同温差电动势的金属制成热容量很小的结点，装在涂黑的接受面上；接受面吸收红外辐射后引起结点的温度上升，温差电动势同温度的上升成正比，对电动势的测量就相当于对辐射强度的测量。为了提高灵敏度，需将热电偶密封在真空容器中；热电偶对的时间常数大，不适合快速扫描的过程。

2）热释电检测器。当它接收红外辐射后温度升高，TGS（硫酸三甘肽）表面的电荷减少，相当于释放了电荷，此时产生了一个明显的外电场变化。通过外电场大小的检测，就可以反映偶极矩的温度效应（热释电效应），这种效应与入射光的性质与强度有关，因此可以用来检测红外辐射。

3）碲镉汞检测器。由宽频带的半导体碲化镉和半金属化合物碲化汞混合形成，其组成为 $HgI\text{-}xCd_x Te$（$x \approx 0.2$），改变 x 值，可获得测量波段不同灵敏度各异的各种 MCT 检测器。

（5）记录显示装置。由检测器产生的信号是很弱的，如热电偶产生的电信号强度为 10^{-9} V，此信号必须经过放大器放大。放大后的信号驱动光楔和发动机，使记录笔在记录纸上移动。记录显示装置含电子放大和数据处理、记录系统。

2.7.2.2 傅里叶变换红外光谱仪

傅里叶变换红外光谱仪的组成及特色如下：

（1）红外光源。一般分为热辐射红外光源、气体放电红外光源和激光光源三种，主要由光源用发射体和光源用电源组成。常用的红外光源有通电加热（约 1200 K）的碳化硅（用于中、远红外区）、钇铝石榴石激光器（用于近红外区）、二氧化碳气体激光器

（用于远红外区）及一些二极管激光器等。由红外光源发出的红外光经准直成为平行光束进入迈克尔逊干涉仪。

（2）迈克尔逊干涉仪。其是一种分振幅的双光束干涉测量仪器，可用于测量光波长、折射率、微小长度变化等，精度可与光波长相比拟。在傅里叶变换红外光谱仪中，迈克尔逊干涉仪起到了提供空间域（实际是时域）变量的作用。

（3）样品池。常用的材质有碳化硅、石英、钠氯和聚四氟乙烯等。

1）碳化硅，是一种高温耐用的陶瓷材料，可用于各种红外光谱检测（包括高温实验）。其强大的耐腐蚀性能和良好的传热特性使其在红外光谱分析中非常受欢迎。同时，碳化硅的表面光滑，不易附着样品，且容易清洗。

2）石英，是一种透明、硬度高、化学稳定的矿物，具有优异的耐高温性和耐腐蚀性，因此，在傅里叶红外光谱仪样品池的制造方面得到了广泛应用。石英样品池具有优良的透光性和稳定的光学性能，能够在广泛光谱范围内应用。

3）钠氯，是一种非常常见的红外透明材料，主要用于波长范围在 $14000\ cm^{-1}$ 以上的光谱检测；其透明度好，直接测量分析时间较短，且成本逐渐降低。

4）聚四氟乙烯，是一种耐腐蚀性的高分子材料，此类样品池用于检测有机样品时，聚四氟乙烯几乎不与样品反应。它是唯一一种适用于高浓度氟化物、氧糖及氨基酸检测的材质。

（4）检测器。傅里叶变换红外光谱技术所用的检测器有氘化氨酸硫酸酯（DTGS）检测器，碲铬汞（MCT）检测器等，检测红外干涉光通过样品室后的能量，将光强变换成电信号。

此外，还有放大器、转换器等。放大器增大信号幅度使之便于处理。红外光谱使用的转换器是 A/D 转换器，其作用是将模拟信号转换成数字信号，并导入计算机存储。

2.7.3　应用实例分析

红外光谱技术具有许多特点，可以应用于各种领域的分析检测。在实际应用中，影响红外光谱图质量的因素很多，包括测试方法的选择、制样方法的选择、样品预处理、样品用量、扫描次数、仪器分辨率、热熔压膜温度和压力等。根据样品的性质，选择合适的样品制备方法是获得稳定清晰的红外光谱图的关键。

常见的红外光谱测试方法有透射法、衰减全反射法和漫反射法，其中透射法的应用最为广泛。固体样品的制备方法主要包括溴化钾压片法、石蜡油研磨法和热压膜法。液体样品常选用液体池或涂膜法制样。对于特殊样品，还可以选择热熔涂膜方法。需要注意的是，在进行样品制备时要根据具体样品的特性灵活选择合适的方法。

2.7.3.1　近红外光谱技术在燃料型炼厂的应用

研究者介绍了近红外光谱技术在燃料型炼厂的应用，目前石化行业中间产品及成品的质量指标测定主要依靠化学分析、模拟台架等手段，存在样品分析周期长、分析结果精密度和精确度差、费用高和操作人员需要量大等缺点；近红外光谱技术作为一种快速、高效的检测措施，可以在很短的时间内分析出油品中的多项质量参数，有效地降低了油品检测成本和人力资源的消耗，进一步优化了企业的资源配置，给油品生产者带来了丰厚的回报。只有具有红外活性（分子的振动必须能与红外辐射产生耦合作用）的分子才能吸收近红外辐射，而含有带氢原子的官能团物质具有强烈的近红外光谱吸收特性，如碳—氢（C—H）、氮—氢（N—H）、氧—氢（O—H）、磷—氢（P—H）、硫—氢（S—H）、…大多数石油产品由碳氢化合物组成，特别适合用近红外光谱进行分析，各个含氢基团的近红外吸收位置如图 2-34 所示。

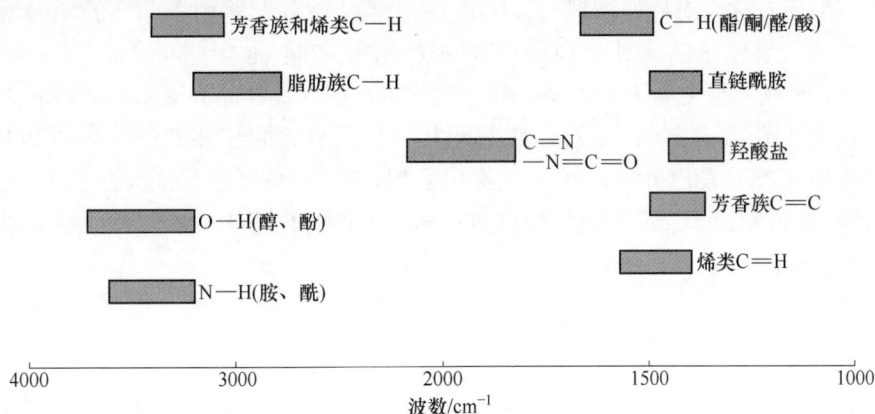

图 2-34　各个含氢基团的近红外吸收位置

2.7.3.2　红外光谱技术在家用电器非金属材料检测中的应用

为保证家用电器产品中非金属材料的安全性，需要加强质量控制，定期进行材质鉴别检测。红外光谱技术检测速度快、灵敏度高，在非金属材料材质鉴别中得到广泛应用。傅里叶变换红外光谱（FTIR）检测技术在家用电器行业中的非金属材料鉴别和质量控制方面发挥着重要作用。通过红外光谱分析，可以根据特定的吸收峰来确定不同材料的存在和化学组成。通过检测这些特征峰的位置和强度，可以快速、准确地确定家电产品中非金属材料的成分和性质，从而实现质量控制和鉴别分析。这对于确保产品设计材料的一致性及提高产品质量和性能非常重要。研究者选取家用电器产品中常见的非金属材料（PS、ABS、PE、PP、PC、PBT、PA、EVA），采用红外光谱仪对材料进行鉴别，阐述了其红外光谱的特征峰，为后续非金属材料的鉴别提供理论和数据参考。如图 2-35 所示，该实验

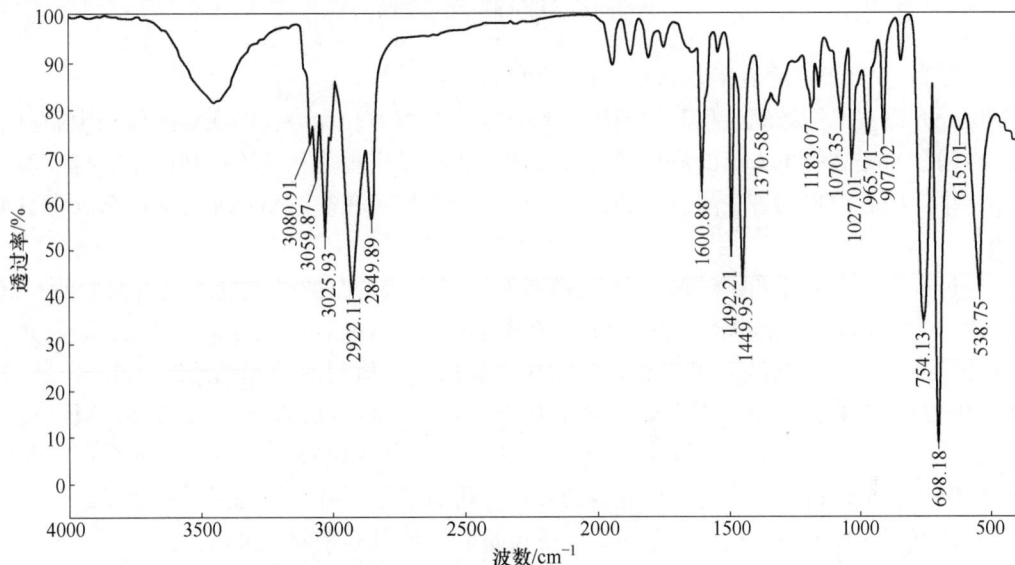

图 2-35　家用电器的红外光谱图

选取家用电器产品中常见的非金属材料进行。在 3080 cm^{-1}、3059 cm^{-1}、3025 cm^{-1} 位置出现的 3 个吸收峰，属于苯乙烯中苯环的伸缩振动和弯曲振动；2922 cm^{-1}、2849 cm^{-1} 对应的是亚甲基的不对称与对称伸缩振动；1600 cm^{-1}、1492 cm^{-1} 是由于苯环的环振动所出的吸收峰；苯环上氢原子的面外弯曲振动在 907 cm^{-1}、754 cm^{-1}、698 cm^{-1} 位置吸收，且 698 cm^{-1} 处的吸收峰强度高于 754 cm^{-1} 处，因此可以推断此样品为聚苯乙烯材质。

　　ABS 是丙烯腈、丁二烯、苯乙烯的三元共聚物，ABS 的红外光谱图如图 2-36 所示，相比聚苯乙烯（PS）的红外特征峰外，多了丙烯腈单体，丙烯腈特征峰在 2237 cm^{-1} 处的 —CH 的反对称振动，丁二烯单体呈现在 966 cm^{-1} 处的特征峰中。从此特征峰可以推断此样品是丙烯腈-丁二烯-苯乙烯材质。

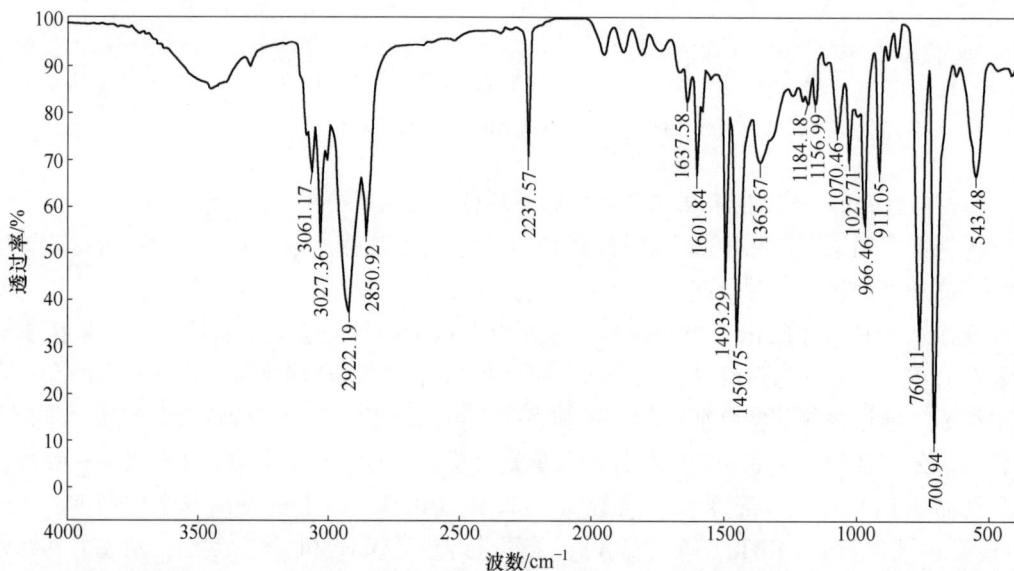

图 2-36　ABS 的红外光谱图

2.7.3.3　红外光谱技术在纺织品检测中的应用

　　红外光谱技术在纺织品检测中的应用具有很大的潜力和优势，但在实际应用中需要解决成本问题，提高技术人员的操作能力，并注意各项操作规范和环境控制，以获得准确的检测结果。随着技术的进一步发展和推广，红外光谱技术在纺织品行业的应用前景将更加广阔。

　　通过观察红外光谱图中的吸收峰位置和强度特征，可以准确鉴别不同纤维材料的成分，相比传统的熔点法或火焰试验，红外光谱技术能提供更准确的结果。研究者简要介绍了红外光谱技术在纺织品检测中的具体应用，例如，在检测丙纶和乙纶时，由如图 2-37 中的 PU 图与 PVC 图，可以看出峰位置在 1599 cm^{-1}、1000~1250 cm^{-1} 处的谱带吸收强度特征，这两个谱带是与 PVC 区别的主要特征之一。红外光谱技术可用于纤维结晶度和取向度的定量分析。研究纤维的红外光谱图特征，可以了解纤维的结晶度和取向度，并与物理性能进行相关性分析。这对评估纺织品的质量和性能具有重要意义。

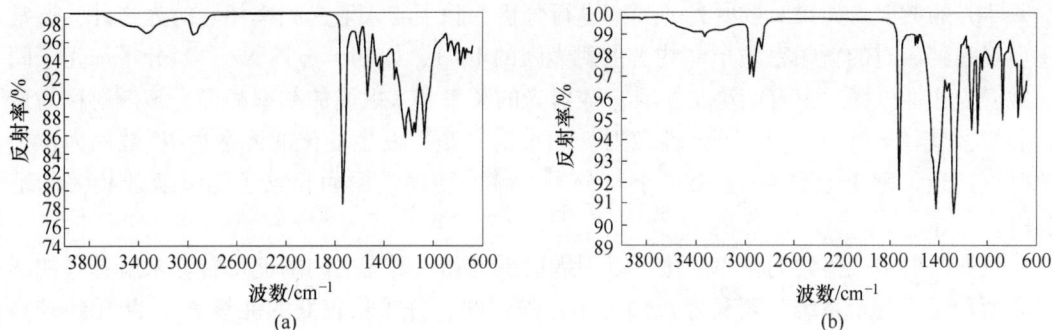

图 2-37　PU（a）与 PVC（b）的红外光谱图

此外，红外光谱技术还可用于纺织品表面和涂层的检测。衰减全反射法是常用的方法，即通过测定红外光在样品表面的衰减情况获得样品表面的特征信息。总的来说，红外光谱技术在纺织品检测中具有高准确性、广适用性和非破坏性等优势。随着科学技术的进步和应用的推广，红外光谱技术在纺织品检测中的应用前景将会更加广阔，并为纺织行业的发展提供更多可能性。

更多实例扫码 4

2.8　拉曼光谱测试分析方法

拉曼光谱（Raman spectra）是一种分析分子振动和转动信息的方法。它利用激光照射样品，当激光与样品分子相互作用时，样品分子会产生散射光，通过分析散射光，可以获得样品的振动和转动信息，进而推断样品的分子结构、化学键等信息。拉曼光谱分析法是基于印度科学家 C. V. Raman 发现的拉曼散射效应，是对与入射光频率不同的散射光谱进行分析以得到分子振动和转动方面的信息，并应用于分子结构研究的一种分析方法。红外光谱通过对样品进行红外光谱测量，不同频率的光谱信息可提供关于分子的振动和转动状态、键的类型、键的强度和分子的结构等信息；拉曼光谱则是一种非破坏性方法，通过激光照射样品时产生的拉曼散射光的光谱特性，可以用来确定分子的振动模式和分析峰位的变化，进而推断样品的分子结构和化学键等。相对于红外光谱，拉曼光谱具有样品制备简单、对水溶液的测量能力强、灵敏度高和结构信息丰富等优点。拉曼光谱法作为一种重要的光谱技术，在化学、材料科学、生物学和医学等领域都有着广泛的应用。近年来，随着科学技术的发展，拉曼光谱技术也在不断进步和完善，并取得了许多进展，如表面增强拉曼光谱（SERS）、纳米结构拉曼光谱、实时原位拉曼光谱和高分辨率拉曼光谱等。拉曼光谱技术在许多领域都得到了广泛应用，并且不断有新的进展和技术出现，为科学研究提供了更多的工具和方法。

2.8.1　拉曼散射原理

当波数为 ν_0 的单色光照射到系统上时，大多数光会保持方向不变地透射，但也会发生一些光的散射。如果对散射光的频率进行分析，除了与入射光频率相同的光之外，通常还会观察到成对的新频率的光（约占散射光强的 1%），如 $\nu' = \nu_0 + \Delta\nu$。当分子和光子间的碰撞为弹性碰撞，没有能量交换时，散射光的频率和入射光的频率相等，该散射称为瑞利散射，是分子对光子的一种弹性散射。而出射光频率发生变化的光散射 ν' 被称为拉曼散射，其光频率变化值 $\Delta\nu$ 主要位于与分子系统的转动、振动和电子能级跃迁相关的范围内。

拉曼散射中观察到的频率变化可以用散射系统和入射光之间的能量转移来解释，如图 2-38 所示。当分子系统与频率为 ν_0 的光相互作用时，分子从较低的能级 E_1，跃迁到较高的能级 E_2，此时分子必须从入射光中获得跃迁所需的能量 $\Delta E = E_2 - E_1$。该能量 ΔE 可用与相关能级间的频率 $\Delta\nu$ 来表示，即 $\Delta E = hc\Delta\nu$。

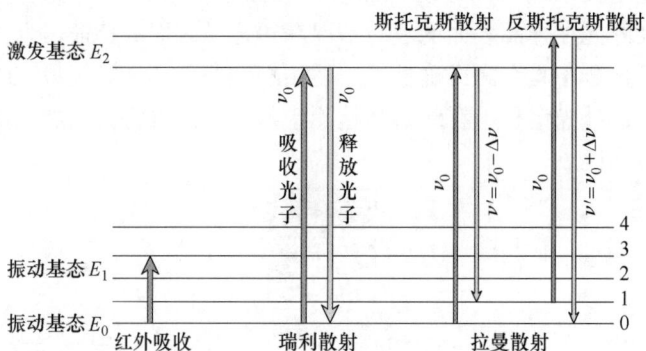

图 2-38   拉曼散射发生的原理图

这种能量需求通常被认为是通过吸收一个入射光的光子（能量为 $hc\nu_0$）并同时发射一个能量较小的光子 $hc(\nu_0 - \Delta\nu)$ 来实现的，因此散射光的频率降低，出现 $\nu_0 - \Delta\nu$ 的散射光，称为斯托克斯（拉曼）散射（Stokes raman scattering）。另一种情况是光与系统的相互作用导致系统从较高的能级 E_2 跃迁到较低的能级 E_1，此时释放的能量为 $E_2 - E_1 = hc\Delta\nu$。这种情况下，入射光的光子能量为 $hc\nu_0$，同时发射出能量较高的光子 $hc(\nu_0 + \Delta\nu)$，因此导致了频率更高的散射光 $\nu_0 + \Delta\nu$ 的产生，这种频率增大的散射光称为反斯托克斯（拉曼）散射（anti-Stokes raman scattering）。

在瑞利散射的情况下，尽管系统的能量状态没有发生实质性变化，系统仍然直接参与了散射过程，导致一个入射光的光子（能量为 $hc\nu_0$）被吸收并同时发射出一个能量相同的光子，因此频率不变的散射光 ν_0 产生。

显然，就频率而言，拉曼谱带的特征参数不是拉曼散射光的绝对频率 $\nu' = \nu_0 \pm \Delta\nu$，而是频率变化值（位移）$\Delta\nu$，这种频率位移通常被称为拉曼位移。在拉曼光谱中，在垂直方向测量到的散射光中，讲可检测到频率为 $\nu' = \nu_0 - \Delta\nu$ 的谱线，称为斯托克斯（Stokes）线。反之，$\nu' = \nu_0 + \Delta\nu$ 散射光线，称为反斯托克斯（anti-Stokes）线，如图 2-39 所示。根据玻耳兹曼（Boltzmann）统计，室温时分子处于振动激发虚态的概率不足 1%，因此斯托克斯线比 anti-Stokes 线强度强很多。所以，在一般的拉曼分析中，都采用 Stokes 线来研究拉曼位移。

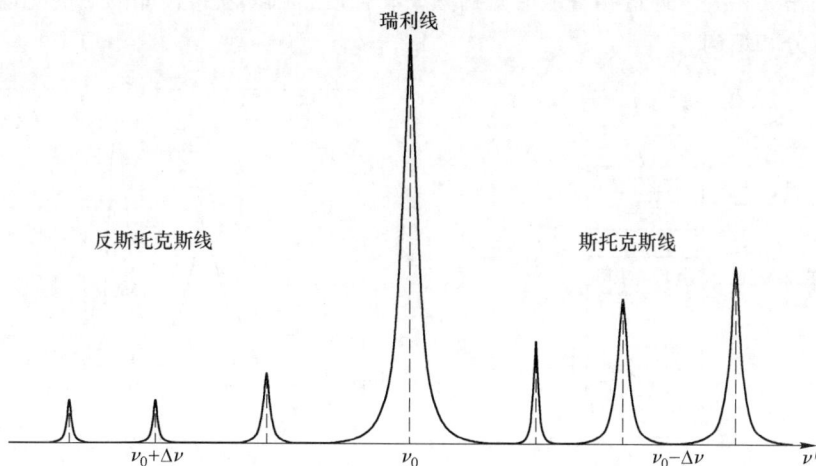

图 2-39　斯托克斯和反斯托克斯线及拉曼位移示意图

2.8.2　拉曼光谱测试流程

　　Raman 是利用物质分子对入射光所产生的频率发生较大变化的散射现象，将单色入射光（包括圆偏振光和线偏振光）激发受电极电位调制的电极表面，通过测定散射回来的拉曼光谱信号（频率、强度和偏振性能的变化）与电极电位或电流强度等的变化关系。拉曼光谱测试流程图如图 2-40 所示。

　　根据实验需求选择合适的样品，并确保样品纯净度高、无杂质，准备适量的光谱级乙醇或甲醇等溶剂，用于溶解样品；如果需要，准备适量的基底材料，如玻璃片、硅片等，用于固定样品。安装样品时，将所选样品放入光谱级溶剂中，用超声波震荡至溶解；用微量制样器或滴管将样品溶液均匀涂布在基底材料上，确保样品溶液均匀分布且无气泡，将涂好样品的基底放入光谱仪的样品池中，关闭样品池盖子。打开光谱仪的电源，启动光谱仪操作系统，在操作系统中选择"拉曼光谱"模式，并等待光谱仪预热至稳定状态。设置参数时，根据实验需求和样品性质选择合适的激发光源，如激光波长、功率等；设置扫描范围和分辨率，以确定所需光谱的采集范围和精细程度；根据需要选择适当的滤光片和光路模式，以优化光谱质量；再设置实验模式和输入实验参数。在确定所有参数设置正确后，开始进行实验，观察光谱仪的实时数据，确保光谱质量符合预期，如果需要，可随时调整实验参数以优化光谱质量。记录实验过程中的重要数据，如激发功率、环境温度等。将实验采集的光谱数据进行预处理，如去噪、基线校正等，根据需要，利用数据处理软件进行进一步数据分析，如峰位计算、定量分析等，再根据结构分析，解释样品的结构和性质信息。将处理后的光谱数据以图表形式展示出来，包括峰位图、峰强图等，拉曼光谱峰位图如图 2-41 所示。

2.8.3　拉曼光谱仪

　　拉曼光谱仪是一种用于研究物质成分的判定与确认的光谱仪器。其原理基于拉曼散射效应，即当激光照射样品时，样品会散射出一定频率的散射光，这些散射光的频率与样品的分子结构密切相关。通过测量散射光的频率和强度，可以获得样品的拉曼光谱，进而分析样品的成分和结构。

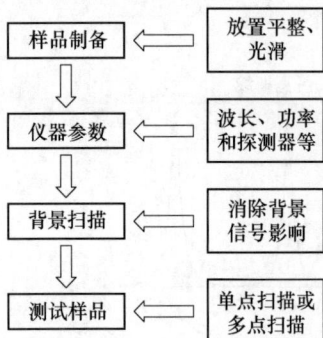

图 2-40　拉曼光谱测试流程图

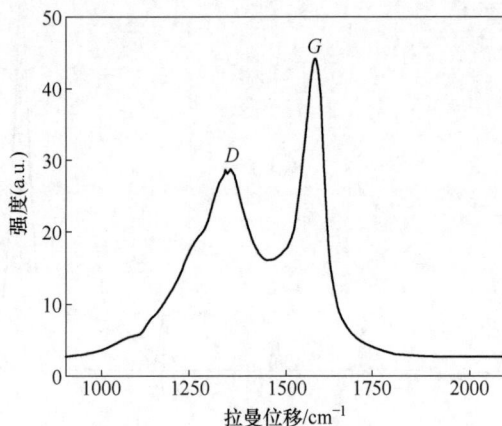

图 2-41　拉曼光谱峰位图

D—归属于无序诱发的六边形布里渊区的边界振动模，用于缺陷表征；

G—归属于碳原子面内键的伸缩振动模，与石墨化程度有关

拉曼光谱仪的种类繁多，如传统拉曼光谱仪、可见光拉曼光谱仪、光纤拉曼光谱仪和显微拉曼光谱仪等，但是其基本结构相似。拉曼光谱仪通常由激光器、样品台、光谱仪和计算机等组成（见图 2-42）。激光器用于产生一定波长的激光，样品台用于放置样品，光谱仪用于测量散射光的频率和强度，计算机用于控制实验过程和处理数据。

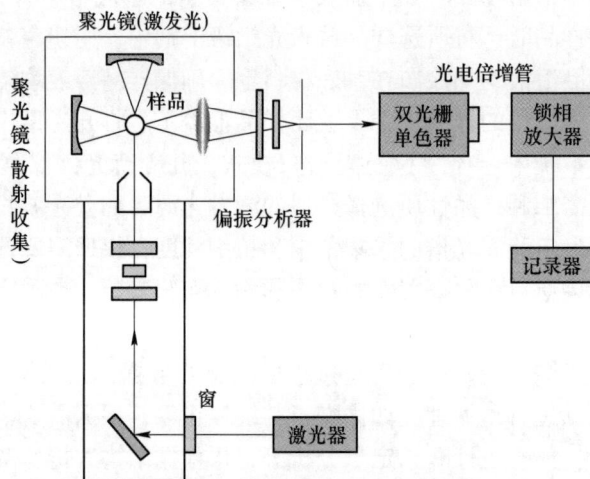

图 2-42　拉曼光谱仪的结构示意图

拉曼光谱仪一般由光源、外光路、单色器和迈克尔逊干涉仪、检测器、信息处理与显示系统五个部分构成。

2.8.3.1　光源

光源的功能是提供单色性好、功率大并且最好能多波长工作的入射光。目前，拉曼光

谱实验的光源已全部用激光器代替传统使用的汞灯。对于常规的拉曼光谱实验，常见的气体激光器基本可以满足实验的需要。某些拉曼光谱实验要求入射光的强度稳定，这就要求激光器的输出功率稳定。

2.8.3.2 外光路

狭缝是一个宽度可调的细长缝隙，它限制了入射光的照射范围。狭缝的宽度会影响光谱的分辨率，狭缝越窄，分辨率越高。

外光路部分包括聚光、集光、样品架、滤光部件和偏振部件等。

（1）聚光。用 1 块或 2 块焦距合适的会聚透镜，使样品处于会聚激光束的腰部，以提高样品光的辐照功率，可使样品在单位面积上的辐照功率比不用透镜会聚前增强 105 倍。

（2）集光。常用透镜组或反射凹面镜作散射光的收集镜。通常是由相对孔径数值在 1 左右的透镜组成。为了更多地收集散射光，对某些实验样品可在集光镜对面和照明光传播方向上加反射镜。

（3）样品架。样品架的设计要保证使照明最有效和杂散光最少，尤其要避免入射激光进入光谱仪的入射狭缝。为此，对于透明样品，最佳的样品布置方案是使样品被照明部分呈光谱仪入射狭缝形状的长圆柱体，并使收集方向垂直于入射光的传播方向。

（4）滤光部件。安置滤光部件的主要目的是抑制杂散光以提高拉曼散射的信噪比。在样品前面，典型的滤光部件是前置单色器或干涉滤光片，它们可以滤去光源中非激光频率的大部分光能。小孔光栏对滤去激光器产生的等离子线有很好的作用。在样品后面，用合适的干涉滤光片或吸收盒可以滤去不需要的瑞利线的大部分能量，提高拉曼散射的相对强度。

（5）偏振部件。进行偏振谱测量时，必须在外光路中插入偏振元件。加入偏振旋转器可以改变入射光的偏振方向；在光谱仪入射狭缝前加入检偏器，可以改变进入光谱仪的散射光的偏振；在检偏器后设置偏振扰乱器，可以消除光谱仪的退偏干扰。

2.8.3.3 单色器和迈克尔逊干涉仪

单色器用于滤除杂散光（瑞利光）比拉曼信号强几个数量级的光，避免其干扰拉曼信号。迈克尔逊干涉仪则用于提高光谱分辨率和消除背景干扰。

2.8.3.4 检测器

拉曼光谱仪检测器能够将拉曼散射光的强度转化为电信号，以便后续处理和分析数据。常见的检测器包括光电倍增管（PMT）和电荷耦合器件（CCD）。

2.8.3.5 信息处理与显示系统

这部分包括计算机硬件和软件，用于控制实验过程，处理采集到的数据，并将结果显示为拉曼光谱图或其他相关图表。

2.8.4 应用实例分析

2.8.4.1 表面增强拉曼光谱在燃料电池、锂离子电池与贵金属/Mo 基半导体纳米颗粒微阵列研究中的应用

表面增强拉曼光谱技术（SERS）不仅适用于燃料电池中反应的痕量中间物种的研究，有助于理解燃料电池的实际反应机理；也可以用于研究锂电池相关材料，如正、负极材料

包覆程度，包覆均匀性，分析电极极片成分分布和含量分布。通过原位电化学拉曼技术还可以对电池反应过程和失效过程进行监测。研究者主要介绍了表面增强拉曼光谱在燃料电池和锂电池机理研究中的应用。他们通过使用表面增强拉曼光谱技术，对燃料电池和锂电池反应机理进行了研究。在燃料电池研究中，他们通过测定半反应氧还原和氢氧化反应的中间物种，对反应机理进行了研究。在锂电池研究中，他们用类似的策略研究了电极反应机理及固-液界面动态过程如图 2-43 所示。表面增强拉曼光谱技术具有灵敏度高，选择性好，能够获得寿命短、数量少的反应中间产物的光谱信息等优点。研究结果表明，表面增强拉曼光谱技术在研究电化学中的复杂固-液界面反应中有重要作用，对于开发高效、稳定的催化剂具有重要意义。尽管表面增强拉曼光谱技术是一种强大的表征手段，但仍有许多问题亟待解决，如增强基底可能会在研究环境下失去增强活性，检测过程中使用的激光可能对样品造成损伤等。因此，我们需要进一步完善表面增强拉曼光谱技术，以适应更多复杂体系的环境，助力高效催化剂和电池电解质的开发。

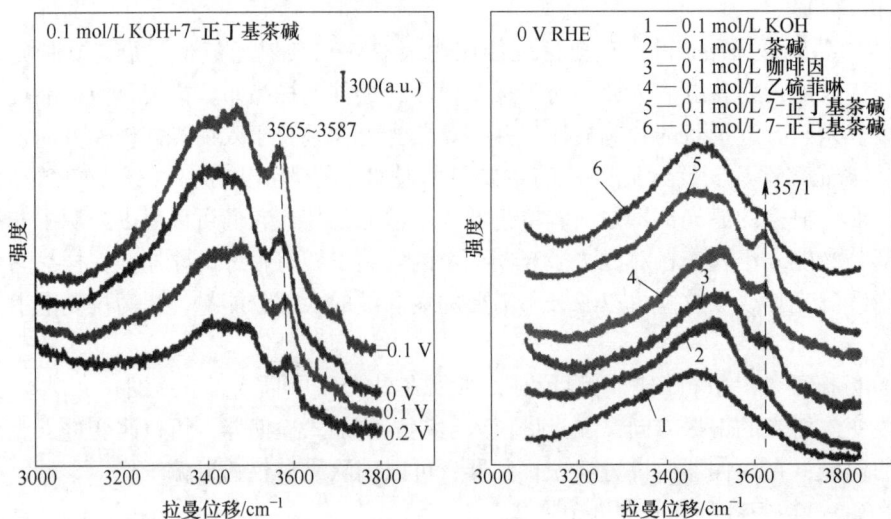

图 2-43　多晶铂电极上界面水的拉曼光谱

研究者利用了原位拉曼技术、原位 XRD 技术对镍、锰、酸、锂材料在充电过程中的变化进行了表征分析，并结合使用 SEM 技术对循环前、后的极片进行了对比，如图 2-44 所示。利用激光共聚焦拉曼光谱仪对镍、锰、酸、锂电池的充、放电过程进行光谱分析，拉曼光谱采集与电池充、放电循环同步进行。同时利用 X 射线衍射仪进行检测，在充、放电循环过程中，每隔一段时间对其进行 XRD 检测，并且忽略采集过程中电池反应的变化。通过对镍、锰、酸、锂电池在充、放电过程的拉曼光谱和 XRD 研究，在线监测充、放电过程的可逆现象，并通过拉曼光谱解析材料的价态变化，通过原位 XRD 表征晶体结构变化，同时利用 SEM 观察循环前、后的极片，分析极片循环后表面的差异性沉积物，验证了拉曼光谱强度降低的原因。

另外，表面增强拉曼光谱（SERS）作为一种对微量物质进行高灵敏探测的有效方法，从发现以来一直受到广泛的研究和关注。针对目前金、银、铜等贵金属基底存在价格昂贵、生物兼容性不佳等问题，半导体贵金属复合 SERS 基底正逐步走向替代贵金属的道

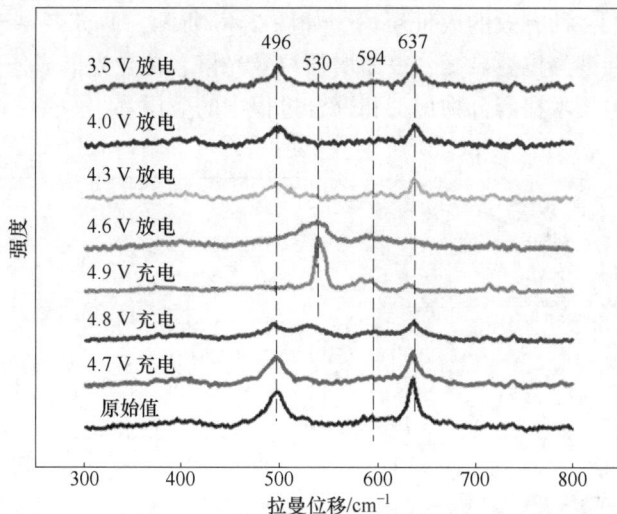

图 2-44 镍、锰、酸、锂在充、放电过程中不同电压下的拉曼光谱

路。研究者制备了两类应用于生物检测和有毒有害物质检测的贵金属半导体复合 SERS 活性基底，并对制备得到的 SERS 活性基底的形貌结构、SERS 性能、物性分析、增强机制进行了系统研究。R6G 分子的 SERS 光谱图如图 2-45 所示。采用独特的三步法：飞秒激光加工、溅射镀膜和热处理，高效环保的制备增强效果好、均匀性佳和稳定性高的贵金属半导体 Si 基复合微纳阵列结构 SERS 基底。控制磁控溅射条件和热处理条件，可以高效、可控地在 Si 基微纳阵列结构上实现均匀的 Au 纳米颗粒阵列自组装。这种复合结构的制备方法可以扩展到其他基底（如不锈钢、柔性 PDMS 等）的 Au 纳米颗粒修饰工程，制备的结构也可扩展至亲水、疏水调控和光谱可控吸收等研究领域，极大地拓展了制备基底的实用性。

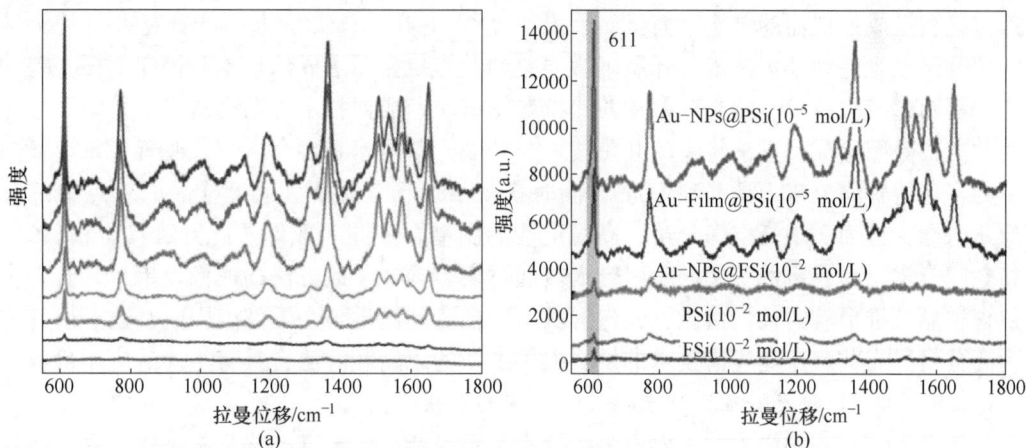

图 2-45 R6G 分子的 SERS 光谱图

（a）吸附在 Au-NPs@ PSi 活性基底上不同浓度（$10^{-9} \sim 10^{-3}$ mol/L）R6G 分子的 SERS 光谱图；

（b）吸附在不同阶段基底上的 R6G 分子的 SERS 光谱图

2.8.4.2 基于拉曼光谱技术的聚合物材料制备与组成分布研究

聚合物材料制备过程和聚合物中添加物的含量及分布决定了材料的性能，拉曼光谱技术为相关研究提供了一种有效的表征手段。如图 2-46 所示，研究者基于拉曼光谱的基本原理，介绍了激光共聚焦拉曼显微、表面增强拉曼光谱、拉曼光谱成像等多种拉曼光谱衍生技术，总结了相关技术在聚合物加工和聚合过程中的应用。

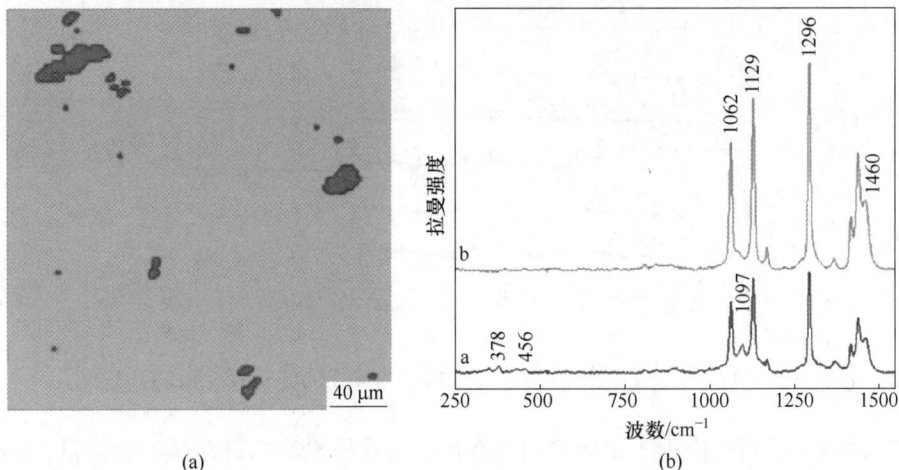

(a)   (b)

图 2-46　HDPE/CNC 混合物拉曼光谱成像图（a）及其谱图（b）

2.8.4.3　激光差动共焦拉曼光谱高分辨图谱技术的应用

激光共焦拉曼光谱技术由于具有分子指纹及层析成像特性，成为探索微观分子世界的重要手段；但受原理限制，激光共焦拉曼光谱技术的分辨力及图谱成像能力逐渐限制了其发展。近年来，围绕激光共焦拉曼光谱技术性能改善这一课题，研究者基于发明的超分辨激光差动共焦技术，提出了激光差动共焦拉曼图谱成像系列新方法和新技术。激光差动共焦拉曼图谱成像仪器的结构示意图如图 2-47 所示。在具体方法方面，研究人员基于发明的超分辨激光差动共焦技术，开展了激光差动共焦拉曼图谱成像技术、径向偏振光差动共焦拉曼图谱成像技术、激光双差动共焦拉曼图谱快速成像技术等系列研究。其中，激光差动共焦拉曼图谱成像方法将差动共焦技术与拉曼光谱技术相融合，不仅改善了系统横向分辨力，还将轴向分辨力提高到 1 nm，同时实现了远场条件下大尺度样品的焦点追踪及抗漂移探测，进而实现高空间分辨、高稳定性的图谱合一同步成像。此方法具有精确定焦、高空间分辨、高稳定性等优点。研究人员通过实验验证了此方法的成像效果，并获得了既包含样品三维形貌的几何信息，又包含其组分信息的图谱合一图像。因此，这些研究方法为高分辨激光共焦拉曼光谱技术的发展提供了新的思路和方法，具有重要的应用价值。

2.8.4.4　拉曼光谱在检测手性化合物中的应用

拉曼光谱是一种强大的表界面分析技术，不仅能提供丰富的化合物结构信息，而且具有无损和检测快速等优点，在手性化合物的检测中显现了广阔的应用前景。近年来，拉曼光谱检测手性化合物的研究取得了显著进展。表面增强拉曼（SERS）技术可以显著增强拉曼散射信号，使检测限更低，同时也可以提高信号的稳定性和重现性，对手性化合物的痕量分析具有很好的效果。如图 2-48 所示，研究人员通过这些具体的方法，成功地实现了对手性化合物的检测，并得出了一些重要的结论。例如，拉曼旋光（ROA）光谱可以

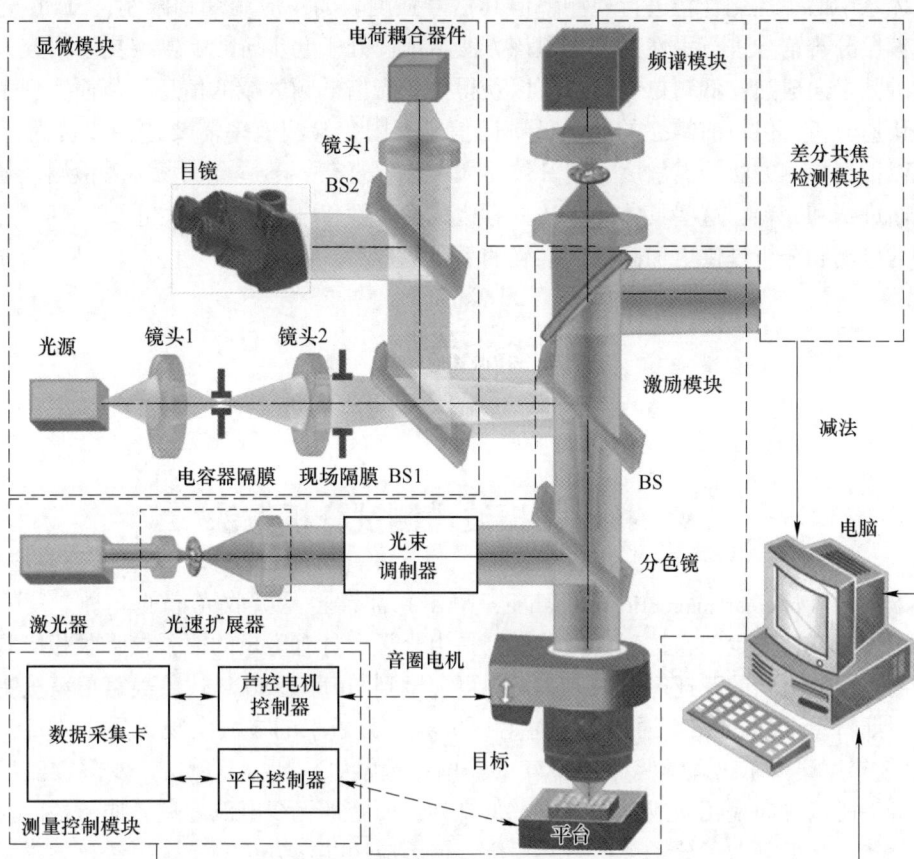

图 2-47　激光差动共焦拉曼图谱成像仪器的结构示意图

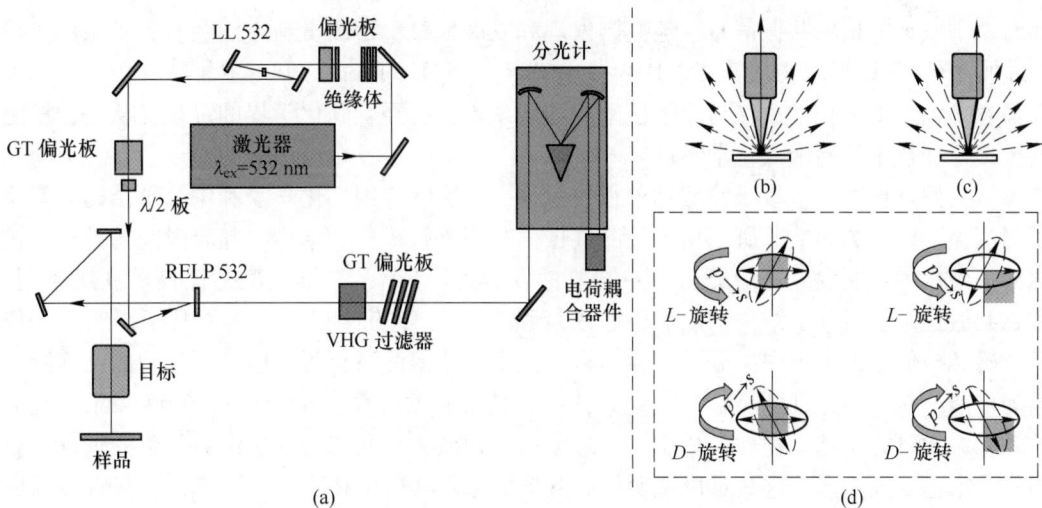

图 2-48　先进的拉曼光谱示意图

（a）LFR 实验装置示意图；（b）传统的拉曼激发；

（c）改进的拉曼激发；（d）收集的焦点区域示意图

对复杂体系中的手性化合物进行检测，但其信号强度较弱，应用受到限制；SESR 光谱可以通过偏振分辨信号进行手性检测，但该方法目前尚处于起步阶段，需要更多研究人员加入以推进其走向成熟；低频拉曼光谱可以获得拉曼光谱低频区域的信息，从而实现手性化合物的快速分析，但目前掌握的拉曼低频区信息有限，检测效率需要进一步提高；SERS 光谱可以提高检测方法的灵敏度，但其仪器大和装置复杂，不适合现场实时检测。随着技术的不断进步和完善，这些具体的方法将有望成为手性化学研究领域的重要工具，为手性化合物的检测和分析提供更加高效、准确的手段。

更多实例扫码5

2.9 核磁共振波谱测试分析方法

核磁共振（nuclear magnetic resonance，NMR）波谱也是吸收光谱的一种。紫外光谱是分子中能级跃迁产生的，核磁共振波谱则是由分子中具有磁矩的原子核吸收相应频率的电磁波而实现能级间的跃迁产生的。其发现可追溯到 20 世纪 30 年代，美籍德裔核物理学家奥托·斯特恩（O. Stern）通过多年潜心研究，以分子束的方法发现了质子磁矩，因而获得 1943 年度诺贝尔物理学奖。1930 年，美国物理学家拉比（I. Rabi）发现在磁场中的原子核会沿磁场方向呈正向或反向有序平行排列，而施加无线电波之后，原子核的自旋方向发生翻转，从而创造了分子束核磁共振法。他因应用共振方法测定了原子核的磁矩和光谱的超精细结构，荣获 1944 年诺贝尔物理学奖。1946 年，哈佛大学教授铂赛尔（E. M. Purcell1）和斯坦福大学教授布洛赫（F. Bloch）两位美国物理学家，分别观测到水和石蜡中质子的核磁共振信号，他们因发现和发展核磁精密测量新方法及有关一系列发现而获得 1952 年诺贝尔物理学奖。1949—1950 年，奈特（Knight）、普罗科特（Proctor）和虞福春等人发现了化学位移与原子核间的耦合现象，已经受到化学界的重视。从此，核磁共振理论和技术开始融入化学领域。

被人们发现之后，核磁共振现象很快就得到了实际应用，化学家利用分子结构对氢原子周围磁场产生的影响，研制出了核磁共振谱，用于解析分子结构。随着时间的推移，核磁共振谱技术不断发展，从最初的一维氢谱发展到^{13}C 谱、二维核磁共振谱等高级谱图，核磁共振技术解析分子结构的能力也越来越强。进入 1990 年以后，人们甚至研制出了依靠核磁共振信息确定蛋白质分子三级结构的技术，使得溶液相蛋白质分子结构的精确测定成为可能。从核磁发现到核磁共振光谱，再到核磁共振成像，至今历经了 90 多年，有关核磁共振的研究跨越了物理、化学、生理或医学领域，总共获得 6 次诺贝尔奖的垂青，获奖科学家达 8 人之多，这些足以说明核磁共振领域及其衍生技术的重要地位，在科技领域是独具特色的。

由此可见，NMR 波谱的研究与应用早已远远超出核物理学范畴，广泛应用于有机、无机、金属、药物、生物等化合物分子的结构分析，也广泛应用于跟踪化学反应、化学交换分子内部运动等动态过程，进而了解这些过程的机理。NMR 波谱法是一种无需破坏试样的分析方法，虽然灵敏度不高，但仍可从中获取分子结构的大量信息；此外，还可得到化学键热力学参数和反应动力学机理方面的信息，也可做定性与定量分析，用于产品质量的科学判定。NMR波谱法不仅是研究物质的分子结构、构象和构型的重要方法，更是化学、物理、生物、医学和材料等研究领域不可缺少的工具。数十年来，不仅液体核磁共振波谱法及谱仪取得了极其迅速的进展，而且还开发了用于固态材料的结构分析的固体高分辨核磁共振技术，以及已成为医学临床诊断重要手段的核磁成像技术。

在核磁共振技术中，核磁共振氢谱（简称氢谱，H-NMR）、核磁共振碳谱（简称碳谱，^{13}C-NMR）和二维核磁共振是目前应用最多的结构解析工具。

2.9.1 核磁共振系统的组成

核磁共振谱仪有连续波仪器和脉冲傅里叶变换核磁共振谱仪两种。连续波仪器中的磁场一般用永久磁铁或电磁铁，在固定射频下进行磁场扫描，或在固定磁场强度下进行频率扫描，使不同环境的核磁依次满足共振吸收条件而获得吸收谱线，其测试时间长、灵敏度低，已基本被淘汰，取而代之的是脉冲傅里叶变换核磁共振谱仪。核磁共振系统主要可以分成磁场系统、射频发射系统、探头、信号处理与控制系统。

2.9.1.1 磁场系统

磁场系统用来产生一个强、稳、匀的静磁场，以观测化学位移微小差异的共振信息。2.3 T以下的强磁场通常用电磁铁或永久磁体来产生，而更高的磁场则需采用超导体。用NbTi或Nb_3Sb合金带材嵌入铜材内，绕成螺线管形线圈，置于内壳含液氢、外壳含铍的杜瓦瓶里，构成超导磁体。为了克服线圈因有限长度而给样品空间带来磁场的不均性的影响，还设置了若干组低温与室温匀场线圈，以提供自旋系统一定强度的稳定性与均匀性都佳的固定磁场。频率高于100 MHz的核磁谱仪磁场均由超导体产生。

2.9.1.2 射频发射系统

射频发射系统是将一个稳定的、已知频率的"主钟"（石英晶体振荡器）产生的电磁波，经频率综合器精确地合成出欲观测核（如^1H、^{13}C、^{31}P等）、被辐照核（如^1H，供消除对观测核的耦合作用，以便简化谱图之用等）及锁定核（如^2D、^7Li等，供稳定谱仪自身的磁场强度之用）的三个通道所需频率的射频源。射频源发出的射频场经过受到脉冲程序控制的发射门，产生相应的射频脉冲，再经过功率放大能发射很强功率的多种射频脉冲，最终输送到探头部分绕在试样套管上的发射线圈上。所有射频信号均由同一晶振经频率综合器产生，故有很高的频率稳定度及时基相关性。数字化的NMR波谱仪包括全数字式频率和相位发生器、数字化信号程序、数字锁定和磁场调整系统及数字滤波技术等。它具有能消除基线畸变、提高数字分辨率和没有谱线折叠等优点。

2.9.1.3 探头

探头固定在磁极间隙中间，是整个仪器的关键部分，它是一个插入式整体组合件，可依据测试需要更换。常见的探头有氢选择探头、四核探头、宽带探头、碳/氢双频探头、反式探头、固体宽谱和魔角高分辨探头、带有梯度线圈的探头等，它是发射射频和收集信号的部件，可根据不同核进行最佳匹配调整。这些组件和插件中除了有放置样品管的支架及驱使样品旋转的系统外，还装有向样品发射射频场的发射线圈和用于接受共振信号的接收线圈，实际上常采用单一线圈按时间先后兼作射频的发射和接受之用。对于不同的核种，所施加的射频波可经过波段选择及调谐来实现。线圈中央插入装有试样的样品管，样品管外套加上转子，使其在压缩空气的驱使下转起来。它的主要作用是消除垂直于样品管轴向的平面内磁场的不均匀性，也可以用于控制样品的温度。固体探头需要配置功率更强的射频装置。

2.9.1.4　信号处理与控制系统

信号处理与控制系统是利用键盘或光笔操作（利用光笔点亮监控显示屏上的字符）来控制协调各系统有条不紊地工作。由计算机指挥脉冲程序发生器，控制射频的发射与信号的接收等。计算机及相应软件指令对数字化的信息进行各种数据处理：

（1）对离散的 FID 信号进行时域累加。

（2）做一些窗口函数（如指数函数、梯形函数等）的数学加权处理等，以便改善分辨率和信噪比。

（3）对得到的频域的谱图数据做相位的校正、峰面积的积分，获取各峰所含被测核相对数目的信息。

同时将处理的信号显示在监控屏上，由记录仪输出记录谱图与有关数据和参数，将原始信息或处理结果连同参数贮存在磁盘等外部存储器中。此外，为提高仪器的使用效率，常设有前台（FG）、后台（BG）系统，前台可直接用于当时被测试样的累加测量，后台则可同时对已获得的 NMR 波谱信息进行数据处理。计算机通过程序软件控制谱仪实现采样、处理数据及绘图，也可通过程序软件实现谱模拟与复杂谱图解析，或与其他微机相连，提高谱仪的工作效率。

2.9.2　连续波核磁共振谱仪

2.9.2.1　仪器主要结构部件

连续波核磁共振（CW-NMR）谱仪主要包括磁铁、射频振荡器、射频接收仪、探头和样品管座、计算机与显示器，以及其他辅助设备等（见图 2-49）。

（1）磁铁。产生外加磁场，分为永久磁铁、电磁铁和超导磁铁三种。前两种磁铁的磁场强度最高可以做到 2.5 T。在磁铁上有一个扫描线圈（Helmholtz 线圈），内通直流电，可产生附加磁场，实现磁场强度的连续改变，即磁场强度扫描。超导磁铁目前可高达 19 T。数值越大，磁场强度越大，仪器越灵敏，获

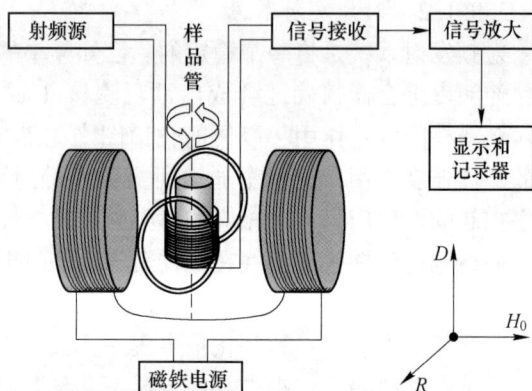

图 2-49　CW-NMR 谱仪的结构与原理示意图

得的谱图越简单，越容易解析。这是 CW-NMR 谱仪目前不具备的条件。

（2）射频振荡器。用于产生射频波。一般情况下，连续波核磁共振谱仪的射频频率是固定的。在测定其他核（如^{13}C、^{15}N）时，要更换其他频率的射频振荡器。

（3）射频接收器和记录仪。产生核磁共振时，射频接收器能检出被吸收的电磁波能量。此信号被放大后，用仪器记录下来就是 NMR 谱图。射频振荡器、射频接收器在样品

管外面，它们两者互相垂直且也与扫描线圈垂直。

（4）探头和样品管座。射频线圈和射频接收线圈都在探头里。样品管座能够在压缩空气的推动下旋转，使样品受到均匀磁场的作用。

（5）计算机与显示器。用于控制测试过程、数据处理和图谱存储的工作站。

（6）其他部件。核磁共振仪还可以有一些其他装置，用于不同的测试目的，扩大仪器应用，如双照射去偶装置、可变温度控制装置、异核射频振荡器、固体探头等。

2.9.2.2 测定方法

测定时，可固定磁场强度，依次改变射频波频率，当照射频率的能量等于样品分子中某种化学环境的原子核的跃迁能级差时，则该核吸收这个频率的能量而发生能级跃迁，核磁矩方向改变，在接收线圈中产生感应电流，将感应电流放大、记录，即得 NMR 信号，也可以固定射频波频率，依次改变外加磁场强度，使各种质子在不同磁场强度下发生共振吸收，从而在接收线圈中获得 NMR 信号。前者称为扫频法，后者称为扫场法。

一般的连续波核磁共振（CW-NMR）谱仪主要采用扫场法检测。测定时，从低磁场向高磁场扫描，磁场强度的增加数值折合成频率而被记录下来。在进行测定时，电磁铁会发热，所以要用水冷却，使其温度变化小于 $0.1\ ℃/h$。

2.9.3 脉冲傅里叶变换核磁共振谱仪

2.9.3.1 仪器工作原理

脉冲傅里叶变换核磁共振（PFT-NMR）谱仪是 20 世纪 70 年代开始出现的新型仪器，它采样时间短，可以使用各种脉冲序列进行测试，得到不同的多维谱图，获取大量的结构信息，现在的核磁共振谱仪全部为脉冲傅里叶变换核磁共振谱仪。PFT-NMR 谱仪的工作原理及结构示意图如图 2-50 所示。

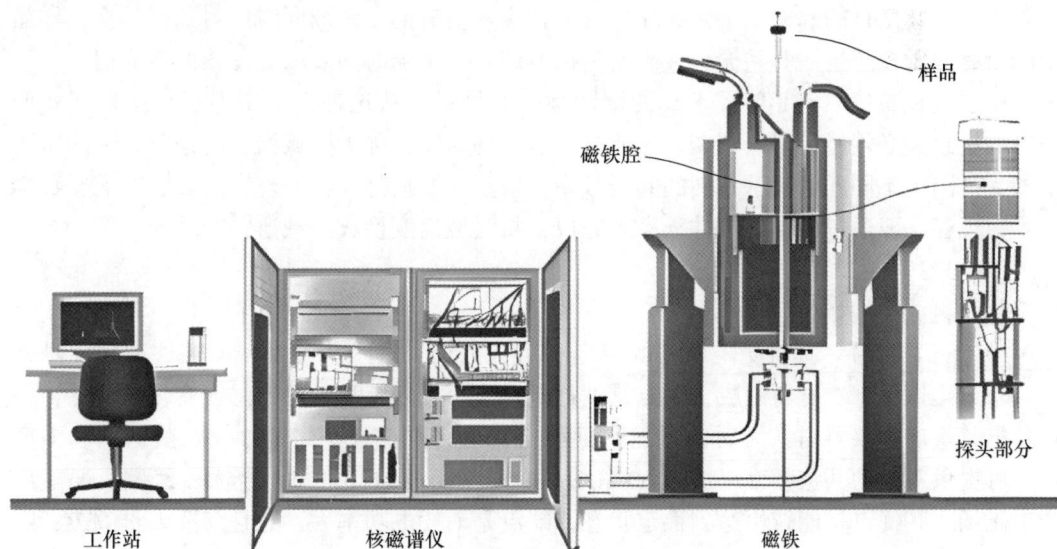

图 2-50 PFT-NMR 谱仪的工作原理及结构示意图

谱仪的照射脉冲由射频振荡器产生，工作时射频脉冲由脉冲程序器控制。当发射门打开时，射频脉冲辐照到探头中的样品上，原子核产生共振，接收线圈接收到感应信号，再经放大送到计算机转换成数字量（模数转换），进行傅里叶变换后，再转换成模拟量（数模转换），也即是频域谱图了。谱图可以在示波器上显示，也可以由计算机储存、打印机打印出来。脉冲傅里叶变换核磁共振谱仪在工作时，照射到样品上的不是连续变化的正弦波，而是脉冲方波。这个脉冲方波只持续几微秒至几十微秒。根据傅里叶级数的数学原理，一个脉冲可以认为是矩形周期函数的一个周期，它可以分解为各种频率的正弦波的叠加（见图 2-51）。

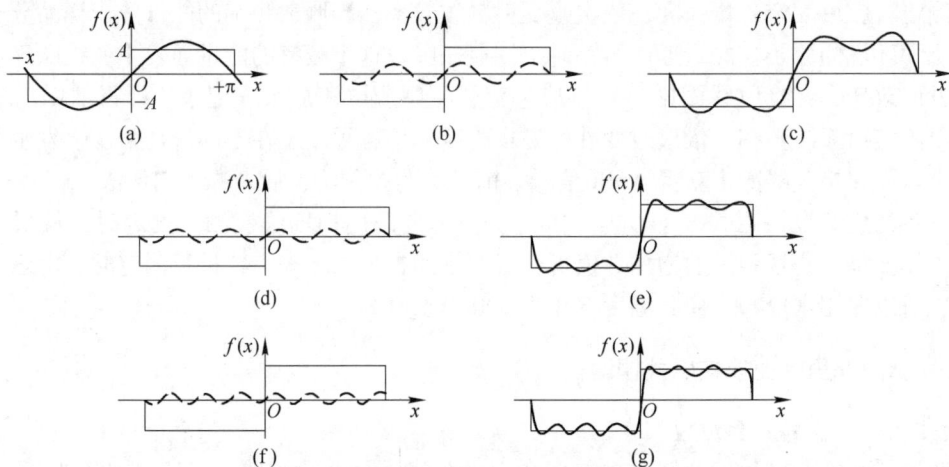

图 2-51　矩形函数的分解

（a）基波；（b）二次谐波；（c）基波和二次谐波叠加；（d）三次谐波；
（e）基波和三次谐波叠加；（f）多次谐波；（g）基波和多次谐波叠加接近方波

当一个几微秒的脉冲作用到样品上时，相当于所有的正弦波同时照射到样品上，样品中的所有原子核产生同时共振，接收到的信号即是一个随时间衰减的正弦波效应信号，称为自由感应衰减信号（FID）。FID 的谱图称为时域谱，从这种信号中不能直接得到我们需要的信息，必须经过傅里叶变换才能得到需要的谱图，称为频域谱，就是分析用的常用谱图，谱图上不同的峰表示不同的共振频率。傅里叶变换是一种数理变换方法，需要数学运算，现在一般通过计算机软件程序来完成，将时域谱变换成频域谱。

2.9.3.2　仪器组成部件

仪器组成部件如下：

（1）磁场部件。提供测定所需的稳定和可变磁场，有永久磁铁、电磁铁和超导磁铁等。永久磁铁由永磁材料制成，优点是消耗电功率小，缺点是对外界温度变化很敏感，一旦断电，重启后仪器需几天时间才能达到稳定，之后再正常使用。永久磁铁的磁场强度低，可提供对氢的共振频率一般为 60 MHz。电磁铁由软磁性材料外绕激磁线圈，通电后产生磁场。其优点是能较快达到稳定状态，缺点是消耗电功率大，并且需要大量散热，因此必须配有冷却水系统或风冷系统，这不是环保节能的工作方式。电磁铁比永久磁铁的磁场强度高，可提供对氢的共振频率一般为 80~100 MHz。超导磁铁是装有铌钛合金丝绕成的螺线管，螺线管放在存有液氦的超低温（4 K）中，导线电阻接近零，通电闭合后，会产生很强的磁场。目前高分辨率的谱仪基本都是超导磁铁谱仪，它提供的共振频率一般为

200~1000 MHz。强磁场使仪器的灵敏度大大提高，原来集中在一起的峰被清晰分开了，使解析谱图更容易。图 2-52 是 1-氯-2,3-环氧丙烷分别用两种兆赫仪器测出的谱图，可比较两者的差别。

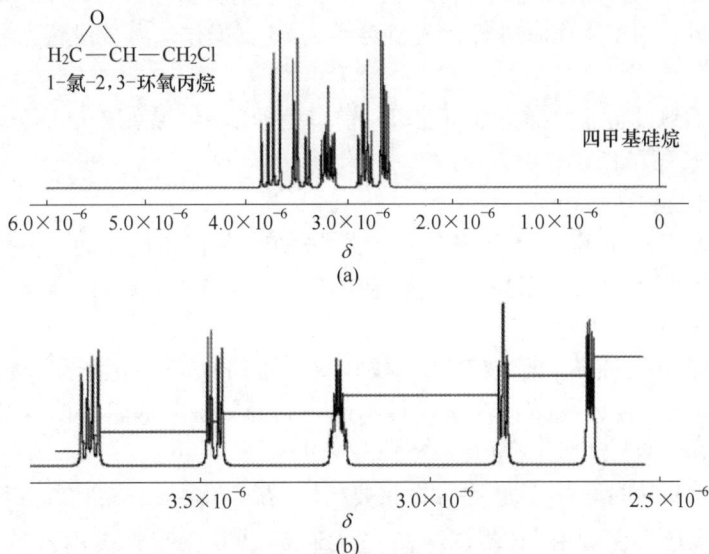

图 2-52 两种兆赫仪器测出的 ^{1}H-NMR 对比

(a) 100 MHz；(b) 500 MHz

（2）探头部件。探头（Tube）上装有发射和接收线圈，测试时样品管放入探头中，处于发射和接收线圈中心（见图 2-53）。工作时，发射线圈发射照射脉冲，接收线圈接收共振信号。所以探头相当于核磁共振谱仪的"心脏"。超导磁铁中心有一个垂直向下的管道和外面大气相通，探头就装在这个管道中磁铁的中心位置，此处的磁场最强、最均匀。

（3）锁场单元。可以补偿外界环境对磁铁的干扰，提高磁场稳定性。锁场单元可分为两部分；一部分是磁通稳定器，可以补偿快变化的干扰；另一部分是场频连锁器，可

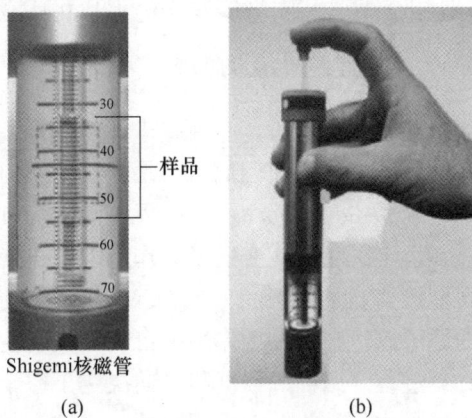

图 2-53 探头及样品放置位置

(a) 样品位置标识；(b) 样品插入位置

以补偿慢变化的干扰。磁极间有两个线圈，一个是拾磁线圈，另一个是补偿线圈。拾磁线圈接收到磁场的快变化信号传送到磁通稳定器，磁通稳定器反馈一定电流给补偿线圈，补偿线圈产生一个磁场来抵消外来干扰。场频连锁器工作时监视一个共振信号，这个共振信号是氘代溶剂的共振信号，此信号传送到磁通稳定器，磁通稳定器向补偿线圈输入一个补偿电流，补偿磁场发生漂移，又称锁场。

（4）匀场单元。在磁极间有很多匀场线圈可以提高磁场均匀性，提高分辨率。这些

匀场线圈通电后产生一定形状的磁场，调节线圈电流能改变磁极间的磁力线分布，磁力线分布越均匀，信号宽度越小，分辨率越高。

（5）谱仪。谱仪是电子电路部分，包括射频发射和接收部分、线性放大和模数转换等部分。由谱仪产生射频脉冲和脉冲序列，处理接收的共振信号。

（6）计算机。用于工作时进行"人机对话"、仪器操作、参数设置、数据处理和谱图打印。

（7）其他辅助设备。包括空气压缩机、前置处理单元、变温控制部分等。

2.9.3.3　性能指标

PFT-NMR 性能指标如下：

（1）分辨率（revolution）。分辨率是指仪器分辨相邻谱线的能力。分辨率越高，谱线越窄，能被分开的两峰间距就越小。一般选用乙醛作标准品来测试仪器的分辨率。一般仪器的分辨率在 0.1~0.4 Hz 之间。

（2）灵敏度（sensitivity）。又称为信噪比（signal noise），是指衡量仪器检测最少样品量的能力。一般选用乙基苯作测试的标准品，它的—CH_2 基团为四重峰。其最高峰高度为 S，最大噪声高度为 N，灵敏度 $= 2.5 \times S/N$。

（3）线形（lineshape）。这也是一个重要指标。$H = (1 - \sigma) H_0$ 谱线形测试，核磁共振峰应为洛伦兹线形，一般用 ^{13}C 峰的半高宽（50%）、^{13}C 卫星峰高度处的宽度（0.55%）和 ^{13}C 卫星峰 1/5 高度处的宽度（0.11%）来确定锋宽数值。^{13}C 卫星峰高度处的宽度应为半高宽的 13.5 倍，^{13}C 卫星峰 1/5 高度处的宽度应为半高宽的 30 倍。

（4）稳定性。仪器的稳定性一般用信号的漂移来衡量。短期稳定性信号漂移要小于 0.2 Hz/h，长期稳定性漂移要小于 0.6 Hz/h。

2.9.4　核磁共振的基本原理

核磁共振波谱法是一种基于测量物质对电磁辐射吸收的分析方法，与紫外-可见光谱法和红外光谱法原理相似，都是基于物质对电磁辐射的吸收的测量方法。所使用的电磁辐射频区（Radio-Frequency）的频率范围为 4~900 MHz。核磁共振是指具有固定磁矩的原子核在恒定磁场与交变磁场的作用下，自旋核吸收特定频率的电磁波，从较低能级跃迁到较高能级（自旋能级），与交变磁场发生能量交换的现象；或表述为核磁共振是磁矩不为零的原子核，在外磁场作用下自旋能级发生塞曼分裂，共振吸收某一特定频率的射频辐射的物理过程。磁场的强度和方向决定了原子核旋转的频率和方向，在磁场中旋转时，原子核可以吸收与其旋转频率相同的电磁波，使自身的能量增加，一旦恢复原状，原子核又会把多余的能量以电磁波的形式释放出来。NMR 和红外光谱、紫外-可见光谱的相同之处都是微观粒子吸收电磁波后发生能级上的跃迁，但是能够引起核磁共振的电磁波能量是非常小的，不会引起振动或转动能级的跃迁，更不会引起电子能级的跃迁。核磁共振波谱仪是解析有机物结构最强有力的工具。电磁波波长与相应能量跃迁的关系如图 2-54 所示。

2.9.4.1　原子核的自旋与核磁共振的产生

A　原子核的自旋

核磁共振的研究对象是核磁矩不为零的原子核。这类原子核具有自旋的性质。实验证实，除了一些质子数和中子数均为偶数的原子核，大多数的原子核同陀螺一样，都围绕着

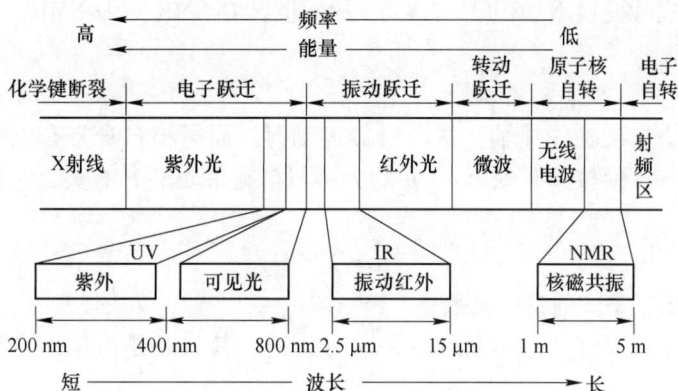

图 2-54　电磁波波长与相应能量跃迁的关系

某个轴做自身旋转运动，这种现象称为核的自旋运动。原子核本身具有质量，所以原子核在进行自旋运动的同时会产生一个自旋角动量 P。又由于原子核是带正电的粒子，故在自旋的同时会产生核磁矩。核磁矩与角动量都是矢量，方向是平行的。核的自旋可用自旋量子数 I 来描述。核的自旋角动量是量子化的，不能取任意数。核的自旋角动量的大小取决于核的自旋量子数 I。不同原子核有不同的 I 值。I 值为零的原子核没有自旋行为，也没有磁矩，不产生 NMR 信号，因此研究的对象为 I 值不等于零的原子核，这类原子核会产生自旋现象，也会产生 NMR 吸收信号。

因此知道某个原子的质量数及质子数，就可以知道它的自旋量子数是零、整数还是半整数，并可推测它有无自旋现象。

依据 I 值的不同可将原子核分成以下三类：

（1）$I = 0$ 的核。其中子数、质子数均为偶数，如 ^{12}C、^{16}O、^{32}S 等。核磁矩为零，不产生核磁共振信号。

（2）I 为半整数的核。其中子数与质子数中有一个为偶数，另一个为奇数，如：

1）$I = 1/2$ 的核，如 ^1H、^{13}C、^{15}N、^{19}F、^{31}P、^{37}Se 等；

2）$I = 3/2$ 的核，如 ^7Li、^9Be、^{11}B、^{33}S、^{35}Cl、^{37}Cl 等；

3）$I = 5/2$ 的核，如 ^{17}O、^{25}Mg、^{27}Al、^{55}Mn 等。

这类核是核磁共振研究的主要对象，特别是 $I = 1/2$ 的核，这类核在磁场中能级分裂数目少，共振谱线简单，核磁共振的谱线窄，最适宜核磁共振检测，因此被研究得最多。

（3）I 为整数的核。其中子数、质子数均为奇数，如：

1）$I = 1$ 的核，如 ^2H（D）、^6Li、^{14}N 等；

2）$I = 2$ 的核，如 ^{58}Co 等；

3）$I = 3$ 的核，如 ^{10}B 等。

这类核有自旋现象，但其原子核具有非球形电荷分布，具有电四极矩，在磁场中能级分裂数目多，共振谱线复杂，所以目前研究得较少。

总之，只有自旋量子数 $I > 0$ 的原子核才具有自旋现象，具有核磁矩与角动量，能显示磁性，才可以成为核磁共振研究的对象。而组成有机化合物的主要元素是 C、H、O，而 H 的天然丰度大，在磁场中的原子核信号灵敏度高，因此最早研究的 NMR 谱是核磁共振氢谱。随着傅里叶变换-NMR（FT-NMR）的问世，^{13}C-NMR、2D-NMR、3D-NMR 也得到越来越多的研究。

B　原子核的磁矩及自旋角动量

原子核在围绕自旋轴（核轴）进行自旋运动时，原子核自身带有电荷，因此沿核轴方向产生一个磁场，使核具有磁矩 μ。μ 的大小与自旋角动量 P 有关，它们之间关系的数学表达式为

$$\mu = \lambda P \tag{2-47}$$

式中，λ 为磁旋比，是核的特征常数。

依据量子力学的原理，自旋角动量是量子化的，其状态是由核的自旋量子数 I 决定的，P 与 I 有下列关系：

$$P = \frac{h}{2\pi}\sqrt{I(I+1)} = \hbar\sqrt{I(I+1)} \tag{2-48}$$

式中，h 为普朗克常数；$\hbar$ 为约化普朗克常数，$\hbar = \dfrac{h}{2\pi}$。

如图所示，因自旋角动量是量子化的，其在磁场方向上的分量 P_H 与磁量子数 m 的关系为

$$P_H = m\hbar \tag{2-49}$$

与此相应自旋核在 Z 轴上的磁矩关系如下：

$$\mu_H = \gamma P_H = \gamma m\hbar \tag{2-50}$$

凡具有磁矩的核在外加磁场中的取向必须是量子化的。核磁矩的取向数可用磁量子数 m 来表示核的不同空间取向，$m = I，I-1，I-2，\cdots，-I-1，-I$。共有 $(2I+1)$ 个取向，使原来简并的能级分裂成 $(2I+1)$ 个能级。如图 2-55 所示，对质子而言，$I = 1/2$，m 则有 $1/2$ 和 $-1/2$。前者顺外磁场方向，代表低能态；后者反外磁场方向，代表高能态。每个能级的能量为

$$E = -\mu_H H_0 \tag{2-51}$$

式中，E 为每个能级的能量；H_0 为外加磁场强度；μ_H 为磁矩在外磁场方向的分量。

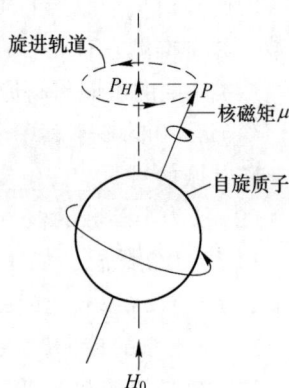

图 2-55　磁场 H_0 下质子的进动示意图

C　磁场中核的自旋能量

由式（2-50）、式（2-51）和 $\hbar = \dfrac{h}{2\pi}$ 可知 $\mu_H = \gamma m \dfrac{h}{2\pi}$，所以下面的关系式成立：

$$E = -\gamma m \frac{h}{2\pi} H_0 = -\gamma m\hbar H_0 \tag{2-52}$$

E 属于势能性质，故该磁矩总是力求与外磁场方向平行。外加磁场越强，能量裂分越剧烈，如图 2-56 所示。

D　核磁共振的产生

如图 2-56 所示，在外加磁场场强为 H_0 中，自旋核绕自旋轴旋转，而自旋轴与磁场又

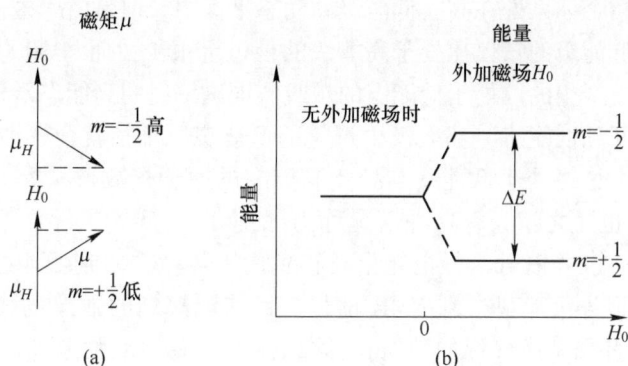

图 2-56 自旋核在磁场中的能量与磁矩的关系
(a) 磁核不同 E 时 μ 的取向；(b) 磁核能量 E 与磁场强度 H_0 的关系

以特定的夹角绕 H_0 旋转，类似一陀螺在重力场中的运动，这样的运动称为拉摩尔 (Lamor) 进动。进动频率又称为 Lamor 频率。按照量子力学的观点，Lamor 频率应该理解为磁核在相邻两能级间的跃迁频率（选择定律：$\Delta m = \pm 1$）。

如果沿外磁场强为 H_0 的方向上发射一个射频波 RF，当其频率正好等于 Lamor 频率时，核会吸收射频能量，从低能级跃迁到高能级。此时核会发生倒转，这种现象称为核磁共振 (nuclear magcnetic resonance)。对质子 ^{1}H 而言，根据量子力学选率，只有 $\Delta m = \pm 1$ 的跃迁才是被允许的，则相邻能级之间跃迁的能级差为

$$\Delta E = E_{-\frac{1}{2}} - E_{\frac{1}{2}} = \gamma \hbar H_0 \qquad (2\text{-}53)$$

若用一特定的射频频率 ν 的电磁波照射样品，则

$$E_{\mathrm{RF}} = h\nu \qquad (2\text{-}54)$$

使 ν 正好等于 Lamor 频率，即 $E_{\mathrm{RF}} = \Delta E$ 时，原子核立刻进行能级之间的跃迁，产生核磁共振吸收，故

$$\nu = \frac{\gamma H_0}{2\pi} \qquad (2\text{-}55)$$

式（2-55）是产生核磁共振的条件。射频频率与磁场强度 H_0 成正比关系，即磁场强度越高，发生核磁共振所需的射频频率也越高。

由此可以看出，产生核磁共振波谱有以下必要条件：

（1）原子核必须具有核磁性质，即必须是磁性核（或称自旋核），有些原子核不具有核磁性质，它就不能产生核磁共振波谱，产生核磁共振的原子核具有限制性。

（2）需要有外加磁场，磁性核在外磁场作用下发生核自旋能级的分裂，产生不同能量的核自旋能级，才能吸收能量，发生能级的跃迁。

（3）只有那些能量与核自旋能级能量差相同的电磁辐射才能被共振吸收，这就是核磁共振波谱的选择性。核磁能级的能量差很小，所以共振吸收的电磁辐射波长较长，处于射频辐射光区。

2.9.4.2 饱和与弛豫过程

在外加场中，自旋的原子核（磁核）的能级可分裂成 $(2I + 1)$ 个，磁核优先分布在低能级上。由于热能要比磁核能级差高几个数量级，磁核在热运动中仍有机会从低能

级向高能级跃迁，整个体系处在高、低能级的动态平衡中。但是由于磁核高、低能级间能量相差很小，处于低能级的核仅比处于高能级的核过量很少，而 NMR 信号就是靠这极弱量的低能态的原子核产生的。处于低能态的核吸收电磁辐射向高能态跃迁。如果这一过程连续下去，没有核回到低能态，那么极少过量的低能态原子核就会逐渐减少，NMR 信号的强度也逐渐减弱，最终处于低能态与处于高能态的原子核数目相等，体系没有能量变化，NMR 吸收信号也随之消失，这种情况称为"饱和"。实际上存在一个过程，使处于较高能态的原子核通过非辐射途径把能量转移到周围环境并回到低能态，这个过程称为"弛豫"，这样就可以连续地观察到 NMR 信号。目前观察到的弛豫过程的能量交换有两种，第一种为自旋-晶格弛豫（纵向弛豫），第二种为自旋-自旋弛豫（横向弛豫）。

A　自旋-晶格弛豫

自旋-晶格弛豫是指高能态的核将能量转移给核周围的分子，如固体的晶格、液体同类分子或溶剂分子，而自旋核自己返回低能态。核外被电子包围着，所以这种能量的传递不像分子间那样通过热运动的碰撞传递，而是通过晶格场来实现。这种弛豫对自旋核而言，总能量降低了，被转移的能量在晶格中变为平动或转动能，所以也称为纵向弛豫。弛豫过程可以用弛豫时间（也称为半衰期）T_1 来表示，它是高能态核寿命的量度。纵向弛豫时间 T_1 取决于样品中磁核的运动，样品流动性降低时，其 T_1 增大。气体、液（溶液）体的 T_1 较小，一般在 1 s 至几秒；固体或黏度大的液体，其 T_1 很大，可达数十、数百甚至上千秒。因此，在测定核磁共振波谱时，通常采用液体试样。

B　自旋-自旋弛豫

自旋-自旋弛豫是指两个进动频率相同而进动取向不同（即能级不同）的磁性核，在一定距离内，发生能量交换而改变各自的自旋取向。交换能量后，高、低能态的核数目未变，总能量未变（能量只是在磁核之间转移），所以也称为横向弛豫。横向弛豫的时间用 T_2 表示。气体、液体的 T_2 与其 T_1 相似，约为 1 s；固体试样中各核的相对位置比较固定，利于自旋-自旋间的能量交换，T_2 很小，弛豫过程的速度很快，一般为 $10^{-5} \sim 10^{-4}$ s。

C　弛豫时间与核磁共振的谱线宽度

对自旋的原子核，它的总体弛豫时间取决于弛豫时间 T_1 和 T_2 中的较小者，而弛豫过程的时间会影响谱线的宽度。根据海森堡测不准原理，核磁共振谱线应有一定的宽度 $\Delta\nu$，其谱带宽度与核在某一能级上停留的平均时间 Δt 有如下关系：

$$\Delta\nu \times \Delta t \approx 1 \tag{2-56}$$

因此，液体样品的 T_1 和 T_2 适中，可以得到适当宽度的 NMR 谱线。固体和黏稠液体高分子样品，由于其分子阻力大，分子相邻距离近，产生自旋-晶格弛豫的概率减小，则 T_1 增大；而自旋-自旋弛豫概率的增大，则 T_2 减小；自旋的原子核的总体弛豫时间取决于弛豫时间 T_1 和 T_2 中的较小者，因此测得的谱线加宽，经常检测不到 NMR 信号，所以常在溶液中测定 NMR 信号。但在高聚物研究中，也可直接用宽谱线的 NMR 来研究聚合物的形态和分子运动。

2.9.4.3　化学位移

A　化学位移现象

1950 年，普罗科特（W. G. Proctor）和当时旅美学者虞春福研究 NH_4NO_3 的 ^{14}N 核磁

共振时发现两条共振谱线，分别对应于 NH_4^+ 和 NO_3^- 中的 N，即核磁共振信号可以反映同一种原子的不同化学环境。由此，发现了化学位移现象。确定化学位移是进行核磁共振解谱、鉴定结构的基础。同一种核在分子中因所处的化学环境不同，其共振频率有差异，即引起磁感应强度的移动，这种现象称为化学位移。化学位移产生的原因是分子中运动的电子在外磁场下对核产生的磁屏蔽。电子对质子的屏蔽作用如图 2-57 (a) 所示。

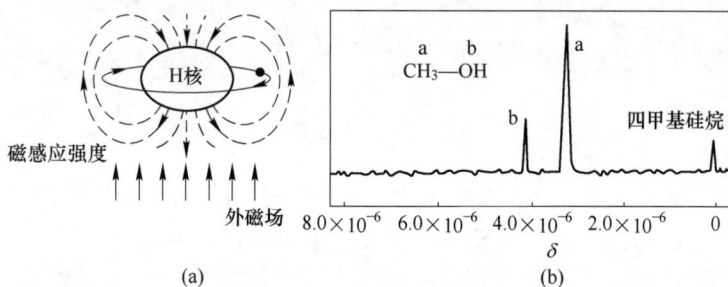

图 2-57 磁屏蔽与化学位移
（a）电子对质子的屏蔽作用；（b）发生位移的甲醇的核磁共振氢谱

屏蔽作用的大小可用屏蔽因子 σ 来表示，总是远远小于1。一般来说，屏蔽因子 σ 是一个二阶张量，只有在液体中分子快速翻滚运动，化学位移的各向异性被平均，屏蔽因子才表现为一个常量。原子核实际感受到的磁场强度为

$$H_N = H_0(1 - \sigma) \tag{2-57}$$

核磁共振的共振频率为

$$\nu = \frac{\gamma H_0(1 - \sigma)}{2\pi} \tag{2-58}$$

由于屏蔽作用的存在，氢核产生共振需要更大的外磁场强度（相对于裸露的氢核），以便抵消屏蔽影响。当 H_0 一定时，σ 越大，对应的 ν 越小，共振峰出现在低频端（右端），反之则出现在高频端（左端）；同理，当 ν_0 一定时，σ 越大，则需要在较高的 H_0 下发生共振，相应的共振峰出现在高场（右端），反之则出现在低场（左端）。图 2-57 (b) 是发生化学位移的甲醇的核磁共振氢谱。

B 化学位移的表示

以磁核的共振频率或共振磁场强度的绝对值差来表示化学位移存在以下问题：

（1）核外电子的屏蔽效应本来就很小，由化学环境不同所引起的差异就更小，共振频率的差别也仅有百万分之几，要精确测定并比较不同化学环境磁核的共振频率的差别，既困难又不方便。

（2）磁核的共振频率随外磁场的改变而改变，不同环境的磁核共振频率的差别也随外磁场的改变而改变。若将两个化学环境不同的氢核 1 和 2（屏蔽常数为 σ_1 和 σ_2）置于同一磁场中，两个核的进动频率差为

$$\Delta\nu = \nu_1 - \nu_2 = \frac{\gamma}{2\pi}(\sigma_2 - \sigma_1)H_0 \tag{2-59}$$

很显然，共振频率绝对值差 $\Delta\nu$ 与外磁场强度 H_0 成正比。例如，乙醇的 ^{1}H-NMR，在

90 MHz 仪器上，其 CH_2 和 CH_3 的共振频率绝对值差 $\Delta\nu = 220.4\ Hz$，而在 400 MHz 仪器上，其 CH_2 和 CH_3 的共振频率绝对值差 $\Delta\nu = 984.3\ Hz$，说明 $\Delta\nu$ 随 H_0 的改变而改变。

（3）处于不同化学环境的核，其屏蔽常数千差万别，没有标准的比较，并没有实际意义，因为共振频率绝对值差 $\Delta\nu$ 随比较对象的改变（即 $\Delta\sigma$ 改变）而改变。

为了克服以上问题，一般采用被测核的共振频率与标准物核的共振频率的相对差来表示化学位移。扫频法采用式（2-60）表示，扫场法采用式（2-61）表示。

$$\delta = \frac{\nu_x - \nu_s}{\nu_s} = \frac{\Delta\nu}{\nu_s} \tag{2-60}$$

$$\delta = \frac{H_x - H_s}{H_x} = \frac{\Delta H}{H_x} \tag{2-61}$$

式中，δ 为化学位移式，是一个无量纲的比值；下角标"x"和"s"分别表示被测样品磁核和标准物磁核。不难推导出，磁核的化学位移值由其所处的化学环境（即屏蔽常数 σ）决定，与仪器测量条件无关，即与扫频法的磁场强度 H_0、扫场法的射频波频率 ν_0 无关。

C　常用标准物和溶剂

国际纯粹与应用化学联合会规定，核磁共振测定中常用的标准物为四甲基硅烷（TMS）或 4,4-二甲基-4-硅代戊磺酸钠（DSS），TMS 和 DSS 的分子结构式如图 2-58 所示。规定它们的 δ 为零。TMS 不溶于水，常用于有机溶媒，为溶剂的样品测定的标准物；当以重水为溶剂时，则选用 DSS 作为标准物。TMS 有 12 个化学环境相同的氢核，在 NMR 中给出一个尖锐的单峰。测定时将标准物（也称为内标物）一同溶于样品溶液中，测定核磁共振谱，被测核的共振吸收峰出现在 TMS 峰左侧为正值，极少数情况出现在 TMS 峰右侧，为负值。

图 2-58　TMS（a）和 DSS（b）的分子结构式

NMR 一般是将样品溶解于有机溶剂中进行测定的，常用氘代溶剂或不含质子的溶剂，以避免溶剂质子的干扰。有机溶剂有 CCl_4、$CDCl_3$、D_2O、CF_3COOD、CD_3COCD_3、C_6D_6 等。若这些氘代溶剂不纯，还有少量未被氘代的分子，则会在某一位置出现残存的质子峰，在解谱时要注意识别。

D　影响化学位移的因素

影响氢核化学位移的因素有内因和外因两个方面。内因就是氢核所处的化学环境，主要从对氢核电子云密度（屏蔽常数）的影响，以及氢核所处的磁各向异性效应等方面考虑。对核外电子云密度的影响因素有诱导效应、共轭效应、杂化轨道中 s 成分的影响、氢键效应等，这种影响是通过成键电子传递的，而磁各向异性的影响是通过空间远程传递的。外部因素对非极性碳上的质子影响不大，对—OH、—NH、—SH 活泼氢的影响较大。

设标准氢核与被测氢核的屏蔽常数分别为 σ_s、σ_x，以扫频法测定它们的核磁共振频

率分别为 ν_s、ν_x。依据 Lamor 进动方程修正式（2-59），则有

$$\nu_s = \frac{1}{2\pi}(1 - \sigma_s) H_0 \qquad (2\text{-}62)$$

$$\nu_x = \frac{1}{2\pi}(1 - \sigma_x) H_0 \qquad (2\text{-}63)$$

$$\Delta\nu = \nu_s - \nu_x = \frac{1}{2\pi}(\sigma_s - \sigma_x) H_0 \qquad (2\text{-}64)$$

将 ν_s 与 $\Delta\nu$ 代入式（2-60），则有

$$\delta = \frac{\Delta\nu}{\nu_s} = \frac{\sigma_s - \sigma_x}{1 - \sigma_s} \qquad (2\text{-}65)$$

从式（2-65）可知，磁核的化学位移值由其屏蔽常数 σ_x 决定，与测定条件无关。凡是使氢核电子云密度降低的因素（σ_x 减小），即减弱屏蔽效应，则使氢核的化学位移增大，共振吸收峰出现在低场、高频区（左端）；反之，使氢核电子云密度增加的因素（σ_x 增加），即增强屏蔽效应，则使氢核的化学位移减小，共振吸收峰出现在高场、低频区（右端）。

在 NMR 谱图中，质子的屏蔽常数 σ 与扫频法所需射频共振频率 ν、扫场法所需共振磁场强度 H 及化学位移值 δ 之间的变化关系示意图如图 2-59 所示。

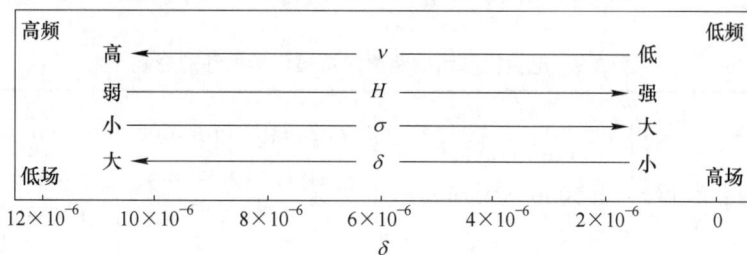

图 2-59　NMR 中 σ 与 ν、H 及 δ 的变化关系示意图

a　诱导效应

氢核上的碳连接有电负性基团，由于其吸电子诱导效应，氢核的电子云密度降低，屏蔽作用减弱，化学位移增大。基团电负性越强，氢核的化学位移越大，如一些甲烷取代物的化学位移情况（见表 2-8）。

表 2-8　甲烷取代物的化学位移

项目	元素 X							
	Li	Si	H	I	Br	Cl	OH	F
电负性	0.98	1.90	2.2	2.66	2.96	3.16	3.43	3.98
CH_3X 的 δ 值	-1.317×10^{-6}	0	0.232×10^{-6}	2.165×10^{-6}	2.682×10^{-6}	3.052×10^{-6}	3.430×10^{-6}	4.177×10^{-6}

如图 2-60 所示，碳的电负性大于氢，因此每当用烷基取代氢后，会使所有剩下的氢原子的化学位移移向低场，化学位移增大，即 $\delta_{CH_3} < \delta_{CH_2} < \delta_{CH}$。

电负性基团离氢核越近，诱导效应越明显，随着距离的增大，其化学位移下降很明显（见表 2-9）。

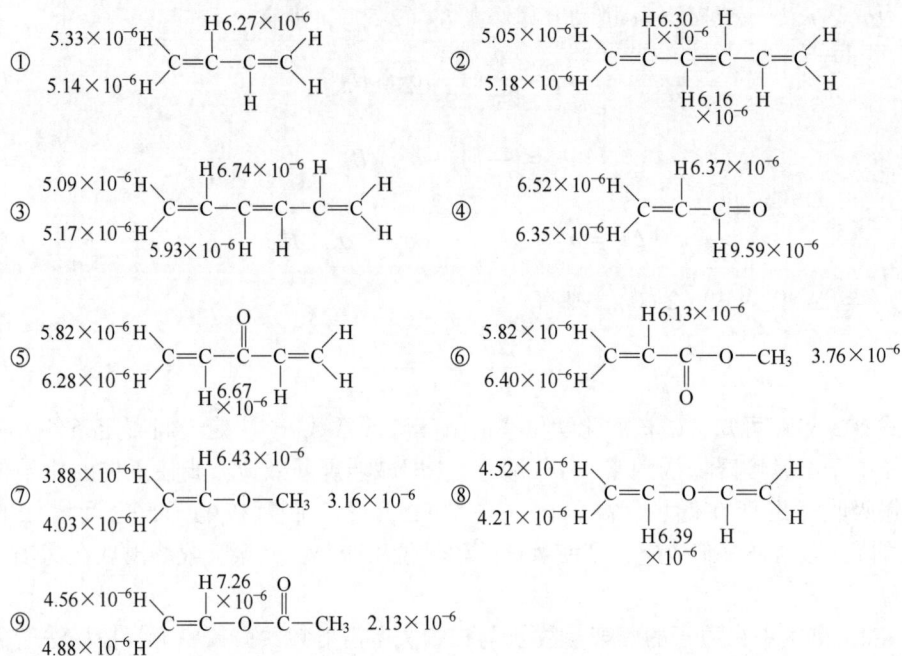

图 2-60   化合物的 ^{1}H-NMR 中不同氢核的化学位移

表 2-9   电负性基团的距离对氢核化学位移的影响

醇类及其氢核化学位移	$CH_3—OH$	$CH_3—CH_2—OH$	$CH_3—CH_2—CH_2—OH$	$CH_3—CH_2—CH_2—CH_2—OH$
	$3.42×10^{-6}$	$1.23×10^{-6}$ $3.69×10^{-6}$	$0.94×10^{-6}$ $1.57×10^{-6}$ $3.58×10^{-6}$	$0.94×10^{-6}$ $1.39×10^{-6}$ $1.53×10^{-6}$ $3.63×10^{-6}$
氯代烃及其氢核化学位移	$CH_3—Cl$	$CH_3—CH_2—Cl$	$CH_3—CH_2—CH_2—Cl$	$CH_3—CH_2—CH_2—CH_2—Cl$
	$3.05×10^{-6}$	$1.49×10^{-6}$ $3.51×10^{-6}$	$0.86×10^{-6}$ $1.61×10^{-6}$ $3.30×10^{-6}$	$0.92×10^{-6}$ $1.43×10^{-6}$ $1.68×10^{-6}$ $3.42×10^{-6}$

b   共轭效应

处于共驱体系中的氢核，其化学位移情况比较复杂，主要来自两方面的影响。一是共轭体系中的碳核电子云密度发生改变，引起相连的氢核电子云密度发生改变，从而使氢核化学位移发生变化，使共轭体系的氢核处于离域大 π 键电子环流产生的次级磁场的负屏蔽区（化合物①、②、③）。如果共轭体系中有电负性较大的吸电子基团（如羰基），则烯氢的 δ 值增大（化合物④、⑤、⑥）；如果有供电子基团，则烯氢的 δ 值减小（化合物⑦、⑧、⑨中的—O—是供电子基团）。以上均是与乙烯氢核的化学位移（ $5.28×10^{-6}$ ）相比较的情况。

c   杂化轨道中 s 成分的影响

碳原子杂化轨道中的 s 成分的多少，对氢核的化学位移有较大影响， s 成分增加，去屏蔽作用增强，化学位移增大（见表 2-10）。

表 2-10 杂化轨道 s 成分的影响

项目	氢核类型					影 响 因 素
	烷基氢	炔碳氢	烯碳氢	芳碳氢	酰碳氢	
杂轨（s 占比）	$sp^3(1/4)$	$sp(1/2)$	$sp^2(1/3)$	$sp^2(1/3)$	$sp^2(1/3)$	I．与烷基比，s 成分增加，δ 值增大； II．磁各向异性-正屏蔽区，δ 值减小； III．磁各向异性-负屏蔽区，δ 值增大； IV．电负性基团诱导效应，δ 值增大
因素综合		I＋II	I＋III	I＋III	I＋III＋IV	
δ 值	$0.8 \times 10^{-6} \sim$ 1.4×10^{-6}	$3 \times 10^{-6} \sim$ 5×10^{-6}	$5 \times 10^{-6} \sim$ 7×10^{-6}	$7 \times 10^{-6} \sim$ 9×10^{-6}	$8 \times 10^{-6} \sim$ 10×10^{-6}	

d　氢键去屏蔽效应

氢键可能在分子间或分子内生成。形成氢键时，会引起化学键的电子云密度再分布，使形成氢键的氢核周围电子云密度轻微降低，属于去屏蔽作用，使 δ 值增大。形成氢键越强，活泼氢的化学位移就越大。氢键的强度受溶剂的极性、溶液浓度和温度等因素影响，溶剂极性越大、样品浓度越高、测试温度越低，形成氢键的能力越强，活泼氢的化学位移越大。羧酸由于形成强烈分子间氢键，其羧羟基氢化学位移很大。例如，乙酸中羧羟基氢的 δ 值为 11.42×10^{-6}，而柠檬酸分子中有 3 个羧基和 1 个醇羟基，分子间和分子内氢键都存在，其羧羟基氢的 δ 值表现为在 $11.5 \times 10^{-6} \sim 13.2 \times 10^{-6}$ 的钝形宽峰。能够生成分子内氢键的化合物，其活泼氢的化学位移也相当大，例如，2-乙酮-苯酚中酚羟基的 π 峰的 δ 值为 12.25×10^{-6}。3 个化合物形成氢键的化学位移影响因素分析见表 2-11。

表 2-11 3 个化合物形成氢键的化学位移影响因素分析

项目	化 合 物			影响—OH 的化学位移因素
	乙　酸	柠檬酸	邻羟基苯乙酮	
分子结构及其氢键化学位移	2.10×10^{-6} H$_3$C—C 　11.42×10^{-6} O—H⋯O　 C—CH$_3$ O—H⋯O	2.76×10^{-6}　12.50×10^{-6} H$_2$C—COOH HO—C—COOH H$_2$C—COOH	7.44×10^{-6} H　6.89×10^{-6} 　12.25×10^{-6} H　6.89×10^{-6} CH$_3$ 7.71×10^{-6}　2.61×10^{-6}	I 分子间氢键； II 分子内氢键； III 羟基氧的诱导效应； IV 处于羰基双键负屏蔽区； V 处于苯环负屏蔽区
因素综合	I＋III＋IV	I＋II＋III＋IV	II＋III＋IV＋V	

e　磁各向异性效应

磁各向异性效应是指氢核受邻近 π 键或共轭大 π 键基团的电子环流产生的感应次级磁场 ΔH 的作用。若次级磁场与外磁场同向作用于氢核，使吸收峰向低场、高频区移动，则化学位移增大；若次级磁场与外磁场反向作用于氢核，使吸收峰向高场、低频区移动，则化学位移降低。这种因感应次级磁场方向不同而作用不同的现象，称为磁各向异性效应。磁各向异性效应并不影响氢核的电子云密度，即氢核的 σ 值不变。分析如下：若氢核不处于感应次级磁场 ΔH 的作用范围，其核磁共振频率应为式（2-59）；若氢核处于感应次级磁场 ΔH 的作用范围，有如下两种情况。

（1）若氢核处于感应次级磁场与外加磁场同向区域，称为负屏蔽区，氢核所受的磁场强度实际为 $H_0 + \Delta H$，其进动频率应为式（2-66）。

$$\nu = \frac{\gamma}{2\pi}(1 - \sigma)(H_0 + \Delta H) \tag{2-66}$$

因氢核的 σ 值不变，其进动频率不变，这时需外磁场强度 H_0 降低一些，以满足核磁共振条件，即吸收峰移向低场，化学位移增大。

（2）若氢核处于感应次级磁场与外加磁场反向区域，称为正屏蔽区，氢核所受的磁场强度实际为 $H_0 - \Delta H$，其进动频率应为式（2-67）。

$$\nu = \frac{\gamma}{2\pi}(1 - \sigma)(H_0 - \Delta H) \tag{2-67}$$

因氢核的 σ 值不变，其进动频率不变，这时需外磁场强度 H_0 增大一些，以满足核磁共振条件，即吸收峰移向高场，化学位移减小。

对于 π 键或共轭大 π 键电子，在外加磁场诱导下产生感应次级磁场的情况如下：

1）双键（C＝O、C＝C）的 π 电子云分布于成键平面的上、下方，形成节面（nodal plame），在外加磁场诱导下形成电子环流，产生感应次级磁场。在垂直电子环流节面的中轴区域（节面环下区域），次级磁场与外磁场方向相反，称为正屏蔽区；在电子环流节面外沿区域，次级磁场与外磁场方向相同，称为负屏蔽区。羰基和烯键的磁各向异性分别如图 2-61 和图 2-62 所示。

丙醛的 $\delta_{CHO} = 9.793 \times 10^{-6}$，因醛基氢处于次级磁场的负屏蔽区，同时还受羰基氧的诱导作用，两种效应叠加，其 δ 值比丙烯氢大得多。

2）芳环对于苯、轮烯、稠环及其他芳环的大 π 键，其离域电子云分布于环平面的上、下方，形成比单个 π 键更大的节面，在外加磁场诱导下形成更大的电子环流，产生更强的感应次级磁场（见图 2-63）。在垂直芳环电子环流节面的中轴区域，次级磁场与外磁场方向相反，称为正屏蔽区；在芳环电子环流节面外沿区域，次级磁场与外磁场方向相同，称为负屏蔽区。芳环的感应次级磁场更强，导致芳环氢核的化学位移更大一些。

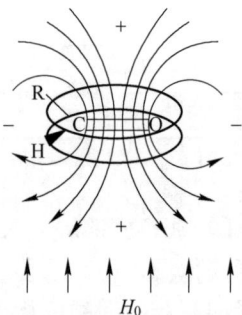

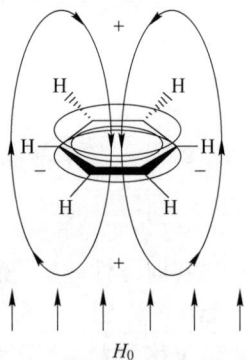

图 2-61 羰基的磁各向异性   图 2-62 烯键的磁各向异性   图 2-63 苯环的磁各向异性

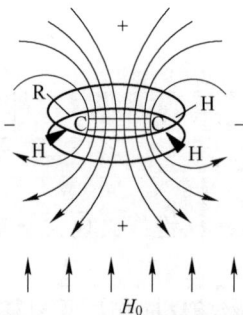

以下是 4 个典型化合物的共轭大 π 键的磁各向异性效应对氢核化学位移的影响（见图 2-64）。

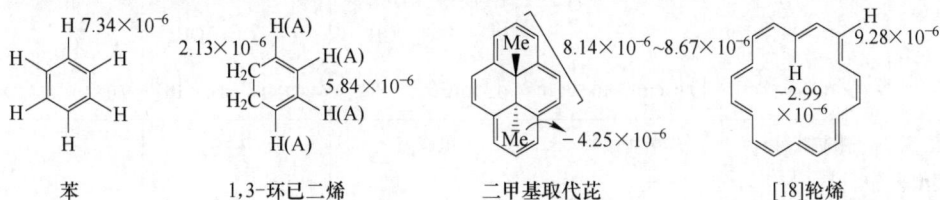

图 2-64　4 个典型化合物的共轭大 π 键的磁各向异性效应对氢核化学位移的影响

H（A）—与官能团直接相连的碳原子上的氢原子

3）叁键（ C≡C ）的 π 电子云节面垂直于键轴分布，在外加磁场诱导下形成绕键轴的电子环流，产生感应次级磁场（见图 2-65）。在垂直于电子环流节面的键轴方向，次级磁场与外磁场方向相反，称为正屏蔽区；在电子环流节面外沿区域，次级磁场与外磁场方向相同，称为负屏蔽区。如图 2-66 所示，乙炔取代菲叁键最邻近氢核的 δ 值为 10.35×10^{-6}，而菲中相应氢核的 δ 值为 8.65×10^{-6}，说明处于三键负屏蔽区的该氢核吸收峰移向低场、高频区，化学位移增大了 1.7×10^{-6}。

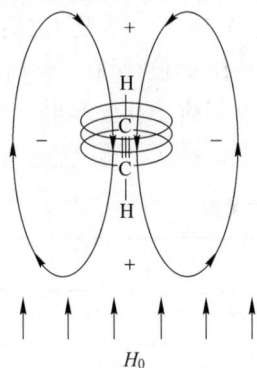

图 2-65　炔键的磁各向异性

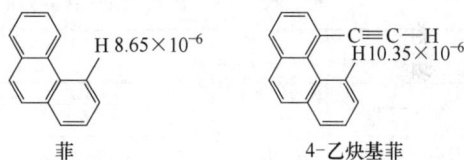

图 2-66　叁键对氢核化学位移的影响

E　各类型质子的化学位移

质子的化学位移反映了质子的类型和所处的化学环境，它是结构解析的重要信息。对有机化合物中的各类质子化学位移的大致范围归纳如下：（1）芳氢>烯氢>炔氢>烷氢；（2）叔碳氢>仲碳氢>伯碳氢；（3）羧羟基氢>醛基氢>酚羟基氢>醇羟基氢≈胺基氢（活泼氢的比较）。各类质子的化学位移范围见表 2-12。

表 2-12　各类质子的化学位移范围

质子类型、结构及 δ 值	脂肪族氢	β-取代基	α-取代基	炔氢	烯氢
	—C—C—H	R | —C—C—H	R | —C—C—H	—C≡C—H	$\diagdown$C=C$\diagup$H
	$0 \sim 2.0 \times 10^{-6}$	$1.0 \times 10^{-6} \sim 2.0 \times 10^{-6}$	$1.5 \times 10^{-6} \sim 5.0 \times 10^{-6}$	$1.6 \times 10^{-6} \sim 3.4 \times 10^{-6}$	$4.5 \times 10^{-6} \sim 7.5 \times 10^{-6}$

质子类型、结构及 δ 值	芳环氢	醛基氢	醇羟基氢	酚羟基氢	羧羟基氢
	$6.0\times10^{-6}\sim9.5\times10^{-6}$	$9.0\times10^{-6}\sim10.5\times10^{-6}$	$0.5\times10^{-6}\sim5.5\times10^{-6}$	$4.0\times10^{-6}\sim8.0\times10^{-6}$	$9.0\times10^{-6}\sim13.0\times10^{-6}$

质子类型、结构及 δ 值	脂肪胺氢	芳香胺氢	酰胺氢		
	$0.6\times10^{-6}\sim3.5\times10^{-6}$	$3.0\times10^{-6}\sim5.0\times10^{-6}$	$5.0\times10^{-6}\sim8.5\times10^{-6}$		

F　化学位移的经验计算

取代基对质子化学位移的影响具有加和性，在前人做的大量化合物核磁共振氢谱的实际工作基础上，归纳以下几种质子化学位移计算的经验公式，可作为波谱解析的参考信息。

（1）烷基质子的化学位移计算。烷基链中甲基、亚甲基及次甲基氢的化学位移计算经验公式为

$$\delta = B + \sum Z_{\alpha} + \sum Z_{\beta} \tag{2-68}$$

式中，B 为基础值，甲基、亚甲基及次甲基氢的 B 值分别为 0.86、1.37 及 1.50；Z 为取代基对 δ 的贡献值，Z 与取代基种类及位置有关，同一取代基在 α-位比 β-位影响大。

例如，按照式（2-68）计算表 2-13 中化合物 1~3 的次甲基质子化学位移、化合物 4 的三种质子化学位移，并与实测值比较，情况见表 2-13。

表 2-13　化合物的结构与质子化学位移的关系

序号	化合物结构式		$\delta_{计算值}$	$\delta_{实测值}$
1	$C_6H_5{-}OCH{-}C_2H_5$		$(1.37+2.61+0-0.04)\times10^{-6}=3.94\times10^{-6}$	3.86×10^{-6}
2	$C_2H_5{-}CHCl{-}NO_2$		$(1.50+1.98+2.31+0.17-0.01)\times10^{-6}=5.95\times10^{-6}$	5.80×10^{-6}
3	$(C_6H_5)_5CH$		$(1.50+1.28\times3)\times10^{-6}=5.34\times10^{-6}$	5.56×10^{-6}
4	b H₃C—C²H d—O—CH f—C²H e—CH₃ a ‖ O CH₃ c	CH₃	$\delta_a = (0.86+0.05)\times10^{-6}=0.91\times10^{-6}$	0.90×10^{-6}
			$\delta_b = (0.86+0.28)\times10^{-6}=1.14\times10^{-6}$	1.16×10^{-6}
			$\delta_c = (0.86+0.44+0.05)\times10^{-6}=1.35\times10^{-6}$	1.21×10^{-6}
		CH₂	$\delta_d = (1.37+0\times2+0.24)\times10^{-6}=1.61\times10^{-6}$	1.55×10^{-6}
			$\delta_e = (1.37+0.92)\times10^{-6}=2.29\times10^{-6}$	2.30×10^{-6}
		CH	$\delta_f = (1.50+0.17\times2+2.47-0.01)\times10^{-6}=4.30\times10^{-6}$	4.85×10^{-6}

（2）烯烃质子的化学位移计算。烯烃质子的化学位移计算经验公式为

$$\delta_{C=C-H} = (5.28 + Z_{同碳} + Z_{顺式} + Z_{反式}) \times 10^{-6} \tag{2-69}$$

式中，Z 为取代常数，下标依次为同碳、顺式及反式取代基。

例如，5 个烯氢化合物的化学位移 δ 的计算值和实测值见表 2-14。

表 2-14　5 个烯氢化合物的化学位移 δ 的计算值和实测值

项　目	$\begin{array}{c} H_a \quad H_b \\ C=C \\ H_c \quad COOCH_3 \end{array}$			$\begin{array}{c} H_a \quad CH_3 \\ C=C \\ H_c \quad COOCH_3 \end{array}$		$\begin{array}{c} H_a \quad COOH \\ C=C \\ C_6H_5 \quad H_c \end{array}$	
氢代号	a	b	c	a	c	a	c
计算值	5.80	6.43	6.43	5.58	6.15	7.61	6.41
实测值	5.82	6.20	6.38	5.57	6.10	7.82	6.47

项目	$\begin{array}{c} H_a \quad CN \\ C=C \\ C_6H_5 \quad COOC_2H_5 \end{array}$	$\begin{array}{c} H_a \quad H_b \\ C=C \\ H_c \quad OCOCH_3 \end{array}$		
氢代号	a	a	b	c
计算值	7.84	4.64	4.93	7.39
实测值	8.22	4.43	7.74	7.18

（3）芳香烃质子的化学位移计算。取代苯环上质子的化学位移计算经验公式为

$$\delta = (7.26 + \sum Z) \times 10^{-6} \qquad (2\text{-}70)$$

式中，7.26 为基础值；Z 为取代基对苯环质子化学位移的贡献值。例如，对甲基苯胺的两组质子的化学位移，可分别由式（2-70）计算，则

$$\delta_a = [7.26 + Z_{邻(-CH_3)} + Z_{间(-NH_2)}] \times 10^{-6} = (7.26 - 0.18 - 0.25) \times 10^{-6} = 6.83 \times 10^{-6}$$

$$\delta_b = [7.26 + Z_{邻(-NH_2)} + Z_{间(-CH_3)}] \times 10^{-6} = (7.26 - 0.75 - 0.10) \times 10^{-6} = 6.41 \times 10^{-6}$$

δ_a 和 δ_b 的实测值分别为 6.79×10^{-6} 和 6.33×10^{-6}，与理论计算值相接近。

2.9.4.4　自旋耦合和自旋分裂

A　产生原理

多数有机化合物的 NMR 波谱都是多重峰，是由邻近磁性核之间的相互作用造成的。例如，1,1,2-三氯乙烷（$ClCH_2CHCl$）的 ^1H-NMR 波谱中有两组质子，即—CH_2 和—CH 质子的化学位移分别为 3.95×10^{-6} 和 5.80×10^{-6}。由于邻近磁核之间存在相互相耦合作用，使—CH_2 质子受—CH 质子的耦合裂分成二重峰，—CH 质子受—CH_2 质子的耦合分裂成三重峰。两者的积分高度比为 2:1。这种核的分裂现象是由分子中邻近磁性核之间的相互作用引起的。这种核间的相互作用称为自旋-自旋耦合（spin-spin coupling）。由自旋-自旋耦合引起谱峰分裂的现象称为自旋-自旋裂分（spin-spin splitting）。自旋耦合作用不影响磁核的化学位移，只会使同一种氢核分裂为多重峰。自选耦合可为结构分析提供更多的信息。

对于自旋量子数 $I = 1/2$ 的核来说，在外磁场中有两种取向，即 $m = +1/2$ 和 $m = -1/2$，分别以 α、β 表示两种自旋取向。对于乙醇分子（CH_3CH_2OH）中的亚甲基上的两个质子，每个质子的核都可以有 α、β 取向，所以两个氢核就可能产生四种自旋组合：$\alpha\alpha$、$\alpha\beta$、$\beta\alpha$、$\beta\beta$，而 $\alpha\beta$、$\beta\alpha$ 是等同的，所以实际上是三种自旋组合，其概率比为 1:2:1，这三种自旋组合方式构成了两种不同的局部小磁场，在—CH_2—CH_3 结构中影响着

甲基，使甲基的共振峰分裂为三重峰。甲基裂分小峰面积比等于亚甲基核自旋组合概率比，为 $1:2:1$。乙醇的亚甲基则受甲基三个氢的耦合分裂成四重峰，其强度比为 $1:3:3:1$。常温下羟基质子在一般溶剂中不考虑与其他质子的耦合，仍为单峰。甲基、亚甲基、羟基上的三种质子的峰面积比为 $3:2:1$（见图 2-67）。

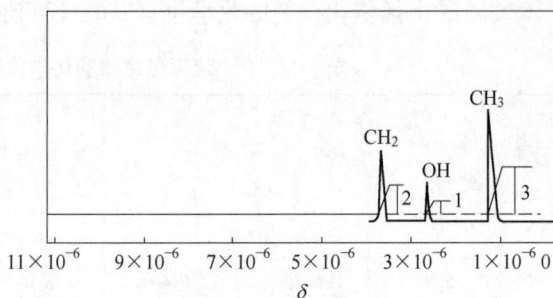

图 2-67   乙醇的核磁共振谱图

　B $n+1$ 规律

NMR 波谱中的自旋-自旋裂分现象，对于确定分子中各类氢的相对位置和立体关系很有帮助。例如，某亚甲基显示四重峰，说明与它相邻的有三个氢；甲基显示三重峰，说明与它相邻的有两个氢。氢原子受邻近碳上的氢的耦合产生裂分峰的数目可以用 $n+1$ 规律计算：若某组质子有 n 个相邻的质子，这组质子的吸收峰将裂分成 $n+1$ 重峰；若某组质子有两组与其耦合作用不同（即耦合常数不等）的邻近质子时，如果其中一组的质子数为 n，另一组的质子数为 m，则该组质子产生 $(n+1) \times (m+1)$ 重峰；若与该组质子相邻的两组质子耦合常数相同，化学环境不同，则该组质子裂分峰的数目为 $n+m+1$。例如，$HCONHCH_2CH_3$ 中的亚甲基质子会被 CH 和 NH 裂分成八重峰，而 $CH_3CH_2CH_2NO_2$ 中间的亚甲基则被相邻的 CH_3 和 CH_2 裂分成六重峰。

由 $n+1$ 规律所得的裂分峰，其强度比可用二项式 $(a+b)^n$ 的展开式的各项系数表示。例如，受 $n=1$ 个氢的耦合会产生两重峰，其强度比为 $1:1$；受 $n=2$ 个氢的耦合会产生三重峰，其强度比为 $1:2:1$；受 $n=3$ 个氢的耦合会产生四重峰，其强度比为 $1:3:3:1$。$n+1$ 规律只适合互相耦合的质子的化学位移差远大于耦合常数的一级光谱。

　C   耦合质子之间的向心规则

在两组互相耦合的峰中，还会有一个倾斜现象，即两个互相耦合的两组峰中，两个强度应该相等的裂分峰会出现内侧高、外侧低的情况，使两个耦合质子的各自两个峰的顶点连线构成一个"人"字形。这种现象称为"向心规则"。若两组峰之间没有这种现象，则说明它们之间没有耦合关系。例如，乙醛（CH_3CHO）的 ^1H-NMR 谱中的两组质子（CH_3 和 CHO 质子）相互耦合，甲基受醛基质子的耦合裂分成二重峰，强度比应为 $1:1$。醛基质子受甲基质子的耦合裂分成四重峰，其强度比为 $1:3:3:1$。两组质子互相耦合，则根据"向心规则"，乙醛的核磁共振谱图如图 2-68 所示。

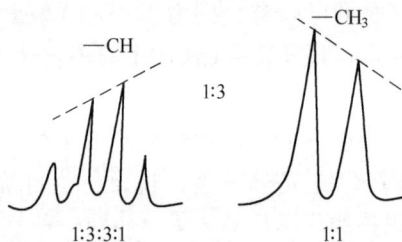

图 2-68   乙醛的核磁共振谱图

　D   耦合常数

自旋耦合的量度称为自旋的耦合常数（coupling constant），用符号 J 表示，J 值的大小表示了耦合作用的强弱。耦合常数 J 的大小与仪器和测试条件无关，与化合物的结构密切相关。耦合常数的大小主要与相互耦合的两个磁核间的化学键数目及影响它们之间电子云分布的因素（如单键、双键、取代基的电负性、立体化学等）有关。耦合常数的单位是 Hz。J 的左上方常标以数字，它表示两个耦合核之间相隔键的数目。就其本质来看，耦合常数是质子自旋裂分时的两个核磁共振能之差，它可以通过共振吸收的位置差别来体现，在图谱上表现为裂分峰之间的距离。

对于氢谱，根据耦合质子间相隔化学键的数目可分为同碳耦合（$2J$）、邻碳耦合（$3J$）和远程耦合（相隔 4 个以上的化学键）。一般通过偶数个键耦合（$2J$、$4J$）的耦合常数为负值，通过奇数个键耦合（$1J$、$3J$）的合常数为正值。但在 NMR 波谱图上表现出来的裂分距离及计算出来的耦合常数值是其绝对值的大小，与正负号无关。

两个氢原子在同一个碳原子上（H—C—H），它们之间相隔的键数为两者之间的耦合常数，称为同碳耦合常数，用 $2J$ 或 J 表示，一般为负值，其值的变化范围较大。需注意的是，同一碳原子上的质子尽管都有耦合，但如果它们的化学环境完全相同，则这种耦合在谱图上表现不出来。

相邻碳上质子通过 3 个化学键合，其耦合常数称为邻碳质子的耦合常数，以 $3J$ 表示。一般为正值。其数值大小通常在 0~18 Hz 之间。芳环氢的耦合可分为邻、间、对位 3 种耦合。耦合常数都为正值。苯环中邻位耦合常数较大（两个质子间相隔 3 键），其值在 6.0~9.4 Hz 之间，间位为 1.8~3.1 Hz（两个质子间相隔 4 键），对位小于 0.59 Hz（两个质子间相隔 5 键）。一般来说，对位耦合在常规测试中不易察觉。杂芳环的耦合情况与取代苯类似，耦合常数与杂原子的相对位置有关。图 2-69 为几种化合物的耦合常数值。

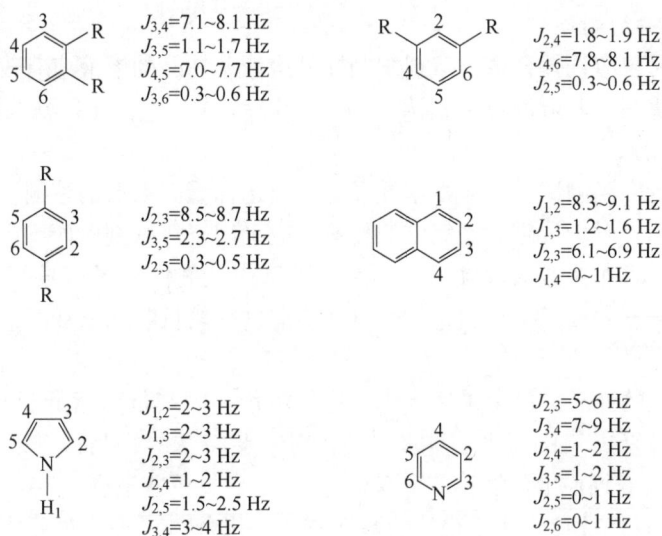

图 2-69 几种化合物的耦合常数值

两个氢核通过 4 个或 4 个以上的键进行耦合，称为远程耦合。远程耦合的耦合常数都比较小，一般在 0~3 Hz 之间。经常不容易看出远程耦合引起的分裂。耦合常数的大小与两个作用核之间的相对位置有关，其会随着相隔键数目的增加很快减弱。一般来讲，两个质子相隔少于或等于 3 个单键时可以发生耦合裂分，相隔 3 个以上单链时，耦合常数趋于零。化学位移随外磁场的改变而改变。耦合常数与化学位移不同，它不随外磁场的改变而改变。因为自旋耦合产生于磁核之间的相互作用，是通过成键电子来传递的，并不涉及外磁场。

E　核的等价性

在分子中，具有相同化学位移的核称为化学等价的核。如果分子中有两个相同的原子或基团处于相同的化学环境时，则称它们为化学等价或化学全同。化学等价的核具有相同的化学位移，如 CH_3CH_2Cl 中的甲基上的 3 个质子，它们为化学等价质子，其化学位移相等；同样，亚甲基的 2 个质子也是化学等价质子。

判别分子中的质子是否化学等价对识谱十分重要。通常判别的依据是：分子中的质子，如果可通过对称操作或快速机制互换，则它们是化学等价的。通过对称轴旋转而能互换的质子称为等位质子。等位质子在任何环境中都是化学等价的。通过镜面对称操作能互换的质子称为对映异位质子。

一组化学等价的核，如果它们都以相同的耦合常数与组外其他任何一个核耦合，那么这组核就称为磁等价核或磁全同核。磁等价比化学等价的要求更高，磁等价的核一定是化学等价的，而化学等价的核不一定是磁等价的。例如在单取代苯中（见图 2-70），H_a 和 H_a'、H_b 和 H_b' 是化学等价核，却不是磁等价核。因为 H_a 和 H_b 是邻位合，而 H_a' 和 H_b' 是对位耦合，它们的耦合常数不同。

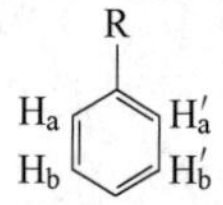

图 2-70　单取代苯中结构示意图

2.9.5　实验方法和技术

2.9.5.1　样品的制备

在测试样品时，应选择合适的溶剂配制样品溶液。样品的溶液应有较低的黏度，否则会降低谱峰的分辨率。若溶液黏度过大，应减少样品的用量或升高测试样品的温度（通常是在室温下测试）。

当样品需进行变温测试时，应根据低温的需要选择凝固点低的溶剂，或按高温的需要选择沸点高的溶剂。对于核磁共振氢谱的测量，应采用氘代试剂以便不产生干扰信号。氘代试剂中的氘核又可作核磁谱仪锁场之用。以用氘代试剂作锁场信号的"内锁"方式作图，所得谱图的分辨率较好。特别是在微量样品需进行较长时间累加时，可以边测量边调节仪器的分辨率。

对低、中极性的样品，最常采用氘代氯仿作溶剂，因其价格远低于其他有机代试剂，极性大的化合物可采用氘代丙酮、重水等。针对一些特殊的样品，可采用相应的氘代试剂，如氘代苯（用于芳香化合物和芳香高聚物）、氘代二甲基亚砜（用于某些在一般溶剂中难溶的物质）、氘代吡啶（用于难溶的酸性或芳香化合物）等。对于核磁共振碳谱的测量，为兼顾氢谱的测量及锁场的需要，一般仍采用相应的氘代试剂。

测定化学位移需要加入一定的基准物质。基准物质加在样品溶液中称为内标。若考虑到溶解度或化学反应性等，则不能将基准物质加在样品溶液中，可将液态基准物质（或固态基准物质的溶液）封入毛细管再插到样品管中，称之为外标。对于碳谱和氢谱，最常用的基准物质是四甲基硅烷。

2.9.5.2　记录常规氢谱的操作

记录氢谱是单脉冲实验，即在一个脉冲作用之后，随即开始采样。为使所得谱图有好的信噪比，检测时可以进行累加，即重复上述过程。由于氢核的纵向弛豫时间一般较短。重复脉冲的时间间隔不用太长。对于一些化合物，要设置足够的谱宽。羧酸、有缔合的酚、烯醇等的化学位移范围均可超过 10×10^{-6}。如果设置的谱宽不够大，—OH 或—COOH 的峰会折叠进来，给出错误的 δ 值。

在完成记录氢谱谱图的操作之后，随即对每个峰组进行积分，最后得到的谱图含有各峰组的积分值，因而可计算各类氢核数目之比。若怀疑样品中有活泼氢（杂原子上连的氢），可在作完氢谱之后，滴加两滴重水，振荡，然后再记谱，原活泼氢的谱峰会消失，这就确切地证明了活泼氢的存在。当谱线重叠较严重时，可滴加少量磁各向异性溶剂（如氘代苯），则重叠的谱峰可能会分开。另外，也可以考虑用同核去耦实验来简化谱图。

2.9.5.3 记录常规碳谱的操作

常规碳谱为对氢进行去耦的谱图。各种级数的碳原子（如 CH_3、CH_2、CH，C 中的）均只出一条未分裂的谱线。由于各种碳原子的纵向弛豫时间有很大差别及核的 Overhauser 效应，谱线的高度（严格讲是谱线的峰面积）和碳原子的数目不成正比，但也可从谱线高度估计碳原子的数目。

记录常规碳谱是单脉冲实验，即在一个脉冲作用之后，随即开始采样。碳谱的灵敏度远比氢谱低，因此记录碳谱必须进行累加。由于碳原子的纵向弛豫时间长，则重复脉冲的时间间隔不能太短，否则，纵向弛豫时间长的碳原子出峰效率低。在特殊的作图条件下，季碳原子的峰有可能漏掉，因此该时间间隔不能太短。

有时需要定量碳谱，即需要从碳谱中找到各种碳原子的比例，此时要求谱峰面积（近似看作谱线高度）和碳原子数成正比。减小脉冲倾倒角并加大重复脉冲的时间间隔，可逐渐向定量碳谱转变，但要记录较好的定量碳谱，需采用特定的脉冲序列。

在记录碳谱时，需设置足够的谱宽，以防止峰的折叠现象。由于常规碳谱不能反映碳原子的级数，而这对推导未知物结构或进行结构的指认是不利的，因而必须予以补充。早期多采用偏共振去耦，自 20 世纪 80 年代，陆续采用各种脉冲序列，最常用的是无畸变极化转移技术（DEPT）。该脉冲序列中有一个脉冲，其偏转角为 θ。当 $\theta = 90°$ 时，只有 CH 出峰；当 $\theta = 135°$ 时，CH、CH_3 出正峰，CH_2 出负峰。这两张谱图的结合可指认出 CH、CH_2 和 CH_3。对比全去耦谱图，则可识别季碳（它们在 DEPT 谱中不出峰），于是所有碳原子的级数均可确定。

2.9.5.4 记录二维核磁共振谱

二维核磁共振谱的出现和发展，是核磁共振波谱学的最主要里程碑。核磁共振的最重要用途为鉴定有机化合物结构，二维核磁共振谱的应用，使鉴定结果更客观、可靠，而且大大地提高了所能解决问题的难度，增加了解决问题的途径。从二维核磁共振又可延伸至三维或更高维的核磁共振谱，它们主要用于分子生物学（如蛋白质）的研究。

在进行二维核磁共振实验时，必须采用一定的脉冲序列。不同的脉冲序列得到不同的二维核磁共振谱，它们各有不同的功效和应用。在每种二维谱脉冲序列中，都有一个时间变量，通常称为 t_1。例如，t_1 可能是某两个脉冲之间的时间间隔，在进行二维核磁共振实验时，t_1 是逐渐变化的，即

$$t_1 = t_0 + n\Delta t_1 \tag{2-71}$$

式中，t_0 为一个微秒级常数，由仪器决定；Δt_1 为 t_1 的增量；n 为正整数，$n = 0$, 1, 2, …。

n 的多少决定了二维核磁共振谱 $F_1(w_1)$ 维的分辨率。F_1 或 w_1 维是二维核磁共振谱的垂直方向。常用的 n 的数值为 128 或 256，特殊时可到 512。t_1 是从 t_0 开始然后逐渐增加的。对每一个 t_1，还可能进行相循环，即按一定规则进行若干次采样（最多可达 16 次），然后相加。经相循环（若干次采样相加）可提高信噪比。当样品浓度足够大时，为选出所需的信号，相循环仍是不可少的。如果核磁共振谱仪配有脉冲–场梯度装置，样品浓度又足够大，就不用相循环了。此时，对于每一个 t_1，只进行一次采样，因而可大大缩短记录二维核磁共振谱所需的时间。

当样品浓度不够大时，对于每一个 t_1，均需进行采样的累加，如采用相循环，这二者就结合进行了。在所设定的个 t_1 采样都结束以后，需进行两次傅里叶变换，最后得到二维核磁共振谱。两次傅里叶变换产生二维核磁共振谱的过程如图 2-71 所示。在脉冲序列结束之后的采样时间称为 t_2。图 2-71 中，从左到右为 t_2 增大的方向，曲线簇从下到上为 t_1 增大的方向。在采样结束之后，得到的是时域信号图（图 2-71（a））。先暂把 t_1 作为非变量，对 t_2 进行傅里叶变换，得到图 2-71（b）。在图 2-71（b）中，从左到右的曲线是频域谱。从下到上的若干条频谱曲线仍形成一个曲线簇。如果在图 2-71（b）的右端作一截面，从右端（t_1）的方向来看是一正弦曲线，因而可以再进行傅里叶变换，这是第二次傅里叶变换，是对 t_1 进行的，于是得到图 2-71（c）。在图 2-71（c）中，从左到右是频率坐标，从下到上也是频率坐标，这就是一张二维核磁共振谱。所以知道二维核磁共振谱的两个变量都是频率，具体是哪两个频率，由具体的二维核磁共振谱来确定。

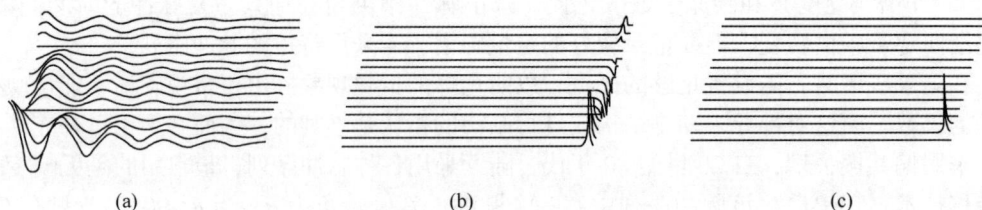

图 2-71　两次傅里叶变换产生二维核磁共振谱的过程
(a) 时域信号图；(b) 一次傅里叶变换图；(c) 两次傅里叶变换图

2.9.5.5　多重共振

为产生核磁共振，必须应用电磁波（即交变电磁场），对核磁共振起作用的是交变磁场来照射样品，以供给能级跃迁所需的能量。通常将交变磁场记为 B_1，以与静磁场 B_0 相区别。与此同时，我们可以用另一电磁波辐照某一官能团的某核种（或辐照所有官能团的某核种），该电磁波标记为 B_2，这时所记谱图会有一定的变化（峰形、裂距改变和峰面积改变等）。以同核自旋去耦为例，设有—CH_2—CH_3 结构单元，CH_3 原应显现三重峰，现在若对 CH_2 照射 B_2（B_2 具有足够大的强度），CH_2 的两个氢核都在两个能级间快速跃迁，对 CH_3 产生的局部磁场平均为零，因此 CH_3 只显现单峰。因同时应用 B_1 和 B_2 两个交变磁场，故称为双照射，也称为双共振。一般而论，无论采用几个交变磁场，均可称为多重照射或多重共振。应当指出的是，双照射是最常见的情况。

当 B_2 为不同功率及照射位置不同时，双共振有不同的实验现象（也就有不同的用途），分别有不同的名称，常用的双共振方法列见表 2-15，表中对谱图有改变者加以统一描述。

表 2-15 常用的双共振方法

方 法 名 称	实 验 现 象	主 要 用 途
同核自旋去耦（氢谱）	谱线简化	1. 确定耦合体系 2. 简体谱图 3. 隐藏信号定位
异核自旋全去耦	异核对所观察核的耦合裂分补去除	1. 避免因耦合裂分产生的峰组相互（或部分）重叠 2. 增强谱线强度
偏共振去耦（碳谱）	氢核对碳-13 谱线的裂距缩短	减轻因耦合裂分产生的峰组相互（或部分）重叠
选择性去耦	某被观察核的谱峰变单峰，其余谱峰同偏共振去耦	确定某一对异核间的键合关系
核 Overhauser 效应（NEO，包括同核及异核）	峰面积增加；在照射核与观测核 γ 异号时，峰面积减小	确认某两核在空间的距离相近

2.9.5.6 动态核磁共振

A 动态核磁共振实验

动态核磁共振实验是核磁共振波谱学中有一定独立性的分支。它以核磁共振为工具，研究一些动力学过程，得到动力学和热力学的参数。

每种仪器有其相应的时标，其相当于照相机快门速度。当自然界过程远快于仪器时标时，仪器测量的是一个平均结果；当自然界过程远慢于仪器时标时，仪器测量的结果不反映变化的全过程而只是一个瞬间的写照。时标的量纲为 s，频率的量纲为 1/s，即时标与频率互为倒数关系。从红外到紫外吸收光谱，电磁波频率范围为 $10^{12} \sim 10^5$ Hz，核磁共振氢谱用的电磁波频率约为 10^8 Hz，比前者低了几个数量级。从时标的角度看，核磁的时标比红外、紫外的时标长（慢）了几个数量级。实际情况还不止于此。高分辨核磁共振氢谱研究的对象为溶液，经常遇到的课题为分子内旋转、化学交换反应等。在这样的过程中，某些官能团的化学位移有一定的变化。对固定的仪器来说，化学位移之差以频率之差 $\Delta\nu$ 来表示。对这样的动力学过程，实际时标为 $1/\Delta\nu$，这已经相当于毫秒的数量级了。因此，很多动力学过程速度变化的范围相当于核磁共振的时标可从快过程到慢过程，即用核磁共振可以对这些过程进行全面研究。动力学过程有若干种类，现以化合物 O＝C（CH₃）—N(CH₃)₂ 为例来讨论受阻旋转。

由于分子内 C—N 单键具有双键的性质，它不能自由旋转，N 上两个甲基不是化学等价的，各自有其 δ 值，在室温下作图可以观察到两个峰。随着温度的升高，阻碍 C—N 旋转的位叠（相当于化学反应中的活化能）起的作用相对减小，C—N 旋转加快，在相对于时标快速旋转的情况下，两个甲基各自的平均效果是一样的，因此，当温度由低到高时，核磁信号有的从（a）至（h）的变化，如图 2-72 所示。

从图 2-72 可以看到，在图的左端（相当低的温度）或图的右端（相当高的温度），

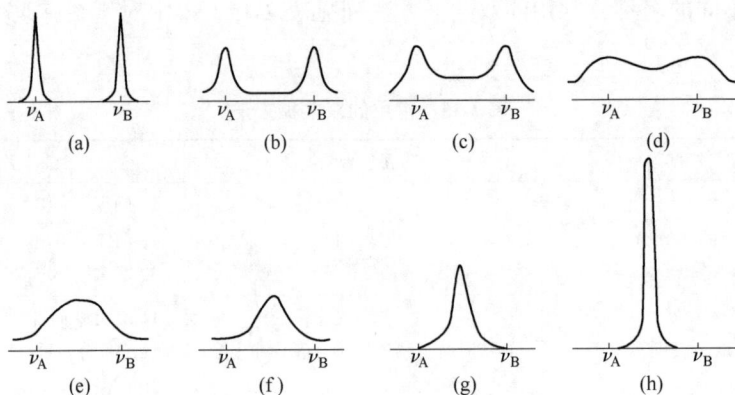

图 2-72 温度变化时 C—N 键核磁信号的变化

核磁信号都是尖锐的，中间部分信号则较钝。当两个宽的峰会合时，它们之间的凹处正好消失，这时的温度称为融合温度 T_e。它是动力学核磁实验的一个重要参数，由 T_e，可求出部分重要的动力学和热力学参数。构象互变、异构化反应、化学交换反应等过程都与受阻旋转类似。

B 活泼氢（OH、NH、SH）的图谱

活泼氢是指具有高化学反应性、容易离去或容易发生交换的氢，一般其周围有强吸电子团。常见的活性是与杂原子直接相连（OH、SH、NH 等）或羰基或硝基等基团的 α-氢。当存在着快速交换反应时，如

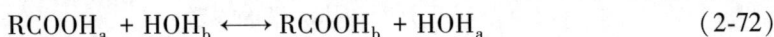

$$RCOOH_a + HOH_b \longleftrightarrow RCOOH_b + HOH_a \tag{2-72}$$

有相应的计算 $\delta_{观测}$ 值的公式：

$$\delta_{观测} = N_a\delta_a + N_b N\delta_b \tag{2-73}$$

式中，$\delta_{观测}$ 为观测到活泼氢的平均的化学位移；N_a 和 N_b 分别为 a 和 b 两种活泼氢的摩尔分数；δ_a 和 δ_b 分别为 a 和 b 两种活泼氢的 δ 值。

从式（2-72）可知，以羧酸水溶液为例，如果为快交换反应，其核磁谱图并不显示纯水或纯羧酸的信号，而是观察到一个综合的、平均的活泼氢信号。

当体系存在多种活泼氢（如样品分子既含羧基，也含胺基或羟基）时，如果均为快交换反应，则其核磁谱图也只显示一个综合的、平均的活泼氢信号。此时式（2-73）演变为

$$\delta_{观测} = \sum N_i\delta_i \tag{2-74}$$

式中，N_i 为第 i 种活泼氢的摩尔分数；δ_i 为第 i 种活泼氢的 δ 值。

—OH、—NH、—SH 是常见的活泼氢基团，其交换速度的顺序为—OH>—NH>—SH（巯基在一般条件下不显示快交换反应）。当它们进行快速交换反应时，除有由式（2-74）所示的一个"表观"的化学位移外，由于快速交换反应的存在，活泼氢和相邻的含氢基团的谱线都不再存在它们之间的耦合分裂现象。这两点在解析谱图时是应加以注意的。

由于活泼氢可被交换，因此，怀疑样品含活泼氢时，在作完核磁谱图之后，加几滴重水并振荡，羟基、胺基的氢即被氘取代。再作图时，如发现原图中某些峰消失，即可确认了活泼氢的存在。这是一种可靠的鉴定活泼氢的方法。

2.9.6 应用实例分析

核磁共振的应用面越来越广，发挥着越来越重要的作用。我们最关注的是其用于鉴定有机化合物结构。值得一提的是，现已有可移动的核磁共振波谱仪，它可按需要移动到不同位置进行测试。核磁共振在医学上日益受到重视（常称为磁共振成像，MRI），它比 CT 具有更高的分辨率且可使病人免受 X 射线照射。小型台式核磁共振波谱可用于测定粮食中的水分、含油量等。

在生物学领域，核磁共振越来越受青睐，它使蛋白质分子在水溶液中的构象研究成为可能。这是核磁共振波谱仪往更高频率发展的重要推动力之一。

2.9.6.1 固态核磁共振在电池材料离子扩散机理研究中的应用

固态核磁共振是研究电池材料的一种重要手段，通过对材料进行核磁共振检测，利用谱图中提供的化学位移等信息，可以研究材料在充、放电过程中的结构变化，尤其是局部环境的改变；利用弛豫时间及其他有关信息，可以研究离子的动力学扩散过程，包括扩散速率、扩散活化能及扩散路径等。

研究者使用多种核磁共振技术研究了 Li 离子在 $Li_{12}Si_7$ 中的独特扩散现象。首先通过改变温度，对 $Li_{12}Si_7$ 粉末状样品中的 ^7Li-NMR 谱图进行了分析，如图 2-73 所示。在低温范围内，核磁共振信号峰很宽且峰形很复杂，且多种相互作用导致谱线增宽。随着温度的升高，Li 离子运动速率加快，偶极-偶极相互作用被平均，中心跃迁线宽开始窄化。从中心跃迁线宽（$\Delta\omega/(2\pi)$）随温度 T 的窄化曲线的拐点（二次导数为零）可以大致估算出 Li 离子在 150 K 下的跳跃速率为 105 s^{-1}。从不同温度下的 ^7Li-NMR 谱图中发现，除了中心跃迁信号峰之外，还存在四极卫星信号（$\Delta\omega_{sat}/(2\pi)$），且随着温度的变化，四极卫星信号会发生变化。这种变化是由 Li 离子运动导致电四极相互作用发生变化引起的，因此认为在 $Li_{12}Si_7$ 材料中至少存在 3 种离子扩散方式，分别对应 3 个不同的平均四极耦合常数 δQ。

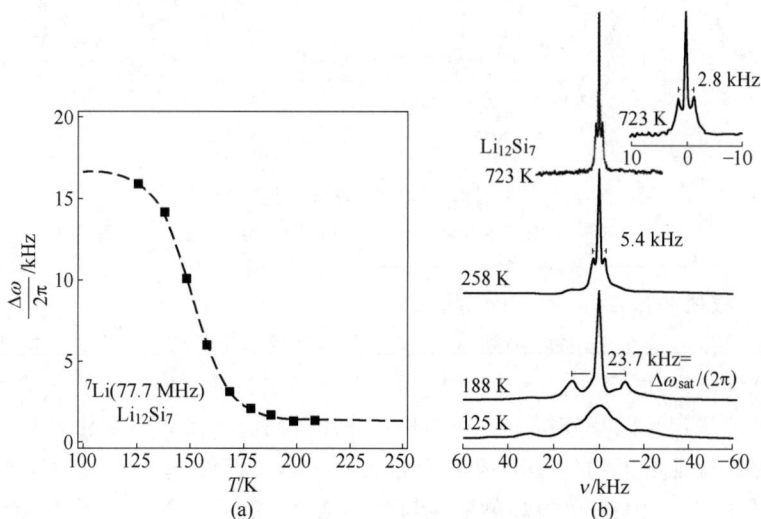

图 2-73 $Li_{12}Si_7$ 的核磁共振谱图

（a）不同温度下记录的 ^7Li-NMR 波谱；（b）^7Li-NMR 中心线宽（半高全宽）的运动变窄核磁共振转变

　　对 LLZO-PEO（LiTFSI）复合材料进行[6]Li-NMR 检测，如图 2-74 所示，在 LLZO 相所占比例为 5% 和 20%（质量分数）时，Li 离子在复合电解质材料中主要在 PEO（LiTFSI）相中扩散，当 LLZO 相所占比例达到 50% 之后，Li 离子的扩散路径发生改变，以在 LLZO 相中扩散为主。与另一种测量材料离子电导率的实验技术电化学阻抗法相比，固态核磁共振技术存在仪器设备昂贵、解析步骤烦琐等不足。但也有优势，它更加关注离子在局部环境内的运动，测量的离子运动范围更小，可以得到电化学阻抗法测量时隐藏得更加详细的离子动力学信息；还可以确定材料中的离子是以哪种（1D、2D 还是 3D）方式进行扩散，而电化学阻抗法仅仅只能得到电池材料宏观上的离子扩散系数。

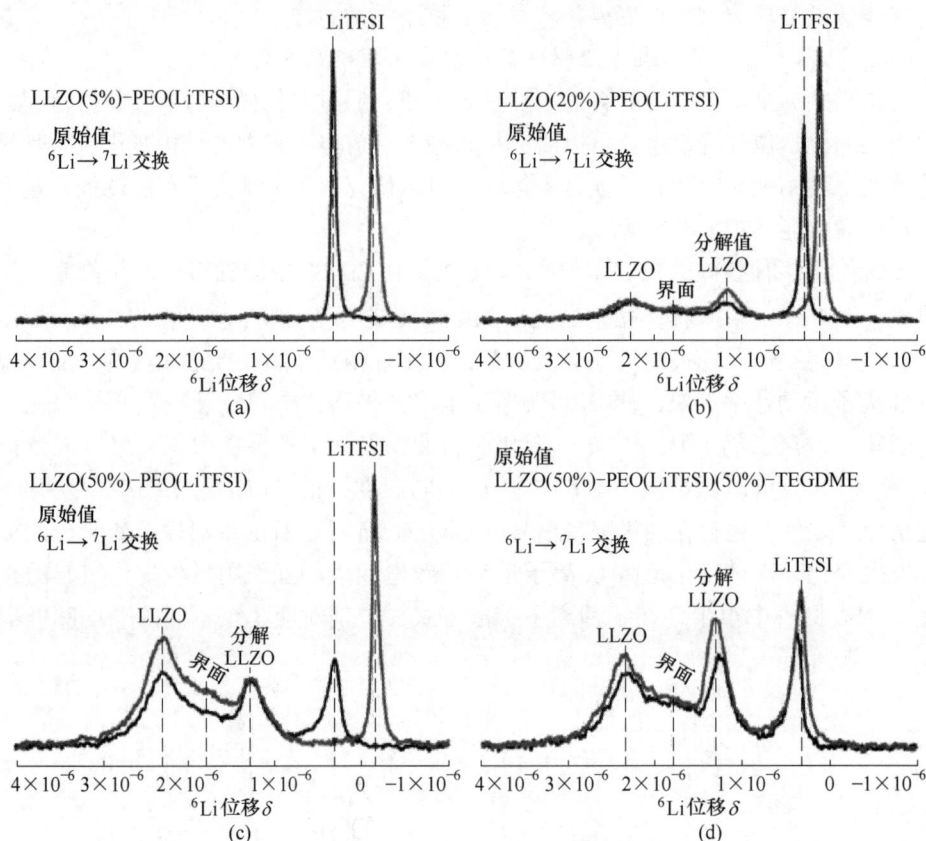

图 2-74　不同[6]Li-NMR 谱图
（a）~（c）不同 LLZO 相的含量；（d）添加液态塑化剂后 LLZO 相含量的变化

2.9.6.2　核磁共振在药物检测中的应用

　　核磁共振已发展成为新化合物结构鉴定和天然产物药物分析不可缺少的工具。因其具有非破坏性和无侵入性等特点，被广泛应用于药物领域，从合成产物的表征到生物系统分子结构和构象的测定，以及分析分子间的相互作用等研究都离不开这个工具。

　　应用核磁共振观察生物分子的溶液行为获得了有关其结构、动力学和相互作用的信息。图 2-75 采用 STD-NMR 实验观测配体与蛋白结合的行为过程，结合配体（中等灰色）在束缚态和自由态之间进行缓慢翻转处于平衡状态，而非结合配体（深灰色）不受目标存在的影响，如图 2-75（a）所示。核磁共振氢谱显示了结合和非结合配体的信号，如

图 2-75（b）所示。对于结合配体，其 NMR 信号变宽，而对于非结合配体，其 NMR 信号不受影响，如图 2-75（c）所示。在 STD-NMR 实验中，利用一系列选择性脉冲使蛋白质饱和扩散到靶区，最终通过结合平衡转移到自由配体，如图 2-75（d）所示。STD-NMR 谱仅反映属于结合配体的信号，而未观察到来自非结合配体的信号，如图 2-75（e）所示。在通过梯度观察水配体（water-ligand observed via gradient，Water LOGSY）实验中，样品利用水分子通过 NOE 选择性转移使结合配体的信号与非结合配体的信号相反如图 2-75（f）所示。Water LOGSY 谱显示非结合配体与相关的结合配体的信号正好反向，如图 2-75（g）所示。

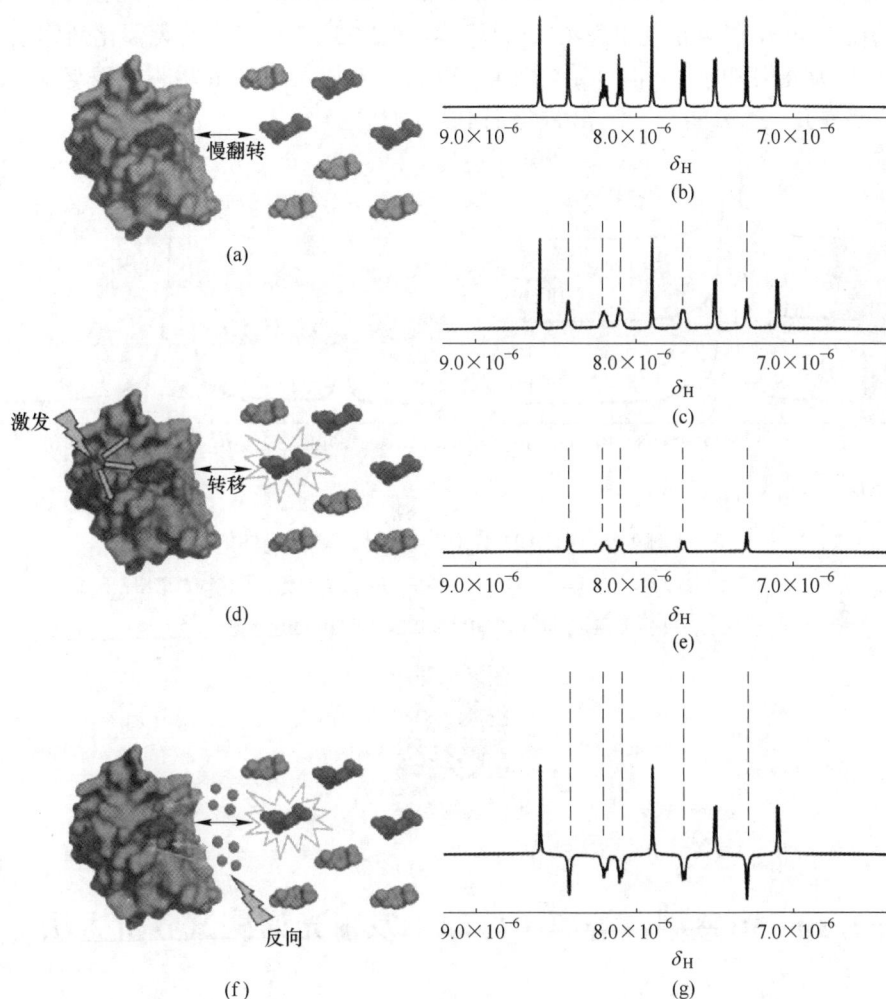

图 2-75　利用 STD-NMR 实验观测配体与蛋白质结合的行为过程

2.9.6.3　核磁共振在光催化结构研究中的应用

研究者围绕光催化中的两种经典催化剂（二氧化钛和氮化碳），利用核磁共振对催化剂自身性质及其与反应环境之间的相互联系进行了研究；利用原位液体核磁共振技术对真实固液体系光催化甲醇（CH_3OH）重整过程中水（H_2O）与甲醇之间的相互作用进行了系统性研究，证实了甲醇/水体系中氢键相互作用和质子交换的存在；并且发现催化剂的种类（包括不同晶型，以及同一晶型、不同形貌的二氧化钛）、体系温度、光照反应条件都会影响甲醇与水之间的相互作用，进而影响甲醇重整的效率。

将 1 mg 催化剂（TiO_2-A、TiO_2-R 和 TiO_2-B）加入 480 μL 氘水和 20 μL 甲醇（牺牲剂）中。在 30 ℃条件下，将配制好的核磁共振样品管放置在超声仪中以最大功率超声 10 min，并在无光照条件下静置 24 h 以上，排除催化剂沉淀对测试的扰动，然后再将核磁管倾斜至与水平面保持 20°角并使用 Xe 灯照射 24 h，以观察重整产物。对所有样品在 276 K 下进行 1D ^{1}H-NMR 实验，如图 2-76 所示，以 TiO_2-A 和 TiO_2-R 样品作为催化剂的体系中均约在 $5.40×10^{-6}$ 处出现甲醇-OH 信号（与图 2-76（b）所示的无催化剂体系相同），而以 TiO_2-B 为催化剂时，此信号完全消失，这预示着加入 TiO_2-B 后，甲醇与水之间的相互交换速率提升，这可能与 TiO_2-B 催化剂本身的性质有关。

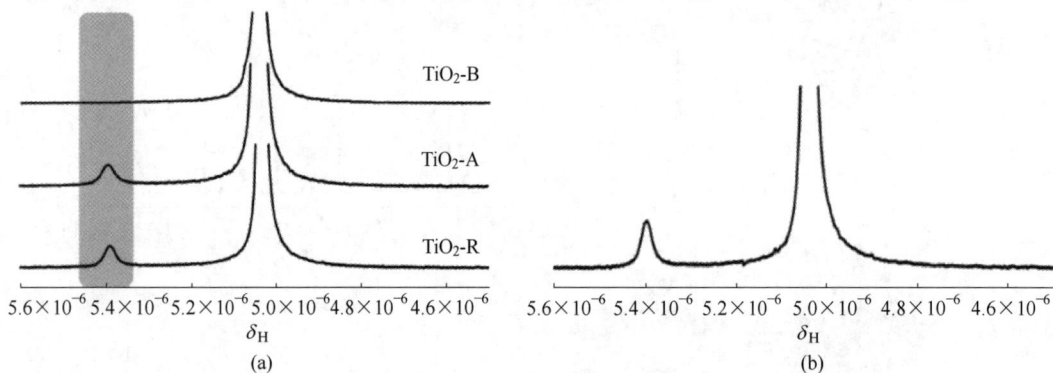

图 2-76 CH_3OH/H_2O 体系的 ^{1}H-NMR 谱图

（a）加入 TiO_2-B、TiO_2-A 和 TiO_2-R 后 CH_3OH/H_2O 体系的 ^{1}H-NMR 谱图；

（b）无催化剂时 CH_3OH/H_2O 体系的 ^{1}H-NMR 谱图

更多实例扫码 6

2.10   电感耦合等离子体原子发射光谱测试分析方法

2.10.1   概述

电感耦合等离子体原子发射光谱（ICP-AES）的发展历史可以追溯到 20 世纪 50 年代。1956 年，在荷兰的国际光谱学术研讨会上，德国人报告开发了一种新型的等离子体火炬生成技术，其原理与现在的电感耦合等离子体技术相似。这种技术的核心是如何产生稳定的高频电流输送给电感线圈，使其产生等离子体，而电感耦合等离子体发射光谱是 20 世纪 80 年代发展起来的分析技术，经过几十年的发展，已逐渐成熟。

等离子体（plasma）泛指电离的气体，它由离子电子及未电离的中性粒子组成，因其正、负电荷密度相等，从整体上看是呈电中性的，故称为等离子体。光谱分析常说的等离子体是指电离度较高的气体（其电离度在 0.1% 以上），普通的化学火焰电离度很低，所以一般不称为等离子体。等离子体按其温度可分为高温等离子体和低温等离子体两大类。当温度达到 $10^6 \sim 10^8$ K 时，气体中所有分子和原子完全离解和电离，称为高温等离子体。当温度低于 10^5 K 时，气体仅部分电离，称为低温等离子体。作为光谱分析光源的电感耦合等离子体（ICP）放电产生的等离子体属于低温等离子体，其温度最高不超过 10^4 K，电离度约为 0.1%。

然而在实际应用中，低温等离子体又分为热等离子体和冷等离子体。当气体在大气压力下放电，粒子（原子和分子）密度较大，电子的自由行程较短，电子和重粒子的碰撞频繁，电子从电场获得的动能较快地传递给重粒子，这种情况下各种粒子（电子、正离子、原子和分子）的热运动动能趋于相近，整个体系接近或达到热力学平衡状态，气体温度和电子温度比较接近或相等，这种等离子体称为热等离子体。作为光谱分析光源的直流等离子体喷焰、ICP 放电等都是热等离子体，是在大气压力下产生的。但并不是在大气压力下放电的等离子体都处于热力学平衡状态或局部热力学平衡状态。如果放电在低压下进行，电子密度较低，电子和重粒子碰撞机会少，电子从电场得到的动能不易与重粒子交换，它们之间的动能相差较大，放电中气体的温度远低于电子的温度。这样的等离子体处于非热力学平衡状态或非局部热力学平衡状态，称为冷等离子体。作为光谱分析光源的辉光放电灯和空心阴极光源等都是冷等离子体。

电感耦合等离子体原子发射光谱所用的仪器主要由 ICP 发生器和光谱仪两部分组成。ICP 发生器包括高频发生器、进样装置及等离子体矩管。光谱仪包括分光器及相关的电子数据系统。其工作原理为：试样溶液经进样装置雾化器将液体样品雾化，进入 ICP，受 ICP 矩的激发产生复合光，分光系统将其分解成按波长排列的光谱，检测系统将各波长位置的光谱强度转换成电信号，再由计算机进行数据采集和处理，最终由屏幕显示或打印输出分析结果。

2.10.2 基本原理

2.10.2.1 原子发射光谱的产生

通常情况下，原子处于基态，在激光作用下，原子获得足够的能量，外层电子由基态跃迁到较高的能级状态（即激发态）。而此时，处于激发态的原子是不稳定的，外层电子就会从高能级向较低能级或基态跃迁。当它跃迁到低能级或基态时就会发出一定波长的光，在光谱中形成一条谱线，就产生了原子光谱，此光谱是线性光谱。其发射光谱的波长取决于跃迁前、后能级的能量差，如式（2-75）所示。

$$\lambda = \frac{hc}{E_2 - E_1} = \frac{hc}{\Delta E} \tag{2-75}$$

式中，E_1 和 E_2 分别为低能级和高能级的能量；λ 为波长；h 为普朗克常数；c 为真空光速。

原子光谱是由原子外层电子在不同能级间跃迁产生的，处于高能级的电子经过几个中间能级跃迁回到原能级，可产生几种不同波长的光，在光谱中形成几条谱线。一种元素可以产生不同波长的谱线，它们组成该元素的原子光谱。不同元素的原子结构不同，原子的能级状态不同，发射谱线的波长不同，每种元素都有其特征谱线，这是光谱定性分析的依据。而待测元素原子的浓度不同，因此发射强度不同，可实现元素的定量测定。

2.10.2.2 谱线的强度

在光谱分析中，待测物质在激发光源中被蒸发，形成气态原子。气态原子电离，基态原子和离子被高速运动的各种粒子碰撞激发，使其处于等离子体状态。被激发的原子和离子会发射产生原子线和离子线。谱线的强度用辐射强度 $I(J/(s \cdot m^3))$ 表示，即单位体积的辐射功率，它是群体光子辐射总能量的反映。谱线强度是光谱定量分析的依据。

$$I_{ij} = N_i A_{ij} E_{ij} \tag{2-76}$$

式中，N_i 为处于较高激发态原子的密度；A_{ij} 为跃迁概率；E_{ij} 为两能级（i 和 j）间的能量差。

谱线强度与下列因素有关：

（1）试样的组成和性质。试样中的元素种类和含量会影响谱线的强度，而元素的原子序数、离子化能、激发态能等都会影响其发射光谱的强度。

（2）激发电位。谱线强度与粒子的激发电位成负指数关系。激发电位越低，谱线强度越大。这是因为随着 E_i 的降低，处于激发态粒子的密度增大。因此，在一般情况下，激发电位或电离电位较低的谱线强度较大，E_i 最低的主共振线往往是强度最大的谱线。

（3）实验条件。样品引入方式、雾化器压力、光路校正等实验条件也会对谱线强度产生影响。

（4）跃迁概率。跃迁概率是单位时间内每个原子由一个能级跃迁到另一个能级的次数，谱线强度与跃迁概率成正比。

（5）原子总密度。谱线强度与原子总密度成正比，在一定条件下，N 与试样中被测定元素的含量成正比，所以谱线强度也应该与被测定元素的含量成正比，这也是光谱仪定量分析的依据之一。

（6）激发温度。由谱线强度公式可知，激发温度升高，谱线强度增大。但由于温度升高，电离度增大，中性原子密度减少，离子谱线强度增大，原子谱线强度减弱。不同元素的不同谱线均有其最佳激发温度，在此温度下的谱线强度最大。

（7）仪器参数及干扰因素。功率、气流量、观测高度等参数也会影响谱线的强度，这些参数可以通过选择实验条件来优化。同时，光谱干扰、背景干扰等也会影响谱线的强度，这些干扰因素可以通过选择合适的分析线和扫描方式来减小影响。

（8）统计权重。整体原子的能级状态可以用原子光谱项表示。光谱项由 n、l、m 和 j 4 个量子数表征，n 为主量子数，l 为角量子数，m 为磁量子数，j 为自旋量子数。原子轨道在外磁场中可以分裂成 $2l + 1$ 个能级，而一般无外加磁场时，其能级不会发生分裂，这时可以认为这个能级是由 $2l + 1$ 个不同能级合并而成的，$2l + 1$ 这个数值就称为简并度或统计权重。

2.10.2.3 谱线的自吸和自蚀

光谱分析使用的光源均为有限体积的发光体，其温度的空间分布是不均匀的。原子或离子在等离子体的高温区域被激发，发射某一波长的谱线，当光子通过等离子体的低温区时，又可以被同一种元素的原子或离子吸收，这种现象称为谱线的自吸。自吸是指谱线在波长扫描过程中，由于不同元素具有不同的自吸系数，谱线强度下降的现象。自吸现象主要受原子浓度、扫描速度、波长范围等因素影响。为了减小自吸效应，可以采取以下措施：

（1）适当降低原子浓度。通过稀释样品或选择合适的分析线，可以降低原子浓度，从而减小自吸效应。

（2）降低扫描速度。降低扫描速度可以增加谱线采集时间，从而减小自吸效应。但是，这会相应降低分析效率。

（3）避开自吸区。在选择分析线时，可以尽量避开自吸效应较强的波长，选择自吸效应较小的波长进行分析。

当元素含量很大时，自吸收现象增强。当自吸收现象非常严重时，谱线中心的辐射完全被吸收，如同两条谱线，这种现象称为谱线的自蚀。原子发射光谱分析中，自蚀会影响谱线的强度和形状，使光谱定量分析的灵敏度和准确度都下降，因此应该注意控制被测定元素的含量范围，并且尽量避免选择自吸收为元素的分析线。

2.10.3　定量分析原理

2.10.3.1　ICP 定量分析基本关系式

光谱定量分析根据被测试样中元素的谱线强度来确定元素的含量，谱线强度与试样中元素含量的关系为

$$I = ac \tag{2-77}$$

式中，a 为与光源、蒸发、激发等工作条件及试样组成有关的一个参数；c 为待测元素的含量。

考虑到谱线存在自吸时，谱线强度与元素含量的关系可用罗马金经验公式表示，即

$$I = ac^b \tag{2-78}$$

在一定条件下，a 和 b 为常数，b 为自吸系数，它与谱线自吸性质有关，一般情况下 $b \leqslant 1$。当存在自吸时，$b < 1$，自吸程度与 b 值成负相关，即自吸越大，b 值越小，当被测元素含量很低时，谱线无自吸，$b = 1$。对式（2-78）取对数后得下式：

$$\lg I = \lg a + b \lg c \tag{2-79}$$

式（2-79）是光谱定量分析的基本公式。在一定浓度范围内，$\lg I$ 与 $\lg c$ 成线性关系。当元素含量较高时，谱线发生弯曲。因此，只有在一定的实验条件下，$\lg I$ 与 $\lg c$ 关系曲线的直线部分才可作为元素定量分析的标准曲线，这种测定方法称为绝对强度法。

在光谱定量分析中，由于工作条件及试验组成等的变化，谱线值在测定中很难保持为常数。因此，从测定谱线的绝对强度来进行定量分析很难得到准确的结果。故通常采用内标法来消除工作条件的变化对分析结果的影响，提高光谱定量分析的准确度。

内标法是通过测量谱线的相对强度进行定量分析的方法，又称为相对强度法。通常在被测定元素的谱线中选一条灵敏线作为分析线，在基体元素（或定量加入的其他元素）的谱线中选一条谱线作为比较线。比较线又称为内标线。发射内标线的元素称为内标元素。所选用的分析线与内标线组成分析线对。分析线与内标线的绝对强度的比值称为分析线对的相对强度。显然工作条件相对变化时，分析线对两谱线的绝对强度虽然均有变化，但对分析线对的相对强度影响不大。因此，测量分析线对的强度可以准确地测定元素的含量。

2.10.3.2　光谱定量分析方法

光谱定量分析方法仍然是一种依赖于标准试验的方法，常用的方法有标准加入法和标准曲线法。

（1）标准加入法。当测量元素含量很低时，或基体组成复杂、未知时，难以配置与试验基体组成相似的标准试样，为了抑制基体的影响，一般采用标准加入法来测定。此方法应用于粉末或溶液试样中微量及痕量元素的分析。假设试样中被测元素的质量分数为 c_x，等量称取待测试样若干份，从第二份开始每份中加入已知的不同量或不同质量分数的待测元素的标样或标准溶液，测得试样和不同加入量标样的分析线的强度比为 R。作 R-c_x 的曲线，延长工作曲线与横坐标相交点的质量分数的绝对值即为 c_x。

（2）标准曲线法。通常是配制一系列（3个或3个以上）基体组成与试验相似的标准试验，在与试验完全相同的工作条件下激发，测得相应的元素分析线的强度，或测定相应的分析线对的相对强度。绘制 $\lg R$ 与 $\lg c$ 标准曲线，在相应的标准曲线上即可求出被测定元素的质量分数 c_x。

2.10.3.3　定性和半定量分析方法

A　定性分析方法

常用辨认谱线的方法都是以谱线的位置为依据的，这些方法主要分为以下几种：

（1）比较谱线法。通过选择合适的标准谱线进行比较，可以确定样品中元素的含量。此法需要使用标准样品作为参考，通过比较样品和标准样品中相同元素的谱线强度，可以确定样品中元素的含量。例如，我们以铁的光谱图作为基准波长表，把各种元素的灵敏线波长标在图中，从而构成一个标准谱图。当把样品与铁并列摄取谱图于同一块感光板后，把感光板上的铁谱与标准铁光谱图对准位置，根据标准谱图上标明的各种元素的灵敏线，可对照找出样品中存在的元素，查找出的样品元素谱线必须与标准铁光谱图中标明元素的谱线位置相吻合。例如，在铁谱图中 306.72 nm 和 306.82 nm 两条铁谱的中间标出一条的灵敏线 306.77 nm 的位置，找出上述两条谱线后，再观察样品的光谱。比较谱线法的优点是其能消除基体效应和物理效应的影响，提高测量的准确性和精度。同时，此法还可以用于不同仪器或不同实验室之间的数据比较。但是，此法需要使用标准样品，对于一些难获得标准样品的元素，分析时存在一定的困难。

（2）半自动定性分析法。计算机软件定性分析过程分为 3 步，先摄取样品光谱及空白溶液光谱，然后用差谱法从样品光谱中扣除空白溶液光谱，第三步启动软件程序对样品进行定性分析。半自动定性分析法具有快速、简便、灵敏度高等优点，适用于对未知样品中元素种类和含量的初步筛选和半定量分析。但是，此法也存在一定的局限性，如需要依赖已知谱图库进行比对，对于一些新发现的元素或特殊样品的分析可能存在困难。同时，半自动定性分析的结果可能存在一定的误差，需要结合其他分析方法进行验证和确认。

B　半定量分析方法

当样品的测定并不要求给出十分准确的分析数据，允许有较大的偏差但需要尽快给出分析数据时，可采用半定量分析方法。半定量分析方法又可分为部分校准法和持久曲线法。

（1）部分校准法。部分校准法的原理是用一个含有 3 种元素的标准溶液校准仪器，用此程序可半定量测定多达 29 种元素的样品。部分校准法的优点是可以利用有限的测量信息，推算其他元素的含量。但是，此法需要依赖已知元素与其他元素之间的相关关系，对于一些之间不存在相关关系的元素，此法可能无法准确推算未知元素的含量。同时，部分校准法也需要考虑误差的传递和不确定性，以及样品的代表性等因素。

（2）持久曲线法。近几年来，电感耦合等离子体（ICP）光谱仪器稳定性不断改进，许多仪器一次校准后可以在较长时间内稳定工作。特别是一些固体检测器光谱仪，由于光谱仪没有可移动部件等，几乎不需要经常进行波长校正也能长期工作。持久曲线法的优点是可以提供关于元素在等离子体中蒸发速度的信息，对一些难以用其他方法进行定量分析的元素（如稀土元素等），具有很好的应用效果。此外，持久曲线法还可以提供关于样品基体效应的信息，对解决基体干扰问题具有一定的指导意义。但是，持久曲线法的应用受很多因素的影响，如被测元素的性质、样品的基体组成、分析线的选择等。此外，持久曲线法需要测定多个点才能获得可靠的参数，操作相对复杂。因此，在应用持久曲线法时，需要结合具体的情况进行选择和优化。

ICP 光源温度高，其发射光谱谱线多而复杂，经常会有不同程度的光谱线干扰，所以 ICP 光源的半定量分析方法的应用受到限制。半定量分析结果的偏差大，对于以富含量元素为基体的样品，其微量元素的半定量分析是困难的，这一点在应用半定量分析方法时应予以注意。

2.10.4 应用实例分析

2.10.4.1 测定高镍铜液体样品中金的含量

研究者以电感耦合等离子体原子发射光谱（ICP-AES）法测定高镍铜液体样品中金的含量。测定中控冶炼系统中高镍铜液体样品金的含量有利于推动工艺生产中金的定向富集和高效提取。以 ICP-AES 法测定高镍铜液体样品中金的含量测定范围、加标回收率分别为 $0.021 \sim 4$ mg/L、$94\% \sim 98.6\%$。从表 2-16 中的实验数据可以得出，高镍铜液体样品中金的相对标准偏差为 $3.7\% \sim 10.6\%$，能够满足高镍铜液体样品金测定的前提条件，对高镍铜液体样品金含量的测验结果不产生负面影响。ICP 光谱仪具有高灵敏度、低检出限、高稳定性、宽线性范围、较快的检测速度等优点，用于测定高镍铜液体样品中金的含量非常合适，能为研究提供较为准确的测定数据。

表 2-16 高镍铜液体样品金的相对偏差值

样品	测 定 值					平均值 /$\mu g \cdot mL^{-1}$	相对标准 偏差
贵浸液 1	3.25	3.05	2.99	3.00	3.33	3.13	3.7%
	3.12	3.01	3.12	3.18	3.14		
贵浸液 2	0.41	0.34	0.30	0.37	0.39	0.35	10.6%
	0.35	0.33	0.31	0.39	0.39		
银硒液	0.032	0.033	0.039	0.035	0.031	0.034	6.4%
	0.031	0.034	0.032	0.036	0.036		

2.10.4.2 测定银钯合金中银和钯的含量

采用 ICP-AES 法检测银钯合金，区别于以往的银、钯分离检测研究，研究者采用银钯合金经混合消解后均溶解在一定浓度的稀盐酸中，并将混合液中的银、钯用不同酸度稀释后，再进行银和钯的分析测试，以满足测试准确度的要求。此法克服了盐酸中氯离子与银离子在共同存在的条件下出现的氯化银沉淀问题，避免了银钯合金分步检测产生损失对实验数据的影响，提高了结果的稳定性和准确性，有效地提高了工作效率，结果较好。采用 ICP-AES 法测定银钯合金中银、钯的含量，本仪器自动筛选出无干扰的最佳分析曲线，此波长无其他光谱干扰，选择性较高。故采用最佳分析谱线为 Ag 328.068 nm、Pd 340.458 nm，此波长相互无干扰且灵敏度高，适用于本实验。在 ICP-AES 的最佳工作状态下，配制 5 份不同浓度的银、钯单标准溶液，通过对实验样品的测量与稀释，使待测样品的浓度范围在线性范围之内，以保证数据的准确性。以谱线强度 y 为纵坐标，质量浓度 x 为横坐标绘制标准曲线。2 种元素的线性方程、相关系数及线性范围见表 2-17。

表 2-17　2 种元素的校准曲线、相关系数及线性范围

元素及其符号	波长/nm	线性回归方程	相关系数	检出限	线性范围 /mg·L^{-1}
银（Ag）	328.068	$y = 821.641x + 7.128$	1.000	0.003%	0.5 ~ 10
钯（Pd）	340.458	$y = 445.025x + 12.125$	1.000	0.020%	0.5~10

2.10.4.3　测定钛合金中 7 种元素的含量

ICP-AES 法具有灵敏度高、准确度高、检出限低、线性范围宽、测定速度快、可同时测定多种元素的优点，因而被广泛应用。研究者通过酸溶体系的探究，确定了合适的前处理条件以保证硅完全溶解且无损失，并实现了铝、铁、钒、钼、铌、锆等元素的完全溶解，以及用 ICP-AES 法对不同牌号钛合金中铝、硅、铁、钒、钼、铌、锆 7 种元素含量的测定。多线光谱的谱线重叠是 ICP-AES 中最主要的光谱干扰之一。选取仪器操作软件推荐的 3 条谱线进行比较分析。在选定的波长下对标准溶液系列进行测定。由表 2-18 可知，Al 308.215 nm、V 311.071 nm、Nb 309.418 nm 处分别受到微弱峰干扰，干扰峰可进行单侧背景校正消除干扰。Si 251.611 nm、Fe 259.940 nm、Zr 339.198 nm、Mo 202.030 nm 处无干扰峰，不受基体钛和其余待测元素的干扰，最终确定各元素的分析谱线为：Al 308.215 nm、Si 251.611 nm、Fe 259.940 nm、V 311.071 nm、Mo 202.030 nm、Nb 309.418 nm、Zr 339.198 nm。

表 2-18　7 种元素的分析谱线及光谱干扰情况　　　　　　　　　　　　　（nm）

元素及其符号	分析谱线	干扰谱线	备注
铝（Al）	308.215	V 308.211（微弱峰，可单侧背景校正）	适用（扣除背景 右：0.013）
	309.271	Mo 309.207	不适用
	167.079	Fe 167.074	不适用
硅（Si）	212.412	Mo 212.410、V 212.411	不适用
	251.611	无干扰	适用
	221.667	Mo 221.661	不适用

元素及其符号	分析谱线	干扰谱线	备注
铁（Fe）	238.204	Zr 238.236	不适用
	239.562	Nb 239.532	不适用
	259.940	无干扰	适用
钒（V）	309.311	Al 309.271	不适用
	310.230	Ti 310.153	不适用
	311.071	Nb 311.080（微弱峰，可单侧背景校正）	适用（扣除背景左：0.013）
钼（Mo）	202.030	无干扰	适用
	281.615	Al 281.619	不适用
	204.597	V 204.595	不适用
铌（Nb）	309.418	V 309.420（微弱峰，可单侧背景校正）	适用（扣除背景左：0.012）
	313.079	Ti 313.081、V 313.027	不适用
	319.498	Ti 319.456、Si 319.468	不适用
锆（Zr）	327.305	V 327.303	不适用
	339.198	无干扰	适用
	343.823	Zr 343.713	不适用

更多实例扫码 7

2.11　原子吸收光谱测试分析方法

　　原子吸收光谱（atomic absorption spectroscopy，AAS），又称原子分光光度法，是一种基于气态待测元素基态原子吸收其共振电磁辐射，外层电子由基态跃迁至激发态而产生原子吸收作用，并利用该吸收进行定量分析的光谱学方法。原子吸收光谱位于光谱的紫外区和可见区，其特点是灵敏度高，重复性和选择性好，操作简单、迅速，结果准确可靠。该方法在化学、环境、材料、医学等领域具有广泛应用，主要适用于样品中微量及痕量组分的分析，AAS 现已成为无机元素定量分析应用最广泛的分析方法。原子发射光谱学最初被用作分析技术，其基本原理是由德国海德堡大学的教授基尔霍夫（G. R. Kirchhoff）和本森（R. W. Bunsen）在 19 世纪下半叶确立的。原子吸收光谱的现代形式由澳大利亚墨尔本联邦科学与工业研究组织（Common wealth scientific and industrial research organisation，

CSIRO）化学物理部的沃尔什（A. Walsh）等人创立。

2.11.1 原子吸收光谱的基本原理

原子吸收光谱法（AAS）是利用气态原子可以吸收一定波长的光辐射，使原子中外层的电子从基态跃迁到激发态的现象而建立的。各种原子中电子的能级不同，会有选择性地共振吸收一定波长的辐射光，这个共振吸收波长恰好等于该原子受激发后发射光谱的波长。当光源发射的某一特征波长的光通过原子蒸气时，即入射辐射的频率等于原子中的电子由基态跃迁到较高能态（一般情况下都是第一激发态）所需要的能量频率时，原子中的外层电子将选择性地吸收其同种元素所发射的特征谱线，使入射光减弱。特征谱线因吸收而减弱的程度称为吸光度 A，在线性范围内与被测元素的含量成正比，符合郎伯-比尔定律：

$$A = KC$$

式中，K 为常数，包含了所有常数；C 为试样浓度。此式就是原子吸收光谱法进行定量分析的理论基础。

原子能级是量子化的，因此在所有的情况下，原子对辐射的吸收都是有选择性的。各元素的原子结构和外层电子的排布不同，元素从基态跃迁至第一激发态时吸收的能量不同，因此各元素的共振吸收线具有不同的特征。由此可作为元素定性分析的依据，而吸收辐射的强度可作为定量分析的依据。

2.11.2 原子吸收光谱仪

原子吸收光谱仪主要由光源、原子化器（原子化系统）、分光器（分光系统）、检测器（检测系统）、显示与控制（数据显示与处理系统）五部分组成。图 2-77 为原子吸收光谱仪的结构框架图。

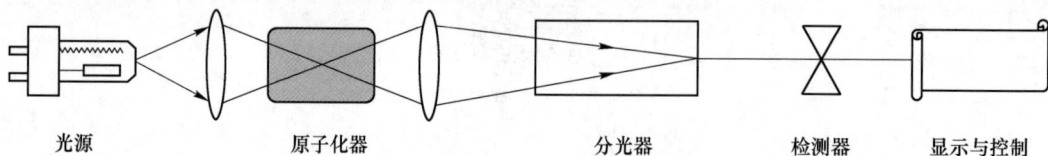

| 光源 | 原子化器 | 分光器 | 检测器 | 显示与控制 |

图 2-77   原子吸收光谱仪的结构框图

2.11.2.1 光源

光源的主要作用是发出被检测原子吸收的特征光谱辐射，原子吸收光谱仪中采用的光源按结构主要分为空心阴极灯、中心空心阴极灯和氙灯（外消旋器）3 种。按照光波信号的特性可以分为线源（LS）和连续源（CS）。CS 通常由氙灯产生，在广泛的波长范围内发光，而另一方面，LS 在特定的波长下发出辐射，通常由空心阴极灯产生。

（1）空心阴极灯是原子吸收光谱仪中最常用的光源之一。其结构是一个圆柱形的管子，内部填充惰性气体（如氩气），管壁上有一个细小的孔。当向管子内部通入高压电流时，气体原子在电场的作用下被激发，发射出特定波长的光线。这些光线被原子吸收光谱仪接收并分析，从而得到样品中元素的浓度信息。

（2）中心空心阴极灯是一种改进型的空心阴极灯。它的结构与空心阴极灯类似，但在管子中心部位加入了一个小的孔，使得光线向样品中心聚焦，提高了检测灵敏度。

（3）氘灯是一种相对较新的光源。它由两个圆柱形电极组成，中间被填充了氘气和一定量的惰性气体（如氙气）。当电极之间的电压达到一定值时，氘气被激发，发射出特定波长的光线。这些光线通过旋转电极，被分为两束并在样品中心会聚，提高了检测精度。

2.11.2.2 原子化器

原子化器是原子吸收光谱分析进行试样原子化的装置，它将试样转化为自由原子蒸气（基态原子），以便吸收特征辐射，因此也称为雾化器。常用的原子化器有火焰原子化器和石墨炉原子化器两种，此外还有辉光放电原子化器、氢化物原子化器或冷蒸气原子化器等，可用于特殊用途。

A 火焰原子化器

原子吸收光谱法中最古老和最常用的雾化器是火焰，主要是温度约为 2300 ℃ 的空气-乙炔火焰及温度约为 2700 ℃ 的一氧化二氮-乙炔火焰。另外，后一种火焰提供的雾化环境还原性更强，非常适用于对氧具有高亲和力的分析物。

火焰原子化器由喷雾器、雾化室和燃烧器组成。喷雾器是火焰原子化器中的关键部件，其作用是将试样雾化成直径为微米级的气溶胶。通常喷雾器的前端会装一个撞击球或扰流器（或两个都装），气溶胶撞击在上面时，会进一步细化为粒径更小、更均匀的气溶胶，使气溶胶能在火焰内有效地原子化，而且使火焰燃烧更稳定。雾化室使燃气、助燃气和气溶胶充分混匀，并且使粒度大的气溶胶凝聚成更大的液珠而沿室壁流入泄液管排走，使进入火焰的气溶胶粒径更均匀，以减少其进入火焰时引起的扰动。

采用火焰原子化器的测试分析方法称为火焰原子吸收光谱法（FAAS），FAAS 主要用于确定溶液中金属的浓度，范围为百万分之一或十亿分之一。火焰原子化法的优点是操作简便、重现性好、有效光程大，对大多数元素有较高的灵敏度，因此应用广泛。缺点是原子化效率低、灵敏度不够高，而且一般不能直接分析固体样品；此外该方法一次只能测量一种元素，需要更换不同的灯管进行不同的元素测量，效率低。

B 石墨炉原子化器

石墨炉原子化器又称为高温石墨管原子化器。其是一种结构简单、性能好、使用方便、应用广泛的无焰原子化器。其基本原理是利用电流通过高阻值的石墨管时所产生的高温，使置于其中的少量溶液或固体样品蒸发并原子化。

石墨炉原子化器由电源、石墨管炉、保护气系统、冷却系统等 4 部分组成。石墨管炉的主要结构是在石墨管内放置一个放样品的石墨片，当管温度迅速升高时，样品不直接受热，因此原子化时间相应推迟。保护气系统分为外气路和内气路两部分，外气路中 Ar 气体沿石墨管外壁流动，保护石墨管在加热过程中不被烧蚀；内气路中 Ar 气体由石墨管两端流向管中心，并从中心孔流出，可排出空气，保护原子不被氧化，同时除去干燥和灰化阶段产生的蒸气。冷却系统的主要作用是保护炉体，一般用水作为冷却介质。

采用石墨炉进行原子化器的测试分析方法称为石墨炉原子吸收光谱法（GFAAS）。GFAAS 比 FAAS 敏感得多，可以在较小的样品中检测出非常低浓度的金属（低于 1×10^{-9}）。用电来加热狭窄的石墨管，确保所有的样品在几毫秒到几秒钟的时间内被雾化，然后在紧靠加热表面的区域内测量原子蒸气的吸收量。这种结构使得检测单元不受光谱噪声影响，从而提高了仪器的灵敏度，测试所需试样量少，适用于难熔元素的测定。缺点是受试样组成不均匀性的影响较大，测定精密度较低，共存化合物的干扰比火焰原子化法大，干扰背景比较严重，一般都需要校正背景。

2.11.2.3　分光器

分光器的作用是将入射的光线分散成不同的波长，从而让光谱仪能够检测到不同元素的吸收光谱信号，通常由入口和出口狭缝、准直镜、色散元件（光栅）、聚焦镜组成。常用的光栅有利特罗（Littrow）型、艾伯特（Ebert）型等。

入口狭缝用于限制杂散光进入单色器，准直镜将入射光束变为平行光束后进入色散元件。色散元件是关键部件，作用是将复合光分解成单色光，一般为光栅。聚焦镜将出自色散元件的光聚焦于出口狭缝。出口狭缝用于限制通带宽度。

2.11.2.4　检测器

检测器用来完成光电信号的转换，即将光信号转换为电信号，为以后的信号处理做准备。原子发射光谱仪常用的检测器是光电倍增管。此外，还有电荷耦合检测器（CCD）、电荷注入检测器（CID）、二极管阵列检测器（PDA）等。

2.11.2.5　显示与控制

目前绝大部分原子吸收光谱仪的数据显示与处理系统都由计算机软件完成，大幅提高了数据分析处理的精度和效率。

原子吸收光谱仪器有单光束和双光束仪器之分，其外光路相应地也有单光束与双光束光学系统。单光束仪器的外光路简单、结构紧凑，无需分束，光能量损失小，有利于减少光电倍增管的散粒噪声，提高仪器的信噪比，但存在光能量波动引起的仪器基线漂移。双光束仪器的外光路将光源光束通过切光器分为样品光束和参比光束，经调制后交替地进入分光系统，一路（参比光束）直接到检测器，一路（样品光束）通过火焰后再到检测器，检测器对两光束进行比较测量，输出两光束的强度差。双光束系统能消除光源波动和检测器不稳定引起的基线漂移，提高仪器的稳定性，再现性增强。但由于分束，光源发射的特征辐射有一部分为参比光束，不参与吸收过程，光能量损失严重。

2.11.3　原子吸收光谱测试与分析技术

原子吸收光谱分析中，干扰效应按其性质和产生的原因可以分为物理干扰、化学干扰、电离干扰、光谱干扰 4 类，因此采用原子吸收光谱进行测试时，需要对谱线进行一定的背景校正。

2.11.3.1　背景校正方法

A　邻近非共振线校正

用分析线测量原子吸收与背景吸收的总吸光度，因非共振线不产生原子吸收，用它来测量背景吸收的吸光度，两次测量值相减即得到校正背景之后的原子吸收吸光度。背景吸收随波长而改变，因此非共振线校正背景法的准确度较差，只适用于分析线附近背景分布比较均匀的场合。

B　连续光源校正

先用锐线光源测定分析线的原子吸收和背景吸收的总吸光度，再用氘灯（紫外区）或碘钨灯、氙灯（可见区）在同一波长测定背景吸收（这时原子吸收可以忽略不计），计算两次测定吸光度之差，即可使背景吸收得到校正。商品仪器多采用氘灯为连续光源扣除背景，故此法亦常称为氘灯扣除背景法。连续光源测定的是整个光谱通带内的平均背景，与分析线处的真实背景有差异。空心阴极灯是溅射放电灯，氘灯是气体放电灯，这两种光源放电性质不同，能量分布不同，光斑大小不同，调整光路平衡比较困难，影响校正背景的能力，背景空间、时间分布不均匀，导致背景校正过度或不足。氘灯的能量较弱。使用它校正背景时，不能用很窄的光谱通带，共存元素的吸收线有可能落入通带范围内吸收氘灯辐射而造成干扰。

C 塞曼效应校正

塞曼效应校正基于光的偏振特性，分为光源调制法与吸收线调制法两大类，后者应用较广。调制吸收线的方式是通过在雾化器（石墨炉）内施加交变磁场，有恒定磁场调制方式和可变磁场调制方式。这种技术的优点是总吸收和背景吸收是用相同灯的相同发射曲线测量的，因此任何种类的背景（包括具有精细结构的背景），都可以被精确地校正，除非负责背景的分子也受到磁场的影响。用斩波器作为极化器，可以降低信噪比。塞曼效应校正的缺点是分光计的复杂性增加，运行分离吸收线所需的强力磁铁所需的电源也增加了。

D 自吸效应校正

自吸效应校正基于高电流脉冲供电时空心阴极灯发射线的自吸效应。当以低电流脉冲供电时，空心阴极灯发射锐线光谱，测定的是原子吸收和背景吸收的总吸光度。接着以高电流脉冲供电，空心阴极灯发射线变宽，当空心阴极灯内积聚的原子浓度足够高时，发射线产生自吸，在极端的情况下出现谱线自蚀，这时测得的是背景吸收的吸光度。上述两种脉冲供电条件下测得的吸光度之差便是校正了背景吸收的净原子吸收的吸光度。这种校正背景的方法可对分析线邻近的背景进行迅速的校正，跟得上背景的起伏变化。本法可用于全波段的背景校正，这种校正背景的方法适用于在高电流脉冲下共振线自吸严重的低温元素。

2.11.3.2 测定条件的选择

A 分析线的选择

通常选用共振吸收线为分析线，测定高含量元素时，可以选用灵敏度较低的非共振吸收线为分析线。As、Se 等共振吸收线位于 200 nm 以下的远紫外区，火焰组分对其有明显吸收，故用火焰原子吸收法测定这些元素时，不宜选用共振吸收线为分析线。

B 狭缝宽度的选择

狭缝宽度影响光谱通带宽度与检测器接受的能量。原子吸收光谱分析中，光谱重叠干扰的概率小，可以允许使用较宽的狭缝。调节不同的狭缝宽度，测定吸光度随狭缝宽度而变化，当有其他谱线或非吸收光进入光谱通带内，吸光度将立即减小。不引起吸光度减小的最大狭缝宽度即为应选取的合适的狭缝宽度。

C 空心阴极灯工作电流的选择

空心阴极灯一般需要预热 10~30 min 才能达到稳定输出。灯电流过小，放电不稳定，故光谱输出不稳定，且光谱输出强度小；灯电流过大，发射谱线变宽，导致灵敏度下降，校正曲线弯曲，灯寿命缩短。选用灯电流的一般原则是在保证有足够强且稳定的光强输出条件下，尽量使用较低的工作电流。通常以空心阴极灯上标明的最大电流的一半至三分之二作为工作电流。在具体的分析场合，最适宜的工作电流由实验确定。

D 原子化条件的选择

（1）火焰类型和特性。在火焰原子化法中，火焰类型和特性是影响原子化效率的主要因素。对低、中温元素，使用空气-乙炔火焰；对高温元素，宜采用氧化亚氮-乙炔高温火焰；对分析线位于短波区（200 nm 以下）的元素，使用空气-氢火焰是合适的。对于确定类型的火焰，稍富燃的火焰（燃气量大于化学计量）是有利的。对氧化物不十分稳定的元素（如 Cu、Mg、Fe、Co、Ni 等），用化学计量火焰（燃气与助燃气的比例与它们之间化学反应计量相近）或贫燃火焰（燃气量小于化学计量）也是可以的。为了获得所需特性的火焰，需要调节燃气与助燃气的比例。

（2）燃烧器的高度选择。在火焰区内，自由原子的空间分布不均匀，且随火焰条件改变，因此，应调节燃烧器的高度，以使来自空心阴极灯的光束从自由原子浓度最大的火焰区域通过，以期获得高的灵敏度。

（3）程序升温的条件选择。在石墨炉原子化法中，合理选择干燥、灰化、原子化及除残温度与时间是十分重要的。干燥应在稍低于溶剂沸点的温度下进行，以防止试液飞溅。灰化的目的是除去基体和局外组分，在保证被测元素没有损失的前提下应尽可能使用较高的灰化温度。原子化温度的选择原则是选用达到最大吸收信号的最低温度作为原子化温度。原子化时间的选择应以保证完全原子化为准。原子化阶段停止通保护气，以延长自由原子在石墨炉内的平均停留时间。除残的目的是消除残留物产生的记忆效应，除残温度应高于原子化温度。

E 进样量的选择

进样量过小，吸收信号弱，不便于测量；进样量过大，在火焰原子化法中，对火焰产生冷却效应，在石墨炉原子化法中，会增加除残的困难。在实际工作中，应测定吸光度随进样量的变化达到最满意的吸光度的进样量，即为应选择的进样量。

2.11.3.3 制样技术

澄清、无悬浮物、稳定是原子吸收光谱对试样溶液的要求，其酸度应该在 0.1% 以上，一般不要超过 5%，尽可能标准溶液的酸度保持一致，尽可能用盐酸或硝酸溶液。样品大致可以分为无机固体样品、有机固体样品和液体样品三大类。

A 无机试样的分解

（1）水溶解。可溶性无机物可直接用水溶液制成待测溶液，考虑到溶液的稳定性及与标准溶液的酸度一致，往往加入一些酸。

（2）酸分解。大多数无机化合物、金属、合金、矿石等试样用酸溶解。常用的溶剂有 HCl、HNO_3、H_2SO_4、H_3PO_4、$HClO_4$、HF 及它们的混合酸等。其中 HNO_3 和 HCl 的干扰比较小，因此通常使用 HNO_3 和 HCl 来溶解样品。为了提高溶解效率，还可以在溶解过程中加入某些氧化剂（如 H_2O_2）、盐类（如铵盐）或有机溶剂（如酒石酸）等。

（3）高温熔融。如石英、锡石 SnO、金红石、锆英石等，分解这些样品必须用碱熔融。常见的溶剂有 NaOH、$LiBO_2$、Na_2O_2、$K_2S_2O_7$ 等。

（4）焙烧、烧结。在低于溶剂熔点的温度下分解试样。烧结的溶剂有 Na_2CO_3、$CaCO_3$、Na_2O_2、MgO 等。

B 有机试样的消解

（1）干法灰化。使有机物燃烧，其中的金属元素转化为无机盐，然后用适当的酸溶解灰分制成稀酸溶液，用于原子吸收测定。不适于挥发性元素的测定。

（2）湿式消解。用浓无机酸或再加氧化剂，在消化过程中保持在氧化状态的条件下消化处理样品。常用的消化剂有 HNO_3、HNO_3+HCl、$HNO_3+H_2SO_4$、$HNO_3+HCl+H_2O_2$ 等。湿法消解法中样品挥发损失比干法灰化要小一些，但对于 Hg、Se、Fe 等易挥发金属元素仍有较大损失。

（3）高压密封罐消解。加热温度一般为 120~160 ℃，加热数小时，消解周期较长。

（4）微波消解。在密封容器内加压进行，避免了挥发性元素的损失，减少了试剂消耗量，不污染环境，消解速度比传统加热消解快 4~100 倍，且重复性好。

2.11.3.4 分析方法

A 定性分析

由于各元素的原子结构和外层电子的排布不同，不同元素的原子从基态激发至第一激发态（或由第一激发态跃回基态）时，吸收（或发射）的能量不同，因而各元素的共振吸收线具有不同的特征。

B 定量分析

常用的定量方法有标准曲线法、标准加入法和直接比价法等。在这些方法中，标准曲线法是最基本的定量方法。标准曲线法是通过配制一组合适的标准样品，在最佳测定条件下，由低浓度到高浓度依次测定它们的吸光度 A，以吸光度 A 对浓度 C 作图。在相同的测定条件下，测定未知样品的吸光度，从 A-C 标准曲线上用内插法求出未知样品中被测元素的浓度。

2.11.4 应用实例分析

原子吸收光谱能分析 70 多种元素，广泛应用于石油化工、环境卫生、冶金矿山、材料、地质、食品、医药等各个领域。

2.11.4.1 火焰原子吸收光谱法测定电镀废水中的铬

在原子吸收光谱仪最佳工作条件下，连续测定总 Cr 及 Cr(Ⅵ) 空白试样各 11 次，以 3 倍标准偏差与对应的 Cr 的工作曲线斜率可求得方法的检出限。总 Cr 及 Cr(Ⅵ) 方法检出限均为 0.02 mg/L，完全满足《电镀污染物排放标准》中总 Cr 及 Cr(Ⅵ) 排放限值监测需求。火焰原子吸收光谱法具有抗干扰能力强、仪器普及率高等优点，可有效避免溶液浊度、色度、溶液酸度过高等因素带来的干扰。从图 2-78 数据可知，在 0~8.00 mg/L 浓度范围内总 Cr 的标准曲线吸光度在 0~0.30 范围内线性良好，线性回归方程 $y = 0.0331x + 0.001$，斜率为 0.0331，线性相关系数 $R \geq 0.9997$。

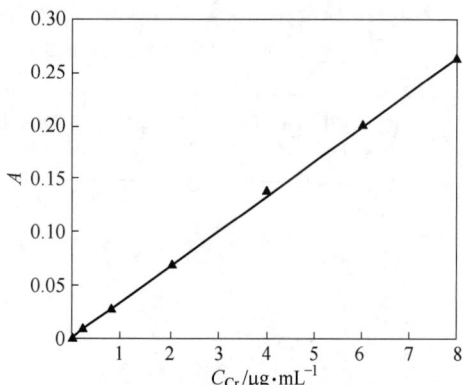

图 2-78 总铬的标准曲线

2.11.4.2　矿山铅锌铜铁的原子吸收法测定分析

原子吸收光谱法检出限低、准确率高且操作简单方便，能够选择性分析多种元素，大部分矿山环境下都能得到应用。通过分别配置 0、0.5 μg/mL、1.0 μg/mL、2.0 μg/mL、4.0 μg/mL、6.0 μg/mL、8.0 μg/mL 的铅锌铜铁溶液，分别测定吸光度，可得标准溶液吸光度测定结果如图 2-79 所示。利用原子吸收光谱法测定铅锌铜铁简洁快速，结果准确可靠。

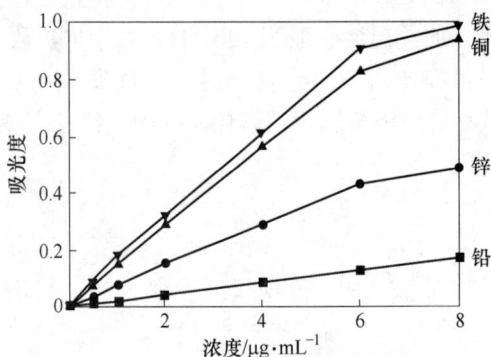

图 2-79　标准溶液吸光度测定结果

思考题

2-1　原子光谱和分子光谱的原理和功能分别是什么？

2-2　紫外-可见吸收光谱的激发机理是什么？

2-3　进行有机物的紫外-可见吸收光谱测试时主要采用哪种电子跃迁类型？

2-4　溶剂的极性对紫外-可见吸收光谱谱峰有什么影响？

2-5　标准曲线法紫外-可见吸收光谱定量分析的方法有哪些？

2-6　拉曼散射产生的机理是什么？

2-7　物质有无拉曼活性的主要影响因素是什么？

2-8　核磁共振的两个必要条件是什么？

2-9　核磁共振有哪两种扫描方式？化学位移的定义及产生原因是什么？

2-10　核磁共振波谱解谱的基本步骤是什么？

2-11　检出限是什么？ICP-AES 测定过程中某待测元素特征谱线没有信号是否表示样品中不含有待测元素？

2-12　在 ICP-AES 测定过程中，标准溶液上限越高，越容易在线性范围内吗？

3 X射线测试分析方法

1895年，德国物理学家伦琴（W. C. Rontgen）在研究阴极射线时发现了一种射线，这种射线用肉眼看不见，具有很强的穿透力，可以穿透千页书、2~3 cm厚的木板，甚至可以穿透肌肉照出手骨轮廓，使荧光物质发光、气体电离、照相底片感光，并且对生物细胞具有一定的杀伤作用。留下了一张经典的照片（见图3-1），底片上清晰地呈现出他夫人的手骨像，手指上的戒指也显示得清清楚楚。当时不能确定其为粒子流或粒子波，故称其为X射线，后来人们把这种射线称为伦琴射线。以X射线为辐射源的测试分析方法称为X射线测试分析法。主要包括X射线衍射、X射线光电子能谱法、X射线荧光光谱法等。X射线测试分析方法是研究材料晶体结构及其变化规律、元素组分定量标定与化合价态等的主要手段，其应用遍及地质、矿产、冶金、材料、物理、化学、医药、农林等各个与物质结构相关的领域。

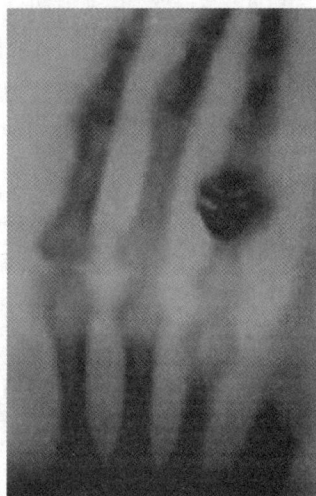

图3-1 首张X射线照片

本章需要掌握的内容主要包括：晶体的基本概念和性质，晶体的周期性、对称性等；X射线的产生和性质；X射线衍射的基本原理和实验方法，能够理解衍射谱图的含义和解析方法；X射线荧光的原理和实验方法，能够进行样品的制备和元素识别；X射线能谱的原理和实验方法，能够进行样品的制备和元素识别及含量测定；了解X射线测试分析在材料科学、化学、生物学等领域的应用，并能够根据具体需求选择合适的测试方法。

3.1 晶体物理基础

3.1.1 晶体的特征

传统的固体分为晶体和非晶体，这两者的主要差别在于其原子、分子排列是否具有周期性和对称性，具有周期性和对称性的是晶体（结晶体）。晶体是由原子（或离子、分子等）在空间周期性地排列构成的固体物质，这种周期性是三维空间的。晶体中周期性排列的原子（或离子、分子等）是构成晶体结构的基本单元，称为晶体的结构基元。这种周期性的质子排列，使晶体具有以下特征：（1）自限性，指晶体在适当的条件下可以自发地形成几何多面体的性质。（2）均一性，指同一晶体内部不同的部分具有相同的性质。（3）异向性，晶体的性质在不同方向上有差异的特性。因为同一晶体在不同方向上质点的排列一般是不一样的，因此晶体的性质也随晶体方向的不同而有差异。（4）对称性，指晶体中相等的晶面、晶棱和顶角，以及晶体物理化学性质在不同方向上或位置上有规律地重复出现，晶体的宏观对称性是由晶体内部格子构造的对称性决定的。（5）最小内能性，在相同的热力学条件下，与同组成的气体、液体及非晶态固体相比，晶体的内能最小。（6）稳定性，指晶体在相同的热力学条件下，相同化学组成的同种物质，晶体比非晶体更稳定。非晶体有自发向晶体转变的趋势，但晶体不可能自发地转变成其他物态，如非晶体。

非晶体不具备上述周期性和对称性，但它有短程的局域结构，它们的性质在不同方向上没有差别，具有各向同性。非晶体没有恒定的熔点和熔解热，其内部原子、离子或分子的排列是无规则的，处于热力学不稳定状态。近年来，人们又发现一种介于晶体（取向及平移有长程序）及玻璃态（取向及平移无长程序）之间的固体存在新状态，称为准晶态。准晶体质点排列长程有序，但无周期重复，只有准周期性，具有准点阵结构，不是非晶态。准晶态具有晶体所不具有的五次或六次以上的对称，如五次、八次、十次或十二次对称等，根据物质在三维空间中呈现准周期性的维数可将准晶体分为三维、二维和一维三大类。

为了集中描述晶体内部原子排列的周期性，把晶体中按周期重复的那一部分原子抽象成一个几何点，则可将晶体结构抽象成无数个在三维空间呈规则排列的点阵，该点阵又称为空间点阵。空间点阵是从实际晶体内部结构中抽象出来的一种几何模型，它描述了质点在三维空间中的无限周期性排列方式，不等于晶体内部具体质点的格子构造。虽然对于实际晶体来说，它们所占空间总是有限的，但在微观上，可以将晶体想象成等同点在三维空间上的无限排列。空间点阵有下列几种要素：

（1）阵点。阵点指空间点阵中的点，它们代表晶体结构中的等同点。在实际晶体中，在阵点的位置上被同种质点占据。但是，就阵点本身而言，它们并不代表任何质点，它们是只有几何意义的几何点。

（2）阵列。阵列指阵点在直线上的排列。空间点阵中任意两阵点连接起来就是一条阵列方向。空间点阵具有无数个阵列，阵列中相邻阵点间的距离称为该阵列的阵点间距。在同一阵列中阵点间距是相等的，在平行的阵列上阵点间距也是相等的，但不同方向的阵列，其阵点间距一般是不相等的，阵列阵点在某些方向上分布较密，而在另一些方向上则分布较稀。

（3）阵面。阵点在同一平面上分布即构成阵面。空间点阵中不在同一阵列上的任意三个阵点就可连成一个阵面。阵面上单位面积内阵点的数目称为阵面密度。任意两个相邻阵面的垂直距离称为阵面间距，也称为晶面间距。相互平行的阵面，它们的阵面密度和晶面间距相等；互不平行的阵面，它们的阵面密度和晶面间距一般不相等。空间点阵具有无数个阵面。

（4）阵胞。根据晶体内部结构的周期性，在三维方向上两两平行并且相等的平行六面体构成阵胞。空间点阵可以看成是无数个阵胞在三维空间毫无间隙地重复堆叠而成，是空间点阵中的体积单元。阵胞有多种选取方式，主要反映晶体结构的周期性。

这种平行六面体可以由晶体点阵中不同阵点连接而形成形状大小不同的各种阵胞，因此这种分割方法有无数种，按照布拉维法则确定的阵胞称之为晶胞，用来代表晶体结构的基本重复单元。布拉维法则具备以下要素：（1）应选择与宏观晶体具有相同对称性的晶胞；（2）具有最多的相等晶轴长度 a、b、c；（3）晶轴之间的夹角 α、β、γ 的直角数目最多；（4）满足上述条件，且所选择的平行六面体的体积最小。法国晶体学家布拉维（A. Bravais）通过研究发现，符合上述 4 个原则选取的晶胞只能有 14 种，称为 14 种布拉维点阵。根据阵点在单胞中位置的不同，将 14 种布拉维点阵分为 4 种点阵类型（见图3-2）。

（1）简单型（P）：仅在阵胞的 8 个顶点上有阵点，每个阵点同时为相毗邻的 8 个平行六面体所共有，因此每个阵胞只占有 1 个阵点。阵点坐标的表示方法为：以阵胞的任意顶点为坐标原点，以与原点相交的 3 个棱边为坐标轴，分别用点阵周期 a、b、c 为度量单位。阵胞顶点的阵点坐标为 000。

（2）底心型（C）：除 8 个顶点上有阵点外，2 个相对面的面心上还有阵点，面心上的阵点为相毗邻的 2 个平行六面体所共有。因此，每个阵胞占有 2 个阵点。其阵点坐标分别为 $(0, 0, 0)$、$\left(\frac{1}{2}, \frac{1}{2}, 0\right)$。

（3）体心型（I）：除 8 个顶点上有阵点外，体心上还有 1 个阵点，阵胞体心的阵点为其自身所独有。因此，每个阵胞占有 2 个阵点，其阵点坐标分别为 $(0, 0, 0)$、$\left(\frac{1}{2}, \frac{1}{2}, \frac{1}{2}\right)$。

（4）面心型（F）：除 8 个顶点上有阵点外，每个面心上都有 1 个阵点。因此，每个阵胞占有 4 个阵点。其阵点坐标分别为 $(0, 0, 0)$、$\left(\frac{1}{2}, \frac{1}{2}, 0\right)$，$\left(\frac{1}{2}, 0, \frac{1}{2}\right)$，$\left(0, \frac{1}{2}, \frac{1}{2}\right)$。

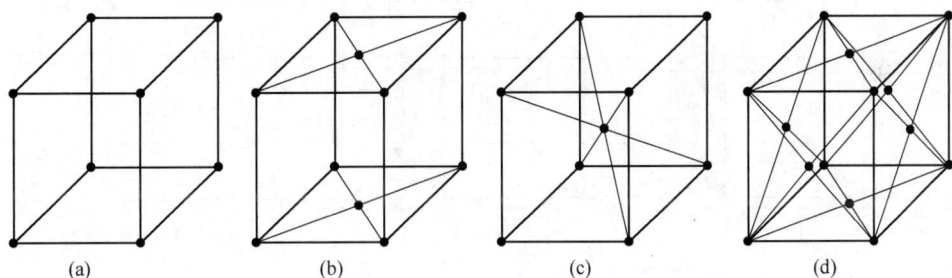

图 3-2 4 种点阵类型

(a) 简单型（P）；(b) 底心型（C）；(c) 体心型（I）；(d) 面心型（F）

单胞的形状和大小用相交于某一顶点的三条棱边上的点阵周期 a、b、c 及其间的夹角 α、β、γ 来描述。a、b、c 及 α、β、γ 被称为点阵常数或晶格常数。根据点阵常数的不同，将晶体点阵分为 7 个晶系，即立方、六方、四方、三方（又称菱形）、正交（双称斜方）、单斜、三斜。每个晶系中包括几种点阵类型。对 32 种点群按其对称特点来进行合理的分类：首先根据晶体是否具有高次轴而将其分为三大晶族，立方晶系对称性最高，是高级晶系（有一个以上高次轴）；六方、四方、三方（又称菱形）属中级晶系（只有一个高次轴）；正交、单斜、三斜属低级晶系（没有高次轴），三斜晶系对称性最低，如图 3-3 和表 3-1 所示。

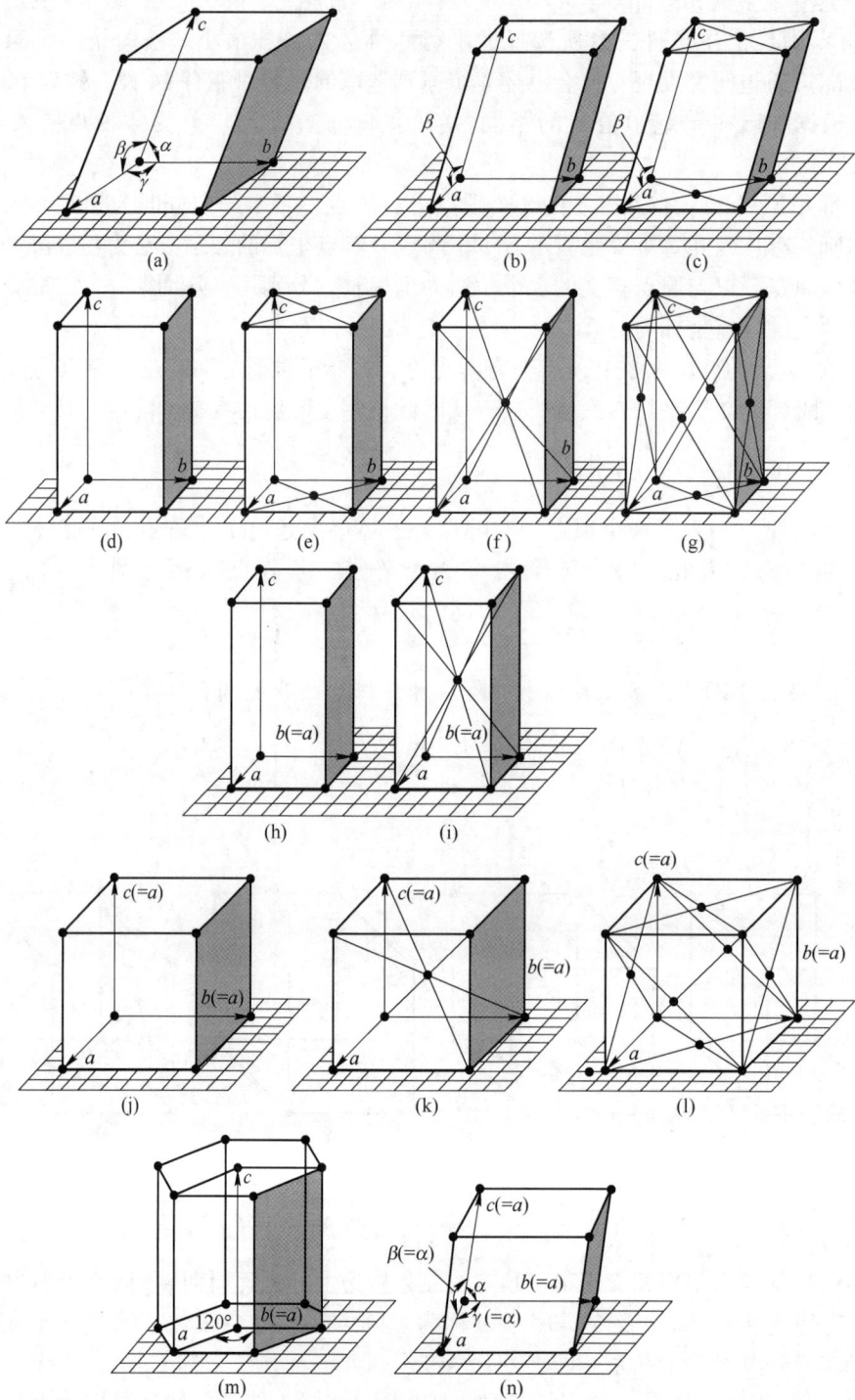

图 3-3 14 种布拉维点阵示意图

（a）简单三斜（P）；（b）简单单斜（P）；（c）底心单斜（C）；（d）简单正交（P）；（e）底心正交（C）；
（f）体心正交（I）；（g）面心正交（F）；（h）简单正方（P）；（i）体心正方（I）；（j）简单立方（P）；
（k）体心立方（I）；（l）面心立方（F）；（m）简单六方（P）；（n）简单菱方（P）

表 3-1 晶系及点阵类型

晶系	点阵参数	布拉维点阵	点阵类型	阵胞内阵点数	阵点坐标
立方晶系	$a=b=c$ $\alpha=\beta=\gamma=90°$	简单立方	P	1	0, 0, 0
		体心立方	I	2	$0, 0, 0; \frac{1}{2}, \frac{1}{2}, \frac{1}{2}$
		面心立方	F	4	$0, 0, 0; \frac{1}{2}, \frac{1}{2}, 0;$ $\frac{1}{2}, 0, \frac{1}{2}; 0, \frac{1}{2}, \frac{1}{2}$
正方晶系	$a=b\neq c$ $\alpha=\beta=\gamma=90°$	简单正方	P	1	0, 0, 0
		体心正方	I	2	$0, 0, 0; \frac{1}{2}, \frac{1}{2}, \frac{1}{2}$
斜方晶系	$a\neq b\neq c$ $\alpha=\beta=\gamma=90°$	简单斜方	P	1	0, 0, 0
		体心斜方	I	2	$0, 0, 0; \frac{1}{2}, \frac{1}{2}, \frac{1}{2}$
		底心斜方	C	2	$0, 0, 0; \frac{1}{2}, \frac{1}{2}, 0,$
		面心斜方	F	4	$0, 0, 0; \frac{1}{2}, \frac{1}{2}, 0;$ $\frac{1}{2}, 0, \frac{1}{2}; 0, \frac{1}{2}, \frac{1}{2}$
菱方晶系	$a=b=c$ $\alpha=\beta=\gamma\neq 90°$	简单菱方	R	1	0, 0, 0
六方晶系	$a=b\neq c$ $\alpha=\beta=90°$ $\gamma=120°$	简单六方	P	1	0, 0, 0
单斜晶系	$a\neq b\neq c$ $\alpha=\gamma=90°\neq\beta$	简单单斜	P	1	0, 0, 0
		底心单斜	C	2	$0, 0, 0; \frac{1}{2}, \frac{1}{2}, 0$
三斜晶系	$a\neq b\neq c$ $\alpha\neq\beta\neq\gamma\neq90°$，$90°$	简单三斜	P	1	0, 0, 0

3.1.2 晶向指数与晶面指数

晶体中的某些方向涉及晶体中原子的位置，原子列方向表示的是一组相互平行、方向一致的直线的指向。空间点阵中每个阵点的周围环境均相同，所有阵点可以看成分布在一系列相互平行的直线上，各阵点列的方向（连接点阵中任意阵点列的直线方向）称为晶向。晶面是通过空间点阵中任意一组阵点的平面，即在点阵中由阵点构成的平面。不同的晶面和晶向具有不同的原子排列和不同的取向。材料的许多性质和行为，如各种物理性质、力学行为、相变、X 射线和电子衍射特性等，都和晶面、晶向有密切的关系。所以，为了研究和描述材料的性质和行为，首先就要设法表征晶向和晶面。为了便于确定和区别晶体中不同方位的晶向和晶面，国际上通用米勒指数来统一标定晶向指数与晶面指数。

3.1.2.1 晶向指数的确定

阵胞或晶胞中的阵点或原子，间隙或空位等的位置都涉及点的位置（见图3-4）。取阵胞的三个基矢 a、b、c 为坐标轴，各轴上的坐标长度单位分别是晶胞边长 a、b、c，坐标原点在待标晶向上，阵胞中点的位置就是此点在该坐标系中的坐标。三个基矢 a、b、c 方向任意、长短各异，选取该晶向上原点以外的任意点 P（xa, yb, zc），过 P 点作三个平面，这三个平面分别与各对基矢组成的平面平行，三个平面与三个基矢分别交于 A、B 和 C 点。且线段 $OA = x|a|$、$OB = y|b|$、$OC = z|c|$。将 $x|a| : y|b| : z|c|$ 化成最小的简单整数比 $u:v:w$，且 $u:v:w=x|a| : y|b| : z|c|$，P 点坐标为 u, v, w。如图3-4中 A、B、C、D、E 和 F 各点的坐标分别为 A 点坐标：（1, 0, 0）；B 点坐标：（1, 1, 0）；C 点坐标：（1, 1, 1）；D 点坐标：（0, 1, 1）；E 点坐标：（1/2, 1/2, 1）；F 点坐标：（1/2,1/2, 0）。

空间点阵中阵点列的方向就是平衡矢量的方向，也就是晶向，用晶向指数表示。在图3-5中，方向 OA 的晶向指数是这样确定的：（1）过阵胞原点 O 作平行线（因 OA 过原点，这步省略）；（2）确定 O 点和 A 点坐标，O 点为阵胞原点，A 点坐标为（1, 0, 0）；（3）由于 OA 过阵胞原点，只需将 A 点坐标（u, v, w）置于方括号内就得到晶向指数 [uvw]，即 OA 方向的晶向指数为 [100]。

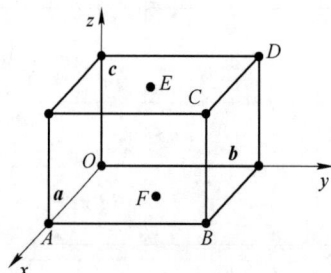

图3-4 阵胞内点的坐标

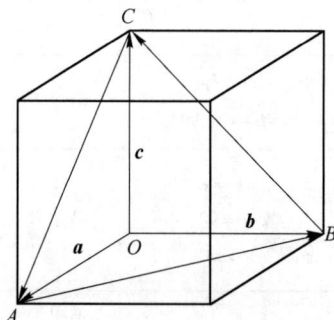

图3-5 阵胞中的晶向

当然，在确定晶向指数时，晶向不一定过阵胞原点。若阵胞原点不在待标晶向上，那就需要选取该晶向上两点的坐标 P（x_1、y_1、z_1）和 Q（x_2、y_2、z_2），然后将（x_1-x_2）、（y_1-y_2）、（z_1-z_2）三个数化成最小的简单整数 u, v, w，并使之满足 $u:v:w= (x_1-x_2)|a|:(y_1-y_2)|b|:(z_1-z_2)|c|$，则 [$uvw$] 为该晶向的指数。晶向指数可表示所有相互平行、方向一致的晶向。若所指的方向相反，则晶向指数的数字相同，但符号相反，负号标于数字上方，如图3-6所示。晶体结构中那些原子密度相同的等同晶向称为晶

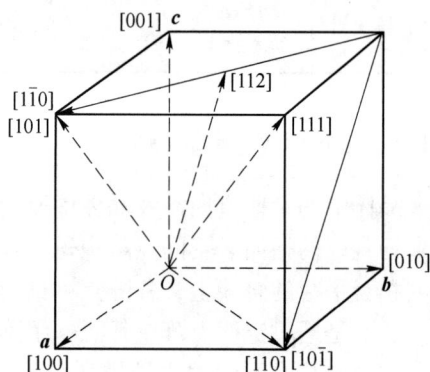

图3-6 不同的晶向及其晶向指数

向轴，用<uvw>表示。例如，<100>：[100]、[010]、[001]、[$\bar{1}$00]、[0$\bar{1}$0]、[00$\bar{1}$]；

<111>：[111]、[$\bar{1}\bar{1}1$]、[$11\bar{1}$]、[$\bar{1}11$]、[$1\bar{1}\bar{1}$]、[$1\bar{1}1$]、[$\bar{1}1\bar{1}$]、[$11\bar{1}$]。

3.1.2.2 晶面指数的确定

国际上通常用米勒指数 hkl 来表面晶面指数。如图 3-7 所示的灰色晶面，其晶面指数的确定方法为：（1）建立一组以晶轴 a、b、c 为坐标轴的坐标系，令坐标原点不在待标晶面上，各轴上的坐标长度单位分别是晶胞边长 a、b、c；（2）求出待标晶面在 a、b、c 轴上的截距 xa、yb、zc。如该晶面与某轴平行，则截距为 ∞；（3）取截距的倒数 $1/xa$、$1/yb$、$1/zc$；（4）将这些倒数化成最小的简单整数 h、k、l，使 h:

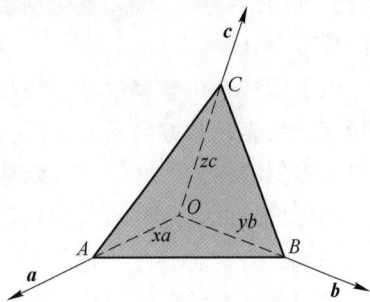

图 3-7　晶面指数的确定

$k:l=1/xa:1/yb:1/zc$；如有某一个数为负值，则将负号标注在该数字的上方，将 h、k、l 置于圆括号内，写成 (hkl)。在立方晶系中，具有相同指数的晶向和晶面必定是相垂直的，即 $[hkl]\perp(hkl)$。

关于晶面指数和晶向指数的确定方法还有以下几点说明：

（1）参考坐标系通常都是右手坐标系。坐标系可以平移，因而原点可置于任何位置，但不能转动，否则，在不同坐标系下定出的指数就无法相互比较。

（2）晶面指数和晶向指数可为正数，也可为负数，但负号应写在数字上方。

（3）若各指数同乘以不等于零的数 n，则新晶面的位向与旧晶面的一样。当 $n>0$ 时，新晶向与旧晶向同向，而当 $n<0$ 时，新晶向与旧晶向反向。但是，晶面距（两个相邻平行晶面间的距离）和晶向长度（两个相邻阵点间的距离）一般都会改变，除非 $n=1$。

值得注意的是，虽然所有相互平行的晶面在三个晶轴上的截距不同，但它们是成比例的，其倒数也仍然是成比例的，经简化可以得到相应的最小整数。因此，所有相互平行的晶面，其晶面指数相同，或三个符号均相反。可见，晶面指数代表的不仅是某一晶面，而是代表着一系列相互平行的晶面。如图 3-8 所示，晶面指数越低，晶面间距越大；晶面指数越高，晶面间距越小。一般来说，晶面间距大的晶面，面上的阵点密度就大；晶面间距小的晶面，面上的阵点密度就小。

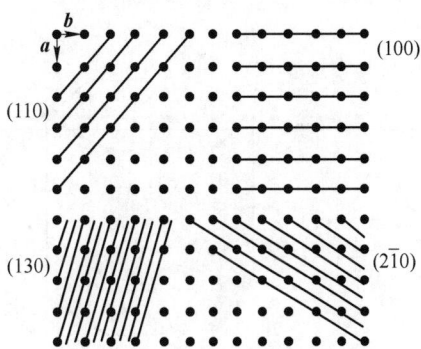

图 3-8　晶面指数与晶面间距

晶面指数越低、阵点密度大的面在结晶、变形、相变等过程中，特别是衍射过程中都起主导作用。

晶胞内的某些点、晶向和晶面在几何上和物理上都是不可区分的，这些点、晶向和晶面称为等价点、等价晶向和等价晶面。晶体中具有相同原子排列、晶面间距完全相同、空间位向不同的一组等价晶面称为晶面族，用 $\{hkl\}$ 表示。与晶向族相似，构成晶面族的各晶面的指数数字相同，排列顺序和符号不同。例如，立方晶系中的 6 个表面：（100）、（010）、（001）、（$\bar{1}00$）、（$0\bar{1}0$）、（$00\bar{1}$）构成了 $\{100\}$ 晶面族，12 个对角面：（110）、（101）、（011）、（$1\bar{1}0$）、（$01\bar{1}$）、（$\bar{1}01$）、（$\bar{1}10$）、（$1\bar{1}0$）、（$0\bar{1}1$）、（$0\bar{1}1$）、（$\bar{1}01$）、

（10$\bar{1}$）构成 ｛110｝ 晶面族。然而，对于非立方晶系，由于对称性改变，晶面族包括的晶面数目就会不一样。例如正交晶系，其晶面（100）、（010）和（001）并不是等价晶面，不能构成 ｛100｝ 晶面族。

以上用三个指数表示晶面和晶向，这种三指数表示方法，原则上适用于任意晶系。但是用三指数表示六方晶系的晶面和晶向有一个很大的缺点，即晶体学上等价的晶面和晶向不具有类似的指数。这一点可以从图3-9中可以看出，图中六棱柱的两个相邻表面是晶体学上的等价晶面，但其米勒指数却分别是（1$\bar{1}$0）和（100）。图中夹角为60°的两个密排方向 D_1 和 D_2 是晶体学上的等价方向，但其晶向指数却分别是 [100] 和 [110]。等价晶面或晶向不具有类似的指数，人们就无法从指数判断其等价性，也无法由晶面族或晶向族指数得出它们包括的各种等价晶面或晶向，这就给晶体的研究带来很大不便。为了克服这一缺点，或者说，为了使晶体学上等价的晶面或晶向具有类似的指数，对六方晶体来说，就得放弃三指数表示方法，而采用四指数表示，即米勒-布拉维指数（hkil）。在原有三基矢 a_1、a_2、c 中加入另一个坐标轴 a_3，使 $a_3 = -(a_1 + a_2)$，如图3-10所示。用此四坐标轴定出的晶面指数记为（hkil），晶面族记为 ｛hkil｝，由 a_1、a_2、a_3、c 为轴确定六方晶系的六个棱柱面的米勒-布拉维指数，分别为（10$\bar{1}$0）、（01$\bar{1}$0）、（$\bar{1}$100）、（$\bar{1}$010）、（0$\bar{1}$10）和（1$\bar{1}$00），它们之间呈现相同数字正负值的排列关系，记为 ｛10$\bar{1}$0｝ 晶面族。已知晶面的米勒指数，能方便地确定晶面的米勒-布拉维指数。这是因为，四指数中的第三个指数 $i = -(h + k)$。在六方晶系中，除四指数的（000l）和 ｛hki0｝ 与同名的方向垂直，即（000l）⊥[000l]，（hki0）⊥[hki0]，一般的同名晶面与晶向互不垂直。平行于同一方向的一系列晶面称为晶带，这一方向则为晶带轴。

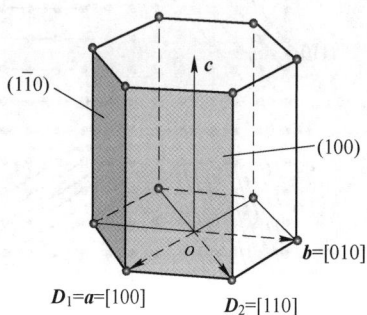

图3-9　六方晶系的等价晶面和晶向指数

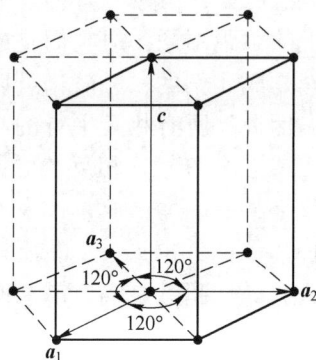

图3-10　六方晶系阵胞的基矢

3.1.3　晶体的点群与空间群

3.1.3.1　宏观对称元素与点群

晶体在外形及内部构造上都表现出很多对称的特点。晶体的对称性与晶体的物理性质有很大关系。空间点阵是晶体内部质点排列规则的反映，晶体的宏观对称性来源于相应空间点阵的对称性，反映这个晶体的几何外形的对称性。晶体的点对称元素的组合有两条限制：一是对称元素必交于一点。这是因为晶体的大小有限，若无交点，经过对称操作后就会产生无限多的对称元素，使晶体外形发散；另一个是点阵周期性的限制，组合的结果不能有与点阵不兼容的对称元素轴。晶体的宏观对称性元素的组合构成了对称型，对称型的集合体构成了群，由于各对称元素相交于晶体中的一点，该点在对称操作过程中不移动，故对称型又称为点群，点群完整描述了晶体的宏观对称性。表 3-2 总结了宏观对称操作与对称元素。旋转操作是将图形绕固定轴旋转一定角度的操作，将固定轴称为对称轴或转轴，360°除以旋转的角度即可知为几次转轴。反映操作符号为 m，是以固定平面为镜面，使对称图形的两部分互为镜像的操作，将固定平面称为对称面或镜面。反演操作是以一点为定点使图形的两部分互为反演的操作，将不动点称为对称中心。旋转-反演操作是先绕对称轴旋转，再以轴上一点为中心进行反演的复合操作，将旋转-反演操作的对称轴称为反演轴或反轴。对称操作类型中的第一类是指操作前、后坐标系没有左、右旋变化的操作，第二类是指操作前、后有左、右旋变化的操作。表 3-2 中，$\bar{1}$、$\bar{2}$、$\bar{3}$ 和 $\bar{6}$ 4 种旋转-反演可以被其他对称元素取代，且对称元素 1（一次转轴）无实际意义，所以在宏观对称变换中只有 2、3、4、6、m、i 和 $\bar{4}$ 7 种独立的对称元素。

表 3-2　宏观对称操作与对称元素

操作类型	操作名称与性质		对称元素		
			名称	书写符号	图形符号
第一类	旋转操作：绕定轴多次转动，每转次转 α 角，直到图形完全重复	$\alpha = 360°$	一次转轴	1	●
		$\alpha = 180°$	二次转轴	2	⬮
		$\alpha = 120°$	三次转轴	3	▲
		$\alpha = 90°$	四次转轴	4	■
		$\alpha = 60°$	六次转轴	6	⬢
第二类	旋转反演操作：先旋转再反演，反复操作，直到图形完全重复	$\alpha = 360°$	一次反轴	$\bar{1}$	
		$\alpha = 180°$	二次反轴	$\bar{2} = m$	
		$\alpha = 120°$	三次反轴	$\bar{3} = 3 + i$	▲
		$\alpha = 90°$	四次反轴	$\bar{4}$	◈
		$\alpha = 60°$	六次反轴	$\bar{6} = 3 + m$	⬡
	反映操作		对称面	m	|
	反演操作		对称心	$\bar{1}$	

在晶体形态中，全部宏观对称元素的组合称为该晶体形态的对称型或点群。一般来说，当强调对称元素时称为对称型，强调对称操作时称为点群。对称变换的集合称为对称变换群，相应的对称元素的集合称为对称元素群，两者统称为对称群。如果从同一点画出各晶面的法线方向，并以此来表征晶体，可得到 32 种晶体。一种晶体对应一种点群，它有特定的面法线关系，即可得到 32 种结晶学点群。虽然几何形体的点群是无限制的，但是晶体点群要受晶体结构周期性重复这一基本规律的限制，所以只能有 32 种。"点"是

指所有对称元素有一个公共点，它在全部对称操作中始终不动（通常取为原点）；"群"在这里是指一种对称元素或一组对称操作的集合。需要指出的是，每种点群的一组对称操作实际上也是数学意义上的一个群。只要在点群中加入空间点阵的平移对称性，即可导出空间群，晶体物理性质的许多对称性都与点群有关。

用来表示点群的国际符号（Hermann-Mauguin）一般由三个字符组成，表示三个主要晶向上的对称元素，每一个字符表示一个轴向的对称元素。对于不同的晶系，这三个字符位置代表的轴向并不同，点群国际符号中三个字符位置代表的位置见表 3-3。点群符号 $2mm$ 表示点群由一个二次轴和两个对称面构成。对称轴与特定取向平行，对称面与特定取向垂直，如果在同一取向上同时存在相关的几次对称轴和对称面，则记为 n/m，如六方晶系的三个主要晶向依次为 c、a、$2a+b$。沿 c 方向的对称元素有 1 个六次轴、1 个对称面；沿 a 方向有 1 个二次轴、1 个对称面；沿 $2a+b$ 方向也有 1 个二次轴、1 个对称面，故记作 $\dfrac{6}{m}\dfrac{2}{m}\dfrac{2}{m}$，简写为 $6/mmm$。

表 3-3   点群国际符号中三个字符位置代表的位置

晶系	品级	第一方向	第二方向	第三方向	第一方向	第二方向	第三方向
立方	高级	a	$a+b+c$	$a+b$	[100]	[111]	[110]
六方	中级	c	a	$2a+b$	[001]	[100]	[110]
四方		c	a	[001]	[100]	[210]	
菱形（R 晶胞）		$a+b+c$	$a-b$				
菱形（H 晶胞）		c	a				
正交	低级	a	b	c	[100] [010]		[001]
单斜		b 或 c			[010] 或 [001]		
三斜		a			[100]		

另一种点群的表示符号为熊夫利斯符号，规定方法如下：只由一个旋转轴组成的点群记为 C_n，其右下角的 n 为轴次；点群具有 n 次轴及与之垂直的二次轴时记为 D_n；T 代表四面体对称性；S_n 代表 n 次反轴；C_s 代表对称面；右下角的小字母 i 代表对称心，h 代表与轴垂直的对称面，d 代表平分两个二次轴的对称面。表 3-4 列出了 32 种点群的国际符号、熊夫利斯符号和所属的晶系。点群所属的晶系是由各晶系要求的最低对称性决定的。

表 3-4   32 种点群符号

序号	晶系类型	熊夫利斯符号	国际符号（全写）	国际符号（简写）
1	三斜	C_1	1	1
2		C_i	$\bar{1}$	c
3	单斜	C_2	2	2
4		C_s	m	m
5		C_{2h}	$2/m$	$2/m$

序号	晶系类型	熊夫利斯符号	国际符号（全写）	国际符号（简写）
6	正交	D_2	222	222
7		C_{2v}	$2mm$	$2mm$
8		D_{2h}	$\frac{2}{m}\frac{2}{m}\frac{2}{m}$	mmm
9	四方	C_4	4	4
10		S_4	$\bar{4}$	$\bar{4}$
11		C_{4h}	$4/m$	$4/m$
12		D_4	422	422
13		C_{4v}	$4mm$	$4mm$
14		D_{2d}	$\bar{4}2m$	$\bar{4}2m$
15		D_{4h}	$\frac{4}{m}\frac{2}{m}\frac{2}{m}$	$4/mmm$
16	三方	C_3	3	3
17		C_{3i}	$\bar{3}$	$\bar{3}$
18		D_3	32	32
19		C_{3v}	$3m$	$3m$
20		D_{3d}	$\bar{3}\frac{2}{m}$	$\bar{3}m$
21	六方	C_6	6	6
22		C_{3h}	$\bar{6}$	$\bar{6}$
23		C_{6h}	$\frac{6}{m}$	$6/m$
24		D_6	622	622
25		C_{6v}	$6mm$	$6mm$
26		D_{3h}	$\bar{6}2m$	$\bar{6}2m$
27		D_{6h}	$\frac{6}{m}\frac{2}{m}\frac{2}{m}$	$6/mmm$
28	立方	T	23	23
29		T_h	$\frac{2}{m}\bar{3}$	$m3$
30		O	432	432
31		T_d	$\bar{4}3m$	$\bar{4}3m$
32		O_h	$\frac{4}{m}\bar{3}\frac{2}{m}$	$m3m$

3.1.3.2 微观对称元素与空间群

晶体的宏观对称性仅反映了晶体有限外形的对称性，而晶体的外形是由其内部质点规则排列的一种宏观体现，晶体结构＝点阵结构＋结构基元，点阵结构是无限的，它的对称属于无限点阵的对称，即微观对称。因此，要完整了解晶体的结构，还要了解晶体内部的微观对称性。微观对称与宏观对称既有区别又有联系，微观对称只能在空间无限的晶体结构图形中出现，每种对称变换都含有平移操作，平移操作不可能在有限的空间内完成，也不可能由晶体的宏观外形体现。宏观对称元素不仅适用于宏观对称，也适用于微观对称，但微观对称元素仅适用于微观对称。当同时考虑晶体的微观对称性和宏观对称性时，对称元素的组合就构成了空间群，空间群是分布在空间的对称元素群，它反映了晶体结构中原子、空位、间隙等的分布规律，完整地反映了晶体结构。

微观对称操作总共有平移、旋转-平移和反映-平移 3 种，它们相应的对称元素为平移轴、螺旋轴和滑移面。平移操作是阵点沿一直线移动一定距离，使阵点的相同部分重复的操作，这一直线即为平移轴，平移操作的最小移动距离即为点阵周期，也称平移矢量。反映-平移操作是点阵结构按一平面反映后再沿此平面的平行方向平移一定距离，使点阵结构复原，滑移面是复合对称元素。滑移面按其滑移方向和平移矢量可分为 5 种：a、b、c、n、d，其中 a、b、c 为 3 个基矢方向的滑移面，平移矢量分别为 $\frac{1}{2}a$、$\frac{1}{2}b$、$\frac{1}{2}c$；n 和 d 只在四方晶系和立方晶系中存在，n 为对角线滑移面，平移矢量分别为 $\frac{1}{2}(a+b)$、$\frac{1}{2}(b+c)$、$\frac{1}{2}(c+a)$、$\frac{1}{2}(a+b+c)$；d 为金刚石滑移面，其平移矢量分别为 $\frac{1}{4}(a+b)$、$\frac{1}{4}(b+c)$、$\frac{1}{4}(c+a)$、$\frac{1}{4}(a+b+c)$。旋转-平移操作是点阵结构绕其直线旋转一定角度后，再沿该直线方向平移一定距离，使点阵结构复原，螺旋轴也是复合对称元素，符号记为 n_m，n 是轴次，晶体中只能有 2、3、4、6 次螺旋轴，m 为小于 n 的正整数，因此，2 次轴有 2_1 轴，3 次轴有 3_1 轴、3_2 轴，4 次轴有 4_1 轴、4_2 轴、4_3 轴，6 次轴有 6_1 轴、6_2 轴、6_3 轴、6_4 轴和 6_5 轴。旋转-平移操作的平移矢量为 τ，$\tau = \frac{m}{n}T$，T 为平移的单位矢量，即轴方向的周期。值得注意的是，宏观对称轴可视为平移矢量为 0 时的螺旋轴，即不含平移的同次螺旋轴。螺旋轴有左旋、右旋和中性螺旋轴，当 $m < n/2$ 时，为右旋螺旋轴，如 3_1 轴、4_1 轴、6_1 轴和 6_2 轴；当 $m > n/2$ 时，为左旋螺旋轴，如 3_2 轴、4_3 轴、6_4 轴和 6_5 轴；当 $m = n/2$ 时，为中性螺旋轴，即左旋和右旋等效，如 2_1 轴、4_2 轴和 6_3 轴。

32 种点群与 14 种布拉维点阵组合，可得到 73 种点式空间群，再考虑平移特征衍生的微观对称元素（如滑移面和螺旋轴等），可得到 157 种非点式空间群，共计 230 种空间群。空间群常用国际符号表示，由两部分组成：第一部分的大写英文字母表示平移群符号，代表点阵类型，其中，P 表示简单型，A、B 或 C 表示底心型，I 表示体心型，F 表示面心型，R 表示菱形；第二部分的对称性符号由 3 个位数组成，是 3 个晶体取向上的对称元素的组合，对于不同晶系而言，符号位置代表的轴向不相同，其规定和点群符号相似，但此时某些宏观对称元素符号换成了含平移操作的微观对称元素符号。例如，空间群 $Pnma$ 的第一部分 P，表示点阵类型为初基，第二部分 nma 表示其相应的点群为 mmm，完整式是 $\frac{2}{m}\frac{2}{m}\frac{2}{m}$，属于正交晶系，表示晶体的微观结构在 a 方向存在滑移面 n，在 b 方向有对称面 m，在 c 方向有滑移面 a。根据这些对称元素的组合，在 3 个正交面上必产生 3

个 2_1 螺旋轴，因此它的完全符号为 $P\dfrac{2_1}{m}\dfrac{2_1}{m}\dfrac{2_1}{m}$。

由单斜晶系的 $2/m$ 点群与点阵组合构成的空间群记为 $P2/m$，考虑由平移特征衍生的微观对称元素，镜面可由滑移面代替，旋转轴可由螺旋轴代替，单斜晶系有简单阵胞 P 和底心阵胞 C，于是单斜点阵与 $2/m$ 点群可构成 6 种空间群，即 $P2/m$、$P2_1/m$、$C2/m$、$P2/c$、$P2_1/c$、$C2/c$。同样，空间群也可用熊夫利斯符号来表征，且一一对应。同一个点群可分属于几个空间群，因此只需在点群的熊夫利斯符号的右上角再加一序号即可，如点群 $2/m$ 的熊夫利斯符号为 C_{2h}，它同时属于 6 个空间群，其空间群的熊夫利斯符号就可表示为 C_{2h}^1、C_{2h}^2、C_{2h}^3、C_{2h}^4、C_{2h}^5、C_{2h}^6。熊夫利斯符号 C_{2h}^5 对应于国际符号 $P2_1/c$，表示有一个 c 滑移面垂直于 2_1 轴。值得注意的是空间群的国际符号写法和晶胞的定向有关，而熊夫利斯符号没有对晶胞的定向做标记。

3.1.4 晶体的投影

为了清楚而方便地表达晶面、晶向、原子面、晶带及晶体学对称元素之间的角关系，人们引入晶体投影的方法。晶体的投影是指将构成晶体的晶向和晶面等几何元素以一定的规则投影到投影面上，使晶向、晶面等几何元素的空间关系转换成其在投影面上的关系。投影方法有球面投影、极射投影等。

3.1.4.1 球面投影

球面投影是指晶体位于投影球的球心，将晶体或其点阵结构中的晶向和晶面以一定的方式投影到球面上的一种方法。取一个半径极大（相对于晶体大小而言）的球作为参考球（投影球），此时晶体的尺寸相对于投影球可以忽略，这样晶体的所有晶面均可视为通过球心。然后，将晶体中的晶面或方向之间的角关系表示到参考球面上，可以用面痕或极点表示晶体中的平面。面痕是指晶体的几何要素（晶向、晶面）通过直接延伸或扩展与投影球相交，在球面上留下的痕迹，即把晶体中的几何要素从球心延展开来，并与投影球面相交所得的交点（称为晶向的迹点或露点）构成的大圆。极点就是过投影球的球心作晶面的法线，法线延伸后与投影球相交所得的交点。如果过投影球的球心作晶向的法平面，法平面扩展后与投影球面相交，所得的交线大圆称为晶向的极圆。晶体中的方向可用它与参考球的交点来表达，称此交点为该方向的迹点。如图 3-11 所示，平面 A 的面痕为 $EFNS$，极点为 P。

球面上极点的位置用球面坐标 (φ, ρ) 表示，如图 3-12 所示，球面坐标的原点为投影球的球心，直立轴记为 NS 轴、前后轴记为 FL 轴、东西轴（或左右轴）记为 EW 轴，NS 轴、FL 轴和 EW 轴互相垂直，称为坐标轴。同时过 FL 轴与 EW 轴的大圆平面称为赤道面，赤道面与投影球的交线大圆称为赤道。平行于赤道面的平面与投影球相交的小圆称为纬线。过 NS 轴的平面称为子午面，子午面与投影球的交线大圆称为经线或子午线。同时过 NS 轴和 EW 轴的子午面称为本初子午面。与其相应的子午线称为本初子午线。由经线和轴纬线构成的球网又称为经纬线坐标网。任一子午面与本初子午面间的二面角称为经度，用 φ 表示。若以 E 点为东经点为西经 0°，则经度最高值为 90°，也可以设定 E 点为 $\varphi = 0°$，顺时针一周为 360°。在任一子午线上，从 N 或 S 向赤道方向至任一纬度线的夹角称为极距，用 ρ 表示，而从赤道沿子午线大圆至任一纬线的夹角称为纬度，用 γ 表示，$\rho + \gamma = 90°$。

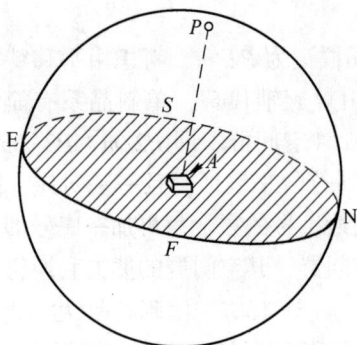

图 3-11　平面 *A* 的球面投影

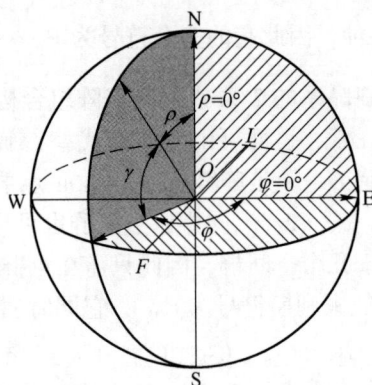

图 3-12　球面坐标示意图

3.1.4.2　极射投影

球面投影把晶面（或晶向）之间的角关系表达到球面上仍为三维图形，不便于绘制和操作。极射投影是一种将球面投影平面化的方法，即将晶体的晶面（或晶向）的球面投影再以一定的方式投影到赤道面上获得的投影。将投影光源放置在投影球的南北极，赤道面为投影面。投影面的边界大圆与参考球直径相等，称为基圆。连接南极与北半球的极点，连线与投影面的交点即为晶面的投影。如图 3-13 所示，若极点 *A*、*B*、*C*、*D* 在北球，取南极 S 为投影光源点；若极点在南半球，则取北极 N 为投影光源点；极点与球面投影的连线称为投影线，投影线与赤道面的交点 *A'*、*B'*、*C'*、*D'* 分别为 *A*、*B*、*C*、*D* 点的极射赤面投影。位于南半球的极点应与北极连线，所得投影点可另选符号，使之与北半球的投影点相区分，也可选与赤道面平行的其他平面作投影面，所得投影图形状不变，只改变其比例。对于立方

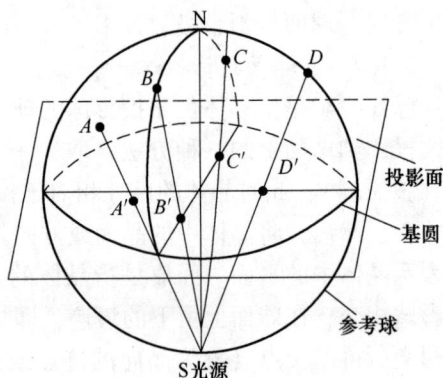

图 3-13　极射投影示意图

系，相同指数的晶面和晶向互相垂直，所以立方系标准投影图的极点既代表了晶面又代表了晶向。

3.1.4.3　极网与吴氏网

如果把投影光源放在投影球的南北极，以赤道面为投影面所得的极射投影网称为极网。如果把投影光源放在球面的赤道上，投影面不是赤道面而是过南北轴的垂直面，作极射投影所得的极射投影网称为吴氏网，吴氏网是一种等角度投影网。极网与吴氏网均为等角度投影网。

如图 3-14 所示，极网由一系列同心圆和直径组成，同心圆和直径分别为纬线和经线的极射投影，经线等分投影基圆圆周，纬线等分投影基圆直径。通常等分间隔均为 2°，极网可以直接读出极点的球面坐标，获得该晶面或晶向的空间位向。当两晶面或晶向的极点在同一直径上时，其间的纬度差即为晶面或晶向间的夹角，并可以从极网中直接读出，

但是，当两极点不在同一直径上时，则无法测量其夹角，此时必须借助于吴氏网来进行测量。

如图 3-15 所示，NS 轴和 EW 轴的投影分别为过吴氏网中心的水平直径和垂直直径，FL 轴的投影为吴氏网的中心。经线的投影为一系列以 N、S 为端点的大圆弧；而纬线的投影是一系列圆心位于 NS 轴上的小圆弧，圆弧间隔均为 2°。吴氏网比极网应用更广泛，主要包括以下几种。

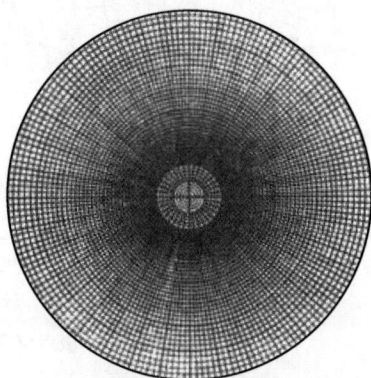

图 3-14　极网

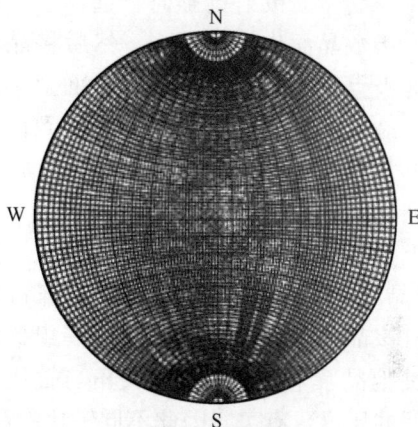

图 3-15　吴氏网

（1）夹角的测量。要用吴氏网测极射投影上任意两极点之间的角度，必须先将极点转到同一条经线上，再读出它们的纬度差。例如，要测量极射投影中极点 P_1 与 P_2 之间的夹角，则须把该极射投影蒙在基圆相同的吴氏网上，固定两者的中心，转动极射投影，使这两个极点落在吴氏网的同一条经线上，这时两极点之间的纬度差就是它们之间夹角的度数。

（2）晶体转动情况。晶体绕任一轴转动前后，其极射投影点之间的角关系应保持不变。需先将转动分解成绕平行于投影平面的轴和垂直于投影平面的轴的转动。晶体绕平行于纸面的轴转动时，转轴应与吴氏网的南北极重合，极点应沿各自所在的纬线转动，且跨过相同的经度；晶体绕垂直于纸面的轴转动时，转轴与极网的中心重合，极点也是沿各自所在的纬线（同心圆）转动，跨过相同的经度（辐射线）；晶体绕倾斜轴转动时，必须先将其分解成两个分转动，即一个绕平行于纸面轴的转动和一个绕垂直于纸面轴的转动，面痕为吴氏网上的一条经线，与其极点成 90°。如图 3-16 所示，图中的 A_1 和 B_1 为晶体转动前两个极点的位置。如果晶体绕该轴逆时针方向转动 60°，则 A_1、B_1 极点分别沿各自所在的纬线到达 A_2、B_2 位置。其在投影图的背后，则以"$\ominus$"标明；在投影图的正面，则以"$\oplus$"标明。如果晶体绕垂直于投影平面的轴转动，则转动前后的极点分别在一个个以基圆圆心为圆心的同心圆上。

（3）投影面的转换。投影面的极射赤面投影即为投影基圆的圆心，故转换投影面只需将新投影面的极射赤面投影移动到投影基圆的中心，同时将投影面上的所有极射赤面投影沿其纬线小圆弧转动同样的角度即为新位置。

3.1.4.4　标准投影

标准投影是极射投影的一种，是以低指数晶面平行于投影面，晶体中主要晶面或晶向的极射投影。标准投影在测定晶体取向（如织构）中非常有用，它标明了晶体中所有重要晶面的相对取向和对称关系，可方便地定出投影图中所有极点的指数。在作晶体的极射投影时，选择某个对称性明显的低指数晶面作为投影面，然后将晶体中各个晶面的极点都投影到选择的投影面上。对于立方晶系，晶面与晶向的标准投影是一致的，所以在名称上不加以区别。而对其他晶系，(hkl) 为晶面的标准投影，$[uvw]$ 为晶向的标准投影。在标准投影图上，最高的晶面（或晶向）指数一般为 7。在立方晶系中，因晶面间夹角与点阵常数无关，故所有该晶系的晶体均可使用同一组标准投影；但对其他晶系来说，晶面间夹角与轴比（点阵常数之间的比值）有关，因此不同轴比的晶体，

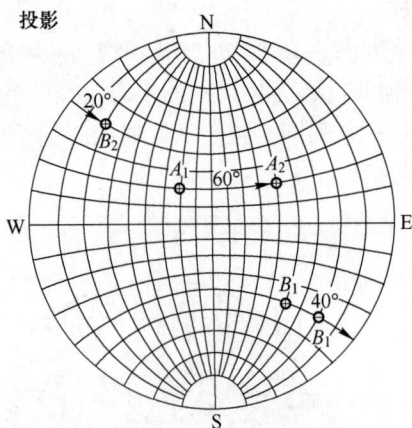

图 3-16　晶体绕 NS 轴转动时极点的转动
⊕—极点在图的正面；
⊖—极点在图的背面。A_1、B_1 与 A_2、B_2 分别代表晶体转动前、后的极点位置转动前、后的极点位置

即使是指数相同的晶面，其夹角也不相等，即每种轴比的晶体都有自己的标准投影。图 3-17 给出立方晶系的 001 标准投影及主要的晶带大圆，001 标准投影是晶体 [001] 面平行于投影面时主要晶面的极射投影，因而（001）极点应在基圆中心；图 3-18 为六方晶系轴比 (c/a) 为 1.86 时的（0001）标准投影。

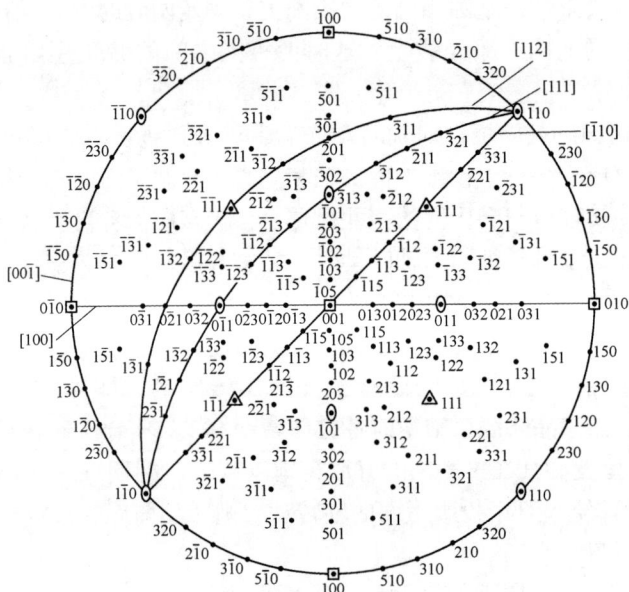

图 3-17　立方晶系的 001 标准投影及主要的晶带大圆

晶带大圆上的 (hkl) 极点与 $[uvw]$ 晶带之间满足下述关系：

$$hu + kv + lw = 0 \qquad (3\text{-}1)$$

式（3-1）表明晶带轴的晶向指数与该晶带的所有晶面的指数对应积的和为零，称此为晶带定律，可以用它判断某指数的晶面（hkl）是否属于某晶带［uvw］。

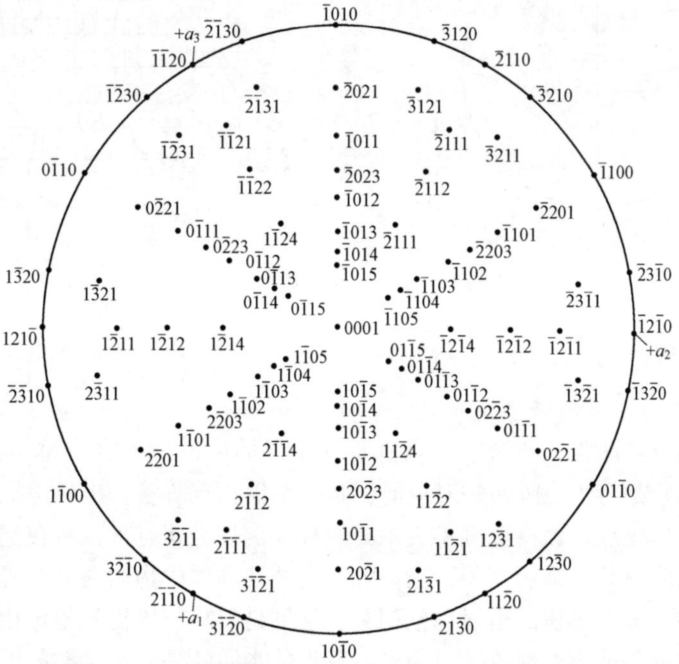

图 3-18 六方晶系轴比（c/a）为 1.86 时的 0001 标准投影

由晶带定律得知，如果（$h_1k_1l_1$）和（$h_2k_2l_2$）都属于［uvw］晶带，则（$h_1 + h_2k_1 + k_2l_1 + l_2$）也属于［$uvw$］晶带。所以在［100］晶带大圆上，任意两个｛100｝极点之间都存在一个｛110｝极点，其具体指数可以由｛100｝极点的具体指数来确定，如（110）极点应在（100）与（010）极点之间。（111）极点应在（001）与（110）极点所在的晶带大圆上，也在（100）与（011）极点所在的晶带大圆上，因此在两个晶带大圆的交点处。4个｛111｝极点由四次轴〈001〉相联系。再用类似的方法将（112）、（113）等其他极点放到投影上（见图3-19）。

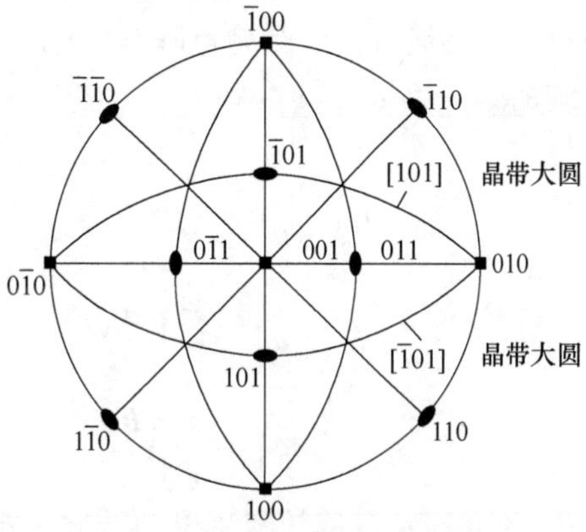

图 3-19 立方晶系 001 标准投影的
｛110｝极点和〈001〉晶带大圆

3.1.4.5 心射投影

心射投影也是把晶体的球面投影变换成平面图形的另一种形式。它的做法与极射投影略有不同，是将投影光源放在参考球心，投影面与参考球相切，如图3-20所示。球面经纬线网的心射投影图称为心射投影网。图3-21所示的心射投影网分度为10°，参考球半径为2 cm。心射投影网和心射投影图的关系与吴氏网和极射投影图的关系相同。

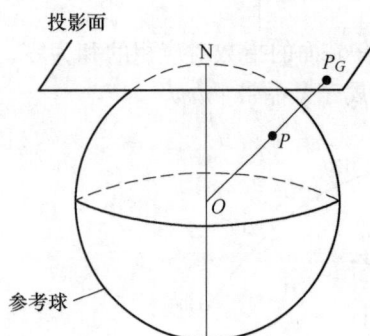

投影面

N

P_G

P

O

参考球

图 3-20　心射投影示意图

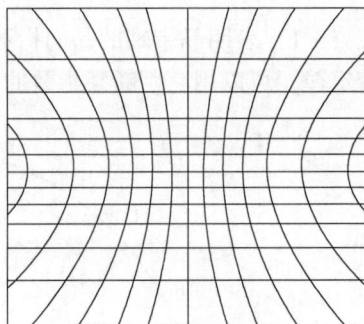

图 3-21　心射投影网

3.1.5　倒易点阵

3.1.5.1　倒易点阵的概念

晶体的空间点阵即为正点阵。正点阵反映了晶体中的质点在三维空间中的周期性排列，而倒易点阵则是与正点阵一一对应的，是一个由正点阵演算出的虚拟点阵。因该点阵的许多性质与晶体正点阵保持着倒易关系，故称为倒易空间点阵，所在空间为倒空间。从物理上讲，正点阵与晶体结构相关，正点阵描述的是晶体中物质的分布规律，是物质空间或正空间。倒易点阵与晶体的衍射现象相关，当倒易点阵与埃瓦尔德球相结合时，可以直观地解释晶体中的各种衍射现象，因为衍射花样的本质就是满足衍射条件的倒易阵点的投影，它描述的是衍射强度的分布，因此倒易点阵理论是晶体衍射分析的理论基础。

如图 3-22 所示，对于一个给定基矢为 a、b 和 c 的正点阵，必然有一个倒易点阵与它相对应，记其倒易阵胞的基矢为 a^*、b^* 和 c^*，它们与 a、b、c 的关系是：

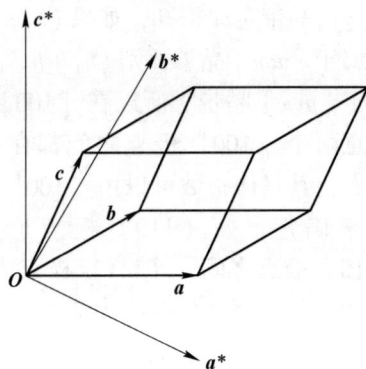

图 3-22　倒易阵胞与正阵胞的关系

$$a^* = \frac{b \times c}{V} \qquad (3\text{-}2)$$

$$b^* = \frac{c \times a}{V} \qquad (3\text{-}3)$$

$$c^* = \frac{a \times b}{V} \qquad (3\text{-}4)$$

式中，V 是正点阵的晶胞体积，$V = a \times b \times c$。经变换可得

$$a \cdot a^* = b \cdot b^* = c \cdot c^* = 1$$
$$a^* \cdot b = a^* \cdot c = b^* \cdot a = b^* \cdot c = c^* \cdot a = c^* \cdot b = 0 \qquad (3\text{-}5)$$

可知，同名基矢点积为1，异名基矢点积为0。

倒易点阵的 a^* 垂直于正点阵中的 b 和 c，则

$$a^* = \frac{bc\sin\alpha}{V} = \frac{1}{a\cos\alpha^*} \qquad (3\text{-}6)$$

倒易点阵的 b^* 垂直于 a 和 c，则

$$b^* = \frac{ca\sin\beta}{V} = \frac{1}{b\cos\beta^*}$$ (3-7)

倒易点阵的 c^* 垂直于 a 和 b

$$c^* = \frac{ab\sin\gamma}{V} = \frac{1}{c\cos\gamma^*}$$ (3-8)

$$V = abc(1 - \cos^2\alpha - \cos^2\beta - \cos^2\gamma + 2\cos\alpha\cos\beta\cos\gamma)^{1/2}$$ (3-9)

式中，α、β、γ 分别为矢量 b 与 c、c 与 a、a 与 b 之间的夹角；α^*、β^*、γ^* 分别为矢量 b^* 与 c^*、c^* 与 a^*、a^* 与 b^* 之间的夹角。

$$\cos\alpha^* = \frac{\cos\beta\cos\gamma - \cos\alpha}{\sin\beta\sin\gamma}$$ (3-10)

$$\cos\beta^* = \frac{\cos\alpha\cos\gamma - \cos\beta}{\sin\alpha\sin\gamma}$$ (3-11)

$$\cos\gamma^* = \frac{\cos\alpha\cos\beta - \cos\gamma}{\sin\alpha\sin\beta}$$ (3-12)

可见，由正阵胞与倒易阵胞三个基矢之间的关系可以作出与正点阵相对应的倒易点阵。各晶系的倒易点阵阵胞的基本参数见表 3-5。

表 3-5　各晶系的倒易点阵阵胞的基本参数

参数		单斜	正交	六方	菱方	正方	立方
正点阵特征		$a \neq b \neq c$ $\alpha = \gamma = 90°$ $\neq \beta$	$a \neq b \neq c$ $\alpha = \beta = \gamma$ $= 90°$	$a = b \neq c$ $\alpha = \beta = 90°$ $\gamma = 120°$	$a = b = c$ $\alpha = \beta = \gamma$ $\neq 90°$	$a = b \neq c$ $\alpha = \beta = \gamma$ $= 90°$	$a = b = c$ $\alpha = \beta = \gamma = 90°$
体积		$abc\sin\beta$	abc	$\frac{\sqrt{3}}{2}a^2c$	$a^3\sqrt{1 - 3\cos^2\alpha + 2\cos^2\alpha}$	a^2c	a^3
倒易点阵阵胞参数	a^*	$\frac{1}{a\sin\beta}$	$\frac{1}{a}$	$\frac{2}{a\sqrt{3}}$	$\frac{\sin\alpha}{a\sqrt{1 - 3\cos^2\alpha + 2\cos^2\alpha}}$	$\frac{1}{a}$	$\frac{1}{a}$
	b^*	$\frac{1}{b}$	$\frac{1}{b}$	$\frac{2}{a\sqrt{3}}$	$\frac{\sin\alpha}{a\sqrt{1 - 3\cos^2\alpha + 2\cos^2\alpha}}$	$\frac{1}{a}$	$\frac{1}{a}$
	c^*	$\frac{1}{c\sin\beta}$	$\frac{1}{c}$	$\frac{1}{c}$	$\frac{\sin\alpha}{a\sqrt{1 - 3\cos^2\alpha + 2\cos^2\alpha}}$	$\frac{1}{c}$	$\frac{1}{a}$
	α^*	$90°$	$90°$	$90°$	$\cos^{-1}\left(-\frac{\cos\alpha}{1 + \cos\alpha}\right)$	$90°$	$90°$
	β^*	$180° - \beta$	$90°$	$90°$	$\cos^{-1}\left(-\frac{\cos\alpha}{1 + \cos\alpha}\right)$	$90°$	$90°$
	γ^*	$90°$	$90°$	$60°$	$\cos^{-1}\left(-\frac{\cos\alpha}{1 + \cos\alpha}\right)$	$90°$	$90°$
	特征	$a^* \neq b^* \neq c^*$ $\alpha^* = \gamma^* = 90°$ $\neq \beta^*$	$a^* \neq b^* \neq c^*$ $\alpha^* = \beta^* = \gamma^*$ $= 90°$	$a^* = b^* \neq c^*$ $\alpha^* = \beta^* = 90°$ $\gamma^* = 60°$	$a^* = b^* = c^*$ $\alpha^* = \beta^* = \gamma^*$ $\neq 90°$	$a^* = b^* \neq c^*$ $\alpha^* = \beta^* = \gamma^*$ $= 90°$	$a^* = b^* = c^*$ $\alpha^* = \beta^* = \gamma^*$ $= 90°$

3.1.5.2 正点阵与倒易点阵的关系

正点阵与倒易点阵互为倒易关系，正、倒空间的单位也互为倒易，即正空间的长度单位为 nm，体积单位为 nm^3，而倒易空间的长度单位为 nm^{-1}，体积单位为 nm^{-3}，正、倒点阵的阵胞形状是互为倒易的，即长轴变短轴，锐角变钝角。同时，正点阵、倒易点阵是互为倒易的，即有

$$a = \frac{b^* \times c^*}{V^*}$$

$$b = \frac{c^* \times a^*}{V^*} \tag{3-13}$$

$$c = \frac{a^* \times b^*}{V^*}$$

式中，V^* 为倒易阵胞体积，同时有

$$V^* = \frac{1}{V} \tag{3-14}$$

利用倒易点阵解释问题要比利用正点阵方便得多。如果正点阵与倒易点阵具有共同的坐标原点，则正点阵中的晶面在倒易点阵中可用一个倒易阵点来表示，倒易点阵的指数用它所代表的晶面指数标定。晶体点阵中晶面取向和晶面间距这两个参量在倒易点阵中只用倒易矢量一个参量就能综合地表示出来。

3.1.5.3 倒易矢量的基本性能

A   倒易矢量 g_{hkl} 与正点阵中 (hkl) 晶面垂直

倒易点阵中的一个方向 $[hkl]^*$ 垂直于正点阵中的同名晶面 (hkl)，即 $[hkl]^* \perp (hkl)$。正点阵中的一个方向 $[uvw]$ 垂直于倒易点阵中的一个同名晶面 $(uvw)^*$ 即 $[uvw] \perp (uvw)^*$。如图3-23所示，将正点阵、倒易点阵的原点放在 O 点，正点阵的基矢为 a、b 和 c，(hkl) 晶面与基矢相交于 A、B、C。倒易矢量 g_{hkl} 以原点 O 为起点。根据晶面指数的定义，有

$$OA = \frac{a}{h}$$

$$OB = \frac{b}{k} \tag{3-15}$$

$$OC = \frac{c}{l}$$

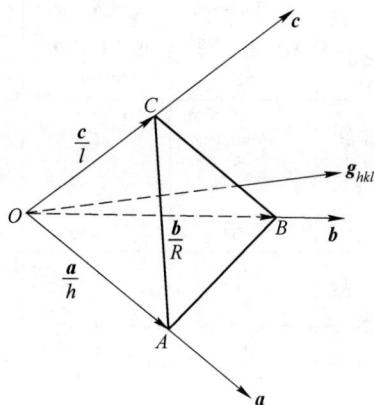

图 3-23   倒易矢量 g_{hkl} 与 (hkl) 晶面的关系

因为正点阵中的方向 $[uvw]$ 就是点阵矢量 $r_{uvw} = ua + vb + wc$；倒易点阵中的方向 $[hkl]^*$ 也是倒易点阵矢量 $g_{hkl} = ha^* + kb^* + lc^*$，有

$$g_{hkl} \cdot AB = (ha^* + kb^* + lc^*) \cdot \left(\frac{b}{k} - \frac{a}{h}\right) \tag{3-16}$$

$$g_{hkl} \cdot AB = 0 \tag{3-17}$$

$$g_{hkl} \cdot AC = 0 \tag{3-18}$$

两个矢量的点积等于零，说明 g_{hkl} 同时垂直于 AB 和 AC，即 g_{hkl} 垂直于（hkl）晶面：

$$g_{hkl} \perp (hkl) \tag{3-19}$$

也即

$$[hkl]^* \perp (hkl) \tag{3-20}$$

$$r_{uvw} \perp (uvw)^* \tag{3-21}$$

$$[uvw] \perp (uvw)^* \tag{3-22}$$

且对各个晶系都成立。

B　倒易矢量 g_{hkl} 的大小等于（hkl）晶面间距的倒数

倒易点阵中的一个结点 hkl 不仅代表着正点阵中的一个面列（hkl）的方位，也由指向该点倒易矢量的长度反映这些面的面间距的大小。正点阵中，（hkl）晶面的面间距 d_{hkl} 是其同名倒易矢量长度 g_{hkl} 的倒数，即 $d_{hkl} = 1 / g_{hkl}$。倒易点阵中，（uvw）* 晶面的面间距 d_{uvw}^* 也是正点阵中同名矢量长度 r_{uvw} 的倒数。

因此 $g_{hkl} \perp (hkl)$，晶面（hkl）的面间距 d_{hkl} 就是其与基矢的截距 OA 在 g_{hkl} 方向上的投影，即

$$d_{hkl} = OA \cdot \frac{g_{hkl}}{g_{hkl}} = \frac{a}{h} \cdot \frac{ha^* + kb^* + lc^*}{g_{hkl}} = \frac{1}{g_{hkl}} \tag{3-23}$$

所以

$$d_{hkl} = \frac{1}{g_{hkl}} \tag{3-24}$$

以同样的方法可以证明，倒易点阵的面间距 d_{uvw}^* 是正点阵同名矢量长度 r_{uvw} 的倒数，即

$$d_{uvw}^* = \frac{1}{r_{uvw}} \tag{3-25}$$

C　晶面间距的计算

利用晶面间距 d_{hkl} 和倒易矢量 g_{hkl} 互为倒易关系，可得

$$|g_{hkl}|^2 = \frac{1}{d_{hkl}^2} = (ha^* + kb^* + lc^*) \times (ha^* + kb^* + lc^*)$$

$$= h^2(a^*)^2 + k^2(b^*)^2 + l^2(c^*)^2 +$$

$$2khbc^* \cos\alpha^* + 2lhc^*a^* \cos\beta^* + 2hka^*b^* \cos\gamma^* \tag{3-26}$$

利用表 3-5 将式（3-26）中的倒易点阵参数 a^*、b^*、c^*、α^*、β^* 和 γ^* 换算成正点阵参数 a、b、c、α、β 和 γ，经变换可以得到以下晶系的晶面间距的计算公式。

立方晶系：

$$d_{hkl} = \frac{a}{\sqrt{h^2 + k^2 + l^2}} \tag{3-27}$$

正方晶系：

$$d_{hkl} = \frac{1}{\sqrt{\frac{h^2 + k^2}{a^2} + \frac{l^2}{c^2}}} \tag{3-28}$$

正交晶系：
$$d_{hkl} = \frac{1}{\sqrt{\dfrac{h^2}{a^2} + \dfrac{k^2}{b^2} + \dfrac{l^2}{c^2}}} \qquad (3\text{-}29)$$

六方晶系：
$$d_{kkl} = \frac{1}{\sqrt{\dfrac{4}{3} \times \dfrac{h^2 + hk + k^2}{a^2} + \dfrac{l^2}{c^2}}} \qquad (3\text{-}30)$$

菱方晶系：
$$d_{hkl} = \frac{a}{\sqrt{\dfrac{(h^2 + k^2 + l^2)\sin^2\alpha + 2(hk + hl + kl)(\cos^2\alpha - \cos\alpha)}{1 - 3\cos^2\alpha + 2\cos^3\alpha}}} \qquad (3\text{-}31)$$

单斜晶系：
$$d_{hkt} = \frac{1}{\sqrt{\dfrac{h^2}{a^2\sin^2\beta} + \dfrac{k^2}{b^2} + \dfrac{l^2}{c^2\sin^2\beta} - \dfrac{2hl\cos\beta}{ac\sin^2\beta}}} \qquad (3\text{-}32)$$

三斜晶系：
$$\frac{1}{d_{hkl}^2} = \frac{1}{V^2}\big[h^2b^2c^2\sin^2\alpha + k^2c^2a^2\sin^2\beta + l^2a^2b^2\sin^2\gamma +$$
$$2kla^2bc(\cos\beta\cos\gamma - \cos\alpha) + 2lhab^2c(\cos\gamma\cos\alpha - \cos\beta) +$$
$$2hkabc^2(\cos\alpha\cos\beta - \cos\gamma) \big] \qquad (3\text{-}33)$$

D 晶面夹角的计算

晶面夹角可以用晶面法线间的夹角来表示。所以，晶体点阵中两个晶面 $(h_1k_1l_1)$ 和 $(h_2k_2l_2)$ 之间的夹角 φ 可以用它们所对应的倒易矢量 $\boldsymbol{g}_1$ 和 $\boldsymbol{g}_2$ 之间的夹角来表示：

$$\boldsymbol{g}_1 \cdot \boldsymbol{g}_2 = g_1g_2\cos\varphi \qquad (3\text{-}34)$$

$$\cos\varphi = \frac{\boldsymbol{g}_1 \cdot \boldsymbol{g}_2}{g_1g_2} = \frac{1}{g_1g_2}(h_1\boldsymbol{a}^* + k_1\boldsymbol{b}^* + l_1\boldsymbol{c}^*) \times (h_2\boldsymbol{a}^* + k_2\boldsymbol{b}^* + l_2\boldsymbol{c}^*)$$
$$= \frac{1}{g_1g_2}\big[h_1h_2(a^*)^2 + k_1k_2(b^*)^2 + l_1l_2(c^*)^2 + (k_1l_2 + k_2l_1)b^*c^*\cos\alpha^* +$$
$$(h_1l_2 + h_2l_1)c^*a^*\cos\beta^* + (h_1k_2 + h_2k_1)a^*b^*\cos\gamma^* \big] \qquad (3\text{-}35)$$

可以得到以下晶系的晶面夹角的计算公式。

立方晶系：
$$\cos\varphi = \frac{h_1h_2 + k_1k_2 + l_1l_2}{\sqrt{h_1^2 + k_1^2 + l_1^2}\sqrt{h_2^2 + k_2^2 + l_2^2}} \qquad (3\text{-}36)$$

正方晶系：
$$\cos\varphi = \frac{\dfrac{h_1h_2 + k_1k_2}{a^2} + \dfrac{l_1l_2}{c^2}}{\sqrt{\dfrac{h_1^2 + k_1^2}{a^2} + \dfrac{l_1^2}{c^2}}\sqrt{\dfrac{h_2^2 + k_2^2}{a^2} + \dfrac{l_2^2}{c^2}}} \qquad (3\text{-}37)$$

正交晶系：
$$\cos\varphi = \frac{\dfrac{h_1 h_2}{a^2} + \dfrac{k_1 k_2}{b^2} + \dfrac{l_1 l_2}{c^2}}{\sqrt{\dfrac{h_1^2}{a^2} + \dfrac{k_1^2}{b^2} + \dfrac{l_1^2}{c^2}}\sqrt{\dfrac{h_2^2}{a^2} + \dfrac{k_2^2}{b^2} + \dfrac{l_2^2}{c^2}}} \tag{3-38}$$

六方晶系：
$$\cos\varphi = \frac{\dfrac{4}{3a^2}\left(h_1 h_2 + k_1 k_2 + \dfrac{h_1 k_2 + h_2 k_1}{2}\right) + \dfrac{l_1 l_2}{c^2}}{\sqrt{\dfrac{4}{3} \times \dfrac{h_1^2 + h_1 k_1 + k_1^2}{a^2} + \dfrac{l_1^2}{c^2}}\sqrt{\dfrac{4}{3} \times \dfrac{h_2^2 + h_2 k_2 + k_2^2}{a^2} + \dfrac{l_2^2}{c^2}}} \tag{3-39}$$

菱方晶系：
$$\cos\varphi = \left[(h_1 h_2 + k_1 k_2 + l_1 l_2)\sin^2\alpha + (h_1 k_2 + h_2 k_1 + h_1 l_2 + h_2 l_1 + k_1 l_2 + k_2 l_1)(\cos^2\alpha - \cos\alpha)\right] / $$
$$\{[h_1^2 + k_1^2 + l_1^2]\sin^2\alpha + 2(h_1 k_1 + h_1 l_1 + k_1 l_1)(\cos^2\alpha - \cos\alpha)]^{1/2}[(h_2^2 + k_2^2 + l_2^2)\sin^2\alpha + 2(h_2 k_2 + h_2 l_2 + k_2 l_2)(\cos^2\alpha - \cos\alpha)]^{1/2}\} \tag{3-40}$$

单斜晶系：
$$\cos\varphi = \left[\frac{h_1 h_2}{a^2\sin^2\beta} + \frac{k_1 k_2}{b^2} + \frac{l_1 l_2}{c^2\sin^2\beta} - \frac{(h_1 l_2 + h_2 l_1)\cos\beta}{ac\sin^2\beta}\right] /$$
$$\left[\left(\frac{h_1^2}{a^2\sin^2\beta} + \frac{k_1^2}{b^2} + \frac{l_1^2}{c^2\sin^2\beta} - \frac{2h_1 l_1 \cos\beta}{ac\sin^2\beta}\right)^{\frac{1}{2}} \times \left(\frac{h_2^2}{a^2\sin^2\beta} + \frac{k_2^2}{b^2} + \frac{l_2^2}{c^2\sin^2\beta} - \frac{2h_2 l_2 \cos\beta}{ac\sin^2\beta}\right)^{\frac{1}{2}}\right] \tag{3-41}$$

3.1.6 晶体的结合类型

晶体中各原子之间存在结合力，这种结合力本质上都与原子核和电子静电相互作用有关，库仑吸引力是原子结合的动力，即有长程力（晶体中原子间还存在排斥力），又有短程力（在平衡时，吸引力和排斥力相等）。粒子结合成晶体时，核外电子重新排布，外层电子的不同排布产生了不同类型的结合力，同时，原子、分子或离子的性质不同，这种相互作用力的表现形式也不同，从而导致了晶体具有不同的结合类型。典型的晶体结合类型有离子结合、共价结合、金属结合、分子结合、氢键结合、混合结合。前三种是强结合，分子结合和氢键结合是弱结合。

3.1.6.1 离子结合

离子晶体是正、负离子在库仑力作用下通过离子键结合形成的晶体。ⅠA族碱金属元素的原子最外层只有一个电子，电负性小，容易失去电子形成正离子，电负性大的ⅦA族卤素元素的原子容易俘获电子形成负离子，因此，ⅠA族碱金属元素 Li、Na、K、Rb、Cs和ⅦA族卤素元素 F、Cl、Br、I 之间形成离子晶体。另外，由于电负性的较大差异，ⅡA族碱土金属元素 Be、Mg、Ca、Sr、Ba 与ⅥA族氧族元素 O、S、Se、Te 构成的晶体也可视为离子晶体。NaCl 是一种典型的离子晶体，呈面心立方结构。电负性小的 Na 原子失去一个最外层电子形成 Na^+，电负性大的 Cl 原子得到一个电子形成 Cl^-，Na^+ 与 Cl^- 相间排列，每个 Na^+ 同时吸引 6 个 Cl^-，每个 Cl^- 同时吸引 6 个 Na^+，使正、负离子之间吸引力大于同号离子之间的排斥力。如图 3-24 所示，Cl^- 分布于立方体的顶角和六个面的面心，形成面心立方结构，Na^+ 的分布也构成面心立方结构，NaCl 晶体的空间点阵可认为是由 Na^+ 和 Cl^- 两个面心立方结构沿棱边平移半个棱边长套构而成的。另一种典型的离子晶体是 CsCl，如图 3-25 所示，Cl^- 位于立方体的顶角，Cs^+ 位于立方体的体心，分别构成简单立方，CsCl 晶体的空间点阵可认为是由 Cs^+ 和 Cl^- 两个简单立方结构体对角线平移 1/2 的长度套构而成的。

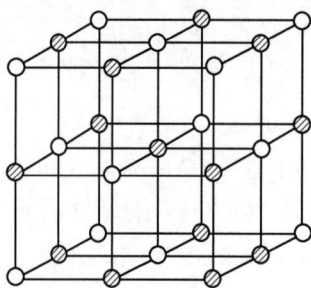

图 3-24　NaCl 离子晶体结构　　　　图 3-25　CsCl 离子晶体结构

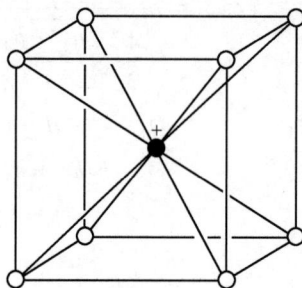

离子晶体是由阴、阳离子通过较强的库仑引力结合而成，结构较为稳定，结合能较大，离子晶体具有较高的熔点、沸点，常温呈固态；硬度较大，比较脆，延展性差；在熔融状态或水溶液中易导电；大多数离子晶体易溶于水，并形成水合离子。值得注意的是，离子晶体中，离子半径越小，离子带电荷越多，离子键越强，该物质的熔点、沸点一般就越高，如 KCl、NaCl 和 MgO，其熔点、沸点由低到高排列的顺序为：KCl<NaCl<MgO。

3.1.6.2　共价结合

电负性较大的原子倾向于俘获电子而难以失去电子，因此，由这类同种原子结合形成晶体时，原子之间形成共价键，使最外层的电子不脱离原来原子，但靠近的两个电负性大的原子可以各给出一个电子，形成两原子共有的自旋相反的电子对，从而产生结合力。这样形成的晶体称为共价晶体或原子晶体。例如，金刚石晶体是以一个碳原子为中心，通过共价键连接 4 个碳原子，形成正四面体的空间结构。共价键的基本特征是饱和性和方向性。由于共价键只能由未配对的电子形成，故一个原子能与其他原子形成共价键的数目是有限制的，这称为共价键的饱和性。一般说来，若原子价电子壳层的电子数不到半满，则每个电子都可以是不配对的，因而能形成共价键的数目与价电子相等。如果原子的价电子数目超过半满，根据泡利原理，其中必有部分电子已配对，因而能形成共价键的数目少于价电子数，一般符合 8-N 定则，N 是价电子数，8-N 等于最外壳层的空态数目。共价键的方向性指的是一个原子与其他形成的各个共价键之间有确定的相对取向，该方向是配对电子的波函数的对称轴。若金刚石每个碳原子与邻近的碳原子形成四个共价键，则其相互夹角均为 109°28′，四个 C—C 键键长均为 $1.55×10^{-10}$ m，键能相等。

原子晶体中，组成晶体的微粒是原子，原子间的相互作用是共价键，共价键是一种强结合，并且其方向性使晶体具有特定结构，因而共价晶体结合能很大、熔点高、硬度大、脆性大。例如金刚石熔点高达 3550 ℃，是硬度最大的单质。多数原子晶体为绝缘体，有些如硅、锗等是优良的半导体材料。原子晶体中不存在分子，用化学式表示物质的组成，单质的化学式直接用元素符号表示，两种以上元素组成的原子晶体，按各原子数目的最简比写化学式。常见的原子晶体包括周期系第ⅣA族元素的一些单质和某些化合物，如金刚石、硅晶体、SiO_2、SiC 等，此外，第ⅤA、ⅥA、ⅦA族元素的某些化合物也构成原子晶体。对不同的原子晶体，组成晶体的原子半径越小，共价键的键长越短，即共价键越牢固，晶体的熔、沸点越高，如金刚石、碳化硅、硅晶体的熔点、沸点依次降低。

3.1.6.3 金属结合

带负电的电子云与沉浸于其中的带正电的金属离子实之间产生库仑引力，从而形成金属晶体。金属结合的特点是原子最外层价电子的共有化，即这些价电子为整个晶体所共有，这样可使电子动能小于自由原子时的动能，从而使晶体内部能量下降。原子越紧凑，电子云与原子实就越紧密，库仑能就越低，所以许多金属原子是立方密堆或六方密堆排列，配位数最高。金属的另一种较紧密的结构是体心立方结构。

由金属键形成的金属单质及一些金属合金都属于金属晶体，如镁、铝、铁和铜等。金属晶体中存在金属离子（或金属原子）和自由电子，金属离子（或金属原子）总是紧密地堆积在一起，金属离子和自由电子之间存在较强烈的金属键，自由电子在整个晶体中自由运动。金属具有共同的特性，如金属有光泽、不透明、是热和电的良导体、有良好的延展性和机械强度。金属结合也是一种较强的结合，并且由于其配位数较高，金属一般具有稳定、密度大、熔点高的特点。金属晶体中，金属离子排列越紧密，金属离子的半径越小，离子电荷越高，金属键越强，金属的熔、沸点越高。例如，周期系ⅠA族金属由上而下随着金属离子半径的增大，熔、沸点递减。第三周期金属按 Na、Mg、Al 顺序，熔点、沸点递增。由于金属中价电子的共有化，金属的导电导热性能都很好。金属具有光泽也和价电子的共有化相关。另外，由于金属结合是一种体积效应，对原子排列没有特殊要求，故在外力作用下容易造成原子排列的不规则或重新排列，从而使金属表现出很强的延展性，容易进行机械加工。

3.1.6.4 分子结合

分子晶体组成粒子为具有稳定电子结构的原子或分子，形成晶体时它们的状态不变，只是依靠相互间的范德华力（或称分子间作用力）结合。例如，CO_2、HCl、H_2、Cl_2 等及惰性元素 Ne、Ar、Kr、Xe 在低温下形成的晶体都是分子晶体。大部分有机化合物的晶体也是分子晶体。分子间的范德华力一般可分为三种类型：极性分子间的结合、极性分子与非极性分子的结合、非极性分子间的结合。

范德华键（分子键）无方向性和饱和性。对于惰性元素，由于分子外形是球对称的，故其晶体采取最密排列方式以使势能最低。Ne、Ar、Kr、Xe 晶体均为面心立方结构。对于其他分子晶体，微观结构和分子的几何构型相关。范德华键是弱结合，所以分子晶体熔点低、硬度小。

3.1.6.5 氢键结合

氢原子核外只有一个电子，其外电子壳层饱和情况下只有两个电子，氢的电离能很大，不易失去电子。氢原子可以同时和两个电负性大的原子形成一强一弱的两个键，当氢原子与电负性强的元素结合时，形成共价键，因为其 $1s$ 有一个电子，氢原子只能形成一个共价键。由于电子的配对，氢的电子云被拉向另一个原子一侧，氢核便处于电子云的边缘。这个带正电的氢核还可以通过库仑引力和另一个电负性较大的原子结合，形成另一个键，这个键称为氢键，其强度弱于共价键。氢键结合具有方向性和饱和性。在化学结构式中，氢键一般表示为 X—H—Y 或 X—H…Y，其中短线表示共价强键（键长短，即原子间距小），而其他线表示弱键（键长大）。冰是典型的氢键晶体。氢键较弱，故氢键晶体一般熔点低、硬度小。

3.1.6.6　混合结合

实际晶体的结合往往很复杂，有些结合难于看作是某一种单纯的结合形式。例如，ZnS、AgI 一般称为离子晶体，但它含有相当的共价键成分，即使典型的离子晶体 NaCl 也含有少量共价键成分。而共价晶体 GaAs、GaP 等也含有离子键成分。另外，一种晶体中又可有多种形式的结合。例如具有层状结构的石墨，每一层内碳原子以三个共价键与邻近原子结合成二维蜂房型结构，而多余的一个价电子则成为层内的共有化电子（金属性结合），在层与层之间靠范德华力结合。这种结合特点使石墨质软而熔点高，导电性好，这一性质导致它与其同素异形体金刚石有天壤之别。

3.2　X射线物理基础

X 射线是波长介于紫外线与 γ 射线之间的电磁波（见图 3-26），具有波粒二象性。X 射线在电磁波谱中的位置介于紫外线和 γ 射线之间，波长为 $0.001 \sim 10$ nm。根据波长的不同，X 射线可分为硬 X 射线和软 X 射线。硬 X 射线波长为 $0.001 \sim 0.1$ nm，穿透力极强，常用于金属探伤与医用透视；软 X 射线波长略长（$\lambda > 0.1$ nm），其中 $\lambda = 0.1 \sim 0.2$ nm 的波段因恰在原子间与分子间的间距范围，被用于无机晶体和小分子有机晶体的结晶结构的研究，$\lambda = 0.2 \sim 10$ nm 的 X 射线则可用于研究生物大分子的晶体结构。X 射线若波长太短，如 $\lambda < 0.05$ nm，则晶格点阵的衍射集中于低角度区，不易分辨；若波长太长，如 $\lambda > 0.25$ nm，则 X 射线途经空气和试样时，吸收严重，不利于测量。

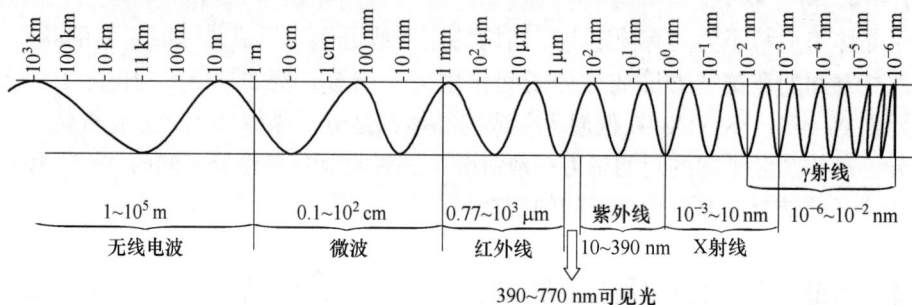

图 3-26　电磁波谱及其波长范围

3.2.1　X 射线的本质

3.2.1.1　X 射线的波动性

作为一种电磁波，X 射线具有波动性，表现为以一定的波长和频率在空间传播，能够发生干涉和衍射。如图 3-27 所示，电场强度矢量 E 和磁场强度矢量 H 互相垂直，且都与 X 射线传播方向垂直。X 射线在传播的过程中，其电场完全限制在 xOy 平面上，则称此时的 X 射线为平面偏振波。对于非偏振的 X 射线，其电场强度矢量 E 和磁场强度矢量 H 可以在 yOz 平面的任意方向，但二者保持垂直关系。

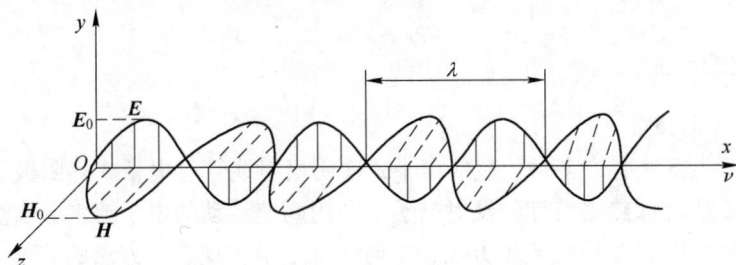

图 3-27　电磁波的电场和磁场分量与传播方向的关系

对于具有单一波长的平面偏振 X 射线，E 在 y 轴方向随时间和位置的变化具有正弦性质。对于 x 轴方向上的任意一点 x 和时间 t，波的传播方程为

$$\begin{cases} E_{x,t} = E_0 \sin 2\pi \left(\dfrac{x}{\lambda} - \nu t \right) \\ H_{x,t} = H_0 \sin 2\pi \left(\dfrac{x}{\lambda} - \nu t \right) \end{cases} \quad (3\text{-}42)$$

式中，E_0 为电场强度的振幅；H_0 为磁场强度的振幅；λ 为电磁波的波长，$\lambda = \dfrac{c}{\nu}$；ν 是电磁波的频率；c 为光速，$c = 2.998 \times 10^8$ m/s。

电磁波在传播的过程中携带能量，单位时间内在垂直于传播方向的单元面积内通过的 X 射线的能量称为 X 射线的强度 I_0，强度的平均值与电磁波振幅的平方成正比，即 $I \propto E_0^2$。X 射线散射、衍射、偏振等特性是 X 射线波动性的表现。

3.2.1.2　X 射线的粒子性

在量子理论看来，电磁波是一种被称为光子或光量子的粒子流，具有波粒二象性。X 射线是由大量以光速运动的光量子组成的不连续的粒子流。每个光量子具有的能量 ε 和动量 p 满足如下关系：

$$\begin{cases} \varepsilon = h\nu = \dfrac{hc}{\lambda} = \dfrac{12.4}{\lambda} \\ p = \dfrac{h\nu}{c} = \dfrac{h}{\lambda} \end{cases} \quad (3\text{-}43)$$

式中，h 为普朗克常数，约为 6.626×10^{-34} J·s。

不同波长的 X 射线具有不同的能量。X 射线的强度取决于单位时间内通过与 X 射线传播方向垂直的单位面积上的光量子数目。当 X 射线与物质相互作用交换能量时，如电离、激发 X 射线荧光、康普顿散射等可表现出其粒子性。

3.2.1.3　X 射线的一般性质

X 射线沿直线传播，穿过介质时，几乎不发生偏折，折射率接近 1。电场和磁场也不能改变其传播方向，因此，常规方法无法使 X 射线汇聚或发散。X 射线的波长短，穿透能力强。软 X 射线的波长与晶体的原子间距在同一量级上，易在晶体中发生散射、干涉和衍射，常用于晶体的微观结构分析。硬 X 射线常用于金属零件的探伤和医学上的透视分析。由于 X 射线波长短、能量高，能破坏或杀死生物组织细胞，所以接触 X 射线时应做好屏蔽。

3.2.2   X射线的产生

3.2.2.1   X射线管

X 射线的产生方法有许多种，包括离子式冷阴极射线管、电子式热阴极射线管和电子回旋加速器等。通过加热阴极灯丝发射电子，利用高速运动的电子流来轰击金属靶材获得 X 射线是现在最常用的 X 射线产生方法，X 射线管正是实现这一方法的装置。

X 射线管的结构如图 3-28 所示，实质上就是一个真空二极管，由阴极和阳极组成，阴极为发射电子的灯丝，给它通以一定的电流并加热（温度可达 2000 ℃）放射出电子。在数万伏高压电场的作用下，这些电子奔向阳极靶。为了使电子束集中，在阴极灯丝外面加上聚焦罩。高速运动的电子与阳极靶碰撞时发生能量转换，电子的运动受阻失去动能，其中绝大部分能量转变成热能使物体温度升高，一小部分能量转变为电磁波，从而产生 X 射线。阳极底座由导热性能好、熔点较高的材料（黄铜或紫铜）制成。在底座的端面嵌镶或镀上一层阳极靶材料，常用的阳极靶材料有 Cu、Cr、Fe、Co、Ni、Mo、Ag 和 W 等。另外，阳极还须有水冷，以防靶材受热熔化。窗口材料要求既要有足够强度以保持管内真空，又要尽量少吸收 X 射线。较好的窗口材料是 Be 片或 Li-Be 玻璃。

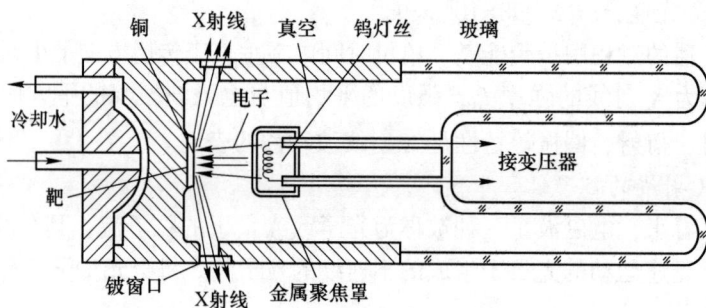

图 3-28   X 射线管的结构示意图

高速电子轰击阳极靶后，电子垂直于靶材表面碰撞会向整个空间辐射 X 射线，且四面八方的 X 射线强度是均匀分布的，但沿靶材表面方向获得的 X 射线强度最高。考虑到靶材表面的粗糙度，会对非常小角度的 X 射线产生吸收和阻挡，通常保持 X 射线方向与靶面成一定的角度（角度 $\alpha = 3° \sim 6°$）。

3.2.2.2   X射线仪

用来产生 X 射线的设备称为 X 射线仪，X 射线仪由 X 射线管及其他电器设备组成。这些设备包括：（1）为 X 射线管提供稳定的高压电场的高压变压器；（2）供加热阴极灯丝用的低压稳压电源，由低压变压器和一套稳压系统组成；（3）用于调节和指示管电压与管电流的自动控制和指示装置。此外，在可拆卸式 X 射线仪中还配有真空系统。

3.2.3 X 射线谱

X 射线谱是指 X 射线的强度与波长的关系曲线。X 射线的强度是单位时间内通过单位面积的 X 光子的能量总和，它不仅与单个 X 光子的能量（波长）有关，还与光子的数量有关。X 射线谱可以分为两种类型。一种是具有连续波长的 X 射线，称为连续 X 射线谱，又称为多色 X 射线谱。另一种是在连续谱的基础上叠加若干条具有一定波长的 X 射线构成的谱线，称为特征 X 射线谱，它和可见光中的单色光相似，所以也被称为单色 X 射线。

3.2.3.1 连续 X 射线谱

任何具有足够动能的带电粒子迅速受到减速都可能产生 X 射线。当电子与阳极靶中的原子发生碰撞时，电子失去自己的能量，其中一部分以光子的形式辐射出去。通过 X 射线管的加速电压到达阳极靶表面的电子具有最高的能量，经过碰撞后产生光子，电子每发生一次碰撞便产生一个能量为 ε 的光子，多次碰撞就产生多次辐射。由于每次辐射的光子的能量不尽相同，这些能量不同的光子就构成了连续 X 射线谱。光子的最大能量不可能超过用来轰击的电子的能量，假设电子的电荷为 e，X 射线管中阴极和阳极之间的电压为 V，则电子加速后的能量为 eV。由此可以得出连续 X 射线谱中能量最高的光子（波长最短）满足如下关系式：

$$h\nu_{\max} = eV = \frac{hc}{\lambda_{\min}} \tag{3-44}$$

式中，$\nu_{\max}$ 为连续 X 射线谱中光子的频率最大值；$\lambda_{\min}$ 为对应光子波长的最小值，也称为短波限。$\lambda_{\min}$ 经常数代入可得

$$\lambda_{\min} = \frac{hc}{eV} = \frac{6.626 \times 10^{-34} \times 2.998 \times 10^8}{1.6 \times 10^{-19} \times V \times 10^3} \times 10^{10} = \frac{12.4}{V} \tag{3-45}$$

式中，V 的单位用 kV，波长的单位用 Å（1 Å = 0.1 nm）。可见，短波限只与 X 射线管的管电压有关，V 越大，$\lambda_{\min}$ 越小。这是由于管压增加，电子束中单个电子的能量增加所致。

X 射线的强度不仅取决于光子的能量，还取决于单位时间通过单位面积的光子的数量 n，即强度 $I \propto nh\nu$。如果把连续谱中强度最大处的波长记为 $\lambda_{\max}$，一般有

$$\lambda_{\max} = 1.5\lambda_{\min} \tag{3-46}$$

X 射线连续谱中每条曲线下的面积表示连续谱的总强度 $I_{连}$，也即阳极靶辐射出的 X 射线的总能量。

$$I_{连} = \int_{\lambda_0}^{\infty} I(\lambda)\,\mathrm{d}\lambda = K_1 iZV^2 \tag{3-47}$$

式中，i 为管电流；Z 为阳极靶材的原子序数。

可见，当管电压 V 和管电流 i 不变时，阳极靶材的原子序数 Z 越大，虽 $\lambda_{\min}$、$\lambda_{\max}$ 保持不变，$I_{连}$ 增大，谱线也整体上移，表明原子序数 Z 增加，各波长下的 X 射线强度增加。这是由于原子序数增加，其核外电子壳层增加，这样被电子激发产生 X 射线的概率增加，导致产生 X 光子的数量增加，因而连续谱线整体上移。

3.2.3.2 特征 X 射线谱

特征 X 射线谱是在连续 X 射线谱的基础上产生的。各种阳极靶材都有自己特定的激发电压值，对于一定的靶面材料，其特征谱波长有一确定值。改变管电压和管电流的大小

只能影响特征谱的强度，而不影响其波长。只有当管电压 V 大于激发电压时，才会在连续谱的基础上出现特征谱，而当管电压低于激发电压时，则仅有连续谱没有特征谱。

特征 X 射线谱的产生机理与靶材原子的内部结构是紧密相关的。原子核外的电子按一定的规律分布在量子化的壳层上，每层上的电子数和能量均是固定的。各能级中电子的运动状态由四个量子数确定，原子的壳层由里到外依次用 K、L、M、N 等表示，每层又分为（2_n –1）个亚层，n 为壳层数，每壳层的能量用 E_n 表示，令最外层的能量为零，里层能量均为负值。当 X 射线管中灯丝发出的电子达到一定能量时，可使核外 K、L、M、N 层上的电子摆脱核的束缚，成为自由电子，并留下空位，处于激发状态的原子有自发回到稳定状态的倾向，于是，它的外层（L、M、N、…层）电子将跃迁至 K 层，以使其能量降低，释放的能量以 X 射线的形式辐射出来。此时辐射出来的光子形成特征 X 射线谱，光子的能量由式（3-48）决定。

$$h\nu = E_{n2} - E_{n1} \tag{3-48}$$

式中，E_{n2}、E_{n1} 分别为低能级和高能级轨道中电子的能量。

如果 K 层电子被击出留下空位，L、M、N 层上的电子填补 K 层空位时产生的 X 射线称为 K 系辐射。同样，L 层电子被击出时，有 L 激发，也会产生一系列的 L 系辐射。管电压和管电流的变化只能影响靶面材料中被激发的原子数目，而不能影响它们各层电子的能级，所以特征 X 射线谱波长不随管电压和管电流的变化而改变。1914 年，物理学家莫塞莱在布拉格研究的基础上发现了特征 X 射线的波长与原子序数之间的定量关系，称为莫塞莱定律：

$$\sqrt{\frac{1}{\lambda}} = \sqrt{R\left(\frac{1}{n_2^2} - \frac{1}{n_1^2}\right)}\,(Z - \sigma) \tag{3-49}$$

式中，n_1、n_2 分别为电子跃迁前、后壳层的主量子数；R 是里德伯常数，其值为 $1.0974 \times 10^7\ \text{m}^{-1}$；$Z$ 为靶材的序数；σ 为屏蔽因子。

常用阳极靶材的 K 系谱线波长见表 3-6，因为 K 层与 L 层是相邻的能级，K 层空位被 L 层电子填充的概率要大大超过被 M 层电子填充的概率。因此，K_β 辐射的光子能量要大于 K_α 辐射的能量，即 K_β 辐射的光子的波长要小于 K_α 辐射，但是产生光子的数目却很少。所以就光子的能量与其数目的乘积而言（这个乘积决定强度），K_β 的强度要比 K_α 小得多。

表 3-6　常用阳极靶材的 K 系激发电压及特征谱线波长

原子序数 Z	元素	波长/nm				K 吸收限波长 /nm	K 系激发电压 /kV
		K_α	$K_{\alpha 1}$	$K_{\alpha 2}$	K_β		
24	Cr	0.22909	0.229352	0.228962	0.208479	0.20701	5.98
26	Fe	0.19373	0.193991	0.193597	0.175654	0.17433	7.10
27	Co	0.17902	0.179279	0.178890	0.162073	0.16081	7.71
28	Ni	0.16591	0.166168	0.165783	0.150008	0.14880	8.29
29	Cu	0.15418	0.154434	0.154050	0.139217	0.13804	8.86
42	Mo	0.07107	0.071354	0.070926	0.063225	0.06198	20.0

由于 K_α 谱线强度极高，并且是近单色的，半高强度处宽度小于 10^{-4} nm，因此实验工

作中常用 K_α 辐射。K 系辐射强度满足经验式:

$$I_特 = K_2 i (V - V_K)^{1.5 \sim 1.7} \tag{3-50}$$

式中,K_2 为常数;V_K 为 K 系激发电压。

$K_{\alpha 1}$ 和 $K_{\alpha 2}$ 的双重线现象是和原子能级的精细结构相关联的。K 层 2 个电子位于 $1s$ 轨道层,2 个电子能量一致(角量子数 $l = 0$,磁量子数 $m = 0$),L 层的 8 个电子分布在能量不同的三个副能级层上:L_I 层 2 个 $2s$ 电子($l = 0$,$m = 0$),L_{II} 层 2 个 $2p$ 电子($l = 1$,$m = 0$),L_{III} 层 4 个 $2p$ 电子($l = 1$,$m = \pm 1$)。根据电子跃迁选择规则可知,电子发生跃迁必须满足前、后两能级的 $\Delta l = \pm 1$ 且 $\Delta m = 0$ 或 ± 1,所以 L 层中只有 L_{III} 和 L_{II} 上的电子可以向 K 层($l = 0$,$m = 0$)跃迁,分别产生 $K_{\alpha 1}$ 和 $K_{\alpha 2}$ 双重线辐射,二者具有微小的能量差别,且满足 $K_\alpha = (K_{\alpha 2} + 2K_{\alpha 1}) / 3$。例如,Mo 靶的激发电压 V_k 为 20 kV,特征 X 射线 K_α 线的波长为:$K_\alpha = (2/3) \times 0.70926 + (1/3) \times 0.71353 = 0.71069$ Å $= 0.071069$ nm。

3.2.4 X射线与物质相互作用

当 X 射线穿透某一物质时,由于它和物质的相互作用,可以产生相当复杂的结果。其中主要有入射光子发生的透射、汤姆逊散射、光电效应、俄歇效应和荧光效应等。X 射线与物质相互作用及其次级过程示意图如图 3-29 所示。

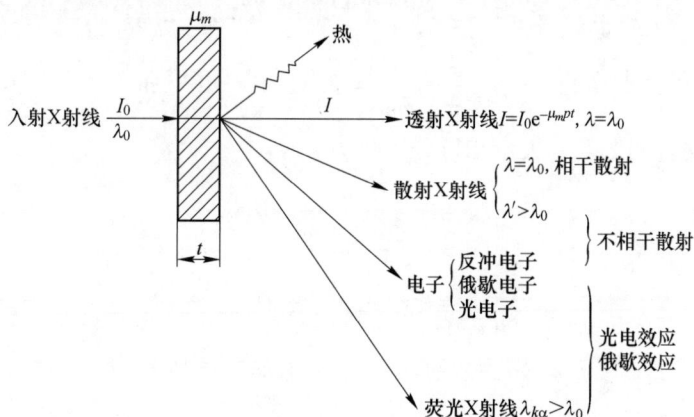

图 3-29 X 射线与物质相互作用及其次级过程示意图

3.2.4.1 X 射线的折射与反射

物质是由原子核和电子构成的。当电子受到外界扰动而偏离平衡位置时,正、负电中心将不再重合,形成电偶极子。X 射线与物质相互作用的一般规律可用这种束缚电荷在高频电磁场中受迫振动,形成振动的电偶极子这一经典色散理论来近似描述。原子核的质量远大于电子,因此在相同外场作用下,原子核的运动一般可忽略,与高频电场相比,高频磁场与电子的相互作用也可忽略。因此,在简谐高频电场 $\boldsymbol{E} = \boldsymbol{E}_0 e^{i\omega t}$($\omega$ 为电场的圆频率)的作用下,电子的受迫振动可用下式描述:

$$m\ddot{\boldsymbol{r}} = -e\boldsymbol{E} - f\boldsymbol{r} - g\dot{\boldsymbol{r}} \tag{3-51}$$

式中,m 为电子的质量;r 为电子偏离平衡位置的位移;e 为电子的电荷;f、g 分别为电子束缚的弹性系数和运动的黏滞系数。

式（3-51）右边第二项为系统作用在电子上的恢复力，第三项对应吸收的阻尼项，解得

$$r = \frac{eE_0}{m} \times \frac{1}{\omega^2 - \omega_0^2 + i\omega\gamma} e^{i\omega t} \tag{3-52}$$

式中，ω_0 为电子的固有振动频率，$\omega_0 = \sqrt{\dfrac{f}{m}}$；$\gamma$ 为阻尼常数，$\gamma = \dfrac{g}{m}$。

这一周期性的位移形成了振动的电偶极子：

$$P = -er = \frac{e^2}{m(\omega^2 - \omega_0^2 + i\omega\gamma)} E \tag{3-53}$$

而这一振动的电偶极子形成次级辐射场，即散射场：

$$E_s = -\frac{1}{4\pi\varepsilon_0 c^2}(\ddot{P} \times n) \times n \tag{3-54}$$

式中，ε_0 为 "真空介电常数"；c 为真空中的光速；n 为散射方向矢量。

在非共振吸收区域（即 $|\omega^2 - \omega_0^2| \gg 0$ 的情况），与 $\omega^2 - \omega_0^2$ 相比，对应于吸收的阻尼项 $i\omega\gamma$ 可以忽略，式（3-54）可简化为

$$E_s = -\frac{e^2}{4\pi\varepsilon_0 mc^2} \times \frac{1}{\omega^2 - \omega_0^2}(\ddot{E} \times n) \times n = r_e \frac{\omega^2}{\omega^2 - \omega_0^2}(E \times n) \times n \tag{3-55}$$

式中，r_e 为电子的经典半径，$r_e = \dfrac{e^2}{4\pi\varepsilon_0 mc^2} = 2.8178 \times 10^{-15}$ m。

对应 s、p 两种偏振态，矢量积可分别化为

$$\begin{cases} E_s^s = -r_e \dfrac{\omega^2}{\omega^2 - \omega_0^2}\cos\varphi E^s \\[3mm] E_s^p = -r_e \dfrac{\omega^2}{\omega^2 - \omega_0^2} E^p \end{cases} \tag{3-56}$$

式中，φ 为散射角；E^s、E^p 分别为入射光 s、p 偏振的电场强度；E_s^s、E_s^p 分别为散射光 s、p 偏振的电场强度。

当入射光为非偏振光时，E_s^s 与 E_s^p 相等，且等于 $\sqrt{I_0}/2$（I_0 为入射光的强度）。可得散射光的强度：

$$I_s = |E_s^s|^2 + |E_s^p|^2 = r_e^2 \frac{1 + \cos^2\varphi}{2}\left(\frac{\omega^2}{\omega^2 - \omega_0^2}\right)^2 I_0 \tag{3-57}$$

当电子有多个不同的固有振动频率时，位移可用各个振动的线性叠加来表示。

$$r = \frac{eE_0}{m} \sum_i \frac{1}{\omega^2 - \omega_{0i}^2 + i\omega\gamma_i} e^{i\omega t} \tag{3-58}$$

相应的式（3-55）和式（3-58）可改写为

$$P = -\frac{e^2}{m} E \sum_i \frac{1}{\omega^2 - \omega_{0i}^2 + i\omega\gamma_i} \tag{3-59}$$

$$I_s = r_e^2 \frac{1 + \cos^2\varphi}{2} \sum_i \left(\frac{\omega^2}{\omega^2 - \omega_{0i}^2}\right)^2 I_0 \tag{3-60}$$

从式（3-60）可以看出单个电子对 X 射线的散射是非常弱的，在距离该电子几厘米处的强度仅为入射光强的 $1/10^{26}$，难以直接探测，只有不同电子的散射相干叠加形成衍射时才有可能实际测量。

实际的介质是由大量束缚电子构成的集合体，众多电子散射的集体效应，也即 X 射线在介质表面的折射效应。介质的电极化强度 $\boldsymbol{P}_V$ 是单位体积内的电偶极矩，由经典色散理论可知：

$$\boldsymbol{P}_V = -\, n_{\mathrm{e}} e \boldsymbol{r} = -\, \frac{n_{\mathrm{e}} e^2}{m(\omega^2 - \omega_0^2)} \boldsymbol{E} \qquad (3\text{-}61)$$

式中，n_{e} 为单位体积内的电子数，即电子密度。

而根据极化率 χ 与电场的关系：

$$\boldsymbol{P}_V = \chi \varepsilon_0 \boldsymbol{E} \qquad (3\text{-}62)$$

可得

$$\chi = -\, \frac{n_{\mathrm{e}} e^2}{m(\omega^2 - \omega_0^2)} = -\, \frac{n_{\mathrm{e}} r_{\mathrm{e}}}{\pi} \times \frac{\lambda^2}{1 - (\lambda / \lambda_0)^2} \qquad (3\text{-}63)$$

式中，λ 为入射 X 射线的波长；λ_0 为固有频率对应的波长。再根据关系：

$$\varepsilon = \varepsilon_{\mathrm{r}} \varepsilon_0 = (1 + \chi) \varepsilon_0 \qquad (3\text{-}64)$$

得到相对介电常数：

$$\varepsilon_{\mathrm{r}} = (1 + \chi) = 1 - \frac{n_{\mathrm{e}} r_{\mathrm{e}}}{\pi} \times \frac{\lambda^2}{1 - (\lambda / \lambda_0)^2} \qquad (3\text{-}65)$$

相应地，可得非磁性介质（相对磁导率 $\mu_{\mathrm{r}} \approx 1$）的折射率：

$$n = \sqrt{\varepsilon_{\mathrm{r}} \mu_{\mathrm{r}}} = \sqrt{1 - \frac{n_{\mathrm{e}} r_{\mathrm{e}}}{\pi} \times \frac{\lambda^2}{1 - (\lambda / \lambda_0)^2}} \qquad (3\text{-}66)$$

同样，当电子有多个固有频率时，折射率可表示为

$$n = \sqrt{1 - \sum_i \frac{n_{\mathrm{e}i} r_{\mathrm{e}}}{\pi} \times \frac{\lambda^2}{1 - (\lambda / \lambda_{0i})^2}} \qquad (3\text{-}67)$$

式中，$n_{\mathrm{e}i}$ 为第 i 个振子的电子密度；λ_{0i} 为第 i 个振子固有频率对应的波长。

一般情况下，入射 X 射线的频率远大于电子的固有频率，相应地有 $\lambda \ll \lambda_{0i}$（也就是所谓的短波限），式（3-67）可进一步简化为

$$n = \sqrt{1 - \frac{r_{\mathrm{e}} \lambda^2}{\pi} \sum_i n_{\mathrm{e}i}} = \sqrt{1 - \frac{r_{\mathrm{e}} \lambda^2}{\pi} n_{\mathrm{e}t}} \qquad (3\text{-}68)$$

式中，$n_{\mathrm{e}t}$ 为介质总的电子密度，$n_{\mathrm{e}t} = \sum_i n_{\mathrm{e}i}$。

在（软）X 射线波段，对所有介质均有 $\dfrac{r_{\mathrm{e}} \lambda^2}{\pi} n_{\mathrm{e}t} \ll 1$，式（3-68）可进一步简化为

$$n = 1 - \frac{r_{\mathrm{e}} \lambda^2}{2\pi} n_{\mathrm{e}t} = 1 - \delta \qquad (3\text{-}69)$$

式中，$\delta = \dfrac{r_{\mathrm{e}} \lambda^2}{2\pi} n_{\mathrm{e}t}$。

可以看出，在 X 射线波段，介质的折射率均略小于 1，因此是光疏介质。这点与可见光不同，介质在可见光波段的折射率一般都大于 1，是光密介质。介质对（软）X 射线的折射很不明显，一般可以忽略。只有当入射角接近 90°（注意：此处是光学定义，即入射束与反射面法线的夹角，不要与 X 射线衍射几何中入射束与衍射面的夹角相混淆），也就是掠入射时才会明显表现出来。

物质都是 X 射线波段的光疏介质，因此，当 X 射线从真空（空气）入射到介质表面时，有可能发生全外反射。发生全外反射的临界条件为

$$n\cos\theta_c = 1 \tag{3-70}$$

式中，θ_c 为全反射的临界角，此处采用的是掠射角（即入射角的余角），而非一般光学中采用的入射角。

将式（3-69）代入式（3-70）可得

$$\theta_c = \sqrt{2\delta} \tag{3-71}$$

δ 很小，因此 θ_c 也很小，其值随波长在百分之几到几度之间变化。利用这种全反射，可以设计（软）X 射线波段的反射光学元件，如反射镜、聚焦镜等。

3.2.4.2 X 射线引起的电离、荧光和俄歇过程

原子的内层电子吸收一个 X 射线光子，被激发到高能级或电离后，在内壳层留下一个空穴，外层电子将会向内层跃迁，填充这个空穴。这一退激发的过程主要有两条途径：荧光过程和俄歇过程。如图 3-30 所示，当外层电子向内层跃迁时，多余的能量以一个光子的形式向外辐射，这就是荧光过程。由于内层电子的跃迁基本不受化合态和化学环境的影响，X 射线荧光辐射的波长、峰宽、峰的相对比值等都是元素不变的"指纹"，可用于材料的成分分析。当外层电子向内层跃迁，多余的能量不是以光子的形式放出，而是将另一个内层电子电离作为光电子发射出去，这就是俄歇过程。一个俄歇过程涉及三个电子壳层，因此用×××标记：第一个字母表示初始空穴所处的壳层，第二个字母表示跃迁电子跃迁前所处的壳层，第三个字母表示俄歇电子发射前所处的壳层。例如，$KL_I M_I$ 表示 L_I 层的电子填充 K 层的空穴，多余的能量将 M_I 层的电子电离。与光子相比，俄歇电子的动量较大，原子核的反冲将造成俄歇电子动能的下降，动能电子在介质中的自由程非常短，因此，除产生于表面以下几个原子层的俄歇电子，其他俄歇电子在脱出介质之前已经与介质发生了非弹性相互作用，也会改变动能。同时，俄歇电子在离开介质时，还会受到脱出

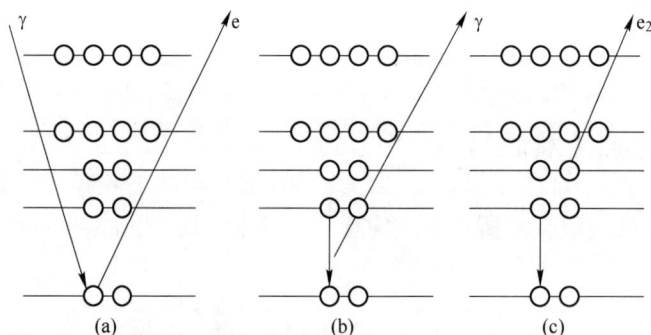

图 3-30 X 射线引起的电离、荧光和俄歇过程示意图

（a）电离过程；（b）荧光过程；（c）俄歇过程

功、表面吸附物等的影响。一般说来，轻元素的俄歇电子产额高、荧光产额低，重元素的俄歇电子产额低、荧光产额高。同一种元素中，较内层的荧光产额高、俄歇电子产额低，较外层的荧光产额低、俄歇电子产额高。俄歇电子和二次特征 X 射线均具有特征值，与入射 X 射线的能量无关。例如，入射 X 射线将 K 层某电子击出成为自由电子后，L 层上一电子回迁进入 K 层，释放的能量使 L 层上的另一电子获得能量成为自由电子（即俄歇电子），参与的能级有一个 K 层和两个 L 层，此俄歇电子即表示为 KLL。俄歇电子的能量很低，一般仅有数百电子伏，平均自由程短，检测到的俄歇电子一般仅是表层 2~3 个原子层发出的，故俄歇电子能谱可用于材料的表面分析。

3.2.4.3 X 射线的吸收

当一束 X 射线穿过介质时，由于存在光电吸收效应、散射等，会造成 X 射线传播方向上强度有所衰减。由于光子的能量远大于价电子的束缚能，X 射线主要通过激发原子的内层电子而被介质吸收。因此，X 射线的吸收主要取决于组成介质的元素种类、比例和密度，除吸收限附近，基本不受化合态和化学环境的影响。

在 X 射线波段，常用元素的单个原子吸收系数 τ_a 和单位质量吸收系数 $\tau_m = \dfrac{\tau}{\rho}$（其中，$\tau$ 为吸收系数，ρ 为介质的密度）来衡量吸收的大小，对于由一种元素构成的单质介质，它们之间有

$$\tau = \rho \tau_m = \rho \frac{N_0}{A} \tau_a \tag{3-72}$$

式中，N_0 为阿伏加德罗常量；A 为该元素的相对原子质量。

而对于非单质介质，总的质量吸收系数是各单质质量吸收系数按质量百分比 g_i 的加权和。

$$\tau_m = \frac{\tau}{\rho} = \sum_i \tau_{mi} g_i = \sum_i \left(\frac{\tau}{\rho}\right)_i g_i \tag{3-73}$$

元素的吸收谱是由一系列对应于内层电子激发阈值的跃变（吸收限）和它们之间的分段缓变函数构成的。各吸收限间的分段缓变函数有经验公式：

$$\begin{cases} \tau_a = 2.64 \times 10^{-23} Z^{3.94} \lambda^{2.83} & \lambda < \lambda_K \\ \tau_a = 2.64 \times 10^{-25} Z^{4.30} \lambda^Q & \lambda_K < \lambda < \lambda_{M_I} \end{cases} \tag{3-74}$$

式中，λ 的单位为 nm。对 $\lambda_K < \lambda < \lambda_{L_I}$、$\lambda_{L_I} < \lambda < \lambda_{L_{II}}$，$\lambda_{L_{II}} < \lambda < \lambda_{L_{III}}$ 和 $\lambda_{L_{III}} < \lambda < \lambda_{M_I}$ 的情况，Q 分别为 2.66、2.69、2.58 和 2.51。

也可用式（3-72）和式（3-73）近似。

$$\tau_a = C Z^4 \lambda^3 \tag{3-75}$$

或

$$\tau_m = C \frac{N_0}{A} Z^4 \lambda^3 \tag{3-76}$$

可见，当入射 X 射线的波长变短时，即 X 射线的能量增加，物质对 X 射线的吸收减小，即 X 射线的穿透能力增强；当物质的原子序数增加时，质量吸收系数增加，物质对 X 射线的吸收能力增强。

3.2.4.4 X射线散射

X射线散射是指入射X射线并未使原子电离，只是方向发生了偏转。X射线的散射分为相干散射和非相干散射。相干散射也称为弹性散射，散射光子的能量等于入射光子的能量；非相干散射是非弹性散射，散射光子的能量小于入射光子的能量。相干散射分为瑞利散射和汤姆逊散射，即X射线光子分别被原子内的束缚电子和自由电子弹性散射。非相干散射分为光子被自由电子非弹性散射，即康普顿散射，以及光子被原子内的束缚电子的非弹性散射。在X射线荧光分析的X射线能区，相干散射以瑞利散射为主，非相干散射以康普顿散射为主。散射强度与入射X射线光子能量和偏转角有关。

A 相干散射（汤姆逊散射）

当对X射线与物质原子中束缚较紧的电子作用时，由于这些电子受原子的强力束缚，X射线光子无法使它们脱离所在的能级。按经典的电磁理论，这些电子在X射线电场的作用下，产生强迫振动，每个受迫振动的电子便成为一个新的电磁波源，向四周辐射电磁波。这些散射波与入射X射线的振动方向、频率（波长）相同，可以产生干涉作用，故称为相干散射。相干散射实际上并不损失X射线的能量，只是改变它的传播方向。相干散射是X射线在晶体产生衍射的基础。

B 非相干散射（康普顿散射）

当X射线与束缚较小的外层电子或自由电子作用时，X射线光子将一部分能量传给电子，使之脱离原有的原子而成为反冲电子，同时光子本身也改变了传播方向，发生散射，且能量减小，也就是说，散射X射线的波长变长了。散射X射线波长的改变与传播方向存在如下关系：

$$\Delta\lambda = \lambda' - \lambda_0 = 0.00243[1 - \cos(2\theta)] \tag{3-77}$$

式中，λ_0、λ'分别为X射线散射前、后的波长；2θ为入射线与散射线之间的夹角，即为散射角。

由于散射X射线与入射X射线的波长不同，不能产生干涉效应，故称为非相干散射。此效应是我国著名的物理学家吴有训与美国物理学家康普顿在1924年一起发现的。非相干散射是不可避免的，它在晶体中不能产生衍射，但会在衍射图像中形成连续背底，其强度随$(\sin\theta)/\lambda$的增加而增强，这不利于衍射分析。

3.3 X射线衍射测试分析方法

由点阵型晶体产生的相干散射即为衍射。当X射线照射到晶体上时，原子中的电子在X射线电场的作用下产生强迫振动，每个受迫振动的电子便成为一个新的电磁波源，向四周辐射与入射波频率相同的电磁波，这种电磁波又称为散射波。所有电子的散射波均可看成是由原子中心发出的，这样每个原子就成了发射源，由于这些散射波的频率相同，在空间发生干涉，会使在某些固定方向的波相比叠加或抵消，波得到增强或减弱甚至消失，产生衍射现象，形成衍射花样。当相干散射波为一系列平行波时，形成散射波增强的必要条件是这些散射波具有相同的相位，即光程差为零或为波长的整数倍。衍射束就是这些具有相同相位的散射线的集合。晶体的衍射包括衍射束的方向和强度，晶体产生的衍射花样可反映晶体内部的原子分布规律，是非常重要的材料结构表征方法。

3.3.1　X射线衍射的运动学理论

X射线衍射理论可分为动力学衍射理论和运动学衍射理论。前者与晶体中晶胞尺寸和形状（即点阵参数等）几何因素有关，适用于大块、完美晶体中的衍射，后者主要取决于组成晶胞的结构基元中各原子的性质、数目、位置及晶体的不完美性，适用于多晶体、不完美（具有亚晶块结构）的单晶体。由于多数实际晶体为多晶，其衍射强度接近于亚晶块结构模型的计算结果，因此，X射线衍射运动学理论是常用的X射线衍射理论。X射线运动学衍射理论主要包括衍射方向和衍射线强度及其分布（线型）。

3.3.1.1　X射线的衍射方向

A　劳厄方程

若要使每个点阵代表的结构基元间散射波互相叠加，则要求相邻点阵点的光程差 δ 为波长 λ 的整数倍。如图3-31所示，入射方向和衍射方向的单位矢量 s 及 s_0 和晶胞的单位矢量 a 应满足如下关系：

$$a \cdot (s - s_0) = h\lambda \tag{3-78}$$

$$\delta = \overline{BC} - \overline{AD} = a\cos\alpha - a\cos\alpha_0 = h\lambda \tag{3-79}$$

式中，α、α_0 分别为衍射线和入射线与直线点阵方向的夹角。

式（3-78）和式（3-79）为一维劳厄方程。

如图3-32所示，当 α_0 一定时，对于某个整数 h，可确定出一个空间圆锥，称为衍射锥，圆锥半顶角为 α，锥轴线即为原子列线，锥母线方向即为衍射强度不为零的方向，入射方向、衍射方向和原子列可以不共面。

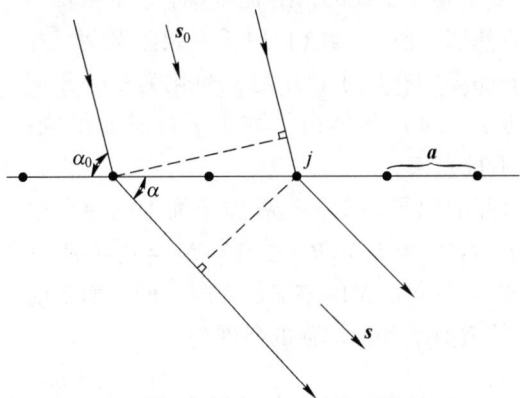

图3-31　一维晶格的衍射示意图

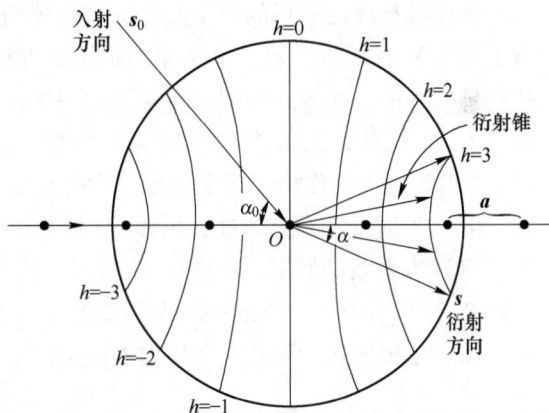

图3-32　一维原子列的衍射圆锥示意图

将一维劳厄方程推广到二维，就得到原子平面的衍射条件或二维劳厄方程。

$$\begin{cases} a(\cos\alpha - \cos\alpha_0) = h\lambda \\ b(\cos\beta - \cos\beta_0) = k\lambda \end{cases} \tag{3-80}$$

或

$$\begin{cases} a \cdot (s - s_0) = h\lambda \\ b \cdot (s - s_0) = k\lambda \end{cases} \tag{3-81}$$

假设晶体的空间点阵由一系列平行的原子网面组成，入射 X 射线为平行射线。由于相邻原子面间距与 X 射线的波长在同一个量级，晶体成了 X 射线的三维光栅，当相邻原子网面的散射线的光程差为波长的整数倍时会发生衍射现象，晶体的衍射方向必须同时满足 a、b、c 三个矢量联系的方程，即

$$\begin{cases} a(\cos\alpha - \cos\alpha_0) = h\lambda \\ b(\cos\beta - \cos\beta_0) = k\lambda \\ c(\cos\gamma - \cos\gamma_0) = l\lambda \end{cases} \tag{3-82}$$

或用矢量表达式：

$$\begin{cases} a \cdot (s - s_0) = h\lambda \\ b \cdot (s - s_0) = k\lambda \\ c \cdot (s - s_0) = l\lambda \end{cases} \tag{3-83}$$

从点阵原点 $(0, 0, 0)$ 到点阵点 (m, n, p) 间的矢量为

$$T_{mnp} = ma + nb + pc \tag{3-84}$$

原点与点阵点 (m, n, p) 的波程差为

$$\begin{aligned} T_{mnp} \cdot (s - s_0) &= ma \cdot (s - s_0) + nb \cdot (s - s_0) + pc \cdot (s - s_0) \\ &= (mh + nk + lp)\lambda \end{aligned} \tag{3-85}$$

满足上式的方向意味着晶体全部晶胞散射的射线都是相互加强的，这些就是晶体的衍射方向，而它们的指标为 hkl。h、k、l 均为整数，称为衍射指标，它规定了特定的衍射方向。

B　布拉格方程

晶体可看成由平行的原子面组成，晶体衍射线则是原子面的衍射叠加效应，也可视为原子面对 X 射线的反射，这是导出布拉格方程的基础。假设：(1) 原子不做热振动，并按理想的有序空间方式排列；(2) 原子中的电子都集中在原子核中心，简化为一个几何点；(3) 入射 X 射线严格平行，且为单一波长；(4) 晶体由无数个平行晶面组成；(5) X射线可同时作用于多个晶面，衍射线视为平行光束。

由于 X 射线具有穿透性，可以照射到晶体内部的原子面上，这些原子面上的原子也要参与对 X 射线的散射。如图 3-33 所示，路程 $L_2M_2R_2$ 与 $L_1M_1R_1$ 之差为 $\Delta s = L_1M_1R_1 - L_2M_2R_2 = 2d_{hkl}\sin\theta$。当路程差 $\Delta s = 2d_{hkl}\sin\theta$ 为 X 射线波长 λ 的整倍数 n 时，两晶面散射波叠加后互相加强。因此，在反射方向上两晶面的散射线互相加强的条件为

$$2d_{hkl}\sin\theta = n\lambda \tag{3-86}$$

式中，d_{hkl} 为晶面间距；n 为整数，被称为衍射级数；θ 为入射线与晶面的夹角，即布拉格角，又称为衍射半角。

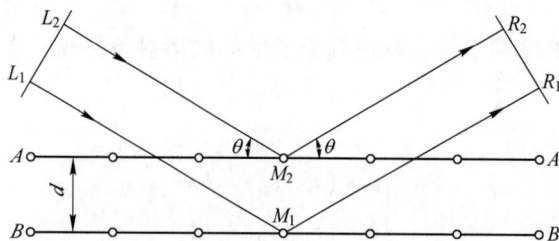

图 3-33　两个相邻原子面上的 X 射线反射

式（3-86）就是著名的布拉格方程，其物理意义为波长为λ的X射线，以θ角投射到间距为d_{hkl}的晶面，相邻晶面反射线的光程差为波长的整数倍时，在晶面的反射方向上可产生衍射。值得注意的是，布拉格方程只是获得X射线衍射的必要条件，而并非充分条件。

C　布拉格方程的讨论

布拉格公式中n为衍射级数，同一晶面指标为（hkl）的点阵面，由于它和入射X射线取向不同，波程差不同，可产生衍射指标为hkl、$2h2k2l$、$3h3k3l$、…的一级、二级、三级、…衍射。把（hkl）晶面的n级反射，看作是$n(hkl)$晶面的一级反射。（hkl）的面间距是d_{hkl}，则$n(hkl)$的面间距是d_{hkl}/n，于是布拉格方程可以写成

$$2(d_{hkl}/n)\sin\theta = \lambda \tag{3-87}$$

可见，对于点阵面间距为d_{hkl}的n级衍射，衍射面间距为：$d_{nhnknl} = d_{hkl}/n$。但由于$|\sin\theta| \leqslant 1$，使得$n\lambda \leqslant 2d_{hkl}$，所以$n$的数目是有限的，$n$大者衍射角也大。

晶面（hkl）的n级反射面$n(hkl)$用符号HKL表示，称为反射面或干涉面，HKL称为干涉指数，其中$H = nh$、$K = nk$、$L = nl$。式（3-87）可以写为

$$2d_{HKL}\sin\theta = \lambda \tag{3-88}$$

式（3-88）即为干涉指数表达的布拉格方程。当$n = 1$时，干涉指数即为晶面指数。对于立方晶系，其晶面间距d_{hkl}与晶面指数的关系为$d_{hkl} = a/(h^2 + k^2 + l^2)^{1/2}$，并且晶面间距$d_{HKL}$与干涉指数的关系与此相似，即$d_{HKL} = a/(H^2 + K^2 + L^2)^{1/2}$。值得注意的是，在X射线结构分析中，若无特别声明，所用的面间距一般是指干涉晶面间距。

布拉格角θ是入射线或反射线与衍射晶面的夹角，可以表征衍射的方向。对于固定的波长λ，晶面间距相同时只能在相同情况下获得反射，因此当采用单色X射线照射多晶体时，各相同d值晶面的反射线将有着确定的衍射方向。而且，对于固定的波长λ，d值减小的同时，θ角增大，也就是说，间距较小的晶面，其布拉格角必然较大。因为$|\sin\theta| \leqslant 1$，这就使得在衍射中的反射级数n或干涉面的间距d_{HKL}将会受到限制。当面间距d_{HKL}一定时，λ减小的同时，n值可以增大，说明对同一种晶面，当采用短波单色X射线照射时，可以获得多级数的反射效果。在晶体的众多晶面中，并非每个晶面都能参与衍射，仅有那些晶面间距大于波长一半的晶面方有可能参与衍射，且每一参与衍射的晶面均有一个与之对应的θ，即衍射是有选择的反射，是相干散射线干涉的结果。

D　晶体结构与衍射方向

当晶胞相同时，不同的干涉指数有不同的衍射方向；当晶胞不同时，即使相同的干涉指数仍有不同的布拉格角。因此，d_{HKL}取决于晶体的晶胞类型和干涉指数，反映了晶胞的形状和大小，布拉格角反映了晶胞的形状和大小。基于晶体结构与衍射方向之间的对应关系，通过测定晶体对X射线的衍射方向可获得晶体结构的相关信息。

立方晶系：
$$\frac{1}{d^2} = \frac{H^2 + K^2 + L^2}{d^2} \tag{3-89}$$

$$\sin^2\theta = \frac{\lambda^2}{4} \times \frac{H^2 + K^2 + L^2}{d^2} \tag{3-90}$$

正方晶系：
$$\frac{1}{d^2} = \frac{H^2 + K^2}{a^2} + \frac{L^2}{c^2} \tag{3-91}$$

$$\sin^2\theta = \frac{\lambda^2}{4} \times \frac{H^2 + K^2 + L^2}{a^2} \tag{3-92}$$

斜方晶系：

$$\frac{1}{d^2} = \frac{H^2}{a^2} + \frac{K^2}{b^2} + \frac{L^2}{c^2} \tag{3-93}$$

$$\sin^2\theta = \frac{\lambda^2}{4} \times \left(\frac{H^2}{a^2} + \frac{K^2}{b^2} + \frac{L^2}{c^2}\right) \tag{3-94}$$

六方晶系：

$$\frac{1}{d^2} = \frac{4}{3} \times \frac{H^2 + HK + K^2}{d^2} + \frac{L^2}{c^2} \tag{3-95}$$

$$\sin^2\theta = \frac{\lambda^2}{4} \times \left(\frac{4}{3} \times \frac{H^2 + K^2 + L^2}{d^2} + \frac{L^2}{c^2}\right) \tag{3-96}$$

E 干涉方程与埃瓦尔德图解

当倒易点阵原点与散射矢量的起点一致时，只有在散射矢量的端点落在一个倒易结点上时，才会有可观测的衍射强度。因此，晶体产生衍射线的必要条件是散射矢量 s 与倒易矢量 g_{hkl} 相等，也就是散射矢量的三个分量 s_1、s_2、s_3 与倒易结点的一个指数一致。这一条件的矢量式为

$$s = g_{hkl} = ha^* + kb^* + lc^* \tag{3-97}$$

式（3-97）称为干涉方程。干涉方程是布拉格定律的矢量形式，干涉方程是在倒易空间中讨论问题，布拉格定律是在正空间中讨论问题，利用正点阵、倒易点阵的关系可以从干涉方程导出布拉格定律，也可以由布拉格定律导出干涉方程。

埃瓦尔德图解则是以作图方式表现的干涉方程。具体的作图方法是：沿入射X射线的方向通过倒易点阵原点 O 画一直线，在此直线上选一点为圆心，以 $1/\lambda$ 为半径，绘一反射球（又称埃瓦尔德球），球面与原点 O 相切（见图3-34）。当晶体转动时，任意一个倒易点阵 hkl 和埃瓦尔德球相遇，这时连接从球心到 hkl 点的方向，即衍射指标为 hkl 的衍射方向。

$$\sin\theta = \frac{\overline{OP}}{\overline{AO}} = \frac{\frac{1}{d_{hkl}}}{\frac{2}{\lambda}} \tag{3-98}$$

因为球心与倒易原点 O 之间的矢量为 s_0/λ，所以倒易点阵原点与埃瓦尔德球面上任一点的连线都是散射矢量 s。因此，只要倒易点阵中的结点落在干涉球面上，就满足了衍射条件 $s = g$，从而沿 s/λ 方向就有一束衍射线产生。因为这种作图方法是埃瓦尔德首先提出的，所以称为埃瓦尔德图解法。

埃瓦尔德图解法清晰而形象地描述了衍射条件。图3-35是用埃瓦尔德图解预计衍射线束方向的例子。反射球心在 O 点，倒易点阵原点在 O' 点。图面为倒易点阵（001）* 面列中的零层面。如图3-35所示，有四个零层结点落在球面上，它们分别是（$\bar{2}20$）、（$0\bar{2}0$）、（$\bar{5}20$）和（$\bar{3}20$），因此，零层面有四条衍射线由球心通过球面上的倒易结点发出，这些衍射线分别是（$\bar{2}20$）、（$0\bar{2}0$）、（$\bar{5}20$）和（$\bar{3}20$）晶面反射的。

3.3.1.2 X射线衍射的强度

布拉格方程解决了衍射的方向问题，即满足布拉格方程的晶面将参与衍射，但能否产

生衍射花样还取决于衍射线的强度。在探讨 X 射线衍射线强度时，需要了解单个电子对 X 射线的散射、单个原子对 X 射线的散射、晶胞对 X 射线的散射、实际小晶粒积分衍射强度和实际多晶体衍射强度。

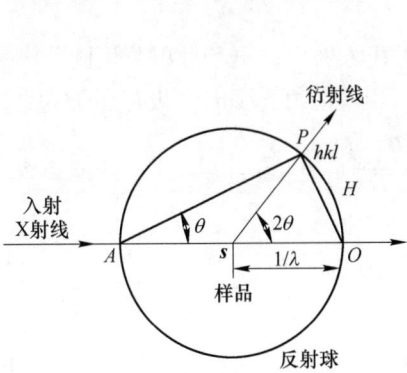

图 3-34 埃瓦尔德球示意图

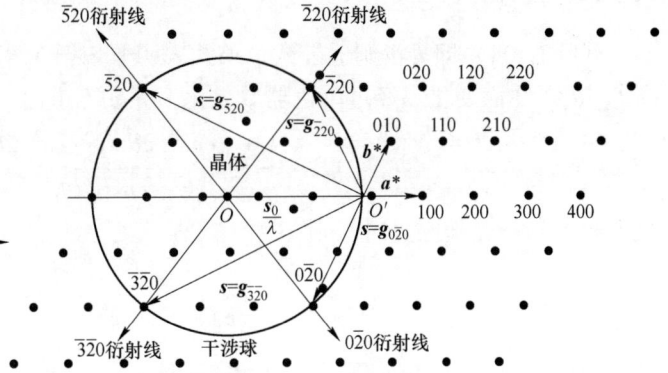

图 3-35 埃瓦尔德图解

A 单个电子对 X 射线的散射

对于自由电子，受 X 射线的电磁波的电场作用为

$$m\frac{\mathrm{d}^2\boldsymbol{x}}{\mathrm{d}t^2} = -e\boldsymbol{E}_0\exp\left(\mathrm{i}\omega_0 t\right) \tag{3-99}$$

式中，$\boldsymbol{x}$ 是电子沿电场矢量 $\boldsymbol{E}$ 方向发生的位移，可写为

$$\boldsymbol{x} = \frac{e}{m\omega_0^2}\boldsymbol{E}_0\exp\left(\mathrm{i}\omega_0 t\right) \tag{3-100}$$

电子的偶极子为 $-e\boldsymbol{x}$，即为 $-e\boldsymbol{x} = \boldsymbol{p}_\mathrm{e}\exp\left(\mathrm{i}\omega_0 t\right)$，其中 $\boldsymbol{p}_\mathrm{e}$ 为电子的动量，$\boldsymbol{p}_\mathrm{e} = \frac{e}{m\omega_0^2}\boldsymbol{E}_0$。从电动力学可知，在 $\boldsymbol{R}$ 处产生的偶极辐射为

$$\begin{cases} \exp\left(\mathrm{i}\omega_0 t\right)\boldsymbol{H}_\mathrm{e} = \boldsymbol{u}\times\boldsymbol{p}_\mathrm{e}\dfrac{\omega_0^2}{c^2\boldsymbol{R}}\exp\left[\mathrm{i}(\omega_0 t - 2\pi\boldsymbol{k}\cdot\boldsymbol{R})\right] \\[2mm] \exp\left(\mathrm{i}\omega_0 t\right)\boldsymbol{E}_\mathrm{e} = (\boldsymbol{u}\times\boldsymbol{p}_\mathrm{e})\times\boldsymbol{u}\dfrac{\omega_0^2}{c^2\boldsymbol{R}}\exp\left[\mathrm{i}(\omega_0 t - 2\pi\boldsymbol{k}\cdot\boldsymbol{R})\right] \end{cases} \tag{3-101}$$

式中，$\boldsymbol{k}$ 为光子的波矢；$\boldsymbol{R}$ 为质心坐标；$\boldsymbol{H}$ 为哈密顿量；$\boldsymbol{u}$ 为矢径 $\boldsymbol{R}$ 的单位矢量，在观察点 $\boldsymbol{R}$ 处的平均辐射强度为

$$I_\mathrm{e} = \frac{c}{8\pi}\boldsymbol{E}_\mathrm{e}^2 = \frac{c}{8\pi}E_0^2\left(\frac{e^2\sin\varphi}{mc^2\boldsymbol{R}}\right)^2 = I_0\left(\frac{e^2\sin\varphi}{mc^2\boldsymbol{R}}\right)^2 \tag{3-102}$$

式中，φ 是 $\boldsymbol{E}_0$ 与 $\boldsymbol{u}$ 之间的夹角。

由于常规光源入射 X 射线是非偏振光，利用球面几何关系式可得

$$\cos\varphi = \cos\psi\cos\left(\frac{\pi}{2} - 2\theta\right) - \sin\psi\sin\left(\frac{\pi}{2} - 2\theta\right)\cos(X\wedge Y) = \cos\psi\sin 2\theta \tag{3-103}$$

式中，ψ 是入射 X 射线的电矢量的偏振方向与散射平面（或入射平面）之间的夹角。

由此可得

$$I_e = I_0 \left(\frac{e^2}{mc^2 \mathbf{R}} \right)^2 \frac{1 + \cos^2(2\theta)}{2} = I_0 \left(\frac{e^2}{mc^2 \mathbf{R}} \right)^2 P \tag{3-104}$$

式中，P 为极化因子，$P = \dfrac{1 + \cos^2(2\theta)}{2}$。

式（3-104）即为汤姆逊公式。该式表明非偏振 X 射线入射后，电子散射强度随 $[1 + \cos^2(2\theta)]/2$ 而变化。经过单色器单色化，并在赤道面上测量衍射光强时，极化因子为

$$P = \frac{1 + [\cos^2(2\theta)][\cos^2(2\theta_0)]}{1 + \cos^2(2\theta_0)} \tag{3-105}$$

当入射 X 射线是偏振光时，则

$$I_e = I_0 \frac{e^4}{(4\pi\varepsilon_0)^2 m^2 c^4 \mathbf{R}^2} \times \frac{1 + \cos^2(2\theta)}{2} \tag{3-106}$$

或

$$I_e = I_0 \left(\frac{e^2}{4\pi\varepsilon_0 mc^2} \right)^2 \times \frac{1}{\mathbf{R}^2} \times \frac{1 + \cos^2(2\theta)}{2} = I_0 f_e^2 P \frac{1}{\mathbf{R}^2} \tag{3-107}$$

式中，f_e 也称电子散射因子，表示为 $f_e = \dfrac{e^2}{4\pi\varepsilon_0 mc^2}$。

B　单个原子对 X 射线的散射

原子序数为 Z 的原子散射振幅由原子内各电子的散射振幅相干叠加给出。而每个电子对散射振幅的贡献为

$$\begin{aligned}
\varepsilon_n &= \frac{E_0 e^2}{mc^2 \mathbf{R}} \exp\left[2\pi i \left(\nu t - \frac{\mathbf{R}}{\lambda} \right) \right] \sum_n^Z \exp\left[i \frac{2\pi}{\lambda} (\mathbf{s} - \mathbf{s}_0) \cdot \mathbf{r}_n \right] \\
&= \frac{E_0 e^2}{mc^2 \mathbf{R}} \exp\left[2\pi i \left(\nu t - \frac{\mathbf{R}}{\lambda} \right) \right] \times \iiint_{\text{Atomic Volume}} \rho(\mathbf{r}) \exp\left[i \frac{2\pi}{\lambda} (\mathbf{s} - \mathbf{s}_0) \cdot \mathbf{r} \right] dV
\end{aligned} \tag{3-108}$$

式（3-108）中利用原子中的电子密度将对电子求和变为对原子求体积积分。

原子中全部电子相干散射合成波振幅 A_a 与一个电子相干散射波振幅 A_e 的比值称为原子散射因子 $f(\mathbf{s})$：

$$f(\mathbf{s}) = \frac{A_a}{A_e} \tag{3-109}$$

原子的散射因子 $f(\mathbf{s})$ 写为

$$f(\mathbf{s}) = \iiint_{\text{Atomic Volume}} \rho(\mathbf{r}) \exp\left[i \frac{2\pi}{\lambda} (\mathbf{s} - \mathbf{s}_0) \cdot \mathbf{r} \right] dV \tag{3-110}$$

原子中电子的总密度为

$$\rho(x, y, z) = \sum_{n=1}^{Z} \rho_i(x, y, z) \tag{3-111}$$

假设电子分布是球对称的，则原子散射因子可表示为径向函数：

$$f\left(\frac{\sin\theta}{\lambda} \right) = \int_{r=0}^{\infty} \int_{\theta=0}^{\pi} \exp(ikr\cos\theta) \rho(r) 2\pi r^2 \sin\theta \, d\theta \, dr$$

$$= \int_{r=0}^{\infty} 4\pi r^2 \rho(r) \frac{\sin kr}{kr} \mathrm{d}r \left(k = \frac{4\pi \sin\theta}{\lambda} \right) \tag{3-112}$$

原子散射因子 $f((\sin\theta)/\lambda)$ 随散射角 θ 而改变，当 $\theta = 0°$ 时，$f(0) = Z$；当 θ 增大时，$f((\sin\theta)/\lambda)$ 减小，若 θ 值固定，波长越短，$f((\sin)\theta/\lambda)$ 越小。当入射波长接近原子的吸收限时，X射线会被大量吸收，（散射因子，f 指 $f((\sin\theta)/\lambda)$）显著变小，此现象称为反常散射。

由于散射强度正比于振幅的平方，因此单个原子对 X 射线的散射强度 I_a 为

$$I_a = f^2 I_e \tag{3-113}$$

C 晶胞对 X 射线的散射

对于原点 O，处于点阵点 (m_1, m_2, m_3) 的晶胞中原子坐标为 $\boldsymbol{r}_n$ 的第 n 个原子的位置为 $\boldsymbol{R}_m^n = (m_1\boldsymbol{a} + m_2\boldsymbol{b} + m_3\boldsymbol{c}) + \boldsymbol{r}_n$（见图 3-36），其散射振幅 ε_n 为

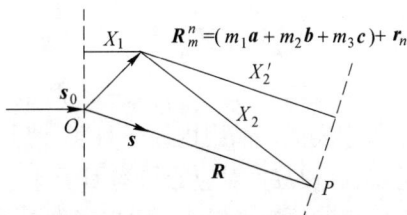

$$\varepsilon_n = \frac{E_0 e^2}{mc^2 \boldsymbol{R}} f_n \exp \left\{ 2\pi \mathrm{i} \nu t - \frac{2\pi \mathrm{i}}{\lambda} [\boldsymbol{R} - (\boldsymbol{s} - \boldsymbol{s}_0) \cdot \right.$$
$$\left. (m_1\boldsymbol{a} + m_2\boldsymbol{b} + m_3\boldsymbol{c} + \boldsymbol{r}_n)] \right\} \tag{3-114}$$

图 3-36 X 射线散射示意图

对晶体内所有原子求和，即分别对 (m_1, m_2, m_3) 和 n 求和，则整个晶体的散射振幅为

$$\varepsilon_p = \frac{E_0 e^2}{mc^2 \boldsymbol{R}} \cdot \exp\left[2\pi\mathrm{i}\left(\nu t - \frac{\boldsymbol{R}}{\lambda}\right)\right] \sum_{n=1}^{N_0} f_n \exp\left[\frac{2\pi\mathrm{i}(\boldsymbol{s}-\boldsymbol{s}_0)\cdot\boldsymbol{r}_n}{\lambda}\right] \times$$
$$\sum_{m_1=0}^{N_1-1} \exp\left[\frac{2\pi\mathrm{i}(\boldsymbol{s}-\boldsymbol{s}_0)\cdot m_1\boldsymbol{a}}{\lambda}\right] \times \sum_{m_2=0}^{N_2-1} \exp\left[\frac{2\pi\mathrm{i}(\boldsymbol{s}-\boldsymbol{s}_0)\cdot m_2\boldsymbol{b}}{\lambda}\right] \times$$
$$\sum_{m_3=0}^{N_3-1} \exp\left[\frac{2\pi\mathrm{i}(\boldsymbol{s}-\boldsymbol{s}_0)\cdot m_3\boldsymbol{c}}{\lambda}\right] \tag{3-115}$$

一个晶胞的散射振幅 A_c，实际是晶胞中全部电子相干散射的合成波振幅，它与一个电子散射波振幅 A_e 的比值称为结构振幅 F：

$$F = \frac{A_c}{A_e} = \sum_{j=1}^{N_0} f_j \mathrm{e}^{\frac{2\pi\mathrm{i}(s-s_0)\cdot r_j}{\lambda}} \tag{3-116}$$

利用级数公式，可将 ε_p 简化为

$$\varepsilon_p = \frac{E_0 e^2}{mc^2 \boldsymbol{R}} \mathrm{e}^{2\pi\mathrm{i}(\nu t) - \frac{\boldsymbol{R}}{\lambda}} \sum_{n=1}^{N_0} f_n \, \mathrm{e}^{\frac{2\pi\mathrm{i}(s-s_0)\cdot r_0}{\lambda}} \times$$
$$\frac{\mathrm{e}^{\frac{2\pi\mathrm{i}(s-s_0)\cdot N_1\cdot a}{\lambda}} - 1}{\mathrm{e}^{\frac{2\pi\mathrm{i}(s-s_0)\cdot a}{\lambda}} - 1} \times \frac{\mathrm{e}^{\frac{2\pi\mathrm{i}(s-s_0)\cdot N_2\cdot b}{\lambda}} - 1}{\mathrm{e}^{\frac{2\pi\mathrm{i}(s-s_0)\cdot b}{\lambda}} - 1} \times \frac{\mathrm{e}^{\frac{2\pi\mathrm{i}(s-s_0)\cdot N_3\cdot c}{\lambda}} - 1}{\mathrm{e}^{\frac{2\pi\mathrm{i}(s-s_0)\cdot c}{\lambda}} - 1} \tag{3-117}$$

其复共轭为

$$\varepsilon_p^* = \frac{E_0 e^2}{mc^2 \boldsymbol{R}} \cdot \mathrm{e}^{2\pi\mathrm{i}(\nu t - \frac{\boldsymbol{R}}{\lambda})} \sum_{n=1}^{N_0} f_n \mathrm{e}^{\frac{2\pi\mathrm{i}(s-s_0)\cdot r_0}{\lambda}*} \times$$

$$\frac{e^{\frac{2\pi i(s-s_0)\cdot N_1\cdot a}{\lambda}} - 1}{e^{\frac{2\pi i(s-s_0)\cdot a}{\lambda}} - 1} \times \frac{e^{\frac{2\pi i(s-s_0)\cdot N_2\cdot b}{\lambda}} - 1}{e^{\frac{2\pi i(s-s_0,\,)\cdot b}{\lambda}} - 1} \times \frac{e^{\frac{2\pi i(s-s_0)\cdot N_3\cdot c}{\lambda}} - 1}{e^{\frac{2\pi i(s-s_0)\cdot c}{\lambda}} - 1} \qquad (3\text{-}118)$$

利用等式:

$$\frac{e^{iNx} - 1}{e^{ix} - 1} \times \left(\frac{e^{iNx} - 1}{e^{ix} - 1}\right)^* = \frac{2 - 2\cos Nx}{2 - 2\cos x} = \frac{\sin^2(Nx/2)}{\sin^2(x/2)} \qquad (3\text{-}119)$$

计算 ε_p 与其复共轭的乘积,可得散射强度

$$I_p = \frac{c}{8\pi}\varepsilon_p \cdot \varepsilon_p^* = I_e |F|^2 \prod_{i=1}^{3} \frac{\sin^2[(\pi/\lambda)(s - s_0)\cdot a_i N_1]}{\sin^2[(\pi/\lambda)(s - s_0)\cdot a_i]} \qquad (3\text{-}120)$$

式中,$I_e = I_0 \dfrac{e^4}{m^2 c^4 R^2} P$;$a_i = a$,$b$,$c (i = 1,2,3)$。

结构振幅平方 $|F_{hkl}|^2$ 决定了晶胞的散射强度,故被定义为晶胞结构因子或简称结构因子,它表征了晶胞内原子种类、原子个数、原子位置对 (hkl) 晶面衍射强度的影响。某些晶面 (hkl) 对应的结构因子 $|F_{hkl}|^2 = 0$(即散射强度为零),称为消光。因此根据 (hkl) 衍射的消光规律,可以了解晶体所属的点阵类型。另外,根据消光规律还可以了解晶体结构中存在的滑移面和螺旋轴。

例如,($00l$) 衍射的结构因子为

$$F_{00l} = \sum_{j}^{N/2} f_j e^{2\pi ilz}(1 + e^{\pi il}) \qquad (3\text{-}121)$$

因此,当 l 为奇数时,结构因子为 0,即消光,可见若不存在 (001)、(003)、(005) 等的衍射线,则晶体中有 c 方向上的 2_1 螺旋轴。

通过衍射图中的系统消光规律,一般不能给出有无旋转轴、镜面或对称中心的数据。所以只能完全定出 230 个空间群中的 58 个空间群,剩余的 172 个空间群分属于 62 种消光规律中。也就是说,消光规律只能把 230 种空间群区分成 120 种衍射群。区别系统消光规律相同的两种空间群,最常见的方法是看有无对称中心。利用晶体的物理性质和衍射强度分布的统计规律可以将系统消光规律相同的空间群进一步区分开来。例如,没有对称中心的晶体将出现压电效应、热电效应、倍频效应、旋光性等。

从式 (3-120) 可以看出散射强度与下面的函数密切相关:

$$y = \frac{\sin^2(Nx_i)}{\sin^2 x_i} \qquad (3\text{-}122)$$

式中,$x_i = \dfrac{\pi}{\lambda}(s - s_0)\cdot a_i$;$N = 20$ 时,y 的最大值为 400。

当 N 增加时,最大值的高度与 N^2 成正比增加,面积与 N 成正比增加,而宽度与 N 成反比减小。而且只有当 $x_i = n\pi$ 时(n 为整数),y 才具有最大值。因此,只有当这三个因子同时满足这一条件时 I_p 才不为零,获得

$$\begin{cases} (\pi/\lambda)(s - s_0)\cdot a = h\pi \\ (\pi/\lambda)(s - s_0)\cdot b = k\pi \Rightarrow \\ (\pi/\lambda)(s - s_0)\cdot c = l\pi \end{cases} \begin{cases} (s - s_0)\cdot a = h\lambda \\ (s - s_0)\cdot b = k\lambda \\ (s - s_0)\cdot c = l\lambda \end{cases} \qquad (3\text{-}123)$$

式（3-116）即为劳厄方程。应用恒等式：

$$r = (r \cdot a)a^* + (r \cdot b)b^* + (r \cdot c)c^* \tag{3-124}$$

$$(s - s_0) = [(s - s_0) \cdot a]a^* + [(s - s_0) \cdot b]b^* + [(s - s_0) \cdot c]c^*$$

$$= \lambda(ha^* + kb^* + lc^*) = \lambda H_{hkl} \tag{3-125}$$

这也就导出了布拉格方程，这时的衍射强度为

$$I_p = I_e |F|^2 N^2 \quad (N = N_1 N_2 N_3) \tag{3-126}$$

将全晶胞的微体积元的散射波叠加，即得

$$F_{hkl} = \int_{全晶胞} \rho(x, y, z) \exp[\mathrm{i}2\pi(hx + ky + lz)]\mathrm{d}V$$

$$= \int_{全晶胞} \rho(r) \exp(\mathrm{i}2\pi H_{hkl} \cdot r)\mathrm{d}V \tag{3-127}$$

如晶面指数为（100）的衍射强度，在 $\theta_B + \Delta\theta$ 角方向，这个平面的衍射强度为

$$I_p = I_e |F_{hkl}|^2 N^2 \mathrm{e}^{-\frac{\pi}{\lambda^2}(\Delta\theta)^2 D^2 \cos^2\theta_B} \tag{3-128}$$

如果产生衍射的是理想晶体，则当它的整个晶体粒径只为 0.1 mm，而 θ_B 角接近 90° 时，其半高宽只有 $10^{-5} \sim 10^{-4}$ rad，上面的衍射强度公式需要在严格的条件下（如严格的方向、严格的单色）测量衍射峰，于是必须计算累加强度 E：

$$E = \iiint I_p \mathrm{d}s \mathrm{d}\varepsilon_1 \tag{3-129}$$

如对于能量色散衍射实验（如劳厄法中），波长改变而晶体保持不动，则用参数 ε_1 表示对设定波长的偏离，由于在衍射条件附近，I_p 公式中的 $s - s_0$ 应变为

$$s' - s_0 = (s' - s) + (s - s_0) = \Delta s + \lambda H_{hkl} \tag{3-130}$$

$\mathrm{d}s = R^2 \mathrm{d}\varepsilon_2 \mathrm{d}\varepsilon_3$，为探测器的观察孔径面元。所以积分强度为

$$E = \iiint I_p R^2 \mathrm{d}\varepsilon_1 \mathrm{d}\varepsilon_2 \mathrm{d}\varepsilon_3 = I_e R^2 |F|^2 \int \prod_{i=1}^{3} \frac{\sin^2(\pi p_i N_i)}{\sin^2(\pi p_i)} \mathrm{d}\varepsilon_i \tag{3-131}$$

在其他情况下（回摆法、粉末衍射法等），可用类似的方法计算，其结果如下。

回摆法：

$$E = I_0 Q \Delta V$$

$$Q = \left(\frac{e^2}{mc^2 V}\right)^2 \times \frac{P\lambda^3 |F_{hkl}|^2}{\sin\psi \cos\cos\varphi \cos\chi} \tag{3-132}$$

式中，ψ、φ、χ 与衍射角 $2\theta_B$ 的关系为

$$\cos 2\theta_B = \cos\psi \cos\varphi \cos\chi + \sin\psi \sin\chi \tag{3-133}$$

粉末衍射法：

$$E = I_0 Q \Delta V$$

$$Q = \left(\frac{e^2}{mc^2 V}\right)^2 \times \frac{P\lambda^3 |F_{hkl}|^2}{4\sin\theta_B} \tag{3-134}$$

D　实际小晶粒积分衍射强度

实际多晶中包括无数个均匀分布的小晶粒，每个晶粒相当于一个小晶体，但它并非理想完整的晶体，小晶粒内部包含许多方位差很小（<1°）的亚晶块结构。这类晶粒的衍射畴比理想晶体的大，在偏离布拉格角时存在衍射线。另外，实际测量时 X 射线通常具有

一定的发散角度，这相当于反射球围绕倒易原点摇摆，使处于衍射条件下的衍射畴中各点都能与反射球相交而对衍射强度有所贡献。因此，实际小晶粒发生衍射的概率要比理想小晶体大得多。且实际小晶粒衍射畴中任何部位都可能发生衍射，所以引入积分衍射强度的概念，就是假定衍射畴区域分别与反射球相交而发生衍射，并能获得总的衍射强度。

小晶粒衍射畴与反射球中心形成 $\Delta\Omega$ 夹角，与倒易空间原点形成 $\Delta\alpha$ 夹角。如果被测实际小晶粒与射线探测器的距离为 R，则该晶粒在 $\Delta\alpha$ 及 $\Delta\Omega$ 角度区间的衍射线总能量（即积分衍射强度）可表示为

$$I_g = I_e R^2 \mid F_{hkl} \mid^2 \int_{\Delta\alpha} \int_{\Delta\Omega} \mid G(\boldsymbol{g}_{hkl}) \mid^2 \mathrm{d}\alpha \mathrm{d}\Omega \tag{3-135}$$

E　实际多晶体衍射强度

实际多晶体的衍射强度，还与参加衍射的晶粒数、多重因子、单位弧长的衍射强度、吸收因子及温度因子等有关。

参加衍射的晶粒数为

$$\Delta n = n \frac{\cos\theta}{2} \Delta\alpha \tag{3-136}$$

式中，$\Delta\alpha$ 为衍射畴与倒易原点所形成的夹角，受晶粒尺寸及晶粒中亚晶块方位角的影响。式（3-136）表明，布拉格角 θ 越小，则参加衍射的晶粒数越多。则有

$$I_s = I_e R^2 \lambda^3 \mid F_{hkl} \mid^2 \times \frac{\cos\dfrac{\theta}{2}}{\sin(2\theta)} \times \frac{V}{V_c^2} \tag{3-137}$$

由于多晶体物质中某晶面族 $\{hkl\}$ 的各等同晶面的倒易球面互相重叠，它们的衍射强度必然也发生叠加。因此，在计算多晶体物质衍射强度时，必须乘以多重因子 P_{hkl}。则有

$$I_s = I_e R^2 \lambda^3 \mid F_{hkl} \mid^2 P_{hkl} \times \frac{\cos\dfrac{\theta}{2}}{\sin(2\theta)} \times \frac{V}{V_c^2} \tag{3-138}$$

在多晶衍射分析中，测量的并不是整个衍射圆环的总积分强度，而是测定衍射环上单位弧长上的积分强度。单位弧长积分强度 I_u 与整个衍射环积分强度 I_s 的关系为

$$I_u = \frac{I_s}{2\pi R\sin(2\theta)} \tag{3-139}$$

得到单位弧长的衍射强度为

$$I = I_0 \frac{\lambda^3}{32\pi R} \left(\frac{e^2}{4\pi\varepsilon_0 mc^2} \right)^2 \frac{V}{V_c^2} P_{hkl} \mid F_{hkl} \mid^2 L_p \tag{3-140}$$

式中，$L_p = [1 + \cos^2(2\theta)]/(\sin^2\theta\cos\theta)$，称为角因子或洛伦兹-偏振因子。

衍射线在试样中穿行路径的不同，会造成衍射强度实测值与计算值存在差异，而且这种差异随着射线吸收系数的增大而增大。为了校正吸收效应的影响，需要在衍射强度公式中乘以吸收因子 A。同时，晶体中原子总是在平衡位置附近进行热振动，并随着温度的升高，原子振动加强。原子热振动使晶体点阵排列的周期性遭到破坏，在原来严格满足布拉格条件的相干散射波之间产生附加的周相差，但这个周相差较小，只是造成一定程度的衍

射强度减弱。考虑实验温度给衍射强度带来的影响，须在衍射强度公式中乘以温度因子 e^{-2M}，温度因子表示一个在温度 T 下热振动的原子，其散射振幅等于该原子在热力学零度下原子散射振幅的 e^{-M} 倍。由于强度是振幅的平方，故原子散射强度是热力学零度下的 e^{-2M} 倍。根据固体物理的理论，可以得到如下 M 的表达式：

$$M = \frac{6h^2 T}{m_\mathrm{a}k\Theta^2}\left[\varphi(\chi) + \frac{\chi}{4}\right]\left(\frac{\sin\theta}{\lambda}\right)^2 \tag{3-141}$$

将吸收因子与温度因子计入，衍射强度的理论公式为

$$I = I_0\,\frac{\lambda^3}{32\pi R}\left(\frac{e^2}{4\pi\varepsilon_0 mc^2}\right)^2\frac{V}{V_\mathrm{c}^2}\,P_{hkl}\,|F_{hkl}|^2\,L_p A\mathrm{e}^{-2M} \tag{3-142}$$

在实际工作中，通常只需要了解各衍射线的相对强度。在同一条衍射谱线中，I_0、λ 及 R 等均为常数，故可将式（3-142）简化，得到了多晶体材料 X 射线衍射相对强度的通用表达式。

$$I = \frac{V}{V_\mathrm{c}^2}\,P_{hkl}\,|F_{hkl}|^2\,L_p A\mathrm{e}^{-2M} \tag{3-143}$$

3.3.2　X射线衍射仪

用计数器自动记录 X 射线衍射谱图的设备称为 X 射线衍射仪。衍射仪基本由产生 X 射线的发生装置、测量衍射角度的测角仪、记录衍射强度的记录（计数）装置和控制计算装置组成。

3.3.2.1　光学原理

弯曲试样 S 经 X 射线照射后产生晶面间距为 d_1、d_2 和 d_3 的衍射 G_1、G_2 和 G_3。此几何关系中，聚焦圆半径是常数，SG_1、SG_2 和 SG_3 的距离各不相等。然而在准聚焦衍射仪中，计数器 G 围绕试样 S 而旋转，保持着试样到计数器的距离 SG 不变（通常为 185 mm）。当试样的转动速度为计数器转动角速度的一半时，试样表面在任何时候都保持与聚焦圆相切。如图 3-37 所示，平板试样 S 与半径为 r 的聚焦圆相切。母线被截止在接收狭缝 G 处的衍射圆锥的锥底，该锥底是半径为 b（$b = R\sin 2\theta$）的圆，角度 φ 表示测角计的极限弧长范围，在多数仪器中，此极限为 165°。试样到 X 射线焦点的距离 FS 与试样到计数器的距离 SG 是相等的，且等于测角仪圆的半径 R。三角形 SGG' 是自 S 发射的半顶角为 2θ 的衍射圆锥的轴向垂直截面，表示此圆锥与测角仪圆平面间的交线。衍射线能近似地在接收狭缝位置 G 处进行聚焦，聚焦圆半径 r 满足：

$$r = \frac{R}{2\sin\theta} \tag{3-144}$$

由上式可知，随着 G 以 S 为中心向大的 2θ 角度方向转动，聚焦圆半径逐渐变小，不同 θ 角对应不同半径的聚焦圆。当 $2\theta = 0°$，$r = \infty$；反之，当 $2\theta = 180°$，$r = SF/2 = SG/2$，达到最小值。随着样品的转动，θ 从 0° 到 90°，由布拉格方程可知晶面间距 d $\left(d = \dfrac{\lambda}{2\sin\theta}\right)$ 将从最大降到最小，从而使晶体表层区域中晶面间距大于 $\lambda/2$ 的所有平行于表面的晶面均参与了衍射。

衍射仪的光学原理如图 3-38 所示。样品 S 为固体或粉末制成的平板试样，垂直置于

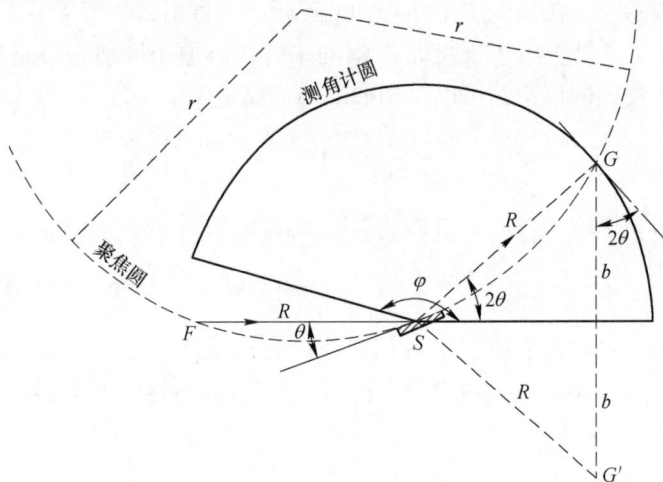

图 3-37　粉末衍射仪的工作原理几何图

样品台的中央，X 射线源 F 是由 X 射线管靶面上的线状焦斑产生的线状光源，线状方向与测角仪的中心转轴平行。线状光源首先经过由一组平行的重金属（钼或钽）薄片组成索拉缝准直器 S_1，索拉狭缝准直器是由长度 $l = 12.7$ mm、间距 $S = 0.5$ mm 的金属小片所组成，轴向堆砌高度为 10 mm，任何一对邻片的基始角度间隙 $\Delta = \tan^{-1}(S/l)$。这样就将 X 射线线束分割成为许多平行的切片线束，每一切片线束的轴向发散都受到非常严格的限制。随后通过狭缝光阑 X，使入射 X 射线在宽度方向上的发散也受到限制，使 X 射线以一定的高度和宽度照射在样品表面，样品中满足布拉格衍射条件的某组晶面才能发生衍射。衍射线经过狭缝光阑 M、索拉缝 S_2 和接受光阑 F 后，以线状进入计数管。

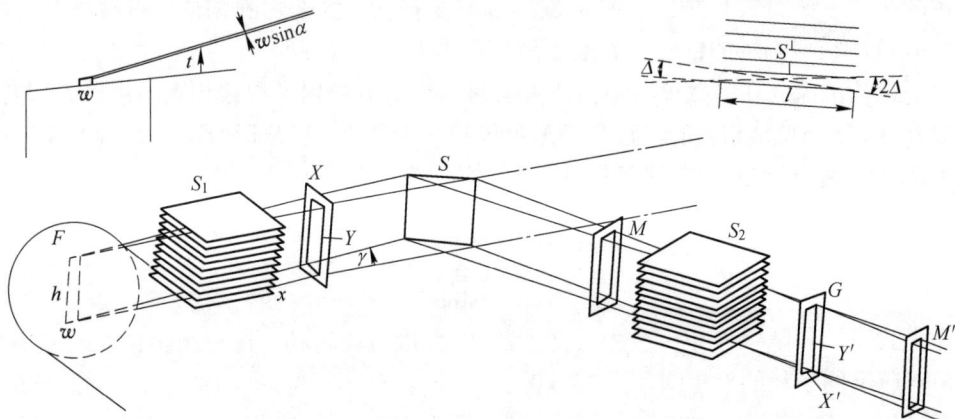

图 3-38　衍射仪的光学原理示意图

3.3.2.2　衍射仪的参数选择

衍射仪每次更换灯丝或辐射材料时，都应进行零点准直和角度校正。当衍射仪调整好准直和校正好角度后，还需用标准物质来检验衍射仪的分辨率和正确性，常用的标准物质有硅（Si）、α-石英（α-SiO₂）、钨（W）粉等。因为以上物质在用 Cu K_α 辐射时，在 2θ 角为 20°以上都有大量的分布良好且强度强、明锐的衍射线出现。

衍射仪晶体衍射数据的收集一般采用连续扫描法和步进扫描法。不管哪种扫描，衍射参数的选择都很重要，选择得适宜，其线型、分辨率和衍射强度均能得到满意结果。减小线形宽度（增大分辨率）的仪器参数与提高强度的仪器参数是相互矛盾的。采用大的赤道发散狭缝和相当厚的试样，对分辨率的影响极小，却能提高衍射强度，而在调整其他因素时，有必要在强度与分辨率之间折中选取。

3.3.2.3　衍射仪的工作模式

A　波长色散

波长色散衍射就是通常用特征 X 射线入射、计数管进行探测器的衍射，其衍射条件必须满足布拉格定律。波长色散衍射的扫描方式和主要特点见表 3-7。

表 3-7　波长色散衍射的扫描方式和主要特点

扫描方式	主 要 特 点	主要应用
反射式 $\theta/2\theta$ 连动	衍射面近乎平行于试样表面，准聚焦几何	广角衍射和广角散射
反射式 2θ 扫描	掠入射，非聚焦几何，改变掠射角可改参与衍射试样的深度	薄膜样品的广角衍射和散射
θ 扫描	固定 2θ，仅 θ 扫描	一维极密度测定
$\theta—\theta$ 扫描	试样不动，射线源和探测器同步进行 $\theta—\theta$ 扫描	最适宜液态样品
透射式 2θ 扫描	固定 θ 于-90°，仅 2θ 扫描	厚样品非破坏分析

B　能量色散

如果使用连续波长的 X 射线入射，不同 d 值各晶面的衍射线方向相同，因此探测器必须固定在特定的 2θ 位置，各衍射线服从：

$$2d\sin\theta = \frac{13.3985}{E} \tag{3-145}$$

式中，$\sin\theta$ 固定。因此，处在同样方位的不同 d 值的晶面，衍射不同能量的 X 射线时，入射线应为连续辐射，称为能量色散衍射。能量色散又可分为透射能量色散衍射和反射能量色散衍射，他们的特征对比见表 3-8。两种方法具有互补性。

表 3-8　透射能量色散衍射与反射能量色散衍射的特征对比

项　目	反射式能量色散衍射	透射式能量色散衍射
入射 X 射线特征	约 100 kV 下钨靶发射的连续 X 射线或白色同步辐射	
参与衍射的能量范围	5.4~70 keV	24~95 keV
固定的衍射角 θ_S	较大（5°~20°）	较小（1°~4°）
吸收的影响	影响不大	影响很大，最小能量决定被检测样的最大厚度
能量衍射花样的特征	随 θ_S 的不同而不同，不易漏掉 d 值的线条	随 θ_S 的大小而不同，因低能量 X 射线可能被吸收，可能会漏掉 d 值线条

3.3.3　X 射线衍射分析方法

3.3.3.1　多晶体衍射信息的获取方法

A　试样制备的要求

X 射线入射线仅能穿透试样的表面层。所以，如果试样的晶粒过大，实际上参加衍射的晶粒数就过少。要测得准确的强度，需要约 2 μm 的晶粒度，当晶粒度大小为几十微米时，转动试样可使强度的均方误差大为降低。试样的厚度应大于 $3/\mu$（其中，μ 为试样材料的线吸收系数）。

B　衍射全图的获得

要获得衍射图样，应采用计数率计记录。这时所选择的发散狭缝应能使 X 射线入射线被试样全部截住。采用 θ—2θ 联动方式扫描，只要入射线与试样表面成 θ 角，接收狭缝和探测器就刚好处在 2θ 位置上。于是，只要从小 θ 开始进行连续扫描，探测器就会接收到各条衍射线，并将它们的强度按 2θ 角的分布做出记录。

C　单峰测试

需要准确地测试出一条衍射线的形状或位置时，往往在衍射全图中找到合适的衍射线后，再进行细致的单峰测试。常用慢速连续扫描或步进扫描法，采用步进扫描法没有滞后及平滑效应，因此分辨率不受其影响。同时它在衍射线极弱或背底很高时特别有用，在两者共存时更是如此。因为用步进扫描法时，可以在每个 θ 角处延长停留时间，以得到较大的每步总计数，从而减小统计波动的影响。

D　衍射线线位分析

衍射线的线位 2θ 是从衍射线线形获得的基本参数之一，它是点阵参数、宏观应力测定等分析工作中的关键参量。常用的衍射线线位的确定方法有图形法、曲线近似法和重心法。

直接从衍射图形出发确定线位的方法称为图形法。测得衍射线的线形以后，在做各种校正或确定各种参数之前，必须先去除背底。直接寻找衍射线的强度最大点 B，定义它所对应的 2θ 标尺为衍射线的线位，记为 P_0，称为顶点法。延长衍射线顶部两侧的直线部分，两延长线交于 A 点。过 A 点作背底线的垂线，垂足为 a，a 所对应的 2θ 标尺处的度数记为 P_x，这种确定线位的方法称为延长直线法。在强度与最大强度之比为 1/2 处取一点，过该点作平行于背底的弦，取弦的中点对应的 2θ 标尺处的度数记为 $P_{1/2}$。图形法简单明了，是最常用的办法。然而它难以排除 K_α 双线分离程度的影响。

曲线近似法将衍射线顶部近似成抛物线，再用 3~5 个实验点来拟合此抛物线，找出其顶点，将抛物线的顶点所对应的 2θ 标尺 $2\theta_p$ 作为衍射线的线位。抛物线近似法常用于峰背比高且峰位处较为光滑的衍射线。

重心法就是取衍射线重心所对应的 2θ 标尺上的度数为衍射线的线位，记为 $\langle 2\theta \rangle$，定义式为

$$\langle 2\theta \rangle = \frac{\int 2\theta I \mathrm{d}2\theta}{\int I \mathrm{d}2\theta} \tag{3-146}$$

这种方法是唯一利用了衍射线的全部数据来确定衍射线线位的办法，因此所得的结果受其他因素的干扰较小，重复性较好。

E　衍射线强度分析

衍射线的强度是定量相分析、织构程度测定、原子面"平整"程度测定等工作中的关键参量，常用峰高法和积分法来确定。峰高法是用一条衍射线的最大强度值代表整个衍射线的强度，也就是以衍射线的峰高来表示它的强度。衍射线的积分强度就是衍射线曲线以下，背底以上的面积，数学表达式为

$$I_{积分} = \int \left[I(2\theta) - I_{背底}(2\theta) \right] \mathrm{d}2\theta = \sum_{i=1}^{N} (I_i - I_{i背底}) \Delta 2\theta \tag{3-147}$$

F　衍射线宽度分析

衍射线的半高宽，即是在衍射线最大强度的一半处，作与背底平行的弦，用此弦长来表示衍射线的宽度，记为 $B_{1/2}$。衍射线的积分宽度 B 即是衍射线的积分强度除以峰高强度 I_p，即

$$B = \frac{1}{I_p} \int I(2\theta) \mathrm{d}2\theta \tag{3-148}$$

定义线形的方差 $\langle B \rangle$ 为

$$\langle B \rangle = \frac{\int (2\theta - \langle 2\theta \rangle)^2 I(2\theta) \mathrm{d}2\theta}{\int I(2\theta) \mathrm{d}2\theta} \tag{3-149}$$

式中，$\langle 2\theta \rangle$ 为线形重心。

G　衍射线线形分析

衍射线的线形，是指衍射线的强度按衍射角 2θ（或按散射矢量 s）的分布。有一些衍射线由两条衍射线组成，一条线的强度是另一条的两倍。它们分别是 $K_{\alpha 1}$ 与 $K_{\alpha 2}$ 辐射形成的衍射线，称为 K_α 双线。$K_{\alpha 1}$ 与 $K_{\alpha 2}$ 辐射的波长相差甚小，所以它们的衍射峰时常是重合的，从而影响了从实测线形上直接读取的衍射参数的准确性。这种情况下，可以认为实测线形 $I(2\theta)$ 是 $K_{\alpha 1}$ 和 $K_{\alpha 2}$ 形成的线形 $I_1(2\theta)$ 和 $I_2(2\theta)$ 的叠加，并且

$$I_2(2\theta) = \frac{1}{2} I_1(2\theta - \Delta 2\theta) \tag{3-150}$$

式中，$\Delta 2\theta$ 是双线的分离角度，称为双线分离度。

于是

$$I(2\theta) = I_1(2\theta) + I_2(2\theta) = I_1(2\theta) + \frac{1}{2} I_1(2\theta - \Delta 2\theta) \tag{3-151}$$

$K_{\alpha 2}$ 线使得衍射线变形，并且这种变化与所用辐射和衍射线的布拉格角有关，因为它们共同决定着双线分离度 $\Delta 2\theta$。由布拉格定律可以获得双线分离度的定量表达式：

$$\Delta 2\theta = 2\frac{\Delta \lambda}{\lambda} \tan\theta \tag{3-152}$$

式中，$\Delta \lambda$ 为 $K_{\alpha 1}$ 和 $K_{\alpha 2}$ 之间的波长差；λ 为平均波长。

一切随 2θ 角变化的因素，都会影响衍射线的形状。这些因素主要有吸收因子、温度因子和洛伦兹-偏振因子。

试样的吸收因子 $A(\theta)$ 与试样的形状和放置方法有关。

$$A(\theta) = 1 - \tan\psi \cot\theta \tag{3-153}$$

式中，ψ 为试样表面法线与衍射法线之间的夹角。

对衍射线线形进行吸收校正，就是将实测的强度值 $I(2\theta)$ 逐点除以与其 θ 角对应的吸收因子 $A(\theta)$ ，即经吸收校正后的线形应为 $I(2\theta)/A(\theta)$ 。

温度因子 $T(\theta)$ 为

$$T(\theta) = \exp(-K\sin^2\theta) \tag{3-154}$$

式中，K 为常数，温度因子几乎为常数，对线形的影响很小。

结构因子中的原子散射因子，也是 θ 的函数，为

$$f(\theta) = \sum_{j=1}^{4} a_j\exp\left(-b_j\lambda^{-2}\sin^2\theta\right) + c \tag{3-155}$$

式中，a、b、c 为常数。

由式（3-155）可知，原子散射因子随 θ 的增大而减小，在高 θ 角部分对衍射线的强度影响较大。

洛伦兹-偏振因子为

$$L(s) = \frac{1 + \cos^2(2\theta)}{\sin^2\theta\cos\theta} \tag{3-156}$$

为了获得衍射线线形 $I(2\theta)$ 的函数形式，可以对 $\iiint L(s)\mathrm{d}s$ 进行近似处理，得到

$$\iiint L(s)\mathrm{d}s = \iiint \cos\theta/(\lambda a_3^*)L(s)\mathrm{d}s_1\mathrm{d}s_2\mathrm{d}2\theta \tag{3-157}$$

从而有

$$I(2\theta) = K\frac{1 + \cos^2 2\theta}{\sin^2\theta}F^2A(\theta)T(\theta) \tag{3-158}$$

式中，K 为与试样和衍射线指数有关的常数，从而校正衍射线线形的角因子 L_P 应为

$$L_P = \frac{1 + \cos^2(2\theta)}{\sin^2\theta} \tag{3-159}$$

3.3.3.2　单晶体衍射信息的获取方法

收集单晶体衍射数据的方法有劳厄法、四圆单晶衍射仪法、回转法、回摆法、魏森堡法、旋进法等。

A　劳厄法

晶体固定不动，波长连续变化，反射球半径也随之连续改变，单晶体的倒易点阵是固定的，一部分倒易点阵有机会和反射球的球面相遇，如果入射 X 射线和晶体的某一对称轴或对称面平行，由于反射球具有圆球的对称性，由对称轴联系的各倒易点阵点必将同时落在一个球面上。从球心指向这些倒易点阵的衍射线，将围绕入射 X 射线轴对称出现，对称面的对称性也同样出现。当 X 射线光源很强时，也可以用荧光屏观察单晶的衍射图样。单晶体的衍射线在底片上或荧光屏上形成的斑点，统称为劳厄斑。晶面指数较小的晶面，能在所用的连续谱波长范围内选择比较多的波长数进行反射，因此它对应的劳厄斑较强。劳厄斑是单晶内部晶体学坐标的信息。根据入射线和衍射线可以确定反射晶面的位置，根据极射投影的定义可以获得反射晶面的极射投影点。图中的 θ 由式（3-160）决定：

$$\tan 2\theta = \frac{S}{D} \tag{3-160}$$

式中，S 为劳厄斑与底片中心的距离；D 为底片及投影面与试样之间的距离。入射线、衍射线和晶面法线应在同一平面内，所以劳厄斑和它所对应的晶面极点，应在过底片和投影幕两者的共同中心的一条直线上，且分布在中心的两侧。可以利用 S 与 θ 之间的关系，作劳厄斑-极点变换尺，利用此尺可将劳厄斑直接转换成相应的晶面极点。此变换尺实际上就是图形化的 S-θ 关系。

B　四圆单晶衍射仪法

四圆衍射仪由 Φ 圆、χ 圆、ω 圆和 2θ 圆组成。Φ 圆是指围绕安置晶体的轴旋转的圆，即测角头绕转轴自转的圆，旋转角称 Φ 角；χ 圆指安装测角头的垂直圆，测角头可在此圆上运动；ω 圆是通过衍射仪中心的垂直轴使 χ 圆绕垂直轴旋转的圆，即晶体绕垂直轴转动的圆。这三个旋转可将空间任一方向的衍射线转到赤道平面内，即入射光和探测器轴线构成的平面内。2θ 圆和 ω 圆共轴，是载着探测器转动的圆。每个圆都是由独立的步进电机带动，通过计算机程序控制，让晶体的各个衍射在特定的取向条件下满足衍射条件，记录衍射强度。

四圆单晶衍射仪是通过三个工作空间和一个仪器坐标系来具体实现单晶衍射数据收集。这三个空间分别是衍射空间、探测器空间和样品空间。衍射空间的作用是根据一定的波长 λ 和衍射角 θ 得到晶体的面间距 d。衍射发生的位置由空间球形坐标 γ（经线）和 2θ（纬线）来决定，其衍射的单位向量可以由以下矩阵给出：

$$\boldsymbol{h}_L = \begin{bmatrix} h_x \\ h_y \\ h_z \end{bmatrix} = \begin{bmatrix} -\sin\theta \\ -\cos\theta\sin\gamma \\ -\cos\theta\cos\gamma \end{bmatrix} \tag{3-161}$$

探测器空间即探测器在实验坐标系中的位置，包括探测器离样品之间的距离 D 及探测器在衍射平面转动的角度 α。

样品空间包括 χ 圆、Φ 圆、ω 圆及样品坐标，样品坐标将随着 χ 圆、Φ 圆、ω 圆的转动而改变，从而使晶体各方向的晶面都有机会得到反射。

C　回转法和回摆法

使用单色 X 射线时，反射球具有固定的半径，在晶体不断转动或摆动时，倒易点阵点也随着转动或摆动。当倒易点阵点扫过球面时，此点满足衍射条件，产生衍射。当晶体的转轴和入射 X 射线垂直时，垂直于此轴的倒易点阵面上的点在反射球上相碰，即出现衍射图样。回摆法结合成像板（IP）或电荷耦合器件（CCD）等类型的面探测器，可在短时间内同时记录大量的衍射数据，这已成为近年来发展的新的收集衍射强度的重要方法。四圆单晶衍射仪逐点收集衍射强度数据的方法逐渐代替了照相法，但四圆单晶衍射仪由于采用逐点方式收集衍射数据，虽然数据精度高，但数据收集时间较长。面探测器的 X 射线单晶衍射系统能够成十倍、百倍地提高数据收集速度。IP 是面探测器的一种，其工作模式类似于照相底片，依据的原理是光致荧光，其强度正比于 IP 在此像素接受的 X 射线的照射剂量，并通过光电倍增管将光致荧光转化为电信号，形成数字化 X 射线图像。CCD 与 IP 具有相当的功能，CCD 芯片将投射到其上的光信号变为电子并储存在像素中，然后由放大器读出而获得数字化的 X 射线衍射图像。

D 魏森堡法

先用回摆法校准晶体方向，使衍射点的层线成为直线，即所需收集的倒易点阵平面和晶体的转轴垂直，然后利用一个带有窄缝的金属圆筒形层线屏，只让某一层衍射点通过窄缝，挡住其余各层的衍射线。收集数据时，晶体绕轴慢慢转动，层线屏外侧的圆筒形胶片同步地沿着晶体转动轴移动。晶体绕轴回摆，胶片沿轴往复移动，使回摆图中同一层线上的衍射点有规律地展开在一个平面上。衍射点不会重合，容易进行指标化测量衍射强度。

E 旋进法

旋进法可收集到不变形的、放大的、低角度的倒易点阵点分布图像。它可用于正式收集强度数据前，研究蛋白质晶体的晶胞参数、对称性、空间群等晶体学数据，以及用于了解晶体的质量等情况。

3.3.3.3 物相分析

A 物相定性分析

物相定性分析是指以样品的 X 射线衍射数据为基本依据来确定物质是由何种物相组成的分析过程。物相定性分析的基本方法是将试样的衍射图样与各种已知晶体的衍射图样进行对比，从试样衍射图样中取得上述各类数据，并将其与卡片进行比较。目前大量应用的是粉末衍射卡片库，由粉末衍射标准联合委员会（JCPDS）负责卡片的编辑出版，改称 PDF 卡片，其中包括各种晶体的卡片，每张卡片上列有粉末衍射图样的基本数据：各条衍射线的指数、面间距和强度。后来，JCPDS 更名为国际衍射数据中心（ICDD）。

利用 PDF 卡片库进行定性分析，有以下几个步骤：

（1）获得试样的衍射图样。

（2）计算 d 值和测定 I/I_1 值。进行物相分析时，主要是根据 d 值并参考 I/I_1 值来判定物相。可见，d 值更为重要。

（3）检索卡片，可以用最强线 d 值判定卡片在《哈氏检索手册》中所在的大组，用次强线 d 值判定卡片在大组中所在的位置，用全部 3 条强线的 d 值检验判断是否正确，如果 3 条强线已基本相符，即可以从卡片库中抽取该卡片，将试样的衍射数据与其进行全面对照。

（4）如果试样是由多种物相构成，通过任意搭配"最强线-次强线"线对，尝试找出其中一种物相的衍射线。去除此物相的衍射线后，再将余下的衍射线进行重新搭配，再进行尝试，直到全部衍射线都得到解释为止。

无论是人工检索，还是计算机检索，定性分析都是基于 ICDD 编辑出版的 PDF 卡片进行，即所要鉴定的物相的衍射花样都是已知的，但还有许多物相没有衍射卡片。对于无卡相的定性分析，可以通过查阅相关文献，与文献中的衍射数据对比。还可通过收集晶体学数据（点阵类型、结构类型、点阵参数等），取得它们的衍射花样，按已知数据计算进行指标化。如果符合良好，又没有多余的线条，且与其他测试方法及试样的形态特征和物理特性相互验证，如证明所获物质是单相物质，则证明对应的晶体学数据基本正确，自制标准卡片。

B 物相定量分析

物相定量分析是指在定性分析的基础上，测定试样中各相的相对含量。多相混合物的衍射图样中，会同时呈现各个相的衍射线，各衍射线的强度与其含量有关，而物质的衍射强度与此物质参加衍射的体积成正比，从而实现对物相的定量分析。

如果试样为单相物质，则衍射线的积分强度 I_{hkl} 为

$$I_{hkl} = \left(\frac{I_0}{32\pi r} \times \frac{e^4 \lambda^3}{m^2 c^4} \right) \times \left(N^2 P_{hkl} F_{hkl}^2 \frac{1 + \cos^2 2\theta_{hkl}}{\sin^2 \theta_{hkl} \cos\theta_{hkl}} \, \mathrm{e}^{-2M} \right) AV \tag{3-162}$$

式中，I_0 为入射线束的强度；e、m、c 分别为电子电荷、电子的静止质量和光速；λ 为入射 X 射线的波长；r 为衍射仪半径；N 为单位体积（cm^3）内的晶胞数目，$N = 1/V_c$；V_c 为晶胞的体积；P_{hkl} 为 $\{hkl\}$ 晶面族的多重性因数；F_{hkl} 为 hkl 晶面的结构因数；θ_{hkl} 为 hkl 晶面对入射线波长的布拉格角；A 为吸收因数；V 为试样衍射体积，cm^3；$\dfrac{1 + \cos^2(2\theta_{hkl})}{\sin^2 \theta_{hkl} \cos\theta_{hkl}}$ 为洛伦兹-偏振因数。

令

$$R = \frac{I_0}{32\pi r} \times \frac{e^4 \lambda^3}{m^2 c^4} \tag{3-163}$$

$$K_{hkl} = N^2 P_{hkl} F_{hkl}^2 \frac{1 + \cos^2(2\theta_{hkl})}{\sin^2 \theta_{hkl} \cos\theta_{hkl}} \, \mathrm{e}^{-2M} \tag{3-164}$$

则有

$$I_{hkl} = R k_{hkl} AV \tag{3-165}$$

这个强度公式是对于单相物质而言的。对于多相物质，参加衍射的物质中各相对于 X 射线的吸收各不相同，每个相的含量发生变化时，都会改变其吸收因子值（$A = 1/(2\mu)$，μ 为吸收系数）。因此，在多相物质定量分析方法中，要想从衍射强度求得各相的含量，必须考虑吸收系数 μ 的影响。

假设试样为 α 相与 β 相的双相混合物，衍射线的强度与其中每个相参与衍射的体积 V_α 和 V_β 有关，衍射强度分别为

$$\begin{aligned} I_\alpha &= \frac{I_0 \lambda^3}{32\pi R V_\alpha^2} \left(\frac{e^2}{mc^2} \right)^2 \left[\frac{1 + \cos^2(2\theta)}{\sin^2 \theta \cos\theta} F^2 P \mathrm{e}^{-2M} \right]_\alpha \frac{V_\alpha}{2\mu} \\ I_\beta &= \frac{I_0 \lambda^3}{32\pi R V_\beta^2} \left(\frac{e^2}{mc^2} \right)^2 \left[\frac{1 + \cos^2(2\theta)}{\sin^2 \theta \cos\theta} F^2 P \mathrm{e}^{-2M} \right]_\beta \frac{V_\beta}{2\mu} \end{aligned} \tag{3-166}$$

根据测试过程中是否向试样中添加标准物，可将定量分析方法分为外标法、内标法和自标法。外标法是以外部试样为标样的方法，并且通常是以待测物相的纯物相试样为标样。如果要测定试样中 α 相的含量，则可以将式（3-166）中与 α 相含量无关的各项归结为常数 K，那么此试样中 α 相的衍射线强度 I_α 应为

$$I_\alpha = K \frac{w_\alpha}{\rho_\alpha \mu^*} \tag{3-167}$$

式中，w_α、ρ_α 分别为相的质量分数和实际密度；μ^* 为混合试样的质量吸收系数，$\mu^* = \sum w_i \mu_i^*$。

而对于纯 α 相的试样（即标样），其同指数衍射线的强度 I_{α_0} 应为

$$I_{\alpha_0} = K \frac{1}{\rho_\alpha \mu_\alpha^*} \tag{3-168}$$

因此待测试样中 α 相的衍射强度与 α 相标样的衍射强度的比值为

$$\frac{I_\alpha}{I_{\alpha_0}} = \frac{\mu_\alpha^*}{\mu^*} w_\alpha = \frac{w_\alpha \mu_\alpha^*}{w_\alpha(\mu_\alpha^* - \mu_\beta^*) + \mu_\beta^*} \tag{3-169}$$

定量分析时，只要分别测得试样和标样的最强衍射强度，便可利用 I_α / I_{α_0} 值获得试样中的 α 相含量 w_α。然而，任何影响衍射线强度的实验条件变化，都会使测定结果出现偏差。

内标法指在试样中加进一定质量的标准物之后，根据待测相与标准物的衍射线强度比来确定两者的含量比。在试样中加进标准物 s 之后，α 相的含量降低为 ω_α，而标准物 s 的含量为 w_s，可得

$$\frac{I_\alpha'}{I_s} = K \frac{w_\alpha'}{w_s} \tag{3-170}$$

由 PDF 卡片可查到 α 相和 s 相的参考强度比分别为 I_α/I_c 和 I_s/I_c，则上式中的 K 值可由式（3-171）计算：

$$K = \frac{\dfrac{I_\alpha}{I_c}}{\dfrac{I_s}{I_c}} \tag{3-171}$$

换算后有

$$w_\alpha = \frac{w_\alpha'}{1 - w_s} \tag{3-172}$$

内标法可以借用标准物来——测定试样中各个晶态相的含量。在测定某一物相的含量时只涉及此相的衍射线强度，而与其他相的衍射图样无关。

自标法是将衍射图样中的 α 相和 β 相的衍射线强度进行比较，根据 I_α / I_β 来确定 w_α / w_β，有

$$\frac{I_\alpha}{I_\beta} = K \frac{w_\alpha}{w_\beta} \tag{3-173}$$

在多物相系统中，任何两种物相（j 和 n）的衍射线强度比正比于其含量比，而与是否存在其他物相无关。即有

$$\frac{I_j}{I_n} = K_j \frac{w_j}{w_n} \tag{3-174}$$

这一原理类似于分子光谱学和量子力学中的绝热原理，因此有时称其为绝热法。但在试样中含有非晶相时，此法不适用。

C　全谱拟合与 Rietveld 结构精修

在相同的光路下，如果入射 X 射线的强度保持不变，则一定体积的散射体在整个衍射空间中的相干散射总量是只与此体积内的化学物质的总质量有关的一个不变量，而与其中的原子的聚集态无关，这就是散射能量守恒原理。可见，多物相样品中，每个物相的散射分量仅与其在样品中的含量有关。因此，以整个衍射谱的线形为拟合目标的全谱拟合法是从整个衍射谱角度分析物相组成的方法，理论上各种基于个别衍射峰强度的物相定量方

法要完善得多。全谱拟合法的关键是要确定所有衍射峰的位置 2θ、积分强度 I 和强度分布。

从设定的结构模型的晶胞参数出发，计算不同 hkl 晶面对应的一组 d 值。再通过布拉格公式可计算各个衍射峰的位置 $(2\theta)_k$。k 为衍数指数 hkl 的缩写，代表一个衍射。衍射峰第 i 个测量点的实测强度 Y_{ik} 与其峰形函数 G_{ik} 存在以下关系：

$$Y_{ik} = G_{ik} I_k \tag{3-175}$$

其中
$$I_k = SP_k(LP)_k \left| F_k \right|^2 \tag{3-176}$$

从设定的结构模型的原子位置和原子散射因子等参数可计算各 hkl 衍射的结构因子 F_k 及积分强度 I_k。再根据式（3-175）获得峰形函数 G_{ik}，表示 k 衍射的强度分布。整个衍射谱是各衍射峰的强度分布的叠加，故衍射谱上某点 $(2\theta)_i$ 的实测强度 Y_i 可表示为

$$Y_i = Y_{ib} + \sum_k Y_{ik} \tag{3-177}$$

式中，Y_{ib} 为背底强度。

由式（3-177）可计算衍射谱上各 $(2\theta)_i$ 处的衍射强度 Y_{ic}（其中，下标 c 表示为计算值）。用非线性最小二乘法使 Y_{ic} 拟合多晶体衍射谱上的各实测值 Y_{io}，获得最小的拟合结构参数 M。

$$M = \sum_i W_i (Y_{io} - Y_{ic})^2 \tag{3-178}$$

式中，W_i 为权重函数。

为了判别精修中各参数的调整是否合适，设计出一些判别因子，简称 R 因子。其计算如下：

$$R_p = \frac{\sum_i \left| Y_{io} - Y_{ic} \right|}{\sum_i Y_{io}}$$

$$R_{wp} = \sqrt{\frac{\sum_i W_i (Y_{io} - Y_{ic})^2}{\sum_i W_i Y_{io}^2}}$$

$$R_B = R_l = \frac{\sum_k \left| I_{ko} - I_{kc} \right|}{\sum_k I_{ko}} \tag{3-179}$$

$$R_F = \frac{\sum_k \left| \sqrt{I_{ko}} - \sqrt{I_{kc}} \right|}{\sum_k I_{ko}}$$

$$\mathrm{GofF} = \frac{\sum_i W_i (Y_{io} - Y_{ic})^2}{N - P} = \left(\frac{R_{wp}}{R_e} \right)^2$$

式中，R_p 为基于衍射峰的整体形状和位置来计算的，考虑了衍射峰的强度、宽度和位置；R_{wp} 为对 R_p 的一种改进，考虑了实验数据中不同数据点的重要性或权重；N 为衍射谱上数据点的数目；P 为拟合中被精修的参数数目；R 因子中，GofF 可以作为拟合质量的判断，理想值为1。

若 GofF 为 1.3 或更小，则可以认为拟合是很满意的。若 GofF 大于 1.5，说明与实际相差较大。若 GofF 过小，表明所用数据质量不够好。

进行 Rietveld 结构精修的大致步骤有 6 个：（1）采集衍射数据与设计初始结构。（2）建立一个合适的初始结构模型，选择模型参量，峰形参数可用相同实验条件下得到的标准样品的峰形函数。衍射仪零点和样品位移量设置为零。（3）检查输入模型，完成初始参数的输入后对计算谱图与实测谱图进行目视比较，检查模型是否有明显的错误，在精修的过程中要不断检查图形。（4）安排待精修参量的顺序，在精修过程中要有选择地让某些参量加入精修行列中，依次参加精修，形成一个精修参量选择序列。（5）使用相关矩阵，在修正过程中，还可以通过对相关矩阵的检查，判断待修参量之间是否存在相关性，找出冗余参量并去掉，背底多项式的各参量之间、热参量之间、占位数之间、峰形参量之间，经常会出现相关。（6）终止精修，一般 Rietveld 结构精修程序中都设置了一个最大循环次数，可根据需要修改它，在实际操作中，经常以连续 10 次循环为一个单元，每当完成一个单元后，查看精修结果，估计进展情况，决定是否需要继续进行精修，一旦发现精修朝着不可能的方向进行，就应立即终止精修，寻找正确的方法并重新开始精修。

3.3.3.4　点阵常数的精确测定

点阵常数 a 是反映晶体物质结构尺寸的基本参数，直接反映了质点间的结合能。利用 X 射线衍射法测定点阵常数时，测定过程首先是获得晶体物质的衍射花样，标出各衍射峰的干涉面指数 HKL 和对应的峰位 2θ，然后运用布拉格方程和晶面间距公式计算此物质的点阵常数。以立方晶系为例，其点阵常数的计算公式为

$$a = \frac{\lambda}{2\sin\theta}\sqrt{H^2 + K^2 + L^2} \tag{3-180}$$

式中，H、K、L 为干涉指数，为整数；λ 可认为固定不变。

可见，点阵常数测量的精确度主要取决于 2θ 值测量的精度，因此，应从精密度和准确性两个方面入手提高点阵常数的测量度数。

A　峰位置的准确确定

峰位置的确定方法请参考 3.3.3.1 节衍射线线位分析方法。

B　测量引起的误差

点阵常数的测量是间接测量，即测量衍射角 θ，由 θ 计算面间距 d，再由 d 计算点阵常数。由布拉格方程变换可得

$$\cos\theta\Delta\theta = -\frac{\lambda}{2d^2}\Delta d = -\sin\theta\frac{\Delta d}{d} \tag{3-181}$$

即
$$\frac{\Delta d}{d} = -\cot\theta \cdot \Delta\theta \tag{3-182}$$

由式（3-182）可以看出，当 $\Delta\theta$ 一定时，θ 角越大，$\Delta d/d$ 值越小，因此选用大 θ 角衍射线有助于减少点阵常数的误差。要想达到较高的精确度，必须对试样台和试样板进行检定，并且精心地制作和安放试样。当 2θ 趋近于 180° 时，误差趋近于零。

C　试样引起的误差

X 射线具有一定的穿透能力，所以试样内部也有衍射，因此即使试样表面准确经过轴线，引起重心偏移，也相当于存在一个永远为正值的离轴 s，使实测衍射角偏小。

$$\frac{\Delta d}{d} = -\cot\theta \cdot d\theta = \frac{\cos^2\theta}{2\mu R} \tag{3-183}$$

对于重心法，当 2θ 为90°时此误差最大；而当 2θ 趋近于0°或180°时，此误差趋近于零。应用峰值法时，其偏差比重心法小。

实际上是采用平面试样，入射光束又有一定的发散度，所以，除试样的中心点外，其他各点的衍射线均将偏离 2θ 角。误差可由水平发散角 α 估算：

$$\frac{\Delta d}{d} = \frac{1}{24}\alpha^2\cot^2\theta \tag{3-184}$$

一般在精确测定点阵常数时，X 射线水平发散度应不大于1°。当 2θ 趋近于180°时，此误差趋近于零。

D　点阵常数的精确测量方法

点阵常数精确测量的最理想峰位在 $\theta = 90°$ 处，然而，衍射仪无法测到 $\theta = 90°$ 处的衍射线，此时可通过外延法实现点阵常数的精确测量。先根据同一物质的多根衍射线分别计算相应的点阵常数 a ，此时点阵常数存在微小差异，以函数 $f(\theta)$ 为横坐标，点阵常数为纵坐标，作 $a\text{-}f(\theta)$ 的关系曲线，将曲线外延至 $\theta = 90°$ 处的纵坐标值即为最精确的点阵常数值，其中 $f(\theta)$ 为外延函数。在外延法中，取外延函数 $f(\theta)$ 为 $[(\cos^2\theta/\sin\theta) + \cos^2\theta/\theta]/2$ 时，可使 a 与 $f(\theta)$ 具有良好的线性关系，通过外延获得点阵常数的测量值。然而，外延法具有较强的主观性，为了进一步提高测量精度，在此基础上，对多个测点数据运用最小二乘原理，求得回归直线方程，再通过回归直线的截距获得点阵常数，此方法称为线性回归法。此法精确度高，但较为复杂。另外，还可以采用校准样校正法测量，用比较稳定的物质（如 Si、Ag 等）作为标准物质，其点阵常数已精确测定过（如纯度为99.999%的 Ag 粉，$a_{Ag} = 0.408613$ nm；纯度为99.9%的 Si 粉，$a_{Si} = 0.54375$ nm），并将其定为标准值，将标准物质的粉末掺入待测试样的粉末中混合均匀，或在待测块状试样的表层均匀铺上一层标准试样的粉末，在衍射图中便会出现两种物质的衍射花样。由标准物的点阵常数和已知的波长计算相应 θ 角的理论值，再与衍射花样中相应的 θ 角相比较，用这一差值对所测数据进行修正，便可得到较为精确的点阵常数。

3.3.3.5　内应力的测定

在不存在影响应力的各种外在因素下，物体内部存在并保持平衡着的应力称为内应力。内应力又可分为宏观应力、微观应力和超微观应力 3 种。宏观应力又称为残余应力，是指构件中在相当大的范围内均匀分布并保持平衡的内应力，其存在范围较大，方位相同的各晶粒中同名 *HKL* 面的晶面间距变化相同，导致各衍射峰位向某一方向发生漂移。微观应力是指在构件数个晶粒范围内均匀分布并保持平衡的内应力，其存在范围仅存在于数个晶粒范围，其应变分布不均匀，不同晶粒中，同名 *HKL* 面的晶面间距有的增加，有的减小，导致衍射线峰位向不同的方向位移，引起衍射峰漫散宽化。超微观应力是指在构件数个原子范围内均匀分布并保持平衡的内应力，一般存在于位错、晶界和相界等缺陷附近。释放此应力时不会引起宏观体积和形状的改变。由于应力仅存在于数个原子范围，其应变会使原子离开平衡位置，产生点阵畸变，导致其衍射强度下降。

A　宏观应力的测定

宏观应力的测定方法包括 X 射线衍射法、衍射仪法。

a　X 射线衍射法

当构件中存在宏观应力时，应力使构件在较大范围内引起均匀变形，应力的存在是通过应变来进行测试的。如图 3-39 所示，从受力物体中取出一个立方体积元，以其各棱为坐标轴，在平衡条件下，其应力状态最多需要 6 个独立的量来表达，即正应力 σ_x、σ_y、σ_z 和剪应力 τ_{zy}、τ_{yx}、τ_{xz}。然而，即使在极复杂的系统中，也能够找到一个新的正交坐标系，使在以新坐标轴为边棱的立方体积元中，各个立方面上的剪应力为零，只有沿 3 个轴方向上的正应力。这种情况下的正应力称为主应力，记为 σ_1、σ_2、σ_3，相应的主应变为 ε_1、ε_2、ε_3。在微变形情况下，由叠加原理获得主应力与主应变之间的关系为

$$\begin{cases} \varepsilon_1 = \dfrac{1}{E}\left[\sigma_1 - \nu(\sigma_2 + \sigma_3)\right] \\[2mm] \varepsilon_2 = \dfrac{1}{E}\left[\sigma_2 - \nu(\sigma_1 + \sigma_3)\right] \\[2mm] \varepsilon_3 = \dfrac{1}{E}\left[\sigma_3 - \nu(\sigma_1 + \sigma_2)\right] \end{cases} \tag{3-185}$$

式中，E 为弹性模量；ν 为泊松比。

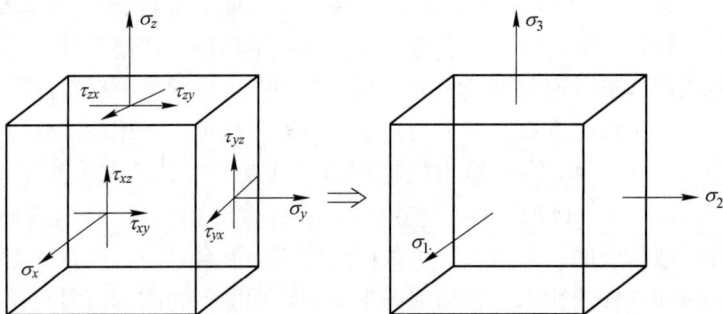

图 3-39　体积单元上的应用状态

对于一般的金属材料，X 射线的穿透能力很弱，所以 X 射线衍射法仅能测定表面层中的应力。垂直于表面层的应力总为零，即 $\sigma_3 = 0$，于是式（3-185）可以简化成

$$\begin{cases} \varepsilon_1 = \dfrac{1}{E}(\sigma_1 - \nu\sigma_2) \\[2mm] \varepsilon_2 = \dfrac{1}{E}(\sigma_2 - \nu\sigma_1) \\[2mm] \varepsilon_3 = -\dfrac{\nu}{E}(\sigma_1 + \sigma_2) \end{cases} \tag{3-186}$$

式中，ν 为泊松比，由弹性力学可得

$$\begin{cases} \sigma_\psi = \alpha_1^2\sigma_1 + \alpha_2^2\sigma_2 + \alpha_3^2\sigma_3 \\[2mm] \varepsilon_\psi = \alpha_1^2\varepsilon_1 + \alpha_2^2\varepsilon_2 + \alpha_3^2\varepsilon_3 \end{cases} \tag{3-187}$$

式中，α_1、α_2、α_3 为待测方向的方向余弦，大小分别为

$$\alpha_1 = \sin\psi\cos\phi \tag{3-188}$$

$$\alpha_2 = \sin\psi\sin\phi \tag{3-189}$$

$$\alpha_3 = \cos\psi \tag{3-190}$$

式中，ψ 为衍射面 HKL 的法线方向和衍射面法线的夹角；ϕ 为样品旋转角或方位角。

式（3-186）经变换后，得到 X 射线衍射法测定应力 σ_ϕ 的基本公式：

$$\sigma_\phi = \frac{E}{1+\nu} \cdot \frac{\partial \varepsilon_\psi}{\partial \sin^2 \psi} \qquad (3\text{-}191)$$

式中，$\varepsilon_\psi = (d_\psi - d_0)/d_0$，且 d_ψ 和 d_0 分别为待测方向上的衍射面 HKL 在有和没有宏观应力时的晶面间距。

宏面应力产生分布均匀的应变，使不同晶粒中的衍射面 HKL 的晶面间距同时增加或同时减小，由布拉格方程 $2d\sin\theta = \lambda$ 可知，其衍射角 2θ 也将随之变化，具体表现为 HKL 面的衍射线朝某一方向位移一个微小角度，且宏观应力越大，衍射线峰位移量就越大。因此，峰位位移量的大小反映了宏观应力的大小，X 射线衍射法就是通过建立衍射峰位的位移量与宏观应力之间的关系来测定宏观应力的。将式（3-191）化简可得

$$\sigma_\phi = -\frac{E}{2(1+\nu)} \cdot \cot\theta_0 \cdot \frac{\pi}{180} \cdot \frac{\partial(2\theta_\psi)}{\partial \sin^2 \psi} = K \frac{\partial(2\theta_\psi)}{\partial \sin^2 \psi} \qquad (3\text{-}192)$$

式中，K 为应力常数，主要取决于材料的弹性模量 E、泊松比 ν 和衍射面 HKL 在没有残余应力时的衍射半角 θ_0，可查表获得。

对于大 θ 角，$\cot\theta$ 值较小，所以有较高的 $\dfrac{\partial(2\theta_\psi)}{\partial \sin^2 \psi}$ 值，易于测量。因此，测定应力时，往往选用大 θ 角衍射线，以提高应力测定的精确度。当应力 σ_ϕ 一定时，衍射角 2θ 随角 ψ 的变化量是布拉格角 θ 的函数，通过测定 $2\theta_\phi$-$\sin^2\psi$ 的直线斜率，再查表获得 K，即可求得 σ_ϕ。

b　衍射仪法

衍射仪法测应力就是用计数管扫描记录衍射线代替底片记录衍射线的办法。有定 ψ_0 法和定 ψ 法两种方法。ψ_0 是试样表面法线与入射线之间的夹角（见图3-40），定 ψ_0 法是指 X 射线入射束与被测物件都不动（即 ψ_0 保持不变，ψ 角需根据情况发生变化），仅用计数管扫描记录衍射线的方法。ψ 是试样表面法线与衍射面法线之间的夹角，定 ψ 法是试样以 1/2 的计数管扫描角速度转动，

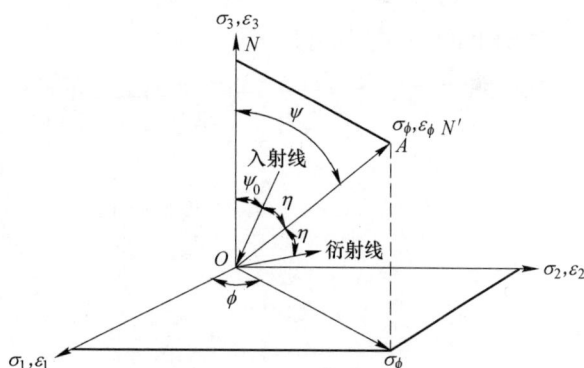

图3-40　宏观应力测量时的角度关系

在测试过程中使待测线的衍射面一直满足半聚焦条件。实际测试时，分别测定 $\psi_0 = 0°$ 和 $\psi_0 = 45°$ 时产生的衍射线对应的衍射角。由两点的衍射角可得

$$\frac{\partial(2\theta_\psi)}{\partial \sin^2 \psi} = \frac{2\theta_{45°} - 2\theta_{0°}}{\sin^2 45° - \sin^2 0°}$$

$$= \frac{2\theta_{45°} - 2\theta_{0°}}{\sin^2 45°} \qquad (3\text{-}193)$$

$\sin^2\psi$ 法指在 ψ 为一系列不同值（一般取 $\psi = 0°$，$15°$，$30°$，$45°$）时测量 $2\theta_\psi$。将在不同 ψ 值时所测的衍射角 2θ 相对于 $\sin^2\psi$ 作图，称为 $2\theta\text{-}\sin^2\psi$ 图，定义 $M = \dfrac{\partial(2\theta_\psi)}{\partial\sin^2\psi}$，$M$ 为 $2\theta\text{-}\sin^2\psi$ 图的斜率。当 $M < 0$ 时为拉应力状态，$M > 0$ 时为压应力状态，$M = 0$ 时为无应力状态。

B 微观应力的测定

微观应力是一种由于形变、相变、多相物质的膨胀等因素引起的存在于试样内各晶粒之间或晶粒之中的微区应力，可引起衍射线宽化，因此可以通过衍射线形的宽化程度来测定微观应力的大小。

a 微晶尺寸的计算

微晶中的（hkl）面列，仅在满足布拉格条件时才会产生 hkl 衍射线，而当（hkl）面列包含的晶面数目有限时，入射线与布拉格角呈微小偏离 ε，即衍射线产生宽化，这时的光程差 Δl 为

$$\Delta l = 2d\sin(\theta + \varepsilon) = \lambda + 2\varepsilon d\cos\theta \tag{3-194}$$

由于 ε 是个极小的值，N 层（hkl）面总强度为

$$I = I_0 \frac{N^2\sin^2\left(\dfrac{N}{2}\Delta\varphi\right)}{\left(\dfrac{N}{2}\Delta\varphi\right)^2} \tag{3-195}$$

相位差 $\Delta\varphi$ 为

$$\Delta\varphi = \frac{2\pi\Delta l}{\lambda} = 2\pi + \frac{4\pi\varepsilon d\cos\theta}{\lambda} \tag{3-196}$$

当 $\varepsilon = 0$ 时，衍射线有最大值，则

$$I_{\max} = I_0 N^2 \tag{3-197}$$

在 $\varepsilon = \varepsilon_{1/2}$ 处，衍射线具有半高强度 $I_{1/2}$，且 $I_{1/2} = 1/2 I_{\max}$。则有

$$\frac{I_{1/2}}{I_{\max}} = \frac{1}{2} = \frac{\sin^2\dfrac{\alpha}{2}}{\left(\dfrac{\alpha}{2}\right)^2} \tag{3-198}$$

其中

$$\alpha = 4\pi N\varepsilon_{1/2}\frac{d\cos\theta}{\lambda} \tag{3-199}$$

于是有

$$\varepsilon_{1/2} = \frac{1.40\lambda}{2\pi Nd\cos\theta} \tag{3-200}$$

衍射线线形的宽度 $\beta_{hkl} = 4\varepsilon_{1/2}$，所以有

$$D_{hkl} = \frac{0.89\lambda}{4\varepsilon_{1/2}\cos\theta} = \frac{0.89\lambda}{\beta_{hkl}\cos\theta} \tag{3-201}$$

式（3-201）为谢乐公式，其中 D_{hkl} 为晶粒垂直于晶面方向的平均厚度，即微晶尺寸，

单位为 Å（1 Å = 0.1 nm）。

b　微观应力的计算

微晶中，微观应力的存在导致晶体中不同区域的同一衍射晶面产生的衍射线发生位移，从而形成一个在 $2\theta_0 \pm \Delta 2\theta$ 范围内的宽化峰。宽化峰的峰位基本不变，因此只是峰宽同时向两侧增加。$\Delta 2\theta = 2\Delta\theta$，对布拉格公式进行微分，有

$$\frac{\Delta d}{d} = -\cot\theta \cdot \Delta\theta \tag{3-202}$$

则有

$$\Delta\theta = -\tan\theta_0 \cdot \frac{\Delta d}{d} \tag{3-203}$$

令 $\varepsilon = \frac{\Delta d}{d}$，则

$$\Delta\theta = -\tan\theta_0 \cdot \varepsilon \tag{3-204}$$

因微观应力所致的衍射线展宽微小简称为微观应力宽度，则 $n = 2 \cdot \Delta 2\theta = 4 \cdot \Delta\theta$，考虑其绝对值，则 $n = 4\varepsilon \cdot \tan\theta_0$，微观应力的大小为

$$\sigma = E \cdot \varepsilon = E \cdot \frac{n}{4\tan\theta_0} \tag{3-205}$$

3.3.3.6　织构的测定

在多晶体的形成过程中，总会造成一些晶粒取向的不均匀性，如形成晶粒的某一个晶面 (hkl) 法向沿空间的某一个方向上聚集，晶粒的晶体学取向出现某种规律性，这种多晶体中部分晶粒取向规则分布的现象即晶粒的择优取向。众多晶粒的择优取向形成了多晶材料的织构，织构是指多晶体中已经处于择优取向位置的众多晶粒所呈现的排列状态，反映多晶体中择优取向的分布规律。晶体的织构程度直接影响材料的宏观性能。

A　织构的分类

根据择优取向分布的特点，织构可分为丝织构和板织构。丝织构材料的晶体学特点是各晶粒的某一个或几个晶向倾向于平行试样的某一特定方向，一般为丝轴方向或生长方向，其他晶向则以此试样的特定方向为轴呈对称分布。该种织构在冷拉金属丝中表现得最为典型，故称为丝织构，它主要存在于拉、扎、挤压成形的丝、棒材及各种表面镀层中。例如，Fe 丝具有 $\langle 110 \rangle$ 丝织构，是指 Fe 丝中各晶粒的 $\langle 110 \rangle$ 方向有往 Fe 丝的丝轴方向集中的倾向。如果以 ϕ 标记 $\langle 110 \rangle$ 方向与丝轴之间的夹角，$\rho_{\langle 110 \rangle}$ 为 $\langle 110 \rangle$ 的极点密度，则丝织构材料中的极分布如图 3-41 所示，此图也即为 Fe 丝中 $\rho_{\langle 110 \rangle}$ 相对于 ϕ 的分布图。当 Fe 丝具有如图 3-41 所示的织构状态时，则认为 Fe 丝具有 $\langle 110 \rangle$ 理想丝织构成分。因为当 $\phi = 0°$ 时，$\rho_{\langle 110 \rangle}$ 有极大值，这表明 Fe 丝中各晶粒的 $\langle 110 \rangle$ 方向有往丝轴方向集中的倾向，即 Fe 丝中 $\langle 110 \rangle$ 方向平行于丝轴方向的体积分数最多。

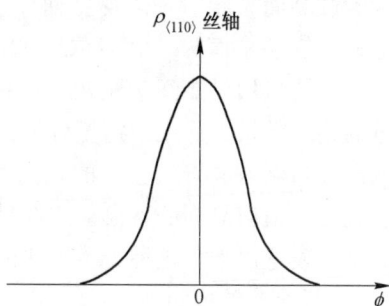

图 3-41　丝织构材料中的极分布

板织构材料的晶体学特征指各晶粒的某一个或几个晶面平行于试样的某一特定面

（如轧面），一个或几个晶向平行于试样的某一特定方向（如轧向）。因此，板织构采用晶向指数与晶面指数的复合形式 $\{hkl\}\langle uv\sigma\rangle$ 来表征。此时晶面指数与晶向指数存在 $hu + kv + lw = 0$ 的关系。

    B   织构的表示方法

    材料的织构状态除了用理想织构成分、极分布图表示，还可以用极图（即正极图）、反极图和三维取向分布函数图来表示。正极图是试样中某特定晶面族法线在试样外形坐标中分布的极射投影图。丝织构的投影面则是与丝轴平行或垂直的平面，板织构的投影面为试样的宏观坐标面（即轧面）。借助多晶体极图，可以很方便、简洁、直观地表示材料中的织构，尤其是对于较复杂的织构状态。正极图的名称是由所考察的晶面族的名称决定的。如图 3-42 所示，对于具有 $\{100\}\langle 001\rangle$ 理想板织构的试样，考察其中 $\{100\}$ 晶面族相对外形的分布时，即可获得 $\{100\}$ 极图，当选取 $\{110\}$ 晶面族时，即可构成 $\{110\}$ 极图；选取 $\{111\}$ 晶面族时，即可构成 $\{111\}$ 极图。也就是说，可以用多个极图，或用不同名称的极图来表示某一试样的织构状态。极图测定中，通常测定 $\{hkl\}$ 各晶面法向的密度分布，因此极图也常称为 $\{hkl\}$ 极图。

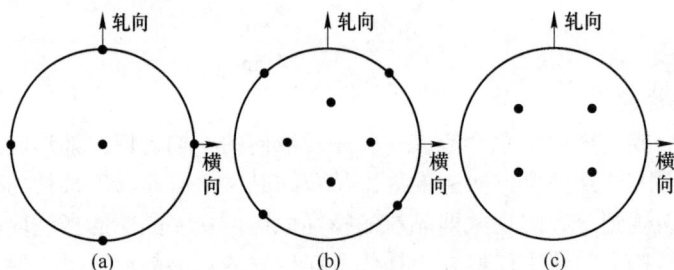

图 3-42 $\{100\}\langle 001\rangle$ 理想板织构的正极图
(a) $\{100\}$ 极图；(b) $\{110\}$ 极图；(c) $\{111\}$ 极图

    采用与正极图投影方式完全相反的操作所获得的极图称为反极图，即以多晶材料试样宏观坐标轴（轧向、横向、轧面法向）方向（实际采用晶粒中垂直于宏观坐标轴的法平面为测试晶面）相对于微观晶轴（晶体学微观坐标轴）的取向分布。反极图中晶体学坐标的取法依晶系而异。一般取（001）标准投影中的一个由主要晶体学极点构成的三角形。反极图虽然只能间接地展示多晶体材料中的织构，但却能直接定量地表示织构各组成部分的相对数量，适用于定量分析，显然也较适合于复杂的或复合型多重织构的表征。三维取向分布函数法与反极图的构造思路相似，是将待测样品中所有晶粒的平行轧面的法向、轧向、横向晶面的各自极点在晶体学三维空间中的分布情况，即极分布图，同时用函数关系式表达出来。这种表示方法能够完整、精确和定量地描述织构的三维特征。

    C   极分布图的测定

    反映到 X 射线衍射线上，极分布图就是指该指数的衍射线强度 I 与 ϕ 间的函数关系。因此，测定极分布图就是设法测出 $\phi = 0° \sim 90°$ 时某晶面的衍射线强度。测定极分布图时，先将计数器预置到待测的衍射线位置上，并且不再运动。试样则由 $\phi = 0°$ 的初始位置连续绕衍射仪轴转动，计数器中就测得了各 ϕ 角时的强度 I。如图 3-43 所示，测试挤压 Al 丝

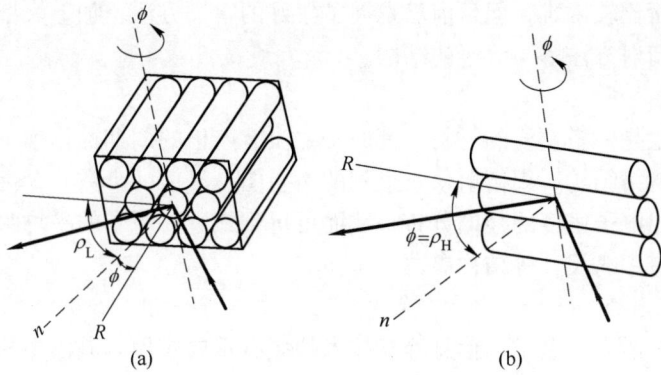

图 3-43 挤压 Al 丝极分布图

(a) 低 ϕ 区极分布图的测定；(b) 高 ϕ 区 I-ϕ 曲线的测定

的 I-ϕ 曲线时，先以 $\phi = 0°$ 为试样的初始位置，通过它获得低 ϕ 区的 I_{111}-ϕ 曲线。再以 $\phi = 90°$ 为试样的初始位置，通过它获得高 ϕ 区的 I_{111}-ϕ 曲线。图 3-44 为挤压 Al 丝的 111 极分布图，也就是 I_{111}-ϕ 曲线。图 3-44 中，$\phi = 0°$ 和 70°处的衍射峰表示 Al 丝具有 〈111〉 丝织构，$\phi = 54°$处的峰表示 Al 丝具有 〈001〉 丝织构。因此，从 I-ϕ 曲线上可以判断 Al 丝具有 〈111〉 + 〈001〉 双重织构。两织构体积分数之比为

$$\frac{V_{\langle 111 \rangle}}{V_{\langle 001 \rangle}} = \frac{\frac{3}{4} \int_{-70°}^{+70°} I\sin\phi d\phi}{\int_{-54°}^{+54°} I\sin\phi d\phi} \qquad (3-206)$$

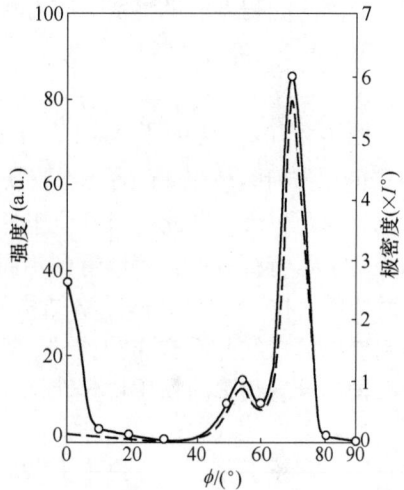

图 3-44 挤压 Al 丝的 111 极分布图

3.3.4 应用实例分析

3.3.4.1 X 射线衍射的应用范围

X 射线衍射可以了解物质的微观结构和原子的排列，因而在材料研究中可以用来测定物相组成、晶体结构、应力状态、多晶的粒度分布及单晶中的缺陷等。X 射线衍射主要应用在单晶结构的测定、多晶衍射应用研究、非晶结构分析和单晶缺陷研究。

A 单晶结构的测定

通过收集单晶体的衍射斑点位置和强度数据并进行分析计算，可以确定化合物的晶胞参数及原子在晶胞中的位置坐标，并得到键长、键角、分子构型、配位状况等参数。

B 多晶衍射应用研究

可以对多晶材料的结构和缺陷进行各种研究。例如，可以进行物相定性、定量、结构相变、热膨胀、密度、晶粒大小、德拜温度、残余应力、固溶度、择优取向、超点阵、有序化、合金时效、极图等的测定。从多晶衍射图还可以对化合物的晶系、对称性、空间群（衍射群）、晶胞参数进行测定。由于多晶衍射图上不同指数的一些衍射线有重叠现象，

进行晶体结构分析比较困难。但目前已发展了较好的解谱方法，加上大型计算机的广泛应用，已能用多晶衍射方法解小分子的结构。

C 非晶结构分析

非晶态固体也是一类重要的材料，其原子并没有严格的周期性排列，只有近程有序基团构成的无规则网络结构。用衍射仪收集到的衍射图是漫散的少数几个衍射峰。用径向分布函数法可以求出电子密度的径向分布，从而可得到最近邻原子的平均距离、原子的平均位移、配位数和有序畴尺寸等结构参数。

D 单晶缺陷研究

新晶体材料在激光、电子、信息等新技术领域有重要应用，晶体中的缺陷对材料的性能有重要影响。X射线衍衬形貌术是研究晶体缺陷的主要技术。用郎（Lang）相机可获得晶体中的位错、层错、畴界、空位团、生长区界和胞状结构等的缺陷图像。用双晶衍射仪和双晶形貌相机测定摇摆曲线和形貌图可以获得晶体缺陷密度和完整性的判据，得到外延层点阵匹配程度、平整度、应力状态的信息。

3.3.4.2 实例分析

A 晶体鉴别

图 3-45（a）展示了 NaCl 与 SiO$_2$ 的衍射谱，其中 NaCl 主衍射峰位于 52.30 keV，SiO$_2$ 的主衍射峰位于 44.05 keV，从图 3-45（b）中测得多晶扑热息痛具有 7 个衍射峰，其晶格间距较大，因此衍射峰位于低能段，58.7 keV 与 67.3 keV 处的峰为 X 射线源钨靶的 K_α 与 K_β 特征辐射，可以看到不同位置的布拉格峰很好地反映了被检材料的分子信息。X 射线衍射技术基于晶体晶格结构的布拉格公式，因此非晶体物质（如液体、玻璃等）材料获取的谱线并没有布拉格峰，而是连续曲线，但由于其谱形能够反映分子的径向分布，同样具有很强的物质特异性。

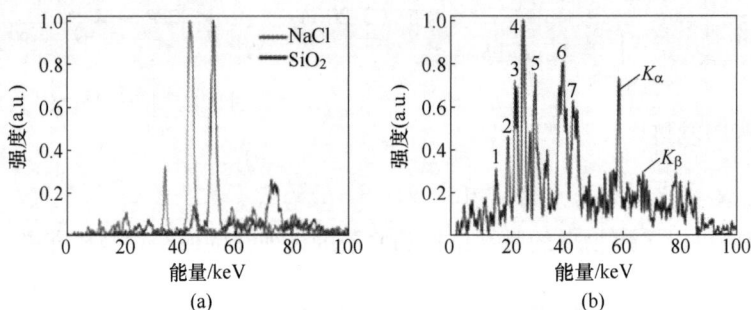

图 3-45 一些材料的 X 射线衍射谱

（a）单晶 NaCl 和 SiO$_2$；（b）多晶扑热息痛

彩图

B 定量分析

研究者采用 X 射线粉末衍射技术，通过对碳酸镧原料药固体样品进行衍射分析，得到其衍射谱图。在谱图中，可以观察到碳酸镧原料药的特征衍射峰，以及杂质 Ⅰ 和杂质 Ⅱ 的特征衍射峰（见图 3-46）。通过对特征衍射峰的峰高进行测定，可以得到杂质 Ⅰ 和杂质 Ⅱ 的含量。此方法的优点在于其准确度高、灵敏度高、操作简便、快速等。首先，X 射线粉末衍射技术是一种高精度的分析方法，能够得到准确的衍射图谱，保证了定量分析的准确性。其次，此方法采用了优化后的检测参数，提高了灵敏度，能够检测到更低浓度的杂质。此外，此方法操作简便，不需要复杂的样品处理步骤，同时也能快速得出分析结果。

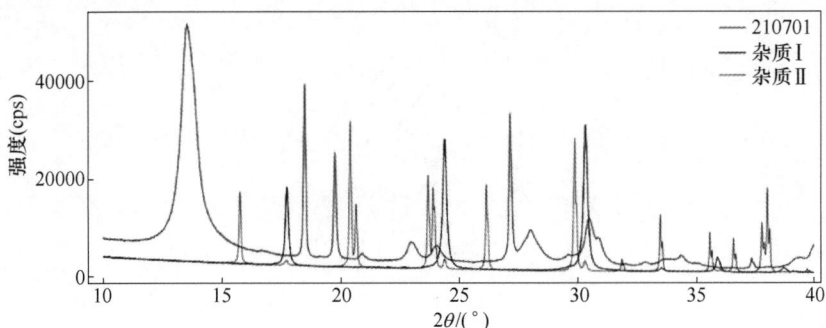

图 3-46 碳酸镧、杂质 I 和杂质 II 的衍射谱图

彩图

C 测量临界分切应力（CRSS）

研究者利用 3DXRD 技术，通过直接观察晶粒的晶体取向变化来判定滑移系的启动，可测量合金中基面滑移、柱面滑移和锥面<a>滑移的临界分切应力（CRSS）。在室温下，镁合金的变形主要由基面滑移实现，而柱面滑移和锥面滑移的 CRSS 值通常是基面滑移的数十倍，这严重限制了材料的塑性变形能力。添加少量的固溶稀土元素（如 Y），可以显著提高镁合金的强度和塑性。其中一个重要的机制是，这些稀土元素改变了镁基体中的滑移系和孪晶系的 CRSS 值。通过对比晶粒在变形前、后的取向，可以计算取向差和 c 轴转角。当晶粒内启动柱面滑移时，其晶体取向会围绕〈0001〉轴旋转，且 c 轴转角在塑性变形后保持不变，而取向差会持续增大。例如，图 3-47 中晶粒 47 的旋转方式就是典型的柱面滑移特征。通过分析此晶粒在塑性变形前的各滑移系的分切应力，可以得到柱面滑移的 CRSS 值为 35 MPa。当晶粒内启动基面滑移或锥面〈a〉滑移时，其晶体取向会分别围绕〈1100〉轴或〈1012〉〈1100〉〈1100〉〈1100〉轴旋转。图 3-47（b）中的晶粒 72 和晶粒 24 即这两种情况。通过对多个晶粒的分析，发现 Mg-3%Y 合金中基面滑移、柱面滑移和一阶锥面〈a〉滑移的平均 CRSS 值分别为 12 MPa、38 MPa 和 36 MPa。特别是，柱面滑移和基面滑移的 CRSS 比值约为 3.2，显著低于纯 Mg。此项研究揭示了 Y 提高纯镁塑性的本质机理，即通过降低非基面滑移与基面滑移的 CRSS 比值。

研究者利用 3DXRD 技术测得了 Ti-7Al 晶粒的形貌和取向信息，并建立了晶体塑性有限元（crystal plasticity finite element）CPFE 模型。此模型能够较好地重现样品的应力-应变曲线（见图 3-48）。然而，在 0.5% 的应变下，不同晶粒中 σ_{yy} 值的模拟结果与实验值存在一定差异。通过对模型进行修正，利用晶粒的初始残余应力进行调整，模拟结果的准确度得到了提升。3DXRD 技术为 CPFE 模型的验证提供了丰富的实验信息，包括晶粒的位置、形貌和取向等信息，可以作为 CPFE 模型的输入晶粒结构。同时，通过原位 3DXRD 技术获得的晶粒取向和应力演变信息可以用来验证模型在模拟晶粒尺度变形上的有效性。此研究引入了一个新框架，使用鲁棒方法将 2 型残余应力纳入 CPFE 模拟中。通过将模拟获得的晶粒平均量与高能 X 射线衍射显微镜（HEDM）实验进行比较，验证了此方法的有效性。结果表明，使用初始化残余应力和物理真实 BC 的仿真结果与实验的相关性得到了显著提高，验证了方法的有效性。尽管许多 CPFE 研究已经分析了晶体塑性本构方程在预测机械行为中的作用，但创建物理上具有代表性的微观结构实例化与充分捕获晶体上存

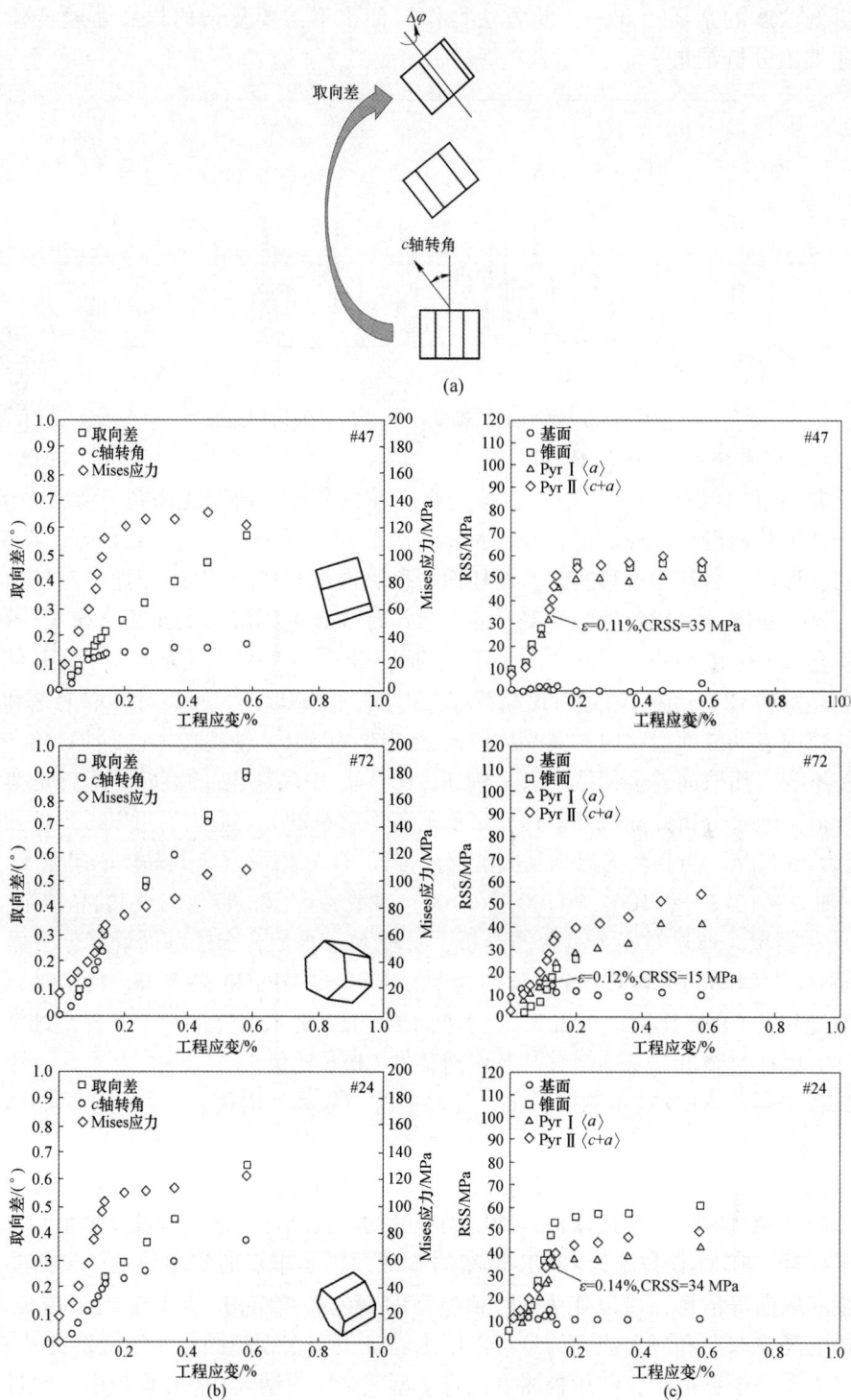

图 3-47　通过原位 3DXRD 测量 Mg-3%Y（质量分数）合金中不同滑移系的 CRSS 值

（a）晶体取向旋转中的取向差和 c 轴转角的定义；（b）3 个晶粒中的晶体取向旋转及 Mises 应力的演化；

（c）3 个晶粒分别发生了柱面滑移、基面滑移及锥面 $\langle a \rangle$

（Mises 应力指米塞斯应力，即等效应力）

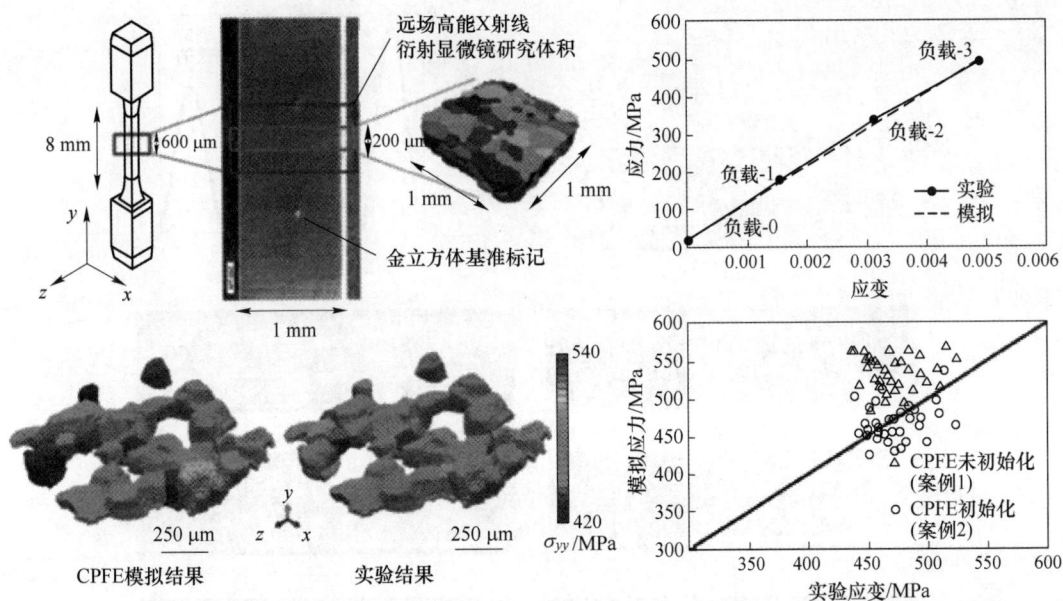

图 3-48　原位 3DXRD 测量和晶体塑性有限元模拟结合对 Ti-7Al 的研究

在的残余应力同样重要。

D　预测单晶 X 射线动力学衍射

研究者开发了一种创新的模型，此模型基于级数展开迭代求解 Takagi-Taupin 积分方程。他们应用此模型对 Si（004）单晶在能量为 12 keV 的平面波入射下的动力学衍射进行了详细计算。这一研究揭示了晶体内部入射波、衍射波及 Poynting 矢量（能流密度）的分布情况。令人兴奋的是，此模型适用于求解任意形状和应力分布下的单晶 X 射线动力学衍射分布。根据模型的计算结果，当在布拉格衍射区时，由于入射角处的衍射效应相对较弱，能量不再沿晶格表面传播，而是沿着与晶体表面倾斜一定角度的方向流动。此外，模型还展示了完美单晶中的角放大效应，也即是说，入射角仅仅 10 μrad 的变化就能导致能量方向变化超过 10°。在图 3-49（c）、（e）和（g）中，展示了晶体内部入射波、衍射波及 Poynting 矢量的分布情况；而在图 3-49（d）、（f）和（h）中，展示了当入射角为 0°偏差（即理想的布拉格角）时，晶体内部的入射波、衍射波及 Poynting 矢量的分布情况。与基于有限差分方法的数值计算方法相比，此迭代求解方法的一大优势在于其能够产生自动满足边界条件的解。这使得该模型不仅能够应用于布拉格结构的衍射情形，也能应用于劳埃结构的衍射情形。这一研究为理解和预测单晶 X 射线动力学衍射提供了强有力的工具。

E　原位结构演变

锂离子电池正极材料在合成、电化学反应过程中均会发生晶体结构的演变，原位 XRD 技术可以实时跟踪材料在反应过程中的结构演变，特别是中间体和亚稳相的推断，可以深入地理解和认识反应机理，而这些信息很难通过普通 XRD 获取。1981 年，原位 XRD 技术首次应用于锂电正极材料的结构研究，而后得到了快速发展。在锂离子电池正

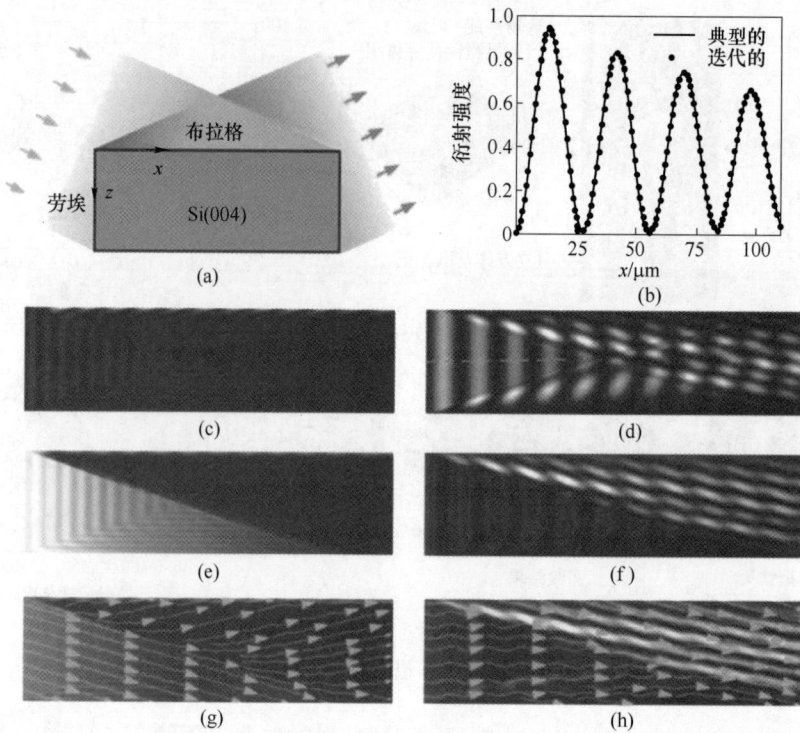

图 3-49　Si(004) 单晶在 12 keV 平面波入射条件下的动力学衍射结果

极材料的结构研究中涉及的原位 XRD 技术主要包括用于跟踪充、放电过程中结构演变的原位电化学 XRD 及跟踪合成过程中结构演变的原位高温 XRD 技术，其装置示意图如图 3-50 所示。

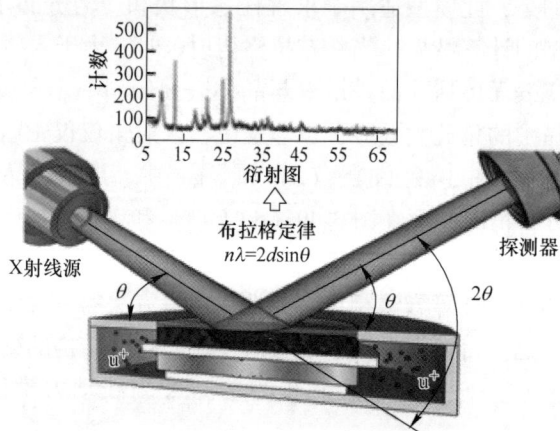

图 3-50　原位 X 射线衍射装置示意图

研究者使用布鲁克公司两种不同温度区间的高温加热腔体，即环境加热原位分析腔体 (室温至1100 ℃) 和超高温原位分析腔体 (室温至2000 ℃)，可以进行块状及粉末样品的原位高温 X 射线衍射分析。块状样品或是粉末样品在测试过程中都会有热胀冷缩现象，膨胀引起的高度变化，可以通过调节样品槽高度完成。但是如果在加热过程中，样品发生了熔化或收缩，将会较大影响测试精度。通常粉末样品测试完毕后都可以发现粉末往中心有一定收缩，周围有稍微露出坩埚基底的现象。这种收缩会对粉末样品准确的衍射峰测试产生一定影响，但是影响较小。图 3-51（a）为 Al-Cu 样品的原位变温测试变化及结果，样品为含有 Al 的合金粉末，设定加热速度为 50 ℃/h，从 480 ℃ 开始，每隔 10 ℃ 测试一个高温衍射谱，直到 550 ℃。如图 3-51（b）所示，降温完成后取出，样品已经有明显的收缩变化。如图 3-51（c）所示，随着温度的上升，样品没有出现结晶衍射峰，变为了非晶峰，说明样品出现了共晶熔化状态。

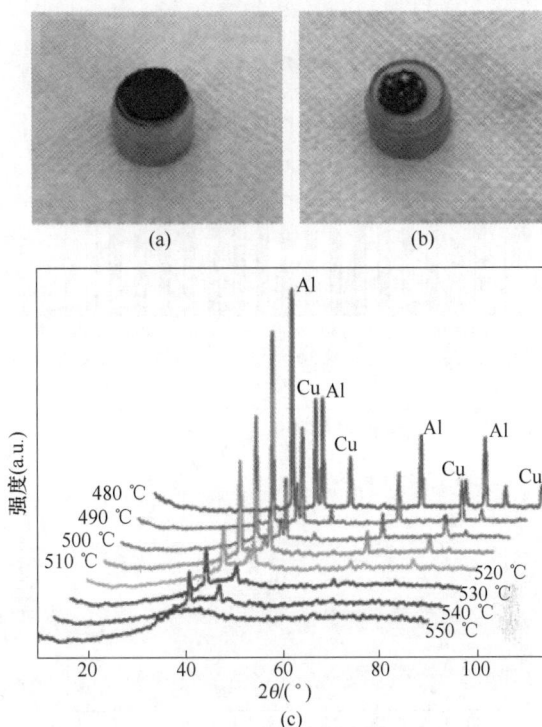

图 3-51　Al-Cu 样品的原位变温测试变化及结果
（a）正常测试完样品的收缩；（b）测试中发生熔化后样品的收缩；
（c）Al-Cu 样品的原位变温衍射测试结果

高镍层状正极材料的合成路径往往是复杂的，特别是合成条件，其对高镍层状正极材料结构中阳离子有序度有明显影响，极易导致"Li/Ni 反位"。研究者采用原位高温 XRD 和 Rietveld 结构精修方法，可深入研究 Co 掺杂对层状正极材料 $LiNiO_2$ 合成过程中阳离子有序度的影响。该研究获取了与阳离子有序度相关的详细结构信息，如相含量、Li 占有率和局域键合，如图 3-52（a）所示。结果表明，在低温和高温状态下，$LiNi_{0.8}Co_{0.2}O_2$ 均存在 NiO 岩盐相。值得注意的是，在 600 ℃ 时，该材料已呈现层状相，比合成 $LiNiO_2$ 的温度更低。图 3-52（b）揭示了 c/a 值随烧结温度的变化规律，显示层状结构的有序度随温度升高先增加后减少的趋势。同样地，Li 占据 $3a$ 位的含量也表现出相同的规律（见图 3-52（c））。随着 $3a$ 位上 Li 含量的增加，Li—O 键变长，导致 Li 层间距变大。同时，Ni—O 键缩短，使 Ni 层间距减小，这主要是由于过渡金属层中 Ni^{2+} 含量的降低。随着合成温度的升高，层状结构的有序度逐渐降低（见图 3-52（c）（d）），这意味着在高温（>850 ℃）和低温（<750 ℃）条件下，Li 层间距较小，且存在较多的"Li/Ni 反位"现象。综上所述，在 $LiNi_{0.8}Co_{0.2}O_2$ 的合成过程中，随着温度的升高，结构从岩盐相转变为层状结构，更多的 Ni^{2+} 被氧化成 Ni^{3+}，使层状结构更加有序（见图 3-52（e））。在 800 ℃ 时，$LiNi_{0.8}Co_{0.2}O_2$ 能够保持最佳的层状结构特征。然而，进一步的热处理会导致 Li 流失和 Ni^{2+} 迁移到 Li 层，从而使结构转变为无序的岩盐相。随着对正极材料成本要求的提高，一些研究者开始探索使用其他金属元素替代 Co，并研究其对合成温度的影响。

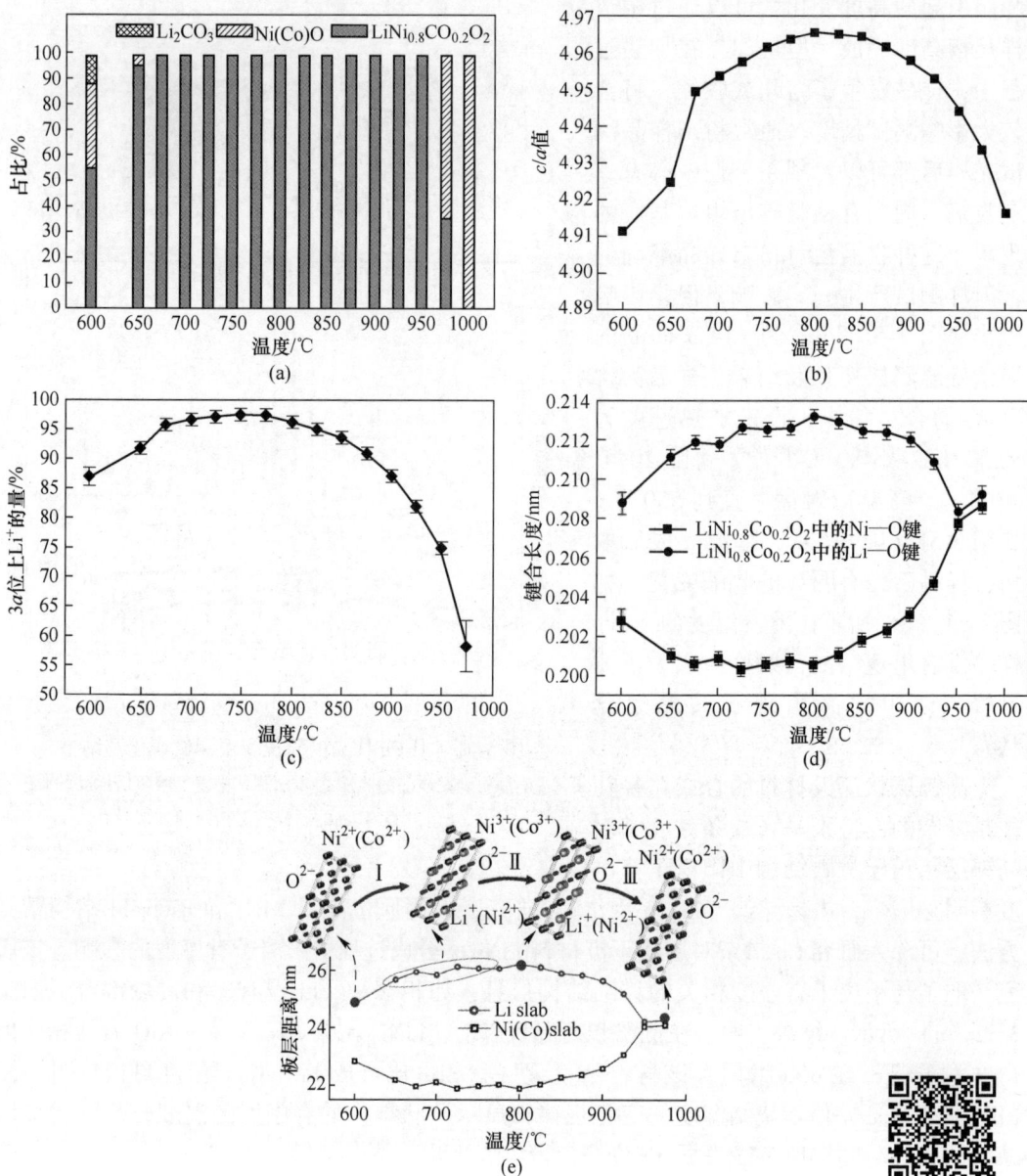

图 3-52　$LiNi_{0.8}Co_{0.2}O_2$ 合成过程中的结构演化

研究者利用原位 XRD 和 Rietveld 结构精修技术，对高镍层状正极材料 $LiNi_{0.8}Co_{0.1}Mn_{0.1}O_2$（NCM811）的衰减机理进行了深入研究。首先，他们对 NCM811/Li 半电池进行了原位 XRD 表征。如图 3-53（a）所示，在首次充电过程中，NCM811 的（003）峰先向低角度移动，然后向高角度移动，这表明 Li 层间距先增大后减小，放电过程则与之相反。在第二次充、放电过程中，衍射峰位的变化是可逆的。图 3-53（b）揭示了充、放电过程中晶胞参数随容量和电压的变化规律。在整个充电过程中，随着电压的增大，晶胞参数 a 逐渐减小，而 c 则先增大后减小。值得注意的是，晶胞参数随电压的变化是可逆的，表明在充、放电循环过程中，晶胞沿 c 轴出现了反复膨胀与收缩。此外，他们还比较了原始材料和循环后材料在不同充电状态下的晶胞参数变化，研究了 NCM811/石墨软包电池在循环 200 个周期后正极材料的晶体结构特征（见图 3-53（c））。XRD 精修结果表明，不同状态下的晶胞参数 c 接近，"Li/Ni 反位"也没有明显差异。这说明高镍层状正极材料在充、放电过程中的晶体结构变化较小，可能不是导致高电压下循环性能变差的主要原因。

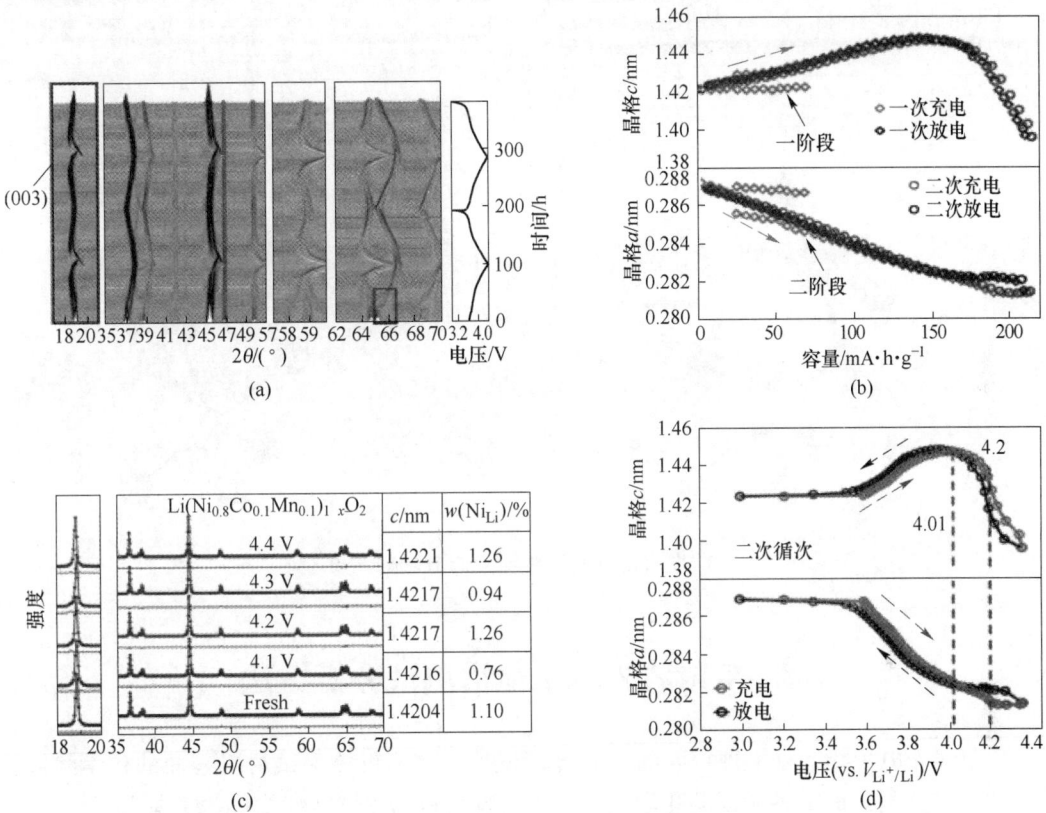

图 3-53　高镍正极 $LiNi_{0.8}Co_{0.1}Mn_{0.1}O_2$ 的充、放电原位 XRD 表征结果

研究者研究了 Y 和 F 协同掺杂的 $LiFePO_4$ 正极材料的结构信息和电化学性能。他们分别对 $LiFePO_4/C$、$LiFe_{0.995}Y_{0.005}PO_{3.996}F_{0.004}/C$、$LiFe_{0.994}Y_{0.006}PO_{3.991}F_{0.009}/C$ 和 $LiFe_{0.988}Y_{0.012}PO_{3.99}F_{0.01}/C$ 正极材料进行了 XRD 精修。结果显示，掺杂后样品的晶胞参数 a、b 和 c 均变小，导致整个晶胞体积缩小（见图 3-54）。F 离子占据了 O^{2-} 的位置，Y^{3+} 占据了 Fe^{2+} 的位置。F 离子的半径小于 O^{2-}，导致单位晶胞体积缩小，而 Y^{3+} 的半径大于 Fe^{2+}，会导致单位晶胞体积膨胀。然而，整个晶胞的体积收缩表明 F 已经掺入到 $LiFePO_4$ 的晶格中。此外，Y^{3+} 占据 Fe^{2+} 位使得结构中形成更多的 Li 空位，从而改善了锂离子的扩散能力。与未掺杂的材料相比，掺杂后材料的 Li—O 键增长而 P—O 键缩短。Li—O 键的增长使 Li 离子更容易嵌入和脱出晶格，从而表现出优异的高倍率充、放电能力。LFP/C-YF-2 正极材料在 ^{10}C 电流密度下，放电比容量可以达到 135.8 mA·h/g。

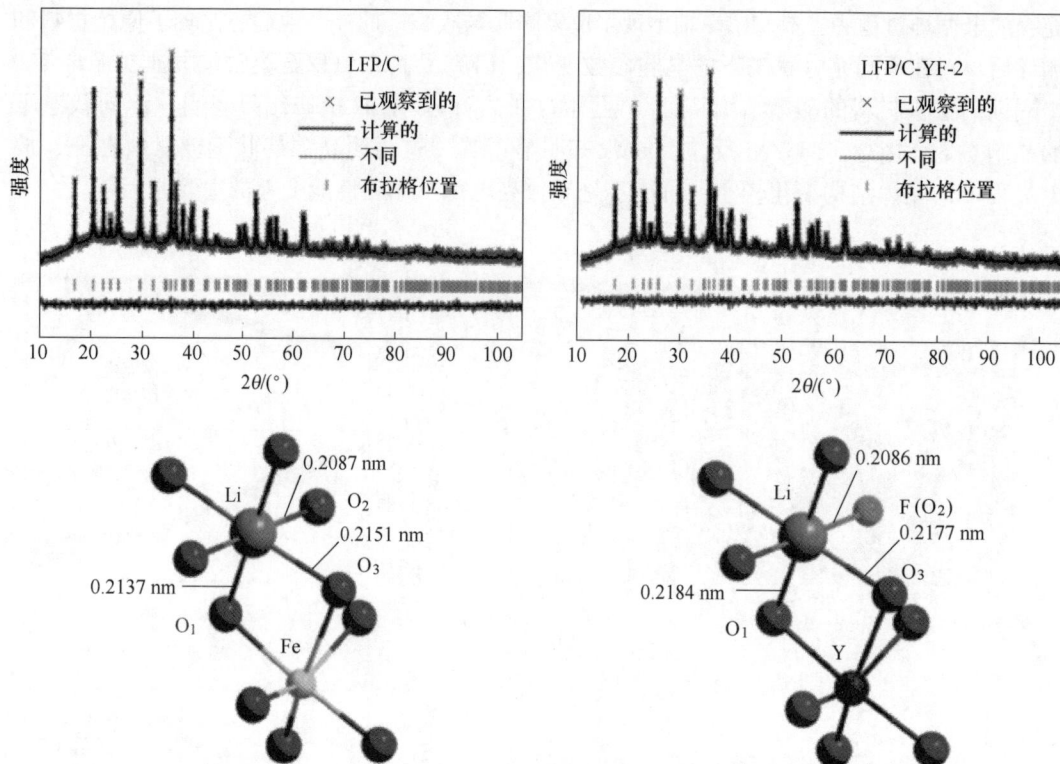

图 3-54 $LiFePO_4$ 改性前后 XRD 精修结果

3.4 X 射线光电子能谱测试分析方法

X 射线光电子能谱是一种重要的表面分析技术，它不仅能测试材料表面的化学组成，还可以确定材料表面中各元素的化学状态。为了解材料的化学特性提供关键信息，可应用于超薄膜样品的研究。X 射线光电子能谱在深度剖析中也具有应用价值，通过调整光电子的逸出深度，可以研究材料表面化学元素信息的深度分布规律，这对材料科学有着重要的应用潜力。因此，X 射线光电子能谱技术为材料研究提供了强大的工具，可用于深入了解材料的表面化学特性和成分，在物理、化学、生物医用材料及表面科学等领域中得以广泛应用。

3.4.1 X 射线光电子能谱的基本原理

3.4.1.1 X 射线光电子的能量

当一物体受到光子能量超过一定阈值的光照射时，会有电子从该物体的表面发射出来，产生光电发射，光电子能谱则是将这样一种物理现象用能谱的形式记录下来。在固体中，电子处于能量连续分布的价带和一系列能量分立的内壳层能级（又称芯能级）上。原来处于费米能级 E_F 以下的满态中的电子在受到激发时，可跃迁到费米能级 E_F 以上的空态中。如果跃迁上去的电子能到达真空能级 E_{vac} 或更高，则该电子就有可能挣脱固体的束缚成为真空中的自由电子。这里的 E_{vac} 与 E_F 之差便是固体的功函数 $\phi = E_{vac} - E_F$。从金属表面激发出的光电子至少要克服表面势垒（即功函数）的影响，如果把 E_F 与被激发电子初始能量状态间的能量差定义为该电子的结合能 E_b，则用光子能量为 $h\nu$ 的入射光激发产生的光电子的动能 E_k 与结合能 E_b 之间满足：$E_k = h\nu - E_b - \phi$，通常，光电子能谱所测量的是在 $h\nu$ 固定的情况下，出射光电子的数目随 E_k 的变化。这样得到的表示光电子数随其动能变化的曲线称为能量分布曲线，即 EDC。E_k 与 E_b 间有着简单的线性关系，所以 EDC 一般就直接表示为光电子信号强度（单位时间内产生的光电子数）随结合能 E_b 的变化。

光电发射是一个固体中的电子被激发并由固体向真空中发射的复杂过程。在三步模型中，作为一种近似，光电发射过程通常被认为由相继的三步构成。第一步为光激发，将电子由能量为 $E_i(k)$ 的初态激发到终态 $E_f(k)$，此时 $E_f(k) - E_i(k) = h\nu$。在 k 空间中，光激发由初态到终态的跃迁是垂直跃迁，即 k 守恒。第二步为输运，被激发的电子在固体中通过传输移向表面，在此过程中，电子可能会受到非弹性散射。第三步，电子由于具有足够的动能而越过表面势垒并发射到真空中去。

被激发的光电子在向表面迁移的过程中，可能会受到电子和晶格的散射，损失能量而成为二次电子。这时，光电子分为两部分

$$I(E, \nu) = I_p(E, \nu) + I_s(E, \nu) \tag{3-207}$$

式中，$I_p(E, \nu)$ 为未遭到非弹性散射而逸出表面的光电子；$I_s(E, \nu)$ 为遭到非弹性散射后的二次电子。$I_p(E, \nu)$ 为光电子能量分布曲线（EDC）。

按照三步模型，$I_p(E, \nu)$ 可表示为

$$I_p(E, \nu) = P(E, \nu)T(E)D(E) \tag{3-208}$$

式中，$P(E, \nu)$ 为原始激发的光电子能量分布；$T(E)$ 为传输函数；$D(E)$ 为逃逸函数。这三个函数分别对应激发、输运、逸出三个阶段。在三步模型中，光电子能量分布曲线 $I_p(E, \nu)$ 的结构主要由原始的光电激发过程 $P(E, \nu)$ 决定。

原子内层空穴的存在是产生特征 X 射线的前提。空穴生成的概率除与元素的种类有关外，不同激发方式产生内层空穴的效率各不相同，即原子内层电离截面不同。它不但与入射粒子种类有关，而且与入射粒子能量有关。激发源分为电子、其他带电粒子和光子三种类型，其中光子激发效率最高，比质子和电子高二三个数量级。而电子和质子相差不大。

带电粒子和靶原子的核外电子之间通过库仑力作用，核外电子获得一部分能量。如果传递给电子的能量足以使电子脱离原子核的束缚而成为自由电子，这个过程称为电离。如果内壳层电子被电离，则在该壳层留下空穴。对于不同元素各壳层电离截面 σ_1 可表示为入射粒子能量和电子结合能的函数。

$$\sigma_1 = Z_1^2 f\left(E_1 \middle/ \frac{m_1}{m_c} u_1\right) \middle/ u_1^2 \tag{3-209}$$

式中，Z_1、E_1、m_1 分别为入射粒子的原子序数、能量、质量；m_c 为电子质量；u_1 为原子 i 壳层的电子结合能（电离能）；σ_1 为入射粒子能量和靶原子中各壳层电子结合能的函数，只有当入射粒子能量 $E_1 > u_1$ 时，电离截面 σ_1 随着 E_1 的增大而增大。

光子与靶物质作用是在碰撞中把全部能量转移给原子中的某一束缚电子，使电子有可能脱离原子的束缚，从原子中发射出来，而光子本身消失，这个过程称光电效应。发生光

电效应时发射光电子的同时还伴随着原子发射特征 X 射线或俄歇电子。

产生光电效应的概率用光电效应截面表示，可由量子力学计算得到。光电总截面：

$$\sigma_{Ph} = \frac{5}{4}\sigma_K \tag{3-210}$$

式中，σ_K 为 K 壳层光电截面

$$\sigma_K \propto Z^5 / E_0 \tag{3-211}$$

式中，Z 为原子序数；E_0 为入射光子能量。

原子序数增大，光电截面迅速增加。随着入射光子能量的增加，光电截面减小。

3.4.1.2   EDC 曲线

光电子 EDC 的结构主要由原始的光电激发过程，即 $P(E, \nu)$ 决定。固体中的电子受到光激发后，可产生电子在能级间的跃迁。鉴于光通过随时间变化的电磁波描述，因此处理这类问题通常要采用含时微扰论。根据电动力学，一个带电粒子在矢势和标势分别为 A 和 Φ 的电磁场中运动，其哈密顿量为

$$H = \frac{1}{2m}(p + eA)^2 + V - \Phi \tag{3-212}$$

式中，p 为电子的动能；V 为电子的势能。

如取 $\Phi = 0$，略去 A 的平方项，可得

$$H = H_0 + H' = \frac{1}{2m}p^2 + V + \frac{e}{m}A \cdot p \tag{3-213}$$

式中，H' 为微扰哈密顿量，$H' = \frac{e}{m}A \cdot p$。

若能量为 $h\nu$ 的光子将电子由占有态 ψ_i 激发到空态 ψ_f，且波矢不变（即 k 守恒）。在电偶极近似下，单位时间、单位体积由 i 态跃迁到 f 态的跃迁数应将单位时间的跃迁概率的表达式对允许的波矢 k 求和，实际上它可以化为在 k 空间单位体积态密度的积分

$$W_{fi} \propto \int d^3k \, |\langle \Psi_f | A \cdot p | \Psi_i \rangle|^2 \times \delta[E_f(k) - E_i(k) - h\nu] \tag{3-214}$$

式（3-214）说明电子跃迁时要满足能量守恒条件

$$E_f(k) - E_i(k) = h\nu \tag{3-215}$$

由于电子的动能 E 等于空态 ψ_f 的能量 $E_f(k)$ 与固体的功函数 ϕ 之差，即

$$E = E_f(k) - \phi \tag{3-216}$$

因此，$P(E, \nu)$ 的表达式必须考虑以上关系式。此外，光电子的能量分布包含了所有可能的初态至末态的跃迁，因此需要对式（3-214）中的所有 i 和 f 求和。可得到光电子能量分布 $P(E, \nu)$ 的表达式为

$$P(E, \nu) \propto \sum_{if} \int d^3k \, |\langle \Psi_f | A \cdot p | \Psi_i \rangle|^2 \times \delta[E_f(k) - E_i(k) - h\nu] \times \delta[E_f(k) - \phi - E] \tag{3-217}$$

由于矩阵元 $\langle \Psi_f | A \cdot p | \Psi_i \rangle$ 随 k 的变化非常缓慢，可认为它是一个常数并可移到积分号外，这时

$$P(E, \nu) \propto \sum_{if} \int d^3k \delta[E_f(k) - E_i(k) - h\nu] \times \delta[E_f(k) - \phi - E] \tag{3-218}$$

两个 δ 函数在 $\boldsymbol{k}$ 空间定义了两个能量表面，即 $E_\mathrm{f}=E+\phi$ 和 $E_\mathrm{i}=E+\phi-h\nu$。故以上积分可写为

$$P(E,~\nu)\propto\sum_\mathrm{if}\int_{l_\cdot}\frac{\mathrm{d}l_\mathrm{if}}{|~\nabla_k E_\mathrm{f}(\boldsymbol{k})\times\nabla_k E_\mathrm{i}(\boldsymbol{k})~|}\tag{3-219}$$

式中，$l_\cdot$ 为 lif，代表所有电子从初态 i 到末态 f 的跃迁路径。

由式（3-219）可知，光电子能量分布曲线 $I_\mathrm{p}(E,~\nu)$ 可表示为

$$I_\mathrm{p}(E,~\nu)\propto\sum_\mathrm{if}\int_{l_\cdot}\frac{\mathrm{d}l_\mathrm{if}}{|~\nabla_k E_\mathrm{f}(\boldsymbol{k})\times\nabla_k E_\mathrm{i}(\boldsymbol{k})~|}\tag{3-220}$$

由此可见，实验上测量的光电子的能量分布曲线（EDC）实际上是初态 $E_\mathrm{i}(\boldsymbol{k})$ 和末态 $E_\mathrm{f}(\boldsymbol{k})$ 复杂地卷积在一起的联合状态密度分布曲线（EDJDOS）。

在光电子能谱技术中，如果希望通过测量光电子能量分布曲线研究材料的初态 DOS，则需将 EDC 表达式（3-220）与由能带论得到的 DOS 表达式（3-221）进行比较。

$$N(E)=\frac{V}{4\pi^3}\int\frac{\mathrm{d}s}{|~\nabla_k E(\boldsymbol{k})~|}\tag{3-221}$$

可见，EDC 可能会在一定程度上反映 DOS 的结构，但不能完全反映初态 DOS。光电子能量分布曲线 $I_\mathrm{p}(E,~\nu)$ 是 E 和 ν 的函数，在光子能量 $h\nu<20~\mathrm{eV}$ 时，光电子谱的结构与选择的激发光子能量有关。这是因为在 $h\nu$ 很小时，末态密度较少，就不能将末态作近自由电子近似。此时，价带中只有部分能态能满足直接跃迁的条件。然而，当 $h\nu$ 改变时，EDC 结构和强度都会发生显著变化。在这个光子能量范围内，通常会测量一系列 $h\nu$ 下的 EDC 谱得到能带色散，从而在实验上验证能带结构的计算。因此，将此能量区域称为能带结构区。当 $h\nu$ 较大时（通常>35 eV），末态能级较高，其态密度也大大增加，这就使得任一初态电子总能找到满足直接跃迁的末态。此时，可将末态作近自由电子近似，从而不会对光电子谱的结构起调制作用而影响 EDC 结构。因此，当 $h\nu$ 较大时 EDC 的结构不会随 $h\nu$ 的改变而变化，EDC 可直接用以确定 DOS。

原则上，光电子可以从原子的各个电子壳层中被击出。但实际上 80% 的光电效应发生在 K 层电子上。在光电效应过程中，除了入射光子和电子外，还需要原子核参与，因为当放出光电子后，要由整个原子带走反冲能量。因此，电子被原子核束缚得越紧，就越容易使原子核参与光电效应过程，即产生光电效应概率越大。所以，K 壳层打出光电子概率最大，L 层次之，M、N 层再次之。当入射光子能量正好等于或稍大于某元素的 K 吸收限时，发生共振吸收，光电截面达到最大值。

3.4.1.3　成分及价态分析

光电子谱峰的强度常用峰的积分面积来表示，其对应于未经非弹性散射的光子信号的强度 I_p。对于 i 元素、能量为 E_ci 的光电子峰的强度 I_pi 可表达为

$$I_\mathrm{pi}=I_0~C_i\sigma_i~\lambda_\mathrm{Ti}~D_{(E_i)}\tag{3-222}$$

式中，I_0 为入射线的光子能量；C_i 为 i 元素的浓度；σ_i 为光电截面；λ_Ti 为能量为 E_i 的光电子在试样主体材料中的平均自由程；$D_{(E_i)}$ 为探测器对能量为 E_i 的光电子的探测效率。

进行定量分析时测定相对浓度就简单得多，根据式（3-222）可得

$$\frac{C_i}{C_m}=\frac{I_i}{I_m}\cdot\frac{\sigma_m}{\sigma_i}\cdot\frac{\lambda_{T(E_m)}}{\lambda_{T(E_i)}}\cdot\frac{D_{(E_m)}}{D_{(E_i)}}\tag{3-223}$$

式中，C_i、C_m 分别表示元素 i 和 m 的浓度；I_i / I_m 为实测数据。

推广到任意二元合金或化合物，则有

$$\frac{C_1}{C_2} = \frac{I_1}{I_2} \cdot \frac{\sigma_1}{\sigma_2} \cdot \frac{\lambda_{T(E_2)}}{\lambda_{T(E_1)}} \cdot \frac{D_{(E_2)}}{D_{(E_1)}} \tag{3-224}$$

仪器的相对探测效率 $D_{(E_2)} / D_{(E_1)}$ 可以测得，对于价电子和内层电子激发，其平均自由程为

$$\frac{\lambda_{T(E_m)}}{\lambda_{T(E_i)}} = \frac{E_m}{E_i} \cdot \frac{\ln E_i + b_i}{\ln E_m + b_m} \approx \frac{E_m}{E_i} \cdot \frac{\ln E_i - 2.3}{\ln E_m - 2.3} \tag{3-225}$$

代入式（3-224）中即可计算原子的相对浓度。

紫外光电子谱又称为价带光电子能谱，可以用来研究原子价态、态密度分布、能带在波矢空间的色散和波函数的对称性等。原子的内壳层电子的结合能受到核内电荷和核外电荷分布的影响，引起这些电荷分布发生变化的过程就会使光电子能谱谱峰位置发生移动。由于原子处于不同化学环境而引起的结合能位移称为化学位移。根据光电子峰的化学位移可得到分析样品的结构和化学信息，激发内层电子而产生的光电子称为芯态光电子能谱。对于金属及其化合物中元素的芯态激发多用硬 X 射线，记为 XPS。

芯能级上电子的结合能 E_b，也称电离能 I_k，按 Koopmans 近似，它等于其自洽场（SCF）轨道能 E_k^{SCF} 的负值，即

$$E_b = I_k = -E_k^{SCF} \tag{3-226}$$

造成 $I_k(-E_k^{SCF})$ 偏高的两个主要因素为电子弛豫和电子关联作用，它们在一定程度是可以相互抵消的。这样两组芯态光电子能谱的电离能差值（即化学位移）可表示为

$$I_A - I_B = (E_B - E_A) + e(V_B - V_A) \tag{3-227}$$

式中，E_A、E_B 分别为同种元素的 A 和 B 两种价态对应的结合能，通过把原子绝热地从所处化学环境移到自由空间得到；V_A、V_B 为原子在各自所处位置受到的静电势。

值得注意的是，"非局域"项 $e(V_B - V_A)$ 通常与"局域"项 $(E_B - E_A)$ 的符号相反，这是影响化学位移的重要因素。原子周围的化学环境的差异，表现为光电子峰位置在单质和不同化合物中不一样，相互之间的能量差可以为零点几到十几电子伏特，这正是芯态光电子能谱用于研究原子价态的依据。

3.4.2　X射线光电子能谱仪

光电子能谱仪由光源、电子能量分析器、探测器、真空系统和样品表面清洁装置组成。

3.4.2.1　光源

光电子能谱根据所用光源的不同，被人为地划分为 X 射线光电子能谱（XPS）和紫外光电子能谱（UPS）。对于常规光电子能谱仪来说，常用 XPS 光源为高能电子轰击阳极靶后产生的特征 X 射线。特征 X 射线的单色性越好，谱线越窄，测量时获得的信息就越精确。因此，在选择靶材料时，线宽是一个主要考虑的因素。另一个需要考虑的因素是谱线的光子能量，它决定了能探测的芯能级的深度和探测的灵敏度。Al K_α 和 Mg K_α 是常用的两种特征 X 射线源。它们的线宽分别为 0.85 eV 和 0.70 eV、对应的 $2p \rightarrow 1s$ 跃迁光子

能量分别为 1486.6 eV 和 1253.6 eV。实际使用的 X 射线源（X 射线枪）常做成双阳极结构，即同一阳极杆（通常是 Cu）上分别覆盖了 Al 和 Mg 膜的两个靶面，这样有利于通过比较，用两种不同 X 射线激发的谱，识别出其中的俄歇电子。在 X 光枪产生的特征谱线中，除了由单重电离原子产生的主线外，还存在由多重电离原子产生的伴线。消除由伴线产生的卫星峰的影响最有效方法是采用 X 光单色器。常见的 XPS 上的 X 射线单色器是罗兰圆单色器，它是利用球面弯曲的石英晶体对 X 射线的衍射作用起分光作用的。使用单色器不仅能去除伴线结构，还能减小主线的宽度，从而使能量分辨率明显提高。但使用单色器时，反射到样品上的 X 射线的强度损失往往在一个数量级以上。

惰性气体放电是获得常规 UPS 测量所需紫外光的最常用方法。He 和 Ne 是用得最多的放电气体。与 X 射线的产生一样，紫外谱线的产生也是原子或离子中的电子从激发态跃迁到基态的结果。通常用紧跟在元素符号后面的一个罗马数字来表示原子的电离程度。例如，He I 表示来自中性原子 He 的辐射（能量为 21.2 eV），He II 表示来自单重电离原子 He^+ 的辐射（40.8 eV）。由 Ne 放电产生的紫外谱线的能量比 He 低一些，分别为 16.8 eV（Ne I 辐射），26.8 eV（Ne II 辐射）。同时，对应于中性原子的谱线的强度比离子谱线的强度高得多。与 X 射线相比，紫外谱线的宽度要小得多。

3.4.2.2 电子能量分析器

电子能量分析器是光电子能谱仪的核心部件，它的作用是区分鉴别样品所发射的不同能量的光电子，并将它们传输到探测器。电子能谱仪对电子能量分析器的要求主要是高的能量分辨率和高的透过率（传输系数），而这两者往往是矛盾的，需要折衷考虑。常用的电子能量分析器都是静电偏转型的，以半球型分析器（HSA）、筒镜型分析器（CMA）和 127° 扇型分析器等几种为主。如图 3-55 所示，半球型分析器由两个同心的金属半球面组成，其半径分别为 r_1 和 r_2。

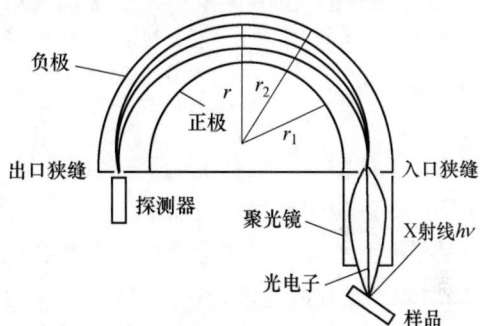

图 3-55 半球形能量分析器工作示意图

在两半球之间加静电场，内球的电位高于外球，两者的电势差是 ΔV。如果电子从平均半径 $r = \dfrac{r_1 + r_2}{2}$ 处垂直射入分析器，入射的速度大小为 v，则能量为 $E_0 = mv^2/2$，这样光电子在电场力的作用下进行运动半径为 r 的圆周运动，则光电子受的电场力为

$$eE(r) = m \frac{v^2}{r} \tag{3-228}$$

$$\frac{1}{2} erE(r) = \frac{1}{2} mv^2 = E_0 \tag{3-229}$$

两球面之间的电场强度：

$$E(r) = \frac{\Delta V}{r^2 \left(\dfrac{1}{r_1} - \dfrac{1}{r_2} \right)} \propto \Delta V \tag{3-230}$$

因此，光电子动能与两球面之间所加电压的关系为

$$E_0 = \frac{erE(r)}{2} = \frac{e\Delta V}{2r\left(\dfrac{1}{r_1} - \dfrac{1}{r_2}\right)} \propto \Delta V \tag{3-231}$$

只有当 E_0 与 ΔV 之间满足一定关系时，电子才能在分析器中进行半径为 a 的圆周运动，从入口狭缝中心传输到出口狭缝中心。能量大于 E_0 的电子将偏向外半球，能量小于 E_0 的电子将落到内半球上，以达到区分不同能量光电子的目的。对于 HSA 来说，球半径越大，出口狭缝越窄，则能量分辨率越好。通过调节电压的大小，就可以在出口狭缝处依次接收到不同动能的光电子，获得光电子的能量分布，即 XPS 谱图。

3.4.2.3 探测器

探测器的功能是探测从电子能量分析器中出来的不同能量的光电子信号。然而，从能量分析器射出的光电子信号比较弱（100 ct/s 或更小），只有经过放大后才能被电子线路检测到。电子倍增器可放大光电子信号，通常采用的是无窗型沟道电子倍增器。它由内径极小、内壁涂以具有高的二次电子产额膜的半导电玻璃管做成，其入口端是一个锥形喇叭口。工作时，在玻璃管的入口处和尾端之间加上高压，一般是入口处（阴极）接地，尾端（阳极）加正电压。入射的光电子首先打到喇叭口上，产生比入射电子数目更多的二次电子，这些电子受到管壁上电位的加速后向阳极的方向运动，在运动中又不断去撞击管壁而产生更多的二次电子，这样连续地进行倍增，最后在阳极端可以获得很高的增益，可提高检测质量。

3.4.2.4 真空系统

光电子能谱对表面状况的高度灵敏使得测量环境和样品自身的清洁问题变得至关重要。因此，光电子能谱仪的分析室必须保持超高真空（10^{-8} Pa 量级）。对于一些表面特别容易受残余气体沾污的金属来说，其实验测量甚至必须在 10^{-9} Pa 的氛围中进行。

3.4.2.5 样品表面清洁装置

通常用惰性气体（如氩）离子轰击加退火（IBA）处理来获得原子级清洁并且有序的材料表面。但这一方法在用于处理半导体表面时，有可能引起近表面区杂质浓度改变从而影响能带弯曲。对于化合物材料来说，IBA 往往还会改变表面的化学配比。另一种常用的获取清洁有序表面的方法是在超高真空中对样品进行解理，当然，这一方法只适用于被测材料的解理面，如 Si、Ge 等元素半导体的（111）面和 GaAs 等族化合物半导体的（110）面等。此外，符合化学配比的清洁有序表面还可通过外延生长的方法来制备。

3.4.3 X射线光电子能谱测试方法

3.4.3.1 样品的制备

在进入真空室前可对某些样品进行化学刻蚀、机械抛光或电化学抛光清洗处理，以除去样品表面的污染及氧化变质层或保护层。进入真空室后，通常有下列几种清洁表面方法：

（1）超高真空中原位解离断裂脆性材料，尤其是半导体，可沿着一定的晶向解离，产生几个平方毫米面积的光滑表面，这种技术制备的表面清洁度基本上和体内的一样好，但它只限于一些材料的一定表面取向，如 Si、Ge、GaAs、GaP 等离子晶体。

（2）稀有气体离子溅射对样品的清洁处理通常采用 AF 溅射和加热退火（消除溅射引起的晶格损伤）的方法，注意离子溅射会引起一些化合物的分解和元素化学价态的改变，对一些不能进行离子溅射处理的样品，可采用真空刮削或高温蒸发等方法进行清洁处理；

（3）高温蒸发主要用于难熔金属和陶瓷。真空制膜除直接从外部装样外，还可以在样品制备室中采用真空溅射或蒸发淀积的方法把样品制成薄膜后进行分析。电子能谱测量需要在超高真空中测量从样品表面射出光电子或俄歇电子，所以对检测的试样有一定的要求，即样品在超高真空下必须稳定、无腐蚀性、无磁性、无挥发性且为固态样品（片状、块状或粉末）。另外，在样品的保存和传送过程中，应尽量避免样品表面被污染，在任何时候，被分析样品的表面都应尽量少接触和处理。

3.4.3.2　测试方法

常见的光电子能谱图有三类：一类为技术上的基本谱线（如 C、O 等）；二类为与样品物理和化学本质有关的谱线；三类为仪器影响的谱线（如伴线等）。在能谱图中最强的光电子谱线对称且窄。但是金属的光电子谱线与传导电子的耦合，故存在不对称现象。从样品发射的光电子，若没有经历能量损失，在电子能谱图中，就会以峰的形式出现。若经历随机的多重能量损失，就会在峰的高结合能侧，以连续升高的背景谱形式出现。因此，在 XPS 谱图中会在主峰的低结合能侧出现半峰。偶尔在谱图上会出现一些与标准峰有一定能量间隔的强峰，称为"鬼线"。这些线会搅乱对谱线的分析，在排除所有其他可能性后，应考虑"鬼线"的影响。

电离发射一个电子后，余下的未配对电子与原子中其他未配对电子的耦合会产生不同终态构型，引起光电子能谱信号产生光电子峰不对称地分裂成几个组分，即多重分裂。对自旋分裂的双重谱线，应检查其强度比以及分裂间距是否符合标准值，一般对于 p 线，双重分裂后峰面积之比为 $1:2$；对于 d 线，则有为 $2:3$；而对于 f 线，应为 $3:4$。这种也有例外，如 $4p$ 线双重分裂后峰面积之比可能小于 $1:2$。在谱图中，明确存在的峰均由来自样品中出射的未经非弹性能量损失的光电子组成，而经能量损失的那些电子就在结合能比峰的结合能高的一侧增加背底。能量损失是随机且多重散射的，故背景是连续的，并且非单色化谱中的背底要高于单色化的，这是由韧致辐射所致。某些材料的光电子和样品表面区电子间的相互作用会引起特定的能量损失，表现为在主峰高结合能侧 $20\sim25$ eV 处出现明显的驼峰。这种情况在金属中更为明显。

被测元素化学态的鉴别主要取决于正确测定谱线位置。首先，仪器的能量标尺必须精确校正。精细谱扫描时谱线的强度必须大于 10^3。对绝缘样品，还必须进行荷电校正。XPS 分析时，由于不断发射出光电子，以及只能从真空中接受部分电子，致使样品带几个电子伏特到十几个电子伏特的正电，荷电位移使峰向高结合能方向位移。中和电子枪可减小这种电荷及减少微分电荷，使谱线变窄。除此之外，常用蒸金法进行荷电校正。需要注意的是，蒸金量过大，会影响待测样品表面的检测量，使待测信号减弱甚至测不出来；若蒸金量过少，又会使金信号过弱而影响校准。可先经测试求的蒸金量和 $Au4f_{7/2}$ 结合能的关系曲线，然后再用蒸金法进行荷电校准。进行定量分析时应经常校准能谱议的状态，保证能量分析器的响应稳定且最佳。常用的方法是记录 Cu 的三条大间距的谱线，即用 20 eV 窄扫描记录 $Cu2p_{3/2}$ 峰，Cu LMM 峰和 $Cu3p$ 峰，并测量记录好强峰（cps）和 Cu $2p_{3/2}$ 峰宽，以便经常对照和及时发现仪器的工作状态，否则将影响定量分析工作。

3.4.4　应用实例分析

3.4.4.1　测试材料表面的化学组成

研究者通过溶胶凝胶技术合成 Fe 掺杂的 ZnTe 纳米棒。采用 Al K_α 源的 Axis Ultra-165 XPS 工具对掺铁 ZnTe 纳米棒的 XPS 光谱进行了研究。利用结合能 284.5 eV 的 C 1s 峰对得到的结合能进行标定。图 3-56 为 Fe 掺杂的 ZnTe 纳米棒的 XPS 谱图。如图 3-56（a）所示，Zn 在 1021.8 eV 和 1044.4 eV 的结合能下分别占据 $2p_{3/2}$ 轨道态和 $2p_{1/2}$ 轨道态。在 XPS 谱图中，在 $2p$ 态出现的特征态 Zn 峰表明 Zn 处于二价态，即 Zn^{2+}。Zn^{2+} 的自旋轨道分裂（ΔE）约为 23.4 eV，说明在 ZnTe 中掺杂 Fe 并没有改变 Zn2p 峰的结合能，也就是说在 ZnTe 纳米结构中掺杂 Fe 并不影响 Zn^{2+} 的化学环境。图 3-56（b）为贵金属 Te 在 $3d_{5/2}$ 和 $3d_{3/2}$ 轨道态的 XPS 谱图。图 3-56（c）为 ZnTe 纳米棒中 Fe 的轨道态为 $2p_{1/2}$，结合能为 713.9 eV。总的来说，虽然 Fe 在环境中是一种容易氧化的物质，但它仍然可以被系统地掺入。

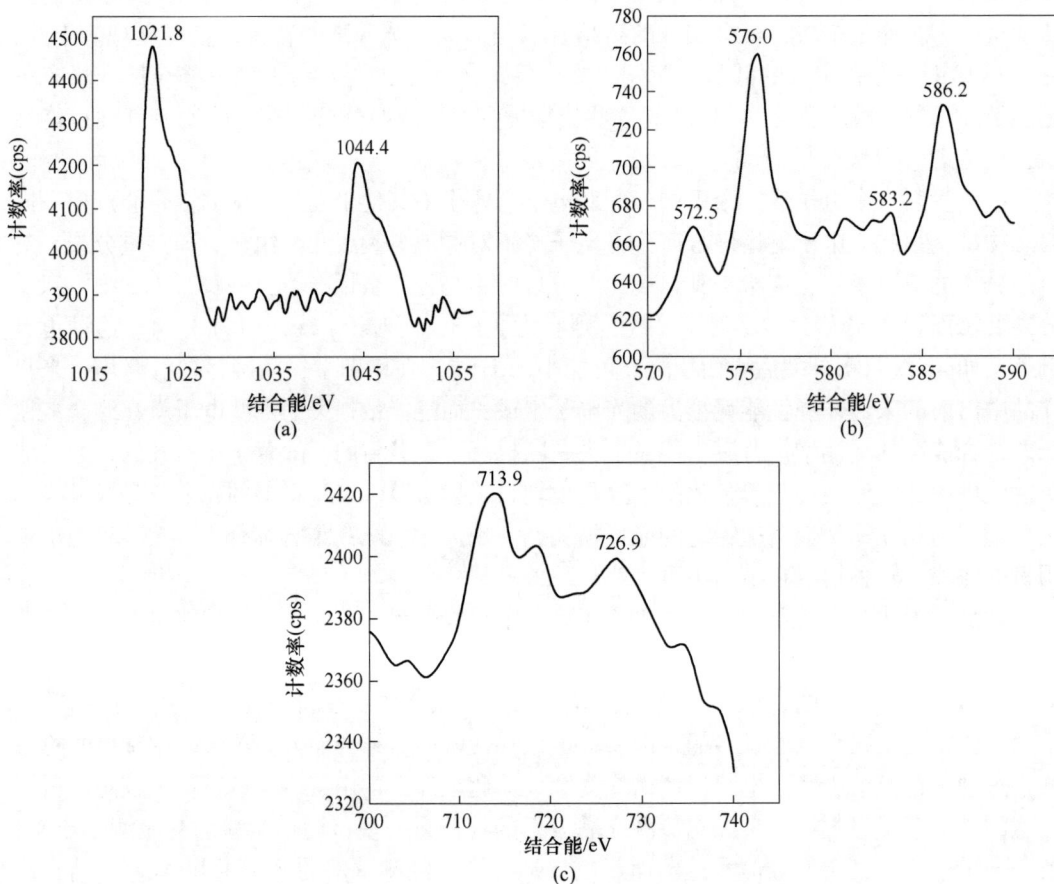

图 3-56　Fe 掺杂的 ZnTe 纳米棒的 XPS 谱图

图 3-57 为变性淀粉 C1s 的 XPS 高分辨谱图。可以看出，淀粉与聚乙二醇共混后，在图 3-57 中出现了强的—C—O—峰，而共混物与表氯醇交联后，—C—O—峰明显减弱，如

图 3-57（d）所示。以上研究结果说明 XPS 在区分不同类型的碳键方面十分有效，如淀粉接枝共聚物、淀粉-PVA 共混物等。XPS 为变性淀粉的结构研究提供了一种新的、现代化的分析手段，对变性淀粉表面的基团分析十分有效。

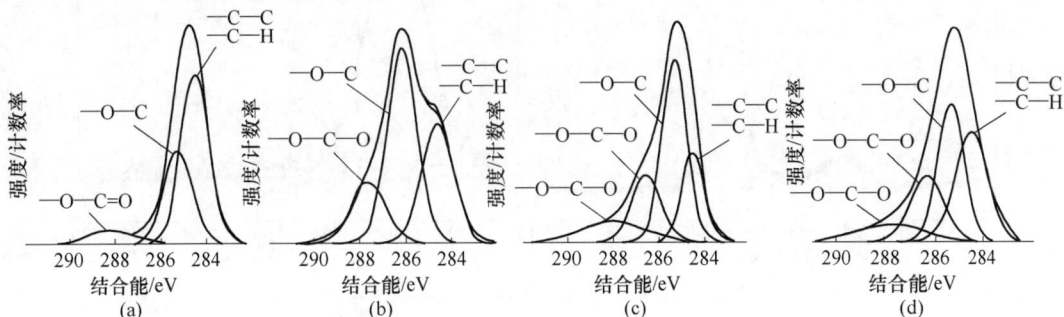

图 3-57   变性淀粉 C1s 的 XPS 高分辨谱图

（a）纯 PVA；（b）原淀粉；（c）10%聚乙二醇与淀粉共混；（d）15%表氯醇与共混物交联

XPS 技术允许检测的厚度小到约 3 nm，提供了被检测元素的氧化态及关于氧化物膜的性质和组成等有用信息，并且可以估计氧化物厚度，从而能够更好地理解在原子尺度上发生的腐蚀和氧化过程，为提高镁合金的耐腐蚀性能奠定基础。对 Mg-xCa（x 为质量分数，取值为 1%、3%、5%）和 Mg-xCaO（x 为质量分数，取值为 1%、3%、5%）合金抗氧化性能的研究显示，热处理后 Mg-Ca 和 Mg-CaO 合金样品表面成分均为 MgO 和 CaO。随着刻蚀时间的变化，Mg、Ca、O 和 C 沿深度方向上的原子质量分数变化情况（见图 3-58 和图 3-59）说明 Mg-Ca 合金的氧化膜是由大量含 Ca 氧化物和少量 MgO 组成的，MgO 在氧化膜内层的含量相对较高，外层含量较少。另外，在刻蚀期，Ca 含量仍然高于 Mg，保护层外表面的 O 含量也较高，这一现象证明了 Ca 在向镁合金表面偏聚。Mg-CaO 合金表面的氧化膜主要由 MgO 组成，也包含少量 CaO。随着刻蚀深度的增加，MgO 的含量逐渐增加，且 Ca 在内层分布较为均匀，XPS 结果证明了致密 MgO-CaO 复合保护膜的存在。其研究成果对提高镁合金的表面性质分析及腐蚀、磨损机理研究方面具有重要意义。

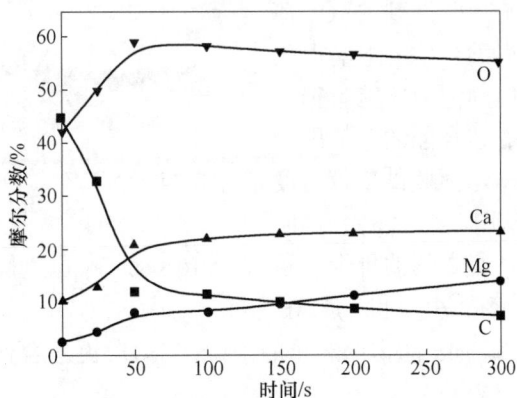

图 3-58   热处理后 Mg-xCa（x = 3%）合金表面 Mg、Ca、O 和
C 的摩尔分数变化

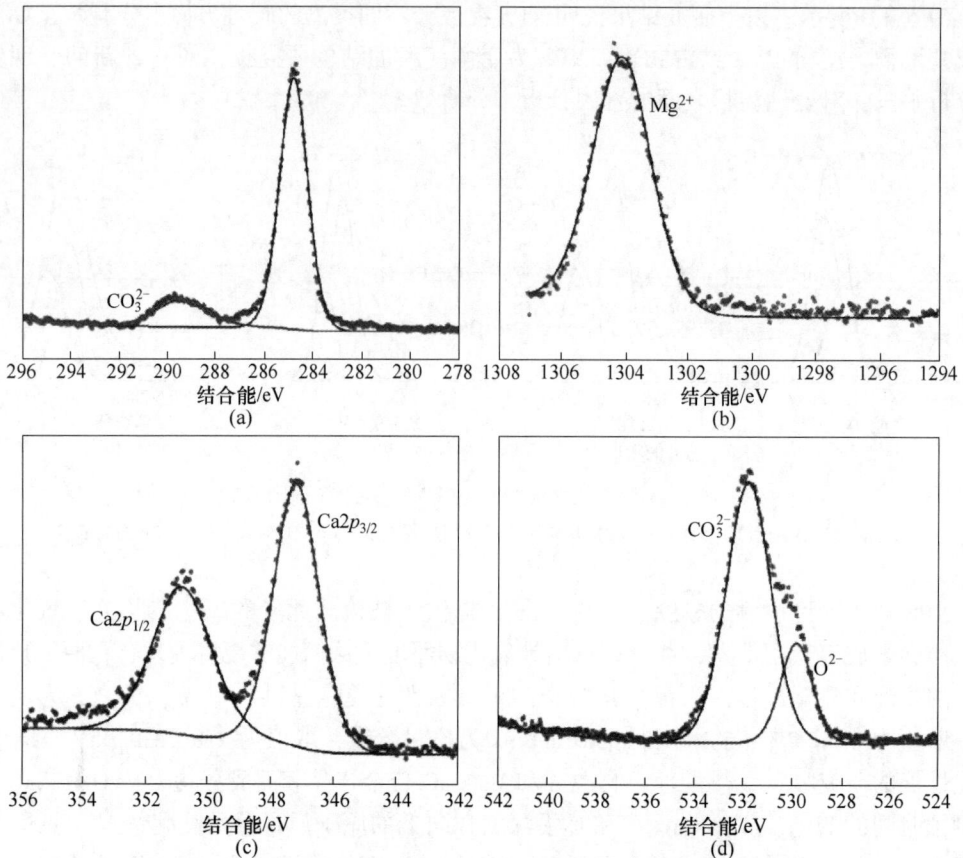

图 3-59　Mg-xCaO（$x=3\%$）合金氧化膜中元素的 XPS 谱图

（a）C1s；（b）Mg1s；（c）Ca2p；（d）O1s 元素的 XPS 谱图

3.4.4.2　确定栅介质/半导体异质结构

研究者通过 X 射线光电子能谱法研究了 In$_{0.53}$Ga$_{0.47}$As 基 Er$_2$O$_3$ 薄膜的能带排列。采用分子束外延法在 In$_{0.53}$Ga$_{0.47}$As 衬底上沉积金属 Er 薄膜，后经氧气退火得到 Er$_2$O$_3$ 薄膜。图 3-60 为 Er$_2$O$_3$ 薄膜的 O1s 能量损失谱。利用线性外推法可以确定 O1s 能量损失峰的起始位置，与 O1s 的结合能的差值即是禁带宽度，由此得出 Er$_2$O$_3$ 薄膜的禁带宽度为（5.95±0.30）eV。从图 3-61（a）可知，Er$_2$O$_3$ 和 In$_{0.53}$Ga$_{0.47}$As 衬底之间的价带偏移为（-3.01±0.10）eV。图 3-61（b）是 Ar$^+$

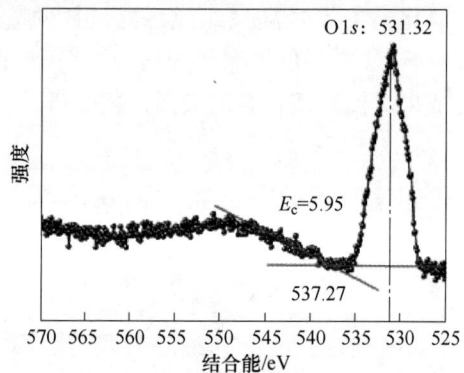

图 3-60　Er$_2$O$_3$ 薄膜的 O1s 能量损失谱

刻蚀后同时测得的 Er4d 和 In3d 能谱图。总的来说，Er$_2$O$_3$ 更适合作为 In$_{0.53}$Ga$_{0.47}$As 基的 MOS 器件的栅极电介质材料。

3.4.4.3　固态锂离子电池表征

利用 X 射线光电子能谱（XPS）技术可研究固态锂离子电池界面。立方相锂镧锆氧

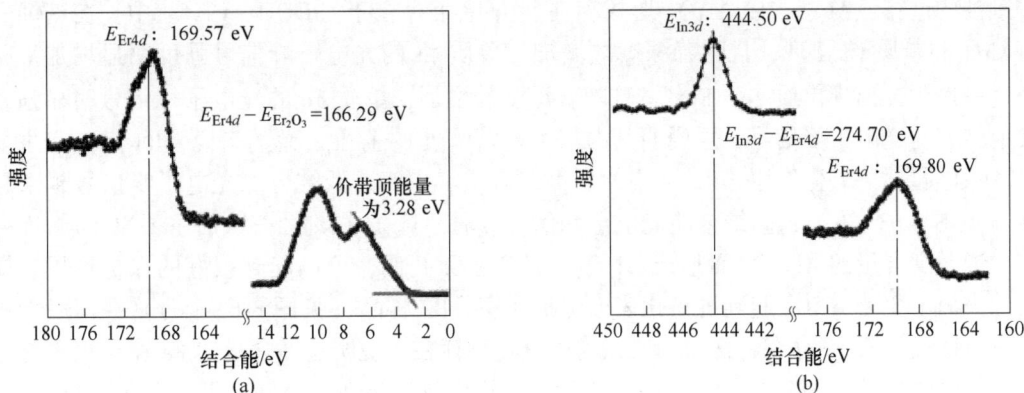

图 3-61　XPS 谱图

（a）Er4d 峰值和 Er$_2$O$_3$ 薄膜价带边 XPS 谱图；（b）Ar$^+$ 刻蚀后 Er$_2$O$_3$ 薄膜的 Er4d 和 In3d XPS 谱图

Li$_7$La$_3$Zr$_2$O$_{12}$（LLZO）的结构是由 ZrO$_6$ 八面体与 LaO$_8$ 十二面体组成，锂离子分布在 24d 和 96h 空位，如图 3-62（a）所示。利用 XPS 表征发现 LLZO 表面生成了较厚的反应层，如图 3-62（b）所示，当暴露空气中的时间约 1230 s 时，样品表面完全被 Li$_2$CO$_3$ 覆盖。而通过手套箱制样尽量减少暴露时间至 30 s 时，XPS 结果证实其表面层由 Li$_2$CO$_3$ 和 LiOH 组成。通过上述介绍，研究者们可以了解到 XPS 技术在固态锂离子电池界面研究中的应用及原位 XPS 技术在实现电解质-电极界面构筑和变化研究方面的作用。

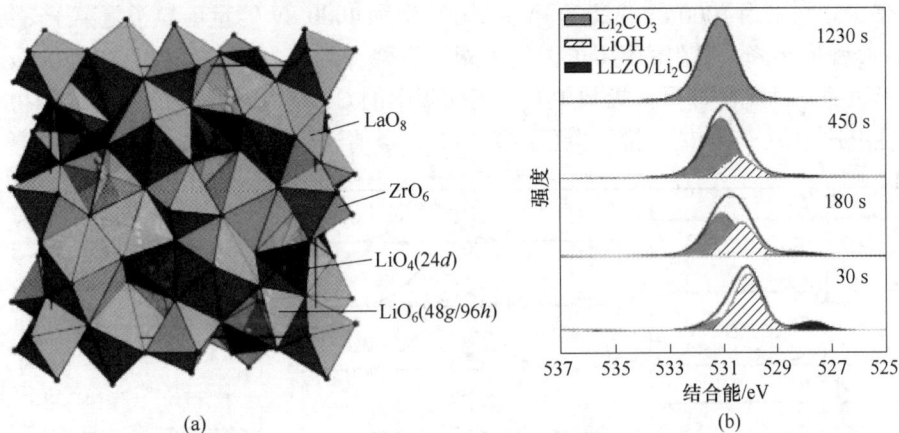

图 3-62　立方相 Li$_7$La$_3$Zr$_2$O$_{12}$（LLZO）的晶体结构示意图（a）及
空气中不同暴露时间的表面的 O1s 谱图变化（b）

3.4.4.4　深度剖析

利用 X 射线光电子能谱对样品进行深度剖析，分别对 Fe、Cr、Al 分峰拟合，分析每种配比下的元素化学状态，从而分析具体表面抗氧化机制。图 3-63 为不同元素状态随 XPS 深度剖析的变化，分别为 R1（59.5Fe-36.1Cr-4.3Al）和 R2（65.6Fe-10.2Cr-24.2Al）样品的 Al、R3（82.3Fe-13.7Cr-4.0Al）样品的 Fe。对于 R1 表面，如图 3-63（a）所示，Ar$^+$ 溅射前的表面存在 AlOOH、FeOOH、CrOOH 及 Al$_2$O$_3$、Cr$_2$O$_3$、Fe$_2$O$_3$，随着刻蚀的进行，Al 基本以 Al_2O_3 形式存在。Cr 除了存在于 CrOOH、Cr_2O_3 中，在刻蚀后有 CrO_x 和单质 Cr 出现，且随着深度的增加，单质 Cr 的光电子峰信号强度明显增加。Fe 经过一次刻蚀出现单质 Fe、Fe^{2+}，且随着深度的增加，单质 Fe 的光电子峰信号明显强于其他状态的光电子峰信号，这说明其内部主要以单质 Fe 存在。总的来说，R1 近表面主要以 Al_2O_3 起到抗氧化作用。R2 经刻蚀后可以看出 Fe 和 Cr 低结合能光电子峰信号越来越强（见图 3-63（b）），高结合能光电子峰信号减弱，且 Al 在刻蚀三次后主要以单质 Al 存在，说明高含量的 Al 在表面形成 Al_2O_3，且致密无孔洞，可以起到很好的保护作用。样品近表面主要是 Al_2O_3 起到抗氧化表面保护作用。R3 样品（见图 3-63（c））在深度剖析下只有微量单质 Fe 存在，而 Cr 和 Al 均以氧化物存在，说明超高含量的 Fe 涂层很难起到抗氧化保护作用。总的来说，发现高 Al 含量的涂层抗氧化性能最好。研究实现了 Fe-Cr-Al 合金包壳涂层的纵向抗氧化性能表征，为接下来进一步的合金设计和涂层制备提供试验基础，同时也说明了 XPS 是研究材料表面氧化过程非常敏感和有力的手段。

为提高不锈钢的外观和耐蚀性，对加工后的不锈钢必须进行酸洗钝化处理。钝化机理主要可用薄膜理论来解释，即认为钝化是由金属与氧化性介质作用引起的，作用时在金属表面生成一种非常薄的、致密的、覆盖性能良好的、能坚固地附在金属表面上的钝化膜。XPS 测试采用1486.6 eV 单色化 Al 阳极激发的 500 nm 光斑射线进行。测试结果如图 3-64 所示。从图 3-64（a）可看出，在刻蚀之前谱图中只显示 C1s 和 O1s 峰，Fe2p 只有微弱露头。采用 1000 eV 电压的单粒子氩离子刻蚀 600 s 后，全谱显示 C1s 消失，O1s 有微弱的残留，Fe2p 峰明显增强，同时 Cr2p 和 Ni2p 峰也显示出来。从图 3-64（b）可以看出，对不锈钢表面分别采用 1000 eV、2000 eV、3000 eV 和 4000 eV 能量单粒子氩离子刻蚀 600 s 后，O1s 峰强度下降，吸附的污染C含量大幅度下降，随着电压的增大，C 峰增强。总的来说，经过短时间刻蚀即可大幅减少样品表面吸附的 C、O 原子。刻蚀金属化合物时尽可能采用低电压单原子 Ar 离子枪，电压越大，对金属的还原性越强。

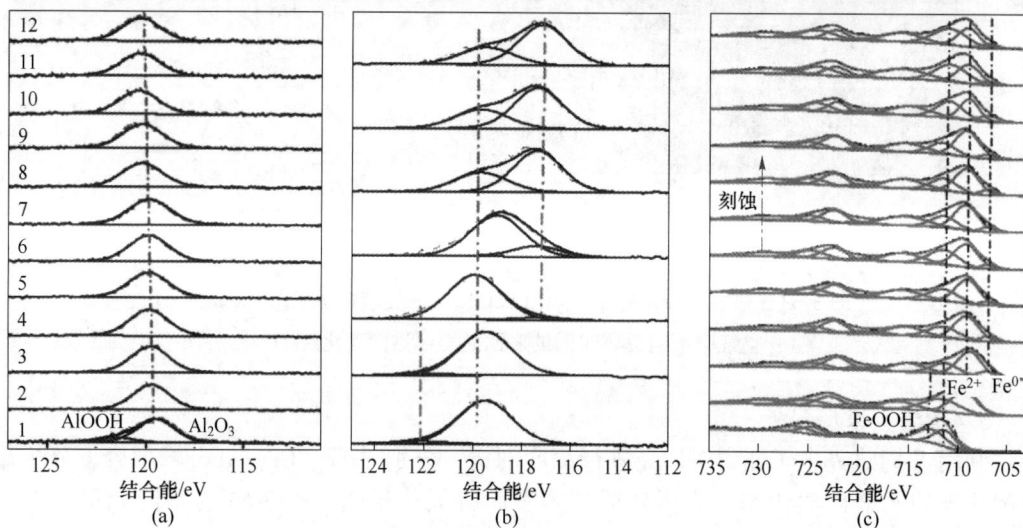

图 3-63 不同元素状态随 XPS 深度剖析的变化

（a）R1 样品中的 Al；（b）R2 样品中的 Al；（c）R3 样品中的 Fe

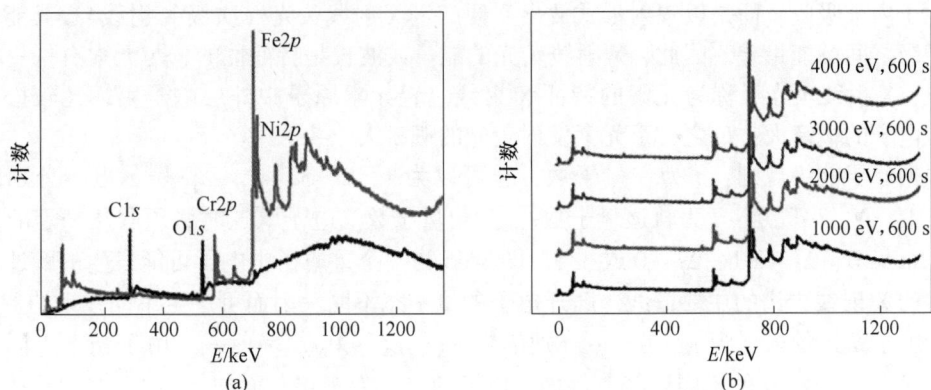

图 3-64 单原子 Ar 离子枪刻蚀样品表面 600 s 前的全谱图（a）及采用
不同电压刻蚀样品表面 600 s 后的全谱图（b）

3.5 X 射线荧光测试分析方法

　　荧光分析就是指物质的分子或原子受外来光源辐照后，分子或原子受激发，当它们退激后发出荧光，荧光的波长与分子或原子的能级结构有关，因此测量荧光的波长和强度就可用来确定发出该荧光的元素种类及含量，确定样品组成。这种分析方法称为荧光分析方法。按使用的激发源不同，X 射线荧光分析可分为由电子枪产生的高能电子束激发的电子 X 射线荧光分析（EXE）、由离子加速器产生的高能离子束激发的带电粒子 X 射线荧光分析（PIXE）、由同位素源激发的同位素 X 射线荧光分析、由 X 射线管产生的 X 射线激发的 X 射线荧光分析（XRF）、由同步辐射光源激发的 X 射线荧光分析（SR-XRF）。X 射线荧光分析（XRF）方法则是利用初级 X 射线或其他微观离子激发待测物质中的原子，使之产生荧光（次级 X 射线）而进行物质成分分析和化学态研究的方法。

3.5.1 X 射线荧光的基本原理

3.5.1.1 元素特征 X 射线的产生

　　用外来的电磁辐射或带电粒子束轰击靶物质中的原子，当其能量高于原子内层电子结合能的高能 X 射线与原子发生碰撞时，驱逐一个内层电子（光电子）而在内层留下一个空穴，使整个原子体系处于不稳定的激发态，原子自发地由能量高的状态跃迁到能量低的状态，这个过程称为弛豫。当较外层的电子跃迁到空穴时，所释放的能量随即在原子内部被吸收而逐出较外层的另一个次级光电子，此称为俄歇效应，也称为次级光电效应或无辐射效应，所逐出的次级光电子称为俄歇电子，它的能量是特征的，与入射辐射的能量无关。如图 3-65 所示，当较外层的电子跃入内层空穴所释放的能量

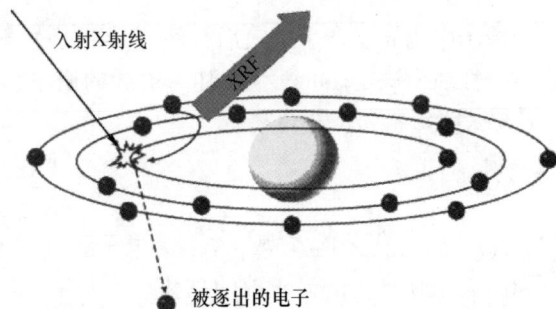

图 3-65 元素特征 X 射线荧光的产生原理图

不在原子内被吸收，而是以辐射形式放出，便产生 X 射线荧光（次级 X 射线），其能量等于两能级之间的能量差。因此，X 射线荧光的能量或波长是特征性的，与元素有一一对应的关系，X 射线荧光又称为元素的特征 X 射线。轻元素原子中外层电子束缚比较松，发射俄歇电子的概率大；反之，重元素发射荧光的概率大。

根据原子能级规则：n 为主量子数，它可以为 1、2、3、4、…，表示电子分别属于 K、L、M、N、…壳层；l 为轨道量子数；j 为角量子数。电子跃迁时必须服从一定的选择规则：$\Delta n \neq 0$、$\Delta l = \pm 1$、$\Delta j = 0$ 或 ± 1。图 3-66 为一个重原子中电子可能发生的跃迁及由此产生的 X 射线光谱的主要谱线。跃迁电子的量子态不同，因而可产生不同线系的特征 X 射线。电子跃迁的末态为 K、L、…分别称为 K_X、L_X、M_X、…射线。由于初态不同，同一线系又有 α、β、γ 的不同谱线。例如，电子的末态为 K 层，而初态为 L、M 时产生的 X 射线分别称为 K_α、K_β。同一 K_α 又有 $K_{\alpha 1}$ 和 $K_{\alpha 2}$ 之分，这是由于轨道量子数不同，特征 X 射线的能量有所差异。

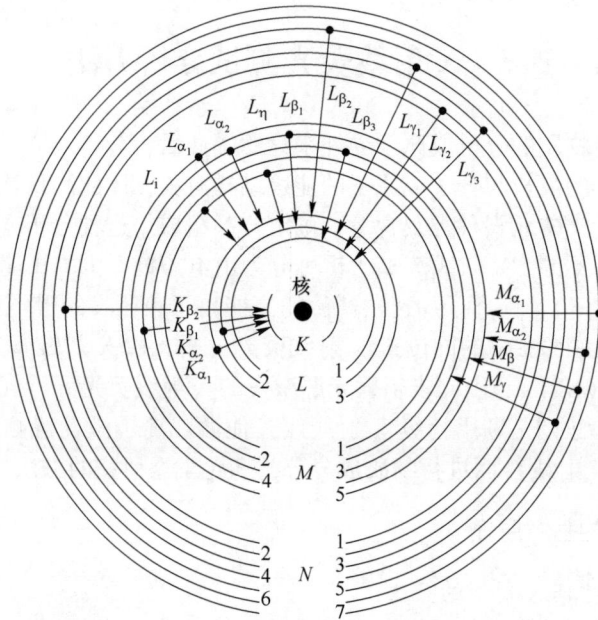

图 3-66　一个重原子中电子可能发生的跃迁及由此产生的 X 射线光谱的主要谱线

3.5.1.2　特征 X 射线强度

当原子中内壳层产生空穴后，跃迁形式是发射 X 射线荧光还是俄歇电子，其概率由原子本身性质所决定。ω 表示发射 X 射线的概率，又称为荧光产额。

K 层荧光产额 ω_K 表示为

$$\omega_K = \frac{N_{XK}}{N_{VK}} \tag{3-232}$$

式中，N_{VK} 为 K 壳层的空穴数；N_{XK} 为电子跃迁到 K 层后发射的光子数，则 N 层电子跃迁到不同的 K 层所产生的光子数的总和

$$N_{NK} = \sum (n_K)_i = n_{K1} + n_{K2} + n_{K3} + \cdots \tag{3-233}$$

可见，荧光产额与元素的原子序数有关，与不同谱系的谱线有关。

强度为 $I_0(\lambda)$ 的射线透过厚度为 d 的样品时，一部分被散射，一部分被吸收，另一部分透过物质继续沿原来的方向传播。X 射线散射主要包括瑞利散射（弹性散射）和康普顿散射（非弹性散射）。被吸收的 X 射线与内层电子作用产生光电效应向外发出强度为 I_f 的荧光 X 射线，并伴随一定的光电子。透射 X 射线由于散射和吸收等效应强度衰减为 $I(\lambda)$，对于纯样品，$I(\lambda)$ 可以表达为

$$I(\lambda) = I_0(\lambda)\exp[-u_i(\lambda)\rho_i d] \tag{3-234}$$

式中，$u_i(\lambda)$ 代表元素 i 相对于波长为 λ 的入射光的质量衰减系数；ρ_i 为元素 i 的密度；d 为样品厚度。

对于多元素样品，总的质量衰减系数 $\mu(\lambda)$ 可以表示为

$$\mu(\lambda) = \mu_1(\lambda)w_1 + \cdots + \mu_n(\lambda)w_n \tag{3-235}$$

式中，w_1、$\cdots$、w_n 为各种元素的质量分数。

在常规 XRF 实验（见图 3-67）中，样品深度 z 处入射 X 射线的强度为

$$I(\lambda,z) = I_0(\lambda)\exp[-\mu(\lambda)\rho z/\sin\phi] \tag{3-236}$$

式中，ϕ 为入射 X 射线相对于样品的角度；ρ 为样品的密度。

样品中，z 到 $z+\Delta z$ 深度范围内产生的初级 X 射线荧光强度为

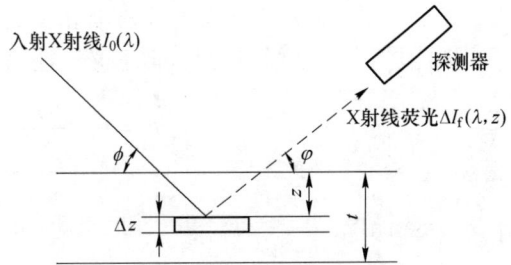

图 3-67   常规 XRF 实验中入射 X 射线、样品及探测器的几何位置关系图

$$\begin{aligned}\Delta I_f(\lambda,z) &= P_i\mu_i(\lambda)w_i\rho[I(\lambda,z)-I(\lambda,z+\Delta z)]\\ &= P_i I(\lambda,z)[\mu_i(\lambda)w_i\rho\Delta z/\sin\phi]\end{aligned} \tag{3-237}$$

式中，P_i 为元素特征谱线的出射比率，主要由电离截面和荧光产率所决定。

从深度 z 出射到样品表面的 X 射线荧光强度为

$$\begin{aligned}\Delta I_f(\lambda) &= \Delta I_f(\lambda,z)\times\exp[-(\mu(\lambda_f)\rho z)/\sin\varphi]\\ &= P_i I_0(\lambda)\mu_i(\lambda)w_i\rho(\Delta z/\sin\phi)\exp(-\overline{\mu}\rho z)\end{aligned} \tag{3-238}$$

其中

$$\overline{\mu} = \mu(\lambda)/\sin\phi + \mu_f(\lambda_f)/\sin\varphi \tag{3-239}$$

式中，λ_f 为元素的 X 射线荧光的波长；φ 为出射 X 射线荧光的角度。

厚度为 d 的样品中出射 X 射线荧光总强度为

$$\begin{aligned}I_f(\lambda) &= \int_0^t \Delta I_f(\lambda)dz\\ &= P_i I_0(\lambda)\mu_i(\lambda)w_i\frac{1}{\sin\phi}[1-\exp(-\overline{\mu}\rho d)]\frac{1}{\overline{\mu}}\end{aligned} \tag{3-240}$$

探测器探测到的元素 i 的某个特征荧光峰的强度 A_i 表示为

$$\begin{aligned}A_i &= C'C(\lambda)C_i I_f(\lambda) = C'C(\lambda)C_i\int_0^t \Delta I_f(\lambda)dz\\ &= C'C(\lambda)C_i P_i I_0(\lambda)\mu_i(\lambda)w_i\frac{1}{\sin\phi}[1-\exp(-\overline{\mu}\rho t)]\frac{1}{\overline{\mu}}\end{aligned} \tag{3-241}$$

式中，$C(\lambda)$ 与仪器几何参量相关，包括探测器立体角及入射光路径等；C_i 为元素 i 的 X 射

线荧光从样品表面到探测器路径上的衰减常数，包括探测器 Be 窗的衰减；在相同实验条件下，$C(\lambda)$ 与 C_i 均为常量；C' 为探测效率。$I_0(\lambda)$ 可以通过前电离室得到；C' 和 $C(\lambda)$ 的乘积可以通过和已知元素 i 含量的参考样品比较荧光峰面积的办法获得，这样样品中所有元素的含量就可以通过测量元素的特征 X 射线荧光谱直接计算出来，这种方法也称为基本参数法。

3.5.1.3 X 射线荧光谱的背底来源

入射的带电粒子或电磁辐射与物质相互作用，除了使物质中原子内层产生空穴，还有其他效应产生，这就是 X 射线荧光谱的背底来源。光子与物质相互作用除了因光电效应产生特征 X 射线外，还与物质原子中的电子碰撞，产生相干散射和非相干散射，这些散射光子不可避免地进入探测器而形成特征 X 射线能谱的背底。X 射线与靶物质作用也产生次级电子而引起轫致辐射背底，但它比散射产生的背底强度要小得多。所以在 XRF 分析中，光子与原子外层电子的相干和非相干散射是产生背底的主要来源。

根据能量和动量守恒定律，散射光子能量 E 为

$$E = \frac{E_0}{1 + \frac{E_0}{m_0 c^2}(1 - \cos\alpha)} \tag{3-242}$$

式中，α 为散射角。

散射截面公式可以由量子力学推导而得

$$\sigma = \pi Z \gamma_0^2 \frac{m_0 c^2}{h\nu}\left(\ln \frac{2h\nu}{m_0 c^2} + \frac{1}{2}\right) \tag{3-243}$$

式中，γ_0 为经典电子半径；$h\nu$ 为入射光子能量。当入射光子能量很低（$h\nu \ll m_0 c^2$）时，就是汤姆逊散射截面。

当入射光子能量较高（$h\nu \gg m_0 c^2$）时，就是康普顿散射截面。

通常能够探测到的某种元素的最低含量，被定义为该元素的最小检测限。XRF 光谱分析的最低探测极限（MDL）通常表示为

$$\text{MDL} = 3\frac{\sqrt{N_B}}{N_X}C_X = 3\sqrt{\frac{N_B}{N_X^2}}C_X \tag{3-244}$$

式中，N_B 为某元素 X 的一个荧光峰的背底计数；N_X 和 C_X 分别为元素荧光计数和其表面浓度。

如果信号峰大于背底噪声相对标准偏差的 3 倍，那么认为这个信号就是能够探测到的。可见提高入射光强度、降低背底就可以降低 MDL。

3.5.2 X 射线荧光光谱仪

X 射线荧光光谱仪主要由激发光源、色散处理系统和探测记录系统 3 大部分组成。根据探测来自样品的特征 X 射线的能量或波长，可以分析样品中有何种元素，而计算相应特征 X 射线强度，便可以得到该元素的含量及分布。这两种 XRF 的分析方法分别称为能量色散（energy-dispersive）XRF 分析和波长色散（wave-dispersive）XRF 分析。其主要区别在于能量色散 XRF 的工作原理同电子探针能谱仪，即利用不同波长的荧光 X 射线具有

不同能量的特点，采用半导体探测器将其分开，即不同波长（能量）的荧光X射线进入半导体探测器产生不同数量的电子-空穴对，电子-空穴对再在电场作用下形成电脉冲，脉冲的幅度（即强度）正比于X射线的能量，从而得到一系列不同高度的电脉冲，再经放大器放大、多道脉冲分析器处理，得到随光子能量分布的荧光X射线能谱。因此，在探测端采用的是具有较高能量分辨的探测器，如Si（Li）、HPGe（高纯锗）或SDD（漂移Si）等，仪器方法简单而快速。而波长色散XRF的工作原理同电子探针波谱仪，即利用已知晶面间距的分光晶体，将不同波长的X射线依据布拉格方程（$2d\sin\theta = n\lambda$）分开，从而形成光谱。若同一波长的X射线以θ角入射到晶面间距为d的分光晶体时，则在衍射角为2θ的方向会同时测到波长为λ的一级衍射，以及波长为$\lambda/2$、$\lambda/3$等的高级衍射。在探测端则采用分光晶体和正比计数器的组合，若改变θ角即可观测其他波长的X射线。

分析利用布拉格衍射选择性收集荧光，如图3-68所示，能量色散XRF分析具有更高的效率，可以同时进行多元素分析，但能量分辨较低，而且具有较高的散射背底；波长色散XRF分析即使在低能区也具有非常好的能量分辨和信噪比，动态范围宽，可以分析轻元素，但系统复杂、耗时、效率较低，需要高功率的X射线光源。

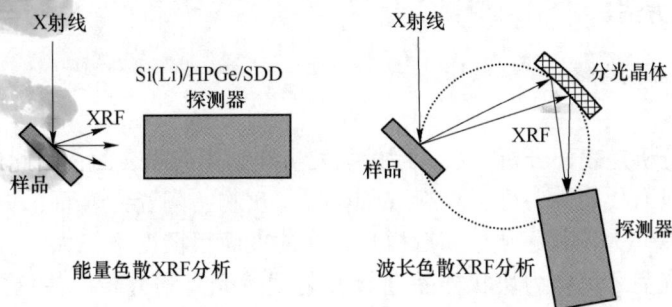

图 3-68　能量色散 XRF 分析和波长色散 XRF 分析示意图

在波长色散荧光光谱仪中，分光晶体是核心部件。分光晶体是将待测元素的特征X射线分散开，不同的波长将产生不同的衍射角2θ。探测器接收到不同2θ角的荧光光谱，从而进行元素分析。为了获得最佳的分析结果，晶体的选择非常重要。所选晶体的$2d$值（d为晶面间距）必须大于待分析元素的波长。表3-9为常用晶体的$2d$值及适用范围。X射线荧光光谱仪可配备8~10块晶体，以满足从Be到U的元素测定。测试时，选择晶体的原则是：（1）分辨率好，可减少谱线干扰；（2）衍射强度高；（3）衍射后所得特征谱线的峰背比较大；（4）基本不产生高级衍射线；（5）晶体受温度、湿度影响小。

表 3-9　常用晶体的 $2d$ 值及适用范围

晶体	2d 值	K 系线	L 系线
		适用范围	
LiF（200）	0.180	Te-Ni	U-Hf
LiF（220）	0.285	Te-V	U-La
LiF（420）	0.403	Te-K	U-In
Ge（Ⅲ）	0.653	Cl-P	Cd-Zr

晶体	$2d$ 值	K 系线	L 系线
		适用范围	
InSb（Ⅲ）	0.748	Si	Nb-Sr
PE（002）	0.874	Cl-Al	Cd-Br
PX$_1$	5.02	Mg-O	
PX$_2$	12.0	B 和 C	
PX$_3$	20.0	B	
PX$_4$	12.0	C-(N，O)	
PX$_5$	11.0	N	
PX$_6$	30.0	Be	
TIAP（100）	2.575	Mg-O	
OVO55	5.5	Mg、Na 和 F	
OVO100	10.0	C 和 O	
OVO160	16.0	B 和 C	

3.5.3　测试分析方法

3.5.3.1　样品的制备

A　块状样品

X射线荧光分析是表面分析方法，激发只发生在试样的浅表面，因此选取的分析面应相对于整个样品具有代表性。许多材料（如金属、矿物、陶瓷、岩石、炉料炉渣、玻璃、橡胶塑料等）常常呈大块状，从中切取样片，样片表面粗糙度不能大，一般小于 30 μm，需经过研磨和抛光后才可作为块状样品进行 X 射线荧光光谱分析。注意抛光时不要引入污染物，金属样品抛光后应立即测量，以免金属表面氧化或污染。

B　粉末样品

粉末样品通常采用压片法，粉末压片法的制样步骤大体为：干燥和焙烧、研磨、混合和压片。干燥的目的是除去吸附水，提高制样的精度。焙烧过程可除去结晶水和碳酸根，应注意焙烧过程可改变矿物的结构，同时若样品中存在还原性物质，在空气中焙烧会引起氧化。在研磨样品的过程中，加入助磨剂有助于提高研磨效率。例如，在粉碎水泥生料时，可用硬脂酸或三乙醇胺混合研磨，振动研磨 3 min 即可达到要求，并且有利于料钵清洗。若试样本身的黏性较小，可按一定比例加入黏结剂，混合后，振动研磨。压片时将制备好的粉末，小心地放入模具中，用压机在一定压力下压制。为便于保存和防止压制的试样片边缘损坏，可使用铝环、钢环或塑料环。若试样量少或黏结性不好，则可用钢模压制带盒的压块试样。

C　熔融样品

有些样品组成不均匀，即使通过研磨也不能达到均匀的混合，只有通过熔融形成玻璃体，方能消除矿物效应和颗粒度效应。熔融步骤首先是通过实验确定熔剂与试样的比例，这一比例应视样品和分析要求而定。含有有机物的样品应在熔融前于 450 ℃以上预氧化，使有机物分解。硼、硅、锗、砷、锑和氧可形成酸性玻璃，硫和硒可形成普通玻璃。目前常用的熔剂多为锂、钠的硼酸盐，它们与样品在高温条件下熔融，熔融温度随试样种类和

熔剂的不同而变化，其原则是保证试样完全分解，形成熔融体，通常熔融温度为 1050~
1200 ℃。

样品熔融后关键的一步是浇铸。浇铸前，熔融体必须预先加入 NH_4I、LiBr 等脱模剂。
这些试剂可与熔剂一起加入。浇铸前熔融体不允许含气泡，模具要预加热，其温度接近
1000 ℃。熔融物倒入模具后，将含熔融体的模具用压缩空气冷却其底部，使之逐渐冷却
至室温。模具表面应保持平整、清洁。若玻璃片表面不平，需用砂纸磨平并抛光。如果制
备标样，应保持试样与标样表面光洁度尽可能一致。

D 液体样品

X 射线荧光光谱也可用于液体样品的分析，尤其对于不均匀不规则的金属、陶瓷等样
品或某些标样难以制备的样品，采用液体样品更为简便有效。而且，液体样品和标样的组
成接近溶剂的组成，而溶剂主要由轻元素组成，吸收-增强效应变得非常小，基体效应基
本上可以不考虑。对于含量很少的微量或痕量元素，需对液体样品进行分离、富集后再进
行分析。蒸发和冷冻是物理富集技术中常用的方法。对于有机物，可采用灰化法将其含有
的一些元素进行浓缩。化学富集法有沉淀-共沉淀法、电沉淀法、电沉积法、离子交换、
液-液萃取法、螯合-固定法和色层法等。沉淀法较为常用，采用适当沉淀剂，利用沉淀或
共沉淀作用，将被测元素从基体中分离出来。

3.5.3.2 分析方法

A 定性分析

X 射线荧光光谱由内层电子跃迁产生，其特征谱线比外层电子跃迁的原子吸收谱线要
少得多，但仍然存在谱线重叠。例如，相邻元素的 K_α 与 K_β 谱线之间，高原子序数元素的
L 或 M 系谱线之间及它们与低原子序数元素的 K 系谱线之间都可能出现重叠。定性分析
时需要根据扫描谱线，排除重叠干扰，确定样品材料含有哪些元素。

对大概知道元素的样品，要分析试样中某个特定元素，只需选择合适的测定条件，并
对该元素的主要谱线进行扫描，从所得到的扫描谱图即可确认是否存在该元素。若要对未
知样品中所有的元素进行定性分析，则需用不同的测试条件（包括不同的 X 射线光管的
电压、滤光片、狭缝、晶体和探测器）和扫描条件（包括扫描的 2θ 角范围、速度和步长
等），对所有元素进行扫描。然后根据 X 射线特征谱线波长及对应 2θ 角对照表（见
表 3-10），对谱图中的谱峰逐个进行定性判别。表 3-10 中列出了采用 LiF_{200} 分光晶体时部
分 X 射线特征谱线波长及其对应的 2θ 角。

表 3-10　X 射线特征谱线波长及 2θ 角对照表

晶体 LiF_{200}					2d-0.40267 nm	
$2\theta/(°)$	原子序数	元素	谱线	级数	波长/nm	能量/keV
57.42	84	Po	$L_{\beta6}$	2	0.09672	12.76
57.46	60	Nd	$L_{\gamma5}$	1	0.19355	6.38
57.47	90	Tb	$L_{\alpha2}$	2	0.09679	12.75
57.48	59	Pr	$L_{\gamma8}$	1	0.19362	6.37
57.52	26	Fe	K_α	1	0.19373	6.37

晶体 LiF$_{200}$				2d-0.40267 nm		
2θ/(°)	原子序数	元素	谱线	级数	波长/nm	能量/keV
57.55	82	Pb	$L_{\beta3}$	2	0.09691	12.73
57.68	44	Ru	$K_{\alpha2}$	3	0.06474	19.06
57.81	62	Sm	$L_{\beta6}$	1	0.19464	6.34
57.87	47	Ag	$K_{\beta2}$	4	0.04870	25.34
57.87	77	Ir	$L_{\gamma8}$	2	0.09741	12.67

进行谱图定性分析工作前，应该先将 X 射线管靶材元素的特征谱线标出，避免靶材特征峰的干扰；也可以用特定的过滤片除去 X 射线管的靶线，以免待测样品中含有与靶材相同的元素导致无法确认。例如，使用 0.3 mm 的黄铜过滤片可除去 Rh 靶的 K 系谱线，用 0.3 mm 的金属铝过滤片可除去 Cr 靶的 K 系谱线。对谱图进行定性分析一般先从强度大的谱峰识别起，假设其为某元素的某条特征谱线（如使用 LiF$_{200}$ 晶体并在 2θ = 57.52°时出现谱峰，则可假设为 Fe 的 K_α 线），然后再参考元素的其他谱线。确认的同时，还可以参考同一元素不同谱线之间的相对强度比，依此进行下一个强度最大的谱峰的识别。出现重叠峰时，一定要仔细分析，不仅要考虑元素峰的强度比规律，还要运用激发电位和其他物理化学知识进行识别。

B　定量分析

在 X 射线荧光光谱中，样品中元素的衍射峰强度与其在样品中的含量成正向关系，即样品中元素的含量越高，衍射峰强度越强，但是两者之间并不是简单的线性关系。

X 射线荧光光谱的定量分析是通过将测得的荧光谱线强度 I 转换为浓度 C 实现的，即

$$C_i = K_i I_i M_i S_i \tag{3-245}$$

式中，下标 i 为待测元素；C_i 为待测元素 i 的浓度；K_i 为仪器校正因子，与 X 射线荧光光谱仪的 X 射线管的初级 X 射线谱分布、入射角、出射角、准直器、色散元件和探测器有关；M_i 是基体效应，即元素间吸收增强效应；S_i 为样品的物理、化学效应，如试样的均匀性、厚度、表面结构及元素的化学态差异。

I 与 C 之间的换算关系为：真实浓度 = 表观浓度 × 校正因子。表观浓度 C_{iu} 可从未知样的净谱线强度 I_{iu} 与标准样品的净谱线强度 I_{is} 及其浓度比之间的关系得

$$C_{iu} = \frac{I_{iu}}{I_{is}} C_{is} = \frac{C_{is}}{I_{is}} I_{iu} \tag{3-246}$$

式中，$\dfrac{C_{is}}{I_{is}}$ 为灵敏度因子，可由净强度 I_{is} 和浓度 C_{is} 作图所得的曲线斜率求得。

基体效应 M 指样品的化学组成和物理化学状态的变化对分析元素的特征 X 射线所造成的影响，主要表现为元素间的吸收增强效应。吸收效应指基体元素对来自 X 射线管入射到样品的初级 X 射线的吸收，也包括基体元素对来自样品的荧光 X 射线的吸收。增强效应是指分析元素的特征谱线除了受来自 X 射线管的一次 X 射线的激发外，还受基体元素特征谱线的激发，使分析线的荧光强度增强，这种现象的发生一般以共存元素特征谱线

的波长在分析谱线吸收限的高能量侧为条件。

　　样品的物理、化学效应中，物理效应主要表现在测试粉末样品时颗粒度、不均匀性及表面结构产生的影响。化学效应是指元素的化学状态（价态、配位和键性等）差异对谱峰位、谱形和强度的变化产生的影响。

　　X 射线荧光光谱定量分析除了可以通过理论计算方法获得，还可以通过实验修正法进行，实验修正法是 X 射线荧光光谱定量分析最早使用的定量分析方法，现在也广泛应用于常规分析。实验修正法是以实验曲线进行定量测定为特征。通常使用标准试样的强度作为参考比照进行强度校正，如外标法、内标法，也有以散射强度和其他强度为参照进行修正的方法。

3.5.4　应用实例分析

　　A　痕量元素测定

　　研究者采用内标法，以 Ga 为内标，将 Mn、Fe、Co、Ni、Cu、Zn、As、Cd、Sn、Sb 和 Pb 逐级稀释成标准曲线系列，配制成质量梯度浓度分别为 40 mg/L、4 mg/L、0.4 mg/L、40 μg/L 和 4 μg/L 的混合标准溶液，直接吸取 20 μL 标准样品加入内标后，摇匀滴加到样品载体中心，干燥形成薄层样斑后进行全反射 X 射线荧光（TXRF）分析。对 5 个质量梯度浓度分别为 40 mg/L、4 mg/L、0.4 mg/L、40 μg/L 和 4 μg/L 的混合标准溶液进行了能谱分析，图 3-69 是质量浓度为 40 mg/L 的典型 TXRF 谱图，其余 4 个质量梯度浓度分别为 4 mg/L、0.4 mg/L、40 μg/L 和 4 μg/L 的能谱图与 40 mg/L 的典型 TXRF 谱图类似。实验结果表明，Mn、Fe、Co、Ni、Cu、Zn、As 和 Pb 比较适宜用 TXRF 直接进行定量分析；而 Cd、Sn 和 Sb 只能用于趋势分析。通过对生活污水的 3 种预处理方式进行比较，发现污水悬浮颗粒同样携带部分金属元素，经消解后，Mn、Fe、Co、Ni、Cu 和 Zn 这 6 种元素的准确度和精密度最好，其质量浓度范围在 36~152 μg/L 之间，回收率均高于 95%，相对标准偏差低于 5%。总的来说，TXRF 可直接对污水样品中的重金属元素进行快速定性、定量分析，其精确度和准确度在很大程度上取决于元素种类、样品制备程序和待测元素的质量浓度。

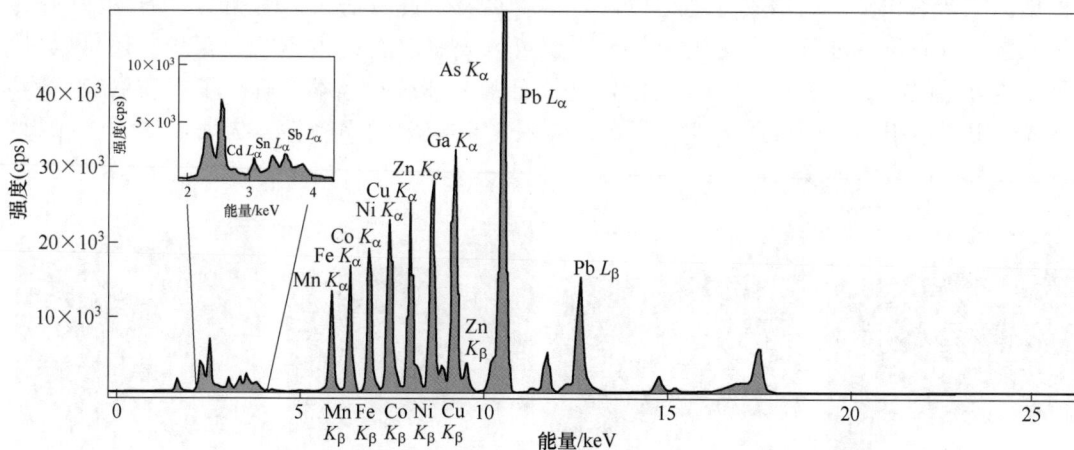

图 3-69　质量浓度为 40 mg/L 的各金属离子混合样的典型 TXRF 谱图

（内插图为 Cd、Sn 和 Sb 的 TXRF 谱图的放大图）

工业氧化铝中主要含有 $\alpha\text{-}Al_2O_3$，其含量可达 99% 以上，同时还含有微量元素（以氧化物计，Na_2O、SiO_2、Fe_2O_3、TiO_2 和 K_2O 等）。为了精确检测工业氧化铝中微量元素的含量，研究者采用 X 射线荧光光谱法进行分析，加入 $Li_2B_4O_7\text{-}LiBO_2$ 混合熔剂熔铸成玻璃样片，测定了氧化铝中微量元素的 X 射线荧光光谱分析曲线。通过谱线校正消除谱线干扰，按照经验 α 系数法进行基体校正，消除样品中各元素的吸收增强效应，校准曲线精密度品质因子低于 0.07。各元素分析结果见表 3-11。结果表明：各组分检测值相对标准偏差介于 0.53%~9.09% 之间，检测结果误差在《氧化铝化学分析方法和物理性能测定方法　第 30 部分：X 射线荧光光谱法测定微量元素含量》（GB/T 6609.30—2009）标准要求的允许范围内。此研究证明了 X 射线荧光光谱法在工业氧化铝微量元素（以氧化物计）检测中具有快速、准确的优势，可以广泛应用于工业生产和实验室质量控制。

表 3-11　组分分析结果

样品	成分	$w(SiO_2)$ /%	$w(Fe_2O_3)$ /%	$w(TiO_2)$ /%	$w(CaO)$ /%	$w(ZnO)$ /%	$w(Na_2O)$ /%	$w(K_2O)$ /%	$w(Ga_2O_3)$ /%
GAO-7 标样	推荐值	0.065	0.020	0.0023	0.058	0.0036	0.337	0.017	0.011
	测量平均值	0.066	0.019	0.0022	0.056	0.0034	0.334	0.017	0.012
	$|\Delta\lg(GBW)|$	0.007	0.022	0.019	0.015	0.025	0.004	0	0.038
GSB04- 1823- 2005 标样	推荐值	0.041	0.014	0.0033	0.026	0.22	0.0077		
	测量平均值	0.038	0.013	0.0032	0.021	0.0027	0.23	0.0075	
	$|\Delta\lg(GBW)|$	0.033	0.032	0.013	0.040	0.016	0.019	0.011	

B　微区分析

X 射线荧光光谱微区分析具有高效率、原位无损检测、能够绘制矿石元素分布的二维或三维图、谱线简单、干扰少、线性范围宽、稳定性好等特点。研究者利用 X 射线荧光光谱仪微区分析功能对铅锌矿石标本进行定性和定量鉴定，在光学显微镜鉴定铅锌矿石的矿物特征时，使用偏反光显微镜对矿石样本进行初步鉴定。在 X 射线荧光光谱微区分析部分，利用已建立的微区分析工作曲线对矿石标本进行定点定量测定，并根据测定结果和矿物化学成分理论值确定矿物名称。此方法可以对铅锌矿石中主、次量元素进行原位微区定性和定量分析，不仅可以确定矿石的主体组分含量，还可以显示元素分布图，如图 3-70 所示，测定速度快且不破坏矿石标本，解决了类质同象矿物在光学显微镜下鉴定困难的问题，提高了铅锌矿石定名的准确性，为岩矿鉴定工作提供了一种新的技术手段。

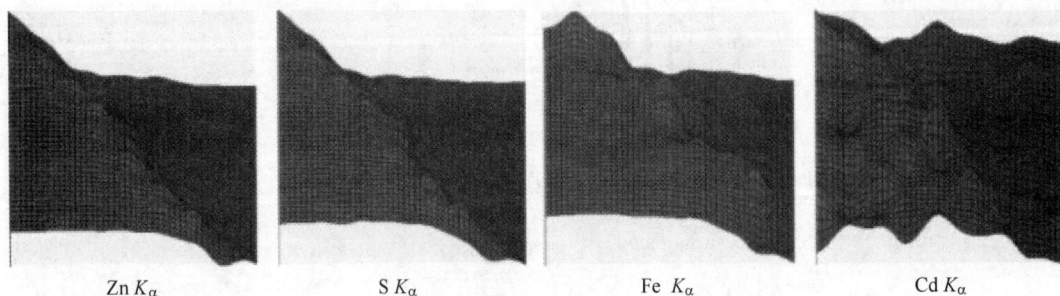

Zn K_α　　　　　　　S K_α　　　　　　　Fe K_α　　　　　　　Cd K_α

图 3-70　闪锌矿元素三维分布分析图像

C 快速定量分析

采用 X 射线荧光光谱结合快速基本参数法, 在不需要校准的情况下, 可以直接对样品进行快速分析。此方法的优点是无需复杂的前处理过程, 避免了试剂的消耗与环境的污染, 而且操作简单, 节省时间和成本。在试验时, 研究人员使用了 PHECDA-PRO 型单波长激发能量色散 X 射线荧光光谱仪进行测定。样品过 100 目 (0.148 mm) 筛后, 取约 4 g 样品粉末, 置于样品杯中, 用玻璃棒手动压实, 确保样品测试面平整无空隙, 然后将样品杯放置于仪器检测口直接进行测试。通过石英砂标准样品 YSBC28764-95 合理设计计算模型参数 (如出入射角度、探测有效面积、衍射效率、准直器等), 将 SiO_2 含量作为影响 X 射线荧光强度的主要变量, 不断迭代使 SiO_2 计算值与标准值差值最小, 得到 SiO_2 无标定量准确的计算模型, 利用所建模型对其他标准样品和实际样品中的 SiO_2 进行快速定量分析。在结果与分析部分, 研究人员对精密度试验和准确度试验进行了评估。在精密度试验中, 选取 12 个实际样品, 分别用硅钼黄比色法和此方法重复测定 7 次, 计算测定值的相对标准偏差 RSD, 结果表明此方法的极差范围更小, 精密度更高、重复性更好。在准确度试验中, 对 4 种硅石标准样品重复测定 7 次, 结果显示此方法准确度较高, 精密度较好。研究人员还对不同粒径石英砂样品中 SiO_2 的精密度进行了比较, 图 3-71 为两

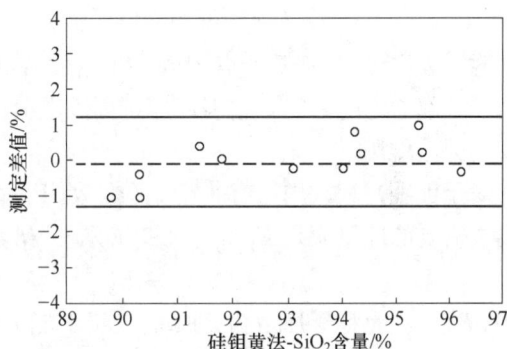

图 3-71 两种方法的测定值差值分布图

种方法的测定值差值分布图, 结果显示随着石英砂的粒径逐渐变小, 精密度逐渐提高。此外, 研究人员还进行了差异性检验, 结果显示此方法和硅钼黄分光光度法测定 SiO_2 含量之间不存在显著性差异。总的来说, 此方法可以快速准确地测定石英砂中 SiO_2 的含量, 无需复杂的前处理过程, 操作简便, 节省时间和成本。

3.6 俄歇电子能谱测试分析方法

在入射电子激发样品的特征 X 射线过程中, 在原子内层轨道上的电子被激发出后, 在原子内层轨道上产生一个空位, 形成激发态正离子, 电子能级跃迁过程中释放出来的能量并不以 X 射线的形式发射出去, 而是用这部分能量把空位层的外层电子发射出去, 这个被电离出来的电子称为俄歇电子。俄歇电子的能量具有特征值, 且能量较低, 一般仅有 50~1500 eV, 平均自由程也很小, 较深区域产生的俄歇电子在向表层运动时必然会因碰撞而消耗能量, 失去具有特征能量的特点, 故仅有浅表层在 1~2 nm 范围内产生的俄歇电子逸出表面后方具有特征能量, 因此, 俄歇电子能谱特别适合于材料表层的成分分析。而且根据俄歇电子能量峰的位移和峰形的变化, 还可获得样品表面化学态的信息。此外, 俄歇电子能谱 (AES) 具有很高的空间分辨率, 还可以用来进行微区分析, 在材料、机械、微电子、纳米薄膜材料领域得到了广泛应用。

3.6.1　俄歇电子能谱的基本原理

3.6.1.1　俄歇电子的能量和强度

俄歇过程涉及三个能级：初始空位形成所在的能级、填空电子所在的能级、跃迁电子所在的能级，因此可根据参与俄歇过程的能级的结合能计算出不同元素的俄歇电子能量。

$$E_{ZA(WXY)} = E_{Z(W)} - E_{Z(X)} - E_{Z(Y)} \tag{3-247}$$

式中，$E_{ZA(WXY)}$ 为原子序数为 Z 的 WXY 三个能级跃迁俄歇电子的能量；$E_{Z(W)}$ 为 W 能级出现一个空位时原子的能量；$E_{Z(X)}$、$E_{Z(Y)}$ 分别为处在 X、Y 能级的电子的结合能。半经验式为

$$E_{ZA(WXY)} = E_{Z(W)} - E_{Z(X)} - E_{Z(Y)} - E_{Z(XY)} + R^{e}_{S(XY)} + R^{ea}_{S(XY)} \tag{3-248}$$

式中，$E_{Z(W)}$、$E_{Z(X)}$、$E_{Z(Y)}$ 可用光电子能谱测出；$E_{Z(XY)}$ 为空位聚合物；$R^{e}_{S(XY)}$ 为原子静态弛豫，表征 X、Y 壳层上各出现一个空位后原子内部其他轨道上电子的弛豫作用；$R^{ea}_{S(XY)}$ 是原子外部静态弛豫能，它表征原子周围电荷由于 X、Y 壳层各出现一个空位后重新分布产生的弛豫作用。

对于俄歇过程，内层有一个空位，处于 Y 能级电子的结合能增大，故 Y 能级电子电离出去需要的能量应是 $E_{Z(Y)} + \Delta Z[E_{Z(Y)} - E_{Z+1(Y)}]$，则有

$$E_{ZA(WXY)} = E_{Z(W)} - E_{Z(X)} - E_{Z(Y)} - \Delta Z[E_{Z(Y)} - E_{Z+1(Y)}] \tag{3-249}$$

式中，$E_{Z+1(Y)}$ 是原子序数为 $Z+1$ 时处于 Y 能级电子的结合能；ΔZ 为大于 0 且小于 1 的经验常数，ΔZ 对不同的 Z 有不同的值。

式（3-249）等号右边各项都可查表得到，故计算简便而常用。

当样品为均匀的非晶体且表面理想平整时，在 θ 方位角上单位立体角的 WXY 俄歇电子的强度可表达为

$$\frac{\mathrm{d}I_{(WXY)}}{\mathrm{d}\Omega} = \frac{\alpha_{(WXY)}}{4\pi} \int_0^\infty \Delta f_{[Z, E_P, I_P, \phi, E_{(W)}, N]} \exp\left(\frac{-\mu Z}{\cos\theta}\right) \mathrm{d}z \tag{3-250}$$

式中，$\alpha_{(WXY)}$ 为 WXY 俄歇电子的产额；$f_{[Z, E_P, I_P, \phi, E_{(W)}, N]}$ 是 W 壳层电离后离子密度的纵向（Z 方向）分布，它是入射线能量 E_P、强度 I_P、入射角 ϕ，以及 W 能级的电离能 $E_{(W)}$、试样的原子密度 N 的函数；Ω 为立体角；$\exp\left(\dfrac{-\mu Z}{\cos\theta}\right)$ 为俄歇电子向表面输送过程的衰减因子；μ 为 WXY 俄歇电子的衰减系数，$\dfrac{1}{\mu}$ 为电子的平均自由程 λ。

考虑了产额 α、离子纵向分布函数和衰老减系数对俄歇电子强度影响后得

$$\frac{\mathrm{d}I_{(WXY)}}{\mathrm{d}\Omega} = \frac{\alpha_{(WXY)}\cos\theta}{4\pi\cos\phi} I_P N \sigma_W \lambda \{1 + \gamma[E_{(W), E_P, Z, \phi}]\} R \tag{3-251}$$

式中，σ_W 为 W 能级电子的电离截面；R 为表面粗糙度的经验因子；$\gamma[E_{(W), E_P, Z, \phi}]$ 是背散因数，它的经验公式为

$$\gamma[E_{(W), E_P, Z, \phi}] = 28 \times \left[1 - 0.9 \times \frac{E_{(W)}}{E_P}\right]\eta \tag{3-252}$$

$$\eta = 0.00254 + 0.016Z - 0.000186Z^2 + 8.3 \times 10^{-7}Z^3 \tag{3-253}$$

3.6.1.2　俄歇电子能谱定性和定量分析基础

俄歇电子的能量对应于电子能谱图中俄歇峰的位置，其主要取决原子、电子壳层的结构。每种元素都有其特定的电子能谱，这即是定性分析的依据。其步骤如下：（1）实验获得待测试样的俄歇电子能谱（AES）；（2）标定各俄歇峰的能量；（3）与标准俄歇谱的数据相对照。

试样表面组元 i 的某俄歇电子的强度为

$$I_i = C_i \frac{\alpha_i T \cos\theta}{2\cos\varphi} I_p N \lambda_i \sigma_i R(1 + \gamma_i) \tag{3-254}$$

俄歇谱通常用微分谱表示，若用转换系数 K_i 表示 I_i 与对应微分峰上下峰高（或称为峰峰高）H_i 之比为

$$K_i = \frac{I_i}{H_i}$$

$$H_i = C_i \frac{1}{K_i} \times \frac{\alpha_i T \cos\theta}{2\cos\phi} I_p N \lambda_i \sigma_i R(1 + \gamma_i) \tag{3-255}$$

式中，T 为电子能量分析器的透射率。

式（3-254）和式（3-255）是利用俄歇电子强度或俄歇微分峰高作表面组元浓度（摩尔分数C_i）的基本方程。其具体方法有以下两种。

A　标样法

设待测试样中元素 i 的浓度为C_i^U，标准中该元素的浓度为 C_i^S，则有这种方法的突出优点是不需电离截面 σ_i 和俄歇电子产额的数据。当待测样品成分与标样成分相似时，逸出深度和背散射系数也可消除，此方法的精度可达 3%~5%。

$$\frac{C_i^U}{C_i^S} = \frac{H_i^U}{H_i^S} \times \frac{\lambda^S}{\lambda^U} \times \frac{1 + \gamma_i^S}{1 + \gamma_i^U} \tag{3-256}$$

B　相对灵敏度因子法

假定所有元素的确切灵敏度因子可以获得，那么样品中元素 i 的原子浓度C_i可表达为

$$C_i = \frac{H_i}{S_i} \left(\sum_j \frac{H_j}{S_j} \right)^{-1} \tag{3-257}$$

式中，H_i、H_j 为实验测得试样表面元素 i 和元素 j 最大的俄歇峰峰高；S_i、S_j 为元素 i、j 的相对灵敏度因子，它等于纯元素 i 或纯元素 j 的最大俄歇峰峰高与同样实验条件下 Ag 的 *MNN* 351 eV 俄歇峰峰高之比，即

$$S_j = \frac{H_j}{H_{Ag(MNN351\,eV)}} \tag{3-258}$$

美国 Palmberg 等人已经测出所有元素的相对灵敏度因子，并制成手册和图表。因此只要测量试样俄歇谱中各成分的主要俄歇峰峰高，便可求出各元素的原子浓度。相对灵敏度因子法虽不太准确，但十分有用。

3.6.2　俄歇电子能谱仪

俄歇电子能谱（AES）仪的仪器结构比较复杂。图 3-72 为俄歇电子能谱仪的结构图。

由图 3-72 可见，AES 仪主要由超高真空系统、电子枪、离子枪、快速进样室、能量分析器、计算机系统等组成。

在 AES 仪中必须采用超高真空系统，为了使分析室的真空度达到 3×10^{-8} Pa，一般采用三级真空泵系统。前级泵一般采用旋转机械泵或分子筛吸附泵，极限真空度能达到 10^{-2} Pa；采用油扩散泵或分子泵，可获得高真空，极限真空度能达到 10^{-8} Pa；而采用溅射离子泵和钛升华泵，可获得超高真空，极

图 3-72　俄歇电子能谱仪的结构图

限真空度能达到 10^{-9} Pa。现在的新型俄歇电子能谱仪普遍采用的是机械泵-分子泵-溅射离子泵-钛升华泵系列，这样可以防止清洁的超高真空分析室被扩散泵油污染。

AES 仪所用的信号电子激发源是电子束源，电子光学系统主要由电子激发源（热阴极电子枪）、电子束聚焦（电磁透镜）和偏转系统（偏转线圈）组成。在普通的 AES 仪中，一般采用六硼化铼灯丝的电子束源。电子枪可分为固定式电子枪和扫描式电子枪两种。扫描式电子枪适合于 AES 的微区分析。现在新一代谱仪较多地采用场发射电子枪，它具有空间分辨率高、束流密度大的优点，但缺点是价格贵、维护起来很复杂。

在 AES 仪中，配备离子源的目的是对样品表面进行清洁或对样品表面进行定量剥离。在 AES 仪中，常采用 Ar 离子源。Ar 离子源可分为固定式和扫描式。固定式 Ar 离子源由于不能进行扫描剥离，对样品表面刻蚀的均匀性较差，仅用作表面清洁；而扫描式 Ar 离子源则适用于深度分析用。AES 仪多配备有快速进样室，因此可以在不破坏分析室超高真空的情况下进行快速进样。快速进样室的体积很小，以便能在 5~10 min 内达到高真空度。

X 射线光电子的能量分析器有半球型和筒镜型两种类型。半球型能量分析器具有对光电子的传输效率高和能量分辨率好等特点，多用于 XPS 仪上；而 AES 仪上主要采用筒镜型能量分析器，原因是它对俄歇电子的传输效率高。对于一些多功能电子能谱仪，以 XPS 为主的采用半球型能量分析器，以俄歇为主的则采用筒镜型能量分析器。筒镜型能量分析器的主体是两个同心的圆筒，样品和内筒同时接地，在外筒施加一个负的偏转电压。由样品发射的具有一定能量的电子进入圆筒夹层，外筒加有偏转电压，可使电子从出口进入检测器。若连续地改变外筒上的偏转电压，就可在检测器上依次接收到具有不同能量的俄歇电子。电子经电子倍增器、前置放大器后进入脉冲计数器，最后由记录仪或荧光屏显示俄歇谱。俄歇谱即为俄歇电子数 N 随电子能量 E 的分布曲线。

3.6.3　测试分析方法

3.6.3.1　定性分析方法

俄歇电子的能量仅与原子本身的轨道能级有关，对于特定元素及特定俄歇跃迁过程，其俄歇电子的能量是特定的，因此，可根据俄歇电子的动能来定性分析样品，表征物质的元素组成。利用 AES 仪的宽扫描程序，收集范围为 20~1700 eV 的动能区域的俄歇谱。为了提高谱图的信噪比，一般采用微分谱来进行定性鉴定。大部分元素在 50~1000 eV 范围内都有产额较高的俄歇电子，而有些元素则需利用高能端的俄歇峰来辅助进行定性分析。

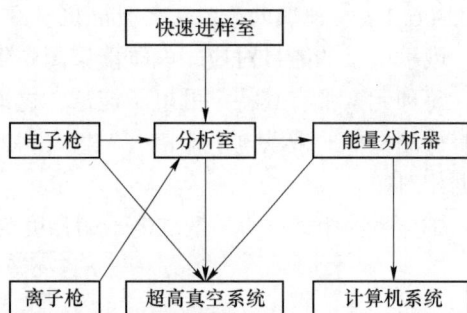

另外，在分析 AES 谱图时，还必须考虑荷电位移问题。金属和半导体样品一般不会荷电，故不用校准。但对于绝缘体薄膜样品，有时必须进行校准，以 C KLL 峰的俄歇动能为 278.0 eV 作为基准，在判断是否有元素存在时，应用其所有的次强峰进行佐证，否则应考虑是否为其他元素的干扰峰。

3.6.3.2 半定量分析方法

从样品表面出射的俄歇电子的强度与样品中该原子的浓度有线性关系，因此可以利用这一特征进行元素的半定量分析。俄歇电子的强度不仅与原子的多少有关，还与样品表面的光洁度、元素存在的化学状态、俄歇电子的逃逸深度及仪器的状态有关。因此，AES 技术一般只能提供元素的相对含量，不能给出所分析元素的绝对含量。而元素的灵敏度因子不仅与元素种类有关，还与元素在样品中的存在状态及仪器的状态有关，常规情况下，相对误差为 30%，所以 AES 不是一种很好的定量分析方法。它给出的仅是一种半定量的分析结果，即相对含量而不是绝对含量。另外，AES 提供的定量数据是以摩尔分数表示的，而不是平常使用的质量分数，这种比例关系可以通过下列公式换算：

$$c_i^{WT} = \frac{c_i A_i}{\sum_{i=1} c_i A_i}$$ （3-259）

式中，c_i^{WT} 为第 i 种元素的质量分数；c_i 为第 i 种元素的 AES 摩尔分数；A_i 为第 i 种元素的相对原子质量。

需要注意的是，AES 的采样深度与材料性质和光电子的能量有关，也与样品表面与分析器的角度有关，因为不仅各元素的灵敏度因子是不同的，而且 AES 仪对不同能量的俄歇电子的传输效率也是不同的，并会随谱仪污染程度而改变。AES 仪仅提供表面 1～3 nm 厚的表面层信息，与体相信息差别较大。样品表面的 C、O 污染及吸附物的存在，也会对定量分析的结果造成一定误差。

3.6.3.3 化学价态分析方法

由于原子内部外层电子的屏蔽效应，内层轨道和次外层轨道上的电子结合能在不同的化学环境中的微小差异可以引起俄歇电子能量的变化（即俄歇化学位移），利用俄歇化学位移可分析元素在试样中的化学价态和存在形式。表面元素的化学价态分析是 AES 分析的另一个重要功能，但一直未能获得广泛应用的原因是其谱图解析困难和能量分辨率低。近年来，随着计算机科学技术的发展，人们开始使用积分谱和扣背底处理，使谱图的解析变得越来越容易。而且，AES 谱图的化学位移分析可应用在薄膜材料的研究上，目前已经取得了很好的效果。除了化学位移的变化，俄歇电子能谱还有线形的变化，故 AES 的线形分析也常被用来分析元素化学价态。

3.6.3.4 元素深度分布分析方法

深度分析是 AES 分析最有用的分析功能，一般采用 0.5～5 keV 的 Ar 离子束快速剥离样品表面的方法。先用 Ar 离子把一定厚度的表面层溅射掉，再用 AES 分析剥离后的表面元素含量，以获得元素在样品中沿深度方向的分布。但是此方法具有一定的破坏性，因为它会引起表面晶格的损伤、择优溅射和表面原子混合等现象。解决方法是提高剥离速度、缩短剥离时间，这样就可以适当地避免以上效应。为了获得较好的深度分析结果，一般选用交替式溅射方式，并尽可能地降低每次溅射间隔的时间。另外，还要求离子束与电子枪束的直径比大于 10 倍以上，以避免离子束的溅射坑效应。

3.6.3.5　微区分析方法

AES 分析的另一个重要功能是微区分析，它是微电子器件研究中最常用的方法，也是纳米材料研究的主要手段，可以分为选点分析、线扫描分析和面扫描分析。

A　选点分析

选点分析是一种非常有效的微探针分析方法。由于 AES 采用电子束作为激发源，故其束斑面积可以聚焦到非常小。原则上，AES 选点分析的空间分辨率可以达到束斑面积大小，所以能在很微小的区域内进行选点分析，当然也可以在一个大面积的宏观空间范围内进行选点分析。微区范围内的选点分析可以通过计算机控制电子束的扫描，在样品表面的吸收电流像图或二次电流像图上锁定待分析点。对于在大范围内的选点分析，一般采取移动样品的方法，使待分析区和电子束重叠，它的优点是可以在很大的空间范围内对样品点进行分析。利用计算机软件选点，可以同时对多点进行表面定性分析、表面成分分析、化学价态分析和深度分析。

B　线扫描分析

在科学研究中，除了需要了解元素在不同位置的存在状况，有时还需要了解一些元素沿某一方向的分布情况，这时就要用到俄歇线扫描分析。利用线扫描分析可以在微观和宏观范围（1~6000 μm）内进行。这种分析方法常应用于表面扩散和界面分析等方面。

C　面扫描分析

AES 的面扫描分析也可称为俄歇电子能谱的元素分布的图像分析。它可以把某元素在某一区域内的分布以图像的方式表示出来，就像电镜照片一样。只是电镜照片提供的是样品表面的形貌像，而俄歇电子能谱提供的是元素的分布像。结合俄歇化学位移分析，还可以获得特定化学价态元素的化学分布像。俄歇电子能谱的面扫描分析适合微型材料和技术的研究，也适合表面扩散等领域的研究，但此分析方法耗时非常长。

3.6.4　应用实例分析

AES 具有很高的表面灵敏度，适用于表面元素定性和定量分析及表面元素化学价态的研究，具有很强的界面分析能力。因此，对研究薄膜材料与基底的界面化学状态和相互作用起到了关键作用。

A　定性分析

图 3-73 为金刚石表面的 Ti 薄膜的俄歇定性分析谱，电子枪的加速电压为 3 kV。AES 谱图的横坐标为俄歇电子动能，纵坐标为俄歇电子计数的一次微分。图中 C *KLL* 表示 C 原子的 *K* 层轨道的一个电子被激发，在退激发过程中 *L* 层轨道的一个电子填充到 *K* 轨道，同时激发出 *L* 层上的另一个电子，这个电子被标记为 C *KLL* 的俄歇电子。由于俄歇跃迁过程涉及多个能级，可以同时激发多种俄歇电子，因此在 AES 谱图上可以发现 Ti *LMM* 俄歇跃迁有两个峰。大部分元素都可以激发出多组光电子峰，因此非常有利于元素的定性标定。此分析排除能量相近峰的干扰，如 N *KLL* 俄歇峰的动能为 379 eV，与 Ti *LMM* 俄歇峰的动能很接近，但 N *KLL* 仅有一个峰，而 Ti *LMM* 有两个峰。因此，俄歇电子能谱可以很容易地区分 N 和 Ti。相近原子序数元素激发出的俄歇电子动能有较大的差异，因此相邻元素间的干扰作用很小。

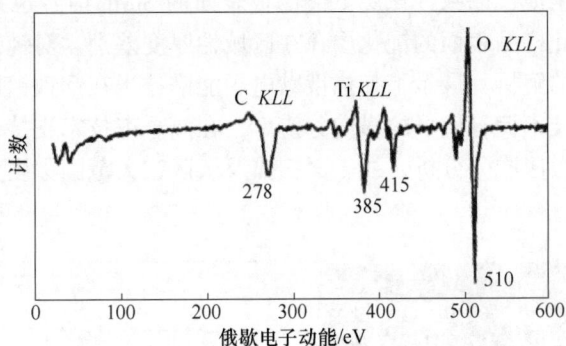

图 3-73　金刚石表面的 Ti 薄膜的俄歇定性分析谱

B　微区成分分析

AES 仪一般都用电子束作为辐射源，电子束可以聚焦、扫描，因此 AES 仪可以进行表面微区分析，并且可以从荧光屏上直接获得俄歇元素像，如图 3-74 所示。

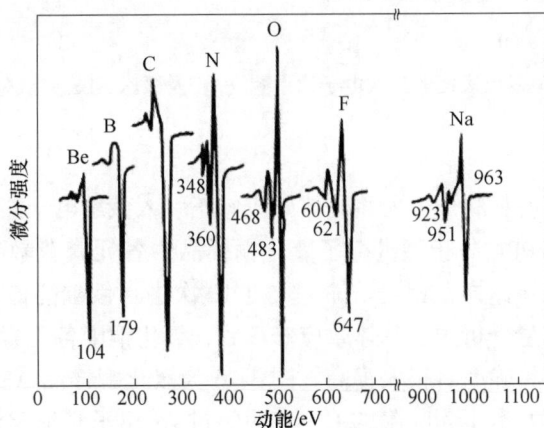

图 3-74　一些元素的俄歇电子能谱

宝山钢铁股份有限公司研究院使用 Ar 离子溅射辅助的扫描俄歇电子能谱方法，对镀锡钢板的钝化层进行了表面和深度方向形貌、成分的分析表征。通过微区成分定性分析、元素面扫描分析、微区深度分析和各元素深度方向归一化比例计算的技术手段，直观表征出此镀锡板表面钝化层完整连续，其表面区域性的形貌差异对应的钝化层厚度差别。由于采用低加速电压的电子束激发样品，收集到的二次电子像的衬度会更多反映样品表面的信息，试验中采用 1 kV 的加速电压来观察钝化后的镀锡板表面形貌，可以看到钝化后镀锡板的表面存在深色与浅色两种不同的区域，其中深色区域表现为斑点状，如图 3-75（a）所示。为了鉴定此两区域衬度区别是否反映了钝化区域和未钝化区域，分别采集两个区域的 AES 宽谱谱图，如图 3-75（b）所示。从图 3-75 中可以清楚看出，区域 2 的表面只检测到 C、O 和 Cr 的信号，这表明此区域是钝化完整而且有一定厚度的区域。此能量范围的电子的信息深度约为 5 nm，所以此区域钝化层的厚度应在 5 nm 以上；区域 1 表面除了检测到 C、O 和 Cr 的信号外，还存在一定强度的 Sn 的信号，这说明此区域的表面也覆盖有钝化层，但是厚度很薄，以致钝化层下镀锡板表面的 Sn 的信号也穿过钝化层，从而被检测到。由此可见，此样品表面的钝化层存在区域性厚度差别。对钝化镀锡板表面的钝化层表面和深度方向上的解析，展示了扫描俄歇电子能谱技术在钢铁镀层材料表面镀层、薄膜分析上的应用。此技术拥有优异的横向分辨率，在离子束技术支持下能达到纳米级的纵向分辨率，可以实现微区成分分析，线、面扫描及微区或大范围深度分析，并能够进行成分半定量表征。

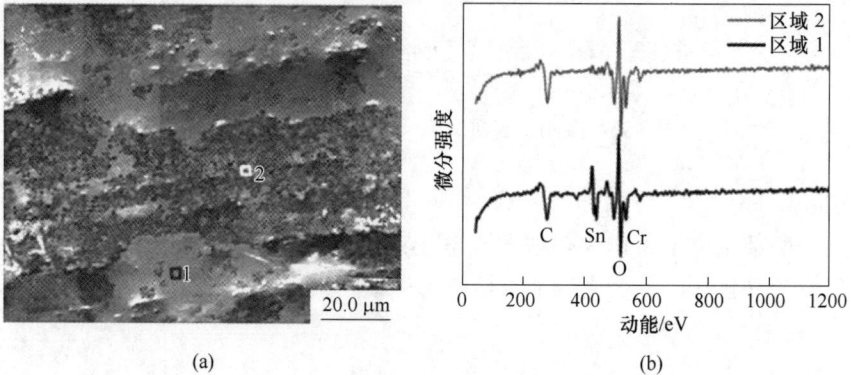

图 3-75　钝化镀锡板表面的二次电子像形貌（a）及微区 AES 宽谱对比结果（b）

C　定量分析

中国工程物理研究院材料研究所将基体效应修正引入俄歇电子能谱仪定量分析中，基于 Monte Carlo 模拟和 TPP-2M 模型进行了氧化铜样品中各元素背散射因子和非弹性平均自由程的计算，对氧化铜标样在相同条件下重复 10 次进行俄歇能谱试验。将修正因子引入氧化铜标样的俄歇定量分析中，基体效应修正后，氧化铜中各元素含量的相对误差大大减小，俄歇定量分析的精确度有很大提高。图 3-76 为氧化铜样品 AES 表面谱。从图 3-76 中可以看出，样品表面基本不含吸附的 C，表明经过 Ar 离子溅射清洗后，样品表面基本清洁无污染。另外，还可以看出样品中 Cu 和 O 的俄歇特征峰主要位于 921 eV 和 515 eV 处。根据测得的样品表面谱，利用相对灵敏度因子法可获得 Cu 和 O 的摩尔分数（10 kV 时，Cu 和 O 的相对灵敏度因子分别为 0.269 和 0.212）。在相同的试验条件下对氧化铜标样进行重复 10 次的 AES 测定，采用 10 次测得的元素摩尔分数平均值进行定量修正。测得的氧化铜标样中 Cu 和 O 的摩尔分数平均值分别为 45.17% 和 54.83%。

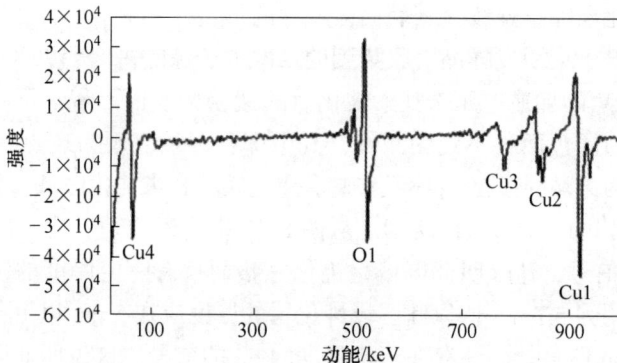

图 3-76　氧化铜样品 AES 表面谱

思 考 题

3-1 晶格常数有哪些？

3-2 X 射线产生的机理是什么？

3-3 何为特征 X 射线？

3-4 写出布拉格方程并描述其意义。

3-5 X 射线与物质相互作用后产生什么信号？

3-6 X 射线光电子能谱的作用机理是什么？

3-7 简述化学位移的定义及影响因素。

3-8 X 射线荧光光谱的工作原理是什么？

3-9 能量色散型 XRF 和波长色散型 XRF 各自的特点是什么？

4 电子束测试分析方法

本章主要介绍电子束测试分析方法，主要涉及：电子束测试的基本原理，包括电子束的产生、加速和聚焦等过程，以及电子束与样品相互作用的方式；电子束测试所使用的仪器和设备，包括扫描电子显微镜（SEM）、透射电子显微镜（TEM）、能量散射谱仪（EDS）等；电子束测试的图像分析及电子束测试的应用。

本章需要掌握的主要内容包括电子束测试的基本原理、仪器和设备、样品制备、图像分析和应用等。同时，还需要具备对实验结果的分析和解释能力，能够根据实验结果对样品的性质和结构做出准确的判断。

4.1 电子束分析基础

显微分析常常以宏观分析为基础，显微分析是打开宏观世界奥秘之门的钥匙。几百年来，人们用光学显微镜观察微观，探索眼睛看不见的世界。与 19 世纪的显微镜相比，我们现在使用的普通光学显微镜功能多、自动化程度高、放大倍数高，然而光学显微镜已经达到了分辨率的极限。对于以可见光为光源的显微镜，其分辨率只能达到光波的半波长左右，分辨率极限为 0.2 μm，限制了人类对微观世界的探索。由于原子间距为 Å 级（1 Å = 0.1 nm），光学显微镜无法满足人们对原子尺度的观察需求。材料的微观结构与缺陷结构对材料的物理、化学和力学性质有重要影响。因此，材料微观结构和缺陷及其与性能之间关系的研究一直是材料科学领域的重大理论与实验研究课题。半个多世纪以来，晶体结构的测定是以 X 射线衍射为主要手段。X 射线衍射技术虽然可以较精确地间接推导晶体中的原子配置，但这只是亿万个单胞平均了的原子位置，无法提供物质的微区形貌和结构，因此有必要发展分辨率更强、放大倍数更大以便能分析纳米尺度材料形貌和微区结构的现代显微测试技术。

提高显微镜分辨率的重要方法之一是减少光的波长，由于电子波的波长非常短，人们曾期望有朝一日能用电子显微镜观察物质中的原子。根据德布罗意的物质波理论，运动电子波动越快，波长越短，如电子经 1000 V 的电场加速后其波长是 0.0388 nm，用 10 万伏电场加速后波长只有 0.00387 nm。若能将电子速度提得足够快，并将其聚集起来，则可用于放大物体。当电子速度提到很高时，电子显微镜的分辨率可使许多在可见光下看不见的物体在电子显微镜下显示原始形状。1926 年，汉斯·布施（H. Busch）发表了一篇有关磁聚焦的论文，指出电子束通过轴对称电磁场时可以聚焦，如同光线通过透镜时可以聚焦一样，因此可以进行电子成像。磁场显示透镜的作用，称为"磁透镜"。这为电子显微镜的使用提供了理论基础。

1931 年，德国科学家马克思·克诺尔（M. Knoll）和恩斯特·鲁斯卡（E. Ruska）等人研制成功了第一台透射电子显微镜（transmission electron microscope，TEM），能够把实物放大 17 倍。尽管放大率微不足道，但它却证实了使用电子束和电子透镜可形成与光学像相同的电子像，为用电镜观察物质的微观结构开辟了一条新的途径。经过不断改进，1938 年，恩斯特·鲁斯卡等人在西门子公司将透射电子显微镜的分辨率缩小到 10 nm，并实现量产。近几十年来，由于电子显微镜的分辨率不断提高，人们已经可以在 0.1～0.2 nm 水平上拍摄到晶体结构在电子束方向的二维投影的高分辨电子显微像，更为重要的是，这种高分辨像可以直观地给出晶体中局部区域的原子配置情况，如晶体缺陷、微畸、晶体中各种界面及表面处的原子分布，因而在固体物理、固态化学、微电子学、材料科学、地质学、矿物学和分子生物学等学科领域得到广泛的应用。

1952 年，英国剑桥大学 C. Oatley 等人制作了第一台扫描电子显微镜（scanning electron microscope，SEM），最早期作为商品出现的是 1965 年英国剑桥仪器公司生产的第一台 SEM，它用二次电子成像，分辨率达 25 nm，使 SEM 进入了实用阶段。SEM 如今在材料学、物理学、化学、生物学、考古学、地质学、矿物学及微电子工业等领域有广泛的应用。1983 年，IBM 瑞士实验室的科学家发明了扫描隧道显微镜（scanning tunneling microscope，缩写为 STM），其分辨率达到 0.1 nm，STM 使人类第一次能够实时观察单个原子在物质表面的排列状态和与表面电子行为有关的物化性质，在表面科学、材料科学、生命科学等学科领域的研究中有着重大的意义和广泛的应用前景。几十年来，随着新型电子显微镜的出现，形成了透射电子显微镜（TEM）、扫描电子显微镜（SEM）、原子力显微镜（AFM）、扫描隧道显微镜（STM）、场离子显微镜（FIM）、扫描激光声成像显微镜（SPAM）等电子显微镜体系。其与电子计算机技术的一体化，实现了多种功能的复合，简化了分析过程，提高了分析效率。

进入 21 世纪后，随着信息科学、新材料学、分子生物学和纳米科学向结构尺度纳米化和功能智能化的发展，材料的宏观性质与特征，不但依赖于其合成过程，还依赖于原子及分子水平的极细微结构。因而，迫切需要人们用原子级或接近原子级分辨率的分析技术，深入地研究这些新材料微观结构及界面和缺陷的原子结构、电子结构和能量学及其对性能的影响。因此，电子显微镜主要向更小分辨率、更多功能复合的方向发展，将透射、扫描、电子探针等测试方法结合在一起，并采用聚焦、矫正等手段，实现了表面形貌、微区成分与结构同步分析及原子尺度成像的同时进行。

1986 年的诺贝尔物理学奖授予了设计第一台电子显微镜的恩斯特·鲁斯卡（E. Ruska）及发明 STM 的德国物理学家格尔德·宾宁（G. Binnig）和瑞士物理学家海因里希·罗雷尔（H. Rohrer），电子显微技术为人力研究和探索物质微观结构提供了有力的工具。2017 年，雅克·杜波切（J. Dubochet）、约阿希姆·弗兰克（J. Frank）、理查德·亨德森（R. Henderson）三位生物学领域的科学家研发出用于溶液中生物分子结构高分辨率测定的冷冻电子显微镜，获得诺贝尔化学奖。随着科学需求的不断提高和人类对电子分析技术的深入研究，未来电子显微分析技术将会不断取得新的突破。本节主要就电子显微分析技术的基础理论进行介绍和分析。

4.1.1　光学显微镜的分辨本领

光学显微镜的分辨率是指成像物体上能分辨出来的两个物点之间的最小距离。按照几何光学定律，只要适当地选择透镜的焦距，就可以造出极高放大倍数的光学系统，将任何微小的物体放大到清晰可见的程度。但实际上做不到。光具有波粒二象性，按照波动光学，光学显微镜放大倍率受可见光波长的限制，即便使用超高倍率，在显微镜下看的无非是模糊的像，没有意义。19 世纪末期，德国物理学家（E. K. Abbe）指出，光学显微镜受限于光的衍射效应，存在分辨率极限（也称阿贝极限），其数值约是可见光波长的一半。

显微镜使用的是凸透镜，按照经典几何光学理论，凸透镜能将入射光聚焦到它的焦点上，但由于透镜口径有一定大小，光线透过时会由于波动特性发生衍射，无法将光线聚到无限小的焦点上，而只会形成一定能量分布的光斑，中央是明亮的圆斑，周围有一组较弱的明暗相间的同心环状条纹，把其中以第一暗环为界限的中央亮斑称为艾里斑（Airy disk），如图 4-1 所示。

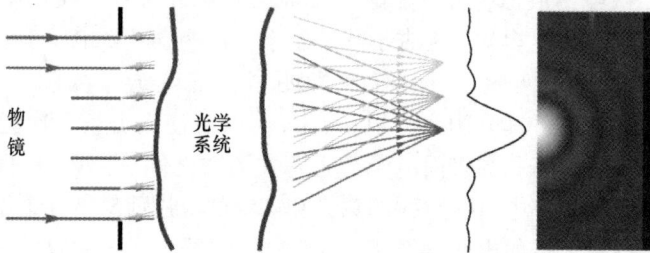

图 4-1　艾里斑

每一个发光的物点，经过有限直径的透镜后，都会在像平面形成一个艾里斑。对于非常接近的两个点，成像之后艾里斑会过于接近，以至于无法分辨。若两个等光强的非相干点像之间的间隔等于艾里斑的半径，即一个艾里斑中心与另一个艾里斑边缘正好重合时，这两个物点刚好能被人眼或光学仪器分辨，这个判据称为瑞利判据（Rayleigh criterion），如图 4-2 所示。

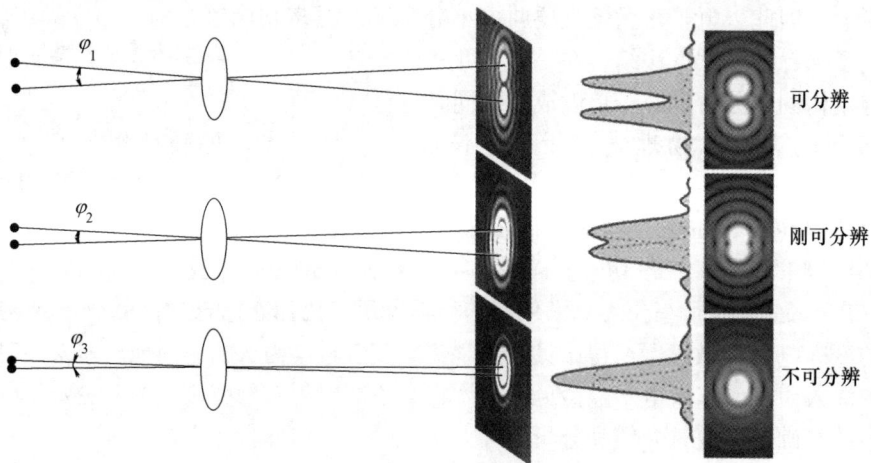

图 4-2　瑞利判据给出的艾里斑的分辨状态

满足瑞利判据的两个艾里斑中心的角间距，或两发光物点穿过透镜光心的张角称为最小分辨角（见图 4-2 中的 φ）。

$$\varphi = \frac{1.22\lambda}{D} \tag{4-1}$$

式中，φ 为最小分辨角；λ 为波长；D 为通光孔的直径。

从式（4-1）可以看出，当光的波长无限减小或通光孔的直径无限增大时，光的波动性就逐渐减弱，这就回到经典几何光学的结论，理想光学系统分辨率是无穷小的。当然，这两种情况在现实中都是不存在的，所以理想光学系统一定会受到波动性的影响，存在分辨率极限。光学系统的光路图如图 4-3 所示。

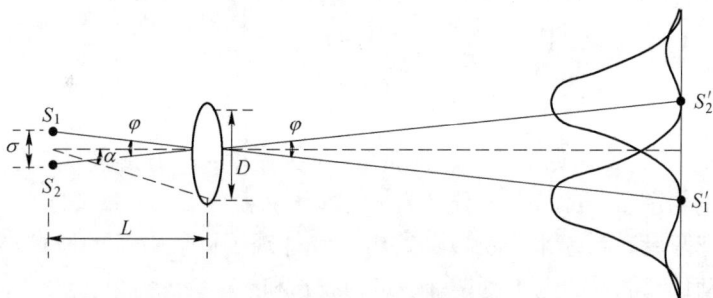

图 4-3　光学系统的光路图

由于显微镜放大倍率较大，物距 L 接近于焦距 f，显微镜分辨率用物点可分辨的距离 σ 表示为

$$\sigma = \varphi L = \varphi f = \frac{1.22\lambda}{D} \tag{4-2}$$

以 $\frac{D}{2f} \approx \sin\alpha$（$\alpha$ 是孔径角的一半）代入式（4-2），并考虑到物镜空间折射率 n 的影响，得到透镜分辨率极限阿贝公式（Abbe's equation）：

$$\sigma = \frac{0.61\lambda}{n\sin\alpha} \tag{4-3}$$

光学显微镜斜光照射时，$n\sin\alpha$ 的值约为 1.2（$n = 1.5$，$\alpha = 70° \sim 75°$），则式（4-3）可简化为

$$\sigma \approx \frac{\lambda}{2} \tag{4-4}$$

可见光波长最短的为蓝紫光，约为 400 nm，代入式（4-4），可知光学显微镜最小分辨率极限为 0.2 μm。当两个点距离小于 0.2 μm 时，光学显微镜无法分辨。

由阿贝公式可知，降低照明光源的波长，就可以提高显微镜的分辨率。由于波长更短的紫外光易被多数物质吸收，而 X 射线和 γ 射线无法实现聚焦和折射，因此均不能作为分辨率更小的显微镜的照明光源。

电子是一种实物粒子。运动的电子同样具有波粒二象性，即可形成电子波。1927 年，戴维森（C. J. Davisson）和汤姆逊（G. P. Thomson）通过电子衍射实验，证实了高速电子的波动性。运动的电子具有波动性且波长很小，可在电磁场中折射和聚焦，从而实现成像，这些条件为电子显微理论、技术的大发展奠定了坚实基础。电子波成为理想的高分辨

显微镜的照明光源。

4.1.2　电子束的波长

1924 年，法国物理学家德布罗意（De Broglie）首先提出一个假设：运动的微观粒子（如电子、中子、离子等）与光的性质之间存在着深刻的类似性，即微观粒子的运动服从波粒二象性的规律。两年后通过电子衍射实验证实了这个假设。得出了著名的德布罗意关系式：

$$\lambda = \frac{h}{mv} \tag{4-5}$$

$$\gamma = \frac{E}{h} \tag{4-6}$$

式中，λ 为波长；h 为普朗克常数；m 为质量；v 为速度；γ 为频率；E 为能量。其中，γ 和 λ 是描写波的物理量；E、m、v 分别为描写粒子的物理量，通过普朗克常数 h，利用德布罗意关系式把两者联系起来。所以，这组方程体现了微观粒子的波粒二象性。也就是说，具有一定动量和能量的电子也具有一定的波长和频率。

假设初速度为零的自由电子 e，在电场的作用下，从零电位到达电位为 U 的电场，将获得一定的能量，根据能量守恒定律为

$$\frac{1}{2}mv^2 = eU \tag{4-7}$$

由式（4-5）、式（4-6）和式（4-7）联立，代入常数换算可得

$$\lambda = \frac{h}{\sqrt{2emU}} = \frac{1.226}{\sqrt[2]{U}} \tag{4-8}$$

显然，提高加速电压可以降低电子波的波长，不同加速电压和电子波的波长关系见表 4-1。当电子运动速度极快时，此时需要对电子波长进行相对论修正。

$$m = \frac{m_0}{\sqrt{1 - \left(\dfrac{v}{c}\right)^2}} \tag{4-9}$$

式中，m 为电子的质量；m_0 为电子的静止质量；c 为光速。

表 4-1　不同加速电压下的电子波长

加速电压 U/kV	5	10	50	100	200	500	1000
电子波长 λ/nm	0.0713	0.0122	0.00536	0.00370	0.00251	0.00142	0.00087

从表 4-1 中可看出，如选用电子波来观察物体，其波长更短，更有利于提高分辨率。电子显微镜正是利用电子波束为"光源"来进行放大成像的。在 100 kV 的加速电压下可产生波长为 0.00387 nm 的电子波束，与可见光的最短波长（390 nm）相比较，波长降低了约 10 万倍。但由于电镜入射光线与光轴夹角只能取得很小，$\alpha \approx 10^{-3} \sim 10^{-2}$ rad，即 $\sin\alpha \approx \alpha = 10^{-3} \sim 10^{-2}$，对于电镜的折射元件电磁透镜折射率 $n=1$，则 $n\sin\alpha = 10^{-3} \sim$

10^{-2}。再考虑电镜的其他特定因素，电镜的理论分辨率约为 0.1 nm。

4.1.3 电子束与物质相互作用

当一束聚焦的电子束沿一定方向入射到固体样品时，入射电子必然受到样品物质原子的库仑场作用，运动电子与物质发生强烈作用，并从相互作用的区域中发出多种与样品结构、形貌、成分等有关的物理信息，通过检测这些相关信息，就可分析样品的表面形貌微区的成分和结构。电子与固体物质的作用包括入射电子的散射、入射电子对固体的激发和受激发的粒子在固体中的传播等。

4.1.3.1 电子散射

当一束聚焦电子束沿一定方向射入试样内时，在原子库仑电场作用下，入射电子方向改变，称为散射。根据散射前、后电子能量是否发生变换，散射又分为弹性散射和非弹性散射。电子能量不变的散射称为弹性散射，电子能量减小的散射称为非弹性散射。弹性散射仅仅改变了电子的运动方向，而没有改变电子的波长。而非弹性散射不仅改变了电子的运动方向，同时还导致了电子波长的增加。根据电子的波动特性，还可将电子散射分为相干散射和非相干散射。相干散射的电子在散射后波长不变，并与入射电子有确定的位相关系，而非相干散射的电子与入射电子无确定的位相关系。

电子散射源自于物质原子的库仑场，这不同于光子在物质中的散射。而原子由原子核和核外电子两部分组成，这样物质原子对电子的散射可以看成是原子核和核外电子的库仑场分别对入射电子的散射，原子核由质子和中子组成，每一个质子的质量为电子的 1836 倍，因此原子核的质量远远大于电子的质量，这样原子核和核外电子对入射电子的散射就具有不同的特征。

A 弹性散射

设原子的质量为 M，质量数为 A，碰撞前原子处于静止状态。电子的质量为原子质量的 1/1836。根据动量和动能守恒定理，入射电子与原子核碰撞后的最大动能损失 ΔE_{max} 可表示为

$$\Delta E_{max} = 2.17 \times 10^{-3} \times \frac{E_0}{A} \times \sin^2\theta \tag{4-10}$$

式中，E_0 为入射电子的能量；θ 为散射半角，散射角 2θ 即散射电子运动方向与入射方向之间的夹角，当散射小于 90°时，称为前散射，大于 90°时称为背散射。

电子散射后的能量损失主要取决于散射角的大小，以 100 keV 的电子为例，对于小角散射（$\theta<5°$），电子的能量损失 ΔE_{max} 在 $10^{-3} \sim 10^{-1}$ eV 之间；对于背散射电子，电子能量损失可以达到几个电子伏特。而入射电子的能量高达 100~200 keV，散射电子的能量损失相比于入射时的能量可以忽略不计，因此原子核对入射电子的散射一般均可看成是弹性散射。

B 非弹性散射

当入射电子与核外电子的作用为主要过程时，由于两者的质量相同，发生散射作用时，入射电子将其部分能量转移给了原子的核外电子，使核外电子的分布结构发生了变化，引发多种（如特征 X 射线、俄歇电子等）激发现象。这种激发是由于入射电子的作用而产生的，故又称为电子激发。电子激发属于一种非电磁辐射激发，它不同于电磁辐射激发（如光电效应等）。

C　散射截面

当入射电子被原子核散射时，散射角 2θ 的大小与瞄准距离 r_n（电子散射方向与原子核的距离）、原子核电荷 Z_e 及入射电子的加速电压 U 有关。其关系为

$$2\theta = \frac{Z_e}{Ur_n} \quad 或 \quad r_n = \frac{Z_e}{U(2\theta)} \tag{4-11}$$

可见，对于一定的入射电子和原子核，电子的散射程度主要取决于 r_n，r_n 越小，原子核对电子的散射作用就越大。当入射电子作用在以原子核为中心、r_n 为半径的圆内时，将被散射到大于 2θ 的角度外，故可用 πr_n^2（以原子核为中心、r_n 为半径的圆的面积）来衡量一个孤立原子核把入射电子散射到大于 2θ 角度以外的能力。由于电子与原子核的作用表现为弹性散射，因此一般将 πr_n^2 称为弹性散射截面，用 σ_n 表示。

当入射电子与核外电子作用时，散射角为

$$2\theta = \frac{e}{U_e} \quad 或 \quad r_e = \frac{e}{U(2\theta)} \tag{4-12}$$

同理，用 πr_e^2 来衡量一个孤立电子把入射电子散射到大于 2θ 角度以外的能力。由于电子与电子的作用表现为非弹性散射，因此一般将 πr_e^2 称为非弹性散射截面，用 σ_e 表示。

对于一个原子序数为 Z 的孤立原子，其总散射界面为原子核和核外电子散射界面的总和

$$\sigma = \sigma_n + Z\sigma_e \tag{4-13}$$

由 σ_n/σ_e 可得到孤立原子弹性散射截面和非弹性散射截面的比值，这个值为 Z。显然，在同样的条件下，原子核对电子的散射能力是其核外电子的 Z 倍。由此可知，随着原子序数的增加，弹性散射的比重增加，非弹性散射的比重减小。作用物质的元素越轻，电子散射中非弹性散射比例就越大，而对于重元素而言，主要是以弹性散射为主。

D　电子吸收

由于库仑相互作用，入射电子在固体中的散射比 X 射线强得多，同样固体对电子的吸收也比对 X 射线的吸收快得多。随着激发次数的增多，入射电子的动能逐渐减小，最终被固体吸收。电子吸收主要是指由于电子能量衰减而引起的强度（电子数）衰减，电子被吸收时所达到的深度称为最大深度。入射电子能量越高，其在固体中的最大入射深度越高，10 keV 能量的电子最大入射深度可达 1 μm。在不同固体中，电子激发过程有差别，多数情况下激发二次电子是入射电子能量损失的主要过程。

4.1.3.2　电子与固体作用时激发的信息

入射电子束与固体物质作用后，同时发生弹性散射和非弹性散射，弹性散射仅改变电子的运动方向，不改变其能量，而非弹性散射同时改变电子的运动方向和电子能量，发生电子吸收现象。电子束中的所有电子与物质发生散射后，有的透过物质，有的因物质吸收而消失，有的改变方向从物质表面射出，有的则因非弹性散射，将能量传递给固体物质的核外电子，引发多种电子激发现象，产生一系列物理信息和信号，如二次电子、俄歇电子、特征 X 射线等，如图 4-4 所示。入射电子在物质中的作用因电子散射和吸收被限制在一定的范围内。此作用区的大小和形状主要取决于入射电子的能量、作用区内物质元素的原子序数及样品的倾角等，其中电子束的能量主要决定了作用区域的大小。不难理解，入射电子能量大时，作用区域的尺寸就大，反之则小，且基本不改变其作用区的形状。而原

子序数则决定了作用区的形状（见图4-5），原子序数低时，作用区为液滴状；原子序数高时，作用区则为半球状。

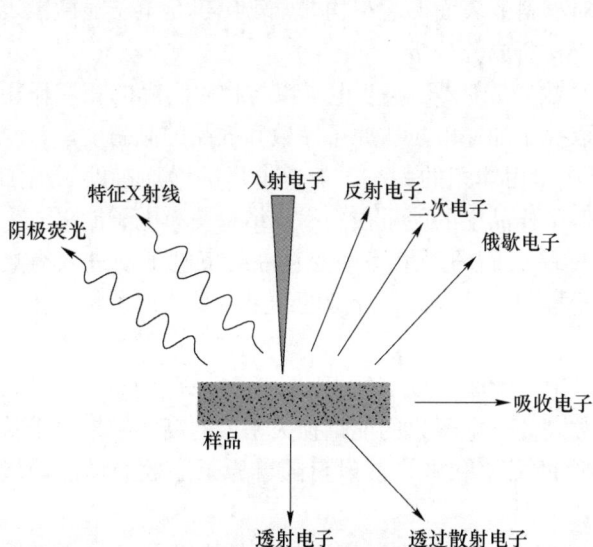

图4-4 电子束与固体物质作用时产生的物理信息和信号

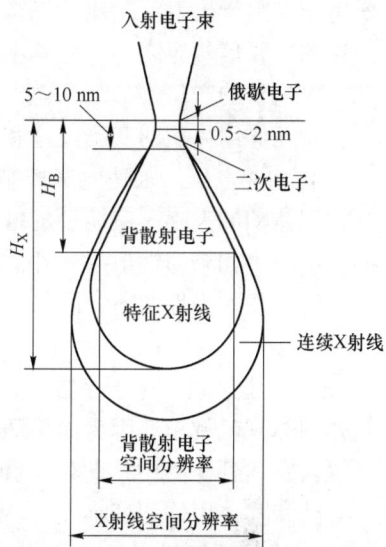

图4-5 入射电子入射到轻元素时激发信号深度图

A 二次电子

二次电子（secondary electron，SE）是指被入射电子轰击出来的样品中原子的核外电子。由于原子核外层价电子间的结合能很小，当原子的核外电子从入射电子获得了大于相应的结合能的能量后，即可脱离原子核变成自由电子，那些能量大于材料逸出功的自由电子可从样品表面逸出，变成真空中的自由电子，即二次电子。其强度用I_S表示。二次电子的能量较小，一般小于50 eV，大部分在2~5 eV之间。

二次电子由两种机制产生，并可进一步区分为SE1和SE2。

SE1是由初级电子束产生的次级电子。一旦初级电子进入材料表面，一些能量被转移到样品电子，并给出受电子束直径限制的高分辨率信号，如图4-6所示。

SE2是由那些经历几次非弹性散射后仍能到达表面的电子产生的二次电子，如图4-7所示。SE2产生的表面积大于入射电子束的斑直径。

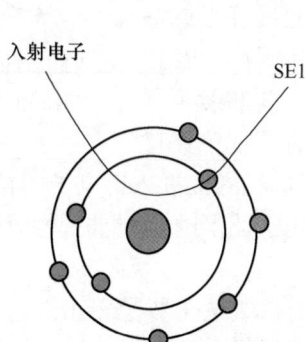

图4-6 样品发射的二次电子（SE1）

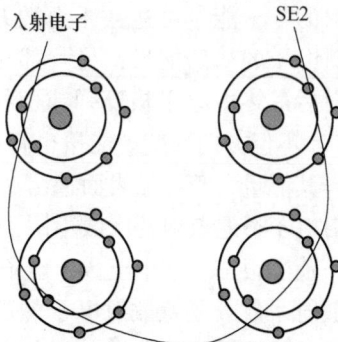

图4-7 多次弹性散射后发射的二次电子（SE2）

二次电子发生在材料表面 4~10 nm 的区域，因为只有在这个深度范围，入射电子激发而产生的自由电子才具有足够的能量，克服材料表面的势垒，从样品中发射出来，成为二次电子。由于出射深度浅，二次电子对材料的表面形貌结构非常敏感，是电子显微镜表面成像的主要信号源之一，但其不能用于材料成分分析。

二次电子的产额（或二次电子发射系数）δ 主要取决于电子束与物质实际的相互作用体积，相互作用体积的实际尺寸和形状取决于加速电压、原子序数和样品的倾斜度。

（1）加速电压。加速电压控制着相互作用体积的大小。加速电压的增加有助于增加相互作用体积的大小。束能量的增加降低了样品中的能量损失率，结果使束电子能更深入样品。此外，如果弹性散射较小，靠近样品表面的射束路径变直，射束电子便进入得更深。最终，几次弹性散射共同将一些电子推回样品表面，导致的结果就是增加了相互作用体积。

（2）原子序数。原子序数是影响相互作用体积的另一个因素。元素的原子序数越高，相互作用体积就越小。因为如果原子序数越高，电子束的能量损失率就越高，结果电子就不会深入穿透到样品中。此外，弹性散射的概率和平均散射角随着原子序数的增加而增加，导致相互作用体积变小。

（3）样品的倾斜度。样品倾斜后，入射电子束在靠近表面的区域内会移动更远的距离。在这种情况下，与垂直于光束的区域相比，该区域中会产生更多的二次电子，并且这些二次电子信号产生的图像揭示了所谓的边缘效应。由于发射更多的二次电子，样品的边缘和凸起部分在图像中看起来更亮。

二次电子的产额与样品的成分、入射电子能量、入射电子束与样品表面法线之间的夹角（产额随夹角的增大而增大）等因素有关。因此，由于样品表面凹凸不平，电子束的入射夹角不同，各点产生的二次电子数量不等，这样就可以形成试样外貌的二次电子像，此即形貌衬度的形成原因。

B　背散射电子

背散射电子（back scattered electron，BSE）也称为初级背散射电子，是指受到固体样品原子核的电磁场排斥并从样品表面被反射回来的一级电子，如图 4-8 所示。它主要由两部分组成，一部分是被样品表面原子散射，散射角大于 90°的那些入射电子称为弹性背散射电子，它们只改变运动方向本身，能量没有或基本没有损失，所以弹性背散射的电子能量可达数千至数万电子伏特，其能量等于或基本等于入射电子的初始能量；另一部分是由入射电子在固体中经过一系列散射后最终由原子核反弹或由核外电子产生的，其散射角累计大于 90°，不但方向改变，能量也有不同程度损失，称为非弹性背散射电子，其能量大于样品表面逸出功，可从几个电子伏特到接近入射电子的初始能量。这部分入射电子遭遇散射的次数不同，各自损失的能量也不相同，因此非弹性背散射电子的能量分布范围很广，数十至数千电子伏特。

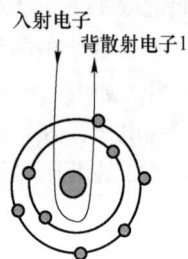

图 4-8　背散射电子形成示意图

反向散射系数 η 是背散射电子的数量与撞击样品的初级电子数量之比，它对原子序数很敏感，它随着原子序数 Z 的增加而增大。拥有更高原子序数元素的材料释放更多的反向散射信号，在图像中显得更亮，因此，背散射电子可用于表征样品表面成分的衬度变化。加速电压对 η 影响较小，略有变化。没有倾斜时，η 遵循近似余弦表达式的分布，这意味着最大数量的反向散射电子沿着入射束的方向返回。在倾斜表面的情况下，η 增加，因此背散射电子图像也可定性地反映样品微区表面形貌。背散射电子不仅能够反映样品微区成分特征（平均原子序数分布），显示原子序数衬度，定性地用于成分分析，也能反映形貌特征。另外，由于电子束一般要穿透到固体中某个距离后才经受充分的弹性散射作用，使其穿行方向发生反转并引起背反射，因此，射出的背散射电子带有某个深度范围的样品性质的信息。根据样品本身的性质，一般背散射的电子产生的深度范围在 0.1 ~ 1 μm 之间。

C 吸收电子

入射电子进入样品后，经多次非弹性散射后能量损失殆尽（假定样品有足够的厚度，没有透射电子产生），最后被样品吸收，这部分电子称为吸收电子（absorb electrons，AE）。若在样品和地之间接入一个高灵敏度的电流表，就可以测得样品对地的信号，这个信号是由吸收电子提供的。当样品较厚且无电子穿透时，设入射电子电流强度为 I_0，背散射电子的电流强度为 I_B，二次电子电流强度为 I_S，则吸收电子产生的电流强度为 $I_A = I_0 - (I_B + I_S)$。由此可见，入射电子束和样品作用后，逸出表面的背散射电子和二次电子数量越少，则吸收电子信号强度越大。若把吸收电子信号调制成图像，则它的衬度恰好和二次电子或背散射电子信号调制的图像衬度相反。

当电子束入射到一个多元素的样品表面时，由于不同原子序数部位的二次电子产额基本相同，则产生背散射电子较多的部位（原子序数大），其吸收电子的数量就较少，反之亦然。因此，吸收电子能产生原子序数衬度，同样也可以用来进行定性的微区成分分析。

D 透射电子

如果被分析的样品很薄，那么就会有一部分入射电子穿过样品而成为透射电子（transmitted electrons，TE）。这种透射电子是由直径很小的（<10 nm）的高能电子束照射薄样品时产生的，因此，透射电子信号由微区的厚度、成分和晶体结构来决定。透射电子中除了有能量和入射电子相当的弹性散射电子外，还有各种不同能量损失的非弹性散射电子，其中有些遭受特征能量损失的非弹性散射电子（即特征能量损失电子）和分析区域的成分有关，因此，可以利用特征能量损失电子配合电子能量分析器来进行微区成分分析。

对于上述 4 种电子，在假定样品通过接地而保持电中性时，入射电子和 4 种电子信号强度之间必然满足以下公式：

$$I_0 = I_A + I_B + I_S + I_T \tag{4-14}$$

式中，I_0 为入射电子信号强度；I_A 为吸收电子信号强度（其值等于样品电流）；I_B 为背散射电子的电流强度；I_S 为二次电子信号强度；I_T 为透射电子信号强度。

由背散射系数 $\eta = I_B / I_0$、二次电子产额（发射系数）$\delta = I_S / I_0$、吸收系数 $\alpha = I_A / I_0$、透射系数 $\tau = I_T / I_0$，式（4-14）可表达为

$$\eta + \delta + \alpha + \tau = 1 \tag{4-15}$$

对于给定的材料，当入射电子能量和强度一定时，上述 4 项系数与样品质量厚度之间的关系如图 4-9 所示，图中显示的是电子在金属铜中各电子产额系数与质量厚度的关系。从图上可以看到，随样品质量厚度的增大，透射系数 τ 下降，而吸收系数 α 增大。当样品

质量厚度超过有效穿透深度后，透射系数等于零。这就是说，对于大块样品，样品同一部位的吸收系数、背散射系数和二次电子发射系数三者之间存在互补关系。背散射电子信号强度、二次电子信号强度和吸收电子信号强度分别与 η、δ 和 α 成正比，但由于二次电子信号强度与样品原子序数没有确定的关系，可以认为，如果样品微区背散射电子信号强度大，则吸收电子信号强度小，反之亦然。

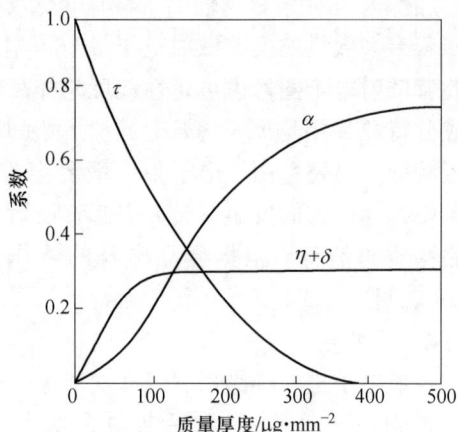

图 4-9　电子在金属铜中各电子产额
系数与质量厚度的关系

E　特征 X 射线

当入射电子与样品作用时，样品原子的内层电子被入射电子激发或电离，原子就会处于能量较高的激发状态，此时外层电子将向内层跃迁以填补内层电子的空缺，从而释放出特征 X 射线（characteristic X-ray）。根据莫塞莱定律，各元素都具有自己的特征 X 射线，因此可用来进行微区成分分析。因此，通过检测样品发出的 X 射线的特征波长，即可测定样品中的元素成分，测量 X 射线的强度即可计算元素的含量，这就是目前电镜集成的 X 射线能谱分析（energy dispersive spectrometer，EDS）的主要信号源。

F　俄歇电子

在入射电子激发样品特征 X 射线的过程中，如果在试样中原子内层电子被激发，其空位由高能级的电子来填充，使高能级的另一个电子电离，这种由于从高能级跃迁到低能级而电离逸出试样表面的电子称为俄歇电子。俄歇电子的能量与电子所处的壳层有关，因此俄歇电子也能给出元素原子序数信息。俄歇电子对轻元素敏感，因此可以利用俄歇电子能谱进行轻元素和超轻元素的分析（氢和氦除外）。俄歇电子的能量很低，一般位于 50 ~ 1500 eV 范围内（见图 4-10）。俄歇电子的能量随不同元素、不同跃迁类型

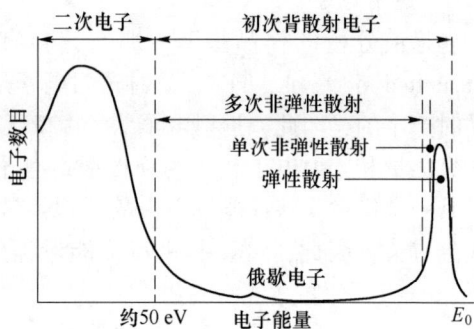

图 4-10　电子束与固体样品作用时产生
各种电子及能量分布

而异，因此在较深区域中产生的俄歇电子在向表面运动时，必然会因碰撞而损失能量，使之失去了具有特征能量的特点，其平均自由程很短，为 0.4 ~ 2 nm。因此，用于分析的俄歇信号主要来自样品的表层 2 ~ 3 个原子层，俄歇电子信号适用于表面化学成分分析，利用俄歇电子进行表面分析的仪器称为俄歇电子谱仪（Auger electron spectroscopy，AES）。

G　阴极荧光

当固体是半导体（本征或掺杂型）及有机荧光体时，电子束作用后将在固体中产生电子-空穴对，而电子-空穴对可以通过杂质原子的能级复合而辐射出紫外、可见或红外

光，此现象称为阴极荧光（cathodo luminescence，CL）。阴极荧光产生的物理过程与固体的种类有关，对固体中的杂质和缺陷的特征十分敏感，利用阴极荧光与扫描电镜结合，电子束斑极小，因而可以实现纳米级别的空间分辨率，对于研究材料中亚纳米级别缺陷分布、载流子动力学和能带结构具有较大的优势。利用阴极荧光可以测试的内容包括位错缺陷、载流子动力学、界面衬度分析、应力应变分析等。

H 其他信息

除上述各种信息外，电子与固体物质相互作用还会产生等离子体振荡、电子感生电导、电声效应等信号（见表4-2）。

表 4-2   电子束与固体样品作用时产生的各种信号的比较

信号名称		分辨率/nm	能量范围	来源	可否做成分分析	应 用
背散射电子	弹性背散射电子	50~200	数千至数万电子伏特	样品表层几百纳米	可以	低能电子能谱、反射式高能电子衍射、透射电子显微镜
	非弹性背散射电子	50~200	数十至数千电子伏特	样品表层几百纳米	可以	电子能量损失谱
二次电子		5~10	小于 50 eV，多数几个电子伏特	表层 5~10 nm	不能	扫描电子显微镜
吸收电子		100~1000			可以	吸收电子像
透射电子		0.5~1000			可以	透射电子显微镜
特征 X 射线		100~1000			可以	X 射线波谱、X 射线能谱
俄歇电子		5~10	50~1500 eV	表层 1 nm	可以	俄歇电子能谱
阴极荧光		3~500		0~1000 nm	不能	阴极荧光

4.1.4 电子衍射

电子衍射是指入射电子与周期性排列的晶体结构作用后，发生弹性散射的电子由于其波动性发生了相互干涉作用，由于晶体中原子的周期性排列，散射电子波满足相干条件，在某些方向上得到加强，而在某些方向上被削弱的现象。在相干散射增强的方向产生了电子衍射波（束）。根据能量的高低，电子衍射又分为低能电子衍射和高能电子衍射。低能电子衍射的电子能量较低，加速电压仅有 10~500 V，主要用于表面的结构分析；而高能电子衍射的电子能量高，加速电压一般在 100 kV 以上，透射电镜用的就是高能电子束。电子衍射在材料科学中已得到广泛应用，主要用于材料的物相和结构分析、晶体位向的确定和晶体缺陷及其晶体学特征的表征等方面。

4.1.4.1　电子衍射方向

电子衍射方向和 X 射线衍射方向一样，需要满足布拉格方程（Bragg equation）。由于晶体结构的周期性，可将晶体视为由许多相互平行且晶面间距相等的原子面组成，即认为晶体是由晶面指数为（hkl）的晶面堆垛而成，晶面间距为 d，设一束波长为 λ 的平行电子束波以 θ 角照射到的（hkl）原子面上，则需满足布拉格方程：

$$2d_{hkl}\sin\theta = n\lambda \tag{4-16}$$

式中，衍射级数 $n=0$，1，2，3，…；θ 为布拉格角或衍射半角。

式（4-16）表达的意思是只有当波程差为波长的整数倍时，相邻晶面的反射波才能干涉加强形成衍射线。电子衍射分析中布拉格方程的主要意义在于：

（1）衍射是一种选择性反射，只有当 λ、d、θ 三者之间满足布拉格方程时才能发生选择性反射，进而产生衍射现象。

（2）入射信号波长决定了结构分析的能力，只有当电子波的波长（$\sin\theta = \lambda/(2d) \leqslant 1$，即 $\lambda \leqslant 2d_{hkl}$）小于两倍晶面间距时，才能发生衍射。一般晶体的晶面间距都在 0.2~0.4 nm 之间，而透射电子显微镜的电子波的波长一般在 0.00251~0.00370 nm 之间，因此电子束在晶体中产生衍射不成问题。

（3）衍射花样和晶体结构具有确定的关系，以立方晶系式（4-17）和正交晶系式（4-18）为例，晶系的晶面间距方程代入布拉格方程（$n=1$，a、b、c 为晶格常数）可得

$$\sin^2\theta = \frac{\lambda^2}{4a^2}(h^2 + k^2 + l^2) \tag{4-17}$$

$$\sin^2\theta = \frac{\lambda^2}{4}\left(\frac{h^2}{a^2} + \frac{k^2}{b^2} + \frac{l^2}{c^2}\right) \tag{4-18}$$

通过比较两个公式可知，不同晶系的晶体、同一晶系而晶胞大小不同的晶体的各种晶面对应衍射线的方向不同，因此对应的衍射花样是不同的，即衍射花样可以反映晶体结构、取向，如各种晶体缺陷的几何学特征、晶胞大小及形状的变化等信息。

4.1.4.2　电子衍射的埃瓦尔德图解

埃瓦尔德（Ewald）于 1921 年建立了倒易点阵的方法，倒易点阵是一种由阵点规则排列构成的虚拟点阵，它的每一个点阵和正空间相应的晶面族有倒易关系，即倒空间的一个点代表着正空间的一族晶面。倒易矢量 $\boldsymbol{G}_{hkl} = h\boldsymbol{b}_1 + k\boldsymbol{b}_2 + l\boldsymbol{b}_3$，其中（$hkl$）为正空间点阵中的晶面指数，$\boldsymbol{G}_{hkl}$ 垂直于正空间点阵中的晶面（hkl），而且倒易矢量的长度等于正点阵晶面（hkl）间距的倒数 $|\boldsymbol{G}_{hkl}| = 1/d_{hkl}$。电子衍射的埃瓦尔德图解即布拉格方程的几何表达形式。

把布拉格定律改为

$$\sin\theta = \frac{\dfrac{1}{d_{hkl}}}{2 \times \dfrac{1}{\lambda}} \tag{4-19}$$

使电子束波长 λ、晶体面间距 d_{hkl} 及其取向关系可用直角三角形 EO^*G 表示，如图 4-11 所示，其中 $\boldsymbol{g}$ 是垂直于晶面（hkl）的倒易矢量，令 $|\boldsymbol{g}_{hkl}| = OG = 1/d_{hkl}$，$EO = 1/\lambda$，$\angle OEG = \theta$，以中心点 O 为中心，$1/\lambda$ 为半径作球，则 E、O、G 都在球面上，这个球称为

埃瓦尔德球。EO 表示电子入射方向，它照射到位于 O 处的晶体上，一部分透射过去，一部分使晶面 (hkl) 在 OG 方向上发生衍射。厄瓦尔德球对布拉格定律进行了图解，可以直观展示晶体发生衍射时的几何关系。

图中 E 为电子源，球心 O 为晶体所在的位置，EO 为电子束的入射方向，用矢量 $\mathbf{k}$ 表示，OG 为电子束的衍射方向，用矢量 $\mathbf{k'}$ 表示，OO^* 为电子束的透射方向，O^* 和 G 分别为透射束和衍射束与球的交点，衍射晶面为 (hkl)，其晶面间距为 d_{hkl}，法线方向为 N_{hkl}，$O^*G = 1/d_{hkl}$，$\angle GOO^* = 2\theta$。

由直角三角形 EO^*G 可知 $O^*G = EO^* \cdot \sin\theta =$

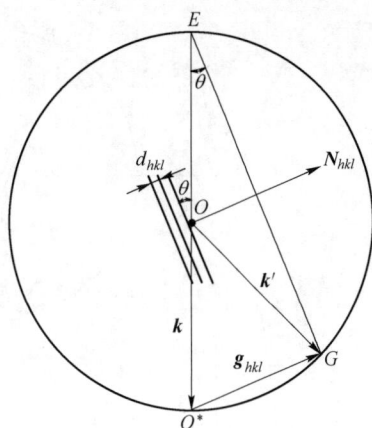

图 4-11　电子衍射的埃瓦尔德图解

$2(\sin\theta)/\lambda$。 将 $O^*G = 1/d_{hkl}$ 代入，可得 $2(\sin\theta)/\lambda = 1/d_{hkl}$，变形后得到布拉格方程($2d_{hkl}\sin\theta = \lambda$)。

令 $O^*G = \mathbf{g}_{hkl}$，则由矢量三角形 OO^*G 得

$$\mathbf{g}_{hkl} = \mathbf{k'} - \mathbf{k} \tag{4-20}$$

式（4-20）即为电子衍射矢量方程或布拉格方程的矢量式，即当衍射波矢和入射波矢相差一个倒格子时衍射才能产生。这时倒易格点刚好落在埃瓦尔德球的球面上，产生的衍射方向沿着球心到倒易格点的方向，相应的晶面 (hkl) 与入射波束满足布拉格方程。电子衍射的埃瓦尔德图解直观地反应了入射矢量、衍射矢量和衍射晶面之间的几何关系。

4.1.4.3　电子衍射花样的形成原理及电子衍射的基本公式

电子衍射花样是电子衍射斑点在正空间中的投影，图 4-12 为电子衍射花样的形成原理图。试样位于埃瓦尔德球的球心 O 处，电子束从 EO 方向射入位于 O 处的晶体的晶面 (hkl) 上，若该晶面刚好满足布拉格条件，则电子束将沿着 OG 方向发生衍射并与反射球相交于 G。在试样下方 L 处放置一张底片，就可让入射波束和衍射波束同时在底片上感光成像，形成两个像点 O' 和 G'。当晶体中由多个晶面同时满足衍射条件时，球面上有多个倒易点阵在底片上分别成像，从而形成以像点 O' 为中心，多个像点分布四周的衍射花样谱。此时，O 点和 G 点是倒易空间的阵点，是虚拟存在点，而底片上的像点 O' 和 G' 则已经是正空间中的真实点了，这样埃瓦尔德球上的倒易阵点通过投影转换到了正空间。

设底片上的像点 O' 和 G' 之间的距离为 R，底片距离样品的距离为 L，由于衍射角很小，$\tan 2\theta \approx 2\theta$，可以认定 $\mathbf{g}_{hkl} \perp \mathbf{k}$，因此有 $\triangle OO^*G$ 与 $\triangle OO'G'$ 相似，则有

$$\frac{R}{L} = \frac{g}{\frac{1}{\lambda}} \Rightarrow R = \lambda L g_{hkl} \tag{4-21}$$

令 $\mathbf{R}$ 为衍射斑 O' 到 G' 的矢量，则 $\mathbf{R} /\!/ \mathbf{g}_{hkl}$。令 $K = \lambda L$，则有

$$\mathbf{R} = K\mathbf{g} \tag{4-22}$$

式（4-22）即电子衍射公式，K 称为相机常数，L 为相机长度。将布拉格方程代入式（4-22），可得 $Rd = \lambda L$，此式以电子衍射谱分析结构为依据，当晶体衍射花样被解析后，通常 λL 为已知，由衍射谱可测出 R 值，再计算晶面间距 d，同时可结合衍射谱计算得到

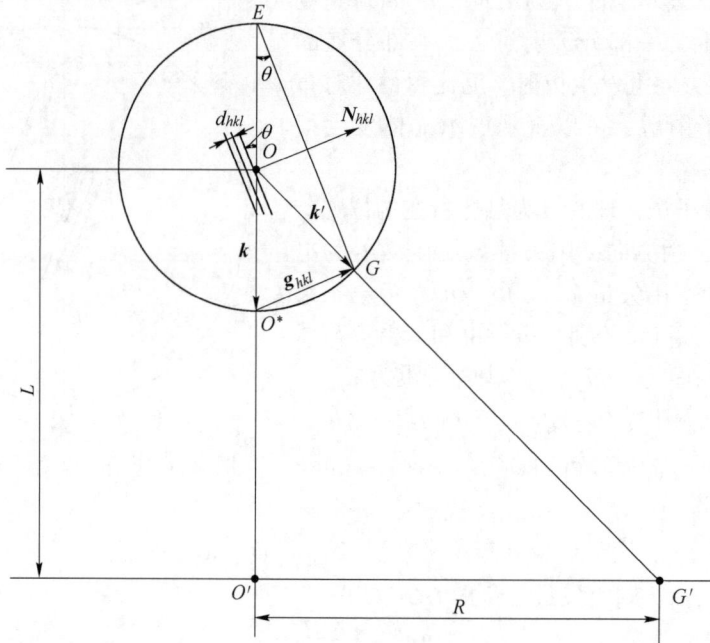

图 4-12　电子衍射花样的形成原理图

的晶面夹角来判断晶体结构。晶体中的微观结构可通过测定电子衍射花样，经过相机常数 K 的转换，获得倒易空间的相应参数，再根据倒易点阵的定义就可推测各衍射晶面之间的相对位向关系。

4.1.5　电磁透镜

电子波不同于光波，玻璃或树脂透镜无法改变电子波的传播方向，无法使之会聚成像。但电场和磁场却可以使电子束发生会聚或发散，达到成像的目的。1927 年，德国物理学家布施（H. Busch）发现了电磁场对电子的透镜聚焦作用，为电镜的诞生奠定了基础。1931 年，德国科学家鲁斯卡（E. Ruska）和克诺尔（M. Knoll）依据该理论，成功制造出了世界上第一台透射电子显微镜。电磁透镜的定义是一种利用电磁场对电子束进行聚焦或分散的光学仪器，是电子显微镜的核心部件和区别于光学显微镜的显著标志之一。

4.1.5.1　静电透镜

静电透镜是由具有带电导体产生的静电场来使电子束聚焦和成像的装置。它广泛应用于电子器件（如阴极射线示波管）和电子显微镜中。静电透镜一般由两个或两个以上的旋转对称圆筒形电极或开有小孔的金属膜片电极构成。图 4-13 是静电透镜对电子的聚焦作用的原理图。静电场方向由高电压的极板指向低电压的极板，静

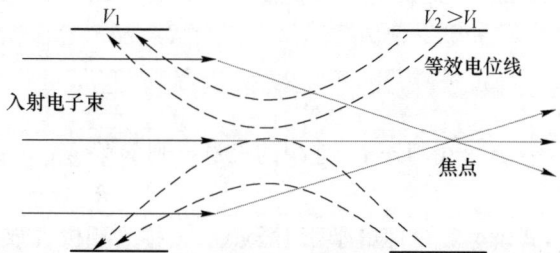

图 4-13　静电透镜对电子的聚焦作用的原理图

电场的等效电位线如图 4-13 中的虚线所示。当电子沿着中心轴射入时，电子的运动轨迹会在电场的作用下改变方向，使平行入射的电子束聚焦于中心轴的焦点位置。一般电子显微镜的电子枪使用静电透镜实现对初生电子束的聚焦。

4.1.5.2 电磁透镜

电磁透镜一般是由一个围有铁壳的、装有极靴的短螺旋管线圈组成。通电线圈产生磁场，电子束斑在电磁透镜中受到洛伦兹力和加速电压的双重作用螺旋前进，使电子束斑逐级聚焦缩小，经过 2 个以上电磁透镜后，电子束由原来的约为 50 μm 的束斑缩小成纳米级的细小束斑（几纳米或零点几纳米），从而使得电子显微镜具有纳米级的观测本领，如图 4-14 所示。电子通过电磁透镜时的运动轨迹与光透过凸透镜时的运动方向不一样，受电磁力的作用，电子的运动轨迹一般呈螺旋前进，最后汇聚于焦点位置。

电磁透镜由两个部分组成：一是导体，二是介质。导体是由软磁材料做成的圆柱形对称磁芯，中心部分有一个小孔穿过。软铁被称为"极靴"，孔被称为极靴孔。两极靴正对表面之间的距离称为极靴间隙，极靴孔径与间隙的比值是重要的性能参量，它控制着透镜的聚焦

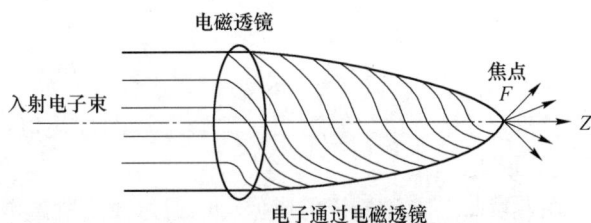

图 4-14 电子透过电磁透镜时的运动轨迹

行为。一些极靴被加工成圆锥形，这时锥形角就是透镜性能的一个重要参量。介质是环绕在每个极靴上的铜线圈。当给线圈通上电流时，孔中会产生磁场，磁场强度控制着电子的轨迹。此外，线圈通电后不可避免会发热，为了保持温度恒定，透镜必须用循环水进行冷却，循环水系统也是电磁透镜的重要部分。电磁透镜的结构示意图如图 4-15 所示。电磁透镜又分为聚焦电磁透镜和分散电磁透镜两种。

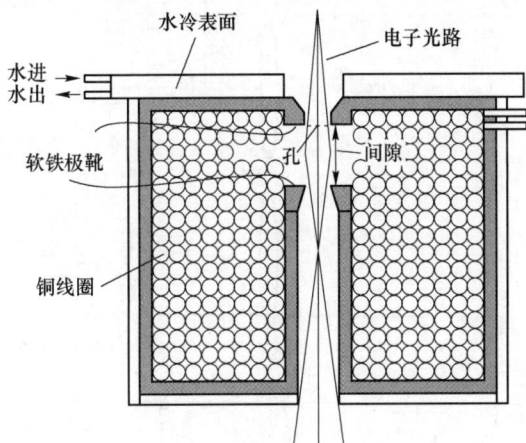

图 4-15 电磁透镜的结构示意图

聚焦电磁透镜的原理是通过调节导体中的线圈电流来改变电磁场的强度和方向，从而使光线在经过透镜时发生折射和偏转，最终聚焦到一个点上。具体来说，当导体中的线圈电流增大时，产生的磁场会使得光线向中心聚拢；当导体中的线圈电流减小时，产生的磁场会使光线向外扩散。

分散电磁透镜与聚焦电磁透镜相反，它可以将光束分散开来。其原理是通过调节导体中的线圈电流来改变电磁场的强度和方向，从而使光线在经过透镜时发生折射和偏转，最终分散开来。

具体来说，在分散电磁透镜中，当导体中的线圈电流增大时，产生的磁场会使光线向外扩散；当导体中的线圈电流减小时，产生的磁场会使光线向中心聚拢。

电磁透镜具有许多优点，如可以实现快速聚焦或分散，且聚焦或分散的位置和大小可

以随意调节，可同时控制多个光束等。但是，电磁透镜也存在一些缺点，如需要外部电源供电、对环境中的磁场比较敏感等。

电磁透镜在许多领域都有广泛应用。例如，在显微镜中，电磁透镜被用来调节样品与物镜之间的距离；在半导体制造中，电磁透镜被用来控制光束的传播方向和路径等。

光学显微镜成像时，物距 L_1、像距 L_2、焦距 f 三者满足以下成像关系：

$$\frac{1}{f} = \frac{1}{L_1} + \frac{1}{L_2} \tag{4-23}$$

电磁透镜的成像近似满足式（4-23），但电磁透镜的焦距 f 与多种因素有关，近似由以下公式决定：

$$f \approx K \frac{U_r}{(IN)^2} \tag{4-24}$$

式中，K 为常数；U_r 为经过相对论修正过的加速电压；I 为励磁电流；N 为线圈的匝数；IN 为安匝数。

由此可见，电磁透镜的成像可以通过改变励磁电流来改变焦距以满足成像条件；焦距 f 与加速电压成正比，即与电子速度有关，电子速度越高，焦距越长，因此为了减小焦距波动，需稳定加速电压。

4.1.5.3 电磁透镜的像差

像差指的是实际光学系统所成的像与理想光学系统所成的像之间的偏差。例如，当用放大镜读报纸时会发现，镜片中心附近的文字清晰可辨，而在镜片边缘的文字模糊不清，而且黑色的文字周围均有五彩的色边，这些失真的图像是由于透镜成像的像差造成的。电磁透镜也有像差，它不能把一个理想的物点聚焦为一个清晰可辨的像点。电磁透镜的像差主要由内、外两种因素导致，由电磁透镜的几何形状（内因）导致的像差称为几何像差，几何像差又包括球差和像散两种；而由电子束波长的稳定性（外因）决定的像差称为色差。像差直接影响了电磁透镜的分辨率，是电磁透镜的分辨率达不到理论极限值（波长之半）的根本原因。通常像差因素会导致透射电镜的分辨率只能达到理论值的1%以下。因此，了解像差产生的原因及其影响因素并能做出相应的修正，对提高电镜的分辨率十分重要。图 4-16 为电磁透镜的像差产生原因光路图。

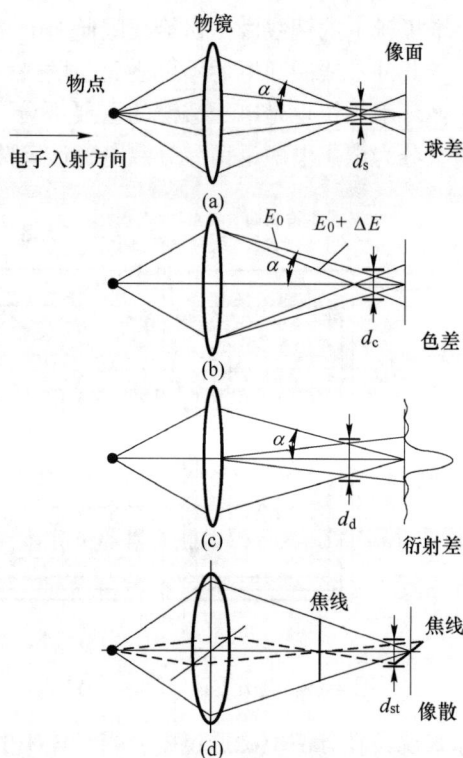

图 4-16 电磁透镜的像差产生原因光路图

A　球差

在透镜磁场中，球差的起因是在远离光轴运动的电子比近轴区域运动的电子受到更强的偏转。换言之，电子通过透镜时距离光轴越远，透镜对它的聚焦作用越强。造成某一理想物点发射出的电子经透镜成像后不能会聚为一点，而是在像面前方形成一个直径为 d_s 的弥散斑，如图 4-16（a）所示。

$$d_s = \frac{1}{2} C_s \alpha^3 \qquad (4-25)$$

式中，C_s 为球差系数，C_s 与电子束加速电压 E_0 和透镜焦距 f 有关，是常数；α 为像方孔径半角。

如果使用小孔径光阑，即减小孔径角 α，则 d_s 明显减小，球差对最终电子束斑直径的影响减小，从而提高分辨率。

B　色差

电子束加速电压 E_0 的变化或磁场强度 H 的波动都会改变物点出射电子的聚焦点位置，从图 4-16（b）中可看见，能量为 E_0 和 $E_0+\Delta E$ 的电子通过透镜后所走的路径不同，不能聚焦在同一个点，能量高的电子偏转能力强，这样不同能量的电子在像面前会聚成一个直径为 d_c 的弥散斑：

$$d_c = \frac{\Delta E}{E_0} \times C_c \alpha \qquad (4-26)$$

式中，$\Delta E/E_0$ 为电子束的能力变化率；C_c 为色差系数，属于常数，与透镜焦距 f 有关；α 为像方孔径半角。

如果透镜电流或电子束电压均稳定在 10^{-6} 水平，则 H 和 E_0 的变化量就不大；另外，减小 α 也可以降低 d_c 造成的影响。

C　彗形像差

假设上述两种像差不大，物点的像仍然会有一定的尺寸，这是由于电子波动性和物镜光阑所引起的衍射效应，这种像差通常也称为彗形像差。如果使用小孔光阑，不仅会使透过物镜的电子束流减小，衍射影响也会更明显。从图 4-16（c）可见，衍射造成物点在像面上有一个强度分布，在轴向产生一个直径为 d_d 的弥散斑：

$$d_d = 1.22\lambda/\alpha \qquad (4-27)$$

只就衍射差而言，电子波长 λ 越小，α 越大，d_d 的影响就越小。

D　像散

以上讨论的物镜均认定其磁场是轴对称均匀的。但实际情况不然，加工误差、铁芯材料不均匀或绕制线圈松紧程度不同等都会造成透镜磁场的不对称性。假定透镜磁场是椭圆对称，当透镜电流变化时，从物点发射的各束电子将被聚焦在两个相互垂直的焦线上，而不是一个圆形会聚点，这就是像散，使分辨率下降。电镜均备有消像散器，从 8 个方位提供一个弱校正场，在 x 和 y 方向补偿磁场的不对称性，消除像散。图 4-16（d）说明了像散对像差的影响机理。

光学透镜有会聚透镜和发散透镜两种，利用它们的组合可以消除像差，但电磁透镜均为会聚透镜，因此球差和色差不能完全消除。电磁透镜可在设计上尽量减少像差系数，如利用小孔径光阑、提高电源稳定性和选用短波电子束，可以减少球差、色差和衍射差，利用消像散器可以消除像散的影响。

以上像差分析中，除了球差外，像散和色差均可通过适当的方法来减小甚至可基本消除它们对透镜分辨率的影响，因此，球差成了像差中影响分辨率的主要因素。球差与孔径半角的三次方成正比，减小孔径半角可有效减小球差，但是孔径半角的减小却增加了艾里斑，降低了透镜分辨率，因而孔径半角对透镜分辨率的影响具有双向性。设电磁透镜的分辨率为 r_0，球差系数为 C_s，在像差中，球差为透镜的控制因素，分辨率的大小近似为 $r_s = \frac{1}{4} C_s \alpha^3$，令 $r_0 = r_s$，代入透镜分辨率极限阿贝方程 $r_0 = \frac{0.61\lambda}{n\sin\alpha}$（见式（4-3）），可得到如下方程：

$$\frac{0.61\lambda}{n\sin\alpha} = \frac{1}{4} C_s \alpha^3 \tag{4-28}$$

由于电镜的工作环境为真空条件，n 值取 1，并且在一般情况下，电子透镜中电子束的孔径角很小，一般仅有 $10^{-3} \sim 10^{-2}$ rad，即存在 $\sin\alpha \approx \alpha$ 的关系，代入式（4-28）求解可得最佳孔径半角式（4-29）。

$$\alpha = 1.25 \left(\frac{\lambda}{C_s}\right)^{\frac{1}{4}} \tag{4-29}$$

球差校正透射电镜（spherical aberration corrected transmission electron microscope，SAC-TEM）是用球差校正装置扮演凹透镜修正球差的透射电镜。在光学透镜中，可通过将凸透镜和凹透镜组合使用，减少由凸透镜边缘会聚能力强、中心会聚能力弱导致的所有光线（电子）无法会聚到一个焦点的缺点，从而有效减少球差。然而对于电磁透镜，只有凸透镜没有凹透镜，因此球差成为影响 TEM 分辨率最主要也最难矫正的因素。1992 年，德国的三名科学家哈拉尔德·罗泽（H. Rose）、克努特·乌尔班（K. Urban）及马克西米利安·海德尔（M. Haider）研发使用多极子校正装置调节和控制电磁透镜的聚焦中心从而实现对球差的校正，最终实现了亚埃级（<0.1 nm）的分辨率。如图 4-17 所示，多极子校正装置通过多组可调节磁场的磁镜组对电子束的洛伦兹力作用逐步调节 TEM 的球差，从而实现亚埃级（<0.1 nm）的分辨率，实现了对原子的便捷成像，现在球差校正透射电镜已经成为人类研究纳米世界的利器。

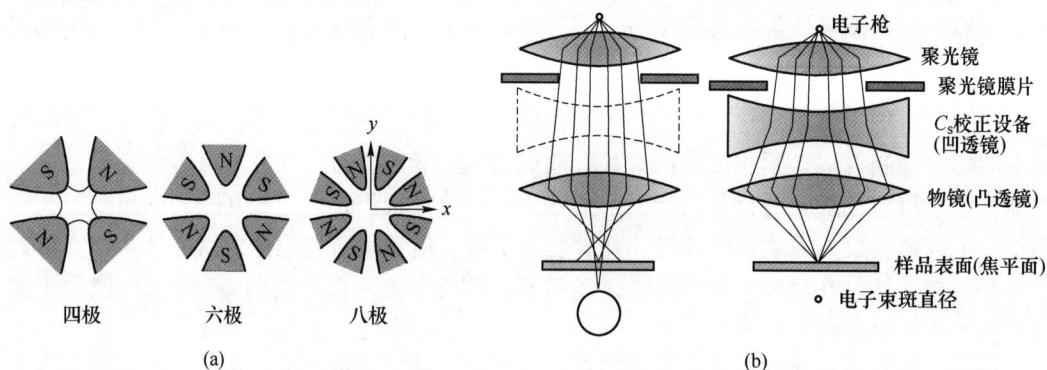

图 4-17　三种多极子校正装置的示意图（a）和球差矫正光路示意图（b）

4.1.5.4 电磁透镜的分辨率

电子束具有波动性，电子束之间会相互干涉而产生衍射现象。电磁透镜的最佳孔径半角为 $\alpha_0 = 1.25\left(\dfrac{\lambda}{C_s}\right)^2$，将其代入式（4-29）可得电磁透镜的分辨率公式：

$$r_0 = \frac{1}{4}C_s\,\alpha_0^3 = \frac{1}{4}\times 1.25^3 \times\left(\frac{\lambda}{C_s}\right)^{\frac{3}{4}} = AC_s^{\frac{1}{4}}\lambda^{\frac{1}{4}} \tag{4-30}$$

式中，A 为常数，通常 $A \approx 0.40\sim0.55$。

实际操作中，最佳孔径半角是通过选用不同孔径的光阑获得的。目前最先进的球差校正透射电镜的分辨率可达 0.1 nm，最高可实现 0.039 nm 的空间分辨率。

4.1.5.5 电磁透镜的景深和焦长

景深（depth of field，DOF）大是电子显微镜显著优于光学显微镜的特征之一。景深的定义是指像平面固定，在保证像清晰的前提下，物平面沿光轴可以前后移动的最大距离。通俗一些讲，在聚焦完成后，焦点前、后的范围内所呈现的清晰图像的距离，这一前一后的范围，称为景深。图 4-18 为电磁透镜的景深几何光路图。

理想情况下，即不考虑衍射和像差（球差、像散和色差）时，物点 P 位于光轴上的 O 点时，成像聚焦于像平面上一点 O'，当物点 P 上移至 A 点时，则聚焦点也由 O' 点移到了 A' 点，由于像平面不动，此时物点在像平面上的像就由点 O 演变为半径为 R 的散焦斑。如果衍射效应是决定电磁透镜分辨率的控制因素，r_0、M 分别为透镜的分辨率和放大倍数，当物点 P 沿轴向下移动至 B 点时，其理论像点在 B' 点，在像平面上的像同样由点演变成半径为 R 的散焦斑，只要 $R/M \leqslant r_0$，像就是清晰的，这样物点 P 在光轴上 A、B 两点范围内移动时，均能成清晰的像，A、B 两点的距离就是该电磁透镜的景深 D_f。

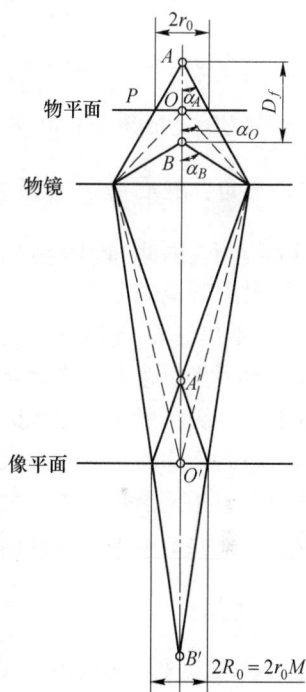

图 4-18　电磁透镜的景深几何光路图

由图 4-18 中的几何关系可得电磁透镜的景深的计算公式：

$$D_f = \frac{2r_0}{\tan\alpha} \approx \frac{2r_0}{\alpha} \tag{4-31}$$

式中，r_0 为透镜的分辨率；α 为孔径半角，电磁透镜的孔径半角一般仅有 $10^{-3}\sim10^{-2}$ rad，因此 $\tan\alpha\approx\alpha$。α_O 为物点 O 的孔径半角，α_B 为物点 B 的孔径半角。

如果电磁透镜的分辨率为 $r_0 = 1$ nm，则 $D_f = 200\sim2000$ nm。对于加速电压为 100 kV 的电子显微镜来说，样品厚度一般控制在约 200 nm，因此在透镜景深范围内可充分保证样品上各处的结构细节均能清晰可见。

当透镜焦距和物距一定时，像平面在一定的轴向距离内移动也会引起失焦。如果失焦斑尺寸不超过透镜因衍射和像差引起的散焦斑大小，那么像平面在一定的轴向距离内移动对透镜的分辨率就没有影响。因此，在保持像清晰的前提下，物距不变，像平面沿透镜主轴可移动的距离，或观察屏及照相底板沿透镜主轴允许移动的距离定义为透镜的焦深，用 D_L 表示，如图 4-19 所示。

在不考虑衍射和像差（球差、像散和色差）的理想情况下，样品上某物点 O 经透镜后成像于点 O'。当像平面轴向移动时，像平面上形成散焦斑，由点 O' 向上移动时的散焦斑称为欠散焦斑，由点 O' 向下移动时的散焦斑称为过散焦斑。假设透镜分辨率的控制因素为衍射效应，只要散焦斑的尺寸不大于 R_0，就可保证像是清晰的。由图 4-19 的光路图几何关系可得焦深公式：

$$D_L = \frac{2r_0 M}{\tan\beta} \approx \frac{2r_0 M}{\beta} = \frac{2r_0 M^2}{\alpha_O} \qquad (4\text{-}32)$$

式中，r_0 为透镜的分辨率；M 为透镜放大倍数；α_O 为物点 O 的孔径半角，$\beta = \dfrac{\alpha_O}{M}$，电磁透镜的孔径半角一般仅有 $10^{-3} \sim 10^{-2}$ rad，因此 $\tan\beta \approx \beta$。

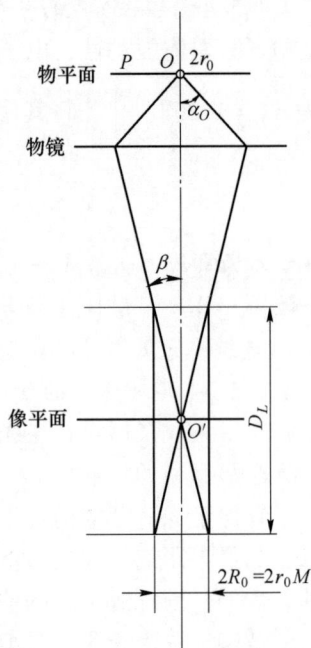

图 4-19　电磁透镜的焦深光路图

如果电磁透镜的分辨率为 $r_0 = 1$ nm、$\alpha = 10^{-2}$ rad、$M = 200$ 倍，则焦深 $D_L = 8$ mm。这表明该电磁透镜实际像平面在理想平面上或下各 4 mm 范围内移动时不需要改变聚焦状态，图像仍保持清晰。

对于由多级电磁透镜组成的电子显微镜来说，其终像放大倍数等于各级透镜放大倍数的乘积，因此终像的焦深就更大了，一般超过 10~20 cm。电磁透镜的这一特点为电子显微镜图像的照相记录带来了极大的方便。只要在荧光屏上图像是聚焦清晰的，那么在荧光屏上或下十几厘米范围内放置照相底片，所拍摄的图像也是清晰的。

4.1.6　电子枪

电子显微镜（简称电镜）主要由电子光学系统、电源控制系统和真空系统三大部分组成，其中电子光学系统为电镜的核心部分，它又分为电子枪、成像系统和观察记录系统等。

电子枪是产生、加速及汇聚高能量密度电子束流的装置，它发射出具有一定能量、一定束流及速度和角度的电子束。电子枪位于电镜的最上部，是产生电子的装置。电子枪的种类不同，电子束的会聚直径、能量的发散度也不同，这些都影响着电镜的性能。电子枪的必要特性是亮度要高、电子能量散布（energy spread）要小，电子枪可分为热电子发射型和场发射型两种类型，目前常用的种类有三种，不同的灯丝其电子源大小、电流量、电流稳定度及电子源寿命等均有差异。

4.1.6.1　热电子发射型电子枪

热电子发射型电子枪有钨（W）灯丝及六硼化镧（LaB$_6$）灯丝两种，它利用高温使电子具有足够的能量去克服电子枪材料的功函数（work function）能障而实现发射。对发射电流密度有重大影响的变量是温度和功函数，但因操作电子枪时均希望能以最低的温度来操作，以减少材料的挥发，所以在操作温度不提高的状况下，就需要采用低功函数的材料来提高发射电流密度。

价钱最便宜、使用最普遍的是钨灯丝，以热电离（thermionization）式来发射电子，钨的功函数约为 4.5 eV，电子能量散布为 2 eV（束斑直径为 200~300 μm）。如图 4-20（a）所示，钨灯丝是一条直径约为 100 μm，弯曲成 V 形的细线，操作温度约为 2700 K，电流密度为 1.75 A/cm^2，在使用中灯丝的直径随着钨丝的蒸发变小，其使用寿命较短，一般小于 100 h。

图 4-20（b）所示为六硼化镧（LaB$_6$）灯丝，LaB$_6$灯丝的功函数为 2.4 eV，电子能量散布为 1 eV，较钨灯丝低，因此同样的电流密度，使用 LaB$_6$，只需要 1500 K 即可达到，而且亮度更高。相对于钨灯丝，LaB$_6$阴极具有寿命长（>500 h）、束斑直径小（140 μm）的优势，但其材质的成本高，单根售价在万元以上。而且，LaB$_6$在加热时活性很强，所以必须在较好的真空环境下操作（10^{-4} Pa），因此仪器的购置费用较高。

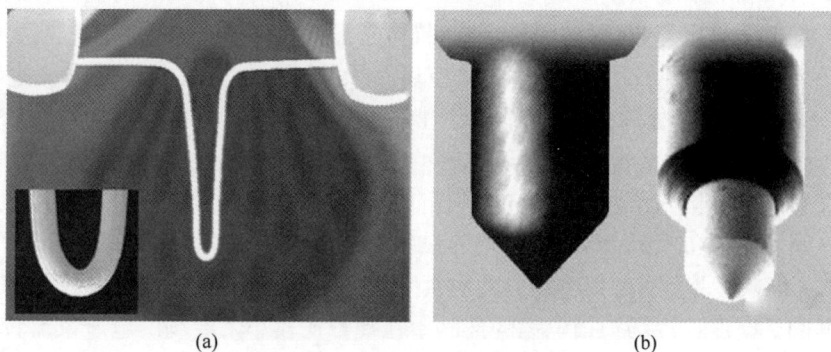

图 4-20 热发射型电子枪的灯丝

（a）钨灯丝；（b）LaB$_6$灯丝

4.1.6.2 场发射型电子枪

场发射型电子枪比钨灯丝和六硼化镧灯丝的亮度又分别高出 10~100 倍，放大倍率由 25 倍到 650000 倍，在加速电压为 15 kV 时，其分辨率可达到 1 nm，加速电压为 1 kV 时，分辨率可达到 2.2 nm，所以目前市售的高分辨率扫描式电子显微镜都采用场发射型电子枪，一般钨丝型的扫描式电子显微镜仪器上的放大倍率可到 200000 倍，实际操作时，大部分均在 20000 倍时影像便不清楚了，但如果样品的表面形貌及导电度合适，最大倍率（650000 倍）是可以达到的。

场发射型电子枪选用的阴极材料必须是高强度材料，以能承受高电场施加在阴极尖端的高机械应力，钨即因高强度而成为较佳的阴极材料。如图 4-21 所示，场发射型电子枪通常以上下一组阳极来产生吸取电子、聚焦及加速电子等功能。利用阳极的特殊外形产生的静电场，能对电子产生聚焦效果，所以不再需要韦氏罩或栅极。第一阳极（上阳极）的主要作用是改变场发射的引出电压（extraction voltage），以控制针尖场发射的电流强度。而第二阳极（下阳极）的主要作用是决定加速电压，以将电子加速至需要的能量。要从极细的钨针尖场发射电子，金属表面必须完全干净，无任何外来材料的原子或分子，即使只有一个外来原子落在表面也会降低电子的场发射，所以场发射型电子枪必须保持超高真空度，来防止钨阴极表面累积原子。

场发射型电子枪的分类主要为冷场发射式、热场发射式和肖特基发射式。

A　冷场发射式电子枪

冷场发射式（cold field emission，FE）电子枪采用单晶钨的尖端作为电子枪阴极的发射源，其束流密度更高，分辨率更好。冷场发射式最大的优点为电子束直径小，电子能量散布仅为 $0.2\sim0.3$ eV，亮度最高，因此影像分辨率最优。要求工作在超高真空环境下，使用寿命较长。

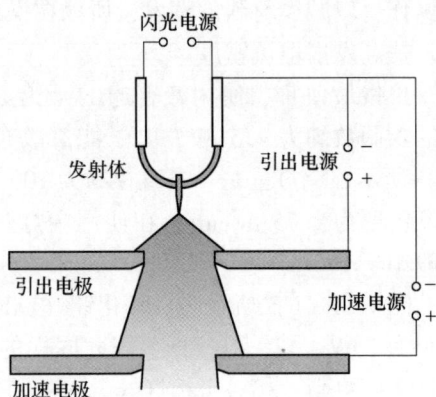

图 4-21　场发射型电子枪的构造

冷场发射扫描电子显微镜为避免针尖被外来气体吸附而降低场发射电流，因此发射电流不稳定，发射体使用寿命短。冷场发射扫描电子显微镜对真空条件要求较高，冷场发射式电子枪必须在压强为 1.33×10^{-8} Pa 的真空度下操作，虽然如此，还是需要定时短暂加热针尖至 2500 K（此过程称为 flashing，定时对针尖进行清洗），以去除吸附的气体原子，此外，其发射的总电流最小，仅局限于单一的图像观察，应用范围有限。

冷场发射式电子枪在工作 $4\sim10$ min 后，尖端就会覆盖一单层气体。然后，发射源会稳定一段时间，新设备大概 2 h，较成熟的设备大概 8 h。通常设备在工作了 $8\sim12$ h 后自动提示做 flashing 还原，因为其冷场方式对真空度要求是所有扫描电镜中最高的，所以为了保证足够的真空度，冷场扫描电镜的样品室往往都比较小。冷场的电子束流较小，同时稳定性相对较差，因此大大限定了冷场扫描的扩展分析功能。通常情况下冷场发射扫描电子显微镜只能进行能谱扩展分析，无法实现波谱、背向散射电子衍射技术（EBSD）、动态拉伸等扩展分析功能。

B　热场发射式电子枪

热场发射式（thermal field emission，TF）电子枪在 1800 K 温度下操作，避免了大部分的气体分子吸附在针尖表面，所以免除了针尖的 flashing 操作。热场发射式电子枪能维持较佳的发射电流稳定度，并能在较差的真空度下（1.33×10^{-7} Pa）操作，虽然亮度与冷场发射式电子枪相类似，但其电子能量散布幅度却比冷场发射式电子枪大 $3\sim5$ 倍，影像分辨率较差，较不常使用。

C　肖特基发射式电子枪

在热场发射式基础上发明了肖特基发射式电子枪（见图 4-22），其操作温度为 1800 K，其在钨（100）单晶上镀 ZrO 覆盖层，ZrO 将功函数从纯钨的 4.5 eV 降至 2.8 eV，而外加高电场更使电位障壁变窄变低，使得电子很容易以热能的方式跳过能障（并非穿隧效应），逃出针尖表面，所需真空度为 $1.33\times10^{-7}\sim1.33\times10^{-6}$ Pa。其发射电流稳定度佳，而且发射的总电流也大。而其电子能量散布很小，仅稍逊于冷场发射式电子枪。其电子源直径比冷场发射式大，所以影像分辨率也比冷场发射式稍差一点。由于 ZrO 一直覆在灯丝上，因此肖特基的束流非常稳定，但最终 ZrO 耗尽时，灯丝的寿命也就结束了，一般为 $2\sim3$ 年。发射体能保持高温，不吸附气体，因此具有电子束流稳定度高的特点。与冷场发射式电子枪相比，肖特基发射式电子枪的电子束能量发散度稍大，但能获取大的探针电流，这一特点适合在观察形貌的同时进行各种分析，这种电子枪有时也因为方便被称为热阴极场发射电子枪或热场发射电子枪。

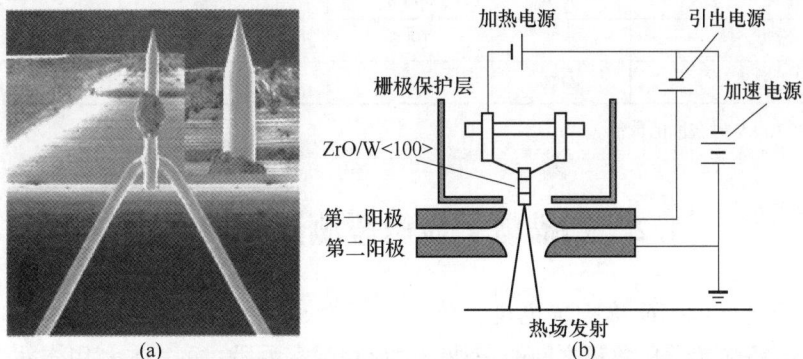

图 4-22　肖特基发射式电子枪的灯丝图（a）和热场电路（b）示意图

　　图 4-23 用雷达图总结了热发射式电子枪、冷场发射式电子枪和肖特基发射式电子枪的优势。在电子源的尺寸、亮度（意味着电子束的电流密度、平行度）、寿命、能量发散度（能量幅度）等方面，冷场发射式电子枪比较优越；在探针电流量、电子束流稳定度等方面，热场发射式电子枪则比较优越。根据这些特性可以得知，冷场发射式电子枪适合于高放大倍率下形貌观察，热场发射式电子枪适合于多功能的应用，如不要求高倍率分析等，肖特基发射式电子枪具有介于两者之间的特性，从高倍率观察到多功能分析都能够广泛应用。表 4-3 总结了电子显微镜常用电子枪的特征。

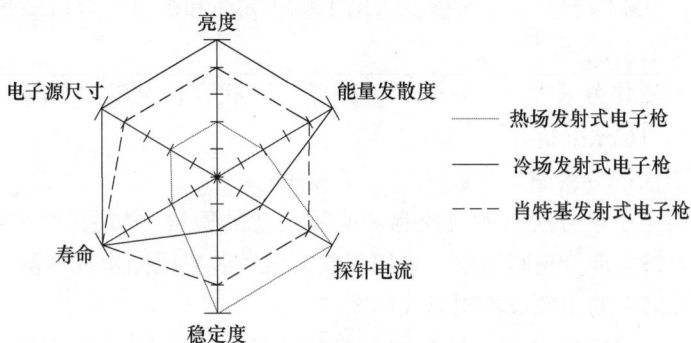

图 4-23　三种电子枪的比较

表 4-3　电子显微镜常用电子枪的特征

特　　征	热场发射式电子枪		冷场发射式电子枪	肖特基发射式电子枪
	钨灯丝	LaB$_6$灯丝		
电子源尺寸	15~20 μm	10 μm	5~10 nm	15~20 nm
亮度/A·(cm·rad)$^{-2}$	10^5	10^6	10^8	10^8
能量发散度/eV	3~4	2~3	0.3	0.7~1

续表 4-3

特　征	热场发射式电子枪		冷场发射式电子枪	肖特基发射式电子枪
	钨灯丝	LaB$_6$灯丝		
寿命	50 h	500 h	数年	1~2 年
阴极温度/K	2800	1900	300	1800
每小时电流波动	<1%	<2%	>10%	<1%

注：亮度为 20 kV 时获取的数值。

4.2　扫描电子显微镜测试分析方法

扫描电子显微镜，简称扫描电镜，英文缩写为 SEM（scanning electron microscope），是介于透射电镜和光学显微镜之间的一种微观形貌观察手段，可直接利用样品表面材料的物质性能进行微观成像。它是用细聚焦的电子束轰击样品表面，通过电子与样品相互作用产生的二次电子、背散射电子等对样品表面或断口形貌进行观察和分析，扫描电镜能提供关于样品表面颗粒的表面特征和纹理、形状、大小和排列的信息。SEM 与能谱仪（energy dispersive spectrometer，EDS）组合，可以对样品进行成分分析，可以提供样品的元素和化合物的类型及其相对比例，以及单晶颗粒中原子的排列及其有序度等信息。SEM 是显微结构分析的主要仪器之一，已广泛用于材料、冶金、矿物、生物学等领域。

扫描电子显微镜的几个特点如下：

（1）可以观察直径为 0~30 mm 的大块试样（在半导体工业可以观察更大直径），制样方法简单。

（2）景深大、300 倍于光学显微镜，适用于粗糙表面和断口的分析观察；图像富有立体感、真实感、易于识别和解释。

（3）放大倍数变化范围大，一般为 15~20 倍，多相、多组成的非均匀材料便于低倍下的普查和高倍下的观察分析。

（4）具有相当高的分辨率，一般为 3.5~6.0 nm。

（5）可以通过电子学方法有效地控制和改善图像的质量，如通过调制可改善图像反差的宽容度，使图像各部分亮暗适中。采用双放大倍数装置或图像选择器，可在荧光屏上同时观察不同放大倍数的图像或不同形式的图像。

（6）可进行多种功能的分析。与 X 射线谱仪配接，可在观察形貌的同时进行微区成分分析；配有光学显微镜和单色仪等附件时，可观察阴极荧光图像和进行阴极荧光光谱分析等。

（7）可使用加热、冷却和拉伸等样品台进行动态试验，观察在不同环境条件下的相变及形态变化等。

4.2.1　扫描电子显然镜

扫描电子显微镜（SEM）主要由电子光学系统、探测器系统、真空系统和样品室等组成。

4.2.1.1 电子光学系统

电子光学系统主要是给扫描电镜提供一定能量可控的并且有足够强度的、束斑大小可调节的、扫描范围可根据需要选择的、形状完美对称且稳定的电子束。电子光学系统主要由电子枪、电磁透镜、光阑、扫描系统、消像散器、物镜和各类对中线圈组成，如图4-24所示。

A 电子枪

电子枪（electron gun）是产生具有确定能量电子束的部件，是由阴极（灯丝）、栅极和阳极组成。灯丝主要有钨灯丝、LaB_6灯丝和场发射三类。详见4.1节电子枪部分。

SEM的分辨率与入射到试样上的电子束直径密切相关，电子束直径越小，其分辨率越高。最小的电子束直径 D 的表达式为

$$D^2 = 0.4 \frac{I_0}{B^2\alpha^2} + 0.25C_s^2\alpha^6 + C_c^2\alpha^2\left(\frac{\Delta V}{V_0}\right)^2 + \left(1.22\frac{\lambda}{\alpha}\right)^2$$

(4-33)

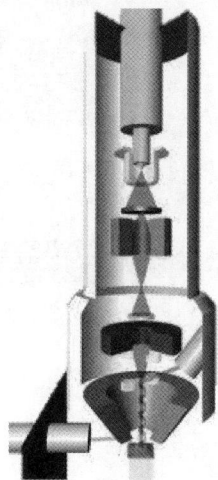

图4-24 SEM的电子光学系统

式中，D 为交叉点电子束在理想情况下的最后的束斑直径；I_0 为电子束流；B 为电子源亮度；α 为电子束张角；C_s 为球差系数；C_c 为色差系数；$\Delta V/V_0$ 为能量扩展。

由此可以看出，不同类型的电子源，其亮度、单色性、原始发射直径具有较大差异，最终导致聚焦后的电子束斑有明显的不同，从而使得不同电子源的电子显微镜的分辨率也有如此大的差异。通常扫描电镜也根据其电子源的类型，分为钨灯丝 SEM、冷场发射 SEM、热场发射 SEM。

B 电磁透镜

电磁透镜主要对电子束起汇聚作用，类似光学中的凸透镜。电磁透镜主要有静电透镜和磁透镜两种。其基本工作原理详细见4.1节的电磁透镜部分。磁透镜主要包括聚光镜和物镜，靠近电子枪的透镜是聚光镜，靠近试样的是物镜，如图4-25所示。一般聚光镜是强励磁透镜，而物镜是弱励磁透镜。

聚光镜的主要功能是控制电子束直径和束流大小。聚光镜电流改变时，聚光镜对电子束的聚焦能力不一样，从而造成电子束发散角的不同，电子束电流密度也随之不同。然后配合光阑可以改变电子束直径和束流的大小，如图4-26所示。当然，有的电镜不止一级聚光镜，也有的电镜通过改变物理光阑的大小来改变束流和束斑大小。

物镜的主要功能是对电子束做最终聚焦，将电子束再次缩小并聚焦到凸凹不平的试样表面。

C 光阑

光阑是为挡掉发散电子，保证电子束的相干性和电子束照射所选区域而设计的带孔的金属小片。根据安装在电镜中位置的不同，光阑可分为聚光镜光阑、物镜光阑和中间镜光阑三种。一般聚光镜和物镜之间都有光阑，其作用是挡掉大散射角的杂散电子，避免轴外电子对焦形成不良的电子束斑，使得通过的电子都满足旁轴条件，从而提高电子束的质量，使入射到试样上的电子束直径尽可能小。电镜中的光阑和很多光学器件里面的孔径光

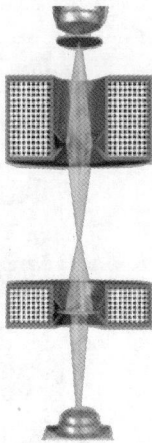

图 4-25　聚光镜和物镜

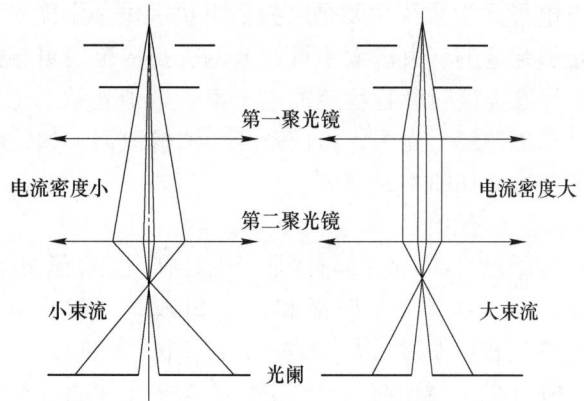

图 4-26　聚光镜改变电流密度、束斑和束流

阑或狭缝非常类似。光阑一般大小在几十微米，并根据不同的需要选择不同大小的光阑。有的型号的 SEM 是通过改变光阑的孔径来改变束流和束斑大小。一般物镜光阑都是卡在一个物理支架上，如图 4-27 所示。

　　在电镜的维护中，光阑的状况十分重要。如果光阑合轴不佳，那将会产生巨大的像散，引入额外的像差，导致分辨率的降低。更有甚者，图像都无法完全消除像散。另外光阑偏离也会导致电子束不能通过光阑或部分通过光阑，从而使得电子束完全没有信号，或信号大幅度降低，有时候通过的束斑也不能保持对称的圆形，如图 4-28 所示，从而使得电镜图像质量迅速下降。还有，物镜光阑使用时间长了还会吸附其他物质以致受到污染，光阑孔不再完美对称，从而会引起额外的像差、信号的衰弱和图像质量的降低。

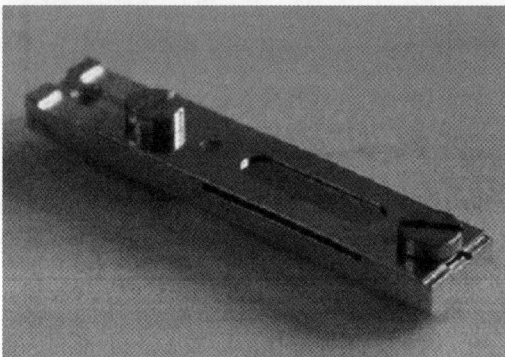

图 4-27　物理光阑的支架

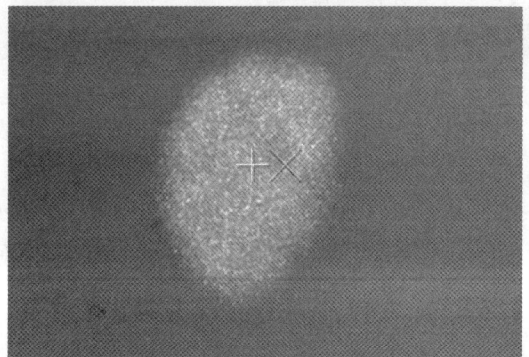

图 4-28　光阑偏离后遮挡电子束

　　因此，光阑的清洁和良好的合轴对扫描电镜的图像质量至关重要。目前光阑的对中调节有手动旋拧和电动发动机调节两种方式。

　　D　扫描系统

　　扫描系统是扫描电镜中必不可少的部件，作用是使电子束偏转，使其在试样表面进行有规律的扫描，如图 4-29 所示。

　　扫描系统由扫描发生器和扫描线圈组成。扫描发生器对扫描线圈发出周期性的脉冲信号，如图 4-30 所示，扫描线圈通过产生相应的电场力使电子束进行偏转。通过控制 x 方向和 y 方向的脉冲周期，使电子束在样品表面进行矩形扫描运动。此外，扫描电镜的像素分辨率可由 x、y 方向的周期比例进行控制；扫描的速度由脉冲频率控制；扫描范围大小由脉冲振幅控制；另外，改变 x、y 方向脉冲周期比例及脉冲的相位关系还可以控制电子束的扫描方向，即进行图像的旋转。

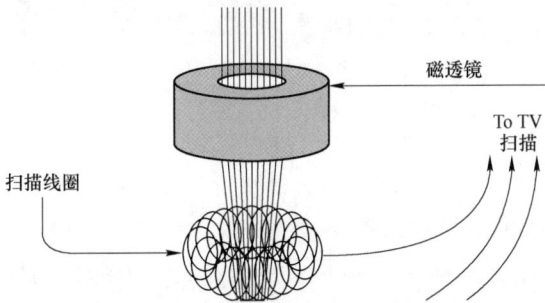

图 4-29　扫描线圈改变电子束方向　　　　图 4-30　扫描发生器的脉冲信号

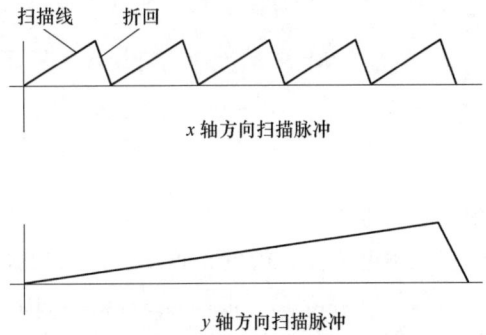

　　另外，从扫描发生器对扫描线圈的脉冲信号控制就可以看出，电子束在样品表面并不是完全连续扫描的，而是像素化的逐点扫描。即在一个点驻留一段处理时间后，跳到下一个像素点。值得注意的是，扫描电镜的放大率由扫描系统决定，扫描范围越大，相应的放大率越小；反之，扫描范围越小，放大率越大。显示器观察到的图像和电子束扫描的区域相对应，SEM 的放大倍数也是由电子束在试样上的扫描范围确定。

　　随着数字化的到来，扫描电子显微镜几乎采用显示器直接观察。所以，此时用显示器上的长度除以样品对应区域的实际大小，即为屏幕放大率。同样的扫描区域，照片放大率和屏幕放大率会显示为不同的数值。不过不管采用何种放大倍数，在通常的图片浏览方式下，其放大率通常都不准确。对屏幕放大率来说，只有将电镜照片在控制电镜的电脑上，按照1∶1的比例进行观察时，实际放大倍数才和屏幕放大率一致。否则照片在电脑上观察时放大、缩小、自适应屏幕，或被打印、投影出来，或在有不同像素点距的显示器显示时，都会造成实际放大率和照片上标出的放大率不同。不过，不管如何偏差，照片上的标尺始终一致。

　　E　物镜

　　扫描电镜的物镜也是一组电磁透镜，励磁相对较弱，主要用于电子束的最后对焦，其焦距范围可以从一两毫米到几厘米范围内做连续微小的变化。

　　a　物镜的类型

　　物镜技术相对来说比较复杂，不同型号的电镜可能其他部件设计相似，但是在物镜技术上可能有较大的差异。目前场发射的物镜有三种物镜模式，即全浸没式、无磁场式和半磁浸没式，如图 4-31 所示。各厂家也有自己特定的名称，业界没有统一的说法，但是其本质是一样的。

　　（1）全浸没式。也称为 in-lens OBJ lens，其特点是整个试样浸没在物镜极靴及磁场

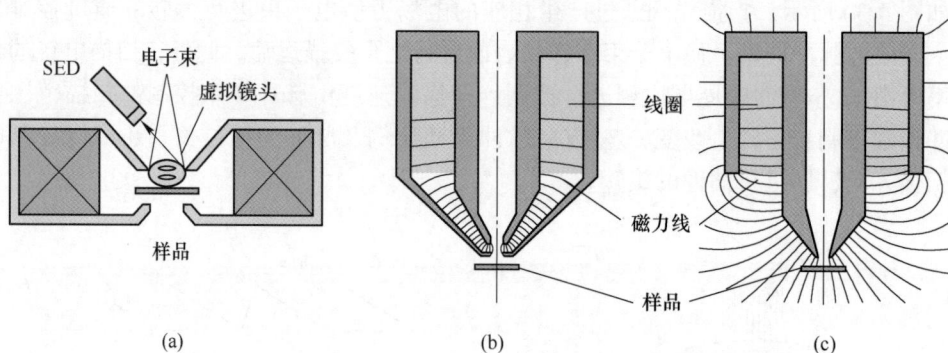

图 4-31 全浸没式（a）、无磁场式（b）和半磁浸没式（c）透镜

中，顾名思义称为全浸没式。但是其试样必须非常小，插入到镜筒里面，和 TEM 比较类似。这种电镜在市场里面非常少，没有引起人们的足够重视。

（2）无磁场式。也称为 out-lens OBJ lens，这也是电镜最早发展起来的，大部分钨灯丝电镜都是这种类型。此类电镜的特点是物镜磁场开口在极靴里面，所以物镜产生的磁场基本在极靴里面，样品附近没有磁场。但是绝对不漏磁是不可能的，只要极靴留有让电子束穿下来的空隙，就必然会有少量磁场泄漏。这对任何一家电镜厂商来说都是一样的，大家只能减少漏磁，不可能杜绝漏磁，因为磁力线总是闭合的。采用这种物镜模式的电镜漏磁很少，做磁性样品是没有问题的。特别是 TESCAN（泰思肯）的极靴都采用了高导磁材料，进一步减少了漏磁。

（3）半磁浸没式。为了进一步提高分辨率，厂商对物镜做了一些改进。比较典型的就是半磁浸没式物镜，也称为 semi-in-lens OBJ lens。因为全浸没式物镜极少，基本被忽视，所以有时也把半磁浸没式物镜称为浸没式物镜。

半磁浸没式物镜的特点是极靴的磁场开口在极靴外面，故意将样品浸没在磁场中，以减少物镜的球差，同时产生的电子信号会在磁场的作用下飞到极靴里面去，探测器在极靴里面进行探测。这种物镜的最大优点是提高了分辨率，但缺点是对磁性样品的观察能力相对较弱。为了弥补无磁场式物镜分辨率的不足和半浸没式物镜不能做磁性样品的缺点，半磁浸没式物镜的电镜一般将无磁场式物镜和半磁浸没式物镜相结合，形成了多工作模式。这种结合兼顾无磁场和半磁浸没式的优点，需要特别高的分辨率时，使用浸没式物镜，做磁性样品的时候，关闭浸没式物镜，使用一般的物镜。

从另一个角度来说，在使用无磁场式物镜时，对应的虚拟透镜位置在镜筒内，距离样品位置较远；使用半磁浸没式物镜时，对应的透镜位置在极靴下，距离样品很近。根据光学成像的阿贝理论也可以看出，半浸没式物镜的分辨率相对更高，如图 4-32 所示。

b 物镜对分辨率的影响

电磁透镜在理想情况下和光学透镜类似，必须满足高斯成像公式，但是光学透镜不可避免存在色差和像差及衍射效应，在电子光学系统中一样存在。再加上制造精度达不到理论水平，电磁透镜可能存在一定的缺陷，如磁场不严格轴对称分布等，再加上存在灯丝色差，使得束斑扩大而降低分辨率。所以减少物镜像差也一直是电镜在不断发展的核心技术。

物镜对分辨率的影响（见图 4-33）包括以下几个方面：

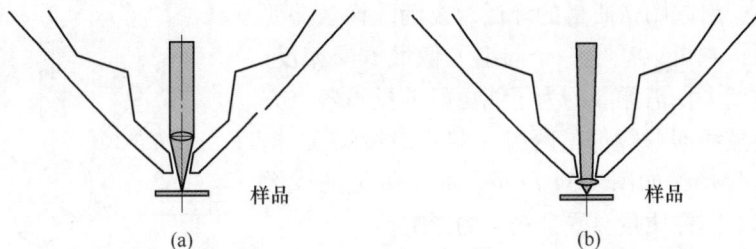

图 4-32　无磁场式（a）和半磁浸没式（b）透镜对应的位置

（1）衍射的影响。高能电子束的波长远小于扫描电镜的分辨率，因此衍射因子对分辨率的影响较小。

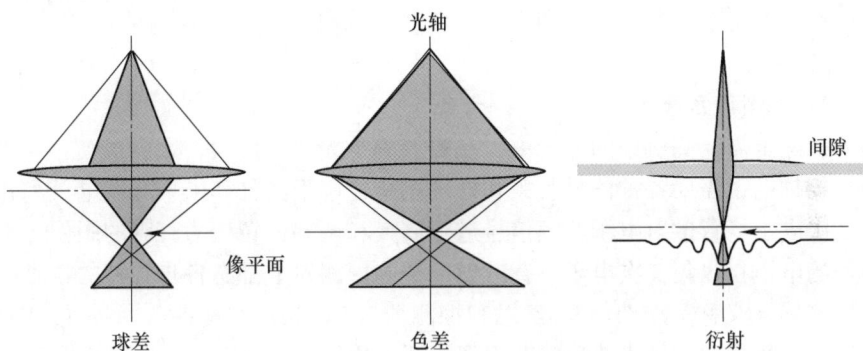

图 4-33　球差、色差、衍射对束斑的影响

（2）色差的影响。色差是指电子束中的不同电子能量并不完全相同，能量范围有一定的展宽，在经过电磁透镜后焦点也不相同，导致束斑扩大。不同电子源的色差很大，也造成了分辨率的巨大差异。

（3）像差的影响。像差相对来说比较复杂，在传统光学理论中，成像公式都是基于旁轴理论，所以在数学计算上做了一定的近似。但是如果更严格地考虑光学成像，就会发现在光学成像中存在五种像差。

球差：电子在经过透镜时，近光轴的电子和远光轴的电子受到的折射程度不同，因此会引起束斑的扩大。而电镜中的电子束不可能细如完美的一条线，总会有一定的截面积，故球差总是存在。不过球差对扫描电镜的影响相对较小，对透射电镜的影响较大。

畸变：原来横平竖直的直线在经过透镜成像后，直线变成曲线，根据直线弯折的情况可将畸变分为枕形畸变和桶形畸变。但是在扫描电镜中倍数较大，所以畸变不易察觉，但在最低倍率下能观察到物镜的畸变。而且，扫描电镜的视场往往有限，有的型号的电镜具有了"鱼眼模式"，虽然增加了视场，但却增加了畸变。

像散：是由透镜磁场非旋转对称引起的一种像差，使得本应呈圆形的电子束交叉点变成椭圆。这样一个的束斑不再是完美对称的圆形，会严重影响电镜的图像质量。以前人们都认为极靴加工精度低、极靴材料不均匀、透镜内线圈不对称或镜头和光阑受到污染会产生像散。但是，像散更是光学中的一种固有像差，即使极靴加工完美，镜头、光阑没有被污染，也同样会有像散。当然，加工及污染问题会进一步加大像散的影响。

电子束也一样，原来圆形的束斑在经过电磁透镜后，会因为像散的存在变得不再是完美的圆形，这会引起图像质量的降低。要消除像散需要有消像散线圈，它可以产生一个与引入像散方向相反、大小相等的磁场来抵消像散，为了能更好地抵消各个方向的像散，消散线圈一般都是两组（共八级线圈），构成一个"米"字形，如图 4-34 所示。如果电镜的像散没有消除，那么图像质量会受到极大的影响。

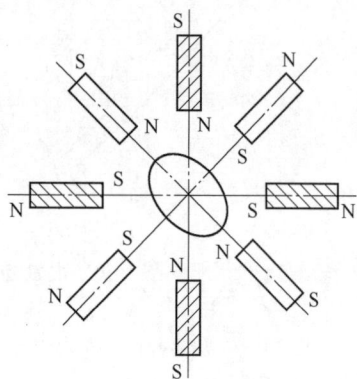

图 4-34　八级消像散线圈

慧星像差和像场弯曲：慧星像差也总是存在的，只是在扫描电镜中不易被发觉，但是在聚焦离子束中对中状况不好时可以发现慧星像差的存在；由于扫描电镜的成像方式和 TEM 等需要不同的感光器件，像场弯曲在扫描电镜中也很难发现。慧星像差和像场弯曲在扫描电镜中都可以忽略。

4.2.1.2　探测器系统

扫描电镜除了需要高质量的电子束，还需要高质量的探测器。扫描电镜需要各种信号收集和处理系统，用于区分和采集二次电子和背散射电子，并将二次电子、背散射电子产额信号进行放大和调制，转变为直观的图像。不同厂商及不同型号的电镜在收集二次电子、背散射电子的探测器上都有各自独特的技术，但是旁置式电子探测器（又称为埃弗哈特-索恩利探测器（Everhart-Thornley detector，ETD））和固体背散射电子探测器却较为普遍，获得了广泛的应用。

A　旁置式电子探测器（ETD）

a　ETD 的结构和原理

旁置式电子探测器几乎是任意扫描电镜都具备的探测器，但是其名称有很多，有的称为二次电子（SE）探测器，有的称为下位式（SEL）探测器等。虽然名称不同，但其工作原理几乎完全一致。

二次电子能量较小，很容易受到其他电场的影响而产生偏转，利用二次电子的这个特性可以对它进行区分和收集，如图 4-35 所示。在探测器的前端有一个金属网（称为法拉第笼），当它加上电压之前，二次电子向四周散射，只有朝向探测器方向的少部分二次电子会被接收到；当金属纱网加上 250~350 V 的电压时，各个方向散射的二次电子都会受到电场的吸引而改变原来的轨迹，这样大部分的二次电子都能被探测器接收。

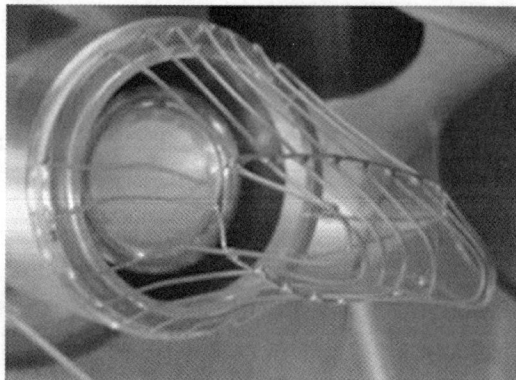

图 4-35　ETD 的外貌

旁置式电子探测器主要由闪烁体、光导管、光电倍增管和放大器组成，其工作原理图和结构图如图 4-36 和图 4-37 所示。从样品出来的电子受到电场的吸引而打到闪烁体上（表面通常有 10 kV 的高压）产生光子，光子再通过光导管传送到光电倍增管上，光电倍增管再将信号送至放大器，放大成有足够功率的输出信号，而后可直接调制阴极射线管的电位, 这样便获得了一幅图像。

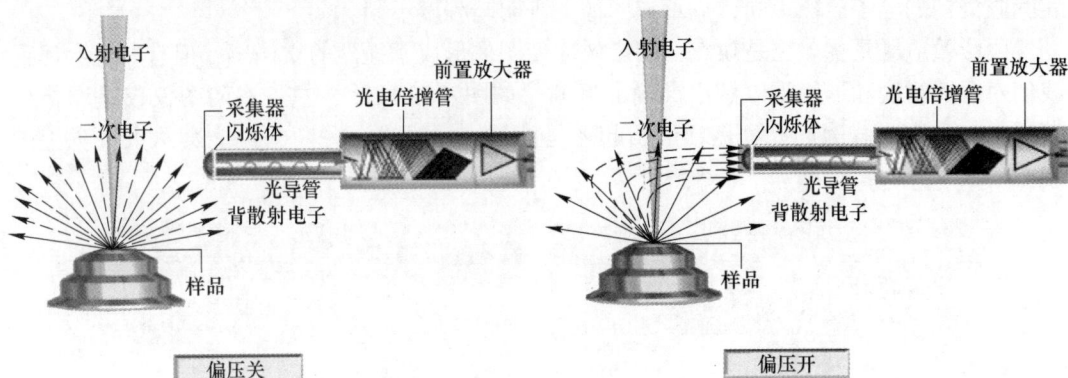

图 4-36 ETD 的工作原理

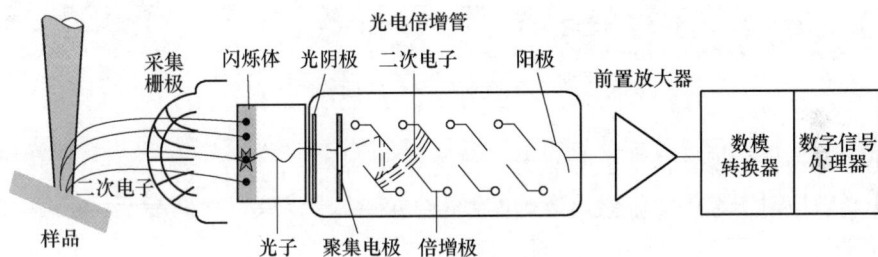

图 4-37 ETD 的结构图

一般电镜 ETD 的闪烁体部分都使用磷屏, 成本相对较低, 但其缺点是, 长时间使用后磷材质会逐步老化, 导致电镜 ETD 的图像信噪比越来越弱, 对于操作者来说非常疲劳, 所以信噪比严重下降时需要更换闪烁体。较为先进的电镜 ETD 的闪烁体都采用了钇铝石榴石 (YAG) 晶体作为基材, 与磷材质相比, 其具有信噪比高、响应速度快、无限使用寿命、性能不衰减等特点。

b ETD 的阴影效应

ETD 由于在极靴的一侧, 而非全部环形对称, 这样的几何位置也决定了其成像有一些特点, 如会产生较强的阴影效应。ETD 通过加电场来改变 SE 的轨迹, 而当样品表面凹凸较大, 背向探测器的"阴面"产生的二次电子的轨迹不足以绕过试样, 最终会被试样所吸收。在这些区域, 探测器采集不到电子信号, 而最终在图像上呈现更暗的灰度。而在朝向探测器的阳面, 产生的信号没有任何遮挡, 呈现更亮的灰度, 这就是阴影效应。如图 4-38 所示, A 和 B 区域倾斜度相同, 按照倾斜角和产额的理论, 两者的二次电子产额相同。但是 A 区域的电子可被探

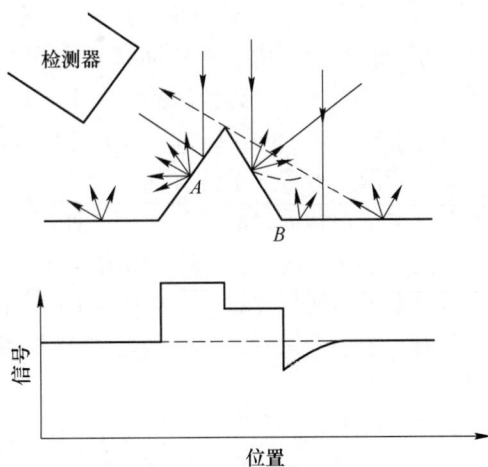

图 4-38 ETD 的阴影效应

测器无遮挡接收，而 B 区域则有一部分电子要被试样隆起的部分吸收掉，从而造成 ETD 实际收集到的电子产额不同，显示在图像上则明暗程度不同。

阴影效应既是优点也是缺点，阴影效应使图像形成了强烈的立体感，但有时也会使得我们对一些衬度和形貌难以做出准确的判断。如图 4-39 所示，左、右两图仅仅是图像旋转了 180°，但试样表面究竟是球形凸起还是凹坑，一时难以判断，可能会给人视觉上的错觉。

图 4-39 球状突起物与球状凹坑的判别

但是遇到这样的视觉错觉也并非无计可施，可以利用阴影效应对图像的形貌做出准确的判断。首先将图像旋转至特定的几何方向，将 ETD 作为图像的"北"方向，电子束从左往右进行扫描。如果形貌表面是凸起，电子束从上扫到下，先是经过阳面然后经过阴面，表现在图像上则应是特征区域朝上的部分更亮。反之，如果表面是凹坑，则图像上朝上的部分显得更暗，如图 4-40 所示。由此，可以非常快速而准确地知道样品表面实际的起伏情况。

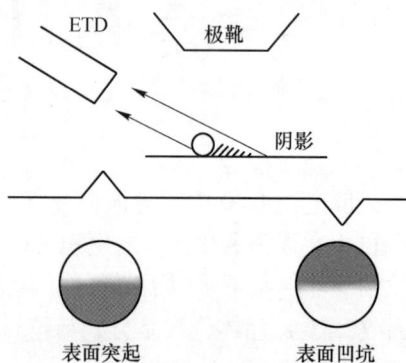

图 4-40 利用阴影效应进行形貌的判断

c ETD 的衬度

以前，多数人都把 ETD 称为二次电子（SE）检测器，这种叫法其实不完全正确。ETD 除了能使得二次电子偏转而接收二次电子，也能接收原来就向探测器方向散射的背散射电子。所以在加上正偏压的情况下，ETD 接收到的是二次电子和背散射的混合电子，其中背散射电子占 10%~15%。如果将 ETD 的偏压调小，则探测器吸引二次电子的能力变弱，而对背散射电子几乎没有什么影响。所以，可以通过改变 ETD 的偏压来调节其接收到的二次电子和背散射电子的比例。如果将 ETD 的偏压改为较大的负电压，则由于二次电子的能量小于 50 eV，受到电场的斥力，不能到达探测器位置，而朝向探测器方向散射的背散射电子因能量较高、不易受电场影响而会被探测器接收，此时 ETD 接收到的完全是背散射电子信号。所以不能把使用 ETD 获得的图像等同于 SE 像，更不能等同于形貌衬度。

d ETD 的缺点

ETD 是一种主动式加电场吸引电子的工作方式，它不但能影响二次电子的轨迹，同时也会对入射电子产生影响。在入射电子能量较高时，这种影响较弱，但随着入射电子能量的降低，这种影响越来越大，所以 ETD 在低电压情况下，图像质量会显著下降。

此外，ETD 能接收到的信号相对比较杂乱，除了我们希望的 SE1 外，还接收到了 SE2、SE3 和 BSE，如图 4-41 所示。而后面三种相对来说分辨率都较 SE1 低很多，尤其是 SE3，更是无用的背底信号，这也使得 ETD 的分辨率比其他镜筒内探测器要偏低。

B 固体背散射电子探测器

背散射电子能量较高，接近原始电子的能量，所以受其他电场力的作用相对较小，难以像 ETD 探测器一样通过加电场的方式进行采集。

极靴下固体背散射电子探测器是目前通用的技术。极靴下固体背散射电子探测器一般采用半导体材料，放置在极靴下方，中间开一个圆孔，使入射电子束能入射到试样上，如图 4-42 所示。原始电子束产生的二次电子和背散射电子虽然都能到达探测器表面，但是由于探测器表面采用半导体材质，半导体具有一定的能隙，能量低的二次电子不足以让半导体的电子产生跃迁而形成电流，所以二次电子对探测器无法产生任何信号。而背散射电子能量高，能够激发半导体电子跃迁而产生电信号，经过放大器和调制器等获得最终的背散射电子图像，如图 4-43 所示。

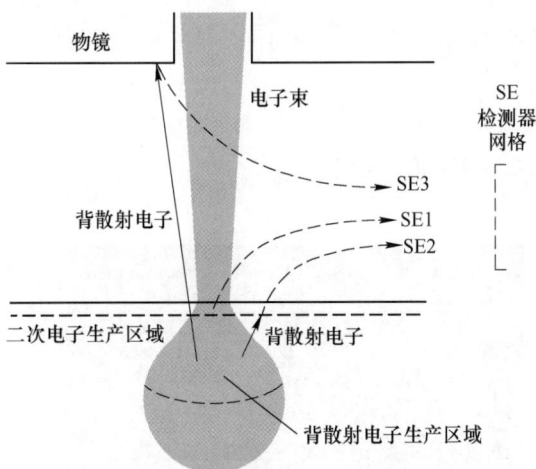

图 4-41 ETD 实际接收的信号

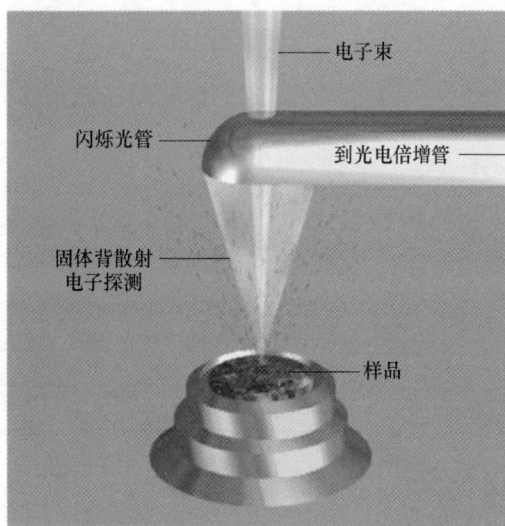

图 4-42 极靴下背散射电子信号采集示意图

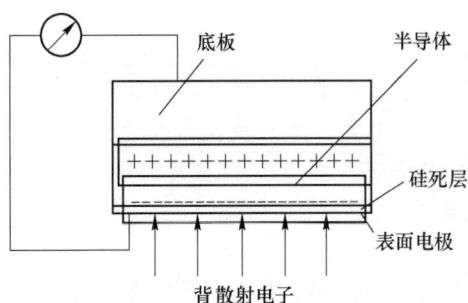

图 4-43 半导体式固体背散射电子探测器

极靴下固体背散射电子探测器属于完全被动式收集，利用半导体的能带隙，将二次电子和背散射电子自然区分开。探测器本身无需加任何电场或磁场，对入射电子束也不会有什么影响，因此这种采集方式得到了广泛运用。有的固体背散射电子探测器被分割成多个象限，通过信号的加减运算，可以实现形貌模式、成分模式和阴影模式等。

极靴下固体背散射电子探测器除了使用半导体材质外，还有使用闪烁体晶体的，如钇铝石榴石（YAG）晶体。闪烁体型的工作原理和半导体式类似，如图 4-44 所示。能量低的二次电子到达背散射电子探测器后不会有任何反应，而能量高的背散射电子却能引起闪烁体发光。产生的光经过光导管后，再经过光电倍增管，信号经过放大和调制后转变为 BSE 图像。闪烁体相比半导体式的固体背散射电子探测器来说，拥有更好的灵敏度、信噪比和更低的能带宽度，其结构及 YAG 晶体如图 4-45 所示。

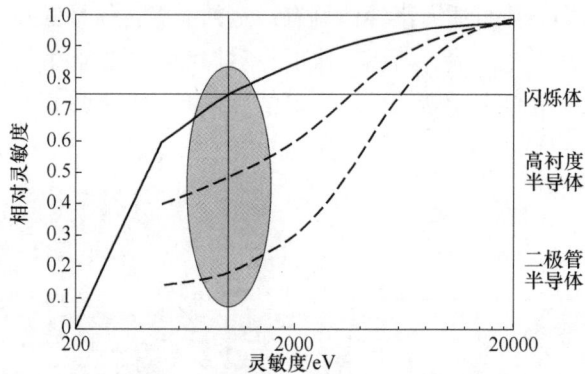

图 4-44　不同材质 BSE 探测器的灵敏度

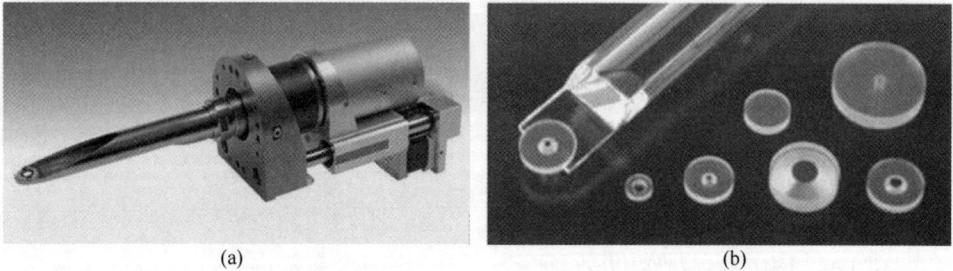

(a)　　　　　　　(b)

图 4-45　YAG 晶体式固体背散射电子探测器的结构（a）及 YAG 晶体（b）

一般常规二极管半导体材质的灵敏度为 4~6 keV，也就是说，当加速电压效应为 5 keV 时，BSE 的能量也小于 5 keV。此时，常规的半导体背散射电子探测器的成像质量就要受到很大的影响，甚至没有信号。后来二极管半导体材质表面进行了一定的处理，将灵敏度提高到 1~2 keV，对低电压的背散射电子成像质量有了很大的提升。而 YAG 晶体等闪烁体的灵敏度通常在 0.5~1.0 keV 之间。

C　镜筒内探测器

前面已经说到 ETD 因为接收到 SE1、SE2、SE3 和部分 BSE 信号，所以分辨率相对较低，为了进一步提高电镜的分辨率，各个厂商都开发了镜筒内电子探测器。由于特殊的几何关系，降低分辨率的 SE2、SE3 和低角 BSE 无法进入镜筒内部，只有分辨率高的 SE1 和高角背散射电子才能进入镜筒，因此镜筒内电子探测器相对镜筒外探测器的分辨率有了较大的提高，如图4-46所示。

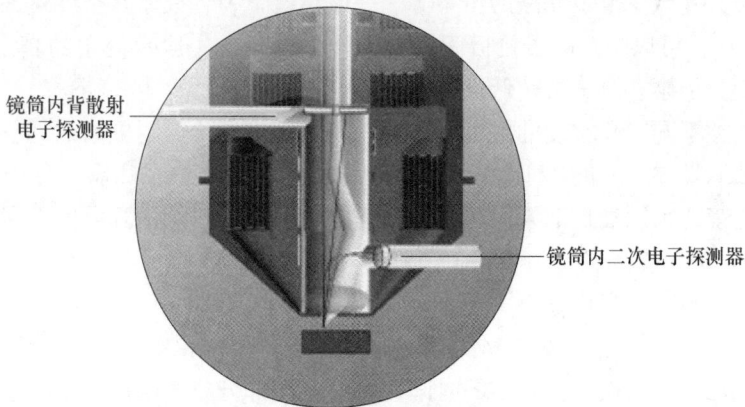

镜筒内背散射电子探测器

镜筒内二次电子探测器

图 4-46　场发射扫描电子显微镜的镜筒内电子探测器

值得注意的是，镜筒内二次电子探测器（SE）和镜筒内背散射电子探测器（BSE）是两个独立的硬件，这和部分电镜用一个镜筒内探测器来实现 SE 和 BSE 模式是截然不同的。镜筒内二次电子探测器设计在物镜的上方斜侧，可以高效地捕捉 SE1 电子；镜筒内背散射电子探测器设计在镜筒内位置较高的顶端，中心开口使电子束通过，形状为环形探测器，可以高效地捕捉高角 BSE。

D　荧光探测器

标准型荧光探测器类似极靴下背散射电子探测器，接收信号的立体角度较大，信号更强，但和极靴下背散射电子探测器会有位置冲突；而紧凑型荧光探测器类似能谱仪，从极靴斜上方插入过来，和背散射探测器可以同时使用，不过接收信号的立体角相对较小。

如果按照性能来分，荧光探测器又可分为单色和彩色两类。单色荧光将接收到的荧光信号经过聚光系统进行放大，不分波长直接调制成图像；彩色荧光信号经过聚光系统后，再经过红色、绿色、蓝色三原色滤镜后，分别进行放大处理，再利用色彩的三原色叠加原理产生彩色的荧光图像。黑白荧光、彩色荧光、黑白胶片及数码彩色 CCD 原理极其类似。

阴极荧光由于其极好的检出限，对能谱仪或波谱仪等附件有着很好的补充作用，但目前扫描电镜中配备阴极荧光探测器的还不多。

E　电子束感应电流探测器

电子束感应电流（electron beam induced current，EBIC）探测器的工作原理是使用电子束的束在材料中局部产生电子-空穴对。EBIC 探测器结构很简单，主要由一个可以加载偏压的单元和一个精密的皮安计组成。EBIC 甚至可以和纳米机械手进行配合，将纳米机械手像万用表的两极一样，对样品特定的区域进行伏安特性的测试。

4.2.1.3　真空系统和样品室

A　真空系统

电子束很容易被散射，所以电子显微镜必须保证从电子束产生、聚焦入射到试样表面，再到产生的 SE、BSE 被接收检测的整个过程是在真空环境下进行。保持系统工作在真空环境，还能防止样品和气体分子在电子束的作用下反应。真空系统就是要保证电子枪、聚光镜镜筒、样品室等各个部位有较高的真空度。高真空度能减少电子的能量损失，提高灯丝寿命，并减少电子光路的污染等。一般情况下，若镜筒真空度达到 1.33×10^{-3} ~ 1.33×10^{-2} Pa，就可以防止电子枪极间放电和样品污染。一般常使用的真空泵有机械泵、扩散泵、涡轮分子泵、离子泵及低温吸气泵等。

灯丝的种类不同，真空度的要求也不同，场发射电子枪需要更高的真空度。钨灯丝扫描电镜的电子源真空度一般优于 10^{-4} Pa 量级，通常使用机械泵和涡轮分子泵，不过一些较早型号的电镜还采用油扩散泵。场发射扫描电镜电子源要求的真空度更高，一般热场发射为 10^{-7} Pa 量级，冷场发射为 10^{-8} Pa 量级。场发射 SEM 的真空系统主要由两个离子泵（部分冷场有三个离子泵）、扩散泵或涡轮分子泵、机械泵组成。

而对于样品室的真空度，钨灯丝和部分热场电镜的要求相对较低，一般优于 2×10^{-2} Pa 即可开启电子枪，所以换样抽真空的时间比较短；而部分热场电镜或冷场电镜则要达到更高的真空度（如 9×10^{-4} Pa），才能开启电子枪。为了保证换样时间，日本生产的电镜一般都需要额外的交换室，在换样的时候利用交换室进行，不破坏样品室的真空，而欧美系电镜普遍采用抽屉式大开门的样品室设计。两种设计各有利弊，一般抽屉式设计的样品室较大，可以放置更大、更多的样品，效率高。或对于有些特殊的原位观察要求，大开门设计才可能放进各种体积较大的功能样品台，如加热台、拉伸台；交换室更有利于保护样品室的洁净度，减少污染。此外，一些采用了低真空和环境扫描技术的扫描电镜的样品室真空可分别达到几百帕和接近 3000 Pa。

相对来说，具备低真空技术的电镜真空系统更为复杂，一般也都会具备高、低真空两个模式。在低真空模式下一般需要在极靴下插入压差光阑，以保证样品室处于低真空而镜筒处于高真空的状态。但是加入了压差光阑后，电镜的视场范围会大幅度减小，这对看清样品全貌及寻找样品起到了负面作用。

B　样品室和样品台

样品室中除了样品台，还要安装多种信号检测器和各种孔径的探测系统。样品室越大，电镜的接口数量也越多，电镜的可扩展性也越强，但抽放真空的时间会相对延长。

电镜的样品台一般有机械式和压电式两种，一般有 X、Y、Z 三个方向的平移、绕 Z 的旋转 R 和倾斜 T 五个维度。当然，不同型号的电镜由于定位或其他原因，五个轴的行程范围有很大区别。一般来说，机械发动机的样品台稳定性好、承重能力强，但精度和重复性相对较低；压电陶瓷样品台的精度和重复性都很好，但承重能力比较弱。

样品台一般又有真中央样品台和优中心样品台之分。样品台在进行倾转时都有一个倾转中心，样品台绕该中心进行倾转。如果样品观察的位置恰好处于倾转中心，那么倾转之后电镜的视场不变；但如果样品不在倾转中心，倾转后视场将会发生较大变化。在大角度倾转的情况下，如果样品台移动，样品会在高度方向上也发生移动，容易碰撞到极靴或其他探测器，造成故障，这对操作者来说是危险之举。而同心样品台则不一样，只要将电子束合焦好，电镜会准确地知道观察区域离极靴的距离，在倾转后，若观察到区域偏离，样品台能自动进行 Y 方向的平移来补偿，以保持观察的视野不变，如图 4-47 所示。

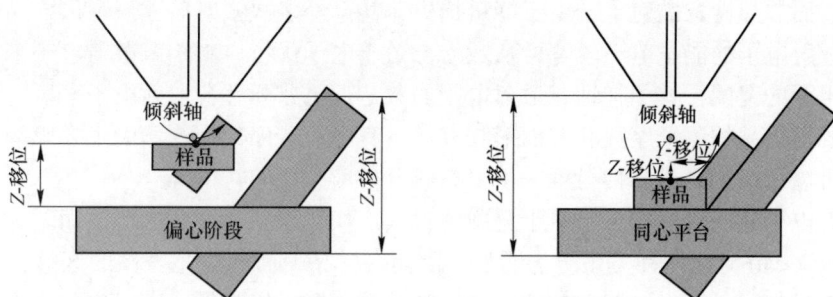

图 4-47 真中央样品台与优中心样品台

4.2.2 扫描电子显微镜表面成像衬度

由于样品表面各点的状态不同，电子束作用后产生的各种物理信号的强度也就不同，当采用某种电子信号为调制信号成像时，其阴极射线管上响应的各部位将出现不同的亮度，此亮度的差异即形成了具有一定衬度的某种电子图像。表面形貌衬度实际上就是图像上各像单元的信号强度差异。用作调制成图像的电子信号主要有背散射电子和二次电子。电子信号不同，产生图像的衬度也不同。扫描电镜常常用二次电子和背散射电子调制成像。下面分别介绍二次电子和背散射电子成像衬度的原理及影响因素。

4.2.2.1 二次电子成像衬度

二次电子成像主要被用于分析样品的表面形貌。入射电子束作用于样品后，在样品上方检测到的二次电子主要来自样品的表层（深度为 5~10 nm）。当深度大于 10 nm 时，二次电子的能量低（<5 eV）、扩散程短，基本被样品吸收，无法达到样品表面。二次电子产额与样品的原子序数没有明显关系，但对样品的表面形貌非常敏感。二次电子可以形成形貌衬度和成分衬度。成分衬度的产生原因在于背散射电子穿过表层样品时激发的二次电子及被 ETD 检测器收集到的部分能量较低（<50 eV）的背散射电子。但由于二次电子的成分衬度非常弱，远不如背散射电子形成的成分衬度，故一般不用二次电子信号来研究样品中的成分分布，且在成像衬度分析时予以忽略。因此，二次电子成像主要用来分析样品表面的形貌衬度。

当样品表面的状态不同时，二次电子的产额也不同，用其调制成形貌图像时的信号强度也就存在差异，从而形成反映样品表面状态的形貌衬度。当入射电子束垂直于平滑的样品表面时，产生二次电子的体积最小，产额最少；当样品倾斜时，入射电子束穿入样品的有效深度增加，激发二次电子的有效体积也随之增加，二次电子的产额增多。显然，倾斜程度越大，二次电子的产额也就越大，成像区域也就越亮。二次电子的产额直接影响了调制信号的强度，从而使荧光屏上产生与样品表面形貌相对应的电子图像，即形成二次电子的形貌衬度。

4.2.2.2 背散射电子成像衬度

背散射电子是指被固体样品中的原子核反弹回来的一部分入射电子，包括弹性背散射电子和非弹性背散射电子两种。弹性背散射电子是指被原子核反弹回来，基本没有能量损失的入射电子，散射角（散射方向与入射方向间的夹角）大于 90°，能量高达数千至数万电子伏特。而非弹性背散射电子由于能量损失，甚至经多次散射后才反弹出样品表面，故非弹性背散射电子的能量范围较宽，从数十至数千电子伏特。由于背散射电子来自样品表层数百纳米深的范围，其中弹性背散射电子的数量远比非弹性背散射电子多。背散射电子的产额主要与样品的原子序数和表面形貌有关，其中原子序数为产额的主要影响因素。背散射电子可以用来调制成多种衬度，主要有成分衬度、形貌衬度等。

背散射电子的产额对原子序数十分敏感，其产额随着原子序数的增加而增加，特别是在原子序数 $Z<40$ 时，这种关系更为明显。因而在样品表面原子序数高的区域，产生的背散射电子信号越强，图像上对应部位的亮度就越亮；原子序数低，则对应的图像较暗，就形成了背散射电子的成分衬度。

与二次电子主要有形貌衬度上的不同，背散射电子的产额与样品表面的形貌状态有关，当样品表面的倾斜程度、微区的相对高度变化时，其背散射电子的产额也随之变化，因而可形成反映表面状态的形貌衬度。当样品为粗糙表面时，背散射电子像中的成分衬度往往被形貌衬度掩盖，其实两者同时存在，均对像衬度有贡献。对一些样品既要进行形貌分析又要进行成分分析时，可采用两个对称分布的检测器（如半导体硅检测器），同时收集样品上同一点处的背散射电子，然后输入计算机进行处理，分别获得放大的形貌信号和成分信号，并避免了形貌衬度与成分衬度之间的干扰。

由上可知，二次电子和背散射电子成像时，形貌衬度和原子序数衬度都存在，均对图像衬度有贡献，只是两者贡献的大小不同而已。二次电子成像时，像衬度主要取决于形貌衬度，而成分衬度的贡献微乎其微；背散射电子成像时，两者均可有重要贡献，并可分别形成形貌像和成分像。

4.2.3 应用实例分析

扫描电镜可以测量和分析的参数有薄膜和薄涂层的厚度、表面形态和外观、尺寸和尺寸分布，复合材料和混合物中颗粒、纤维、纳米材料或任何其他添加剂的形状和分散，纳米材料的高度和横向尺寸，泡沫材料中的泡孔尺寸和尺寸分布，纳米和微米材料的化学成分和元素分析、断裂和结构缺陷分析等。

4.2.3.1 微观形貌观测

研究者采用乳化挥发法制备人生长激素微球，制得表面多孔微球。然后利用流化床设备制得无孔微球，SEM 表征如图 4-48 所示。结果表明，不同方法制备的微球具有明显不同的表面孔隙形貌。

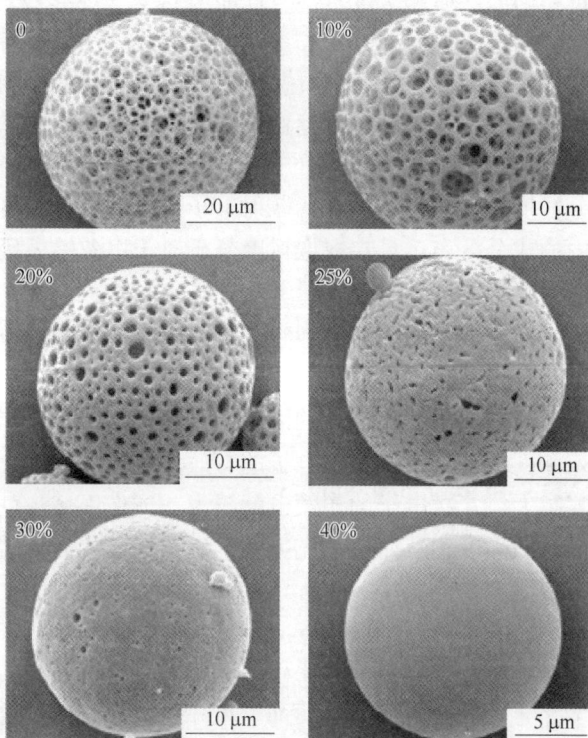

图 4-48   微球孔结构 SEM 表征

通过制样，获得微球内部的断面，然后通过 SEM 进行表征，就可以得到微球内部的结构形貌，如图 4-49 所示。不同工艺条件下，获得的微球具有明显不同的内部结构。相对于图 4-49（a），图 4-49（b）中的微球具有更小的内部孔径，结构更为致密。结果表明，SEM 对这种工艺的研发及产线质量控制具有重要意义。

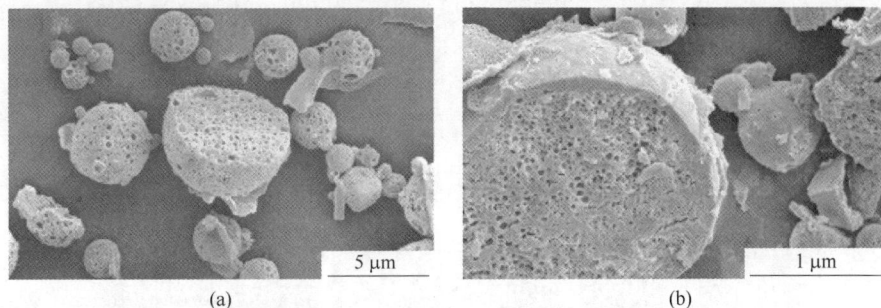

(a)   (b)

图 4-49   不同工艺条件下的微球断面表征

4.2.3.2   扫描电镜在电池材料领域的应用

扫描电镜在电池材料领域依据形貌变化辅助机理研究，目前，SEM 已被应用在锂-空气电池、锂-硫电池等多种电池体系的设计研发中，锂-空气电池易被放电产物（Li_2O_2）堵塞碳正极的反应活性位点而失效，利用 SEM 记录循环过程中正极材料的形貌变化可以辅助研究电池的失效机理，通过设计优化电池材料来实现电池的长效循环；锂-硫电池在循环过程中会生成可溶性的硫化物中间产物（Li_2S_n，$4 \leqslant n \leqslant 8$），导致电池容量衰减、穿梭效应、库仑效率降低等问题，利用 SEM 观察充、放电过程中硫化物中间产物的转变过程，证实 InN-隔膜可以促进硫化物的可逆沉积-降解（见图 4-50），为电池材料的改性和功能化提供理论依据。锂二次电池中锂负极材料易与电解液发生反应形成"死锂"，导致电池失效，研究者用 SEM 观察了三种锂负极材料循环后的形貌变化，推断了锂二次电池的失效机理，并证实了经全氟磺酸–聚四氟乙烯共聚物和二氧化钛（$Nafion/TiO_2$）包覆的锂负极材料具有良好的循环稳定性，实现了对锂负极的有效保护（见图 4-50（c））。

界面反应的实时观测，如活泼的金属负极（如 Li、Na）在低电势下易与电解液发生反应，导致电解液的消耗，在负极表面形成不可逆固-液界相，同时由于金属离子成核形成枝晶，易刺穿集流体引发一系列安全问题。利用 SEM 对电池界面反应进行实时观测，有利于优化电池性能，提高电池循环的长效性和稳定性。如图 4-51 所示，随着电流密度的增加，锂沉积物先是逐渐长大，稀疏地分散在 Cu 电极表面；随后尺寸不断减小，转变为球形颗粒状，分布更加密集，堆叠更加紧密，最终完全覆盖住了 Cu 基底。通过观察锂在界面析出形态的演变过程，可以对锂成核和生长过程加深理解，为金属负极枝晶研究提供依据。

4.2.3.3   扫描电镜在心血管植入物方面的应用

利用扫描电镜（SEM）检测聚四氟乙烯材料人工血管，得到 SEM 图像及孔隙测量图，检测到的大小不同的孔隙是通过不同的拉伸工艺得到的。扫描电镜可以为其提供孔隙在血管节点间距离（测量相邻的两个节点内边缘两根纤维丝之间的直线距离），对每张图片至少进行 6 次测量，其中不大于 5 μm 的孔隙不认为是节间距，仅大于 6 μm 的孔隙才被记

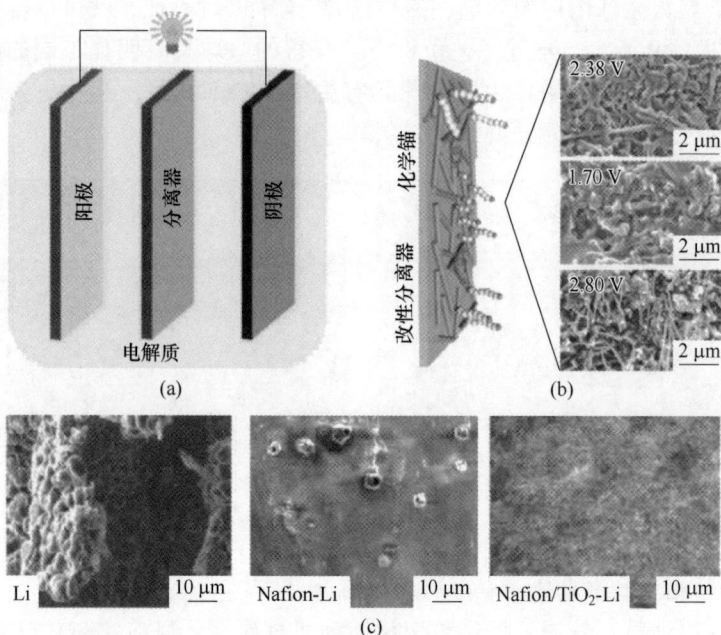

图 4-50 氮化铟功能性隔膜在锂-硫电池中的性能

（a）电池结构示意图；（b）InN-隔膜在充、放电不同阶段下（2.38 V、1.70 V、2.80 V）的 SEM 图像；
（c）锂-硫电池循环 100 圈后三种负极材料（Li、Nafion-Li、Nafion/TiO$_2$-Li）的形貌变化

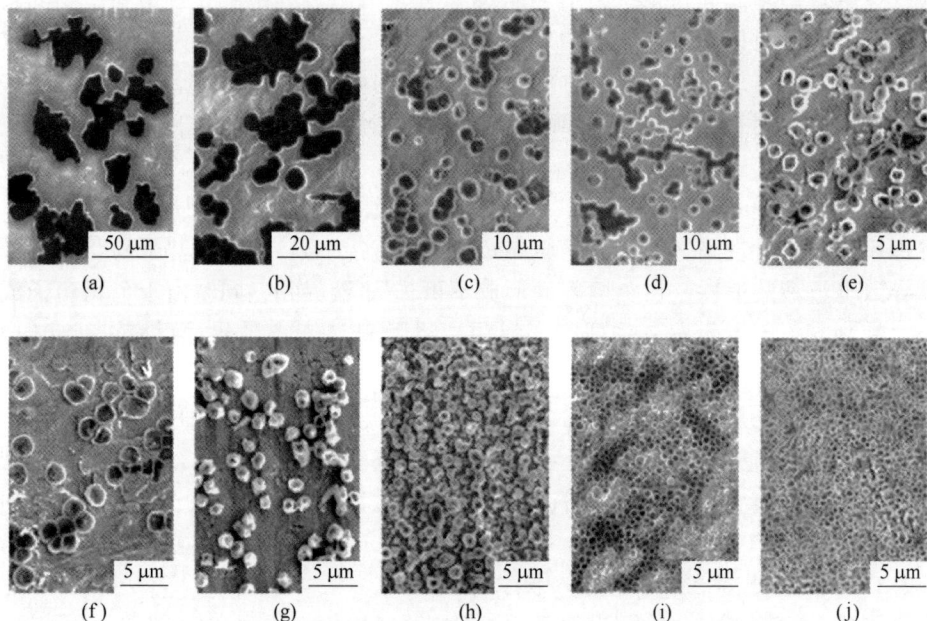

图 4-51 非原位 SEM 观察 Li 核在不同电流密度下的生长过程

（a）0.025 mA/cm^2；（b）0.05 mA/cm^2；（c）0.1 mA/cm^2；（d）0.2 mA/cm^2；（e）0.3 mA/cm^2；
（f）0.4 mA/cm^2；（g）0.5 mA/cm^2；（h）1 mA/cm^2；（i）5 mA/cm^2；（j）10 mA/cm^2

录为节间距和平均孔径方面的指标，从而更方便、快速、有效地检测人工血管的性能特征。研究者用合成胶原增强弹性蛋白基质的超纤维复合材料设计合成了血管移植物，并通过扫描电镜确定合成血管的取向和血管节点间距离及它的表面结构特点（见图4-52）。

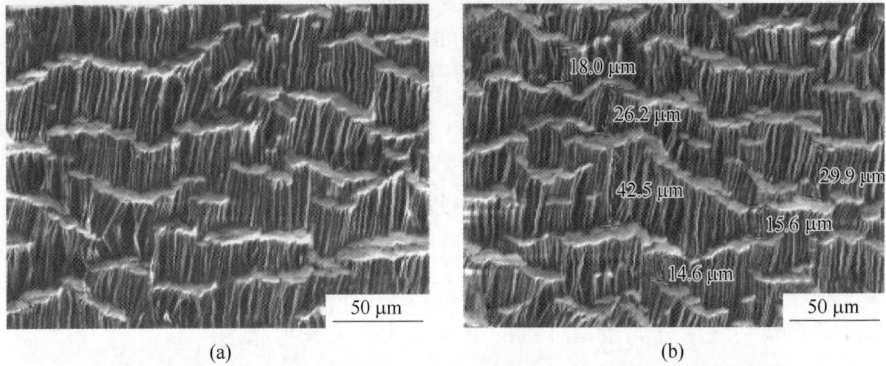

图4-52 典型人工血管SEM图像（a）和典型人工血管孔隙测量图（b）

　　研究者利用扫描电镜及能谱仪，通过成分分析判断生物可吸收Zn-Cu支架在猪冠状动脉中的降解规律，为这种支架进一步应用于临床提供了理论依据。纳米纤维血管支架的结构和形态对其力学和生物学性能有重要影响。研究者开发了可作为现成的血管移植物使用的纳米纤维血管支架，并通过扫描电镜表征了纳米纤维血管支架的形态。纳米纤维支架表面光滑，直径均匀，横截面显示其壁厚为（156±26.5）μm，外径为（1.1±0.15）mm，高倍SEM图像中，纤维具有明显的共向取向（见图4-53）。

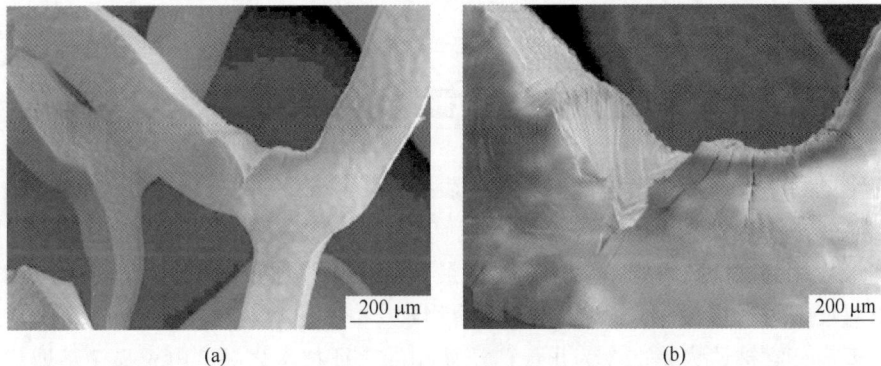

图4-53 典型的生物可吸收支架耐久性测试后的低倍SEM图像（a）和高倍SEM图像（b）

4.2.3.4 冷冻扫描电镜冷冻断裂法在生物样品中的应用

　　冷冻扫描电镜（Cryo-SEM）具有能在高真空状态下观察含水样品、分辨率高、制样简单快速、可对样品进行断裂刻蚀等优点，是生命科学研究中的有效工具。利用Cryo-SEM冷冻断裂法进行生物类样品表面形貌观察，既能观察到表面结构信息，又能观察样品内部结构信息。植物样品冷冻断裂后在升华温度为-100 ℃、升华时间为10 min、冷台温度为-175 ℃、观察电压为5 kV的试验条件下可以观察到植物细胞的叶绿体和细胞之间的组织。乳清蛋白纤（WPIF）冷冻断裂后在升华温度为-100 ℃、升华时间为5 min、冷台温度为−175 ℃、观察电压为 5 kV 的试验条件下可以观察到中链甘油三酯和蛋白纤维堆积而成的片层结构。未冷冻断裂处理的样品无法观察到以上结果。冷冻断裂法是低温冷冻制样的关键技术，在处理舱室采用冷刀切断。低温断裂是一种脆性断裂，断裂过程中基本上不发生塑弹性变形。通过冷冻断裂可以观察样品断口和样品内部的结构信息，广泛应用于生物样品和含水软组织样品，断裂角度和部位是保证试验是否成功的关键。以 WPIF 的液体样品为试验材料，对样品进行冷冻断裂处理，观察并对比冷冻断裂处理后样品的结构。如图 4-54 所示，冷冻断裂后能看到乳液内部的截面结构，包括连续相和液滴的表面。未断裂时只能看到冷冻样品的平整外表面，无法观察内部结构。如图 4-54（a）所示，只能看到油相被包裹在内部，无法观察到纤维堆积。图 4-54（b）中乳液液滴内部的油相（中链甘油三酯）表面形貌清楚可见，可以观测到乳液液滴内部的油相（中链甘油三酯）排列结构、油滴形貌及大小。图 4-54（c）是连续相中的乳清分离蛋白纤维堆积而成的片层结构，可以观察到乳清分离蛋白纤维的堆积方式和堆积形状。

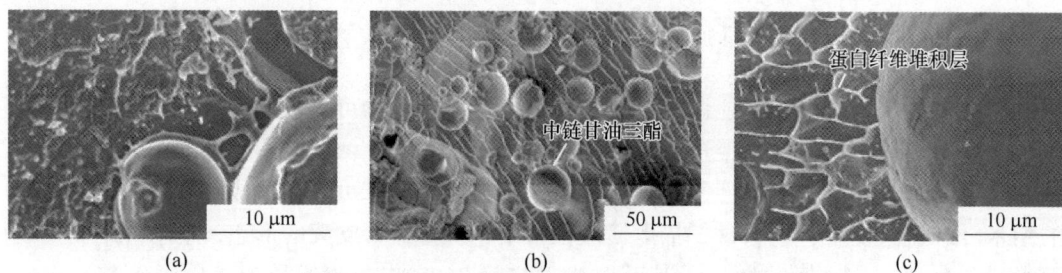

图 4-54   冷冻断裂前后乳清分离蛋白乳液内部结构
（a）未进行冷冻断裂；（b）冷冻断裂处理；（c）冷冻断裂

4.3   透射电子显微镜测试分析方法

近年来的科学发展衍生出了许多先进的表征技术，许多过去只是我们想象中虚构的事物现在已经变成了现实，而透射电子显微镜（TEM）就是为数不多的奇迹之一。TEM 是最先进和最通用的表征技术之一。这种技术最大的优点是注重细节，因此，借助于 TEM，几乎可以对任何材料进行深入表征。TEM 给物理、化学、医学、钢铁工业等研究领域带来了一场革命，它被认为是迄今为止最广泛使用的表征技术之一。电子显微镜取代了光学显微镜，因为它有更好的放大和分辨能力。光学显微镜不能提供关于观察对象的深入信息，因为其使用的照明源是光，具有非常大的波长，几乎没有穿透力。另外，由于电子的波长更短，相互作用能力更强，电子显微镜可以提供极好的图像。早期，电子被用于电子显微镜，特别是由于它们的弹性相互作用，但后来它们的其他好处也被利用（非弹性相互作用、X 射线发射等）。从 TEM 发明以来，已经取得了许多进展，极大地改进了它的特性，尽管基本结构和原理一直保持不变，但也已经引入了许多新型的微观和光谱模式，如高分辨率透射电子显微镜（HRTEM）、扫描透射电子显微镜（STEM）、电子能量损失谱（EELS）、能量色散 X 射线谱（EDX）等。纳米技术可能是所有先进测试分析技术的主要受益者之一。这是近年来一个重要的研究领域，由于它在生活各个领域的应用，在全世界引起了广泛的关注。TEM 是表征纳米颗粒的最佳技术，因为它具有非常高的分辨率和精度。在本章中，我们主要讨论与 TEM 相关的内容，包括历史发展、布局和各种组件，以及可以使用 TEM 进行的显微测试和光谱测量。

　　TEM 的发展历史可以追溯到电子的发现。这一切都始于托马斯·杨的双缝实验，在这个实验中，他发现了光的双重行为，汤姆逊发现正电荷海洋中的负电荷粒子比质子的荷质比更大。他将这些粒子命名为"电子"，这一发现是科学史上一个全新的篇章。这一发现之后，人们对电子进行了不同的实验，以研究它们的性质和行为。1930 年，德布罗意发现了电子的波粒二相行为，后来克林顿·戴维森（C. Davisson）和革末（L. H. Germer）进行了衍射实验来证明这一理论。人们发现电子不仅具有双重性，而且它们的波长比可见光短得多。电子的这些特性为科学家打开了新研究领域的大门。大约就在那个时候，一位名为汉斯·布施（H. Busch）的科学家发现，在磁场的影响下，电子可以被控制或聚焦。这个想法形成了电子透镜的概念，不久之后，两名科学家马克斯·克诺尔（M. Knoll）和恩斯特·鲁斯卡（E. Ruska）提出了关于电子显微镜的实质性理论。他们制作了电子透镜，并观察到电子可以提供比光更好的放大图像。这项技术已经达到了包括原子分辨率在内的许多里程碑，并且它仍在发展，不仅提高了分辨率，而且在仪器中增加了光谱方法。由于更高的加速电压和复杂的透镜，TEM 的分辨率由 1930 年的 10 nm 降低到 1944 年底的 2 nm。此后，由于许多人的重大贡献，电子显微镜逐渐征服了许多主要领域。TEM 的早期研究工作完全基于包含微小颗粒（如颜料和炭黑）的样品，但结果仅局限于颗粒的形状和结构。当 TEM 最初被开发出来时，生物样品的表征是不可能的。1941 年，由于恩斯特·鲁斯卡的兄弟赫尔穆特·鲁斯卡（H. Ruska）的努力工作，第一个病毒的图像被制作出来，此后便将 TEM 应用于生物学研究。在 20 世纪 50 年代中期，瑞士的 Bollman 和由 Hirsch 及其同事组成的剑桥小组分别使用金属箔作为测试对象，将它们做得很薄，以便电子可以很容易地穿过它们。剑桥研究小组还发明了一种衍射对比方法，来研究晶体中的各种缺陷，包括位错、相变等。后来，美国的托马斯发现用 TEM 可以解决材料问题。随着时间的推移，透镜的分辨率变得更高，稳定性更高，电子束变得更亮、更快，仪器变得更光滑和先进。在 20 世纪 60 年代，引入了具有超高电压的新 TEM，其具有更深地穿透能力，更可见的图像和更深入的表征。较小的波长对应于高能量，因此高加速电压是获得高能量电子所必需的。在此之后，真正的限制是电子透镜的内在缺陷，即球面像差和色差。为了克服这些限制，高频电子公司（FEI）和校正电子光学系统公司（CEOS）与美国能源部合作，2004 年开始了与美国三个研究实验室合作的项目，目标是设计空间分辨率低于 0.5 nm 的 TEM。因此，第一台经像差校正的透射电子显微镜于 2008 年开始运行，并于 2009 年实现了目标分辨率。后来，许多主要的 TEM 激发的表征工具也相继研发，包括电子能量损失谱（EELS）、扫描 TEM（STEM）、环境电子显微镜、能量过滤 TEM（EFTEM）等。结合在透射电子显微镜中，这台机器便成为显微镜和光谱学的结合体。FEI 和日本株式会社（JEOL）公司生产的球差校正透射电镜如图 4-55 所示。最新的发展之一是液体池透射电子显微镜，可以直接在显微镜下进行原位观察。简而言之，名为 TEM 的创新技术以其被广泛应用和惊人的特性给研究界带来了一场革命。

　　TEM 的主要目的是测试纳米尺度的结构、化学成分、形态和电学性质。虽然 TEM 的主要应用领域是材料科学，但它也可用于地质学及环境、农业、生物和医学科学。纳米物

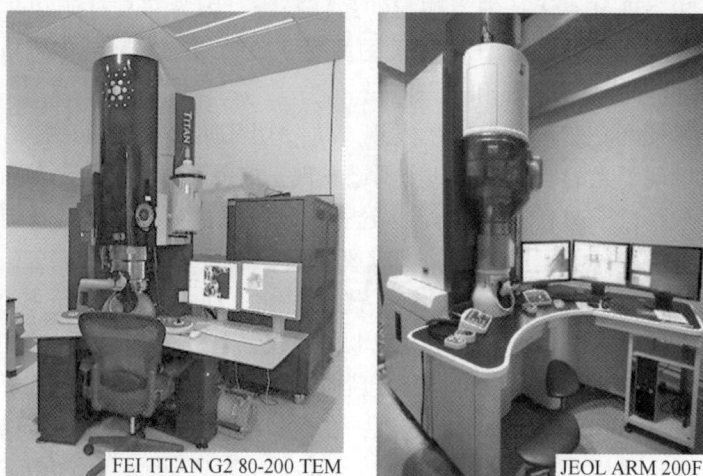

图 4-55　FEI 和 JEOL 公司生产的球差校正透射电镜

体的形态、尺寸、尺寸分布、结构和局部化学的分析是当今纳米技术研究中的重要内容，因为形态的变化与合成和其他方面一起极大地影响了纳米尺度物体的功效。今天，我们能够通过使用电子衍射、能量色散谱和电子能量损失谱来研究双金属纳米材料及它们的晶体结构、取向、相的化学性质、沉淀物、堆垛层错、位错和污染物等。

　　TEM 的应用包括：（1）可用于样品不同部位纳米材料的形貌及颗粒统计，标本可以是胶体悬浮液、水合器官（脾、肝、肺等）、病毒、细菌等；（2）通过 HRTEM 研究纳米材料-聚合物界面；（3）用特征 X 射线进行微量成分分析；（4）用 STEM-EDX 研究纳米材料或薄膜的局部化学组成；（5）绘制电子衍射图；（6）测试样品中的原位温度变化；（7）用电子能量损失谱鉴别纳米材料的相；（8）进行样品感兴趣区域的化学绘图；（9）利用最新的液相池 TEM 支架研究液相中纳米材料的动态行为。

4.3.1　光学显微镜与电子显微镜

　　对于所有研究领域来说，显微镜都是非常重要的一部分，因为需要了解肉眼无法观察的物体及其动力学特征。无论是颗粒中的杂质、材料的表面缺陷、生物体的内部结构，还是废料引起的土壤变化，显微镜总能发挥其自身作用。显微镜的基本和关键部件是照明光源。当我们想到一种具有良好和较少破坏特征的自然资源时，阳光会立即出现在我们的脑海中，而且容易对焦。可见光学显微镜使用普通光照明，被认为是非常成功的表征小物体的显微镜。光学显微镜和电子显微镜都有一定的优点和局限性。光学显微镜利用光作为照明光源，其物镜总比其他显微镜大，以尽可能多地捕捉光线。它捕捉的光线越多，图像就越清晰。光学显微镜具有较大的镜头，其要观察的图像总是在远处。但光学显微镜不同于望远镜，它用小标本作为测试对象。光以不同的方式落在物体的不同部分，因此根据光的散射形成图像。可见光的基本缺点是波长大。可见光区域的最小波长（400 nm）对于微米或纳米尺度表征来说非常大，因此它不能分辨该尺度小物体。

　　让我们比较一下这两种显微镜的一些基本特征。就硬件而言，光学显微镜轻便、简单、易操作，谁都可以轻松操作，没有很多复杂的特性和功能。电子显微镜体积庞大，结构复杂，对初学者来说操作起来很有挑战性。光学显微镜经济实用，常用于常规学校和教育机构（见图 4-56），而 TEM 的成本高达 10 美元每电子伏特，并且典型的束能量在 $1 \times 10^5 \sim 4 \times 10^5$ eV 的范围内，成本极高。高真空是电子显微镜的必要条件，从而使电子获得更长的平均自由程，并能以最大能量与样品相互作用，而光学显微镜不具备这一条件。活的和冷冻的标本都可以在光学显微镜的帮助下进行研究。另外，电子显微镜需要大量的准备工

光源	电子枪
聚光透镜	电磁电容器
样品	样品
物镜	电磁物镜
中间图像(观察真实图像)	中间图像(观察真实图像)
目镜(投影镜头)	电磁(磁性投影仪)
人眼或计算机屏幕	荧光屏或CCD照相机
(a)	(b)

图 4-56 光学显微镜（a）和电子显微镜（b）的对比

作来使样品在电子束下透明，以便电子可以很容易地穿过它们。现在，只有冷冻的样本才能借助电子显微镜进行研究，因为电子很难处理，而活的样本将无法在真空和电子的环境下存活。另外，生物样本会破坏电子显微镜的真空，所以，它必须被冷冻。光学显微镜的样品直径应该是 5 μm 或更大的直径，但是电子显微镜只能处理直径 500 nm 或更小的样品。样品应固定且稳定，以承受电子束。如果你想研究生物的动力学，那么光学显微镜是一个很好的选择，但要从微生物、纳米粒子或亚细胞水平获得信息，通常使用电子显微镜。电子显微镜的样品可以在荧光屏上观察，计算机屏幕和图像也可以保存下来，以供后期分析。电子显微镜的样品制备需要加重金属涂层来反射生物样品中的电子。另一方面，光学显微镜需要有色染料。光学显微镜的分辨率为 1 μm ~ 100 nm，放大倍数可达 1000 倍。与此相反，电子显微镜的分辨率为 1 μm ~ 0.05 nm，放大倍数高达 500 万倍。表 4-4 提供了光学显微镜和电子显微镜的特征比较。

表 4-4 光学显微镜和电子显微镜的特征比较

项　　目	光学显微镜	电子显微镜
辐射源	钨丝灯或石英灯	高压（50 kV）钨丝灯
辐射类型	可见光线	电子束
最大分辨率	200 nm	0.2 nm
最大放大倍数	1000~1500 倍	5000000 倍
样品类型	活或死亡的	死亡的
样品制备	快速简单	耗时且复杂
光路控制	玻璃镜片	电磁透镜
费用	便宜	昂贵

简而言之，光学显微镜是安全、经济、易于操作和节省时间的，但它不能提供关于纳

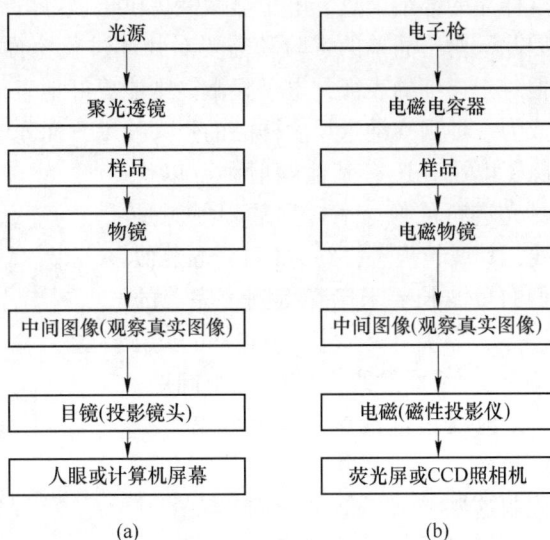

米尺度样品的详细信息。电子显微镜提供了极好的图像和关于被观察样品的结构和分析信息。因此，对于简单的实验和需要对物体进行全面分析的情况，光学显微镜是更好的选择，但对于详细的表征，电子显微镜则能更好地表征微米和纳米物体。因此，电子显微镜已经成为一种观察纳米尺度样品的强大技术，而光学显微镜无法做到。

除了电子，还有其他辐射源可以代替可见光进行成像。最常见的辐射源是X射线，其波长很短，约为0.15 nm。似乎我们的短波长要求已经得到了完美的满足，另一个优势是我们的身体可以通过X射线，但X射线有其他几个问题。首先，X射线很难聚焦，因为玻璃的折射率不足以引导X射线。波带片经常被用来控制这些光线，但是它们有许多其他的技术问题。X射线的另一个缺点是它们会严重损坏样品，因此不能用于显微镜。电子的主要优点之一是它们的波长小，可以保证良好的分辨率。另一个优势是，电磁透镜易于对准和聚焦。电子与样品的相互作用次数非常多（图4-57中这些相互作用显示较少）。电子也有一些限制，但这些都是可以解决的。其主要

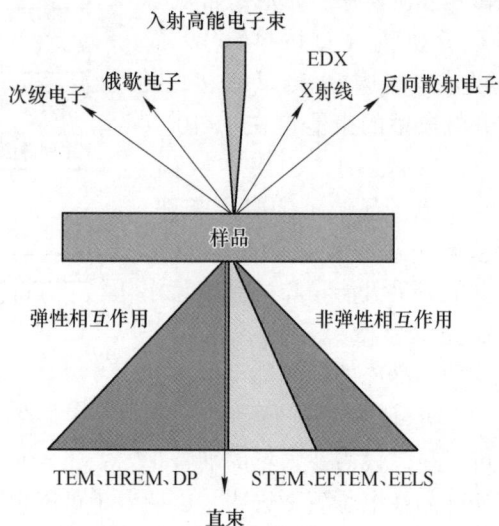

图4-57　使用特定相互作用的 TEM 中不同电子与物质的相互作用和相应技术的示意图

制是它在样品中的渗透率低，因此在 TEM 测试中需要使用非常薄的样品（500 nm 或更薄）。此外，电子可能对水合生物样品有害，因此，需要使用一些材料涂层（通常是碳）。这在一定程度上降低了成像质量，但是仍然可以从样本中提取有用的信息。中子的波长也在皮米范围内，对样品的破坏作用比电子小。然而，中子源的存在及其聚焦仍是需要解决的问题。

电子是原子的亚原子粒子之一，属于带负电荷的轻子族。约瑟夫·汤姆逊在1897年发现了电子，1906年获诺贝尔物理学奖，乔治·斯通尼（G. Stoney）给出了"电子"的名字。当其他亚原子粒子聚集在原子的核心（原子核）时，电子分布在原子核外部的特定壳层。电子的质量几乎是质子质量的1/1836，是氢的质量的1/1836。同所有其他运动的物质一样，电子也具有双重性。这一特性对于电子显微镜来说至关重要，因为这表明加速的电子在更高的速度下也会表现出波动性，从而在 TEM 中产生不同的波动现象，如衍射、干涉。这些波动性现象导致了图像形成过程中出现对比度，即衍射对比度和相位对比度。电子的波长可以由式（4-34）计算。

$$\lambda = \frac{h}{\left[2m_0 eU \left(1 + \dfrac{eU}{2m_0 c^2} \right) \right]^{1/2}} \tag{4-34}$$

式中，h 为普朗克常数，数值为 6.626×10^{-34} m² · kg/s；m_0 为电子的静止质量，数值为 9.109×10^{-31} kg；e 为电子的电荷，数值为 1.602×10^{-19} C；U 为加速电压；c 为真空中的光速，数值为 2.998×10^8 m/s。

4.3.2　TEM 的成像对比机制

透射电镜一般工作原理为：（1）电子枪发出的电子束沿真空通道内镜体光轴穿过聚光镜并经聚光镜汇聚成尖细的光束、明亮均匀的光斑照射到样品室中的样品上；（2）透过样品后的电子束携带有样品内部的结构信息，样品内致密处透过的电子量少，稀疏处透过的电子量多；（3）经过物镜的会聚调焦和初级放大后，电子束进入下级的中间透镜和第 1、第 2 投影镜进行综合放大成像，最终被放大了的电子影像投射在观察室内的荧光屏板上；（4）荧光屏将电子影像转化为可见光影像以供使用者观察。

一般来说，照明系统由电子枪与聚光镜两大部分组成，其功用主要是为样品与成像系统提供具有足够亮度的光源——电子束流，其要求输出电子束具有波长单一而稳定、亮度均匀、易于调节、像散较小等特点。电磁透镜用于控制电子束（聚光透镜）和成像（物镜）。剩下的必要部件是观察屏和电荷耦合器件（CCD），用来记录图像。光学系统对放大倍率、景深和聚焦很重要，但对于理解所获得的图像来说，它基本上是无用的。这就是为什么有必要认识所有可能出现的反差现象。这样，可以确定图像中是亮还是暗。这些对比机制可以分为三种，分别为质量厚度衬度、衍射衬度和相位衬度。在图像中，一种或多种机制可以对图像形成产生相当大的贡献。例如，在非晶材料中，质量厚度对比可能比其他两种对比机制更主要。类似地，衍射对比度在低放大率图像中起着至关重要的作用，而相位对比度及其他因素似乎是高放大率图像的主要贡献者。在任何情况下，最终图像的形成很大程度上取决于被允许通过物镜光圈的电子，因为被光圈阻挡的电子对图像的形成过程没有贡献。这就是为什么光圈的大小和位置对图像中观察到的对比度非常重要。物镜光圈的位置决定了成像模式是明场（如果光圈位于中心并允许未散射的电子束通过）还是暗场（如果光圈位于散射的电子束）（见图 4-58）。当分别讨论每个对比机制时，将会观察到上述因素。

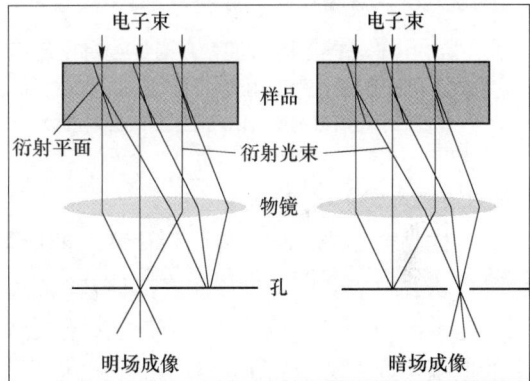

图 4-58　明场成像和暗场成像的光线图

4.3.2.1　质量厚度衬度

质量厚度衬度本质上是一种散射吸收衬度，是由散射物不同部位对入射电子的散射吸收程度有差异而引起的，它与散射物体不同部位的密度和厚度的差异有关。质量厚度衬度是透射电镜对样品进行测试时最基本的成像机制。这种对比可能来自任何类型的样品，如有机、无机、生物、无定型和结晶样品。换句话说，任何可以传输电子的样品都会根据其厚度给出一定的对比度。这种对比度主要出现在物镜光圈位于光学中心时，即明场成像。不同厚度的样品切片会显示明显的对比度。与薄切片相比，更厚或更高密度的零件会显得更暗。这是因为入射电子束会被更厚或更高密度的部分散射，从而在图像中产生更暗的对比度（见图 4-59（a））。这种对比的例子可以在图 4-59（a）中看到。可以在商用莱西碳上观察到纳米结构涂层铜网格。由于无定型碳用于涂层，可以观察到碳膜的三个不同部分的不同对比度（箭头指示不同的黑暗部分）。这种对比度的差异仅仅是由于碳膜的不同厚度。

　　如前所述，这种类型的对比出现在所有类型的样品中，但它主要用于生物样品。水合生物样品，如不同的器官（脾、肝和肺及其细胞器）对电子几乎是透明的（弱相物体）（见图4-59（b）和（c））。因此，这种类型的样品被涂上一层重金属，如锇、铅或铀。质量厚度对比在所有类型的样品中更重要，其他类型的机制可以添加到它或可以在特定样品中更突出。

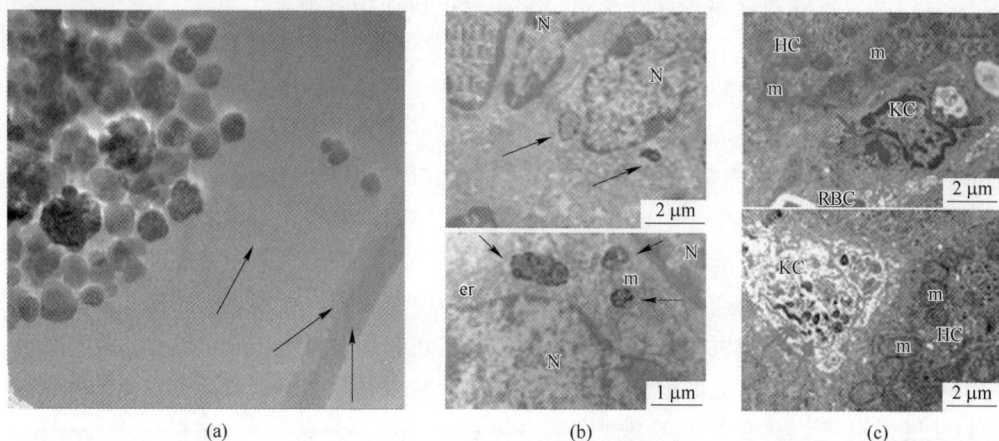

图 4-59　碳膜的质量厚度对比及不同细胞器的低分辨率明场图像
（a）CuTEM 网格上碳膜的不同对比；（b）脾脏、N 核、m 线粒体、er 内质网的不同细胞器的低分辨率明场图像；
（c）肝脏、RBC 红细胞、HC 肝细胞、m 线粒体、KC 库普弗细胞的不同细胞器的低分辨率明场图像

4.3.2.2　衍射衬度

　　晶体样品会形成一种额外的对比度，即衍射对比度。衍射是波的性质，其中当波通过一个窄缝或开口时会向外传播。在晶体样品中，原子以特定的顺序排列，它们之间的间距充当了电子波的狭缝。样品特定方向的衍射会显著影响散射强度。在衍射对比中，入射电子束的振幅实际上会受到影响，因此它也称为振幅对比。消光距离是帮助产生清晰图像的重要因素之一。衍射对比度很大程度上取决于材料的原子序数。与低原子序数元素相比，高原子序数元素形成的材料会显得更暗。图 4-60 显示了一个例子，其中金由于其高原子序数而显得较暗，而氧化铁则变得明亮。但在低放大倍数下，衍射反差并不是产生反差的唯一机制，其他因素也会产生这种反差，人们可能会被结论误导。当对纳米材料进行测试时，由于纳米材料晶向与电子束方向存在差异，相同材料的颗粒可以显示不同的对比度（见图4-60（b））。与电子束精确定向的粒子或粒子的一部分呈现黑色。图 4-60（c）显示了这种对比，其中可以看到具有不同对比度的氧化铁纳米结构。总之，电子束的性质、厚度和方向会在低放大倍数图像中产生对比度。

4.3.2.3　相位衬度

　　当不同相位的电子通过物镜光圈后发生相互干涉，就会产生相位对比。当电子表现为波时，存在波行为的两种性质，即振幅和相位。电子散射涉及振幅和相位变化，因此，振幅对比（在低放大倍数图像中更有用）及相位对比存在于每个图像。由于通常使用非常

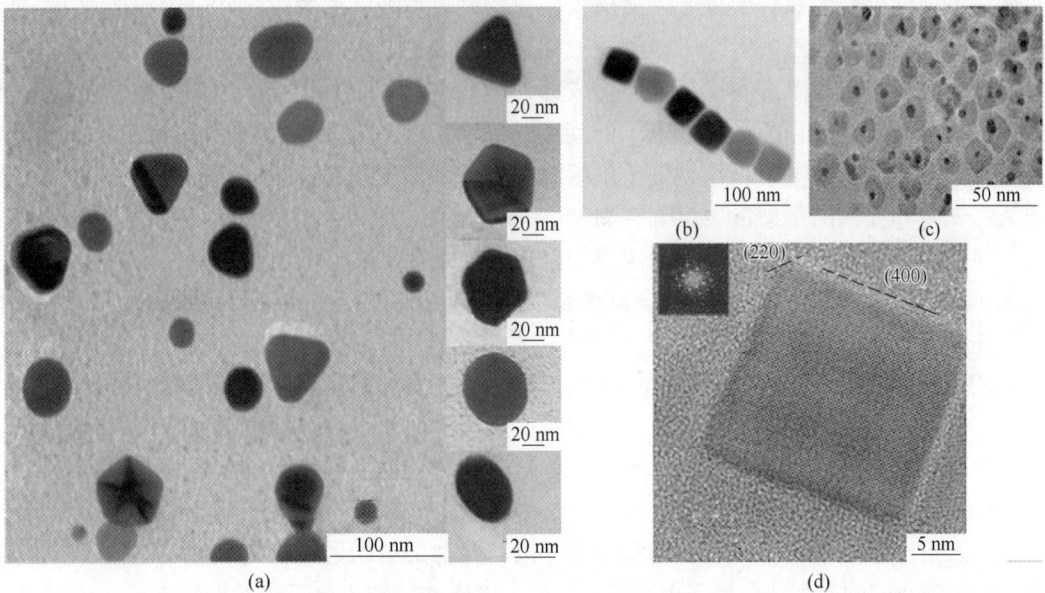

图 4-60　金和氧化铁金纳米颗粒的明场像

（a）纳米颗粒的不同形态；（b）由于与电子束对齐，氧化铁纳米颗粒的对比度不同；

（c）氧化铁-金异质结构（暗对比属于高原子序数，亮对比属于氧化铁）；

（d）高分辨率氧化铁纳米立方体（相衬是主要现象，插图显示图像的快速傅里叶变换）

小的物镜光圈，即使在较高的放大倍数下，相衬成分也会变得明显。但是，如果允许两个或更多的衍射光束在通过物镜光阑后发生干涉，则可以利用这种相位对比。因此，常使用相对较大的孔径来获得相位对比。相位对比也可以称为干涉衬度，因为在这里是衍射光束相长干涉或相消干涉产生的该衬度。在图 4-60（d）中可以观察到氧化铁纳米立方体的更高分辨率图像。这里的对比度是由衍射光束的干涉产生的。

4.3.3　透射电子显微镜的结构

透射电子显微镜是一种先进的科学研究工具，通过使用电子作为照明源来对非常小的物体进行详细成像。聚焦强电子束照射样品，测试对象的电子和原子之间的相互作用形成详细的高分辨率图像，借助此图像，可以观察尺寸、质量、晶体结构、缺陷和化学成分等特征。电子非常小，很容易被污染物和气体干扰，因此有必要总是在真空中使用这种光源。各种真空泵用于在 TEM 中建立真空。旋转泵也称为低真空泵，用于建立低真空范围，也用作其他超高真空泵的前级泵，如扩散泵、涡轮泵或低温泵等。用于照明系统中提取和控制电子束的电子源有两种类型，即热离子发射源和场发射源。场发射源对于高分辨率成像是优选。从源中提取电子后，电子束被透镜聚焦到样品上，多余的电子被小孔过滤掉。聚光透镜用于聚焦光束并照射被观察的测试对象。另外，物镜用于形成图像。一个 CCD 摄像机被设置在屏幕正下方，用于捕捉和存储图像。

4.3.3.1　电子源

显微镜的基本目的是呈现样品清晰和详细的图像，这在很大程度上取决于照明光源的质量。正确信号源的选择取决于许多因素，包括材料类型、图像质量和分辨率要求等。两种基本的电子枪可用于透射电子显微镜，即热离子发射枪和场发射枪。在电子显微镜中，图像是通过将电子束聚焦到样品上而形成的，然后它们之间的相互作用被转换成展示该样品特性的图像。对于作为光源的电子的使用，完全控制它是非常重要的。在 TEM 的上部放置一个电子枪，基本上可作为电子供给源。电子束被激发到合适的高能量，然后在聚光透镜、光圈和光阑的帮助下轰击到样品上。

与热离子发射源相比，场发射源更加单色，并且提供明亮的电子、高相干性和更大的亮度，这使得它成为如 HRTEM、全息摄影等应用的更好选择。在场发射源中，冷场发射源和热场发射源之间存在显著差异。与热场发射枪（如肖特基 FEG）相比，冷场发射枪产生的光束在空间上是相干的，但热场发射提供了更高的稳定性和更低的噪声。此外，冷场发射枪的设置很昂贵，并且需要很高的维护费用。简而言之，冷场发射枪最适合高分辨率成像，但对于常规使用，热场发射枪是首选，因为它易于操作和维护。

4.3.3.2　电磁透镜

在透射电子显微镜中，所有的基本操作或功能都是借助透镜来完成的。在透镜中使用孔径来控制当前的光束并会聚光束以撞击样品。电磁透镜的主要目的是聚焦电子。1927 年，汉斯·布施（H. Busch）利用电磁透镜成功地聚焦了电子。由于易受高电压的影响，这些镜头很常用。

电磁透镜的形成取决于两个部件：一个是有孔的圆柱形软铁芯，称为极片；另一个是缠绕在其上的铜线圈。在大多数电磁透镜中有两个极片，极片之间的距离称为间隙。极片中孔和间隙的比率是控制透镜聚焦作用的关键因素。铜线圈中的电流在极片的孔中产生磁场。众所周知，铜线圈会因其电阻率增加而产生热量，因此，水循环系统对冷却镜片至关重要。这是 TEM 透镜的特征部分（见图 4-61）。

根据透镜在 TEM 中的作用，可以使用几种类型的透镜。其中，上、下极片具有独立线圈系统的物镜更加灵活。由于使用独立的极片线圈系统，其他仪器（如 X 射线光谱仪）可以很容易地访问样品。

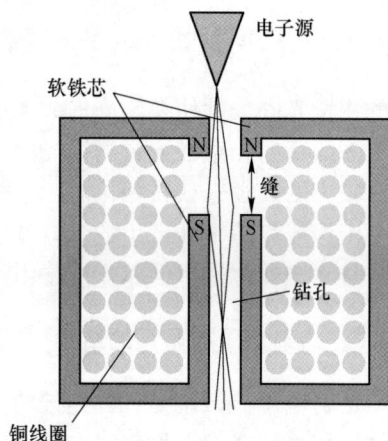

图 4-61　磁透镜示意图

透射电镜样品支架用分体式极片透镜，具有旋转、倾斜、冷却、加热和拉紧等多种特性，增加了仪器的通用性。这些分开的极片透镜分别为 TEM 和 STEM 产生的宽而细的电子束。对于高分辨率的 TEM，有一些限制，如使用通气管透镜时我们不能倾斜超过它的限制范围。强镜头用于高分辨率和焦距较短的对象，是高分辨率镜头的必备部分。

不同材料的电磁透镜根据其在 TEM 中的特性和优点而被使用。铁磁透镜不如超导透镜灵活。超导透镜有一些优点：小而高效、不需要任何水冷、可冷却样品周围的区域、产生固定场。

有些电磁镜头是专门用于电子能谱仪的，不能用于 TEM。这种镜头被称为四极和八极透镜，其中 4 个和 8 个极片分别需要进行调整。这些透镜的一个主要优点是它们使用更少的能量，并且不会在图像中引起旋转。出于不同的目的，TEM 中通常使用 4 种类型的透镜，即聚光透镜、物镜、中间透镜、投影仪镜头。

4.3.3.3 真空系统

除了上述基本组件之外，许多其他因素也保障了透射电镜测试的顺利实施，其中真空泵是最关键的因素之一。低真空有利于减少空气对电子束的影响，并最终影响 TEM 的成像质量。高真空的作用主要有两个：一是可以防止空气分子对电子的散射，导致电子束不能聚焦；二是避免与空气分子碰撞后电子能量损失。使用高真空的另一个好处是保障了测试样品的清洁和保存。因此，要正确使用 TEM，必须完全了解真空泵及其工作原理。

在量子力学中，真空是在室温下充满分且子密度低于每立方厘米 2.5×10^{19} 个的气体的空间。它产生的压力比大气压力低 19 个数量级。产生真空的几个主要目的是避免分子碰撞、消除能量转移的影响、获得压力差、在隔离系统中产生清洁的环境。

不同的真空泵及其操作范围见表 4-5。目前最常用的低真空泵是机械旋转叶片泵。这种泵的基本部件是转子、叶片、进口阀和工作室。由于转子和叶片的原因，其被分成两部分。当泵旋转时，泵的偏心运动在右侧产生真空，真空将空气吸入进口阀。当圆筒进一步旋转时，它会切断入口迫使空气通过左侧的出口，同时在入口侧再次形成真空。旋转的圆筒和泵的内部之间持续接触，所以需要油来减少摩擦热。使用这些泵的一些好处是成本低和易于操作，但是它们在某种程度上是不卫生的，并且由于使用了碳氢化合物，污染的风险非常高。为了安全使用这些泵，泵和排气管线应适当固定。另外，还可用干泵代替油泵来避免污染，但这些泵成本很高。低真空泵通常用作扩散泵的前级泵，能提供约 0.013 Pa 的压力。

表 4-5 不同的真空泵及其操作范围

泵 类 别	操作范围/Pa
单级气体压载泵（油封）	<1.33
两级气体镇流器（油封）	$<1.33\times10^{-2}$
罗茨泵	$1.33\times10^{-2}\sim1333.22$
汞蒸气泵	$1.33\times10^{-4}\sim133.32$
升华泵	$1.33\times10^{-3}\sim1.33$
涡轮分子泵	$1.33\times10^{-7}\sim13.33$
汞扩散泵	$1.33\times10^{-8}\sim0.13$
溅射离子泵	$1.33\times10^{-9}\sim0.13$
低温泵	$1.33\times10^{-10}\sim0.13$

扩散泵用于获得高真空。气体分子从入口转移到出口。这种泵包含一个加热板来加热油，产生的蒸气通过喷嘴或沿喷嘴向上移动。这些蒸气落到冷的泵壁上，由于低温而凝结，导致空气分子被前级泵（低真空泵）抽出。扩散泵装置简单且易于使用，此外，它能够在一小时内输送数百升空气，这使得它更适用于 TEM。这些泵的工作主要依靠热板和冷却机构，所以只要这两样东西完美地工作，扩散泵就保持在极好的状态。

涡轮分子泵也可用于 TEM。这种泵使用涡轮来输送分子。此泵的工作转速约为 20000～50000 r/min，但泵在启动后逐渐达到高转速，并且速度不断增加，压力不断降低，一段时间后会达到超高真空。使用它是安全的，因为它不会由于可忽略的镜头振动而扭曲图像质量。

离子泵也被认为是实现超高真空的较优选择。顾名思义，它们完全依赖于电离，因此可以完全消除污染的风险。在这种类型的真空泵中，电子从钛阴极发射，钛阴极将这些离子扩散到磁场中，作为回报，气体和其他分子发生电离。电离后，这些分子被引导到阴极，利用动能使其静止。另外，活性分子被沉积在阳极上的钛化学吸附（一种具有化学键的吸附形式）。真空的质量取决于电极之间的电流。离子泵以超高真空而闻名，它在 1.33×10^{-9} Pa 的范围内有效工作。

低温泵被广泛用于去除 TEM 中的空气分子。这些泵的工作完全依赖于冷凝，并且需要过量的液氮来将温度降低到 20 K 或更低。这些泵可以用来获得约 1.33×10^{-10} Pa 的低压。由于其具有无油特性，它们主要用于支持离子泵和消除污染风险。这些泵也用于提高 TEM 中的真空质量以获得超高真空。这些泵非常适合在低温操作条件下使用，并通过冷凝防止其他污染物进入。表 4-6 根据要求提供了不同真空泵及其属性信息。

表 4-6　不同真空泵及其属性信息

部件及属性	泵　类　型					
	油旋转泵	干式低真空泵	扩散泵	涡轮分子泵	低温泵	离子泵
工作介质	烃油	无油或液体	蒸汽	无油或液体	液氮	离子
主要部件	旋叶	自润滑旋转叶片	热板	涡轮	分子筛	离子泵
可靠性	可靠	不可靠	可靠	不可靠	可靠	可靠
泵的类型	排气泵	排气泵	排气泵	排气泵	捕集泵	捕集泵
真空类型	粗糙的	粗糙的	超高的	超高的	低的	低的
最大值压力/Pa	1.33×10^{-2}	13.33	$1.33 \times 10^{-7} \sim 13.33$	$1.33 \times 10^{-6} \sim 1.33$	1.33×10^{-4}	$1.33 \times 10^{-3} \sim 0.13$
抽速	0.7~275 m³/h	0.6~10 m³/h	50~5000 L/s	10~50000 L/s	1200~4200 L/s	1000 L/s

TEM 需要多个真空泵，因为不同部分对真空的要求不同。在简单的 TEM 中，一种类型的泵专门用于柱的抽真空，其他泵用于为照相机和屏幕室产生真空。TEM 的照明系统始终保持在超高真空中，而只有样品插入部分暴露在大气压下。

4.3.3.4　电子探测器

TEM 使用电子作为交互源来显示测试对象的图像。因此，合成的图像只不过是电子强度到可见光的转换，因为电子对肉眼是不可见的。在制备样品并将其通过 TEM 后，最后也是最重要的步骤，是以图像或光谱的形式记录和存储样品信息。

首先要实现对电子的检测，有几种不同规格的探测器可供选择。在选择合适的探测器之前，应详细研究 TEM 的性质和要求，这是非常重要的。在传统的 TEM 中，由于入射光束的静态性质，很容易将图像聚焦在屏幕所需的区域内。结果获得了固定的模拟图像，排除了在检测期间操纵图像的任何机会。

电子永远不会处于静止状态，如果没有一种称为阴极发光（CL）的现象，我们的眼睛就看不到电子。因此，阴极发光是依赖于电子的物理存在的电子显示系统。然后，屏幕显示由于落在其上的一个或多个电子的强度而发射的光点。这三种效应意味着由以下几种要素引起：（1）光的发射是由电离辐射的闪烁引起的；（2）荧光过程意味着快速发射；

(3) 磷光的波长和延迟时间都比荧光大。

用于检测电子的检测器的响应可能是线性的，那么它的"检测量子效率（DQE）"可以定义为

$$\text{DQE} = \frac{(S/N)_{\text{out}}^2}{(S/N)_{\text{in}}^2} \tag{4-35}$$

式中，S/N 为输出和输入信号的信噪比。

完美检测器的 DQE 等于 1 时是最大值。

$$\text{DQE}_{\text{perfect}} = 1 \tag{4-36}$$

所有实用的探测器的 DQE 都小于 1。

$$\text{DQE}_{\text{practical}} < 1 \tag{4-37}$$

电子探测器在 STEM 和 SEM 中也起着重要的作用。有几种检测器正在替代荧光屏检测器。

电子探测器有两种主要类型，为半导体（硅 p-n 结）探测器、闪烁体-光电倍增管探测器。

这些探测器也被称为电荷耦合器件（CCD）。CCD 是于 1969 年由美国贝尔实验室的威拉德·博伊尔（W. S. Boyle）和乔治·史密斯（G. E. Smith）发明的，它的结构取决于硅衬底，其中每立方厘米通过轻度掺杂添加了 10^{15} 个受主原子。此衬底充当 p 型半导体。100 mm 的二氧化硅层被添加到与金属栅极相关的电压"V"的衬底的顶部。

现代 CCD 由 4096×4096 个探测器元件组成，每个元件动态范围为 12 位、14 位或 16 位。现代 CCD 探测器的单个图像可以占用 32 MB 的存储器，甚至更多。如上所述，除了用于检测目的的荧光屏，许多类型的电子检测器是可用的。目前市场上所有可用的探测器都是由半导体或闪烁体光电倍增管系统制成的。

半导体探测器由硅构成，通过在硅中掺杂杂质而产生的 p-n 结，将硅转变为电子探测器。另一种称为表面势垒探测器的探测器是通过在 p 型硅上轻微分散金或在 n 型硅上轻微分散铝而形成的。这种分散是 p-n 结形成的关键（见图 4-62）。

当这种探测器受到电子束照射时，它激发价带中的电子，并将其转移到导带。结果，形成了电子-空穴对，然后通过施加反向偏压将它们分开。但在 TEM 中通常不需要，因为 TEM 中有大量的电子-空穴对，它们的内部势对电子和空穴的分裂来说绰绰有余。这个探测器快速响应电子束并放大它。产生一个电子-空穴对需要约 3.6 eV，因此 100 keV 可以

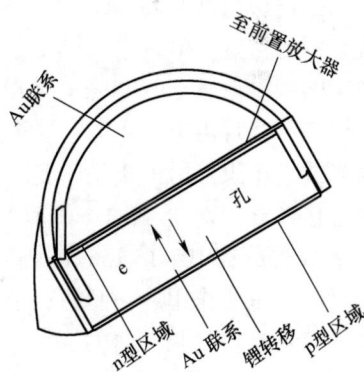

图 4-62 半导体探测器示意图

产生 28000 个电子-空穴对，从而理想地提供 $3×10^3$ 的总增益。这些探测器对信号的任何变化反应都不好。因此，总的来说，半导体探测器简单、便宜、容易获得，但它们也有许多缺点。由于光线下降或热活动，在无涂层金属的情况下会出现暗电流。在这种情况下，这些探测器在 TEM 中作为欧姆导体工作。因此，液氮降温对消除热效应至关重要。其 DQE 在低强度信号时很低，在高强度信号时最高。这些探测器对电子束非常敏感，在硅

中较深的耗尽区，电子束会损坏探测器。这些探测器对低能电子不敏感，也称为二次电子。

　　闪烁体是一种受到电子轰击时会发光的材料，闪烁体探测器的工作即基于此原理。一个好的探测器能连续发光，并能对信号的变化立即做出反应（见图 4-63）。基于无机和有机材料的检测器均可用。在无机材料中，衰减时间约为纳秒的掺铈钇铝石榴石是这些探测器的优选材料。转换成可见光后，信号通过光电倍增管进一步放大。这种类型的探测器用于探测 TEM 中的二次电子和 STEM 中的一次电子。光电倍增管上的一层额外的铝涂层用于阻止光线四处游荡并产生噪声。闪烁体具有高增益、低噪声和高带宽，这意味着它能够容易地产生低强度图像。另一方面，它不是很耐用，很容易被辐射损坏。此外，由于其形状和尺寸，它的成本可能高于半导体探测器，并且较难以安装在 TEM 内，而其转换能量的效率低于半导体探测器。闪烁体探测器比半导体探测器使用更广泛，但必须避免高强度信号，以防止被损坏。

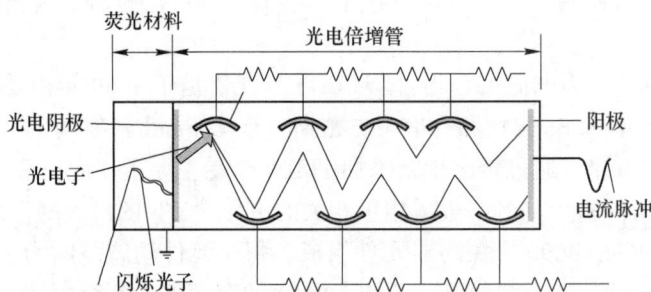

图 4-63　闪烁体-光电倍增管探测器示意图

　　与上述探测器不同，在 TEM 中，荧光屏的使用变得很少，因为电视摄像机正在逐渐取代它们的位置。电视摄像机是首选，因为它们易于传输和录制选项。TEM 中使用模拟和数字电视摄像机。CCD 是上述电视摄像机中最杰出的代表之一。这些相机是金属绝缘体硅设备，实现由电隔离电容器组成的数百万像素。它们仅仅根据光或电子束的强度来储存由光或电子束发射的电荷。这些 CCD 探测器用在望远镜中，尺寸非常大，价格昂贵，需要十亿像素。对于 TEM，CCD 可以达到 4000 dpi×4000 dpi 像素。一个单元可以小到 6 μm，大部分在 10~15 μm 范围内。图像的大小和用于解释信号的系统的性质在确定帧时间时起着重要作用。它们的一个主要缺点是在一个像素中存储许多信号会引起模糊。总的来说，它是检测和存储 TEM 信号的最佳选择之一。

4.3.3.5　能量过滤器

　　当一个样品受到一束电子束的作用时，大部分电子会顺利地穿过它而不受影响，而其他的则会发生弹性或非弹性地散射。由于非弹性散射，许多电子遭受能量损失和动量变化。这些非弹性电子往往会在最终图像中引起许多问题，包括噪声和破坏对比度效果。在这方面，样品的类型非常重要。在 TEM 中，体积大的样品是优选的，因为它们能够增加图像中的振动效应，但是使用它们的缺点是非弹性电子覆盖了它们存在时的对比效应。厚样品的重要性是不可否认的，因此，科学家们决定找到一种方法来消除非弹性电子，这便是能量过滤器的由来。在 TEM 模式下工作时，能量过滤器用于消除非弹性效应。两种类型的能量过滤器称为柱内过滤器和柱后过滤器，用于挑选所需能量的电子。在 TEM 中，柱内过滤器通常夹在透镜和投影透镜之间，使探测器仅接收从过滤器认可的或成功通过过滤器所需能量的电子。我们可以根据需要打开或关闭它。除了成像和衍射图案，这些过滤器还可用于开发光谱。柱内滤光片可以有效获得更好的对比度图像，因此它们是现代 TEMs 的当代发展出的部分。柱后 GIF（Gatan 成像过滤器）放置在观察屏幕之后，该过滤器的位置允许我们执行称为 EFTEM 的能量过滤显微镜。欧米伽过滤器是一种磁性过滤器，其磁性棱镜排列成字母"O"的形状。欧米伽过滤器需要镜子和电子枪之间的特定电压平衡才能工作。这种类型的排列首先由 ZEISS 在 TEM 中实现，现在 JEOL 也在使用这种排列。滤光器中的磁性棱镜将电子从轴上散射开，并在电子穿过投影透镜之前将它们取回。可以穿过分光计狭缝的特定电子用于产生图像。

4.3.3.6 光圈和光阑

光圈是由称为隔膜的厚金属盘制成的孔。光阑是一种遮挡光线的装置，通过遮挡部分光线来达到调节光线强度或聚焦的目的。电子显微镜中的光阑是带小孔的金属片，一般为圆形或方形。光圈和光阑作为一个系统，可以很容易地阻止电子通过，仅允许所需的轴向电子通过，因为孔使它们的强度最小化，以保护样品免受过度照射。光圈允许我们根据成像模式（即明场成像或暗场成像）选择特定的电子，即弹性或非弹性电子。这种设置还可以防止污染物接触到样品。污染物聚集在光阑上，经常会破坏光阑的边界。因此，定期清洁光圈和光阑或使用箔片加热去除污染物是非常重要的。这种热量也可能破坏隔膜的表面或在其中产生缝隙。图像分辨率、强度和其他主要因素高度依赖于光圈和光阑的正确使用。隔膜有各种形状和尺寸。有些光阑只有一个孔，而其他光阑则有不同的孔。最常用的单孔膜片由厚度为 24~50 μm 的钼或铂制成。

4.3.4 样品制备

样品制备是 TEM 中非常重要的一部分，必须精确进行。具体来说，可以考虑可用材料、材料类型、结构和性能来选择适当方法。当高度加速的电子在高真空中移动时，也只能穿透很薄的固体样品。样品制备的目的是解决真空下的样品稳定性及其厚度（约 100 nm）问题。

然而，水合样品的情况并非如此，因为大多数材料在真空下是固体，并且较稳定。对于生物样品，必须通过将水转化成冰或将其去除来抑制水分（见图 4-64）。为了防止原始结构因变形而发生变化，需要一种复杂的技术。在 TEM 中研究的样品通常为由厚度在几纳米范围内的离散颗粒组成的薄片或细粉。

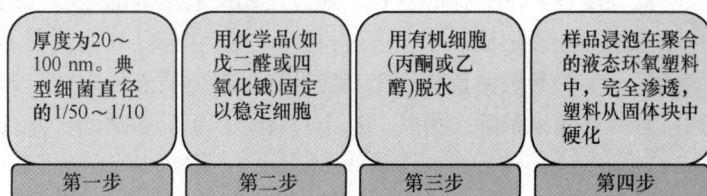

图 4-64 生物样品制备的典型步骤

4.3.4.1 TEM样品的基本标准

为了获得薄片，已经设计了许多包括不同相互作用机制的制备方法，以使它们在TEM中可见。在一些机制中，仅涉及材料的破坏，或样品保持接近其初始状态，而其他机制涉及材料的磨损或终止。在某些情况下会发生物理、化学和机械变化，而在另一些情况下，改变材料的性质、物理状态或所涉及的离子运动是必不可少的。

为了获得一个薄切片，通常在准备阶段要结合不同类型的动作（见图4-65）。机械运动包含破裂或磨损等动作。电离粒子对材料表面的磨损称为离子作用。其他作用是化学作用，主要有溶解和桥接反应两种。抑制结构的机制有借助冷冻其物理状态等。最终的物理或化学机制包含额外的粒子，以允许地貌研究或对比显影。这些作用可以改变结构，甚至可以改变材料的物理状态和结构。

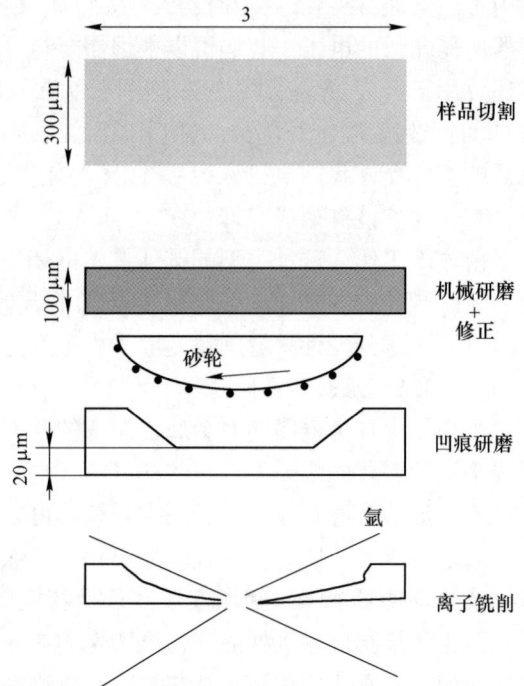

图4-65　散装样品的不同样品制备步骤示意图

　　一个主要的限制是样品厚度。在高分辨率成像的情况下，能量损失分析的最佳厚度是50 nm，而对于明场成像和暗场成像，厚度可以延伸到200 nm。对于高压显微镜，最佳范围在5~20 nm之间。对于明场成像，轻元素的样品厚度可以在50~100 nm之间。过薄的样品抑制了对比度，而过厚的样品无法获得清晰的图像。

4.3.4.2 TEM样品的不同制备方法

从不同来源获得的TEM样品可以通过以下技术制备。

A　机械切割研磨法

此方法用于将块状样品制备成薄膜试样，以便观察样品内部的组织、结构、成分、位错组态和密度、相取向关系等。磨损技术的第一步是锯切和磨削。首先要将材料定向切割成两部分或多部分，常用工具包括锯切、空心切割工具，常用磨削方法包括超声波磨削和电火花加工等。锯切使用带有不同种类磨粒（钻石、碳化物等）和可变粒度的圆盘或线，使用水或油作为润滑剂来降低温度并消除磨掉的颗粒。通过使用所需形式的空心切割工具可以实现超声波切割。超声波发生器连接形成波形，通过将磨粒放置在样品表面，利用超声波振动工具施加压力来切割样品。实验参数的选择因工具属性和材料性质而异。这一初步切割过程会产生缺陷，必须通过减薄样品来消除。另外，这个过程会产生更多缺陷，并且在最终制备阶段难以去除。

　　机械切割研磨技术的最终步骤是抛光，常用的抛光方法有机械抛光、凹坑抛光和三脚架抛光等。此过程需要使用粒径小至0.025 μm的磨料颗粒来控制表面粗糙度。在机械抛光中，先使用粒度不同（7~60 μm）的碳化物磨盘，然后使用粒度减小（0.1~6 μm）的金刚石磨料进行抛光。

类似的金刚石磨料用于凹坑抛光过程；然而，最终抛光是使用一些胶体（如二氧化硅）进行的。在三脚架抛光中，金刚石（氧化铝）颗粒被固定在支架中，不能移动。这适用于单向抛光。即使在机械抛光中使用最佳条件，最终阶段也总会有剩余的微裂纹。这些可以通过使用额外的离子和化学抛光来去除，以便在透射电子显微镜（TEM）中观察到无缺陷的薄片。

B　化学法

化学法主要是指通过样品在化学溶液中的氧化还原反应进行溶解。与电化学抛光类似，由于表面离子和电子的相互作用，会在液体样品界面上建立一个电压，进而引发溶解过程。这种方法的溶解速度非常快（50~500 μm/min）。电化学溶解是使用受控电压对材料进行阳极溶解。其溶解过程可以根据复杂性和许多其他因素使用如下技术：

（1）初步化学抛光准备和化学减薄技术。此制备方法适用于电绝缘体材料，如氧化物、玻璃等。而导电材料具有化学溶解的能力。由于工艺控制不佳，这种方法对多相材料很有用。与电抛光相比，化学抛光需要高温和高活性的溶液。它用于抛光表面，以降低表面粗糙度和消除微裂纹。

（2）初步电抛光制备和电化学减薄技术。此方法适用于导电样品。它在低温下进行，以避免爆炸或火灾威胁。然而，低温会影响抛光层的厚度、速率和质量。样品通常放在溶液中或两个喷嘴之间。这些喷嘴将电解质溶液导向样品的两侧。

在没有外部作用的情况下，样品表面达到平衡电压。恒电位仪或发电机用于控制电化学过程中的电位。随着恒定电位的增加，每个值可建立固定的溶解电流，并可绘制电流或电压曲线。

C　离子法

离子法基于样品材料和离子之间的相互作用。使用放电来产生离子，然后通过施加加速电压来加速离子并将其导向样品的所需部分。离子撞击样品的原子，并以足够的能量置换它们。这些原子进一步碰撞并从表面撕裂原子。这个过程称为粉碎。总置换原子数与总离子撞击数的比率给出了粉碎效率。通常，粉碎效率赖于入射离子的最小阈值能量（>40 eV）来分开原子。

在加速电压范围内（2~30 keV）输出的粉碎效率达到最大值，此时一个离子可以撕裂1~50个原子。但是如果能量太高，离子会被材料吸收。这通常发生在轻原子量的材料中。

最主要的处理设备是离子束减薄和聚焦离子束减薄（FIB），均需在10^{-5}~10^{-4} Pa 的真空范围内进行。离子枪由电离源室和加速电压组成。通过聚焦产生的离子束可以使样品的特定区域变薄。

通常使用惰性气体来避免与样品发生任何化学反应。使用具有高原子量的气体（如氩气）可以粉碎重原子。使用的气体应为样品所不含有的元素，以便可以识别注入。有时，使用惰性气体和活性气体的混合物，以加速磨损或尽量减少人为因素。典型的加速电压范围为 10 eV~10 keV。较高的电压可以更快地磨损材料，但这会导致高比例的伪像。因此，较低的电压是离子作用的更好选择。液氮冷却用于降低样品的温度。图 4-66 显示了 TEM 样品制备不同步骤的光学图像。

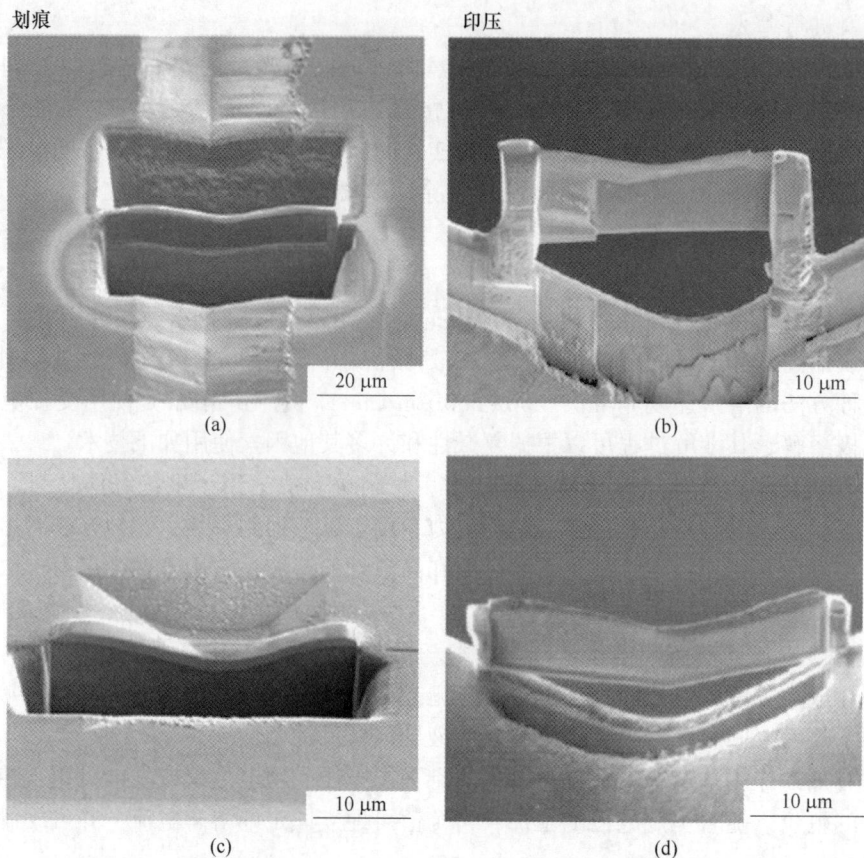

图 4-66　TEM 样品制备不同步骤的光学图像

（a）（b）通过离子铣削进行的横截面处理；（c）（d）焊接在试样支架上的样品，准备进行离子抛光

D　粉末样品制备方法

纳米结构的样品制备相对容易，如今市场上已有商用网格，只需要购买这些网格，并在其上滴一滴胶体悬浮液（通常为几微升），就可以在 TEM 中观察了。这些商用网格由铜、镍或金制成，上面涂有薄膜。根据样品的制备要求，这种涂层薄膜可以是连续的，也可以有孔（见图 4-67）。涂层薄膜可以是无定型的（碳）或结晶的（硅）。对于纳米粒子的悬浮液，连续涂层更有用，而多孔碳网格是薄膜的最佳替代物，因为大散射会对正常网格中的成像产生更多噪声。

一旦从 TEM 网格的不同部分获得了一组图像，下一步便就是计数尽可能多的粒子。颗粒数量越多，尺寸、尺寸分布和多分散性的统计数据就越可靠。这种技术被称为"通过眼睛和手"，具有如人为错误和偏见之类的局限性，但是仍然被科学界接受。由于这些限制，目前基于计算机的图像处理受到了更多的关注，其中相对大量的粒子可以以更好的客观性进行计数。然而，当处理具有多分散性的样品时，使用图像处理软件进行颗粒尺寸计算也有局限性。更高的多分散性限制从样品图像的特定区域同质选择粒子。简而言之，这两种方法都被用于纳米材料的尺寸分布，并在科学界得到了认可。

E　伪像消除

伪像是在 TEM 观察的不同阶段对样品引起的变化或损伤，可能会与样品的微观结构

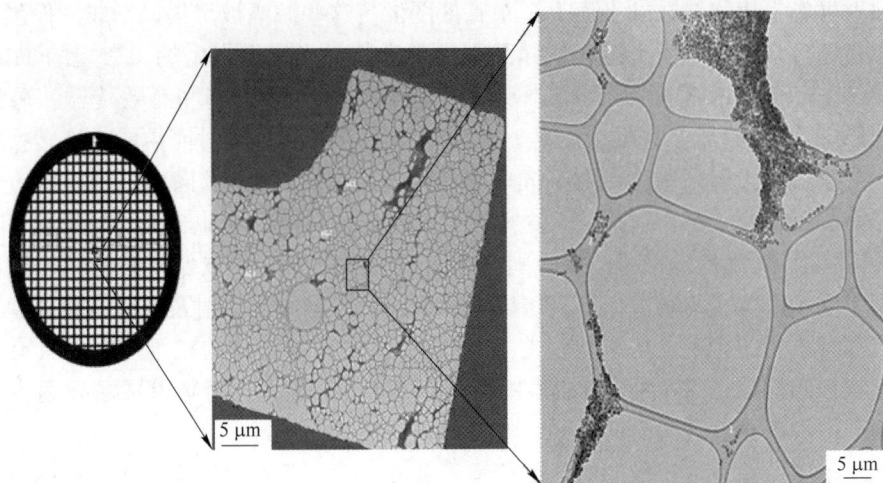

图 4-67　商业 TEM 网格

相混淆。这些伪像可能主要在样品制备过程中或随后在电子束照射样品的过程中产生。所有类型的材料都可能在一定程度上因受到人工制品的发展而对其类型和化学键产生影响。

样品制备过程中出现的假象会导致形成变形、物质位移、物质撕裂、裂纹、断裂、位错、滑移面、孪晶等。造成这些假象的原因是样品制备方法。电子束的热损伤会造成一些伪像，包括聚变、相变、化学电子损失、非晶化和分层。在观察过程中，通过在液氮下冷却样品架，可以将热伪像降至最低。类似地，生物样品可能有某些变化，如体积变化、蛋白质转化和不同成分的变性。

此外，还有一些形成伪像的因素与热损伤无关。第一个是生物样品的脱水，这是由显微镜柱中的超高真空造成的。因此，液体必须处于冷冻状态，或在观察前必须将样品中的液体提取出来。第二个是样品带电，会导致样品不稳定。当光束聚焦且材料为绝缘体时，这种效应更为突出。这种影响可以通过在样品上使用碳涂层来最小化。第三个是由电子辐照和温度升高同时在生物样品中引起的样品破坏。第四个是污染，同时其也是阻碍样品观察的一个重要因素。这是由电子束与显微镜柱内存在的碳氢化合物相互作用引起的。因此，在样品附近引入了防污染冷阱，通过提高柱内的真空度也可以减轻这种效应。

4.3.5　成像和光谱学

提到 TEM，首先想到的是纳米材料和其他样品的成像和结构分析。事实上，TEM 已经取得了巨大的进展，除弹性信号外，多样的检测器的使用已经使 TEM 成为一个完整的分析工具，可以提供结构和化学信息。本节将简要讨论 TEM 中不同成像和可用于供选择的光谱测试方法。

4.3.5.1　成像

成像是 TEM 的主要功能。弹性和非弹性信号分别用于常规 TEM 和 STEM 中的成像。TEM 成像的三个主要类型分别为常规 TEM 成像、HRTEM 成像和 STEM 成像。

A　常规 TEM 成像

在常规 TEM 成像时，可用恒定电流密度的电子束照射薄的透明样品，通过计算特定方向的散射振幅，用物镜在像平面上记录直接图像。这些波幅被聚集以形成图像强度和振幅。图像是通过在高斯平面上组合从样品中出现的衍射光束而产生的。常规的 TEM 通常在 100~200 kV 范围的加速电压下工作。为了提供更好的分辨率和有效传输，可以施加 200~500 kV 范围内的加速电压。常规 TEM 成像可以很容易地通过简单的变换转换成衍射模式，此变换代表投影仪透镜中的不同电流。因此，常规 TEM 成像有三种模式：低放大率模式、高放大率模式和衍射模式。这些模式及其对比机制已在 4.3.2 节讨论过。在常规的 TEM 模式中，光束是广泛的，并且同时覆盖整个样品。这种成像模式是多用途的，因此可以用于明场成像、暗场成像、选区电子衍射、微米和纳米衍射及高分辨率成像。每种成像模式都有不同的光束几何形状。常规 TEM 提供了三维物体的二维投影，具有清晰的尺寸、形状和结构信息。在常规 TEM 中，电子是通过热离子、肖特基或场发射方式排出的。当相干性和高亮度是必需的时候，场发射是理想的。

  基于高精度像差系数测量的对比度传递函数的精确调整对获得高达 50 pm 的分辨率是非常重要的。在记录 TEM 显微照片时，成像技术的精确度不高，即使在像差校正之后，残余像差也仍会出现。通过记录振幅和相位，相干像差可以被校正。然而，在记录显微照片的过程中，相位通常会丢失，而图像的强度总是会被记录。相位损失实际是与物体结构相关的定性信息的损失，这导致显微图像解释的不确定性。图 4-68 显示了不同形态的纳米颗粒，它们均是常规 TEM 在明场成像模式下产生的。

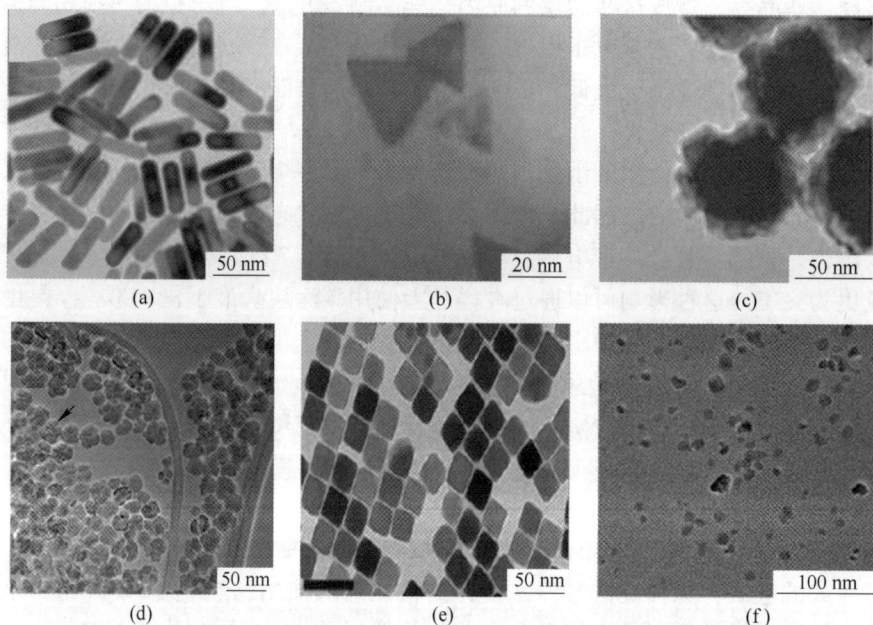

图 4-68 不同形状纳米颗粒的 TEM 图像

(a) 金纳米棒；(b) 金纳米棱镜；(c) 金纳米花；(d) 氧化铁纳米花；
(e) 氧化铁纳米立方体；(f) 钴铁氧体球形纳米颗粒

  常规 TEM 的主要应用限制之一就是其无法很好地表征磁性材料，即使使用校正后的 TEM，尽管其带通较高，滤波相位信息的情况仍会因为抑制长距离相位调制而变得更糟。因此，校正后的常规 TEM 被认为对磁场和电势的粗略相位调制是盲目的。零维点缺陷

（杂质和空位）通过常规 TEM 是不可见的。

B HRTEM 成像

HRTEM 成像是一种多功能的强大成像技术，用于提供原子级分辨率的晶体表面显微照片，并以 1 nm 的空间分辨率显示样品的化学成分。HRTEM 不仅用于解决复杂的材料科学问题，还用于改进计算模拟和处理数据分析。HRTEM 的其他用途包括晶体结构信息和薄样品局部结构的原子级分辨率的真实空间成像。

随着像差校正器、受控样品环境、电子和数字探测器源的发展，现在可以获得分辨率约为 0.05 nm 的 HRTEM。适当的显微照片处理和定量记录可以准确、可靠地确定缺陷和同质性。HRTEM 的图像形成过程被认为发生在两个阶段。入射和入射电子与样品原子之间的相互作用导致弹性和非弹性散射。弹性散射的电子在高分辨率明场显微图像的形成中起着主要作用。因此，HRTEM 成像总是在明场成像模式下执行。另外，使用电子能量损失光谱（EELS）技术和 STEM 成像信息，非弹性散射的电子会给出不合理的样品成分信息。

在高分辨率透射电子显微镜（HRTEM）中，电子通过磁透镜聚焦，从而在实空间中进行直观且直接的表示。晶体的叶片层被倾斜，以使其垂直于电子束。平行于电子束的晶格平面将靠近布拉格位置，因此初级束将发生衍射。用傅里叶变换解释了二维周期排列衍射图样的衍射斑。电子光学系统用于在屏幕上获得放大 500 万倍的图像。这种成像过程称为高分辨率成像或相衬成像。不同形态的高分辨率成像如图 4-69 所示。

HRTEM 图像是由散射光束和透射光束的干涉产生的。其相衬图像很小，就像晶体的晶胞一样，因此，HRTEM 被成功地用于确定堆垛层错、干涉、位错、点缺陷、表面结构和沉淀物。HRTEM 的主要限制是不能区分核和壳，即使结合了电子和 X 射线衍射技术。在具有两个核的壳上外延生长核的情况下，不同类型的金属晶格常数略有不同，但晶体结构相同，因此使用 HRTEM 无法确定晶体的精确结构。

C STEM 成像

除了上述优选弹性信号成像的显微技术，非弹性信号现在也被用于成像，这种模式称为 STEM。在这种模式下，分散的光束被转换成聚焦光束，并可以将其作为一个光学探针扫描样品，类似于原子力显微镜。STEM 成像主要为暗场成像模式。STEM 成像适用于微量分析，在这种成像模式下，对比度仅取决于原子序数 Z^α，其中 $\alpha>1$。所有类型的电子信号，即弹性信号、非弹性信号、散射信号和非散射信号，都可以通过放置在样品下方的环形检测器进行发射和检测。因此，这种模式也被命名为高角度环形暗场扫描透射电子显微镜（HAADF-STEM）（见图 4-70 和图 4-71）。STEM 成像对纳米级的能量色散光谱（EDS）分析更有效。STEM 成像还可以通过在成像光谱模式下使用电子能量损失光谱（EELS）提供浓度分布。其空间分辨率可以达到探头大小。目前探针校正阀杆也是可用的。局部（点、线或面）化学分析也可通过 STEM 成像模式进行。

4.3.5.2 选区电子衍射（SAED）

由于高能电子的波长非常小，材料样品中原子之间的距离可起到衍射光栅的作用，从而衍射电子。这种现象用于 TEM 模式下的常规成像，因为衍射对比机制在晶体材料中非常重要。此外，样品的衍射图案也可以像 X 射线衍射机制一样获得。这些图案对结构分析和研究晶体缺陷非常有用。在衍射模式下，中间透镜聚焦在物镜的后焦平面上，透射光

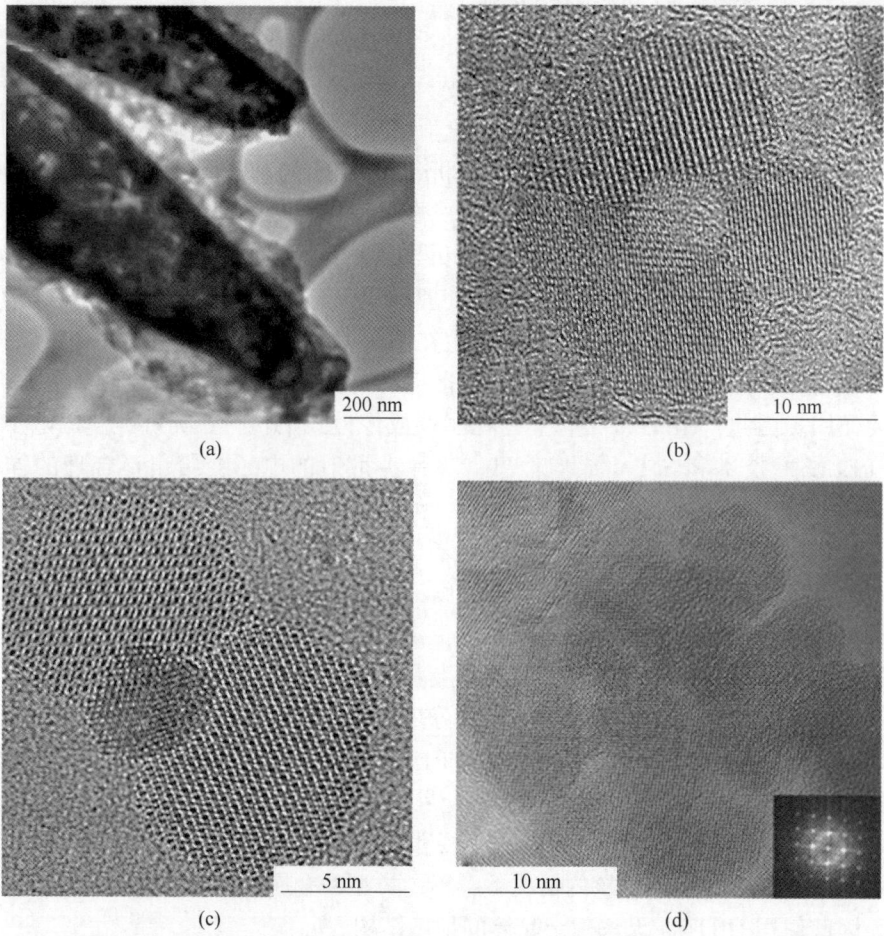

图 4-69 不同形态的高分辨率图像

（a）三氧化钼空心纳米棒；（b）氧化铁的中空结构；（c）氧化铁-金纳米二聚体；（d）氧化铁纳米花

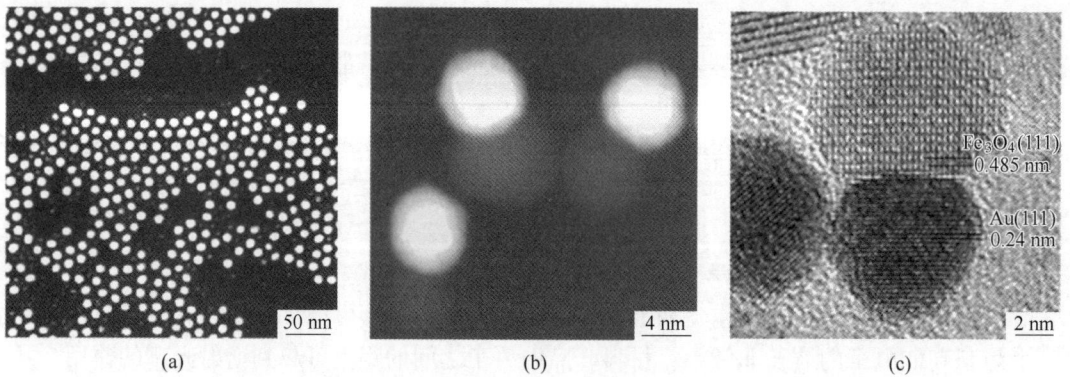

图 4-70 STEM 图像与 TEM 图像对比

（a）氧化铁纳米颗粒的 HAADF-STEM 图像；（b）（c）金-氧化铁异质结构的 STEM 和 TEM 图像

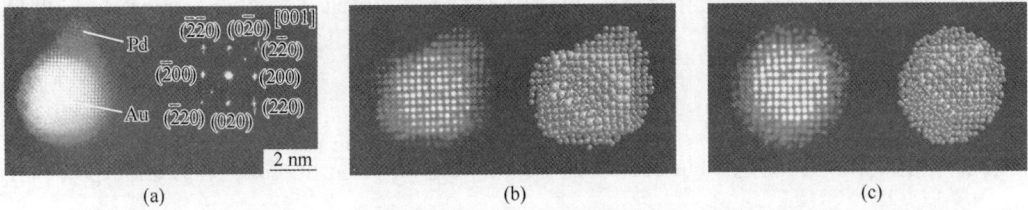

图 4-71 STEM 图像与模拟图像

（a）具有分离 Pd 的 Au 纳米颗粒的 STEM 图像（右侧显示计算的快速傅里叶变换）；
（b）（c）通过逆快速傅里叶变换和相应的原子模型获得的模拟图像

束和所有衍射光束都可以成像。然后，在物镜的像平面中引入一个孔径，便可获得样品的选定区域的衍射图案。因此此方法被称为选区电子衍射（SAED）。

要获得衍射图案，第一步是在图像模式下检查样品，定位感兴趣的特定部分或纳米颗粒组，然后完全扩散光束，使最大电子数保持平行于样品。接下来，插入中间光阑并固定在特定位置上。通过从成像模式切换到衍射模式，可以在观察屏幕上观察到斑点或圆圈形式的衍射图案。在衍射光束的路径中需要引入光束阻挡器，以避免在观察过程中损坏照相机。然后可以根据它们的 d 间距分析和索引这些获得的衍射图案。衍射斑点的出现可以通过构造埃瓦尔德球（Ewald）来理解，它为特定波长的入射辐射提供晶格平面。在衍射图样上出现的斑点为被埃瓦尔德球截取的倒易点阵的节点。这个假想球的半径与入射光束的波长成反比。因此，电子（皮米范围内的波长）衍射比 X 射线（约 0.1 nm）衍射更显著，在 X 射线衍射中，在 Ewald 球的切线处观察到的节点更少。这种现象通过引入衍射体积得到进一步增强，使得即使在布拉格条件没有完全满足的情况下，斑点也可保持可见。

衍射图案主要取决于样品中纳米颗粒的取向。对于单晶样品，可以观察到对应于特定平面的明显衍射斑点，但条件是通过孔径选择的样品（纳米颗粒）的所有部分都应与电子束对齐（见图 4-72）。

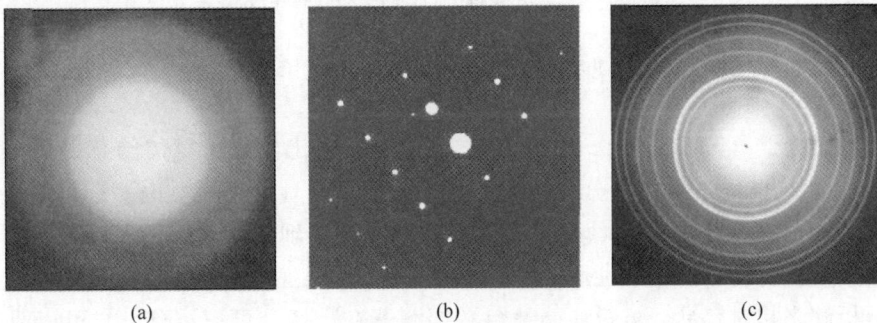

图 4-72 材料的电子衍射图

（a）非晶材料；（b）单晶材料；（c）多晶材料

当纳米颗粒通过气相沉积法或电沉积法在基底上生长时就属于这种情况，但对于纳米粒子，它们都可以朝向不同的方向（见图 4-73）。因此，斑点与直射光束的距离保持不变，但是每个纳米颗粒的角度都发生了变化，最终获得了代替斑点的亮圈。类似地，对于多晶材料，每个衍射环都对应于可以从 d 间距确定的特定平面（见图 4-72（c））。晶面间距 d 可以通过式（4-38）计算。

$$d_{hkl} = \frac{L\lambda}{R_{hkl}} \tag{4-38}$$

式中，L 为相机长度；λ 为电子的波长；$L\lambda$ 为相机常数；R_{hkl} 为光斑或圆与直射光束的距离。

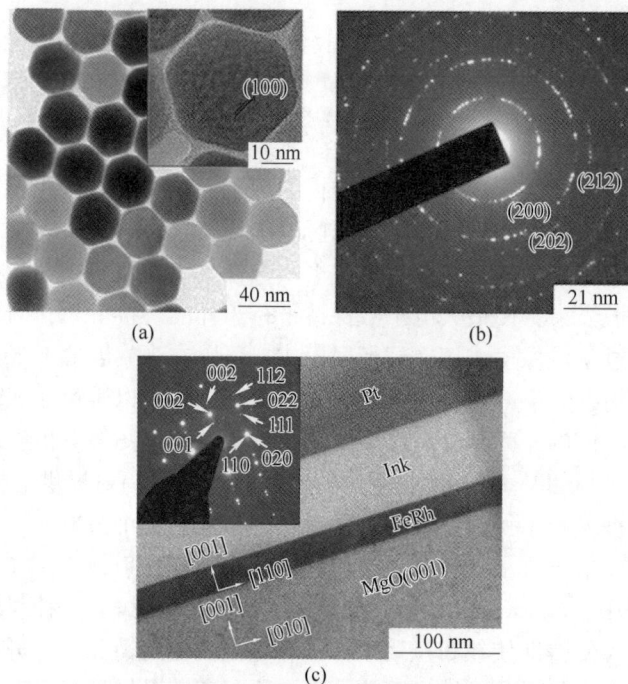

图 4-73　掺杂镧的上转换纳米粒子的 TEM 图像
（a）TEM 图像（主图）、HRTEM 图像（插图）；（b）纳米粒子的电子衍射图案；
（c）通过 DC 溅射在 MgO（001）衬底上外延生长的 FeRh 膜的 TEM 图像（主图）和该区域的衍射图案（插图），
FeRh（深灰色）层和 MgO（浅灰色）衬底的衍射图案

4.3.5.3　TEM 中可用的光谱技术

A　能量色散光谱

能量色散光谱（EDS/EDX）被认为是 TEM 中用于化学分析目的的有力表征技术之一，它被称为用 TEM 进行成分分析的简单技术。当非弹性跃迁发生时，来自内壳层的电子可以发生碰撞，并随着 X 射线的发射从较高能级跃迁到低能级。这些特征 X 射线的能量可以使人们获得材料的化学性质。X 射线的发射光谱相对于 EELS 中的能量损失对应谱来说，分析起来相对容易。X 射线能量色散探测器在市场上可以买到，它可以收集 X 射线信号并以光谱的形式显示出来（见图 4-74）。虽然这个过程看起来非常简单，但是这些光谱有一定的局限性。例如，检测器和样品之间的立体角小，信号收集效率非常低。检测器中的能量色散 X 射线（EDX）二极管会很快变热，因此，液氮保持在探测器杜瓦瓶中用于降温。此外，在 TEM 模式下使用时，它仅提供样品的定性信息。透射电子显微镜和能量色散谱仪的内部设计被优化以减少能谱中的伪像，然而，优化过程放弃的信号可能会对元素分析产生负面影响。

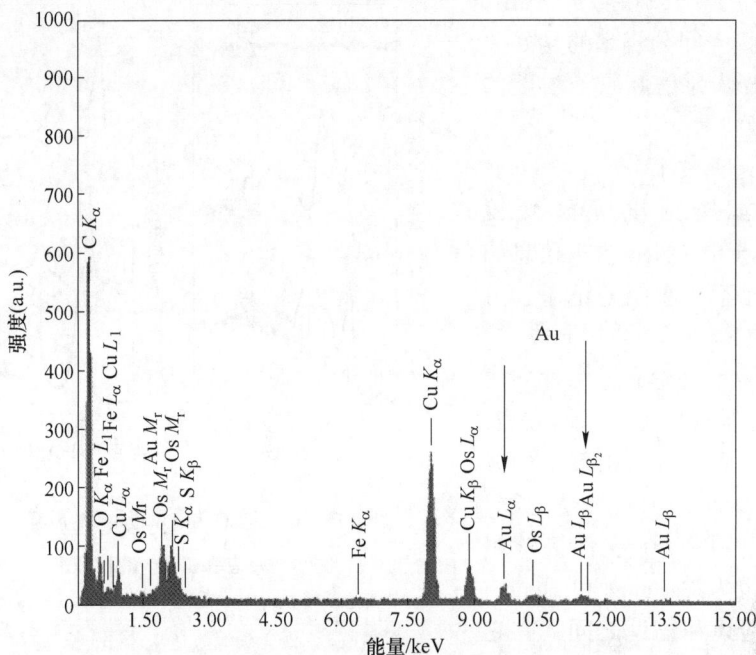

图 4-74 含金纳米颗粒的脾脏积水的典型 EDX 光谱

能量色散光谱仪中的色散装置是一种由硅或锗单晶制成的半导体二极管的虚拟装置。当光子进入并穿过过渡区（由 n 型和 p 型掺杂材料形成）时，价电子对原子核的限制导致能量的释放。这是一个将电子从价态激发到导电壳层的等效过程，在一定时间内，由于电子-空穴对的形成而引发导电。TEM 中能量色散光谱的电子能量设置为 200 keV。

B　电子能量损失光谱

快速移动的电子在与样品相互作用的过程中会损失能量，并提供关于样品的大量信息。因此，电子能量损失光谱（EELS）对探测样品材料的化学、物理和光学特性是有价值的。EELS 有两种方法，第一种方法是通过使用固定和广泛的光束获得滤波图像，第二种方法通过在给定图像的每个像素上扫描聚焦光束来呈现 EELS。在 EELS 中，这也被称为光谱成像模式。

EELS 通常由三部分组成：零损耗区、低损耗区和铁损区。零损耗区检测到的主要是无能量损失弹性电子，在 EELS 中可以观察到非常强的峰。在这个区域，没有损耗，峰值位于 0 eV。低损耗区可以给出样品光学性质的信息。这个区域的跨度为 0~50 eV。此区域呈现带间跃迁，即从价带到导带的跃迁。从低损耗光谱获得的信息被分成三部分，即体、表面和始端，这些部分的组合提供了完整的 EELS。核心损失区的形成是因为核心电子的能量损失，此区域的能量大于 50 eV，属于内层电子的激发。

为了在化学和局部原子水平上进行综合分析，以及表征电子结构，用 TEM 获得的衍射数据和图像要优于 EELS 提供的分析信息结合。EELS 与 TEM 的结合体现了将高空间分辨率与可接受的能量分辨率统一起来的优点。EELS 和 TEM 的结合提供了带有能量过滤和能量损失光谱图像的化学和物理信息（见图 4-75）。

由于 EELS 的低信噪比，在高能量损失区具有低强度的重元素的 EELS 边缘难以检测。

主要缺点是，与其他技术相比，EELS 用于寻找空间分辨率的良好关系，但它不被认为是低原子浓度的有前途的测量技术。

C　能量过滤技术

能量过滤透射电子显微镜（EFTEM）用于电子能量损失信息的光谱成像和元素分布图的记录，可使具有特殊能量损失的电子成像。在 TEM 中，能量过滤通过两种方法进行。一种是列内 Ω 型过滤器方法，而另一种是列后方法。在第一种方法中，使用 Castaing-Henry 过滤器。这个过滤器由两个 90° 磁性棱镜组成，通常命名为 Castaing 和 Henry。它位于中间透镜和物镜之间；在它

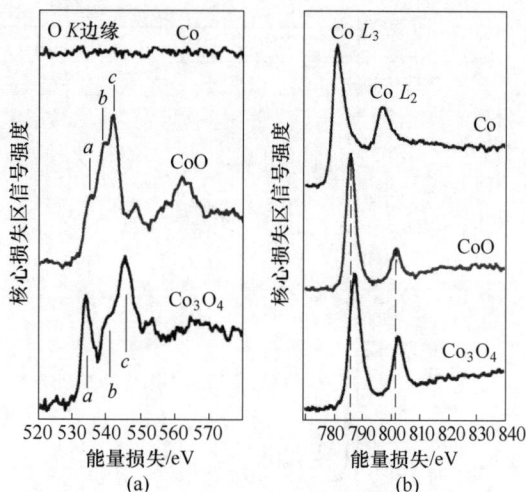

图 4-75　Co、CoO 和 Co$_3$O$_4$ 的 K 边缘（a）和 L 边缘（b）的比较

a—O K 边缘峰；b，c—源于向杂化的 O2p—Co4sp 带的跃迁

们前面放置一个狭缝，可根据特定的能量损失来控制电子。电子被传输到 90° 电磁扇区，因此，这些电子被静电反射镜反射回来，并根据不同的能量而分散。电子被第二个 90° 磁性棱镜偏转到光轴上。ω 型过滤器的主要优势在于能量过滤衍射及 EFTEM 成像。对于柱后方法，检测器位于样品下方。非弹性相互作用后的电子受到正交磁场的作用，在该磁场中，电子受到向心力，并根据它们的速度分布。这种速度分布与它们的能量直接相关。在检测器前面放置一个过滤器或窗口，以选择特定能量的电子。在柱后方法中，两个预阈值窗口用于收集背景信号，而一个具有精确能量值的窗口用于获得实际的电子信号（见图4-76）。

EFTEM 被认为是表征生物样品和材料科学中的基本技术。它可以用来确定聚合物层在纳米颗粒表面的分布（见图 4-77），还可以用于明确识别核-壳纳米粒子，因为它可以根据它们的化学性质分别显示纳米实体的两个部分。EFTEM 用于改善不均匀样品的对比度，以及用于非常窄的电子探针进行元素分布图的二维显示。

EFTEM 最有前途的应用之一是通过使用特定的元素电离边缘以图谱的形式确定成分信息。这种图像的可能空间分辨率在纳米范围内，可以很容易地用一系列过滤能量图像在边缘周围获得元素线分布信息，从而形成元素分布的二维图像，该图像收集了大量损耗图像，其特征是在非常短的时间（4~60 s）内具有特定能量损耗的离子化铁芯损耗边缘，有可能追溯一个基本分布的三维地图。

利用 EFTEM 进行元素分布的三维定量成像，为冰冻置换细胞中特定成分的定位提供了新方法。预计 EFTEM 断层扫描可以提供有关细胞内在元素的重要信息。EFTEM 重建方法和技术被用于改进这些结果，使可检测的原子数量达到理论极限。

D　化学谱图

化学成像用于分析原子占据状态下原子晶格子集的组成变化，可以通过适当记录 TEM 中衍射电子的反射角来实现。化学成像被认为是表征外延异质层之间界面锐度及结

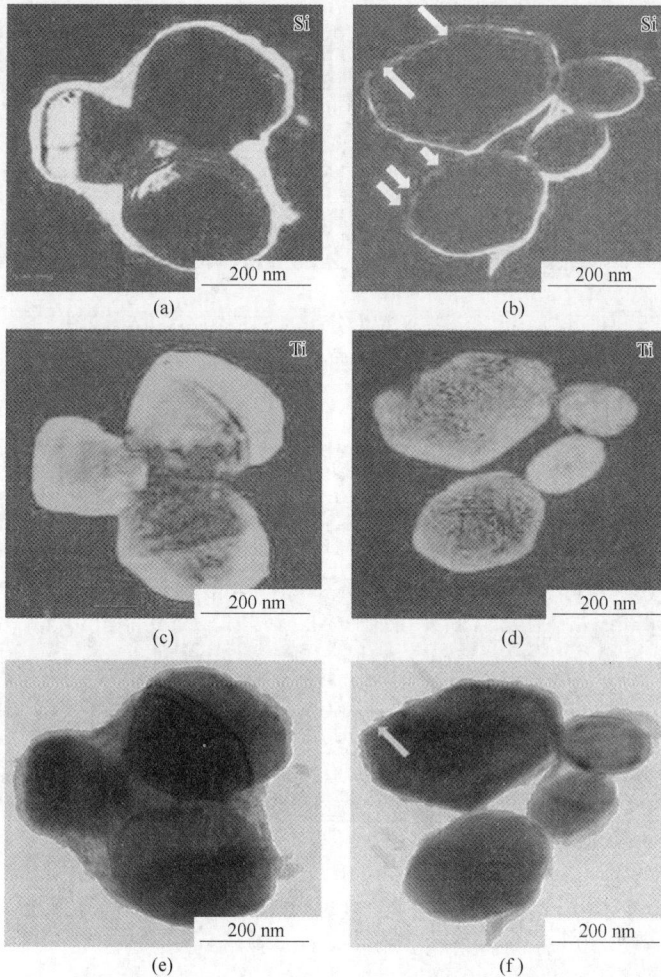

图 4-76　TiO₂@Si 核壳纳米粒子的基于 EELS 的 EFTEM 化学映射图像

（a）（b）纳米粒子上的 Si 分布；（c）（d）纳米粒子上的 Ti 分布；（e）（f）TiO₂@Si 核壳纳米粒子的明场图像

构分析的理想技术。由于退火和离子注入，化学成像是表征界面改性的最明显和最合适的技术。X 射线不仅用于定性或定量分析，也用于化学成像。

在特殊模式下，表面分析的化学成像是可能的，这种特殊模式可以表征样品中特定元素的准确位置（见图 4-78 和图 4-79）。化学成像在 STEM 模式下完成，其中光学探针用于扫描样品或样品的特定部分。在此过程中，光学探针会在每个像素上停留一定时间并提取化学信息。每个扫描框称为一个数据立方体，通过化学成像获得的信息可以在以后根据元素化学分布的要求进行处理。微体化石、胶结物、玻璃和矿物的定量次要（主要）分析的化学表征需要图谱。每个微型化石都应该有确定的织

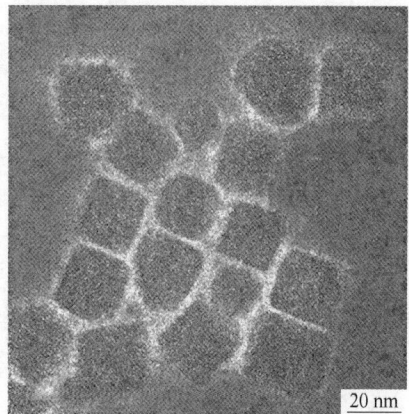

图 4-77　纳米颗粒表面聚合物分布的
EFTEM 图像

（图像是在碳 K 边缘（284 eV）获得的）

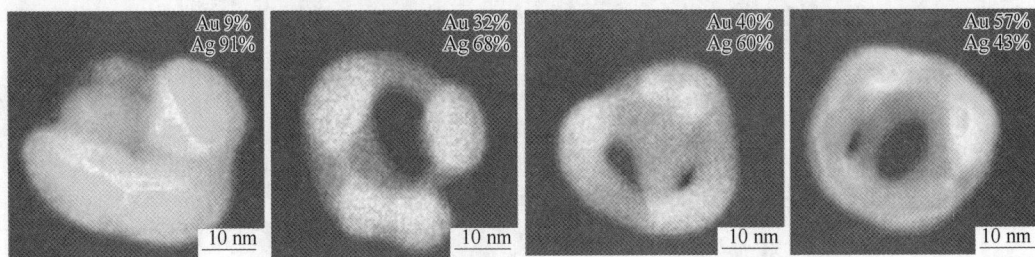

图 4-78　金和银在颗粒中分布的 STEM-EDX 化学谱图
（通过反转图上的颜色可以看到金浓度的增加）

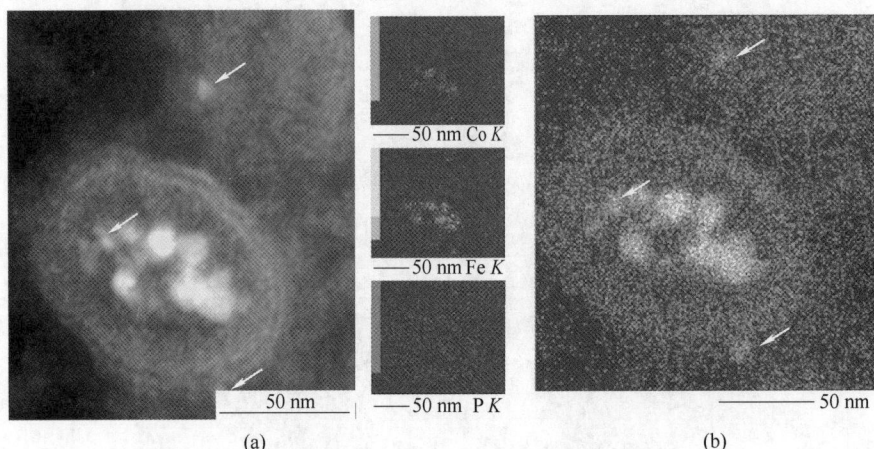

(a)　　　　　　　　　　　　　　　　　(b)

图 4-79　限制在囊泡中的钴铁氧体纳米颗粒的 EDX 化学谱图
（a）STEM-HAADF 形貌；（b）三种化学信号的叠加
（钴、铁和磷的代表颜色分别是红色、绿色和蓝色。只有铁的铁蛋白可以在囊泡内部和
外部分别观察到纯绿色和蓝色，纯绿色信号（铁）由箭头指示）

物、纹理、定量化学、形态和二维或三维特征，以及显示主要和次要变化的化学图谱。通过 TEM 对单个纳米结构进行定量化学成像不仅在环境和安全方面具有巨大的潜在应用价值，而且在微电子器件的应用中也被认为是潜在的令人兴奋的选择（有助于理解 Si/高 K 电介质的界面）。化学成像与混凝土裂缝的相互关系及通过化学成像进行的脱附质谱分析，是由表面和微分析科学部门展示的两个主要的代表性课题。其主要缺点是样品制备过程具有复杂性。

　　E　TEM 中的三维层析成像

　　三维层析成像是一种从一系列二维投影中获得三维图像的重建技术。对于这种类型的成像，使用双倾斜固定器可以将样品倾斜到某个角度（约±60°）（见图 4-80）。然后拍摄一系列图像，用软件进行三维重建。自动再现微观控制、新形成的重建算法、高功率计算技术（能力）和计算机断层摄影，三维图像的绘制在未来应很有前景。通过使用 TEM，电子层析成像极好地表征了三维纳米结构。3D-TEM 图像的重建广泛应用于生物学和材料科学领域。

对切片图像进行计算机断层扫描以构建分辨率达到纳米级别的三维图像。采用电压为 200 kV 的明场成像法，无需样品染色即可构建三维图像。明场电子断层扫描非常适用于三种材料的分析，分别是炭黑（HAF 级）、二氧化硅和基质 NR。

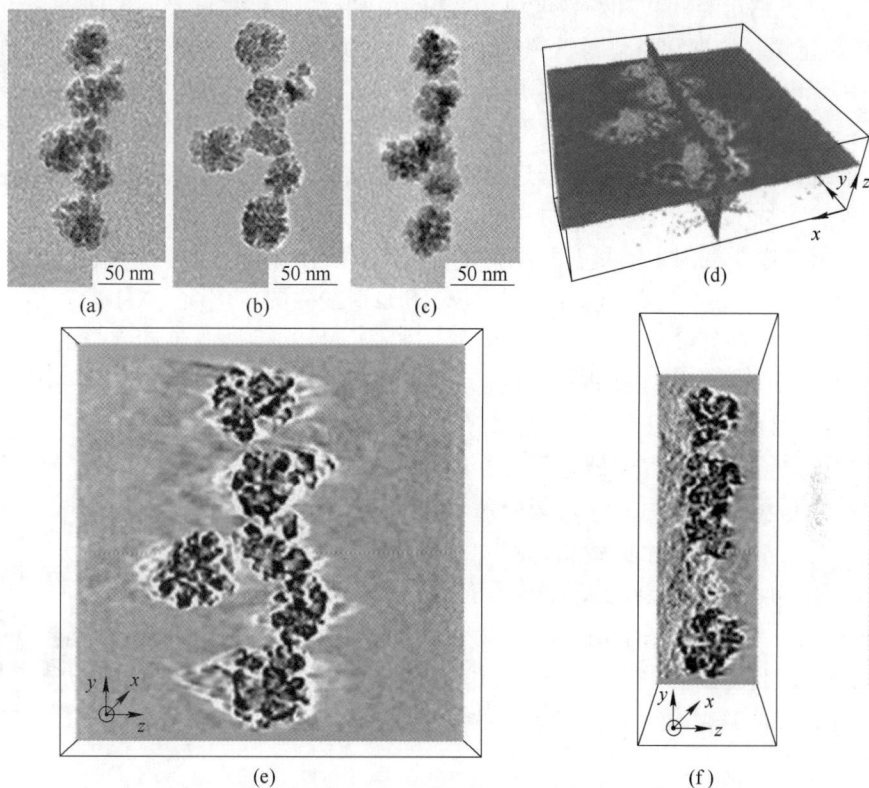

图 4-80　氧化铁纳米花的三维分析

（a）倾斜角为 60° 的断层 STEM 图像；（b）倾斜角为 0° 的断层 STEM 图像；（c）倾斜角为 −60° 的断层 STEM 图像；
（d）粒子的三维断层图像；（e）（f）分别对应 (x, y) 和 (y, z) 平面的二维切片

4.3.6　应用实例分析

TEM 已经在不同的研究领域产生了巨大的影响。通过消除球面像差和色差，在皮米范围内，不同 TEM 成像模式的分辨率得到了提高。色差校正对于 TEM 成像模式下的高分辨率成像很重要，而探针校正对于 STEM 成像模式以原子分辨率观察物体是必不可少的。不同的分析工具（如 EDX、EELS、EFTEM、化学谱图等）的添加，使 TEM 成为广泛分析材料或生物样品的完整技术。由于能量分辨率和信噪比的提高，局域化 EELS 分析得到了显著改善。新型硅基漂移探测器提高了灵敏度，缩短了化学谱图的记录时间。

在材料科学领域，纳米粒子的合成是一个关键部分，了解固-液界面的成核和生长机制对控制纳米粒子的形状和尺寸至关重要。机理的阐述需要反应动力学的可视化，而这部分是缺失的。随着微机电系统（MEMS）技术的发展，一种新颖的用于跟踪液相动力学过程的液体池 TEM 应运而生。这种原位技术可以通过在封闭单元微制造的电子透明窗口来对以溶液形式封装的纳米物体的动力学行为进行成像。这种新的设施肯定会减少液体和固

体界面反应之间的差距，并允许观察活体生物样品，这在以前是不可能的，因为 TEM 柱中存在超高真空。由于能控制电子束，STEM 成像模式是液体池 TEM 的主要应用，剂量率可以影响反应动力学。MEMS 技术的另一个发展是气柜，也称为环境标本架。环境 TEM 对研究许多纳米器件（如燃料电池和蓄电池）的性能非常重要。这两种新方法必将促进 TEM 在化学、物理和材料科学领域中的应用。此外，电子的轨道角动量和自旋角动量一般不用于电子显微镜。这些电子用于位错识别。基于这些特性的研究还处于初始阶段，预计在不久的将来，这项技术将在实际应用中更加成熟。探索了 EELS 和 X 射线吸收光谱费米能级以上从核心态到空态跃迁的相同机制，可知这两种技术都可应用于相同的物理现象，如二色性。二色性指某些材料的光子吸收光谱对入射辐射偏振的依赖性。光子的极化矢量起着与电子散射中动量转移相似的作用。因此，新的 TEM 技术和电子能量损失磁手性二色性（EMCD）已经被提出，其具有比 X 射线磁圆二色性（XMCD）更高的空间分辨率。但其仍存在某些阻碍 EMCD 的因素，如低信号和手性二色性信号的精确散射条件。所有这些前景必将为 TEM 提供新的发展空间。

4.3.6.1　材料结构分析

运用透射电镜技术观察到催化剂中存在着两种不同形貌的颗粒，一种为分布均匀的球状小颗粒，另一种为少量聚集的片状微晶尺度（均小于 100 nm）（见图 4-81）。XRD 的表征结果可以推测两种不同形貌的颗粒可能对应不同的物相，即 MoO_3 物相和 $CoMoO_4$ 物相，因此两种物相具有完全不同的晶型。但 TEM 技术并不能区分两种形貌的颗粒对应的物相。

图 4-82 和图 4-83 分别为两种不同形貌颗粒的电子衍射图，可知片状微晶中的原子排列得较为有序，而球状小颗粒中的原子排列的有序度较低。

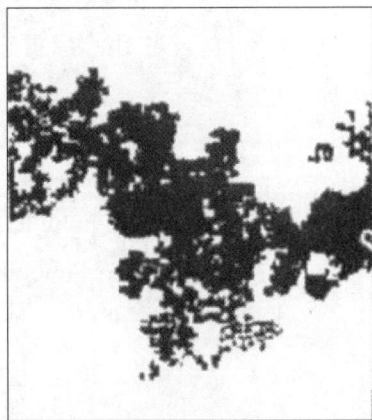

图 4-81　超细 Mo-Co-K 催化剂的 TEM 照片
（放大倍数为 10^5）

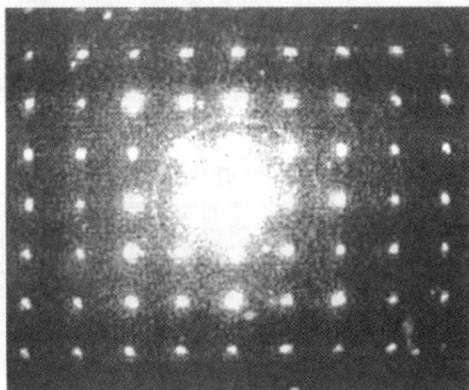

图 4-82　片状微晶的电子衍射图
（对应图 4-81 中的晶体）

图 4-83　球状小颗粒的电子衍射图
（对应图 4-81 中的晶体）

图 4-84（a）为金纳米颗粒的低倍 TEM 明场像，不难看出，金纳米颗粒的分散性不好，尺寸不太均一。图 4-84（b）为选区的高分辨晶格像，可以看到金纳米颗粒不同的晶面，0.236 nm 对应的是（111）晶面，0.204 nm 对应的是（200）晶面，0.144 nm 对应的是（022）晶面。图 4-84（c）为选区电子衍射分析区域，是采用最小的选区光阑得到的最小分析区域，此区域的直径约为 175 nm。图 4-84（d）为选区电子衍射结果，得到的是一系列不同半径的同心圆环，即多晶衍射环。从高分辨图像可以看出，单颗颗粒都是单晶结构，但是由于选区电子衍射所选的区域较大，这些颗粒的取向不一致，因此得到的是多晶衍射环。

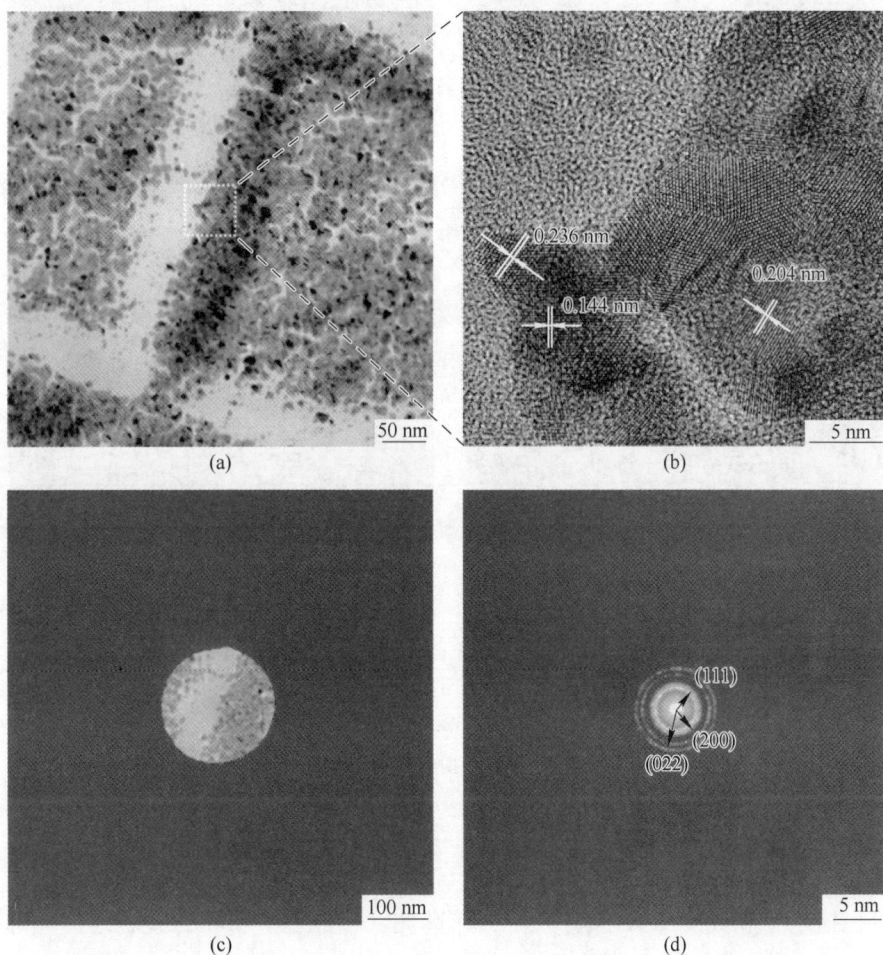

图 4-84　金纳米颗粒的低倍、高倍 TEM 图和选区电子衍射分析区域及结果图
（a）低倍 TEM 明场像；（b）高分辨晶格像；（c）选区电子衍射分析区域；（d）选区电子衍射图

随后选择样品中的单颗颗粒进行纳米束电子衍射表征，其结果如图 4-85 所示。图 4-85（a）中虚线方框内的颗粒为所选目标，其高分辨晶格像如图 4-85（b）所示，可以看到该颗粒为单晶结构，对应晶面间距分别为 0.204 nm 和 0.236 nm。图 4-85（c）为该状态下电子束束斑的大小，直径约为 2 nm。图 4-85（d）为该颗粒的纳米束电子衍射花样，可见该颗粒的衍射为单晶衍射斑点，周围颗粒的信息不会对目标颗粒的衍射结果造成

影响。以上纳米束电子衍射结果是在 10 μm 的聚光镜光阑下完成的，得到的是清晰易分辨的衍射斑点。

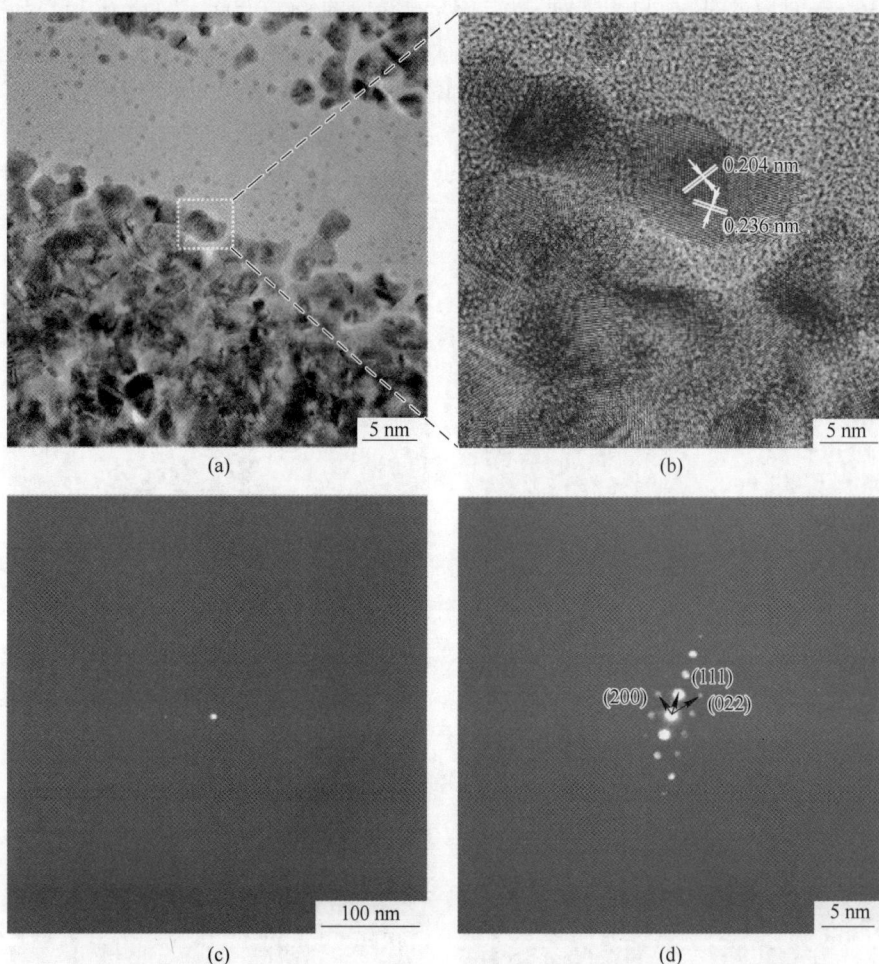

图 4-85　金纳米颗粒的低倍、高倍 TEM 图和电子束斑及纳米束电子衍射图
（a）低倍 TEM 明场图像；（b）高分辨晶格像；（c）选区电子衍射分析区域；（d）选区电子衍射图

4.3.6.2　生物超微结构分析

使用扫描电子显微镜（STEM）观察矢车菊花、苞片、茎和叶的微观结构，可以确定其分泌物中存在的主要次生代谢物类别，对一些微形态学的分类具有一定价值，并分析其解剖特征。如图 4-86 所示，使用 STEM 在矢车菊花器官中观察到两种分泌结构，即腺毛和导管。腺毛位于苞片和茎表面，导管在叶和茎中导管的上皮细胞中有锇酸染色的液泡组织及囊泡脂溶性物质，组织化学分析结果显示导管分泌物具有异质性，其中含有精油、脂质、类黄酮、单宁和含有类固醇的萜烯，以上表明 STEM 可以为中药及其活性成分鉴定提供相应的技术支持。

4.3.6.3　纳米材料的原位生长观测

以 Pb_3O_4 金属氧化物纳米晶体为研究对象，从纳米晶体的单体附着生长和聚集生长两

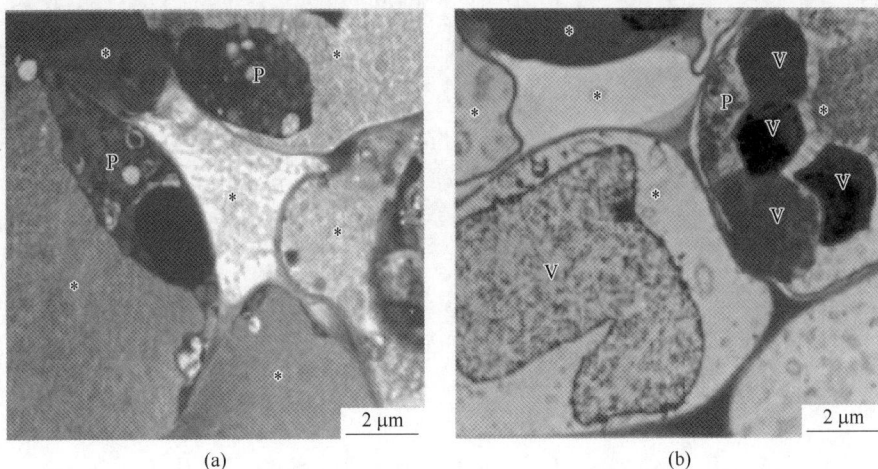

(a)　　　　　　　　　　　　　　　　(b)

图 4-86　矢车菊茎中分泌管的超微结构

（a）分泌管（黑色星号）；（b）分泌管被一层上皮细胞（白色星号）包围

个不同的角度开展研究工作。实时追踪生长过程中纳米晶体结构的演变及运动，以探讨纳米晶体生长机理及生长动力学。如图 4-87 所示，实时观察到具有规则四边形形状的 Pb_3O_4 纳米晶体的形成。四边形 Pb_3O_4 纳米晶体被低能面包围，之后它们沿着表面能较高的 [002] 方向择优生长。图 4-87（a）所示 TEM 图像展现了纳米晶体的平移和旋转，然后发生跳跃连接。白色实线表示 {002} 面，黑色箭头表示 [002] 方向，白色虚线表示这两个纳米晶体之间分离的距离。图 4-87（b）为生长示意图，显示了纳米晶体平移的过程，其方向用灰色箭头表示。图 4-87（c）为两个纳米晶体分离的距离和 {002} 面之间的夹角随时间的变化；图 4-87（d）为生长过程中纳米晶体平移速度和角速度随时间的变化，此过程可以分为两个阶段，第一阶段和第二阶段在时间为 28 s 时（虚线处）分开直至达到平衡状态。

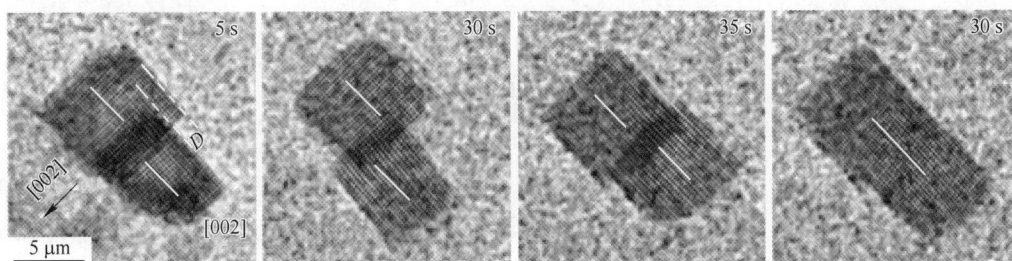

(a)

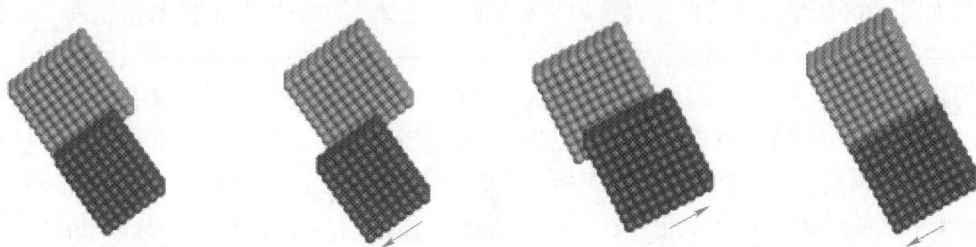

(b)

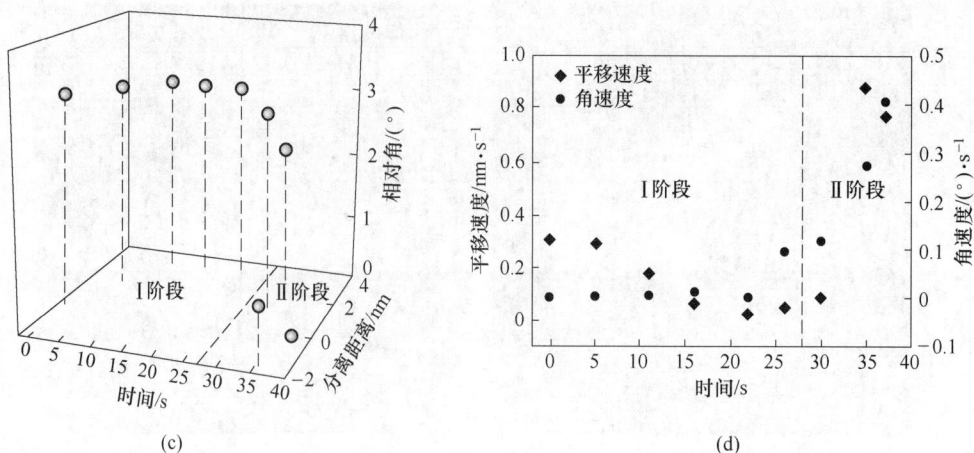

图 4-87   一对相互接触的 Pb_3O_4 纳米晶体在 [002] 方向的生长过程

4.4   电子探针微区测试分析方法

电子探针显微分析仪（electron probe micro analyzer，EPMA），其功能主要是进行微区成分分析，是在电子光学和 X 射线光谱学原理的基础上发展起来的一种高效率分析仪器。电子探针利用束斑直径为 $0.5 \sim 1~\mu m$ 的细聚焦高能电子束激发分析试样，通过电子束与试样相互作用产生的特征 X 射线、二次电子、吸收电子、背散射电子及阴极荧光等信息来分析试样微区内微米级的成分、形貌和化学结合状态等特征。

4.4.1   电子探针的基本工作原理与结构

高能量电子将原子内部电子（低能级）击出时就会产生 X 射线。高能级的电子就取代了被击出的电子。在高能级向低能级跃运过程中的能量损失会以 X 射线的形式发出，即特征 X 射线。

X 射线特征谱线的波长和产生此射线的样品材料的原子序数 Z 有一确定的关系。用细聚焦电子束入射样品表面，激发出样品元素的特征 X 射线，并测出特征 X 射线的波长（或特征能量），就可确定相应元素的原子序数，即样品中所含元素的种类（定性分析）。某种元素的特征 X 射线强度与该元素在样品中的浓度成比例，所以只要测出这种特征 X 射线的强度，就可以计算出该元素的相对含量（定量分析）。

如图 4-88 所示，电子探针仪镜筒部分的构造大体上和扫描电子显微镜相同，只是在检测器部分使用 X 射线谱仪，专门用来检测 X 射线的特征波长或特征能量，以此来对微区的化学成分进行分析。因此，除专门的电子探针仪，有相当一部分电子探针仪作为附件安装在扫描电镜或透射电镜镜筒上，以满足微区组织形貌、晶体结构及化学成分三位一体同位分析的需要。电子探针的镜筒及样品室和扫描电镜并无本质上的差别，因此要使一台仪器兼有形貌分析和成分分析两个功能，往往把扫描电子显微镜和电子探针组合在一起。电子探针的信号检测系统是 X 射线谱仪，用来测定特征波长的谱仪称为波长分散谱仪

(wavelength dispersive spectroscopy, WDS)
或波谱仪。用来测定 X 射线特征能量的谱
仪称为能量色散谱仪（energy dispersive
spectroscopy, EDS）或能谱仪。

4.4.2 波长分散谱仪

4.4.2.1 波谱仪的工作原理

波长与分散谱仪可简称波谱仪。在电子
探针中，X 射线是由样品表面以下一个微米
至纳米数量级的作用体积内激发出来的，如
果这个体积中含有多种元素，则可以激发出
各相应元素的特征波长 X 射线。根据莫塞莱
（Moseley）定律，特征 X 射线的波长 λ，并
不随入射电子的能量改变，而是由构成物质
的元素种类（或原子序数 Z）决定的，存在
以下特定关系，$(1/\lambda)^{1/2} = C(Z - \sigma)$。在各
种特征 X 射线中，K 系列是主要的，虽然 K
系列的 X 射线有好多条，但其强度最高的只
有 $K_{\alpha1}$、$K_{\alpha2}$、K_β 三条。

图 4-88 电子探针显微分析仪的结构示意图

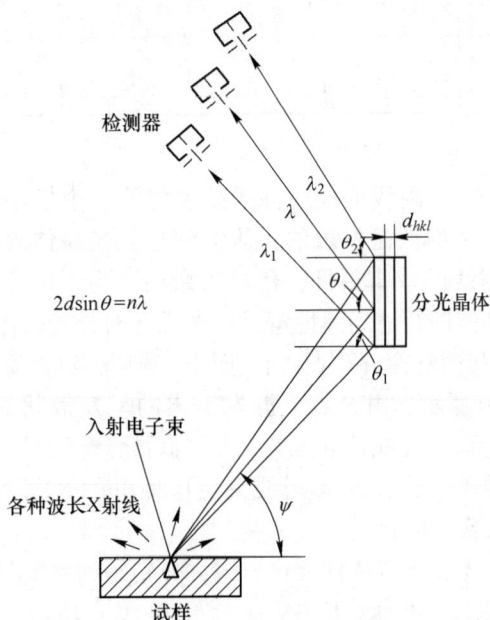

如图 4-89 所示，若在样品上方水平放置一块具有适当晶面间距 d 的晶体，入射 X 射
线的波长、入射角和晶面间距三者符合布拉格方程时，这个特征波长的 X 射线就会发生

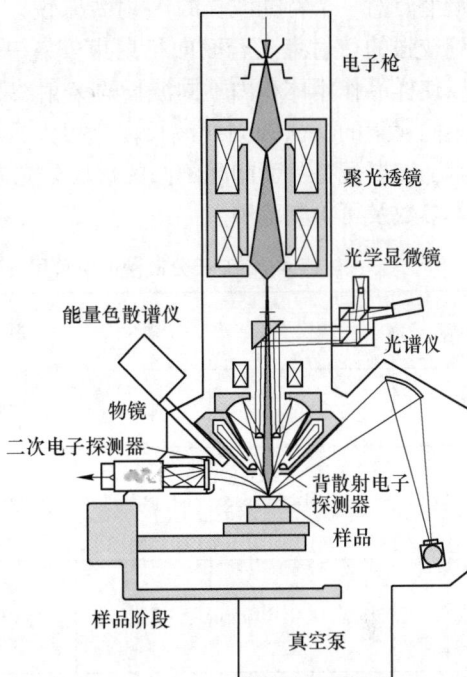

图 4-89 电子探针中分光晶体的分光原理示意图

强烈衍射。对一个特征波长的 X 射线来说，只有从某些特定的入射方向进入晶体时，才能得到较强的衍射束。若面向衍射束安置一个接收器，便可记录下不同波长的 X 射线。它可以使样品作用体积内不同波长的 X 射线分散并展示出来。

不同元素的特征 X 射线波长变化很大，为使可分析的元素尽可能覆盖同期表中的所有元素，需要配备晶面间距不同的数块分光晶体。表 4-7 为波长分散谱仪中常用分光晶体的基本参数及可检测范围。

表 4-7　波长分散谱仪中常用分光晶体的基本参数及可检测范围

晶体	化学分子式	缩写	反射晶面	晶面间距 /nm	可检测波长范围 /nm	可检测元素范围
氟化锂	LiF	LiF	200	0.2013	0.89~0.35	K 系列：Ca~Rb L 系列：Sb~U
异戊四醇	$C_5H_{12}O_4$	PET	002	0.4375	0.20~0.77	K 系列：Si~Fe L 系列：Rb~Tb M 系列：Hf~U
邻苯二酸铷	$C_8H_5O_4Rb$	RAP	1010	1.306	0.58~2.30	K 系列：F~P L 系列：Cr~Zr M 系列：La~Au
邻苯二酸钾	$C_8H_5O_4K$	KAP	1010	13.32	5.8~23.0	K 系列：F~P L 系列：Cr~Zr M 系列：La~Au
肉豆蔻铅	$(C_{14}H_{27}O_2)_2Pb$	MYR		40	17.6~70	K 系列：B~F L 系列：Ca~Mn
硬脂酸铅	$(C_{18}H_{35}O_2)_2Pb$	STE		50	22~88	K 系列：B~O L 系列：Ca~V
二十四烷酸铅	$(C_{24}H_{47}O_2)_2Pb$	LIG			290~114	K 系列：Be~N L 系列：Ca~Sc

4.4.2.2　同一波长 X 射线的聚焦

在波谱仪（谱仪）中，X 射线信号来自样品表层的一个极小的体积，可将其看作点光源，由此点光源发射的 X 射线是发散的，能够到达分光晶体表面的只是其中极小的一部分，收集单一波长 X 射线的效率很低，信号很微弱。为了提高检测效率，必须采取聚焦方式，也就是把分光晶体进行适当弹性弯曲，做成弯曲分光晶体，使 X 射线发射源（S 点）、弯曲分光晶体表面和测器窗（D 点）位于同个圆周，这个圆周就称为聚焦圆或罗兰（Rowland）圆。如图 4-90 所示，由 S 点光源发射出的呈发散状的、符合布拉格条件的、同一波长的 X 射线，经弯曲分光晶体 A、B、C 反射后聚焦于 D 点，则 D 点检测器接收到全部晶体表面强烈衍射的单一波长的 X 射线，使这种单色 X 射线的衍射强度大大提高，这样就可以达到把衍射束聚焦的目的。

在电子探针中弯曲分光晶体有两种聚焦方式，分别是约翰型和约翰逊型，分别对应的是晶面弯曲法和表面磨制法。约翰型聚焦法如图 4-90（a）所示，将平板晶体弯曲但不加磨制，即把衍射晶面曲率半径弯成 $2R$，使晶体表面中心部分的曲率半径恰好等于聚焦圆的半径。聚焦圆上从 S 点发出的一束发散的 X 射线，经过弯曲晶体的衍射，晶体内表面

任意点 A、B 和 C 上接收到的 X 射线的衍射线并不交于一点。只有弯曲晶体表面中心部分位于聚焦圆上 D 点，其他点聚焦于聚焦圆上的 D 点附近，得不到完美的聚焦。这是由于弯曲晶体两端与圆不重合使聚焦线变宽，出现一定的散焦。所以，约翰型聚焦法只是一种近似的聚焦方式。另一种改进的聚焦方式为约翰逊型聚焦法，如图 4-90（b）所示。这种方法是将平板晶体弯曲并加以磨制，即把晶体衍射晶面的曲率半径弯成 $2R$，而晶体表面磨制成曲率半径等于聚焦圆半径 R 的曲面。这样的布置可以使 A、B 和 C 三点的衍射束正好聚焦在 D 点，所以约翰逊型聚焦法是一种全聚焦方式。对于能够研磨的晶体，采用全聚焦方式更好。

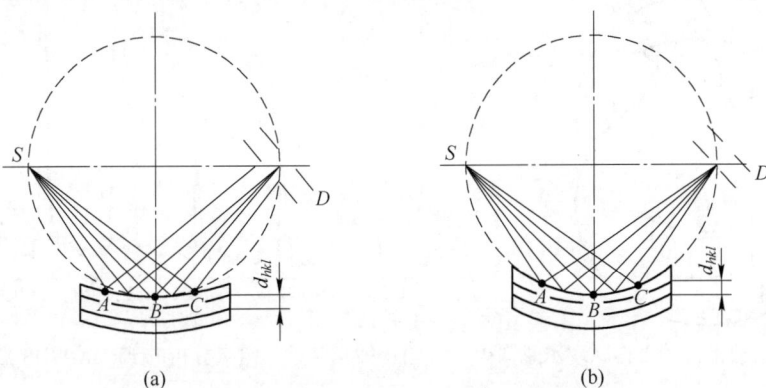

图 4-90　电子探针中单一波长 X 射线的两种聚焦方法

（a）约翰型聚焦法；（b）约翰逊型聚焦法

定义发射源（S 点）到分光晶体的距离为 L，在满足布拉格方程 $n\lambda = 2d\sin\theta$ 的条件下，特征 X 射线的波长可从 $L = 2R\sin\theta = (R/d)\lambda$ 中得到。可见，由于给定的分光晶体的晶面间距 d 和聚焦圆半径 R 固定不变，发射源至晶体的距离 L 与波长 λ 之间存在着简单的线性关系。L 也称为谱仪长度，其值由小变大意味着被检测的 X 射线波长 λ 由短变长。在成分分析过程中，一般点光源（S 点）不动，通过分光晶体的运动，改变谱仪长度 L，实现不同 X 射线波长的测量。

4.4.2.3　波谱仪的布置方式

在电子探针中，一般点光源（S 点）不动，通过改变分光晶体和探测器的位置，达到分析检测的目的。根据晶体及探测器运动方式，波谱仪可分为两种布置形式，即回转式和直进式。回转式波谱仪需要采用很大的出射窗口，给谱仪设计和消除杂散电子的干扰带来了困难，已很少采用。

直进式波谱仪的工作原理示意图如图 4-91 所示。这种谱仪的特点是 X 射线出射角 θ 不变，只是分光晶体从点光源（S 点）向外沿着一条直线运动，而角 θ 的改变是通过晶体自转实现的。同时，聚焦圆的圆心 O 在以 S 为圆心、以 R 为半径的圆周上做运动。检测器的运动轨迹为一个四叶玫瑰线，曲线满足方程 $\rho = 2R\sin\theta$（其中，ρ 为检测器距离光源的距离）。当分光晶体做直线运动时，发射源至晶体的距离 L 不断被改变，如果检测器能在几个位置上接收到不同波长的衍射束，表明试样被激发的体积内存在多种元素，而衍射束的强度大小和元素含量成正比。虽然直进式波谱仪结构复杂，但 X 射线出射方向固定，则 X 射线穿过样品表面过程中所走的路线相同，即吸收条件相同，从而使得测试精度较高。因此，目前直进式全聚焦波谱仪是电子探针的主流。

4.4.2.4　波谱仪的分析方法

波谱仪分析一个测量点的谱线中，横坐标代表波长，纵坐标代表强度。谱线上有许多强度峰，每个峰在坐标上的位置代表相应元素特征 X 射线的波长，峰的高度代表这种元素的含量，如图 4-92 所示。在进行定点分析时，只要把谱仪长度 L 从最小变到最大，就可以在某些特定位置测到特征波长的信号，经计算机处理后可得到相应谱峰。

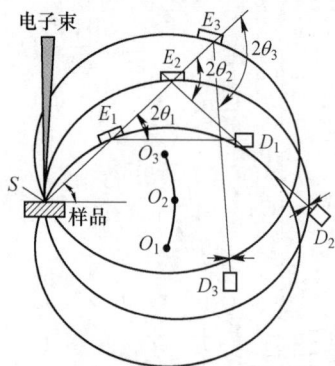

图 4-91　直进式波谱仪的工作原理示意图

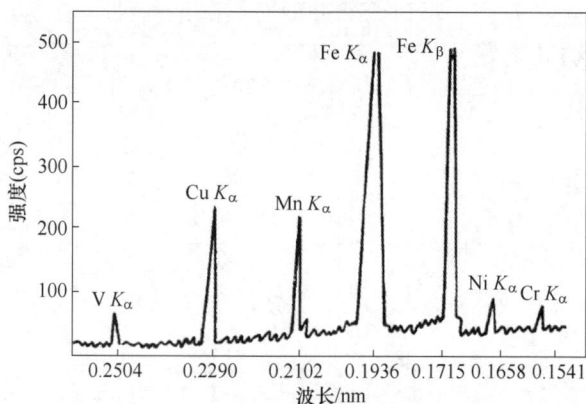

图 4-92　某钢材定点分析的 EPMA-WDS 谱线

4.4.3　能量色散谱仪

4.4.3.1　能谱仪的工作原理

能谱仪即能量色散谱仪（EDS），是利用特征 X 射线能量不同而进行元素分析的仪器。每种元素具有的特定 X 射线，波长的大小取决于能级跃迁过程中释放出的特征能量 ΔE。能谱仪就是利用不同元素 X 射线光子具有不同特征能量这一特点来进行成分分析的。

目前，能谱仪已成为扫描电镜或透射电镜普遍应用的附件，它与主机共用电子光学系统。能谱仪在观察分析样品的表面形貌或内部结构的同时，可以对微区的化学成分进行分析。目前常用的 Si(Li) X 射线能谱仪就是应用漂移硅 Si(Li) 半导体探测器或硅漂移半导体探测器和多道脉冲高度分析器的组合，将入射 X 射线光子按能量大小展成谱的能量色散谱仪，如图 4-93 所示。这种能谱仪既可将 X 射线展成谱来做化学成分分析，又可产生衍射花样来做结构分析。

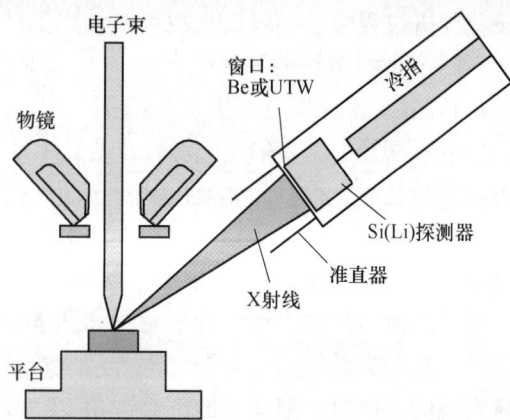

图 4-93　漂移硅半导体探测器能谱仪的工作示意图

4.4.3.2　X 射线半导体探测器

探测器是能谱仪中关键的部件，它决定了能谱仪分析元素的范围和精度。20 世纪 60 年代，测量 X 射线常用的探测器是闪烁计数管和正比计数管，其能量分辨率很低。20 世纪 70 年代后，随着半导体技术和电子技术的发展，出现了靠电离来检测 X 射线的 Si(Li) 探测器和 Ge(Li) 探测器，其能量分辨率可以达 150~200 eV，提供了不用晶体分光直接进行元素分析的可能性；并且由于半导体探测器有厚的中性层，对 X 射线光子的计数效率接近于 100%，大大提高了检测极限和空间分辨率。

在能谱仪中，最重要的部件就是探测器晶体。目前，在商业能谱仪中，电致冷的硅漂移探测器（silicon drift detector，SDD）已普遍取代液氮致冷的锂漂移硅探测器（lithium-drifted silicon detector，Si(Li)）。图 4-94 为硅漂移探测器的原理和结构示意图，它利用 X 射线激发出电子-空穴对，并转化为脉冲信号加以检测。每 3.6 eV 的 X 射线能量可以产生一个电子-空穴对，通过对其计数可以确定 X 射线能量及对应元素。X 射线光子由硅漂移检测器收集，当光子进入检测器后，在 Si 晶体内会激发出一定数目的电子-空穴对。产生一个电子-空穴对的最低平均能量是一定的，因此由一个 X 射线光子造成的电子-空穴对的数目为 N。每产生一个电子-空穴对，就要消耗掉 X 射线光子 3.6 eV 的能量，因此每一个能量为 E 的入射光子产生的电子-空穴对数目 $N = \Delta E/3.6$。入射 X 射线光子的能量越高，N 就越大。利用加在晶体两端的偏压收集电子-空穴对，经前置放大器将其转换成电流脉冲，电流脉冲的高度取决于 N 的大小。电流脉冲经主放大器转换成电压脉冲进入多道脉冲高度分析器。脉冲高度分析器根据高度把脉冲分类并进行计数，这样就可以描出一张特征 X 射线能量大小分布的图谱。

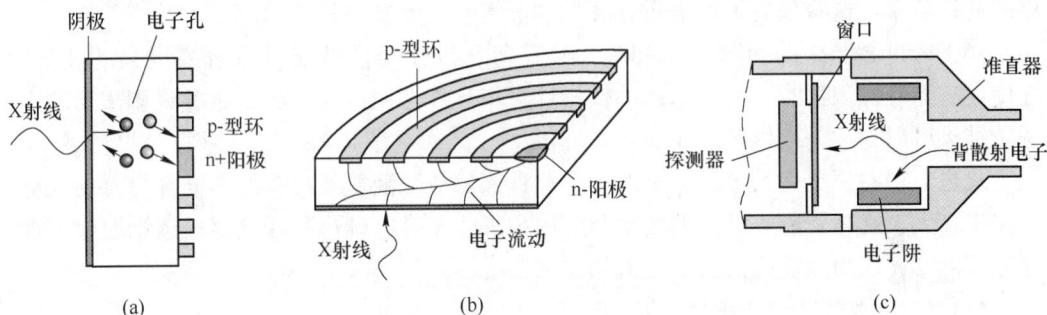

图 4-94 硅漂移探测器的原理和结构示意图
（a）探测原理；（b）复杂的环形结构；（c）探测器的前端结构

锂漂移硅探测器可以被视作一个纵向的 p-n 结，而硅漂移探测器可以被视为环状多 p-n 结构。电子噪声与电容平方成比例，对于锂漂移硅探测器而言，较大的晶体面积会带来更大的电容，故其晶体面积通常较小（如 10 mm²）。而硅漂移探测器中间是一个 n 型阳极，周围是环形的 p 型掺杂半导体（见图 4-94（a）和（b））。这种结构便于扩展晶体面积，面积甚至大于 100 mm²。这样的结构也使硅漂移探测器的阳极面积较小，从而降低了器件电容并有助于在较短的处理时间内获得更好的计数率。总之，硅漂移探测器更容易扩充晶体面积，并且其处理速度较锂漂移硅探测器更快。图 4-94（c）为探测器前端的结构，从外端到内侧依次为：最外端为准直管，作用是减少测试区外 X 射线和背散射电子的进入；然后为内置磁铁构成的电子阱，作用是避免背散射电子进入探测器带来噪声；最后为窗口和负载窗口的支撑网，窗口的作用是防止探测晶体被污染，维持晶体温度和保持真空，支撑网一般由硅或碳栅格制成，作用是保持机械强度和维持气密，为了防止荷电和阻止可见光，还会在窗口上镀几纳米的金属层。经过几十年的发展，能谱仪的基本结构虽然没有大的变化，但是在探测器晶体、窗口和设置方式上取得了长足的进展。最大、最主要的进展来自硅漂移探测器。

4.4.3.3　硅漂移探测器的优势

随着半导体工业的发展和电子技术的不断进步，经过成分与结构的不断改善，硅漂移探测器的性能显著提升。与锂漂移硅探测器相比，硅漂移探测器有以下优点：

（1）可维护性更好。较低的电容值降低了暗电流，使 SSD 探测器不需要在很低的温度下工作。与锂漂移硅探测器使用液氮致冷（约在-196 ℃）不同，硅漂移探测器致冷温度约在-20 ℃，可使用结构简单、响应迅速且维护简单的帕尔贴致冷。

（2）能量分辨率高。在合理的处理时间下，由于对信号电子进行更快、更有效地收集，如今的硅漂移探测器的能量分辨率已经接近理论值。另外，锂漂移硅探测器的能量分辨率受晶体面积影响较大，而硅漂移探测器则相对不敏感。在相同能量分辨率的情况下，硅漂移探测器具有更快的处理时间，因此输出计数率可以增加几十甚至上百倍。

（3）处理速度更快、处理时间长短对能量分辨率的影响较小。锂漂移硅探测器与之相反，处理时间对其能量分辨率影响较大，在测试时往往需要在计数率与能量分辨率二者间进行一定平衡。

（4）峰形重现性更好。硅漂移探测器获得的谱图峰形可以拟合得更为精准，再加上更高的计数率，这些提高了剥离重叠峰的准确性及轻元素定量的精度。

对于峰重叠严重的问题，如 PbS、MoS_2 等，以往会借助能量分辨率更高的波谱仪，在使用硅漂移探测器时，因其卓越的输出计数率和峰形稳定性，经过重叠峰剥离后的定量分析结果可以与波谱仪媲美。

总之，得益于更优的设计，电致冷硅漂移探测器比液氮致冷锂漂移硅探测器的优势更为突出，大大提高了能谱分析的效率和应用范围。于是，硅漂移探测器已逐渐取代了锂漂移硅探测器，成为商业能谱仪中主流的探测器类型。

4.4.3.4　多道脉冲分析器

多道脉冲分析器有一个由许多存储单元（称为通道）组成的存储器。与 X 射线光子能量成正比的时钟脉冲数按大小分别进入不同的存储单元，每进入一个时钟脉冲数，存储单元记一个光子数，因此通道地址和 X 射线光子能量成正比，通道的计数则为 X 射线光子数。最终得到以通道（能量）为横坐标、通道强度（计数）为纵坐标的 X 射线能量色散谱图，并显示于显像管荧光屏上。能谱仪中每一通道对应的能量大小通常为 10 eV、20 eV 或40 eV。对于常用的 1024 个通道的多道脉冲分析器，其可检测的 X 射线光子的能量范围为 0~10.24 keV、0~20.48 keV 或 0~40.96 keV。实际上，0~20.48 keV 的能量范围已足以检测元素周期表上所有元素的特征 X 射线。

4.4.3.5　能谱仪的分析方法

图 4-95 为典型的能谱图，图中横坐标是能量（单位一般为 keV），纵坐标是强度，用计数率（counts per second, cps）表示大小。图中各特征 X 射线峰对应不同的组成元素。能谱仪对元素的检测极限为 0.1%，只能做半定量分析，精度一般为 1%~5%，深度一般为 1~5 μm。

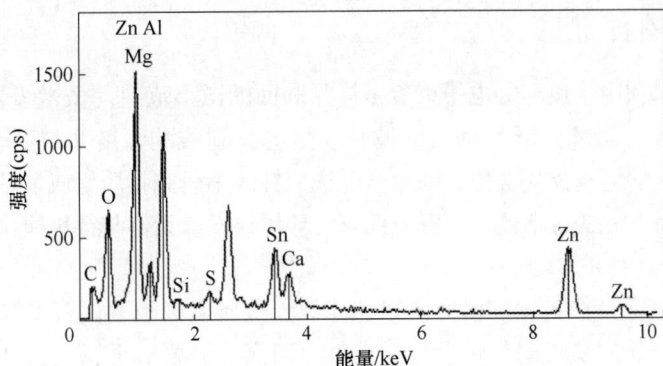

图 4-95 K309 玻璃的 EDS 谱图

4.4.4 波谱仪和能谱仪对比

4.4.4.1 检测效率

能谱仪中漂移硅探测器可放在离 X 射线源很近的地方，对 X 射线发射源张开的立体角显著大于波谱仪，同时无须经过分光晶体衍射，而避免了部分 X 射线强度损失。所以能谱仪可以接收到更多 X 射线光子。因此，能谱仪探测效率远远大于波谱仪，从而使能谱仪可以适应在低入射电子束流条件下工作。硅探测器对 X 射线的检测率极高，因此能谱仪的灵敏度比波谱仪高一个数量级。

4.4.4.2 空间分析能力

能谱仪检测效率高，可在较小的电子束流下工作，使束斑直径减小，空间分析能力提高。目前，在分析电镜中的微束操作方式下能谱仪分析的最小微区已经达到纳米级，而波谱仪的空间分辨率仅处于微米级。

4.4.4.3 分辨本领

能谱仪的最佳能量分辨本领为 149 eV，波谱仪的波长分辨本领表述为能量的形式后相当于 4~10 eV，可见波谱仪的分辨本领比能谱仪高一个数量级。

4.4.4.4 分析速度

能谱仪可在同一时间内对分析点内所有 X 射线光子的能量进行检测和计数，仅需几分钟便可得到全谱定性分析结果，波谱仪只能逐个测定每一种元素的特征波长，一次全分析往往需要几个小时。

4.4.4.5 分析元素的范围

波谱仪可以测量铍（Be）~铀（U）之间的所有元素，而能谱仪中 Si(Li) 检测器的铍窗口可吸收超轻元素的 X 射线，只能分析钠（Na）以后的元素。

4.4.4.6 可靠性

能谱仪结构简单，没有机械传动部分，数据的稳定性和重现性较好。波谱仪的定量分析误差（1%~5%）远小于能谱仪的定量分析误差（2%~10%）。

4.4.4.7 样品要求

使用波谱仪检测时要求样品表面平整，而能谱仪对样品表面没有特殊要求，适合粗糙表面的分析。

4.4.5　应用实例分析

电子探针技术利用聚焦高能电子束轰击样品表面的微小范围（微米级），激发样品组成元素的特征 X 射线，通过分析 X 射线的波长、测定 X 射线的强度并与标准样品进行对比，从而确定样品的化学组成及其含量。因此，电子探针成为研究物质组成最基础的微束分析技术，并被广泛应用于材料科学、矿产资源勘查、环境科学、天体与行星演化等研究领域。

4.4.5.1　表面成分形貌分析

质子膜燃料电池是极具发展潜力的绿色能源，金属双极板取代石墨双极板是燃料电池发展的趋势。但金属双极板耐腐蚀性差，接触电阻高，需要对金属表面进行改性处理。如图 4-96 所示，对于空气氧化及硝酸钝化的 Fe-Ni-Cr 合金样品，由于其氧含量不均匀性，在恒电位极化曲线上表现出局部电流密度的巨大波动，而 HF 酸处理的样品表面氧含量均匀，表面钝化膜致密、均匀，其恒电位曲线变化平缓。因此，作者认为金属表面经改性处理后形成致密氧化膜能提高双极板的耐腐蚀性能。结果表明，电子探针探测金属表面多个微区的氧含量，以及氧含量分布的均匀性，合理解释了不同工艺条件引起的耐腐蚀性能的差异。能实现微区形貌与成分的相互对应，对于需要形貌与成分同时分析的样品有很好的应用。图 4-96 的成分分析结果见表 4-8。

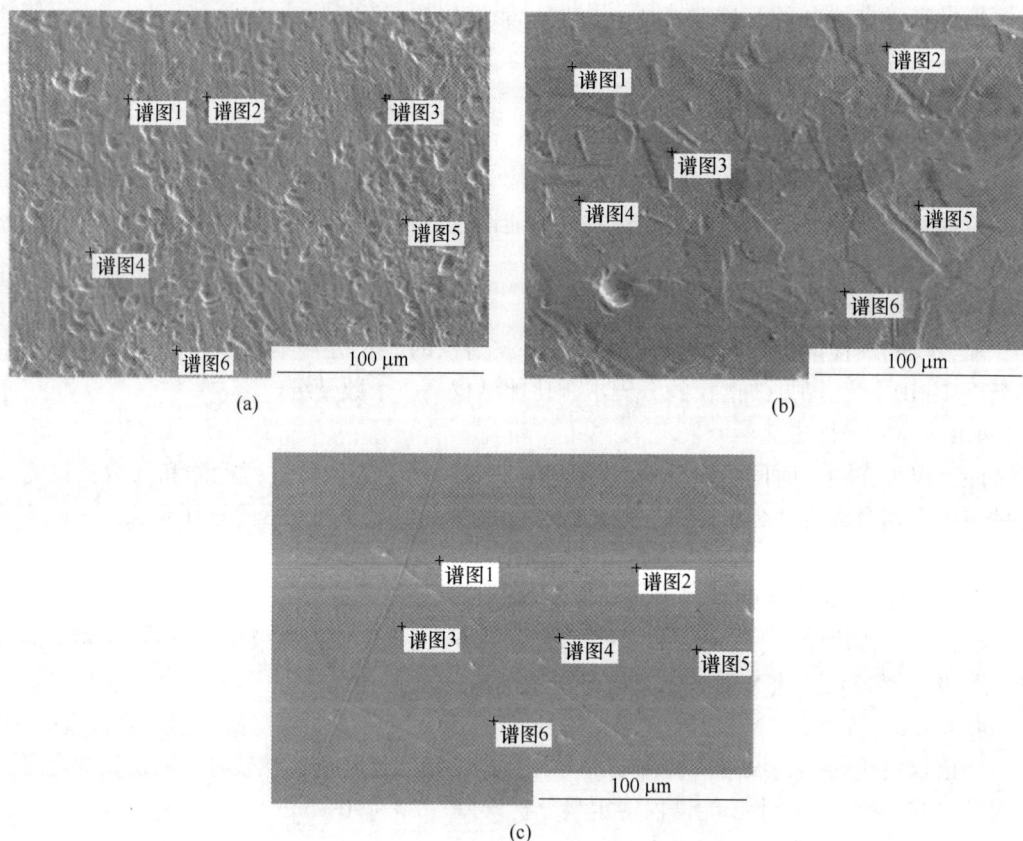

图 4-96　Fe-Ni-Cr 合金经过不同表面处理后样品进行成分分析的微区形貌

（a）空气氧化；（b）硝酸钝化；（c）HF 酸处理

（图中各点对应表 4-8 中的成分结果）

表 4-8 **Fe-Ni-Cr 合金经过不同表面处理后样品成分分析**

处理方式	编号及参数	成分含量（质量分数）/%				总量/%
		O	Cr	Fe	Ni	
空气氧化	1	0.27	28.61	33.93	37.19	100.00
	2	0.27	28.07	35.24	36.42	100.00
	3	0	29.83	33.90	36.26	100.00
	4	0.23	29.04	34.57	36.16	100.00
	5	0.40	29.25	33.39	36.96	100.00
	6	0	30.32	33.29	36.38	100.00
	均值	0.19	29.19	34.05	36.56	100.00
硝酸钝化	1	0.29	27.57	35.72	36.42	100.00
	2	0.30	29.36	34.69	35.65	100.00
	3	0	27.58	35.35	37.07	100.00
	4	0.38	27.69	35.42	36.51	100.00
	5	0.32	28.37	35.55	35.76	100.00
	6	0.31	27.28	34.82	37.60	100.00
	均值	0.27	27.97	35.26	36.50	100.00
HF 酸处理	1	0.37	27.73	34.85	37.05	100.00
	2	0.31	28.92	34.61	36.16	100.00
	3	0.32	28.63	34.16	36.90	100.00
	4	0.34	28.54	34.71	36.42	100.00
	5	0.37	29.72	34.11	35.81	100.00
	6	0.35	27.92	35.33	36.40	100.00
	均值	0.34	28.57	34.63	36.45	100.00

4.4.5.2 微量元素分析

微量元素分析是电子探针发展最为迅猛的技术，主要得益于电子光学系统在高束流时稳定性的提高、新型衍射晶体和高计数率波谱仪的使用及分析校正软件的开发。电子探针在成分分析方面具有 3 个"小"特点，分别是微区、轻元素和低含量。电子探针分析采用聚焦电子束进行成分分析，最小束斑直径为 4 nm，分析区域很小，属于微区分析手段。电子探针 X 射线波谱仪可检测的元素成分含量下限为 0.01%。研究者以岛津 EPMA-8050G 型场发射型电子探针在材料分析中的典型应用为例，结合配备的能谱仪附件，对利用电子探针波谱（WDS）仪和能谱（EDS）仪进行材料的成分分析进行对比。EPMA-8050G 型电子探针配置的背散射电子探测器性能优异，能够初步观察材料的晶粒取向信息，可以用来分析和判断 EBSD 样品的前期制样效果，进一步扩展了电子探针在材料分析方面的应用。图 4-97 为 EDS 和 WDS 定性分析谱图，结果表明，与 WDS 的四通道全谱分析结果相比，EDS 未检测出第二相中较低含量的元素 Y、La 和 Hf。这是由于对于低含量元素（如 La 和 Hf），EDS 探测的灵敏度较差，峰背比较低。EDS 的浓度检测极限要比 WDS 高 10 倍。WDS 的能量分辨率比 EDS 高一个数量级，而且 WDS 可检测的元素成分含量下限为

0.01%，是 EDS 检测下限的 10 倍。因此，元素含量很低时只能利用 WDS 进行分析，从而有效避免元素的漏测和误标，使元素分析结果更加准确。

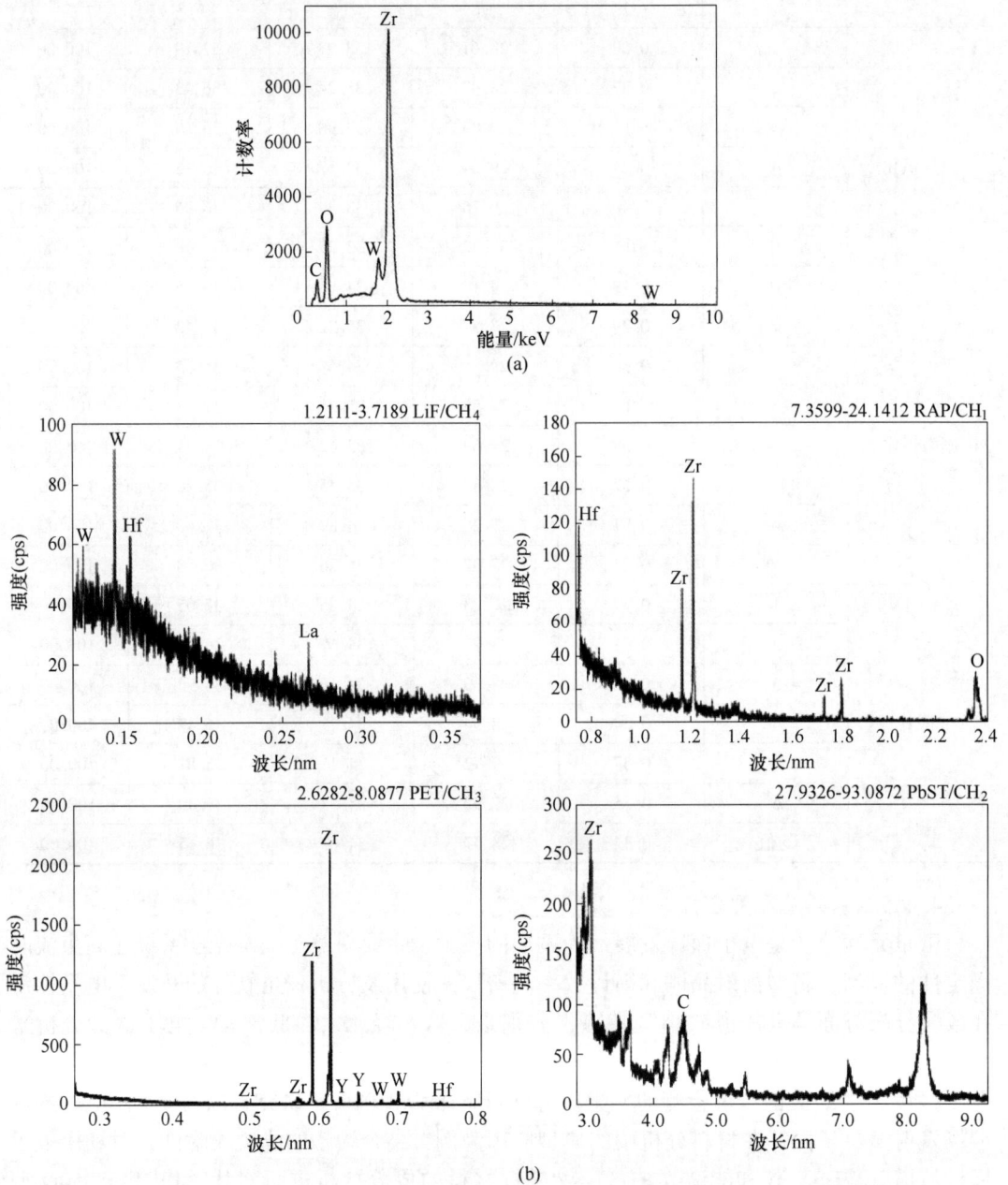

图 4-97　EDS 与 WDS 定性分析谱图
(a) EDS 定性分析谱图；(b) WDS 定性分析谱图

在进行元素面分析时，由于 EDS 的能量分辨率低于 WDS，有些含量较低的元素或浓度差异较小的元素之间的特征 X 射线能量差异比较小，能谱仪无法清晰地显示元素的分布差异情况。特别是当元素的含量很低时，表现更为明显。如图 4-98 所示，WDS 面分布图的分辨率更高，对元素分布反映得更加真实和准确，分析结果更加可信。

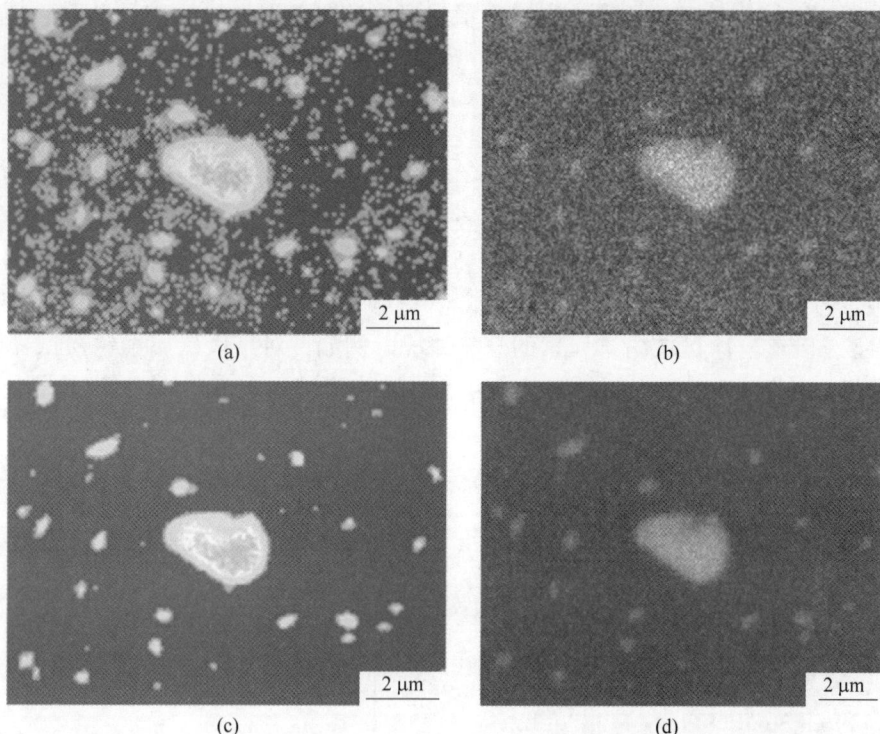

图 4-98 分别利用 WDS 和 EDS 得到的元素面分布图

（a）（b）分别为利用 WDS 和 EDS 测得的 O 的面分布图；（c）（d）分别为利用 WDS 和 EDS 测得的 Zr 的面分布图

TiCrMoNbW 高熵合金制备过程中若混入少量氮，会影响其组织性能，因此精确测试该合金中 N 的含量对深入了解 TiCrMoNbW 高熵合金的性能演变及对工艺指导具有重要意义。电子探针微区分析技术在应用 ZAF 修正法（原子序数修正 Z、吸收修正 A、荧光修正 F）定量分析含 Ti 高熵合金中的 N 含量时，N 会因为受到 Ti 的特征 X 射线的干扰而存在测不准的情况，如图 4-99 所示，N 的 K_α 线系和 Ti 的 L_L 线系的特征 X 射线能量相差较小，即使采用最新型号的电子探针波谱仪也无法将二者分开。

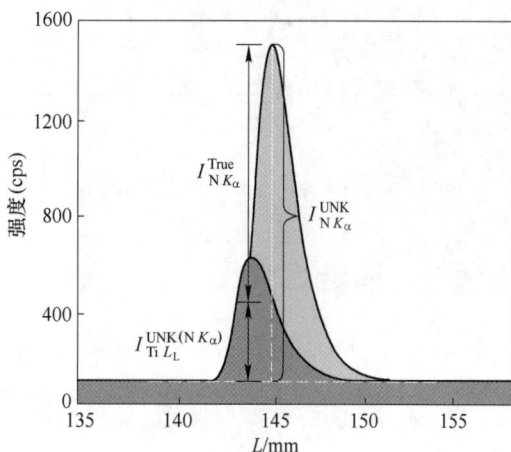

图 4-99 Ti 高阶峰 Ti L_L 对 N 主峰 N K_α 检测强度的干扰图

更多实例

扫码 1

4.4.5.3 电子探针面扫描成分定量分析

如图4-100（a）所示，用电子探针波谱仪对该颗粒物进行点分析，从测量结果可以看出该颗粒物是Nb和Ti的碳化物。线分析指将波谱仪设置在某一要分析元素的特征X射线波长位置，利用电子束扫描附件或样品台移动使电子束沿试样指定方向做直线运动，并记录X射线强度，得到对应元素在该直线上的浓度曲线。例如，某热轧钢板出现性能不合，检验发现在钢板厚度的1/2处存在组织偏析，对偏析处采用线分析，如图4-100（b）所示。从图中可以看出，板厚中心处存在明显的P偏析峰。面分析指把波谱仪设置在某一要分析元素的特征X射线波长位置，利用电子束扫描附件或样品台移动使电子束在指定区域做面扫描，逐点记录X射线的强度，得到该元素在指定区域的面分布情况。从面分析可以看出在一个区域内某元素的分布情况。例如，对某大气腐蚀锈层试样中的Cr进行面分析，如图4-100（c）和（d）所示，从图中可以看出Cr具有明显的层状富集分布特征。

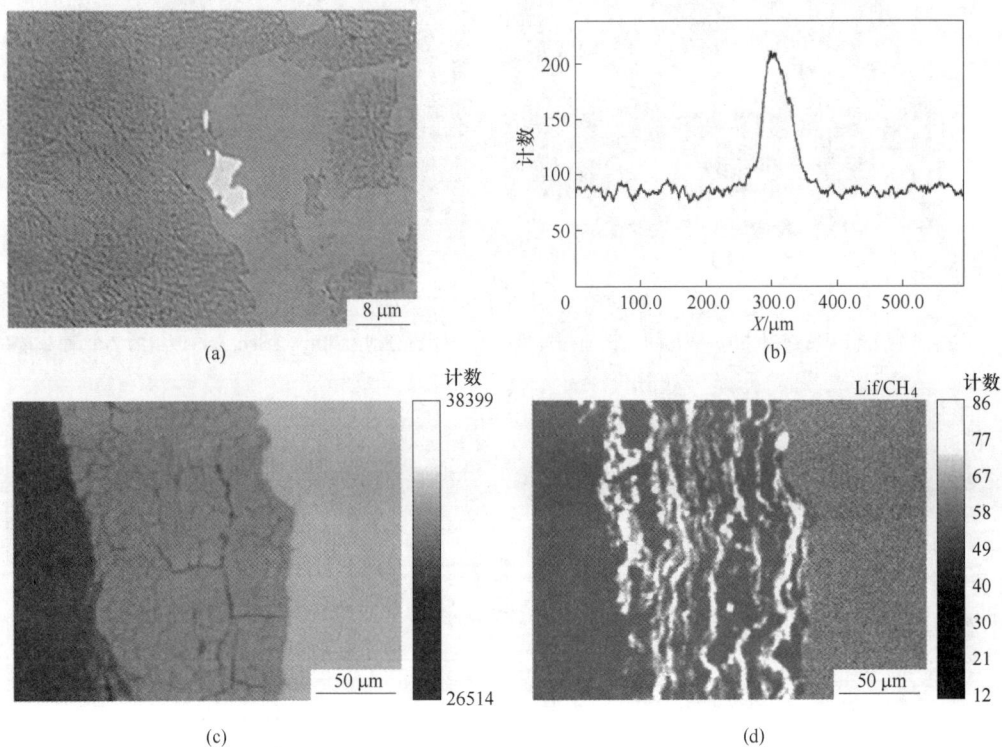

图 4-100   点、线、面分析图像

（a）颗粒物的 BSE 像；（b）板偏析处的线分析；（c）锈层面背散射电子像；（d）Cr 的面分布

更多实例

扫码2

4.4.5.4 钕铁硼磁性材料表征

以加速电压为 15 kV，分析束流为 100 nA，面测试区域点数为 320×240 点，步距为 0.1~0.3 μm，测试速度为 30~75 ms/点，作为面分析和线分析测试条件，对烧结钕铁硼磁性材料进行表征，高倍下的显微形貌观察和元素分布表征可以区分不同相的微观结构分布和构成。结果显示，其基体由基体相、富 Nd 相、富 Nd 相晶粒和晶界相等 4 类构成，如图 4-101 所示。基体相为强磁相 $Nd_2Fe_{14}B$。富 Nd 相汇集于晶界处，一般有两类结构，即 DHCP 型富 Nd 相和 FCC 型富 Nd 相。

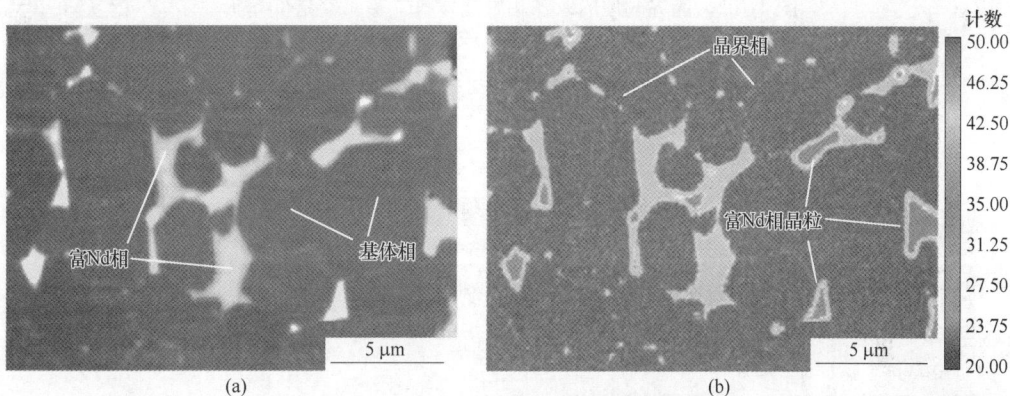

图 4-101　钕铁硼磁性材料中的 4 种相
（a）背散射图像；（b）Nd 的面分布图像

对于晶界改性来说，特别是晶界扩散 Dy 和 Tb，电子探针可以确认其扩散特征，即磁体表面附着的重元素 Dy(Tb) 会穿过表面渗入磁体的内部，其扩散途径为从晶界向内部主相扩散，Dy(Tb) 用量很少且分布于晶界周围，提高矫顽力的同时不降低剩磁，这种微结构可改善钕铁硼材料的磁性性能。通过这种方式研究微细结构的变化，可以对耐热性和高矫顽力的特性进行评价。如图 4-102 所示，为含 Tb 的烧结钕铁硼磁性材料的电子探针元素面分析结果，从中可以看出，有助于提高矫顽力的 Tb 缠绕分布于主相晶界处，而 Co、Cu、Ga 分布在富 Nd 相附近，磁体中烧结残余的 O 主要以 Nd_2O_3 形式存在于富 Nd 相晶粒。

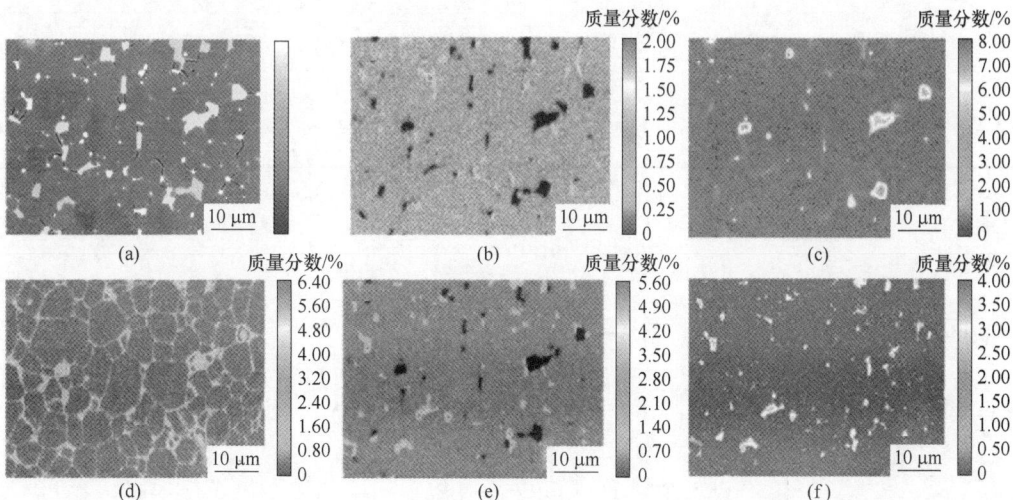

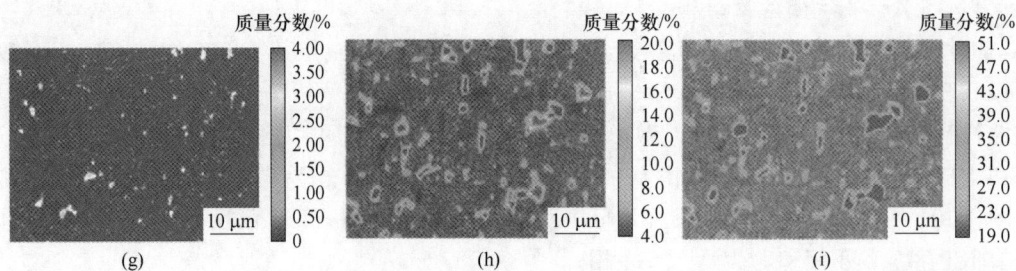

图 4-102 晶界改性的钕铁硼磁性材料主要元素分布特征

(a) 背散射图像；(b) B 的分布图；(c) O 的分布图；(d) Tb 的分布图；
(e) Co 的分布图；(f) Cu 的分布图；(g) Ga 的分布图；(h) Pr 的分布图；(i) Nd 的分布图

彩图

思 考 题

4-1 电子束与物质相互作用后主要产生什么信号，分别对应什么测试方法？

4-2 电子枪的主要种类及优缺点有什么？

4-3 电磁透镜的工作机理是什么？

4-4 扫描电子显微镜的主要组成元器件有哪些？

4-5 扫描电子显微镜是如何实现成像的？

4-6 简述电子显微镜的成像过程。

4-7 透射电子显微镜分辨本领的主要影响因素有哪些？

4-8 透射电子显微镜的样品如何制备，有什么要求？

5 其他表面显微测试分析方法

本章主要介绍其他表面显微测试分析方法，如扫描隧道显微镜（STM）、原子力显微镜（AFM）、金相显微镜的基本原理、方法和应用。本章需要掌握的主要内容包括：表面测试的基本原理，主要涉及表面测试的物理和化学基础；表面形貌分析，介绍表面形貌的测量技术，如原子力显微镜、扫描隧道显微镜等，以及这些技术的基本原理和应用；表面测试分析在材料科学、生物学、环境科学等领域的应用。

5.1 扫描隧道显微镜

1981 年，扫描隧道显微镜（scanning tunneling microscope，STM）问世，其可以用于观察物质表面形貌，获得样品的表面局域态密度、定位和操纵原子等，被公认为 20 世纪80 年代世界十大科技成就之一。在过去的几十年中，人们凭借 STM 取得了非常多的重大科研突破，这些科研成果促进了表面科学及纳米科学等领域的发展。

5.1.1 扫描隧道显微镜的工作原理

扫描隧道显微镜的工作原理是基于量子力学中的隧道效应。对于经典物理学来说，当一个粒子的动能 E 低于前方势垒的高度 V_0 时，它不可能越过此势垒，即透射系数等于零，粒子将完全被弹回。而按照量子力学的计算，在一般情况下，其透射系数不等于零，也就是说，粒子可以穿过比它能量更高的势垒，这个现象称为隧穿效应，如图 5-1 所示。

将样品和针尖看作两个电极，如图 5-2 所示，将其之间的真空层看作为势垒区域（仅仅不足 1 nm 宽），这样就可以把这种样品-真空-针尖的结构类比成金属-绝缘体-金属的隧

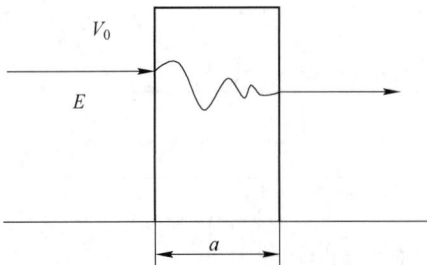

图 5-1 量子隧穿效应示意图
a—厚度；E—粒子的动能；V_0—前方势垒的高度

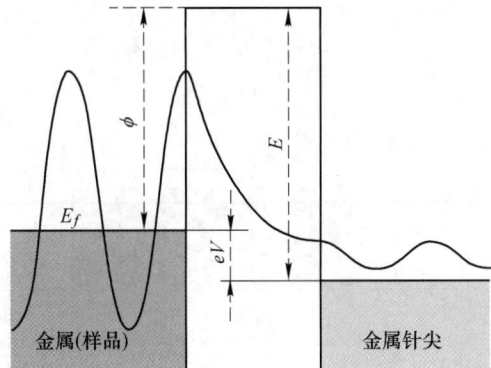

图 5-2 样品-针尖之间的量子隧穿图

道结。现定义样品的费米能级与真空能级的能量差为功函数，用 ϕ 表示。当对样品或针尖一端施加偏压 V 时，隧道电流为

$$I \propto V\rho S(E_f)\, e^{-2kd}$$

$$k = \sqrt{2m\phi}/h$$

(5-1)

式中，$\rho S(E_f)$ 为样品局域态密度；d 为距离。

扫描隧道显微镜通过把空间尺度转化为电流信号，从而获取样品表面的形貌图像。当针尖和样品之间的距离改变 0.1 nm 时，隧道电流将改变一个数量级，从而使扫描隧道显微镜具有非常高的纵向分辨率，可以达到 0.01 nm。

为了实现扫描隧道显微镜原子级的高分辨率，需要对探针的位置和探针到样品的距离进行精确控制，这就利用到了压电效应。压电现象是指某种类型的晶体在受到机械力发生形变时会产生电场，或给晶体加一电场时晶体会产生物理形变的现象。扫描隧道显微镜利用该原理，对压电陶瓷两端施加不同的电压，使陶瓷发生形变，从而实现对针尖位置的精确控制和改变。许多化合物的单晶（如石英等）都具有压电性质，但广泛被采用的是多晶陶瓷材料，如钛酸锆酸铅 $Pb(Ti,Zr)O_3$（简称 PZT）和钛酸钡等。压电陶瓷材料能以简单的方式将 1 mV~1000 V 的电压信号转换成十几分之一纳米到几微米的位移。

5.1.2 扫描隧道显微镜的工作模式

扫描隧道显微镜扫描样品时，针尖沿着面内垂直的方向进行二维运动，有两种工作模式，分别是恒流模式和恒高模式，如图 5-3 所示。

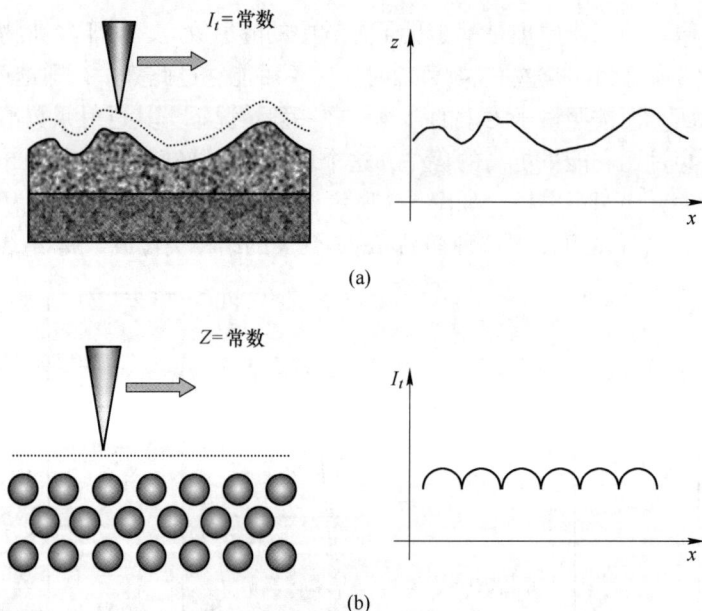

(a)

(b)

图 5-3　扫描隧道显微镜的两种工作模式
(a) 恒流模式；(b) 恒高模式

隧道电流强度对针尖和样品之间的距离有着指数依赖关系，当距离减小 0.1 nm，隧

道电流即增加约一个数量级。因此，根据隧道电流的变化，我们可以得到样品表面微小的高低起伏变化的信息，如果同时对 x-y 方向进行扫描，就可以直接得到三维的样品表面形貌图，这就是扫描隧道显微镜的工作原理。

扫描隧道显微镜的基本成像方式有恒高模式和恒流模式两种。如果样品的表面功函数相同，则这两种基本模式可以反映真实的样品形貌。而实际测量的多数样品都是由不同化学组分构成的，这时因为不同部位表面功函数不相同，扫描隧道显微镜的基本测量模式不能得到样品的真实形貌。为消除表面功函数差异引起的测量误差，得到更多的样品表面信息，衍生出了扫描隧道谱和功函数成像模式。

5.1.2.1 恒高模式

恒高模式是指扫描隧道显微镜在扫描样品表面过程中，扫描头 z 方向（垂直方向）电压不变，保持探针水平高度恒定。恒高模式不需要使用反馈系统，扫描成像速度快，适用于观察动态过程（如化学反应、原子迁移等）。但是，由于扫描隧道显微镜对探针-样品间距的变化十分敏感，故样品表面起伏较大或样品倾斜时，会严重干扰恒高成像模式，造成成像数据不准确或探针碰撞损毁。

5.1.2.2 恒流模式

恒流模式即是隧道电流恒定模式，在反馈系统的协助下，通过调节扫描头方向电压，控制探针-样品间距，在扫描过程中维持隧道电流恒定在预设值。隧道电流大小不变，所以，恒流模式在一定程度上保持探针-样品之间具有一定的距离，扫描隧道显微镜探针在扫描过程中会随着样品的起伏而调整高度。恒流模式在扫描过程中对探针具有一定的保护作用，适合测量表面粗糙度较大的样品。

恒流模式利用反馈系统调节扫描头 z 方向电压，通过测量 z 方向电压的改变获得样品表面形貌图像。正是因为有反馈系统的介入，恒流模式的扫描速度受到反馈时间的限制。如果反馈时间过长，扫描速度很低，扫描隧道显微镜系统的机械热力学漂移会对成像准确性造成很大的干扰；如果反馈时间太短，扫描速度相对较快，但是调节探针-样品间距的时间过短，反馈系统来不及将隧道电流调节到预设值，则得到的图像实际上并不是真正的恒流模式图像。

5.1.3 扫描隧道显微镜的结构

扫描隧道显微镜的扫描头是其结构的主要工作部分，由粗调定位器、压电扫描管、样品台、针尖架等组成。扫描头加上外置的电子学控制设备和隔震系统共同组成了扫描隧道显微镜系统，其结构示意图如图 5-4 所示。

5.1.3.1 隧道针尖

隧道针尖的结构是扫描隧道显微技术要解决的主要问题之一。针尖的大小、形状和化学同一性不仅影响着扫描隧道显微镜图像的分辨率和图像的形状，而且影响着测定的电子态。

针尖的宏观结构应使针尖具有高的弯曲共振频率，从而减少相位滞后，提高采集速度。如果针尖的尖端只有一个稳定的原子而不是有多重针尖，那么隧道电流就会很稳定，而且能够获得原子级分辨的图像。针尖的化学纯度高，就不会涉及系列势垒。例如，针尖表面若有氧化层，则其电阻可能会高于隧道间隙的阻值，从而导致针尖和样品之间产生隧道电流之前，二者就会发生碰撞。

制备针尖的材料主要有金属钨丝、铂-铱合金丝等。钨针尖的制备常用电化学腐蚀法。而铂-铱合金针尖则多用机械成型法，一般直接用剪刀剪切而成。不论哪一种针尖，其表面往往覆盖着一层氧化层，或吸附一定的杂质，这经常是造成隧道电流不稳、噪声大和扫描隧道显微镜图像不可预期性的原因。因此，每次实验前，都要对针尖进行处理，一般用化学法清洗，去除表面的氧化层及杂质，保证针尖具有良好的导电性，铂铱针尖和钨针尖的优缺点对比见表 5-1。

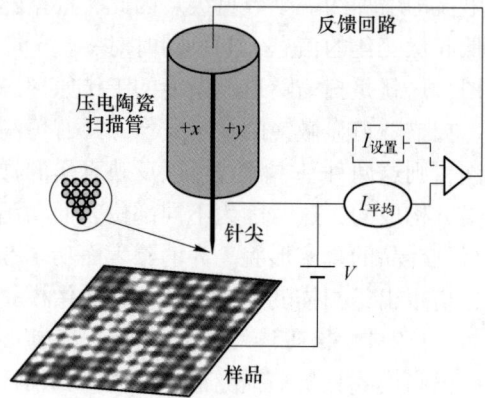

图 5-4　扫描隧道显微镜的结构示意图

表 5-1　铂铱针尖和钨针尖的优缺点对比

属性及技术	铂 铱 针 尖	钨 针 尖
优点	抗氧化性强	硬度较好、熔点高，适用高温处理
缺点	硬度较低、熔点较低、不宜处理	制备过程复杂且耗时
制备方法	一般为机械加工法	一般为电化学腐蚀法

在需要探测超导或磁性材料时，会使用一些功能性针尖，如用铌制作的超导针尖、用镍或铬制作的磁性针尖，或在普通针尖上吸附磁性原子制作的自旋极化针尖等。扫描隧道显微镜针尖的常用制作方法主要分为机械加工法和电化学腐蚀法，其对比见表 5-2。腐蚀好的扫描隧道显微镜针尖在传入真空腔后还要经过高温处理，目的是将针尖上的绝缘氧化层和污染物脱离或分解，使针尖具有良好的导电性。

表 5-2　扫描隧道显微镜针尖的常用制作方法对比

属性	机械加工法	电化学腐蚀法
优点	简单可行	制作成本低，探针头部尖
缺点	难以控制探针尖端的尖锐程度和形状	与机械加工法相比，制备过程复杂

5.1.3.2　三维扫描控制器

仪器中要控制针尖在样品表面进行高精度扫描，用普通机械控制是很难达到这一要求的，因此需要采用压电陶瓷实现针尖的精准控制。用压电陶瓷材料制成的三维扫描控制器主要有以下几种：

（1）三脚架型。由 3 根独立的长棱柱型压电陶瓷材料以相互正交的方向结合在一起，针尖放在三脚架的顶端，3 条腿独立地伸展与收缩，使针尖沿 x-y-z 3 个方向运动。

（2）单管型。陶瓷管的外部电极分成面积相等的 4 份，内壁为一个整体电极，在其中一块电极上施加电压，管子的这一部分就会伸展或收缩（由电压的正负和压电陶瓷的极化方向决定），导致陶瓷管向垂直于管轴的方向弯曲。通过在相邻的两个电极上按一定顺序施加电压就可以实现 x-y 方向的相互垂直移动。在 z 方向的运动是通过在管子内壁电极施加电压使管子整体收缩实现的。管子外壁的另外两个电极可同时施加相反符号的电压使管子一侧膨胀，相对的另一侧收缩，增加扫描范围，也可以加上直流偏置电压，用于调节扫描区域。

（3）十字架配合单管型，z 方向的运动由处在"十"字形中心的一个压电陶瓷管完成，x 和 y 扫描电压以大小相同、符号相反的方式分别加在一对 x、$-x$ 和 y、$-y$ 上。这种结构的 x-y 扫描单元是一种互补结构，可以在一定程度上补偿热漂移的影响。除了使用压电陶瓷，还有一些三维扫描控制器使用螺杆、簧片、电机等进行机械调控。

5.1.3.3 减震系统

仪器工作时针尖与样品的间距一般小于 1 nm，同时隧道电流与隧道间隙成指数关系，因此任何微小的震动都会对仪器的稳定性产生影响。必须隔绝的两种类型的扰动是震动和冲击，其中震动隔绝是最主要的。隔绝震动主要从考虑外界震动的频率与仪器的固有频率入手。

5.1.3.4 电子学控制系统

扫描隧道显微镜是一个纳米级的随动系统，因此，电子学控制系统也是一个重要部分。扫描隧道显微镜要用计算机控制步进电机的驱动，使探针逼近样品，进入隧道区，而后要不断采集隧道电流，在恒电流模式中还要将隧道电流与设定值相比较，再通过反馈系统控制探针的进与退，从而保持隧道电流的稳定。所有这些功能都是通过电子学控制系统来实现的。

5.1.3.5 在线扫描控制系统及离线数据分析软件

在扫描隧道显微镜的软件控制系统中，计算机软件所起的作用主要分为在线扫描控制和离线数据分析。在线扫描控制主要实现测试过程中的所有参数设置、发动机控制、数据输出等功能。离线数据分析是指脱离扫描过程之后的针对保存下来的图像数据的各种分析与处理工作。常用的图像分析与处理功能有平滑、滤波、傅里叶变换、图像反转、数据统计、三维生成等。

5.1.4 扫描隧道显微镜的特点

扫描隧道显微镜的工作过程为使用针尖扫描样品表面，然后通过隧道电流的变化获得样品表面信息，最后通过控制电路处理得到图像信息。因此，需要样品是导电的材料，而且一般在真空中进行，因为气体分子也会影响原子间的隧道穿电流，还有一个最苛刻的条件，扫描隧道显微镜扫的样品需要非常平，或者说，只有非常平的样品才能发挥扫描隧道显微镜的最大分辨率。扫描 z 方向的范围和 z 方向的分辨率成反相关。

扫描隧道显微镜主要有以下优点：

（1）扫描隧道显微镜在空间上具有原子级的分辨率；

（2）扫描隧道显微镜可以在大气和溶液环境中使用，而其他几种具有相同分辨率的显微技术（如 TEM、SEM、FIM 等）只能在高或超高真空环境中使用；

（3）扫描隧道显微镜对样品不会造成破坏。

但是由于它的工作原理，还有下列不足：

（1）在恒流模式下，扫描隧道显微镜对于间距较小的原子无法进行较为准确的分辨，测量的原子比实际原子要大；

（2）扫描隧道显微镜的空间分辨依赖于隧道电流的变化，所以样品表面必须可以导电。绝缘材料表面需镀上导电材料或压上导电电极。但是导电膜可能会遮盖原样品表面微小的细节，这使得扫描隧道显微镜不易实现对原材料本身的原子级分辨。

5.1.5　应用实例分析

5.1.5.1　单晶的扫描隧道显微学研究

研究者搭建了一台低温强磁场旋转 STM/AFM 系统中的工作，并利用该系统，对三个材料进行研究。此低温强磁场旋转 STM/AFM 系统主要由磁体系统、液池制冷机和扫描头三个部分构成，并配备了分子束外延（MBE）真空系统、振动隔离系统和电磁/声学屏蔽室。制备 $Fe(Te,Se)/SrTiO_3$ 薄膜的过程中，如果 FeSe/STO 单层膜中 Se 的含量超过了 Fe，会不利于超导的出现。其次，在衬底热处理和薄膜生长时，衬底上的温度梯度可能让 FeSe/STO 单层膜在宏观上不均匀，非局域的测量会受到明显的干扰。再次，非原位的测量需要在 FeSe/STO 单层膜表面蒸镀上保护层（如 FeTe 和无定形 Se 等），这些保护层给非原位的测量引入了进一步的干扰。而 STM 是一种原位和局域的测量手段，可以帮助澄清这些问题。薄膜的超导电性和磁性应该会受到 Te 和 Se 的化学配比影响，确定 Fe（Te，Se）/STO 单层膜的化学配比是非常重要的前提。STM 针尖具有原子分辨能力和原子操纵能力，所以可以使用针尖原位地操纵样品表面的原子，来制造或改变样品表面的缺陷。在 $Fe(Te,Se)/STO$ 薄膜上的工作，主要讨论解决了薄膜的晶格缺陷、吸附杂质、化学配比和退火等问题（见图 5-5）。

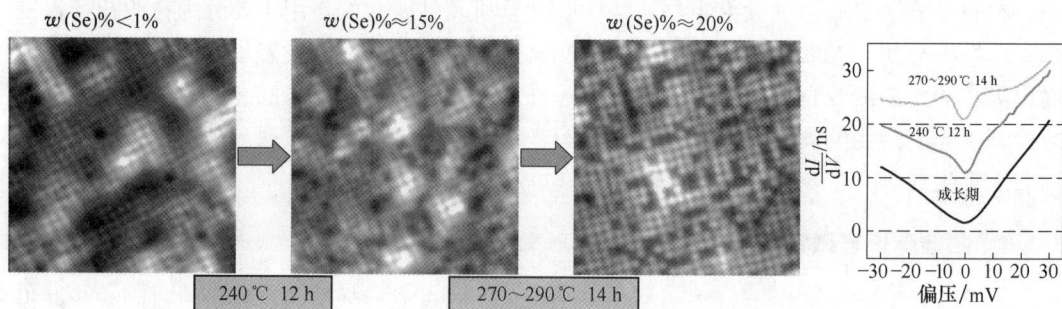

图 5-5　在装有 Se 源的 MBE 腔内退火会改变 Fe（Te,Se）/STO 单层膜中 Te 和 Se 的化学配比

$^2H\text{-}NbSe_2$ 是经典的常规超导材料，$^2H\text{-}NbSe_2$ 是层状材料，拥有 $P6_3/mmc$ 的空间群，晶格周期 $a=b=0.3445$ nm，$c=1.2554$ nm。其骨架由 Se-Nb-Se 三原子层（TL）构成，每一 TL 的 Se-Nb-Se 原子构成了三角双锥结构（见图 5-6）。针对生长出的 $Fe(Te,Se)/^2H\text{-}NbSe_2$ 外延薄膜，主要讨论解决了薄膜的生长方法、磁性和电子结构等问题。

5.1.5.2　超导电性研究

研究者利用自主设计制造的 STM 对三种不同类型的超导材料进行了系统研究，包括统超导体 NbC/TaC（见图 5-7），超导与电荷密度波（CDW）共存的 $ZrTe_3$，以及铁基超导体 KFe_2As_2。过渡金属碳化物 NbC 具有高硬度、高熔点、耐腐蚀等优异的性能。作为研究表面性质的有力手段，STM 在研究拓扑超导体方面有天然的优势，如具有极高的实空间分辨率、优异的能量分辨本领，以及能够研究在磁场中的表面性质。STM 在研究传统超导体、铜基超导体、铁基超导体方面有大量出色的表现。借助 STM 实验，可以发现

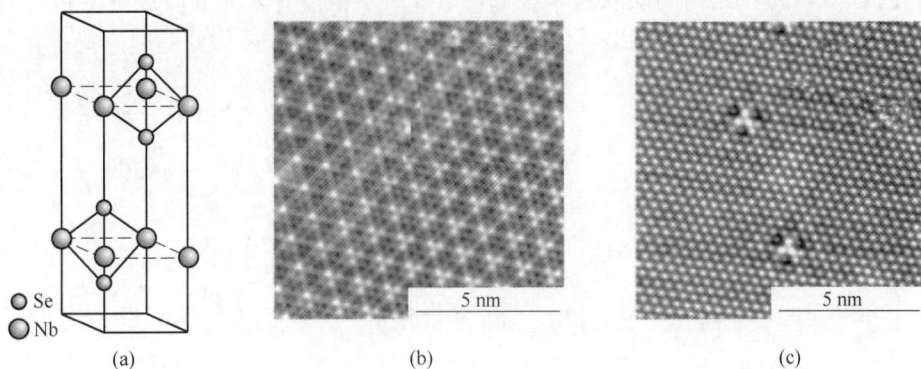

图 5-6 ^{2}H-NbSe$_2$ 衬底

（a）^{2}H-NbSe$_2$ 的晶格结构；（b）4.2 K 条件下获得的原子分辨形貌图；（c）77 K 条件下获得的原子分辨形貌图

NbC 表面的超导电性是非常均匀与强健的。作为 NbC 的同族化合物，TaC 有相同的晶格对称性、相近的超导转变温度（$T_c = 10$ K），以及同为第二类超导体，上临界磁场 $H_{c2} = 0.225$ T。同为面心立方晶格的 TaC 获取平整解理面是一大挑战。TaC 在 1.2 K 和高磁场时，磁通格点变为四方，有着不同于 NbC 的超导性质。

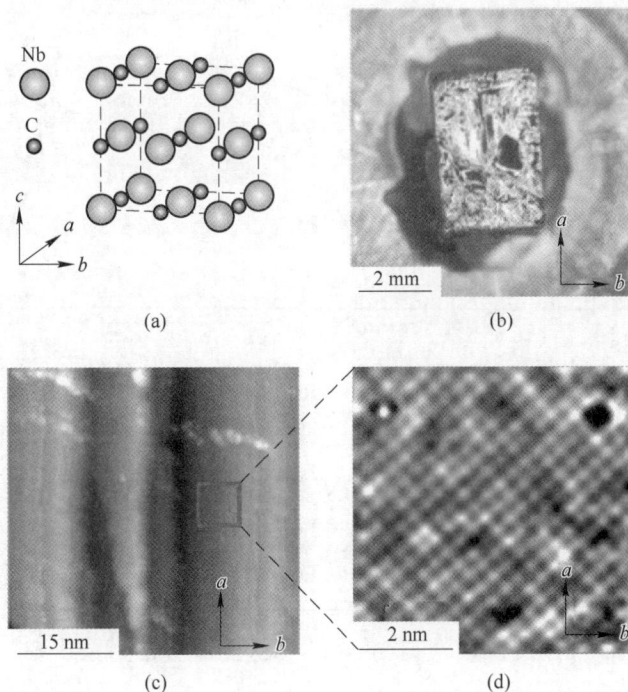

图 5-7   NbC 的原子结构图

（a）NbC 面心立方结构；（b）单晶 NbC 材料的解理面，大小为 2.5 mm×4 mm，
解理面干净，如玻璃一样的端面，能看到微米尺度的平面区域；
（c）NbC(100) 表面的 STM 图，可以看到 3 个台阶（45 nm×45 nm，$T = 1.3$ K，$V_s = 100$ mV，$I_t = 1$ nA）；
（d）图（c）方框位置放大的 STM 形貌图，有原子分辨率（5.5 nm×5.5 nm，$V_s = 10$ mV，$I_t = 1$ nA）

　　$ZrTe_3$ 是具有链状结构的层状材料，如图 5-8 所示，沿着 c 轴方向，两层碲（Te）原子之间为范德华力，相比 Zr 与 Te 之间共价键，其更为脆弱，大部分解理位置都在两层碲（Te）之间。

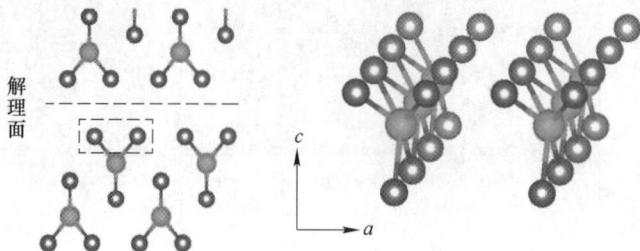

图 5-8　$ZrTe_3$ 的原子模型

　　图 5-9 中所有图像尺寸均为 50 nm×50 nm，从 1.3 K 到 63 K 的原子形貌图中，电荷密度波（CDW）条纹清晰可见，并且是连续排布。而当温度升高到 65 K 时，CDW 条纹出现断裂，全部集中到缺陷周围，并且当温度继续升高时，CDW 将更加局限在缺陷上。实验显示，局域的 CDW 条纹在转变温度以上已经出现，并且起源于缺陷中或出现的局部 CDW 被缺陷钉扎住，当温度降到转变温度时，CDW 条纹连成片区。

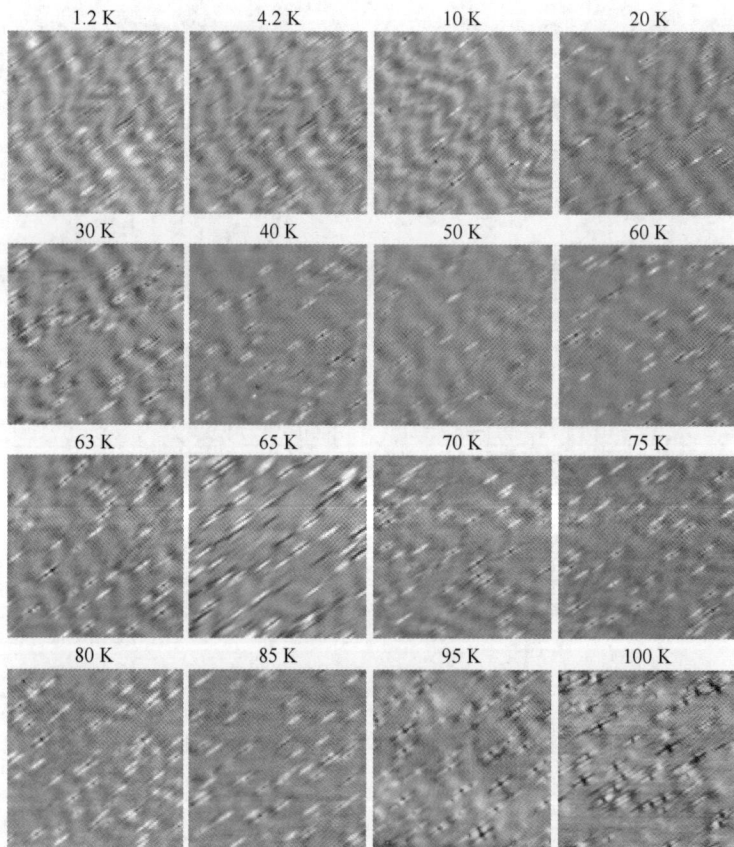

图 5-9　不同温度下 $ZrTe_3$ 表面 CDW 的 STM 图像

ZrTe$_3$ 中超导与 CDW 共存，提供了研究超导产生机理的可能，通过 STM 隧道谱（见图 5-10）发现，在 ZrTe$_3$ 表面，无论是沿着 a 轴还是 b 轴方向，超导谱都是均匀一致的，不存在 a、b 方向超导谱不均匀的情况，同时我们也对缺陷的 a、b 方向进行研究，结果显示，在解理面上无论沿着哪个方向，其超导谱都是均匀一致的。

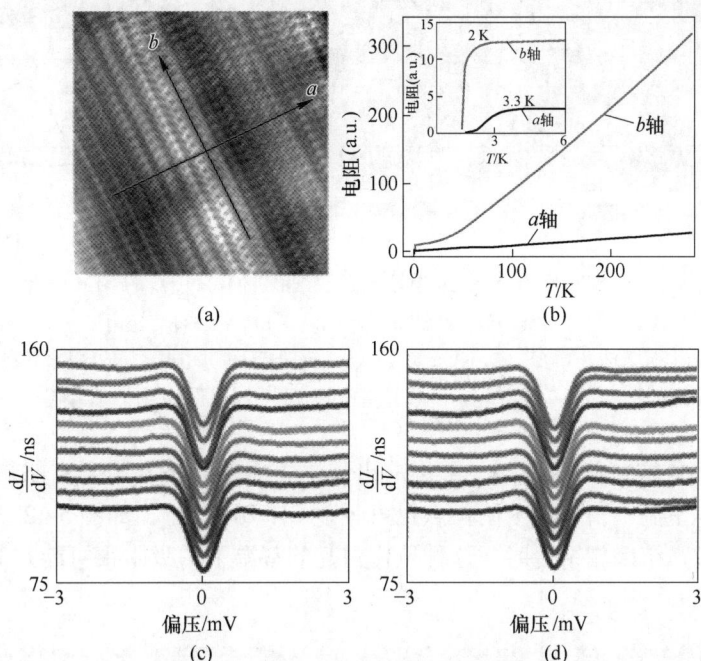

图 5-10　ZrTe$_3$ 沿不同方向的超导电性

（a）ZrTe$_3$ 的形貌图（1.3 K，10 nm×10 nm），图中为沿 a、b 方向作隧道谱的阵列；

（b）1.5~290 K 温度范围的测量变温电阻曲线，分别沿着 a、b 轴方向作电输运测量，高温区沿着 b 轴方向电阻远大于 a 轴方向，低温区 b 轴在 2 K 时电阻开始减小，最终到零，而 a 轴在 3.3 K 电阻开始减小，到 2 K 时接近零，沿 a、b 轴方向电阻率转变温度不同；（c）（d）分别为沿着 a、b 轴方向超导谱（1.3 K，$V_b = -3$ mV，$I_t = 1$ nA，$V_s = 0.1$ mV），是均匀的

5.1.5.3　表面吸附行为与表面重构

研究者利用 STM 研究了 Au 单原子在金红石 TiO$_2$(110) 表面的吸附，利用原位电子束蒸发的方法实现了 Au 在 TiO$_2$ 表面可控制备的 Au 单原子吸附样品。如图 5-11 所示，Au 单原子在金红石 TiO$_2$(110) 表面不仅可以吸附在氧空位（O$_v$）处，而且可以吸附在表面五配位的钛原子（Ti$_{5c}$）上。对不同位置的 Au 单原子进行测量，发现在 Ti$_{5c}$ 位上吸附的 Au 单原子可以探测到费米面以下 1.2 eV 处的吸附金属原子（Au）诱导的带间态（MIGS）。与此同时，在紫外光的照射下，Ti$_{5c}$ 位上吸附的 Au 单原子会发生迁移，这与表面 Au 单原子在 STM 针尖负偏压（空穴注入）时的结果十分类似。

CH$_3$OH 在金红石相 TiO$_2$(001) 表面吸附行为及其引起的表面重构，通过改变吸附温度，观察到 CH$_3$OH 分子于不同温度下在该表面完全不同的吸附行为。在液氮温度下，随着覆盖度的升高，CH$_3$OH 分子可在表面脊上、沟槽中吸附，并进一步产生多层物理吸附。而在室温下，少量的甲醇吸附并不会在脊上和沟槽中留下任何痕迹，只会在表面缺陷中形成解离态的吸附。然而，当过量的 CH$_3$OH 分子暴露到该表面后，会诱导原本 1×4 重构的

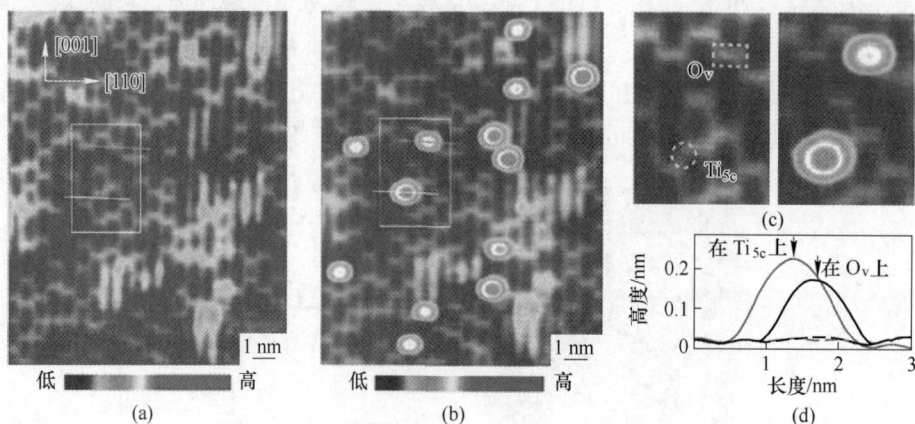

图 5-11　80 K 条件下 Au 单原子在金红石 TiO$_2$(110) 的 STM 图像

(a) 表面吸附前 STM 图像（扫描条件为 1.0 V，10 pA）；(b) 吸附后 STM 图像

（扫描条件为 1.0 V，10 pA）；(c) 为图 (a) 与 (b) 中方框区域的放大图像；

(d) 为图 (a) 与 (b) 中对应的 O$_v$ 和 Ti$_{5c}$ 位吸附 Au 单原子前、后扫描线

表面转变成 1×3 重构。伴随着 1×3 重构的出现，表面的晶格常数会有略微的变化。这一变化导致了原本室温下惰性的吸附位点也可吸附 CH$_3$OH 分子，如图 5-12 所示。在与程序控温脱附（TPD）结果相结合时，这种重构引起的室温下的吸附很可能是表面 C—C 偶联反应的活性来源。

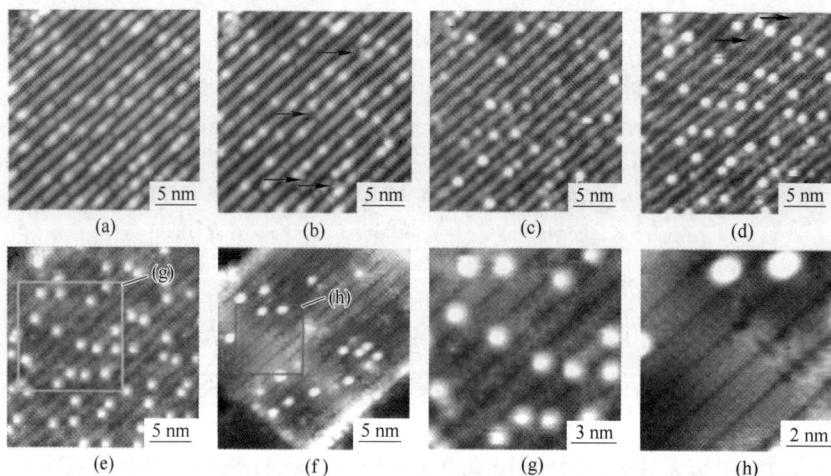

图 5-12　80 K 条件下锐钛矿 TiO$_2$(001) 表面不同覆盖度的 CH$_3$OH 吸附形貌

(a) CH$_3$OH 吸附前的还原性 TiO$_2$(001) 表面；(b)~(f) 1.0×10^{-8} Pa 条件下通入

10 s、15 s、60 s、120 s 和 150 s CH$_3$OH 后的 STM 图像；

(g)(h) 分别为 (e)(f) 图中方框区域的放大图

更多实例

扫码 1

5.2　原子力显微镜

原子力显微镜（atomic force microscope，AFM），也称为扫描力显微镜，是一种可用来研究包括绝缘体在内的固体材料表面结构的分析仪器。原子力显微镜是在扫描隧道显微镜的基础上发展起来的一种新型表面分析仪器，具有纳米级的分辨能力，且操作简单，是目前研究纳米材料、生物材料的重要工具之一。原子力显微镜为利用探针和待测样品表面之间的极微弱的原子力的变化来研究物质的表面结构及性质。至今，原子力显微镜已发展出多种分析功能，是目前材料科学研究中重要的表面分析仪器之一。

5.2.1　原子力显微镜的发展

原子力显微镜是在 1986 年由扫描隧道显微镜的发明者之一的格尔德·宾宁（G. Binnig）博士在美国斯坦福大学与卡尔文·奎特（C. Quate）和克里斯托夫·格柏（C. Gerber）等人研制成功的。它主要由带针尖的微悬臂，微悬臂运动检测装置，监控其运动的反馈回路，使样品进行扫描的压电陶瓷扫描器件，计算机控制的图像采集、显示及处理系统组成。微悬臂运动可用如隧道电流检测等电学方法或光束偏转法、干涉法等光学方法检测，当针尖与样品充分接近至相互之间存在短程相互斥力时，检测该斥力可获得表面原子级分辨图像，一般情况下其分辨率也在纳米级水平。原子力显微镜测量对样品无特殊要求，可测量固体表面、吸附体系等，并可弥补扫描隧道显微镜不能测试绝缘样品的缺陷。

5.2.2　原子力显微镜的工作原理

假设两个原子中，一个是在悬臂的探针尖端，另一个是在样本的表面，它们之间的作用力会随距离的改变而变化，原子与原子之间的交互作用力与距离之间的关系如图 5-13 所示。当原子与原子很接近时，彼此电子云斥力的作用大于原子核与电子云之间的吸引力作用，所以整个合力表现为斥力的作用，反之若两原子分开有一定距离时，其电子云斥力的作用小于彼此原子核与电子云之间的吸引力作用，故整个合力表现为引力的作用。若从能量的角度来看，这种原子与原子之间的距离与彼此之间能量的大小也可从 Lennard-Jones 的式（5-2）中得到另一种印证。

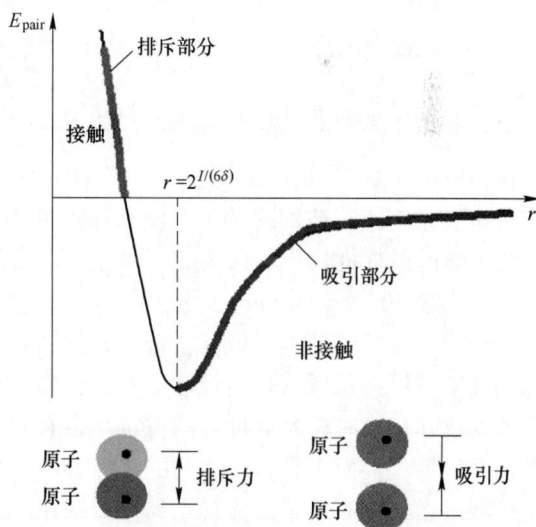

图 5-13　原子与原子之间的交互作用力与距离之间的关系

$$E_{\text{pair}}(r) = 4\epsilon \left[\left(\frac{\sigma}{r} \right)^{12} - \left(\frac{\sigma}{r} \right)^{6} \right] \tag{5-2}$$

式中，ϵ 为势能阱的深度；σ 是互相作用的势能正好为零时的两体距离。

从式（5-2）中知道，当 r 降低到某一程度时，其能量为 $+E$，也代表了在空间中两个原子是相当接近且能量为正值，若假设 r 增加到某一程度时，其能量就为 $-E$，同时，也说明了空间中两个原子之间距离相当远且能量为负值。不管从空间上去看两个原子之间的距离与其所导致的吸引力和斥力还是从当中的能量关系来看，原子力显微镜就是利用原子之间的关系来把原子给呈现出来，让微观的世界不再神秘。原子力显微镜的系统是利用微小探针与待测物之间交互作用力来呈现待测物的表面的物理特性。所以在原子力显微镜中也利用斥力与吸引力的方式发展出两种操作模式：

（1）利用原子斥力的变化而产生表面轮廓的为接触式原子力显微镜（contact AFM），探针与试片的距离约零点几个纳米。

（2）利用原子吸引力的变化而产生表面轮廓的为非接触式原子力显微镜（non-contact AFM），探针与试片的距离约数个到数十纳米。

原子力显微镜的原理接近指针轮廓仪，实际采用扫描隧道显微镜技术。指针轮廓仪利用针尖（指针）通过杠杆或弹性元件把针尖轻轻压在待测表面，使针尖在待测表面上做光栅扫描或针尖固定，表面相对针尖做相应移动，针尖随表面的凹凸做起伏运动，用光学或电学方法测量起伏位移随位置的变化，于是得到表面三维轮廓图。指针轮廓仪所用针尖的半径约为 1 μm，所加弹力（压力）可为 $10^{-5} \sim 10^{-2}$ N，横向分辨率达 100 nm，纵向分辨率达 1 nm。而原子力显微镜利用扫描隧道显微镜技术，针尖半径接近原子尺寸，所加弹力可以小至 10^{-10} N。在空气中测量，横向分辨率达 0.15 nm，纵向分辨率达 0.05 nm。

力的测量通常采用弹性元件或杠杆。对弹性元件或杠杆，有

$$F = S\Delta z \tag{5-3}$$

式中，F 为施加的力；S 为弹性系数，故知道材料的弹性系数 S，可通过测量得到的位移计算出力 F；Δz 为位移。

为了要测量小的力，S 和 Δz 都必须很小。测量系统的谐振频率 $f_d = \dfrac{1}{2\pi}\sqrt{\dfrac{S}{M}}$（其中，$M$ 为谐振体的质量），因而在减小 S 时，谐振频率 f_d 降低。因此，在降低 S 的同时必须降低质量 M。微细加工技术的进步，使制作 S 和 M 都很小的杆或弹性元件成为可能，例如用金箔制作的微杠杆，质量仅为 10^{-10} kg。在原子力显微镜中，利用 STM 测量微杠杆的位移，Δz 可小至 $10^{-5} \sim 10^{-3}$ nm，因此用原子力显微镜测量最小力的量级为 $10^{-16} \sim 10^{-14}$ N。

原子力显微镜的基本原理是：将一个对微弱力极敏感的微悬臂一端固定，另一端有一微小的针尖，针尖与样品表面轻轻接触，针尖尖端原子与样品表面原子间存在极微弱的排斥力，通过在扫描时控制这种力的恒定，带有针尖的微悬臂将对应于针尖与样品表面原子间作用力的等位面而在垂直于样品的表面方向起伏运动。利用光学检测法或隧道电流检测法，可测得微悬臂对应于扫描各点的位置变化，从而可以获得样品表面形貌的信息。以下以激光检测原子力显微镜（atomic force microscope employing laser beam deflection for force detection，laser-AFM）来详细说明其工作原理。

如图 5-14 所示，二极管激光器（diode laser）发出的激光束经过光学系统聚焦在微悬臂背面，并从微悬臂背面反射到由光电二极管构成的光斑位置检测器。在样品扫描时，样品表面的原子与微悬臂探针尖端的原子间存在相互作用力，微悬臂将随样品表面形貌而弯

曲起伏, 反射光束也将随之偏移, 因而, 通过光电二极管检测光斑位置的变化, 就能获得被测样品表面形貌的信息。

在系统检测成像全过程中, 探针和被测样品间的距离始终保持在纳米级, 距离太大, 不能获得样品表面的信息, 距离太小, 会损伤探针和被测样品。反馈回路的作用就是在工作过程中, 由探针得到探针-样品相互作用的强度来改变加在样品扫描器垂直方向的电压, 从而使样品伸缩, 调节探针和被测样

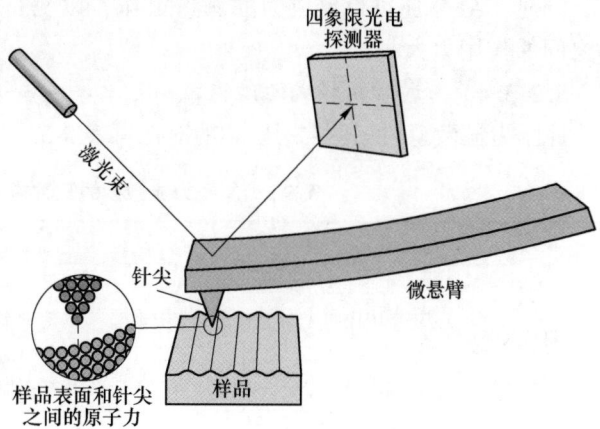

图 5-14　原子力显微镜测试原理图

品间的距离, 反过来控制探针-样品相互作用的强度, 实现反馈控制。因此, 反馈控制是本系统的核心工作机制。本系统采用数字反馈控制回路, 用户在控制软件的参数工具栏通过设置参考电流、积分增益和比例增益几个参数来对该反馈回路的特性进行控制。

5.2.3　原子力显微镜的成像模式

原子力显微镜的成像模式是以针尖与样品之间的作用力的形式来分类的。原子力显微镜的成像模式主要有以下三种: 接触模式 (contact mode)、非接触模式 (non-contact mode) 和敲击模式 (tapping mode)。

5.2.3.1　接触模式

从概念上来理解, 接触模式是 AFM 最直接的成像模式。AFM 在整个扫描成像过程中, 探针针尖始终与样品表面保持紧密接触, 而相互作用力是排斥力。扫描时, 微悬臂施加在针尖上的力有可能破坏样品的表面结构, 因此力的大小在 $10^{-10} \sim 10^{-6}$ N 之间。若样品表面柔嫩而不能承受这样的力, 便不宜选用接触模式对样品表面进行成像。

5.2.3.2　非接触模式

使用非接触模式探测样品表面时, 微悬臂在距离样品表面上方 $5 \sim 10$ nm 的距离处振荡。这时, 样品与针尖之间的相互作用由范德华力控制, 通常为 10^{-12} N, 样品不会被破坏, 而且针尖也不会被污染, 特别适合研究柔嫩物体的表面。这种操作模式的缺点在于要在室温大气环境下实现这种模式十分困难。因为样品表面不可避免会积聚薄薄的一层水, 它会在样品与针尖之间搭起一个小的毛细桥, 将针尖与表面吸在一起, 从而增加尖端对表面的压力。

5.2.3.3　敲击模式

敲击模式介于接触模式和非接触模式之间, 是一个杂化的概念。微悬臂在样品表面上方以其共振频率振荡, 针尖仅仅周期性短暂地接触 (敲击) 样品表面。这就意味着针尖接触样品时所产生的侧向力明显地减小了。因此当检测柔嫩样品时, AFM 的敲击模式是最好的选择之一。一旦 AFM 开始对样品进行成像扫描, 装置随即将有关数据输入系统, 如表面粗糙度、平均高度、峰谷与峰顶之间的最大距离等, 用于物体表面分

析。同时，AFM 还可以完成力的测量工作，以测量微悬臂的弯曲程度来确定针尖与样品之间的作用力大小。

5.2.3.4　三种常用模式的比较

原子力显微镜的三种常用模式的对比见表 5-3。

表 5-3　原子力显微镜的三种常用模式的对比

模式	优　点	缺　点
接触模式	扫描速度快，是唯一能够获得原子分辨率图像的 AFM 垂直方向上有明显变化的质硬样品，有时更适于用此模式扫描成像	横向力影响图像质量。在空气中，样品表面吸附液层的毛细作用使针尖与样品之间的黏着力很大。横向力与黏着力的合力导致图像空间分辨率降低，而且针尖刮擦样品会损坏软质样品（如生物样品、聚合体等）
非接触模式	没有力作用于样品表面	由于针尖与样品分离，横向分辨率；为了避免接触吸附层而导致针尖胶黏，其扫描速度低于敲击模式和接触模式。通常仅用于非常怕水的样品，吸附液层必须薄，如果太厚，针尖会陷入液层，引起反馈不稳，刮擦样品。因此，非接触模式的使用受到限制
敲击模式	很好地消除了横向力的影响。降低了由吸附液层引起的力，图像分辨率高，适于观测软、易碎或胶黏性样品，不会损伤其表面	扫描速度较慢

5.2.3.5　其他模式

除了上面三种常见的成像模式外，原子力显微镜还可以进行下面的工作：

（1）横向力显微镜测量。横向力显微镜（lateral force microscopy，LFM）是在原子力显微镜表面形貌成像基础上发展的新技术之一。其工作原理与接触模式的原子力显微镜相似。当微悬臂在样品上方扫描时，针尖与样品表面相互作用，导致悬臂摆动，其摆动的方向大致有垂直与水平两个方向。一般来说，激光位置探测器探测到的垂直方向的变化，反映的是样品表面的形态，而在水平方向上探测到的信号变化，由于物质表面材料特性的不同，其摩擦系数也不同，在扫描过程中，导致微悬臂左、右扭曲的程度也不同，检测器根据激光束在四个象限中的强度差值（$(A+C)-(B+D)$）来检测微悬臂的扭转弯曲程度。然而，微悬臂的扭转弯曲程度随表面摩擦特性变化而增减（增加摩擦力导致更大的扭转）。激光检测器的四个象限可以实时分别测量并记录形貌和横向力数据。

（2）曲线测量。扫描力显微镜（SFM）除了测量形貌，还能测量力对探针-样品间距离的关系曲线 $Z_t(Z_s)$。它几乎包含了所有关于样品和针尖间相互作用的必要信息。微悬臂固定端被垂直接近，离开样品表面时，微悬臂和样品间产生了相对移动。而在这个过程中，微悬臂自由端的探针也在接近甚至压入样品表面，然后脱离，此时原子力显微镜（AFM）测量并记录了探针所感受的力，从而得到力曲线。Z_s 是样品的移动曲线，Z_t 是微悬臂的移动曲线。这两种移动近似垂直于样品表面。用悬臂弹性系数 c 乘以 Z_t，可以得到力 $F = cZ_t$。如果忽略样品和针尖的弹性变形，可以通过 $s = Z_t - Z_s$ 得到针尖和样品间相互作用距离 s。这样能从 $Z_t(Z_s)$ 曲线决定力-距离关系 $F(s)$。这个技术可以用来测量探针尖和样品表面间的排斥力或长程吸引力，揭示定域的化学和机械性质（如黏附力和弹力），甚至吸附分子层的厚度。如果将探针用特定分子或基团修饰，利用力曲线分析技术就能够获得特异结合分子间的力或键的强度，其中也包括特定分子间的胶体力及疏水力、长程引力等。

（3）纳米加工。扫描探针纳米加工技术是纳米科技的核心技术之一，其基本的原理是利用 SPM 的探针-样品纳米可控定位和运动及其相互作用对样品进行纳米加工操纵，常用的纳米加工技术包括机械刻蚀、电致/场致刻蚀、浸润笔（dip-pen nano-lithography，DNP）等。

（4）以上是最常用的 AFM 模式，别的模式还有很多：力调制模式（force modulation mode，FMM，探针对检测样品表面微区有很大的力，可以获得材料微区的弹性系数等力学性能），扫描热显微镜（scanning thermal microscopy，SThM），磁力显微镜（magnetic force microscopy，MFM），化学力显微镜（chemical force microscopy，CFM），扫描电化学显微镜（scanning electrochemical microscope，SECM），力调制显微镜（force modulation microscopy，FMM），静电力显微镜（electric force microscopy，EFM），表面电位显微镜（Kelvin force microscopy，KFM），扫描式电容显微镜（scanning capacitance microscope，SCM）等。各种模式和应用要求性能各异的探针，而探针的性能指标是决定显微镜分辨率最关键的因素。

5.2.4　原子力显微镜的结构

AFM 通常利用一个很尖的探针对样品进行扫描，探针固定在对探针与样品表面作用力极敏感的微悬臂上。微悬臂受力偏折会引起由激光源发出的激光束经微悬臂反射后发生位移。检测器接受反射光，最后接收信号经过计算机系统采集、处理、形成样品表面形貌图像。

如图 5-15 所示，原子力显微镜系统可分成三个部分：力检测部分、位置检测部分、反馈系统。

5.2.4.1　力检测部分

在原子力显微镜系统中，所要检测的力是原子与原子之间的范德华力。所以在本系统中使用微小悬臂来检测原子之间力的变化量。微悬臂通常由一个一般 $100 \sim 500 \ \mu m$ 长和 $500 \ nm \sim 5 \ \mu m$ 厚的硅片或氮化硅片制成。微悬臂顶端有一个尖锐针尖，用来检测样品-针尖间的相互作用力。微小悬臂有一定的规格，如长度、宽度、弹性系数及针尖的形状，依照样品的特性及操作模式的不同选择不同类型的探针。

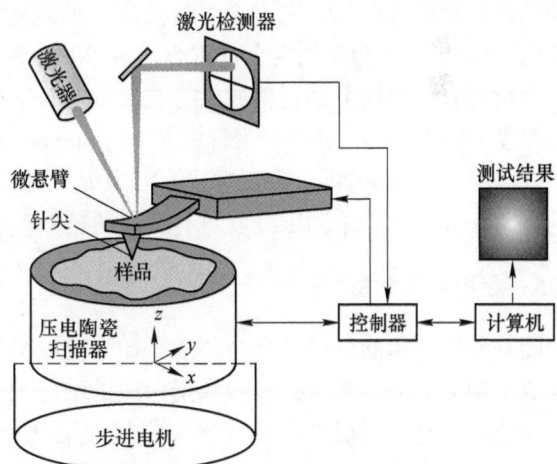

图 5-15　原子力显微镜的结构示意图

5.2.4.2　位置检测部分

在原子力显微镜系统中，当针尖与样品之间有了交互作用之后，会使得微悬臂摆动，当激光照射在微悬臂的末端时，其反射光的位置也会因为微悬臂摆动而有所改变，这就导致偏移量的产生。整个系统是依靠激光光斑位置检测器将偏移量记录下并转换成电的信号，以供 SPM 控制器进行信号处理。

5.2.4.3 反馈系统

在原子力显微镜系统中，将信号经由激光检测器接收之后，在反馈系统中会将此信号当作反馈信号，作为内部的调整信号，并驱使通常由压电陶瓷管制作的扫描器做适当的移动，以使样品与针尖保持一定的作用力。

原子力显微镜系统使用压电陶瓷管制作的扫描器精确控制微小的扫描移动。压电陶瓷是一种性能奇特的材料，当在压电陶瓷对称的两个端面加上电压时，压电陶瓷会按特定的方向伸长或缩短。而伸长或缩短的尺寸与所加的电压的大小呈线性关系，即可以通过改变电压来控制压电陶瓷的微小伸缩。通常把三个分别代表 x、y、z 方向的压电陶瓷块组成三角架的形状，通过控制 x、y 方向伸缩达到驱动探针在样品表面扫描的目的；通过控制 z 方向压电陶瓷的伸缩达到控制探针与样品之间距离的目的。

原子力显微镜便是结合以上三个部分来将样品表面特性呈现出来的：在原子力显微镜系统中，使用微小悬臂来感测针尖与样品之间的相互作用，这作用力会使微悬臂摆动，再利用激光将光照射在悬臂的末端，当摆动形成时，会使反射光的位置改变而产生偏移量，此时激光检测器会记录此偏移量，也会把此时的信号给反馈系统，以利于系统做适当的调整，最后再将样品的表面特性以影像的方式呈现出来。

5.2.5 原子力显微镜的样品制备

原子力显微镜的研究对象可以是有机固体、聚合物及生物大分子等，样品的载体选择范围很大，包括云母片、玻璃片、石墨、抛光硅片、二氧化硅和某些生物膜等，其中最常用的是新剥离的云母片，主要原因是其非常平整且容易处理。而抛光硅片最好用浓硫酸与 30% 双氧水以 7∶3 为比例混合的混合液在 90 ℃下煮 1 h。利用电性能进行测试时，需要导电性能良好的载体，如石墨或镀有金属的基片。样品的厚度，最大为 10 mm（包括样品台的厚度）。如果试样过重，可能会影响 scanner 的动作，因此不要放过重的样品。样品的尺寸以不大于样品台（直径 20 mm）为大致标准，稍微大一点也没问题。但是，最大值约为 40 mm。如果未固定好就进行测量可能产生移位，应固定好后再测定。

5.2.6 应用实例分析

随着科学技术的发展，生命科学开始向定量科学方向发展。大部分实验的研究重点已经变成生物大分子，特别是核酸和蛋白质的结构及其相关功能的关系。因为原子力显微镜的工作范围很宽，可以在自然状态（空气或液体）下对生物医学样品直接进行成像，且分辨率很高。因此，原子力显微镜已成为研究生物医学样品和生物大分子的重要工具之一。原子力显微镜的应用主要包括三个方面，即生物细胞的表面形态观测、生物大分子的结构及其他性质的观测研究、生物分子之间力谱曲线的观测。

5.2.6.1 在纳米尺度上检测植物细胞质膜的完整性

研究者采用酶解法制备拟南芥原生质体，原生质体经 MβCD（methyl-β-cyclodextrin）处理造成质膜损伤后，利用原子力显微镜进行成像，最后通过 Nanoscope analysis 软件进行成像分析，对粗糙度 R_a（平均粗糙度）、R_q（均方根粗糙度）和 R_{max}（最高数据点和最低数据点之间的最大垂直距离）值及从孔隙周围的长轴和短轴上测量获得孔隙的直径和深度进行了系统测算，从而达到在纳米尺度上检测植物细胞质膜的完整性的目的。应用原子力显微镜为对照组及处理组的原生质体进行检测，结果如图 5-16 所示。对照组的细胞表面光滑，而 MβCD 处理的原生质体表面皱缩。从图 5-16（f）中可以明显观察到 MβCD 处理的原生质体表面形成大量的孔状结构，这一结果显示，原子力显微镜具有对植物原生质体表面形貌进行纳米级分辨率成像的能力。

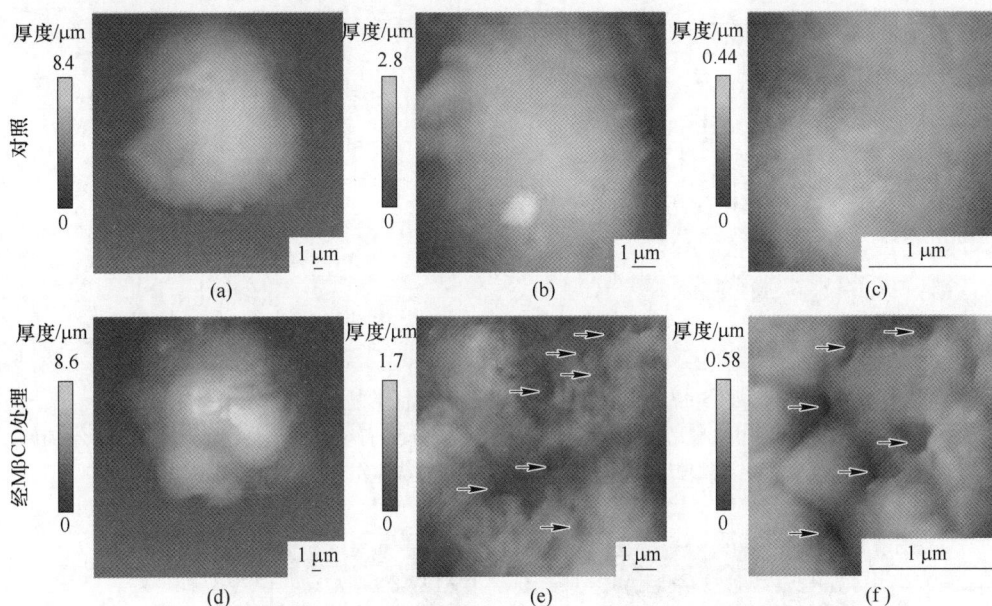

图 5-16　原子力显微镜观察 MβCD 诱导的孔隙形成
（a）～（c）未经过 MβCD 处理的原生质体质膜的原子力显微图像；
（d）～（f）经过 MβCD 处理的原生质体质膜的原子力显微图像
（箭头指示孔隙结构）

　　通过 Nanoscope analysis 软件，在 2 μm×2 μm 成像区域上对每个孔隙的长轴和短轴的直径和深度进行量化分析，每组实验分别对 7 个原生质体进行成像和检测分析，数据用 t-test 进行差异分析（$*p<0.05$），统计分析结果如图 5-17 所示。处理组的孔隙大小和孔隙深度均高于对照组，且 R_a、R_q 和 R_{max} 值均显著高于对照组，以上结果表明，原子力显微镜可以对质膜损伤进行可视化检测和定量分析。

5.2.6.2　多晶薄膜研究

　　开尔文探针原子力显微镜（KPFM）指采用开尔文（Kelvin）方法来测量探针和样品间的电势差，是一种基于扫描探针原子力显微镜的半导体薄膜样品表面功函数（表面电势）的测量方法，其可以在测试样品表面形貌的同时获得与形貌相对应位置的表面功函数分布图。研究者使用 KPFM 测试碲化镉（CdTe）多晶薄膜样品退火前后的表面电势的变化，以此来分析多晶薄膜晶界和晶粒处的表面功函数的差异（见图 5-18）。退火后样品表面的接触电势明显增大，测试结果表明合适的退火有助于在碲化镉薄膜内部形成均匀的

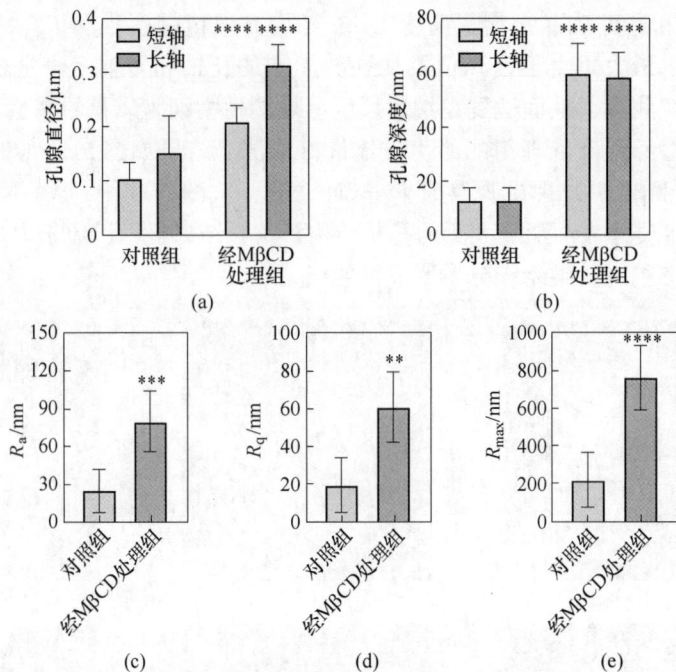

图 5-17　原生质体表面的孔隙特征的量化分析

（a）（b）对照组和处理组中孔隙沿长轴和短轴方向的直径和深度进行统计分析，成像面积为 2 μm×2 μm；
（c）~（e）对照组和处理组中 R_a、R_q 和 R_{max} 数据进行统计分析，成像面积为 5 μm×5 μm

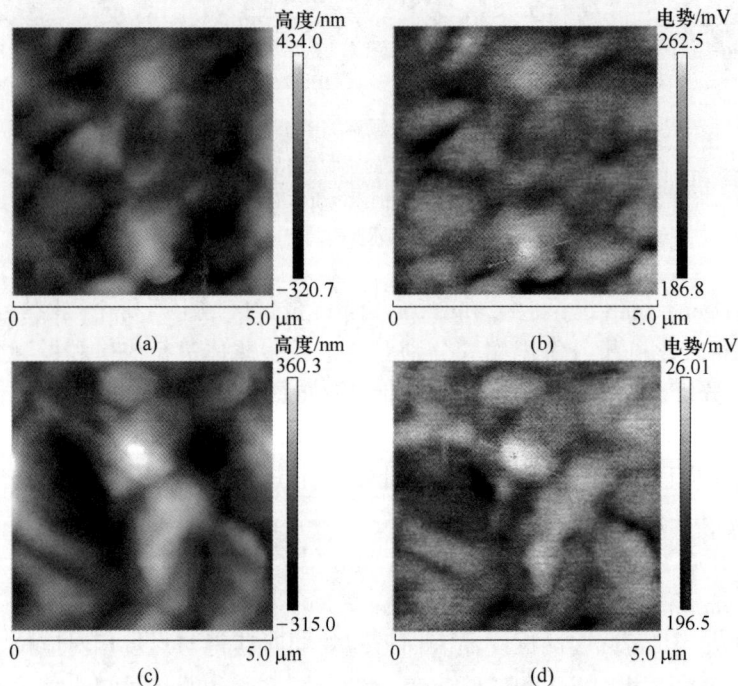

图 5-18　刚沉积与退火后 CdTe 表面形貌与表面接触电势

（a）刚沉积 CdTe 的表面形貌；（b）刚沉积 CdTe 的接触电势；
（c）退火后 CdTe 的表面形貌；（d）退火后 CdTe 的接触电势

电势分布。这种测试方法可以有效地获得多晶薄膜的晶界和晶粒的功函数的差异，对于分析多晶半导体薄膜的载流子输运及界面钝化具有重要意义。KPFM 具有很高的分辨率和灵敏性，很适合用于多晶半导体薄膜表征测试。

5.2.6.3　电化学原位测试

原位 AFM 在研究腐蚀机理、发展防腐技术在金属加工和船舶航运等领域的应用具有重要意义，图 5-19 为电化学原子力显微镜（EC-AFM）装置示意图，EC-AFM 已经成功揭示了不同电极材料在电催化过程、金属腐蚀过程及电池充、放电过程中的形貌和表面性质的变化。此外，在研究电化学反应机理的应用中，贵金属纳米粒子在电催化、表面修饰、自组装等领域有重要应用。

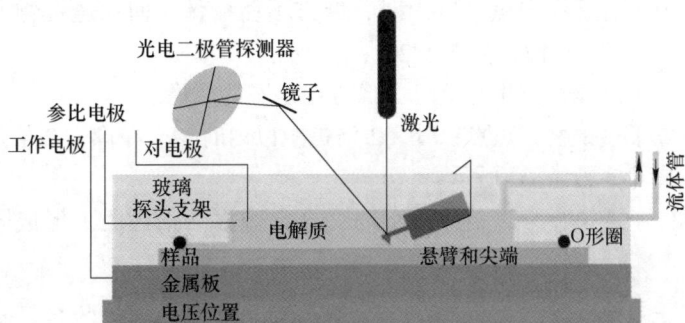

图 5-19　电化学原子力显微镜（EC-AFM）装置示意图

原位 AFM 在锂离子电池研究中的应用也十分重要，如固体电解质界面膜（solid electrolyte interphase，SEI）的形成及其结构在充、放电前、后的变化，电极材料在充、放电循环过程中的导电性变化及电极材料充、放电过程中的表面电势（功函数）的变化。锂离子电池通过锂离子在电极的嵌入和脱嵌实现能量的转换和储存，是目前应用最广的便携式电池。与锂离子电池相比，可充电型锂氧电池具有更高的理论比能量密度，通过 EC-AFM 实时原位的高分辨成像技术可以从形貌演变的角度分析锂氧电池在充、放电过程中锂氧化合物生成和分解的界面行为对电池性能的影响，从而推动锂氧电池的性能优化。锂硫电池可实现能量转换和储存，EC-AFM 在纳米尺度上揭示了锂硫电池循环性能下降的原因及其影响因素，直接提供了电池在充、放电过程的微观结构信息。EC-AFM 作为在电池研究领域强大的原位表征技术，有助于探索新一代电池的机理，广泛应用于探究电解质对电池界面的行为。

在超级电容器材料方面，EC-AFM 可分析材料在充、放电及电势循环过程中的变化和性能下降的原因。对于电催化材料，通过 EC-AFM 可建立材料结构与功能的关系，为高性能材料的设计提供指导。AFM 及 EC-AFM 相关技术的进一步发展将会促进对电极材料在电化学过程中演变本质的理解，并推进高性能材料的开发。

5.3　金相显微镜

金相显微技术是 20 世纪 50 年代发展起来的一种重要的无损检测技术。金相显微镜是将光学显微镜技术、光电转换技术、计算机图像处理技术完美结合在一起而开发研制成的高科技产品，可以在计算机上很方便地观察金相图像，从而对金相图谱进行分析、评级，以及对图片进行输出、打印等。众所周知，合金的成分、热处理工艺、冷热加工工艺直接影响金属材料的内部组织、结构的变化，从而使机件的机械性能发生变化。因此用金相显微镜来观察检验分析金属内部的组织结构是工业生产中的一种重要手段。这种技术在材料研究方面有着广泛的应用前景，因此也被称为"现代工业的眼睛"。

5.3.1　金相显微镜的基本成像原理

5.3.1.1　凸透镜的成像规律

凸透镜的成像规律如下：

（1）当物体位于透镜物方焦点以内时，像方不能成像，而在透镜物方的同侧比物体远的位置形成放大的直立虚像，如图 5-20（a）所示。

（2）当物体位于透镜物方焦点上时，像方还是不能成像。

（3）当物体位于透镜物方焦点以外、2 倍焦距以内时，会在像方 2 倍焦距以外形成放大的倒立实像，如图 5-20（b）所示。

（4）当物体位于透镜物方 2 倍焦距上时，会在像方 2 倍焦距上形成同样大小的倒立实像。

（5）当物体位于透镜物方 2 倍焦距以外时，会在像方 2 倍焦距以内、焦点以外形成缩小的倒立实像。

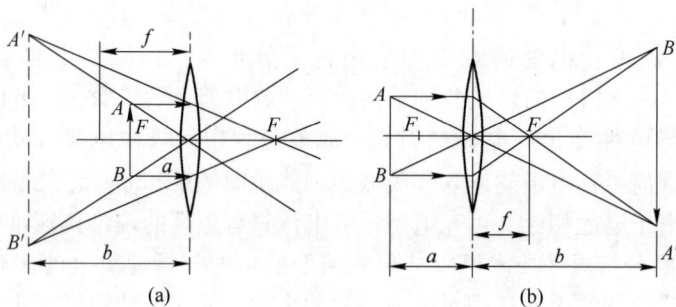

图 5-20　凸透镜成像的虚像放大（a）和实像放大（b）

A，B—物体位置；F—焦点；a—物距；f—焦距；b—像距

5.3.1.2　显微镜的成像原理

显微镜和放大镜起着同样的作用，就是把近处的微小物体形成一个放大的像，以供人眼观察，只是显微镜比放大镜可以具有更高的放大率而已。如图 5-21 所示，物体 A 和 B 位于物镜前方，离物镜的距离大于物镜的焦距，但是小于两倍物镜的焦距。所以，它经物镜以后，必然形成一个倒立的放大的实像 $A'B'$。$A'B'$ 靠近 F_2 的位置上，再经目镜放大为虚像 $A''B''$ 后供眼睛观察。目镜的作用与放大镜一样。不同之处只是眼睛通过目镜所看到的不是物体本身，而是物体被物镜放大了一次的像。

5.3.2　金相显微镜的结构

金相显微镜最常见的结构有台式结构、卧式结构和立式结构三大类。但无论是哪种类

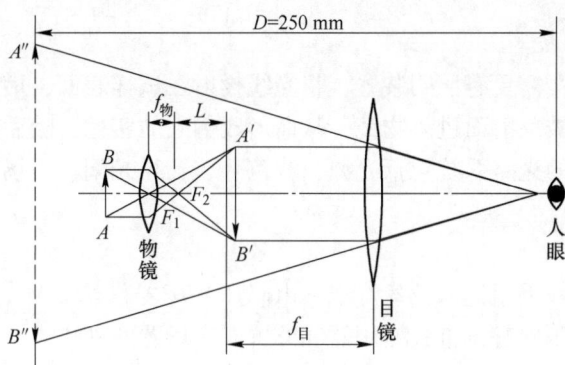

图 5-21　显微镜放大原理光路图

型，它们都由光学系统、光路系统和机械系统三部分构成，其中放大系统是显微镜的关键部分。以台式金相显微镜为例，其结构和光学系统示意图如图 5-22 所示。

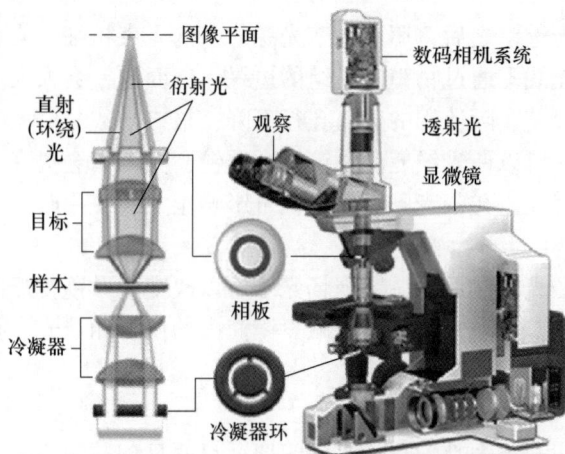

图 5-22　金相显微镜的结构和光学系统示意图

5.3.2.1　光学系统

显微镜的光学系统主要由物镜和目镜组成，由物体来的光线通过物镜和目镜进行放大成像。

A　物镜

物镜是显微镜最主要的光学部件，它的好坏直接影响显微镜放大后的影像质量。位于物镜最前端的是平面透镜，称为前透镜，起到放大作用；位于它之后的其他透镜都是校正透镜，用以校正前透镜引起的各种像差。色像差校正到红、绿两波区的称为消色差物镜；校正到红、绿、紫波区的称为复消色差物镜；对视场边缘的弯曲进行校正的称为平场消色差物镜。

B　目镜

目镜的主要作用是将物镜放大的实像再一次放大。目镜仅由为数不多的几片透镜组成，由于通过目镜的光束近于平行，像差不严重，而且孔径角也小，所以目镜的鉴别能力低，放大倍数不高。

5.3.2.2　光路系统

金属试样不透明，需要有照明装置，将光线投射在试样表面，借金属表面本身的反射能力，可使部分光线被反射而进入物镜，从而形成倒立的实像，随后在目镜中形成一个虚像。一般金相显微镜的光路系统包括光源、滤色片、孔径光阑、视场光阑、照明系统五个部分。

A　光源

显微镜的光源一般采用低压钨丝灯泡，由降压变压器供给 5 V、6 V、8 V 的低电压。目前实验室常见的变压器有自带式变压器和外置式变压器两种。

B　滤色片

一般显微镜都附带有黄色、绿色、蓝色三种或更多颜色的滤色片，主要是为了让光源发射出的白光变为单色光。不同类型的物镜使用不同的滤色片，滤色片可以改变相的衬度，便于组织鉴别。

C　孔径光阑

孔径光阑位于聚光透镜之后，用以调节光源射入的光束粗细。当孔径光阑缩小时，进入物镜的光束变细，光线不通过物镜透镜组的边缘，球面像差会大大降低，但是物镜的孔径角也会随着缩小，会使实际使用的数值孔径下降，最终导致分辨率降低；当孔径光阑扩大时，孔径角会增大，可以使光线充满物镜的后透镜，分辨率会提高，但是球面像差的增大会降低成像质量。因此，孔径光阑对成像质量影响很大，使用时必须适当调节。

D　视场光阑

视场光阑位于孔径光阑之后，调节视场光阑可以改变显微镜视场的大小，而并不影响物镜的分辨率。适当调节视场光阑还可以减少镜筒内的反射和炫光，提高成像的衬度和质量，如果过小，会使观察范围变窄。

E　照明系统

金相显微镜的照明系统中都配有垂直照明器，目的是调节照明光束垂直转向。为了保证光线均匀地照射在试样表面及得到亮度均匀的影像，要求照明光束或成像放大光束与目镜、物镜主光轴同心，平面玻璃的倾斜角恰好为 45°。

5.3.2.3　机械系统

金相显微镜的机械系统是由支撑装置、镜体部件及附件等机构组成的，它将光学系统和照明系统连成一体，共同发挥作用。支撑装置包括底座、镜架、载物台、微动装置等，镜体部件包括物镜转换器、物镜和目镜，附件主要包括显微摄影装置、偏光、暗场装置等。

5.3.3　定量分析方法

定量金相是指采用体视学和图像分析技术等，对材料的显微组织进行定量表征（如测估晶粒尺寸，各相的含量，第二相的大小、数量、形状及其分布特征等）的一类金相技术。利用定量金相的方法测量计算组织中相应组成相的特征参数，建立组织参数、状态、性能之间的定量关系，寻找其变化规律，从而可以达到合理设计合金、预报、控制、评定材料性质及质量的目的。

定量金相测量的是点数、线长、平面面积、曲面面积、体积、测量对象的数目等，分别以 P、L、A、S、V 和 N 来表示。实际使用时都用复合符号，如 P_P、P_L、P_A、P_V 等，用来表示各种参数所占的比例，其中的大写字母表示某种参数，注角字母表示测试量。例如，S_V 表示单位测试体积中测量对象（如晶界、相界）的表面积，即 $S_V = S/V_T$（其中，S 为测量对象的面积；V_T 为测试体积）。也就是说，定量金相的测量结果常用测量对象的量与测试用的量的比值来描述，用带下标的符号表示。例如，$N_A = \dfrac{\text{测量对象个数}}{\text{测量用的面积}}$ 表示单位测量面积上测量对象的个数；同理，P_L 表示单位长度测量线和测量对象的交点数，其他符号依此类推。因每一个符号均表征一定的几何单元，故各复合符号的量纲也是一致的。

组织中被测相的体积分数 V_V，等于其任意代表截面上该相的面积分数 A_A，又等于其截面上该相在任意的测量线上所占的线段的比例为 L_L，还等于在截面上随意放置的测试格点落到该相上点的数目与总测试格点数之比 P_P。

$$V_V = A_A = L_L = P_P \tag{5-4}$$

通过测量单位测量面积上的线长度 L_A 或单位长度测量线上的交点数 P_L，可以计算单位体积中被测相的表面积，所以有

$$S_V = \frac{4}{\pi} L_A = 2P_L \tag{5-5}$$

通过测量单位测量面积中被测相所占的点数 P_A，可以计算单位测量体积中的线长度 L_V：

$$L_V = 2P_A \tag{5-6}$$

所以只要测 P_A、P_L，便能确定 P_V：

$$P_V = \frac{1}{2} L_V S_V = 2P_A P_L \tag{5-7}$$

定量金相测量的方法可分为计点分析法、线分析法和面积分析法，也可将计点分析法和线分析法结合起来。

5.3.3.1 计点分析法

计点分析法（网格数点法）是以点为测量单元，通过在二维截面上计算测量对象（相或组织）落在总测试点上的点分数 P_P，即可得到该测试对象的体积分数。

通常可以利用金相显微镜目镜中二维的测试网格来实施人工数点测量。网格点数法使用的网格间距为 4×4、5×5、7×7、8×8、10×10 等网格，可以使用透明薄膜自行制备，测量时将其覆盖在显微组织照片上，也可以将网格装在目镜中。测量时要求选择多个有代表性的视场，并且被测对象显示清晰。同时要选择适当的放大倍数和网格点的密度，使得在一个被测试对象上最多落上一个网格点。测量网格的间距与被测物对象大小之间应接近。

网格中交叉直线的交点就是测试点，在最佳放大倍数下的视场中，数出落在测试对象上的交点个数 P_α。根据测量精度要求，一般要选取多个视场进行测量，可以按式（5-8）计算。

$$P_P = \frac{\sum P_\alpha}{P_T} = \frac{\sum P_\alpha}{nP_0} = V_V \tag{5-8}$$

式中，n 为测量的视场个数；P_0 为一个视场内网格交点总数；P_T 为测试用的总点数；V_V

为测试对象的体积分数。

测量得到 P_α 以后，根据式（5-4）则可得出测量对象的体积分数 V_V。

5.3.3.2 线分析法

线分析法（网格截线法）是指以线段为测量单元，测量单位长度测量线上交点数 P_L 或物体个数 N_L。线分析法的测试用线可以是平行线组，也可以是一组同心圆。测量时将测试线重叠在被测对象上，测量测试线与被测对象的交点数 P 及被测对象截割的线段长度 L。已知测试平行线组或测试圆周线的总长度为 L_T，即可求出单位测试线上被测相的点数 P_L 及长度 L_L。

$$P_L = \frac{P_T}{L_T} \tag{5-9}$$

$$L_L = \frac{\sum L_\alpha}{L_T} = V_V$$

式中，$\sum L_\alpha$ 为测量对象被随机配置的测试线所截取的线段总和；L_T 为测试用线总长。

测量单位测试线截获的物体数 N_L 的方法与测 P_L 及 L_L 相似，只是以截获的颗粒数代替交点数，并允许外形不规则的颗粒可以被测试线截获一次以上。如图 5-23（a）所示，对于单相组织，$P_L = N_L = 8$，当被测相为第二相粒子时（见图 5-23（b）），测试线截获的相界交点数 $P_L = 8$，截获第二相的颗粒数 $N_L = 4$。

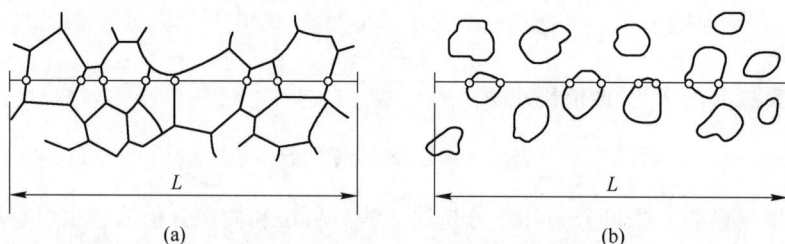

图 5-23 线分析法示意图
（a）单相组织；（b）第二相粒子分布在基体上

5.3.3.3 面积分析法

在二维的金相截面上测定待测对象（如组织、相等）的面积分数 A_A，就可以得到该待测对象的体积分数 V_V，即

$$A_A = \frac{\sum A_\alpha}{A_T} = V_V \tag{5-10}$$

式中，$\sum A_\alpha$ 为待测对象的总面积；A_T 为总的测量面积。

5.3.4 金相试样的制备

金相试样可以直接在显微镜下进行观察分析、研究，对金相试样的观察面光洁度要求较高，需要达到镜面一样光亮、无划痕。在金相分析过程中，试样制备是一个至关重要的环节，一般包含取样、粗磨、细磨、抛光和腐蚀五个过程。

5.3.4.1　取样

选择合适的、具有代表性的试样是进行金相显微分析的极其重要的一个环节，取样的部位和磨面的选择都应该根据分析要求而定。例如，分析金属缺陷和破损原因时，应在发生缺陷和破损的部位取样；在检测淬火层、晶粒度等时，应取横向截面。不同性能的金属材料会采取不同的截取方法，但是都要保证在取样过程中尽量避免和减轻因塑性变形（或受热）引起的组织失真现象。试样的尺寸、形状并没有特殊的要求，采用直径为 15~20 mm、高为 12~18 mm 的圆柱体或边长为 15~20 mm 的立方体较适宜。

对形状不规则又极其细小的试样、需要保护表面脱碳层组织及深度测定的试样、表面渗镀层和涂覆层组织及深度测定的试样需要采取镶嵌措施，主要有机械夹持法和塑料镶嵌法。

A　机械夹持法

采用机械夹持法时，夹具应该选择与试样硬度、化学性能近似的材料。确保磨光和抛光时，不出现磨损不一，腐蚀时不出现假组织。不同试样的夹持方法如图 5-24 所示。

B　塑料镶嵌法

利用热塑性塑料（如聚氯乙烯）、热凝性塑料（如胶木粉）、冷凝性塑料（如环氧树脂+固化剂）等作为填料。前两者属于热镶填料，必须在专用设备上进行。

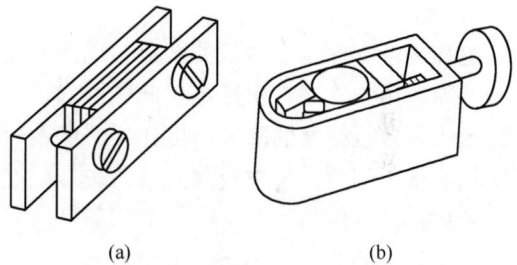

图 5-24　不同试样的夹持方法
(a) 薄片试样；(b) 块状试样

而对于不能加热的试样、不能加压的软试样、大且形状复杂的试样、多孔试样，可以采用冷凝性塑料浇注镶嵌，只需要将适宜尺寸的钢管、塑料管、纸壳管放在平滑的塑料（或玻璃）板上，试样置于管内待磨面朝下再倒入填料，放置凝固硬化即可。

5.3.4.2　粗磨

选取的试样如果是很硬的材料（如钢铁），可以先用砂轮磨平，如果是很软的材料（如铝、铜等有色金属），可以先用锉刀锉平。粗磨主要有三个目的：（1）修整。形状不规整的试样必须经过粗磨，修整为规则形状的试样。（2）磨平。试样的切口往往不够平滑，磨平的目的是将观察面磨平，同时去掉切割时产生的变形层。（3）倒角。在不影响观察的前提下，需要将试样上的棱角磨掉，以免划破砂纸和抛光织物（对于需要观察渗碳层、脱碳层等表层组织的试样，不能将边缘磨圆，最好进行镶嵌）。

5.3.4.3　细磨

粗磨后的试样，磨面上难免会有较粗（深）的磨痕，为了进一步消除这些磨痕，必须进行细磨。细磨主要有手工磨和机械磨两种。

A　手工磨

手工磨是将砂纸铺在玻璃板上并清理干净，左手按住砂纸，右手握住试样均匀用力地在砂纸上做单向推磨（试样退回时不能与砂纸接触），如图 5-25 所示。普通金相砂纸用的磨料有碳化硅和天然刚玉两种，其中碳化硅砂纸磨光速率高、变形浅，可用水作为润滑剂进行湿磨。常用的砂纸号数有 200 号、400 号、600 号、800 号几种，号数小的磨粒较粗，反之亦然。

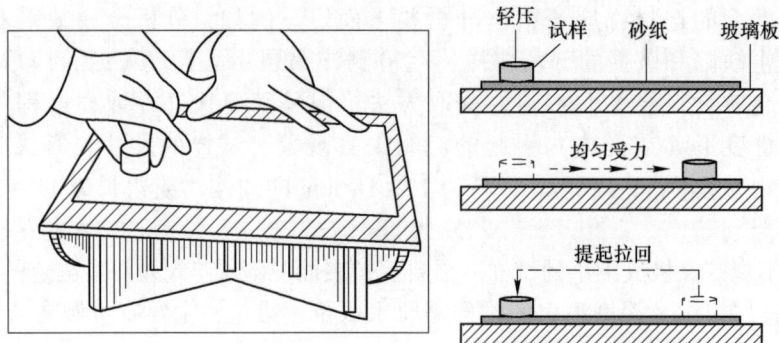

图 5-25　手工磨示意图

B　机械磨

电动机带动铺有水砂纸的圆盘转动，紧握试样，均匀用力将试样沿着盘的径向来回移动，并随时用水冷却。水流不仅起到冷却试样的作用，还可以借助离心力将脱落的碎屑冲到转盘边缘。机械磨的磨削速度比手工磨快得多，但是平整度不好掌握，表面变形层破损也比较严重。因此，要求较高或材质较软的试样尽量采用手工磨制。

5.3.4.4　抛光

抛光的目的是去除细磨后遗留在磨面上的细磨微痕，得到光滑的镜面。常用的抛光方法有机械抛光、化学抛光和电解抛光三种。

A　机械抛光

机械抛光是在抛光机上进行，将抛光织物（如呢绒、丝绸、细帆布等）铺平并固定在抛光盘上，抛光时不断在抛光盘上滴注抛光液，通常采用 Al_2O_3、MgO、Cr_2O_3 等细粉末（粒径为 $0.3 \sim 1 \mu m$）在水中的悬浮液，操作时将试样磨面均匀地压在旋转抛光盘上，并沿着盘的边缘到中心不断做径向往复运动，抛光后先用清水冲洗，再用无水酒精清洗磨面，最后用吹风机吹干。抛光时应注意抛光时间不宜过长，否则产生腐蚀坑后需要重新细磨；抛光过程中抛光盘应保持干净，如果发现粗大颗粒或杂物，则必须冲刷干净后再抛光。

B　化学抛光

化学抛光是依靠化学试剂对样品的选择性溶解作用将磨痕去除的一种方法。在化学抛光过程中，抛光液的组织、浓度、温度、抛光时间都对抛光质量有影响，所以需要根据具体情况制定合适的工艺规程。对碳钢、一般低合金钢的退火和淬火组织进行化学抛光（擦拭法）的效果较好。一般化学抛光后的磨面较光滑，但不十分平整，适于显微镜下进行低倍和中倍观察。

C　电解抛光

电解抛光是在一定的电解液中进行的，最简单的电解抛光装置如图 5-26 所示。试样作阳极，选用耐蚀金属材料作阴极（如不锈钢、铂、铅等），在接通直流电源后，阳极表面产生选择性溶解，逐渐使阳极表面的磨痕消去。电解抛光对试样的磨光程度要求低，抛光速度快，适用于硬度低的单相合金，但不适用于偏析严重的金属材料和作为夹杂物检验的金相试样。

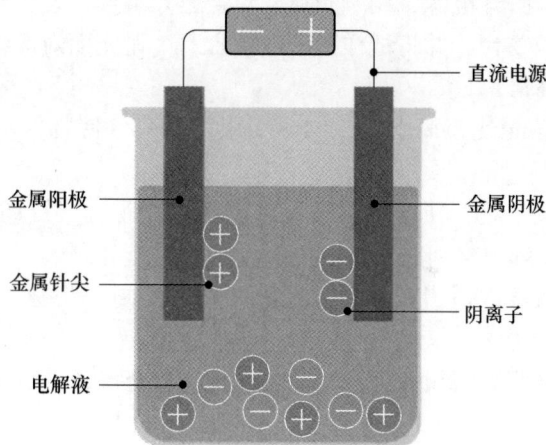

图 5-26　最简单的电解抛光装置

5.3.4.5　腐蚀

经抛光后的试样若直接在显微镜下观察，只能看到一片亮光，除某些非金属夹杂物（如 MnS 及石墨等）外，无法辨别各种组成物及其形态特征，必须使用腐蚀剂对试样表面进行腐蚀，才能清楚地看到显微组织的真实情况。

A　化学腐蚀

化学腐蚀是利用腐蚀剂对试样的化学溶解和电化学腐蚀作用将组织显露出来。纯金属及单相均匀固溶体的腐蚀基本为化学溶解过程，与晶粒内部原子相比，位于晶界处原子的自由能较高、稳定性较差，故容易受腐蚀形成凹沟；晶粒内部被腐蚀程度较轻，大体上仍保持原抛光平面，如果在明场下观察，就可以看到一个个晶粒被晶界隔开。两相合金的腐蚀主要是一个电化学腐蚀过程，在相同的腐蚀条件下，具有较高负电位的相被迅速溶解凹陷下去；具有较高正电位的相在正常电化学作用下不被腐蚀，会保持原有的光滑平面，这样两相之间会形成高度差。多相合金的腐蚀同样也是一个电化学溶解过程，如果一种腐蚀剂不能将全部组织显示出来，就要采用多种腐蚀剂依次腐蚀，使之逐渐显示各相组织，这种方法也被称为选择腐蚀法。

腐蚀方法指将试样磨面浸入腐蚀剂，或用棉花蘸上腐蚀剂擦拭表面。一般试样磨面发暗时就可停止，并立刻用清水冲洗，接着用酒精冲洗，最后用吹风机吹干。腐蚀时间一定要适当，一旦腐蚀过度，试样可能需要重新抛光，甚至可能需要重新细磨。

B　电解腐蚀

电解腐蚀的腐蚀原理和电解抛光相同，只是工作电压低，工作电流小，在微弱的电流作用下各相腐蚀速度不同，因而可以显示出组织。电解腐蚀适用于抗腐蚀性强、难用化学腐蚀法腐蚀的材料。

5.3.5　金相显微镜的使用

5.3.5.1　金相显微镜的使用步骤

金相显微镜的使用步骤包括：

（1）去掉防尘罩，打开电源，调节光强度到合适大小。

（2）选择适当的载物台，并将试样置于载物台上（抛光面对准物镜），再选择适当的物镜和目镜（低倍或高倍）。

（3）转动粗调手轮先使镜筒上升，同时用眼睛观察，使物镜尽可能接近试样表面，但不能与之相碰。

（4）反向转动粗调手轮，使镜筒逐渐下降以调节焦距，当视场亮度增强时，再改用微调手轮进行细调，直到观察到的图像清晰为止。

（5）找到关注的视场，适当调节孔径光阑和视场光阑，获得最佳质量的物像，并进行金相分析。

（6）观察完毕，先将物镜镜头移开，取出试样，检查设备并待其冷却后盖上防尘罩。

5.3.5.2　注意事项

注意事项包括：

（1）操作时双手及样品保持干净，不允许把腐蚀未干的试样放在显微镜下观察，以免腐蚀物镜。

（2）禁止用手或手帕等去擦显微镜光学部分，必须用专用的镜头纸轻轻擦拭。

（3）调节焦距时，注意不要使物镜碰到试样，以免划伤物镜。

（4）亮度调节切忌忽亮忽暗，会影响灯泡的使用寿命，同时有损视力。

（5）调换物镜时，应先将载物台升起再转动镜头，以免碰撞镜头。

（6）关机不使用时，一定要将亮度调到最小；物镜也要通过调焦到最低状态。

5.3.6　应用实例分析

金相显微镜可用来鉴别和分析各种金属和合金的组织结构，广泛应用于工厂或实验室进行铸件质量的鉴定、原材料的检验或对材料处理后金相组织的研究分析，还可以用于半导体检测、电路封装、精密模具、生物材料等检验与测量。

研究者采用电弧增材制造技术制备了高锰铝青铜（$CuMn_{13}Al_7$）样品，实验结果表明，使用此方法制造的样品拥有良好的结构质量，且样品形貌几乎没有缺陷，具有优异的力学性能，为未来制造高锰铝青铜（$CuMn_{13}Al_7$）打下了良好的基础。在此实验中采用了金相显微镜分析样品的显微组织，样品的显微组织金相显微镜图像如图 5-27 所示。图 5-27（a）为低倍率（放大 50 倍）下的金相组织图，可以看出整个样品主要由等轴晶区组成，柱状晶较少。从图 5-27（b）和（c）可以看出，高锰铝青铜（$CuMn_{13}Al_7$）电弧增材制造样品的等轴晶区金相组织为 α+β+点相，晶界 α 明显。重熔区样品金相组织为 α+β+点相，无明显的 α 晶界（见图 5-27（d）和（e））。从金相图中可以看出，用此方法制备的 $CuMn_{13}Al_7$ 钢电弧增材制造质量良好，没有发现裂纹、孔洞、固体夹杂物、未熔合、未焊接、形状或尺寸不良等缺陷。

CoCrFeNiMo 熔覆层界面附近的金相组织如图 5-28 所示，可知熔覆层组织致密、连续，未发现气孔和裂纹等缺陷。Q235 基材与熔覆层之间存在白亮且连续的结合带，结合带下方为 Q235 基材的热影响区，上方为熔覆层，呈现柱状枝晶形态。由于等离子熔覆特殊的快速加热和冷却特点，熔覆层结晶形态的变化呈现明显快速凝固生长的特征。在凝固过程中，固-液界面附近熔体内的温度梯度 G 与结晶速度 R 之比决定了凝固组织的结晶形

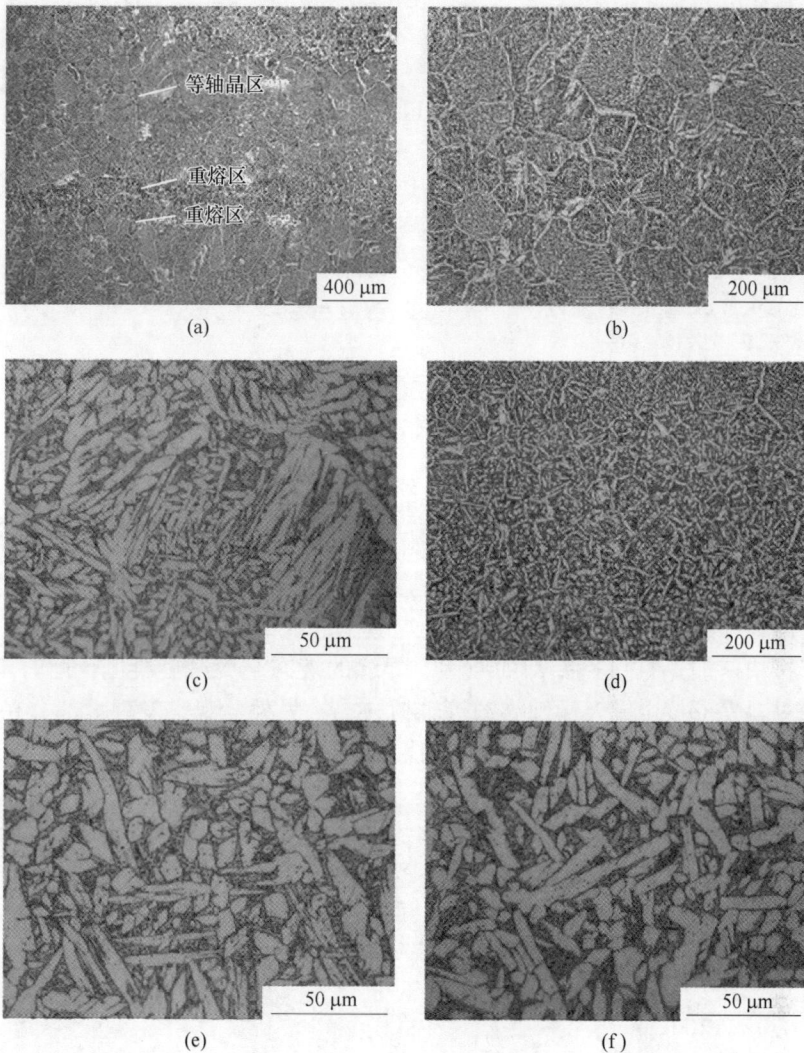

图 5-27　样品的显微组织金相显微镜图像

（a）低倍率（放大 50 倍）下的金相组织图；（b）等轴晶区（放大 500 倍）；（c）等轴晶区（放大 1000 倍）；
（d）重熔区（放大 100 倍）；（e）重熔区（放大 500 倍）；（f）热影响区（放大 500 倍）

态。根据合金凝固理论，凝固初期固-液界面处结晶速度 R 趋近于零，温度梯度 G 最大，G/R 值极大，此时晶体的生长速度远小于形核速度，因此熔体以固-液界面作为形核质点，以稳定的平面状态进行生长，最终形成平面晶；随着固-液界面的不断推进，结晶速度 R 逐渐增大，温度梯度 G 逐渐减小，G/R 值逐渐减小，加之固-液界面前沿由于溶质元素不断富集而出现的成分过冷，最终导致晶体以柱状枝晶形态进行外延生长。

由 CoCrFeNiMo 熔覆层表面的金相照片（见图 5-28）可知，合金的显微组织为树枝晶，白亮区为枝晶（DR）组织，灰暗区为枝晶间（ID）组织。

图 5-29 为母材和激光焊接接头的金相组织。在母材中，α-Al 晶粒沿轧制方向呈典型的板条状结构，晶粒尺寸较大；晶内分布着不同尺寸的未溶球状颗粒，大颗粒周边有较明

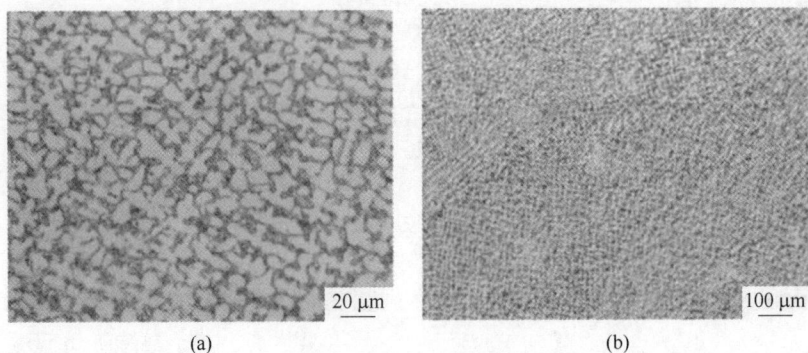

图 5-28　熔覆层金相照片
（a）低倍镜下的组织；（b）高倍镜下的组织

显的腐蚀坑，晶内还有许多因自然时效析出的尺寸较小的粒状颗粒相呈弥散分布。焊缝与母材的交界处可以观察到存在着一条较为明显的分界线，即熔合线。熔合线附近发生重结晶形成铸态柱状晶组织，其晶粒生长方向垂直于熔合线，这是因为晶粒会择优选择散热速度最快的方向，即过冷度最大的生长方向。焊缝中心区的晶粒为细小均匀的等轴树枝晶，这是激光焊接快速加热且快速冷却的原因。焊缝的液态金属最后凝固，此时由于过冷度大，可以通过自发形核生成大量细小的等轴树枝晶；另外，观察发现大部分初晶 α-Al 晶界处有大量连续分布的第二相，这些第二相聚集呈片状形态。

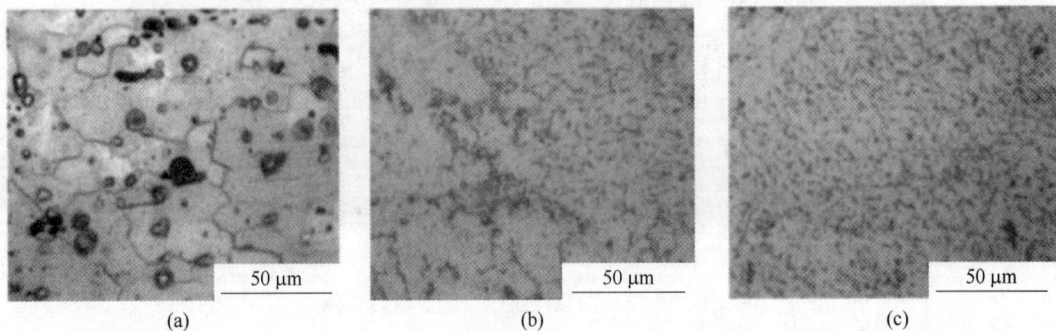

图 5-29　母材和激光焊接接头的金相组织
（a）母材；（b）焊缝与母材交界处；（c）焊缝中心区

　　高硫钢在铸造后的组织中会产生一系列不同大小和形状的硫化物，在光学金相显微镜下观察无腐蚀的高硫钢铸造后的显微组织（见图 5-30）。可以看出，铸态高硫钢中的硫化物主要以絮状、球形、纺锤形和条形存在，其中絮状析出物聚集程度较高，球形和纺锤形析出物分散，硫化物主要分为深灰色和浅灰色。高硫钢在淬火回火前存在不同形状和大小的析出物。这些沉淀的形状可分为 4 种类型：絮状（"1"位置）、球形（"2"位置）、纺锤形（"3"位置）和长条形（"4"位置），其中絮状沉淀的团聚程度不同，在"1"位置较高，而球形和纺锤形析出物更分散。图 5-30 为高硫钢热处理后不同放大倍数腐蚀后的金相组织。可以看出，腐蚀处理后样品的表面形貌较腐蚀前发生了很大的变化，热处理前样品沿晶界出现片状珠光体和铁素体组织。结果表明，热处理前高硫钢的基体组织主要由沿晶界分布的片层珠光体和铁素体组成；硫化物主要以絮状、球形、纺锤形和长条形分布在基体中。

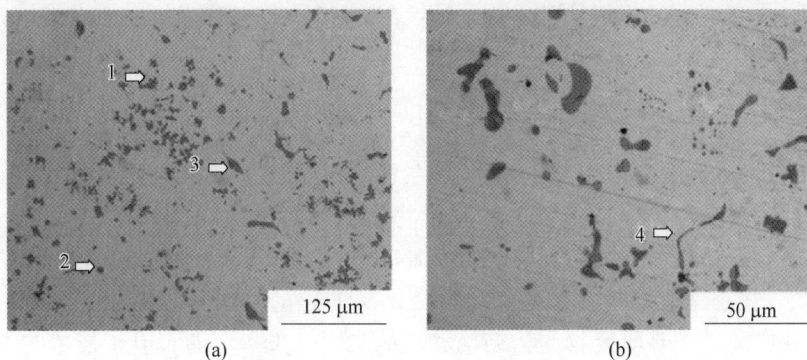

图 5-30　高硫钢热处理后不同放大倍数腐蚀后的金相组织
（a）低倍率；（b）高倍率无腐蚀

思 考 题

5-1　量子隧穿的发生机理是什么？

5-2　隧道探针的材质及要求有哪些？

5-3　简述扫描隧道显微镜的两种主要工作模式。

5-4　扫描探针显微镜、扫描隧道显微镜和原子力显微镜有什么关系？

5-5　如何简单理解原子力显微镜的原理？

5-6　原子力显微镜为何能呈现样品表面的三维图像？

6 热分析技术

热分析（thermal analysis，TA）技术是在程序控温（如线性升温、线性降温、恒温、循环或非线性升温、降温等）条件下，测量物质的物理性质（如热学、力学、声学、光学、电学、磁学等物理参数）与温度的关系的一种技术。热分析主要用于研究物理变化（如晶型转变、相态变化和吸附等）和化学变化（如脱水、分解、氧化和还原等）及其热力学性能，并由此进一步研究物质的结构和性能之间的关系。随着电子技术的发展，特别是近代半导体器件、电子计算机技术和微处理机的发展，自动记录、信号放大、程序温度控制和数据处理等智能化方面有了很大改进和提高，使仪器的精度、重复性、分辨力和自动数据处理能力大为改善和提高，操作也越来越方便，推动了热分析技术逐步向纵深方向发展。目前，热分析技术已在物理、化学、化工、石油、冶金、地质、食品、制药、地球化学、生物化学等各个领域得到广泛应用。

本章主要介绍几种常见的热分析技术，如热重分析（TGA）、差热分析（DTA）、差示扫描量热（DSC）分析、热机械分析（TMA）、动态机械分析（DMA）的基本原理、方法和应用。本章需要掌握的主要内容包括：热分析技术的基本概念和分类；各种热分析方法的原理（如热量与温度的关系），以及它们如何被用来测量材料的热性质；热分析仪器的基本构造和工作原理；热分析技术在科学研究与工业生产中的应用。

6.1 热分析技术的概述

物质在温度变化过程中可能发生一些物理变化（如玻璃化转变、固相转变）和化学变化（如熔融、分解、氧化、还原、交联、脱水等反应），这些物质结构方面的变化必定导致其物理性质相应的变化。因此，通过测定这些物理性质及其与温度的关系，就可能对物质结构方面的变化做定性和定量的分析，还可以被用来确定物质的组分及种类，测定比热容、热膨胀系数等热物性参数。

最早发现的一种热分析现象是热失重，是由英国人埃奇伍德于 1786 年研究陶瓷被土时首先观察到的，他注意到加热陶瓷黏土到达暗红色时有明显的失重，而在其前后的失重都极小。法国人勒夏特列于 1887 年使用了热电偶测量温度的方法，对样品进行升温或降温来研究黏土类矿物的热性能，获得了一系列黏土样品的升、降温曲线，从而根据这些曲线鉴定一些矿物样品。此外，他使用了高纯度物质（如水、硫、硒金等）作为标准物质来标定温度。为了提高仪器的灵敏度，以便观察黏土在某特定温度时的吸热或放热现象，他采用了分别测量样品温度与参比物温度之差的差示法，第一次给出了最原始的差热曲线，因此，人们认为他是差热分析技术的创始人。1899 年，英国人罗伯茨·奥斯滕改进了勒夏特列差温测量时的差示法，把样品与参比物放在同一炉中加热或冷却，并采用两对热电偶反向串联，分别将热电偶插入样品和参比物中的测量方法，提高了仪器的灵敏度和重复性。

另一种重要的热分析技术是热重法。热重法使用的仪器是热天平。1915 年，日本人本多光太郎发明了第一台热天平。当时的差热分析仪和热天平极为粗糙，重复性差、灵敏度低、分辨力也不高，因而很难推广。所以，在很长一段时间内进展缓慢。第二次世界大战后，仪器自动化程度提高，热分析得到普及，20 世纪 40 年代末期，美国的 Leeds 和 NorLup 公司开始制作商品化电子管式的差热分析仪。此后，也出现了商品化的热天平。1955 年以前，人们进行差热分析实验时，都把热电偶直接插到样品和参比物中测量温度和差热信号，这样容易使热电偶被样品或样品分解出来的气体所污染、老化。1955 年，博尔斯马针对这种技术的缺陷提出了改进办法，即将坩埚里面放样品或参比物，并将坩埚的底壁与热电偶接触。目前的商品化差热分析仪都采用了这种办法。

20 世纪 70 年代末期，英国 Perkin-Elmr 公司制成商品化的专用于热分析仪的微处理机温度控制器，接着日本理学电机、第二精工舍、岛精，瑞士 Mettler、美国 DuPont、法国 Setaram、德国 Netzsck 等公司相继制成了类似产品。在 20 世纪 80 年代初期，各公司先后又把微型计算机用于热分析数据处理，并制成商品化的热分析数据台。

国际热分析和量热协会（international confederation for thermal analysis and calorimetry，ICTAC）于 2004 年对热分析提出新的定义，即热分析是研究样品性质与温度间关系的一类技术。我国于 2008 年实施的国家标准《热分析术语》（GB/T 6425—2008）中对热分析技术定义为：热分析是在程序控制温度和一定气氛中，测量物质的物理性质与温度或时间关系的一类技术。

经过一百多年的发展，热分析技术凭借其快速、高效、低成本的优异特点，其应用领域不断扩展，已逐渐成为新材料研究、产品设计和质量控制的必备的常规分析测试手段。根据测定的物理性质不同，国际热分析和量热协会 ICTAC 将热分析技术分为 9 类（见表 6-1）。

表 6-1　热分析技术分类

物理性质	分析技术名称	简称	测量物理量
质量	热重法	TG	质量
	逸出气体检测	EDG	气体性质与数量
温度	差热分析	DTA	温度差
焓	差示扫描量热法	DSC	热流或功率差
尺寸	热膨胀法	DLL	位移
力学特性	热机械分析	TMA	位移
	动态热机械分析	DMA	储能模量、损耗模量、损耗因子等
声学特性	热发声法	TS	音频
	热传声法	TA	音频
光学特性	热光学法	TP	透光率、吸光值等
电学	热电学法	TE	电阻、电导、电容等
磁学	热磁学法	TM	磁化率

在实际应用中，热分析技术还和其他分析仪器进行联用，如红外光谱、拉曼光谱、气相色谱、质谱等分析方法，通过多种方式对物质在一定温度或时间变化过程内对材料的结构和成分进行分析判断。

6.2　热分析技术的分类

6.2.1　热重分析

在一定控温程序和气氛下，测量样品质量与温度和时间之间的关系，可以获得样品质量随温度变化的函数，即热重分析（thermogravimetry analysis，TGA）。此技术通常分为两种类型：非等温热重分析和等温热重分析。通过热重分析可以检测样品质量的变化（增重或失重），分析质量变化台阶，以及在失重或增重曲线中确认某一台阶对应的温度，在程序升温的条件下不断记录样品的质量变化，即可得到 TG 曲线（见图 6-1）。热重分析信号将温度和时间的一阶微商表示为质量变化的速率为微商热重（differential thermogravimetry，DTG）曲线，是对热重信号的重要补充，当微商热重曲线峰向上时样品质量增加，曲线峰向下时样品质量减小。热重的热行为（如熔融、结晶和玻璃化转变之类）中，样品无质量变化，而分解、升华、还原、解吸附、吸附、蒸发等伴有质量改变的热变化可用热重分析来测。

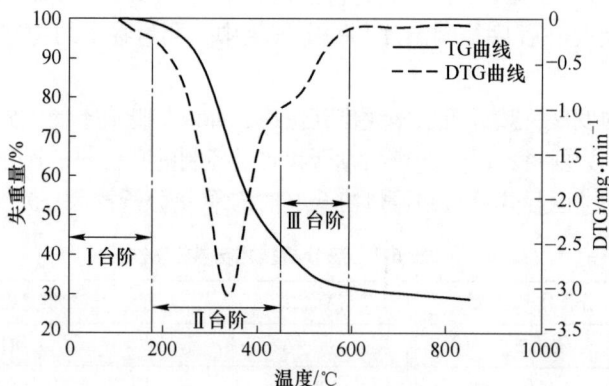

图 6-1　非等温热重分析得到的热重曲线和微商热重曲线

TG—热重；DTG—微商热重

非等温热重分析得到的热重分析曲线和微商热重曲线如图 6-1 所示。热重曲线以时间 t 或炉温 T 为横坐标，以样品的质量变化（损失）为纵坐标。一般可以观察到 2~3 个失重台阶，Ⅰ台阶多数发生在 100 ℃ 以下，这多半是由样品的吸附水或样品内残留的溶剂挥发所致；Ⅱ台阶往往是样品内添加的小分子助剂，如高聚物增塑剂、抗老剂和其他助剂的挥发（如纯物质样品则无此部分）；Ⅲ台阶发生在高温，属于试样本体的分解。为了清楚地了解每个台阶失重最快的温度，经常用 DTG 曲线表示，此曲线可以利用电子微分电路在绘制 TG 曲线的同时绘出。TG 曲线的尾端对应着分解不完全的物质留下的残留物。在特殊情况下还会发生增重现象，这可能是物质与环境气氛（如空气中的氧）发生了反应所致。当样品以不同方式失去物质或与环境气氛发生反应时，样品的质量发生变化，从而在 TGA 曲线上产生台阶或在 DTG 曲线上产生峰。典型的 TGA 曲线如图 6-2 所示。挥发区

（1）为部分组分（水、溶剂、单体）的挥发；分解区（2）具有明显的失重台阶，为聚合物的分解；气氛切换区（3）为切换阶段；炭燃烧区（4）表现为炭黑或碳纤维的燃烧台阶；残留物区（5）质量变化微弱，主要为灰分、填料、玻璃纤维等残留。

　　热天平是热重分析仪的重要部件，热天平的基本单元是微量天平、炉子、温度程序器、气氛控制器及同时记录这些输出的仪器。热天平的结构原理示意图如图6-3所示。通常先由计算机存储一系列质量和温度与时间关系的数据完成测量，再由时间转换成温度。热天平具有三种不同的设计：（1）上置式设计，天平位于炉体下方，样品支架垂直托起试样坩埚；（2）悬挂式设计，天平位于测试炉体上方，测试坩埚放在下垂的支架上；（3）水平式设计，天平与炉体处于同一水平位置，坩埚支架水平插入炉体。根据天平可达到的分辨率，可将天平分为半微量天平（分辨率为10 μg）、微量天平（分辨率为1 μg）、超微量天平（分辨率为0.1 μg）。

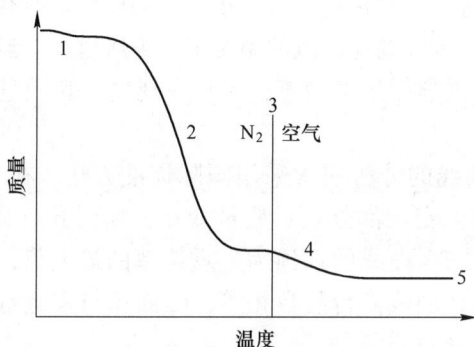

图6-2　典型的TGA曲线

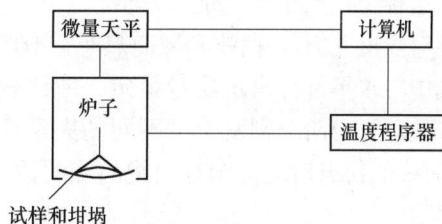

图6-3　热天平的结构原理示意图

　　虽然由于技术的进步，在设计TG仪时进行了周密考虑，尽量减少各种因素的影响，但是客观上这些影响仍不同程度存在着，为了数据的可靠性，有必要将这些影响进行分述。

6.2.1.1　坩埚的影响

　　坩埚是用来盛装样品的，坩埚有各种尺寸、形状，并由不同材质制成。坩埚和样品间必须不能发生任何化学反应。一般来说，坩埚是由铂、三氧化二铝、石英或陶瓷制成的。石英或陶瓷将与碱性样品发生反应而改变TG曲线，聚四氟乙烯在一定条件下会与之生成四氟化硅。铂对某些物质有催化作用，而且不适合含磷、硫和卤素的高聚物。因此坩埚的选择对实验结果尤为重要。

6.2.1.2　挥发物冷凝的影响

　　样品在升温加热时，分解或升华产生的挥发物可能会产生冷凝现象，而使实验结果产生偏差。为此，样品用量应尽可能少，并使气体流量合适。

6.2.1.3　升温速率的影响

　　样品要从外面炉体和容器等传入热量，所以必然形成温差。升温速率过高，有时会掩盖相邻的失重反应，甚至把本来应出现平台的曲线变成折线，同时TG曲线有向高温推移的现象。但速率太慢又会降低实验效率，一般以5 ℃/min为宜，有时需要选择更慢的速率。

6.2.1.4　气氛的影响

在静态气氛下，对于可逆的分解反应，升温时，分解速率升高，样品周围的气体浓度增大。随着气体浓度的增大，反应向相反方向进行，正反应的分解速率降低，将严重影响实验结果。实际中，通常采用动态气氛以获得重现的结果。

6.2.1.5　样品量的影响

样品量大，对热传导和气体扩散不利。因此在热重分析中，样品用量应在满足仪器灵敏度的前提下尽量少。

6.2.1.6　样品粒度的影响

样品粒度对热传导、气体扩散影响较大。样品粒度不同，会导致反应速率和 TG 曲线形状的改变。样品粒度越小，反应速率越快，起始温度和终止温度降低，反应区间变窄，所以尽量用小颗粒的样品。

为了消除仪器的测量误差，需对热分析仪进行温度标定。常用于标定的标准物质有磁性物质。铁磁性材料变成顺磁性，测得的磁力降为零的这一点的温度定义为居里点。当在恒定磁场下加热铁磁性材料通过其居里点时，磁学质量降到零，天平表现出表观质量变化。这种变化用于 TG 的温度标定。

对热重（TG）曲线和微商热重（DTG）曲线的分析通常采用国际标准方法。在 TG 曲线中，水平部分表示质量恒定，曲线斜率发生变化部分表示质量变化，如图 6-4 中的 Ⅰ、Ⅱ、Ⅲ 台阶分别发生了不同的失重反应。DTG 曲线的峰顶为失重速率的最大值，与 TG 曲线的拐点对应。DTG 曲线的峰的数目与 TG 曲线的台阶数相等，峰面积与失重量呈正比。

图 6-4 的三步失重测定值分别是 12%、32%、62%。理论反应过程（其中，M_r 为相对分子质量）如下：

第一步，失水：

$$CaC_2O_4 \cdot H_2O \Longrightarrow CaC_2O_4 + H_2O$$

$$失重量(失水) = \frac{M_{r_{H_2O}}}{M_{r_{CaC_2O_4 \cdot H_2O}}} \times 100\% = \frac{18}{146} \times 100\% = 12.3\%$$

第二步，草酸钙分解：

$$CaC_2O_4 \Longrightarrow CaCO_3 + CO$$

$$失重量(失水) = \frac{M_{r_{CO}}}{M_{r_{CaC_2O_4 \cdot H_2O}}} \times 100\% = \frac{28}{146} \times 100\% = 19.2\%$$

至此总失重量 = 12.3% + 19.2% = 31.5%

第三步，碳酸钙分解：

$$CaCO_3 \Longrightarrow CaO + CO_2 \uparrow$$

$$失重量(失水) = \frac{M_{r_{CO_2}}}{M_{r_{CaC_2O_4 \cdot H_2O}}} \times 100\% = \frac{44}{146} \times 100\% = 30.1\%$$

总失重量 = 12.3% + 19.2% + 30.1% = 61.6%

由此可见，热失重测得的结果与反应过程吻合。

分解温度的定点法示意图如图6-5所示。T_1 为分解开始的温度，以曲线的两直线部分延长线交点为定点；T_2 为分解过程的中间温度，以失重前的水平延长线与失重后的水平延长线距离的中点线与失重曲线的交点为定点；T_3 为分解的最终温度，其定点方法如 T_1。

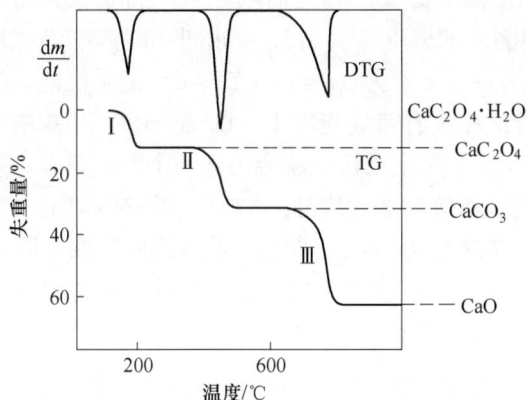

图 6-4 $CaC_2O_4 \cdot H_2O$ 的热重曲线

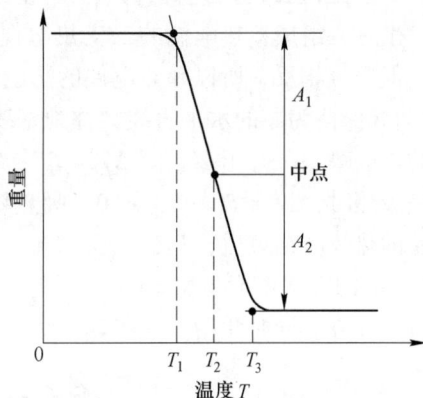

图 6-5 分解温度的定点法示意图

6.2.2 差热分析

差热分析（differential thermal analysis，DTA）是在程序控制温度下，测量样品与参比物质之间的温度差 ΔT 与温度 T（或时间 t）关系的一种分析技术，其记录的曲线是以 ΔT 为纵坐标、T（或 t）为横坐标的曲线，称为差热曲线或 DTA 曲线，反映了在程序升温过程中，ΔT 与 T（或 t）的函数关系为：$\Delta T = f(T)$ 或 $f(t)$。DTA 广泛应用于检测物质在热反应时的特定温度及吸收或释放的热量，涉及的物理或化学变化包括物质的相变、分解、化合、凝固、脱水、蒸发等。TG 与 DTA 的区别在于前者的测量值为质量，后者的测量值为温差。选择测试温差，是因为升温过程中发生的很多物理或化学变化（如融化、相变、结晶等）并不产生质量变化，而是表现为热量的释放或吸收，从而导致样品与参比物之间产生温差。DTA 能够发现样品的熔点、晶型转变温度、玻璃化温度等信息。

参比物为一种在测量温度范围内不发生任何热效应的物质。差热分析中用的参比物均为惰性材料，要求参比物在测定的温度范围内不发生任何热效应，且参比物的比热容、热传导系数等应尽量与样品相近，常用的参比物有 α-Al_2O_3、石英、硅油等。使用石英作为参比物时，测量温度不能高于 570 ℃。测试金属样品时，不锈钢、铜、金、铂等均可作为参比物。测有机物时，一般用硅烷、硅酮等作为参比物。有时也可不用参比物。

图 6-6 为 DTA 仪的结构原理示意图。仪器由支撑装置、加热炉、气氛调节系统、温度及温差检测和记录系统等部分组成。样品室的气氛能调节为真空或多种不同的气体气氛。温度和温差测定一般采用高灵敏热电偶。通常测低温时，热电偶为镍铬-镍铝合金（CA）；测高温时，热电偶为铂-铂铑合金。因为 ΔT 一般比较小，所以要进行放大。

加热炉是一块金属块（如钢），中间有两个与坩埚相匹配的底座。两个坩埚分别放置样品和参比物，置于两个支架上。坩埚一般选用陶瓷质、石英玻璃质、刚玉质或铂、钨等材料。支架材料一般为导热性好的材料，在使用温度低于 1300 ℃ 时，通常采用镍金属，高于此温度时一般选用刚玉质材料。在盖板的中间孔洞插入测温热电偶，以测量加热炉的温度，盖板的左、右两个孔洞插入两支热电偶并反向连接，以测定样品与参比物的温差。加热时，温度 T 及温差 ΔT 分别由测温热电偶及差热电偶测得。差热电偶是由分别插在样品 S 和参比物 R 的两只材料、性能完全相同的热电偶反向相连而成。当样品 S 没有热效应发生时，组成差热电偶的二支热电偶分别测出的温度（T_S、T_R）相同，即热电势值相同，但符号相反，所以差热电偶的热电势差为零，表现为 $\Delta T = T_S - T_R = 0$，记录仪记录的 ΔT 曲线保持为零的水平直线，称为基线。若试样 S 有热效应发生，则 $T_S \neq T_R$，差热电偶的热电势差不等于零，即 $\Delta T = T_S - T_R \neq 0$，于是记录仪上就会出现一个差热峰。热效应是吸热时，$\Delta T = T_S - T_R < 0$，吸热峰向下；热效应是放热时，$\Delta T > 0$，放热峰向上。当样品的热效应结束后，T_S、T_R 又趋于一样，ΔT 恢复为零位，曲线又重新返回基线。图 6-7 为样品的真实温度与温差的比较图。目前，热分析仪往往不单用某一种热分析方法，而一般几种方法同时联用。常将热重法与差热分析法联用。

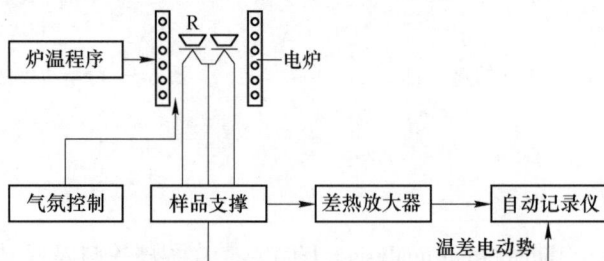

图 6-6 DTA 仪的结构原理示意图

典型的 DTA 曲线如图 6-8 所示。一般以温度为横坐标、样品和参比物的温差 ΔT 为纵坐标，以不同的吸热和放热峰显示样品受热时的不同热转变状态。差热分析曲线主要由基线和峰组成。基线指差热分析曲线上温差近似为零（$\Delta T = 0$）的区段，如 AB、CD、EF 等段，它们是平行于横轴（时间轴）的水平线。峰指曲线离开基线又回到基线的部分，包括放热峰和吸热峰。峰宽指曲线偏离基线又返回基线两点间的距离，如 BC 段。峰高是样品与参比物之间的最大温度差，指峰顶至内插基线的垂直距离，如 A'。峰面积指峰与内插基线所围成的面积。外延始点指峰的起始边陡峭部分的切线与外延基线的交点。

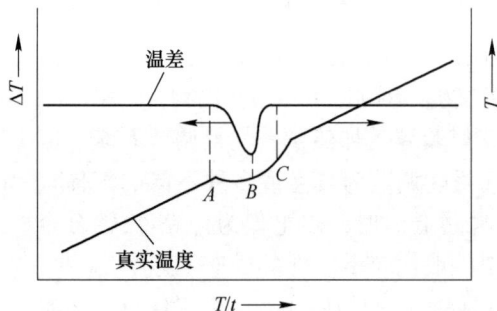

图 6-7 样品的真实温度与温差的比较图

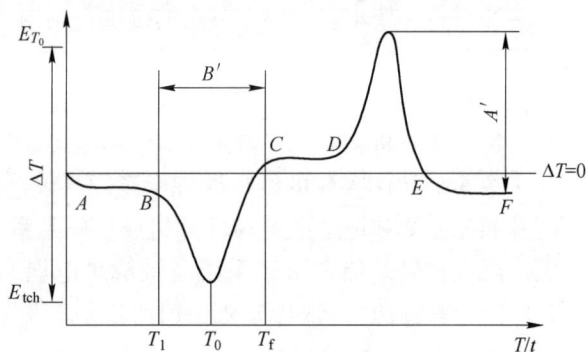

图 6-8 典型的 DTA 曲线

DTA 曲线中常见的峰包括特征性峰、扁平峰和肩峰。特征性峰指的是样品中出现的一个尖峰，顶峰温度 T_p 和峰面积可以帮助我们确定样品的热分解反应温度和反应热量，是鉴别物质及其变化的定性依据，峰面积是代表反应的热效应总热量，是定量计算反应热的依据，从峰的形状（如峰高、峰宽、对称性等）可求得热反应的动力学参数。扁平峰是指样品中的温度范围内出现的一个较宽的峰，有时不易分辨。这种峰与物质的结构相变、物理吸附、化学反应或反应物质主要与吸附形式转化为化学形式时有关。肩峰是指样品中出现的两个连续的峰，中间平稳的部分形成"肩"。这种峰通常与复杂的反应、多相反应及样品中不同组分的不同热分解反应有关。

表 6-2 为差热分析中吸热和放热体系的主要类型，供判断差热峰产生机理时参考。此外，差热分析曲线还可以显示样品的热稳定性。在曲线的平坦区域，可以得出样品的热稳定性或热分解能力。这可以帮助我们判断材料的适用范围和工程应用价值。

表 6-2　差热分析中吸热和放热体系的主要类型

物理现象	吸热	放热	化学现象	吸热	放热
结晶转变	○	○	化学吸附		○
熔融	○		析出	○	
气化	○		脱水	○	
升华	○		分解	○	○
吸附		○	氧化度降低		○
脱附	○		氧化（气体中）		○
吸收	○		还原（气体中）	○	
			氧化还原反应	○	○
			固相反应	○	○

影响 DTA 的因素很多，下面讨论几种主要的因素：

（1）升温速度的影响。保持均匀的升温速度 ψ 是 DTA 的重要条件之一，即 $\psi = \dfrac{\mathrm{d}T_r}{\mathrm{d}t} =$ 常数。若升温速度不均匀（即 ψ 有波动），则 DTA 曲线的基线会漂移，影响多种参数的测量。此外，升温速度的快慢也会影响差热峰的位置、形状及峰的分辨率。

（2）气氛的影响。气氛对 DTA 有较大的影响。例如，在空气中加热镍催化剂时，它会被氧化而产生较大的放热峰；而在氢气中加热时，它的 DTA 曲线就比较平坦。又如，$CaC_2O_4 \cdot H_2O$ 在 CO_2 和在空气中加热的 DTA 曲线也会有很大的差异，如图 6-9 所示。在 CO_2 气氛中，DTA 曲线呈现 3 个吸热峰，分别为失水、失 CO 和失 CO_2 的正常情况；而在空气气氛中，中间的峰呈现为很强的放热峰，这是由 CaC_2O_4 释放出的 CO 在高

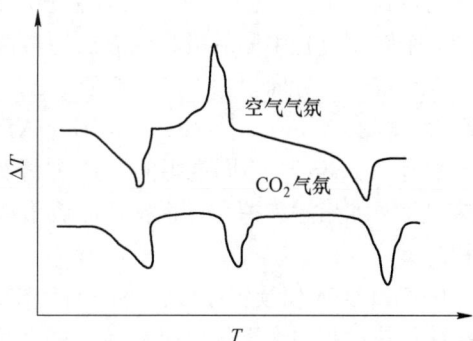

图 6-9　$CaC_2O_4 \cdot H_2O$ 在不同气氛中的 DTA 曲线

温下被空气氧化燃烧放出热量所致。在 DTA 测定中，为了避免样品或反应产物被氧化，经常在惰性气氛或在真空中进行。当热效应涉及气体产生时，气氛的压力也会明显地影响 DTA 曲线，压力增大时，热效应的起始温度与顶峰温度都会升高。

（3）样品特性的影响。DTA 曲线的峰面积正比于样品的反应热和质量，反比于样品的热传导系数。为尽可能减少基线漂移对测定结果的影响，必须使参比物的质量、热容和热传导系数与样品尽可能相似，以减少测定误差。为使样品与参比物之间的热导性质更为接近，有时用 1~3 倍的参比物来稀释样品，从而减少基线的漂移，但会引起差热峰面积的减小。补偿办法是适当增加样品量或提高仪器的灵敏度。为使基线较为平稳，稀释时样品与参比物必须混合均匀。不同粒度的样品具有不同的热导效率，为避免样品粒度对 DTA 产生影响，通常采用小颗粒且均匀的样品。

6.2.3 差示扫描量热分析

差示扫描量热（differential scanning calorimetry，DSC）分析的主要应用于测量相-转变等熔融温度，热量化学反应的固化反应温度，热量结晶温度，热量氧化反应温度，热量玻璃化转变温度，自发反应温度，热量比热容量差化学吸附温度，脱离温度，热量结晶转变温度，转移热其他析出温度，热量蒸发、挥发、升华温度，热量胶状形成克拉夫特点，热量磁相转变温度，热变化温度，热量液晶相转变温度，热量凝胶化、糊化温度，热量比热容量等。DSC 分析在食品、塑料、蛋白质、液晶、含能材料等领域有非常广泛的应用。

6.2.3.1 差示扫描量热分析的原理及规定

差示扫描量热（DSC）分析是在程序控制温度下和一定气氛中，测量输送给样品和参比物的热流速率或加热功率（差）与温度或时间关系的一类热分析技术。DSC 分析既是一种例行的质量测试和研究工具，也是一种快速和可靠的热分析方法。DSC 分析的测量信号是被样品吸收或放出的热流量，单位为 mW。热流指的是单位时间内传递的热量，即热量交换的速率，热流越大，热量交换得越快；热流越小，热量交换得越慢。热流 Φ 可由式（6-1）得到。

$$\Phi = \frac{\Delta T}{R_{\text{th}}} \tag{6-1}$$

式中，ΔT 为样品与参比物的温度差；R_{th} 为系统热阻，系统的热阻对于特定的坩埚、方法等是确定的。

通过式（6-1）就可以测得热流曲线，即 DSC 曲线。对 DSC 曲线上的峰进行积分就能得到某个转变过程中样品吸收或放出的热量。

DSC 信号的方向根据 ICTA 规则（$\Delta T = T_S - T_R$），规定为吸热朝下、放热朝上，一般图片上标有 "^exo"。反-ICTA 规则（$\Delta T = T_R - T_S$）为吸热朝上、放热朝下，一般图片上标有 "^endo"。不同规则的 DSC 曲线如图 6-10 所示。样品吸收能量的过程被认为是吸热过程，如熔融和挥发过程；样品放出能量的过程被认为是放热的，如结晶和氧化分解过程。

DSC 和 DTA 仪装置相似，不同的是在样品和参比物容器下装有两组补偿加热丝，当样品在加热过程中由于热效应与参比物之间出现温差 ΔT 时，通过差热放大电路和差动热量补偿放大器，会使流入补偿电热丝的电流发生变化。当样品吸热时，补偿放大器会使样

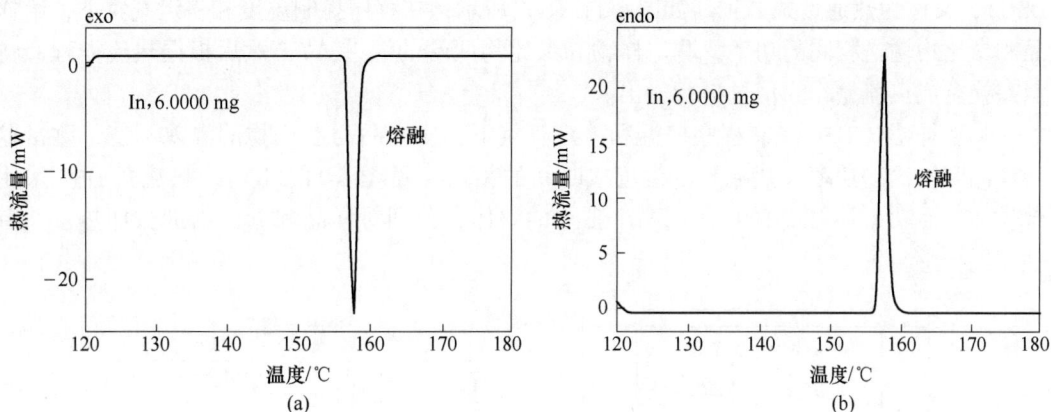

图 6-10 不同规则的 DSC 曲线

(a) ICTA 规则，吸热朝下；(b) 反-ICTA 规则，吸热朝上

品一边的电流立即增大；反之，当样品放热时，则会使参比物一边的电流增大，直到两边热量平衡，温差 ΔT 消失为止。换句话说，样品在热反应时发生的热量变化，会由于及时输入电功率而得到补偿，所以实际记录的是样品和参比物下面两只电热补偿的热功率之差随时间 t 的变化关系。如果升温速率恒定，记录的便是热功率之差随温度 T 的变化关系。相比之下，DTA 仅可以测试相变温度等温度特征点，DSC 不仅可以测相变温度点，还可以测热量变化。DTA 曲线上的放热峰和吸热峰无确定物理含义，而 DSC 曲线上的放热峰和吸热峰分别代表放出热量和吸收热量。

通过 DSC 可以检测吸热或放热效应、测得峰面积（转变或反应焓值 ΔH）、确认所表征的峰或其他热效应所对应的温度（如玻璃化温度 T_g、结晶点 T_c、熔点 T_m）及测试比热容 c_p，也可利用调制 DSC 测得潜热、显热及可逆热流和不可逆热流，并可以通过动力学计算得到活化能 E_a。

DSC 测得的总热流由两部分组成，一部分是由于温度升高引起的显热流，样品没有发生结构的变化；另一部分是由样品内部结构变化引起的潜热流，ΔH_p 表示这个反应完全发生所吸收或放出的热量。

$$\Phi = mc_p\beta + \Delta H_p \frac{d\alpha}{dt} \tag{6-2}$$

式中，m 为质量；c_p 为样品的比热容；β 为升温速率；ΔH_p 为反应过程的焓变；$\frac{d\alpha}{dt}$ 表示这个反应进行的程度。

通常把没有发生反应时的热流曲线称为 DSC 的基线，其实就是显热流曲线。物质的比热容都会随着温度的升高而增大，因此随温度的升高，DSC 曲线应向吸热方向倾斜，这个斜率取决于样品的比热容随温度的变化率。

6.2.3.2 差示扫描量热分析的分类

差示扫描量热（DSC）分析分为热流式和功率补偿式，当前热流式 DSC 较为普遍，梅特勒托利多 DSC 均为热流式。

热流式差示扫描量热（heat-flux type differential scanning calorimetry，简称热流式

DSC），又称为热通量式DSC。如图6-11（a）所示，在程序控制温度和一定气氛下，给样品和参比物输送相同的功率，测定样物和参比物两端的温差 ΔT，然后根据热流方程，将温差换算成热流差作为信号进行输出。

功率补偿式DSC是在程序控温和一定气氛下，使样品与参比物的温差不变，测量输给样品和参比物功率（热流）与温度或时间的关系（见图6-11（b））。热流式DSC采用单炉体，而功率补偿式DSC采用两个独立的炉体，分别对样品和参比物进行加热，并有独立的传感装置。

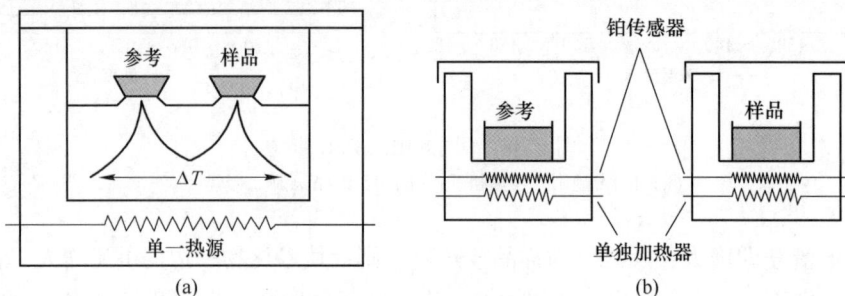

图 6-11　DSC 测量单元示意图
（a）热流式 DSC；（b）功率补偿式 DSC

6.2.3.3　差示扫描量热分析的典型曲线

图6-12为典型的DSC测试曲线示意图。在测试开始时，曲线出现了启动偏移区1，此处初始基线漂移与样品热容成正比。该区域温度状态发生瞬时改变（由恒温变为升温），启动偏移的大小与样品热容及升温速率有关。2为无热效应时的DSC曲线（基线）在玻璃化转变区，3指无定型部分的玻璃转变，样品热容增大，出现了吸热台阶。冷结晶区4产生放热峰，熔融区5即结晶部分的熔融，产生吸热峰，通过对峰面积的积

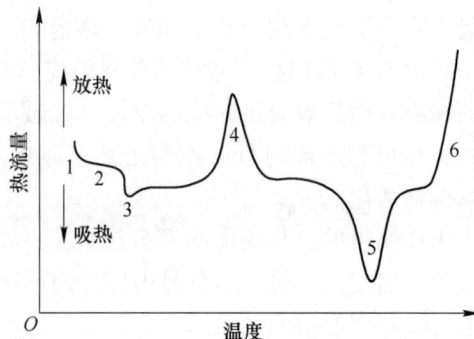

图 6-12　典型的 DSC 测试曲线示意图

分可以得到结晶熔和熔融熔。随着温度升高，最后为分解区6，即在空气氛中氧化降解。

6.2.3.4　差示扫描量热的测试要求

差示扫描量热（DSC）的测试要求包括：

（1）样品要求。可以分析固体和液体样品。固体样品可以是粉末、薄片、晶体或颗粒状，对于高聚物薄膜，可直接冲成圆片；对于块状样品，可用刀或锯分解成小块。

（2）样品用量的影响。样品用量小（0.5~10 mg），有利于使用快速程序温度扫描，可得到高分辨率，从而提高定性效果，容易释放裂解产物，获得较高转变能量；用量大，可观察到细小的转变，得到较精确的定量结果。

（3）形状的影响。样品的几何形状对DSC峰形也有影响。对于大块样品，传热不良易导致峰形不规则；对于细或薄的样品，可得到规则的峰形，有利于计算面积，对峰面积

基本没有影响。

（4）样品纯度。样品纯度对 DSC 曲线的影响较大，杂质含量的增加会使转变峰向低温方向移动，而且峰形会变宽。

（5）常用气氛。常用的惰性气氛有 N_2、Ar、He 等，氧化气氛常用空气和 O_2。此外，还有 H_2、CO、HCl 等特殊气氛。在选择测试气氛时，要考虑气氛在测试达到的最高温度下是否会与热电偶、堆场等发生反应，注意防止爆炸和中毒。测试过程中，合理改变测试气氛有助于深入剖析材料的成分。

（6）样品种类多样，为避免各种样品与堆场材料之间的不相兼容，一般仪器要配备多种不同材质、不同特点的坩埚，如铝、铂、铑、不锈钢、铜、氧化锆、石墨银及特殊的压力坩埚等。

6.2.4 热机械分析

热机械分析（thermal mechanical analysis，TMA）指测量样品在设定应力/负载条件下样品尺寸变化与温度变化的关系。在 TMA 测试中，样品受恒定的力、增加的力或调制的力；而膨胀法测量尺寸变化则是使用能实现的最小载荷来测量的。

TMA 的不同形变模式如图 6-13 所示，可依据样品尺寸和特性进行选择：

（1）膨胀模式：是 TMA 最常用的测量模式。测试基于温度的膨胀系数。通常测试时探头会施加一个非常小的力于样品上，如图 6-13（a）所示。

（2）压缩模式：这种模式下，样品受力更大，如图 6-13（b）所示。

（3）穿透模式：其目的在于测试样品的软化点，如图 6-13（c）所示。

（4）拉伸模式：薄膜和纤维套件用于进行拉伸模式测试。可以测试由收缩或膨胀产生的较长形变，如图 6-13（d）所示。

（5）三点弯曲模式：用来研究刚性样品弹性行为的理想模式，如图 6-13（e）所示。

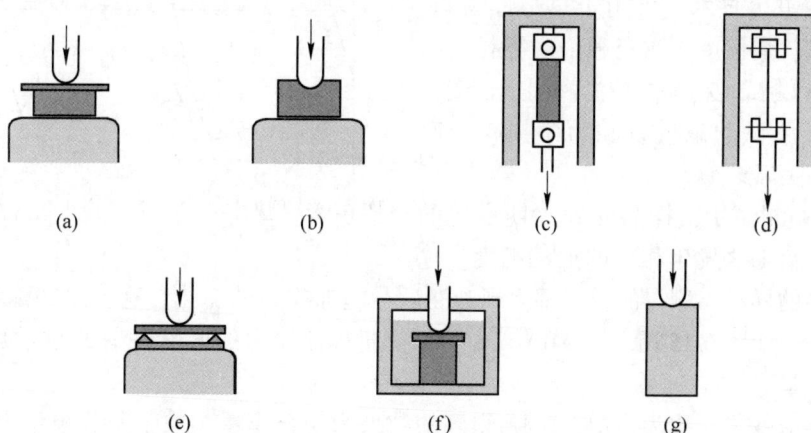

图 6-13 TMA 的不同形变模式

（a）膨胀模式；（b）压缩模式；（c）穿透模式；（d）拉伸模式；
（e）三点弯曲模式；（f）溶胀模式；（g）体积膨胀模式

（6）溶胀模式：许多样品在接触液体时会产生溶胀，可以使用溶胀套件测定样品在溶胀时发生的体积或长度变化，如图6-13（f）所示。

（7）体积膨胀：液体同固体一样也会发生膨胀，如图6-13（g）所示。

可以根据不同的测试模式使用TMA检测热效应（溶胀、收缩、软化、膨胀系数的变化）确定某表征的热效应的温度、测量形变台阶高度及测定膨胀系数。典型的TGA测试曲线示意图如图6-14所示。

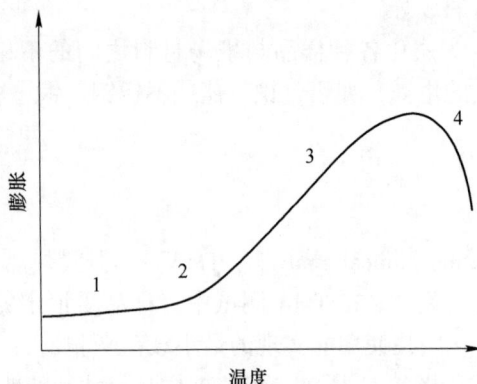

图6-14　典型的TGA测试曲线示意图
1—玻璃化转变温度以下的热膨胀；2—玻璃化转变温度（斜率改变）；
3—玻璃化转变温度以上的热膨胀；4—塑性变形

6.2.5　动态机械分析

动态热机械分析（dynamic mechanical analysis，DMA）是一种测试材料机械性能和黏弹性能的重要技术，可用于热塑性树脂、热固性树脂、弹性体、陶瓷和金属等材料的研究。DMA测试是在程序控温和周期性变化的应力下，测试动态模量和力学损耗与时间、温度的关系。

在DMA测试中，样品受到周期变化的振动应力，会随之发生相应的振动相变。除

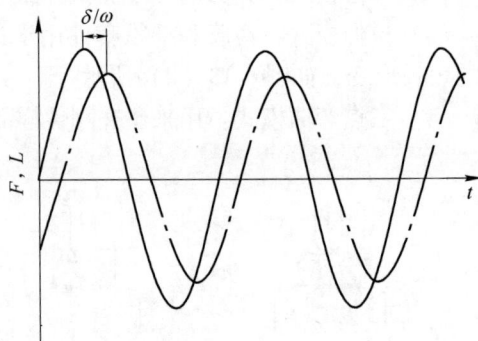

图6-15　周期性的力作用下应力与应变的关系

了完全弹性的样品，测得的应变都表现为滞后与施加应力的变化。这种滞后称为相位差，即相角δ差，如图6-15所示。DMA仪器可以测量样品应力的振幅、应变的振幅及相位差这3个物理量。

应力与应变之比称为模量，DMA得到的结果为复合模量M^*，复合模量由储能模量和损耗模量组成：

（1）储能模量（M'）：指样品弹性特性的反应，是样品能否完全恢复形变的尺度。

（2）损耗模量（M''）：指样品黏性特性的反应，是样品在形变过程中热量的消耗（损失）。损耗模量大，表明黏性大、阻尼强。

（3）损耗因子（tanδ）：指损耗模量和储能模量之比，反映的是振动吸收性，也称为振动吸收因数。

高端的 DMA 仪一般提供了 6 种不同的形变模式，如图 6-16 所示。对于特定的应用，最适合的模式取决于测试需求、样品的性质和几何因子。DMA 仪包括以下 6 种测试模式：

（1）三点弯曲模式：用于准确测试非常刚硬的样品，如复合材料或热固性树脂，尤其适合于玻璃化转变温度以下的测试。

（2）单悬臂模式：非常适合于条形高刚度材料（金属或聚合物）。单悬臂模式是玻璃化转变温度以下的理想测试方法，而且是测试粉末材料损耗因子的推荐模式。

（3）双悬臂模式：适合于低刚度的软材料，特别是比较薄的样品，如膜材料。

（4）拉伸模式：是薄膜或纤维的常规形变模式。

（5）压缩模式：用于测试泡沫、凝胶、食品及静态（TMA）测试。

（6）剪切模式：适合于测试软样品，如弹性体、压敏胶，以及研究固化反应。

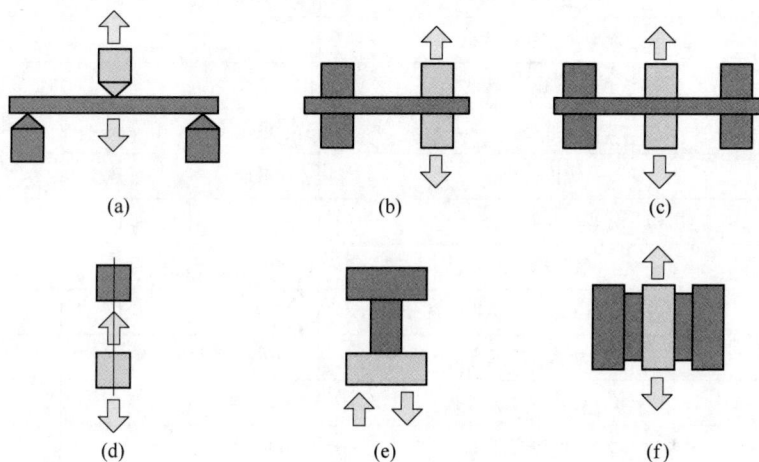

(a) (b) (c)

(d) (e) (f)

图 6-16　DMA 的 6 种不同形变模式

（a）三点弯曲模式；（b）单悬臂模式；（c）双悬臂模式；（d）拉伸模式；（e）压缩模式；（f）剪切模式

图 6-17 为典型热塑性塑料的 DMA 曲线。在不同状态下，储能模量和损耗因子会发生不同变化。在玻璃态下，储能模量为几个 GPa 的量级。损耗因子很小。在玻璃化转变区域，材料的力学性能发生了显著的变化，即储能模量通常降低几个数量级并且损失因子会显示明显的最大值。然后是材料在橡胶区域变得柔软。在更高的温度下，热塑性塑料会变得更软并开始流动。这时，储能模量进一步降低，而损耗

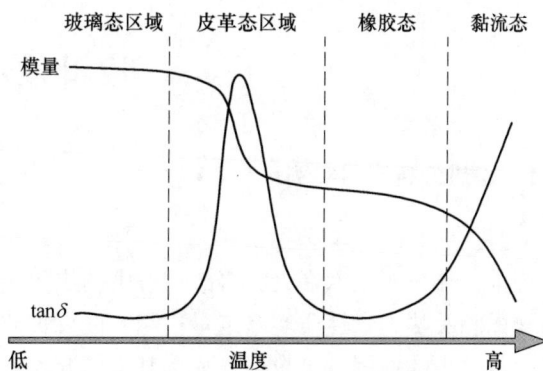

图 6-17　典型热塑性塑料的 DMA 曲线

因子 tanδ 显著增加。因此，DMA 可以测定材料的玻璃化转变温度、机械模量、阻尼，还可以测定黏弹性行为和力学性能（包括蠕变或应力松弛），研究样品的机械行为，以及交联固化反应等。

6.2.6 热分析技术对比

针对不同的材料及想要测试的属性或热效应，所采用的热分析方法也存在差异，若想得到理想的结果，则需要根据实际样品情况和测试需求来选择不同的热分析方法，表 6-3 为不同测试项目对应的热分析技术。

表 6-3 不同测试项目对应的热分析技术

测 试 项 目		DSC	TA	TMA	DMA
物理转变	熔融、结晶	最佳	—	最佳	最佳
	挥发、升华、干燥	最佳	最佳	—	—
	玻璃化转变、软化	最佳	—	最佳	最佳
	多晶型（固-固转变）	最佳	—	最佳	—
	液晶	最佳	—	—	—
	纯度分析	最佳	可选	—	—
化学反应	分解、裂解、降解	可选	最佳	—	—
	氧化稳定性	可选	最佳	—	—
	组成、含量（水分、填料、灰分）	—	最佳	—	—
	动力学、反应焓	最佳	—	—	—
	交联、硫化（工艺参数）	最佳	—	—	—
物理特性	比热容	最佳	—	—	—
	膨胀系数	—	—	最佳	可选
	弹性模量	—	—	—	可选

注：最佳代表最佳技术；可选代表可选择技术。DSC 为差示扫描量热仪；TA 为热分析；TMA 为热机械分析；DMA 为动态机械分析。

6.3 应用实例分析

6.3.1 差热分析应用实例

6.3.1.1 火灾事故调查

当前，热分析技术在火灾事故调查中的应用较为普遍，应用该技术可以对火场中各类残留物的相关热力学性质实施定量检测，使火灾调查人员能够及时通过数据检测结果，对火灾事故发生的原因、事故当日火场基本情况等重要信息进行有效判定。

如图 6-18 所示，应用差热分析对待测物品基体表面的温度变化情况实施检测，通常需要预先选用两个形状、材质、体积基本相同的待测物品作为实验观察对象，将其中一个待测物品作为参比物并置于相对稳定的环境中，将另一个待测物品置于相同的检测环境中，并对测量物体所处环境的实际温度实施有效调控，观察该物体在温度变化过程中的温差变化情况，并同步生成待测物品和参比物之间的DTA（差热）对比曲线。从DTA曲线中可以清晰地了解到待测物品的差热峰数量、位置、峰面积等具体信息，为火灾现场的下一阶段相关取证工作提供具有一定说服力的数

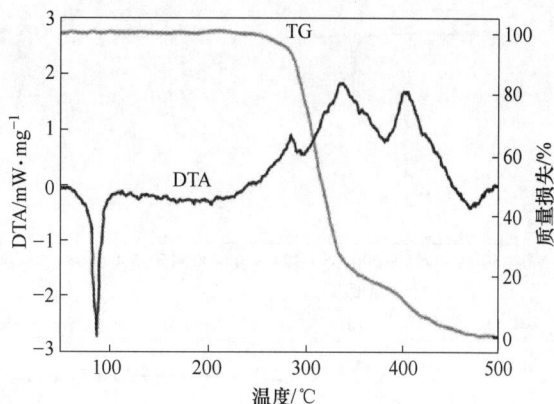

图6-18 DTA曲线示意图

据参考。其中，DTA曲线中应用差热峰数量可以判断在实验条件下被测物体基体表面是否发生化学变化，通过差热峰的正负走向及峰值大小可以同步掌握被测物体在温度变化过程中是否存在吸、放热现象，应用差热峰所在位置可以对材料基体表面发生热量变化时的温度值进行同步读取。随着热分析技术的日趋成熟，在火灾调查过程中可以通过差热分析得到测定物品的热谱图，并从热谱图中对被测物品的种类进行精确测定。

6.3.1.2 药物共晶研究

药物共晶一般是活性药物成分和适当的共晶形成物通过非共价键结合堆积形成的多组分药物体系。形成共晶可有效改善固体化学药物的溶解度、稳定性等理化性质，进而提高其生物利用度，目前已成为晶型药物研究领域的热点。热分析技术是指在程序控温下，观察记录被测物质的热力学或物理参数随温度变化关系的一类技术，在药物研发和质量控制方面均发挥着重要作用。热分析技术作为有效分析表征方法在药物共晶筛选中已被广泛应用，同时应用各种热分析技术可对药物共晶的理化性质与热力学行为进行深入研究。

DTA的原理是通过测量待测物和参比物之间温度差与温度的关系，对待测物质进行分析。在程序控温下，物质内部发生物理或化学变化，从而发生吸热或放热，根据吸热峰或放热峰的形状和温度的不同，表现出特有的差热曲线，从而可对不同共晶进行鉴别分析。如图6-19所示，一种新型抗疟疾的咪唑并哒嗪类药物的先导化合物（MMV），通过与己二酸（ADIP）、戊二酸（GLUT）和富马酸（FUM）分别形成共晶，可有效提高MMV的溶解性，从而提高血浆浓度和生物利用率。通过DTA曲线可得知，MMV-ADIP、MMV-GLUT、MMV-FUM分别在215 ℃、160 ℃、222 ℃处有1个吸热峰，而MMV、ADIP、GLUT、FUM的熔点分别为245 ℃、150 ℃、92 ℃、216 ℃，表明3种共晶是新物质。ADIP和GLUT的DTA曲线显示其吸热峰尖锐，说明这两种晶态物质的晶型纯度高。虽然DTA在药物共晶热降解稳定性研究中具有简便、快速、重现性好等优点，但其在通常情况下可用作定性分析，测定微量样品时灵敏度较低，因此在使用时需要和其他热表征方法联用，以确保数据的准确性。

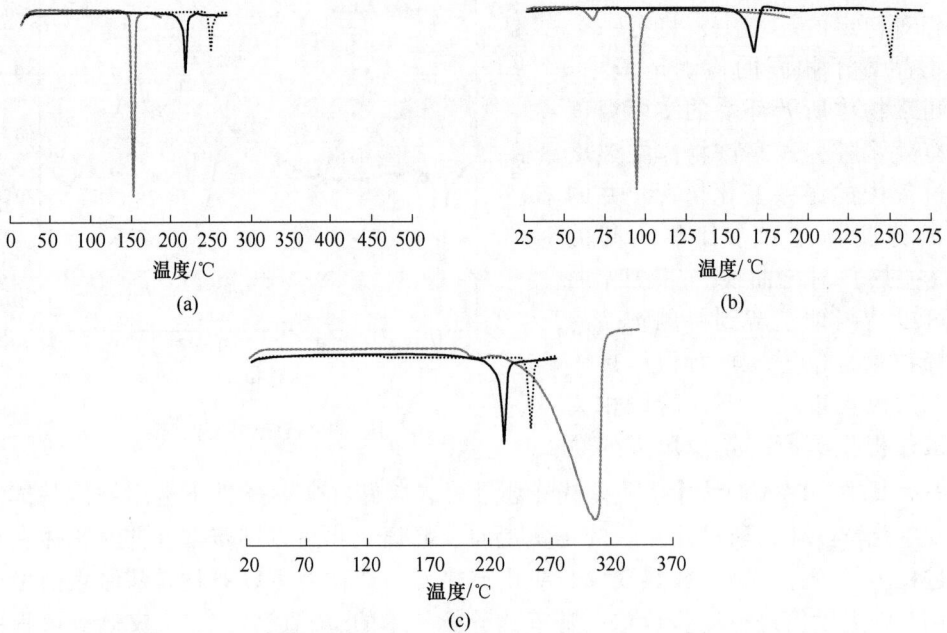

(a)

(b)

(c)

图 6-19　MMV 与不同的 CCF 形成的共晶的 DTA 曲线

(a) MMV-ADIP；(b) MMV-GLUT；(c) MMV-FUM

(点线为 MMV；灰色线为 CCF；黑色线为共晶)

6.3.1.3　碳酸钙类矿物药的研究

矿物药是中药的三大来源之一，有着悠久的药用历史。矿物药中存在一个普遍现象，即具有不同主治功效的不同种矿物中药却具有相同的化学成分。而碳酸钙类矿物药是其中最具代表性的一类。碳酸钙类矿物药的主要成分是碳酸钙，包括来源于原生矿物的花蕊石、钟乳石等，也有来源于古生物化石类的龙骨、龙齿等，以及来源于动物类的石决明、珍珠母、珍珠、牡蛎等。此类药材粉末均为白色或灰白色，外观相似，仅用性状和化学鉴别方法难以将它们区分，市场上碳酸钙类矿物药常以粉末形式销售，存在混淆误用的现象，影响临床用药的安全性和有效性。

DTA 曲线波峰向上表示放热反应，向下表示吸热反应，由图 6-20 可知，所有样品的 DTA 曲线约在 100 ℃呈现 1 个宽缓的吸热峰，这是由程序升温过程中样品脱去吸附水所引起的热效应。此外，所有样品在高温区均有 1 个明显的吸热峰，可判断此吸热峰为药材中的主要成分碳酸钙在高温下分解产生 CO_2 发生吸热反应所形成的特征峰。

图 6-21 龙骨形成的碳酸钙分解吸

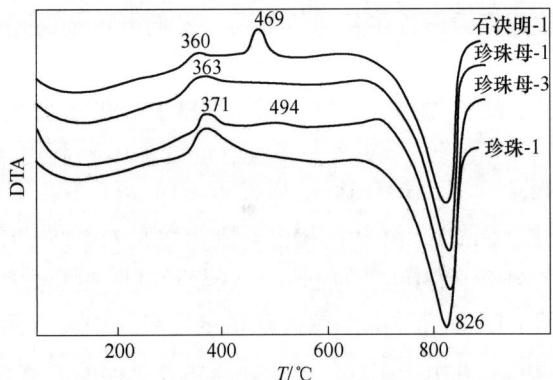

图 6-20　石决明、珍珠母、珍珠的 DTA 曲线

热峰温度为 764 ℃，而其他药材的碳酸钙分解吸热峰的温度均约为 825 ℃，可见龙骨明显低于其他碳酸钙类药材在此吸热峰的温度，且谱图中此吸热峰的峰形明显弱于其他药材，存在显著差异，这与龙骨主要成分除含有碳酸钙，还含有大量磷酸钙，其中碳酸钙的含量低于其他药材中碳酸钙的含量有关。因此，可以把碳酸钙分解吸热峰的位置及峰形作为鉴别依据，将龙骨与其他碳酸钙类药材分开。花蕊石约在 750 ℃ 出现 1 个

图 6-21 牡蛎、钟乳石、花蕊石、龙骨的 DTA 曲线

弱的吸热峰，使得碳酸钙分解吸热峰呈现复峰，这可能与花蕊石成分中含有蛇纹石有关，不同于其他药材。因此，从碳酸钙分解吸热峰的峰形可将花蕊石与其他碳酸钙类药材分开。牡蛎和钟乳石除约在 100 ℃ 和 825 ℃ 出现两个吸热峰外，均未出现任何放热峰，由此可将其同石决明、珍珠母及珍珠进行区分。但是，牡蛎和钟乳石的 DTA 曲线十分相似，若将两者区分，需结合其他方法做进一步鉴别。

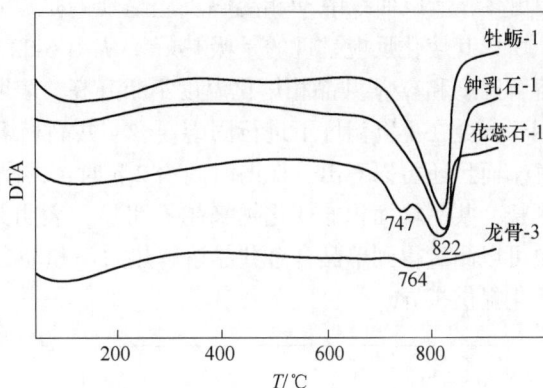

更多实例
扫码 1

6.3.2 差示扫描量热分析应用实例

6.3.2.1 单晶高温合金共晶溶解行为分析

研究者选用一种第二代单晶高温合金，基于差示扫描量热（DSC）分析，采用对比法测量了铸态和完全热处理态样品的升温 DSC 曲线，研究了保温过程中单晶合金中 γ' 相、γ/γ' 共晶相的相变温度变化规律。结果表明，1290 ℃ 和 1300 ℃ 保温过程中，随着保温时间的延长，γ' 相溶解温度和 γ/γ' 共晶相熔化温度先显著提高，然后缓慢提高。1300 ℃ 保温过程中，γ/γ' 共晶体积分数随着保温时间的延长而逐渐降低。而 1290 ℃ 保温过程中，随着保温时间的延长，共晶体积分数出现了先降低后升高的反常现象，这与金相实验结果吻合。分析表明，枝晶间粗大的 γ' 相未完全溶解，造成枝晶轴的 Ta 向枝晶间扩散，促使共晶长大，从而使共晶体积分数升高。

利用对比测量法测试了 DD414 单晶高温合金在 1290 ℃ 和 1300 ℃ 保温不同时间铸态样品和热处理样品的升温 DSC 曲线，如图 6-22 所示。与传统测试法不同，对比测试法得到的曲线是铸态样品升温曲线和热处理态样品升温曲线的差值曲线，目的是消除 γ' 相溶解峰对 γ/γ' 共晶相熔化峰的影响，从而在 DSC 升温时得到明显的共晶熔化峰。因此，对比法测得的升温曲线中，相变的吸热和放热反应也是相对的。由于热处理态样品中的细小

γ′相更多，所以曲线中 γ′相溶解反应呈现的是放热峰。相反，铸态样品中 γ/γ′共晶相更多，所以其熔化反应呈现的是吸热峰。从图 6-22 中可以看出，随着保温时间的延长，γ′相溶解温度和 γ/γ′共晶相熔化温度不断升高，表明合金热处理窗口在逐渐向高温区偏移，有利于合金在更高温度下进行固溶。γ/γ′共晶相熔化峰面积在逐渐减小，表明共晶在逐渐溶解。而且还可以看出，保温时间为 2 h 时，共晶峰面积减小得非常明显，随着保温时间的延长，共晶峰面积的变化越来越不明显，表明共晶溶解效率在逐渐降低。利用 DSC 对比法可以测量得到单晶合金共晶溶解热力学和动力学过程，为单晶合金热处理制度的制定和优化提供指导。

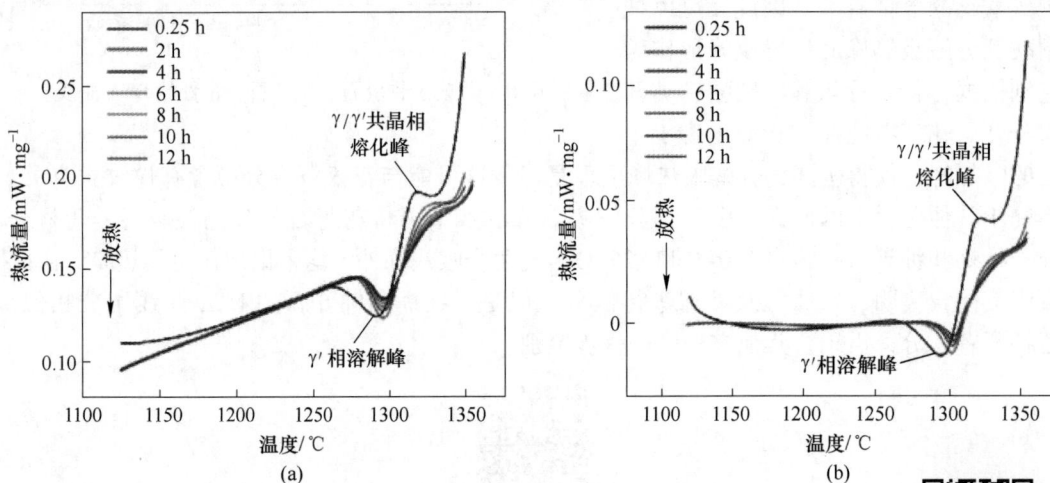

图 6-22　DD414 单晶合金在 1290 ℃（a）和 1300 ℃（b）
保温不同时间的 DSC 曲线

6.3.2.2　石英纤维/聚酰亚胺复合材料的导热系数

研究者基于差示扫描量热（DSC）分析，研究了石英纤维/聚酰亚胺复合材料的导热性能。通过将熔融物质铟放置于样品之上和未放置样品时的热流信号的差异，计算出样品的导热系数，并对试验条件进行优化，得到了满意的结果。结果表明：在样品接触面涂抹导热硅油，可有效降低空气热阻，增大导热系数，使用此样品进行 DSC 测试，得到的测试结果准确、可靠且重复性较好。

DSC 分析测试石英纤维/聚酰亚胺复合材料导热系数的原理是：熔融物质放置于待测样品之上和没有待测样品时存在热效应差异，利用该热效应差异可计算待测样品的导热系数。具体操作过程为：将样品放置于样品端的传感器上，再将装有熔融物质（参比样）的坩埚放置于样品上方，导热系数的测试温度略高于熔融物质的熔点；加热后，样品内会产生温度梯度，样品的上表面温度在达到标准物质熔点时保持恒定，下表面温度为样品端传感器的温度，样品端传感器与参比样端传感器的热流率差也可同时得到。根据试样上、下表面的温度差，样品厚度和传感器间的热流率差，即可确定样品的导热系数。

选择两个相同的铝坩埚，质量差不超过 0.1 mg，一个作为参比空坩埚，一个装有熔融物质金属铟。熔融物质应放置于坩埚底面中心位置，最好完全覆盖坩埚底部，试验采用熔融物质的质量为 67.40 mg，可将底面完全覆盖。图 6-23 为未放置样品和放置样品后的

DSC 热流曲线，分别在两条曲线熔融峰下降段的线性范围内选取两个温度点 T_1 和 T_2，较低点应高于外推起始温度之上 10%，即可计算两条熔融曲线下降段的斜率。

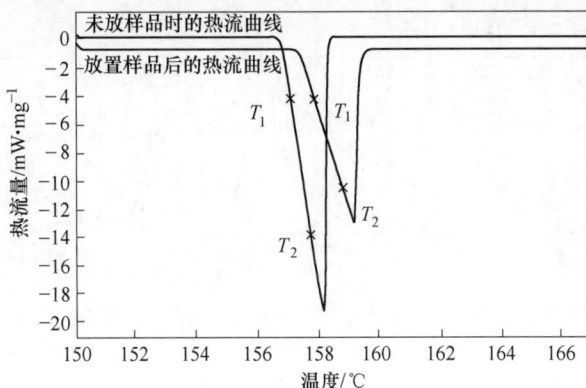

图 6-23　未放置样品和放置样品后的 DSC 热流曲线

6.3.2.3　快速检测降解塑料的主材成分

研究者对聚乳酸（PLA）、聚对苯二甲酸/己二酸/丁二醇酯（PBAT）、聚丁二酸丁二酯（PBS）、聚己二酸丁二醇酯（PBA）、聚碳酸丁二醇酯（PBC）、聚碳酸亚丙酯（PPC）、聚己内酯（PCL）、聚乙交酯（PGA）8 种常见的生物降解塑料进行了红外光谱（FTIR）和差示扫描量热（DSC）测试。结果表明，8 种塑料表现出不同的红外特征吸收峰，且具有不同的热力学性质，表现为玻璃化转变温度和熔点的差异。将红外光谱与差示扫描量热相结合，成功地对市场上的 2 种以 PBAT 为主的生物降解塑料制品的主材成分进行了鉴别。此方法具有简便、高效、准确度高的优点，将为完善生物降解塑料的快速检测标准体系提供技术支撑。

将样品放入铝制坩埚中加盖密封，将坩埚放入差示扫描量热仪中，以 10 ℃/min 的速率由室温升温至 250 ℃（第一次升温），恒温 2 min，之后以 10 ℃/min 的速率从 250 ℃ 降温至 -70 ℃，恒温 2 min，最后以 10 ℃/min 的速率由 -70 ℃ 升温至 250 ℃（第二次升温），记录 DSC 曲线。气源为高纯氮气，流量为 50 mL/min。记录在第二次升温过程中测定的熔融温度 T_m 与玻璃化转变温度 T_g。

如图 6-24 所示，8 种生物降解塑料具有不同的热力学性质，呈现不同的热转变行为，在 DSC 曲线上反映的是 T_g 和 T_m 的不同。PLA、PBAT、PBS、PBA、PBC、PCL 和 PGA 的 DSC 二次升温曲线中均呈现玻璃化转变和熔融峰。PBS 和 PCL 样品的结晶能力较强，导致 T_g 不太明显。PPC 为非晶聚合物，因此在二次升温曲线中并未表现出熔融峰。其中，PBA、PCL 和 PBC 的熔点较接近（约 60 ℃），但 PBC 呈现明显的玻璃化转变过程是由其结晶能力较弱和分子链及链段运动能力较强所致。PCL 和 PBA 结晶度高，因此在升温过程中未表现出明显的玻璃化转变过程。在三者中，PBA 的玻璃化转变温度最低，且出现双重熔融峰。

6.3.3　热机械分析应用实例

6.3.3.1　沥青软化变形测定

利用热机械分析仪对沥青进行热变形测试研究，对沥青样品颗粒的制备方法、粒度

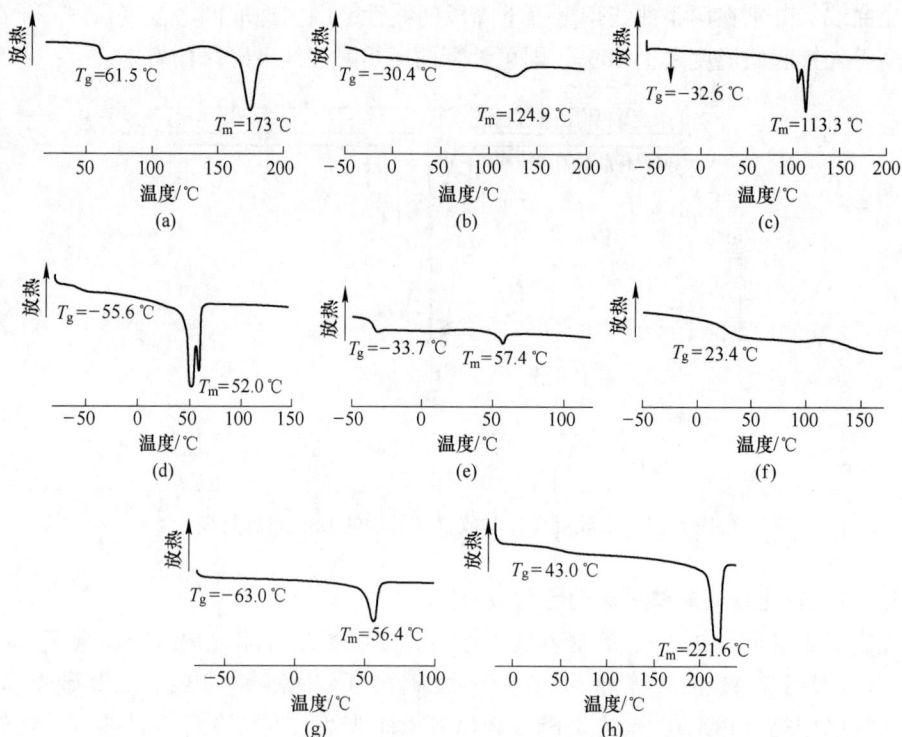

图 6-24   8 种生物降解塑料的 DSC 二次升温曲线

（a）PLA；（b）PBAT；（c）PBS；（d）PBA；（e）PBC；（f）PPC；（g）PCL；（h）PGA

更多实例
扫码 2

及测试压力等影响因素进行分析。采用热机械分析测定沥青软化变形能够准确获得软化特征温度点及沥青在整个加热过程中的软化动态变化；采用木锉制备样品颗粒，筛选 250~425 μm 粒度的样品在 1500 mN 压力下可得到平滑准确的热机械分析（TMA）曲线；此测试方法的结果具有非常好的重复性，可为沥青材料的进一步加工提供全面、可靠的数据。

3 种沥青的 TMA 曲线如图 6-25 所示。实验采用研磨的沥青颗粒，粒径为 250~425 μm，测试的压力条件为 1500 mN。3 种沥青的 TMA 曲线存在一定的差异。取半峰宽的中点温度作为沥青的软化特征温度，P_1、P_2、P_3 的软化温度分别为 221.8 ℃、254.1 ℃、176.7 ℃。3 种沥青的软化点大小关系为：$P_2 > P_1 > P_3$，沥青组分的差异是导致 3 种沥青软化点差异的主要原因，从组分组成的角度来看，P_2 的 QI（沥青中的高相对分子质量组分）含量最高，C 和 H 原子比大于 2。在沥青软化过程中，高相对分子质量组分分子运动所需的能量增加，流动变得困难，导致了 P_2 软化点最高。除组分组成外，导致沥青软化点差异的本征因素还包括相对分子质量分布、化学结构等。

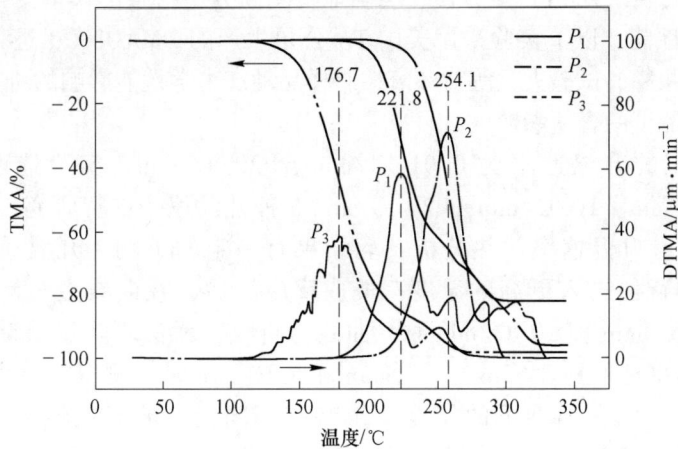

图 6-25 3 种沥青的 TMA 曲线

6.3.3.2 印制电路板玻璃化转变温度研究

在印制电路板（PCB）行业中，通常使用差示扫描量热仪法和热机械分析法对 PCB 材料的玻璃化转变温度 T_g 进行测定。然而，随着高 T_g PCB 材料的兴起，动态热机械分析对此类型材料的 T_g 测定具备更高的灵敏性。重点对运用 DMA 法测量高 T_g PCB 的 T_g 过程中存在的影响因素进行了讨论分析。结果表明，在不同的升温速度、测量频率和支架条件下，测得的 T_g 也会有所不同。

在选用双悬臂支架、升温速率选择 5 K/min、其他条件相同时，分别在频率为 1 Hz、10 Hz、50 Hz 的条件下测试 PCB 样品的 T_g，得出的测试曲线如图 6-26 所示。从图 6-26 中可以看出，在 1 Hz 频率下，T_g 为 188.3 ℃；而在 10 Hz 频率下，T_g 为 193.1 ℃，所以 T_g 与频率是相关的，即随着频率的增高，样品的 T_g 也会增大。

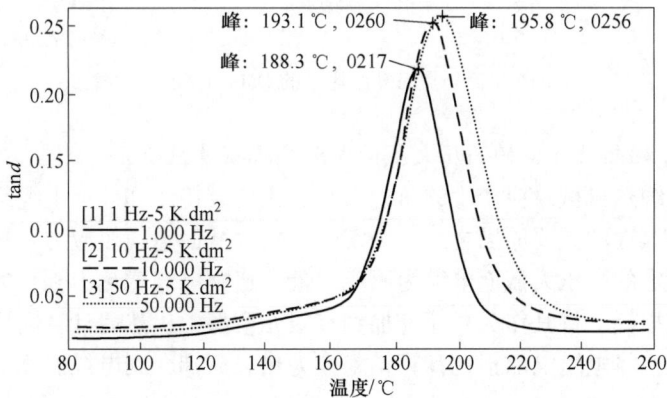

图 6-26 不同频率下的 DMA 曲线

6.3.3.3　DMA 的影响因素

动态热机械分析（DMA）能方便、准确地检测高分子材料的模量变化及高聚物固体材料的动态力学性能。以下实验采用美国 TA 公司生产的 DMAQ800，进行样品尺寸、升温速率、振幅、频率、试验夹具等对环氧树脂样品动态力学性能影响的研究，并确定此样品动态力学性能测试的合适参数。

DMAQ800 仪的升温速率为 0.01 ℃/min 至 20 ℃/min，实验选取了 1 ℃/min、3 ℃/min、5 ℃/min、10 ℃/min 和 20 ℃/min 5 种升温速率进行研究，结果如图 6-27 所示。可以看出，升温速率对热分析实验结果有一定的影响，升温速率过高会使反应尚未来得及进行便进入更高的温度，造成反应滞后，在曲线上显示为不圆滑，如升温速率为 10 ℃/min 和 20 ℃/min 时，曲线为折线，无法真实反映储能模量随温度的变化。升温速率选取 1 ℃/min、3 ℃/min 和 5 ℃/min 时，测得的曲线均光滑且变化趋势相近，所得的同一温度下的储能模量略有不同，但玻璃化转变温度相差不大。但升温速率选择 1 ℃/min 时的实验时间过长，因此，升温速率通常选取 3 ℃/min 或 5 ℃/min。

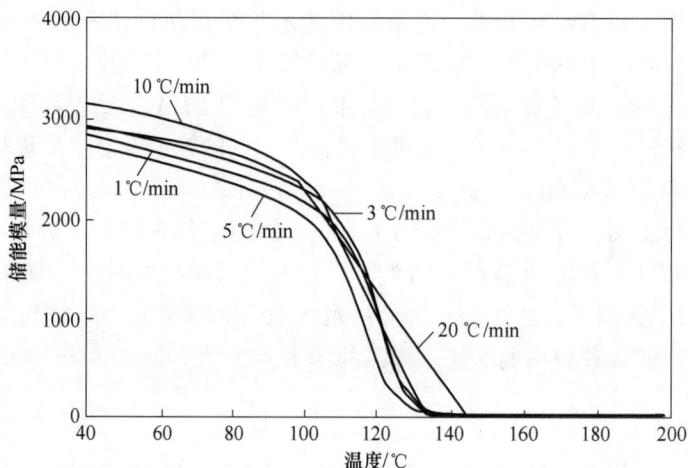

图 6-27　不同升温速率的 DMA 曲线

6.3.3.4　基于磁热力耦合的高压大截面电缆热机械效应研究

高压大截面电缆热机械效应产生的热应力与热应变会挤压和破坏电缆绝缘层结构，它是影响电缆运行可靠性的重要原因之一。为实现高压大截面电缆热应力与热应变的定量计算，以两端抱箍固定的高压大截面电缆为研究对象，建立电缆磁热力耦合的有限元计算模型。计算电缆电磁损耗，将其作为载荷施加到有限元模型中，然后计算高压大截面电缆各层热应力与热应变。将电缆电磁损耗计算结果作为热载荷耦合到电缆温度场模型中，得到电缆各层温度场分布如图 6-28 所示。从图 6-28 的温度分布图可知，当导体电流为 2280 A 时，电缆导体温度为 89.96 ℃，三维电缆各层温度主要沿径向变化，电缆轴向各处温度基本无变化，即电缆轴向温度梯度基本为零。

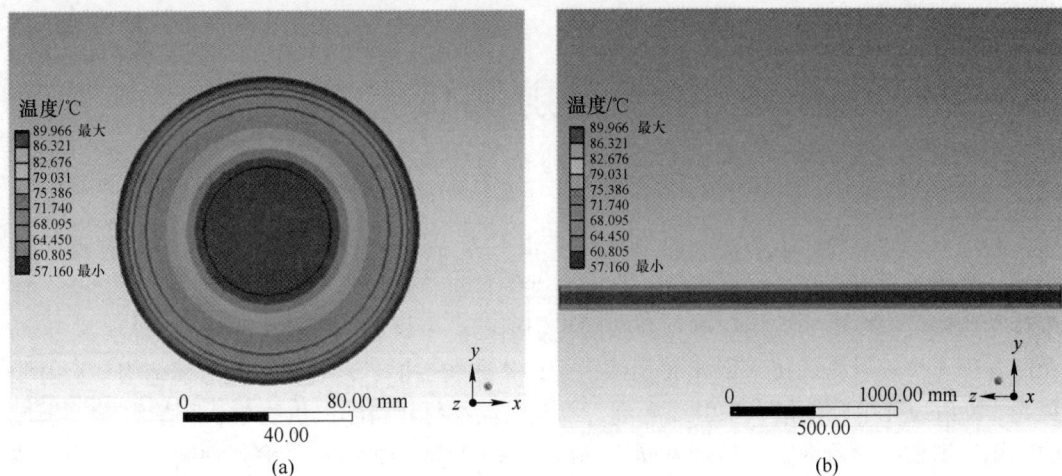

图 6-28 电缆各层温度场分布

（a）径向截面；（b）轴向剖面

思 考 题

6-1 如何分析有热重分析还有微商热重分析？

6-2 可以通过热重分析判别融化和晶型转变过程吗？

6-3 哪些因素会影响热分析结果？

6-4 在 TG、DSC 和 DTA 中，哪个对热焓测定更精密？

6-5 什么是同步热分析，其有何优势？

7 同步辐射测试分析方法

同步辐射测试分析方法是一种利用同步辐射光源进行实验测试并分析材料性质的方法。同步辐射具有高亮度、宽波段、高准直性等特点，这使得它在材料科学、生物学、环境科学等领域有广泛的应用。本章介绍同步辐射的产生机制，以及同步辐射的特点；详细介绍各种同步辐射测试技术，如 X 射线散射、X 射线衍射、X 射线吸收精细结构、X 射线荧光、X 射线光电子能谱、X 射线光刻，以及它们在材料科学、生物学、环境科学等领域的应用。本章的学习内容包括理解同步辐射的基本原理和特点；了解各种同步辐射测试技术的原理和应用；掌握基本的数据分析方法，能够从实验数据中提取有用的信息。

7.1 同步辐射基础

同步辐射是在超高真空环境中，以接近光速运动的带电粒子（相对论性带电粒子），在电磁场中偏转时，沿轨道的切线方向发出的一种电磁辐射。同步辐射是一种电磁波，又称为同步辐射光，它的波长有一定的范围，因同步辐射源而异，一般包含红外线、可见光、紫外线和 X 射线。实际上，同步辐射光并不稀奇，早在 1054 年，宋朝天文学家杨惟德就观察到金牛座天关星附近产生的白色强光，并在《宋会要》中留下了记载。这是人类历史上第一次详细记载的超新星爆炸，现在还能看到这颗超新星的残骸，也就是金牛座蟹状星云。现代天文学家确认该星云的辐射正是超新星爆炸产生的高能电子在星云磁场作用下产生的同步辐射，这种白色的强光实际就是同步辐射光。1947 年 4 月，美国科学家在电子同步辐射加速器上偶然发现沿着电流方向，在加速器里有强烈的"蓝白色的弧光"，而且随着电子能量的升高，颜色有规律地由暗红色转为泛黄色，再变成很亮的蓝白色光点，光点很小，位置稳定，他们认为这是会造成被加速粒子能量损失的电磁辐射，后来证明这是高能电子以接近光速在弯曲轨道中运动时发出的同步辐射光。其实，中国理论物理学家朱洪元院士已于 1947 年 3 月在寄往《英国皇家学会会刊》发表的论文中，讨论了宇宙线中不同能量的高能电子进入地球磁场后发射出的辐射强度，详细地计算了极高能的带电粒子产生的这种辐射的特性，包括频谱分布、角分布和偏振性，给出的公式与后人用的完全等效，特别是，他指出该辐射包含许多高能光子，足以产生正负电子对，对该辐射频谱的这种正确认识显然领先于同期的其他学者，他的开创性工作得到了同步辐射学界的叹服。

7.1.1 同步辐射的产生

同步辐射的产生离不开同步辐射光源，其主要由 4 个部分组成，如图 7-1 所示，分别是前级注入器（又称为直线加速器）、同步加速器（又称为增强器）、电子储存环、前端区及光束线。同步辐射是由高能电子在做曲线（加速）运动时发出的辐射，其产生的必要条件是要有高能电子。电子首先由直线加速器端的电子枪打出，经加速和提高能量，再注入环形的增强器中同步加速，进一步提高能量。当电子的能量达到额定能量（通常是 GeV 量级）时，即被注入周长更大的储存环当中，这时电子在其中做稳定的回转运动，并沿其运动轨迹的切线方向释放稳定的同步辐射光。在光束线中，研究人员利用特定的光学系统对同步辐射光进行筛选和调制，将满足研究需要的各类同步辐射光输送到实验站，调制后的同步辐射光与样品相互作用，从而获取相应的样品信息。

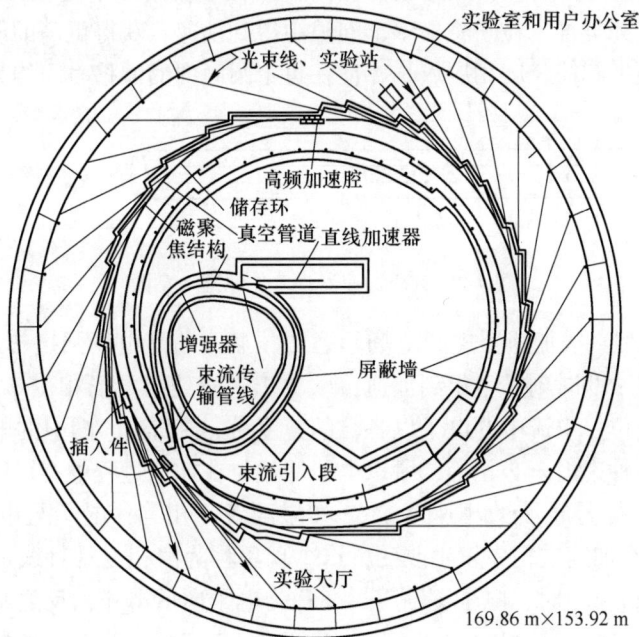

图 7-1　同步辐射源的构造示意图

7.1.1.1　前级注入器

电子束产生的源头是电子枪，早期大多采用热阴极直流栅控电子枪，通过给灯丝通电，将阴极加热，以 80~250 kV 的直流阳极高压吸引从阴极逸出的电子，电子因而获得基本相同的初始动能。微波电子枪是近年来的一项进步。微波电子枪的阴极到出口之间是腔形结构，可以建立频率很高的纵向微波电场，使受到电场加速而从枪口输出的电子从开始就分成束团，而且初始动能较高，相位分布宽度 $\Delta\phi$ 较窄，后续更有利于加速。微波电子枪可以采用热阴极或光阴极，光阴极仅当阴极受到极短的激光脉冲轰击时才释放出电荷量很高的电子团，所以 $\Delta\phi$ 更窄，电子初始性能的一致性更佳。

利用由电感、电容构成的谐振电路产生的强烈电振荡来加速电子是一种较好的方法。在电感、电容两端产生的高电压以接近正弦（或余弦）的方式变化着，正、负交替。要利用这种交变高电压来加速带电粒子，只有在合适的相位范围内才能做到，如果相位不对，非但不能加速反而会造成减速。为了使被加速粒子所获能量比较一致，只能用一狭小的相位范围。显然，用这种高频高电压加速的粒子流在时间上是一段一段的、脉冲式的，是很窄的粒子流，会成为一个一个束团，加速的重复频率最高可与高电压频率相同。为了多次利用高电压来加速，有人把多个中空的金属圆筒有间隙地排列在一直线上，组成直线加速器，并将高压高频交变电源间隔地耦合到各圆筒上，在圆筒之间及圆筒与电子枪之间存在着高电压，但其相位是轮流反相的，如在第一个、第二个圆筒间为正，则在第二个、第三个圆筒间为负，第三个、第四个圆筒间又为正，依此类推。如图 7-2 所示，被加速的电子由电子枪发出，如经第一个圆筒与第二个圆筒间的加速间隙时，正有合适的相位，就会被这一间隙中的电场所加速，速度和能量有所提高，然后进入第二个圆筒。金属圆筒具有屏蔽作用，圆筒内是弱场区或无场区，电子自由漂移通过，到第二个间隙时，如果正好花去 1/2（交变高压的）周期，正逢相位反向，则粒子在第二个间隙又遇到合适的相位，又能获得加速，依此类推，粒子将在多个间隙中得到加速，获得更高的能量。为了适应电子速度的加快，要把圆筒长度相应放长，使在每个圆筒内的漂移时间均为 1/2 周期。

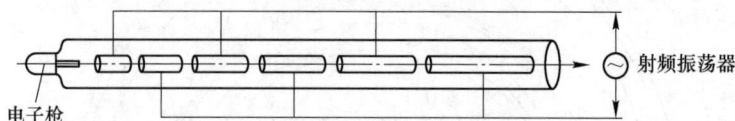

图 7-2   直线加速器的工作原理示意图

图 7-3 为行波型直线加速器中的电场示意图，显示的是电场强度 E_z 随空间变化的情况。某一位置的电子此时刻是否得到加速，取决于它所处的电场相位 ϕ。图中 $E_z>0$ 的区间对应的是加速相位。束流中的电子以各自的速度沿 z 轴前进，图中的电场仿佛也在以相速度向前飞驰，两种速度未必相等，所以电子的相位在加速过程中有可能改变。最理想的情况是，电子速度 v_z 等于波的相速度 v_p。如果两者不相等，电子与电场就有相对"滑动"，电子的相位在加速过程中发生改变，这个现象称为滑相，是直线加速器电子纵向运动的突出特点。当 $v_z<v_p$ 时，电子逐渐落后，称为电子向后滑相，反之则称为电子向前滑相，逐渐超前。一群电子滑相时，其相位分布宽度 $\Delta\phi$ 有可能改变。如果走在后面的电子因加速而获得的能量多于前面的电子，则无论向后或向前滑相，$\Delta\phi$ 都趋于减小，使电子群"聚相"，电子越不具有相对论性，"聚相"效果越明显；反之，如果跑在前面的电子获得的能量较多，电子群被"散相"，则 $\Delta\phi$ 趋于增大。不论来自什么电子枪，进入相速度 v_p 等于 c 的主加速段的电子束应该初始动能足够高，但还不够相对论性（平均速度的典型值约为 $0.75c$）的一串电子束团，并且每个束团的中心都在聚相的相位上。直线加速器束流的纵向充分聚相和电子初步达到相对论性这两个过程将在主加速段第一加速管的前部（长度为 0.5~1 m）同时完成。从电子枪出口到这一位置的区间称为"聚相段"，以后的加速中基本不再有滑相现象。

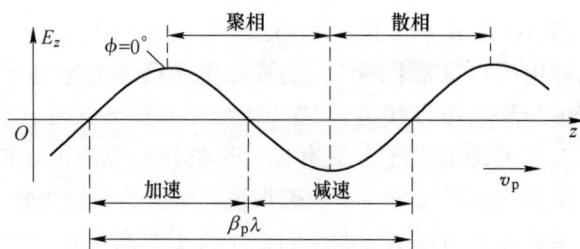

图 7-3   行波型直线加速器中的电场示意图

若要用直线加速器得到很高的电子能量，就要将整个加速器做得很长，所以，作为初级加速，除了直线加速器，也要备有电子回旋加速器，回旋加速器的原理是在利用高频电压给电子加速增能和用磁场使带电粒子做绕圈运动这两种作用的基础上建立起来的。如图7-4所示，当高频高电压加在两个电极上时，电极间便会形成电场，电子束在其中加速。在近中心附近安排有电子源，发出的电子会在极间电场的作用下得到加速，飞向一个电极。在 D 形电极盒内时，由于金属盒的屏蔽作用，其内部电场为弱场区和无场区，运动的电子只受磁场的偏转作用，形成如图7-4所示的半圆形的运动，绕过半圈，到另一侧的加速间隙。如果这时正好是高频高电压的另一半周，则带负电的电极便会变为带正电，而对面的电极则变为带负电，电子又在加速间隙处得到加速，以致速度进一步增加。这样反复循环，圈子会越来越大，电子速度和能量也一步一步增加，从而达到加速增能的目的。回旋加速器一般可将电子束能量提高到约 100 MeV。

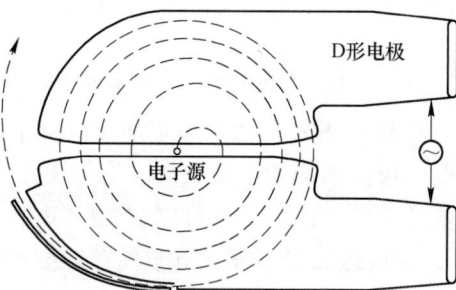

图 7-4　电子回旋加速器的工作原理示意图

7.1.1.2　同步加速器

同步加速器又名增强器，是一个把从直线加速器输出的能量为 80~200 MeV 的电子束加速到储存环的额定能量，然后将它们再注入储存环的装置，它可将前级注入器（直线加速器或电子回旋加速器）产生的能量（一般为约 100 MeV 的电子束流）加速到同步辐射源所需的注入能量。

从前级注入器注入的电子束流自动到达同步加速器真空室的中轴线上，但与轴线有较大的夹角。此时冲击磁铁将其轨道偏转，恰可以消除此夹角，使电子束流沿轴线前进。注入可以在很短的时间内完成，然后各磁铁的磁场上升，开始为电子加速。为了加速电子，同步加速器的磁场呈周期性变化，加速周期就是主磁铁（弯转磁铁和四极磁铁）的磁场变化周期，一般为 0.1~1 s。其磁场-时间（B-t）曲线的每个周期分成四个时间段：(1)"平底"段，用于注入束流；(2)上升段，主磁铁的励磁电流在磁场线性上升段同步增强，实现电子的加速升能；(3)"平顶"段，用于将束流引出；(4)下降段，电流在磁场下降段回到平底。同步加速器的许多特点与加速周期有关。磁聚焦在结构、构造上往往采用准周期性的 FODO 单元结构，每个单元都有弯转磁铁和差不多等间距摆放的两种四极磁铁（分别在 x 方向聚焦和散焦，习惯上分别用字母 F 和 D 来代表），这样的聚焦结构有良好的稳定性，对磁场上升过程中出现误差的容错能力较强。还应尽量让较多的磁铁串联，减少独立调节的电源数，降低磁场同步上升的难度。已经加速到高能并稳定运行的电子束会进一步经引出系统导引到增强器真空室之外的束流传输线中，它的工作流程与注入相反。假定采用水平引出，由安装在束流稳定轨道上的冲击磁铁的快脉冲磁场将电子束偏转，经过约 1/4 个周期的水平振荡，电子束的轨道与真空室中轴线的偏离便达到最大值。如果先前的偏转角足够大，电子束就可能进入隔板磁铁的磁场作用区域，被继续向外偏转或加以垂直偏转，离开增强器并进入束流传输线，经束流传输线输送到电子储存环。引出束流的能量较高，所以要求冲击磁铁和隔板磁铁的磁场相当强，才能提供足够大的偏转角。为了降低难度，可以用无须快速变化的轨道校正磁铁形成辅助凸轨，使束流轨道在冲击磁铁动作之前靠近隔板磁铁，但与隔板之间留有安全距离；隔板磁铁还可以分级接力，第一级偏转较小，主要偏转任务由后面离增强器真空室较远的隔板磁铁完成。

从图 7-1 可以看出，同步加速器构造与电子储存环相似，它们有许多共性，但也有区别，主要区别包括：（1）作用不同，同步加速器使电子加速，提高能量，电子储存环则使电子保持能量做稳定运转；（2）输出不同，同步加速器输出的是高能电子，而电子储存环输出的是光；（3）关键元件不同，电子储存环为输出满足不同要求的各种辐射，要安装各种插入件，而同步加速器为了提高加速效率，需要提高电子的回转速率，因此安排要紧凑，不需安装插入件，少留空档，以缩短回转一圈所需的时间，使能量增长快一些，注入时间短一些；（4）真空度要求不同，由于同步加速器从电子注入到引出时间是以秒计的，较电子储存环中的电子束团的期望寿命（10 h 或更长）短很多，故同步加速器中电子轨道处的真空度要求要低于电子储存环，可以在 10^{-5} Pa，而电子储存环真空度要求一般为 $10^{-8} \sim 10^{-7}$ Pa；（5）发射度要求不同，电子储存环要求的自然水平发射度和垂直发射度都较加速器更低。

7.1.1.3 电子储存环

电子储存环是同步辐射源的核心部分。它由许多磁聚焦结构环状排列而成，磁聚焦结构之间留有孔隙，称为直线段，其中一段用来引入束流，一段用来安装高频加速谐振腔，其余的用来安装各种插入件。

A 磁聚焦结构

电子储存环的主要作用是使电子束团在其中稳定运行。要使电子偏转做圆周运动，要使电子束团中的电子继续聚在一起不发散，要使所发同步辐射的发射度小、亮度大，这都要求有恰当的磁聚焦结构。磁聚焦结构是由若干块弯转二极磁铁和四极磁铁构成的，图7-5 所示的 Chasman-Green 结构是由四块弯转二极磁铁（B）和五块四极磁铁（Q）构成的。弯转二极磁铁用于使电子束的轨道弯转，同时产生同步辐射；四极磁铁用于约束电子

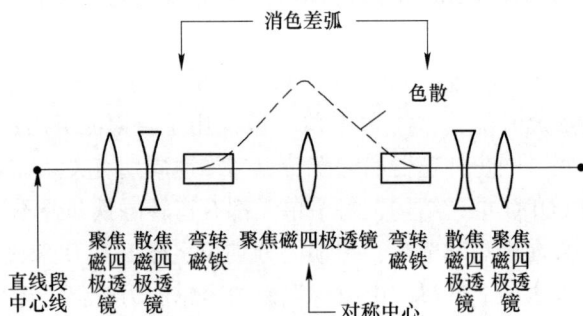

图 7-5 Chasman-Creen 结构示意图

的横向振荡，或者说将电子束横向聚焦或散焦。此外，还有用于校正色品的六极磁铁和用于克服束流横向不稳定性的八极磁铁等。

弯转二极磁铁的主要作用是使电子运动发生弯转，采用 C 形磁体结构，使电子束轨道外侧无磁体遮挡，沿切线方向出射的同步光可以自由地经长扁的真空室射到外围的光束线区或吸收无用同步光的光子吸收器上。每块弯转二极磁铁只使电子束偏转一个不大的角度，弯转二极磁铁与弯转二极磁铁间为短直线段，短直线段上安放四极透镜等设备。只用两个弯转磁铁的磁聚焦结构简称 DBA 结构，用三个弯转磁铁的简称 TBA 结构，四个弯转磁铁的简称 QBA 结构等。

电子储存环中电子束流的聚焦采用强聚焦的方式，主要用四极磁透镜，并配有六极磁透镜进行修正。如图 7-6 所示，四极磁透镜上四组激磁线圈通电后，使磁极面分别形成 N、S、N、S 磁极。由于磁极分布和极间距离的关系，越靠近四极透镜中心，磁通密度越小，反之，磁通越大，存在着磁场梯度，中心处磁场为零，电子运动不受影响。假定电子束从下穿过纸面射出，由于电子带负电荷，在水平方向就会受到向中心方向的作用力，离中心越远，磁场越强，作用力也越大，故有聚焦作用。但在垂直方向，作用力的方向是背离中心的，有散焦作用。这样使用四极磁透镜作为聚焦元件时，至少要用两个四极磁透镜（或两个以上）组合起来，一个四极磁透镜在 x 方向聚焦、在 y 方向散焦，另一个则在 y 方向聚焦、在 x 方向散焦，总的效应是在 x、y 方向都得到聚焦，但焦距会变长。四极磁透镜是属于色散元件，即电子束团中那些能量稍大一些的和稍小一些的电子，能量不同，聚焦位置也有所不同，与光学中的色散相似。

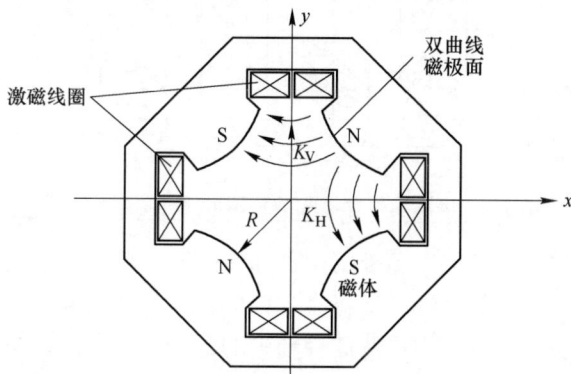

图 7-6　四极磁透镜的工作原理示意图

B　高频加速谐振腔组

为了使环行电子束以基本不变的能量绕行，具有几小时、十几小时的寿命，故在每绕一圈后要补充其损失的能量，以使能量平衡，为此，在电子储存环中的一个直线段上安排有高频加速谐振腔组。高频高电压除可以补充能量，还有纵向聚焦或压缩电子束团的作用。电压幅度的加大，相位的移动会使平衡点附近的电压陡度增大，产生纵向压缩，使电子束团更紧一些。为了这个目的，有时特地增加高频电压的幅值。每个谐振腔可提供 500 kV 的高频电压，若 500 kV 不足以满足补偿功率的要求，则可将几个腔串联起来以提供更高的加速电压。电子束团以一定频率 f_0 在储存环中环行，电子的速度与光速 c 近似，

若轨道的周长为 s，则 $f_0 = c/s$。设轨道周长 s 为 300 m，则 $f_0 = 1$ MHz，也就是说电子束团 1 s 环行 100 万次。为了使电子束团绕行一周后回到高频谐振加速腔时与加速电压保持确定的和合适的相位，谐振腔工作频率应与环行频率相同或是其整数倍。光子吸收器上装有冷却装置，可以吸收同步光产生的热量，其下装有高抽速真空泵，将同步光射到物体上而使解吸放出的气体迅速抽走。在储存环中最大的真空负载往往就是光致解吸放气。真空室中的狭缝宽度要恰到好处，为使束流真空室中的电子束团不产生电磁振荡，狭缝就要窄，即窄到能屏蔽电子束团，但也不能太窄，既要能使同步光自由出射，又要使真空抽速不致太小。

C 插入件

插入件是具有空间交变磁场的元件，是由一组沿电子的轨迹周期排列的磁铁组成的，磁铁的两极垂直置于电子束轨道的上、下，相邻磁铁的极性正好相反，如图 7-7 所示。电子进入插入件后由于受到磁场的作用而偏离原轨道，电子在插入件中的运动不同于原储存环中的运动，或能量更高、或亮度更高、或有相干性、或有不同的偏振性、或兼而有之。但电子在离开插入件时又回到原轨道，故不改变电子储存环其他部分的运转参数，不改变其总体性能。总之，插入件是用来获得高质量同步辐射的装置，其数量的多寡与功能的强弱已成为评判同步辐射装置优劣的标志。第三代同步辐射源的一大特点就是有大量的插入件。其同步辐射主要来自插入件而非来自弯转磁铁。

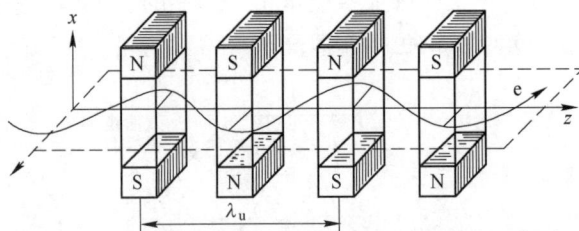

图 7-7 多周期扭摆器和波荡器的工作原理示意图

目前使用的插入件有频移器、多极扭摆器和波荡器。频移器是比较简单的插入件，它由三个二极磁铁组成，它们的极性是交替排列的。如果适当地选择磁场强度和磁极形状，再加上入口和出口的修正装置，则可使储存环中的电子束因在该处偏离原运动轨道而有一个曲折。由于构成频移器的磁铁的磁场较弯转二极磁铁更大，电子束团在此的回转半径更小，故而在曲率半径最小处出射的同步辐射的特征波长会较弯转磁铁的更短，含有更多的短波辐射。

多极扭摆器和波荡器构造相似，扭摆器所用磁铁的磁场强度 B_0 大，磁场周期 λ_u 大，但磁极的周期数 N_0 小，因磁场强度大，电子偏离原有轨迹较大，可使临界波长变短。电子沿扭摆器全程发出的光呈扇形散开，基本不发生光与光的干涉，只有功率的非相干性叠加。辐射仍有连续、平滑的频谱，与弯转磁铁产生的频谱类似，但因为磁场一般较强，往往有较高的特征光子能量和较大的辐射功率，光子通量与有效磁极对数成正比。由于多极扭摆器有数个曲折，不同曲折所发辐射会因叠加而增加强度，其强度与 N_0 成正比，故在既需高能量又需高强度时选用扭摆器。

波荡器所用磁铁的磁场强度 B_0 小，磁场周期 λ_u 也小，轨道扭摆幅度小，但磁极的周

期数 N_0 却大。在波荡器中，电子只是多次地、稍稍地偏离原有轨道。波荡器不能增加辐射的能量，全光束张角与单电子辐射天然张角接近，所有辐射光锥充分地相互重叠，由于磁场的周期性而产生强烈的干涉，使辐射强度大大增加，但只有满足条件的特定波长的光才会被加强，其他波长的光则基本消失。波荡器辐射是亮度很高的准单色光，波荡器的总功率虽然并不很高，但都集中在几条谱线附近，形成窄而很强的峰，有相当高的光子相空间密度，波荡器辐射的亮度很高，可能比弯转磁铁辐射高 $3 \sim 5$ 个数量级。也由于干涉，它得到由基波和高次谐波构成的断续光谱，这与弯转磁铁和扭摆器是完全不同的。无论束流通过弯转磁铁、多极扭摆器还是波荡器，发出的辐射都有同样的时间结构，所以电子储存环束流具有脉冲特性。

7.1.1.4 前端区及光束线

束流从电子储存环弯转磁铁发出的同步光通过一个位于真空盒内的反应镜的反射，从石英窗引出束流真空盒，到达测量站。要把这些同步辐射引入各相关实验站进行实验和应用，必须有各种特殊的光路，才能使辐射达到各种不同的实验需求。光线从储存环发出到实验站中被使用的整个路程称为光路，可分为前端和光束线两部分。前端区是光束线和储存环的接口，具有真空保护、辐射屏蔽、光束准直及降低光束线元件上热负载的功能。光束线的作用可分为两个方面：（1）对同步辐射光源产生的光束进行处理，如聚焦、单色化等；（2）将光束传输到实验装置（实验站）的指定位置。由于物质对真空紫外及 X 射线的强烈吸收，在此能量波段，不能采用对可见光波段有效的透镜系统，通常采用基于几何光学原理的反射镜系统来进行光束的聚焦。反射镜构成的聚焦系统由于像差等影响，聚焦斑点的最小尺寸通常大于几十微米。要想达到纳米尺寸的聚焦，目前采用的是基于干涉原理的波带片系统。

从电子储存环的光束出口到屏蔽墙的一段光路称为前端区，前端区布置示意图如图7-8 所示，电子束注入期间有大量的韧致辐射产生，此时为了人身安全，由重金属构成的防辐射安全光闸必须关闭，但安全光闸无水冷，故此前须把光关闭。如果某实验站发生真空事故，则压力探头会立即送出触发信号，把电子束流打掉，真空快阀在小于 10 ms 的时间内落下，然后光子挡光器关闭，真空慢阀关闭，金属密封阀关闭。光子挡光器是全部热负载的承担者。它用来保护后续的所有挡光部件（如阀门、窗、光学反射镜等），使它们不受到高功率同步辐射的直接照射。挡光器要吸收全部热功率，因而必须要水冷，且其材料应有好的导热性和耐热性。

在同步光的实际应用中，有些实验对光束的位置稳定性有很高的要求。例如，要求光斑在实验站的位置漂移小于几十微米甚至更低，而这种漂移通常可达几百微米以上。光束位置的漂移是由各种机械振动、储存环磁铁电源的不稳定性及其他噪声引起的，解决办法是在这些光束线上采用光束位置反馈系统。光束位置监控器有两种类型，一种称为碳素丝探针，用于光束的精确定位及光束截面上光强分布的测定，在光路不同位置安放这种碳素丝可以了解整个光路中的光束状态，但由于要进行位置扫描，反应速度较慢；另一种称为金刚石探测板，是一种快速反应的光束位置监控器，用于光束位置的快速测定和反馈控制，金刚石探测板中间开有直径为 0.5 mm 的圆孔，当光束位于圆孔中心时，四个象限受到的辐射相同，各电极输出的信号也相同，一旦光束位置稍有偏差，各电极的输出信号就会不相同，因而可以立即感知光束位置的偏离，从而迅速做出反应，调整光束位置到中心。

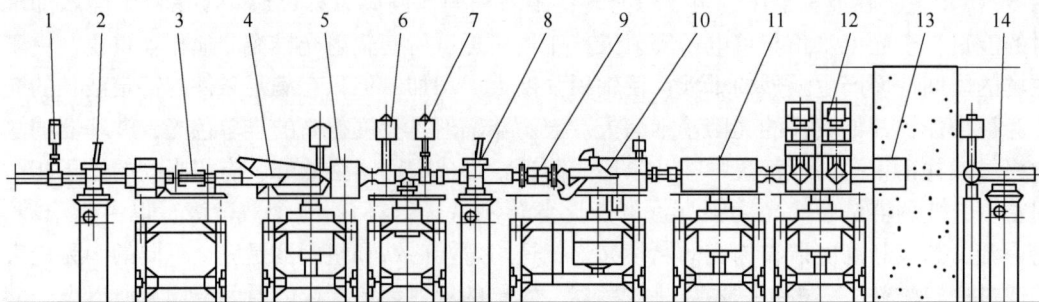

图 7-8　前端区布置示意图

1—全金属环绝缘阀；2—光束位置监控器（BPM）；3—固定光栏；4，10—挡光器（PS）；5，13—准直器；
6—全金属真空慢阀；7—全金属真空快阀；8—光束位置监控器（BPM）；9—固定光栏；
11—滤光器组；12—安全光闸；14—窗

　　光线从储存环屏蔽墙中射出到进入各实验站的光路称为光束线，由于各实验站对光源的要求不同，光束线有各种不同的设计和功能，典型的光束线有白光束线、硬 X 射线光束线、软 X 射线光束线、紫外光束线等。

　　在同步辐射系统中的白光一般指的是波长范围相当宽的连续光波，因此白光系统不要求对光束进行光谱分光，是最简单的一种光学系统。白光系统的光束线一般可用于衍射、形貌、散射、光刻、荧光及 LIGA 等实验站。其中，LIGA 是德文"lithographic（光刻）、galvanoformung（电铸成型）、abformung（塑铸成型）"的缩写，其过程包括 X 射线深度光刻、电镀和模压，是一种制备微电机系统（MEMS）的先进技术。同步辐射上的 LIGA 实验站就是为研究和改进这一技术而设置的。LIGA 实验站有两条光束线，一条是高能束线，光子能量高达 $2\sim6$ keV，功率密度一般可大于 100 mW/cm^2，它主要用于厚光致抗蚀剂（PMMA）的 X 射线深度光刻，其深度可达 500 μm 以上，刻蚀 500 μm 的 PMMA 约需 17 min。另一条光束线是低能光束线，光子能量为 $0.88\sim3.1$ keV，这条光束线一般可用于亚微米的光刻及高对比度的掩模的制作。硬 X 射线一般是指波长在 $0.01\sim1$ nm 或光子能量在 $3\sim5$ 个数量级的电磁辐射。同步辐射中的硬 X 射线光束线能提供波长连续可调的高质量、高强度硬 X 射线束，常可用于衍射、散射、荧光及 X 射线吸收精细结构谱（XAFS）等实验站。硬 X 射线光束线除了一些真空阀门、铍窗和光束位置监控器，主要是一个垂直方向的聚束镜和一个水平方向聚束的双晶单色器。它们把光束在空间上聚焦到 0.5 mm× 0.3 mm 的小面积上，以满足 XAFS 测量的空间分辨要求。软 X 射线和真空紫外光一般指波长为 $10^{-3}\sim10^{-1}$ μm 的电磁辐射，在这个波长区，以往没有好的光源，也没有好的光学元件，因此几乎是一个应用上的空白区。近年来，由于同步辐射光源的出现和多层膜 X 射线光学元件水平的提高，这一区域的电磁波也开始得到了广泛利用。同步辐射中的这类光束线目前常用于光电子发射谱、软 X 射线光学、生物光谱学及软 X 射线显微术的研究。

7.1.1.5　同步辐射探测器

　　同步辐射探测器是数据收集的关键设备，其性能不仅决定着实验数据的质量，而且直接影响实验的效率，还往往是决定能否充分发挥同步辐射光源能力的重要因素。目前，应用于同步辐射领域的探测器主要有气体探测器、闪烁探测器、固体探测器、成像板

（IP）、电荷耦合器件探测器（CCD）、硅微条探测器（SMD）、像素阵列探测器（PAD）等。对于任何一种同步辐射探测器，都有一系列指标可用来表征其性能参数，包括适用的能量范围、量子效率、线形范围、动态范围、能量分辨率、信号输出时间、有效探测面积、噪声背底、像素阵列大小及空间分辨率等。对于具体的同步辐射实验，根据研究目标的差异，对探测器性能指标的侧重也各不相同。除高的探测效率（量子效率、高的饱和计数率和快速读出时间）外，对于衍射、散射实验，还追求大的探测面积、好的空间分辨率和动态范围，谱学实验则还看重能量分辨率的提高和信噪比的改进，成像实验探测器发展的焦点在于提高空间分辨率，而动态研究领域中探测器发展的重点则集中在提高时间分辨能力。

A 气体探测器

电离室是一种结构最简单的气体探测器，可检测 X 射线的强度。在空气或充有惰性气体的装置中，设置一个平行极板电容器，在极板间加高电压（几百伏）产生电场，当 X 射线入射到电离室后使气体产生电离，在电场作用下，正离子趋向负极板，电子趋向正极板，产生电离电流，通过检测电流量或响应电压即可得到入射 X 射线的强度信息。如果将极板间的电压升高到 1000~2000 V，气体将产生多次电离并伴随着光电效应，此时电离的数目大量增殖从而形成气体放电，而脉冲电流在负载电阻上产生的平均电压降与入射 X 射线光子在气体中损失的能量成正比，即或能得到入射 X 射线光子的数量和能量。基于这一原理，位置灵敏探测器可以在很短（微秒级）的时间内对整个窗口范围内的每个位置同时进行测量，位置分辨能力可达 0.1~0.3 mm。将多根位敏信号丝平行排列，还可成为二维面积型的位敏探测器。气体电子倍增器（GEM）是一种平板式气体探测器，通过特殊的多孔导电膜来改变工作气体中的电场分布，从而提高电子放大倍数，具有优异的位置分辨能力（<100 μm）、很好的耐辐照性能，可以在很高的计数率（约为 10^6 Hz）条件下工作。

B 闪烁探测器

闪烁探测器主要由闪烁体和光电倍增管组合而成。当入射 X 射线进入闪烁体时，闪烁体的原子或分子受激而产生荧光。利用光导和反射体等光的收集部件，使荧光尽量多地射到光电转换器件的光敏层上并打出光电子，经过多极倍增后，收集极能获得约为初始电子数目 10^8 倍的电子，从而形成可检测的电脉冲信号。目前，闪烁探测器仍是同步辐射衍射、散射等实验中通用性较好的检测器之一。闪烁探测器的主要优点是对较宽范围波长的 X 射线均具有接近 100% 的量子效率，稳定性好，使用寿命长，计数范围和动力学范围大，价格相对便宜，缺点是能量分辨能力差，其能量分辨率虽然不如半导体探测器好，但对环境的适应性较强。特别是有机闪烁体的定时性能，中子、γ 分辨能力和液体闪烁的内计数本领均有其独特的优点。

C 固体探测器

固体探测器又称为固体电离室，以半导体材料为探测介质，因此也称为半导体探测器。其工作原理与电离室的工作原理相似，不同之处在于载流子的种类不同，在电离室中载流子为电子和正离子，而在半导体探测器中则为电子和空穴。半导体探测器 p-n 结之间的耗尽层为探测灵敏区域，X 射线进入该区域后使 p-n 结区的原子发生电离，产生电子-空穴对。在两极加上电压后，电子和空穴分别向两极做漂移运动，收集电极上会感应出电荷，从而在外电路形成信号脉冲，脉冲高度对应 X 射线光子的能量，脉冲数则对应光子的数量。由于入射 X 射线在探测灵敏区产生电子-空穴对所需的能量很小，半导体探测器能量分辨率很高。此外，半导体探测器脉冲上升时间较短，可用于快速测量；窗可以做得很薄，可测量低能 X 射线；且半导体探测器的结构简单，体积轻巧，不需要很高的电压。最通用的半导体材料是锗和硅，而目前在同步辐射领域应用的半导体探测器主要有锂漂移型（Si(Li)）和高纯锗两种类型。Si(Li) 探测器可以用来探测较低能量的 X 射线，而高纯锗探测器适用于探测中、高能的 X 射线。对于半导体探测器，量子效率主要取决于半导体材料及探测灵敏体积。对于给定的半导体材料，表征其性能的一个重要指标是其对不同能量 X 射线的吸收效率或吸收长度。除了目前广泛应用的半导体材料漂移硅、漂移锗和高纯锗，其他一些复合半导体材料（如 GaAs、CdTe、CdZnTe 等）发展也很迅速。这些复合材料具有较小的吸收长度，更适合对较高能量的 X 射线进行测量。

D　成像板

成像板（IP）是使用一种微量元素铕（Eu）的钡氟溴化合物结晶制作而成的能够采集并记录影像信息的载体，其工作原理基于光励荧光（PSL）。成像板的结构是在基片上涂有一层光励荧光涂层，一般由掺杂 Eu^{2+} 的 $BaFBr:Eu^{2+}$ 微晶组成。当 X 射线入射到成像板后，Eu^{2+} 受到激发失去一个电子变为 Eu^{3+}，失去的电子进入导带并被晶格中卤素离子的空穴所俘获，形成亚稳态色心。当用激发光照射 IP 时，色心吸收激发光释放被俘获的电子，与 Eu^{3+} 结合成激发态的 Eu^{2+}，并释放光励荧光，光励荧光可以通过光电倍增管（PMT）读取。使用成像板探测 X 射线的工作流程由以下几个步骤构成：首先，IP 在 X 射线中曝光，形成 X 射线图像的潜像；其次，用红色激光逐个像素地扫描 IP（光激励），激发光励荧光（蓝色荧光），其强度正比于在该像素所接受的 X 射线照射剂量；最终，通过光电倍增管将光励荧光转化为电信号，形成数字化 X 射线图像。

E　电荷耦合器件探测器

电荷耦合器件探测器（CCD）是一种高度灵敏的探测器，属固体探测器的一种。CCD 包含一系列链接或耦合的电荷存储元件（电容仓），每个单元都相当于一个金属氧化物半导体电容器（MOS），一般通过在 P 型硅衬底上热氧化生成一层氧化薄膜 SiO_2，然后再蒸镀一层金属制成。对 MOS 电容器的金属层进行光刻，制成间距很小的一些栅极。栅极上加正电压，硅片中的多数载流子（空穴）被排斥形成耗尽层，而在硅的表面层下出现一个位阱，此时，负电荷落入位阱就会被俘获，起到储存电荷的作用，所加电压越高，耗尽层就越深，会吸引更多电子，直到达到"全阱容量"（即一个像素下可以存储的电子数量）。在 CCD 各个栅极上加上具有相对相位延迟的脉冲就可以实现电荷转移，配备适当的读出电子学线路，就可得到一维或二维 CCD 阵列。在成像中，CCD 由大量光敏材料组成，这些光敏材料分成小区域（即像素），用于构建感兴趣场景的图像。当投射在场景中的光在 CCD 上反射时，落入由其中一个像素定义的区域内的光子将被转换为一个（或多个）电子，其数量与像素的强度成正比。当 CCD 退出时，可以测量每个像素中的电子数量，并且可以重建场景。X 射线 CCD 探测器可分为直接探测和间接探测两类。前者通过增大耗尽层的厚度直接对入射 X 射线进行探测。而目前应用于同步辐射实验中的 CCD 主要采用间接探测，即通过转换靶（闪烁体或磷光体）将入射的 X 射线转换成可见光，通过光学耦合系统（即光学透镜组、光导纤维或图像增强器与透镜系统组合）传送到 CCD 芯片进行图像读出。

F 硅微条探测器

硅微条探测器（SMD）是近年来发展起来的一种测量粒子或射线空间分布的探测器。SMD 在 p-n 结硅片型半导体探测器外侧敷盖多个金属微条，多数结构采用 p^+-n^--n^+ 形式。n 型硅片的整个底面掺入杂质后，制成 n 型重掺杂 n^+ 层，其外层附有一层铝，作为电极接触。这样制成了表面均匀条形的 p-n 结型单边读出。硅微条探测器为单边读出，随着技术水平的提高，科学家采用双金属层等新技术工艺，研制成双边读出的硅微条探测器。即在一片 n 型硅片的两面，通过氧化和离子注入法、局部扩散法、表面位垒法及光刻法等先进技术工艺，分别制成重掺杂 p^+ 型和 n^+ 型微条，这种探测器有 p^+ 型和 n^+ 型上、下两层读出条，这两层读出条相交成一定的角度，因而具有二维的位置测试能力。其工作原理为：中间部分的耗尽层是探测器的灵敏区，当在这些条型 p-n 结加上负偏压时，耗尽层在外加电场的作用下随着电压的升高而变厚。当电压足够高时，耗尽层几乎会扩展到整个 n 型硅片，基本达到了全耗尽，死层就变得非常薄，因为其内部可移动的载流子密度很低，动态电阻很大，漏电流很小（好的硅微条探测器漏电流小于 100 pA），同时减小了电容，压低了噪声。在无辐射电离时，基本没有信号产生。当有带电粒子穿过探测器的灵敏区时，将产生电子-空穴对，在高电场的作用下，电子向正极（底板）漂移，空穴向靠近径迹的加负偏压的微条漂移，在这很小的区域内（探测器厚度约为 300 μm）收集电荷只需很短的时间（约 5 ns），在探测器的微条上很快就读出了这个空穴（实为电子）运动产生的电荷信号。在 p 型和 n 型两边读出条上都可读出电荷信号，得到二维信息。可见，硅微条探测器具备非常高的位置分辨率（通常为微米量级）、很高的能量分辨率、很宽的线性范围及非常快的响应时间（约 5 ns），可以实现高计数率（超过 $10^8/(\mathrm{cm \cdot s})$）。硅微条探测器的缺点是对辐射损伤比较灵敏，电子学相对复杂，大面积制作成本较高。

G 像素阵列探测器

像素阵列探测器（PAD）是以硅为探测材料的粒子径迹探测器，是半导体探测器的一种。PAD 采用专用集成电路（ASIC）技术将半导体探测单元（二极管）阵列集成捆绑在一起，每个单元都配备了独立的微电子学读出系统，以对信号进行并行处理。传统 X 射线 CCD 一般采用分段输出，而 PAD 则是数百万路并行输出，从而有效克服了传统 Ge 或 Si 半导体探测器计数率的"瓶颈"限制，计数能力提高几个数量级。例如，欧洲大型强子对撞机（LHC）的大型强子对撞机环形器具（ATLAS）探测器，在像素探测器中的一个面积为 2 cm×6 cm 的模块里，就有 47268 个像素单元，粒子穿过任何一个像素都会被记录下来。此外，通过对背衬阳极电子学的处理，可以获得光子的能量信息，使 PAD 具有能量分辨能力。根据灵敏区和电子学是否建立在相同的基片上，像素阵列探测器可分为单一像素阵列探测器和混合像素阵列探测器。PAD 和 ASIC 是当前探测器发展的核心领域，其技术的完善和进步不仅使同步辐射实验效率得到提高，而且为新的实验方法和领域的拓展提供了可能性。

7.1.2 同步辐射光源

同步辐射光源已成为尖端科学研究及工业应用不可或缺的实验利器，可广泛应用于材料、生物、医药、物理、化学、地质等领域。近几十年，有五届诺贝尔化学奖获得者的研究成果直接用到了同步辐射光源。1997 年，约翰·沃克（J. Walker）利用同步辐射光源，解析出三磷酸腺苷蛋白的结构，因而获得诺贝尔化学奖。进入 21 世纪，对同步辐射光源的利用更加普遍，在同步辐射光源的辅助下，蛋白质晶体学领域还获得了 2003 年、2006 年、2009 年、2012 年的诺贝尔化学奖，充分说明了同步辐射光源的重要性。

7.1.2.1   同步辐射光源的发展

1956 年，Tamboulian 与 Hartman 对美国康奈尔大学的 300 MeV 电子同步加速器产生的同步辐射性质进行了研究，如同理论预期的那样，该加速器发出的同步辐射最丰富的光谱范围在真空紫外（VUV）光波段，他们还测量了同步辐射在铍及铝上的吸收谱。也就在这个时候，在莫斯科 Lebedev 研究所的 250 MeV 加速器上也开展了类似的先行性工作。20 世纪 60 年代初期，美国国家标准局、意大利弗拉斯卡蒂的核物理研究所和日本东京大学率先开展了紫外波段光吸收谱实验等利用同步辐射的研究工作。1963 年，Madden 和 Codling 沿华盛顿美国国家标准局（NBS）的 180 MeV 电子同步加速器中一处电子轨道的切线方向引出了同步辐射，以研究它作为真空紫外波段标准光源的可行性，并首次用它来进行原子光谱学的研究。结果表明，辐射性质完全与理论计算相符，完全可以作为标准 VUV 光源。此时，日本物理学家应用东京大学原子核研究所的 750 MeV 电子同步加速器以软 X 射线区域的辐射作为连续背景，进行 KCl 和 NaCl 的 Cl-L2,3 吸收谱研究。由于早期的电子同步加速器的能量较低，由加速器弯转磁铁产生的同步辐射的实用波长限于真空紫外-软 X 射线（VUV-SX）波段范围，较高通量的同步辐射 X 射线的产生要等到能量为几个吉电子伏特量级的电子加速器建成之后。1965 年，德国汉堡的 5 GeV 电子同步加速器（DESY）建成，那时人们认为对 DESY 提供的 X 射线波段同步辐射的性质与理论预言完全一致是理所当然的，从此在较高能量的加速器上使用 X 射线波段同步辐射的研究也就开始了。彼时同步辐射光的研究主要是在高能加速器上兼用的，为第一代同步辐射光源。

最初的光源都是同步加速器，电子的能量是变化的，只有停在高能端时可以利用同步辐射。更重要的是，那些加速器的主要功能是加速电子以进行高能物理实验。对于加速器的所有者，同步辐射是一种有害但无法摆脱的副产品，同步辐射实验是无奈之余的废物利用。同步辐射实验站的工作状态称为寄生运行，这大大限制了同步辐射应用的水平。随着电子储存环的出现，这一情况很快有所改变。电子储存环是结构特征与同步加速器相似，但"不加速（可能是加速后停止加速）"的加速器，能让粒子束在环内以不变的能量沿着固定的轨道稳定运行相当长的一段时间，能够实现双束高速持续对撞，使粒子反应的有效作用能明显增大。1968 年，两台专为同步辐射研究服务的电子储存环开始运行，一台是美国威斯康星（Wisconsin）大学的"大力神"（Tantalus），能量为 240 MeV；另一台是日本东京大学的 SOR 环（synchrotron orbital radiation ring），能量为 400 MeV。同步辐射专用储存环，这种新生事物的诞生意味着同步辐射源起步阶段的结束和大发展阶段的开始，推动了在世界各地建造新一轮专用同步光源、成立同步辐射应用中心的热潮。这些新中心的储存环或是由退役的高能加速器改造而成，或是为优化同步辐射的产生和实验特点而索性从头开始设计和建造的。1976 年提出以低电子束发射度得到高同步光亮度的磁铁聚焦结构（lattice），是当时优化加速器光源最大的进展。为了与科研紧密结合，1975—1990 年许多同步辐射光源建成，如美国布鲁克海文（Brookhaven）的国家同步光源（NSLS）、英国达累斯伯里（Daresbury）的同步辐射光源（SRS）、日本筑波（Tsukuba）高能研究所的光子工厂（PF）和筑波电工技术所的 TERAS、中国国家同步辐射实验室（NSRL）的合肥光源（HLS），这些同步辐射中心的建成标志着同步辐射专用运行时代的到来，它们被称为专用同步辐射设施或第二代同步辐射光源。

20 世纪 80 年代中期，已有 20 个同步辐射专用同步加速器在运行，还有若干个在建造。因为第二代同步辐射装置是同步辐射专用装置，在加速器的设计上，从过去尽量使同步辐射压抑到最小，反过来要使同步辐射获得最佳输出。因此，第二代同步辐射光源具有高的亮度和小的发散度，更好地体现了同步辐射光源的特点。第一代和第二代同步辐射光源的同步辐射光主要是从双极弯磁铁引出，后来人们利用多极磁铁来增加辐射光束的通量、亮度和辉度。因而，在第一代和第二代同步辐射光源的储存环中安装了插入件，以提高光源的品质。同步辐射应用的普及和发展，要求更高质量的同步辐射光源，从而促成了第三代同步辐射光源的设计、建造和运行。第三代同步辐射光源的最重要变化是在储存环的直线段设计、安装很多插入件，使同步辐射的光斑尺寸、发散度大大减小，光束的通量和亮度大大增加，亮度达 10^{16} 量级，进一步提高光源的性质。从 20 世纪 90 年代开始，出现了新一代大量使用插入件的新光源——第三代同步辐射光源，如在 Grenoble 的欧洲同步辐射光源上就装置了 30 多条光束线，在日本的 Spring-8 型同步辐射光源上装置了近 40 条光束线，我国于 2007 年开始运行的上海光源（SSRF）也属于第三代同步辐射光源。

进入 21 世纪，国际上又出现了基于直线加速器和长尺度波荡器的 X 射线自由电子激光等相干光源和极低发射度储存环光源（也称为衍射极限储存环光源）。能量回收直线加速器光源也属于此类极低发射度的光源。随着瑞典 MAX IV 等低发射度储存环光源的成功建造，极低发射度储存环光源逐渐被公认为环形同步辐射光源的主要发展方向。这种光源在加速器上采用多弯铁消色散的新型磁聚焦结构，可将储存环的束流发射度降低到 0.1 nm·rad 以下，获得高出目前第三代光源 1~2 个数量级的亮度。第四代光源作为未来的光源，主要以自由电子激光和能量回收直线加速器及衍射极限储存环为发展方向，将具有更高的性能。其主要特征是具有高度相干的辐射，具体参数（如光源亮度、相干性）将比第三代光源提高若干个数量级，脉冲间隔也将缩短几个数量级。目前世界上多个国家正大力发展第四代同步辐射光源。瑞典 MAX IV 和欧洲 ESRF-EBS 已建成并投入运行，巴西 SIRIUS 光源正在调试中，我国目前正在建设的高能区的高能同步辐射光源（HEPS）和低能区的合肥先进光源（HALF）都属于第四代光源，再次彰显出我国的大国实力。

7.1.2.2 我国同步辐射光源简介

我国目前已建成四座同步辐射光源，分别是北京同步辐射装置（BSRF）、合肥光源（HLS）、上海同步辐射装置（SSRF）和台湾光源（TLS），在建的两座第四代同步辐射光源是高能同步辐射光源（HEPS）和合肥先进光源（HALF）。

A　北京同步辐射装置

北京同步辐射装置（BSRF）是第一代 X 射线同步光源，部分时间按同步辐射专用模式运行。专用模式运行时，其总体性能（包括已有插入元件）大体达到第二代光源的水平（见图 7-9）。

BSRF 的主要特色是：以中国科学院高能物理所雄厚的加速器科技人员队伍为后盾，

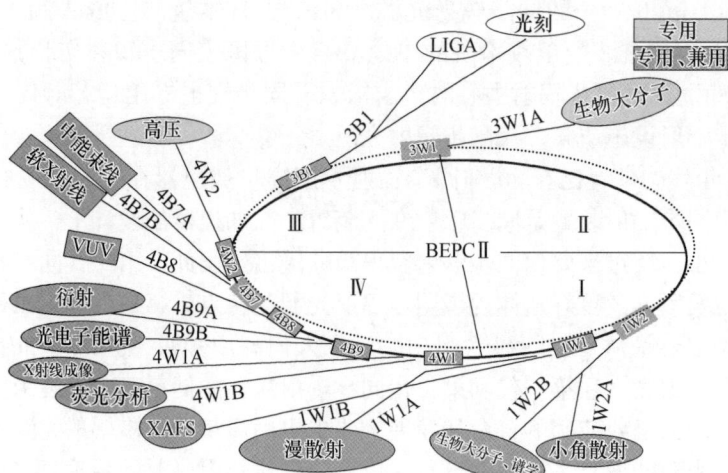

图 7-9　BSRF 光束线和实验站示意图

多年来保持较高的运行质量；地处北京，与环渤海地区为数众多的科研单位用户有良好的互动；实验线站覆盖的波长范围较宽，特别是在利用较强的硬 X 射线的实验方面比 SSRF 先行一步，曾取得多项重要研究成果，积累了不少经验。

　　B　合肥光源

　　20 世纪 70 年代末期，中国科技大学率先提出在国内建设电子同步辐射加速器的建议。1983 年 4 月，作为第一个由国家全额投资兴建并维持运行的国家级实验室，中国科技大学国家同步辐射实验室由国家计委批准立项。1984 年 11 月动工，1989 年出光，1991 年 12 月通过国家验收。相应的同步辐射装置称为合肥光源（HLS），当时建有 5 条光束线和实验站，属于第二代真空紫外光源。合肥光源的主要特色是：适于开展软 X 射线和真空紫外波段的应用；适于向波长更长的红外、远红外波段扩展；作为专用光源，为同步辐射用户服务是整个实验室工作的中心。

　　1997 年，国家计委批准"国家同步辐射实验室二期工程"立项，在原有装置的基础上改造了加速器的主要系统，以保证光源的长期、可靠、稳定运行，并新建 1 台波荡器、增建 8 条光束线及相应的实验站。2004 年底竣工的国家同步辐射实验室（NSRL）二期工程实现了"保证加速器长期、可靠、稳定运行"的目标，经过科研人员的继续努力，几年来，光源运行的可靠性、供光能力、束流轨道稳定度等都优于工程启动时规定的指标，达到国际同类装置的先进水平。新建的实验线站大幅度拓宽了 NSRL 的应用能力，提高了实验水平，波荡器的光束线能提供目前国内亮度最高的软 X 射线光束，光谱辐射标准与计量线站通过了国家质量监督总局的鉴定。工程竣工后，实验室开放良好，全年运行计划和实时运行数据都在网上公布，随时随地均可查阅，而且通过与国内、外科研单位的合作，取得了多项有国际影响的成果。

　　图 7-10 为 NSRL 的内部结构示意图，NSRL 的科研目标以真空紫外和软 X 射线波段的同步辐射应用为主，重点研究领域包括：（1）化学反应动力学。各种化学反应中在分子水平上的化学键断裂与重排等现象，等离子体化学和复杂体系分析化学等。（2）材料科学。组合材料制备方法、先进薄膜（如稀磁半导体、多铁性材料、低维或量子点材料等）

制备及结构性能，纳米材料的表征，以毫秒为时间分辨量级的同步辐射新技术对纳米物质的生长过程进行原位实时的动力学研究，了解其形成机理，实现对纳米材料的结构、形貌、尺寸及性能的调控。（3）生命科学。以软 X 射线成像（如活体生物样品的二维或三维高分辨显微成像、真空紫外光谱等）为手段，在细胞、亚细胞水平上研究细胞病变发生、发展的结构形态变化，原位实时研究细胞和蛋白质复合物在生命活动中的变化规律，蛋白质的生物功能和相互作用的动力学过程，蛋白质复合体结构变异、损伤与复活的机制，分析研究药物分子、天然生物等复杂体系及它们的相互作用。（4）强关联体系。在实验的基础上归纳电荷-自旋-晶格-轨道相互作用的一般规律，解读凝聚态物理中若干与强关联现象有关的核心问题，如高温超导机理、金属-绝缘体相变机理、纳米结构中的自旋相互作用、磁性半导体中的自旋注入、多铁性材料中的自旋-电荷耦合机制、量子临界效应等。（5）表面和界面科学。此领域主要研究有机和无机复杂体系的表面和界面的相互作用过程，如纳米体系和蛋白质的相互作用、燃料电池的界面研究等，原位实时研究若干与能源和环境相关的催化体系，为开发新型高效的工业催化剂提供理论指导。

图 7-10 NSRL 的内部结构示意图

C 上海同步辐射装置

1990 年之后，国际上已经有多个先进的同步辐射装置，而我国处于明显落后的位置。美国、日本、欧洲国家等多有先进的第三代同步辐射光源，而我国大陆只有二代光源。我国发展大科学研究迫切需要建造新的大科学装置。在这样一个形势下，1993 年，丁大钊、方守贤、冼鼎昌三位院士联名提出，我们国家要建造自己的第三代同步辐射光源，缩小与世界的差距。从 1993 年开始提议到 2009 年建成，中间仅经历了 16 年的时间，而且，从 2004 年 12 月 15 日正式动工到 2007 年 5 月，不到 3 年便实现了电子直线加速器的电子输出。国际顶级期刊 *Nature* 特别发新闻稿，宣告中国正式加入世界级同步辐射俱乐部，其中特别提到了"中国速度"，从破土到出光仅用了 3 年时间，创世界纪录，让全世界科学家刮目相看。

上海同步辐射装置（SSRF）是我国建成的第三代同步辐射国家重大科学装置。它由周长为 432 m 的储存环、能量为 150 MeV 的直线加速器、能量为 3.5 GeV 的增强器、首批 7 条光束线站及配套的公用设施等组成，包含高频、磁铁、电源、真空、束线光学等 20 个技术系统。上海光源有各类设备 3000 多台（套），超高真空管道 1000 多米长，设备控制通道 15 万个，总配电功率为 20 MV·A。SSRF 的主要特色是：（1）光子能量高。弯转磁铁发出的光束就能满足很多硬 X 射线用户的要求，多极扭摆器的光束有更高的光通量。（2）亮度高。波荡器提供的软 X 射线光束能够为世界一流的高分辨率实验服务，如果采用高次谐波，这种高亮度光束将能够覆盖硬 X 射线波段。（3）起点高。光源的设计和建造采用了许多先进技术，SSRF 的运行质量和实验水平都居于世界前列。作为国家大科学平台，上海光源在科学界和工业界有着广泛的应用价值。它具有建设 60 多个光束线站的能力，可以提供从红外线到硬 X 射线的广谱同步辐射光，具有波长范围宽、高强度、高亮度、高准直性、高偏振与准相干性、可准确计算、高稳定性等一系列比其他人工光源更优异的特性，可用于生命科学、材料科学、环境科学、信息科学、物理学、化学、医学、药学、地质学等多学科的前沿基础研究，以及微电子、医药、石油、化工、生物工程、医疗诊断和微加工等高技术的开发研究（见图 7-11）。

图 7-11　SSRF 照片

D　台湾光源

位于台湾新竹的台湾光源（TLS）被称为台湾的"科学神灯"。台湾光源于 1993 年正式落成，1994 年投入运行，属第三代同步辐射设施。TLS 是亚洲第一座完成的第三代同步辐射设施。从 1994 年 4 月起开放使用至今，利用光源进行的实验次数、实验人次逐年上升。随着科技的发展，对超高亮度光源的需求越来越大，2004 年同步辐射研究中心提出筹建新加速器光源，即台湾光源的升级计划——台湾光子源（TPS）。加速器已于 2014 年建成，电子束能量为 3 GeV，束散度为 1.6 nm，TPS 是目前世界领先的第三代光源之一。

E　高能同步辐射光源

建设高性能的第四代同步辐射光源将使我国基础科学相关领域的研究在国际竞争中处于有利的位置，极大地推动我国基础科学、应用科学的研究及相关技术发展。作为国内第一台第四代同步辐射光源，高能同步辐射光源（HEPS）已经完成物理及工程设计，并于 2019 年启动建设。高能同步辐射光源的电子能量为 6 GeV，电流强度为 200 mA，水平自然发射度低于 60 pm·rad，可提供能量达 300 keV 的 X 射线，在典型硬 X 射线波段的同步辐射亮度达 1×10^{22} phs/$[(\text{s} \cdot \text{mm}^2 \cdot \text{mrad}^2) \cdot (0.1\% \text{BW})]$，可为材料科学、化学工程、能源环境、生物医学、航空航天、能源环境等众多基础和工程科学研究领域提供先进的实验平台，被认为是探测微观世界的强大工具，称为"巨型 X 光机"和"超级显微镜"。

HEPS 项目由中国科学院高能物理研究所承建，于 2019 年 6 月启动建设，建设周期为 6.5 年，预计 2025 年建成。2023 年 3 月 14 日，HEPS 直线加速器满能量出束，成功加速第一束电子束，是此装置建设的又一重要里程碑，标志着 HEPS 装置建设进入科研设备安装、调束并行阶段。HEPS 主要由加速器、光束线和实验站及相关配套设施组成。HEPS 直线加速器是一台常温直线加速器，长度约为 49 m，用于产生电子，并将电子加速到 500 MeV，是电子的源头和第一级加速器，由端头的电子枪、聚束单元、加速结构、微波功率源等设备构成。直线加速器建设过程中，物理设计和设备研发团队坚持技术创新，取得多项成果：（1）自主开发全新上层调束软件平台 Pyapas 和面向物理的调束软件，可实现多运行模式调试；（2）创新设计内水冷结构和对称式功率耦合器的加速结构，简化了加工工艺的同时，高功率测试加速梯度可达到 33 MV/m，处于国际同类设备先进水平；（3）基于绝缘栅双极晶体管的固态调制器，脉冲重复稳定度优于 0.02%，相比人工线型调制器提高近 1 个数量级；（4）长寿命、高流强的阴栅组件研制成功，发射电流达到 14.7 A，电流发射密度不小于 10 A/cm^2，寿命大于 9000 h。增强器 lattice 设计基于 FODO 结构，周长约为 454 m，6 GeV 能量下水平自然发射度约为 16 nm·rad。HEPS 储存环设计大量采用了小孔径真空盒（内径为 22 mm）和小间隙插入件（最小间隙约为 5 mm），这使得 HEPS 储存环的阻抗比第三代光源显著增大（见图 7-12）。建成后，HEPS 将是世界上亮度最高的第四代同步辐射光源之一，也将是中国第一台高能量同步辐射光源，将和我国现有的光源形成能区互补，对提升我国国家发展战略与前沿基础科学和高技术领域的原始创新能力具有重大意义。HEPS 建成后，将广泛应用于航空航天、能源环境、生物医学、材料科学、化学工程等众多领域。

图 7-12 HEPS 设计效果图

F 合肥先进光源

2008 年，国家同步辐射实验室提出了合肥先进光源（HALF）的概念与设计，HALF 设计定位为世界唯一、位于中低能区、"具有鲜明衍射极限及全空间相干特色"的第四代同步辐射光源，将是一台具有世界先进水平的软 X 射线与真空紫外衍射极限储存环光源，其设计为国内最早采用多弯铁消色散（MBA）的磁聚焦结构，电子束能量为 2.2 GeV，周长为 480 m，束流自然发射度为 86 pm·rad，共有 20 个长直线节和 20 个短直线节。2017 年底，HALF 预研项目启动，目前 HALF 光源已得到国家批准立项建设。HALF 设计效果图如图 7-13 所示。合肥先进光源设计定位在中低能区，具有最高亮度和全谱段空间相干性，能够满足未来关键科学领域的需求，符合国际同步辐射光源发展趋势、国家目标和战略需求。相干光源提供了全新的科学与技术的机遇，催生了一系列新技术，将拓展新的观测对象，具有重要的科学意义。合肥先进光源的亮度、发射度、相干性和稳定性等设计指标达到世界最高水平。

图 7-13　HALF 设计效果图

7.1.3　同步辐射的重要参数与特性

无论同步辐射的功率、频谱分布、角分布还是偏振性，实验观测都与理论计算值符合得极好，并且证明了同步辐射具有许多优良的特性。

7.1.3.1　广阔、连续的光谱

一个以近光速做回转运动的电子发出的辐射不是单一波长的，而是具有一定的频谱。它是由回转频率 $\omega_0 = c/\rho$（其中，c 为光速；ρ 为电子的回转半径）为基频的高次谐波组成的，电场强度 $E(\omega)$ 的平方（$|E(\omega)|^2$）与频率辐射的强度成正比。频谱中的极大值对应的频率 $\omega_\rho = \dfrac{2\pi}{\Delta t} = 2\pi\gamma^3\omega_0$。由一个电子发出的频谱是不连续的，实际的电子束团中有许多电子，它们的能量是略有差异的，因而它们所发辐射的频率也略有差异，将这无数电子所发辐射加起来就会成为电子束团所发辐射的频谱，这实际上是一个连续谱，其覆盖范围很大，从红外线一直延伸到硬 X 射线。可见，同步辐射光波长覆盖范围很宽，体现出"广阔"的特点。同步辐射光谱以特征波长 λ_c 或与其对应的特征光子能量 ε_c 为特征，分别为

$$\lambda_c = 2\pi c/\omega_c \tag{7-1}$$

由特征频率 $\omega_c = 3\gamma^3\omega_0/2$ 和回转频率 $\omega_0 = c/\rho$ 可得

$$\lambda_c = 4\pi\rho/(3\gamma^3) \tag{7-2}$$

$$\varepsilon_c = hc/\lambda_c \tag{7-3}$$

将式（7-1）和式（7-3）换算成实用单位，为

$$\lambda_c = 5.59\frac{\rho}{E^3} = \frac{18.6}{E^2 B} \tag{7-4}$$

$$\varepsilon_c = \frac{12.4}{\lambda_c} = \frac{2.22E^3}{\rho} \tag{7-5}$$

式中，λ_c 为特征光子能量，Å（1 Å = 0.1 nm）；ε_c 为特征光子能量，keV；E 为电子的总能量，GeV；c 为光速；h 为普朗克常数；γ 为电子的能源，相当于一个电子的静止质量 m_e 的能量，即 $\gamma = \dfrac{E}{m_e c^2} = 1957E$；$\rho$ 为电子飞行轨道的曲率半径，m；B 为场强，T。

使用单色器，可以从光束中选取一定波长与带宽的单色光，这称为同步辐射波长的可调性。可调性良好的同步辐射特别适于开展针对特定波长（如某元素的吸收边两侧）的光与物质相互作用研究和连续改变波长进行扫描的谱学研究。

7.1.3.2 高度准直性

同步辐射是由做圆周运动的电子发射的。磁场能使电子的运动发生偏转，在一个场强为 B 的磁场中以近光速运动的电子的运动方程为

$$E = Be\rho \tag{7-6}$$

式中，E 为电子的总能量；e 为电子电荷；ρ 为电子飞行轨道的曲率半径。

对于运动速度远小于光速的带电粒子，辐射在空间的分布并不是均匀的，是 χ 角（加速方向与辐射方向间的夹角）的正弦分布，其最大值在 $\chi = \pi/2$ 处，而对于相对论性带电粒子（带电粒子的运动速度接近光速），辐射的分布情况变了，可证明在 $\theta = 1/\gamma$ 时，辐射强度已为零，θ 为辐射方向与速度方向间夹角，与 χ 互为余角，辐射只集中在向前的一个极细窄的圆锥内，此圆锥的轴为圆形轨道的切线，同步光束的发散性用此圆锥近似的半顶角 $\theta_{1/2}$ 标志，计算公式为

$$\theta_{1/2} = \frac{1}{\gamma} \tag{7-7}$$

同步光源的 $\theta_{1/2}$ 很小。对于整个频谱，$\theta \leqslant \theta_{1/2}$ 的立体角以内的同步辐射功率约占总功率的 85%。对于单色光，光子能量越高，发散角越小；当 $\lambda \leqslant \lambda_c$ 时，光束的均方根发散角小于 $\theta_{1/2}$；低能成分的发散角较大，在 θ 达到 $\theta_{1/2}$ 的几倍时还可能存在可观的长波辐射。高度准直性说明同步辐射的能流密度高，宜于远距离传输和开展对光的入射角一致性有要求的用光实验。

7.1.3.3 高辐射功率

单个电子发出的同步辐射瞬时功率 P_e、单个电子沿环形加速器轨道回旋一圈辐射的总能量 U_0 和一台同步光源的总辐射功率 P_{SRS} 分别由以下三个公式给出：

$$P_e = \frac{e^2 c}{6\pi\varepsilon_0} \times \frac{(\beta\gamma)^4}{\rho^2} \tag{7-8}$$

$$U_0 = \oint P_e \times \frac{\mathrm{d}z}{c} = \frac{e^2\gamma^4}{6\pi\varepsilon_0} \times \oint \frac{\mathrm{d}z}{\rho^2} \tag{7-9}$$

$$P_{SRS} = \frac{I U_0}{e} \tag{7-10}$$

式中，β 为电子相对速度 v/c，对于相对论性电子，有时可取其近似值为 1；$\mathrm{d}z$ 为沿轨道

的路程元；I 为此光源中的束流强度。相对论性粒子的 γ 远大于 1，所以同步辐射源有相当高的辐射功率。

7.1.3.4 高亮度

同步辐射源的亮度指辐射能量的集中程度，针对特定波长的单色光计算，是波长 λ 的函数，所以也称为频谱亮度。光源亮度 B_r 有不同的定义方式，第一种是光谱通量，即在一定流强下，在 0.1% 的带宽（0.1%BW）及 1 mrad 水平角范围内，单位时间内发射的光子数；第二种是光谱光耀度，即在一定流强下，在 0.1% 的带宽（0.1%BW）及 1 mrad² 立体角范围内，单位时间内发射的光子数；第三种是光谱亮度，即在一定流强下，在 0.1% 的带宽（0.1%BW）及 1 mrad 水平角范围内，在单位面积及单位时间内发射的光子数，可通过将光谱光耀度除以面积获得，也是最常用的光源亮度表示方法。同步光源能用磁铁聚焦结构约束电子束的横截面与发散角，与高辐射功率和高度准直性的优点结合，同步辐射的亮度一般远高于常规光源，能在很小的样品照射面积上、很小的空间角度内或很窄的能谱带宽区间中提供足够多的单位时间光子数。图 7-14 为同步辐射装置的光谱曲线，其横坐标是光子能量及波长，纵坐标为对应的亮度。图上同时画出了实验室转靶 X 射线发生器产生的 X 射线的亮度。连续谱的光谱亮度只有 $n \times 10^7$，特征谱可达到 $n \times 10^{10}$，同步辐射最低为 $n \times 10^{13}$，高的可达 $n \times 10^{19}$ 甚至 $n \times 10^{20}$，也就是说光谱亮度提高了万倍至几万亿倍。

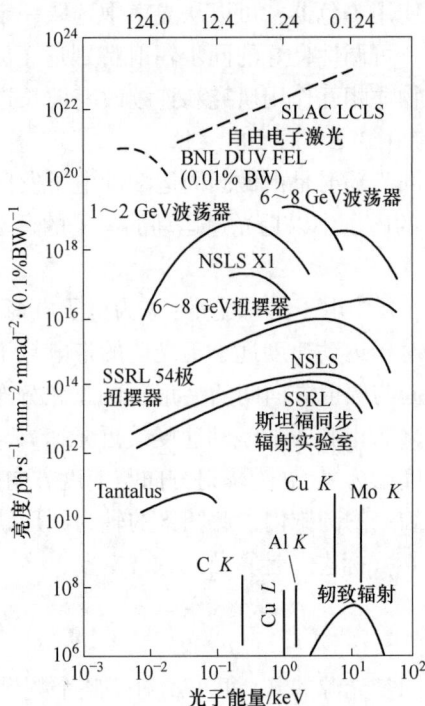

图 7-14 同步辐射装置的光谱曲线

7.1.3.5 偏振性

光的偏振性是由其电矢量的取向决定的。在圆形的平面轨道上运行的电子发出的辐射的电矢量总是在该轨道平面上指向圆心。同步辐射有天然的偏振性，其电矢量振动主要在与弯转轨道平面平行的方向上。偏振度依赖于光线与该平面的交角 θ，也是波长 λ 的函数。对于一般情况，电矢量不在轨道平面内，则可将其分解为平行于和垂直于轨道平面的两个分量。两个分量的相位相差 90°，同步辐射有不同程度的椭圆偏振，旋转方向取决于观察点在轨道平面的上方或下方。对于整个频谱，平行分量占总辐射功率的 87.5%。对于单色光，光子能量越高，平行分量的占比越大，偏振度越高。辐射的偏振性对样品各向异性的实验研究至关重要。

7.1.3.6 脉冲时间结构

电子因同步辐射而损失的能量由高频加速电场补充，该电场的强度随时间周期变化，必定将电子束分割成若干个不连续的束团。所以，实验站接收的同步辐射是一个光脉冲链，电子束团是有一定长度的、脉冲宽度等于单个束团的长度，一般很短暂；脉冲间隔则等于相邻束团之间的距离，取决于有多少束团在加速器中回旋，一定范围内可以选择。为了提高电流强度、辐射强度，一般都采用多束团运转，即在电子储存环中装填了多个电子束团。每个电子束团在经过观察点时都可接收到辐射脉冲，因此脉冲间隔的时间缩短了。脉冲性的时间结构使同步辐射特别适宜于对某些动态过程的研究。

7.1.3.7 高真空环境（洁净性）

同步辐射源的电子束必须处于超高真空环境中，所有光学元件和被照射的样品也可以置于真空中，光束不必穿过隔窗（如玻璃或铍窗）和气体，受到的吸收和污染都控制在最低限度之内。对于容易被空气吸收的紫外线高能段即真空紫外光，同步辐射的这一优点显得尤为可贵。

7.1.3.8 可计算性

同步辐射的发光机制只涉及不受束缚的高能电子及其在磁场中的运动，完全由基本物理规律主宰，无须考虑如介质密度涨落、化学纯度、温度分布等难以精确测定的因素。因此，同步辐射的可计算性明显优于一般光源，其光子通量的光谱分布、偏振性和角分布等特性都可以用公式计算，计算值能十分准确地符合实测值。这一优点使同步辐射源可以用作覆盖宽阔频段的标准光源，对其他光源和探测器进行校准或刻度。

7.2 同步辐射 X 射线散射

X 射线散射主要有相干散射和非相干散射。由于散射效应的存在，X 射线经过物质时会偏离原来的传播方向，此时入射 X 射线和散射 X 射线就会发生如下两种相互作用：若样品具有周期性结构（晶区），入射光和散射光之间没有波长的改变，则 X 射线发生相干散射；若样品内部 1~100 nm 范围内电子密度不均匀，即样品在此范围内同时具有晶区和非晶区，则散射 X 射线波长会发生改变，入射光和散射光发生不相干散射。汤姆逊散射和异常散射等属于相干散射，而康普顿散射是被吸收了一部分能量所产生的散射，与由光电效应导致的荧光 X 射线散射都属于非相干散射。大量的物质体系，如气体（从波义耳气体、非理想气体到气-液临界相）、溶液（包括极稀溶液、半稀溶液、亚稀溶液、浓溶液和凝胶）、液晶、非完美结晶（包括蕴晶、近晶、第一类和第二类晶格畸变不同的结晶等）、相分离体系（包括表面层、界面层与各种复杂形态的相分离体系、微相分离体系）等都会产生各种 X 射线散射。X 射线散射又可分为广角散射（$2\theta \approx 10° \sim 140°$）、小角散射（$2\theta \approx 0.2° \sim 10°$）、极小角散射（$2\theta \approx 0.00057° \sim 1°$）、共振与非共振磁散射、康普顿散射、拉曼与共振拉曼散射及核共振散射等。迄今为止，X 射线散射仍是确定物质体系中原子位置的唯一有效方法，但在常规的 X 射线散射测定中，散射强度仅为衍射强度的 10^{-6}，进而，由于常规 X 射线的入射强度尚不够高，对 X 射线散射的测定就难以实现。同步辐射光源可产生高强度的 X 射线，使原来不能做的散射研究成为可能。同步辐射小角 X 射线散射（SAXS）技术是研究材料亚微观内部结构的重要方法，由于其独特的优点，可以用来进行金属和非金属纳米粉末、胶体溶液、生物大分子及各种材料中所形成的纳米级微孔、沉淀析出相尺寸分布的测定及非晶合金加热过程的晶化和相分离等研究。

7.2.1 X 射线散射的物理学基础

7.2.1.1 汤姆逊散射

汤姆逊散射是指电磁辐射和一个自由带电粒子相互作用时产生的弹性散射。入射电磁波的电场使粒子加速，电子振动获得加速运动，按经典电磁场理论就会辐射出与入射电磁场波长相同的电磁波（散射波）。这种次级电子辐射将向四面八方散射出去，当辐照体中有大量电子受到同样频率的入射光子激发时，它们的次级辐射频率也都相同，但各个电子在辐照体中所处的位置是各不相同的，所以由它们产生的具有同样频率的次级散射是存在相干性的。汤姆逊散射是康普顿散射在低能量区的近似。只要粒子的运动是非相对论性的（即速度远小于光速），粒子加速的主要原因都来自入射波的电场分量，而磁场的作用可被忽略，粒子将会在电场振动的方向上开始运动，从而产生电磁偶极辐射。运动粒子在垂直于运动方向上的辐射最强，而辐射沿着粒子的运动方向产生偏振。

若入射 X 射线在 O 点（见图 7-15）被一个电子散射，则在空间任一点 P 处得到的次级散射强度 I_e 将与入射 X 射线的强度 I_0、电子电荷 e、电子质量 m、光速 c、OP 的距离 R（即试样到探测器的距离）、散射方向 OP 与入射线在点 O 的电场 E_0 之间的夹角 α 有关。

$$I_e = I_0 \frac{e^4}{R^2 m^2 c^4} \sin^2\alpha \tag{7-11}$$

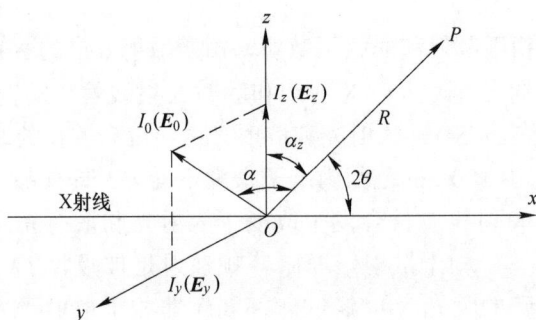

图 7-15 单电子的散射

若一束平面偏振的入射 X 射线 $E_0//O_z$，且 OP 总在 xOz 平面上，散射角 $\angle POx = 2\theta$，其 z 方向上的强度为 I_z，在 P 点的散射强度应为

$$I_e(z) = I_z \frac{e^4}{R^2 m^2 c^4} \sin^2\alpha_z = I_z \frac{e^4}{R^2 m^2 c^4} \cos^2(2\theta) \tag{7-12}$$

若一束平面偏振的入射 X 射线 $E_0//O_y$，则 $\angle E_0 OP = 90°$，在 P 点的散射强度应为

$$I_e(y) = I_y \frac{e^4}{R^2 m^2 c^4} \sin^2 90° = I_y \frac{e^4}{R^2 m^2 c^4} \tag{7-13}$$

通常情况下 X 射线是非偏振的，若入射 X 射线为非偏振，则可推得 P 点的散射强度应为

$$I_e = I_0 \frac{e^4}{R^2 m^2 c^4} \cdot \frac{1+\cos^2(2\theta)}{2} = 7.9\times10^{-26}\cdot\frac{I_0}{R^2}\cdot\frac{1+\cos^2(2\theta)}{2} \tag{7-14}$$

式（7-14）即为汤姆逊公式。原子是由原子核与核外电子组成，原子核又由质子和中子组成，中子不带电，仅有带电的质子散射 X 射线，且质子的质量是单个电子的 1836 倍，由式（7-14）可知：（1）非偏振 X 射线入射后，电子散射强度随 $[1 + \cos^2(2\theta)]/2$ 而变化，即散射线被偏振化了，故称 $[1 + \cos^2(2\theta)]/2$ 为偏振因子或极化因子；（2）带电质子也受迫振动，但 $m_{\text{质子}} = 1836 m_{\text{电子}}$，质子的散射强度仅为电子的 $1/1836^2$，故可忽略不计；（3）仅带电的粒子方有散射，中子不带电所以无散射，原子对 X 射线的散射可以看成核外电子对 X 射线散射的总和。

设原子核外有 Z 个电子，受核束缚较紧，且集中于一点，则单原子对 X 射线的散射强度 I_a 就是 Z 个电子的散射强度之和。即

$$I_a = I_0 \cdot \frac{(Ze)^4}{(4\pi\varepsilon_0)^2 (Zm)^2 C^4 R^2} \cdot \frac{1 + \cos^2(2\theta)}{2} = Z^2 I_e \qquad (7-15)$$

此时单个原子对 X 射线的散射强度为单个电子的散射强度的 Z^2 倍。由于 X 射线的波长与原子的直径在同一量级，不同电子的散射波间存在着相位差，不能假定它们集中于一点，单个原子对 X 射线的散射应是各电子散射波的矢量合，单个原子对 X 射线的散射强度 I_a 为

$$I_a = f_a^2 I_e \qquad (7-16)$$

式中，f_a 为原子散射因子。

当核外的相干散射电子集中于一点时，各电子的散射波之间无相位差，$f_a = Z$。当 $2\theta = 0°$ 时，说明当散射线方向与入射线同向时，原子散射波的振幅为单个电子散射波振幅的 Z 倍，这就相当于将核外发生相干散射的电子集中于一点。当入射波长一定时，随着散射角 2θ 的增加，f_a 减小，f_a 均小于 Z。当入射波长接近原子的吸收限时，X 射线会被大量吸收，为反常散射，此时，需要对 f_a 进行修正，即 $f_a' = f_a - \Delta f$，Δf 为修正值，f_a' 为修正后的原子散射因子。

7.2.1.2 康普顿散射

实验过程中入射 X 射线与散射 X 射线之间不仅有动量的改变，而且也有能量的交换时发生非弹性 X 射线散射，它是能提供对多电子体系的基态、激发态研究的一个非常重要的工具。当入射 X 射线冲击束缚力不强的电子（如轻原子中电子或自由电子）时，将它们撞向某一方向 ϕ 并获得部分能量 ε 而成为反冲电子，因此产生的新辐射线的能量 E' 低于入射线的能量 E，相应辐射线的波长 λ' 大于入射线波长 λ，且波长变化 $\Delta\lambda$（$\Delta\lambda = \lambda' - \lambda$）与新辐射线的散射方向 α 有关，这种散射即为康普顿散射，又称为康普顿-吴有训散射。康普顿散射属于非弹性散射。根据能量守恒和动量守恒，应有

$$\frac{hc}{\lambda} = \frac{hc}{\lambda'} + (m - m_e)c^2 = \frac{hc}{\lambda'} + m_e c^2 \left[\frac{1}{\sqrt{1 - (v/c)^2}} - 1 \right] \qquad (7-17)$$

$$\frac{h}{\lambda} = \frac{h}{\lambda'}\cos\alpha + \frac{m_e c(v/c)}{\sqrt{1 - (v/c)^2}}\cos\phi \qquad (7-18)$$

$$\Delta\lambda = \lambda' - \lambda = \frac{h}{m_e c}(1 - \cos\alpha) \qquad (7-19)$$

由式（7-19）可知，对处于热力学平衡态的非晶体，康普顿散射的波长变化 $\Delta\lambda$ 与入

射线 λ 无关，与散射原子的特征无关，只与散射角 α 有关。

7.2.1.3 热漫散射

任何物质，无论是单晶或非晶态，均会因其中的原子或离子偏离其平衡位置的热振动而导致 X 射线的热漫散射，对处于热力学平衡态的体系，电子密度的涨落 Fl_e 与平均电子密度 ρ_e 有关

$$Fl_e = \rho_e k_B K T \tag{7-20}$$

式中，k_B 为玻耳兹曼常数；K 为等温压缩系数；T 为绝对温度。

根据晶格振动导致密度涨落的纵声子振动热漫散射理论，可推得

$$\frac{I(\boldsymbol{k})}{N} \approx \frac{\rho_e k_B T}{\rho_m V^2(\boldsymbol{e})} \exp\{\alpha k^2\} = Fl_e(\boldsymbol{k}=0)\exp\{\alpha k^2\} \tag{7-21}$$

式中，$\boldsymbol{k}$ 为散射波矢；$I(\boldsymbol{k})$ 为该体系的散射强度；N 是体系的电子数；ρ_m 为质量密度；$V(\boldsymbol{e})$ 为晶格振动纵向声子的群速度；$\boldsymbol{e}$ 为 $\boldsymbol{k}$ 方向上的单位矢量；α 为物质参数。

7.2.2 小角 X 射线散射技术

小角 X 射线散射（SAXS）是指当 X 射线透过样品时，在靠近原光束的小角度范围内发生的散射现象。小角 X 射线散射现象的产生是由于 X 射线照射到粒子上，所有的电子成为散射波源。当散射波方向与入射光一致时，这些散射波具有相同相位。随着散射角的增大，各散射波之间的相位差也增大，各散射波之间的相干性逐渐消失，因此在入射 X 射线束周围小角度范围内存在散射波振幅大于零的区域，随着散射角的增大，散射波振幅逐渐衰减到零。小角 X 射线散射能够研究部分无序或全部无序体系和接近生理学环境的天然粒子，也可分析随外界条件改变引起的粒子结构变化。

X 射线照射到物体上时，物体中的每个电子都变成一个散射源，一个电子在不同方向的散射强度由汤姆逊公式决定，由于小角散射的散射角（2θ）很小（$2\theta \approx 0.2° \sim 10°$），$\cos^2(2\theta)$ 近似为 1，可见，在小角散射范围内，单个电子的散射强度与散射角无关，而仅与入射光的强度有关。对于稀疏分散、随机取向、大小和形状一致，且每个粒子内部具有均匀电子密度的粒子组成体系，其散射强度为

$$I(\boldsymbol{h}) = I_e N n^2 \phi^2(\boldsymbol{h}R) \tag{7-22}$$

式中，N 为粒子数；n 为单个粒子中的电子数；$\phi(\boldsymbol{h}R)$ 为粒子的形散函数。

7.2.2.1 实验站设备

同步辐射小角 X 射线散射实验站的工作原理是：同步辐射 X 射线经聚焦单色化后照射到样品上，通过测量散射 X 射线强度随散射角的变化，从中得到与样品有关的微颗粒信息和长周期信息。小角 X 射线散射实验站一般需配置有小角 X 射线散射装置、自动控制系统及数据采集系统。小角散射装置应包括：（1）快门，用于开启和关闭实验装置的同步辐射 X 射线。（2）狭缝系统，用于光束的准直。例如，北京同步辐射装置和上海光源的小角 X 射线散射实验装置均采用两套狭缝。第一套狭缝安装在快门之后，用于限制光斑的大小，第二套狭缝位于电离室上游，用于限制寄生散射。（3）电离室，用于测量X 射线的强度变化及实验数据的光强归一化处理和样品吸收因素的校正。（4）真空管道，

用于避免光束通过样品后的小角散射信号受到干扰和衰减，长度可调。（5）带光束阻挡器的真空节，用于减少直通光束对探测器的干扰。（6）探测器，用于小角散射信号的探测，要求具有高的位置分辨能力、高的计数率、高的动态范围、宽的能量响应和在线实时获取数据。（7）各类平台，如放置电离室和样品室的综合平台，用于支撑样品和探测器之间真空管道的支撑台，用于支撑探测器的探测器支撑台。（8）计算机系统，如自动控制系统、数据采集系统等。

7.2.2.2 实验方法

A 样品的制备

X 射线散射强度随样品的厚度增加而增强，但厚度增大后，入射 X 射线强度和散射 X 射线强度的衰减也随之增大，从而导致散射强度降低。为了达到最高的散射强度，样品的最佳厚度 D_{opt} 为

$$D_{opt} = \frac{1}{\mu} \tag{7-23}$$

式中，μ 为物质的线型衰减系数。

样品的大小一般只要大于入射光束的截面即可，但为了方便安装、对准，取直径大于 10 mm 的圆，实验时一般测试样品的中心部分。薄膜样品如果厚度不够，可以用几片同样的膜重叠在一起测试。纤维状样品可夹在样品夹中或粘贴在胶带上。液态样品可用对 X 射线散射和吸收很弱的膜片（如云母片、Kapton 膜、金刚石薄片和 3M 胶带等）封在金属框内。溶液样品存在浓度效应，为消除浓度效应，要选取 3~5 个稀释度的溶液样品，纳米粉末样品（特别是金属粉末）需专门制样，以减少粒子间散射的互相干涉作用，从而保证其稀疏分散性，即粒子间的距离要比粒子的尺寸大得多。

B 小角散射实验方法

单色的 X 射线照射到实验样品上，会被样品散射。透射过样品的直通 X 射线束被安装在真空管道末端的 X 射线束阻挡器挡住，样品的小角散射信号会被安装在真空管道后的探测器测量。在采集探测器小角散射信号的同时，还要注意采集电离室的 X 射线强度监测信号。获得的样品散射信号中还应扣除因空气、狭缝边缘、载样介质、样品容器等带来的背底散射信号，将样品和空白试样的实验中采集到的探测器和电离室的数据经过处理，即可得到样品的微结构信息。小角散射装置的分辨能力通常依据布拉格定律：

$$2D\sin\theta = \lambda \tag{7-24}$$

式中，D 为粒子的尺寸；θ 为布拉格角，为散射角的 1/2；λ 为入射 X 射线的波长。

由布拉格定律可知，最小散射角与可探测的最大粒子尺寸之间关系如下：

$$h_{min}D_{max} = 2\pi \quad 或 \quad D_{max} = \frac{2\pi}{h_{min}} \tag{7-25}$$

式中，h_{min} 为最小散射角，对应散射矢量的模；D_{max} 为可探测的最大粒子尺寸。

实验时要调整好直通光斑的大小和直通光束阻挡器的位置，选择合适的样品与探测器之间的距离，以得到与样品的粒子尺寸 D_{max} 相适应的 h_{min} 值。

同步辐射小角散射的另一特点是可以开展时间分辨实验，时间分辨同步辐射小角 X

射线散射（TR-SAXS）技术可用于研究物质的动态结构变化过程。探测变性蛋白质的折叠和中间体的构造，要求测量时间减少到亚毫秒区间，为达到高时间分辨率，可选择的方法是使用溶液混合装置。在 0.15~20 ms 的时间范围内分辨实验，要使用微型流控连续流混合器从混合点开始，不同点的不同溶液部分均可被 X 射线探测，于是在测量中，时间分辨问题被空间分辨问题代替。

7.2.2.3　实验数据分析

A　确定散射曲线中心点

实验中靠近 beam stop 采集到的小角散射曲线中有两个高低不一样的峰，两峰横坐标的平均值即为散射曲线中心点，如图 7-16 所示。中心点以后的数据反映的是样品的散射信号，而中心点以前的数据反映的是直通光束经阻挡后畸变的数据，需删去，以中心点为基准点，可得到与零角度点对应的各位置点的散射曲线，即为小角散射曲线。

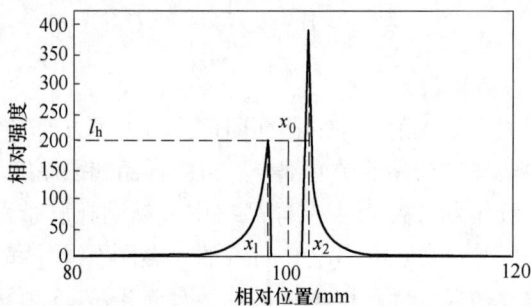

图 7-16　小角散射信号中心确定示意图

B　扣除探测器噪声

探测器噪声会影响实验曲线的准确性，需用统计平均方法测得探测点的噪声值，并将实验曲线的各点减去此噪声值。噪声的扣除与否对散射曲线的尾部影响极大。

C　校正背底散射

背底散射的校正是用去掉样品的空白试样按与测量样品时相同的实验条件测量散射信号，然后逐点地将其从总散射曲线中扣除。

D　归一化入射光强

在相同的入射光强和吸收衰减的条件下，测试到的样品散射强度减去背底散射强度即为纯样品的散射强度。同步辐射光源的 X 射线强度是随时间变化的，所以要对入射光强度进行归一化处理。当一束 X 射线入射到样品上时，由前电离室记录的入射 X 射线强度为 K_1，经过试样后由后电离室记录的 X 射线强度为 K_2，到达探测器的试样散射光强为 I_1。样品的衰减因子 T_s 为

$$T_s = \frac{K_2}{K_1} \tag{7-26}$$

当一束 X 射线入射到载样介质上时，由前电离室记录的入射 X 射线强度为 K_3，经过载样介质后，由后电离室记录的 X 射线强度为 K_4，到达探测器的背底散射光强为 I_2。载样介质的衰减因子 T_b 为

$$T_b = \frac{K_4}{K_3} \tag{7-27}$$

由于测量 I_1 和 I_2 时，使用样品的衰减因子不同，需进行吸收修正，即要各自除以相应的衰减因子。故归一化后纯样品的小角散射强度 $I_s(\boldsymbol{h})$ 为

$$
\begin{aligned}
I_s(\boldsymbol{h}) &= \frac{I_1(\boldsymbol{h})}{K_1 T_s} - \frac{I_2(\boldsymbol{h})}{K_3 T_b} \\
&= \frac{I_1(\boldsymbol{h})}{\dfrac{K_1 K_2}{K_1}} - \frac{I_2(\boldsymbol{h})}{\dfrac{K_3 K_4}{K_3}} \\
I_s(\boldsymbol{h}) &= \frac{I_1(\boldsymbol{h})}{K_2} - \frac{I_2(\boldsymbol{h})}{K_4}
\end{aligned} \tag{7-28}
$$

式中，$I_s(\boldsymbol{h})$ 对应于电离室的计数为 1 时的入射 X 射线强度所产生的纯样品的小角散射强度。

一般实验时电离室的计数是个大数，故作图时，各曲线可以乘以统一的大数。

E　坐标转换

归一化后的小角散射曲线的纵坐标为散射光强，横坐标为散射光斑到光束中心的垂直距离 L，需转换横坐标为散射角 2θ 或散射矢量 $\boldsymbol{h}$，故需对横坐标进行如下转换：

$$2\theta = \arctan(L/a) \tag{7-29}$$

$$|\boldsymbol{h}| = 4\pi(\sin\theta)/\lambda \tag{7-30}$$

式中，a 为样品至探测器的距离；λ 为入射 X 射线的波长。

7.2.3　应用实例分析

7.2.3.1　小角 X 射线散射及正电子湮没谱学研究

小角 X 射线散射（SAXS）技术是一种非侵入性的研究方法，专门用于探索介观尺度下物质的结构特征。该技术通过分析 X 射线在小角度范围内产生的电子相干散射现象来精确揭示材料的结构尺寸、比表面积、孔径分布和界面特征等关键信息。正电子湮没寿命谱（PALS）则是利用正电子在材料中湮没的时间和强度，来获取材料缺陷的微观信息的一种技术。研究者采用 SAXS 技术可对聚乙烯亚胺改性介孔二氧化硅（PEI/SBA-15）介孔分子筛的孔结构进行表征，利用相关函数和弦长分布理论得到 PEI/SBA-15 的孔结构和周期性信息，结合 PALS 技术进行比较。图 7-17（a）为不同质量分数的 PEI 溶液浸渍后的 SBA-15 的二维 SAXS 谱图，利用软件将图 7-17（a）的二维谱图转化为图 7-17（b）的一维 $I(q)$ – q 曲线。从图 7-17（b）中可以看出，在散射矢量 q 在 0.62 nm^{-1} 处，所有的曲线都有一个明显的衍射峰，这可以归因于 SBA-15 六方晶系的 d（100）晶面。同时，$\boldsymbol{q}$ 在 1.09 nm^{-1} 和 $\boldsymbol{q}$ 在 1.25 nm^{-1} 处存在两个可分辨的衍射峰，这分别属于六角晶系的 d（110）和 d（200）晶面的衍射峰。随着 PEI 浸渍溶液质量分数的增加，d（110）和 d（200）衍射峰逐渐趋于平缓，甚至消失，这说明随着 PEI 引入量的增加，样品的介孔有序性有所降低，但对于所有的样品来说，d（100）晶面的衍射峰依旧明显，说明在较大范围内引入 PEI 不会改变 SBA-15 的六方相孔道结构，并且所有样品的衍射峰所对应的 $\boldsymbol{q}$ 值基本不变，表明 PEI 的引入基本不会改变 SBA-15 的周期性结构。结果表明，随着 PEI 质

量分数的增加，PEI/SBA-15 介孔分子筛的周期性结构没有发生明显变化，通过弦长分布（CLD）函数得到的孔径尺寸也仅从 8.3 nm 降至 7.6 nm。利用 PALS 获得了两种长寿命组分 t_3 和 t_4，其中 t_3 反映了 SBA-15 基体内部的无规微孔结构，而 t_4 反映 SBA-15 六方孔道的尺寸，与 SAXS 结果相比，介孔孔径具有相同的变化趋势。通过结合 SAXS 和 PALS 技术更加深入地揭示材料中微观结构的演变，为未来功能纳米复合材料的结构表征提供了一种独特的方法。

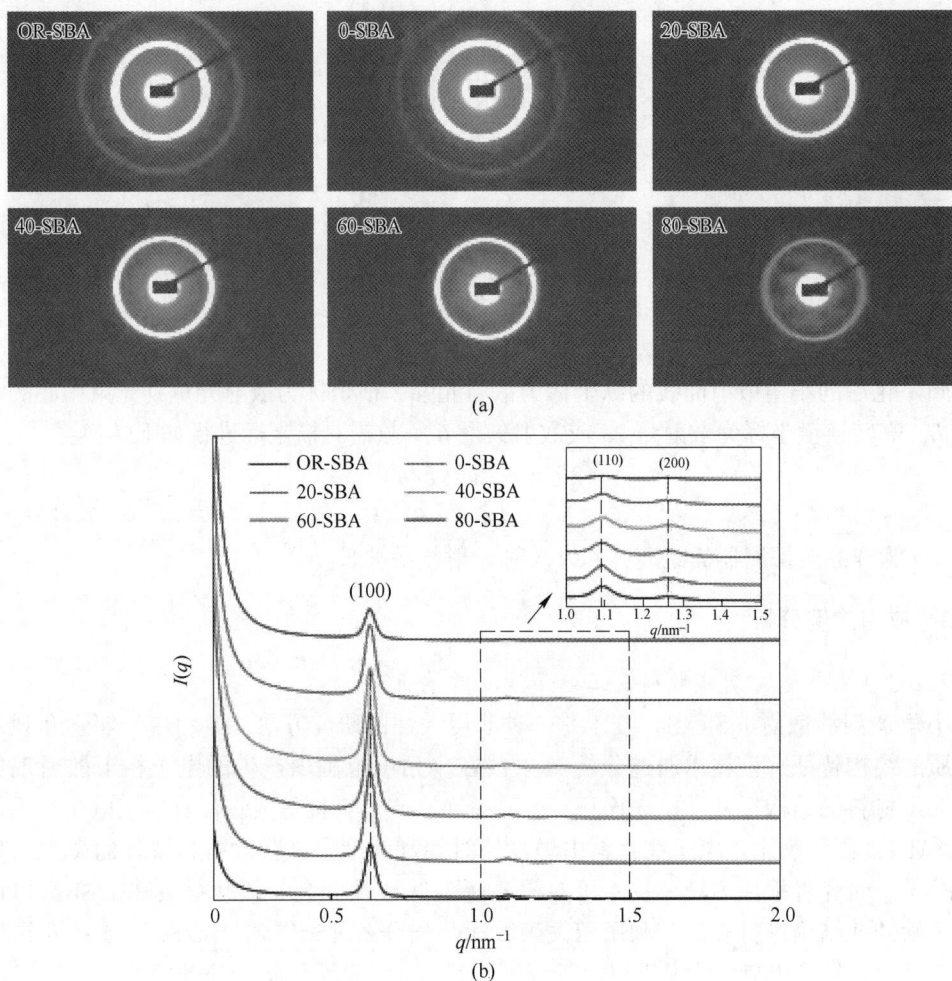

(a)

(b)

图 7-17　经过不同质量分数 PEI 溶液浸渍后样品的二维 SAXS 谱图（a）和由二维 SAXS 谱图经数据处理得到的一维 SAXS 谱即 $I(q) - q$ 曲线（b）

7.2.3.2　高密度聚乙烯空洞化行为研究

为了进一步研究高密度聚乙烯的微观结构特征和证实薄片晶组的存在，特选取 110 ℃ 和 120 ℃ 之间的 115 ℃ 等温结晶后自然冷却到室温的样品为代表，利用 DSC 和 SAXS 变温实验分析其结晶行为。首先，利用差示扫描量热（DSC）升温将样品熔融消除热历史。然后，设置程序使样品进行 115 ℃ 等温结晶100 min 及等温结晶后又冷却到室温两个不同的结晶过程，接着升温得到相应的熔融曲线如图 7-18（a）所示。可以发现，两条曲线最显著的区别在于经历了等温后缓慢冷却过程的样品，在 110 ℃附近多出了另一个小的熔融峰。其中，只经历等温结晶样品的质量结晶度为 53.19%，而经历等温结晶后又缓慢冷却样品的质量结晶度增大到 67.62%。此外，利用带有热台的 TST350 型便携式拉伸仪，加 115 ℃等温结晶后自然冷却的聚乙烯样品，同时收集升温过程中的 SAXS 数据，在线观察升温过程样品微观结构的变化。随温度变化的一维 SAXS 散射曲线如图 7-18（b）所示，可以看到室温时存在两个散射峰，右侧的第二个散射峰可能是较厚片晶的二级散射峰或较薄的片晶产生的散射。当加热温度超过100 ℃时，可观察到第一个散射峰的强度增加而第二个散射峰的强度减小。

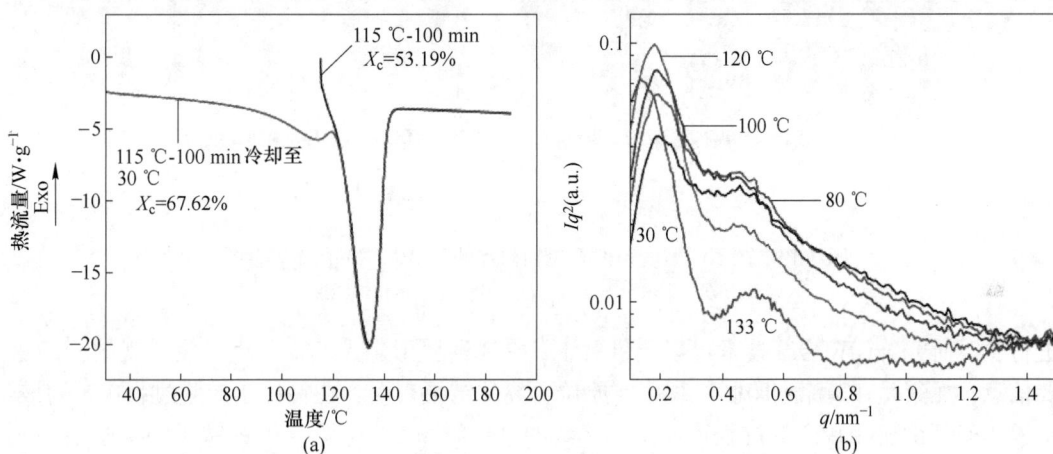

图 7-18　不同 HDPE 的 DSC 熔融曲线和 SAXS 曲线
（a）不同 HDPE 的 DSC 熔融曲线结晶路线（在 115 ℃等温结晶 100 min，
之后缓慢冷却至 30 ℃在 115 ℃等温结晶 100 min）；（b）SAXS 曲线
（在加热 HDPE 样品的过程中收集，然后在 115 ℃下等温结晶 48 h 慢慢冷却至室温）

结果表明，结晶温度高于 110 ℃后自然冷却到室温的样品中存在热稳定性不同的两组片晶，等温过程形成结构完善的厚片晶，而在冷却过程会形成有缺陷的薄片晶，两组片晶的熔点分别在 133 ℃和 110 ℃附近。在 30 ℃拉伸时，所有样品都可观察到空洞化并伴随发白现象。并且，等温结晶中形成片晶厚度越大的样品，相应的空洞化现象越明显。在较高温度下形成的厚片晶组对塑性形变和空洞化行为起着关键作用，而低温下形成的较薄片晶组会减弱空洞化现象。此外，聚乙烯空洞化行为还与拉伸温度密切相关。随着拉伸温度的提高，聚乙烯样品内部的片晶会更倾向于发生塑性流动，空洞化程度会变得越来越弱，如图 7-19 所示。随着拉伸温度的升高，产生空洞的条纹散射会越来越弱，说明高密度聚乙烯样品中塑性流动的发生变得更容易。样品的积分散射强度随着拉伸温度的提高而降低，这是因为在较高温度下主要发生的是样品的塑性形变。同时，在较高温度下形成的厚片晶组对塑性形变和空洞化行为起着关键作用。综上所述，高密度聚乙烯空洞化行为对拉伸温度具有一定的依赖性，温度的升高会减弱空洞化现象，并使样品更容易发生塑性流动。

7.2.3.3　钙钛矿半导体结晶原位研究

通过使用原位掠入射广角 X 射线散射（GIWAXS）技术，可对钙钛矿薄膜的结晶过程

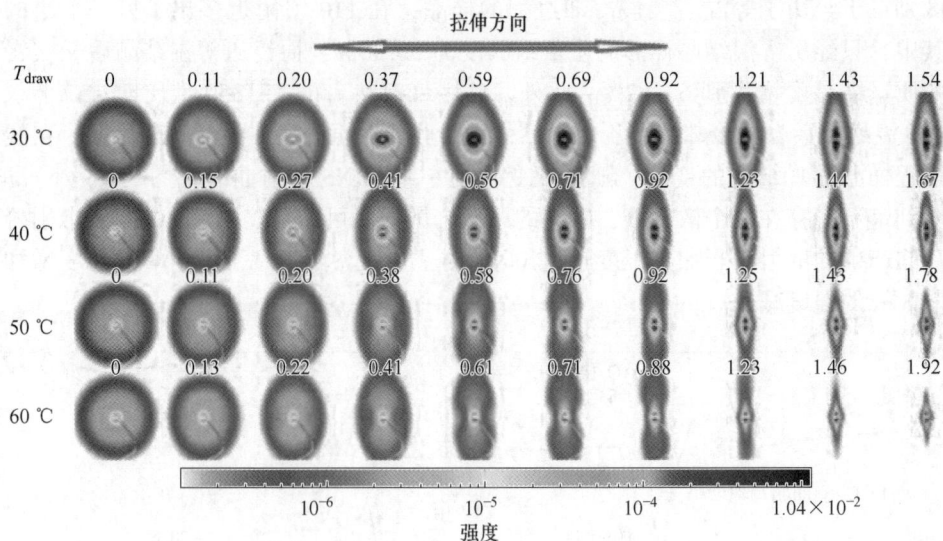

图 7-19　在不同温度条件下单轴拉伸的 HDPE 结晶的 SAXS 图
（变形方向为水平方向；图表上的数字表示拉伸强度）

进行实时研究。GIWAXS 技术可以提供关于钙钛矿薄膜形态、相变、生长及微观结构的重要信息，尤其是在旋涂和印刷过程中。原位研究的结果表明，在钙钛矿成膜过程中，溶胶-凝胶相向钙钛矿相转变的过程可能是不一致的。针对 MAPbI$_3$ 基三维钙钛矿的实验结果显示，引入半导体有机小分子后，钙钛矿的结晶相转变过程更加明显，并且形成的钙钛矿薄膜具有更有利于电荷传输的垂直取向结构。FAbI$_3$ 基三维钙钛矿的实验结果显示，在引入适量的 Cs 离子和 MA 离子的情况下，可以制备出稳定的 FAbI$_3$ 钙钛矿薄膜，并获得较高的光电转化效率。对于 Ruddlesden-Popper 型二维（2D）钙钛矿的研究，实验结果显示不同溶剂体系和制备温度会影响 2D 钙钛矿薄膜的形态和结晶性能。在合适的条件下，可以制备出具有良好结晶质量的 2D 钙钛矿薄膜。图 7-20（a）为以二甲基亚砜（DMSO）和 γ-丁内酯（GBL）为溶剂的 MAPbI$_3$ 钙钛矿前驱体溶液在没有滴加反溶剂的情况下，形成中间态薄膜过程中散射特性随时间的变化。在旋涂进行的前 40 s 内，衬底上钙钛矿前驱体溶液逐渐变薄，在 GIWAXS 谱图中散射矢量 q 的大小在 2~6 nm^{-1} 处的散射光晕逐渐增大，形成了无序的前驱体溶胶-凝胶相。前驱体溶液的挥发使得溶胶-凝胶相向中间态薄膜相转变。在旋涂进行 50 s 后，在 GIWAXS 谱图中 q 在 4.8 nm^{-1}、8.1 nm^{-1} 及 q 在 9.0 nm^{-1} 处形成了 MAPbI$_3$-DMSO 中间相溶剂化物与 PbI$_2$ 相的衍射峰。钙钛矿薄膜中各物相不再变化时，截取了第 80 s 时的原位 GIWAXS 谱图，如图 7-20（b）所示，4 种溶液条件下各物相的衍射峰强度均不相同。图 7-20（c）进一步给出了 4 种情况下溶剂化中间相、PbI$_2$ 和钙钛矿（110）相的特征衍射峰强度与 q 的关系。图 7-20（d）为 4 种情况下的溶剂化中间相、PbI$_2$ 和 MAPbI$_3$ 钙钛矿衍射峰的强度与对应角度的关系。图 7-20（e）为分子钝化作用对于钙钛矿结晶动力学的影响机制。

7.2.3.4　变温及拉伸后聚四氟乙烯的微观结构变化

聚四氟乙烯（PTFE）在变温及拉伸下的微观结构变化研究对其服役过程中的失效机制分析具有重要意义。首次使用 USAXS 对 PTFE 数百纳米尺度的微观结构进行表征。

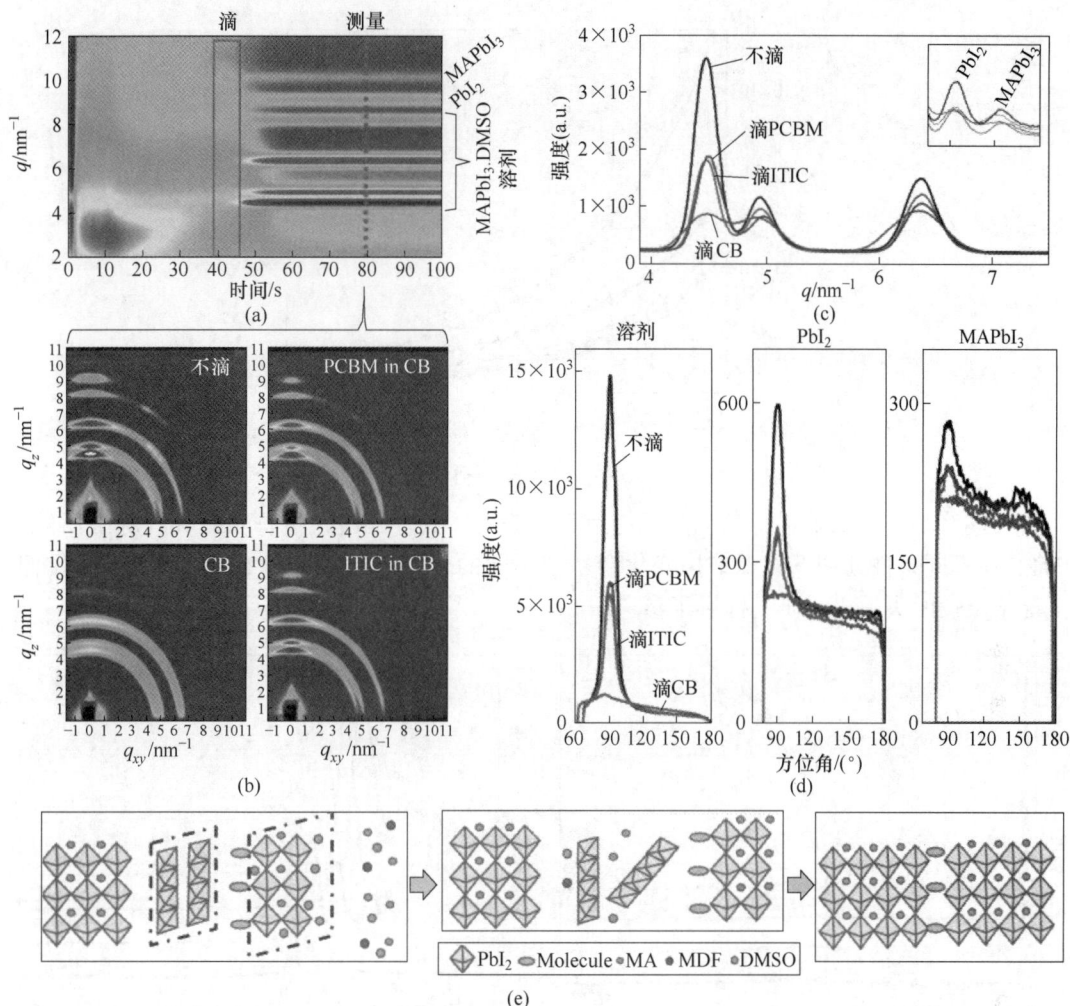

图 7-20 同步 X 射线散射研究溶剂化对钙钛矿的影响

采用同步 X 射线散射技术原位在线研究 PTFE 在变温处理（25~300 ℃）及常温和变温（25~175 ℃）单轴拉伸下的微观结构变化。如图 7-21 所示，随着温度的升高，PTFE 散射强度逐渐增大，这表明大尺寸散射体在增加。在 PTFE 结晶过程中，随着熔体黏度的增加，分子链活动性减小，部分分子链来不及进行充分调整，结晶停留在不同阶段上。因此，PTFE 中存在完善程度不同的晶体。随着温度的升高，PTFE 中这些较不完全晶体逐渐熔融，因而散射强度增大。

图 7-22 为不同温度热处理后 PTFE 的 WAXS 曲线，2θ 约为 19°出现的为其（100）晶面衍射峰，约为 31°的为其（110）晶面衍射峰，约为 36°的为其（200）晶面衍射峰，36°~42°范围内出现了一个弥散峰，归属为 PTFE 的非晶部分。结果表明，PTFE 的熔融过程是一种不完全晶体首先熔融的过程。常温单轴拉伸下，PTFE 呈现各向异性，在较低应变下，主要发生分子链倾斜，片晶沿着拉伸方向滑移和转动。随着拉伸的进行，片晶沿拉伸方向产生更大的倾斜、滑移和转动，片晶沿拉伸方向滑移而伸长变薄。在恒应力单轴拉伸过程中，PTFE（聚四氟乙烯）不完全的晶体在升温过程中逐渐熔融，其片晶被破坏。

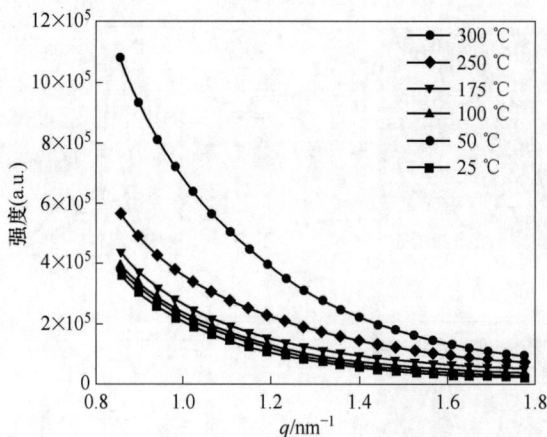

图 7-21 不同温度热处理后 PTFE 的 SAXS 曲线

在其 α 转变后，即其非晶部分的分子链运动解冻后，其片晶将被进一步破坏。综上所述，PTFE 在不同条件处理下微观结构变化会呈现不同的变化规律，这为 PTFE 在变温及拉伸工况下服役的失效机制研究提供了参考。

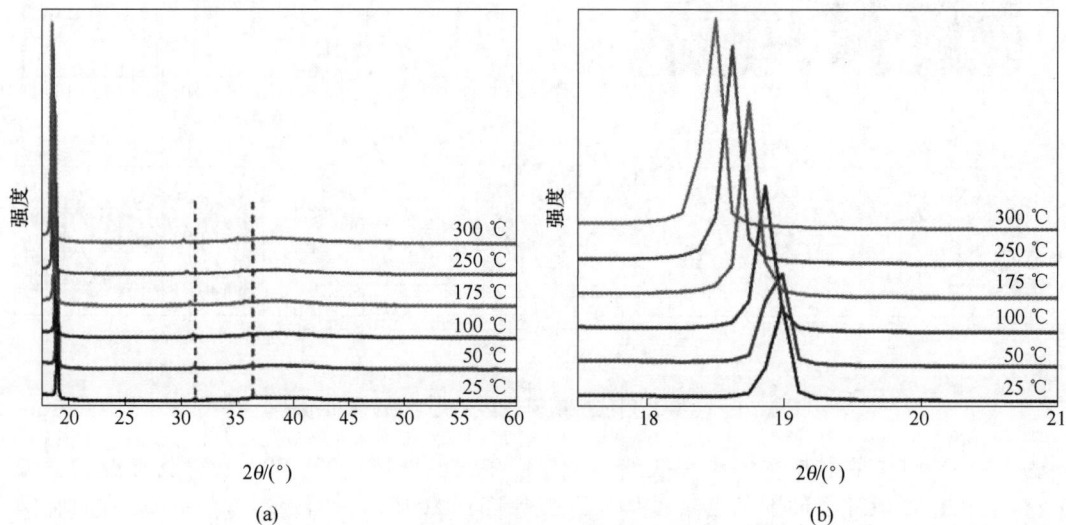

图 7-22 不同温度热处理后 PTFE 的 WAXS 曲线
((b) 为 (a) 的局部放大图)

更多实例
扫码 1

7.3 同步辐射 X 射线衍射

X 射线在晶体中产生衍射现象是相干散射的一种特殊表现。相关的 X 射线衍射基础已在第 3 章详细讲述，本节主要介绍同步辐射 X 射线衍射的实验装置及常用的同步辐射衍射技术。

7.3.1 实验装置及测试方法

7.3.1.1 实验装置

A 光束线设备

根据布拉格方程（$2d\sin\theta = n\lambda$）可知，X 射线衍射有两种主要的测量方式，一种为使用单色光固定入射 X 射线波长 λ，通过探测不同角度 θ 的衍射强度来获得样品中的不同晶面值，即角散模式；另一种为固定衍射角度 θ，通过改变入射 X 射线的波长 λ 来获取样品中的不同晶面值，即能散模式。一般来说，同步辐射衍射光束线配置的主要光学元件有准直镜、单色器、聚焦镜（见图 7-23）。对于不同的衍射模式，同步辐射 X 射线衍射光束线的配置会有所不同，有的衍射光束线只使用聚焦镜，这样配置只能用于能散模式。

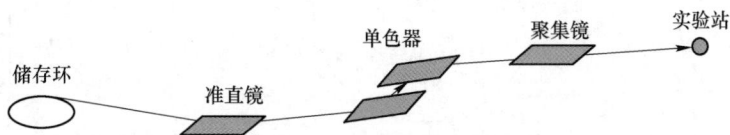

图 7-23　同步辐射衍射光束线主要光学元件配置示意图

准直镜是具有一定曲率的柱面镜，可将从储存环引出的带有一定垂直发散度的同步辐射光束转化为准平行的出射光束。准平行出射光入射到单色器上可使单色器的传输效率提高，能量分辨率也得到提高。准直镜镜体一般由几十毫米厚的硅基底上镀一层几十纳米的金属膜组成。常用的金属膜表层有 Ni、Rh、Pt、Au 等，也可以在镜面上并排镀有不同的金属反射层，以便对不同的能量波段进行切换。由于准直镜接受的是白光（即光源能量范围内的所有能量的 X 射线），为避免高热负载造成的镜面形变，通常需要对准直镜进行冷却。

单色器用于从白光同步辐射束中选择所需要的单色 X 射线，是同步辐射光束线的核心部件之一，它的工作原理满足布拉格定律。对于同步辐射 X 射线衍射光束线，常用的单色器晶体有 Si(111)、Si(220)、Si(311)、Si(511)，以及相应的 Ge 单晶。可用于同步辐射 X 射线光束线的单色器有多种形式，最常用的是双平晶单色器，由一对具有相同衍射面的平面晶体组成，可保证单色器前入射 X 射线的方向与单色器后出射 X 射线的方向不发生改变，同时由于平行单晶之间的距离 d 是固定的，旋转单色器晶体可以改变 X 射线的入射角 θ，从而选择特定波长的 X 射线，根据波长与能量的关系式，选择 X 射线的能量。此外，切槽双晶（两晶体相对位置固定不变）单色器可以方便地选择单色 X 射线能量，但不保证出射光的高差不随单色 X 射线能量的变化而不发生改变。三角弯晶单色器由一块晶体组成，通常垂直放置，用于水平分束、单色、聚焦。一块晶体的单色器通常只用于选择单一能量的 X 射线，不用于任意选择单色化的 X 射线波长。对于双晶单色器，也可以采用第一晶体为平晶，第二晶体为弧矢压弯的柱面晶体，这样不仅可用于选择单色 X 射线能量，还可以在水平方向上使单色 X 射线聚焦。

聚焦镜通过对平面镜压弯达到一定曲率，使入射光束在所需的位置上会聚成焦斑，所用的材料与准直镜类似。大多数情况下，聚焦镜不仅要用于垂直方向上的聚焦，也要用于水平方向上的聚焦。因此，聚焦镜的镜面可以被设计成柱面，通过压弯机使柱面压弯成超环面，以实现水平和垂直方向上的聚焦。

B　实验站设备

同步辐射 X 射线衍射站有三种主要的实验模式：布拉格（Bragg）模式、德拜（Debye）模式及劳厄（Laue）模式。因此，实验模式不同，衍射站所用设备相差较大。图 7-24 给出了三种衍射实验模式的示意图。

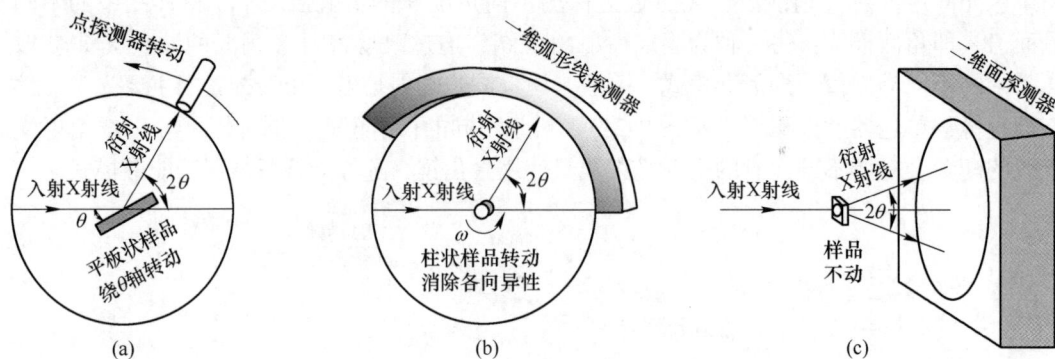

图 7-24　三种衍射实验模式的示意图
（a）布拉格模式；（b）德拜模式；（c）劳厄模式

布拉格模式又称为衍射仪模式。实验站配置的主要设备是 X 射线衍射仪和点探测器。常用的衍射仪有四圆、五圆、六圆、七圆和八圆衍射仪等。布拉格模式通常采用步进扫描采谱方式，既可用于粉末多晶衍射实验，也可用于单晶衍射实验。因为此实验模式采用逐点扫描的方式采集衍射强度，其探测器通常配置点探测器。这一模式的优点是衍射谱的角分辨率较高，缺点是逐点扫描方式所需时间较长，这一模式不适合原位实时的时间分辨实验。

德拜模式通常只用于各向同性的粉末多晶衍射实验。为了消除样品中可能存在的各向异性，实验站配置可用于样品转动的样品转台。此种实验模式配置的探测器可以是一维弧形线探测器，或是点探测器阵列。由于采用的是线探测器或点探测器阵列，实验过程中的机械运动少或没有，不同角度的衍射强度被同时收集，故实验时间短、采谱速度快，德拜模式可以用于比较慢的时间分辨的原位实时衍射实验。

劳厄模式既可用于多晶样品，也可用于单晶样品。实验站配置的主要设备是面探测器。对于多晶样品，面探测器上的衍射信号为衍射环。因此，可用于原位实时的时间分辨衍射实验。对于单晶样品，面探测器上得到的是衍射斑点。然而，采用劳厄模式，要求面探测器有足够大的有效探测面积及足够高的空间分辨能力。

7.3.1.2　测试方法

A　回摆法

如图 7-25 所示，以微小的单晶体作为样品，入射单色 X 射线，在垂直于入射线样品的后方放置潜像板（IP）探测器，摄谱时样品绕垂直于入射 X 射线的轴做几度的来回摆动。由于只能得到一部分衍射数据，摄完一张谱后，需将晶体转过一定度数再进行摄谱，要摄许多张才能得到一套完整的衍射数据。这一方法目前是获取生物大分子晶体衍射数据的常用方法。

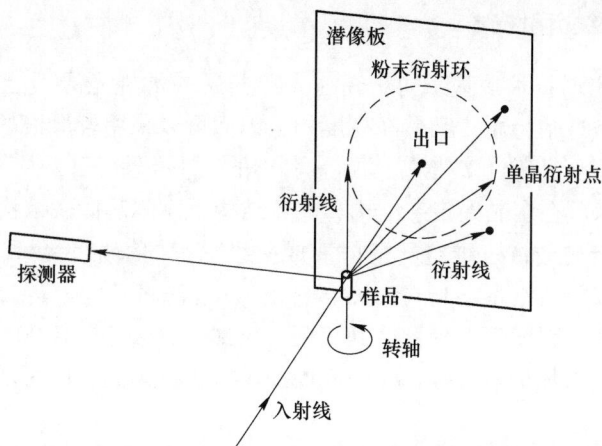

图 7-25　X 射线衍射实验方法示意图

B　Weissenberg 法

这也是收集单晶衍射数据的方法，也使用微小单晶及单色入射光。测角器是特殊的，其构造示意图如图 7-26 所示。单晶的一个晶轴与晶体转轴相一致，这样衍射线必落在以转轴为轴心的若干圆锥面上，记录底板以圆筒状围在晶体外面，在样品与记录底板之间有一个层线屏，层线屏上有一个狭缝，使狭缝位于某一圆锥面通过的位置，则位于其上的衍射线可通过狭缝到达记录底板，而其他的圆锥面被挡住。摄谱时晶体绕轴进行大角度回摆，同时使底板筒进行平行转轴的同步来回移动，则在不同时间穿过层线屏的衍射会落在底片的不同位置，不会重叠。

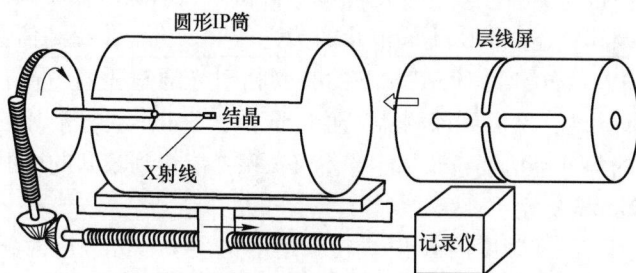

图 7-26　Weissenberg 测角器构造示意图

C　劳厄法

这也用于单晶衍射，晶体不回摆，入射光不用单色光，而用白色光。不同波长的入射光会同时产生衍射，信息较丰富，常用于快速摄谱，可进行动力学研究，已有在几十皮秒的时间内完成谱的摄取的报道。此装置也可用于粉末衍射，但入射光为单色光。

D　粉末法

粉末法是表征固体材料结构的最重要的方法之一，与前三种方法不同，此法使用的样品不是小单晶而是多晶或粉末样品。入射光为单色光，样品可以静止不动，也可以转动。

可用闪烁计数器做扫描测量，也可用弯曲的宽角度位敏探测器或二极管阵列探测器做快速同时测量，还有用 IP 做探测的，可弯曲（如位敏探测器），也可用平板型。

7.3.2 高分辨 X 射线衍射技术

高分辨 X 射线衍射技术是基于同步辐射光源开展的常规光源不能进行的先进衍射技术之一。同步辐射是近平行光，又是高亮度的，因而可以采用较严格的单色措施，并采用小狭缝、加大测角器半径等许多措施，测得高 θ 角范围的弱衍射，从而大大提高分辨率。X 射线粉末衍射技术可在多晶聚集态结构、晶体结构、实际晶体微结构三个层次上表征固体结构。由于粉末衍射会将三维空间衍射变成一维，有的衍射线会重叠、有的则靠得很近，常规光源衍射仪分辨率不够高（0.05°~0.2°），无法将它们分辨，故无法用来解析晶体结构。同步辐射由于强度高、平行性好，可大大提高分辨率（0.002°~0.05°），使靠近的衍射线得以分开，增加衍射线数量，因而增加了解析晶体结构的可能。

7.3.2.1 装置特点

用于同步辐射光源的粉末衍射装置的基本构造和工作原理与常规光源的衍射仪类似。但由于同步辐射光源在水平平面高度极化，而衍射积分强度与极化因子成正比，2θ 的转轴必须平行于同步辐射装置轨道平面。扫描方式和常规光源的衍射仪类似，可采用固定样品进行探测器 2θ 扫描，也可采用样品和探测器联动的扫描方式。2θ 最大扫描角为 145°~150°。探测器可采用闪烁探测器或 Ge 固体探测器等。目前，世界上常用的同步辐射 X 射线高分辨多晶粉末衍射装置有两类，即 Cox 型的利用晶体分析器的装置和 Parrish 型利用长水平狭缝（HPS、VPS 也称为 Soller 狭缝）的装置。它们的光束线结构基本类似，从储存环辐射出的白光同步辐射经防护管后，其尺寸被狭缝所限制，通过单色器把白光同步辐射变为单色 X 射线，并可根据需要选择波长。光束的尺寸要比样品的入射狭缝（ES）大得多，因此这样设计光束线在改变波长后不需重新调整衍射仪。对于 Cox 型的装置衍射光经晶体分析器衍射后被探测器接收。使用晶体分析器可以消除由样品位移和样品透射像差引起的布拉格峰的漂移，还能消除不同能量的荧光散射，进一步提高信噪比，从而获得更高的角分辨率（0.01°~0.05°）。Parrish 型的装置衍射光通过垂直 Soller 狭缝后，进入另一个长的水平 Soller 狭缝，然后到探测器，通过选择长 Soller 狭缝箔片的长度及它们之间的距离而达到任意的角分辨精度，长的水平 Soller 狭缝能得到较高的衍射强度。

7.3.2.2 实验数据分析

在获得高分辨率、高准确度的 X 射线粉末衍射谱后，首先，应对粉末衍射谱上的各衍射线的衍射指数进行标定，然后对晶体结构的周期性和对称性进行求解，求出晶体的晶胞参数。解出晶体结构需要大量准确的衍射峰的强度数据，这些数据需要通过对强度准确的衍射谱进行分峰才能得到。进行重叠峰分离，得到各个独立衍射的结构振幅。经过分峰处理后，一般可以得到成百上千个独立的衍射峰的结构振幅 $|F|$，可以利用与单晶结构分析相似的帕特森法先求出重原子的位置，然后利用电子密度图求出其他原子的位置，得到初始结构。还可以利用分峰得到的数百个独立的结构振幅 $|F|$，从它们的衍射指标总结系统消光规律，推测晶体可能的空间群。得到初始结构，还需要对各个结构参数进行精修，在多晶衍射中，由于通过分峰获得的独立的结构振幅 $|F|$ 的数量不够多，不能像单晶衍射那样利用结构振幅 $|F|$ 来对结构进行精修，因此，需要用 Rietveld 全谱拟合来对结

构进行精修。依据精修得到的结构参数来算出键长、键角、R 因子等数据。

A 衍射峰宽度分析

衍射峰宽度是指衍射峰强度一半处的宽度（FWHM），用角度表示，衍射峰宽度与仪器的构造、实验条件及样品的结构有关。

对于使用晶体分析器的 Cox 型装置，其衍射峰宽度 Γ 为

$$\Gamma = \sqrt{\Phi_v^2 \left(2 \frac{\tan\theta}{\tan\theta_M} - \frac{\tan\theta_A}{\tan\theta_M} - 1 \right)^2 + \Gamma_{min}^2} \tag{7-31}$$

式中，Φ_v 为入射 X 射线的垂直发散度；θ 为样品的布拉格衍射角；θ_M 为单色器晶体的角度；θ_A 为晶体分析器的布拉格角；Γ_{min} 通常被认为是一个常数，它由单色器和分析晶体的达尔文宽度所决定。

Soller 狭缝情况中其衍射峰宽度 Γ 为

$$\Gamma = \sqrt{\Phi_v^2 \left(2 \frac{\tan\theta}{\tan\theta_M} - 1 \right)^2 + \delta^2} \tag{7-32}$$

式中，Φ_v 为入射 X 射线的垂直发散度；θ_M 为单色器晶体的角度；δ 为由长狭缝所定义的发散角，其值等于两箔片的相间距离除以长狭缝的长度（d/L）。

对于采用单一晶体 Ge 作为单色器晶体并在水平面上扫描，这时衍射峰宽度 Γ 为

$$\Gamma = \sqrt{\Phi_v^2 \left(2 \frac{\tan\theta}{\tan\theta_M} - \frac{\tan\theta_A}{\tan\theta_M} \right)^2 + \Gamma_{min}^2} \tag{7-33}$$

衍射峰宽度常作为衍射图谱的分辨率指标，对于实验室光源，其分辨率一般在 0.1° 以上，在采取一系列提高分辨率的措施以后，其分辨率可达 0.05°~0.07°。对于同步辐射 X 射线，其分辨率可提高到 0.05° 以下，达 0.01°~0.03°。

B 衍射峰形分析

高分辨同步辐射粉末衍射的衍射峰峰形通常用高斯和洛伦兹型的混合形式来表示：

$$I(\Delta 2\theta) = I_0 \{ C_L \eta \left[1 + 4(\Delta 2\theta/\Gamma)^2 \right]^{-1} +$$
$$C_G (1 - \eta) \exp \left[-4(\ln 2)(\Delta 2\theta/\Gamma)^2 \right] \} + I_B \tag{7-34}$$

式中，$\Delta 2\theta$ 为对布拉格衍射峰位置的偏移量；I_0 为衍射峰的积分强度；C_L 和 C_G 为归一化因子，分别为 $(2/\Gamma\pi)$ 和 $2[(\ln 2)/\pi]^{1/2}/\Gamma$；$\eta$ 为线形混合因子；I_B 为背底强度。高斯 Γ_G 和洛伦兹 Γ_L 型的峰宽分别为

$$\Gamma_G = \sqrt{(U \tan^2\theta + V\tan\theta + W)} \tag{7-35}$$

$$\Gamma_L = X\tan\theta + \frac{Y}{\cos\theta} \tag{7-36}$$

C Rietveld 全谱拟合

全谱拟合以一个晶体结构模型为基础，利用它的各种晶体结构参数（如晶胞参数、原子坐标、占有率、温度因子等）和峰形参数（峰形、半峰宽、不对称、择优取向、背底等）及一个峰形函数来计算大的衍射角（2θ）范围内理论的多晶体衍射谱，设归一化的峰形函数为 G_k（下标 k 表示某一衍射）。衍射峰某处 $(2\theta)_i$ 的试测强度 Y_{ik} 表示为

$$Y_{ik} = G_{ik} E_k \tag{7-37}$$

式中，E_k 为粉末衍射的积分强度。因全谱是各衍射峰的叠加，全谱上某 2θ 处的试测强度

Y_i 为

$$Y_i = Y_{ib} + \sum_k Y_{ik} \tag{7-38}$$

式中，Y_{ib} 为背景强度。通过式（7-38）计算衍射谱上各点的衍射强度 Y_{ic}，并与相应的实验观测值 Y_{io} 比较，用最小二乘法得到最佳拟合结构参数：

$$M = \sum_i W_i (Y_{io} - Y_{ic})^2 \tag{7-39}$$

式中，W_i 为权重函数，取 $W_i = 1/Y_i$；M 为最小时的结构模型即为实际结构。

R 因子用来判断全谱拟合的好坏，R_{wp} 和 GofF（goodness of fitting）是根据 Y_o、Y_c 计算的，可反映计算值与实测值之间的差别。R_{wp} 中的分子是最小二乘法拟合中所算的极小值，最能反映拟合的好坏，R_B 是根据衍射峰的积分强度来计算的，如同单晶结构分析中的 R 因子。

$$R_p = \sum_i |Y_{io} - Y_{ic}| / \sum_i Y_{io} \tag{7-40}$$

$$R_{wp} = \left[\sum_i W_i (Y_{io} - Y_{ic})^2 / \sum_i W_i Y_{io}^2 \right]^{1/2} \tag{7-41}$$

$$R_B = \sum_k |I_{ko} - I_{kc}| / \sum_k I_{ko} \tag{7-42}$$

$$\text{GofF} = \sum_i W_i (Y_{io} - Y_{ic})^2 / (N - P) \tag{7-43}$$

7.3.3 X 射线掠入射衍射技术

由于晶体的周期结构在表面中断，处于晶体表面的原子的价键是不饱和的，原子间的相互作用与晶体内部的原子间的作用不同，其排列也会发生变化。表面结构的变化会影响到下一层，使其也发生一些变化，逐层传递，这种影响传递深度一般只有零点几个纳米，形成相当薄的表面层。表面层的结构发生了变化（重构或弛豫），它的衍射信号也与体相结构的衍射信号不同，因为表面层很薄，而且原子对 X 射线的散射截面是很小的，故其衍射信号是很弱的。实验室 X 射线源的强度是不够的，同步辐射装置的发展，大大提高了可用 X 射线的强度，使 X 射线表面衍射成为可能。

X 射线掠入射衍射技术的入射角非常小，当 X 射线的入射角变小时，其入射深度变浅，有利于减小基底信号对结果的影响；同时随着入射角的变小，照射面积增大，有利于增强薄膜信号的强度。对于一般材料，X 射线的折射率小于其在真空（或空气）中的折射率，因此 X 射线在材料与空气界面存在外全反射现象。当单色 X 射线以小于材料全反射临界角的掠入射角入射到材料的表面时，进入材料内部的 X 射线透射波振幅将随深度呈现指数形式衰减，透射波的这种特性极大地减小了 X 射线进入材料内部的深度，使得散射过程集中在表面以下的几个原子层范围内，从而大大地抑制了对衬底材料衍射信号的激发，降低了体相结构信号的影响，这相当于表面二维体系的衍射。

根据畸变波玻恩近似理论，X 射线在样品中的穿透深度 L 可表示为

$$L = \frac{\lambda}{4\pi} \times \frac{1}{\text{Im}(\sqrt{\sin^2 \alpha_i - 2\delta - 2i\beta})} \tag{7-44}$$

式中，λ 为入射 X 射线的波长；$\text{Im}(x)$ 为取 x 的虚部；α_i 为掠入射角；δ、β 分别为样品折射率增量的实部和虚部（取正值）。

可见，通过对掠入射角或掠出射角的调整，可以调节 X 射线对所研究体系的穿透深度，从而获得对应不同深度的结构信息，多应用于单晶表面层、多层外延薄膜、量子线、量子点等表面材料的结构研究。

7.3.4 应用实例分析

7.3.4.1 微观组织结构的定量分析

利用同步辐射 XRD 技术，可研究时效处理对马氏体时效钢微观组织结构的影响。通过高能 X 射线衍射谱图，可观察到 B2 相（100）的超晶格衍射，并通过衍射峰的峰宽化推断了 B2 析出相的超细尺寸（见图 7-27）。利用修正的威廉姆森霍尔公式进行定量分析，得出 XRD 衍射峰与 $KC^{1/2}$ 的关系。通过对比 B2 与低 K 区应变的峰宽化，使用 FWHM 计算 B2 相与马氏体基体的晶格参数。研究发现，B2 析出相的晶格失配首先出现在形核阶段，由初期的 $0.03\%\pm0.04\%$ 增加到后期的 $0.17\%\pm0.04\%$。该研究证明，B2 相具有更低的晶格错配度，结合共格界面低的界面能，降低了纳米级析出相的均匀形核势垒，从而促进形核及提升形核率。细小均匀分布的析出相阻碍位错切过，提高了变形抗力，使得这种新型超强马氏体时效钢在 2 GPa 下仍然具有优异的塑性。

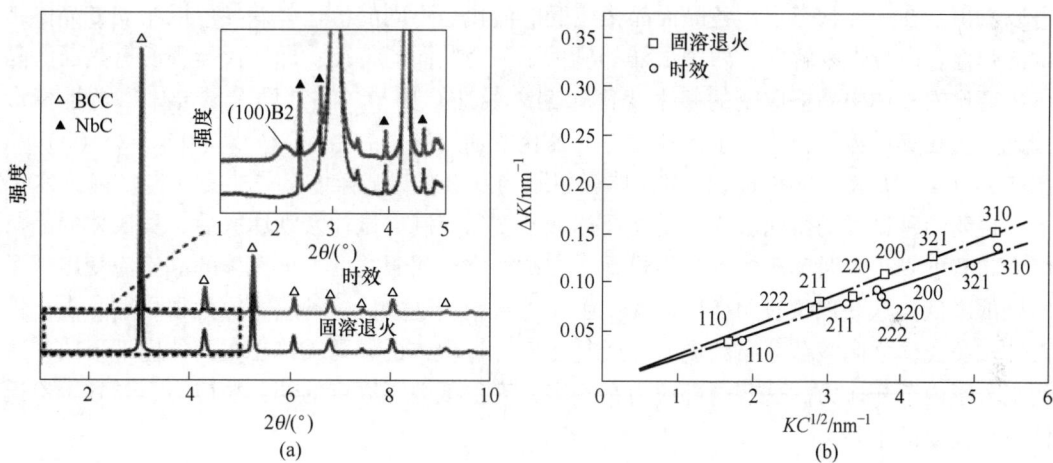

图 7-27　马氏体钢衍射图

（a）固溶处理与时效样品的同步辐射 XRD 谱图；（b）修正的威廉姆森霍尔图

7.3.4.2 晶格应变

对 Ti-39Nb 合金的非线弹性变形行为的研究中，当外加应力超过 60 MPa 时，合金开始出现非线弹性变形，伴随应力诱发马氏体相变。该方法具有原位、实时、高精度和高灵敏度等优点，能够深入研究材料在应力作用下的微观结构和相变行为。实验结果表明，当外加应力超过 60 MPa 时，合金开始出现非线弹性变形，此时伴随应力诱发马氏体相变。马氏体衍射峰只在特定角度出现，这与晶向和加载方向的关系有关（见图 7-28）。通过对衍射谱图的精细分析，可以深入研究材料在应力作用下的微观结构和相变行为。该方法的优点在于原位、实时、高精度和高灵敏度。原位同步辐射 X 射线衍射技术能够在材料发生变形的过程中实时观测其微观结构变化，避免了传统方法中对材料进行处理和制备过程

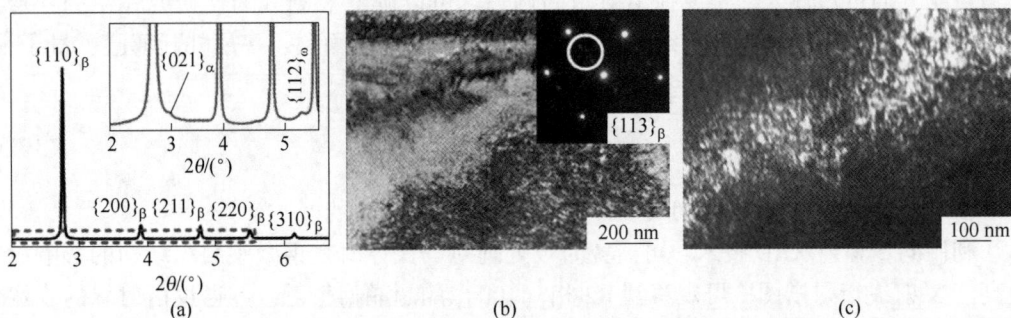

图 7-28　拉伸前 Ti-39Nb 合金的结构分析

中可能引起的误差。此外，该方法还能够提供高精度和高灵敏度的数据，更准确地反映材料在应力作用下的微观结构和相变行为。通过对 Ti-39Nb 合金的非线弹性变形行为进行原位同步辐射 X 射线衍射研究，可以发现该合金在应力作用下具有复杂的相变行为。研究结果有助于深入理解材料的力学性能和变形机制，为材料的设计和优化提供重要参考。

图 7-29 为晶格应变随工程应变的变化。从图 7-29（a）和图 7-29（c）中曲线的斜率可以看出，在弹性状态下，各晶面晶格应变的演化是不同的，这些差异可以用立方晶体结构的弹性各向异性来解释。两个试样都显示了一个共同的特征，即奥氏体中所有晶面的晶格应变比铁素体中晶格应变的斜率变化（偏离线性）更早。在这两个试样中，塑性变形首先发生在奥氏体晶粒中。水淬和空冷的各相的加权平均晶格应变分别如图 7-29（b）和图 7-29（d）所示。两种试样的奥氏体微屈服均发生在与试样体微屈服点相同的应力水平上，说明两种试样的微屈服主要受奥氏体塑性变形控制。试样宏观屈服后，奥氏体的晶格应变略有下降，表明奥氏体的应力松弛，在试样宏观屈服之后，奥氏体的晶格应变出现了轻微的降低。这一现象表明奥氏体发生了应力松弛的现象。这种应力松弛很可能是由于铁素体和奥氏体之间载荷分布的调整，或是在变形过程中诱导马氏体在奥氏体内部形成，从而引入了内部压应力。这些内部应力在一定程度上抵消了原有的部分拉应力，导致了奥氏体晶格应变的下降。

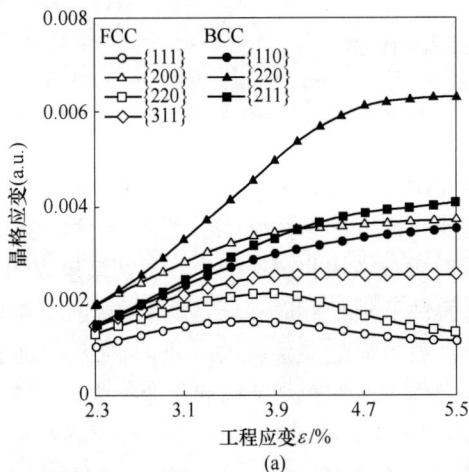

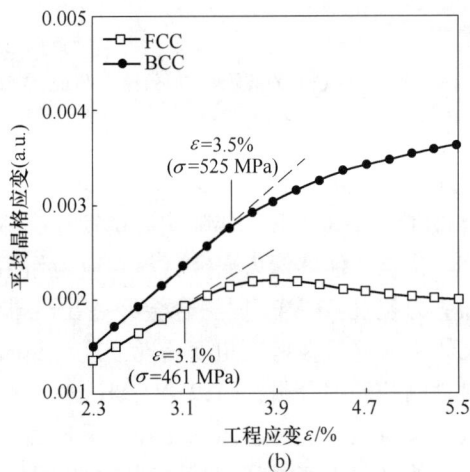

(a)

(b)

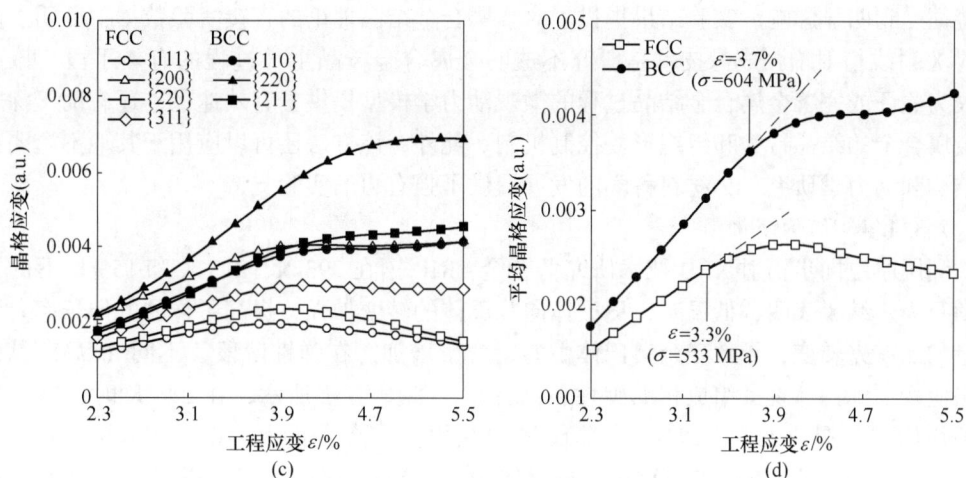

图 7-29　晶格应变随工程应变的变化

更多实例
扫码 2

7.3.4.3　X 射线衍射增强成像

对 Sn-Pb 金属合金的结晶过程的实时成像研究。实验观察了接近共晶成分的 Sn-50% Pb（50%为质量分数）合金在一定温度梯度和冷却速率下的枝晶生长行为和形貌演变（见图 7-30）。该方法利用 X 射线在物质中的衍射效应，通过增强特定衍射峰的强度，获得具有高对比度的图像，从而清晰地观察金属合金结晶过程的微观结构演变。该方法的优点在于能够在不损伤样品的情况下，实现对金属合金结晶过程的原位、实时、高分辨率成像。此外，该方法还能够提供大量的定量数据，有助于深入研究金属合金结晶的微观动力学过程，为完善金属合金结晶理论提供了有效的实验手段。通过对 Sn-50%Pb 合金的枝晶生长行为和形貌演变的观察发现，在一定温度梯度和冷却速率下，该合金的枝晶生长速率和形

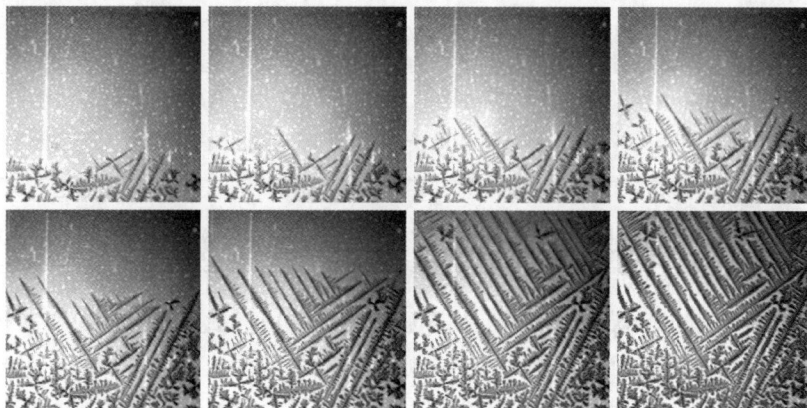

图 7-30　30 s 间隔 Sn-50%Pb 合金等轴及柱状枝晶生长

貌特征受到明显影响。实验结果提供了对金属合金结晶理论的直接实验数据，证明了同步辐射 X 射线衍射增强成像技术是研究不透明金属合金枝晶生长过程的有效手段。该研究不仅为验证或完善金属合金结晶过程的微观动力学模型提供了有效途径，还有助于深入理解金属合金的结晶行为和组织形貌控制机制。此外，该方法还可以应用于其他不透明材料的结构和动力学研究，为材料科学的发展提供了强有力的实验支持。

7.3.4.4　织构演化

利用原位同步辐射 XRD 技术研究低合金 TRIP 钢在 293 K、213 K 和 153 K 下的微观力学行为。结果表明，低温时，奥氏体向马氏体的转变加强，提高了样品的伸长率。低碳含量的晶粒先转变，导致残余奥氏体中的碳含量增加。在弹性阶段，不同（hkl）晶面的晶格应变不同，体现了组成相的弹性各向异性。如图 7-31 所示，在 293 K 时，铁素体基体的初始织构是（111）<110>，奥氏体的织构由一个弱的（110）<001>和一个强的（110）<111>组成。在拉伸过程中，铁素体织构（111）<110>变得更强，奥氏体（110）<111>织构变强而（110）<001>织构变弱。低温时，织构演化加强，与室温时具有相同的特点。因为平行于拉伸方向的奥氏体（200）晶粒有最大的剪切应力，所以它们优先发生相变。实验钢中奥氏体的机械稳定性与奥氏体的碳含量、晶粒取向、载荷配分和变形温度紧密相关。

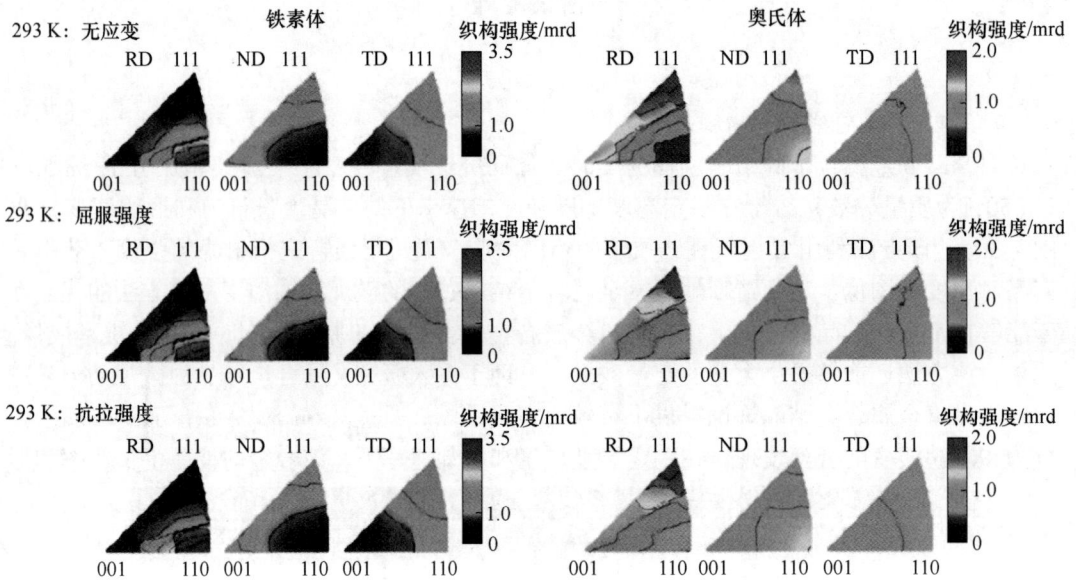

图 7-31　铁素体基体和奥氏体在不同应变下的织构演化

7.3.4.5　原位研究

采用同步辐射宽角 X 射线衍射原位研究方法，对淬冷得到的中间相和由其被拉伸得到的取向中间相在升温和等温退火下向晶体的转变过程进行研究（见图 7-32）。实验结果表明，取向中间相具有更高的稳定性，其开始相转变形成晶体的温度明显高于淬冷直接得到的中间相。通过对比两种不同中间相的初始结构，发现取向后的中间相在沿拉伸方向的螺旋结构具有更大的长程有序，这是导致其具有更高熔点的原因。该方法利用同步辐射宽角 X 射线衍射技术，能够原位研究相变过程，具有较高的精度和可靠性。对不同中间相的研究，可以深入了解其结构和性质的关系，为材料科学和设计提供理论支持。该研究的优点在于采用了先进的同步辐射宽角 X 射线衍射技术，能够精确地表征中间相的结构和性质。此外，该方法还可以原位研究相变过程，能够直接观察到相变过程中的结构变化，具有较高的可信度和说服力。通过对取向后的中间相和淬冷直接得到的中间相的比较，研究发现取向后的中间相具有更高的稳定性和熔点。这一结论对于深入理解材料的相变过程和性质具有重要意义，可以为材料科学和设计提供指导。

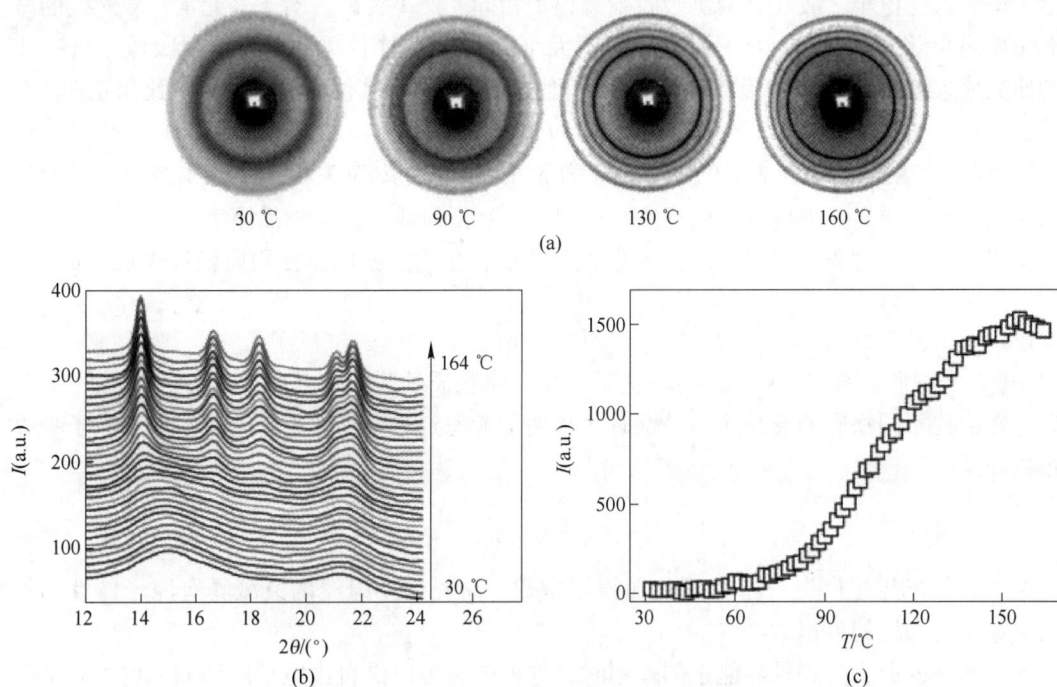

图 7-32　淬冷诱导的中间相在升温过程中的相转变
（a）部分温度时对应的二维 X 射线宽角衍射图；（b）一维 X 射线衍射曲线随温度的变化；
（c）晶体峰积分强度随温度的变化曲线

7.4　同步辐射 X 射线吸收精细结构

　　X 射线与物质相互作用的一个重要方面是物质对 X 射线的吸收。当 X 射线光子被原子吸收后，从原子 K 层射出光电子。如果吸收原子周围没有其他原子，就会像单原子气体那样，激发出的光电子将仅处于出射态，远离吸收原子传播。在这种情况下，终态将不会随入射光的能量发生振荡，即不会产生扩展 X 射线吸收精细结构（EXAFS）。如果吸收原子近邻有其他原子围绕，出射光电子波将受到周围原子的散射，产生背散射光电子波。两波在 $|\text{i}\rangle$ 态处附近发生干涉，干涉波便构成了终态 $|\text{f}\rangle$。当吸收原子周围的环境不变时，改变 X 射线光子的能量，出射和散射光电子波之间的位相差也随之发生变化，干涉情况就不同。加强干涉使跃迁矩阵元比孤立吸收原子时的值大，相消干涉则反之，这样就使平滑的吸收线出现了振荡现象，产生 EXAFS。X 射线吸收精细结构（XAFS）是一种同

步辐射特有的结构分析方法，能够在原子尺度上给出某一原子周围几个邻近配位壳层的结构信息，包括配位原子的种类及其与中心原子的距离、配位数、无序度等，还可以研究固态、液态和气体等几乎所有凝聚态物质的局域结构。

7.4.1 基本原理

入射 X 射线光子的能量等于被照射样品某内层电子的电离能时，会被大量吸收，使电子电离为光电子，故在其两侧吸收系数很不相同，产生突跃。对于轻元素，X 射线的减弱主要因为散射作用，而对于原子序数不太小的元素，则主要因为 X 射线吸收。进一步的研究使人们对 X 射线的吸收规律有了定量的描述，它像其他光一样，服从比尔定律：

$$I = I_0 e^{-\mu x} \tag{7-45}$$

式中，I 为 X 射线通过介质后的强度；I_0 为 X 射线强度；μ 为 X 射线吸收系数，表示通过每单位长度介质后光强度的减弱程度，cm^{-1}；x 为 X 射线透过的样品厚度。

当考虑同一物质不同聚集态的 X 射线吸收时，更为方便的是使用质量吸收系数 μ_m：

$$\mu_m = \frac{\mu}{\rho} \tag{7-46}$$

式中，ρ 为物质的密度，g/cm^3；μ_m 为每单位质量物质的吸收横截面，cm^2/g。

在比较不同物质的衰减能力差别时，特别是考虑到与原子性质有关时，使用原子吸收系数 σ_a：

$$\sigma_a = \mu_m \frac{A}{N_A} \tag{7-47}$$

式中，A 为物质原子量；N_A 为阿伏加德罗常数。可见，X 射线的衰减具有原子特性，与某种原子的结构相关。

当元素的原子受到外界能量的作用时，这种能量可以是自由电子的动能，也可以是其他 X 射线，原子内的电子可被电离或激发到较高能级，因而原子内出现了空穴。此时，较高能级处的电子又可落入此类空穴，从而发射出相应能级差的 X 射线。这种能级之间电子的跃迁都必须符合选择定则，否则，只有很低的吸收或辐射强度。每种原子有自己的一套电子能级，这些能级之间的跃迁，产生一组特定的 X 射线，故称元素的 X 射线特征谱或特征线。人们发现吸收系数随入射光波长的变化不是单调改变的，在某些位置会出现吸收突跃，称为吸收边。对于原子中有不同主量子数的电子，能量有较大的不同，与它们对应的吸收边相距颇远。具有相同主量子数的电子，由于其他量子数不同，能量也有差别，从而也形成独立的吸收边。图 7-33 是金属铂 K 边、L_I 边、L_{II} 边和 L_{III} 边的吸收谱，图 7-33（a）是相应的 X 射线吸收谱能级图。由于各元素的 K、L 吸收边相距很远，在实验上可以清楚地区分，常用来研究各元素吸收边的精细结构及扩展吸收精细结构。

XAFS 描述了在材料中特定原子吸收边的高能侧 X 射线吸收系数的振荡结构，如图 7-34 所示，XAFS 通常被分为两个部分：扩展 X 射线吸收精细结构（EXAFS），指的是吸收边后 50~1000 eV 甚至更高能量范围内的振荡结构；X 射线吸收近边结构（XANES），指吸收边后 50 eV 范围内的精细结构。实际上，XANES 还可以分为两段：一段为从边前约 10 eV 到边后约 8 eV 处，是边前处或低能 XANES；二段为边后 8 eV 处到 50 eV 附近，称 NEXAFS。EXAFS 是电离光电子被吸收原子周围的配位原子做单散射回到吸收原子与出射

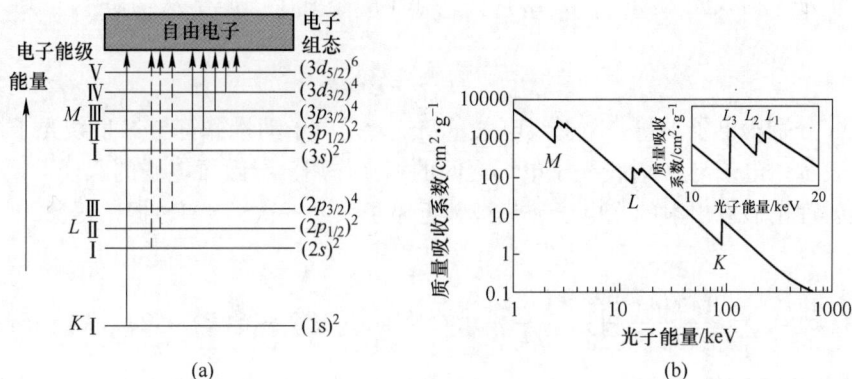

图 7-33　金属铂的 XAS

（a）X 射线吸收谱能级图；（b）金属铂 K 边、L_I 边、L_{II} 边和 L_{III} 边的吸收谱

波干涉形成的，其特点是振幅不大，似正弦波动。而边前区和 XANES 是由低能光电子（被电离，但动能不大的光电子）在配位原子做多重散射后再回到吸收原子与出射波发生干涉形成的，其特点是强振荡。

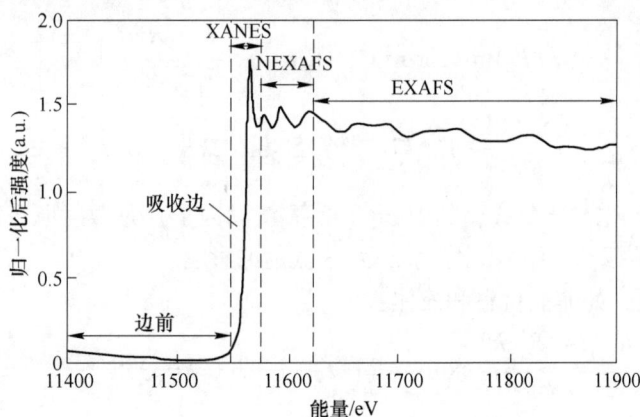

图 7-34　XAFS 谱图

7.4.1.1　单散射理论

物质对 X 射线的吸收是一个光电离过程，原子 A 吸收 X 射线光子后，内层电子被激发出来，形成向外出射的光电子波。此波在向外传播过程中，受到邻近原子的作用而被散射，散射波与出射波的相互干涉改变了 A 原子的电子终态波函数，导致在高能侧 A 原子对 X 射线的吸收出现振荡现象，如图 7-35 所示。采用偶极跃迁近似，A 原子的吸收系数 μ 为

$$\mu = 4N_0\pi^2 e^2(\omega/c)\ |M_{fs}|^2\rho(E_f)\quad(7\text{-}48)$$

式中，N_0 为单位体积原子 A 的数目；e 为电子的

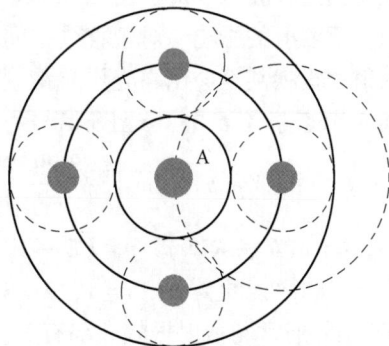

图 7-35　出射波被邻近原子散射的示意图

电荷量；ω 为 X 射线光子频率；$\rho(E_f)$ 为终态 f 的态密度，原子从初态 $|i\rangle$ 到终态的跃迁概率为

$$M_{fs} = \langle f \,|\, \boldsymbol{p} \cdot \boldsymbol{\varepsilon} \,|\, i \rangle \tag{7-49}$$

式中，$\boldsymbol{p}$、$\boldsymbol{\varepsilon}$ 分别为电子动量、X 射线电矢量；$\boldsymbol{p} \cdot \boldsymbol{\varepsilon}$ 是电子动量算符与 X 射线光子极化矢量的点积，表示了电子与 X 射线光子电场之间的相互作用，导致了电子的跃迁。

单散射理论假设出射的光电子波只被邻近原子散射一次，XAFS 振荡函数，$\chi(\boldsymbol{k})$ 可表示为

$$\chi(\boldsymbol{k}) = \sum_j \frac{N_j S_0^2 f_j(\boldsymbol{k})}{k} \int_0^\infty \frac{g(R_j)}{R_j^2} \mathrm{e}^{-2R_j/\lambda(k)} \sin\left[2kR_j + \delta(k) + 2\phi_C(k)\right] \mathrm{d}R_j \tag{7-50}$$

式中，$\boldsymbol{k}$ 为光电子波矢，其大小为 $\left[2m(E-E_0)/h^2\right]^{1/2}$；$E_0$ 为吸收边能量；S_0^2 为振幅衰减因子；R_j 为吸收原子与散射原子之间的距离；$g(R_j)$ 为散射原子的对分布函数；$\lambda(k)$ 为受激的光电子的平均自由程；$f_j(k)$、$\delta(k)$ 分别为散射原子的背散射振幅和散射相移函数；$\phi_C(k)$ 为吸收原子的相移函数。

与吸收原子距离相近的同种原子难以分辨，这些原子统称为"配位壳层"，N_j 表示第 j 配位壳层的原子数。

对于低无序系统，$g(R_j)$ 可以利用高斯分布表示为

$$g(R_j) = (2\pi\sigma^2)^{-1/2} \exp\left[-\frac{(R-R_j)^2}{2\sigma^2}\right] \tag{7-51}$$

$$\chi(\boldsymbol{k}) = \sum_j \frac{N_j S_0^2 f_j(\boldsymbol{k})}{kR_j^2} \mathrm{e}^{-2k^2\sigma_j^2} \mathrm{e}^{-2R_j/\lambda(k)} \sin\left[2kR_j + \delta(k) + 2\phi_C(k)\right] \tag{7-52}$$

式（7-52）为标准 EXAFS 公式，其中 σ^2（德拜-沃勒因子）是散射原子距离 R 的均方差，而 $\mathrm{e}^{-2k^2\sigma_j^2}$ 项表示热振动和结构无序对 EXAFS 振荡的影响。

对高无序系统，如非晶材料和液体：

$$\chi(\boldsymbol{k}) = \sum_j \frac{N_j f_j(\boldsymbol{k}) S_0^2(\boldsymbol{k})}{kR_{0j}^2} \exp\left(-2k^2\sigma_t^2\right) \left[1 + (2k\sigma_S)^2\right]^{-(1+m)/2} \mathrm{e}^{-2R_{0j}/\lambda(k)} \times$$
$$\sin\left[2kR_{0j} + \delta_j(k) + 2\phi_C(k) + (m+1)\arctan(2k\sigma_S)\right] \tag{7-53}$$

7.4.1.2　多重散射理论

单散射理论假定光电子的终态只受到邻近原子的单散射过程的影响，显然，若光电子波在返回到吸收原子前被两个或多个邻近原子多次散射，单散射近似就不适用了，而必须考虑多重散射的影响。对于直线排列的路径（即 3 个原子呈直线或近似直线排列），其多重散射的贡献甚至会比高壳层单散射的贡献还大。在散射原子位置分别为 R_1、R_2、$\cdots$ 的一条 N 节点路径 Γ 中，XAFS 信号为

$$\chi_\Gamma(p) = \mathrm{Im}\left\{S_0^2 \frac{\mathrm{e}^{\mathrm{i}(\rho_1+\rho_2+\rho_N+\cdots+2\delta_1)}}{\rho_1\rho_2\cdots\rho_N} \mathrm{e}^{-2\sigma_\Gamma^2 p^2/2} \mathrm{Tr}\left[M_l F^N \cdots F^2 F^1\right]\right\} \tag{7-54}$$

式中，$\rho_i = p(\boldsymbol{R}_i - \boldsymbol{R}_{i-1})$，$p = (E - V_{mt})^{1/2}$ 为光电子相对于 muffin-till 零点的动量；F^N 为第 N 个节点的散射矩阵元，$i = 1,2,3,\cdots$；M_l 为角量子数 l 的终态矩阵元，Im 为虚部，XAFS 信号通常与散射振幅虚部有关。

当用 $\boldsymbol{k} = (p^2 - k_F^2)^{1/2}$ 替换后，就可以把 χ_Γ 重写为类似式（7-54）的表达式，只是其

中的振幅项为有效散射振幅 f_{eff}：

$$\chi_\Gamma(\boldsymbol{k}) = \text{Im}\left\{\frac{f_{\text{eff}}(\boldsymbol{k})}{\boldsymbol{k}R_{\text{eff}}^2}\text{e}^{\text{i}[2kR_{\text{eff}}+\delta_l(\boldsymbol{k})]}\text{e}^{-2k^2\sigma^2}\right\} \tag{7-55}$$

　　FEFF 得名于 f_{eff}，是计算 EXAFS 的程序是一个精确的、高阶的 XAFS 多重散射计算通用程序。单散射和多重散射路径的有效振幅函数 f_{eff}、有效路径长度 R_{eff}、相移函数 $\delta_l(\boldsymbol{k})$ 及电子平均自由程 $\lambda(\boldsymbol{k})$ 都能用 FEFF 程序计算。

　　径向结构函数中高壳层的峰可能来自两种类型的散射路径：一类是单散射路径，另一类是多重散射路径。相较于单散射路径，多重散射路径对总振荡贡献较小，所以对总的 EXAFS 曲线的贡献很弱。

7.4.2　测试分析方法

7.4.2.1　实验方法

　　XAFS 测量方法是为了测量样品的吸收系数与 X 射线光子能量的关系，直接的测量方法就是常用的透射法，间接的测量方法有荧光法等（见图 7-36）。近年来又发展了掠入射与全反射的方法。用高能电子在样品中的能量损失来获得与 EXAFS 同样的信息，称为扩展电子能量损失精细结构，即 EXELES。这些测量方法一般都用光子能量可调的单色 X 射线作为光源。

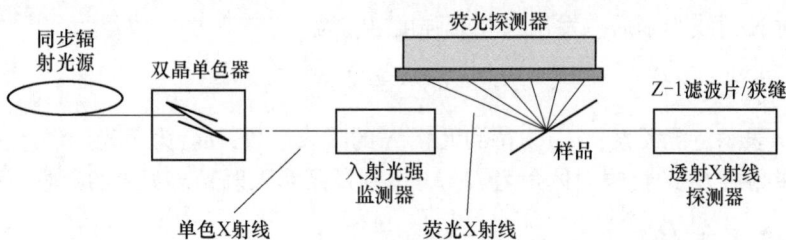

图 7-36　XAFS 实验的原理图

A　透射法

　　透射法是最主要的收集 XAFS 信号的方法。如图 7-37 所示，一束单色光穿过样品，通过前、后电离室分别测量入射 X 射线 I_0 和出射 X 射线 I_t 的强度，可得吸收系数 $\mu(E)=\ln(I_t/I_0)$。通过转动单色器晶体而改变单色 X 射线的波长，就可得到波长连续可调的单色 X 射线，同时同步测量 I_0 和 I_t，就可得到 $\mu(E)$。当样品厚度和入射 X 射线强度 I_0 一定时，I_t 的大小就取决于吸收因子 μ 的大小。从经验式（7-56）可以发现，吸收因子 μ 的大小与材料密度 ρ、原子序数 Z 和相对原子质量 A 有关，可见吸收因子表现出元素专一性，同时，还与入射 X 射线的能量有关，通过改变入射 X 射线的能量 E，吸收因子大小随能量的改变呈现函数关系，E 与 μ 的函数关系图即为 X 射线吸收光谱。

$$\mu(E) \approx \frac{\rho Z^4}{AE^3} \tag{7-56}$$

　　对于待测元素的质量分数较高的样品，XAFS 测量应采用透射模式。对于粉末而言，样品的颗粒尺寸必须小于吸收长度，对于透射模式，后探测器依然为气体电离室，在保证

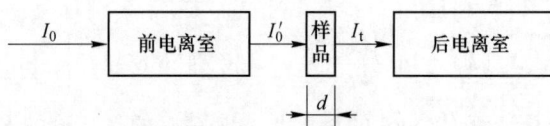

图 7-37　透射 XAFS 实验方法示意图

后电离室有一定光子计数下，为了获得一个适当的 A 值，必须调整和优化样品的厚度。一般来说，应调整样品的厚度 d，以使跳高 $\Delta\mu d$ 接近 1，一般为 2~3 个吸收长度，还应尽可能使用厚度均匀、没有孔洞的样品避免漏光现象。

B　荧光法

对于浓度比较低的样品，透射光的强度会呈指数衰减，导致信噪比迅速降低。在这种情况下，荧光产额正比于吸收系数，此时用荧光法测量更为适合。在荧光法测量时，样品发射的 X 射线除包含待测元素的荧光发射线外，还包括样品中其他元素的荧光发射线及弹性和非弹性（康普顿）散射 X 射线。为了采集到好的荧光 XAFS 谱，需要收集尽可能多的可用荧光信号。因为弹性散射在与入射光垂直的平面上是被强烈抑制的，荧光探测器通常都布置在与入射光成直角的位置上，而样品则放置在与入射光和探测器均成 45° 角的位置上。

物质吸收 X 射线光子产生荧光光子的数目与吸收系数成正比，对厚度为 d 的薄层样品，吸收入射 X 射线光子后，发出的荧光强度 dI_{fA} 为

$$dI_{fA} = \mu_A \cdot dt \cdot \omega_{fA} \tag{7-57}$$

式中，下标 A 表示待测元素；μ_A 为待测元素 A 的吸收系数；ω_{fA} 为荧光产额。

设荧光探测器 D_f 的接收立体角为 Ω，考虑到样品对入射光与荧光的吸收，可得

$$I_f = \int_0^{\sqrt{2}d} \frac{\Omega}{4\pi} \cdot I_0 e^{-\mu_T(E)x} \cdot \mu_A(E) \cdot \omega_{fA} \cdot e^{-\mu_T(E_f)x} \, dx$$

$$= \frac{\Omega}{4\pi} \cdot I_0 \cdot \mu_A(E) \cdot \omega_{fA} \frac{1}{\mu_T(E) + \mu_T(E_f)} \left\{ 1 - e^{-\sqrt{2}[\mu_T(E) + \mu_T(E_f)]d} \right\} \tag{7-58}$$

式中，E_f 为荧光光子能量；μ_T 为荧光光子在样品中的总线性吸收系数。

对于薄样品，即 $\mu_T d \ll 1$ 时，式（7-58）可简化为

$$I_f = \frac{\Omega}{4\pi} \cdot I_0 \cdot \omega_{fA} \cdot \sqrt{2}d \tag{7-59}$$

对于厚样品，即 $\mu_T d \gg 1$ 时，式（7-59）可简化为

$$I_f = \frac{\Omega}{4\pi} \cdot I_0 \cdot \omega_{fA} \cdot \frac{\mu_A(E)}{\mu_T(E) + \mu_T(E_f)} \tag{7-60}$$

因此，荧光法特别适于样品中含量很小、原子序数 Z 较大的元素分析。分析生物分子，例如，金属蛋白质中金属原子的近邻结构，是 EXAFS 的一个重要应用。

对于一些不便于制成透射样品的试样，也可以用荧光法。在此情况下，若为厚样品，且所测元素含量不太低时，式（7-60）所表达的 I_f 不再正比于 μ_A，因为分母 $\mu_T(E) + \mu_T(E_f)$ 中包含的 μ_A 不可忽略。

C 总电子产额

总电子产额（TEY）是指通过测量样品的电流来获得 XAFS 信号的一种探测方法，如图 7-38 所示。原子吸收 X 射线光子发出的总电子产额也与吸收系数成正比，因此可以通过探测总电子产额来得到 XAFS 信号，从样品中出射的所有电子都将被收集。这些电子包括弹性的光电子和俄歇电子，以及一些非弹性的电子。与荧光模式类似，在这些电子中，二次电子数和俄歇电子数都与吸收系数成正比，可以通过分别探测二次电子和俄歇电子来获得 XAFS 信号。通常俄歇电子的数量远远多于二次电子数，因此在 TEY 模式下收集的电子主要是俄歇电子。

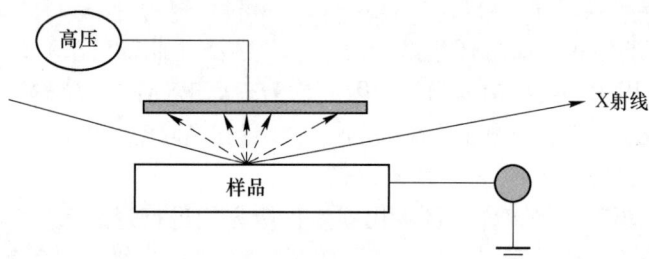

图 7-38 全电子产额方法的原理图

电子逃逸深度一般为几纳米，可以测量表面结构，电子产额 $\omega_n = 1 - \omega_f$。吸收系数 $\mu(E)(cm^{-1})$ 近似表示为

$$\mu(E) = \frac{2 \times 10^8}{\sqrt{E}} = \frac{1}{\tau_n} \tag{7-61}$$

当 $E = 100$ eV 时，电子衰减长度 $\tau_n = 0.5$ nm；当 $E = 1000$ eV 时，$\tau_n = 1.6$ nm；当 $E = 10$ keV 时，$\tau_n = 5.0$ nm。由于电子衰减长度一般为零点几到几纳米，TEY 模式下的 XAFS 测量对物质的表面结构非常敏感，常被称为表面 EXAFS 或 SEXAFS。

7.4.2.2 实验技术

X 射线吸收谱仪的基本构造示意图如图 7-39 所示。由于背散射振幅很小，要得到足够大的信号，必须使用强 X 射线源，一般均用同步辐射光源。从电子储存环发射出极强的同步辐射光，先经凹面镜汇聚，然后经双晶单色器得到纯净的单色 X 射线。改变入射线与单色晶体的夹角，就可以改变发射 X 射线的波长，转动单色器即得波长连续可变的单色 X 射线。

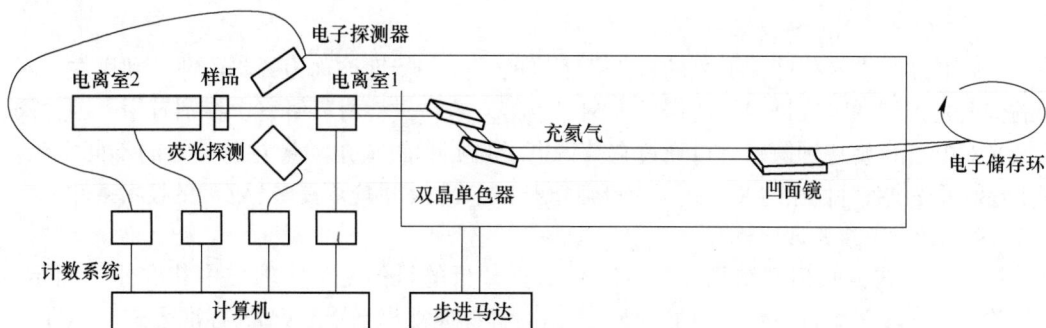

图 7-39 X 射线吸收谱仪的基本构造示意图

A　XAFS 实验站

XAFS 实验站在同步辐射实验室中占有重要的地位。它通常配备透射法及其他必需的设备。样品前、后的探测器都采用气体电离室，气体电离室产生的电荷与它吸收的光子数成正比。采用高性能的放大器放大后经电压频率转换器（VFC）转换成脉冲信号输往计数器记录，由电子计算机读数，并储存在计算机磁盘。通常只要几分钟就能测得一条 XAFS 曲线。用荧光法测样品的 XAFS 曲线时，I_0 探测器仍用气体电离室。当样品中待测元素的含量不太低，且荧光强度足够强时，气体电离室也可用作荧光探测器。但为了防止散射光的干扰，样品与电离室之间要加上狭缝系统。

B　SEXAFS 实验站

在同步辐射实验室里，通常还建设了总电子产额法（非辐射法）EXAFS 实验站，这种方法的优点是可用于表面结构的测量，因而称为表面 EXAFS（简称为 SEXAFS）。它通常需要高真空条件，将样品与电子产额探测器都放置在高真空室中。

C　能量色散 XAFS 和时间分辨的 XAFS

人们还以同步辐射白光束作光源，用能量色散方式进行透射 XAFS 测量，图 7-40 为能量色散 X 射线吸收谱仪示意图。一块弯曲成圆柱面的 Si 晶体作为色散和聚焦元件，来自同步辐射源的平行白光束被晶体反射并聚集到样品前，并透过样品射到位敏探测器上，透射光束到达探测器的位置与它的 X 射线波长一一对应。为了抑制来自色散晶体的高次谐波，在样品与探测器之间放置一个镀 Pt 的镜子。能量色散方式可同时得到整段 X 射线吸收谱，与特殊设计的数据采集记录系统配合使用，它可以以时间间隔 10 ms～999 s 的速度连续记录 X 射线吸收谱。利用能量色散 X 射线吸收谱仪原则上可进行时间分辨的 XAFS 测量，以研究动态过程。

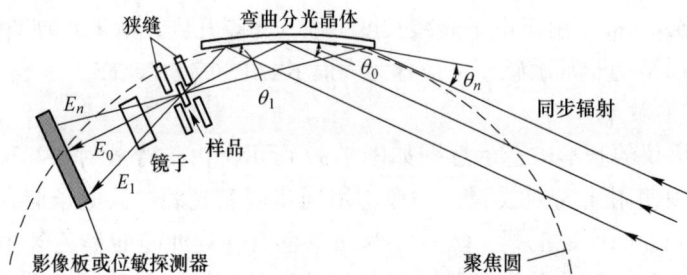

图 7-40　能量色散 X 射线吸收谱仪示意图

D　自旋分辨 XAFS 技术

物质对左、右旋的圆偏振光的吸收是不同的，这一特性被称为圆二色性。利用左、右旋的偏振光得到的吸收谱的差值谱即为圆二色谱。这在磁性材料研究中特别有用，因为圆偏振光对电子自旋特别敏感，可通过它获得电子自旋和轨道角动量对总磁矩的不同贡献。同步辐射可提供各种偏振的 X 射线，为自旋分辨 XAFS 技术的应用提供了必要的技术条件。

7.4.2.3　实验数据分析

扩展 X 射线吸收精细结构（EXAFS）数据分析的目的是从实验谱中获取原子间距、配位数、无序度等结构参数，对 EXAFS 数据的解释通常都基于 EXAFS 标准公式。标准的数据分析过程一般包括几个步骤：噪声消除、背景扣除、数据归一化、k 空间转换及加权、

傅里叶变换到 R 空间、反傅里叶变换及曲线拟合。

A　噪声消除

由于单色器的一些不正常的反射及样品的一些衍射信号，原始的 XAFS 谱有时带有一些异常尖锐的峰，如图 7-41 所示。这些尖峰是一些假信号。所以，通常在做进一步数据处理前需要消除一些影响太大的假信号，常用的消除方法是对假信号前、后的数据进行多项式拟合来内插假信号区域内的数据。

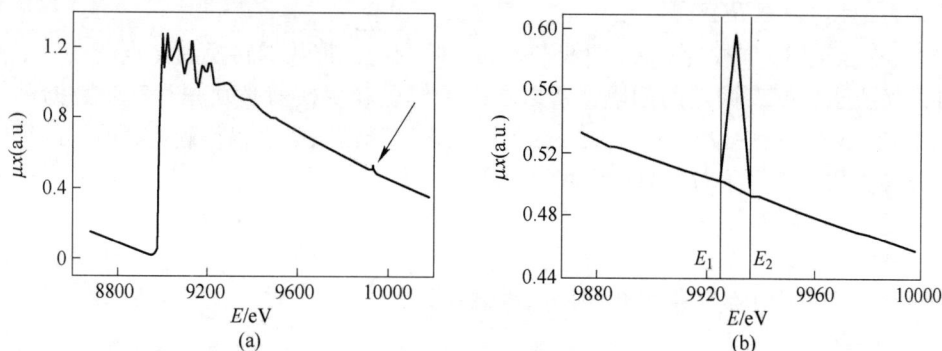

图 7-41　铜箔在 Cu K 边的原始 XAFS 谱（a）及假信号消除（b）

B　背景扣除

实验所得的吸收是样品对 X 射线的总吸收，为分离某一吸收边的吸收系数，必须扣除其他各层原子及其他原子引起的吸收。一般是用 Victoreen 经验公式（$\mu_\nu(E) = aE^{-3} + bE^{-4}$）或修正后的 Victoreen 公式（$\mu_\nu(E) = aE^{-3} + bE^{-4} + c$）对边前数据进行拟合，然后再外推得到边后的吸收背景，扣除此背景后，即为所需吸收系数，如图 7-42 所示。

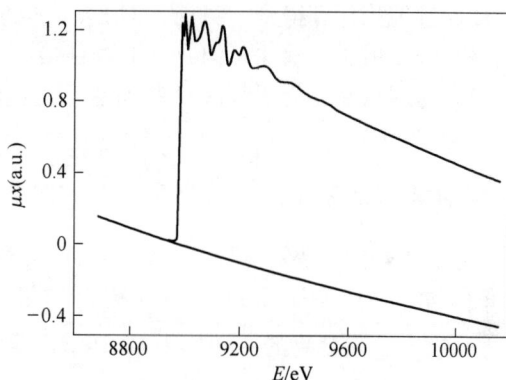

图 7-42　边前背景的扣除

C　数据归一化

由于测量环境的不同（如电子流束强度不同、样品厚度不同等），同种的样品在不同的数据采集条件下，尽管谱形相同，但吸收台阶和振荡强度仍相差一个比例系数。为消除样品厚度和浓度带来的差异，在对 EXAFS 数据处理前需要进行归一化。根据 EXAFS 的能量表达式：

$$\chi(E) = \frac{\mu(E) - \mu_0(E)}{\Delta\mu(E_0)} \tag{7-62}$$

式中，$\mu_0(E)$ 为孤立吸收原子的吸收系数，实验上不能直接测定，理论计算结果也不能满足 EXAFS 数据处理的要求，往往采用 $\mu(E)$ 的实验数据来拟合 $\mu_0(E)$，$\Delta\mu = \mu(E) - \mu_0(E)$ 即是振荡部分；$\Delta\mu(E_0)$ 为吸收边位置的"边阶"高度。

通常对边前和边后几百电子伏特的数据用低次多项式分别进行拟合 $\mu_0(E)$，边前和边后的 $\mu_0(E)$ 各自外推到 E_0 位置，两条线在 E_0 处的差值就是边阶 $\Delta\mu(E_0)$。将所有数据除

以 $\Delta\mu(E_0)$，得到与 $\Delta\mu(E_0)$ 相比的 EXAFS 曲线。

D　k 空间转换及加权

为了进行随后的傅里叶变换，e 空间的 EXAFS 数据通过 k 的大小为 $[2m(E-E_0)/h^2]^{1/2}$ 转换到波矢空间 $\chi(k)$。EXAFS 信号与 k 成反比，故在高 k 部分信号很弱，为了补偿信号在高 k 部分的衰减，在实际的数据处理中，$\chi(k)$ 数据需要进行一定次幂 $k^n(n=1, 2, 3)$ 的加权。

E　傅里叶变换到 R 空间

接下来对经过 k^n 加权的 $\chi(k)$ 曲线进行傅里叶变换，把数据转换到 R 空间。由于快速傅里叶变换要求数据有固定的间隔，所以在进行傅里叶变换前必须先对实验数据进行插值。通常 EXAFS 分析中设定 $\Delta k = 0.5\ \text{nm}^{-1}$。从 R 空间谱图中可以得到近邻原子的径向分布情况及各壳层近邻原子对 XAFS 数据的贡献。

F　反傅里叶变换

傅里叶变换把各相邻配位壳层分开以后，可用滤波法除去大部分噪声，可分别研究各个壳层，并通过下一步的拟合过程解出结构信息。

G　曲线拟合

将单一壳层的振荡信号分离出来后，就可以用 EXAFS 基本公式拟合定量的结构参数。在拟合之前必须先获取振幅和相移函数。这些函数可以通过处理标准化合物的实测谱得到，或通过理论计算得到。目前，对 EXAFS 的 $\chi(k)$ 函数进行拟合的方法很多，其中最常用的是非线性最小二乘法。但是，非线性最小二乘法容易陷入局部极小，拟合得到的结构参数没有物理意义，为了解决这些问题，其他较新的算法（如模拟退火法等）也被用来进行数据拟合。

7.4.3　应用实例分析

7.4.3.1　精细结构解析

图 7-43（a）为样品的 X 射线衍射结果，表明 Q-$Mn_{1.28}Fe_{0.67}P_{0.44}Si_{0.56}$ 和 N-$Mn_{1.28}Fe_{0.67}P_{0.44}Si_{0.56}$ 化合物的主相均为 Fe_2P 型六角结构，空间群为 $P\text{-}62m$，同时均含有少量的空间群为 $Fm\text{-}3m$ 的 Mn_3Si 型立方结构杂相。图 7-43（b）为 Q-$Mn_{1.28}Fe_{0.67}P_{0.44}Si_{0.56}$ 化合物的 Mn、Fe 的 K 边 X 射线吸收光谱图。图 7-43（c）为 Q-$Mn_{1.28}Fe_{0.67}P_{0.44}Si_{0.56}$ 和 N-$Mn_{1.28}Fe_{0.67}P_{0.44}Si_{0.56}$ 化合物 Mn K 边 $k^3\chi(k)$ 图，可以看到两条曲线具有类似的震荡，这说明两个化合物在其 Mn 原子附近具有类似的结构。图 7-43（d）为使用傅里叶变换将 $k^3\chi(k)$ 曲线转换到 R 空间所得到的径向结构函数图，图中的主峰是由 Mn 原子周围近邻位置的 P/Si 配位壳层及 Fe 配位壳层叠加而成。可以看到，两个化合物主峰的位置几乎没有变化，说明在这两个化合物中 Mn 原子周围配位原子的距离几乎相同。

在氨气氛围中对 FeN_4 单原子催化剂的前体进行热解，可将定向的将吡啶氮配位的 FeN_4 单原子位点转化为吡咯型的 FeN_4 结构。图 7-44 中，EXAFS 谱图中吡啶型和吡咯型 FeN_4 催化剂均没有观察到 Fe—Fe 的相互作用，在约 0.155 nm 处只观察到 Fe—N 的配位壳层。结合 N K 边吸收光谱，经氨气处理后 FeN_4 催化剂中的吡啶氮转化为吡咯氮，形成高纯的吡咯型 FeN_4 位点，表明吡咯型 FeN_4 位点相较于传统吡啶型 FeN_4 具有更好的氧气吸附能和反应选择性。

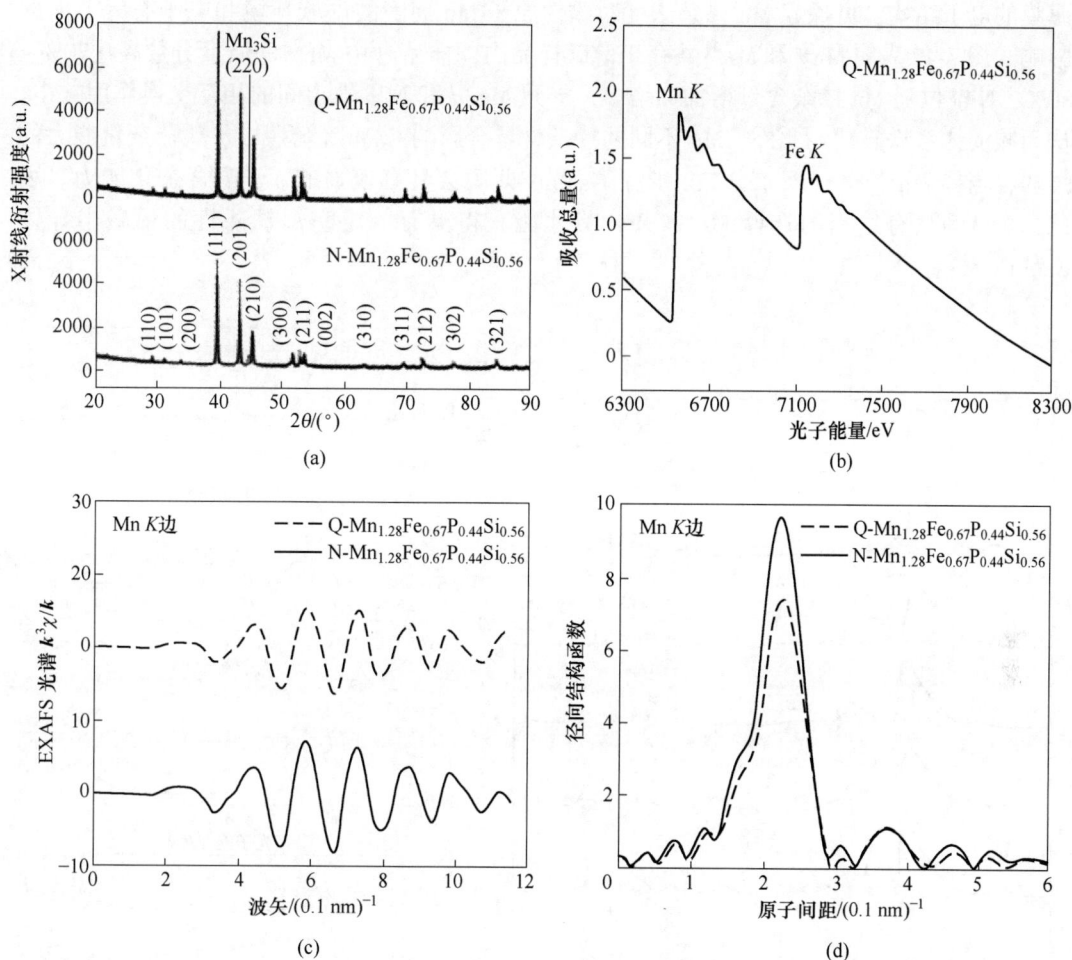

图 7-43 两种化合物微观结构谱图

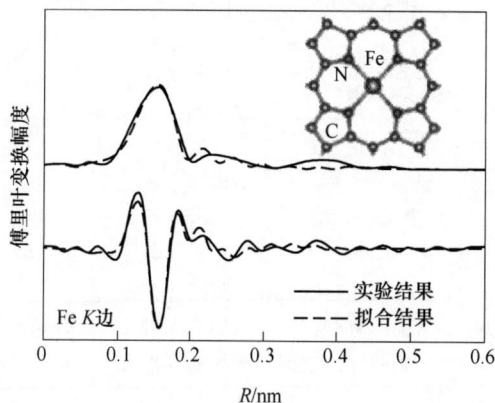

图 7-44 吡咯型 FeN₄ 位点的 EXAFS 拟合结果

采用基于同步辐射技术的 X 射线光电子能谱（XPS）与 X 射线吸收谱（XAS）测试由金属有机化学气相沉积（MOCVD）技术制备的不同 Mn 掺杂含量的稀磁半导体 GaMnN

薄膜的电子结构，可探究 Mn 掺杂浓度对磁性原子 Mn 周围的局域环境和电子态等方面的影响。图 7-45 表明 Mn^{2+} 和 Mn^{3+} 共存于薄膜样品内，样品 D 中 Mn^{2+} 的质量分数高达70% ~ 80%，N 空位随 Mn 掺杂含量增加而增多，导致 Mn3d 和 N2p 轨道间的相互交换作用减小，从而减弱体系铁磁性。此外，Mn 不同的掺杂含量会影响 GaMnN 薄膜 p-d 耦合杂化能力的强弱，当掺 Mn1.8%（摩尔分数）时，GaMnN 薄膜会具有较强的 p-d 耦合杂化能力。因此，可认为只有适当的选择 Mn 掺杂含量才能获得具有一定室温铁磁性的稀磁半导体 GaMnN 材料。

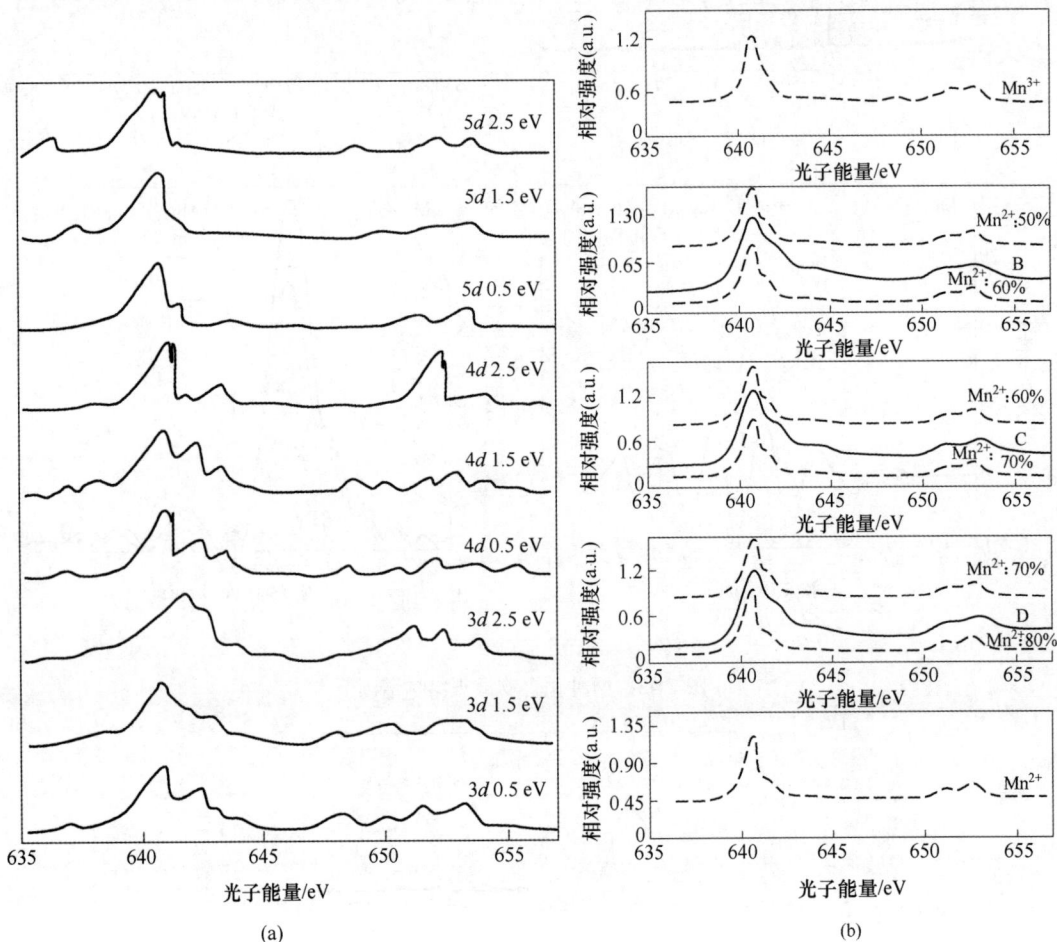

(a) (b)

图 7-45　XAS 谱图分析

（a）原子多重散射理论计算 Mn 不同组态下的 XAS 谱图；（b）四面体配位中计算的 Mn^{2+}、Mn^{3+} 不同占比的理论计算谱及 Mn $L_{3,2}$ 边 XAS 谱图

7.4.3.2　矿物结构测定

天然半导体矿物由于成分、缺陷复杂，传统测试方法（如紫外-可见漫反射等）难以准确测定其禁带宽度。研究者通过第一性原理计算得到纯针铁矿及掺 Al 针铁矿的电子结构。计算结果显示，纯针铁矿导带底与价带顶均由 Fe3d 与 O2p 轨道组成，而当含杂质 Al

时，Al2p 与 O2p 发生杂化参与了价带组成。在此基础上，利用同步辐射 X 射线氧的 K 边吸收谱与发射谱对纯针铁矿及天然针铁矿的能带结构进行了测定。如图 7-46 所示，为天然及标准针铁矿样品的氧的 K 边 X 射线吸收谱及发射谱图。在吸收谱中，能量峰对应于 O1s→Fe3d，这是由于 Fe—O 杂化成键，Fe3d 具有 O2p 的能量态。从谱图中可以看出，晶体场理论中的 Fe3d 轨道分裂，两个峰由能量低到高分为 t_{2g} 和 e_g 能量态。在更高能量处（532.7 eV）还有一小峰，这是针铁矿 OH 键中的 O1s 能量态。同时天然样品的吸收峰高度有所降低，说明导带中未占据的能量态密度减小。发射谱中的峰对应于价带中的 O2p→O1s。结果表明，天然含 Al 的针铁矿禁带宽度为 2.30 eV，小于纯针铁矿（2.57 eV）。此研究提供了一种测定天然氧化物矿物禁带宽度的新方法，为深入研究天然半导体可见光催化活性产生机制提供了理论依据。

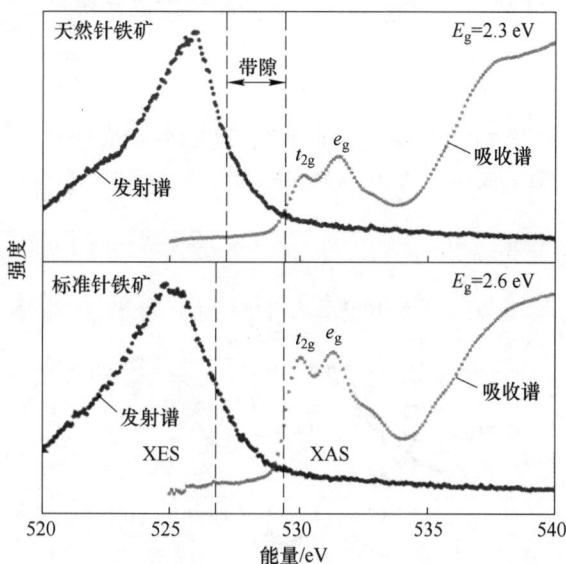

图 7-46　天然及标准针铁矿样品氧的 K 边的 X 射线吸收谱及发射谱

7.4.3.3　电催化表界面构效关系研究

借助同步辐射 X 射线吸收谱（XAFS），可对具有不同尺寸活性结构在电催化反应中表界面处的构效关系开展研究，为新型高效催化剂的设计提供思路。如图 7-47 所示，利用 XAFS 方法对样品中单分散 Cr 原子的配位结构进行了分析。EXAFS 拟合表明 Cr 原子为平面四配位结构，但配位原子可能是 O 原子也可能是 N 原子，因为两种可能的配位原子在元素周期表上非常接近，使得 EXAFS 拟合无法区分。进一步比较了 Cr—N$_x$/C 与 Cr$_2$O$_3$ 标样的小波变换谱图，可以看到标样中 Cr—O 散射中心的 k 方向坐标值高于 Cr—N$_x$/C 的散射中心。

随后利用 XAFS 方法对样品中 Ni 单原子金属中心的配位结构进行了研究。如图 7-48 所示，不同热解温度条件下制备的催化剂中金属 Ni 的 K 吸收近边几乎重叠，表明所有样品中 Ni 的平均价态非常接近，位于 0 价与 +2 价之间。在傅里叶变换的 EXAFS 谱图中，每个样品中的 0.2~0.3 nm 之间都出现了比较强的 Ni—Ni 金属峰，说明在热解过程中 Ni 原子发生团聚而导致样品中出现 Ni 金属颗粒。另外，在 0.1~0.2 nm 之间的配位峰可归

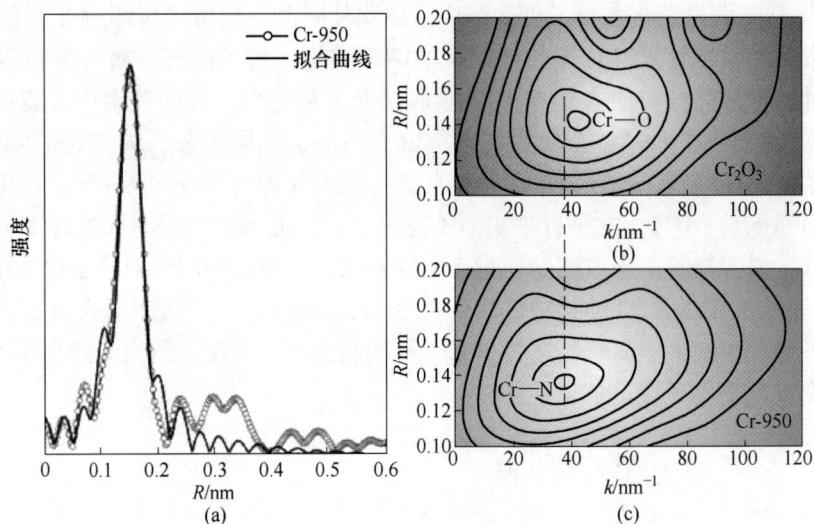

图 7-47　Cr—N$_x$/C 单原子位点 XAFS 数据分析

（a）EXAFS 拟合曲线；（b）Cr$_2$O$_3$ 标样小波变换谱图；（c）Cr—N$_x$/C 小波变换谱图

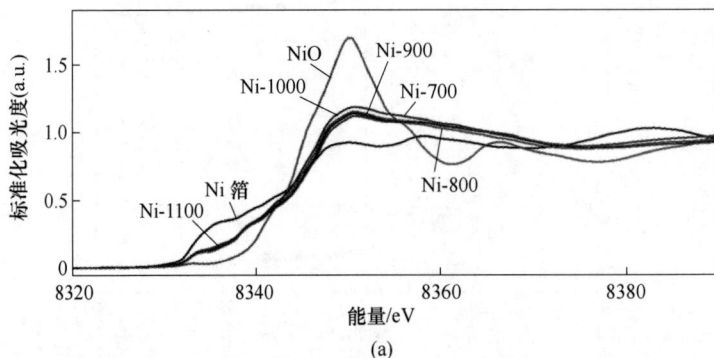

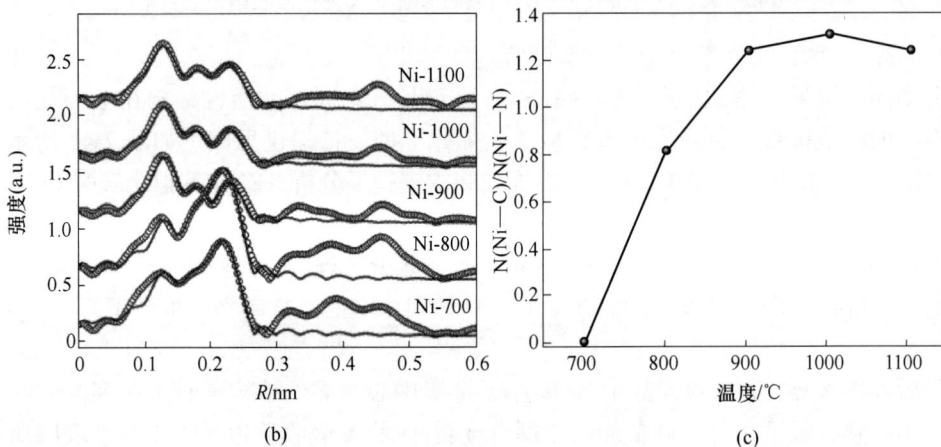

图 7-48　系列 Ni—N/C 样品 XAFS 数据

（a）Ni K 边 XANES；（b）Ni K 边傅里叶变换 EXAFS 及分析拟合曲线；

（c）EXAFS 拟合分析得到的 Ni—C/Ni—N 配位比随温度的关系

属为 Ni 单原子的 Ni—C 与 Ni—N 重叠而成的峰。Ni—C/N 的贡献在相应的小波变换中也得到了清晰的辨认,与标准金属标样(Ni 箔)相比,横坐标值在 0.1~0.2 nm 之间的散射中心认为是 Ni—N/C 的散射贡献,而坐标值为 0.6~0.7 nm 的可认为是金属 Ni—Ni 键的散射贡献。进一步根据 EXAFS 曲线拟合结果得知,随着温度的升高,N(Ni—C)/N(Ni—N) 的比例在下降,即在较低温度条件下(如 700 ℃)单原子 Ni 接近 Ni—N_4 配位。电化学性能测试结果显示,在 1000 ℃和 1100 ℃焙烧温度下制备样品的 CO 选择性和电流密度最大,正好和 Ni—N 与 Ni—C 配位比接近 1:1 时相对应,即 Ni—N_2C_2 的配位结构。

7.4.3.4 电化学原位研究

上海光源 ME2-BL02B 实验站研发的近常压 X 射线吸收谱方法可以研究真实反应状态下样品表面的化学信息。采用该实验站的近常压软 X 射线吸收谱装置和方法,可实现原位条件下不同模式(包括全电子产额、部分电子产额和俄歇电子产额模式)的吸收谱采集,从而在不同深度上描述材料的表面的动态变化。以铂-二氧化钛样品为例,可看出该方法对表面灵敏的 X 射线吸收谱方法的优越性。将图 7-49(a)、图 7-49(b)中不同条件下样品 b_1 与 b_2 的强度比值绘制成图 7-49(c),可以看到,在氢气还原后,b_1 与 b_2 的强度比降低,这说明样品表面的结晶度降低,引入了更多的缺陷,并且越趋于体相,缺陷越多,随着 CO 氧化反应(2%CO/20%O_2/78%Ar 反应气)的进行,缺陷进一步增多,最后趋于稳定。在近常压 X 射线吸收谱测试的同时,可以通过第二级差分质谱信号(图 7-49(d)),从质谱信号看到催化剂在 250 ℃的温度下有明显的 CO_2 产物生成。图 7-49(e)、图 7-49(f)分别是 O K 边的全电子产额模式和俄歇电子产额模式 X 射线吸收谱,是由 O 的 1s 态到未占据的 2p 态的偶极跃迁引起的。两个强峰 A_1 和 A_2 的分裂是由于 Ti3d 能带的分裂,在过渡金属氧化物中,O2p 和 Ti 的 3d 轨道之间有很强的杂化,B_1 和 B_2 峰是 O1s 态到 O2p-Ti4sp 杂化带的跃迁峰,表明金红石相(D_{2h} 对称)与锐钛矿相(D_{2d} 对称)中 O 位点的局部环境的不同,B_1 峰的出现表示样品中金红石的存在。O K 边的谱图在反应条件下各个指纹峰的位置和相对强度并无明显变化,这可能与 O K 边谱图的不敏感性有关。研究结果表明,近常压 X 射线吸收谱方法可以用于表征接近真实反应环境下样品表面的化学信息变化,从而为催化、环境和能源等研究领域的用户提供强有力的原位表征手段。

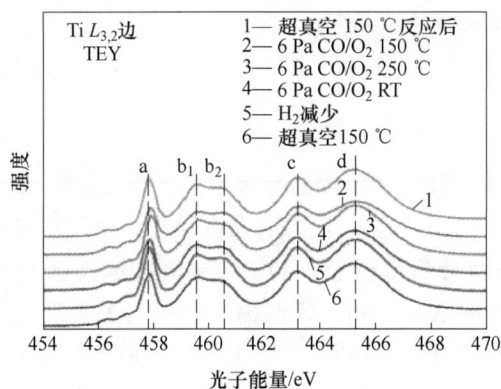

(a)

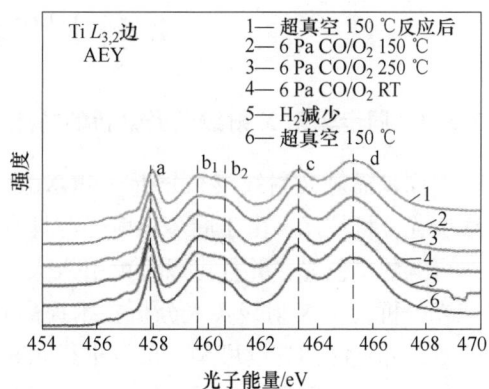

(b)

(c)

(d)

(e)

(f)

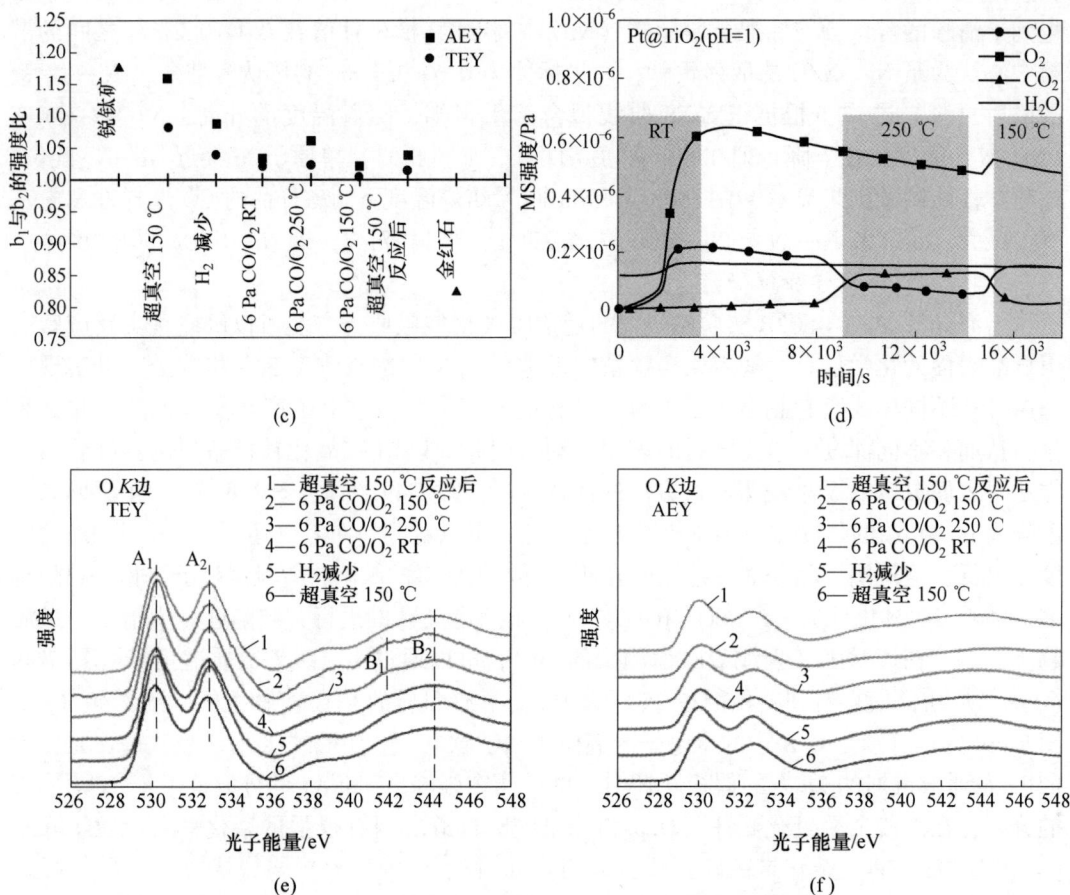

图 7-49　Pt-TiO$_2$ 在不同反应条件下的 Ti $L_{3,2}$ 边的 X 射线吸收谱图

（a）全电子产额模式；（b）俄歇电子产额模式；（c）Pt-TiO$_2$ 在不同反应条件下 Ti $L_{3,2}$ 边的 X 射线吸收
谱中 b$_1$ 与 b$_2$ 强度比的变化；（d）近常压条件下 Pt-TiO$_2$ 反应的质谱信号在不同反应条件下的 O K 边的 X 射
线吸收谱图；（e）O K 边的全电子产额模式；（f）O K 边的俄歇电子产额模式

7.5　同步辐射 X 射线荧光

7.5.1　同步辐射 X 射线荧光分析的特点

同步辐射 X 射线荧光分析（SR-XRF）是基于使用同步辐射光源来作激发光源的 X 射线荧光分析技术。由于同步辐射光源具有高亮度、高偏振、高准直及高洁净，可以得到连续可调的单色光，并且可以将束引入大气中进行分析等优点，同步辐射光源激发 X 射线荧光分析，将 X 射线荧光分析技术提高到崭新的水平。同步辐射提供的激发 X 射线光源通量高并且能谱连续可调，可以进行元素的种态分析，得到元素的化学价态和近邻配位结构信息；高探测灵敏的同步辐射纳米探针可以对一个单细胞内元素进行纳米尺度的分布分析，甚至不用细胞分离或其他准备就可以直接进行单个细胞元素化学态的纳米分辨分析；

X 射线荧光与相关技术的结合产生出了丰富多彩的无损三维元素分析解决方案，如 X 射线荧光断层扫描成像、共聚焦 XRF、X 射线荧光全场成像、掠出射 X 射线荧光（GE-XRF）等。同步辐射 X 射线荧光的优点具体体现在以下几个方面：

（1）荧光产生截面大。荧光截面包括内壳层电离截面和荧光产额。电子、质子和光子都能对元素激发产生荧光，电子激发和质子激发的荧光截面相差不大，且随着原子序数的增加而减小，而光子则相反。对于原子序数 $Z>10$ 的元素，光子激发比电子激发的荧光截面大 20~200 倍，比质子激发大 5~1000 倍。同步辐射光源作为最亮的光子激发源，其激发的荧光截面最具优势。

（2）荧光分析灵敏度佳。分析灵敏度主要由荧光截面和背底所决定。虽然电子激发和质子激发的荧光截面相差不大，但电子的质量小，产生的轫致辐射背底比质子大二三个数量级。通常电子激发相对灵敏度为 $10^{-4}\sim10^{-3}$，因此电子激发方式不能用于微量元素分析，只能测试常量或次常量元素含量。与电子激发相比较，质子激发有较高的荧光产额和相对小得多的轫致辐射背底，所以相对灵敏度为 10^{-6}，可以用于微量元素分析，是目前常用的微量元素 X 射线荧光分析手段。光子激发的荧光截面大，轫致辐射背底很小。背底的主要来源是光子的相干和非相干散射，这种背底可以采取措施加以抑制。同步辐射光源作为激发源的 X 射线荧光分析除了具有一般光子激发的优点，同步辐射光的高度线偏振性也大大降低了背底，所以 SR-XRF 的分析灵敏度可以达到 10^{-7} 量级，且测试时间短。

（3）对样品损伤小。荧光分析时，入射粒子在靶上的能量沉积引起温度上升，使某些挥发性成分蒸发，化学键断裂。尤其是有机物质，导电、导热性能差，更容易由于局部温度升高而被损伤。不同种类的入射粒子在单位质量厚度中的能量损失不同，质子最大，电子次之，光子穿透能力最强，能量损失最小。同时，光子没有足够的动量使原子位移，所以对样品的辐射损伤最小。同步辐射 X 射线可以通过单色器得到所需波长的单色光子束，用稍高于待测元素吸收边能量的单色光激发，其激发效率高出普通光子激发几个数量级，此外还可以减少多余入射束能量在样品中的沉积，减少对样品的损伤。

（4）可对元素进行特征激发。同步辐射光源的频谱宽，它从红外频谱一直延伸到硬 X 射线，是目前波长覆盖最广的光源。同步辐射 X 射线可以通过单色器得到所需波长的单色光子束，再对样品进行特征激发，其效果是使用白光激发的 XRF 分析无法得到的。用稍高于待测元素吸收边能量的光进行特征激发，其激发效率高出几个数量级，可降低在样品中的散射背底，提高灵敏度。单色光激发信噪比可比白光激发高出二三个数量级。用单色光进行特征激发可以消除重叠谱线的干扰，可实现对样品中特定元素的精确定量分析，还可实现对样品中微量杂质元素的精确定量分析。

7.5.2 同步辐射 X 射线荧光分析技术

科学研究的深入和国民经济的发展不断提出一些新的问题，如非破坏性微区分析、超痕量元素含量分析及元素分布图像分析等。随着新的 X 射线光学和同步辐射技术的出现，硬 X 射线范围的亚微米空间分辨已经实现，并且其发展极具吸引力。因此，近年来发展起来的同步辐射微探针技术、全反射 X 射线荧光分析技术及图像分析技术应运而生。

7.5.2.1 同步辐射微探针

XRF 常被用作指纹技术，用于表征材料内部成分元素含量。第三代同步辐射光源的高亮度更有利于建立性能优异的微探针。它的高亮度和对样品的低损伤的优点是任何一种微探针所不及的，是非破坏性微区分析的有力手段。此外，它可以测量活的、湿的样品中元素含量的动态变化。同步辐射微探针技术（μ-SRXRF）利用电子储存环中产生的具有奇异特性（频带宽且连续可调、通量大亮度高、准直性好、高度偏振、具有特定时间结构）的电磁波（通称为同步辐射或同步辐射光），再经准直、聚焦或单色化而形成高亮度的 X 射线微探针进行样品的微区元素定量分析。

同步辐射光源装置上的与光子探针有关的实验装置一般如图 7-50 所示。微探针技术要得到微米束，必须通过聚焦提高单位面积的光强度，聚焦后的光束才可用于微区分析。X 射线聚焦与带电粒子聚焦不同，带电粒子可以在磁场作用下聚集；而 X 射线只能运用光学方法达到聚焦的目的，同步辐射光亮度大，用于 X 射线荧光分析的硬 X 射线波长又短，所以用于聚焦的元件材料必须加以选择。常用的聚焦光学元件有聚焦光学毛细管、K-B 镜、菲涅耳波带片透镜、复合透镜等。聚焦光学毛细管可用于经过高分辨单色器后的微束吸收谱实验和微束劳厄实验，但是出射束是发散的，使得样品不得不非常靠近毛细管的末端，而且光子通量增益也不是很高。K-B 镜为两个正交的反射镜，可通过采用特别设计的压弯支撑系统，使镜面达到足够小的斜率误差，产生微米尺度的光斑，结合宽带的多层膜，在样品处光子的通量可以大大提高。它也是一种全消色差光学系统，非常适用于微分析技术，对于超痕量微束荧光分析是极为有利的。菲涅耳波带片具有与入射光束大小相匹配的尺寸，非常适用于来自低贝塔波荡器光源的光束，是一种精细 X 射线聚焦元件。复合透镜具有大的光学孔径，能够满足波荡器的光源条件，它还具有长焦距和易准直特性，特别适用于光子微探针特征实验需求。

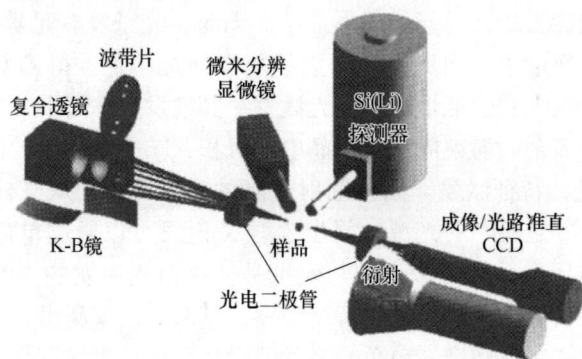

图 7-50　X 射线微探针结构示意图

一般来讲，样品的放置位置与入射光成 45°。这样，探测器置于轨道平面内，并与入射同步辐射光成 90°。由于同步辐射光在这个平面内具有高度的线偏振特性，这种几何布局使得弹性和非弹性散射在水平面与入射光成 90°方向为最小，从而获得高的荧光光谱的信噪比。样品室具有减少空气吸收的作用，也可以降低散射或惰性气体荧光峰，可采用真空样品室或充氦样品室隔绝空气中的氧气，以起到抗氧化作用。一般需要放大倍数大于100 的常规光学显微镜，水平放在光束线上，连到外部一个高分辨的显示器上。同时，该显微镜必须要有可遥控的放大功能，使得其能够改变放大倍数，以便逐步聚焦到感兴趣的区域。为了记录 X 射线荧光光谱，新型硅漂移探测器即使工作在非常高的计数率条件下，也具有很好的能量分辨率。用能量色散模式探测 XRF 时会产生逃逸峰与和峰。当入射光子（如低能 X 射线）被探测器材料表面吸收时，这种与探测器材料相关的特征射线光子就会逃逸出探测器表面而没有被吸收，造成探测到的荧光谱上会出现一个峰，其能量等于入射光子能量减去逃逸光子的能量，即为逃逸峰。和峰则是高计数率下的堆积效应造成的，其能量为两个单峰能量之和，和峰的计数与探测器系统能量分辨时间和单个 X 射线计数率有关。

7.5.2.2 同步辐射全反射 X 射线荧光

全反射 X 射线荧光分析（TXRF）是指入射光束对样品掠入射，当入射角小于临界角时，入射光子产生全反射的技术（见图 7-51）。相比实验室 X 射线管光源，高强度、高准直性、能量连续可调、高度线偏振的同步辐射光源非常适合于 TXRF 分析，同步辐射全反射 X 射线荧光（SR-TXRF）探测极限降低了二三个数量级，减少了测量时间，可以进行面分布分析。

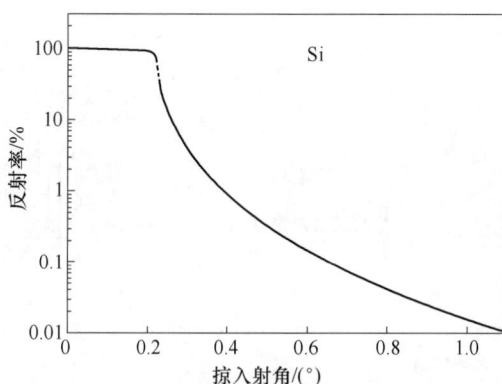

图 7-51 抛光 Si 晶片的反射率随射线入射角度的变化曲线
（在 Si 的全反射临界角 0.22°附近，反射率发生急剧的变化。入射光为 Cu K_α，$E = 8.047$ keV）

平行射线从光密介质入射到具有平整表面（或界面）的光疏介质时，当 X 射线的入射角小于全反射临界角时，会发生 X 射线全反射。在全反射发生时，反射率 R 接近 100%。只有很少量的 X 射线光子穿透了基体，由此带来的背底散射大大减小，X 射线穿透深度只有几个纳米，且与入射光能量无关。当 X 射线从光密介质入射到光疏介质界面时，都会发生 X 射线的全反射。X 射线全反射临界角与反射面材料和入射光波长有关。在全反射临界角附近，入射光束和反射光束发生干涉，形成波节面和波腹面平行于样品表面或界面的驻波场，位于驻波场中的原子被激发，发出的特征 X 射线荧光强度被驻波场调制。在入射 X 射线的角度远大于全反射临界角后，这种调制作用明显减弱，并逐渐消失。

在同步辐射 TXRF（SR-TXRF）测试中，为了获得更高的光子通量、提高多元素分析的探测灵敏度，经常采用白光或准单色光。高能截断反射镜和多层膜单色器是用来选择白光激发能区或获得准单色光的，并用于背底信号的降低。如果一个电子在 N 个磁铁周期中的 $2N$ 次振荡相干，则会辐射出亮度超过 N^2 倍的同步辐射光，干涉效应使得其光谱出现一系列由谐波组成的尖峰，具有准单色的特点，这种光源就是波荡器光源。它具有很高的亮度，可以直接用于 SR-TXRF 分析。同步辐射光源的光束线通常还会采用准直镜、聚焦镜的光学元件，以获得更小的光斑尺寸，提高光通密度，进而提高探测灵敏度。同时，准直镜和聚焦镜还起到能量截断作用，截断高能或低能的高次谐波，降低了散射背底。

利用线性极化的同步辐射光源，可以显著降低来自样品的散射背底，降低探测极限。如图 7-52（a）所示，如将单色器的轴置于轨道平面，可以最大化地利用同步辐射的极化效应。但荧光信号要进入探测器需要在样品中经过较长的路径，造成样品的自吸收效应，带来定量计算的误差；另外，这种光路的探测立体角很小，效率较低。如图 7-52（b）所示，光路激发效率很低，大量极化平面内的光子被准直狭缝挡掉了；但是因为探测器可以贴近样品，可获得较大的探测立体角，这种光路的探测效率很高。如图 7-52（c）所示的位置可以获得最理想的激发和探测效率，却完全不能利用极化效应；但是，全反射条件下来自基体的散射很小，并且样品为微量或痕量，来自样品的散射可以忽略，因此这种光路可以获得较好的信噪比，降低探测极限。

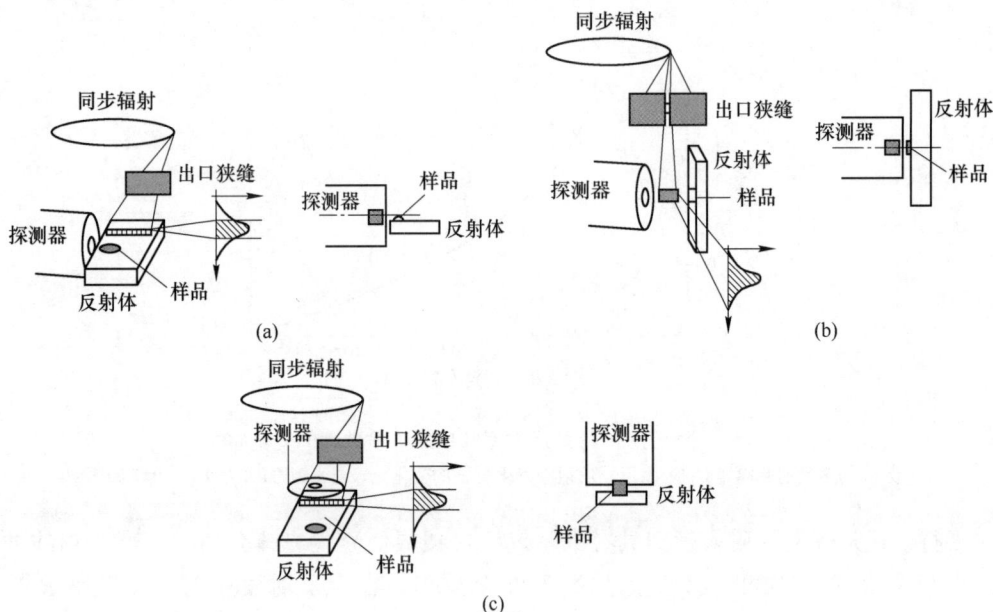

图 7-52　SR-TXRF 分析中样品、探测器相对入射光的三种几何位置

同步辐射采用单色器产生单色光，可以降低散射背底，降低探测极限。在硬 X 射线波段，通常采用双晶单色器，而在软 X 射线波段采用平面光栅。两种单色器的能量分辨较高，可以进行全反射条件的吸收谱测量。多层膜单色器有较宽的能量带宽，可以获得较高的光子通量，同时兼顾了单色化以降低背底，因此采用多层膜单色器可以获得较高的探测极限。在 SR-TXRF 分析中，为了降低由入射单色光带来的散射背底，通常在能散探测器前加一个一定厚度的滤波片，利用滤波片元素吸收系数在其吸收边前和边后的较大差异，滤去入射光的弹性和非弹性散射峰。相比于常用的能量色散探测器，波长色散探测荧光可以将能量分辨率提高 20 倍以上，有效降低散射背底的低能拖尾，大大提高探测极限。采用 SR-TXRF 进行测试时，将实验环境置于真空状态，并采用超薄窗或无窗探测器，可

以减少空气或窗对 X 射线荧光信号的散射和吸收，可以分析轻元素。SR-TXRF 分析成功结合了同步辐射光源和 TXRF 分析的固有优势，在样品量极少并且使用多层膜单色器的情况下可以给出飞克级的探测极限，采用晶体单色器或平面光栅单色器还可以进行 XAFS 测量，以获得微量（痕量）元素的化学态信息（如氧化态、化合价、键长等局域结构信息）。

7.5.2.3 同步辐射 X 射线荧光图像分析

XRF 分析穿透性强，对样品无损伤，非常适合于三维无损分析，XRF 分析结合同步辐射高通量、单色化、能量连续可调的特点，使得 XRF 分析相关的三维分析方法具有很高的物质成分及结构探测灵敏度。

A X 射线荧光断层扫描成像

微束 X 射线荧光断层扫描成像（XFMCT）是一种将传统的 X 射线荧光方法和计算机断层成像技术有机结合发展起来的分析技术。XFMCT 通过测量元素的特征 X 射线荧光，利用 CT 重构计算，可以同时给出样品内部多种元素的三维分布，不需要对样品进行破坏性的处理，是众多研究三维无损分析领域的有力工具。首先，同步光经单色器和微束装置后得到单色的 X 射线微束，然后样品相对射线微束沿某个方向平移扫描，一次扫描过程结束后，样品将沿圆弧旋转一个角度，再重复平移扫描过程，直至在整个 180°圆周上扫描一遍，扫描过程中样品被激发出的 X 射线荧光被荧光探测器记录下来，这样就会得到一组 XRF 能谱，把全部投影数据输入计算机，计算机可以按照设计好的图像重构程序，计算探测平面的二维元素分布图像。然后，沿垂直于探测平面的方向平移样品，重复以上步骤就可以得到第二个断层的二维元素分布。多次进行以上步骤，直至样品被完全扫描。X 射线荧光微束 CT 是一种多元素的三维分布方法，但扫描过程耗时，且样品的辐照损伤会增强，适合静态研究。

B X 射线荧光全场成像

XFMCT 是一种扫描模式的三维元素分析方法，而 X 射线荧光全场成像（XRFFI）是一种成像模式的三维元素分析方法。Wolter 镜放置于探测器和样品之间，X 射线荧光经 Wolter 镜掠入射反射到电荷耦合器件（CCD）探测器，在 CCD 上形成一个 X 射线照射区域元素分布的二维放大像，因此只需要沿垂直于入射光方向进行一维旋转，再重构计算就可以实现三维元素分布分析。X 射线荧光全场成像实际上也是一种 XFMCT，同样需要重构计算，只是它不需要三维扫描，分析过程速度更快，是一种实时元素三维成像方法。以前，由于缺乏高强度的 X 射线光源及高效率的物镜，X 射线荧光全场成像较少使用。近年来，第三代同步辐射插入件光源的应用及高效物镜制造技术的进步，促进了这种方法的快速发展。

C 共聚焦 X 射线荧光分析

常规 X 射线荧光微探针技术（μ-XRF）通过对入射光的聚焦可使其横向分辨（垂直于入射光方向）达到几十个纳米，但是深度方向（沿入射 X 射线方向）却无法分辨，如果探测方向不加以限制，所有穿透范围内无论是荧光 X 射线还是散射 X 射线，都有可能进入探测器，探测到的信号并不能被深度分辨，这样就掩盖了深度方向丰富的信息。在探测端引入毛细管半会聚透镜，当入射 X 射线的焦点与出射方向毛细管半会聚透镜的焦点交叠时，只有交叠部分发出的 X 射线荧光能够进入探测器，这种状态称为共聚焦，交叠部分称为共焦点，基于这一原理发展起来的共聚焦 X 射线荧光分析解决了常规 μ-XRF 分析中深度信息无法分辨的问题，并发展成为一种元素及化学态高空间分辨的、高探测灵敏的三维无损分析方法。

同步辐射共聚焦 X 射线荧光分析有两种常用的实验模式，均采用固体探测器。一种固定入射 X 射线能量，将共聚焦点作为探针，通过样品的三维运动，采集样品中任意微区的元素 X 射线荧光，实现无损的元素三维分布分析。另外一种是采用荧光 XAFS 模式，将共聚焦点定位在感兴趣的微区，使样品保持不动，通过元素吸收边附近的能量扫描得到微区中元素的吸收谱，进而对微区元素近邻结构进行分析，从而得到元素化学态信息。共聚焦 X 射线荧光分析技术无需重构计算，能量分辨探测器探测到的元素信号直接来自空间中的一个微区。而且针对微区，共聚焦 X 射线荧光分析技术可以通过单色器的连续扫描给出元素的吸收谱，对元素的化学态及近邻结构进行分析。

7.5.3 测试分析方法

7.5.3.1 实验装置

根据探测来自样品的特征 X 射线的能量或波长，XRF 的分析方法分别称为能量色散 XRF 分析和波长色散 XRF 分析。

能量色散 XRF 分析在探测端采用的是具有较高能量分辨的探测器，能量色散 X 射线谱仪主要由锂漂移型硅探测器 Si(Li)、前置放大器、主放大器、脉冲分析器、计数器及辅助设备组成。一个特征 X 射线进入探测器会激发出许多电子-离子对，如果在探测器两端加上几百伏的反向偏压，则电子和离子会迅速向两极运动，在外回路中形成一个电脉冲，脉冲幅度与入射光子能量成正比，脉冲计数等于入射光子数。前置放大器把探测器输出的微弱脉冲初级放大，为了抵制噪声的干扰，常采用场效应晶体管构成低噪声电荷灵敏放大器，并在液氮冷却下工作，以降低噪声的影响。经初步放大的信号进入主放大器后被线性放大，以保证把各种脉冲信号不失真地送入脉冲分析器。脉冲分析器的作用是对脉冲进行甄别和记录，当高度刚好在这两个阈值之间的脉冲到达时，会产生一个逻辑脉冲，触发计数器进行计数。因此，一次测量就可以把所有光子能量的全能谱记录下来。能量色散方法是 X 射线常用的探测方法，它简便快速，适宜进行快速扫描分析。此方法的缺点是 Si(Li) 探测器的性能随温度的变化比较大，通常要保持在液氮温度下工作，同时要用铍窗将探测器密封在真空中，这就限制了它对低能 X 射线的探测。

波长色散 XRF 分析通过分析晶体的衍射作用将各种波长的特征 X 射线分开。当入射 X 射线与分析晶体的衍射面成 θ 角时，只有波长符合布拉格定律（$n\lambda = 2d\sin\theta$）的 X 射线才能被衍射加强，不符合的则相消，不同元素的特征 X 射线可在不同 θ 角下测得。所以，波长色散法是靠转动分析晶体表面和探测器的取向，一点一点地扫描测量，从而获得一个全能谱。常用的探测器是正比计数管和闪烁计数器，分析晶体有 LiF(200)、LiF(220) 和 Ge 晶体等。此方法的优点是能量分辨率高，可以对 X 射线能量进行精确测量，缺点是采谱时间过长，不适合快速测量和扫描分析样品。

能量色散法设备简便，采谱的时间短，一次测量就可得到全谱，所以 X 射线探测一般使用能量色散法。

7.5.3.2　实验数据分析

同步辐射 XRF 法得到的荧光谱由一个个成分元素的特征峰组成，还包括由激发能量带来的弹性和非弹性散射峰及空气吸收带来的背底，由探测器晶体引起的逃逸峰及探测器电子带来的和峰，同时，样品也会发生衍射带来衍射峰，所有这些峰还可能发生交叠。因此，XRF 分析最关键的是谱解析。谱解析主要包括谱标定和谱拟合两步，XRF 谱的能量位置及谱线特征代表了不同的元素，谱的峰面积则代表了元素的含量。计算机解谱是把描写背底成分的函数和描写 X 射线峰的高斯函数的组合对谱进行拟合。又由于探测系统精度的原因和元素峰的叠加，实际上谱的峰是偏离高斯分布的，所以还必须加上非高斯修正项。在计算机程序的数据库中存有实验测得各单个元素的特征 X 射线能量及各谱线中的相对强度比。解谱时要先输入实验条件，如激发方式、入射粒子能量、探测器性能、吸收片参数及入射束、探测器和样品三者之间的几何位置等，再输入能量校刻参数，将实验测得的 X 射线能谱进行拟合比较，并对逃逸峰和叠加峰进行修正，这样即可确定各个峰对应的元素特征 X 射线。然后，还需对每一个实验谱的背底进行拟合，由于实验条件或样品条件不同，每个谱的背底形状也不同，要用不同的数学函数对它们进行拟合，最后输出各元素特征 X 射线的净峰面积。AXIL 是国际原子能机构开发的最常见的用于能量色散 XRF 分析的免费解谱软件，其原理基于迭代计算的最小二乘拟合法，但仅限于对元素的 K 系和 L 系荧光谱线的拟合。影响谱分析精度的因素除了解谱软件本身外，还包括样品制备、谱标定、实验方法及经验等，影响精度的许多因素掌握在操作者的手中。Qaxs 是包含 AXIL 模块的 XRF 定量分析软件，WinQaxs 是包含了 AXIL 模块和简单的定量分析的软件。另外，一款公开解谱软件 PyMCA 来自 ESRF 同步辐射装置。

测得的一批 X 荧光谱要具有可比较性或可做定量分析，其测量条件必须统一，即要对谱进行归一化。同步辐射 X 射线荧光（SR-XRF）光谱的归一实质上就是测谱时入射光子数 I_0 的归一化。当束流强度变化非常小，样品测量时间很短，测谱所用时间相同，可以认为 I_0 相同，即用测量时间进行归一化处理。如果需要归一化的是一批谱，且是在不同时间测得，则每个谱的入射光子数分别为 $I_{01}t_1$、$I_{02}t_2$、$I_{03}t_3$、$\cdots$、$I_{0n}t_n$，求得这些数的公约数为 m，用 $I_{01}t_1$ 值除以第一个谱的元素净峰面积，用 $I_{02}t_2$ 值除以第二个谱的元素净峰面积，以此类推即可。如果测试时间较长，或测试过程中光源衰减，无法用电离室读数表示 I_0，则可用散射峰面积进行归一化处理。SXRF 测量通常在大气中进行，空气中 Ar 的含量比较稳定，实验过程中光束、样品和探测器之间几何位置固定不变，也就是光束通过的路程中 Ar 原子数保持恒定，则入射光子数与 Ar 峰面积成正比，因此也可以用 Ar 峰面积进行谱的归一化处理。

7.5.4　应用实例分析

同步辐射 X 射线荧光（SR-XRF）分析包括用于微区及微量元素分析的同步辐射 X 射线荧光（SR-XRF）、用于表面及薄膜分析的同步辐射全反射 X 射线荧光（SR-TXRF）及用于三维无损分析的同步辐射 X 射线荧光扫描和成像方法。X 射线荧光光谱法通过测量元素的特征 X 射线发射波长或能量识别元素。它可以进行多元素同时分析，具有灵敏度高、准确度高、分析速度快等优点。同步辐射 X 射线荧光分析技术在许多领域中都有广泛的应用。在医学领域，同步辐射 X 射线荧光分析技术可以用来研究肿瘤细胞中的元素含量分布，从而为肿瘤治疗提供依据；在环境领域，同步辐射 X 射线荧光分析技术可以用来研究土壤中重金属的分布和转化，为环境治理提供依据；在文物保护领域，同步辐射 X 射线荧光分析技术可以用来研究文物中的元素含量和化学状态，从而为文物保护提供依据；采用同步辐射 X 射线荧光光谱和相关光谱技术，可以了解土壤中金属离子在有机矿物复合材料中的分布和结合行为，对预测金属在环境中的迁移和转化具有重要意义。

7.5.4.1   元素测定

使用同步辐射 X 射线荧光光谱能够方便地对宝石样品进行面扫描和线扫描测试分析。采用同步辐射 X 射线荧光光谱测试了 4 个阿拉善玛瑙样品，同步辐射 X 射线荧光光谱分析以玛瑙样品 CM-1 为例（见图 7-53），使用 PyMca 软件对其进行拟合，取 2~10 keV 范围，黑色谱峰为测试谱峰，红色谱峰为通过软件拟合谱峰，蓝色线为背底。为消除峰强影响，方便识别谱峰，纵坐标取荧光计数的对数，横坐标为能量。位于约 7.4 keV 的谱峰，该能量处可能的元素仅有稀土元素 Yb 的 L_α 线，但拟合效果不佳，因此虽在图中显示有该元素的峰，但是该元素是否存在有待考证。测试数据表明，同步辐射 X 射线荧光光谱这种分析方法具有较高的分辨率和准确性，可以对样品中各种元素进行快速、非破坏性的测试。

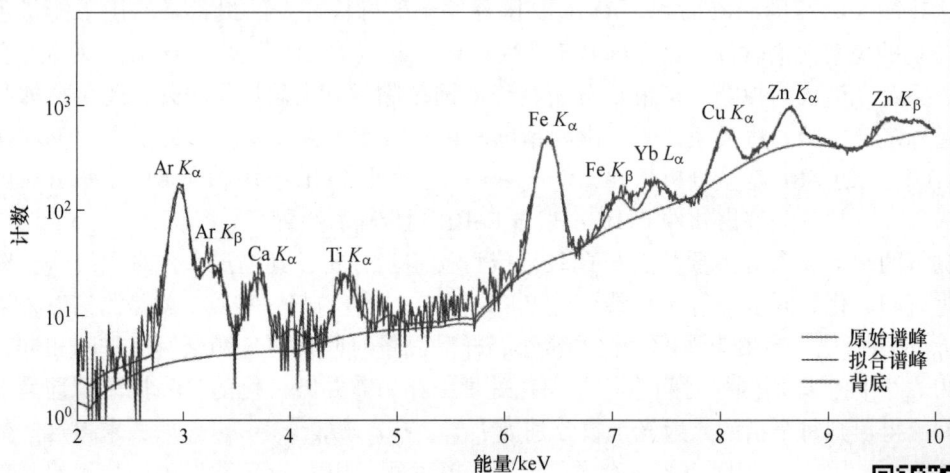

图 7-53   玛瑙样品 CM-1 代表点的 SR-XRF 谱峰

彩图

更多实例
扫码 3

7.5.4.2   元素空间分布

研究者利用同步辐射硬 X 射线荧光微束技术，对模拟实验获得的熔融黄铜、固态还原反应生成的黄铜和姜寨黄铜片进行微区扫描测定，获取了 Zn、Pb 的面分布信息。此方法具有高分辨率、高灵敏度、非破坏优性等优点，可以提供更为精确的元素定量分析和空间分布信息。在研究中，通过对模拟实验黄铜样品的 Zn、Pb 分布进行微区扫描测定，发现经过熔融的黄铜的 Zn 分布相对较均匀，不同区域的 Zn 含量差别甚微，Pb 聚集在晶界上呈点状分布。而固态还原反应（未经过液态）炼得的黄铜，其中 Zn 的分布明显不够均匀，不同区域间，Zn 含量的差异颇为显著，不同区域的 Zn 含量差别甚大。图 7-54 显示了模拟实验黄铜 H850-1h-1 中 Zn 和 Pb 的精细分布。由图 7-54 可知，其 Zn 的分布明显不均匀，各区域的 Zn 含量差别甚大，一些区域的 Zn 含量较高，而另一些区域的 Zn 含量较低；Pb 的分布也不均匀，左上和右上区域 Pb 含量高，其余区域 Pb 含量低，但也有差别。通过比较不同黄铜样品的 Zn、Pb 分布规律，可以推断出姜寨黄铜片为 Cu、Zn 矿经固态还原工艺获得，支持了中国冶金本土起源的观点。同步辐射微束 X 射线荧光技术的优点在于可以提供更精确的元素定量分析和空间分布信息，对于黄铜这类元素含量较低、分布不均匀的材料更具优势。同时，此技术具有非破坏性，可以对样品进行多次扫描测定。可见，同步辐射微束 X 射线荧光技术是一种新型的研究黄铜的方法，通过应用此技术，可以更精确地分析黄铜中的元素含量和空间分布信息，为研究黄铜的起源和冶炼工艺提供更准确的数据支持。

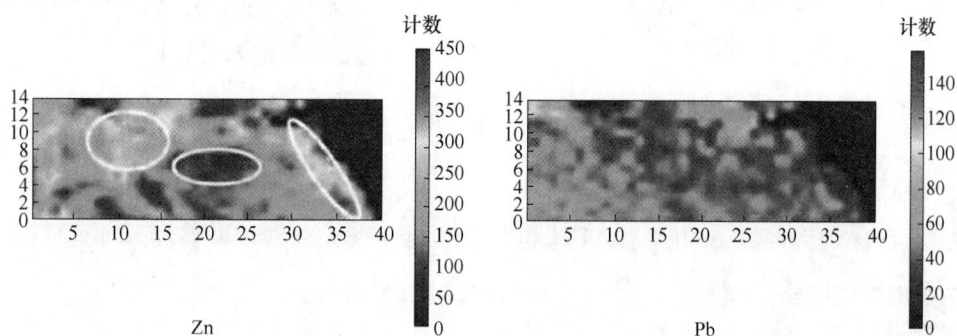

图 7-54 模拟实验黄铜 H850-1h-1 中 Zn 和 Pb 的精细分布
(坐标单位：10^{-1} mm)

研究者采用了同步辐射 X 射线荧光成像技术，对若干颗淡水珍珠和海水珍珠中元素的时空间分布进行了系统研究，并从中揭示了淡水珍珠的韵律环带结构。研究者随机选取了 6 颗不同体色的养殖珍珠，其中 2 颗为淡水无核珍珠。对这些珍珠进行同步辐射 X 射线荧光成像测试，测试结果显示淡水珍珠通常含有 Ca、Sc、Ti、V、Mn、Fe、Co、Ni、Cu、Zn、Sr 和 Ba 等元素，不同珍珠的元素组成稍有差异，而海水珍珠的特点是 Mn 含量极低。此外，还首次揭示淡水珍珠存在环带结构，如 Mn、Fe 和 Ba 韵律环带，这些环带与珍珠的生长轨迹耦合。测试的所有淡水珍珠（无核珍珠、Akoya 珍珠和"爱迪生"珍珠）都有 Mn 环带，不同珍珠的 Mn 环带在数量、宽度、位置及 Mn 含量变化等方面有所差异。部分珍珠表现 Mn 环带与 Fe 环带协同变化的现象。通过这项研究，可以得出一些结论：首先，淡水珍珠的韵律环带是一种耗散结构，其形成主要受控于母贝的新陈代谢速率，而非环境因素的周期性变化；其次，淡水珍珠的环带宽度通常大于 500 μm，因此用直径 50 μm 的入射光斑是合适的；最后，Mn 韵律环带可能是鉴别淡水珍珠的关键特征之一。研究采用的同步辐射 X 射线荧光成像技术具有很多优点：首先，此技术可以非破坏性地对样品进行分析，不会对珍珠造成损伤；其次，此技术可以对珍珠中的微量元素进行高分辨率的空间成像，能够观察到珍珠中微小的元素分布差异，从而揭示珍珠中元素的时空变化规律；最后，此技术还能够对不同珍珠的元素分布进行对比，从而得出不同珍珠之间的差异性。图 7-55 中展示了不同珍珠的 Mn 环带的变化情况，图中的曲线反映了 Mn 的含量变化，由此可以更加形象地了解不同珍珠的 Mn 环带的变化情况。

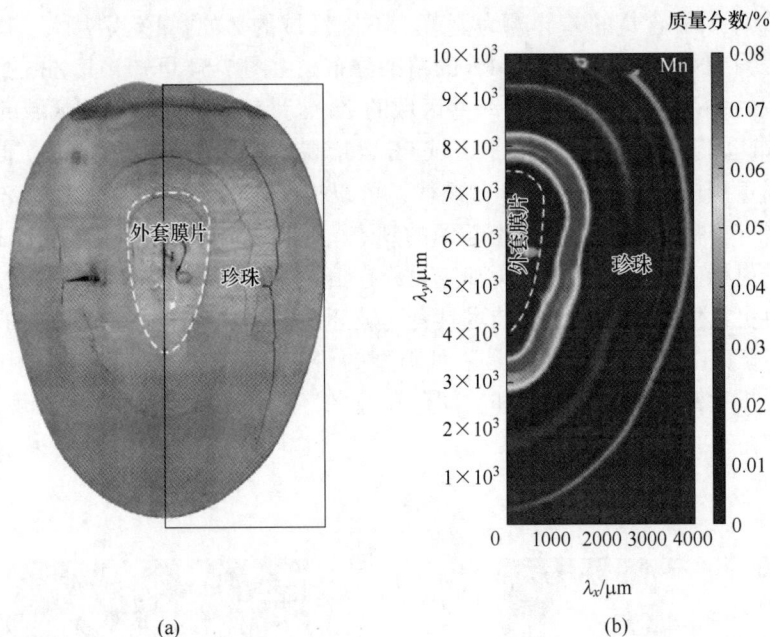

图 7-55　淡水无核珍珠 A24001 横截面的显微照片（a）和 μ-X 射线荧光成像的 Mn 含量分布（b）

7.5.4.3　生物原位研究

采用共聚焦 μ-SRXRF 技术可直接对生物样品体内的化学元素进行有效测量，并且联合低温原位装置对热敏感的生物样品进行化学元素分析。研究人员采用了同步辐射共聚焦 X 射线荧光微探针技术，并在应用光束线站（BL15U1）搭建了共聚焦 μ-SRXRF 的实验装置和低温原位装置，其装置示意图如图 7-56 所示。此装置可以直接在样品内部对化学元素进行分析，不需要对样品进行切片和干燥处理。研究人员利用装置对拟南芥种子和保持在低温环境中的大型蚤进行了原位荧光成像分析，获得了所含化学元素在样品体内的空间分布特征，并与常规 μ-SRXRF 技术获得的结果进行了对比。共聚焦 μ-SRXRF 技术具有很多优点：首先，此技术可以直接对生物样品体内的化学元素进行有效测量，而不需要对样品进行切片和干燥处理，可以保持样品的原始状态；其次，此技术可以联合低温原位装置对热敏感的生物样品进行化学元素分析；最后，此技术可以获得所含化学元素在样品体内的空间分布特征，提供更加全面的分析结果。

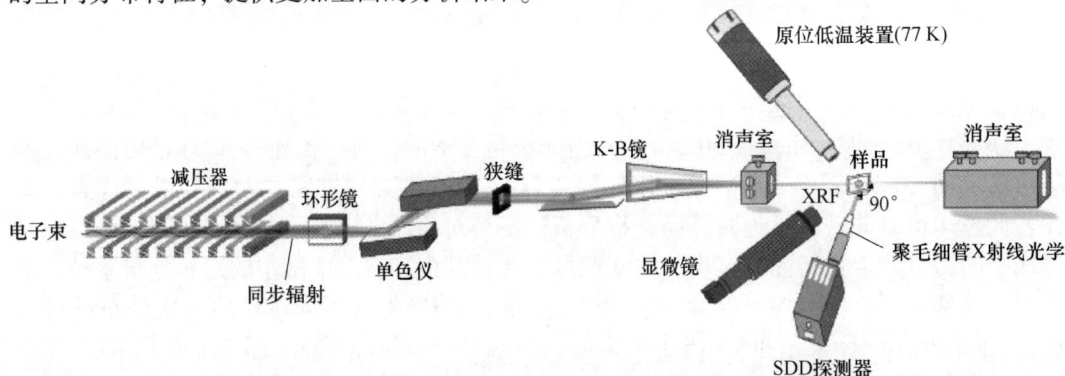

图 7-56　同步辐射共聚焦 X 射线荧光微探针装置和低温原位装置的示意图

7.6 同步辐射光电子能谱

7.6.1 同步辐射光电子能谱的特点

光电子能谱根据所用光子能量的不同，被人为地划分为紫外光电子能谱（UPS）和 X 射线光电子能谱（XPS），其中光子能量较低的 UPS 主要研究价带，而光子能量较高的 XPS 则主要研究芯能级。同步辐射出现以后，由于它的波长覆盖范围宽、强度高、准直性高、偏振性高及具有脉冲时间结构，不仅消除了 UPS 与 XPS 之间光电子能谱的盲区，而且由于光源的光子能量可以连续改变，采用光子能量扫描的光电子能谱工作模式将光电子能谱的研究对象从只局限于被占有的电子态扩展到包括占有态和空态。同步辐射运用于光电子能谱具有许多优势：（1）同步辐射光子能量覆盖范围宽、能量连续可调（由几电子伏特至几千电子伏特），使激发光源光子能量范围扩大并可进行光子能量扫描，从而产生新的光电子能谱的扫描工作模式。利用同步辐射光子能量可变的优点，可将待测光电子的动能按需调节在以给出表面信息为主或体内信息为主的不同位置。因此，同步辐射光电子能谱还可以提供表面极端灵敏的信息。对于表面研究来说，能通过调节实验参数来改变探测的表面灵敏度非常重要。（2）通过调节同步辐射光源光子能量，可增强或抑制某种原子的芯能级发射，并可调节出射电子的动能，从而改变电子的逃逸深度，进而提高探测的表面灵敏度。利用同步辐射的偏振特性，激发具有不同对称性或不同自旋状态的电子，发展新的光电子能谱的实验方法。而利用同步辐射的脉冲时间结构，可研究光电发射中的动力学过程，进行时间分辨的光电子能谱研究。（3）常规光源强度比同步辐射光源弱，而且除了主峰外还有比较弱的伴峰。直接使用没有消除伴峰（未经单色化的光源），会使所测体系的光电子能谱谱峰结构复杂化，如果通过单色化，则可使光强再度减弱。（4）常规光源的半高宽（线宽度）很大，当所激发状态自然线宽小于激发光源半高宽时，无法获得高分辨的光电子能谱，因而不能进一步获得所研究体系电子之间相互关联性的细节信息。（5）根据出射光电子动能的不同，进行实验测量时接收到的光电子通常来自最外面的一二个至十多个原子层。在同一激发光子能量下，同一种元素不同轨道电子电离截面值不同，而每一个轨道电子的电离截面值又随激发光子能量的变化而不同。当激发光子能量在轨道电子电离阈值附近时，由于存在偶极跃迁规则，将引发该轨道电子电离截面的巨大变化。对特定元素的特定轨道电子进行选择性激发，即进行同步辐射共振发射光电子谱（RPES）实验，在该特定轨道电离阈值附近就可以观察到体系量子态密度分布的显著变化。把这些信息结合，研究量子体系在远离电离阈值处获得的态密度分布信息，就可以获得关于体系电子结构完整和富有动态感的信息。而常规光源无法对同一个原子的不同轨道电子的电离截面值进行调制，无法使在特定能量下的特定轨道电子的电离截面值最大化。利用常规光源开展共振发射光电子能谱，无法获取上述信息。

7.6.2 同步辐射价带光电子谱

光子能量较低的（$h\nu < 100$ eV）与紫外光电子能谱（UPS）相对应的研究价带的能谱为同步辐射价带谱，是研究价带电子结构的重要手段。同步辐射价带光电子能谱能给出价

带有关占有态的信息，如态密度分布、能带在波矢空间的色散及波函数的对称性等。除光子能量不同外，其测量方法与普通的 UPS 基本相同。在价带谱中，要研究能带色散，则需要采用较低能量的光子（$h\nu < 20$ eV），还必须使用角分辨能量分析器。以下重点介绍角分辨光电子能谱。

7.6.2.1 角分辨光电子能谱

进行光电子能谱实验时，实验谱线强度（或称为态密度 DOS）I 若按 $I(h\nu, E_k)$ 方式采集，只与光子能量 $h\nu$ 和出射电子动能 E_k 相关，对出射电子动能的角分布进行大角度的积分收集，遵循动能守恒规则，即为角积分光电子能谱态密度；若按 $I(h\nu, E_k, k_{//})$ 方式采集，其态密度还与第三个量 $k_{//}$（出射电子与样品表面水平方向平行的波矢）相关，则为角分辨光电子能谱（ARPES）态密度。角积分光电子能谱实验则多侧重于芯能级的探讨，而 ARPES 实验多用于研究费米边 E_F 附近能带结构。

在 DOS 研究中，普通光电子能谱是角积分的，它测量的是总的能量分布曲线（EDC），与普通光电子能谱不同，ARPES 可得到不同发射角的 EDC。因此它不仅可以得到 DOS 信息，还可根据峰位与角度的关系"勾画"能带形状。ARPES 能同时测定逸出固体表面的光电子的能量和波矢，从而得到能带色散关系。

A 能带结构的测量原理

光入射到样品表面，激发出样品中的电子成为光电子，一些光电子逸出样品表面进入真空。当带有一定特性的光子与样品相互作用后，会从样品中射出带有样品本身的各种信息的光电子。通过检测、分析这些光电子携带的信息，就可达到分析样品的组成和结构的目的。被探测的光电子流是光子参量（包括光的偏振矢量 p、入射光的极角 θ_p 和方位角 φ_p、出射光电子的能量 E、出射光电子的极角 θ_c 和方位角 φ_c、出射光电子的自旋 σ）和样品信息的函数，即 $I = f(h\nu, \theta_p, \varphi_p, p, E, \theta_c, \varphi_c, \sigma)$。光电子能谱参数示意图如图 7-57 所示。

根据图 7-57 所示的出射光电子的几何关系，可以得到在真空中光电子波矢的平行分量

$$k_{//} = k\sin\theta_c = \frac{\sqrt{2mE_k}}{h}\sin\theta_c = \frac{\sqrt{2m(h\nu - E_b - \phi)}}{h}\sin\theta_c$$

(7-63)

式中，k 为在真空中的光电子的波矢；$k_{//}$ 为波矢的平行分量；E_k 为电子的动能；h 为普朗克常数；$h\nu$ 为光子能量；E_b 为初态束缚能；ϕ 为样品功函数；θ_c 为出射电子的极角。

经常数代入与单位换算后有

$$k_{//i} = k_{//f} = k_{//} = 0.51\sqrt{h\nu - E_b - \phi\sin\theta_c}$$ (7-64)

式中，$k_{//i}$、$k_{//f}$ 为初态和终态波矢的平行分量，Å^{-1}（1 Å = 0.1 nm）。

图 7-57 光电子能谱参数示意图

由式（7-64）可以看出，在光电子出射的方位角 φ_c 固定的情况下，根据极角 θ_c 改变时初态峰位的变化，就能得到初态在平行于表面的二维布里渊区中沿 φ 方向的色散关系。

若要对一般固体材料进行三维能带勾画，则必须进行进一步的假设，即对终态进行近

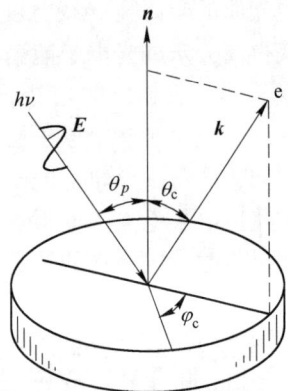

自由电子近似，这时终态的 E-$\boldsymbol{k}$ 关系是一条抛物线，其零点为价带底。若价带底至费米能级的差为 E_0，它有时可以通过计算得到。这时相对于费米能级的末态可有

$$E_f(\boldsymbol{k}) = \frac{h^2 \boldsymbol{k}_f^2}{2m} - E_0 = \frac{h^2(\boldsymbol{k}_{//f}^2 + \boldsymbol{k}_{\perp f}^2)}{2m} - E_0 \tag{7-65}$$

式中，$\boldsymbol{k}_{//f}$ 与 $\boldsymbol{k}_{\perp f}$ 为终态波矢平行和垂直方向的分量。

如果我们将价带底至真空能级的差定义为晶体的内势 V_0，可得

$$E_k = E_f(\boldsymbol{k}) - \phi = \frac{h^2(\boldsymbol{k}_{//f}^2 + \boldsymbol{k}_{\perp f}^2)}{2m} - V_0 = E_k \sin^2\theta_c + \frac{h^2 \boldsymbol{k}_{\perp f}^2}{2m} - V_0 \tag{7-66}$$

在光电子逸出表面前的光电激发中，电子由初态跃迁到终态必须满足垂直跃迁的条件，可得

$$\boldsymbol{k}_{\perp i} = \boldsymbol{k}_{\perp f} = \frac{\sqrt{2m(E_k \cos^2\theta_c + V_0)}}{h} = \frac{\sqrt{2m[(h\nu - E_b - \phi)\cos^2\theta_c + V_0]}}{h} \tag{7-67}$$

因此，只要适当选择 $h\nu$ 和 θ，就可以得到在三维空间中 $E_i(\boldsymbol{k}) - \boldsymbol{k}$ 的色散关系。如果取 $\theta = 0°$，并将常数代入，$\boldsymbol{k}_{\perp i}$ 经单位换算（$\boldsymbol{k}_{\perp i}$ 的单位为 Å^{-1}，1 Å = 0.1 nm）可得

$$\boldsymbol{k}_{\perp i} = \frac{\sqrt{2m(h\nu - E_b + E_0)}}{h} = 0.512\sqrt{h\nu - E_b + E_0} \tag{7-68}$$

在进行三维能带"勾画"时，实际上最常用的方法是测量正出射谱，再通过改变光子能量得到初态波矢的垂直分量。通常的角分辨光电子能谱仅能测量二维能带色散。使用同步辐射的角分辨光电子能谱，经一定的理论假设处理后，可通过改变光子能量测量三维能带色散关系。因此，同步辐射角分辨光电子能谱是唯一能进行三维能带结构研究的实验手段。

B 表面态的研究

在固体表面，原子的排列与体内不同，而且晶体的三维周期势在垂直方向不再连续，因此会产生表面态或表面带。在价带谱中利用 ARPES 技术，可以很容易地判别光电子是来自体内态还是来自表面态。表面态在 $\boldsymbol{k}$ 空间具有二维周期性，因此波矢的平行分量仍然存在。但体态具有的波矢的垂直分量将不复存在。因此，如果在进行 ARPES 测量时，改变 $h\nu$ 和 θ 值，可使 $\boldsymbol{k}_{//}$ 不变，这时与体态的 $\boldsymbol{k}_{\perp}$ 有关的体态跃迁的能量会发生变化，因而体峰的位置也会变化。而表面态不存在 $\boldsymbol{k}_{\perp}$ 分量，它发射的光电子峰的能量位置不会改变。特别地，如果取 $\boldsymbol{k}_{//} = 0$，即垂直出射，可根据峰位置是否随 $h\nu$ 的改变而变化来判断是体态还是表面态。

7.6.2.2 价带中的共振光电发射

在对某些过渡金属或稀土金属化合物的光电子能谱进行研究时，人们会发现价带的光电发射强度会随激发光子能量的改变而发生明显变化。特别是当 $h\nu$ 达到过渡金属 $3p$ 激发阈值或稀土金属的 $4d$ 激发阈值后，价带 EDC 强度会迅速增加。一旦偏离此值，价带 EDC 强度会迅速下降。将这种价带 EDC 强度随 $h\nu$ 的改变而变化，并在某个阈值达到极大值的现象称为共振光电发射。光电发射现象通常被视为一种单电子效应，即一个光子激发一个电子。然而，共振光电发射现象则揭示了多电子效应的可能性，其中多个电子可能同时被激发并相互作用。它反映了外壳层电子的光电发射截面受到该原子内壳层电子同时被激发

的影响。在发生光电发射时，可以有两种不同的跃迁过程达到同一个终态。在价带谱中，除存在一些满足单电子跃迁的主结构外，还伴随着一些无法用单电子近似解释的微弱结构存在，如金属的卫星峰。金属 Ni 的卫星峰实际是由双空穴束缚态引起的。在 Ni 的价带中，自旋向上带全满，而自旋向下带仅被填充到 80%。若从自旋向下带激发一个电子，能带中除少了一个电子外无任何变化。但若从自旋向上带激发一个电子，这时就会在自旋向上带产生一个空穴。而自旋向下带原来就存在空穴，这样体系中就存在自旋向上和自旋向下两种空穴。这两种空穴相互作用后，会产生双空穴束缚态。对它进行适当的量子力学处理后，就可以给出卫星峰位置。

7.6.3　同步辐射芯能级谱

光子能量较高的（$h\nu > 100$ eV）与 XPS 相对应的研究芯能级的能谱为同步辐射芯能级谱。与价带不同，芯能级峰宽较窄，主要由强度较大的分立的锐峰组成。芯能级谱可以直观地反映原子所处的化学环境、原子在体系中的相对含量等信息。对特定芯能级进行精细测量，并对得到的谱进行解谱，可以获得有关元素的价态信息。进行特定能量下的共振发射光电子能谱实验，可以获得价带电子结构信息及与周围原子之间相互作用有关的信息。这样，芯能级谱就可以确定初态位置，即可反映芯能级结合能的大小。

7.6.3.1　结合能

当某一体系（原子、分子或固体）受到光激发后发射电子，原有的稳定结构会受到破坏。激发后的体系包括电离后的体系与电离出的电子

$$M + h\nu \longrightarrow M^+ + e \tag{7-69}$$

此时，初态为包含 N 个电子的中性体系，而终态为包含 $N-1$ 个电子的电离体系及出射的光电子。其终态是处于激发态的电离体系，光电子动能 E_k 为

$$E_k = h\nu - \left[E_{tot}^f(N-1, K) - E_{tot}^i(N) \right] \tag{7-70}$$

式中，$E_{tot}^i(N)$ 为有 N 个电子的电中性体系的总能量；$E_{tot}^f(N-1, K)$ 为 K 壳层失去一个电子后，含 $N-1$ 个电子电离状态的总能量。

如果把结合能定义为从体系中原子的某个芯能级移去一个电子后，体系的初态与终态的能量差，则 K 壳层的结合能可表示为

$$E_b = E_{tot}^f(N-1, K) - E_{tot}^i(N) \tag{7-71}$$

$$E_b = h\nu - E_k \tag{7-72}$$

在实际考虑该体系时，常常需要进行一些近似：电离后的体系与电离前的体系相比，除某一轨道上被打出一个电子外，其余轨道电子的运动状态不发生变化，而是处于一种"冻结状态"。按 Koopmans 定理，某轨道电子结合能的求取就变为该轨道波函数的本征值的计算，而与终态无关。因此，可使计算大大简化。此定理完全忽略了电子电离后终态的影响，即忽略了电子弛豫、电子的相对论效应和电子的相关效应。

对于孤立原子或分子，轨道结合能是指将电子从所在的原子或分子轨道移到完全脱离核势场束缚所需的能量，它以"自由电子能级"或"真空能级"作为基准。这个基准与理论计算的轨道结合能的基准一致。可见，结合能实际上就是将一个电子由某个芯能级移到真空能级所需要的能量。

$$E_b^v = h\nu - E_k \tag{7-73}$$

式中，E_b^v 为相对于真空能级的结合能。

在固体中，通常以费米能级作为参考能级，而且光电子在逸出表面时要克服表面势垒对光电子的束缚作用，式（7-72）表示为

$$E_b^F = h\nu - E_k - \phi \tag{7-74}$$

式中，E_b^F 表示相对于费米能级的结合能；ϕ 为逸出功，它表示真空能级与费米能级之差。

不同原子的各个芯能级具有不同的结合能，因此，在芯能级谱中就表现出具有特定原子芯能级的谱峰。而谱峰所处的位置与费米能级之差即为该芯能级的结合能。因此，芯能级光电子谱是测量结合能的唯一方法。芯能级峰带有原有的原子的特征，因此可用来进行材料的元素识别。若使用普通 X 射线源作为激发源的 X 射线光电子能谱，就可进行表面成分分析。

7.6.3.2 化学位移

一个原子的芯能级结合能的大小可能会因原子周围化学环境的差异（即外层价电子分布状况的改变）而产生较小的变化。这种因化学环境不同而引起原子芯能级结合能的改变称为化学位移效应。可见，芯能级谱不仅能识别材料表面的元素组成，还可进行化学状况的分析。产生化学位移的原因很简单。被束缚于芯能级上的电子受到原子核吸引势及其他电子库仑排斥势的作用。但由于化学环境的改变，外层价电荷分布的不同，引起芯能级电子受到的势场发生变化和电子结合能改变，从而产生结合能化学位移。

假定固体中的原子可用一个空心的非重叠的静电球壳包围一个中心核来近似，化学位移 ΔE 可表示为两部分的贡献，原子的价电子形成最外电荷壳层，它对内层电子起屏蔽作用，发射光电子的原子在与其他原子成键时会产生价电子的转移，导致该原子价壳层电荷密度发生改变，产生化学位移。另一方面，与其成键的原子的价电子结构的变化也会造成结合能位移，就有

$$\Delta E = \Delta E_v^A + \Delta E_B^A \tag{7-75}$$

式中，ΔE_v^A 为 A 原子价电子改变的贡献；ΔE_B^A 为与 A 成键的其他原子价电子改变对化学位移的贡献。

根据电荷势模型，化学位移又可表示为

$$\Delta E = k^A q^A + eV_A \tag{7-76}$$

式中，k^A 为常数；q^A 为 A 原子上的价壳层电荷；V_A 为除 A 外其他原子价电子的改变对 A 产生的电势的变化。

用简单的点电荷模型，V_A 可以表示为

$$V_A = \sum_{B \neq A} \frac{q_B}{4\pi\varepsilon_0 R_{AB}} \tag{7-77}$$

一般说来，若原子在化合时失去电子，芯电子受到的库仑排斥势减弱，会引起结合能增大。反之，若原子在化合时得到电子，芯电子受到的库仑排斥势增强，会引起结合能减小。

7.6.3.3 芯能级伴峰和终态效应

一个多电子体系内存在着复杂的相互作用，它包括原子核与电子的库仑作用，各电子之间的排斥作用，轨道角动量之间、自旋角动量之间的作用及轨道角动量与自旋角动量之间的耦合作用等。因此，一旦从基态体系中激发出一个电子，上述各种相互作用将会受到

程度不等的扰动而使体系出现各种可能的激发状态。因此，在光电子谱中就会产生反映这些相互作用的多个终态。芯能级伴峰的出现则来源于这种终态效应。对这些伴峰进行分析并判断可能产生的相互作用，有助于我们了解体系内部的结构信息。

A　多重分裂

与内层电子结合能和化学位移的闭壳层体系不同，对于开壳层体系，外壳层拥有未配对自旋电子，体系的总角动量不为零。这时，光激发后形成的内壳层空位便将同外壳层未配对自旋电子发生耦合，使体系出现不止一个终态。相应于每个终态，在芯能级谱图上将有一条谱线，这便是光电子谱中的多重分裂。

设初态轨道角动量与自旋角动量分别为 L、S，终态的轨道角动量与自旋角动量分别为 L'、S'。它们应满足角动量选择定则：

$$\Delta L = L' - L = 0, \quad \pm 1, \quad \pm 2, \cdots$$

$$\Delta S = S' - S = \pm \frac{1}{2} \tag{7-78}$$

对于完全填满的闭壳层体系，只能有一个 $L' = l$，$S' = 1/2$ 的终态，因此在芯能级谱上只有一条谱线。l 为发生电离轨道的角量子数。对于壳层未被填满的体系，其总角动量 L 和 S 就等于未填满壳层的 L 和 S。此时，L 和 S 中至少有一个不为零，按选择定则，光电离时将出现不止一个谱峰。以 S 轨道为例，当 S 壳层发生电离时，根据选择定则，$L' = L$，但其终态有两个，分别对应 $S' = S + 1/2$ 和 $S' = S - 1/2$。根据原子的多重态理论，可得到两条分裂谱线的强度比，即

$$\frac{I(L, \ 2S'_1)}{I(L, \ 2S'_1)} = \frac{2S'_1 + 1}{2S'_2 + 1} = \frac{2S + 2}{2S} \tag{7-79}$$

若 MnF_2 中的 Mn^{2+} 的电子组态为 $3s^2 3p^6 3d^5$，其状态光谱项为 ^6S（$S = 5/2$，$L = 0$），含有 5 个未成对的 $3d$ 电子。如图 7-58 所示，当 $3s$ 轨道的电子被激发并发射电子后，存在两种可能的终态，即 ^5S 和 ^7S 态。其中，^5S 态表示电离后剩下的 1 个 $3s$ 电子与 5 个 $3d$ 电子自旋反平行。^7S 态表示电离后剩下的 1 个 $3s$ 电子与 5 个 $3d$ 电子自旋平行。因为只有自旋平行的电子才存在交换作用，所以 ^7S 终态的能量在数值上低于 ^5S 终态的能量（见图 7-59），两条谱线的强度比 $I(^7S / ^5S) = 7/5$。

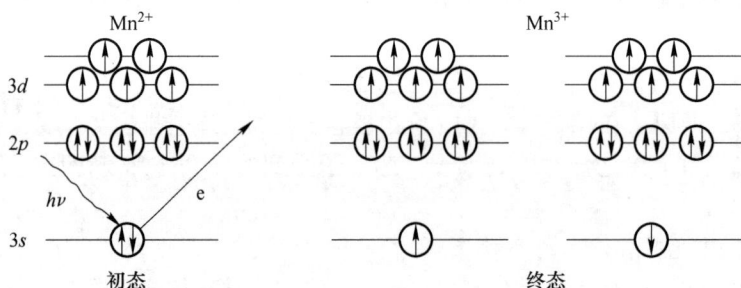

图 7-58　Mn^{2+} 的 3 轨道电离时的初态与终态

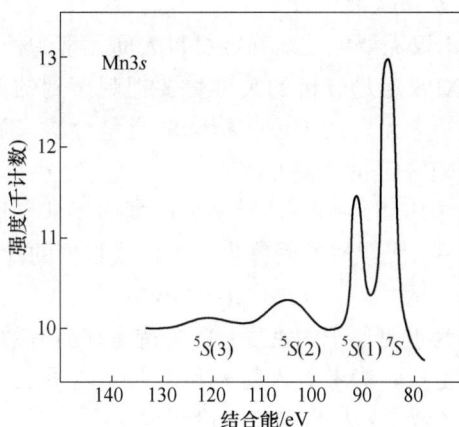

图 7-59 MnF_2 中 Mn 的 XPS 3s 谱图

B   电子的振激和振离

在光电发射中，当内层电子被激发后会形成空穴。由于内层电位发生突然变化会引起价电子云的重新分布，结果会有一定的概率引起价壳层电子的跃迁，其中有两种可能。如果价壳层电子跃迁到更高能级的束缚态，则称为电子的振激。这时在光电子谱主峰的低动能一边将出现分立的伴峰。如果价电子被激发到连续态而成为自由电子，则称为电子的振离。这时在光电子谱主峰的低动能一边将出现平滑的连续谱。一般情况下，振激峰较弱，只有高分辨光电子谱才能观察到。而振离信号更弱，常被淹没在背底之中。振激和振离都属于单极激发和电离过程，通常只有主量子数改变，即 $ns \rightarrow n's$，$np \rightarrow n'p$，电子的角量子数和自旋量子数不变，因此有 $\Delta J = \Delta L = \Delta S = 0$。

C   特征能量损失谱

固体中包含带正电的原子实和带负电的价电子，在宏观尺度上保持电中性，但在微观尺度上往往存在有电子密度的起伏。在库仑相互作用下，电子密度的起伏会引起整个电子系统的集体运动，即价电子系统相对于正离子背景的振荡。这种情况与等离子体的情况类似，因此又称其为等离子体振荡。被激发的光电子在离开激发区向表面运动的过程中，不可避免地会经历各种非弹性散射而损失能量，以致在芯能级主峰低动能一侧将出现不连续的伴峰。等离激元的能量是量子化的，其振荡频率 ω_p 为

$$\omega_p = \sqrt{\frac{4\pi n e^2}{m}} \tag{7-80}$$

式中，n 为电子数；e 为电子电荷，其能量 $E_p = \hbar \omega_p$，范围通常为 $5 \sim 25$ eV；m 为电子质量。

可见，由等离激元造成的光电子的能量损失还是比较大的。在光电发射中，还有可能激发表面等离激元。其能量为 $E_s = (1/\sqrt{2})E_p$。由于激发了等离激元而损失能量，这时能量守恒关系式应校正为

$$E_k = h\nu - E_b - \phi - n'E_p - E_s \tag{7-81}$$

式中，n' 为受体内等离激元损失的次数。特征能量损失峰的强度与材料的性质和光电子的动能都有关。

7.6.3.4　芯能级谱与表面成分分析

在表面分析中，人们不仅需要定性地确定材料表面元素的种类及其化学状态，而且希望能测得它的化学含量。XPS定量分析的关键是要把观察到的信号强度转变成元素的含量，即将谱峰面积转变成相应元素的浓度，精确的定量分析来源于对谱峰面积的精确测量，因此需要了解常见的XPS定量分析方法。

在XPS定量分析方法中应用最广的是元素灵敏度因子法，这是一种半经验性的相对定量方法。对于单相、均一、无限厚的固体表面，谱线强度的计算公式可以表示为

$$I = f_0 \rho A_0 Q \lambda_e \Phi y D \tag{7-82}$$

式中，f_0为X射线强度；ρ为被测原子的密度；A_0为待测样品有效面积；Q为待测轨道的电离截面；λ_e为电子逃逸深度；Φ为考虑入射光和出射光电子之间夹角变化的校正因子；y为形成特定能量的光电转换效率；D为仪器的检测效率。

定义元素灵敏度因子S为

$$S = f_0 A_0 Q \lambda_e \Phi y D \tag{7-83}$$

在同一台谱仪中，处于不同样品中的元素灵敏度因子S是不同的，但是如果S中的各有关因子对不同样品有相同的变化规律，这时两个样品的灵敏度因子的比值(S_1/S_2)保持不变。通常选定F1s轨道电子谱线的灵敏度因子为1，可求得其他元素的相对灵敏度因子S的值。

由于被测原子相对密度与谱线强度和灵敏度因子相关，根据式（7-84）可得到样品中某种元素的相对原子浓度C_x。

$$C_x = \frac{\rho_x}{\sum \rho_i} = \frac{\dfrac{I_x}{S_x}}{\dfrac{\sum I_i}{S_i}} \tag{7-84}$$

7.6.4　光电子显微术

对于光电子能谱，即使以同步辐射为光源，在平行于表面方向的空间分辨率也只能达到几百微米。对于许多在基础研究和技术应用上有重要价值的体系来说，这样的空间分辨率显然是远远不能满足要求的。因此，发展一种既有高的空间分辨率又有高的能量分辨率、能对表面电子和化学状态进行微区搜索方式测量的光电子能谱系统，无疑是随着技术的进步而提出的必然要求。这样一种系统应能用以分析微区范围内的元素成分、芯能级化学位移、价带特征等，微区的线度应尽可能小。

为实现这一目标发展起来的具有空间分辨的光电子能谱即为光电子显微术，其有不同的类型。一种是光源与样品的位置相对固定，通过对从样品表面出射的具有确定能量光电子的成像处理得到特定元素的二维分布图像。其工作方式的空间分辨主要靠成像系统来实现，对光源束斑大小的要求相对低一些，能达到约100 μm即可，称为成像光电子显微技术。另一种基于软X射线微束技术获得极小的空间分辨率（100 nm），通过光源与样品间的相对运动即扫描进行逐点测量，不仅能得到元素分布的显微像，而且能在感兴趣的微区进行谱的测量，称为扫描光电子显微术。还有一种是利用UV光源的光电子发射显微技术，可以实现10 nm以下的空间分辨。

7.6.4.1 成像光电子显微技术

成像光电子显微技术所用的电子成像技术包括静电成像和磁场成像两种。静电成像的基础是现已相当成熟的电子显微镜技术。以紫外光为光源，用静电透镜对电子成像的光电子显微镜能对样品表面的功函数和二次电子产额变化进行实时观察。这种装置接到同步辐射光束线上可获得亚微米级的空间分辨率。图 7-60 是建在同步辐射光束线上的磁场成像的光电子显微镜示意图。在该系统中，样品处于由一个超导螺线管产生的强磁场中，受到光激发从样品表面出射的光电子因洛伦兹力的作用而沿着磁力线螺旋运动，最终到达成像屏。成像屏前有一个阻挡栅型电子能量分析器，使其工作在微分模式可对光电子能量进行分辨。从样品表面到成像屏磁力线呈发散状，所以样品上不同区域发射出的光电子的运动轨迹不同，最终到达成像屏上的位置也不同，从而得到探测元素的显微像。从理论上讲，采用磁场成像的空间分辨率比采用其他方式要低一些，但这种光电子显微镜的一个重要优点在于它的高收集效率，其对分析辐射敏感样品极其有用。

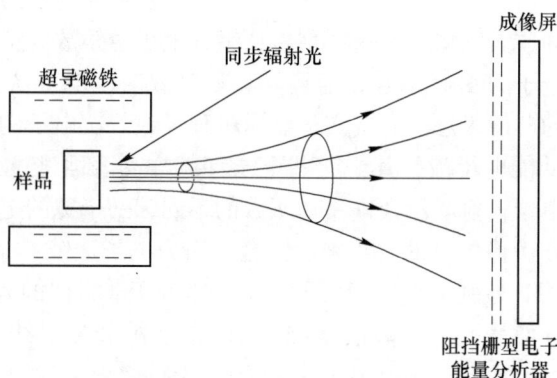

图 7-60　建在同步辐射光束线上的磁场成像的光电子显微镜示意图

7.6.4.2 扫描光电子显微技术

将软 X 射线聚焦到微米或亚微米线度是实现扫描光电子显微的前提，有几种方案：掠入射反射镜、多层膜正入射反射镜和波带片。用于软 X 射线聚焦的掠入射系统的核心光学元件是一个截自椭球面的反射镜。从前级光阑射出的光束从椭球面开口大的一侧沿轴向以掠入射角（一般不大于 2°）入射，经反射会聚后在另一侧形成可对样品进行扫描的微束。这种光学系统的最大优点在于，它可在低于反射截止能量的任何光子能量下工作而无需变更反射镜元件，能对光子能量进行扫描使这种系统特别适用于微区恒定初态谱（CIS）测量。基于这种光学系统的扫描光电子谱仪已能实现 $2 \sim 3 \mu m$ 的空间分辨。分辨率的进一步提高受制于非球面反射镜制作上的困难。采用球面镜的正入射光学系统（Schwarzschild 物镜）更具吸引力，可用于产生亚微米束斑的软 X 射线微束。这种光学系统是一个面对面紧挨着同轴放置的凸面镜和凹面镜的组合。两者均涂有多层膜。从前级针孔出射的光束以正入射的方式射到凸面镜上，经凸、凹面镜组合的反射会聚后形成微束探针。Schwarzschild 物镜系统的高数值孔径使它成为现有软 X 射线微束装置中空间分辨率最高的一种（100 nm）。但反射镜上涂覆的多层膜只对特定波长的正入射光束有强反射作用，所以需配置一组工作波长不同的多层膜镜。即使这样，这种光学系统仍不能用于光子能量太高的场合。与上述两种采用反射光学系统的微束装置不同，波带片是一种基于衍射效应的透射式聚焦元件。采用这种光学元件与经过改进的高亮度波荡器光束线的结合，可望在 1 eV 的能量分辨率下获得几十纳米的空间分辨率。但在实际使用波带片时，为了挡住不需要级次的衍射光，必须在其后面放置一个级次选择光阑。这使样品的可动工作距离仅为 1~2 mm，给能谱仪的安装带来很大困难。另外，就能探测的光电子发射立体角而言，波带片系统也比正入射的 Schwarzschild 物镜系统或掠入射的椭球面反射镜系统小得多。

7.6.4.3 光电子发射显微技术

目前利用 UV 光源的光电子发射显微镜（PEEM）可以实现 10 nm 以下的空间分辨，利用 X 射线可以实现几十纳米的空间分辨，实际的目标已经接近发射显微方法在能量分辨和空间分辨上的物理极限。在对亚微米甚至纳米尺度表面过程研究兴趣的驱动下，PEEM 的应用日益广泛，第三代同步辐射光源基本都建有专用的仪器设备。光电发射电子显微镜记录的是样品吸收电离辐射而发射的电子。电子被样品与物透镜的外电极之间的强电场加速，物镜产生的放大图像再被一系列磁透镜或电子透镜放大上百或上千倍，最后用二维电子探测器记录电子的发射。当 X 射线被物质吸收时，电子从芯能级被激发到未占据的电子态，留下空的芯能级态。芯空穴的衰退过程导致二次电子的产生。电子的俄歇和非弹性散射过程产生低能电子流，其中有些电子穿越样品表面逃逸到真空，被 PEEM 的电子光学系统收集。由于辐射能量及样品功函数的不同，一个宽的电子谱随之产生。这种宽的电子分布是 PEEM 图像失真的主要来源，这是因为电子透镜不是单色的而是多色的。尽管 X 射线的穿透能力比较强，但由于发射的电子来源于非常浅的表面，PEEM 是表面敏感的技术。通常大部分信号产生于表层 2~5 nm。通过利用 X 射线吸收技术及与线二色（LD）和圆二色（CD）的结合，PEEM 技术已经成为对表面、薄膜及界面磁性态成像的主要技术。

7.6.5 应用实例分析

同步辐射 X 射线光电子能谱（SR-XPS）利用同步辐射光源产生的高亮度、高能量分辨率的 X 射线光源，使 XPS 分析变得更加强大和灵敏。SR-XPS 具有比传统实验室 XPS 有更高的能量分辨率。这意味着，它可以更精确地测量光电子的能量，从而提供更详细的化学信息，包括更精确的能级位置和化学态。由于同步辐射光源的高亮度，SR-XPS 对于检测低浓度元素、薄膜、表面吸附物和表面反应等方面具有更高的灵敏度。这使其在材料科学、催化研究和纳米科学等领域得到广泛应用。

7.6.5.1 结构解析

稀磁半导体（diluted magnetic semiconductor，DMS）材料把光子、电子和磁性器件结合在单个芯片上，可以实现同时控制电子输运和电子自旋。对 M 掺杂的 Ⅲ-V 族化合物 GaN 进行研究分析，结果表明，Mn 掺杂 GaN 可制成室温磁性稀磁半导体 GaMnN，但 Mn 原子不同的价态会影响 GaMnN 薄膜的磁性，因此需要进一步探究其磁性变化的机理。通过金属有机化学气相沉积（MOCVD）技术制备的不同 Mn 掺杂浓度的稀磁半导体 GaMnN 薄膜的电子结构，探究 Mn 掺杂浓度对磁性原子 M 周围的局域环境和电子态等方面的影响，并阐述材料铁磁性变化的机理。图 7-61 为 GaMnN 薄膜样品二次刻蚀处理后的

Mn2$p_{3/2}$峰去卷积分峰拟合的谱图，Mn 摩尔分数为 1.8%。Mn^{2+} 和 Mn^{3+} 共存于薄膜样品内，且 Mn 离子以 Mn—N 键的形式存在。带负电的缺陷形成能低，所以 N 空位随 Mn 掺杂浓度增加而增多，且 N 空位能够使空穴浓度降低，导致 Mn3d 和 N2p 轨道间的相互交换作用减小，从而减弱体系铁磁性。此外，Mn 不同的掺杂浓度会影响 GaMnN 薄膜 p-d 耦合杂化能力的强弱，当掺 1.8% 的 Mn 时，GaMnN 薄膜具有较强的 p-d 耦合杂化能力。

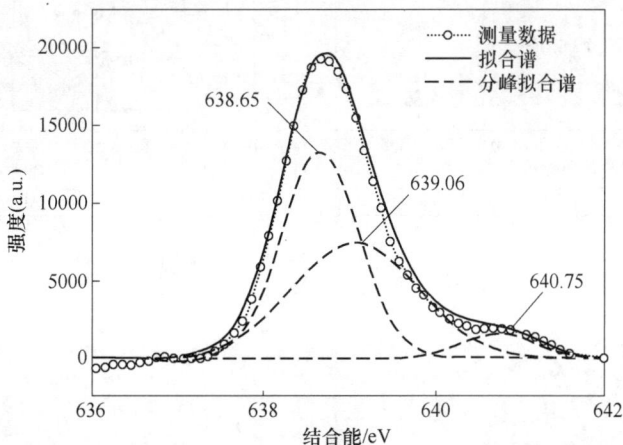

图 7-61　GaMnN 薄膜样品经二次刻蚀处理后的 Mn2$p_{3/2}$峰分峰拟合 XPS 谱图

更多实例
扫码 4

7.6.5.2　原位表征

研究者采用同步辐射光电子能谱（SRPES）研究了 309S 不锈钢在缺氧近饱和地质盐水中发生点蚀前天然氧化物的化学变化。图 7-62 为激发能分别为 1000 eV 和 580 eV 时的 O1s 芯能级谱图，电位扫描前（见图 7-62（a）和（b））和后（见图 7-62（c）和（d））分别为 1000 eV 和 580 eV。他们可以反卷积为 530.1 eV、531.6 eV、533.0 eV。根据 NIST 数据库，530.1 eV 处的峰为 M—O 键（铁和铬氧化物），531.6 eV 处的峰为 M—OH 键（铁和铬的羟基氧化物和氢氧化物），533.0 eV 处的峰与 OH 基团有关。湿抛光后形成富铬的水合铁-铬混合氧化物，表现出 n 型半导体行为。在亚稳点蚀电位的特定区域内，孔的表面会发生积累，进而诱导氧化键的羟基化，并在随后引发铁的选择性溶解。剩余表面氢氧化铬的开放结构有利于氯离子和水的进入。硫酸盐的抑制作用是由于形成了稳定的 O—S—O 桥，阻断了氯离子的进入。

催化剂 FeO$_x$/Cu（100）的 XPS 表征。Cu 及其氧化物由于其特殊的电子结构和催化性能已成为最重要的过渡金属材料之一。Cu 与许多不同的氧化物之间存在着强烈的相互作用，这种相互作用可以使 Cu 转化为 CuO 或 Cu_2O，而 CuO 或 Cu_2O 有较小的带隙（1.2 eV 和 2.2 eV）、绿色、经济的特性，已经被广泛地应用在催化领域。通过反应分子

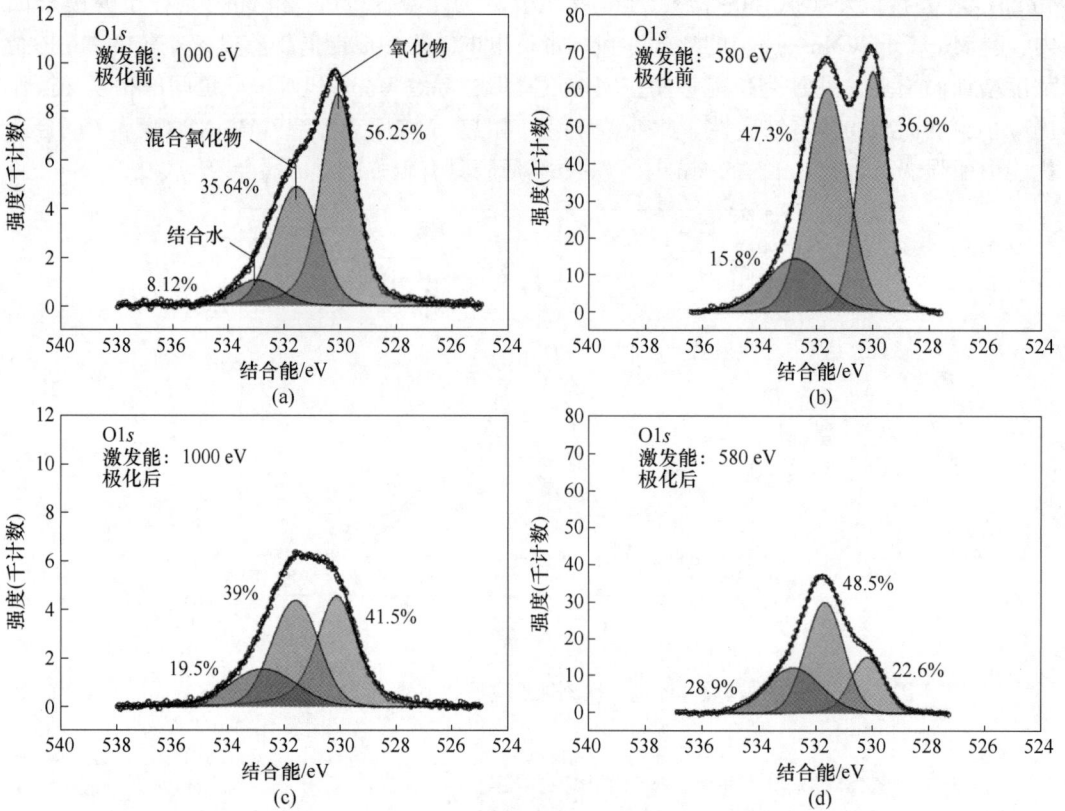

图 7-62　激发能分别为 1000 eV 和 580 eV 时 O1s 芯能级光谱图
（a）（b）极化前；（c）（d）极化后

束外延法及气相沉积法制备了单层 FeO$_x$/Cu(100)。通过原位同步辐射光电子能谱对其进行表征，结果如图 7-63 所示。图 7-63（a）为没有 FeO 薄膜存在的 Cu$_x$O/Cu（100）表面退火过程中 O1s 的变化，从图中可以看出在 600 K 以后，Cu$_x$O/Cu（100）表面的 O 含量开始逐渐减少，最后在 850 K 的温度退火 10 min 后完全消失。图 7-63（b）为 FeO/Cu$_x$O/Cu(100)，整个退火过程中，FeO 薄膜中的晶格氧无论是含量还是结合能位置均为发生变化。从图 7-63（a）和（b）可整理得到两种材料表面氧原子含量变化图，图 7-63（c）为氧原子含量变化图，从图上可以明显看出，有 FeO 存在的表面，表面 O 含量从 400 K 便开始迅速降低，而没有 FeO 存在的表面，表面 O 含量从 650 K 时才开始缓慢降低。这再次说明了 FeO 的加入促进了表面 Cu$_x$O 的还原，提高了表面氧原子的活性。

7.6.5.3　原位近常压 X 射线光电子能谱

　　CO 低温氧化催化剂的 XPS 表征。Pt-CeO$_2$ 对 CO 低温氧化具有较高的催化活性。研究 Pt 物种对深入了解低温 CO 氧化机制有较大的帮助。研究者通过将 Pt 和 Ce 在 O$_2$ 气氛中物理气相共沉积到 Ru（0001）上的 CeO$_2$（111）缓冲层上，然后在还原或氧化条件下退火，制备出了定义良好的模型 Pt-CeO$_2$ 体系。Pt4f 光谱的演变如图 7-64 所示。从制备的 Pt-CeO$_2$ 模型催化剂中获得的 Pt4f 芯能级谱（见图 7-64（a））包括两个双峰，分别为 72.8 eV（Pt4$f_{7/2}$）和 71.7 eV（Pt4$f_{7/2}$），分别与 Pt^{2+} 和 Pt^0 相关。接着将样品在 100 Pa

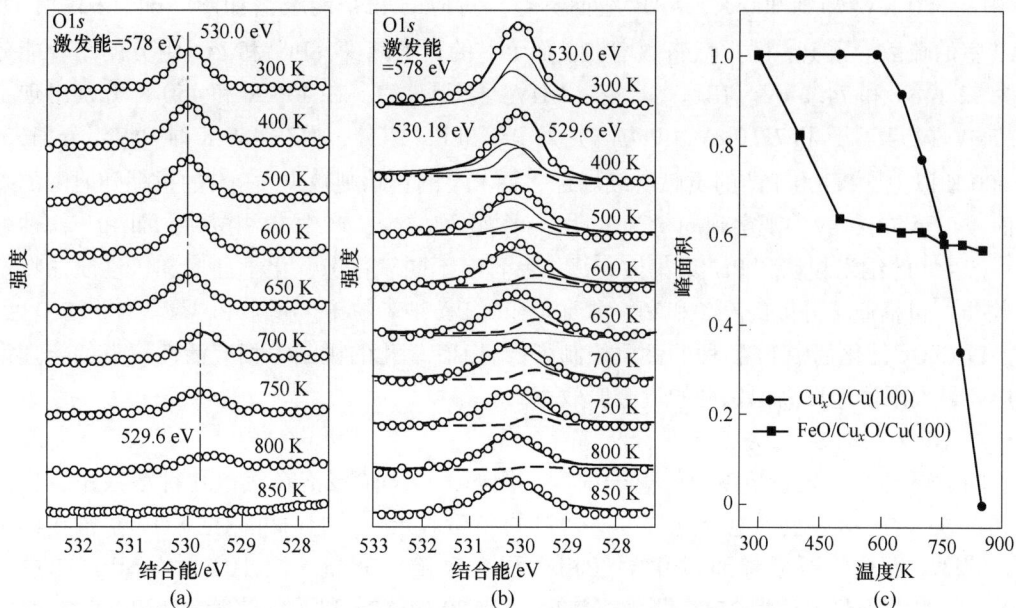

图 7-63 不同温度的原位同步辐射 XPS 分析

（a）（b）分别为 Cu$_x$O/Cu（100）、FeO/Cu$_x$O/Cu（100）两个表面在不同温度退火 10 min

后采集的 O1s 谱图；（c）为（a）（b）中的 O1s 峰面积变化

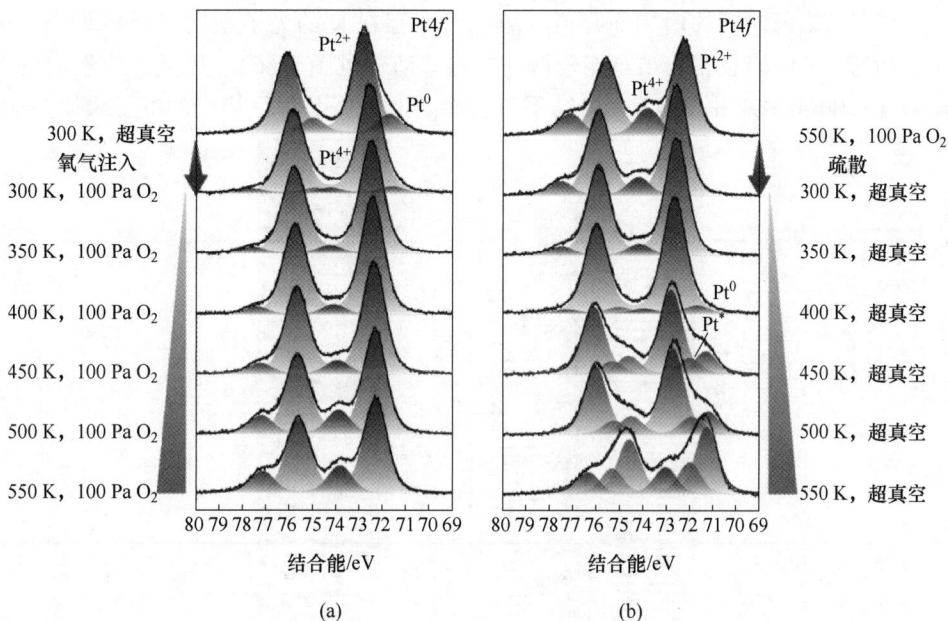

图 7-64 Pt4f 光谱的演变

（a）在 1.0 nm 12%Pt-CeO$_2$ 模型催化剂上用 NAP-XPS 获得的 Pt4f 芯能级光谱随温度在 100 Pa 下的变化 O$_2$；

（b）随后的超真空退火用 Al $K\alpha$ 辐射（1486.6 eV）获得 Pt4f 光谱

O_2 中从 550 K 冷却到 300 K，NAP 室抽真空。对应的 Pt4f 能级谱如图 7-64（b）所示。NAP 室的疏散导致 Pt^{2+} 的贡献略微增加，而 Pt^{4+} 的贡献减少，Pt^{2+} 和 Pt^{4+} 组分的结合能分别为 72.6 eV 和 74.2 eV。在超高真空（UHV）下退火后，在 400 K 和 450 K 分别出现了 71.7 eV（Pt4$f_{7/2}$）和 72.0 eV（Pt4$f_{7/2}$）的 Pt^0 和 Pt* 组分，而在 450 K 时 Pt^{4+} 组分消失。在 400 K 以上，Pt* 和 Pt^0 的贡献继续增加，而 Pt^{2+} 的贡献则减少。Pt^{2+} 的贡献随时间的缩短而减小至 73.0 eV。观察到的行为表明，Pt^{4+} 物种减少，产生 Pt^{2+} 物种，而 Pt^{2+} 物种减少，产生 Pt^0 纳米颗粒和 Pt* 聚集体。该体系含有不同氧化态、化学环境和核性质的特定 Pt 物质，包括原子分散的 Pt^{2+} 和 Pt^{4+} 物质、金属 Pt^0 纳米粒子、超小 Pt* 聚集体和 PtO$_x$ 团簇。Pt-CeO$_2$ 催化剂中 Pt 物种的性质控制了低温 CO 氧化的机制。相应活性位点的合理设计应能最大限度地提高催化剂的贵金属效率。

7.6.5.4　溶液离子浓度定量分析

同步辐射 XPS 定量溶液中的离子浓度。例如，石墨烯浸泡在氢氧化钾溶液中，提高了其在 SiO$_2$/Si 衬底上的电子迁移率。通过同步辐射光电子能谱可测定 KOH 溶液中的 K 掺杂浓度。堆叠的石墨烯通过化学气相沉积在铜箔上制备。同步辐射（SR）能量为 700 eV，光电子起飞角为 37°，测量光谱时间为 89 s，C1s 和 K2p 光谱测量时间为 90 s。该光束线设计时的光子通量在 700 eV 时高达 2×10^{13}。光谱是在低于 1×10^7 Pa 的室温超高真空条件下获得的。采用 "active Shirley" 法对 C1s 和 K2p 组分进行曲线拟合分析。"active Shirley" 法是为了避免 "Shirley" 方法对背景去除进行人为调整而开发的。"active Shirley" 法同时进行背景去除和曲线拟合分析，使各分量的背景与最小二乘拟合之间的偏差最小。K 浓度随辐射时间的增加而降低，表明可能存在 K 的光子激发解吸（见图 7-65）。随着 K 的解吸，C1s 峰位置向结合能较低的方向移动（见图 7-66）。因此，辐照前的 K 浓度估计为（1.00±0.09）mol%。实验结果表明掺杂 K 原子是石墨烯中的电子供体。

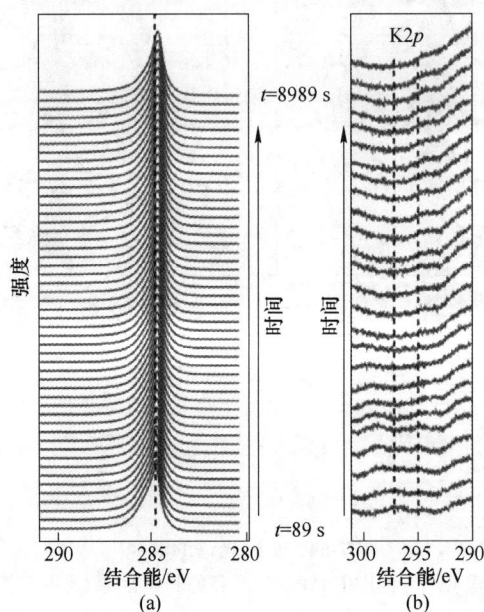

图 7-65　动态同步辐射谱分析

（a）每 179 s 的 C1s 峰光电子能谱的时间演化；（b）每 358 s 的 K2p 光电子能谱的时间演化

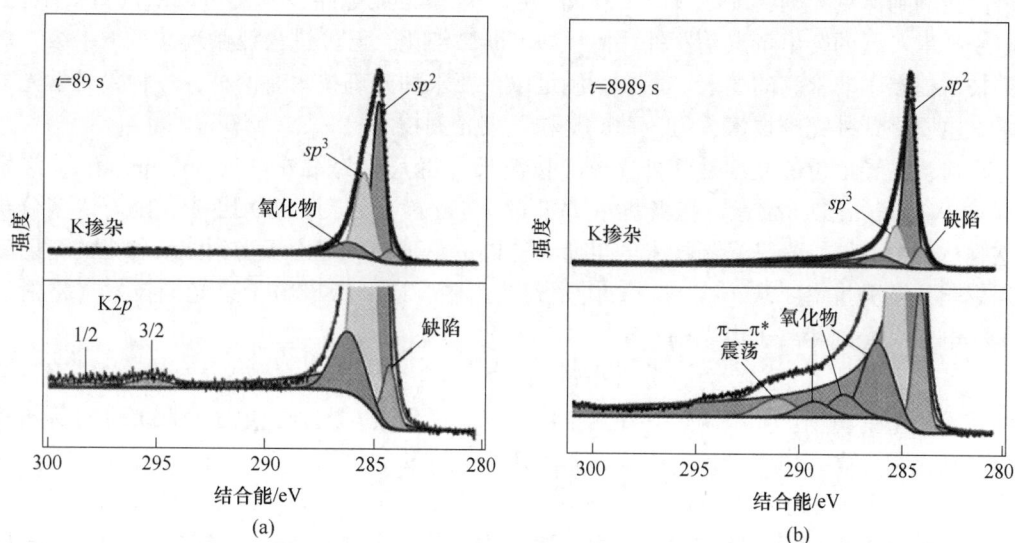

图 7-66　掺 K 两层堆叠石墨烯中 C1*s* 光谱的曲线拟合分析
（a）89 s 辐照后的光谱；（b）8989 s 辐照后的光谱

更多实例
扫码 5

7.7　同步辐射 X 射线光刻

7.7.1　概述

从 20 世纪 60 年代光刻工艺发明以来，同步辐射 X 射线光刻技术的发展历程经历了多个阶段。初始阶段（20 世纪 60 年代），同步辐射 X 射线源的发展推动了 X 射线光刻技术的起步。当时的设备较为简单，曝光精度和分辨率较低，主要用于基础研究和实验验证。探索阶段（20 世纪 70 年代），随着同步辐射技术的不断进步，X 射线光刻技术得到了更多的关注和研究。人们开始探索如何提高曝光精度和分辨率，并尝试将此技术应用于集成电路制造等领域。实验阶段（20 世纪 80 年代），这一时期，人们已经能够制造出高精度的 X 射线掩模，并尝试将 X 射线光刻技术应用于实际生产中。然而，由于设备成本高昂、技术难度大等问题，实验阶段的成果有限。成熟阶段（21 世纪），随着同步辐射 X 射线技术的不断进步和成本的降低，X 射线光刻技术在集成电路制造、微纳加工等领域得到了广泛应用。同时，人们也开始探索将此技术应用于生物医学、能源等领域。

光刻技术在不断发展，图形从简单到复杂，线条从粗糙到精细，光源从光子到粒子，从表面光刻到深度光刻，现已成为大规模、超大规模集成电路技术不可或缺的重要工艺。微电子技术发展的突出特点是器件几何尺寸不断微细化，已经进入亚微米甚至纳米级，对光刻技术提出了非常高的要求。现今，满足以上要求的光刻技术有两种，一种是光学光刻技术，主要是紫外光刻技术，另一种就是粒子束光刻技术。

目前，主导地位的光刻是紫外光刻。按波长可将其分为紫外（如 365 nm 等）、深紫外（如 193 nm、157 nm 等）和极紫外（如 13.4 nm 等）光刻。近几年来，随着诸多分辨率增强技术的发展，光学光刻技术的生命力得以不断延伸。但由于受到波长和光的衍射效应的影响，在分辨率要求更高的下一代光刻技术中，还要考虑粒子束光刻技术（X 射线光刻、电子束光刻和离子束光刻）。

电子束光刻技术是迄今为止分辨率最高（可达几个纳米）的光刻技术，它采用直接写的技术，不受像场尺寸限制。它在真空内曝光，无污染。此外，电子束曝光受计算机控制，自动化程度高。但曝光速度很慢，不适用于大硅片的生产，且电子束轰击也会对衬底产生缺陷。因此，电子束光刻技术主要还是应用于掩模板的制备。离子束光刻与电子束光刻类似，也是采用直接写的技术，但由于离子比电子的质量大得多，受散射效应小，在同样能量下，光刻胶对离子的灵敏度也比对电子高数百倍。因此，它可能是一种比电子束更有前途的光刻技术。但它也有缺点，如目前它还不能聚焦得像电子束那么细。此外，离子质量较大，因此曝光深度有限，一般不超过 0.5 μm。X 射线（波长范围为 0.2~5 nm）光刻技术是近年来研究非常活跃的一种粒子束光刻技术。与光学光刻技术相比，X 射线有着更短的波长，可获得更高的分辨率。此外，它的景深容易控制，焦深大、视场大、产率高，X 射线对尘埃不敏感，工艺宽容度大，因此成品率高。同步辐射的出现为 X 射线光刻提供了性能优良的光源。1972 年，IBM 的 D. Spears 和 H. Smith 首次提出 X 射线光刻技术。两年后（即 1974 年），科学家们在德国电子同步辐射中心（DESY）进行了首次同步辐射 X 射线光刻实验。经历了几十年的发展，X 射线光刻已成为最接近实用化需求的光刻技术，在亚微米乃至纳米图形加工方面更具有优势。

7.7.2　基本原理

7.7.2.1　X 射线光刻的一般过程

光刻从工艺上来说，大致可分为两类。第一类是直写式光刻，如电子束光刻、离子束光刻等。它利用电子束、离子束等粒子束在涂有光刻胶的衬底上直接刻写需要的图形。这一种工艺不需要掩模，但效率比较低。第二类是平行式光刻，它依赖于掩模的遮挡作用，是一种在底片的记录介质上复制图形的光刻方式，如 X 射线光刻、紫外线光刻等，这种光刻方式具有大规模生产能力。对于平行式光刻，按曝光方式的不同又可分为三种。第一种是接触式曝光。在这种曝光方式中，掩模与底片是紧密接触的，可以产生与掩模图形大小相等的图形，但会对掩模的损害比较大。第二种是接近式曝光。在这种曝光方式中，掩模与底片之间留有一定的间隙，产生的图形与掩模图形也相等。但是这种曝光方式产生图形的质量比较差，这是因为光在间隙上的衍射将使图形质量变差。第三种称为投影式曝光。经掩模调制过的光图形，通过光学系统后，再记录到光刻介质上。这种方式分辨率高，不沾污掩模板，重复性好，可以产生比掩模图形小的图形。

图 7-67 为同步辐射 X 射线光刻的基本原理示意图。X 射线光刻采用接近式光刻方法，

通常在一个充有低气压（>1333.2 Pa）He 的曝光室进行。涂有光刻胶的硅片和掩模都被固定在光刻机上。光刻机需要完成硅片和掩模的精确定位、间隙调节控制、对准套刻和分步重复曝光等功能。同步辐射 X 射线在进入曝光室前，先过滤能量较低的光子，在入射到掩模上时，将会使透明和不透明区的掩模图形成像到涂有对 X 射线敏感的光刻胶的硅片表面。适当的显影处理和图形加工工艺，可以把光刻胶图形转换到硅片表面的介质（或金属层）上，形成器件制作需要的图形。

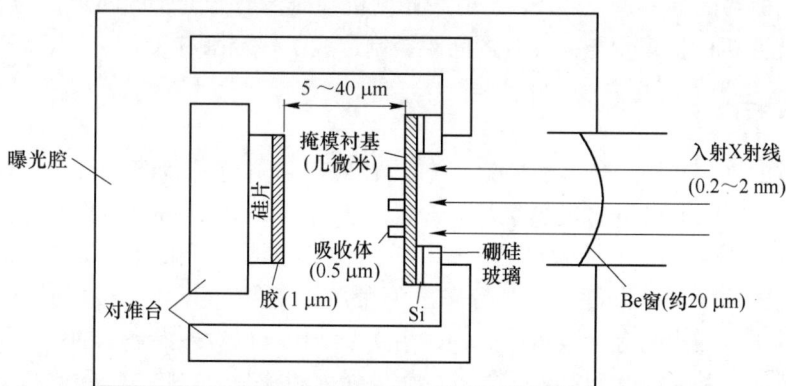

图 7-67　同步辐射 X 射线光刻的基本原理示意图

　　由于 X 射线曝光通常采用接近式，所用的是 1∶1 掩模，掩模制作的精确度和质量检验也有较大的难度。掩模包括机械强度比较高的框架、对曝光选用的 X 射线波段透光性好的基膜和对此波段有较强吸收的金属膜。同步辐射很强，因此要求掩模材料热导性能好、热膨胀系数小、机械强度高、互相之间热膨胀性相近且黏附性好。为了便于在曝光前定位，还要求基膜在可见光区有较好的透明度。掩模一般由低原子序数的轻元素材料（如 SiC、SiN 等）制作基膜，高原子序数的重元素材料（如 Au、W、Ta、Ni、Cu、W-Ti 等）制作吸收膜。

7.7.2.2　X 射线光刻的分辨率

　　对于接近式光刻，分辨率 W 受到菲涅耳（Fresnel）光的衍射作用产生物理限制：

$$W = 1.5 \sqrt{\lambda g/2} \tag{7-85}$$

式中，λ 为波长；g 为掩模和基片之间的距离。

　　可见，采用短波长的光可以提高光刻分辨率。通常当波长进入纳米级时，光在光刻胶中产生的二次电子散射的作用范围随波长减小而明显扩大，从而使分辨率下降。考虑到多种因素的共同作用，对应于一定的掩模间隙 g，有一个最佳波长，此时分辨率最高。

7.7.2.3　X 射线光刻胶

　　X 射线光刻胶对 X 射线的吸收主要表现为光电吸收，需要其有较高的灵敏度、分辨率、反差和耐腐蚀性等。目前常用的光刻胶为聚甲基丙烯酸甲酯（PMMA）。近年来的研究成果表明，X 射线光刻胶的二次电子散射效应比预期的要小，这就使人们将关注实现提高分辨率的方法转移到高分辨掩模的制作和同步辐射波长的优化上。一般而言，X 射线光刻胶具有较高的分辨率，但灵敏度较差。人们往往针对特定的 X 射线波长掺入一些有适当吸收系数的元素来提高灵敏度。近年来，用这种方法已使光刻胶的灵敏度达到 50 ~ 70 mJ/cm^2。

7.7.2.4　光刻机

光刻机主要用于完成硅片和掩模的精确定位、间隙调节控制、对准套刻和分步重复曝光等。其中，对准套刻精度是衡量一台光刻机性能的关键。一台好的光刻机应能满足如下要求：（1）有很高的校准灵敏度；（2）有高的信噪比；（3）能在较短时间内实现对硅片和掩模的校准；（4）能实时校准，即能在曝光过程中进行校准。同步辐射是水平放置的，因此应用于同步辐射的光刻机要求高精度工作台在垂直方向运动，这比普通的水平方向运动的光刻机制造要困难一些。另外，X射线光刻机中掩模与光刻胶的间距仅为 5~30 μm，这给X射线光刻机的掩模台与硅片台的间距控制造成了一定困难。

7.7.3　LIGA技术

随着科技的飞速发展，微电子机械系统（MEMS）技术正成为当今科技领域的一颗耀眼明星。MEMS是一个很小的机械系统，产品尺寸在 1 μm~1 mm 之间（头发直径约为50 μm），能感知外界环境，并做出相应操作。这项技术结合了微电子学和机械工程，创造出微小而精密的设备，为各行各业带来了革命性的变革。MEMS技术利用微纳加工技术，将微小的机械结构制造在微芯片上。这些微型结构可以对外界环境的物理、化学或生物参数进行感知，并通过微型电子元件进行信号处理和控制。它将是一种高度智能化、高度集成（机械、电子集成或机械、电子、光学集成）的系统。在材料的应用上，它也不是传统的以金属为主的单一材料，而采用金属、半导体、塑料、陶瓷及各种纳米材料，如目前5G射频前端用的滤波器的工艺就是MEMS。微电子机械由于具有尺度小、集成度高、功能强大等特点，已形成一个新兴产业，并受到世界各国的高度重视。在常规的微机械加工技术中，主要还是依赖硅微加工工艺，所获得的微机械材料也主要是硅。这就限制了其他具有优良性质的材料的应用。而硅的固有特性使它在微加工中受到很大限制，这就有必要发展新的微加工工艺。1987年，德国卡尔斯鲁厄核研究中心开发出了一种微加工技术——LIGA技术，从而开辟了一条可以利用多种材料的三维微加工工艺方法。

LIGA技术包括X射线深度光刻、电铸成型和塑铸成型3个工艺过程。其中，X射线深度光刻主要由同步辐射进行。

7.7.3.1　同步辐射X射线深度光刻

同步辐射X射线深度光刻需要将掩模图形复制到几十或几百微米厚的光刻胶上，刻蚀出大高宽比、精度为亚微米的光刻胶图形，高宽比一般大于100。LIGA技术要求厚胶深度光刻。深度光刻对焦深有要求（应大于 1 μm），只有接触式和接近式光刻比较适合。其中虽然接触式光刻精度最高，可以用于厚胶光刻，得到大高宽比的微结构，但由于掩模和底片直接接触，容易损坏掩模。而接近式光刻由于掩模和底片有间隙，产生的衍射效应会降低精度，但不易损坏掩模。因此，接近式光刻是一种常用的深度光刻方法。

深度光刻需要光能透过厚光刻胶，因此同步辐射的强度必须足够大。在深度光刻中，要求微结构的宽度必须上、下保持一致，因此要求光源的平行度要好。在深度光刻中，光刻时间很长，通常要几个小时，因此要求光源非常稳定。能满足LIGA深度光刻要求的同步辐射波长通常在 0.2~0.3 nm 波段。此外，同步辐射深度光刻还要求掩模衬底材料能经受强辐射，所以需要的吸收体材料也比较厚（一般为 10~15 μm）。

影响同步辐射X射线深度光刻的因素主要有以下几种：

（1）直边衍射。在光刻过程中，掩模的边缘将产生直边衍射，且线条越窄，衍射效应越显著。直边衍射也会使被掩模覆盖的部分曝光，而没有被覆盖的部分，会造成在靠近掩模边缘处曝光量明显不足，随着深度的增大，影响越明显。

（2）掩模与光刻胶之间的缝隙。由于衍射效应，掩模与光刻胶之间的缝隙对光刻的结果会有影响。在深度光刻中，微结构的尺度范围很宽，从亚微米到数百微米。缝隙引起的衍射效应对小尺寸的微结构影响较大。有研究显示，在缝隙 $g = 5$ μm 时，可得到 20 μm 的光刻深度（深宽比为 200：1）；而在 $g = 20$ μm 时，则只能得到 10 μm 的光刻深度（深宽比为 100：1）。

（3）波长发散角。其纵向发散角非常小，对光刻精度的影响也较小。但在横向上，需要取几个毫弧度的轨道发出的同步辐射光，这样就会产生光束在水平方向上的发散，会影响光刻精度。当光刻深度为 500 μm 时，其横向误差可达 1 μm。

（4）二次电子。同步辐射 X 射线入射到光刻胶（PMMA）中会产生二次电子。这些二次电子会在光刻胶里经历 10~100 次的碰撞或散射，并将能量传递给光刻胶而引起光刻胶的曝光。在靠近掩模边缘的地方，电子会进入被掩模覆盖的部分，从而将影响光刻线宽的精度。波长越短的光对光刻精度的影响越大。

7.7.3.2　电铸成型

电铸过程是一个电沉积过程，是电解液中的金属离子（或络合离子）在直流电的作用下，在阴极表面上还原成金属（或合金）的过程。此过程一般包括 3 个步骤，即金属水化离子（或络合离子）由溶液内部向阴极表面传递的液相传输步骤，金属水化离子（或络合离子）在阴极表面得到电子并还原成金属原子的电化学步骤和反应产物形成新相的电结晶步骤。按照电铸的方式可分为直流电铸和脉冲电铸两类。与直流电铸相比，脉冲电铸可通过控制波形、频率、通断比及平均电流密度等参数，使电沉积在很宽的范围内变化，从而在某种镀液中获得具有一定特性的镀层。电铸成型实际上是利用光刻胶下面的金属薄层作电极进行电镀。将金属沉积在光刻胶图形的空隙里，直至金属填满整个光刻胶图形空隙，从而形成一个与光刻胶图形凹凸互补的相反结构的稳定的金属体。然后，将光刻胶及附着的基底材料清理掉。此金属结构体可以作为批量复制的模具，也可以作为最终产品。

7.7.3.3　塑铸成型

同步辐射光刻的成本很高，因此难以直接用于大批量生产。塑铸成型提供了一个塑料模具，利用它，可以大量复制厚度达几百微米的三维立体金属或非金属（如陶瓷）材料的微结构元件。它用电铸并剥离后的金属结构作为二级模板。用闸板将模板覆盖。闸板有穿透的喷射孔，以便将聚合物注入排空的容器内。喷射孔位于结构自由空间的上方。低黏滞度的聚合物充满模板内的小空间。待聚合物变硬后，塑性结构与闸板在喷射孔处形成牢固的连接，使塑性结构可以从模板中被提出。塑铸可采用反映注射成型法、热塑注射成型法和压印成型法。

7.7.3.4　牺牲层技术

为了制造部分或全部活动部件，可以在上述 LIGA 技术中加入牺牲层技术。在制作较大高宽比的图形之前，在衬底上沉积一层几微米厚的牺牲层材料，用光刻和腐蚀形成图形，然后使用标准的 LIGA 技术，在衬底上涂覆一层厚光刻胶，精确对准掩膜进行同步辐射曝光、显影及电铸。电铸完成并去除光刻胶后，在其他材料不受损伤的前提下，有选择地把牺牲层腐蚀除去。这样便可以形成微结构活动的空间。牺牲层技术的加入，大大拓展了 LIGA 技术的应用领域。这一技术在传感器和微电机等器件制作方面具有优越性，特别是它能比较容易地制作出一部分固定而另一部分活动的器件，如加速度传感器等。

7.7.4 应用实例分析

利用 LIGA 技术中的同步辐射光刻、微电铸技术制作 α 粒子编码成像波带片的研究，可讨论编码波带片的结构和影响波带片的平面和层析分辨率的参数，并根据实验要求设计和研制了一种 α 粒子编码成像波带片。波带片编码成像具有聚光效率高、应用范围广等特点，并具有层析能力，但其成像用的核心元件——Fresnel 波带片的制作非常困难，常采用同步辐射光刻法。

掩模制作研究：在制作掩模时，采用了由国家同步辐射实验室发展起来的用于 LIGA 技术的掩模制作方法，研制了可用于深度同步辐射光刻的波带片掩模，图 7-68 为 X 射线掩模研制工艺流程图。

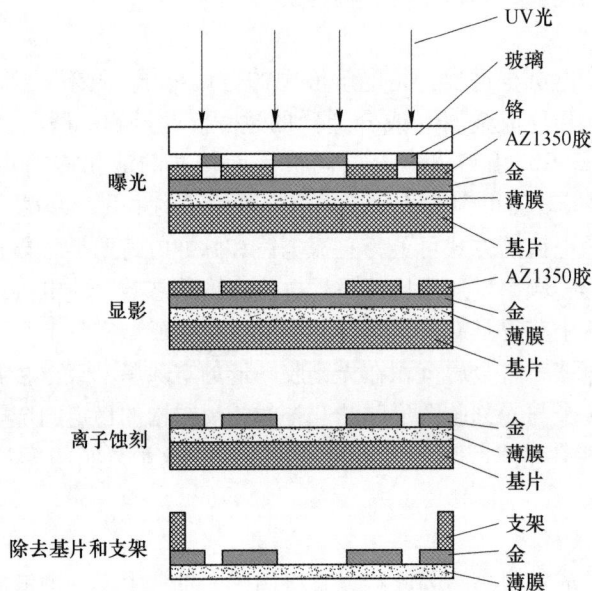

图 7-68 X 射线掩模研制工艺流程图

同步辐射光刻和微电铸研究：采用 LIGA 技术中的同步辐射光刻和微电铸技术进行了 α 粒子编码成像波带片的研制，如图 7-69 所示。利用国家同步辐射实验室的光刻实验站进行了同步辐射光刻，得到光刻胶（PMMA）图形。当电铸完成后，得到一个与聚甲基丙烯酸甲酯光刻胶图形相反的金的图形。由电镜照片可以看出，用这种方法制作的波带片侧壁较垂直，而其他方法很难制作出如此厚的波带片。

研究者利用同步辐射 X 射线的高平行性、硬射线的高强度，可光刻出非常深的胶结构。对于技术而言，一般需要进行约 500 μm 的厚胶光刻，这与集成电路的亚微米 X 射线光刻有着很大的不同。要能够刻得很深，就需要光的硬度大（波长短），这样才能有较强

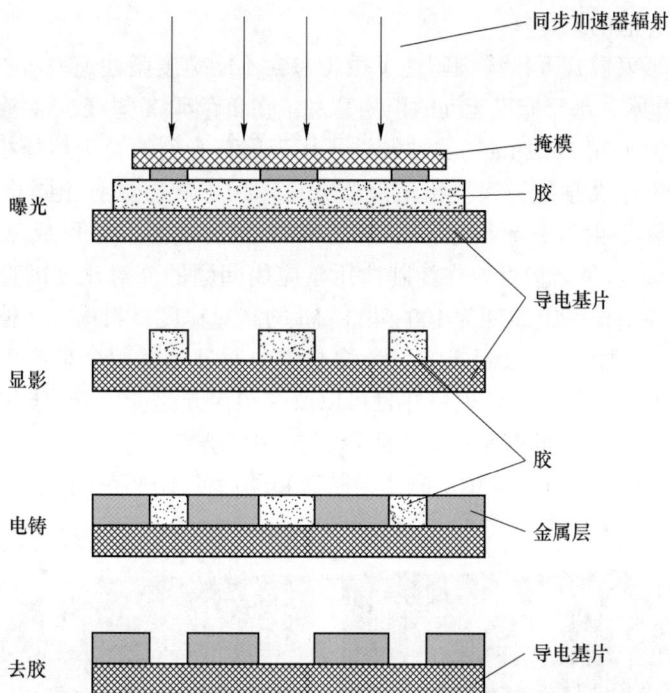

图 7-69　LIGA 技术制作 α 粒子编码成像波带片的工艺流程图

的穿透能力，使深层处的光刻胶能够感光。对于深度光刻，要考虑到光的穿透力、胶的感光情况等因素，一般需用 0.1~0.4 nm 的硬 X 射线。用 PMMA 作为曝光所需的光刻胶，将其溶解，形成有良好流动性的液体，并添加固化剂、交联剂、增敏剂，将其很好地混合。将胶倒入带有一厚度环的基片上，环的厚度即要涂的厚度，然后用一压板将胶压在厚度环里，加热，使 PMMA 固化，将压板和厚度环取下，就可得到所需要厚度的光刻胶层。利用抗蚀剂 PMMA 作光刻胶，用金属丝网制作掩模，在 LIGA 实验站进行了曝光实验，贮存环能量为 2.2 GeV，电子束流强为 20 mA，曝光时间为 30 min。曝光显影后的 PMMA 胶的光刻结构电镜照片如图 7-70 所示，从照片上看，这一结构边缘还是较陡直的，基底也很干净，深度分别约为 400 μm 和 700 μm，基本可以满足 LIGA 技术对光源和实验站的要

图 7-70　PMMA 胶的光刻结构电镜照片

求。从胶结构的电镜照片来看，顶部的结构还不是很好，还需要在显影和胶的成分上进行研究，以便找到合适的条件。

研究者在铅笔束模式下，详细阐述了用于包含不同宽度微通道系统的微流体模块的 X 射线掩模的制造技术。基于掩模运动的预测算法，在负色调 X 射线抗蚀剂中形成了 330 μm 高度的测试结构（见图 7-71（a）），并制造了用于屏幕光刻的 X 射线掩模坯料。采用电铸金的方法制备了工作 X 射线掩模。铅笔束模式也应用于制造具有相同孔径阵列的 X 射线掩模，用于多光束 X 射线光刻，以及用于在 SU-8 型抗蚀剂层中形成测试规则微观结构（见图 7-71（b））。这种结构可以作为制造用于应用问题的高对比度准直器的基础。对于这种技术，有必要制作一组周期为 100~400 μm 的高对比度材料槽。多槽准直器可以在由约 1 mm 厚的 SU-8 型抗蚀剂层制成的聚合物基体中通过电沉积金来产生。因此，在辐照过程中处理样品的光谱得到了扩展，并且可以改变辐照光谱，以分离辐射光谱中的"软"或"硬"成分。此外，还可以生产用于阴影深 X 射线光刻的工作 X 射线掩模。因此，所描述的多功能站能够实现工作 LIGA 掩模的制造和随后使用所制造的掩模以高分辨率制造深微结构。

图 7-71　笔形线束 X 射线光刻模式制备的高纵横比结构实例
（a）单波束模式；（b）多波束模式结果

思 考 题

7-1　简述我国同步辐射光源的发展进程。

7-2　同步辐射具有哪些优良特性？

7-3　简述同步辐射小角 X 射线散射技术的工作原理。

7-4　简述 EXAFS 数据分析方法。

7-5　同步辐射 X 射线衍射技术与常规 X 射线衍射技术有何不同？

8 其他测试分析方法

本章介绍包括比表面积测试分析方法、粒度测试分析方法、膜厚测试分析方法、质谱测试分析方法、中子衍射测试分析方法、电子顺磁共振谱、穆斯堡尔谱 7 种测试分析方法。通过比表面积测试分析方法的学习,掌握比表面积测试的基本原理,了解比表面积的定义和计算方法,理解比表面积与物质表面特性的关系;通过粒度测试分析方法的学习,掌握粒度的基本概念和测量方法,并能够根据具体情况选择合适的测试方法,正确处理和分析粒度测试数据;通过膜厚测试分析方法的学习,了解各种膜厚测试技术的原理、特点和使用范围,掌握基本的膜厚数据分析方法,能够从数据中提取有用的信息;通过质谱测试分析方法的学习,深入理解质谱分析的基本原理、掌握操作技术和数据处理方法,并了解其应用范围;通过中子衍射测试分析方法的学习,了解中子的基本性质、中子源的工作原理,以及中子与物质的相互作用机制,掌握中子衍射技术的基本原理,了解其应用领域和实例;通过电子顺磁共振谱的学习,了解电子顺磁共振的基本原理,掌握电子顺磁共振谱的测试分析方法,了解其应用领域和实例;通过穆斯堡尔谱的学习,理解穆斯堡尔效应的物理机制,掌握数据分析方法,并了解其应用范围。

8.1 比表面积测试分析方法

比表面积是指单位质量物料所具有的总面积。比表面积可分为外表面积、内表面积两类。国标单位为 m^2/g。理想的非孔性物料只具有外表面积,如硅酸盐水泥、一些黏土矿物粉粒等;有孔和多孔物料具有外表面积和内表面积,如石棉纤维、岩(矿)棉、硅藻土等。测定方法有容积吸附法、重量吸附法、流动吸附法、透气法、气体附着法等。比表面积是评价催化剂、吸附剂及其他多孔物质(如石棉、矿棉、硅藻土及黏土类矿物)工业利用的重要指标之一。

8.1.1 比表面积分析基本原理

固体材料的比表面积是指单位质量或单位体积的固体所具有的表面积,是主要用来表征粉体材料颗粒外表面大小的物理性能参数。对于大多数固体材料的比表面积,通常用单位质量的固体的表面积来表示,单位为 m^2/g。实践和研究表明比表面积与材料其他的性能密切相关,如吸附性能、催化性能、表面活性、储能容量及稳定性等,因此测定粉体材料的比表面积具有非常重要的应用和研究价值。材料的比表面积主要取决于颗粒粒度,粒度越小,比表面积越大;同时,颗粒的表面结构特征及形貌特性对比表面积有着显著的影响,因此通过对比表面积的测定,可以对颗粒以上特性进行参考分析。比表面积是评价多孔材料的活性、吸附性能、催化性能等诸多性能的重要参数之一,通常通过气体吸附的方法来确定。近年来,随着纳米技术的不断进步,比表面积的性能测定越来越普及,已经被列入许多国际和国内测试标准中。

一般来说，固体材料的颗粒尺寸越小，比表面积越大。另外，当固体材料表面的粗糙度增大或孔的数量增加时，其比表面积也会变大。对于粉末样品，通常用比表面积来表示物质分散的程度。比表面积越大，颗粒的分散程度也越大。

对于表面比较光滑的颗粒，可以由其比表面积推算物质的颗粒大小。假设颗粒为规则的球形，其直径（即粒径）为 d_p，实验得到的比表面积为 S。

$$S = \pi m d_p^2 \frac{6}{\pi \rho d_p^3} = m \frac{6}{\rho d_p} \tag{8-1}$$

式中，m 为样品质量，g；ρ 为样品密度，g/m^3。若 $m = 1$ g，则

$$S = \frac{6}{\rho d_p} \tag{8-2}$$

样品的粒径 d_p 的大小为

$$d_p = \frac{6}{\rho S} \tag{8-3}$$

此时，比表面积 S 的单位为 m^2。

对于实际的粉体样品，其颗粒大小不等、表面比较粗糙、形状也差别较大，计算式会变得更加复杂，但仍可利用式（8-3）来近似地由比表面积的数值来估算颗粒的平均尺寸。

对于具有规则形状的材料，可以通过几何法来计算其比表面积。而对于常见的不规则形状的物质，通常根据模型假设来计算其比表面积。理论上，比表面积 S 可以通过已知大小的分子（通常假设为球形或正方体形）占据物质的表面的数量来进行计算。目前，通常通过吸附等温线方便地根据模型假设来确定材料的比表面积。气体吸附法是测量所有表面积的最佳方法，可以得到包括不规则的表面和开孔内部的面积的信息。

气体与清洁固体表面接触时，在固体表面上气体的浓度高于气相中的浓度，这种现象称为吸附。吸附气体的固体物质称为吸附剂，被吸附的气体称为吸附质，吸附质在表面吸附以后的状态称为吸附态。吸附可分为化学吸附和物理吸附。

化学吸附是被吸附的气体分子与固体之间以化学键力结合，并对它们的性质有一定影响的强吸附。

物理吸附是被吸附的气体分子与固体之间以较弱的范德华力结合，而不影响它们各自特性的吸附。两者最主要的区别是有没有形成化学键，见表 8-1。

表 8-1　物理吸附与化学吸附的基本区别

性质	物 理 吸 附	化 学 吸 附
吸附力	范德华力	化学键力
吸附热	较小，与液化热相似	较大，与反应热相似
吸附速率	较快，不受温度影响，一般不需要活化能	较慢，随温度升高而加快，需要活化能
吸附层	单分子层或多分子层	单分子层
吸附温度	沸点以下或低于临界温度	无限制
吸附稳定性	不稳定，常可完全脱附	比较稳定，脱附时有化学反应
选择性	无选择性	有选择性

物理吸附提供了测定催化剂表面积、平均孔径及孔径分布的方法（一般指 N_2 吸脱附实验）。化学吸附是多相催化过程的重要组成部分，常用于催化机理研究和特定催化剂组分表面积测定（如通过 CO 吸附测定 Pt 的表面积等）。

按照国际纯粹与应用化学联合会（IUPAC）在 1985 年的定义和分类，孔宽即孔直径（对筒形孔）或两个相对孔壁间的距离（对裂隙孔）。微孔（micropore）是指内部孔宽小于 2 nm 的孔，介孔（mesopore）是指宽度介于 2~50 nm 的孔，大孔（macropore）是指孔宽大于 50 nm 的孔。

2015 年，IUPAC 对孔径分类又进行了细分和补充。纳米孔（nanopore）包括微孔、介孔和大孔，但上限仅到 100 nm；超微孔（ultramicropore）是指孔宽小于 0.7 nm 的较窄微孔；极微孔（supermicropore）是指孔宽大于 0.7 nm 的较宽微孔。

图 8-1 为球形分子在材料表面吸附的示意图，假设条件为气体单分子层吸附。当气体分子将表面铺满后，吸附作用停止。此时得到的吸附量即为单层吸附量，用 V_m 表示。根据单分子层吸附量和吸附质分子的横截面积即可得到物质的比表面积。

根据所采用模型假设条件的不同，用来计算材料的比表面积的方法主要有 Langmuir 法、BET（Brunauer-Emmett-Teller）法、B 点法、经验作图法、BJH 法、DR 法和 NLDFT 法等。其中，Langmuir 法和 BET 法是主要方法。在实际表述比

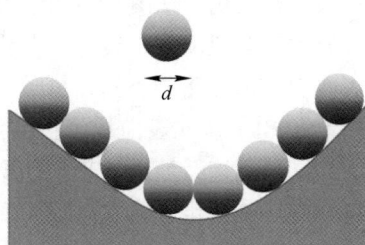

图 8-1 球形分子在材料表面单
分子层吸附的示意图
（假设单分子层吸附）

表面积时，应注明计算比表面积采用的方法。例如，根据 BET 法计算得到的比表面积可以表示为 S_{BET} 或 S（BET），单位通常为 m^2/g。

比表面积测试方法有多种，其中的气体吸附法因其测试原理的科学性、测试过程的可靠性、测试结果的一致性，在国内外各行各业中被广泛采用，并逐渐取代了其他测试方法，成为公认的最权威测试方法。许多国际标准组织都已将气体吸附法列为比表面积测试标准，如美国材料与试验协会（ASTM）的 D3037，国际 ISO 标准组织的 ISO-9277。我国比表面积测试有许多行业标准，其中最具代表性的是国标《气体吸附 BET 法测定固态物质比表面积》（GB/T 19587—2017）。

气体吸附法测定比表面积的原理是依据气体在固体表面的吸附特性，在一定的压力下，被测样品颗粒（吸附剂）表面在超低温下对气体分子（吸附质）具有可逆物理吸附作用，并对应一定压力存在确定的平衡吸附量。通过测定该平衡吸附量，并利用理论模型即可等效求出被测样品的比表面积。实际颗粒外表面具有不规则性，严格来讲，此方法测定的是吸附质分子所能到达的颗粒外表面和内部通孔总表面积之和。

如果绝对温度、压力、气体（吸附质）和表面（吸附剂）的作用能不变，则在一个特定表面的吸附量是不变的。因为固体表面对气体的吸附量是温度、压力和亲和力或作用能的函数，所以在恒定温度下，就可以用平衡压力对单位重量吸附剂的吸附量作图。这种在恒定温度下，吸附量对压力变化的曲线即是特定气-固界面的吸附等温线。通常，测定仪器在相对压力范围为 0.025~0.30 时至少采集 3 个数据点。实验测定的数据以成对数值

的方式进行记录：以在标准温度和压力（STP）下的体积 V_{STP} 表示气体吸附量，其对应的是相对压力 p/p_0。根据这些数据绘制的曲线称为吸附等温线。

氮气因其易获得性和良好的可逆吸附特性成为最常用的吸附质。通过这种方法测定的比表面积称为"等效"比表面积。"等效"的概念是：样品的表面积是通过其表面密排包覆（吸附）的氮气分子数量和分子最大横截面积来表征的。实际测定氮气分子在样品表面平衡饱和吸附量 V，通过不同理论模型计算单层饱和吸附量 V_m，进而得出分子个数，采用表面密排六方模型计算出氮气分子等效最大横截面积 A_m，即可求出被测样品的比表面积。准确测定样品表面单层饱和吸附量 V_m 是比表面积测定的关键。

8.1.2　测试分析方法

比表面积测试方法有两种分类标准，一种是根据测定样品吸附气体量多少方法的不同，可分为连续流动法、容量法及重量法（重量法现在基本很少采用）；另一种是根据计算比表面积理论方法的不同，可分为直接对比法比表面积分析测定、Langmuir 法比表面积分析测定和 BET 法比表面积分析测定等。同时这两种分类标准又有着一定的联系，直接对比法只能采用连续流动法来测定吸附气体量，而 BET 法既可以采用连续流动法，也可以采用容量法来测定吸附气体量。

8.1.2.1　连续流动法

连续流动法是相对于静态法而言，整个测试过程是在常压下进行，吸附剂是在处于连续流动的状态下被吸附。连续流动法是在气相色谱原理的基础上发展而来的，由热导检测器来测定样品吸附气体量。连续动态氮吸附是以氮气为吸附气，以氦气或氢气为载气，两种气体按一定比例混合，使氮气达到指定的相对压力，流经样品颗粒表面。当样品管置于液氮环境下时，粉体材料对混合气体中的氮气发生物理吸附，而载气不会被吸附，造成混合气体成分比例变化，从而导致热导系数变化，这时就能从热导检测器中检测到信号电压，即出现吸附峰。吸附饱和后将样品重新回到室温，被吸附的氮气就会脱附出来，形成与吸附峰相反的脱附峰。吸附峰或脱附峰的面积正比于样品表面吸附的氮气量，可通过定量气体来标定峰面积所代表的氮气量。通过测定一系列氮气分压 p/p_0 下样品吸附的氮气量，可绘制氮等温吸附或脱附曲线，进而求得比表面积。通常利用脱附峰来计算比表面积。

连续流动法测试过程操作简单，消除系统误差能力强，同时可采用直接对比法和 BET 方法进行比表面积理论计算。

8.1.2.2　容量法

容量法测定样品吸附气体量是利用气态方程来计算。在预抽真空的密闭系统中导入一定量的吸附气体，通过测定样品吸附或脱附导致的密闭系统中气体压力变化，利用气态方程换算出被吸附气体的物质的量的变化。容量法在使用过程中无需实际标定吸附氮气量体积和进行复杂的理论计算即可求得比表面积，测试操作简单、测试速度快、效率高。

8.1.2.3　直接对比法

直接对比法是利用连续流动法来测定吸附气体量，测定过程中需要选用标准样品（经严格标定比表面积的稳定物质）。将标准样品并联到与被测样品完全相同的测试气路中，通过与被测样品同时进行吸附，再分别进行脱附，来测定各自的脱附峰。在相同的吸附和脱附条件下，被测样品和标准样品的比表面积正比于其峰面积。

计算公式如下：

$$S_x = \frac{A_x}{A_0} \times \frac{W_0}{W_x} \times S_0 \tag{8-4}$$

式中，S_x 为被测样品的比表面积；A_x 为被测样品脱附峰面积；A_0 为标准样品脱附峰面积；W_0 为标准样品质量；W_x 为被测样品质量 S_0 为标准样品的比表面积。

当标样和被测样品的表面吸附特性相差很大时，如吸附层数不同，测试结果误差会较大。直接对比法仅适用于与标准样品吸附特性相接近的样品测量。

8.1.2.4 Langmuir 法

A　Langmuir 吸附等温方程

Langmuir 法是根据单分子层吸附模型计算材料的比表面积的方法。此模型基于以下假设：吸附表面在能量上是均匀的，即各吸附位具有相同的能量；被吸附分子间的作用力可略去不计；属于单层吸附，且每个吸附位吸附一个质点；吸附是可逆的。图 8-2 为气体吸附质分子在固体表面完成单分子层吸附的示意图。由图可见，当气体分子在表面完成单分子层吸附后，在固体表面不再发生进一步吸附作用。

假设 θ 为在吸附过程中达到平衡时吸附质分子所占据的表面积与固体表面积之间的比值，即覆盖度 $(1 - \theta)$ 则为在吸附过程中表面上未发生吸附的比例。在吸附过程中，吸附速率 r_a 与气相中吸附质气体的压力 p 和未发生吸附的表面积成正比，即

$$r_a = k_a p (1 - \theta) \tag{8-5}$$

在脱附过程中，脱附速率 r_d 与表面覆盖度成正比，可用式（8-6）表示。

$$r_d = k_d \theta \tag{8-6}$$

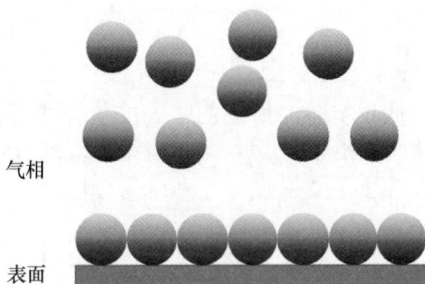

图 8-2　气体吸附质分子在固体表面完成单分子层吸附的示意图

在式（8-5）和式（8-6）中，k_a 与 k_d 分别为吸附速率常数和脱附速率常数。当达到吸附平衡时，有如下关系式：

$$r_a = r_d \tag{8-7}$$

将式（8-5）和式（8-6）代入式（8-7）中，可得

$$k_a p (1 - \theta) = k_d \theta \tag{8-8}$$

整理上式，可以得到式（8-9）形式的 θ 的表达式。

$$\theta = \frac{k_a p}{k_d + k_a p} = \frac{\dfrac{k_a}{k_d} p}{1 + \dfrac{k_a}{k_d} p} = \frac{Kp}{1 + Kp} \tag{8-9}$$

式中，K 为吸附系数，$K = k_a / k_d$，是与温度相关的常数；p 是平衡状态下吸附质气体的压力。

式（8-9）即为 Langmuir 吸附等温方程。

B　根据 Langmuir 吸附等温方程计算单分子层吸附量

在气体吸附过程中，如果用 V_m 表示在固体表面吸附饱和一层气体分子之后的饱和吸附量，则表面覆盖度 θ：

$$\theta = \frac{V}{V_{\mathrm{m}}} = \frac{Kp}{1 + Kp} \tag{8-10}$$

式（8-10）可以变形为

$$\frac{p}{V} = \frac{1}{V_{\mathrm{m}}K} + \frac{1}{V_{\mathrm{m}}}p \tag{8-11}$$

式中，V 为不同的压力下的吸附量。

当用 p/V 对 p 作图时，可以得到一条直线，斜率为 $1/V_{\mathrm{m}}$，截距为 $1/(V_{\mathrm{m}}K)$，由此可以求得单分子层的饱和吸附量 V_{m}。Langmuir 吸附等温方程是建立在均匀表面假设上的，而真实的表面都是不均匀的，因此在实际使用中常常要对表面的不均一性进行修正。

在物理吸附实验中得到的在实验温度（通常为液氮温度 77 K）下的吸附量 V 为换算为标准状态（即温度为 273. 15 K 和气压为 101325 Pa）下的吸附体积，再由实验得到在标准状态下的单分子层吸附的体积 V_{m}（单位通常为 $\mathrm{cm^3/g}$）后，可以按照式（8-12）将 V_{m} 换算为单层吸附的物质的量 n_{m}。

标准状态下 1 mol 气体分子的体积为 22. 4 L，则发生单分子层吸附的气体的物质的量为

$$n_{\mathrm{m}} = \frac{V_{\mathrm{m}} \times 10^{-3}}{22. 4} = \frac{V_{\mathrm{m}}}{22400} \tag{8-12}$$

假设实验时所用的吸附质气体分子的在表面所占的面积为 σ，对于常用的吸附质氮气分子，σ 为 16. 2 $\mathrm{\mathring{A}}^2$（1 $\mathrm{\mathring{A}} = 0. 1$ nm）或 $16. 2 \times 10^{-20}$ $\mathrm{m^2}$。则比表面积 S 可以用式（8-13）表示。

$$S = \sigma N_{\mathrm{A}} n_{\mathrm{m}} = \sigma N_{\mathrm{A}} \frac{V_{\mathrm{m}}}{22400} \tag{8-13}$$

式中，S 为样品的比表面积，$\mathrm{m^2/g}$；N_{A} 为阿伏加德罗常数；V_{m} 为由 Langmuir 吸附等温方程计算得到的标准状态下的单分子层吸附体积，$\mathrm{cm^3/g}$。

对于氮气分子，可以换算为

$$S = 4. 35 V_{\mathrm{m}} \tag{8-14}$$

在分析软件中，可以根据在达到饱和吸附之前的不同压力下的吸附量，根据 Langmuir 吸附等温方程式即式（8-11），由斜率计算得到 V_{m}。然后，根据式（8-13）计算得到材料的比表面积。在图 8-3 中给出了由分析软件以 p/V 对 p 作图得到的线性关系曲线，并给出了拟合得到的标准状态下的单分子层吸附量 432. 6 $\mathrm{cm^3/g}$，以及根据氮气分子截面积计算得到的 Langmuir 比表面积 1883 $\mathrm{m^2/g}$。

8. 1. 2. 5　BET 比表面积测定法

BET 理论计算是建立在 Brunauer、Emmett 和 Teller 三人从经典统计理论推导的多分子层吸附方程基础上的，即著名的 BET 方程：

$$\frac{1}{V\left(\dfrac{p_0}{p} - 1\right)} = \frac{1}{V_{\mathrm{m}}C} + \frac{C - 1}{V_{\mathrm{m}}C} \cdot \frac{p}{p_0} \tag{8-15}$$

式中，V 为样品实际吸附量；p_0 为吸附剂饱和蒸汽压；p 为吸附质分压；V_{m} 为单层饱和吸附量；C 为与样品吸附能力相关的常数。

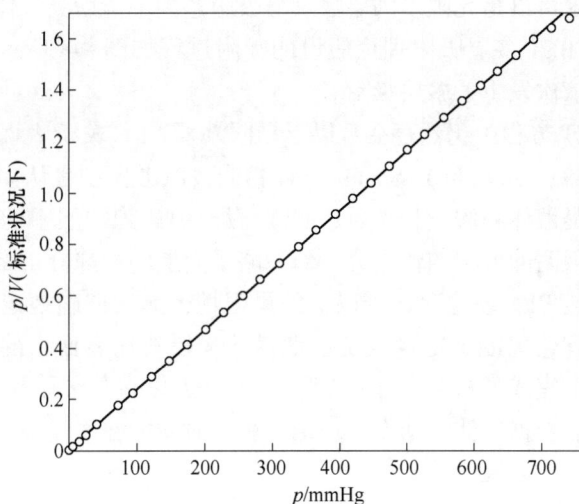

图 8-3　根据 Langmuir 吸附等温方程拟合得到的直线
（1 mmHg ≈ 133. 32 Pa）

　　通常情况下，BET 方程只适用于处理相对压力 p/p_0 为 0. 05~0. 35 的吸附数据，这是因为 BET 理论的多层物理吸附模型限制。当相对压力小于 0. 05 时，不能形成多层物理吸附，甚至连单分子物理吸附层也远未建立，表面的不均匀性就显得突出；而当相对压力大于 0. 35 时，毛细凝聚现象的出现又破坏了多层物理吸附。

　　由 BET 方程计算得到材料的比表面积是对固体材料的表面性质进行表征的一个十分重要的物理参数。与 Langmuir 方程假设吸附质分子在表面上的吸附过程为单分子层吸附不同，BET 方程是在表面上发生多分子层吸附的基础上得到的。显然，对于大多数固体材料来说，基于这种假设得到的结果更接近真实情况，目前国内外更普遍认可 BET 比表面积测定法。

　　在实际的吸附过程中，许多比表面积较小的样品在较低的压力下通常发生多分子层吸附，在此基础上发展了 Brunauer-Emmett-Teller（简称 BET）方法。BET 理论基于以下的多分子层吸附假设：（1）吸附表面在能量上是均匀的，即各吸附位具有相同的能量；（2）被吸附分子间的作用力可略去不计；（3）固体吸附剂对吸附质气体的吸附可以是多层（通常假设为无限层）的。图 8-4 为基于 BET 多层吸附理论假设的气体吸附质分子在固体表面发生的物理吸附过程。由以上假设可见，与 Langmuir 假设相比，BET 理论的假设在 Langmuir 假设的基础上增加了吸附质气体分子在表面可以发生多层吸附，这种假设更接近吸附质分子在表面发生的真实吸附过程。由于气体分子之间同样存在范德华力，气体分子自身也可以被吸附在已经被吸附的分子之上，形成多分子层吸附。BET 方程假设第一层的吸附热是常数，第二层以后各层的吸附热都相等

图 8-4　基于 BET 多层吸附理论假设的气体吸附质分子在固体表面发生的物理吸附过程

且与凝聚热相等，吸附可以是无限多的层数。当吸附达到平衡后，气体的吸附量等于各层吸附量的总和。基于 BET 多层吸附理论假设的吸附过程如图 8-4 所示，可见在均匀表面上，吸附质气体分子依次发生了多层吸附。

不难看出，在 BET 方程中仍然存在着以下局限性：（1）关于表面均一性的假设，即认为固体表面是均匀的；（2）与 Langmuir 方程相同，BET 模型也认为吸附过程是定位吸附，这与第二层以后是液体的假设相矛盾；（3）假设中认为同层中的被吸附分子只受固体表面或下面已经被吸附的分子的作用力，而忽略了同层的相邻分子之间没有作用力，也与真实情况不符。虽然 BET 理论存在着以上的局限性，无法准确地定量分析材料真实的比表面积，但通过该理论仍能半定量或定性地描述物质的比表面积的信息。BET 方程是在单分子层吸附基础上完成的多分子层吸附。因此，可以在单分子层吸附的 Langmuir 方程的基础上进行推导。根据气体的动力学理论，单位时间内在固体表面发生碰撞的单位面积的分子数 N 可以用式（8-16）表示。

$$N = \frac{N_A p}{\sqrt{2\pi M_w RT}} \tag{8-16}$$

式中，N_A 为阿伏加德罗常数；p 为气相中吸附质分子的压力；M_w 为吸附质分子的摩尔质量；R 为理想气体常数；T 为绝对温度。

在等温下发生的吸附过程中，式（8-16）的右侧仅存在 p 变量，因此可以定义

$$k = \frac{N_A}{\sqrt{2\pi M_w RT}} \tag{8-17}$$

于是，式（8-16）可以简化为

$$N = kp \tag{8-18}$$

假设在吸附质表面未发生吸附的位置数量所占的比例为 θ_0，则可以用式（8-19）表示在单位面积上未发生吸附的位置上单位时间内的碰撞次数。

$$\frac{\mathrm{d}N}{\mathrm{d}t} = kp\theta_0 \tag{8-19}$$

则可以用式（8-20）表示在表面上发生碰撞并吸附在表面的单位面积上的分子数量。吸附速率 N_{ads} 为

$$N_{ads} = kp\theta_0 A_1 \tag{8-20}$$

式中，A_1 是吸附系数，表示吸附质分子与表面发生碰撞时被吸附的概率。

在脱附过程中，可以由式（8-21）表示在单位表面积上发生吸附的分子离开表面的速率 N_{des}。

$$N_{des} = N_m \theta_1 \nu_1 \exp\left(-\frac{E_1}{RT}\right) \tag{8-21}$$

式中，N_m 是在表面上发生饱和吸附即形成单分子层吸附所需要的吸附质分子的数量（即单分子层吸附量）；θ_1 为在表面上被吸附的分子占据表面总吸附位的比例；ν_1 为吸附质分子在表面被吸附时的振动频率；E_1 为吸附热。单位面积吸附的分子数可以用乘积 $N_m \theta_1$ 的形式表示。$N_m \theta_1 \nu_1$ 表示这些被吸附的分子可以离开表面的最大速率。$\exp\left(-\dfrac{E_1}{RT}\right)$ 项表示

在表面上被吸附的分子具有足够大的能量来克服表面吸引力的概率。

当吸附质分子在固体吸附剂分子表面达到单分子层吸附平衡时，吸附质分子在表面发生吸附和脱附的速率相等，即

$$N_{ads} = N_{des} \tag{8-22}$$

经变换可得

$$kp\theta_0 A_1 = N_m \theta_1 \nu_1 \exp\left(-\frac{E_1}{RT}\right) \tag{8-23}$$

式（8-23）即为第一层吸附过程中达到吸附平衡时的速率表达式。在第二层吸附过程中，当达到吸附平衡时，有

$$kp\theta_1 A_2 = N_m \theta_2 \nu_2 \exp\left(-\frac{E_2}{RT}\right) \tag{8-24}$$

在第三层吸附过程中，当达到吸附平衡时，有

$$kp\theta_2 A_3 = N_m \theta_3 \nu_3 \exp\left(-\frac{E_3}{RT}\right) \tag{8-25}$$

类似地，在表面的第 n 层吸附过程中，当达到吸附平衡时，有

$$kp\theta_{n-1} A_n = N_m \theta_n \nu_n \exp\left(-\frac{E_n}{RT}\right) \tag{8-26}$$

在以上的 BET 理论假设中，假设在第二层以上的吸附过程中 ν_i、E_i 和 A_i（i 大于 1）的数值保持不变。因此，对于第二层以上的吸附过程中，能量用液化热 E_L 来表示，ν_i 和 A_i 分别用 ν 和 A 表示。因此，有如下形式：

$$kp\theta_1 A = N_m \theta_2 \nu \exp\left(-\frac{E_L}{RT}\right) \tag{8-27}$$

$$kp\theta_2 A = N_m \theta_3 \nu \exp\left(-\frac{E_L}{RT}\right) \tag{8-28}$$

类似地，在表面的第 n 层吸附过程中，当达到吸附平衡时，有

$$kp\theta_{n-1} A = N_m \theta_n \nu \exp\left(-\frac{E_L}{RT}\right) \tag{8-29}$$

对于式（8-23）~式（8-29），则有如下关系：

$$\frac{\theta_1}{\theta_0} = \frac{kpA_1}{N_m \nu_1 \exp\left(-\dfrac{E_1}{RT}\right)} = \alpha \tag{8-30}$$

$$\frac{\theta_2}{\theta_1} = \frac{kpA}{N_m \nu \exp\left(-\dfrac{E_L}{RT}\right)} = \beta \tag{8-31}$$

$$\frac{\theta_3}{\theta_2} = \frac{kpA}{N_m \nu \exp\left(-\dfrac{E_L}{RT}\right)} = \beta \tag{8-32}$$

$$\frac{\theta_n}{\theta_{n-1}} = \frac{kpA}{N_m \nu \exp\left(-\dfrac{E_L}{RT}\right)} = \beta \tag{8-33}$$

且

$$\theta_1 = \alpha\theta_0 \tag{8-34}$$

$$\theta_2 = \beta\theta_1 = \alpha\beta\theta_0 \tag{8-35}$$

$$\theta_3 = \beta\theta_2 = \alpha\beta^2\theta_0 \tag{8-36}$$

$$\theta_n = \beta\theta_{n-1} = \alpha\beta^{n-1}\theta_0 \tag{8-37}$$

则达到平衡吸附时的分子总数 N 可以用式（8-38）表示。

$$\begin{aligned} N &= N_m\theta_1 + 2N_m\theta_2 + 3N_m\theta_3 + nN_m\theta_n \\ &= N_m(\theta_1 + 2\theta_2 + 3\theta_3 + \cdots + n\theta_n) \end{aligned} \tag{8-38}$$

将式（8-34）~式（8-37）分别代入式（8-38）中，可得

$$\begin{aligned} \frac{N}{N_m} &= \alpha\theta_0 + 2\alpha\beta\theta_0 + 3\alpha\beta^2\theta_0 + \cdots + n\alpha\beta^{n-1}\theta_0 \\ &= \alpha\theta_0(1 + 2\beta + 3\beta^2 + \cdots + n\beta^{n-1}) \end{aligned} \tag{8-39}$$

α 和 β 二者之间的关系可用式（8-40）表示。

$$\alpha = C\beta \tag{8-40}$$

可得

$$C = \frac{\alpha}{\beta} = \frac{A_1\nu_2}{A_2\nu_1}\exp\left(-\frac{E_L - E_1}{RT}\right) \tag{8-41}$$

$$\frac{N}{N_m} = \frac{C\dfrac{p}{p_0}}{\left(1 - \dfrac{p}{p_0}\right)\left(1 - \dfrac{p}{p_0} + C\dfrac{p}{p_0}\right)} \tag{8-42}$$

在实际的吸附实验中，可以用在一定压力下的吸附体积 V 与单分子层饱和吸附体积 V_m 的比值 V/V_m 来代替 N/N_m 的形式来表示。

$$\frac{V}{V_m} = \frac{C\dfrac{p}{p_0}}{\left(1 - \dfrac{p}{p_0}\right)\left(1 - \dfrac{p}{p_0} + C\dfrac{p}{p_0}\right)} \tag{8-43}$$

也可以用吸附重量 W 与单分子层饱和吸附重量 W_m 的比值 W/W_m 来代替 N/N_m 的形式来表示。

$$\frac{W}{W_m} = \frac{C\dfrac{p}{p_0}}{\left(1 - \dfrac{p}{p_0}\right)\left(1 - \dfrac{p}{p_0} + C\dfrac{p}{p_0}\right)} \tag{8-44}$$

还可以用其他的物理量来分别表示实验过程的吸附量和单分子层饱和吸附量。这类形式的表达式统称为 BET 方程。对于等温下的吸附实验，以及特定的吸附质和吸附剂体系，C 为常数。由不同的实验方法（如容量法或重量法）得到的 C 存在着一定的差别。在等

温吸附过程中，式（8-43）中的 BET 方程可用式（8-45）来表示。

$$\frac{p}{V(p_0 - p)} = \frac{1}{V_m C} + \frac{C - 1}{V_m C} \cdot \frac{p}{p_0} \tag{8-45}$$

式中，p_0 为在吸附温度下吸附质的饱和蒸汽压；V_m 为吸附质单分子层饱和吸附量；C 为 BET 理论中的常数。

可见，当以 $p/[V(p_0 - p)]$ 对 p/p_0 作图时，可以得到一条直线。直线的斜率 k 为 $(C - 1)/(V_m C)$，在纵轴上的截距 b 为 $1/(V_m C)$。k 和 b 可以通过线性拟合得到，继而得到 V_m 和 C 值，存在如下关系式：

$$V_m = \frac{1}{k + b} \tag{8-46}$$

$$C = \frac{k}{b} + 1 \tag{8-47}$$

确定单分子层吸附体积之后，可以按照式（8-47）计算得到比表面积 S_{BET}：

$$S_{BET} = \sigma N_A n_m = \sigma N_A \frac{V_m}{22400} \tag{8-48}$$

式中，σ 为实验时所用的吸附质气体分子在表面占据的面积。

对于氮气分子，式（8-48）可以换算为

$$S_{BET} = 4.35 V_m \tag{8-49}$$

式中，S_{BET} 为样品的比表面积，m^2/g；V_m 为由 BET 方程计算得到的标准状态下的单分子层吸附体积，cm^3/g。

实际测试过程中，通常实测 3~5 组被测样品在不同气体分压下多层吸附量 V，以 p/p_0 为 x 轴，$p/V(p_0 - p)$ 为 y 轴，由 BET 方程作图进行线性拟合得到直线的斜率和截距，从而求得 V_m 值，计算出被测样品的比表面积。理论和实践表明，当 p/p_0 取点在 0.05~0.35 之间时，BET 方程与实际吸附过程相吻合，图形线性也很好，因此实际测试过程中选点需在此范围内。由于选取了 3~5 组 p/p_0 进行测定，通常被称之为多点 BET。当被测样品的吸附能力很强，即 C 很大时，直线的截距接近于零，可近似认为直线通过原点，此时可只测定 1 组 p/p_0 数据与原点相连以求出比表面积，称之为单点 BET。与多点 BET 相比，单点 BET 的结果误差会大一些。若采用流动法来进行 BET 测定，测量系统需具备能精确调节气体分压 p/p_0 的装置，以实现不同 p/p_0 下吸附量的测定。每一点 p/p_0 下 BET 吸（脱）附过程与直接对比法测得的数据相近似，不同的是，BET 法需标定样品实际吸附气体量的体积，而直接对比法则不需要。

BET 方程是建立在多层吸附的理论基础之上，与许多物质的实际吸附过程更接近，因此测试结果的可靠性更高。但是，BET 方程有其适用范围，当氮气达到单层饱和吸附时，相对压力小于 0.05 或大于 0.35 时，不符合 BET 多分子吸附模型，所得的测试结果会产生偏离。BET 理论与物质实际吸附过程更接近，可测定的样品范围广，测试结果准确性和可信度高。目前，国内外比表面积测定统一采用多点 BET 法，国内外制定出来的比表面积测定标准都是以 BET 测试方法为基础的。

多点 BET 法为国标比表面积测试方法，其原理是求出不同分压下待测样品对氮气的绝对吸附量，通过 BET 理论计算出单层吸附量，从而求出比表面积。其理论认可度较直接对比法高，但实际应用中，多点 BET 法的测试过程相对复杂、耗时长，使得测试结果在重复性、稳定性、测试效率方面都不具有优势，这也是直接对比法的重复性标称值比多点 BET 法高的原因。

在报告比表面积计算结果时，需要考虑 BET 理论是否适合样品。仪器上预设的压力点测量和计算范围（0.05~0.35）只适合大多数介孔样品，而不适合含有微孔的样品。观察 BET 结果的同时，要判断取点范围和 C 值是否合理。

根据长期的实践经验，建议进行比表面测定时，按如下范围取值计算：

（1）对于介孔材料，比表面 p/p_0 在 0.05~0.3 之间取 5 个点；

（2）对于微孔材料，比表面 p/p_0 在 0.005~0.05 之间取 8 个点；

（3）对于微孔和介孔材料，比表面 p/p_0 在 0.01~0.2 之间取 8 个点。

8.1.3 吸附等温线

8.1.3.1 常见的吸附等温线

常见的吸附等温线如图 8-5 所示。

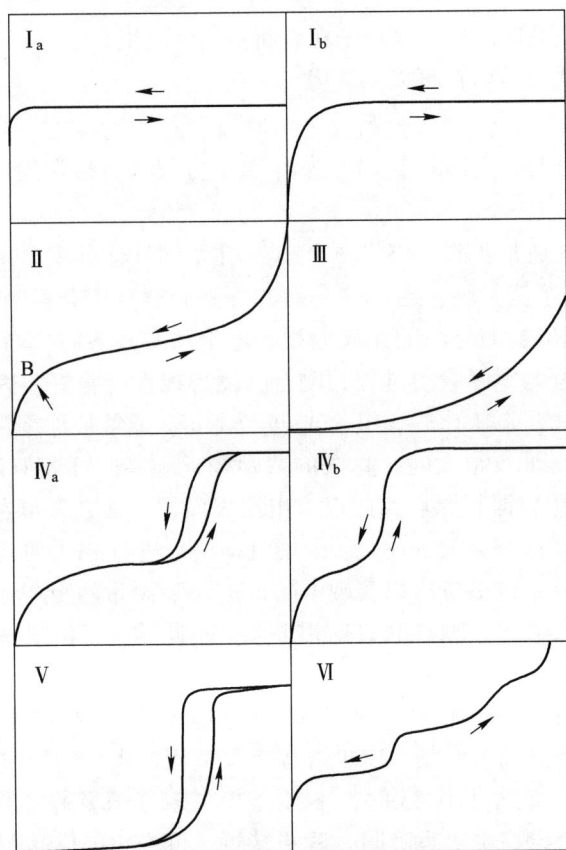

图 8-5　常见的吸附等温线

A　Ⅰ型吸附等温线

Ⅰ型吸附等温线弯向 p/p_0 轴，其后的曲线呈水平或近水平状，吸附量接近一个极限值，是典型的 Langmuir 吸附等温线。吸附量趋于饱和是由于受到吸附气体能进入的微孔体积的制约，而不是由于受到内部表面积制约。p/p_0 非常低时吸附量急剧上升，这是因为在狭窄的微孔（分子尺寸的微孔）中，吸附剂与吸附物质的相互作用增强，导致在极低相对压力下形成微孔填充。但当达到饱和压力时（$p/p_0 > 0.99$），可能会出现吸附质凝聚，导致曲线上扬。微孔材料表现为 I 类吸附等温线。对于在 77 K 的氮气和 87 K 的氩气吸附而言，I$_a$ 是指具有狭窄微孔材料的吸附等温线，一般孔径小于 1 nm；I$_b$ 表明：微孔的孔径分布范围比较宽，可能还具有较窄介孔。这类材料的一般孔径小于 2.5 nm。

B　II 型吸附等温线

无孔或大孔材料产生的气体吸附等温线呈现可逆的 II 型吸附等温线。其线形反映了不受限制的单层-多层吸附。如果膝形部分的曲线是尖锐的，应该能看到拐点 B，它是中间近线性部分的起点，该点通常对应于单层吸附完成并结束；如果这部分曲线是更渐进的弯曲（即缺少鲜明的拐点 B），表明单分子层的覆盖量和多层吸附的起始量叠加。当 $p/p_0 = 1$ 时，还没有形成平台，吸附还没有达到饱和，多层吸附的厚度似乎可以无限制地增加。

最初的 BET 是建立在氮吸附 II 型吸附等温线上，其中 B 点位于单层吸附和多层吸附的分界点（一般 p/p_0 在 0.05 附近），吸附剂可以在 p/p_0 为 0.05~0.3（多层吸附过程）时给出线性 BET 图，继而计算比表面积；与 II 型曲线相似的 IV 型曲线同样存在拐点 B，同样适用。例如，微孔曲线的 I 型曲线和其他曲线不存在拐点 B，理论上讲，这种方法不是特别合适。但是目前没有更好的办法来表征样品的比表面积，从国家标准和行业标准来定义，依旧用 BET 来表征样品的比表面积。然而，此时的比表面积可以理解为"表观比表面积"。

C　III 型吸附等温线

III 型吸附等温线也属于无孔或大孔固体材料。它不存在 B 点，因此没有可识别的单分子层形成；吸附材料与吸附气体之间的相互作用相对薄弱，吸附分子在表面上最有引力的部位周边聚集。对比 II 型吸附等温线，在饱和压力点（即 $p/p_0 = 1$ 处）的吸附量有限。

D　IV 型吸附等温线

IV 型吸附等温线是来自介孔类吸附剂材料（如许多氧化物胶体、工业吸附剂和介孔分子筛）。介孔的吸附特性是由吸附剂与吸附物质的相互作用，以及在凝聚状态下分子之间的相互作用决定的。在介孔中，介孔壁上最初发生的单层-多层吸附与 II 型吸附等温线的相应部分路径相同，但是，随后在孔道中发生了凝聚。孔凝聚是这样一种现象：一种气体在压力 p 小于其液体的饱和压力 p_0 时，在一个孔道中冷凝成类似液相。典型的 IV 型吸附等温线的特征是形成最终吸附饱和的平台，但其平台长度可长可短（有时短到只有拐点）。IV$_a$ 型吸附等温线的特点是在毛细管凝聚后伴随回滞环。孔径超过一定的临界宽度时开始发生回滞。孔径取决于吸附系统和温度，如在筒形孔中的氮气（77 K）和氩气（87 K）吸附，临界孔径大于 4 nm。具有较小宽度的介孔吸附材料符合 IV$_b$ 型吸附等温线，脱附曲线完全可逆。原则上，在锥形端封闭的圆锥孔和圆柱孔（盲孔）也具有 IV$_b$ 型吸附等温线。

E　V 型吸附等温线

在 p/p_0 较低时，V 型等温线形状与 III 型非常相似，这是由于吸附材料与吸附气体之间的相互作用相对较弱。在更高的相对压力下，存在一个拐点，这表明成簇的分子填充了孔道。例如，具有疏水表面的微（介）孔材料的水吸附行为呈 V 型吸附等温线。

  F Ⅵ型吸附等温线

  Ⅵ型吸附等温线以其台阶状的可逆吸附过程著称。这些台阶来自在高度均匀的无孔表面的依次多层吸附，即材料的一层吸附结束后再吸附下一层。台阶高度表示各吸附层的容量，而台阶的锐度取决于系统和温度。在液氮温度下的氮气吸附无法获得这种等温线的完整形式。

  8.1.3.2 回滞环与孔径分布测定

  气体吸附法孔径分布测定利用的是毛细冷凝现象和体积等效交换原理，即将被测孔中充满的液氮量等效为孔的体积。毛细冷凝指的是在一定温度下对水平液面尚未达到饱和状态，对毛细管内的凹液面可能已经达到饱和或过饱和状态，形成的蒸汽凝结成液体的现象。由毛细冷凝理论可知，在不同的 p/p_0 下，能够发生毛细冷凝的孔径范围是不一样的，随着值的增大，能够发生毛细冷凝的孔半径也随之增大。对应于一定的 p/p_0，存在一临界孔半径 R_k，半径小于 R_k 的所有孔皆发生毛细冷凝，液氮在其中填充。临界半径可由开尔文（Kelvin）方程给出 $[R_k = -0.414/\lg(p/p_0)]$，可见，$R_k$ 完全取决于相对压力 p/p_0。该公式也可理解为对于已发生冷凝的孔，当压力低于一定的 p/p_0 时，半径大于 R_k 的孔中凝聚液气化并脱附出来。通过测定样品在不同 p/p_0 下的凝聚氮气量，可绘制其等温脱附曲线。其利用的是毛细冷凝原理，所以只适合于含大量中孔、微孔的多孔材料。

  严格地说，物理吸附是可逆的，故吸附时和脱附时的等温线应重合。但在某些多孔性吸附剂上，吸附线与脱附线在一定区域内发生分离，这种现象称为吸附的滞后现象。在分离部分，吸附线与脱附线构成回滞环，发生吸附滞后现象的原因是毛细凝结。气体被样品吸附后在内部形成毛细凝结，不易被脱附，故而产生回滞环（见图 8-6）。

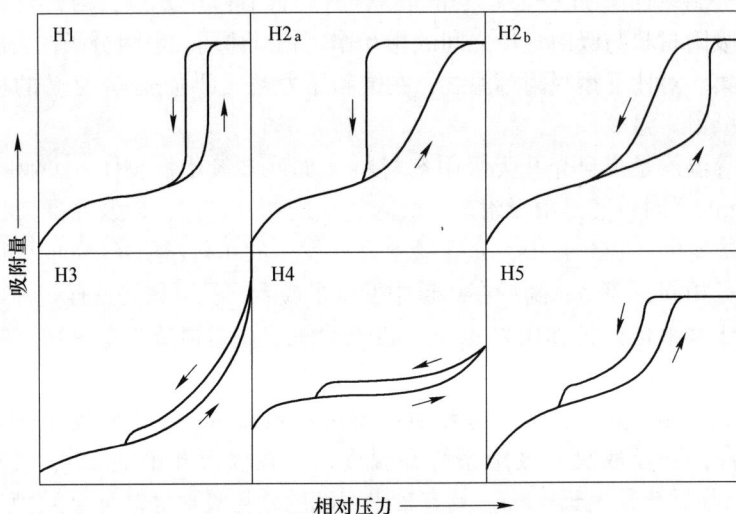

图 8-6 回滞环
（图中箭头代表测试时的扫描方向）

  回滞环主要有 5 种类型，包括 H1 型、H2 型、H3 型、H4 型、H5 型，其中 H2 型又分为 H2$_a$ 型和 H2$_b$ 型。

（1）孔径分布较窄的圆柱形均匀介孔材料具有 H1 型回滞环，通常在这种情况下，由于孔网效应最小，其最明显的标志就是回滞环陡峭狭窄，这是吸附分支延迟凝聚的结果。但是，H1 型回滞环也会出现在墨水瓶孔的网孔结构中，其中"孔颈"的尺寸分布宽度类似于孔道（空腔）的尺寸分布的宽度。

（2）H2 型回滞环是由更复杂的孔隙结构产生的，网孔效应在这里起了重要作用。其中，$H2_a$ 是"孔颈"较窄的墨水瓶形介孔材料。$H2_a$ 型回滞环的特征是具有非常陡峭的脱附分支，这是由于"孔颈"在一个狭窄的范围内发生气穴控制的蒸发，也许还存在孔道阻塞或渗流。$H2_b$ 是"孔颈"较宽的墨水瓶形介孔材料。$H2_b$ 型回滞环也与孔道阻塞相关，但"孔颈"宽度的尺寸分布比 $H2_a$ 型大得多。H2 见于层状结构的聚集体，产生狭缝的介孔或大孔材料。H2 型回滞环有两个不同的特征：1）吸附分支类似于 II 型吸附等温线；2）脱附分支的下限通常位于气穴引起的 p/p_0 压力点。这种类型的回滞环是片状颗粒的非刚性聚集体的典型特征。另外，这些孔网都是由大孔组成，并且它们没有被孔凝聚物完全填充。

（3）H4 型回滞环与 H3 型回滞环有些类似，但吸附分支是由 I 型和 II 型吸附等温线复合组成，在 p/p_0 的低端有非常明显的吸附量，与微孔填充有关。H4 型回滞环通常发现于沸石分子筛的聚集晶体、一些介孔沸石分子筛和微-介孔碳材料，是活性炭类型含有狭窄裂隙孔的固体的典型曲线。

（4）H5 型回滞环很少见，发现于部分孔道被阻塞的介孔材料。虽然 H5 型回滞环很少见，但它有与一定孔隙结构相关的明确形式，即同时具有开放和阻塞的两种介孔结构。通常，对于特定的吸附气体和吸附温度，H3 型、H4 型和 H5 型回滞环的脱附分支在一个非常窄的 p/p_0 范围内急剧下降。例如，在液氮下的氮吸附中，p/p_0 的范围是 $0.4 \sim 0.5$。这是 H3 型、H4 型和 H5 型回滞环的共同特征。

根据吸附等温线的形状及对回滞环形状和宽度的分析，可以获得吸附剂孔结构和织构特性的主要信息。但是由于实际吸附剂孔结构复杂，实验得到的等温线和回滞环有时并不能简单地归于某一种分类，它们往往反映吸附剂"混合"的孔结构特征。

经典的宏观热力学概念是基于一定的孔填充的机理假设。与孔内毛细管凝聚现象相关，以开尔文（Kelvin）方程为基础的方法（如 BJH（Barrett-Joyner-Halenda）法），可应用于介孔分布分析，但不适用于微孔填充的描述。经典的微孔分析方法，如 DR 法和半经验分析方法（如 HK 法和 SF 法），都是基于不同材料建立的模型进而描述微孔填充，但不能应用于介孔分析。

多孔材料具有复杂性，不存在统一的孔径分布计算方法。无论是采用经典方法对微孔、介孔孔径分布计算，还是采用新兴的密度泛函理论（DFT）方法对孔径进行计算，孔模型的选择和公式中有关物理参数值对孔径分布结果都有很大影响。因此，使用时要根据吸附质和样品种类，合理选择孔模型和方程参数。目前 ISO-15901 和 IUPAC 推荐常用的孔径分布计算模型包括：（1）介孔分布：BJH 法、DH 法；（2）微孔分布：DA（DR 理论的扩展）法、HK 法、SF 法；（3）微孔（介孔）分布：非定域密度泛函理论（NLDFT）法、量子统计密度泛函理论（QSDFT）法、蒙特卡罗（MC）模拟法。

如图 8-7 所示，介孔分析通常采用 BJH 模型，是开尔文（Kelvin）方程在圆筒模型中的应用，适用于介孔范围。此模型主要依据毛细凝聚理论，即在一个毛细孔中，若能因吸附作用形成一个凹形的液面，与该液面成平衡的蒸汽压力 p 必须低于同一温度下平液面的饱和蒸汽压力 p_0，毛细孔直径越小，凹液面的曲率半径越小，与其相平衡的蒸汽压力越低，也就是说，毛细孔直径小，便可在较低的 p/p_0 压力下形成凝聚液，随着孔尺寸的增加，只有在高一些的压力下才能形成，毛细凝聚现象的发生，将使样品表面的吸附量急剧增加，因为有一部分气体被吸附进入微孔中并形成液态，当固体表面的孔中都被液态吸附质充满时，吸附量达到最大，相对压力 p/p_0 也达到最大值。此时，逐渐降低表面吸附质的相对压力时，大孔中的凝聚液先被脱附出来；随着压力的逐渐降低，由大到小孔中的凝聚液分别被脱附出来。不同直径的孔是否产生毛细凝聚或脱聚取决于压力条件，产生吸附凝聚或脱聚的孔尺寸和吸附质压力的对应关系满足开尔文方程。因此，只要测出气体等温吸附曲线，就可以依次计算孔容-孔径分布、总孔体积和平均孔径。

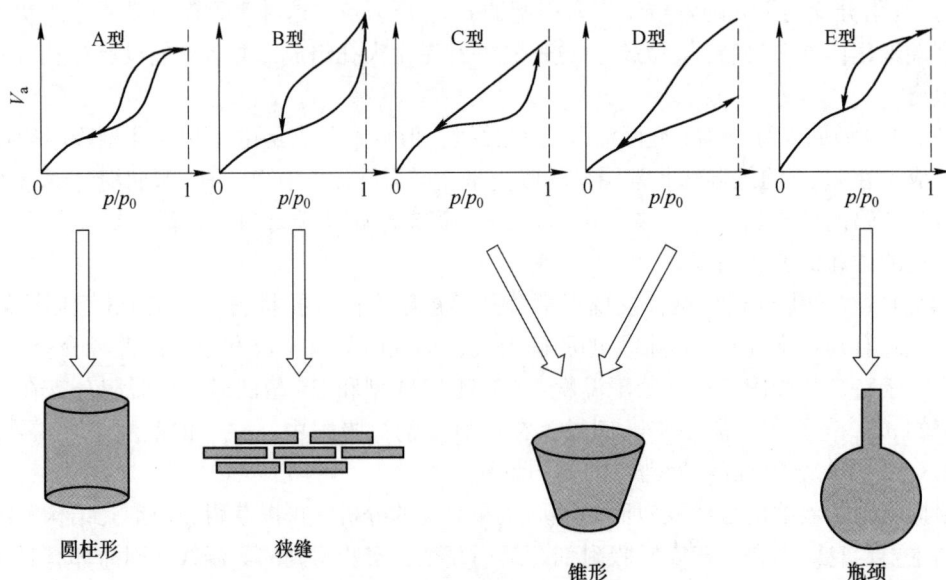

图 8-7　介孔回滞环与孔形的关系
(图中弯曲箭头代表测试时的扫描方向)

　　但是，BJH 法也存在一些不足，不能延伸到微孔区域。因为开尔文方程在孔径小于 2 nm 时不适用，而且毛细凝聚现象描述的孔中吸附质为液态，而在微孔中由于密集孔壁的交互作用，填充于微孔的吸附质处于非液态。微孔孔壁间的相互作用势能相互重叠，其吸附作用比介孔的吸附作用大，因此在相对压力小于 0.01 时就会发生微孔中的填充，孔径为 0.5~1 nm 的孔甚至在相对压力为 10^{-7}~10^{-5}时即可产生吸附质的填充，所以微孔的测定与分析比介孔要复杂得多，现有的物理模型有 DR 法（早期用于活性炭）、T-图法（采用标准等温线，分析微孔体积和外表面积，常用）、αs 法、MP 法（T-图法的延伸，用于微孔孔径分布分析）、HK 法和 SF 法（用于超微孔范围，氮（碳）狭缝及氩（沸石）圆柱孔）。

8.1.4　测试分析仪及测试要求

8.1.4.1　比表面积及孔径分析仪

比表面积及孔径分析仪是一种常用的材料表面形貌和孔洞结构的测试设备，主要应用于材料科学、化学、物理等领域，其利用气体分子（氮气）作为吸附探针，基于被校准过的体积和压力，利用总气体量守恒来实现分析目的。利用进入样品管的总气体量和自由空间中的气体量的差值计算出吸附量，然后通过分析其吸附、脱附等温线来分析其比表面积和孔径、孔隙率等。

如图 8-8 所示，比表面积及孔径分析仪由样品测试系统、进气系统、饱和蒸气压测试系统、真空系统、预处理加热系统、测试加热系统、低温系统、控制与数据采集系统、数据分析系统等组成。

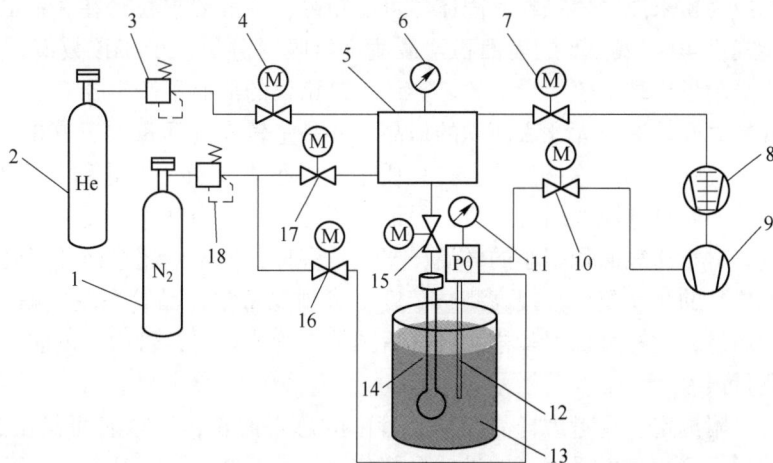

图 8-8　比表面积及孔径分析仪结构示意图

1，2—气源钢瓶；3，18—减压阀；4，7，10，15，16，17—阀门；5—外气室（压力测试区）；
6，11—压力传感器；8，9—真空泵；12—P0 管（饱和蒸气压测试区）；13—低温系统、
预处理加热系统或测试加热系统；14—样品管

（1）样品测试系统：由样品管、外气室、压力传感器、电磁阀等组成，用于测试样品吸附前后压力的变化来确定样品吸附量。

（2）进气系统：由气源、针阀、进气阀等组成，用于向样品测试系统提供测试所需气体。气源压力应大于表压 150 kPa，气体纯度应不低于 99.999%。样品测试系统压力从 0.1 kPa 升到 100 kPa，所用时间范围应为 30 ~ 90 s，即进气速率范围应为 1.110 ~ 3.330 kPa/s。

（3）饱和蒸气压测试系统：由 P0 管、压力传感器组成，用于测试所用气体在吸附温度下的饱和蒸气压。

（4）真空系统：由机械泵、分子泵、真空阀等组成，用于向样品测试系统提供所需真空环境。一般要求仪器的抽真空速率使样品测试系统压力从 100 kPa 降到 0.5 kPa，所用时间应为 20~450 s，即抽真空速率应为 0.221~4.975 kPa/s。

（5）预处理加热系统：采用加热包、加热炉等加热方式，为样品预处理提供热源。预处理加热系统应在规定时间内达到设定温度，此时加热包或加热炉数值与设置温度相差小于 5 ℃，温度控制精度为±1 ℃。

（6）测试加热系统：采用水浴等加热方式，为样品测试提供热源。测试加热系统应

在规定时间内达到设定温度，此时水浴加热温度与设置温度相差控制精度为±0.1 ℃。

（7）低温系统：由液氮系统或其他可以形成低温的系统组成，用于对样品测试提供低温条件。

（8）控制与数据采集系统：通过软件或可编程控制系统控制仪器的运行、数据采集。

（9）数据分析系统：用于对测试数据进行比表面积及孔径分析的系统。

8.1.4.2　仪器测试要求及基本测试步骤

A　仪器测试要求

样品状态应为粉末或固体颗粒，固体尽可能粉碎，一般要求粒径在 3 mm 以下。通常待分析样品能提供 $40 \sim 120$ m^2 的表面积，最适合氮吸附分析。少于该数值，会造成分析结果不稳定或吸附量出现负值，导致软件会认为是错误的值而不产生分析结果；多于该数值，会延长分析时间。对于大比表面积的样品，样品量较少（质量大于 100 mg），样品的称量就变得很重要，很小的称量误差会在总质量中占很大比重，因此称量技术十分关键。准确称量样品管的质量和脱气后总质量，保证脱气前、后管内气体质量一致，才能得到样品的真实质量。对于比表面积很小的样品，要尽量多称，但不能超过样品管底部体积的一半。为了得到样品的真实质量、提高测试精度，可预先将空样品管在脱气站上进行脱气，记下脱气后的质量，这样可以保障样品脱气后减掉空管质量时，管内气体前、后的质量一致，以减小测量误差。

对于氮气吸附测定，要考虑样品在样品管中的总表面积，以总表面积在 $5 \sim 20$ m^2 之间为好，球形样品管的加样量不要超过球形部分容积的 2/3。如果仅需要进行比表面积测量，则称样量应使样品管中的总表面积至少在 $1 \sim 5$ m^2 之间；如果是测定吸脱附等温线，在样品管中的总表面积应至少为 $15 \sim 20$ m^2。

对于氮气吸附，有关称重的经验如下：尽可能称重到 100 mg 以上，以减少误差；如果比表面积大于 1000 m^2/g，称 $0.05 \sim 0.08$ g；如果比表面积大于 10 m^2/g 而小于 1000 m^2/g，称 $0.1 \sim 0.5$ g；如果比表面积小于 1 m^2/g，需要称 1 g 以上，甚至到 5 g 以上。

测试需提供预处理脱气时间、温度、比表面积范围。由于吸附法测定的关键是吸附质气体分子"有效地"吸附在被测颗粒的表面或填充在孔隙中，所以样品颗粒表面是否干净至关重要。样品处理的目的主要是让非吸附质分子占据的表面尽可能地被释放出来，一般情况下，真空脱气分两步，约 100 ℃ 常压下去除的是其表面吸附的水分子，约 350 ℃ 常压下去除的是有机物。特殊样品应进行特殊处理，对于含微孔或吸附特性很强的样品，常温常压下很容易吸附杂质分子，有时需要通入惰性保护气体，以利于样品表面杂质的脱附。总之，样品预处理不当会对测试结果产生很大影响。另外，脱气温度要求在样品稳定温度范围内，不能超过熔点温度的 1/2。真空脱气实际温度要比烘箱高，如果样品加热易分解或爆炸，则需要仔细核算是否会发生安全事故。

B　BET 仪器基本操作步骤

（1）开机。开机前，请确保气瓶的气体调至合适位置，并且处于打开状态，并确保电压合适并且稳定。打开电脑系统，然后打开真空泵，最后再启动仪器本体。启动仪器须等半个小时，仪器稳定后再进行分析样品。

（2）称样。须选用精度良好、稳定性好的天平。精度至少为 0.1 mg。称样时，校准天平后，先称空管质量，再称样品质量，再称管和样品的质量；脱气后，再称管和样品的质量。样品干重为脱气后的样品的质量（即最后称重的总质量减去管的质量）。建议在称量的时候，每一步都称两次，取平均值。

（3）脱气。为了保证样品的干净，需要对所有的被测材料进行脱气除杂（主要是水汽）。步骤包括：1）用正确的方式，小心地装上样品管。注意，样品管及样品应该先称重。2）开始抽真空，先用微抽阀门抽真空至约 2666 Pa（样品密度较大时可以在约 6666 Pa）以下，然后打开快抽阀门。3）根据样品性质设定相关温度开始加热，建议在 70 ℃ 的温度停留加热 10~30 min，以便充分把水汽烘干。4）根据样料性质，加热预定的时间后，等待样品管充分冷却，回填气体，结束脱气。

（4）称重。脱气结束后，关闭加热电源，待样品冷却至室温后，回填氮气。待充入氮气到常压后，卸下样品管并立即盖上橡皮塞，称重至 0.1 mg，并记录该氮气填充的样品管、塞子和填充棒的质量，这是样品管的毛重。用同样的样品管、塞子和填充棒进行以下工作。

（5）将称重后的样品管装到分析站。在杜瓦瓶中加入液氮，并将样品质量输入分析文件中。设置测试参数，开始进行吸附和脱附测试。

（6）测试结束后，将样品管中的样品取出。洗涤样品管烘干备用。

8.1.5 应用实例分析

比表面积测试不论是在科学研究还是工业生产中都具有十分重要的意义，广泛应用于各种领域，包括化学、材料科学、生物医药、环境科学等。以下是一些应用举例：

（1）催化剂。催化剂的活性和选择性与催化剂的比表面积和孔隙结构有关。通过比表面积测试可以确定催化剂的比表面积和孔隙结构，从而更好地了解催化剂的性能和机理。

（2）吸附剂。吸附剂的性能取决于其比表面积和孔隙结构。通过比表面积测试可以评估吸附剂的吸附容量和吸附速率，从而更好地了解吸附剂的性能。

（3）纳米材料。纳米材料的比表面积通常非常大，因此通过比表面积测试可以更好地评估其性能和应用。例如，在纳米颗粒表面修饰方面，比表面积测试可以用来评估修饰后的纳米颗粒的比表面积和孔隙结构的变化，从而更好地了解其性能和应用前景。

（4）药物传输。药物在体内的吸收和释放取决于药物和载体材料之间的相互作用。通过比表面积测试可以评估药物载体的比表面积和孔隙结构，从而更好地了解药物的吸收和释放机制。

（5）环境污染治理。环境污染治理通常涉及吸附和催化过程。通过比表面积测试可以评估吸附剂和催化剂的比表面积和孔隙结构，从而更好地了解其性能和应用前景。

比表面积测试是一种非常有用的表征方法，在实际应用中，比表面积测试通常与其他表征方法结合使用，以更全面地评估材料的性能和特性。

8.1.5.1 导电 MOF 重叠蜂窝结构的佐证

导电 MOF 的 N_2 吸附等温线（见图 8-9）显示出其具有亚纳米孔，而无孔交错结构不会出现这种结果，从导电 MOF 的孔径分布图（见图 8-10）可以看到存在大量介孔，可归因于纳米颗粒的颗粒间填充。通过 BET 的孔结构分析进一步排除了交错结构，可验证所合成导电 MOF 的 2D 重叠蜂窝结构（见图 8-11）。而且通过测试在不同条件下的样品的氮气等温吸脱附曲线可验证其在强酸强碱条件下仍能保持其完整的孔结构，证明了材料优秀的结构稳定性。

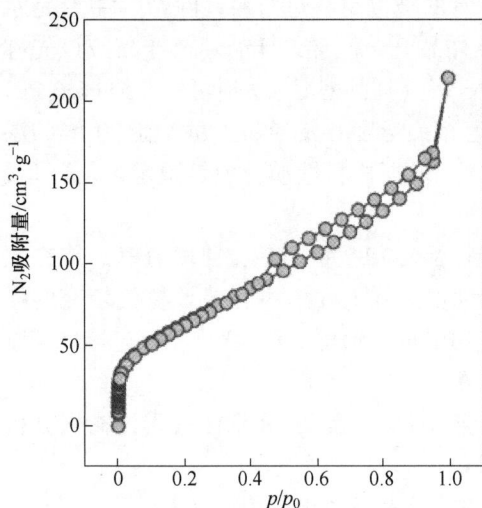

图 8-9 导电 MOF 的氮气等温吸脱附曲线

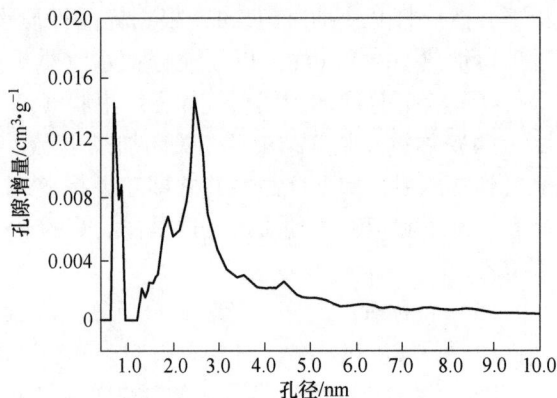

图 8-10 导电 MOF 的孔径分布图

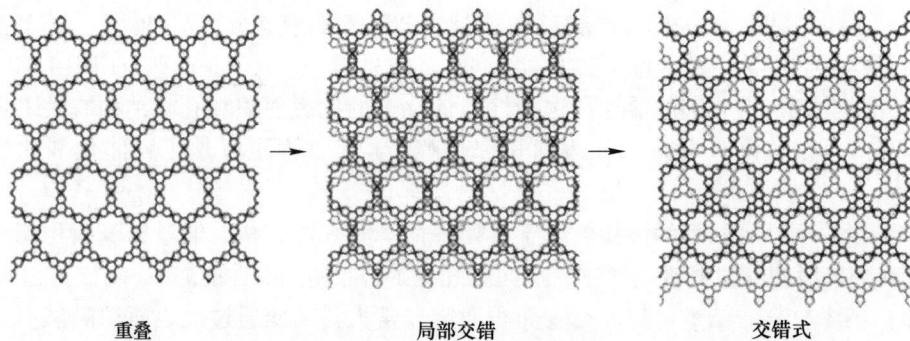

重叠   局部交错   交错式

图 8-11 导电 MOF 可能存在的结构

8.1.5.2 氮掺杂活性炭比表面积和孔结构分析

Ⅰ型氮气等温吸脱附曲线反映的往往是微孔吸附剂（分子筛、微孔活性炭）上的微孔填充现象，通过简单一步法制备了具有高比表面积的氮掺杂活性炭（NAC），通过 77 K 下的氮气吸附曲线分析 NAC 的孔结构（见图 8-12），吸脱附曲线清楚地显示出 NAC 具有Ⅰ型等温线曲线，表明 NAC 的微孔性质。孔径分布图中所有样品的孔分布峰都在 0.5~5 nm 之间，说明材料形成了微孔和小的中孔。而且随着热处理温度的升高，中孔范围内的孔径分布峰变宽，表明温度升高使 NAC 的孔径变大。

研究者采集了国内地下煤矿的 9 个煤样（煤粉和块状），并用低温氮气吸附试验分析了这些样品的孔隙和表面特征。如图 8-13 所示，粉末和块煤样品在孔径分布和表面积方面具有相似的性质，随着煤级的增加，微孔的比例增加，表面积更高。在所有测试样品中都观察到未闭合的回滞环和力闭合解吸现象。前者可归因于孔隙中凝结的不稳定性，煤的相互连通孔隙特征及墨水瓶孔的存在，后者可归因于煤的非刚性结构和煤的气体亲和力。

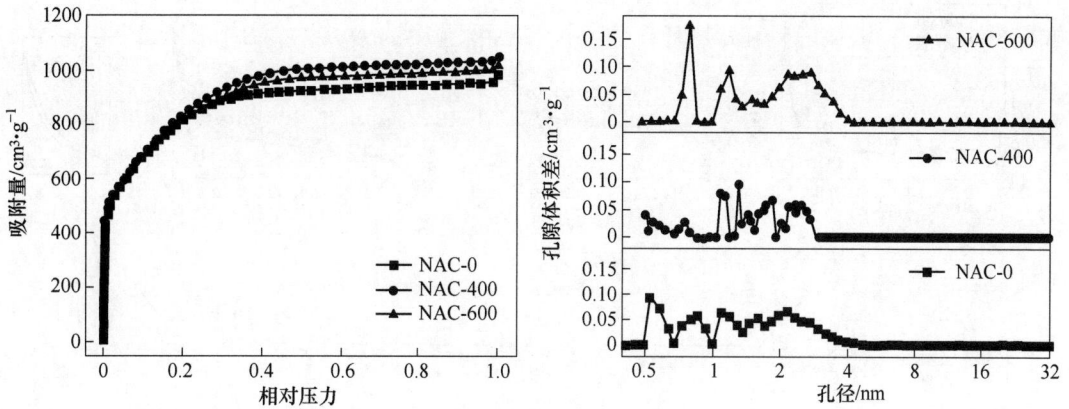

图 8-12　不同类型煤的孔隙特征表征

其中 JLS 样品富含微孔，其他测试样品主要含有中孔、大孔和较少的微孔。

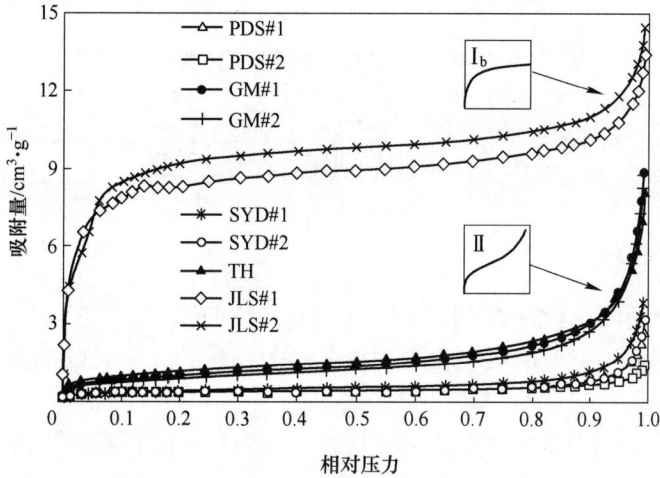

图 8-13　所有样品的氮气等温吸附曲线

　　低温氮气吸附等温线中的滞后现象通常与中孔结构中的毛细凝聚有关，通常不同形状的回滞环是由不同类型的吸附剂和吸附环境（温度和压力）引起的。图 8-14 显示 JLS 样品具有最强的回滞环效应，其次是 PDS 和 TH 煤样品，而其他样品显示出较弱的回滞环效应。JLS 样品的滞后回路属于 H4 型，其他煤样属于 H3 型。H4 环通常归因于狭窄的狭缝状孔，Ⅰ型等温线特征表示微孔性(见图 8-14)，这也进一步证明了 JLS 煤的吸附能力强。

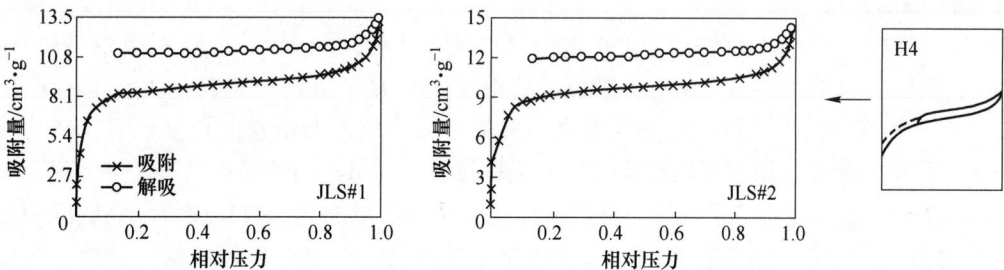

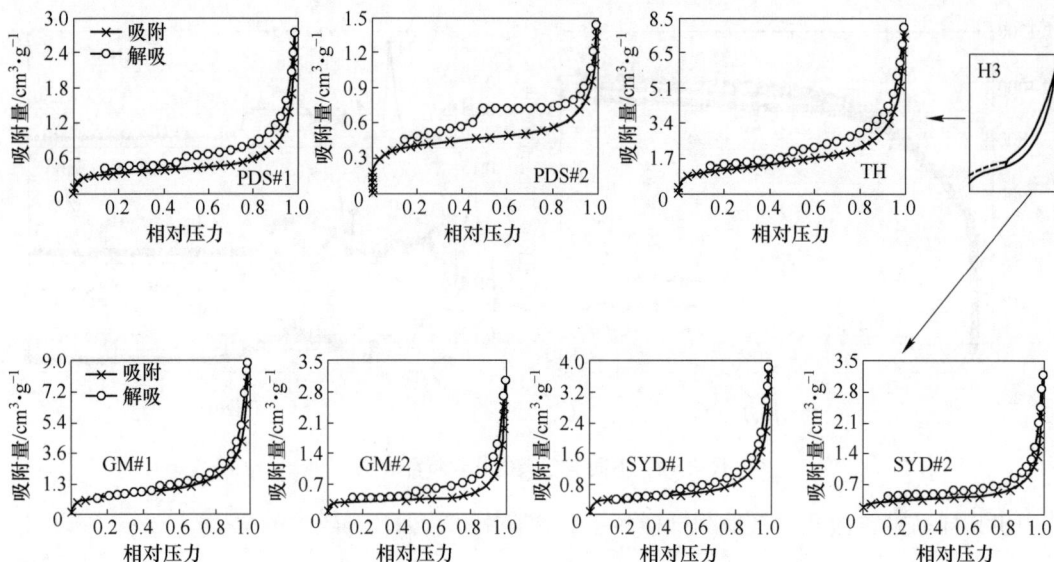

图 8-14 样品的氮气等温吸脱附曲线

8.2 粒度测试分析方法

8.2.1 粒度的相关概念

粒度分析是常用的材料测试分析方法，应先明确以下概念：

（1）粒度与粒径。颗粒的大小称为粒度，一般颗粒的大小又以直径表示，故也称为粒径。

（2）粒度分布。用一定方法反映出一系列不同粒径区间颗粒分别占试样总量的百分比称为粒度分布。

（3）等效粒径。实际颗粒的形状通常为非球形，难以直接用直径表示其大小，因此在颗粒粒度测试领域，对非球形颗粒，通常以等效粒径（一般简称粒径）来表征颗粒的粒径。等效粒径是指当一个颗粒的某一物理特性与同质球形颗粒相同或相近时，就用该球形颗粒的直径代表这个实际颗粒的直径。其中，根据不同的原理，等效粒径又分为以下几类：等效体积径、等效筛分径、等效沉速径、等效投影面积径。需注意的是，基于不同物理原理的各种测试方法，对等效粒径的定义不同，因此各种测试方法得到的测量结果之间无直接的对比性。

（4）颗粒大小分级。颗粒可以分为纳米颗粒（1~100 nm），亚微米颗粒（0.1~1 μm），微粒、微粉（1~100 μm），细粒、细粉（100~1000 μm），粗粒（大于1 mm）。

（5）平均粒径。表示颗粒的平均大小。根据不同的仪器所测量的粒度分布，平均粒径分为体积平均粒径、面积平均粒径、长度平均粒径、数量平均粒径等。

（6）$D50$。也称为中位径或中值粒径，这是一个表示粒度大小的典型值，该值准确地将总体划分为二等份，也就是说有50%的颗粒超过此值，有50%的颗粒低于此值。如果

一个样品的 $D50=5$ μm，说明在组成该样品的所有粒径的颗粒中，大于 5 μm 的颗粒占 50%，小于 5 μm 的颗粒也占 50%。

（7）最频粒径。最频粒径是频率分布曲线的最高点对应的粒径值。

（8）D97。D97 指一个样品的累计粒度分布数达到 97% 时所对应的粒径。它的物理意义是粒径小于它的颗粒占 97%。这是一个被广泛应用的表示粉体粗端粒度指标的数据。

8.2.2　粒度测试方法分类

8.2.2.1　激光法

激光法是通过激光散射的方法来测量悬浮液、乳液和粉末样品颗粒分布的方法，对应的仪器称为激光粒度仪。纳米型和微米型激光粒度仪还可以通过安装的软件来分析颗粒的形状。现在已经成为颗粒测试的主流。激光粒度测试法的优点有：（1）适用性广，既可测粉末状的颗粒，也可测悬浮液和乳浊液中的颗粒；（2）测试范围宽，国际标准 ISO 13320-1*Particle Size Analysis 2 Laser Diffraction Methods 2 Part 1：General Principles* 中规定激光衍射散射法的应用范围为 0.1～3000 μm；（3）准确性高、重复性好；（4）测试速度快；（5）可进行在线测量。其缺点主要是不宜测量粒度分布很窄的样品，分辨率相对较低。

激光散射技术主要分为两类：

（1）静态光散射法（即时间平均散射）：测量散射光的空间分布规律采用米氏理论。测试的有效下限只能达到 50 nm，对于更小的颗粒则无能为力。纳米颗粒测试必须采用"动态光散射"技术。

（2）动态光散射法：研究散射光在某固定空间位置的强度随时间变化的规律。原理基于 ISO 13321 分析颗粒粒度标准方法，即利用运动着的颗粒产生的动态散射光，通过光子相关光谱分析法分析 PCS 颗粒粒径。

按仪器接收的散射信号可以分为衍射法、角散射法、全散射法、光子相关光谱法、光子交叉相关光谱法（PCCS）等。其中，以激光为光源的激光衍射散射式粒度仪（习惯上简称此类仪器为激光粒度仪）发展最为成熟，在颗粒测量技术中已经得到了普遍应用。激光粒度仪装置示意图如图 8-15 所示。

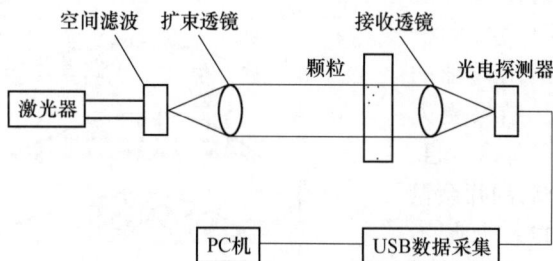

图 8-15　激光粒度仪装置示意图

8.2.2.2　沉降法

比重计法（也称密度计法）是沉降法的一种，另外还有移液管法（也称吸管法）。这两种方法的理论基础都是斯托克斯（Stokes）定律，即球状的细颗粒在水中的下沉速度与颗粒直径的平方成正比。沉降法根据不同粒径的颗粒在液体中的沉降速度不同测量粒度分布。它的基本过程是把样品放到某种液体中制成一定浓度的悬浮液，悬浮液中的颗粒在重力或离心力作用下将发生沉降。大颗粒的沉降速度较快，小颗粒的沉降速度较慢，如图8-16所示。

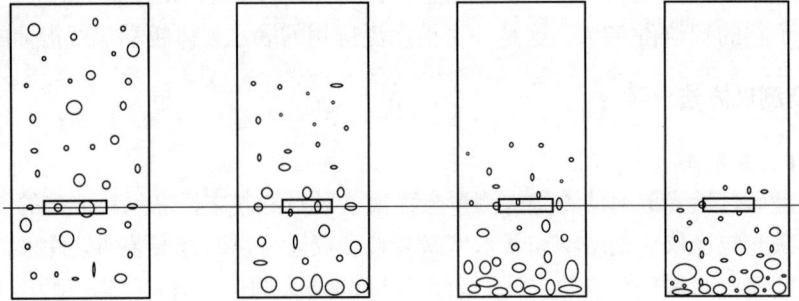

图 8-16　沉降法原理示意图

　　沉降法在涂料和陶瓷等工业中是一种传统的粉体粒径测试方法，但存在测量速度慢，不能处理不同密度的混合物，结果受环境因素（如温度）和人为因素影响较大等缺点。

8.2.2.3　筛分法

　　筛分法就是用一套标准筛子（孔径为 20 mm、10 mm、5.0 mm、2.0 mm、1.0 mm、0.5 mm、0.25 mm、0.1 mm、0.075 mm），按照被测样品的粒径大小及分布范围，将大小不同筛孔的筛子叠放在一起进行筛分，收集各个筛子的筛余量，称量求得被测样品以重量计的颗粒粒径分布。将烘干且分散了的 200 g 有代表性的样品倒入标准筛内摇振，然后分别称出留在各筛子上的样品重，并计算出各粒组的相对含量，即得样品的颗粒级配。

　　筛分法成本低、使用容易，但其缺点十分明显。例如，很难测量小于 38 μm（400 目）的干粉。测量时间越长，得到的结果就越小，且不能测量射流或乳浊液，在测量针状样品时会得到一些奇怪的结果；难以给出详细的粒度分布；操作复杂，结果受人为因素影响较大。某某粉体多少目，是指用该目数的筛筛分后的筛余量小于某给定值（见图8-17）。如果不指明筛余量，"目"的含义便是模糊的，会给沟通带来不便。

8.2.2.4　显微镜法

　　运用显微镜法进行测试时，要将样品涂在玻璃载片上，采用成像法直接观察和测量颗粒的平面投影图像，从而测得颗粒的粒

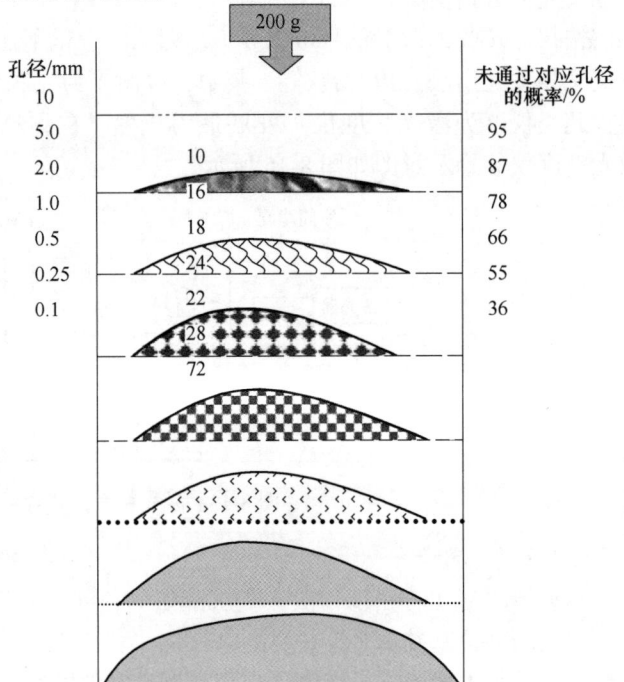

图 8-17　筛分法原理示意图

径。能逐个测定颗粒的投影面积，以确定颗粒的粒度，测定范围为 $0.4\sim150.0\ \mu m$，电子显微镜的测定下限粒度可达 $0.001\ \mu m$ 或更小。显微镜法属于成像法，运用不同的当量表示。所以，显微镜法的测试结果与其他测量方法之间无直接的对比性，是一种最基本也是最实际的测量方法，常被用来校验和标定其他测量方法。但这类仪器价格昂贵，样品制备烦琐，测量时间长，若仅测试颗粒的粒径，一般不采用此方法。但若既需要了解颗粒的大小，还需要了解颗粒的形状、结构状况及表面形貌，此方法则是最佳的测试方法。其中，较为常用的有扫描电子显微镜（SEM）、透射电子显微镜（TEM）和原子力显微镜（AFM）。图 8-18～图 8-20 为利用显微镜法进行材料形貌与微粒大小分析的实例。

图 8-18　模板剂聚苯乙烯（PS）球的 SEM 图

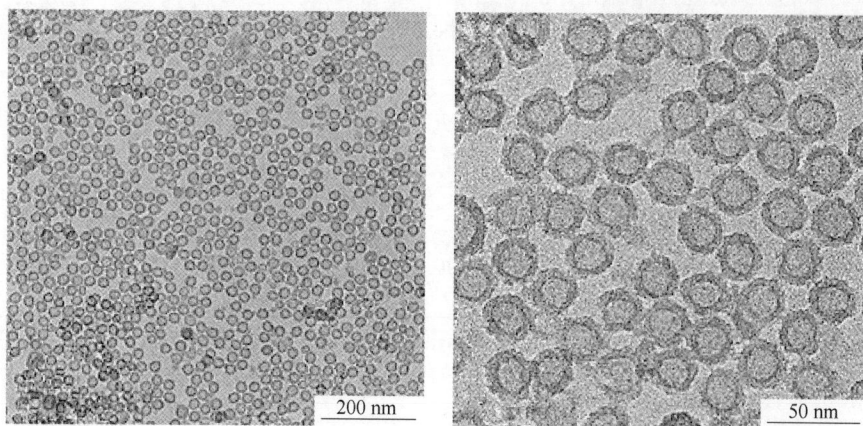

(a)　　　　　　　　　　　　　　　(b)

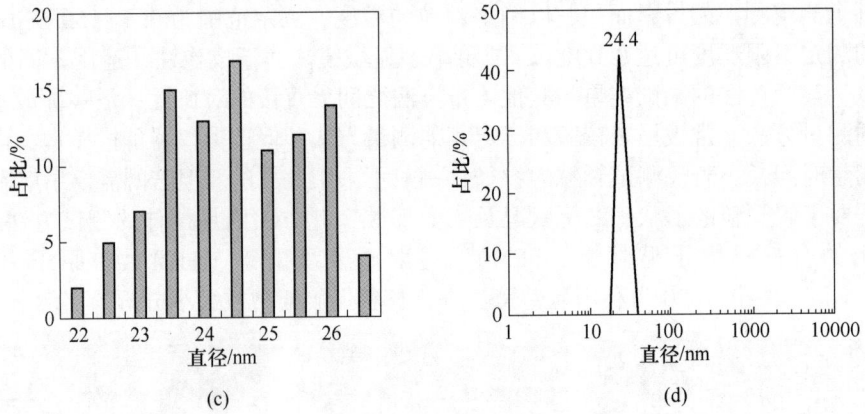

(c)　　　　　　　　　　　　　(d)

图 8-19　硅微球的 TEM 图及其直径分布统计图

（a）（b）硅微球的 TEM 图；（c）（d）硅微球的直径分布统计图

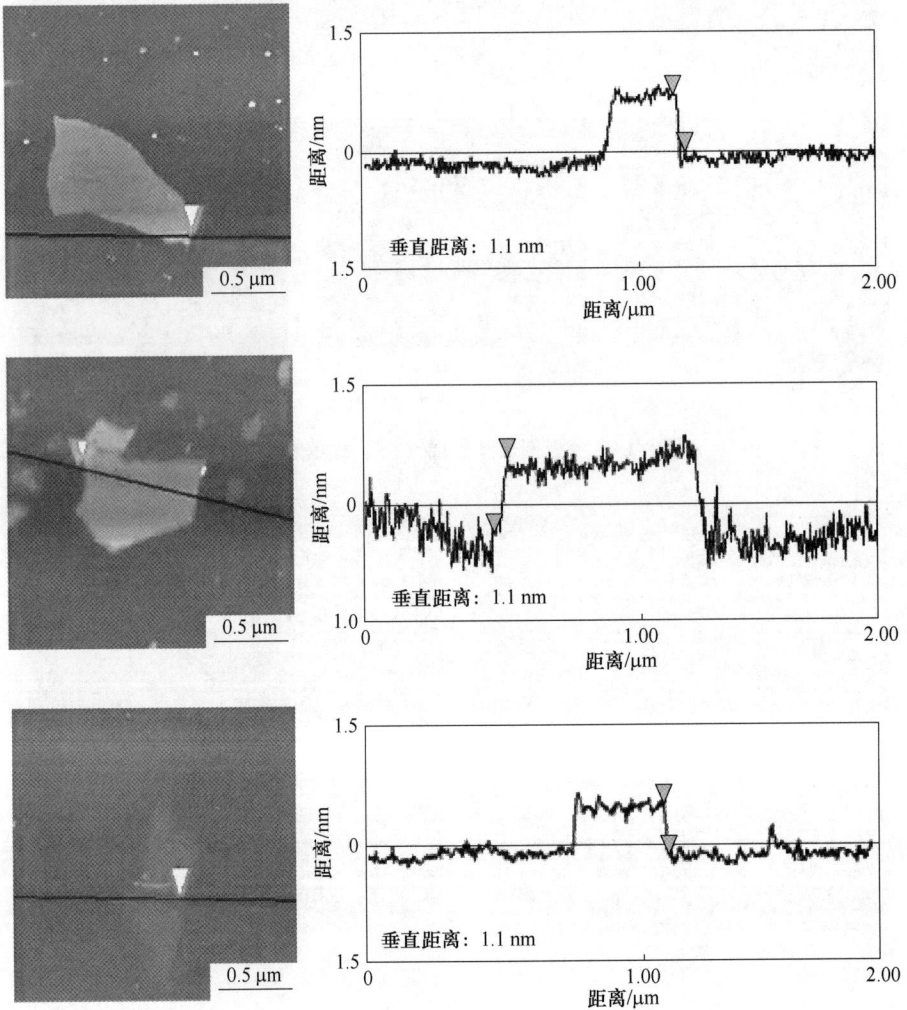

图 8-20　氧化石墨烯的 AFM 图

8.2.2.5　超声粒度分析

如图 8-21 所示，超声波发生端（RF Generator）发出一定频率和强度的超声波，经过测试区域，到达信号接收端（RF Detector）。当颗粒通过测试区域时，由于不同大小的颗粒对声波的吸收程度不同，在接收端上得到的声波的衰减程度也就不一样，根据颗粒大小同超声波强度衰减之间的关系，可得到颗粒的粒度分布，同时还可测得体系的固含量。

8.2.2.6　X 射线粉晶散射法

利用谢乐公式进行计算：

$$D = \frac{K\gamma}{B\cos\theta} \qquad (8-50)$$

式中，D 为晶粒垂直于晶面方向的平均厚度，nm；K 为谢乐常数，若 B 为衍射峰的半高宽，则 $K = 0.89$，若 B 为衍射峰的积分高宽，则 $K = 1$；B 为实测样品衍射峰半高宽度（必须进行双线校正和仪器因子校正），在计算的过程中，需转化为弧度，rad；θ 为衍射角，也换成弧度 rad；γ 为 X 射线波长，用铜靶时，γ 为 0.154056 nm。

此方法测试过程简单、易行，在晶体材料晶粒估算上具有广泛应用，但此方法测试结果较为粗糙，且不适用于非晶材料。

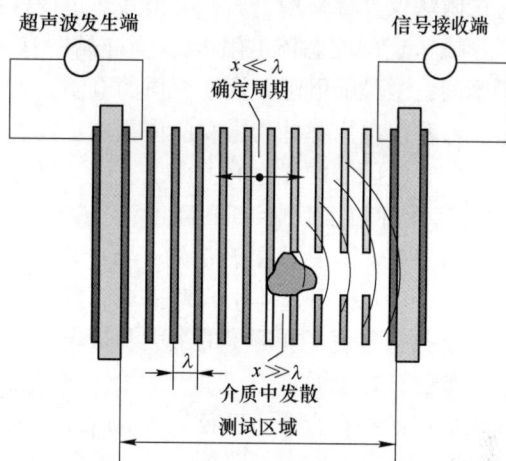

图 8-21　超声粒径分析仪原理示意图

8.2.2.7　颗粒图像法

颗粒图像法有静态和动态两种方式。如图 8-22 所示，静态方式使用改装的显微镜系统，配合高清晰摄像机，将颗粒样品的图像直观地反映到电脑屏幕上，配合相关的计算机软件可进行颗粒大小、形状、整体分布等属性的计算。动态方式具有形貌和粒径分布双重分析能力。重建了全新循环分散系统和软件数据处理模块，解决了静态颗粒图像仪的制样繁琐、采样代表性差、颗粒粘连等缺陷。

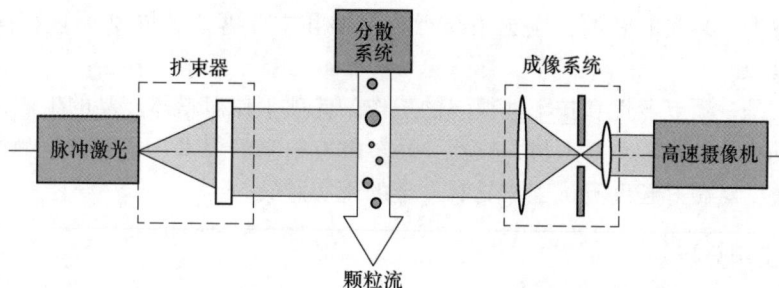

图 8-22　颗粒图像仪示意图

颗粒图像法原理是：频闪光源发出的频闪光，经过光束扩束器，得到平行的频闪光，其在测试区域照射在分散好的单个颗粒上，经过光学成像系统，得到每个颗粒清晰的图像和全部样品的粒度分布。

8.2.2.8　库尔特电阻法

库尔特电阻法在生物等领域得到广泛应用。颗粒在电解液中通过某一小孔时，不同大小的颗粒会导致孔口部位电阻发生变化，由此颗粒的尺寸大小便可由电阻的变化加以表征和测定。可以测得颗粒数量，因此又称为库尔特计数器、测量精度较高、重复性好，但易出现孔口被堵现象，通常范围为 $0.5 \sim 100 \ \mu m$。

电阻法仪器都采用负压虹吸方式，迫使样品通过宝石微孔。小圆柱形宝石微孔内充满介质形成恒定的液态体电阻 R_0，当样品中有一个直径为 d 的圆球形标准粒子通过宝石微孔的瞬间，微粒的电阻率大于介质的电阻，就产生电阻增量 ΔR，根据库尔特公式，电阻法传感器输出电压脉冲与微粒的体积成正比。

库尔特电阻法的优点有：（1）分辨率高，能分辨各颗粒之间粒径的细微差别，分辨率是现有各种粒度仪器中最高的；（2）测量速度快，测一件样品一般只需约 15 s；（3）重复性较好，一次要测量约 1 万个颗粒，代表性较好，测量重复性较高；（4）操作简便，整个测量过程基本上自动完成，操作简便。其缺点包括：（1）动态范围较小，对同一个小孔管来说，能测量的最大和最小颗粒之比约为 20：1；（2）容易发生堵孔故障，虽然新型的计数器具有自动排堵功能，毕竟影响了测量的顺畅；（3）测量下限不够小，现实中能用的小孔管最小孔径约为 60 μm，因而测量下限约为 1.2 μm。

8.2.3　粒度测试方法的选择

粒度测试应遵循以下几个方面的规则：

（1）测试范围。测试范围是指粒度仪的测试上限和下限之间所包含的区域，实际样品的粒度范围最好在仪器测量范围的中段。测试范围要留有一定的余量。

（2）重复性。重复性是仪器好坏的主要指标。通过实际测量的方法来检验仪器的重复性是最真实的。比较重复性时一般用 D10、D50、D90 三个数值。

（3）用途。由于不同粒度仪的性能各有所长，可以根据不同的需要选择更适合的仪器。例如，测试量多和样品种类多的就要用激光法粒度仪，测试量少和样品单一的可以选择沉降法粒度仪，需要了解颗粒形貌和其他特殊指标的选用图像仪等。

（4）与行业习惯保持一致。由于粒度测试的特殊性，不同粒度仪的测试结果往往会有偏差。为减少不必要的麻烦，应选用与行业习惯和主要客户相同（原理相同甚至型号相同）的粒度仪。

粒度测试是一项专业性和技术性很强的工作。此项工作对粉体产品的生产过程和产品质量控制都具有重要影响，对人员、仪器、环境都有很高的要求。了解粒度测试的基本知识和基本方法，对做好粒度测试工作具有一定的现实意义。

8.2.4　应用实例分析

粒度分布是树脂的重要检测指标，它对离子交换水处理有较大的影响。粒度越小，流体阻力越大，离子交换速率随粒度的减小而增大。粒度分布的检测指标包括粒度、有效粒径和均一系数。研究者通过考察检测水处理离子交换特种树脂 D003NJ 时所需的取样量、仪器设置条件及参数的修正等因素，发现激光法可替代人工筛分法检测水处理离子交换特种树脂 D003NJ 粒度分布，从而达到减轻劳动强度、提高检测样品的速率和数据准确性的目的，并为以后制定激光法检测水处理离子交换特种树脂 D003NJ 粒度分布的方法提供参考。当采用激光法检测水处理离子交换特种树脂 D003NJ 试样时，试样的投加量为 5 ~ 6 mL，这样可满足仪器遮光率在 10% ~ 20% 之间，并且得到稳定的粒度分布数值。

当在液体中布朗运动的纳米颗粒用兆赫频率范围的超声波照射时，会发生粒子散射。可以通过分析超声脉冲的时间相关函数来计算扩散系数和相应的颗粒尺寸。与颗粒尺寸相比，具有长波长的超声波不利于检测这种小颗粒，因此增加超声波的能量是主要的解决方案。相反，增加能量会导致意想不到的声流。因此，需要一种在抑制该声流场的同时使用强超声脉冲的方法。应用具有高超声能量的聚焦换能器、增强散射性能的高频传感器，以及短脉冲重复时间可实现高速和高精度的纳米颗粒测量，同时将样品限制在狭窄的空间中以消除声流。这样可以在没有扰动粒子动力学的情况下，通过观察扩散运动来直接跟踪纳米粒子运动。使用兆赫超声脉冲的时间相关性分析也利用了超声波的固有优势，如在可见光波长以外的亚微米范围内进行高速、高精度的粒度分析。

8.3　膜厚测试分析方法

薄膜是指在基板的垂直方向上堆积的 $1 \sim 10^4$ 的原子层或分子层。在此方向上，薄膜具有微观结构。薄膜是一种非常重要的材料，在电子、光学、摄影、食品包装、建筑等领域有着广泛的应用。它是一层极薄的材料，通常厚度在 $0.01 \sim 10$ μm 之间。薄膜可以分为无机薄膜和有机薄膜两类，无机薄膜主要包括氧化物、氮化物、碳化物等，具有高硬度、高抗腐蚀性等特点；有机薄膜则包括聚合物、聚酰亚胺、脂肪族化合物等，具有柔软、耐温性好等特点。

8.3.1　薄膜的基本概念和类型

薄膜的厚度通常能够决定其特性和应用领域，薄膜的厚度通常用纳米（nm）或微米（μm）作为单位。不同的薄膜在应用时需要考虑厚度的选择。薄膜的厚度可以分为以下几个范围：

（1）纳米级薄膜：厚度在 $1 \sim 100$ nm 之间。这种厚度的薄膜应用于一些高科技领域，如纳米技术、光学材料、半导体领域等。

（2）微米级薄膜：厚度在 $100 \sim 1000$ μm 之间。这种厚度的薄膜主要应用于食品包装、医疗器械、化妆品等领域。

（3）毫米级薄膜：厚度在 $1000 \sim 10000$ μm 之间。这种厚度的薄膜主要应用于建筑领域、电容器、传感器等方面。

（4）厚薄膜：这种厚度的薄膜一般超过 10000 μm，主要应用于保护涂料和装饰领域。

厚度是指两个完全平整的平行平面之间的距离，是一个可观测到实体的尺寸。因此，这个概念是一个几何概念。理想的薄膜厚度（膜厚）是指基片表面和薄膜表面之间的距离。薄膜仅在厚度方向上是微观的，其他的两维方向具有宏观大小。所以，表示薄膜的形状，一定要用宏观方法来测量，即采用长、宽、厚的方法。因此，从这个意义上讲，膜厚既是一个宏观概念，又是微观上的实体线度。由于实际上存在的表面是不平整和不连续的，而且薄膜内部还可能存在着针孔、杂质、晶格缺陷和表面吸附分子等，因此，要严格地定义和精确测量薄膜的厚度实际上是比较困难的。膜厚的定义应根据测量的方法和目的来决定。因此，同一薄膜，使用不同的测量方法将得到不同的结果，即不同的厚度。

经典模型认为物质的表面并不是一个抽象的几何概念而是由刚性球的原子（分子）紧密排列而成，是实际存在的一个物理概念。平均表面是指表面原子所有的点到这个面的距离代数和等于零，平均表面是一个几何概念。通常，将基片一侧表面分子的几何平均表面称为基片表面 S_S，薄膜上不与基片接触的那一侧表面分子的几何平均表面称为薄膜形状表面 S_T，将所测量的薄膜原子重新排列，使其密度和块状材料相同且均匀分布在基片表面上，这时的平均表面称为薄膜质量等价表面 S_M；根据待测薄膜的物理性质，将其等效为一定长度和宽度（所测量的薄膜相同尺寸）的块状材料，这时的平均表面称为薄膜物性等价表面 S_P。因此，一般存在三种常用的膜厚定义：形状膜厚 d_T 是最接近于直观形状的膜厚。d_T 只与表面原子（分子）有关，并且受薄膜内部结构的影响；质量膜厚 d_M 反映了薄膜中包含物质的多少，它消除了薄膜内部结构的影响（如缺陷、针孔、变形等）；物性膜厚 d_P 在实际使用上较有用，而且较容易测量，它与薄膜内部结构和外部结构无直接关系，主要取决于薄膜的性质（如电阻率、透射率等）。三种定义的膜厚往往满足不等式：$d_T \geq d_M \geq d_P$。

由于实际表面的不平整性，以及薄膜不可避免有各种缺陷、杂质和吸附分子等存在，所以无论用哪种方法来定义和测量膜厚，都包含着平均化的统计概念，而且所得膜厚的平均值是包括了杂质缺陷及吸附分子在内的薄膜的厚度值。台阶仪法、石英晶体振荡法、椭圆偏振法这三种测量方法测得的薄膜厚度，分别为形状膜厚 d_T、质量膜厚 d_M、物性膜厚 d_P。

8.3.2　常用的薄膜厚度测试方法

针对不同材料、应用领域、厚度的薄膜，有多种不同的测试方法。主要分为三类，即机械法、光学法、电学法。下面介绍一些常用的薄膜厚度测试方法（见表8-2）。

表8-2　常用膜厚测试分类和代表性测试方法及仪器

分类	测试方法	代表性仪器
机械法	天平法、原子数测定法、称量法、光学机械法、磨角染色测微法、机械探针法	台阶仪
电学法	电阻法、电容法、涡流法、磨角电探针法、线/面电阻法、交流电桥法、晶体振荡-石英震频法、电子射线法	石英晶振仪
光学法	全息法、偏光法、X射线法、干涉法、等厚干涉法、变角干涉法、光吸收法、椭圆偏振法	椭圆偏振仪

8.3.2.1　台阶仪法

表面台阶高度测量在材料表面研究中有十分重要的作用。一方面，表面测量技术通过台阶高度可以测定一定的微观形貌；另一方面，半导体制造业为主的工业产业中涉及大量的台阶高度的检测问题。台阶高度是一个重要的参数，对各种薄膜台阶参数进行精确、快速测定和控制是保证材料质量、提高生产效率的重要手段。因此，在材料化学领域，材料表面的线条宽度、间距、台阶高度、表面粗糙度的测量，线宽、线间距等对样板的校准及这些几何尺寸的量值统一和溯源的重要性就不言而喻了。

台阶测量是传统表面形貌测量的新发展，与传统表面形貌测量相比，其测量样品多为单向性布局的规则表面，样品多为不同材料且硬度较小、测量范围较大、要求测量力较小。台阶仪属于接触式表面形貌测量仪器，常用来测试材料的台阶厚度。测量时通过使用 2 μm 半径的金刚石针尖在超精密位移台移动样品时扫描其表面，测针的垂直位移距离被转换为与特征尺寸相匹配的电信号并最终转换为数字点云信号，数字点云信号在分析软件中呈现并获取相应的台阶高或粗糙度等有关表面质量的数据。为测量沉积薄膜的厚度，一般在镀膜之前用切面较齐的压片遮挡住基底的一部分，形成"台阶"。接触式台阶仪通常又称为探针式表面轮廓仪。

根据使用传感器的不同，接触式台阶测量可以分为电感式、压电式和光电式 3 种。电感式采用电感位移传感器作为敏感元件，测量精度高、信噪比高，但电路处理复杂；压电式的位移敏感元件为压电晶体，其灵敏度高、结构简单，但传感器低频响应不好、且容易漏电造成测量误差；光电式是利用光电元件接收透过狭缝的光通量变化来检测位移量的变化。如图 8-23 所示，其测量原理是：当触针沿被测表面轻轻滑过时，由于表

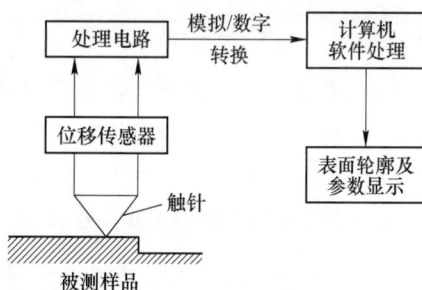

图 8-23　台阶仪的结构原理图

面微小的峰谷使触针在滑行的同时，还沿峰谷进行上、下运动。触针的运动情况就反映了表面轮廓的情况。其工作原理与原子力显微镜类似。传感器输出的电信号经测量电桥后，输出与触针偏离平衡位置的位移成正比的调幅信号。经放大与相敏整流后，可将位移信号从调幅信号中解调出来，得到放大了的与触针位移成正比的缓慢变化信号。再经噪声滤波器、波度滤波器进一步滤去调制频率与外界干扰信号及波度等因素对粗糙度测量的影响。

台阶仪测量精度较高、量程大，测量结果稳定可靠、重复性好，此外它还可以作为其他形貌测量技术的比对基准。但是也有其难以克服的缺点：（1）测头与测件相接触造成的测头变形和磨损，会使台阶仪在使用一段时间后测量精度下降；（2）测头为了保证其耐磨性和刚性而不能做得非常细小、尖锐，如果测头头部曲率半径大于被测表面上微观凹坑的半径，必然造成该处测量数据的偏差；（3）为使测头不至于很快磨损，测头的硬度一般都很高，因此不适于精密零件及软质表面的测量。

台阶仪法测量膜厚的优点是可以迅速测定薄膜的厚度及其分布，可靠直观，具有相当的精度。其缺点是不能记录表面上比探针直径小的窄裂缝、凹陷，因为触针的尖端直径很小，易将薄膜划伤、损坏。其测量范围通常在几纳米至 1000 μm 之间。除进行膜厚测试外，接触式台阶仪还能对样品的表面进行 3D 成像及应力分析。

8.3.2.2　石英晶体振荡法

一些电介质材料（如压电材料），在被施加电场时会产生伸缩变形，相反在施加压力时产生电压，这种现象称为压电效应。如果一个电池接到压电晶体上，晶体就会压缩或伸展，如果将电流连续不断地快速开关，晶体就会振动。1950 年，德国科学家 G. Sauerbrey 发现，如果在压电晶体的表面镀一层薄膜，则晶体的振动就会减弱，并且晶体振动频率减少与薄膜的厚度和密度有关，从而建立了薄膜厚度实时监控的石英晶体振荡方法，该方法一般用于薄膜沉积时厚度的实时监测。石英晶体振荡法监控膜厚，主要利用了石英晶体的

两个效应，即压电效应和质量负荷效应。通过测定其固有谐振频率或与固有谐振频率有关的参量变化可以监控沉积薄膜的厚度。

石英晶体压电效应的固有谐振频率与厚度的关系为

$$f_Q = \frac{N}{d} \tag{8-51}$$

式中，f_Q 为石英晶体的固有谐振频率；N 为频率常数，其值为 1670 kHz·mm；d 是晶体本身厚度。

对式（8-51）进行微分，得到

$$\Delta f_Q = -\frac{N\Delta d}{d^2} \tag{8-52}$$

式（8-52）的物理意义是：若厚度为 d 的石英晶体厚度改变 Δd，则晶振频率变化为 Δf_Q，式（8-52）中的负号表示晶体的频率随着膜厚的增加而降低。然而，在实际镀膜时，沉积的是各种膜料，而不都是石英晶体材料，所以需要把石英晶体的厚度增量 Δd 通过质量变换转换成膜层厚度增量 Δd_M，即

$$\Delta m = A\rho_M \Delta d_M = A\rho_Q \Delta d \tag{8-53}$$

式中，A 为受镀面积；ρ_M 为镀膜材料密度；ρ_Q 为石英密度，其值为 2.65 g/cm³。

从而导出 $\Delta d = (\rho_M/\rho_Q)\Delta d_M$，最后得到镀膜时膜厚增量产生的石英晶体频率的变化公式：

$$\Delta f = -\frac{\rho_M}{\rho_Q} \cdot \frac{f_Q^2}{N}\Delta d_M \tag{8-54}$$

由于 f_Q 为石英晶体的固有谐振频率，ρ_M 为已知，在膜层不是很厚，石英晶体的固有频率变换不是很大时，可以近似将 $-\frac{\rho_M}{\rho_Q} \cdot \frac{f_Q^2}{N}$ 看成常数 s，即变换灵敏度，则石英晶体频率的变化 Δf 与沉积薄膜的厚度 Δd_M 为线性关系，所以可以借助检测石英晶体固有谐振频率的变化实现对膜厚的监控。随着镀膜时膜层厚度的增加，频率单调地线性下降，不会出现光学监控系统中控制信号的起伏，并且很容易进行微分得到沉积速率的信号。因此，在光学监控膜厚时，还得用石英晶体法来监控沉积速率。沉积速率稳定对薄膜材料折射率的稳定性、产品的均匀性、重复性等是很好和有力的保证。

石英晶体膜厚控制仪有非常高的灵敏度，可以做到 0.1 nm 级，显然晶体的基频越高，控制的灵敏度也越高，但基频过高时，晶体片会做得太薄，易碎。所以，一般选用的晶体片的频率范围为 5~10 MHz。在膜沉积过程中，基频最大下降允许为 2%~3%，约几百千赫兹基频，下降太多则振荡器不能稳定工作，会产生跳频现象。如果此时继续沉积膜层，就会出现停振。为了保证振荡稳定和有高的灵敏度，晶体上膜层镀到一定厚度后，就需要更换新的晶振片。

晶振片测量膜厚的方法通常分为两种，即单晶振法和双晶振法。单晶振法是指使用一个晶振片来测量膜厚，而双晶振法则是使用两个晶振片来测量膜厚。下面将分别介绍这两种方法的原理和步骤。单晶振法的原理是利用晶振片的振动频率与膜厚之间的关系来计算膜厚。具体步骤为：（1）将晶振片固定在一个支架上，并将其与一个信号发生器和频率

计相连；（2）在晶振片上涂覆一层薄膜，并等待膜干燥；（3）测量晶振片的振动频率，并记录下来；（4）重复步骤（2）和（3），直到涂覆的膜厚达到所需厚度；（5）根据晶振片的振动频率变化计算膜的厚度。

双晶振法的原理是利用两个晶振片的振动频率差异来计算膜厚。具体步骤为：（1）将两个晶振片固定在一个支架上，并将它们与一个信号发生器和频率计相连；（2）在一个晶振片上涂覆一层薄膜，并等待膜干燥；（3）测量两个晶振片的振动频率，并记录下来；（4）重复步骤（2）和（3），直到涂覆的膜厚达到所需厚度；（5）根据两个晶振片的振动频率差异计算膜的厚度。

需要注意的是，晶振片测量膜厚的精度受到许多因素的影响，如晶振片的质量、涂覆膜的均匀性、环境温度和湿度等。因此，在进行测量时需要注意这些因素，并进行相应的校准和修正。

8.3.2.3　椭圆偏振法

椭圆偏振法简称椭偏法，是一种先进的光学测量薄膜纳米级厚度的方法，由于数学处理上的困难，椭偏法直到 20 世纪 40 年代计算机出现以后才发展起来，椭偏法的测量经过几十年的不断改进，已从手动进入到全自动、变入射角、变波长和实时监测，极大地促进了纳米技术的发展，椭偏法的测量精度很高（比一般的干涉法高 1~2 个数量级），测量灵敏度也很高（可探测薄膜生长中小于 0.1 nm 的厚度变化）。利用椭偏法可以测量薄膜的厚度和折射率，也可以测定材料的吸收系数或金属的复折射率等光学参数。因此，椭偏法在半导体材料、光学、化学、生物学和医学等领域有着广泛应用。

椭偏法测量的基本思路是：起偏器产生的线偏振光经取向一定的 1/4 波片后成为特殊的椭圆偏振光，把它投射到待测样品表面时，只要起偏器取适当的透光方向，被待测样品表面反射出来的便是线偏振光。根据偏振光在反射前、后的偏振状态变化（包括振幅和相位的变化），便可以确定样品表面的许多光学特性。

设待测样品是均匀涂镀在衬底上的透明同性膜层。如图 8-24 所示，n_1、n_2 和 n_3 分别为环境介质、薄膜和衬底的折射率，d 是薄膜的厚度，入射光束在膜层上的入射角为 φ_1，在薄膜及衬底中的折射角分别为 φ_2 和 φ_3。按照折射定律有

$$n_1\sin\varphi_1 = n_2\sin\varphi_2 = n_3\sin\varphi_3 \quad (8\text{-}55)$$

光的电矢量分解为两个分量，即在入射面内的 **p** 分量及垂直于入射面的 **s** 分量。根据折射定律及菲涅尔反射公式，可求得 **p** 分量和 **s** 分量在第一界面上的复振幅反射率分别为

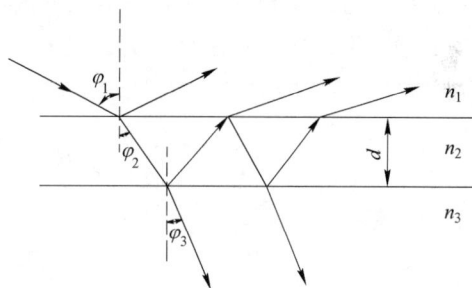

图 8-24　入射光束在待测样品上的反射和折射

$$r_{1p} = \frac{n_2\cos\varphi_1 - n_1\cos\varphi_2}{n_2\cos\varphi_1 + n_1\cos\varphi_2} = \frac{\tan(\varphi_1 - \varphi_2)}{\tan(\varphi_1 + \varphi_2)} \quad (8\text{-}56)$$

$$r_{1s} = \frac{n_1\cos\varphi_1 - n_2\cos\varphi_2}{n_1\cos\varphi_1 + n_2\cos\varphi_2} = -\frac{\sin(\varphi_1 - \varphi_2)}{\sin(\varphi_1 + \varphi_2)} \quad (8\text{-}57)$$

而在第二个界面处则有

$$r_{2p} = \frac{n_3\cos\varphi_2 - n_2\cos\varphi_3}{n_3\cos\varphi_2 + n_2\cos\varphi_3} \qquad (8\text{-}58)$$

$$r_{2s} = \frac{n_2\cos\varphi_2 - n_3\cos\varphi_3}{n_2\cos\varphi_2 + n_3\cos\varphi_3} \qquad (8\text{-}59)$$

入射光在两个界面上会有很多次反射和折射，总反射光束将是许多反射光束干涉的结果，利用多光束干涉的理论，得 p 分量和 s 分量的总反射系数为

$$R_p = \frac{r_{1p} + r_{2p}\exp(-2\mathrm{i}\delta)}{1 + r_{1p}r_{2p}\exp(-2\mathrm{i}\delta)} \qquad (8\text{-}60)$$

$$R_s = \frac{r_{1s} + r_{2s}\exp(-2\mathrm{i}\delta)}{1 + r_{1s}r_{2s}\exp(-2\mathrm{i}\delta)} \qquad (8\text{-}61)$$

式中，$2\delta = \dfrac{4\pi}{\lambda}dn_2\cos\varphi_2$，是相邻反射光束之间的相位差；而 λ 为光在真空中的波长。

光束在反射前、后的偏振状态的变化可以用总反射系数比 (R_p/R_s) 来表征。在椭偏法中，用椭偏参量 ψ 和 Δ 来描述反射系数比，其定义为

$$\tan\psi\exp(\mathrm{i}\Delta) = \frac{R_p}{R_s} \qquad (8\text{-}62)$$

分析式 (8-55)~式 (8-62) 可知，在 λ、φ_1、n_1、n_3 确定的条件下，ψ 和 Δ 只是薄膜厚度 d 和折射率 n_2 的函数，只要测量出 ψ 和 Δ，原则上应能解出 d 和 n_2。然而，从式 (8-55)~式 (8-62) 却无法解析出 $d=(\psi,\ \Delta)$ 和 $n_2 = (\psi,\ \Delta)$ 的具体形式。因此，只能先按式 (8-55)~式 (8-62) 用电子计算机算出在 λ、φ_1、n_1 和 n_3 一定的条件下 $(\psi,\ \Delta)\sim(d,\ n)$ 的关系图表，待测出某一薄膜的 ψ 和 Δ 后再从图表上查出相应的 d 和 n（即 n_2）的值。

测量样品的 ψ 和 Δ 的方法主要有光度法和消光法。下面介绍用椭偏法确定 ψ 和 Δ 的基本原理。设入射光束和反射光束电矢量的 p 分量和 s 分量分别为 $\boldsymbol{E}_{ip}$、$\boldsymbol{E}_{is}$、$\boldsymbol{E}_{rp}$、$\boldsymbol{E}_{rs}$，则有

$$\cdots R_p = \frac{\boldsymbol{E}_{rp}}{\boldsymbol{E}_{ip}}, \ \ R_s = \frac{\boldsymbol{E}_{rs}}{\boldsymbol{E}_{is}} \qquad (8\text{-}63)$$

于是有

$$\cdots \tan\psi\exp(\mathrm{i}\Delta) = \frac{\dfrac{\boldsymbol{E}_{rp}}{\boldsymbol{E}_{rs}}}{\dfrac{\boldsymbol{E}_{ip}}{\boldsymbol{E}_{is}}} \qquad (8\text{-}64)$$

为了使 ψ 和 Δ 成为比较容易测量的物理量，应该设法满足下面的两个条件：

（1）使入射光束满足

$$|\boldsymbol{E}_{ip}| = |\boldsymbol{E}_{is}| \qquad (8\text{-}65)$$

（2）使发射光束成为线偏振光，也就是令反射光两分量的位相差为 0 或 π。

满足上述两个条件时，有

$$\tan\psi = \pm\frac{|\boldsymbol{E}_{rp}|}{|\boldsymbol{E}_{rs}|}$$

$$\Delta = (\beta_{rp} - \beta_{rs}) - (\beta_{ip} - \beta_{is})$$

$$\cdots(\beta_{rp} - \beta_{rs}) = 0 \text{ 或 } \pi \tag{8-66}$$

式中，β_{ip}、β_{is}、β_{rp}、β_{rs}分别是入射光束和反射光束的 p 分量和 s 分量的位相。

图 8-25 是椭偏法实验装置示意图，在图中的坐标系中，x 轴和 x' 面内且分别与入射光束或反射光束的传播方向垂直，而 y 和 y' 垂直于入射面。如图 8-26 所示，只需让 1/4 波片的快轴 f 与 x 轴的夹角为 $\pi/4$（即 45°），便可以在 1/4 波片后面得到所需的满足条件 $|\boldsymbol{E}_{ip}| = |\boldsymbol{E}_{is}|$ 的特殊椭圆偏振入射光束。

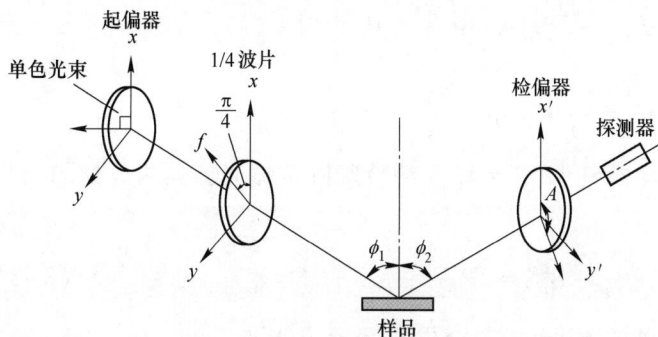

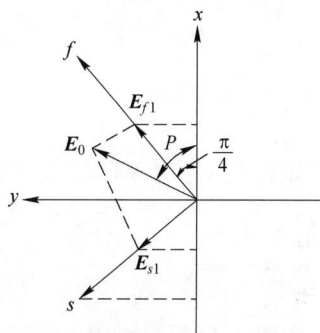

图 8-25　椭偏法实验装置示意图　　　　图 8-26　1/4 波片快轴的取向

$\boldsymbol{E}_{ip}$ 代表由方位角为 P 的起偏器出射的线偏振光。当它投射到快轴 f 与 x 轴夹角为 $\pi/4$ 的 1/4 波片时，将在波片的快轴 f 和慢轴 s 上分解为

$$\boldsymbol{E}_{f1} = \boldsymbol{E}_0\cos\left(P - \frac{\pi}{4}\right) \tag{8-67}$$

$$\boldsymbol{E}_{s1} = \boldsymbol{E}_0\sin\left(P - \frac{\pi}{4}\right) \tag{8-68}$$

通过 1/4 波片后，$\boldsymbol{E}_f$ 将比 $\boldsymbol{E}_s$ 超前 $\pi/2$，于是在 1/4 波片之后应有

$$\boldsymbol{E}_{f2} = \boldsymbol{E}_{f1}\exp\left(i\frac{\pi}{2}\right) = \boldsymbol{E}_0\cos\left(P - \frac{\pi}{4}\right)\exp\left(i\frac{\pi}{2}\right)$$

$$\boldsymbol{E}_{s2} = \boldsymbol{E}_{s1} = \boldsymbol{E}_0\sin\left(P - \frac{\pi}{4}\right) \tag{8-69}$$

把这两个分量分别在 x 轴及 y 轴上投影并再合成为 $\boldsymbol{E}_x$ 和 $\boldsymbol{E}_y$，便得到

$$\boldsymbol{E}_x = \boldsymbol{E}_{f2}\cos\frac{\pi}{4} - \boldsymbol{E}_{s2}\sin\frac{\pi}{4} = \frac{\sqrt{2}}{2}(\boldsymbol{E}_{f2} - \boldsymbol{E}_{s2})$$

$$= \frac{\sqrt{2}}{2}\boldsymbol{E}_0\left[\exp\left(\frac{i\pi}{2}\right)\cos\left(P - \frac{\pi}{4}\right) - \sin\left(P - \frac{\pi}{4}\right)\right]$$

$$= \frac{\sqrt{2}}{2}\boldsymbol{E}_0\exp\left(\frac{\mathrm{i}\pi}{2}\right)\left[\cos\left(P - \frac{\pi}{4}\right) + \sin\left(P - \frac{\pi}{4}\right)\right]$$

$$= \frac{\sqrt{2}}{2}\boldsymbol{E}_0\exp\left(\frac{\mathrm{i}\pi}{2}\right)\exp\left[\mathrm{i}\left(P - \frac{\pi}{4}\right)\right]$$

$$= \frac{\sqrt{2}}{2}\boldsymbol{E}_0\exp\left[\mathrm{i}\left(P + \frac{\pi}{4}\right)\right] \tag{8-70}$$

$$\boldsymbol{E}_y = \boldsymbol{E}_{s2}\sin\frac{\pi}{4} + \boldsymbol{E}_{f2}\cos\frac{\pi}{4} = \frac{\sqrt{2}}{2}\boldsymbol{E}_0\exp\left[\mathrm{i}\left(\frac{3\pi}{4} - P\right)\right] \tag{8-71}$$

可见，$\boldsymbol{E}_x$ 和 $\boldsymbol{E}_y$ 也就是即将投射到待测样品表面的入射光束的 $\boldsymbol{p}$ 分量和 $\boldsymbol{s}$ 分量，即

$$\boldsymbol{E}_{ip} = \boldsymbol{E}_x = \frac{\sqrt{2}}{2}\boldsymbol{E}_0\exp\left[\mathrm{i}\left(\frac{\pi}{4} + P\right)\right]$$
$$\boldsymbol{E}_{is} = \boldsymbol{E}_y = \frac{\sqrt{2}}{2}\boldsymbol{E}_0\exp\left[\mathrm{i}\left(\frac{3\pi}{4} - P\right)\right] \tag{8-72}$$

显然，入射光束已经成为满足条件 $|\boldsymbol{E}_{ip}| = |\boldsymbol{E}_{is}|$ 的特殊圆偏振光，其两分量的位相差为

$$(\beta_{ip} - \beta_{is}) = 2P - \frac{\pi}{2} \tag{8-73}$$

由图 8-27 可以看出，当检偏器的透光轴 t' 与合成的反射线偏振光束的电矢量 $\boldsymbol{E}_{ip}$ 垂直时，即反射光在检偏器后消光时，应该有

$$\frac{|\boldsymbol{E}_{rp}|}{|\boldsymbol{E}_{rs}|} = \tan A \tag{8-74}$$

这样可得

$$\tan\psi = \tan A$$
$$\Delta = (\beta_{rp} - \beta_{rs}) - \left(2P - \frac{\pi}{2}\right) \tag{8-75}$$
$$(\beta_{rp} - \beta_{rs}) = 0 \text{ 或 } \pi$$

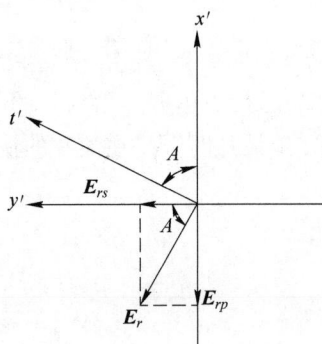
图 8-27　检偏器透光轴的取向

可以约定，A 在坐标系 (x', y') 中只在第一及第四象限内取值。下面分别讨论 $(\beta_{rp} - \beta_{rs})$ 为 0 或 π 时的情形。

（1）当 $(\beta_{rp} - \beta_{rs}) = \pi$ 时，P 记为 P_1，合成的反射线偏振光的 $\boldsymbol{E}_r$ 在第二及第四象限里，于是 A 在第一象限并记为 A_1。由式（8-75）可得到

$$\psi = A_1$$
$$\Delta = \frac{3\pi}{2} - 2P_1 \tag{8-76}$$

（2）$(\beta_{rp} - \beta_{rs}) = 0$ 时，P 记为 P_2，合成的放射线偏振光 $\boldsymbol{E}_r$ 在第一及第三象限里，于是 A 在第四象限并记为 A_2，由式（8-75）可得

$$\psi = -A_2$$
$$\Delta = \frac{\pi}{2} - 2P_2 \tag{8-77}$$

由式（8-76）和式（8-77）可得（P_1，A_1）和（P_2，A_2）的关系为

$$A_1 = -A_2$$

$$P_1 = P_2 + \frac{\pi}{2} \tag{8-78}$$

因此，只要使 1/4 波片的快轴 f 于 x 轴的夹角为 π/4，然后测出检偏器后消光时的起偏器、检偏器方位角（P_1，A_1）或（P_2，A_2），便可按式（8-76）或式（8-77）求出（ψ，Δ），从而完成总反射系数比的测量。再借助已计算好的（ψ，Δ）~（d，n）的关系图表，即可查出待测薄膜的厚度 d 和折射率 n_2。附带指出，当 n_1 和 n_2 均为实数时

$$d_0 = \frac{\lambda}{2n_2\cos\varphi_2} = \frac{\lambda}{2} / \sqrt{n_2^2 - n_1^2\sin^2\varphi_1} \tag{8-79}$$

也是一个实数。d_0 称为一个厚度周期，薄膜的厚度 d 每增加一个 d_0，相应的位相差 2δ 也就改变 2π，这将使厚度相差 d_0 的整数倍的薄膜具有相同的（ψ，Δ）值，而（ψ，Δ）~（d，n）关系图表给出的 d 都是以第一周期内的数值为准的，因此应根据其他方法来确定待测薄膜厚度究竟处在哪个周期中。但是，一般须用椭偏法测量的薄膜，其厚度多在第一周期内，即在 0~d_0 之间。能够测量微小的厚度（纳米级），这正是椭偏法的优点。

用椭偏法也可以测量金属的复折射率。金属的复折射率 n_2 可分解为实部和虚部，即

$$n_2 = N - iNK \tag{8-80}$$

据理论推导，式（8-80）中的系数 N、K 与椭偏角 ψ 和 Δ 有如下的近似关系：

$$N \approx \frac{n_1\sin\varphi_1\tan\varphi_1\cos2\psi}{1 + \sin2\psi\cos\Delta}$$

$$K \approx \tan2\psi\sin\Delta \tag{8-81}$$

可见，测量出与待测金属样品总反射系数比对应的椭偏参量 ψ 和 Δ，便可以求出其复折射率 n_2 的近似值。

8.3.3 其他膜厚测试方法

8.3.3.1 切片和光学技术

切片法是一种经过验证的厚度评估方法，它是微米级涂层厚度测量的有效工具。然而，难以测量到基面转变的精确涂层，并且是破坏性测试；而且，该测试精度有限，特别是在测量亚微米厚度的涂层时，精度难以满足要求。

8.3.3.2 X 射线荧光分析

XRF 是一种相对低成本的测量涂层厚度的方法，主要用于电镀车间测量金属镀层的厚度。用 X 射线轰击待测样品表面，其涂层和基底材料会产生 X 射线荧光辐射。涂层表面将使基底材料辐射衰减，使仪器能够关联涂层发射和基底材料发射之间的厚度。此方法是非破坏性的，并且可以对亚微米厚度有效测量。XRF 可测量大多数元素和合金材料，但不能测量有机材料。此方法通常用于金属精加工操作。

8.3.3.3 超声波测量

超声波测量法可测量金属基底材料上的涂层厚度。例如，在木材表面上的油漆厚度。它是一种快速非破坏性的测量涂层厚度的方法，但不适用于金属表面的涂层。

8.3.3.4　质量比较

质量比较中质量指测量涂层和未涂层部件的质量。这种方法是测量大块涂层的好方法，但对于精密薄膜测量或在特定位置评估精确厚度适用性不强。

薄膜厚度测试设备可以分为在线测厚设备和非在线测厚设备两类。这两类测厚设备如果能够配合使用则是较理想的，一方面是由于在线测厚设备往往采用的非接触式测量方式，用于软包材的厚度检测时，无法避免由于材料具有压缩性或是表面平整性不好而引起的数据波动较大的情况。而非在线测厚设备可以提供接触式测量方法，可有效弥补在线测厚的这一不足。另一方面在线测厚虽然能有效控制一批薄膜的厚度均匀性，但却不适用于对成品薄膜的抽样检测，因此必须配备非在线测厚设备。

8.3.3.5　库仑法

库仑法测厚是对被测部分的金属镀层进行局部阳极溶解并通过阳极溶解镀层达到材料基体时的电位变化来进行镀层厚度测量的方法。库仑法测厚将被测金属镀层作为阳极，并置于电解液中进行电解，所溶解的金属量与通过的电流和溶解时间的乘积成比例，即与消耗的电量成比例。库仑法适合测量单层和多层金属覆盖层，包括测量多层体系，如 Cu/Ni/Cr 及合金覆盖层和合金化扩散层的厚度。不仅可以测量平面试样的覆盖层厚度，还可以测量圆柱形和线材的覆盖层厚度，尤其适合测量多层金属镀层及其电位差。测量镀层的种类为 Au、Ag、Zn、Cu、Ni、Cr。库仑法测试膜厚的优点在于可以测试多层连续镀层（如塑料电镀 Cu/Ni/Cr 镀层），缺点在于其属于破坏性测试。

8.3.3.6　电镜法

采用金相显微镜、原子力显微镜、扫描电子显微镜等在对图像成像时，可以非常方便地利用软件对样品进行膜厚测量，并且会精确显示测得的膜厚。电镜法属于破坏法，其测量的准确性主要取决于样品本身是否被有效制备。很多样品往往没有经过合适的电镜制样手段进行制备，其截面本身结构是假象，那么在电镜图像基础上测得的膜厚是不真实的。

当然，测试镀层或薄膜厚度的方法和手段还是很多的，并不仅限于上面所列的几种手段。普遍来说，镀层或薄膜厚度的测试方法中，用具破坏性方法的精确度比非破坏性方法高，但在操作便捷性上，非破坏性方法更方便。

综上所述，薄膜厚度的测量方法多种多样，需要根据实际情况选择合适的方法。在选择之前，我们需要考虑薄膜的材料特性、厚度范围和对测量精度的要求。合理选择和应用薄膜厚度测试方法，不仅有助于确保产品质量，还能提高生产效率、降低成本，推动科学研究的进展。

8.3.4　应用实例分析

原位椭圆偏振光谱法能够反映电化学方法不能反映的欠电位沉积向本体沉积过渡阶段电极表面的信息变化，可以提供铅在铜电极上电沉积的基体/介质界面动态变化的微观细节及动力学信息，是研究电沉积的强有力工具。研究者通过建立单层膜模型描述"电极-溶液"界面的结构并对椭圆偏振光谱数据进行拟合得到铅沉积层厚度随电位的变化规律。拟合结果显示，铅在铜电极上的电沉积有 3 个不同的沉积速率，$-0.35 \sim -0.20$ V 之间的沉积速率为 0.003 nm/mV，$-0.48 \sim -0.35$ V 之间的沉积速率为 0.025 nm/mV，$-0.60 \sim -0.48$ V 之间的沉积速率为 0.116 nm/mV，由此表明铅的电沉积分为 3 个不同阶段，即欠电位沉积阶段、欠电位沉积向本体沉积的过渡阶段和本体沉积阶段。

对于光学薄膜来说，厚度是除折射率外最重要的参数，因此准确控制薄膜厚度就成为制备光学薄膜的关键。随着光学薄膜应用的日趋广泛，对薄膜的要求越来越高，为了满足这些要求，需要设计任意厚度的膜系，这就提出了 1/4 波长薄层厚度的控制问题，采用石英晶体振荡法监控膜厚，该问题就迎刃而解，这种方法检测膜厚具有操作简单、灵敏度高的优点，而且可以实现自动控制。研究者在相同的工艺条件下分别用光电极值法和石英晶体振荡法监控膜厚，对制备的增透膜的反射光谱曲线进行了比较，并对石英晶体振荡法的监控结果做了误差分析。结果表明：石英晶体振荡法不仅膜厚监控精度高，而且能监控沉积速率，获得稳定的膜层折射率，从而有效控制薄膜的光学性能。

压电能量采集技术在微电子机械系统自供电系统领域占有重要地位，而柔性压电能量采集器具有可应用材料广泛、转换效率高、可收集生物器官组织能量等优点，在能源、生物、医疗等领域应用越来越广泛。近年来发展的可控剥离技术（CST）利用电镀层产生的应力将基底层材料或附着于基底层的其他材料剥离，此方法具有成本低、可在室温条件下使用、适用材料广等优点，引起研究者的广泛关注。

8.4 质谱测试分析方法

质谱测试分析方法是一种通过对样品离子的质量和强度的测量来进行结构判断和定量分析的方法。质谱法分析速度快、灵敏度高、谱图解析简单，是确定物质相对分子质量、分子式或分子组成及阐明结构的重要手段。质谱分析法的基本原理是通过使粒子离子化形成具有不同质荷比（m/e）的带电离子，并通过适当的电场、磁场将它们按照空间位置、时间先后或轨道稳定与否实现质荷比分离，测量出各种离子的强度，确定被测物质的相对分子质量和结构。

8.4.1 离子化方法的分类

质谱技术的关键在于可以针对被分析物的特性选择适用的离子化方法，将样品内的待分析分子转化为气相离子并使其进入质量分析器中分析检测。因此，在质谱分析中，离子化方法的选择是检测成功与否的决定性考量因素。目前，最常使用的离子化方法包括电子电离法、化学电离法、快速原子轰击法、激光解析电离法、大气压电离法、电喷雾电离法。

8.4.1.1 电子电离法

借助具有一定能量的电子使被分析物转化为离子，这种离子化的方法称为电子电离（EI）法。电子电离法仅能离子化气体分子，因此主要应用于挥发性较高的有机化合物的分析。通常情况下，如果样品为气体分子，则可以直接引入离子化室；若为液体或是固体，则需加热汽化后再引入离子化室。离子化室可加热以避免汽化后的样品进入离子源后产生凝结。离子源内，灯丝经过加热产生热电子，热电子经加速电压加速并受到磁铁的磁场影响，以螺旋状前进至正极。样品引入方向与加速电子的方向垂直，样品与电子作用后被离子化。被离子化的分子会被离子加速电极推送至质量分析器。

灯丝加热电压决定电子释放的数量，电子加速电压决定电子波长（$\lambda = h/(mv)$）。当电子波长符合分子电子能级跃迁所需的波长时，电子能量会被分子吸收，使分子内能提高，将外层电子提升至高能级，进而至离子化态并产生自由基阳离子。当电子能量远高于分子的电子能级时，电子能量无法被分子吸收，因此使用过高的电子加速电压反而会使离子化效率降低。

电子电离法需将样品汽化，所以检测的分子大都属于热稳定性高、沸点低的化合物。若分子沸点过高，可以利用衍生化反应将样品沸点降低以便于汽化。分子热不稳定、分子量过高或是无法利用衍生化降低沸点至热不稳定温度以下的分子，无法利用此方法进行检测。

8.4.1.2　化学电离法

利用电子先将一特定的试剂气体离子化以产生气相分子离子，再用产生的试剂气体离子与被分析物进行气相离子/分子反应，使待分析分子通过质子转移或电子转移等反应成为带电离子。此离子化法并不是使被加速的电子直接与分子作用，因此在离子化过程中不像电子电离那样容易使被分析物发生碎裂。由于化学电离（CI）法的离子源设计与电子电离（EI）法相近，适合分析低沸点的被分析物，但可观测到分子离子峰，因此这个技术被认为是与电子电离法互补的技术。

化学电离法主要使用两种气相化学反应使得待分析分子带电，即质子转移反应及电子转移反应。质子转移反应的发生取决于质子受体的气相碱度（GB）及质子供体的气相酸度（GA）。电子转移反应的发生则分别由电子受体和电子供体的电子亲和势（EA）和电离能（IE）决定。在化学电离中，可以利用不同气相离子的化学反应特性，控制被分析物选择性地得到电荷而离子化及得到电荷后产生的分子离子的稳定性，或得到足够内能发生裂解反应生成碎片离子作为鉴定分子结构的依据。

8.4.1.3　快速原子轰击法

快速原子轰击（FAB）法是将氙气导入电离源，将灯丝加热后产生的热电子经电压加速至正极，氙气分子撞击电子之后离子化形成氙气离子，氙气离子在加速电压（4~8 kV）作用下形成快速氙气离子，快速氙气离子撞击其他氙气原子，经过电荷转换形成具有高动能的氙气快速原子，之后再撞击被分析物使被分析物离子化的方法。与氮气和氖气相比，同样的加速电场下氙气所能得到的转换动量最高，更容易将被分析物电离而得到较高的信号强度。除了使用氙气原子作为原子束外，目前更好的选择是使用铯离子（Cs$^+$）作为离子束电离被分析物，一般称为快速离子轰击（FIB）法。采用快速原子轰击法的被分析物可以是固体或液体，不需要经过特别的前处理（如汽化），能够通过选择不同的基质种类，使待测化合物种类范围更广，并且与电子电离法相比，快速原子轰击法是一种较软的离子化方法，可以得到分子离子信号。

8.4.1.4　激光解析电离法

激光解吸电离（LDI）法与基质辅助激光解吸电离（MALDI）法是极为相似的技术，都是以激光激发固态样品产生气态离子。由于使用的激光能量高，样品温度在激光照射下会急剧上升，使得样品分子从表面解吸附出来。由于仅靠激光产生的热量不足以使挥发性极低的分子挥发，LDI法不适合分析挥发性极低的生物大分子。MALDI法适用于非挥发性的固态或液态被分析物的分析，尤其是对于离子态或极性被分析物的电离效率最好。MALDI法与LDI法非常相似，其差别仅在于MALDI法分析的是基质与被分析物液混合共结晶产生的固态样品，而不像 LDI 单纯以被分析物为样品。使用 MALDI 法的优点是其离子化过程比 LDI 法更温和，可产生大部分带单电荷的离子，且通常是质子化或去质子化的完整被分析物，而非被分析物的碎片离子。

通常，MALDI 法使用的激光都是脉冲宽度为 3~5 ns 的近紫外激光，最常用的为波长 337 nm 的氮气激光或 355 nm 的三倍频 Nd：YAG 激光。基质吸收激光之后，会在数纳秒至数十纳秒内产生高热及剧烈的化学反应，最终生成离子。而样品吸收激光的瞬间，也会使表面产生冲击波及高温（700~1500 K），让物质从表面解吸附出来，形成解吸附物流束。在一般的实验条件下，激光每次可解吸附 $10^7 \sim 10^{12}$ 个分子，其中基质的离子化效率只有 10^{-5} 以下。这些被离子化的基质分子，成为后续使被分析物离子化的电荷来源。一般 MALDI 反应产生的离子数量在激光能量密度超过最低临界值后，会随着能量密度的上升呈现指数型上升。但当能量密度达到临界值的 2 倍以上时，离子数量常会饱和而无法再增加。过高的激光产生太高的温度，也会使离子的初始能量分布变宽，造成质谱的分辨率降低。

8.4.1.5 大气压电离法

与传统需要在真空下进行的离子化法相比，大气压电离法是在常压下进行的离子化技术，具有直接分析液态样品、样品制备简单等优点。大气压电离包括大气压化学电离（APCI）与大气压光致电离（APPI）。

大气压化学电离是将化学电离方法扩展至大气压下进行，其基本原理同样为离子/分子反应，但大气压化学电离是借助电晕放电产生试剂离子。如图 8-28 所示，样品溶液进入离子源后即被引入气动雾化器中，此装置是以高速氮气束形成的雾化气体辅助样品溶液喷雾成液滴。液滴会持续受到雾化气体的带动，进入一段加热石英管，管内的温度约为 120 ℃，足以将溶剂汽化而留下溶质，达到溶剂汽化与去溶剂化的目的。汽化的溶剂与溶质则会被气流带往电晕放电装置（取代灯丝）。此方法利用高电压（5~6 kV）金属针尖放电产生等离子体区域，若在金属针上通正电，会吸引区域内的电子，形成离子。

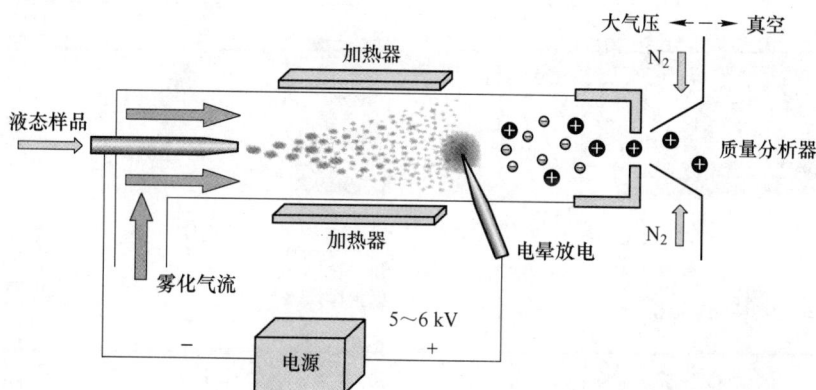

图 8-28 APCI 基本过程示意图

大气压光致电离是利用光能激发气态被分析物分子，使其离子化为自由基离子或进一步将被分析物质子化生成离子。光源可使用各种元素灯，如氩（Ar）灯、氪（Kr）灯、氙（Xe）灯等，每种元素发出的光能均有所不同。大多数被分析物的离子化能为 7~10 eV，溶剂、空气分子的离子化能为 10 eV，所以一般选择氪灯作为光源，因为氪放电产生的光能为 10.20 eV，可选择性地对被分析物进行离子化。

大气压化学电离只有一个渠道产生离子，即二次反应气体离子的质子转移。但质子转移发生的前提为被分析物的质子亲和势大于二次反应气体离子，而电晕放电产生的二次试剂离子多为水分子的衍生物，如 H_3O^+、$(H_2O)_2H^+$ 等。水分子的质子亲和势约为 697 kJ/mol，所以被分析物的质子亲和势须大于此值。对于极低极性或非极性物质而言，它们的结构对称、电荷分布均匀、质子亲和势偏低，所以大气压化学电离无法对极低极性或非极性物质进行离子化。而大气压光致电离能产生自由基离子，具有很强的活性，能与低极性或非极性物质进行电荷交换，所以大气压光致电离具有分析极低极性或非极性物质的能力，弥补了大气压化学电离的不足。

8.4.1.6 电喷雾电离法

电喷雾电离法是将溶液中的带电离子在大气压下经由电喷雾的过程转换为气相离子，再导入质谱仪中进行分析的方法。在无电位差的情况下，当水溶液样品至金属管喷嘴出口时，会因为表面张力而形成一个圆弧曲面，水溶液内含有许多解离且分布均匀的正、负离子。如图 8-29 (a) 所示，如果在金属毛细管施以正电压，水溶液中的正、负离子会在电场中受力移动，正离子聚集于水溶液的弧形表面上；如图 8-29 (b) 所示，逐渐提高金属毛细管的电压，电场对正离子的作用力会牵引液面向外扩张，当牵引力大于表面张力时，电喷雾现象就此产生，且此时液面形成圆锥形，称为泰勒锥。泰勒锥尖端会陆续释放出带有正电荷的微液滴，此即电喷雾现象。水溶液样品被喷雾为带电荷的微液滴后，在电场引导下朝着质量分析器真空腔入口飞行。飞行过程中微液滴与空气接触，使得溶剂不断挥发，造成微液滴体积缩小。由于电荷无法挥发，分布于液滴表面的电荷密度逐渐增加。当电荷密度很大时，液滴分裂，形成较小的带电荷液滴；此时表面积变大，而每单位面积上电荷密度降低。上述的液滴分裂的现象会重复发生多次，产生体积越来越小的液滴，此一连串反应称为库仑分裂，这一过程使得液滴体积不断缩小，最后将溶剂去除。

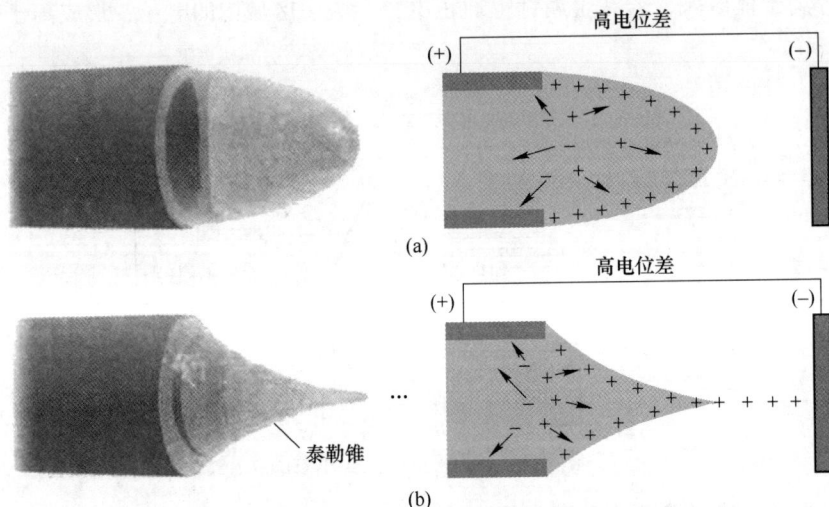

图 8-29　电喷雾电离示意图

(a) 溶液中解离的正离子受电场牵引，推挤出口端液面成为圆锥形；(b) 正离子的电场牵引力大于液面表面张力时，形成可稳定产生电喷雾现象的泰勒锥可见，电喷雾生成气相离子的过程可以分为液滴生成、液滴缩小、气相离子生成三个阶段。在强电场下，样品溶液会形成泰勒锥，释放带有正电荷的微液滴。微液滴上的溶剂蒸发造成液滴体积缩小、表面电荷密度过大，使液滴分裂成更小液滴。一个电喷雾形成的微液滴可进行多次上述分裂过程，最后形成众多的极小液滴。若想提高电喷雾离子化效率，可将样品溶于具有极性的有机溶剂与水的混合溶液中，以增加溶剂挥发的速度和降低表面张力；或调整电喷雾喷嘴与质量分析器入口的角度，当两者成 90° 角时有最好的离子化效率；也可利用雾化气体辅助溶液更容易喷雾成微液滴，改良去溶剂过程的效率等。

电喷雾离子源产生的质谱信号与被分析物在溶液中的浓度成正相关，但与溶液的流速无关。为了达到更低流速下电喷雾仍然稳定的目的，研究者于 1994 年利用玻璃毛细管制作出内径约 1 μm 的微小化电喷雾离子源喷嘴，其可在极低流速（约 25 nL/min）下得到稳定的电喷雾电离过程及质谱信号的输出。溶液的流速只有每分钟数十纳升，所以将其称为纳喷雾离子源。纳喷雾离子源可以借助色谱或其他分离技术将样品中的少量被分析物预浓缩以提高浓度，使得低流速下产生信号更强的质谱数据。

8.4.2 离子化方法的选择

在质谱分析中，离子化方法的选择除了与被分析物及样品的特性有关外，也和分析的目的有关。待分析样品的物理性质决定了可以选用的离子化方法的范围。电子电离（EI）法与化学电离（CI）法法适用于气体或是汽化后仍然稳定的样品。ESI 与 APCI/APPI 法适用于液态或是可溶在溶液中的样品。LDI/MALDI 法则适用于固态或可溶于高沸点的液体或是可和基质形成共结晶的样品。EI 法在离子化过程中主要观察到的是碎片离子，甚至无法观察到分子、离子，因此并不适合于完全未知的被分析物的分析或是混合物的直接分析。CI 法可产生主要为分子、离子的信号，有利于得到相对分子质量甚至是同位素组成的信息，这在初期鉴定完全未知的物质时十分有帮助。另外，CI 法可以通过被分析物气相反应的热力学特性，使用反应气体选择性地离子化特定化合物，如此可降低样品基质所产生的背景干扰。ESI/APCI/LDI/MALDI 法也主要产生分子、离子的信号，可以很容易地得到相对分子质量及同位素组成的信息，且可离子化较大相对分子质量的极性分子。

非极性的分子无法在 ESI/APCI/MALDI 法中实现质子化或去质子化而电离，因此较适合选择 EI 及 CI 法对其进行分析。但过高相对分子质量的非极性分子因为沸点过高，无法在 EI/CI 法离子源中汽化，且无法通过质子化或去质子化的方法使其电离，因此目前并无适用的离子化方法。极性高的分子因为分子间作用力强、挥发性低，通常都呈液态或固态。分子极性过高会因样品无法被汽化而无法引入 EI/CI 离子源进行离子化。若使用过高的温度汽化样品，则被分析物会因高热导致其在离子化前发生热裂解，因此极性高的分子较常采用的是直接以液态或固态的离子化法产生离子。

进行定量分析时最看重的是离子化方法的稳定度与重现性。一般而言，气态与液态离子化方法因为样品的流动性高、均匀度好，具有较好的稳定性与重现性，均适合定量分析。固态样品离子化方法因为样品无法流动，一旦某一处样品被电离，样品表面即开始变化并持续减少。

8.4.3 质谱仪

质谱仪是测定物质质量的仪器，基本原理为将分析样品（气、液、固相）电离为带电离子，带电离子在电场或磁场的作用下可以在空间或时间上分离。离子被检测器检测后即可得到其质荷比（m/e）与相对强度的质谱图。通过质谱图或精确的分子量测量可以对分析物做定性分析，利用检测到的离子强度可做准确的定量分析。

如图 8-30 所示，质谱仪的基本构造主要分成五个部分：样品导入系统、离子源、质量分析器、检测器及数据分析系统。纯物质与成分简单的样品可直接导入质谱仪，较为复杂的混合物样品可先由液相或气相色谱仪分离样品组分，再导入质谱仪。当分析样品进入质谱仪后，首先在离子源对分析样品进行电离，以电子、离子、分子或光子将样品转换为气相的带电离子，分析物依其性质成为带正电的阳离子或带负电的阴离子。产生气相离子后，离子即进入质量分析器进行质荷比的测量。在电场、磁场等物理作用下，离子运动的轨迹会受到力的影响而产生差异，检测器则可将离子转换成电子信号，处理并储存于计算机中，再以各种方式转换成质谱图。此方法可测得不同离子的质荷比，进而从电荷推算分析物中分子的质量。此外，质谱仪还需要一个高真空系统，让样品离子不会因碰撞而损失或测量到的 m/e 值有偏差。

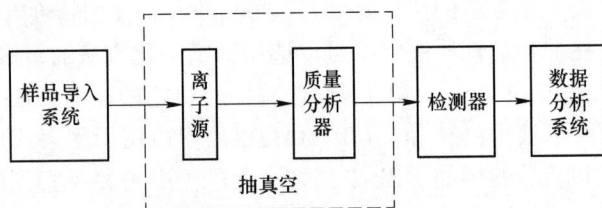

图 8-30　质谱仪的结构示意图

电荷为 e、质量为 m 的正离子，经加速电压 V 加速后，其速度为 v，势能为 eV。势能应等于动能，即

$$\frac{1}{2}mv^2 = eV \tag{8-82}$$

当离子以此速度飞过垂直于它的飞行方向的磁场时会进行圆弧运动，离子在磁场中轨道曲线半径 R 受外加电压 V、磁场强度 B 和质荷比 m/e 三种因素决定：

$$R = \sqrt{\frac{2V}{B^2} \cdot \frac{m}{e}} \tag{8-83}$$

只有 m/e 值满足式（8-83）的离子可通过狭缝。其他 m/e 值不满足的离子由于 R 太大或太小，不能通过狭缝而撞在管道内壁上，最后由真空泵抽出。在仪器设备中，R 是固定不变的，只能改变 V 或 B，使正离子依质量大小依次通过狭缝，到达检测器。电扫描的方式可改变 V，V 从大到小变化时，则 m/e 值小的离子先通过狭缝；磁扫描的方式则是改变 B，B 从大到小变化时，则 m/e 值大的碎片离子先通过狭缝。一般情况下，磁扫描方式更为常见。通过狭缝后的正离子到达检测器时，检测器将给出信号，经放大后输给记录器，则记录器可按各种离子的 m/e 值及其相对丰度给出质谱图。

8.4.3.1 单聚焦质谱仪

碎片离子只经过一次磁场分离聚焦，m/e 值相同的离子，在磁场中的运动半径 R 相同，会聚到一起。由于离子形成时，其初始能量不完全相同，m、v 也不完全相同，加速电压也会有小的波动，这些都会使离子在到达检测器前发生动能色散，使仪器的灵敏度（纵坐标）和分辨率（横坐标）下降。为了增加灵敏度，可使狭缝变宽，但仪器的分辨率下降；若使狭缝变小，则分辨率提高，灵敏度下降。所以，单聚焦质谱仪很难保证既有高的灵敏度，又有高的分辨率。

8.4.3.2 双聚焦质谱仪

离子先经电场分离聚焦，再经磁场分离聚焦。在电场中，离子发生偏转的半径 R 与其质荷比 m/e、运动速度 v 和静电场的电压 E 符合下列关系：

$$R_E = \frac{m}{e} \cdot \frac{v^2}{E} \tag{8-84}$$

$$离心力 = m \cdot \frac{v^2}{R_{电}} \tag{8-85}$$

$$向心力 = eE \tag{8-86}$$

R_E 是由仪器设备固定的，当 E 一定时，只能是那些 m/e 值和 v 符合式（8-84）的离子才能通过弧形电场，到达中间狭缝，其结果是使离子发生了能量聚焦（也称为速度聚焦），经过能量聚焦的正离子，再经过磁场分离聚焦一次（也称为质量聚焦、方向聚焦），这样可以大大提高仪器的灵敏度和分辨力。一般高分辨质谱仪都采用双聚焦结构，其分辨力可达到小数点后四位。例如，对于相对分子质量都是 28 的 CO^+（27.9949）、$CH_2=CH_2^+$（28.0313）、N_2^+（28.0061），通过高分辨质谱仪可将这三种离子分辨开来，即由小数点后面的有效数字确定分子式。

8.4.3.3 四极质谱仪

四极质谱仪是 20 世纪 70 年代后期发展最快的一种质谱仪。在四根平行对称放置的圆柱形杆上，对角的两个杆连接在一起，加到两对电极杆上的电压数值相等，方向相反。每个电压都具有直流和射频两个电压分量。这样，在四个电极杆之间形成一个变动的复合电场。当待分离的离子束进入四根电极包围的空间时，由于射频、直流复合电场的作用，会沿轴线方向"摆动前进"，只有一定质荷比的离子可顺利通过复合电场到达收集器而不碰到电极上，而其他离子则由于振幅逐渐增大而碰在电极上（做不稳定振动），并随真空系统排出。改变直流和射频电压而保持比率不变，就可进行质量扫描。

8.4.3.4 质量分析器

质量分析器将带电离子根据其质荷比加以分离，用于记录各种离子的质量数和丰度。质量分析器的两个主要技术参数是所能测定的质荷比的范围（质量范围）和分辨率。磁场式分析器有扇形磁场质量分析器与傅里叶变换离子回旋共振质量分析器，电场式分析器有飞行时间、四极杆、离子阱、轨道阱等质量分析器。

A 扇形磁场质量分析器

离子源中生成的离子通过扇形磁场和狭缝聚焦形成离子束。离子离开离子源后，进入垂直于其前进方向的磁场。不同质荷比的离子在磁场的作用下，其前进方向产生不同的偏转，从而使离子束发散。不同质荷比的离子在扇形磁场中有其特有的运动曲率半径，通过改变磁场强度，可检测依次通过狭缝出口的离子，从而实现离子的空间分离，形成质谱。

B 傅里叶变换离子回旋共振质量分析器

在一定强度的磁场中，离子做圆周运动，离子运行轨道受共振变换电场限制。当变换电场频率和回旋频率相同时，离子稳定加速，运动轨道半径越来越大，动能也越来越大。当电场消失时，沿轨道飞行的离子在电极上产生交变电流。对信号频率进行分析可得出离子质量。将时间与相应的频率谱利用计算机经过傅里叶变换形成质谱。其优点为分辨率很高，质荷比可以精确到千分之一道尔顿。

C 飞行时间质量分析器

飞行时间质量分析器中具有相同动能，不同质量的离子因其飞行速度不同而分离。如果固定离子飞行距离，则不同质量离子的飞行时间不同，质量小的离子飞行时间短而首先到达检测器。各种离子的飞行时间与质荷比的平方根成正比。离子以离子包的形式引入质谱仪，这样可以统一飞行的起点，依次测量飞行时间。离子包通过一个脉冲或一个栅系统连续产生，但只在一特定的时间引入飞行管。新发展的飞行时间分析器具有大的质量分析范围和较高的质量分辨率，尤其适合蛋白等生物大分子分析。

D 四极杆质量分析器

因其由四根平行的棒状电极组成而得名。离子束在与棒状电极平行的轴上聚焦，一个直流固定电压（DC）和一个射频电压（RF）作用在棒状电极上，两对电极之间的电位相反。对于给定的直流和射频电压，特定质荷比的离子在轴向稳定运动，其他质荷比的离子则与电极碰撞湮灭。将 DC 和 RF 以固定的速率变化，可以实现质谱扫描功能。四极杆分析器对选择离子分析具有较高的灵敏度。

E 离子阱质量分析器

离子阱质量分析器由两个端盖电极和位于它们之间的类似四极杆的环电极构成。端盖电极施加直流电压或接地，环电极施加射频电压（RF），通过施加适当电压就可以形成一个势能阱（离子阱）。根据 RF 电压的大小，离子阱就可捕获某一质量范围的离子。离子阱可以储存离子，待离子累积到一定数量后，升高环电极上的 RF 电压，离子按质量从高到低的顺序依次离开离子阱，被电子倍增监测器检测。目前离子阱分析器已发展到可以分析质荷比高达数千的离子。离子阱在全扫描模式下仍然具有较高的灵敏度，而且单个离子阱通过时间序列的设定就可以实现多级质谱（MSn）的功能。

8.4.3.5 串联质谱及联用技术

除了质量的测量，质谱仪也可以利用串联质谱（MS/MS）技术，更有效地鉴定化合物的分子结构。顾名思义，串联质谱仪是由两个以上的质量分析器连接在一起所组成的质谱仪。当分析物经过离子源电离后，第一个质量分析器可以从混合物中选择及分离特定的离子，以外力（如碰撞气体、光子、电子等）使该离子解离，并产生碎片离子，再由第二个质量分析器进行碎片离子的质量分析。这些碎片信息可以用来鉴定小分子及蛋白质、核酸等生物分子的结构。最常见的串联质谱为三级四极杆串联质谱。第一级和第三级四极杆分析器分别为 MS1 和 MS2，第二级四极杆分析器所起的作用是将从 MS1 得到的各个峰进行轰击，实现母离子碎裂后进入 MS2 再行分析。现在出现了多种质量分析器组成的串联质谱，如四极杆-飞行时间串联质谱（Q-TOF）和飞行时间-飞行时间（TOF-TOF）串联质谱等，大大扩展了其应用范围。离子阱和傅里叶变换分析器可在不同时间顺序实现时间序列多级质谱扫描功能。在药物代谢动力学研究中,对生物复杂基质中低浓度样品进行定量分析,可用多反应监测模式(MRM)消除干扰。例如,分析药物中某特定离子时,来自基质中其他化合物的信号可能会掩盖检测信号,用MS1/MS2对特定离子的碎片进行选择监测可以消除干扰。MRM也可同时定量分析多个化合物。在药物代谢研究中,为发现与代谢前物质具有相同结构特征的分子,使用中性碎片丢失扫描能找到所有丢失同种功能团的离子,如羧酸丢失的中性二氧化碳。如果丢失的碎片是离子形式,则母离子扫描能找到所有丢失这种碎片的离子。

当样品复杂度很高时,可在样品进样区前串联液相色谱(LC)或气相色谱(GC)系统,帮助样品预分离以提高质谱分析的效率。色谱和质谱都是微量和痕量分析方法。色-质联用系统结合了色谱优越的分离能力和质谱优越的鉴定能力。色-质联用系统与计算机联用后不仅在定性分析上有独到之处,而且可以得到半定量数据。计算机里存有操作程序的软件,还有几万张化合物谱图的数据库。在进行实验时,计算机不仅是一个总指挥,还是数据采集、存储、检索、计算的高速工作机。

A 气相色谱与质谱联用(GC-MS)

气相色谱的流出物已经是气相状态,可直接导入质谱。由于气相色谱与质谱的工作压力相差几个数量级,开始联用时在它们之间使用了各种气体分离器以解决工作压力的差异。随着毛细管气相色谱的应用和高速真空泵的使用,现在气相色谱流出物已可直接导入质谱。

B 高效液相色谱与质谱联用(HPLC-MS)

高效液相色谱与质谱联用主要用于分析GC-MS不能分析,或热稳定性差、强极性和高分子量的物质,如生物样品(药物与其代谢产物)和生物大分子(肽、蛋白、核酸和多糖)。

C 毛细管电泳与质谱联用(CE-MS)和芯片与质谱联用(Chip-MS)

毛细管电泳(CE)适用于分离分析极微量样品(纳升)和特定用途(如手性对映体分离等)。CE流出物可直接导入质谱,或加入辅助流动相以达到和质谱仪相匹配。微流控芯片技术近年来发展迅速,可实现分离、过滤、衍生等多种实验室技术于一块芯片上的微型化技术,具有高通量、微型化等优点,目前也已实现芯片和质谱联用。

D 超临界流体色谱与质谱联用(SFC-MS)

常用超临界流体二氧化碳作流动相的SFC,适用于小极性和中等极性物质的分离分析,通过色谱柱和离子源之间的分离器可实现SFC和MS联用。

E 等离子体发射光谱与质谱联用(ICP-MS)

由ICP作为离子源和MS实现联用,主要用于元素分析和元素形态分析。

8.4.4 测试分析方法

8.4.4.1 质谱分析特点

质谱法是将被测物质离子化,按离子的质荷比分离,测量各种离子谱峰的强度而实现分析目的的一种分析方法。质量是物质的固有特征之一,不同的物质有不同的质量谱——质谱,利用这一性质,可以进行定性分析(包括分子质量和相关结构信息);谱峰强度也与它代表的化合物含量有关,可以用于定量分析。质谱分析法的特点与应用范围如下:

（1）主要用以确定分子量，广泛用于有机物的分析，也可作为结构分析之用，因此是很好的定性分析的工具，在质谱图上利用分子峰的 m/e 值可以准确地确定该化合物的相对分子质量，通过同位素峰相对强度法来确定有机化合物的化学式；（2）灵敏度高，目前用于有机物分析的质谱仪的灵敏度可达到 100 pg；（3）操作简单，分析时间短，准确度高；（4）与色谱仪联用，对混合物试样可以同时进行分离和鉴定，从而快速获取有关信息；（5）质谱仪器较为精密，价格较高，工作环境要求较高，为其普及带来一定的限制。

8.4.4.2   质谱中的主要离子峰

A   分子离子峰

一个分子不论通过何种电离方式（如电子轰击电离等电离方法），使其失去一个外层价电子而形成带正电荷的离子，称为分子离子或称母体离子，常用 M^* 表示。质谱中相应的峰称为"分子峰"或"母峰"。该离子一般位于质荷比最高的那一端，它的质荷比即是该化合物的相对分子质量。

B   碎片离子峰

当电子轰击的能量超过分子离子裂解所需要的能量时，分子离子处于激发状态，可使分子离子的化学键进一步断裂，产生质量较低的碎片离子，形成碎片离子峰。

C   同位素离子峰

组成有机化合物的大多数元素都有天然同位素（除 P、F、I），各种元素同位素的含量并不相同，因此在质谱上就出现强度不等的同位素峰。这些含有不同重同位素的离子，它们出现在比各自轻同位素高 1~2 个质荷比的地方。

D   重排离子峰

有些碎片离子不是仅仅通过键的简单断裂，有时还会通过分子内某些原子或基团的重新排列或转移而形成离子，这种碎片离子称为重排离子。在重排离子中，有些离子是由无规律的重排产生的，但大多数重排是有规律的。

8.4.4.3   质谱分析方法

在质谱分析中，最重要的结构信息就是化合物的相对分子质量，即质谱中的分子离子峰。构成分子离子峰一般要满足下列 3 个条件：（1）质谱图中必须是质荷比最高质量的离子；（2）必须是一个奇电子离子；（3）在高质量区内，它能合理地失去中性碎片而产生重要的碎片离子。这 3 个条件缺一不可，但满足了这 3 个条件，仍有可能不是分子离子，还需要用其他方法加以验证。

被鉴定的化合物的质谱与手册上某一化合物基本吻合，可确定为该化合物结构，如果是一种未知物，则可按照下列程序进行结构分析。

首先，对分子离子区进行解析：（1）确认分子离子峰，并注意分子离子峰与基峰的相对强度比，这对于判断分子离子的稳定性，以及确定分子结构是有帮助的；（2）注意碎片离子的奇偶性，并运用氮规则来确定含氮的情况；（3）根据同位素峰中 $\dfrac{M+1}{M}$ 和 $\dfrac{M+2}{M}$ 数值的大小，可以判断分子中是否含有 S、Cl、Br 等同位素较大的元素，并可以初步推算分子式；（4）根据高分辨质谱测得的分子离子的 m/e 值推定分子式；（5）根据分子式计算出不饱和度。

其次，对碎片离子分析：（1）找出主要的离子峰，记录这些离子峰的质荷比和相对强度及与分子离子峰的质量差，从而推断离子断裂中有何碎片脱掉，以此来推测结构类型及开裂方式；（2）如果存在亚稳离子峰，可利用亚稳离子的计算公式确定母离子和子离子的关系，推断开裂过程；（3）注意一些主要离子 m/e 的奇偶性，以帮助确认是失去中性分子还是游离基；（4）注意存在哪些重要分子，并据此推测结构类型。

然后，列出部分结构单位，并确定原子数目，列出剩余的碎片是何种结构。

最后，提出结构式：（1）按各种可能的连接方式将已知的结构碎片拼接，组成可能的结构式；（2）根据其他仪器方法或化学方法排除不可能存在的结构式，最后认定一个确定的分子式。

8.4.5　应用实例分析

8.4.5.1　飞行时间二次离子质谱研究矿物包裹体

图 8-31 为中国东部渤海盆地中碳酸盐岩方解石内的含油流体包裹体的飞行时间二次离子质谱（TOF-SIMS）图，通过 TOF-SIMS 图可成功区分出原生含油流体包裹体和次生含油流体包裹体的成分，与次生含油流体包裹体相比，原生含油流体包裹体不仅含有烯烃碳氢化合物和脂肪族碳氢化合物，还含有少量芳烃碳氢化合物。此研究中 TOF-SIMS 不仅能分析出原生和次生含油流体包裹体中的有机物，还能分析出无机物和同位素。

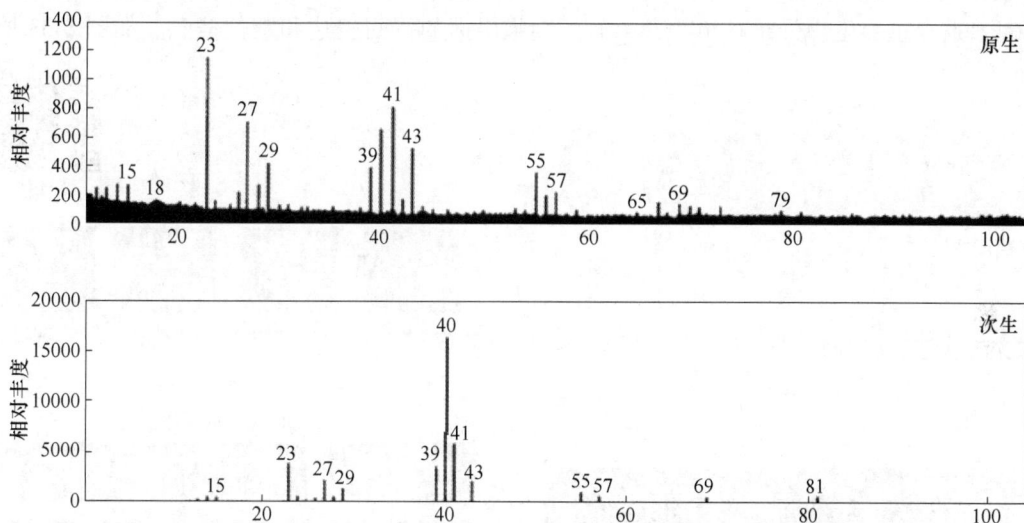

图 8-31　中国东部渤海盆地中碳酸盐岩方解石内的含油流体包裹体的 TOF-SIMS 图

利用 TOF-SIMS 可对含油流体包裹体进行成分分析。使用 Bi^{3+} 一次离子束对样品表面进行分析，获得了硫化物熔体包裹体与宿主矿物角闪石的高质量分辨的元素分布图，分析结果显示，硫化物的阳离子主要为 Fe、Mn、Co、Ni、Cu、Rb、Sr、Ba、Nd、Sm 等元素的离子，阴离子主要为 ^{32}S、^{34}S 和 Cl 的离子，与角闪石相比，硫化物表现出高离子强度（见图 8-32）。

8.4.5.2　激光解吸电离质谱成像

近年来，随着质谱成像（mass spectrometry imaging，MSI）技术的发展，激光解吸电

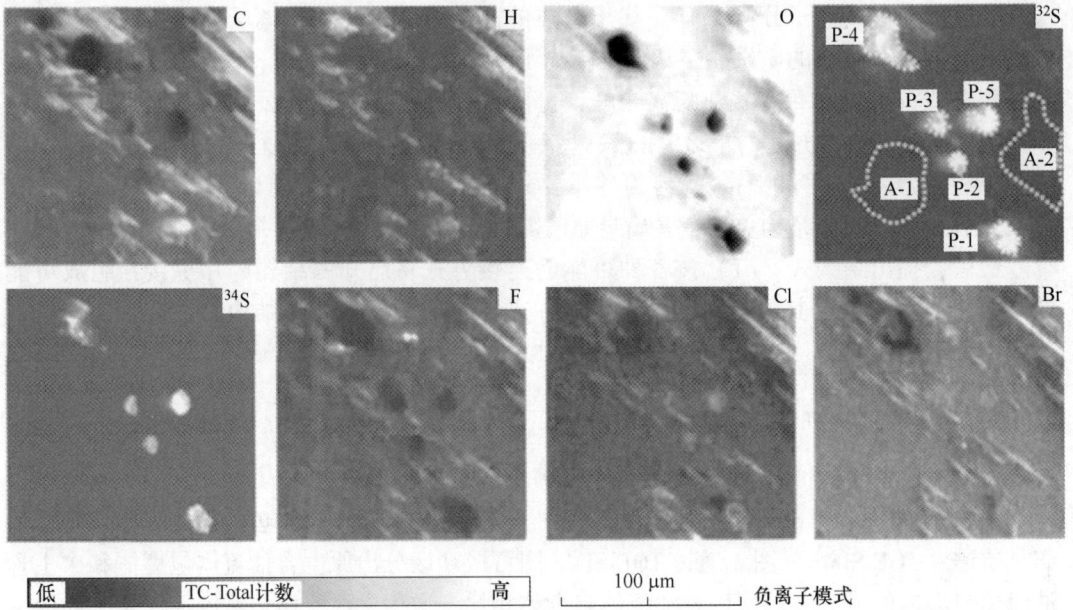

图 8-32　角闪石巨晶和硫化物熔体包裹的 TOF-SIMS 负离子模式质谱成像图

离质谱成像（LDI-MSI）技术在 MSI 中的应用也随之兴起，主要用于阐明代谢物、药物、多糖和肽等重要生物分子在组织、（单）细胞层面的空间表达和定位信息。如图 8-33 所

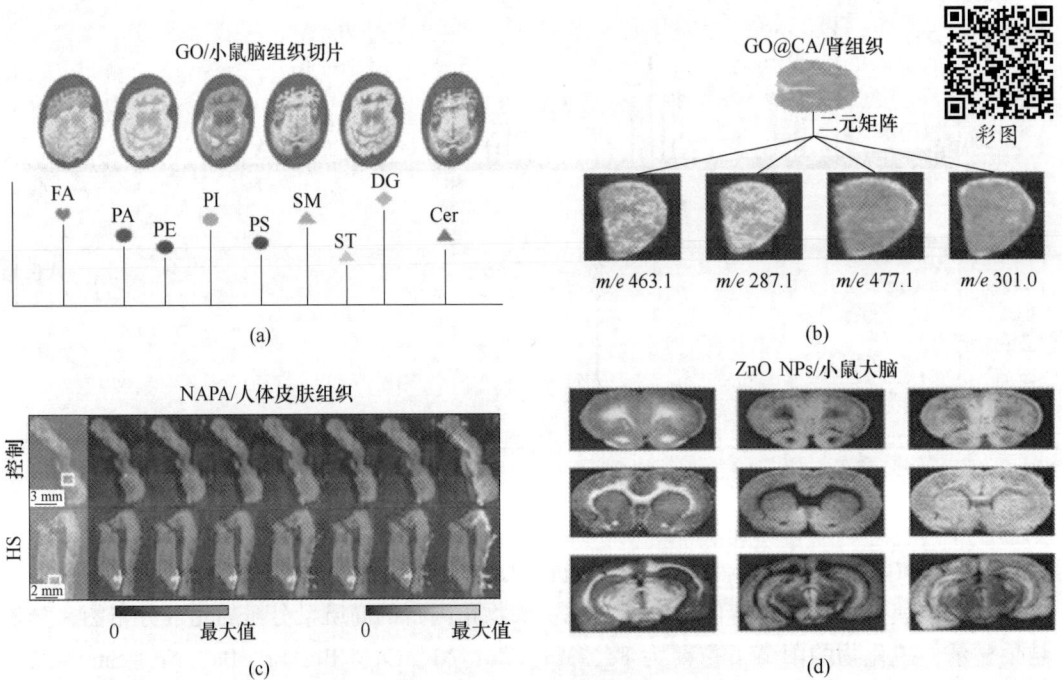

图 8-33　纳米材料在质谱成像中的应用
（a）氧化石墨烯（GO）作为基质对小鼠脑组织切片中的多种脂质进行成像；（b）使用 GO/咖啡酸的新型二元基质原位定位小鼠肾组织中的灯盏乙素及其代谢物；（c）硅纳米柱阵列（NAPA）用于人体皮肤组织成像；（d）ZnO NPs 辅助 LDI-MSI 获得的大鼠脑冠状切片的离子图像

示，与未修饰的 TiO₂ 纳米颗粒相比，使用 TiO₂@DANPs 时，信噪比提高了 10~30 倍，并在小鼠脑切片中定位到 100 多种生物分子。与 TiO₂ 纳米颗粒相比，ZnO 纳米颗粒在低质量分子成像中性能更佳。酸性条件清洗可有效减少 ZnO 纳米颗粒在基质喷涂时引起的堵塞，有助于获得高重现性、高质量的小鼠矢状面和大鼠冠状面组织切片的 MSI。

8.4.5.3　实时直接分析质谱技术应用

传统的中药分析技术有薄层色谱、高效液相色谱及液相色谱-质谱联用技术等，这些方法需要复杂的前处理过程和较长的分析时间。实时直接分析质谱（DART-MS）可以使分析物迅速从样品表面解吸电离，只需简单甚至无需样品前处理即可直接进样分析，分析时间缩短至几十秒。DART-MS 可应用于中药挥发性成分的定性分析。挥发性成分的沸点不同，若使其响应度变高，所需的最佳温度也不同。在较低温度下低沸点的挥发性成分在 100 ℃ 响应度较高，高沸点的挥发油类在响应度较高时，对应的最佳温度为 300 ℃。如图 8-34 所示，对中药麻黄进行全植物质谱成像，将植物的整个地上部分切成 10~20 cm 长的片段，再纵向切开，比较侧枝外表面和内表面麻黄碱/伪麻黄碱的含量，得到单株植物地上部分的主要生物碱分子成像。结果表明，生物碱含量在枝尖末端逐渐减少。

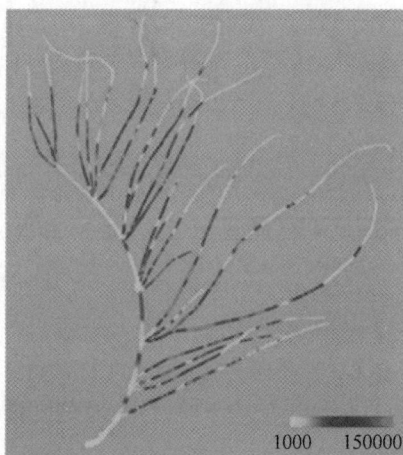

图 8-34　麻黄侧枝外表面和内表面麻黄碱/伪麻黄碱的含量分析

8.4.5.4　塑料分子结构表征

塑料的化学性质稳定，其降解速度极为缓慢，可以在环境中持续存在几十年甚至上百年，因此大多数塑料垃圾不会完全降解，而是分解成尺寸较小的颗粒。基质辅助激光解吸电离（MALDI）是一种质谱软电离技术，MALDI 使用激光能量吸收基质以最小碎片化的方式从大分子中产生离子。它已被广泛用于测量生物大分子的相对分子质量。MALDI 可以与傅里叶变换离子回旋共振质谱（FTICR-MS）联用，其分辨率进一步提高。MALDI-FTICR-MS 的表征条件为：基质为 DI，M∶A∶C 的值为 10∶5∶5，激光能量为 70%。为了验证该条件的通用性，在此条件下对聚对苯二甲酸乙二醇酯微纳米塑料（PET-MNP）、聚己内酰胺微纳米塑料（PA6-MNP）、聚甲基丙烯酸微纳米塑料（PMMA-MNP）分别进行了表征。以各自特征峰的信噪比为指标，与常规的未优化样品制备条件进行对比。如图 8-35 所示，在优化的条件下，PET-MNP、PA6-MNP、PMMA-MNP 的 S/N 均显著提高。尤其是样品 PMMA-MNP，在常规的未优化样品制备条件下，由于强度过低，无法读取样品特征峰的 S/N，而优化后的条件特征峰的强度和信噪比能够明显提高。因此，可以认为此条件适合 MALDI-FTICR-MS 高效表征多类型微纳米塑料的通用条件。

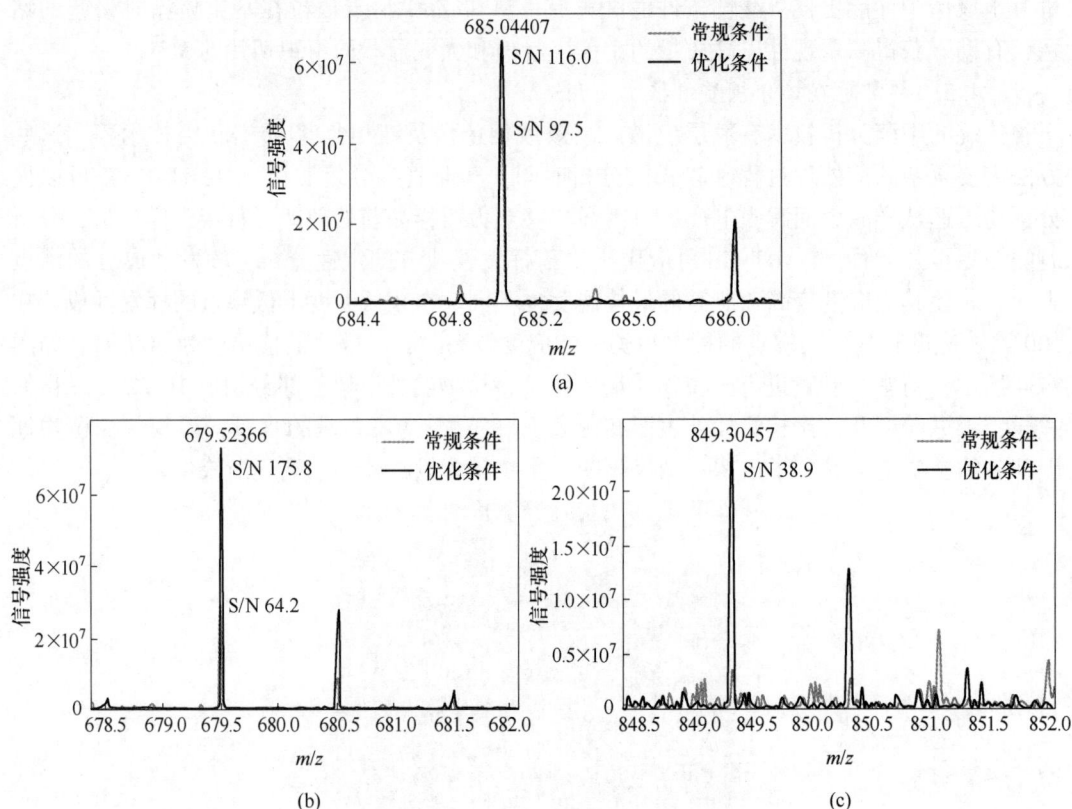

图 8-35　不同表征条件下的 S/N 对比
（a）PET-MNP；（b）PA6-MNP；（c）PMMA-MNP

8.5　中子衍射测试分析方法

　　中子是原子核的组成部分，因为不带电，所以散射能力较弱，但穿透能力较强，能获得试样内部的结构信息。中子具有磁矩，这使得它与材料在原子尺度上的磁化密度的空间变化相适应，是磁性材料研究的重要手段之一。作为了解物质微观结构及磁结构的重要工具，中子衍射技术已被广泛应用到化学、材料、生物、地质、能源、医疗卫生和环境保护等众多研究领域，如今，中子散裂大型科学装置为众多学科及前沿交叉领域提供了先进的研究手段，已经成为基础科学研究和先进工业应用的重要平台。同时，在国防、军工、核能等国家重大需求方面，为新型材料研发、关键装备无损检测等提供了不可替代的研究工具。

8.5.1　基本原理

　　1930 年，德国物理学家博特和贝克尔发现金属铍在 α 粒子轰击下，产生一种穿透性很强的射线，他们推断这是一种高能量的硬 γ 射线。1932 年，法国物理学家约里奥·居里夫妇重复了这一实验，令他们惊奇的是，这种未知射线的能量大大超过了天然放射性物质发射的 γ 射线的能量，打出的质子能量高达 5.7 MeV。英国物理学家查德威克重复了上面的实验。他用 α 粒子轰击铍，再用铍产生的射线轰击氢、氮，结果打出了氢核和氮核。由此，他断定这种射线不可能是 γ 射线，因为 γ 射线不具备从原子中打出质子所需要的动量，只有假定从铍中放出的射线是一种质量跟质子差不多的中性粒子才能解释。查德威克用仪器测量了被打出的氢核和氮核的速度，并由此推算这种"神秘粒子"的质量。他还用别的物质进行验证实验，得出的结果都是这种未知粒子的质量与氢核的质量差不多，由此证明了中子的存在。查德威克面对未知世界，保持一颗去伪存真之心，没有随波逐流、盲目跟从，而是大胆推测、细心求证，重复约里奥·居里夫妇的实验后不到一个月就发现了中子，并因此在 1935 年荣获诺贝尔物理学奖。

8.5.1.1 中子源

能产生中子的反应有裂变连锁反应、聚变反应、电子轫致辐射引起的中子和光聚变反应、带电粒子的核反应和蜕变反应等。但只有核的裂变反应和蜕变反应能提供较高通量的中子束，因此，用于中子衍射实验的中子源通常是同位素中子源、反应堆中子源和散裂中子源。

A 同位素中子源

同位素中子源是利用放射性核素衰变时放出的一定能量的射线，去轰击靶物质，产生核反应而放出中子的装置。放射性中子源主要有 α 放射性中子源、光中子源和核自发裂变中子源。放射性同位素中子源体积小、制备简单、使用方便。

B 反应堆中子源

反应堆中子源指核反应堆通过裂变反应产生中子（见图 8-36）。反应堆中子源的核心是核反应堆，它由核心的裂变材料、冷却剂慢化器和慢化反射器组成。核反应堆通常使用裂变材料铀-235 作为燃料，慢化反射器降低来自核心的快中子，并把它们作为慢中子储存起来，且逸出中子束，同时把某些中子反射回核心，以减少裂变材料的质量。核反应堆每裂变产生一个有效中子，释放 180 MeV 的热量。中子经过 300 K 的水或重水慢化后从水平孔道射出，各种波长（能量）的中子"混合"在一起

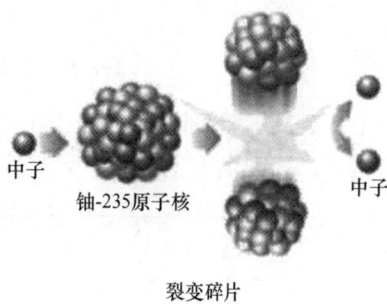

图 8-36 反应堆中子源产生
中子的原理示意图

形成连续稳定的"白光中子"束，其中子能量范围主要处于 8~80 MeV（对应中子波长为 0.1~0.3 nm）之间，被称为热中子。为了得到能量较低的中子，可以在反应堆芯附近安装冷中子源（简称为冷源），它是一个装有液氢等的金属包，20 K 的冷源可以使中子能量范围变成为 0.8~8 MeV（对应中子波长为 0.3~1.0 nm），而在反应堆芯附近安装超热中子源（简称为烫源，2000 K），可以使中子能量范围变为 80~800 MeV（对应中子波长为 0.03~0.1 nm）。

早期的反应堆几乎都以天然铀或低浓铀为燃料，堆体和堆芯体积庞大，堆内热中子注量率只有 10^{11}~10^{13} cm^2·s。这些反应堆并不是专门为中子束实验而设计的，水平孔道一

般为径向孔道，直视堆芯，快中子和 γ 辐射背底较高。通过广泛的国内、国际合作，围绕此研究堆建造的我国中子科学平台已搭载高分辨粉末谱仪、高强度粉末谱仪、残余应力谱仪、四圆单晶谱仪、小角谱仪、反射谱仪、两台三轴谱仪、在线同位素分离装置等。此堆的中子科学平台几乎覆盖了所有中子散射技术应用领域，为科研和工业用户提供了强有力的研究工具和无损测试分析手段，目前已经在核能相关材料的研发、工艺改进及使用安全和寿命评估方面开展了大量的研究工作。

C　散裂中子源

作为另一种流行的强中子源，散裂中子源是基于加速器提供的高能粒子轰击重金属靶而产生中子的大型科学装置。如图 8-37 所示，当高能质子轰击重原子核时，一些中子被"剥离"或被轰击出来，在核反应中被称为散裂反应。与裂变反应不同，散裂反应不释放那么高的能量，但可以将一个原子核打成更多小块，这个过程中会产生中子、质子、介子、中微子等产物，对开展核物理前沿课题研究和应用研究非常有用。散裂反应产生的中子还会在相邻的靶核上继续通过核反应产生中子。

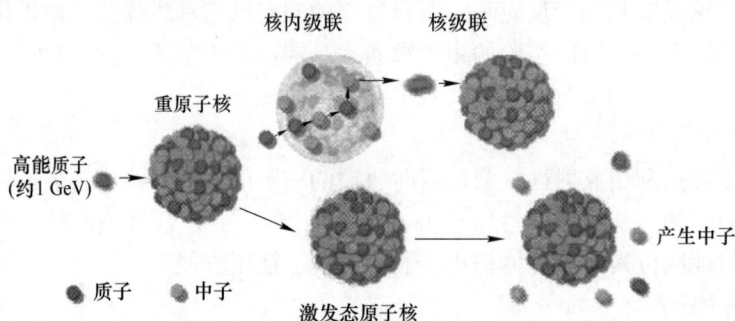

图 8-37　散裂中子源产生中子的原理示意图

由图 8-38 中不同能量质子轰击不同靶材料后的中子产生率可知，重元素靶产生的中子数更多，其中以 U 为最多，且较高质子能量产生的中子数更多。

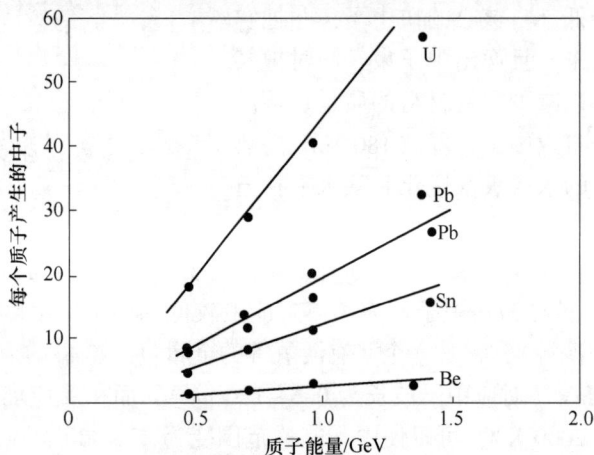

图 8-38　不同能量质子轰击不同靶材料后的中子产生率

散裂中子源的特点是可在比较小的体积内产生比较高的中子注量率，可用较低功率产生与高通量反应堆相当或更高的平均中子注量率。由于使用的质子束是脉冲式的，产生的中子也具有脉冲的模式。因此，谱仪可以采用飞行时间法（即测量中子到达探测器的时间）来标记每个中子的波长（能量），具有很高的时间分辨性能。散裂中子源能提供的中子能谱更加宽广，它可以提供从几个电子伏特到几百兆电子伏特能区的中子，大大地扩展了中子科学研究的范围。散裂中子源与反应堆中子源相比具有以下优点：（1）它和脉冲时间飞行技术结合后，能使用脉冲散裂中子源产生的中子脉冲里的全部中子，并有极高的能量分辨率，从而使谱仪样品处的中子通量与核反应堆相比提高了100倍以上；（2）脉冲技术使其具有高分辨率和低背底，脉冲中子源的谱仪具有最高的能量分辨率，脉冲当中含不同波长的超热、热和冷中子，因此谱仪的频宽大，与核反应堆的谱仪相比，能将能量转移范围扩大5~10倍；（3）散裂中子源不用核燃料，不产生核废物，不污染环境，停电就不再产生质子、中子，安全性高；（4）建造费和运行费较低，散裂中子源的配套工程较少，不需要核反应堆必备的庞大的冷却水系统，核废料的贮存、转运空间和复杂的多层次核反应安全保护系统，慢化器的制冷功率仅200~300 W，是核反应堆用的1/10。

我国已经建成的散裂中子源——中国散裂中子源（CSNS）是我国"十一五"期间重点建设的十二大科学装置之首，是国际前沿水平的高科技多学科应用大型研究平台，被誉为"超级显微镜"。中国散裂中子源填补了国内脉冲中子源及应用领域的空白，为中国物质科学、生命科学、资源环境、新能源等方面的基础研究和高新技术研发提供了强有力的平台，对满足国家重大战略需求、解决前沿科学问题、解决瓶颈问题具有重要意义。

8.5.1.2　中子与物质的交互作用

中子和物质的交互作用过程很复杂，中子本身不带电，它们没有电荷或电偶极子，所以它们不与构成物质的原子、离子或分子直接发生电相互作用。一般来说，与其他带电粒子甚至 X-型和 γ-型光子相比，它们在与物质的直接相互作用中吸收很少，通过物质时主要与原子核作用，产生核散射，还与原子磁矩作用产生磁散射。

A　物质对中子射线的吸收

射线与撞击物的原子相互作用，被撞击物质吸收。当射线遇到任何物质时，一部分射线透过物质，另一部分则被物质吸收。这种现象称为吸收现象，这是第一类效应。实验证实，当射线通过任何均匀物质时，它的强度衰减的程度与经过的距离 x 成正比，其积分形式为

$$I = I_0 e^{-\mu_L x} \tag{8-87}$$

式中，I 是透过厚度为 x 后射线束强度；I_0 为入射中子射线束的强度；μ_L 为线性吸收系数，它与物质种类、密度以及射线的波长有关。

由于线性吸收系数与密度 ρ 成正比，与物质存在的状态无关。$\dfrac{\mu_L}{\rho}$ 用 μ_m 表示，称为质量吸收系数。式（8-87）可改写为

$$I_x = I_0 e^{-\mu_m \rho x} \tag{8-88}$$

这就是比尔定律。

在实际工作中，经常遇到的吸收体物质含有多种元素，设 w_1、w_2、w_3、$\cdots$、w_n 是吸收体中各组分元素的质量分数，μ_{m1}、μ_{m2}、μ_{m3}、$\cdots$、μ_{mn} 为相应元素对特定射线的质量吸收系数，则吸收体的质量吸收系数为

$$\mu_m = w_1\mu_{m1} + w_2\mu_{m2} + w_3\mu_{m3} + \cdots + w_n\mu_{mn} \tag{8-89}$$

B　物质对入射中子的散射

中子衍射的一个重要特征是，在周期表中的各种化学元素之间，散射的效率没有太大的差异。而在 X 射线衍射中，由原子散射因子描述的散射效率随着原子中电子数量的增加而增加。这使得通过中子衍射实验比 X 射线衍射更容易定位与重原子相关的轻原子。中子衍射相对于 X 射线衍射在轻元素灵敏性、穿透深度、无热效应等方面具有优势。

中子与原子核的作用形式与中子能量和核的情况有关，一般有势弹性散射、形成复合核和直接交互作用三类方式。势弹性散射是指入射的中子靠近原子核时，受核力作用在势阱边缘反射，不引起核内部分状态变化，对于重核和低能中子，这种效应显著，是一种弹性散射。中子不受原子内部库仑电场的影响，当中子能量等于或高于核的共振能量时，会被原子核吸收而形成复合核，此时核处于激发态，若核再通过辐射中子而回到基态，这一过程称为共振弹性散射；若放出中子后，剩余核仍处于激发态，这一过程称为非弹性散射。有时复合核还会放出 α、β 等带电粒子，使核的组成发生变化，引起核反应。复合核也可能发射 γ 射线而衰变，称为辐射俘获。对于重核，若其激发态很高，甚至会发生裂变。

散射效应属于第三类效应，X 射线散射体是原子核外电子，通过电子的电荷与入射的 X 射线交互作用而产生散射波。中子和物质的交互作用过程很复杂，中子本身不带电，通过物质时主要与原子核作用，产生核散射，还与原子磁矩作用产生磁散射。当中子能量甚高时，还会和核直接作用，与靶核中粒子碰撞，击出该粒子，中子则留在核内。

只有弹性散射的中子束才能用于晶体衍射研究，非弹性散射的中子能量损失较多，波长变化可以很大，甚至能和入射中子波波长达同一量级。就能量损失而言，X 射线非弹性散射贡献很小，主要靠真吸收；而中子射线的能量损失主要靠非弹性散射，吸收贡献很小。在非弹性散射机制中，中子可以将动量传递给晶格中的原子。在核反应堆中，可以产生能量非常接近原子振动能量的中子（热中子），其波长与原子间的距离相当。在核反应堆中，热中子（即能量接近原子振动能量的中子）能够被产生。这些热中子的波长与原子间的距离相匹配，从而能够与正常晶体中的振动模式（即声子）发生显著的相互作用。因为中子和声子之间的能量非常接近，中子衍射是研究晶格动力学的一种非常熟练的技术。

通常用中子散射截面 σ 表示中子和核发生作用的概率。散射截面定义为

$$\sigma \equiv \frac{散射中子向外的流量}{入射中子通量} = 4\pi b^2 \tag{8-90}$$

式中，b 称为散射长度，许多元素在正常状态下不是由单一形式的核组成，而是由各种不同丰度的同位素核组成，各同位素都有自己的特征散射长度，如 ^{54}Fe 和 ^{56}Fe 的散射长度分别为 0.42×10^{-12} cm 和 1.01×10^{-12} cm。散射长度随原子序数的增加略有增加，共振散射和缓慢增加的势散射相叠加是不规则变化的原因。

中子与物质相互作用的另一种形式是磁相互作用。对于磁性原子来说，除了原子核对中子束的散射外，还存在中子磁矩与原子磁矩交互作用的附加磁散射。具有不完全的 $3d$ 电子壳层的 Fe、Ni、Co 和具有不成对电子的 Fe、Ni、Co、Mn 等自由原子或离子产生合成磁矩，产生附加磁散射。此外，稀土族原子核离子具有不完全的 $4f$ 电子壳层，具有磁

矩也产生磁散射。如果散射体中原子呈长程有序排列，无论是 X 射线衍射、原子核的中子散射，还是磁散射，都会在许多特定方向上产生大大加强的衍射线束，被称为 Laue-Bragg 衍射现象。顺磁材料的磁散射截面在某些情况下大于核散射截面，且顺磁材料的磁矩随机取向，磁散射非相干，因此在粉末衍射花样上给出漫散射背景。铁磁和反铁磁材料的磁散射是相干的，能使衍射峰强度增加或产生附加磁衍射线条，甚至会出现卫星反射。磁结构的中子衍射测定就是利用附加磁散射效应来进行的。

只要存在具有永久磁偶极矩的原子，就在原子磁偶极子和中子磁偶极子之间建立了相互作用。以磁相互作用为中介的中子衍射实验的结果有可能揭示材料中存在的磁性亚晶格的磁偶极子的空间排列。另一方面，在以磁相互作用为中介的非弹性散射机制中，可以观察到中子和材料中存在的自旋波之间的能量转移，其方式类似于晶格声子的非弹性核散射中发生的方式。

8.5.1.3 多晶体核衍射强度的运动学理论

中子具有电中性，它不受原子核周围电子的影响，只被原子核散射，且相干散射截面（或称为相干散射长度）的大小与原子序数无关。

A 核散射

单核对入射的中子波（平面波）的散射波 Ψ 是球面波

$$\Psi = e^{i\pi\kappa} - (b/r) e^{i\kappa r} \tag{8-91}$$

式中，κ 为波数，$\kappa = 2\pi/\lambda$；r 为测量点到核所在原点的距离；b 为中子散射长度。

核的散射截面为

$$\sigma = 4xr^2 v \frac{|(b/r) e^{i\pi r}|^2}{v |e^{i\pi Z}|^2} = 4\pi b^2 \tag{8-92}$$

式中，x 为常数，$x = 1$；v 为中子的速度。

复合核是指核及入射中子组成的不稳定体。可见，这样一个不稳定的混合核的能级位置和性质决定了可能的反应截面，决定了入射中子的吸收或散射。散射截面的表达式为

$$\sigma = \frac{4\pi}{\kappa^2} \left| \kappa\xi + \frac{\frac{1}{2}\Gamma_n^{(r)}}{(E - E_r) + \frac{1}{2}i[\Gamma_n^{(r)} + \Gamma_a^{(r)}]} \right|^2 \tag{8-93}$$

式中，E 为入射中子束的能量；E_r 为在复合核中，中子具有的共振能量；$\Gamma_n^{(r)}$、$\Gamma_a^{(r)}$ 分别为中子以入射的能量再发射与吸收的共振"宽度"。

因为中子宽度 $\Gamma_n^{(r)}$ 和波数 κ 成正比，所以散射截面 σ 的表达式为

$$\sigma = 4\pi \left| \xi + \frac{常数}{(E - E_r) + \frac{1}{2}i[\Gamma_n^{(r)} + \Gamma_a^{(r)}]} \right|^2 \tag{8-94}$$

式中，ξ 为势散射，等于核半径 R。

原子核在低速运动时，其散射截面为 $4\pi R^2$，与仅存在势散射时的散射截面相等。而在高速运动时的波动力学理论得出的散射截面应是 $2\pi R^2$。$R \approx 1.3 \times 10^{-13}A^{1/3}$ cm，A 是质量数，$A^{1/3}$ 意味着原子核是等密度的。当 E_r 和 E 接近时，即当中子的热能接近共振能级时，共振项将变得很大，$\Gamma_n^{(r)}$ 和 $\Gamma_a^{(r)}$ 都为正的，而 $E - E_r$ 可能是正值，也可能是负值。在

某些情况下，共振项可能是负的。而且数值上超过了势散射项，那时散射长度将为负值。

考虑元素多晶体样品在各方向上的中子相干散射的叠加，每个晶胞总的相干散射截面 $E(\xi)$ 为

$$E(\xi) = \frac{\pi N_c}{4\kappa^2} \sum_{hkl} 4\pi F_{hkl}^2 d_{hkl} \tag{8-95}$$

式中，N_c 是单位体积内的晶胞数目；F_{hkl}^2 是单位晶胞中反射的结构因数的平方，即

$$F_{hkl}^2 = \left\{ \sum b\exp\left[2\pi\mathrm{i}(hx/a_0 + ky/b_0 + lz/c_0)\right] \right\}^2 \tag{8-96}$$

式（8-96）为单位体积内所有晶胞总的相干散射截面。则总的全散射为总的相干散射 $E(\xi)$ 和非相干散射 $E(\zeta)$ 之和。

$$E(\xi) + E(\zeta) = \frac{\pi N_c}{4\kappa^2} \sum_{hkl} 4\pi\mathrm{i}F_{hkl}^2 d_{hkl} + \sum E(\zeta) \tag{8-97}$$

B 磁散射

中子和原子之间的另一种具有巨大实际重要性的相互作用形式是磁相互作用。对于磁性原子，除原子核的散射外，由于中子磁矩与原子磁矩的交互作用而产生附加磁散射，中子衍射成为测定磁结构最主要的方法。值得注意的是，稀土元素原子和离子具有不完全的 $4f$ 电子，也有原子磁矩，其与中子磁矩交互作用产生附加磁散射。

中子具有磁性，与自旋 I 相关的偶极子 $\boldsymbol{\mu}_n$ 由式（8-98）给出。

$$\boldsymbol{\mu}_n = -\gamma_n\mu_N I \tag{8-98}$$

式中，$\gamma_n = 1.913$ 是常数；μ_N 是核磁子，有

$$\mu_N = \frac{eh}{2m_p} \tag{8-99}$$

式中，m_p 是质子的质量；中子的磁偶极子与永久原子磁偶极子产生的磁场 $\boldsymbol{B}$ 相互作用。这个偶极子又与电子的轨道运动和自旋有关。电子轨道运动产生的磁偶极矩 $\boldsymbol{\mu}_{orbital}$ 由式（8-100）给出：

$$\boldsymbol{\mu}_{orbital} = \frac{-e}{2m_e}\boldsymbol{L} \tag{8-100}$$

式中，$\boldsymbol{L}$ 是角动量；m_e 是电子的质量。由自旋引起的磁偶极矩 $\boldsymbol{\mu}_{spin}$ 由式（8-101）给出。

$$\boldsymbol{\mu}_{spin} = -2\mu_B\boldsymbol{S} \tag{8-101}$$

$$\mu_B = \frac{eh}{2m_e} \tag{8-102}$$

式中，μ_B 为玻尔磁子；$\boldsymbol{S}$ 为电子的自旋矢量。分别计算由于电子自旋和轨道运动对总磁场的贡献，以及分别研究中子的磁偶极子与每个分量的相互作用是很方便的。特别是当原子偶极子在晶格中取向有序形成一种磁性子网络时，基于这种相互作用可以形成相长干涉束（布拉格反射）。

描述中子与原子磁场 $\boldsymbol{B}$ 的磁相互作用的电势 V 由式（8-103）给出。

$$V = -\boldsymbol{\mu}_n \cdot \boldsymbol{B} \tag{8-103}$$

这与控制原子核相互作用的势有很大不同。虽然与原子核的相互作用被限制在非常有限的区域，但磁相互作用是一种长程相互作用。反过来，它是整个电子云对原子磁场贡献

的叠加结果。由于这些原因，在核磁共振相互作用中，我们不能把原子看作一个粒子，一个点状散射体。磁场起源于与未配对电子的自旋和轨道运动相关的磁偶极子，也就是说，有

$$B(r) = B_{spin}(r, S) + B_{orbital}(r, L) \tag{8-104}$$

在磁相互作用中观察到类似于 X 射线散射的行为。磁性形状因子 $f(\theta)$ 用于描述每个原子的贡献。

$$f(\theta) = \frac{\langle q | \int_{atom} M \cdot e^{-i(k-k_0)R} d^3r | q \rangle}{\langle q | \int_{atom} M d^3r | q \rangle} \tag{8-105}$$

式中，q 象征原子的基态，括号代表空间平均值；M 代表磁化算符；R 通常与散射后的波相关，描述了散射波的方向和相位；k_0 为入射波的波矢，描述了入射波的方向和相位。磁化可以从电子的自旋和轨道运动中分离出来。

$$M = M_{spin} + M_{orbital} \tag{8-106}$$

磁化是每单位体积的磁偶极矩量的度量，并且可以通过电子的自旋和轨道运动的贡献来分离。磁化强度的计算考虑了所有的电子，但结果表明相关贡献来自未配对的电子。

核相互作用是完全各向同性的，偶极-偶极磁相互作用是强烈各向异性的。然而，这两种相互作用基本是一样大的。磁相互作用的各向异性，它证实了在给定的指数为 hkl 的晶面上，只有原子的磁偶极矩的平行分量对磁散射（"反射"）有贡献。换句话说，对于磁化垂直于给定平面 hkl 的那些情况，磁贡献不会导致该平面的散射。这是一种固有的消光条件，不同于由于晶格对称性引起的消光条件，并且是决定磁偶极子相对于晶轴的取向的一个非常重要的因素。

微分截面与磁结构因子 F_M 的平方成正比。这一特性也与磁相互作用的各向异性有关。在布拉格条件下，对于磁有序完全定义在晶体的晶胞中的简单磁结构，磁结构因子可以写为

$$F_M(hkl) = p \sum_i^{cell} f_i(\theta_{hkl}) \cdot \mu_i e^{-iR_i(k-k_0)} \tag{8-107}$$

式中，p 为常数；μ_i 为原子 i 的磁偶极矩；R_i 为原子 i 在晶胞中的位置矢量。

对于某些复杂的磁结构，如螺旋磁结构，它们无法通过简单地平移晶胞内的磁排列来完全描述。为了分析这些特殊情况，引入了传播向量（propagation vector，通常用 k 表示）的概念。传播向量 k 在理解这些非传统磁结构中的周期性变化及其传播方式方面起着关键作用。通过使用传播向量，我们可以更准确地模拟和解析这些复杂磁结构的行为和特性。这些情况可以用传播向量 k 来分析。如果在原子磁偶极子的空间分布中存在周期性排序，这些可以被描述为傅里叶级数展开：

$$\mu_{ji} = \sum_k C_{k,i} e^{-2\pi ik \cdot R_j} \tag{8-108}$$

式中，μ_{ji} 是晶胞 j 中原子 i 的磁偶极矩；$C_{k,i}$ 是复向量系数；k 是在倒易空间中定义的向量，称为传播向量；R_j 是单位 j 晶胞的原点的位置向量。在调制结构的描述中使用了类似的过程，其中代替 μ_{ji}，将具有例如测量 j 单元中 i 原子相对于这些原子在原始单元中的位置的位移的向量作为参考。如同在调制结构中一样，这些磁结构需要很少的传播矢量，通常不超过 3 个。最简单的情况是只有一个传播向量 $k = 0$。在这种情况下 $C_{0,i} = \mu_{ji}$ 为所有晶胞。

在磁性结构的情况下，中子的散射由原子核和磁性贡献的总和给出。在具有非极化自旋的中子束撞击具有磁有序的晶体的情况下，干涉最大值的强度为

$$\frac{\mathrm{d}\sigma}{\mathrm{d}\Omega} \propto |F_N|^2 + |(F_M)\perp|^2 \qquad (8\text{-}109)$$

式（8-108）中的磁性部分，考虑到磁性结构因子对散射矢量的垂直分量，定义为 $\Delta k = k - k_0$。在布拉格条件下，散射矢量平行于所考虑的平面 hkl 的法线方向。

在向量符号中，由等式给出的布拉格条件为

$$\Delta k = h \qquad (8\text{-}110)$$

式中，h 是表示 hkl 晶面族的倒易点阵的向量。对于磁结构的情况，有

$$\Delta k = h + k \qquad (8\text{-}111)$$

式中，在 $k = 0$ 时，反射对应于倒易晶格的点，磁贡献与核贡献重叠；在 $k \neq 0$ 时，在倒易点阵的点附近观察到新线。这些线路通常被称为卫星线路。

8.5.1.4 中子衍射强度

中子衍射的主体是原子核和原子磁矩，因此分为核衍射强度 I_N 和磁衍射强度 I_M。

核散射强度 I_N 为

$$I_N = CM_T[(\gamma e^2)/(2mc^2)]^2 |F_N|^2 \qquad (8\text{-}112)$$

磁散射强度 I_M 为

$$I_M = CM_T A(\theta_B)[(\gamma e^2)/(2mc^2)]^2 \langle 1 - (t \cdot M)^2 \rangle |F_M|^2 \qquad (8\text{-}113)$$

式中，C 为仪器常数；M_T 为多重性因子（对于多晶）；$A(\theta_B)$ 为角因子，其值等于 $1/[\sin\theta\sin(2\theta)]$，$(\gamma e^2)/(2mc^2) = 0.27$ 为中子-电子耦合；$\langle 1 - (t \cdot M)^2 \rangle$ 为取向因子；m 为磁矩；F_M 为磁结构因子。

X 射线衍射强度公式为

$$I_X = I_0 \frac{\lambda^3}{32\pi R}\left(\frac{e^2}{4\pi\varepsilon_0 mc^2}\right)^2 \frac{V}{V_c^2} M_T |F_X|2L_P$$

$$= C_X \frac{V}{V_c^2} M_T |F_X|^2 L_P \qquad (8\text{-}114)$$

式中，L_P 为角因子；$I_0 \dfrac{\lambda^3}{32\pi R}\left(\dfrac{e^2}{4\pi\varepsilon_0 mc^2}\right)^2$ 为常数，等于 C_X。

X 射线散射的结构因子

$$F_{Xhkl} = \sum f_X \exp[2\pi\mathrm{i}(hx + ky + lz)] \qquad (8\text{-}115)$$

中子核散射结构因子

$$F_{中子核hkl} = \sum b\exp[2\pi\mathrm{i}(hx + ky + lz)] \qquad (8\text{-}116)$$

中子磁散射结构因子

$$F_{中子核hkl} = \sum \mu f_M \exp[2\pi\mathrm{i}(hx + ky + lz)] \qquad (8\text{-}117)$$

式中，f_X、b、μ、f_M 分别称为 X 射线散射因子、中子原子散射长度、磁化率和中子磁散射形状因子。因此，磁性材料的中子衍射强度为核衍射和磁衍射之和，即

$$I_{中子} = I_N + I_M = CM_T \left(\frac{\gamma e^2}{2mc^2}\right)^2 |F_N|^2 + CM_T A(\theta_B) \left(\frac{\gamma e^2}{2mc^2}\right)^2 \langle 1 - (t \cdot M)^2 \rangle |F_M|^2$$

$$(8\text{-}118)$$

把位置参数的指数形式改写为三角函数形式，即

$$\exp[2\pi i(hx + ky + lz)] = \cos 2\pi(hx + ky + lz) + i\sin 2\pi(hx + ky + lz) \quad (8\text{-}119)$$

8.5.2　测试分析方法

在晶体结构测定方面，中子衍射方法有如下优势：

（1）可在原子尺度上精确分析蛋白质与水、氢原子的相互作用及作用机理，这对疗效优异的疑难病症治疗、新药的设计、制造、开发等都具有重要意义。

（2）中子衍射长度相关较大，能区分序数相邻原子的晶体学位置。

（3）同位素效应，中子对同一元素的不同同位素有不同的散射长度，故能区分不同同位素的晶体学位置，而 X 射线元素完全不可能。

（4）中子衍射是测定晶体结构和磁结构最有效的方法，特别是磁结构，这是中子衍射对固体物理、材料科学的最大贡献。

8.5.2.1　晶体结构的测定

中子衍射测试时，一束能量为 E_0、动量（波矢量）为 k_0 的中子投射到样品 S 上，经过一次色散，变为能量和动量各为 E'、k' 的色散束向各个方向色散，样品取向与入射中子束的夹角为 ψ。对于中子衍射，$E' = E_0$，且 $|k| = (2mE)^{1/2}$。可见只需测定中子的能量（或动量）及角度就可获得信息。

测量中子的能量，按仪器原理可分为两大类：一类是利用不同能量的中子具有不同波长的特点，沿用与 X 射线相似的衍射方法；另一类测定能量的方法是中子实验特有的，即飞行时间（TOF）方法，通过测量中子运动速度反推能量的方法（$E = mv^2/2$，v 为中子速度）。其原理是：通过一定的实验装置使中子一束一束地以脉冲形式打到样品上，让散射的中子都从样品上"起跑"，然后根据到达一定距离的探测器上所需要的时间来确定中子速度，从而推算出能量。

在粉末样品的衍射花样中，某些晶面间距相近或相等，则会产生衍射峰的重叠。为了测定样品中原子的晶体位置，许多情况需要对重叠峰进行分离。遇到晶面间距相近这种情况时，必须采用尽可能高分辨率的实验参数。重叠峰主要的分离方法有峰形拟合法。重叠峰的分离方法与 Rietveld 结构精修方法类似，就是当晶体结构未知时，在衍射位置约束（由指标化后的点阵参数确定的位置）或无位置约束的情况下，根据晶体的空间群，在全谱范围内逐点 θ_i 拟合衍射强度，使各个可能出现重叠的衍射峰的强度与实验观测强度相符合，以达到重叠峰分离的目的。对于晶面间距相等而完全重叠的衍射峰，只能根据多晶衍射花样的多重性因子，采用均分法把强度分配给相应的每条衍射线。

8.5.2.2　自旋结构和磁结构的测定

中子有自旋磁矩，当它通过磁性物质时，除核散射外，还与磁性原子的磁矩产生交互作用，引起附加磁散射。这种效应能在中子衍射图中表现出来。研究衍射强度和花样的变化，就能了解磁性材料的磁结构情况。

顺磁材料中原子的不配对电子产生磁矩是随机取向的。原子的顺磁漫散射来自原子外

壳层不配对电子的磁矩贡献,其强度随 $(\sin\theta)/\lambda$ 的增加而减少。铁磁和反铁磁材料的磁性和晶体结构密切有关。对于铁磁性结构,晶胞中各原子的磁矩方向相同。磁性原子组成的晶胞就是结晶学晶胞,因此附加磁散射峰和核散射峰出现在同一角位置上,或者说磁散射仅增加核散射峰的强度。由于原子磁矩与轨道电子有关,磁附加散射的强度随 θ 的增加而下降。反铁磁材料的衍射花样一般出现新的衍射峰或卫星反射。按磁矩方向来分类的两部分原子分别组成两个相互贯穿的点阵,这两个点阵称为亚点阵。这两个点阵除了原子磁矩方向平行外,晶胞大小相同,其构成和结晶学晶胞没有不同,只是平移周期是结晶晶胞的倍数。这种磁亚点阵的晶胞通常称为磁晶胞。

图 8-39 是 Au_2Mn 的结构图,沿 c 轴方向的排列顺序是一层 Mn 原子、两层 Au 原子,同一层 Mn 原子的磁矩方向相向,它们和 c 轴垂直。这种 Mn 原子平面称为磁晶面或磁片,设相邻磁片的磁矩方向偏角为 ξ ,磁结构因子的相角部分将出现因子 ϕ :

$$\phi = \xi \pm 2\pi H \cdot r \qquad (8\text{-}120)$$

式中, ξ 为相邻磁片的磁矩方向的偏角; H 为磁场强度。

当 $2\pi H \cdot r = \pm\xi$ 会出现干涉加强的卫星反射。

原子磁矩方向和 c 轴垂直并绕 c 轴旋转。相邻磁晶面间距为 $c/2$,该面任一 Mn 原子的分数坐标位矢为 $r = xa + yb + c/2$,各层磁片中的原子磁矩方向绕 c 轴旋转,相邻磁盘的磁矩转为 51°。所以,磁矩方向每隔 7.058 片左右重复 1 次,它相当于沿 c 轴方向经过 3.529 个晶胞距离,可看到磁超结构平移周期和结晶学晶胞长度是不可通约的。

图 8-40 是 Au_2Mn 的中子衍射图,从图中可以看到核散射基线 hkl 两侧出现了卫星反射或伴线,意味着晶体中有某种调制结构存在。这种调制结构来自磁矩方向周期性变化。

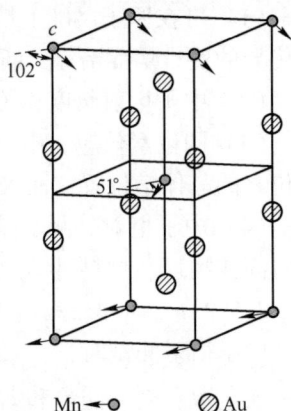

图 8-39 Au_2Mn 的结构图

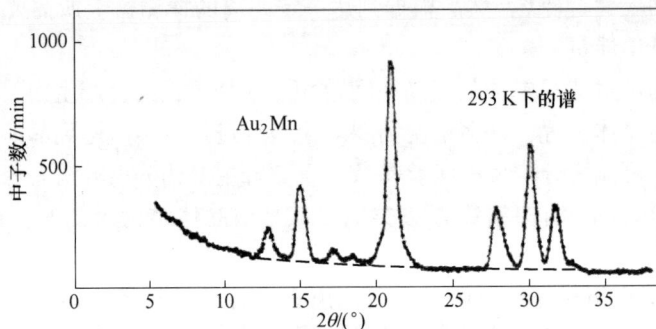

图 8-40 Au_2Mn 的中子衍射图

对倒易原点附近的卫星反射 0, 0, Δl 有

$$\zeta = 2\pi \cdot \Delta l \cdot \frac{1}{2} \qquad (8\text{-}121)$$

式中, Δl 可以从衍射点阵作图的卫星斑点量出,实验发现, $\Delta l \approx 2/7$,求得 $\zeta \approx 51°$ 。对于其他反射的卫星反射指数则为 0, 0, $l \pm \Delta l$ 型,因此,002 核反射的磁卫星反射指数为

$$(002)^{\pm} = 00\frac{16}{7}$$

$$00\frac{12}{7}$$

101 核反射的卫星反射指数为

$$(101)^{\pm} = 10\frac{9}{7}$$

$$10\frac{5}{7}$$

这样不但测出了磁矩的偏转角，还完成了衍射指标化。

8.5.3 应用实例分析

8.5.3.1 结构解析

为了克服 X 射线的灵敏度限制，可进行中子衍射实验来解析 $CoMoN_2$ 的结构，因为 N（9.36fm）、Mo（6.72fm）和 Co（2.49fm）的散射长度显著不同，对所有物种都具有优异的灵敏度。中子衍射数据的索引表明，$CoMoN_2$ 在 $\delta1$-MoN 的 $1 \times 1 \times 4$ 超晶胞（$a \sim$ 0.285 nm，$c \sim 1.101$ nm）中结晶。通过 Rietveld 结构精化测试了先前报道的过渡金属氮化物的不同晶体结构，发现只有具有 $P6_3/mmc$（#194）空间群对称性的 $Li_{0.67}NbS_2$ 结构类型有效地描述了 $CoMoN_2$ 结构。在该结构中，在具有重复 AABB 堆叠序列的紧密堆积层中发现氮离子，而在氮的未被占据的 C 层位置正上方或正下方的坐标处，在 N 层之间发现所有过渡金属离子。这导致过渡金属的三棱柱和八面体配位交替层（见图 8-41）。证实了这种电催化剂具有四层混合封闭堆积结构，且具有八面体位置（由二价 Co 和三价 Mo 占据）和三棱柱位置（由化合价大于 3 但不超过 4 的 Mo 占据）的交替层。预期这种结构的层状性质允许 3d 过渡金属在不破坏催化活性的情况下调节钼在催化剂表面的电子态，并且这种结构类型的八面体位点上的替代取代可以导致甚至更好的析氢反应（HER）活性。

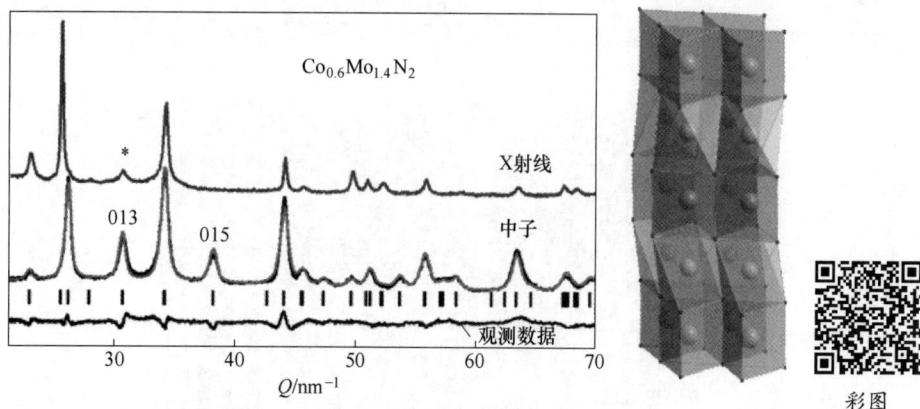

图 8-41 $CoMoN_2$ 中子衍射的精修显示了观测数据（黑线）、计算数据（红线）和差异曲线（底线）

8.5.3.2 铁磁、反铁磁和顺磁物质的研究

$Li_2FeP_2O_7$ 在 150 K 下精修后的中子粉末衍射图如图 8-42（a）所示。从室温到 1.7 K，除了轻微的热收缩外，没有观察到核峰的强度和位置有任何变化，表明在 1.7 K 以下没有

任何结构转变。对于低于 $T_N = 9$ K 的温度（见图 8-42（b）），中子衍射图中出现了纯磁源的额外峰值（见图 8-43）。这些峰值可以在与核结构相同的单元里进行索引，意味着传播

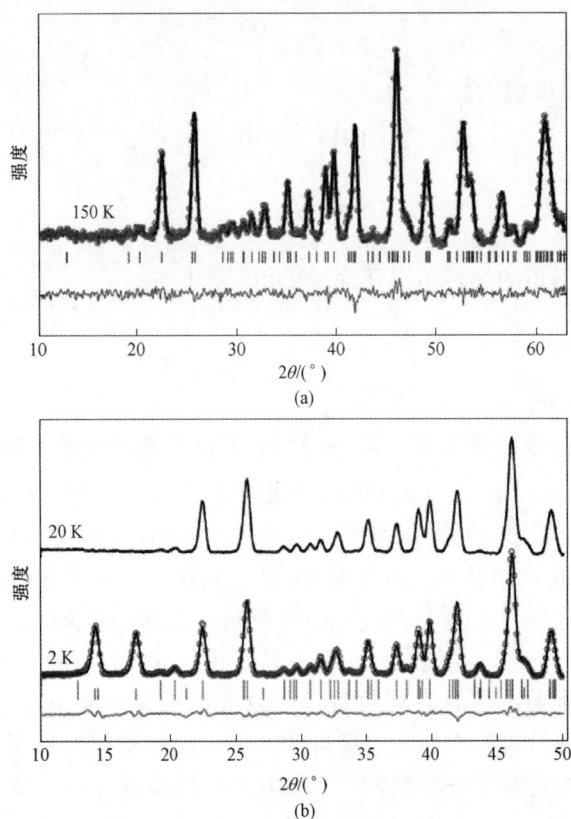

图 8-42　$Li_2FeP_2O_7$ 在 150 K 和 2 K 下精修的中子粉末衍射图

（a）$Li_2FeP_2O_7$ 在 150 K 下精修后的中子粉末衍射图（D20 衍射仪，$\lambda = 0.242$ nm）；

（b）2 K 下精修的中子粉末衍射图

粗黑色为实测衍射谱，黑线为拟合衍射谱，点线为实测与衍射谱的差值，短线为布拉格峰）

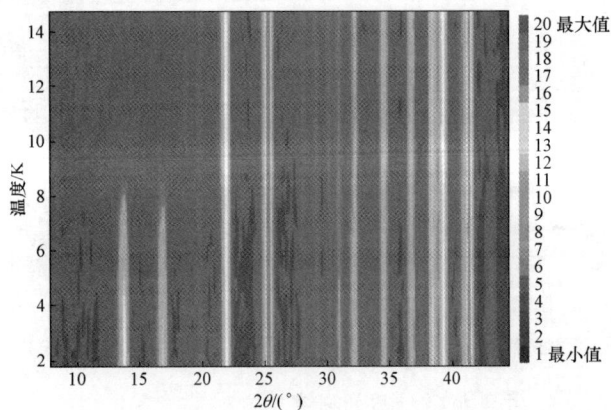

图 8-43　$Li_2FeP_2O_7$ 的中子衍射图与温度的 2D 图

（D20 衍射仪，$\lambda = 0.242$ nm）

更多实例
扫码 1

矢量为 $k=(0,0,0)$。因此 Shubnikov 群与核群 $P2_1/c$ 是相同的，继而进行对称性分析以获得可能的磁性结构。这种焦磷酸盐（$Li_2FeP_2O_7$）化合物稳定成单斜骨架（空间群 $P2_1/c$），具有伪层状结构，其中组成 Li/Fe 位点分布在 MO_6 和 MO_5 构建单元中。中子衍射揭示了 $T_N=9$ K 以下的复杂有序形貌，涉及铁磁团簇单元之间的反铁磁相互作用。

8.5.3.3　定量分析

以图 8-44 中的中子衍射图为例，当 $2\theta=44°$ 时，奥氏体（111）、铁素体（110）的峰和马氏体（101）的峰重叠，导致这些峰难以分辨。然而，当 $2\theta=66°$ 时，铁素体（110）和马氏体（200）的峰仍然存在。但只有奥氏体（200）的峰满足进一步分析的基本要求，其极图可用于进一步定量相分析。对于所有测量的 ADI 样品，纹理测量的实验条件必须设置相同。在这样的实验条件（设置）中，可以直接比较不同 ADI 样品中奥氏体（200）的峰值强度，而无需进一步归一化。对这些中子衍射和成像技术在相位定量中的准确性和应用范围进行了详细比较和讨论。这些方法的结合已被证实对处理多相材料中的峰重叠和塑性变形后的织构形成等问题是有效的。此外，该结果突出了使用单峰极图数据进行高精度定量相位分析的潜力。

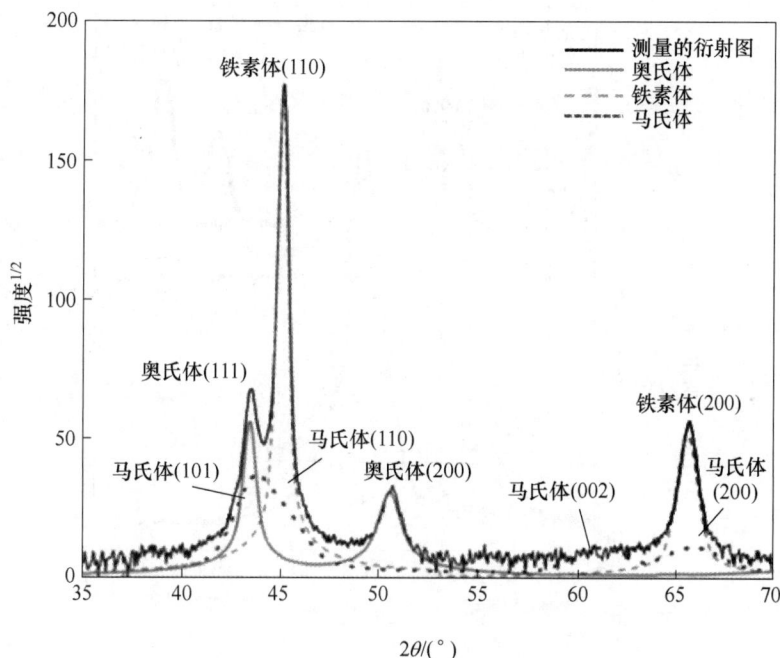

图 8-44　ADI 在 350 ℃ 等温淬火时的中子衍射图

（压缩至 35% 的应变水平）

8.5.3.4　原位检测

中子衍射技术是指通过中子和原子核之间的相互作用来无损获取材料结构信息。中子衍射与 XRD 相比，其对轻元素（如锂、氧、氮等）的识别更加敏感，通过使用原位中子衍射检测锂离子电池中石墨锂化的程度，可以间接地检测负极析锂。研究者在 -20 ℃ 下充电倍率对 18650 型 $LiNi_{1/3}Mn_{1/3}Co_{1/3}O_2$/石墨电池负极析锂的影响过程中利用原位中子衍射实时检测 LiC_{12}、LiC_6 和 $Li_{1-x}C_{18}$ 在充、放电过程中强度的变化，发现在 C/5 倍率充电时负极锂的嵌入速度比在 C/30 倍率时要慢，随后通过足够的静置时间锂可以完全嵌入，若直接放电，则放电初期负极表面的析锂会首先反应，从而在放电曲线中出现平台，且平台长度与负极表面锂含量成正比。如图 8-45 所示，在 30.9% 的充电态（SOC）下，LiC_{12}、$Li_{1-x}C_{18}$ 和少量的 LiC_6。$Li_{1-x}C_{18}$ 的强度尽管与室温下的观察结果相反，但从未完全消失，观察到它会减少到约 61% 的 SOC。一部分 $Li_{1-x}C_{18}$ 似乎无法在低温下进行进一步锂化，可能是因为在达到 46% 的 SOC 后，LiC_{12} 反射的强度开始松动，而 LiC_6 反射的强度上升。然而，在充电结束后仍保留了相当多的 LiC_{12}，并且相对于 1950 mA·h 的标称容量，总共仅达到 77% 的容量（约 1503.5 mA·h（充电））。这表明，当充电速率很小时，几乎可以达到 RT 容量，因此在 C/20 充电期间观察到的约 1500 mA·h 时的较低低温容量似乎主要是由于电荷转移电阻或锂在石墨中的扩散已被讨论为低温下充电能力的速率限制因素。图 8-45 显示了每 135 min 收集的数据，SOC 相对于标称容量。插图中黑色实线显示了充电结束时收集的数据的伪 Voigt 剖面拟合，浅灰虚线显示了各相的单独贡献，黑色虚线显示了组合拟合。

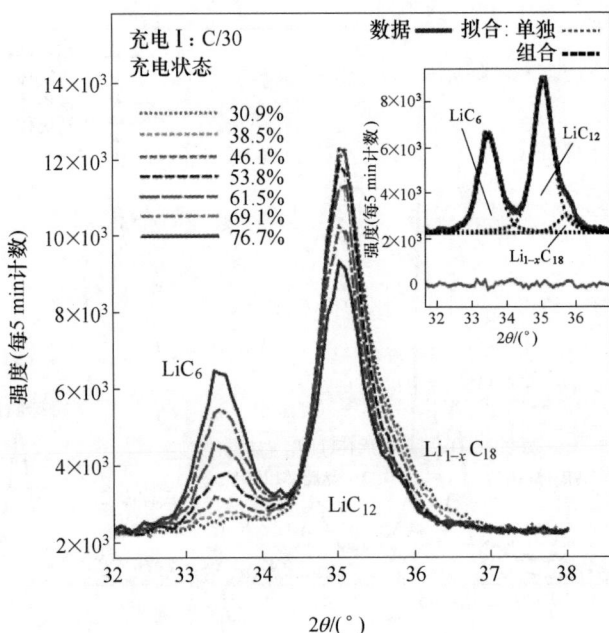

图 8-45　−20 ℃ 下通过恒流恒压充电收集的 C/30 条件下充电期间衍射强度
（恒压阶段在 71.6% 的 SOC 之后开始）

　　在第二次充电循环期间，温度为−20 ℃，充电速率为 C/5，以监测在低于环境温度下"快速"充电的效果。该实验的数据如图 8-46 所示，显示了每 30 min 收集 5 min 的数据，SOC 相对于额定 RT 容量。显然，与图中所示的 C/30 电荷的数据存在相当大的差异。而对于 30%~50% 的 SOC，当 $Li_{1-x}C_{18}$ 的含量降低到一特定水平，与此同时形成 LiC_6 时，起初我们观察到的反射强度及其变化是相似的，但随后又会表现出明显的不同。对于 SOC 含量 40% 的情况，与 C/30 充电相比，在 C/5 循环期间仅发现 LiC_{12} 反射强度略有下降，

同时 LiC_6 反射强度适度增加。显然，在"快速"C/5 充电期间比在"慢速"C/30 充电期间锂化形成 LiC_6 的 LiC_{12} 要少得多，尽管 C/30 充电和 C/5 充电的充电容量相当相似即 1503.5 mA·h（C/30）和 1520.5 mA·h（C/5）。C/5 充电的更大容量可以解释为 C/5 充电期间的（更高的）电流导致电池的温度变化所致。

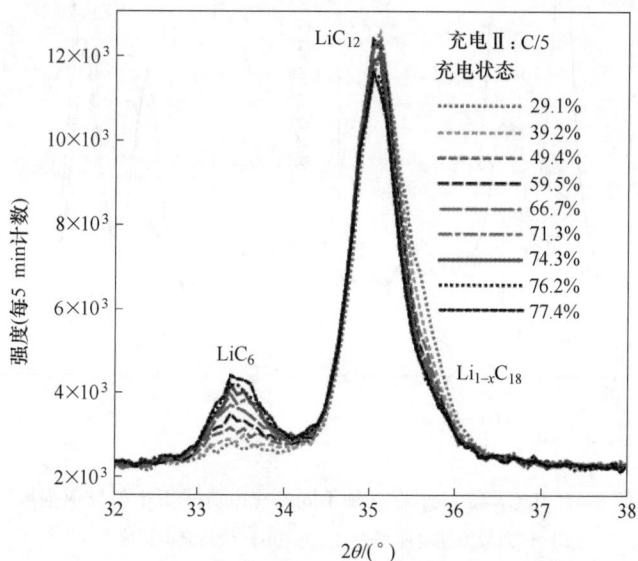

图 8-46　-20 ℃速率为 C/5 充电期间收集的衍射数据
（恒压阶段在 57.3% 的 SOC 之后开始）

　　根据弛豫过程中的中子衍射数据，将镀锂后的电压曲线与正在进行的从 LiC_{12} 到 LiC_6 的相变直接关联起来。在 32~38℃之间，当充电速率为 C/20 和 1C 时，LiC_{12} 和 LiC_6 在三种不同的充电方式下衍射反射的强度（在 20 个散射角范围）如图 8-47 所示环境温度为 -2 ℃。在 C/20 电荷开始时，在 LiC_6 的 2θ 位置没有观察到反射。可以清楚地看到 LiC_{12} 的反射，对于锂含量较低的锂相，可以看到一个突出的肩部，但不能准确区分。当充电量为 1009 mA·h 时，LiC_{12} 的反射强度增加，肩部消失。此外，在 $LiC_6(001)$ 的散射角处出现了一个小的反射，表明第一阶段地层的开始。最后，1687 mA·h 的电量被充电到电池中。LiC_6 的反射强度是衍射图中最主要的特征，其强度高于 LiC_{12} 的反射强度。与在 -20 ℃下的第一个实验相反。其中，在约 35.7° 的 2θ 位置上始终存在 $Li_{1-x}C_{12}$ 相的反射，在 -2 ℃时，充电结束时没有低锂含量的相残留。1C 充电结束后充电 1622 mA·h。与 C/20 数据相比，1C 时 LiC_6 反射较小，而 LiC_{12} 反射较大。此外，虽然转移到阳极的锂量非常相似，但 LiC_6 的反射强度小于 LiC_{12} 的反射强度。1C 衍射峰表明石墨中只发生了部分相变，与电荷容量相对应的锂量并没有完全嵌入主体结构中。尽管在 1C 充电速率下，电流依赖过电位增大，而电池容量有所减小，因此这一差异主要是由金属锂的沉积引起的。

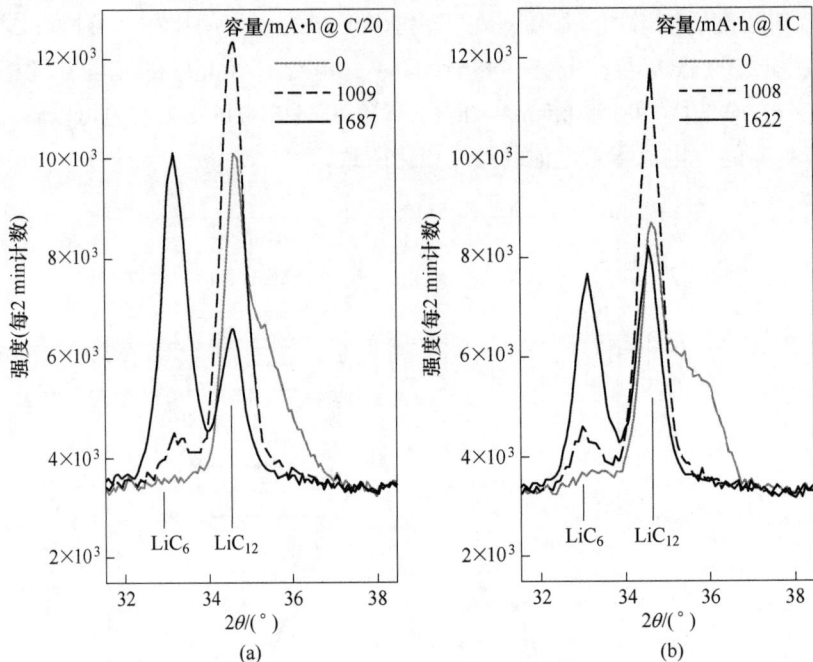

图 8-47 LiC$_{12}$ 和 LiC$_6$ 在三种不同的充电方式下衍射反射强度

(a) 作为最低充电速率为 C/20；(b) 最高充电速率为 1C

更多实例
扫码 2

8.6 电子顺磁共振谱测试分析方法

磁性是电子、质子、中子等微观粒子和轨道所具有的内在属性。电子顺磁共振（EPR）是由不配对电子的磁矩发源的一种磁共振技术，是研究含有一个或一个以上未配对电子的电磁波谱法。电子顺磁共振谱可用于定性和定量检测物质原子或分子中所含的未配对电子（或称为未成对电子），并探索其周围环境的结构特性。对自由基而言，轨道磁矩几乎不起作用，总磁矩的绝大部分的贡献来自电子自旋，所以电子顺磁共振也称为电子自旋共振（ESR）。电子顺磁共振是研究固体磁性和超精细相互作用的一种方法。利用它可以得到有关电子自旋的磁性状态（g 因子）、自旋-自旋相互作用（自旋-自旋弛豫时间 τ_2），自旋和晶格相互作用（自旋-晶格弛豫时间 τ_1）等信息。电子顺磁共振广泛应用于离子晶体中 $3d$、$4d$、$5d$、$4f$ 和 $5f$ 离子的磁性研究。

8.6.1 基本原理

电子的自旋运动使它具有磁矩。若电子处于外加的磁场中，自旋与磁场的方向不同，则自旋磁矩与磁场的相互作用不同。当含有未成对电子的物质置于外磁场中时，电子的磁矩 $\boldsymbol{\mu}$ 与外磁场 $\boldsymbol{B}_0$ 存在相互作用能。这一相互作用能 E 与外磁场 $\boldsymbol{B}_0$、电子的磁量子数 m_s、电子磁矩在磁场 $\boldsymbol{B}$ 方向的分量 $\boldsymbol{\mu}_B$（玻尔磁子）有关：

$$E = -\boldsymbol{\mu} \cdot \boldsymbol{B}_0 = -\boldsymbol{\mu} \boldsymbol{B}_0 \cos\theta = -\boldsymbol{\mu}_z \boldsymbol{B}_0 = m_s g_e \boldsymbol{\mu}_B \boldsymbol{B}_0 \tag{8-122}$$

式中，g_e 为波谱分裂因子，又称为 g 因子。

如果只有一个未成对电子，磁量子数 m_s 有 $\dfrac{1}{2}$ 和 $-\dfrac{1}{2}$，则可能存在两种状态的能量：

$$E_\alpha = \frac{1}{2} g_e \boldsymbol{\mu}_B \boldsymbol{B}_0$$

$$E_\beta = -\frac{1}{2} g_e \boldsymbol{\mu}_B \boldsymbol{B}_0 \tag{8-123}$$

如果在垂直于磁场 $\boldsymbol{B}_0$ 的方向上施加频率为 ν 的电磁波，当 $\boldsymbol{B}_0 \neq 0$ 时，$E_\alpha \neq E_\beta$，分裂为两个能级，两能级间的能量差 $\Delta E = E_\alpha - E_\beta = g_e \boldsymbol{\mu}_B \boldsymbol{B}_0$。如果在垂直于磁场 $\boldsymbol{B}$ 方向上施加频率为的电磁波，当满足：

$$h\nu = g_e \boldsymbol{\mu}_B \boldsymbol{B}_0 \tag{8-124}$$

条件的低能级的电子吸收电磁波能量跃迁到高能级中，便会产生电子顺磁共振现象。这是由电子磁矩重取向引起的。为了观察电子亚能级间的共振，通常不改变所加射频波的频率，而是通过改变磁场值来实现。

顺磁物质分子中的未成对电子不仅与外磁场有相互作用，还与附近的磁性核有相互作用，这种未成对电子自旋与核自旋磁矩间的相互作用称为超精细相互作用。超精细相互作用使原先单一的 EPR 谱线分裂成多重谱线，这些谱线称为超精细谱线。通过分析谱线数目、谱线间隔及其相对强度，可以判断与电子相互作用的核的自旋种类、数量及相互作用的强弱，有助于确定自由基等顺磁物质的分子结构。判断方法如下：

（1）对于一个未成对电子与一个核自旋为 I 的核相互作用，可以产生（$2I+1$）条等强度和等间距的超精细线，相邻两谱线间的距离 a 称为超精细耦合常数。

（2）对于一个未成对电子与 n 个等性核的相互作用，产生（$n+1$）条等间距的谱线，超精细谱线以中心线为最强，并以等间距 a 向两侧对称分布。

（3）对于一个未成对电子与 n 个不等性核的相互作用，如果其中有 n_1 个核自旋为 I_1，n_2 个核自旋为 I_2，$\cdots$，n_k 个核自旋为 I_k，则能产生最多的谱线数为（$2n_1 I_1 + 1$），（$2n_2 I_2 + 1$），$\cdots$，（$2n_k I_k + 1$）。

8.6.2 测试分析方法

8.6.2.1 研究对象

电子顺磁共振（EPR）的研究对象主要是自由基和顺磁性金属离子及其化合物，具体可以分为以下几类：

（1）自由基中间产物。自由基指的是在分子中含有一个未成对电子的物质，用 EPR 检测自由基是一种快速、直接的方法，通过计算 g 因子，并与标准值比较，可估算自由基种类。

（2）双基或多基。在一个分子中含有两个或两个以上未成对电子的化合物，但它们的未成对电子相距较远，相互作用较弱。

（3）三重态分子。这种化合物的分子轨道中含有两个未成对电子，但与双基不同的是，两个未成对电子相距很近，彼此之间有很强的相互作用，如氧分子。

（4）过渡金属离子和稀土离子。这类分子在原子轨道中出现未成对电子，如碱金属的原子、具有未充满 d 轨道的过渡金属离子、具有未充满 $4f$ 壳层的稀土金属离子。

（5）固体中的晶格缺陷。一个或多个电子，或空穴陷落在缺陷中或其附近，形成一个有单电子的物质，如面心、体心，或因为原子缺少引起含有单电子的原子缺陷等。

（6）具有奇数电子的原子和含有单电子的分子等。

8.6.2.2　测试方法

电子顺磁共振分析方法的特点是制样简单，通常不用对样品进行特别处理，直接取样测量，检测方便、快捷、灵敏度很高。对于性质稳定的顺磁性物质，不管其是固体、液体，还是气体，都可以直接检测。顺磁性物质含有未成对电子，所以大多数呈现相当活泼的化学性质，以致化学反应性强、寿命短，在化学反应体系中，难以达到一定的浓度，因此难以用通常的直接测量方法进行检测。自旋捕获方法是专门用于研究高活性、短寿命自由基的一种技术。其利用一种逆磁性的不饱和化合物 ST（自旋捕获剂）和反应中的活性自由基 R · 起反应，生成另一种较为稳定的自由基产物 ST-R · （自旋加合物），再采用 EPR 检测这种旋加合物，并根据其波谱特性来研究自由基的结构和性质。自旋捕获方法已广泛用于有机化学、电化学、高分子化学、生物学和医学等反应过程中低浓度、短寿命自由基的检测和结构研究。常用的自旋捕获剂有 2 甲基-2-亚硝基丙烷（MNP）、三叔丁基-2-亚硝基苯（TNB）、苯基-叔丁基硝酮（PBN）、5，5-二甲基-1-吡咯啉-N-氧化物（DMPO）等。

自旋标记法是用化学反应的方法把顺磁性分子通过共价结合的方式引入被研究的逆磁性分子的特定部位。目前，用得最多的自旋标记化合物是氮氧自由基。自旋探针法与自旋标记法的唯一区别是探针分子以非价键结合方式引入被研究体系。自旋标记法和自旋探针法的共同特点是把一种稳定的顺磁性基团引入逆磁性的被研究体系，利用顺磁性物质的 ESR 信号及其变化来研究逆磁性物质的物理和化学性质。

8.6.3　应用实例分析

8.6.3.1　元素检测

运用电子顺磁共振谱术可检测固体产物，通过反应产物的 ESR 一阶导数谱图（见图 8-48）表明，随着反应浓度梯度与吸附量的增大，$g = 2.0$ 代表的水合阳离子的信号逐渐减弱，说明蒙脱石层间的 Na^+ 逐渐减少，Ni^{2+} 进入了蒙脱石层间的位置。在 ESR 的二阶导数谱图（见图 8-49）中，出现的 $g = 1.980$ 的共振信号说明是 Ni^{2+} 以配位八面体的形式存在。此研究表明吸附后的产物进行加热后，镍离子会更多地被吸附在蒙脱石结构中，并且不易发生解吸附，这对于环境领域处理重金属污染有一定的指导意义。

8.6.3.2　自由基检测

利用电子顺磁共振测试样品悬浊液，通过电子顺磁共振（EPR）波谱测试（见图 8-50）可明显看到 1∶2∶2∶1 的羟基自由基（·OH）特征峰，不同地区的黑钨矿在光照条件下协同 H_2O_2 产生·OH 的量有所差异，其中降解 MB 效果最好的武鸣黑钨矿产生的

·OH 强度最大，说明降解率与·OH 有很强的正相关。黑钨矿光催化降解 MB 的机理是可见光催化与芬顿反应共同作用产生的·OH 将 MB 氧化降解。

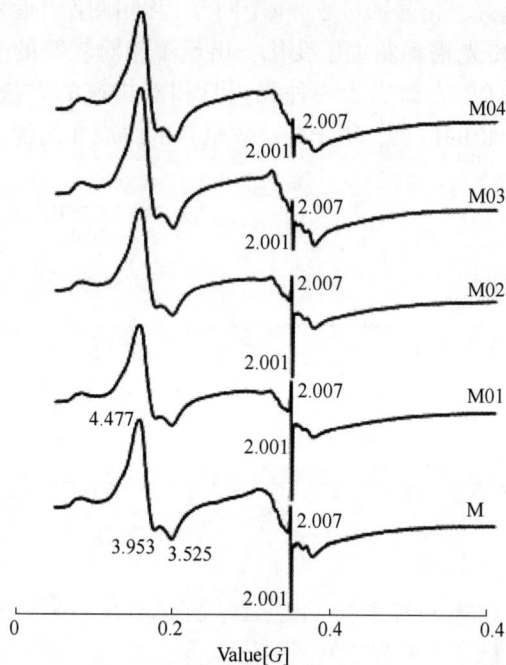

图 8-48 蒙脱石和吸附 Ni^{2+} 产物的 ESR 一阶导数谱图
（图中数据为 g 因子）

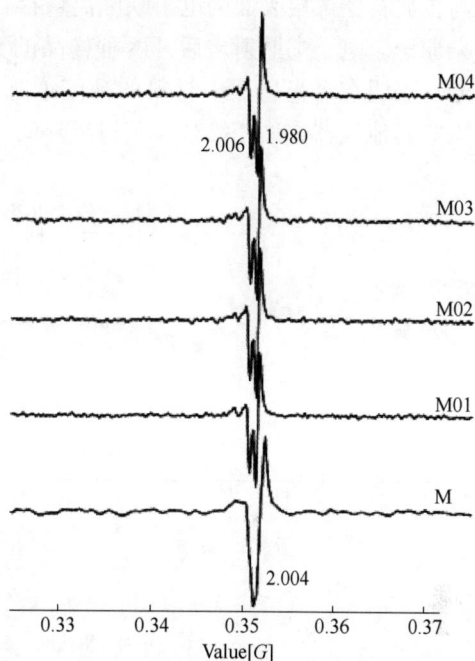

图 8-49 蒙脱石和吸附 Ni^{2+} 产物的 ESR 二阶导数谱图
（图中数据为 g 因子）

更多实例
扫码 3

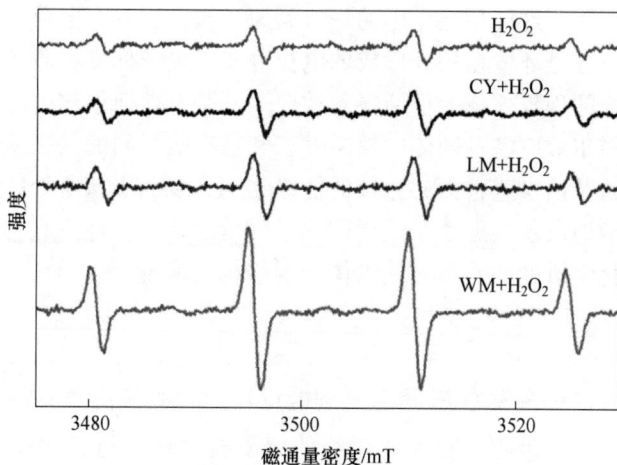

图 8-50 不同地区黑钨矿的 EPR 波谱图

8.6.3.3　缺陷结构分析

将炭黑在电子束照射前后的 EPR 谱图进行对比，如图 8-51 所示。其中，谱线的大宽度与扩展石墨烯层表面的电子缺陷离域存在有关，信号的位置（g 因子）表明缺陷附近存在杂原子。电子书照射之后，两种样品的 EPR 光谱都发生了变化，出现了相对较窄的强信号，表明在曝光过程中材料的缺陷增加。EPR 光谱作为一种无损且相对快速的方法，可以与其他仪器方法相结合，获得额外的、独特的信息，用于测定碳材料的组成和结构。

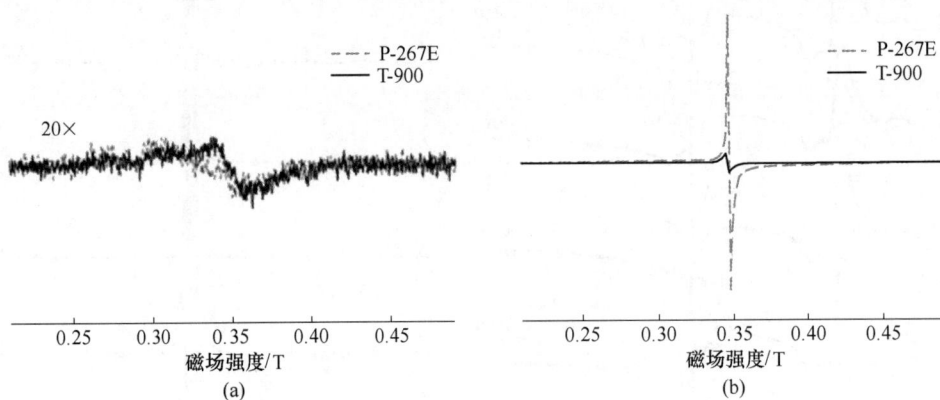

图 8-51　EPR 谱图分析
（a）（b）分别为辐照前、后炭黑 P-267E 和 T-900 的 EPR 谱图

8.7　穆斯堡尔谱测试分析方法

德国青年物理学家穆斯堡尔在研究伽马射线共振吸收问题时，在总结、吸收前人的研究基础上指出，固体中的某些放射性原子核有一定的概率能够无反冲地发射 γ 射线，γ 光子携带了全部的核跃迁能量。而处于基态的固体中的同种核对前者发射的 γ 射线也有一定的概率能够无反冲地共振吸收。这种原子核无反冲地发射或共振吸收 γ 射线的现象，后来就称之为穆斯堡尔效应。穆斯堡尔谱学主要论述的是具有一定体积的原子核与其周围环境电或磁的相互作用。这种相互作用的一方是原子核，它具有电荷、电四极矩和磁偶极矩，相互作用的另一方是环境在核处形成的电荷分布、电场梯度和磁场。原子核无反冲地发射或共振吸收射线的现象被称为穆斯堡尔效应。凡是有穆斯堡尔效应的原子核，简称为穆斯堡尔核。穆斯堡尔效应涉及固体中核激发态和基态能级间的共振跃迁，因此核的能级结构决定着谱的形状及诸参量，而共振核的能级结构又取决于核所处的化学环境，所以穆斯堡尔谱能极为灵敏地反映共振原子核周围化学环境的变化，并由它可以获得共振原子的氧化态、自旋态、化学键的性质等有关固体微观结构的信息。

8.7.1　基本原理

原子核由能级较高的激发态 E_e 可跃迁到能量较低的基态 E_g 发射 γ 射线时，其 γ 射线也容易被相同的原子核所吸收。吸收 γ 射线的原子核存在着与发射 γ 射线的原子核完全相同的能级。但是与原子光谱中的共振吸收不同，要观察到原子核的 γ 射线共振吸收或共振散射有一定的困难。假设处在激发态 E_e 的原子核，激发态的平均寿命为 τ，当其跃迁到基态时，发射能量为 $E_r = E_e - E_g$ 的 γ 射线。可把它看作是一个振幅逐渐衰减的谐振子，其发射的电磁波已不再是频率为 ω_0 的严格的单色波，而是具有一定宽度频谱的单色波的叠加。电磁波强度随频率的分布为

$$I(\omega) \propto E^2(\omega) \propto \frac{l_0}{2\pi} \times \frac{(\Gamma/2)^2}{(E - E_0)^2 + (\Gamma/2)^2} \tag{8-125}$$

式中，Γ 为 γ 射线谱线能量的半高全宽度；当 $\omega = \omega_0 \pm \dfrac{\Gamma}{2}$ 时，强度降为一半。

事实上就是原子核激发态 E 的能级宽度，对于相同的原子核，也具有同样的能级宽度为 Γ 的能级。原子核吸收 γ 射线时，由于原子核也受到反冲。γ 射线能量 E_γ 必须有一部分损耗在吸收原子核的反冲动能 $E_R \approx E_\gamma^2/(2Mc^2)$ 上。因此，发射原子核和吸收原子核相对的偏离能量为 $2R$，远大于核共振能级的自然宽度 Γ。由于发射线和吸收线的能量不匹配，原子核的 γ 射线共振吸收（散射）不能实现。

由于发射或吸收时原子热运动会引起多普勒效应，发射谱线和吸收谱线增宽，不再等于能级的自然宽度，这种谱线的增宽称为多普勒增宽。在一定的温度下，原子核热运动的动能 ε 是有一定分布的，在气体情况下，其运动速度分布为麦克斯韦分布。故由于热运动和反冲能量损耗，发射谱线中心偏离原子核能级能量差 E_R 以外，并使谱线约增宽

$$\bar{D} = 2(\bar{\varepsilon}E_R)^{1/2} \tag{8-126}$$

式中，$\bar{D}$ 为对原子核不同运动初始速度和方向求得的平均值。

在室温 $T = 300$ K 时，$\varepsilon \approx \dfrac{3}{2}kT$，则多普勒增宽为 $\bar{D} = 2(\bar{\varepsilon}E_R)^{1/2} \approx 0.084$ eV。发射谱和吸收谱由于反冲能量损耗相差 $2E_R = 0.092$ eV。在室温情况下，由于多普勒增宽使谱线相互间扩展 $\bar{D}/2 \approx 0.042$ eV 宽，故有相当一部分彼此重叠。所以在室温时也可以观察到由于多普勒增宽引起的原子核 γ 射线共振吸收或共振荧光现象。如果把放射源和吸收体的温度降低到液氮温度，多普勒增宽效应随温度的降低而降低，会使发射谱和吸收谱的重叠部分减少，因而共振吸收效应也随着温度的降低而降低，使通过 Ir 吸收体后的 129 keV 的 γ 射线的强度增大。与人们的预料相反，穆斯堡尔惊奇地发现，当放射源 Os 和吸收体 Ir 的温度降低到液氮温度时，通过 Ir 吸收体后的 129 keV 的 γ 射线的强度和室温时相比反而有约 3% 的减少。这表明在低温时共振荧光反而增大。

如果原子核束缚在固体的晶格中，当发射或吸收 γ 射线时，有一定的概率原子核不单独发生反冲，而是整个晶体发生反冲，其反冲能量为 $E_R = E_\gamma^2/(2Mc^2)$（其中，M 为整个晶体的质量）。M 极大，因而实际上无反冲能量损耗。也就是说，在这种情况下，原子核发射或吸收 γ 射线时，原子核不单独发生反冲，因而不激发或吸收固体中的声子，使发射或吸收的 γ 射线本身的能量为激发态和基态的能量差，并且其能量宽度为激发态能级的自然宽度。这种没有反冲能量损耗，宽度为自然宽度的 γ 射线被称为穆斯堡尔线。

8.7.2　测试分析方法

穆斯堡尔谱方法的主要优点是：（1）设备和测量简单；（2）可同时提供多种物理和

化学信息；（3）分辨率高、灵敏度高、抗扰能力强、对试样无破坏；（4）所研究的对象可以是导体、半导体或绝缘体，试样可以是晶态或非晶态的材料，薄膜或固体的表层，也可以是粉末、超细小颗粒，甚至是冷冻的溶液，范围广。不足之处是，只有有限数量的核具有穆斯堡尔效应。目前，发现具有穆斯堡尔效应的化学元素（不包括铀后的元素）有42种，80多种同位素的100多个核跃迁。尤其是尚未发现比钾（K）更轻的含穆斯堡尔核素的化学元素。大多数元素要在低温下才能观察到，只 ^{57}Fe 的 1414 keV 和 ^{119}Sn 的 2387 keV核跃迁在室温下有较大的穆斯堡尔效应的概率。对于不含穆斯堡尔原子的固体，可将某种合适的穆斯堡尔核人为地引入所要研究的固体中，即将穆斯堡尔核作为探针进行间接研究，也能得到不少有用的信息。

8.7.2.1　测试装置与方法

穆斯堡尔效应实质上是利用核能级宽度来量度原子核与周围环境之间相互作用的能量变化。由于核能级很窄，它可以测量原子核与周围电子之间的超精细相互作用的能量变化，从而可进一步得到原子核所处周围环境的信息，这样穆斯堡尔原子核就可以作为探测周围环境的探针。为了测量穆斯堡尔谱，必须使 γ 射线的能量在一定范围内变化。一般利用多普勒效应，通过放射源相对吸收体进行一定方式的运动来调制 γ 射线的能量。若吸收体静止，放射源以速度 v 沿直线朝向吸收体运动，则 γ 射线的能量变化为

$$\Delta E = vE_\gamma/c \tag{8-127}$$

式中，E_γ 为 γ 射线能量；c 为光速。

在实验中，为了方便起见，常用每道记录的 γ 光子数目 N 为纵坐标，以多普勒速度为横坐标作穆斯堡尔谱图。

穆斯堡尔谱测量装置又可分为透射式谱仪和散射式谱仪。在透射式谱仪中，主要是测量透过样品的 γ 射线强度随 γ 射线能量的变化，所以需要控制放射源振动速度与 γ 射线探测记录同步。在散射谱仪中，主要是测 γ 射线被样品中的共振核共振吸收后所放出次级辐射的强度随能量的变化。放射源发射出的 γ 射线，被样品中的穆斯堡尔原子核共振吸收后，可放出次级（散射）γ 光子，或内转换电子和 X 射线。背散射穆斯堡尔谱仪探测器探测的是 γ 射线和穆斯堡尔原子核相互作用后散射出来的次级粒子。

A　放射源

放射源的作用是提供相应穆斯堡尔跃迁所需要的 γ 射线。在穆斯堡尔谱学测量中，所使用的放射源必须处于激发态，它衰变后生成的、处于基态的原子核必须和吸收体（样品）中处于基态的原子核相同。根据不同的穆斯堡尔核素，可以使用多种方法来得到穆斯堡尔同位素激发态的核衰变，其中最常用的途径是电子俘获、β 衰变和长半衰期的核激发态衰变到穆斯堡尔激发态的同质异能跃迁。另外，通过 α 粒子发射，也能形成几种同位素母核。还也可以通过库仑激发直接形成穆斯堡尔激发态，这种方法是将一束高能带电粒子直接打到穆斯堡尔同位素上，从而形成穆斯堡尔激发态。以这种方式形成的放射源的半衰期为穆斯堡尔激发态半衰期，其时间非常短，因此，穆斯堡尔实验必须在带电粒子加速器所在处进行。

一般采取将穆斯堡尔源的放射性同位素扩散到固体晶格中的方法来制备放射源。为了观测到无反冲核的 γ 射线共振吸收现象，对穆斯堡尔同位素和基质材料的要求包括：（1）放射源应该给出较窄的洛伦兹谱线，这就要求激发态的半衰期 $t_{1/2}$ 最好处在 0.1～

1 μs 之间。因为半衰期太短，谱线将变得过宽；而半衰期太长，谱线将变得过窄，甚至在某些情况下很难观测到共振现象。此外，在一般情况下，为了使放射源辐射较窄的单线磁谱线，通常需要确保穆斯堡尔放射性原子处在非磁性材料中具有立方对称性的等价晶格位置上。（2）放射源中的穆斯堡尔核应该具备较大的无反冲因子 f，为此，除了需要将穆斯堡尔核扩散到基质中外，对所使用的 γ 射线能量需要进行一些限制。一般来说，观测穆斯堡尔效应的 γ 射线能量处于 5~160 keV 之间。若 γ 射线能量低于 5 keV，那么放射源本身的自吸收会大大减弱其辐射出来的 γ 射线；反之，若 γ 射线能量高于 160 keV，那么，无反冲因子 f 随 γ 射线能量的增加而减少，因此得不到足够大的无反冲因子。（3）作为放射源的基质材料，其化学性能应该稳定，这样可以保证不会由于氧化或水化而改变基质成分。（4）基质不应该形成干扰的 X 射线和康普顿散射等增强背底的因素。目前，应用最广泛的穆斯堡尔源是 ^{57}Co，当它从核外俘获一个 K 层电子时，形成处于激发态的 ^{57}Fe，它分别有 9% 和 91% 的概率辐射 137 keV 和 123 keV 的 γ 射线，前者跃迁到基态形成了稳定的 ^{57}Fe，而后者形成处于第一激发态的 ^{57}Fe 原子核。当 ^{57}Fe 原子核由第一激发态跃迁至基态时，辐射出穆斯堡尔实验所需的 14.4 keV 的 γ 射线。^{57}Co 放射源常以 Pd、Pt 和 Rh 作为基质材料。

B 吸收体

绝大部分穆斯堡尔实验都使用单线放射源来测量穆斯堡尔谱，在这种情况下，吸收体就是所要研究的样品。吸收体在绝大多数情况下以粉末形式存在，在某些情况下也需要测量其单晶体的穆斯堡尔谱。对粉末样品来说，通常是将研细的粉末样品与适当的载体物质相混合，然后压制成厚度适当的薄片作为吸收体。

选择最佳的样品厚度非常重要，吸收体的有效厚度 T_A 为

$$T_A = \sigma_0 f_A n_A d_A a_A \tag{8-128}$$

式中，σ_0 为最大吸收截面；f_A 为吸收体的无反冲因子；n_A 为每平方厘米内的穆斯堡尔原子数；d_A 是以厘米为单位的物理厚度；a_A 是穆斯堡尔同位素的丰度。

当 $T_A \ll 1$ 时，吸收体为薄吸收体，如果核能级分布为具有自然线宽 Γ_n 的洛伦兹分布，则线宽为自然线宽的两倍（$2\Gamma_n$）。然而，在这种情况下，由于吸收体较薄，其实验测得的共振吸收会比较小。当 $T_A \gg 1$ 时，由于吸收体过厚，饱和效应会使谱线加宽，这样会使谱线偏离洛伦兹线型。当 $T_A \approx 1$ 时，共振吸收基本上保持洛伦兹线型，并且可以得到足够大的共振吸收，因而在大多数情况下是穆斯堡尔实验的最佳条件。

C γ 射线探测器

穆斯堡尔 γ 射线能量处在 5~160 keV 之间，为了探测这个范围内的 γ 射线，一般使用 3 种类型的 γ 射线探测器，即正比计数器、闪烁晶体探测器和用硅或锗制成的半导体探测器，其中最常用的是正比计数器。

正比计数器是由圆柱形金属圆筒阴极和中间金属丝阳极构成。筒内充有氩气、氪气、氙气或氖气等惰性气体及甲烷、丁烷等猝灭气体。γ 射线通过气体后使气体分子电离或激发，形成大量的离子对，它们在圆筒电场作用下分别向圆筒正、负电极加速运动。这些初次电离形成的带电粒子又会与气体碰撞形成次生的离子对，重复多次，最后在中心阳极上可以收集到正比于 γ 射线直接形成的初始离子对数的大量电荷。阳极负载所得到的脉冲数正比于 γ 射线强度，因此它可以作为 γ 射线探测器。对穆斯堡尔实验最常用的 α-Fe 同

位素来说，使用正比计数器探测 14.4 keV 的 γ 射线会得到比较高的分辨率。此外，正比计数器的另一个突出优点是可以快速计数，因此可以与较强的放射源配合使用，可大大提高测试速度。

闪烁晶体探测器是由闪烁晶体和光电倍增管组成。γ 射线进入闪烁晶体后，使闪烁晶体的原子和分子电离或激发，当这些被激发的原子或分子退激时会形成光子，光电倍增管在收集到这些光子后形成光电子，然后，这些光电子又会在光电倍增管中倍增几个数量级，经过倍增的电子流则在光电倍增管的阳极负载上形成电信号。放射源辐射的 γ 射线会形成比较强的背底，为了减少这个背底强度，通常需要使用非常薄的 NaI(Tl) 闪烁晶体。它的优点是探测效率高，缺点是容易因潮解而失效。

半导体探测器的探测介质为半导体材料硅（锂）或锗（锂）。γ 射线在半导体材料中产生电子-空穴对，它们在电场作用下分别向两极漂移，于是在输出回路中形成电信号，从而达到检测 γ 射线的目的。半导体探测器的优点是能量分辨率高，并且线性范围宽。当穆斯堡尔实验中形成的非穆斯堡尔辐射或 X 射线能量与穆斯堡尔 γ 射线能量接近时，使用半导体探测器比较容易分辨开这些能量不同的 γ 射线。但是，硅（锂）和锗（锂）半导体探测器的成本高，并且在使用时必须保持在液氮温度下，因而大大限制了它的应用范围。

8.7.2.2 数据分析

A 简单穆斯堡尔谱线的判别

第一，应从物理意义上来考虑和分析穆斯堡尔谱线中可能出现的物相。例如，不锈钢样品，没有四极分裂和磁分裂，如果其单峰按两个单峰的叠加去计算，显然不合理，对于没有磁性相的样品，如判定六个峰为磁分裂峰也是错误的，有可能是其他四极双峰或单峰的叠加。

第二，在"薄"吸收体样品的条件下，从线宽可以估计是否有其他峰的叠加，如果测得的穆斯堡尔谱线线宽大于 2~3 倍的自然线宽，就应考虑是否有其他峰的存在了。

第三，根据谱线峰的对称性，可判定是否有其他峰的存在。图 8-52 为 80 K 温度下测量的 Cu-Fe 合金的穆斯堡尔谱图。若不仔细分析，会误认为是一个单峰，但实际上是两个单峰的叠加。从图中的中心线（点划线）来看，吸收峰明显偏离对称分布，故可以认为左侧还应有一个峰存在。

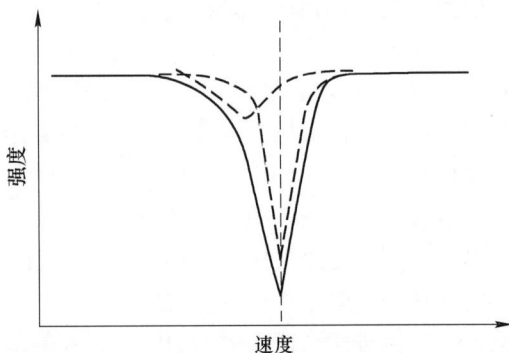

图 8-52　80 K 温度下测量的 Cu-Fe 合金的穆斯堡尔谱图

第四，以上三点可以确定有无峰存在，但是也应同时考虑确定的峰的组合方式。一般情况下，我们可以先查找文献报道的超精细相互作用参数，并与之进行对应；在有标准样品时，也可同时测量，并与之进行对比。另外，根据四极分裂双峰的强度关系也可以进行判别。

B 复杂穆斯堡尔谱线的计算

对于复杂的复合物相的穆斯堡尔谱，要先选一相对容易的谱线入手，而且尽量减少拟合参数。将从物理意义分析得到的所有信息作为限制条件，以保证初次拟合收敛，得到一组较接近理论值的参数。然后，将这些参数作为初值，根据情况解除部分限制。多次重复以上步骤，才能得到较为满意的结果。

对于一个复杂的复合物相谱，根据对每个单物相的测定，或根据已公开发表的数据结果，可以从中得到某些物相的吸收峰强度（或强度比）、线宽和位置等，并把这些作为已知的标准谱，经归一化后有：

$$Y(x) = B - R \sum_{j=1}^{k_0} s(j) \sum_{1}^{l} \frac{Y(0)_{jl}}{1 + \left(\dfrac{x - x(0)_{jl}}{\dfrac{\Gamma_{jl}}{2}}\right)^2} - P \sum_{i=1}^{N} \frac{Y'(0)_i}{1 + \left(\dfrac{x - x'(0)_i}{\dfrac{\Gamma'_i}{2}}\right)^2} \qquad (8\text{-}129)$$

式中，右边第一项 B 为基线项；第二项为已知标准谱项，其中 k_0 为已知标准物的相谱数目，l 为第 j 个物相所含峰的数目，$Y(0)_{jl}$ 为共振能量为 $x(0)_{jl}$ 时经归一化后吸收峰强度，Γ_{jl} 为共振吸收峰线宽，$s(j)$ 是第 j 个标准物相相对于复合物相谱的比例因子；第三项为待求物相，N 为待拟合吸收峰数目，$Y'(0)_i$、$x'(0)_i$ 和 Γ'_i 对应于实际峰。R 和 P 为等于 0 或 1 的常数。在进行拟合时，令 $R=0$、$P=1$；在进行剥离时，令 $R=1$、$P=1$；在进行剥离拟合混合运算时，令 $R=1$、$P=1$。

例如，恩施陨石穆斯堡尔谱的谱线复杂，用直接拟合法难以获得准确的信息，应采用拟合、剥离和剥离拟合法来分析。通过分别测量和分析辉石及分离过程中得到的辉石+橄榄石、铁镍合金、辉石+橄榄石+陨硫铁的穆斯堡尔谱。对于辉石谱，令 $R=0$、$P=1$，用式（8-129）进行拟合；对分离过程中得到的橄榄石+辉石谱，使用剥离拟合法，令 $R=1$、$P=1$，用式（8-129）进行拟合；并给出标准谱物相辉石谱的比例因子，待求物相橄榄石谱的初值及基线参数，使拟合误差 χ^2 最小，就可以得到橄榄石的吸收峰参数；用同样的方法对辉石+橄榄石+陨硫铁的穆斯堡尔谱进行剥离拟合，分别可给出辉石+橄榄石的比例因子及待拟合物相陨硫铁的初值及基线参数，并使 χ^2 极小，同样可得陨硫铁的穆斯堡尔谱；最后，令式（8-129）中的 $R=0$、$P=1$，拟合给出四种物相的比例因子，就可得到以上四种物相在总谱中所占的比例。

8.7.3 应用实例分析

当有了一系列已知物相的谱参数后，就可以将穆斯堡尔谱作为"指纹"，鉴定复合物中含有哪些物相。可由它们各自的共振谱线的积分强度，定量或半定量地确定它们在复合物相中的比例；单一物相在发生相变时，若其中含有穆斯堡尔原子，则穆斯堡尔参数在相变点将有不连续的变化，据此可确定相变温度；由谱中表面原子贡献的分量，可以获得表面原子的振动、表面原子的磁性等多方面的信息。

研究者利用叔丁醇 tBuOH 的溶剂热反应，以镍（Ⅱ）和铁（Ⅲ）的乙酰丙酮盐为前体，成功合成了各种未掺杂和 Fe 掺杂的 NiO 纳米颗粒。图 8-53 为样品 NP-10% 的铁穆斯堡尔谱图。该光谱由顺磁性四极偶极子表征，其异构体位移值是高自旋态铁（Ⅲ）离子的特征，分别为 0.37 mm/s 和 0.33 mm/s。从而通过穆斯堡尔谱图证实了纳米颗粒表面和内部存在铁（Ⅲ）形式的铁和镍（Ⅱ）形式的镍，进而揭示了铁（Ⅲ）在 NiO 岩盐结构中的替代结合，制备出用铁（Ⅲ）替代掺杂的超小、结晶和可分散的 NiO 纳米颗粒。

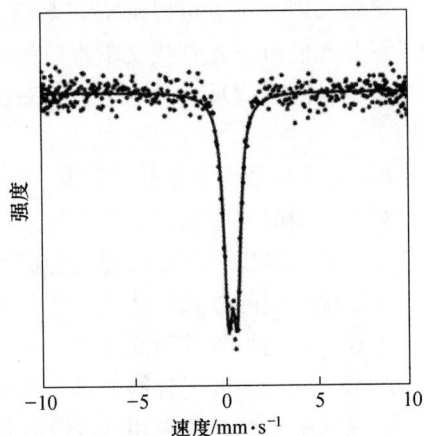

图 8-53　样品 NP-10% 的铁穆斯堡尔谱图

通过使用高温气相氯和氢处理可实现铁基非贵金属氧还原催化剂的可逆失活和再活化。使用穆斯堡尔谱对制备和处理的催化剂进行评估（见图 8-54）。制备的催化剂的穆斯堡尔谱（见图 8-54（a））显示，FeN_4 物种及 Fe_3C 和 α-Fe 以磁分裂和超顺磁性物种的形式存在。在所制备的催化剂中，氧化和还原的铁物种的存在抑制了活性铁物种的鉴定。Cl_2 处理的催化剂的光谱（见图 8-54（b））显示了少量的 Fe_xN 和超顺磁性 α-Fe，其吸收面积明显小于制备和 H_2 处理的催化剂。H_2 处理的催化剂的光谱（见图 8-54（c））仅显示了还原的铁物种，包括 α-Fe 的磁分裂信号和来自超

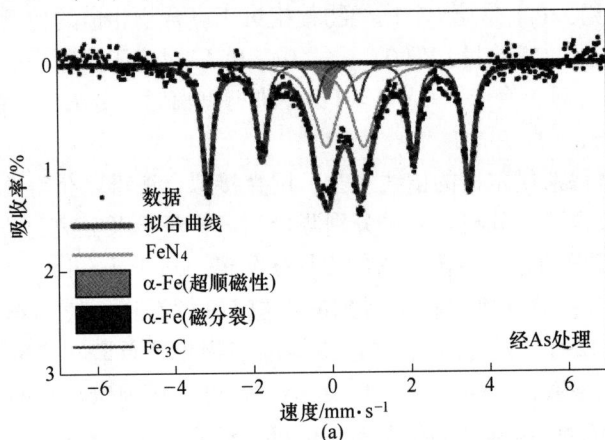

(a)

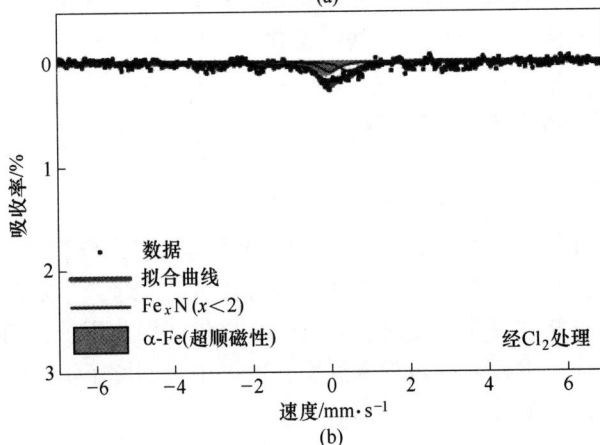

(b)

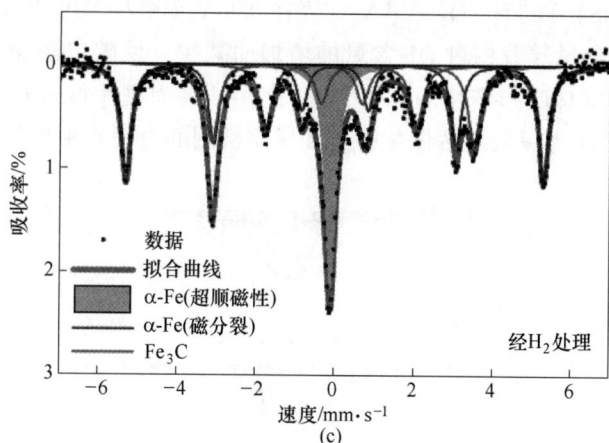

彩图

图 8-54　催化剂的穆斯堡尔谱表征
（a）（b）（c）分别为制备的、经 Cl_2 处理的和经 H_2 处理的催化剂在 300 K 下的光谱和峰拟合

顺磁性 α-Fe 的单线态及来自 Fe_3C 的额外贡献。值得注意的是，在 H_2 处理的催化剂中不存在任何 Fe-N 物种的特征，包括 FeN_4 和 Fe_xN。

研究者在新开发的单铁原子催化剂模型的基础上，利用 Raman、X 射线吸收光谱和新的 ^{57}Fe 穆斯堡尔谱，探索了催化剂中心的精确结构，并提供了氧还原反应（ORR）的自旋交叉机制。为了阐明活性位点的性质和潜在的 ORR 机制，设计并进行了操作性 ^{57}Fe 穆斯堡尔谱测量，以跟踪 O_2 饱和酸性和碱性电解质中 ORR 条件下单个铁原子部分的动态演变。通过捕获 $*O_2^-$ 和 $*OH^-$ 中间体证明了活性单铁原子部分的潜在相关电子和结构动力学循环，并得到理论计算的进一步支持。^{57}Fe 穆斯堡尔谱对探测氧化态、电子自旋构型和配位环境高度敏感，可用于测定单铁原子催化剂中铁的电子态和配位条件。如图 8-55 所示，可以很好地拟合穆斯堡尔谱。绿色、蓝色和红色分别对应于 $Fe^{II}N_4C_{12}$（D1）中的低自旋（LS）Fe^{2+}、$Fe^{II}N_4C_{10}$（D2）中的中自旋（MS）Fe^{2+} 和 N-$Fe^{II}N_4C_{18}$（D3）中的高自旋（HS）Fe^{2+}。另外，如图 8-56 所示，绿色、蓝色和红色分别为（LS）$Fe^{II}N_4/O_2^- Fe^{II}N_5$、

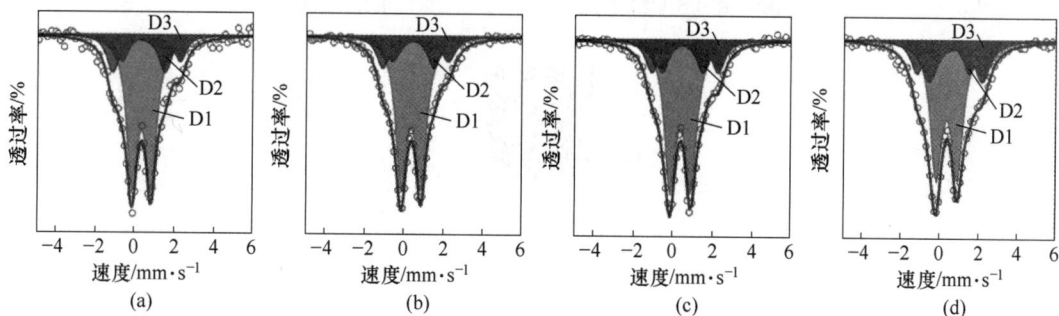

图 8-55　富含 ^{57}Fe 的 Fe-NC（a）、Fe-NC-$S_{0.2}$（b）、Fe-NC-$S_{0.4}$（c）和 Fe-NC-S（d）的室温 ^{57}Fe 穆斯堡尔谱图

彩图

（MS）$Fe^{II}N_4$ 和（HS）$Fe^{II}N_5/O_2$-$Fe^{II}N_4$。当在 0.9 V（相对于可逆氢电极（RHE））下极化时，观察到 D3 含量随着相对 D1 含量的增加而减少，反映出随着 O_2 的产生，O_2 在 D3 位点上 $Fe^{II}N_5$ 中间体吸附产生 O_2-$Fe^{II}N_5$，这些结果为操作技术和多相单原子催化剂提供了概念证明，可能为深入了解催化中心和反应机制的电子水平提供指导。

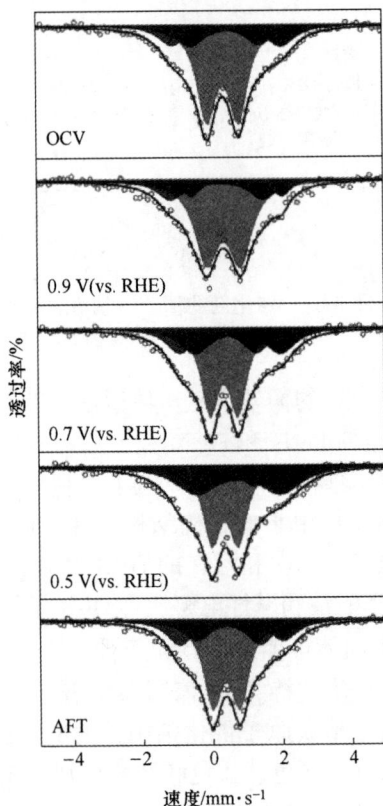

图 8-56　富含 ^{57}Fe 的 Fe-NC-S 在室温不同电压下的 ^{57}Fe 穆斯堡尔谱图
（AFT，在 0.5 V 相对于 RHE 记录后通过去除电势来测量）

彩图

更多实例
扫码 4

思 考 题

8-1　比表面积及孔隙分析主要应用于哪些领域？

8-2　颗粒粒径的分类一般有哪些？

8-3　激光粒度仪的测试原理及其测试范围？

8-4 简述散裂中子源产生中子的原理。

8-5 三种膜厚的定义分别是什么？

8-6 给出三种及以上常用的膜厚测试方法并分析其各自特点。

8-7 质谱和光谱有何区别？

参 考 文 献

[1] 王红蕾. 基于气相色谱在土壤挥发性有机物检测中的应用分析研究 [J]. 皮革制作与环保科技, 2023, 4 (8): 59-61.

[2] 谷周雷. 气相色谱法测定水中己内酰胺 [J]. 山西化工, 2023, 43 (6): 39-40.

[3] 李春瑛, 杨柳青, 杜秋芳. 气相色谱法在气体标准物质、测量审核、检测能力验证中的应用（下）[J]. 低温与特气, 2023, 41 (4): 34-40.

[4] 仵春祺, 熊文强, 王定英, 等. 气相色谱分析柴油中多环芳烃含量 [J]. 分析仪器, 2023 (2): 28-32.

[5] 林竹光, 金珍, 马玉, 等. 气相色谱-质谱法分析蜂蜜中多种有机氯农药残留 [J]. 分析试验室, 2006, 25 (6): 6.

[6] 邢倩倩, 刘振民, 洪青, 等. 气相色谱-质谱联用技术在食品分析方面的应用进展 [J]. 食品与机械, 2023, 39 (6): 234-240.

[7] 刘通, 王玉娇, 王秀娟, 等. 气相色谱-三重四极杆质谱法同时测定巴氏杀菌乳中 9 种香精成分 [J]. 色谱, 2019, 37 (11): 1215-1220.

[8] 莫世清. 气相色谱质谱联用食品检验探析 [J]. 工业微生物, 2023, 53 (2): 67-69.

[9] 文兰青. 气相色谱质谱法检测地表水中 5 种三唑类农药残留 [J]. 化学工程师, 2023, 37 (7): 38-40.

[10] 冯恒. 鳕鱼产品的快速鉴别及其脂质、风味物质的研究 [D]. 杭州: 浙江工商大学, 2020.

[11] 武智晖, 朱传秀, 张欢, 等. 浅谈气相色谱法在含氦气体矿藏勘查样品分析中的优化应用 [J]. 华北自然资源, 2023, 5: 79-82.

[12] 何楚婷. 色谱分析技术在化工分析领域的应用 [J]. 化工设计通讯, 2022, 48 (11): 82-84.

[13] 张博涵, 夏磊, 于丽燕. 气相色谱-离子迁移谱联用技术在中药材分析中的应用 [J]. 中国医药科学, 2023, 13 (11): 55-58.

[14] 姜鹏飞, 柳杨, 张浩, 等. 气相色谱-离子迁移谱在水产领域的应用 [J]. 中国食品学报, 2023, 23 (6): 431-440.

[15] 张敏敏, 东莎莎, 崔莉, 等. GC-IMS 结合化学计量学区分不同产地瓜蒌皮 [J]. 中成药, 2022, 44 (7): 2208-2213.

[16] 焦焕然, 张敏敏, 赵恒强, 等. 不同热风干燥方式对瓜蒌化学成分的影响 [J]. 中国实验方剂学杂志, 2021, 27 (33): 137-144.

[17] 严爱娟, 张文婷, 周玉波, 等. 基于气相色谱-离子迁移谱的覆盆子与山莓的鉴别研究 [J]. 中药材, 2022, 45 (3): 574-578.

[18] 林史珍, 杜方敏, 林良静, 等. GC-IMS 技术监测加速破坏条件下苦杏仁挥发性物质变化研究 [J]. 广州中医药大学学报, 2019, 36 (8): 1247-1251.

[19] BARBERO C, SILBER J J, SERENO L. Formation of a novel electroactive film by electropolymerization of ortho-aminophenol, study of its chemical structure and formation mechanism, electropolymerization of analogous compounds [J]. Journal of Electroanalytical Chemistry Interfacial Electrochemistry, 1989, 263 (2): 333-352.

[20] 谢广群, 周浩, 刘飞. 全光谱技术在水质在线监测领域的应用 [J]. 环境与发展, 2017, 29 (8): 121-123.

[21] 黄鑫, 黄智峰, 陈学萍, 等. 紫外可见光谱快速测定水中硝酸盐氮 [J]. 净水技术, 2017, 36 (3): 111-114.

[22] 谢意红. 紫外-可见分光光度计在优化处理宝石鉴定中的应用 [J]. 分析仪器, 2003 (2): 31-33.

［23］王海滨．类胡萝卜素的紫外可见光谱特性及其应用［J］.武汉工业学院学报，2004，23（4）：10-13.

［24］张浩泽．牛乳中大肠杆菌生物量浓度的紫外可见光谱检测方法研究［D］.哈尔滨：哈尔滨理工大学，2020.

［25］胡珍珠，邹欣平，陈芳．卟啉及其稀土配合物的紫外可见光谱［J］.光谱实验室，2005，22（6）：57-60.

［26］张绪坤，祝树森，黄俭花，等．用低场核磁分析胡萝卜切片干燥过程的内部水分变化［J］.农业工程学报，2012，28（22）：282-287.

［27］王娜．核磁共振及其成像技术在脐橙的生长和储藏过程中的应用［D］.南昌：南昌大学，2008.

［28］KEETON J, HAFLEY B, EDDY S, et al. Rapid determination of moisture and fat in meats by microwave and nuclear magnetic resonance analysis-PVM［J］. Journal of Aoac International，2003，86：1193-1202.

［29］王晓玲，吴晶，谭明乾．低场核磁共振结合化学计量学方法快速检测掺假核桃油［J］.分析测试学报，2015，34（7）：789-794.

［30］KENOUCHE S, PERRIER M, BERTIN N, et al. In vivo quantitative NMR imaging of fruit tissues during growth using spoiled gradient echo sequence［J］. Magnetic Resonance Imaging，2014，32（10）：1418-1427.

［31］KUHN A, SREERAJ P, PÖTTGEN R, et al. Li ion diffusion in the anodematerial $Li_{12}Si_7$: Ultrafast quasi-1D diffusion and two distinct fast 3D jump processes separately revealed by 7Li NMR relaxometry［J］. Journal of the American Chemical Society，2011，133（29）：11018-11021.

［32］CESARE O R, PAOLINO C, GIUSEPPINA D L, et al. 1H-NMR spectroscopy：A possible approach to advanced bitumen characterization for industrial and paving applications［J］. Applied Sciences-Basel，2018，8（2）：229.

［33］MACGILLAVRY C H. International tables for X-ray crystallography vol. Ⅲ. Physical and Chemical Tables，Birmingham, England［M］. D. Reidel Pub.；Holland，1983.

［34］谢忠信，赵宗铃，张玉斌．X射线光谱分析［M］.北京：科学出版社，1982.

［35］YU Z, BAI S, YU D, et al. Identification of liquid materials using energy dispersive X-ray scattering［J］. Procedia Engineering，2010，7：135-142.

［36］HARDING G, DELFS J. Liquids identification with X-ray diffraction［C］//Penetrating Radiation Systems and Applications Ⅷ，2007.

［37］HARDING G, FLECKENSTEIN H, OLESINSKI S, et al. Liquid detection trial with X-ray diffraction［C］//SPIE Conference on Penetrating Radiation Systems and Applications，2010.

［38］景奕文，安杨，张婷婷，等．碳酸镧固体样品中2个杂质的X-射线粉末衍射定量分析［J］.药物分析杂志，2023，43（4）：660-667.

［39］WANG L Y, HUANG Z H, WANG H M, et al. Study of slip activity in a Mg-Y alloy by in situ high energy X-ray diffraction microscopy and elastic viscoplastic self-consistent modeling［J］. Acta Materialia，2018，155：138-152.

［40］KAPOOR K, SANGID M D. Initializing type-2 residual stresses in crystal plasticity finite element simulations utilizing high-energy diffraction microscopy data［J］. Materials Science and Engineering：A，2018，729：53-63.

［41］YAN H F, LI L. X-ray dynamical diffraction from single crystals with arbitrary shape and strain field：a universal approach to modeling［J］. Physical Review B，2014，89（1）：014104.

［42］毛晶，郭倩颖，马利利，等．原位变温X射线衍射测试技术及其影响因素［J］.分析测试技术与仪器，2023，29（1）：111-116.

［43］ ZHAO J Q, ZHANG W, HU Q A, et al. In situ probing and synthetic control of cationic ordering in Ni-rich layered oxide cathodes ［J］. Advanced Energy Materials, 2017, 7 (3): 1601266.

［44］ LI J, DOWNIE L E, MA L, et al. Study of the failure mechanisms of LiNi$_{0.8}$Mn$_{0.1}$Co$_{0.1}$O$_2$ Cathode material for lithium ion batteries ［J］. Journal of The Electrochemical Society, 2015, 162 (7): A1401.

［45］ WANG H Q, LAI A J, HUANG D Q, et al. Y-F co-doping behavior of LiFePO$_4$/C nanocomposites for high-rate lithium-ion batteries ［J］. New Journal of Chemistry, 2021, 45 (12): 5695-5703.

［46］ GUMASTE M R, KULKARNI G A. Analysis of XPS spectra and SQUID measurements of Fe doped ZnTe Nano-Rods synthesized by sol-gel technique for the spintronic applications ［J］. Surfaces and Interfaces, 2023, 41: 103218.

［47］ 尹诗衡, 黄强. X 射线光电子能谱（XPS）在变性淀粉表面基团分布研究中的应用 ［J］. 粮食与饲料工业, 2007, 6: 28-29, 32.

［48］ 乐韵琳, 冯均利, 庞兴志, 等. X 射线光电子能谱在镁合金研究中的应用 ［J］. 中国无机分析化学, 2023, 13 (10): 1065-1076.

［49］ 潘小杰, 徐海涛, 朱燕艳, 等. X 射线光电子能谱法研究 In$_{0.53}$Ga$_{0.47}$As 基 Er$_2$O$_3$ 薄膜的能带排列 ［J］. 微纳电子技术, 2019, 56 (7): 575-579.

［50］ 周逸凡, 杨慕紫, 佘峰权, 等. X 射线光电子能谱在固态锂离子电池界面研究中的应用 ［J］. 物理学报, 2021, 70 (17): 369-387.

［51］ 李晓伟, 安胜利, 韩沛范. 304 不锈钢钝化膜的 X 射线光电子能谱刻蚀研究 ［J］. 热加工工艺, 2024, 53 (4): 42-45.

［52］ 吴蕾, 李凌云, 彭永臻. 基于全反射 X 射线荧光光谱测定污水痕量重金属元素 ［J］. 应用化学, 2023, 40 (3): 404-412.

［53］ 杨朝芳. X 射线荧光光谱法测定工业氧化铝中的微量元素 ［J］. 山西冶金, 2023, 46 (6): 30-32.

［54］ 梁述廷, 刘玉纯, 刘瑱. X 射线荧光光谱微区分析在铅锌矿石鉴定上的应用 ［J］. 岩矿测试, 2013, 32 (6): 897-902.

［55］ 李婷, 赵有刚, 李雯洁, 等. X 射线荧光光谱结合快速基本参数法测定石英砂中 SiO$_2$ 的含量 ［J］. 理化检验（化学分册）, 2023, 59 (12): 1463-1465.

［56］ 杨梅君, 张东明. 电子探针在 Fe-Ni-Cr 基合金双极板表面结构研究中的应用 ［J］. 分析仪器, 2013 (1): 6.

［57］ 李明辉, 郜鲜辉, 吴金金, 等. 电子探针波谱仪和能谱仪在材料分析中的应用及对比 ［J］. 电子显微学报, 2020, 39 (2): 218-223.

［58］ 于凤云, 李绍威, 李春艳, 等. 含钛高熵合金中氮元素的电子探针微区分析技术 ［J］. 理化检验（物理分册）, 2020, 56 (9): 28-30.

［59］ 孙宜强, 张萍, 许竹桃. 电子探针波谱仪分析方法及其在钢铁冶金领域的应用 ［J］. 电子显微学报, 2013, 32 (6): 525-529.

［60］ 胡瑶瑶, 王浩铮, 侯玉杨, 等. 基于电子探针面扫描定量化的石英闪长岩微区成分分析 ［J］. 岩矿测试, 2022, 41 (2): 260-271.

［61］ 赵同新, 吉见聪, 孙友宝, 等. 电子探针在钕铁硼磁性材料表征中的应用 ［J］. 物理测试, 2022, 40 (1): 20-26.

［62］ 邓翰宾. Fe (Te, Se) 薄膜和 EuSn$_2$As$_2$ 单晶的扫描隧道显微学研究 ［D］. 北京: 中国科学院物理研究所, 2021.

［63］ 朱长江. NbC/TaC/ZrTe$_3$/KFe$_2$As$_2$ 超导电性的 STM 研究 ［D］. 北京: 中国科学院物理研究所, 2022.

［64］ 董世辉. TiO$_2$ 表面单原子与分子体系的扫描隧道显微术研究 ［D］. 合肥: 中国科学技术大

学，2019.

［65］徐美佳，张宇琛，朱一帆，等. Pd（100）氧化表面上低温丙烷氧化的活性相研究［J］. 物理化学学报，2023，39（10）：20-27.

［66］苏晓，高永伟，林金星，等. 利用原子力显微术在纳米尺度上检测植物细胞质膜完整性［J］. 电子显微学报，2023，42（1）：68-74.

［67］王文武，李创，曾广根，等. 开尔文探针原子力显微镜在 CdTe 多晶薄膜研究中的应用［J］. 实验科学与技术，2022，20（4）：13-17.

［68］郭昊冉，唐纪琳. 原子力显微镜在原位电化学研究中的研究进展［J］. 分析化学，2023，51（5）：733-743.

［69］材料科学技术名词审定委员会，材料科学技术名词［M］. 北京：科学出版社，2011.

［70］王虎，王兴阳，彭云，等. 等离子熔覆 CoCrFeNiMo 高熵合金相结构及显微组织研究［J］. 表面技术，2022，51（12）：116-121.

［71］王淼，李天景，曾一达，等. 6061-T4 铝合金激光焊接接头组织与力学性能研究［J］. 矿冶工程，2023，43（1）：141-144.

［72］CHEN Q L, LI W, CHEN Z. Analysis of microstructure characteristics of high sulfur steel based on computer image processing technology［J］. Results in Physics, 2019, 12：392-397.

［73］WINICK H, BIENENSTOCK A. Synchrotron radiation research［J］. Annual Review of Nuclear and Particle Science, 1978, 28（33-113）：1-4.

［74］冼鼎昌. 神奇的光—同步辐射［M］. 长沙：湖南教育出版社，1994.

［75］AKIYAMA S, TAKAHASHI S, KIMURA T, et al. Conformational landscape of cytochrome c folding studied by microsecond-resolved small-angle x-ray scattering［J］. Proceedings of the National Academy of Sciences of the United States of America, 2002, 99（3）：1329-1334.

［76］POLLACK L, TATE M W, FINNEFROCK A C, et al. Time resolved collapse of a folding protein observed with small angle X-ray Scattering［J］. Physical Review Letters, 2001, 86（21）：4962-4965.

［77］POLLACK L, TATE M W, DARNTON N C, et al. Compactness of the denatured state of a fast-folding protein measured by submillisecond small-angle x-ray scattering［J］. Proceedings of the National Academy of Sciences of the United States of America, 1999.

［78］YIN H, SONG T, PENG X G, et al. Small angle X-ray scattering and positron annihilation spectroscopy of polyethyleneimine functionalized ordered mesoporous silica SBA-15 microstructure［J］. Acta Physica Sinica, 2023, 72（11）：114101.

［79］李登华，吕春祥，杨禹，等. 碳纤维微观结构表征：小角 X 射线散射［J］. 材料导报，2021，35（7）：7077-7086.

［80］付莲莲，卢影，姜志勇，等. 基于同步辐射超小角 X 射线散射的高密度聚乙烯空洞化行为研究［J］. 高分子学报，2021，152（2）：204-213.

［81］王仕强，李昊瑾，赵奎. 基于同步辐射 X 射线散射技术的钙钛矿半导体结晶原位研究［J］. 中国材料进展，2022，41（6）：413-422.

［82］WANG L, LI M, ALMER J. Investigation of deformation and microstructural evolution in Grade 91 ferritic-martensitic steel by in situ high-energy X-rays［J］. Acta Materialia, 2014, 62：239-249.

［83］周渊博. 基于中子和同步辐射 X 射线散射的氧掺杂无序合金结构与力学行为研究［D］. 兰州：兰州理工大学，2023.

［84］沙飞翔，程国君，田丰，等. 同步 X 射线散射技术研究变温及拉伸后聚四氟乙烯的微观结构变化［J］. 辐射研究与辐射工艺学报，2022，40（3）：17-24.

［85］马礼敦. 高等结构分析［M］. 上海：复旦大学出版社，2006.

［86］ HASTINGS J B, THOMLINSON W, COX D E. Synchrotron X-ray powder diffraction ［J］. Journal of Applied Crystallography, 1984.

［87］ HART M, PARRISH W. Parallel beam powder diffractometry using synchrotron radiation ［J］. Mater Sci Forum, 1986, 9: 39-46.

［88］ COPPENS P, COX D, VLIEGE, et al. Synchrotron radiation crystallography ［M］. New York: Academic Press, 1992: 186-254.

［89］ ARRHENIUS G. X-ray diffraction procedures for polycrystalline and amorphous materials ［J］. Journal of Chemical Education, 1955, 32 (4): 228.

［90］ JIANG S H, WANG H, WU Y, et al. Ultrastrong steel via minimal lattice misfit and high-density nanoprecipitation ［J］. Nature, 2017, 544 (7651): 460-464.

［91］ 孟庆坤, 梅碧舟, 张盼, 等. Ti-39Nb 合金变形行为的原位同步辐射 X 射线衍射研究 ［J］. 中国有色金属学报, 2022, 32 (3): 845-855.

［92］ MA Y, SUN B H, SCHÖKEL A, et al. Phase boundary segregation-induced strengthening and discontinuous yielding in ultrafine-grained duplex medium-Mn steels ［J］. Acta Materialia, 2020, 200: 389-403.

［93］ LI M M, WANG L Y, ALMER J D. Dislocation evolution during tensile deformation in ferritic-martensitic steels revealed by high-energy X-rays ［J］. Acta Materialia, 2014, 76: 381-393.

［94］ ZHANG M H, LI R G, DING J, et al. In situ high-energy X-ray diffraction mapping of Lüders band propagation in medium-Mn transformation-induced plasticity steels ［J］. Materials Research Letters, 2018, 6 (12): 662-667.

［95］ 王同敏, 许菁菁, 黄万霞, 等. Sn-Pb 合金枝晶生长的同步辐射 X 射线衍射增强成像研究 ［J］. 核技术, 2010, 33 (6): 443-446.

［96］ BLONDÉ R, JIMENEZ-MELERO E, ZHAO L, et al. High-energy X-ray diffraction study on the temperature-dependent mechanical stability of retained austenite in low-alloyed TRIP steels ［J］. Acta Materialia, 2012, 60 (2): 565-577.

［97］ 赵佰金, 马哲, 洪振飞, 等. 同步辐射 X 射线衍射原位研究等规聚丙烯取向中间相的相转变 ［J］. 中国科学技术大学学报, 2011, 41 (10): 872-877.

［98］ JIE Z W, BO H E, ZHENG L I, et al. USTCXAFS 2.0 Software Packages ［J］. Journal of University of Science & Technology of China, 2001.

［99］ 李鹏飞, 李英杰, 苏门, 等. $Mn_{1.28}Fe_{0.67}P_{0.44}Si_{0.56}$ 化合物的 X 射线吸收光谱研究 ［J］. 功能材料, 2021, 52 (11): 11120-11126.

［100］ 张楠, 陈明明, 张荆清, 等. XAFS 在单原子催化剂表征中的应用 ［J］. 石油化工, 2003, 52 (10): 1470-1477.

［101］ 胡友昊, 吴文静. 基于 XPS 与 XAS 的稀磁半导体 GaMnN 电子结构研究 ［J］. 原子与分子物理学报, 2023, 40 (5): 188-192.

［102］ 丁聪, 李艳, 李岩, 等. 同步辐射软 X 射线吸收谱与发射谱测定天然针铁矿能带结构 ［J］. 岩石矿物学杂志, 2016, 35 (2): 349-354.

［103］ 张浩. 基于电催化表界面构效关系的 X 射线吸收谱学研究 ［D］. 上海: 中国科学院上海应用物理研究所, 2020.

［104］ 汪威, 李小宝, 彭蒸. 上海光源 ME2-BL02B 实验站近常压 X 射线吸收谱方法及在催化中的应用 ［J］. 核技术, 2021, 44 (9): 3-12.

［105］ KEMNER K M, KELLY S D, LAI B, et al. Elemental and redox analysis of single bacterial cells by X-ray microbeam analysis ［J］. Science, 2004, 306 (5696): 686-687.

[106] FINNEY L, MANDAVA S, URSOS L, et al. X-ray fluorescence microscopy reveals large-scale relocalization and extracellular translocation of cellular copper during angiogenesis [J]. Proceedings of the National Academy of Sciences of the United States of America, 2007, 104 (7): 2247-2252.

[107] RICHARD O, PETER C, GUILLAUME D, et al. Iron storage within dopamine neurovesicles revealed by chemical nano-imaging [J]. PLoS ONE, 2007, 2 (9): e925.

[108] CARMONA A, CLOETENS P, DEVES G, et al. Nano-imaging of trace metals by synchrotron X-ray fluorescence into dopaminergic single cells and neurite-like processes [J]. Journal of Analytical Atomic Spectrometry, 2008, 23 (8): 1083-1088.

[109] BACQUART T, DEVÈS G, CARMONA A, et al. Subcellular speciation analysis of trace element oxidation states using synchrotron radiation micro-X-ray absorption near-edge structure [J]. Analytical Chemistry, 2007, 79 (19): 7353-7359.

[110] VINCZE L, VEKEMANS B, SZALOKI I, et al. In high resolution x-ray fluorescence microtomography on single sediment particles, Developments in X-Ray Tomography III, 2002.

[111] SCHROER, CHRISTIAN G. Reconstructing X-ray fluorescence microtomograms [J]. Applied Physics Letters, 2001, 79 (12): 1912-1914.

[112] GOLOSIO B, SIMIONOVICI A, SOMOGYI A, et al. Internal elemental microanalysis combining X-ray fluorescence, compton and transmission tomography [J]. Journal of Applied Physics, 2003, 94: 145-156.

[113] SIMIONOVICI A, CHUKALINA M, SCHROER C, et al. High-resolution X-ray fluorescenee microtomography of homogeneous samples [J]. IEEE Trans Nucl Sci, 2000 (47): 2736-2740.

[114] JANSSENS K, PROOST K, FALKENBERG G. Confocal microscopic X-ray fluorescence at the HASYLAB microfocus beamline: characteristics and possibilities [J]. Spectrochimica Acta Part B: Atomic Spectroscopy, 2004, 59 (10/11): 1637-1645.

[115] VINCZE L, VEKEMANS B, BRENKER F E, et al. Three-dimensional trace element analysis by confocal X-ray microfluorescence imaging [J]. Analytical Chemistry, 2004, 76 (22): 6786-6791.

[116] HAVRILLA G J, GAO N. Dual-polycapillary micro X-ray fluorescence instrurnent [J]. Denver X-Ray Conference , 2002, Colorado Springs.

[117] KANNGIESSER B, MALZER W, REICHE I. A new 3D micro X-ray fluorescence analysis set-up-first archaeometric applications [J]. Nuclear Inst & Methods in Physics Research B, 2003, 211 (2): 259-264.

[118] WOLL A R, MASS J, BISULCA C, et al. Development of confocal X-ray fluorescence (XRF) microscopy at the Cornell high energy synchrotron source [J]. Applied Physics A, 2006, 83 (2): 235-238.

[119] WEI X, LEI Y, SUN T, et al. Elemental depth profile of faux bamboo paint in forbidden city studied by synchrotron radiation confocal-XRF [J]. X-Ray Spectrometry, 2008, 37 (6): 595-598.

[120] TAKEUCHI A, AOKI S, YAMAMOTO K, et al. Full-field X-ray fluorescence imaging microscope with a Wolter mirror [J]. Review of Scientific Instruments, 2000, 71 (3): 1279-1285.

[121] WATANABE N, YAMAMOTO K, TAKANO H, et al. X-ray fluorescence microtomography with a Wolter mirror system [J]. Nuclear Instruments and Methods in Physics Research Section A: Accelerators, Spectrometers, Detectors and Associated Equipment, 2001, 467/468 (2): 837-840.

[122] TAKEUCHI A, TERADA Y, UESUGI K, et al. Three-dimensional X-ray fluorescence imaging with confocal full-field X-ray microscope [J]. Nuclear Instruments & Methods in Physics Research, 2010, 616 (2/3): 261-265.

[123] TSUJI K, DELALIEUX F. Micro X-ray fluorescence using a pinhole aperture in quasi-contact mode [J]. Journal of Analytical Atomic Spectrometry, 2002, 17 (10): 1405-1407.

[124] TSUJI K, DELALIEUX F. Feasibility study of three-dimensional XRF spectrometry using μ-X-ray beams under grazing-exit conditions [J]. Spectrochimica Acta Part B Atomic Spectroscopy, 2003, 58 (12): 2233-2238.

[125] BECKHOFF B, Kanngie Er H B, LANGHOFF N, et al. Handbook of Practical X-Ray Fluorescence Analysis [M]. Springer: Berlin Heidelberg, 2006: p 33-83.

[126] STRELI C, WOBRAUSCHEK P, MEIRER F, et al. Synchrotron radiation induced TXRF [J]. Journal of Analytical Atomic Spectrometry, 2008.

[127] HOSHINO M, ISHINO T, NAMIKI T, et al. Application of a charge-coupled device photon-counting technique to three-dimensional element analysis of a plant seed (alfalfa) using a full-field X-ray fluorescence imaging microscope [J]. Review of Scientific Instruments, 2007, 78 (7): 3851-1286.

[128] AOKI S, TAKEUCHI A, ANDO M. Imaging X-ray fluorescence microscope with a Wolter-type grazing-incidence mirror [J]. Journal of Synchrotron Radiation, 1998, 5 (3): 1117-1118.

[129] DENECKE M A, JANSSENS K, BRENDEBACH B, et al. Confocal μ-XRF, μ-XAFS, and μ-XRD studies of sediment from a Nuclear Waste Disposal natural analogue site and fractured granite following a radiotracer migration experiment [J]. AIP Conference Proceedings, 2007, 882: 187-189.

[130] DENECKE M A, JANSSENS T K, PROOST K, et al. Confocal micrometer-scale X-ray fluorescence and X-ray absorption fine structure studies of uranium speciation in a tertiary sediment from a waste disposal natural analogue site [J]. Environmental Science & Technology, 2005, 39 (7): 2049-2058.

[131] 张龙博, 林碧菡, 张倩. 同步辐射 X 射线荧光光谱在宝石测试中的应用——以阿拉善玛瑙为例 [J]. 宝石和宝石学杂志, 2020, 22 (5): 23-30.

[132] 杨红霞, 李岑, 杜玉枝, 等. 同步辐射 X 射线荧光法分析藏药材和藏药制剂中金属元素 [J]. 光谱学与光谱分析, 2015, 35 (6): 1730-1734.

[133] 凡小盼, 赵雄伟, 高强. 同步辐射微束 X 射线荧光技术在早期黄铜研究中的应用 [J]. 电子显微学报, 2014, 33 (4): 349-356.

[134] 高静, 张晋丽, 严建国. 同步辐射 X 射线荧光成像揭示淡水珍珠的韵律环带 [J]. 宝石和宝石学杂志, 2023, 25 (1): 28-35.

[135] 林晓胜, 张丽丽, 何燕, 等. 同步辐射共聚焦 X 射线荧光微探针技术在生物原位研究中的应用 [J]. 核技术, 2021, 44 (8): 3-8.

[136] STEFAN H. Photoelectron Spectroscopy-Principles and Applications [M]. 3rd ed. New York: Springer, 2003.

[137] KING P L, BORG A, KIM C, et al. Synchrotron-based imaging with a magnetic projection photoelectron microscope [J]. Ultramicroscopy, 1991, 36 (1): 117-129.

[138] REMPFER G F, SKOCZYLAS W P, GRIFFITH O H. Design and performance of a high-resolution photoelectron microscope [J]. Ultramicroscopy, 1991, 36 (1/2/3): 196-221.

[139] MUÑOZ A G, MEYER T, SCHILD D, et al. Early stages of corrosion of stainless steel 309 S in geological brines studied by sychrotron radiation photoelectron spectroscopy [J]. Corrosion Science, 2023, 212 (3): 110934.

[140] 李贵航. 应用同步辐射光电子能谱等表面科学技术原位研究 Cu 基模型催化剂的结构与稳定性 [D]. 合肥: 中国科学技术大学, 2021.

[141] TISSOT H, COUSTEL R, ROCHET F, et al. Deciphering radiolytic Oxidation in halide aqueous solutions: A pathway toward improved synchrotron NAP-XPS analysis [J]. The Journal of Physical

Chemistry C, 2023, 127 (32): 15825-15838.

[142] MAKINO T, TSUDA Y, YOSHIGOE A, et al. CH_3Cl dissociation, CH_3 abstraction, and Cl adsorption from the dissociative scattering of supersonic CH_3Cl on Cu(111) and Cu (410) [J]. Applied Surface Science, 2023, 606: 158568.

[143] SIMANENKO A, KASTENMEIER M, PILIAI L, et al. Probing the redox capacity of Pt-CeO_2 model catalyst for low-temperature CO oxidation [J]. Journal of Materials Chemistry A, 2023, 11 (31): 16659-16670.

[144] OGAWA S, TSUDA Y, SAKAMOTO T, et al. Evaluation of doped potassium concentrations in stacked Two-Layer graphene using Real-time XPS [J]. Applied Surface Science, 2022, 605 (12): 154748.

[145] 洪义麟, 田扬超, 刘刚, 等. LIGA 技术制作 Fresnel 波带片的研究 [J]. 微细加工技术, 1999 (1): 1-6.

[146] 伊福廷, 习复, 唐鄂生, 等. 同步辐射 X 射线深度光刻实验 [J]. 微细加工技术, 1997 (2): 31-33.

[147] GOLDENBERG B G, LEMZYAKOV A G, NAZMOV V P, et al. Multifunctional X-ray lithography station at VEPP-3 [J]. Physics Procedia, 2016, 84: 205-212.

[148] BOGGESS B, COOK K D. Determination of flux from a saddle field fast-atom-bombardment gun [J]. Journal of the American Society for Mass Spectrometry, 1994, 5 (2): 100-105.

[149] MORRIS H, PANICO M, HASKINS N J. Comparison of ionization gases in fab mass-spectra [J]. International Journal of Mass Spectrometry and Ion Processes, 1983, 46 (1): 363-366.

[150] KOUBENAKIS A, FRANKEVICH V, ZHANG J, et al. Time-resolved surface temperature measurement of MALDI matrices under pulsed UV laser irradiation [J]. Journal of Physical Chemistry A, 2004, 108 (13): 2405-2410.

[151] LAI Y H, WANG C C, CHEN C W, et al. Analysis of initial reactions of MALDI based on chemical properties of matrixes and excitation condition [J]. Journal of Physical Chemistry B, 2012, 116 (32): 9635-9643.

[152] ENS W, MAO Y, MAYER F, et al. Properties of matrix-assisted laser desorption—measurements with a time-to digital converter [J]. Rapid Communications in Mass Spectrometry, 1991, 5 (3): 117-123.

[153] MOWRY C D, JOHNSTON M V. Simultaneous detection of ions and neutrals produced by matrix-assisted laser-desorption [J]. Rapid Communications in Mass Spectrometry, 1993, 7 (7): 569-575.

[154] QUIST A P, HUTHFEHRE T, SUNDQVIST B U R. Total yield measurements in matrix-assisted laser-desorption using a quarz-crystal microbalance [J]. Rapid Communications in Mass Spectrometry, 1994, 8 (2): 149-154.

[155] DREISEWERD K, SCHURENBERG M, KARAS M, et al. Influence of the laser in tensity and spot size on the desorption of molecules and ions in matrix-assisted laser-desorption ionization with a uniform beam profile [J]. International Journal of Mass Spectrometry, 1995, 141 (2): 127-148.

[156] CARROLL I D, STILLWELL R N, HAEGELE K D, et al. Atmospheric pressure ionization mass spectrometry. Corona discharge ion source for use in a liquid chromatograph-mass spectrometer-computer analytical system [J]. Analytical Chemistry, 1945, 47 (14): 2369-2373.

[157] CAO B, VEITH G M, NEUEFEIND J C, et al. Mixed close-packed cobalt molybdenum nitrides as non-noble metal electrocatalysts for the hydrogen evolution reaction [J]. Journal of the American Chemical Society, 2013, 135 (51): 19186-19192.

[158] BARPANDA P, ROUSSE G, YE T, et al. Neutron diffraction study of the Li-Ion battery cathode $Li_2FeP_2O_7$ [J]. Inorganic Chemistry, 2013, 52 (6): 3334-3341.

[159] TURCHENKO V A, TRUKHANOV S V, KOSTISHIN V G E, et al, Impact of In^{3+} cations on structure and electromagnetic state of M-type hexaferrites [J]. Journal of Energy Chemistry, 2022, 69 (6): 667-676.

[160] RIJAL B, SOTO S, PARUI K, et al. Crystal structure of the τ_{11} $Al_4Fe_{1.7}$ Si phase from neutron diffraction and ab initio calculations [J]. Journal of Alloys and Compounds, 2022, 902: 163141.

[161] LI X, SORIA S, GAN W, et al. Multi-scale phase analyses of strain-induced martensite in austempered ductile iron (ADI) using neutron diffraction and transmission techniques [J]. Journal of Materials Science, 2020, 56 (8): 5296-5306.

[162] ZINTH V, VON LÜDERS C, HOFMANN M, et al. Lithium plating in lithium-ion batteries at sub-ambient temperatures investigated by in situ neutron diffraction [J]. Journal of Power Sources, 2014, 271: 152-159.

[163] VON LÜDERS C, ZINTH V, ERHARD S V, et al. Lithium plating in lithium-ion batteries investigated by voltage relaxation and in situ neutron diffraction [J]. Journal of Power Sources, 2017, 342: 17-23.

[164] 朱强, 潘宇观, 张晓科, 等. 镍基和钠基蒙脱石的热处理对比研究 [J]. 矿物学报, 2019, 39 (5): 559-567.

[165] ZAGHIB K, AIT SALAH A, RAVET N, et al. Structural, magnetic and electrochemical properties of lithium iron orthosilicate [J]. Journal of Power Sources, 2006, 160 (2): 1381-1386.

[166] 李灵慧, 李艳, 黎晏彰, 等. 天然黑钨矿可见光催化活性的实验研究 [J]. 地学前缘, 2019, 26 (4): 287-294.

[167] FOMINYKH K, CHERNEV P, ZAHARIEVA I, et al. Johannes Sicklinger. Iron-doped nickel oxide nanocrystals as highly efficient electrocatalysts for alkaline water splitting [J]. ACS nano, 2015, 9 (5): 5180-5188.

[168] VARNELL J A, TSE E C M, SCHULZ C E, et al. Identification of carbon-encapsulated iron nanoparticles as active species in non-precious metal oxygen reduction catalysts [J]. Nature Communications, 2016, 7 (1): 12582.

[169] LI X, CAO C S, HUNG S F, et al. Identification of the electronic and structural dynamics of catalytic centers in single-Fe-atom material [J]. Chem, 2020, 6 (12): 3440-3454.

[170] ŁOŃSKI W, SPILKA M, KADZIOŁKA-GAWEŁ M, et al. Microstructure, magnetic properties, corrosion resistance and catalytic activity of dual-phase AlCoNiFeTi and AlCoNiFeTiSi high entropy alloys [J]. Journal of Alloys and Compounds, 2023, 934: 167827.

[171] KIM H K, CHUNG H J, PARK T G. Biodegradable polymeric microspheres with "open/closed" pores for sustained release of human growth hormone [J]. Journal of Controlled Release, 2006, 112: 167-174.

[172] CAVES J M, KUMAR V A, MARTINEZ A W, et al. The use of microfiber composites of elastin-like protein matrix reinforced with synthetic collagen in the design of vascular grafts [J]. Biomaterials, 2010, 31 (27): 7175-7182.

[173] ZHANG L, CHEN X, WAN F, et al. Enhanced electrochemical kinetics and polysulfide traps of indium nitride for highly stable lithium-sulfur batteries [J]. ACS Nano, 2018, 12 (9): 9578-9586.

[174] JIANG S, LU Y, LU Y, et al. Nafion/Titanium dioxidecoated lithium anode for stable lithium-sulfur batteries [J]. Chemistry-An Asian Journal, 2018, 13 (10): 1379-1385.

[175] 袁莉民, 周天阳. 用于扫描电镜观察的水凝胶样品薄层制备技术 [J]. 电子显微学报, 2022, 41 (3): 329-334.

[176] LIU F, LIAO X, LIU C H, et al. Poly (L-lactide-cocaprolactone)/tussah silk fibroin nanofiber vascular scaffolds with small diameter fabricated by core-spun electrospinning technology [J]. Journal of Materials

Science, 2020, 55（1）: 7106-7119.

［177］ PEI A, ZHENG G, SHI F, et al. Nanoscale nucleation and growth of electrodeposited lithium metal［J］. Nano Letters, 2017, 17（2）: 1132-1139.

［178］ SMITH G W, IBERS J A. The crystal structure of cobalt molybdate $CoMoO_4$［J］. Acta Cryst, 1965, 19（2）: 269-275.

［179］ 张池明. 超细钼系催化剂制备、表征及反应性能的研究［D］. 太原: 中国科学院山西煤炭化学研究所, 1993.

［180］ CHENG H L, SONG W L, SHEN Y Z, et al. Fe^{13+} ion irradiation-induced M_2X precipitate in P92 steel at 700 ℃ up to 1.62 dpa［J］. Journal of Nuclear Materials, 2018, 485: 314-332.

［181］ SULBORSKA-RÓŻYCKA A, WERYSZKO-CHMIELEWSKA E, POLAK B, et al. Secretory products in petals of Centaurea cyanus L. Flowers: A histochemistry, ultrastructure, and phytochemical study of volatile compounds［J］. Molecules, 2022, 27（4）: 1371.

［182］ WEI W, ZHANG H T, WANG W, et al. Observing the growth of Pb_3O_4 nanocrystals by in situ liquid cell transmission electron microscopy［J］. ACS Applied Materials and Interfaces, 2019, 11（27）: 24478-24484.

［183］ GUO C, HU B S, WEI B L, et al. Wire arc additive manufactured $CuMn_{13}Al_7$ high-Manganese aluminium bronze［J］. Chinese Journal of Mechanical Engineering, 2022, 35: 110.

［184］ 朱楚棋. 高效液相色谱在纺织品检测中的应用［J］. 轻纺工业与技术, 2023, 52（2）: 60-62.

［185］ 唐安娜, 石宜灵, 杜瑾, 等. 联用技术应用于元素形态分析［J］. 大学化学, 2023, 38（9）: 98-104.

［186］ 王璐, 蒲华寅, 邹力, 等. 高效液相色谱法同时测定植物油中 3 种维生素 A 和 9 种维生素 E［J］. 粮食与油脂, 2023, 36（9）: 150-154.

［187］ 袁文娟, 张雷. 二苯胺与邻氨基酚共聚的原位紫外-可见光谱电化学研究［J］. 分析测试学报, 2013, 32（1）: 38-44.

［188］ BERG T H A, OTTOSEN N, VAN DEN BERG F, et al. Inline UV-Vis spectroscopy to monitor and optimize cleaning-in-place（CIP）of whey filtration plants［J］. LWT, 2017, 75: 164-170.

［189］ 郑学仿, 胡皆汉, 程国宝, 等. 光谱法研究铜锌超氧歧化酶与组氨酸钴（Ⅱ）的相互作用 Ⅲ. 溶液的 pH 值、作用时间的影响［J］. 光谱学与光谱分析, 1999, 19（6）: 798-802.

［190］ 曹勇飞, 苟振清, 薄岩峰, 等. 近红外光谱分析在燃料型炼厂的应用［J］. 橡塑技术与装备, 2022, 7: 40-45.

［191］ 席丽琰, 冷玥, 张玉杰, 等. 红外光谱在家用电器非金属材料检测中的应用［J］. 轻工标准与质量, 2022, 3: 122-125.

［192］ 李成霞. 红外光谱技术在纺织品检测中的应用［J］. 中国纤检, 2021, 12: 84-85.

［193］ 方婷婷, 胡淑婉, 张峥, 等. 原位技术在锂离子电池中的应用［J］. 电池工业, 2023, 27（5）: 240-245.

［194］ 卫人予, 陈八斤, 邓维, 等. 基于拉曼光谱技术的聚合物材料制备与组成分布的研究进展［J］. 高校化学工程学报, 2024, 38（3）: 341-353.

［195］ 邱丽荣, 崔晗, 王允, 等. 激光差动共焦拉曼光谱高分辨图谱成像技术进展［J］. 光学学报, 2023, 43（15）: 1530001.

［196］ 李丹, 胡瑞琪, 李攻科, 等. 拉曼光谱检测手性化合物研究进展［J］. 分析测试学报, 2022, 9: 1431-1438.

［197］ KUHN A, NARAYANAN S, SPENCER L, et al. Li self-diffusion ingarnet-type $Li_7La_3Zr_2O_{12}$ as probed directly by diffusion-induced ^{7}Li spin-lattice relaxation NMR spectroscopy [J]. Physical Review B, 2011, 83 (9): 094302.

[198] 刘雅琴, 余明新, 何玲. 核磁共振技术在药物检测中的应用进展 [J]. 天然产物研究与开发, 2022, 34 (11): 1971-1977.

[199] 王睿迪. 核磁共振技术研究光催化剂结构设计和对真实固液体系物质交换的影响 [D]. 上海: 华东师范大学, 2020.

[200] 陈伟, 何娴. 电感耦合等离子体原子发射光谱法 (ICP-AES) 测定高镍铜液体样品中金 [J]. 江西化工, 2022, 38 (5): 43-46.

[201] 蒋建航, 张承龙, 蹇祝明, 等. 电感耦合等离子体原子发射光谱 (ICP-AES) 法测定银钯合金中银和钯 [J]. 中国无机分析化学, 2022, 12 (6): 77-81.

[202] 连危洁, 余琼, 翟宇鑫, 等. 电感耦合等离子体原子发射光谱法测定钛合金中 7 种元素 [J]. 冶金分析, 2023, (3): 77-84.

[203] ZHOU C, LI H F, YIN Y X. Long-term in vivo study of biodegradable Zn-Cu stent: A 2-year implantation evaluation in porcine coronary artery [J]. Acta Biomaterialia, 2019, 97: 657-670.

[204] 陈斌. 热分析技术在火灾事故调查中的应用 [J]. 今日消防, 2023, 8 (1): 112-114.

[205] 张少华, 谢光, 董加胜, 等. 单晶高温合金共晶溶解行为的差热分析 [J]. 金属学报, 2021, 57 (12): 1559-1566.

[206] 王雪蓉, 陈海玲, 王倩倩. 差示扫描量热法测定石英纤维/聚酰亚胺复合材料的导热系数 [J]. 理化检验 (物理分册), 2023, 59 (3): 22-24.

[207] 姜浩, 孙稚菁, 张彦波, 等. 红外和差示扫描量热法快速检测降解塑料主材成分 [J]. 塑料工业, 2023, 51 (3): 114-120.

[208] PHAM H T B, CHOI J Y, HUANG S, et al. Imparting functionality and enhanced surface area to a 2D electrically conductive MOF via Macrocyclic Linker [J]. Journal of the American Chemical Society, 2022, 144 (23): 10615-10621.

[209] 王艳茹, 李文坡, 吴进芳, 等. 铅在铜上电沉积的原位椭圆偏振法 [J]. 应用化学, 2011, 28 (1): 55-59.

[210] 占美琼, 张东平, 杨健, 等. 石英晶体振荡法监控膜厚研究 [J]. 光子学报, 2004, 33 (5): 585-588.

[211] 高翔, 石树正, 张晶, 等. 电镀镍磷层及其在薄膜剥离中的应用 [J]. 微纳电子技术, 2018, 55 (7): 515-520, 531.

[212] 王照翠. 火焰原子吸收光谱法测定电镀废水中的铬 [J]. 山西冶金, 2023, 46 (7): 60-61.

[213] 李方. 矿山铅锌铜铁的原子吸收法测定分析 [J]. 化工管理, 2023 (6): 37-39.